BOUQUINS

Collection fondée par Guy Schoeller
et dirigée par Jean-Luc Barré

À DÉCOUVRIR AUSSI
DANS LA MÊME COLLECTION

Daniel Boorstin, *Les Découvreurs. D'Hérodote à Copernic, de Christophe Colomb à Einstein, l'aventure de ces hommes qui inventèrent le monde.*

Dictionnaire de l'Antiquité. Mythologie, littérature et civilisation, université d'Oxford, sous la direction de M. C. Howatson

L'Encyclopédie du ciel, sous la direction d'Arnaud Zucker

Histoire universelle des chiffres, par Georges Ifrah, 2 vol.

Le Livre des déserts, sous la direction de Bruno Doucey

Jean-Marie Pelt, *L'Homme renaturé*

Hubert Reeves, *La Terre et les Hommes*

Hubert Reeves, *Les Secrets de l'Univers*

TRINH XUAN THUAN

BEAUTÉ ET HARMONIE DE L'UNIVERS

BOUQUINS
la collection

ISBN : 978-2-38292-128-9

Dépôt légal : février 2022 – N° d'édition : 63355/01

Éditions Bouquins – 92, avenue de France 75013 Paris

Ce *volume contient :*

PRÉFACE

par Trinh Xuan Thuan

L'univers qu'Aristote pensait être éternel et immuable n'est plus. Il possède un passé et un futur, un début et une fin. Il a une histoire et celle-ci nous concerne au plus haut point puisqu'elle mène à nous : les étoiles sont nos ancêtres et nous partageons tous la même généalogie cosmique. Nous pensons aujourd'hui que l'univers est né, il y a 13,8 milliards d'années, dans une déflagration fulgurante, appelée big bang, qui a aussi engendré l'espace et le temps.

Les quatre textes rassemblés ici racontent cette grande fresque historique, toujours grandiose et poétique, et sans cesse envoûtante. Jamais cette histoire de nos origines ne fut déployée sur un temps si long, ni dans un espace aussi vaste – le rayon de l'univers observable est de 47 milliards d'années-lumière. Jamais elle ne fut si vraie, puisque toutes les sciences, de l'astrophysique à la chimie, en passant par la physique, la neurobiologie, la géologie, ou l'anthropologie, concourent sans relâche à l'édifier et à la préciser.

L'histoire de l'univers, c'est celle d'une matière qui naît, s'éveille et s'organise. À partir d'un vide subatomique rempli d'énergie, l'univers a créé des centaines de milliards de galaxies, composées chacune de centaines de milliards d'étoiles. Dans une de ces galaxies appelée Voie lactée, auprès d'une étoile nommée Soleil, sur la planète Terre, apparaît l'homme, capable de s'émerveiller devant la beauté et l'harmonie du cosmos.

La nature n'est pas silencieuse. Tel un orchestre lointain, elle nous envoie constamment des notes éparses. Mais la mélodie qui unit ces fragments de musique manque. C'est à nous de percer les secrets de cette fabuleuse mélodie. Celle-ci nous révèle que les étoiles, tout comme les hommes, naissent, vivent et meurent, non pas à l'échelle d'une centaine d'années, mais à celle de millions, voire de milliards d'années. Tout n'est que péripétie, tout bouge, tout change, tout n'est qu'impermanence.

En rassemblant ces textes, je me suis aperçu que certains thèmes, déjà présents et esquissés dans mon premier ouvrage, *La Mélodie secrète*, reviennent souvent comme un leitmotiv. Le thème de l'étroite symbiose entre l'homme et l'univers est essentiel. La cosmologie moderne a découvert que l'existence de l'être humain est inscrite dans les propriétés de chaque atome, étoile et galaxie de l'univers et dans chaque loi physique qui règle le cosmos. Autrement dit, « l'univers se trouve avoir, très exactement, les propriétés requises pour engendrer un être capable de conscience et d'intelligence[1] ». C'est ce que l'on appelle le « principe anthropique », du grec *anthropos* qui signifie « homme ».

Mais est-ce à dire que l'univers est enfermé dans un carcan déterministe rigide qui ne lui laisse plus aucune liberté pour créer et innover ? Est-ce que tout est irrémédiablement réglé à l'avance ? Non. Après avoir dominé la pensée occidentale pendant 300 ans, la vision newtonienne d'un univers fragmenté, mécaniste et déterministe a fait place à celle d'un monde holistique, indéterministe et exubérant de créativité.

C'est le second thème important : le réel n'est pas seulement façonné par les lois et les constantes physiques, il est aussi modelé par le hasard et la contingence. Certains de ces épisodes contingents et événements historiques sont à l'origine même de notre existence. Ainsi celui de l'astéroïde fou venu percuter la Terre il y a quelque 65 millions d'années. En provoquant la disparition des dinosaures et en favorisant la prolifération de nos ancêtres les mammifères, ce choc contingent fut responsable de notre émergence.

L'intrusion de l'histoire n'a pas été seule responsable de la libération de la nature. Les lois de la physique ont perdu elles-mêmes de leur rigidité. Grâce à la mécanique quantique, l'incertitude et le flou ont fait irruption dans le monde atomique et subatomique. Une réalité localisée et morcelée a été balayée et remplacée par une autre qui est holistique et globale. L'indétermination a aussi fait son entrée en force dans le monde macroscopique avec la théorie du chaos. Certains phénomènes dits « chaotiques » sont si sensibles aux conditions initiales qu'un infime changement au début peut conduire à un changement si grand, dans l'évolution ultérieure du système, que toute prédiction devient vaine. Au credo déterministe formulé par Pierre Simon de Laplace au XVIIIe siècle selon lequel « pour une intelligence qui embrasserait dans la même formule les mouvements des plus grands corps de l'univers et ceux du plus léger atome, rien ne serait incertain pour elle, et l'avenir comme le passé serait présent à ses yeux », Henri Poincaré, l'un des pionniers de la théorie du chaos, présente en 1908 un point de vue totalement contraire : « Une

1. Brandon Carter, dans *Confrontation of Cosmological Theories with Observational Data*, actes du symposium de l'International Astronomical Union du 10 au 12 septembre 1973 à Cracovie, Pologne, Dordrecht, Reidel Publishing, 1974, p. 291-298.

cause très petite, qui nous échappe, détermine un effet considérable que nous ne pouvons pas ne pas voir, et alors nous disons que cet effet est dû au hasard… La prédiction devient impossible. »

La nature n'est donc pas déterministe, elle joue du jazz. Tel un pianiste de jazz qui improvise sur un thème musical au gré de son inspiration et des réactions de son audience, la nature brode sur les lois physiques pour créer la beauté et l'organisation du monde. Le réel se construit à partir de l'interaction entre *Le Chaos et l'Harmonie*.

L'infini a hanté l'imaginaire de l'homme dès qu'il a levé les yeux vers le ciel et contemplé la voûte étoilée. Devant le spectacle grandiose du firmament parsemé de milliers de points lumineux, nous ressentons instinctivement notre petitesse et notre finitude, et nous avons l'impression que l'univers ne peut avoir de limites. Ce *Désir d'infini* n'a cessé de se manifester au cours des âges. Mais l'infini existe-t-il vraiment dans la réalité physique, ou n'est-il qu'un concept imaginé par l'homme ? N'est-il que potentiel, comme le pensait Aristote, ou actuel ? Au XIXe siècle, le mathématicien Georg Cantor ose braver l'interdit de l'infini actuel et, malgré une véritable descente aux enfers qui le conduira à la folie, il démontre de manière magistrale l'existence d'une hiérarchie sans fin d'infinis, chacun possédant un degré d'infinité différent.

S'il est une entité où la notion d'infini revient avec insistance, c'est bien l'univers. Est-il fini ou infini ? Et, s'il est fini, possède-t-il des limites, et qu'existe-t-il au-delà ? Si je lance un javelot franchissant ces limites, reviendra-t-il ou se perdra-t-il dans une région inconnue ? Il y a eu une longue sorte de valse-hésitation de l'univers entre le fini et l'infini, et les réponses ont varié au cours des siècles. Les fondateurs de l'école atomiste grecque, Leucippe et Démocrite, concevaient l'univers comme infini, composé d'un nombre infini d'atomes. Aristote pensait qu'il était fini, centré sur la Terre. Au XVIIIe siècle, Newton conféra à l'univers infini un statut scientifique en le dotant d'un espace plat et statique décrit par la géométrie euclidienne. La portée de la force de gravité étant infinie, l'univers devait l'être aussi. Au début du XXe siècle, Einstein, avec sa théorie de la relativité générale, libéra l'espace de sa rigidité newtonienne pour lui conférer un statut dynamique, décrit par des géométries dites non euclidiennes. L'espace est désormais courbé par la matière et, en fonction de sa courbure, l'univers peut être fini ou infini.

Pour déterminer la courbure de l'univers, il est nécessaire de faire l'inventaire de son contenu en matière et en énergie. Tâche suprêmement difficile car la majeure partie de ce contenu (95 %) n'émet aucune sorte de lumière et est donc invisible. La nature de cette matière noire et de cette énergie sombre reste enveloppée de mystère. Nous vivons dans un univers-iceberg dont la presque totalité n'est pas directement accessible à nos instruments.

Dans un passé encore récent, le mot « univers » signifiait « l'ensemble de tout ce qui existe ». Toutefois, les avancées théoriques en physique au cours des dernières décennies ont progressivement contraint les scientifiques à élargir leur notion d'univers, à envisager, en plus de notre univers, des « univers parallèles ». Le mot « infini » prend ici un sens nouveau : il se réfère non seulement à notre univers, mais aussi à une infinité d'autres univers, le tout formant un vaste et fantastique « multivers ».

La lumière est un autre acteur majeur dans cette grande fresque historique. C'est elle qui nous lie à l'univers. L'espace est trop vaste pour que nous voyagions jusqu'aux étoiles et galaxies. Même une expédition vers l'étoile la plus proche du Soleil, Proxima du Centaure, à 4,3 années-lumière prendra, avec notre technologie actuelle, quelque 80 000 ans, soit 800 fois la durée d'une vie humaine. Heureusement, la lumière des astres contient un code cosmique qui nous aide à percer les secrets de l'univers : il suffit aux astronomes de la capturer à l'aide de grands télescopes et de la décomposer en un spectre pour déchiffrer ce code et décrypter la composition chimique et le mouvement de ces astres inaccessibles. Tout change, tout bouge, tout évolue dans le ciel. Si nous ne percevons pas cette agitation frénétique des cieux, c'est que les astres sont trop distants, et notre vie trop brève.

La lumière nous permet aussi d'explorer le passé de l'univers et, ce faisant, de comprendre son présent et de prédire son futur. Grâce à elle, nous pouvons remonter dans le temps, et reconstituer la merveilleuse épopée cosmique. En effet, la lumière nous apporte toujours des nouvelles du passé car sa propagation n'est pas instantanée. Bien qu'elle se déplace à la plus grande vitesse possible dans l'univers : 300 000 kilomètres par seconde – un tic-tac, et la lumière a déjà fait sept fois le tour de la Terre –, c'est une vitesse de tortue à l'échelle du cosmos. Ainsi la Lune nous apparaît telle qu'elle était il y a un peu plus d'une seconde, le Soleil tel qu'il était il y a 8 minutes, Andromède, la plus proche galaxie semblable à la Voie lactée, telle qu'elle était il y a 2,3 millions d'années, les quasars, ces galaxies très distantes qui contiennent en leur cœur un trou noir supermassif, tels qu'ils étaient il y a une douzaine de milliards d'années. Les télescopes constituent de fantastiques machines à remonter le temps.

Nous sommes tous les enfants de la lumière. Non seulement elle nous permet de communiquer avec l'univers, mais celle qui vient du Soleil est aussi source de vie. Elle ne donne pas seulement à voir, elle donne aussi à penser. Elle a de tout temps fasciné l'esprit des hommes, qu'ils soient scientifiques, artistes, religieux ou philosophes. Elle a une dimension autant physique et technologique que métaphysique, esthétique et spirituelle.

Au-delà des questions purement scientifiques, l'observation du ciel amène inévitablement des interrogations métaphysiques. Les questions que se pose le cosmologue sont étonnamment proches de celles qui préoccupent le théologien. Ainsi, la cosmologie aborde aujourd'hui des sujets qui furent longtemps la propriété exclusive de la religion : quelle est l'origine de l'univers ? Y a-t-il un début du temps et de l'espace ? Existe-t-il un principe créateur ? Si oui, sous quelle forme se manifeste-t-il ? L'univers aura-t-il une fin ? Notre existence sur ce petit grain de sable dans ce vaste océan cosmique a-t-elle un sens ? L'émergence de la vie d'abord, ensuite celles de l'intelligence et de la conscience ne sont-elles qu'un simple fait du hasard, un « accident de parcours » dans la longue histoire de l'univers ? Ou est-ce une nécessité ?

À force d'attaquer le mur qui cerne la réalité physique avec les marteaux-pilons que sont les lois physiques et mathématiques, les astrophysiciens se sont retrouvés nez à nez avec les théologiens. La science peut donc, et doit, projeter un éclairage nouveau sur la théologie. Le biologiste français Jacques Monod a encouragé cette incursion de la science dans le domaine métaphysique :

« Le devoir s'impose, aujourd'hui plus que jamais, aux hommes de science de penser leur discipline dans l'ensemble de la culture moderne pour l'enrichir non seulement de connaissances techniquement importantes, mais aussi des idées venues de leur science qu'ils peuvent croire humainement signifiantes. L'ingénuité même d'un regard neuf (celui de la science l'est toujours) peut parfois éclairer d'un jour nouveau d'anciens problèmes[1]. »

Ma rencontre en 1997 avec le moine bouddhiste Matthieu Ricard m'a conduit à explorer la vision du réel de ma tradition spirituelle – le bouddhisme – et à réfléchir sur les convergences et les divergences qu'elle pouvait avoir avec la vision scientifique du monde. Bien évidemment, mon but, en voulant confronter les approches scientifique et bouddhiste du réel, n'est pas d'imprimer à la science des allures de mysticisme, ni de justifier les enseignements du bouddhisme par les découvertes scientifiques. La science fonctionne parfaitement bien sans aucun besoin d'un support spirituel. Le bouddhisme est une science de l'Éveil, et le fait que la Terre tourne autour du Soleil au lieu du contraire ne change rien à l'affaire. Le bouddhisme a quelque deux mille cinq cents ans d'existence alors que la science moderne n'a vu le jour qu'au début du XVIe siècle.

Pourtant, au terme de mon dialogue avec Matthieu Ricard, j'ai constaté avec admiration et étonnement que, en dépit de méthodes d'investigation du réel très différentes, il existe des convergences certaines, décrites dans notre ouvrage *L'Infini dans la paume de la main.*

---

1. Jacques Monod, *Le Hasard et la Nécessité*, Paris, Le Seuil, 1970.

À bien y penser, ce n'est peut-être pas surprenant. La science et le bouddhisme représentent l'un comme l'autre une quête de la vérité, dont les critères sont l'authenticité, la rigueur et la logique. Leurs manières d'envisager le réel ne devraient pas déboucher sur une opposition irréductible, mais au contraire sur une harmonieuse complémentarité. Si deux systèmes de pensée valides prétendent décrire le même réel, ils doivent nécessairement se rencontrer quelque part. Comme Werner Heisenberg, l'un des pères de la mécanique quantique, la physique de l'infiniment petit, l'a exprimé : « Je considère que l'ambition de dépasser les contraires, incluant une synthèse qui embrasse la compréhension rationnelle et l'expérience mystique de l'unité, est le *mythos*, la quête exprimée ou inexprimée, de notre époque[1]. »

Charlottesville, Virginie, juillet 2021

1. Werner Heisenberg, *Across the Frontiers*, New York, Harper and Row, 1974.

NOTE SUR LA PRÉSENTE ÉDITION

Cet ouvrage s'adresse à l'« honnête homme », curieux non seulement des extraordinaires avancées de la science contemporaine, mais aussi de leurs implications philosophiques et théologiques. En écrivant ces pages, je me suis efforcé de rester aussi précis et rigoureux que possible, d'utiliser un langage simple et clair, d'éviter toute formule comme tout jargon scientifique. Pour expliquer des concepts difficiles, j'ai souvent eu recours à des images de la vie quotidienne. Mais il est impossible de raconter avec rigueur l'histoire de l'univers sans l'aide de certaines notions scientifiques. Afin d'aider le lecteur, j'ai rassemblé dans un Glossaire, à la fin du volume, une liste de mots particuliers à l'astrophysique, pour lesquels j'ai donné des définitions succinctes, veillant à ce que la forme soit la plus limpide et la plus agréable possible. Un glossaire des termes spécifiques au bouddhisme est également présent après *L'Infini dans la paume de la main*. J'ai aussi inclus des dessins et schémas, non seulement pour éclairer mon propos, mais aussi pour en égayer la lecture. Un index des personnes et des termes scientifiques vient compléter cet appareil critique.

LA MÉLODIE SECRÈTE

Et l'Homme créa l'Univers

Ce livre est dédié
à mes parents et à tous
les bâtisseurs d'univers.

AVANT-PROPOS

Ce livre s'adresse au lecteur curieux du monde qui l'entoure et intéressé par les progrès récents dans l'étude du cosmos, sans être pour autant équipé du bagage scientifique du spécialiste. Il retrace l'évolution, à travers les âges, de la vision de l'univers par l'homme, tout en accordant une attention particulière à l'univers actuel, celui du big bang. Il aborde aussi des questions qui dépassent un cadre proprement scientifique, mais qui se posent inévitablement dans toute discussion de la création de l'univers : sommes-nous là par hasard ou notre présence dans l'univers implique-t-elle l'existence d'un Créateur ?

Les deux premiers chapitres (I et II) racontent l'évolution de la pensée cosmologique, depuis l'univers magique, à l'aube de l'humanité, jusqu'à l'univers du big bang au XXe siècle. Ils décrivent comment l'univers s'est agrandi d'un simple système solaire, avec la Terre trônant au milieu, à une vaste immensité de quelque 15 milliards d'années-lumière, avec la Terre reléguée dans un petit coin de la Voie lactée, elle-même perdue parmi des centaines de milliards de galaxies. Les chapitres III et IV introduisent les acteurs du drame dans l'univers du big bang : le couple espace-temps, les quatre forces fondamentales, les particules élémentaires et les galaxies. Ils disent comment ces acteurs sont soumis à des règles de conduite très précises qui leur sont imposées par la relativité générale et la mécanique quantique.

Peut-être que la découverte la plus importante de la cosmologie moderne est la compréhension que l'univers a une histoire, qu'il possède un passé et un futur. Les deux chapitres suivants racontent cette histoire telle qu'elle est connue maintenant. Le chapitre V décrit comment l'infiniment petit a accouché de l'infiniment grand et comment l'univers tout entier, avec ses centaines de milliards de galaxies, a jailli d'un « vide » microscopique. Il rapporte comment l'immense tapisserie cosmique des galaxies s'est tissée, et comment, grâce à l'alchimie créatrice des étoiles et à l'existence des planètes, la vie et la conscience ont surgi, après une longue ascension vers la complexité. Le chapitre VI discute du futur de l'univers. Ce futur n'est pas connu avec certitude, car il dépend de la quantité totale de matière dans l'univers, laquelle ne peut être mesurée avec précision, de 90 à 98 % de sa masse étant invisibles. L'univers se dilatera-t-il indéfiniment pour devenir une immensité froide et noire, ou atteindra-t-il une taille maximale avant de s'effondrer sur lui-même dans une température et une densité infinies ?

Parler de la création de l'univers conduit inévitablement à la question de l'existence d'un Créateur. Les chapitres VII et VIII montrent comment la science moderne a démoli tous les arguments classiques concernant l'existence de Dieu, mais qu'elle s'est rachetée en nous faisant percevoir que le fait même que nous sommes là est extraordinaire : l'univers a été très minutieusement réglé pour permettre notre existence. Que les lois physiques diffèrent un tant soit peu de ce qu'elles sont, et nous ne serons plus là pour en parler ! Ce réglage d'une extrême précision est-il le fait du pur hasard ou résulte-t-il de la volonté d'un être suprême ?

En science, il n'y a pas de vérité absolue. Le dernier chapitre (IX) discute des théories rivales du big bang. Il montre pourquoi ces dernières n'ont pas remporté l'adhésion de la majorité des cosmologistes, qui leur ont préféré le pouvoir prédictif, la beauté, la simplicité et l'élégance de la théorie du big bang. Il postule aussi que l'univers du big bang ne sera pas le dernier en date et que l'homme en créera d'autres qui se rapprocheront toujours plus du vrai Univers sans jamais l'atteindre. La mélodie que forment les notes de musique que nous envoie la nature restera à jamais secrète.

En écrivant ce texte, je me suis efforcé, autant que possible, d'utiliser un langage simple et clair, dépourvu de jargon scientifique. Toutefois, pour les lecteurs plus familiers avec le langage scientifique et curieux de plus de détails, j'ai ajouté quelques notes quantitatives à la fin de l'ouvrage (p. 301). Ces notes ne sont que des compléments et ne sont pas indispensables à la compréhension du texte.

Note ajoutée en mai 1994

Dans cette réédition, j'ai modifié les quelques passages concernant le télescope spatial Hubble mis en orbite en 1990, deux ans après la parution de *La Mélodie secrète*, et dont la myopie malencontreuse vient d'être réparée de façon spectaculaire par les astronautes de la navette spatiale américaine, en décembre 1993. J'ai aussi mentionné l'apport à notre connaissance de l'univers des observations du satellite COBE, un satellite mis en orbite par la NASA en 1989 pour étudier le rayonnement fossile de l'univers. COBE nous dit que la distribution en énergie de ce rayonnement fossile, les « cendres » du feu primordial, ce message qui nous vient de l'époque où l'univers n'avait que 300 000 ans, ne peut se comprendre que si l'univers, à l'origine, était extrêmement chaud, dense et comprimé. COBE a également découvert des semences de galaxies qui vont germer plus tard pour donner naissance à la magnifique tapisserie cosmique des galaxies, et plus tard encore à l'homme et la conscience. Jusqu'à nouvel ordre, la théorie du big bang reste la seule capable de décrire les observations de COBE de façon naturelle. C'est la structure théorique qui épouse le mieux les contours de la nature. Il y a eu récemment des annonces prématurées de la mort de cette théorie. Rien n'est plus faux. S'il y a des points encore non expliqués dans la théorie du big bang, tels que la formation des galaxies ou de l'immense tapisserie cosmique qu'elles tissent, cela est plus la faute au manque d'imagination des astrophysiciens qu'aux défaillances de la théorie du big bang.

I

LES UNIVERS PASSÉS

Organiser l'univers

Je vais souvent à l'observatoire de Kitt Peak, au sommet d'une longue chaîne de montagnes à quelque 2 000 mètres d'altitude, en plein milieu d'une réserve indienne dans le désert de l'Arizona, pour faire mes observations. Au cours de la nuit, pendant une pose, alors que le télescope géant[1] collecte les particules de lumière porteuses d'information appelées photons provenant d'une galaxie lointaine, et les focalise sur un détecteur électronique qui les enregistre, je sors du dôme qui abrite le télescope pour observer le ciel. Je veux d'abord m'assurer que le ciel reste clair et dégagé, et qu'aucune bande de nuages à l'horizon ne menace d'interrompre mes observations et de gâcher les quelques nuits précieuses dont je dispose. Mais je veux aussi m'octroyer le plaisir de contempler la voûte étoilée dans toute sa splendeur et son immensité.

Malheureusement, avec les techniques d'observation modernes, l'astronome n'est plus en contact direct avec le ciel. Finie l'image romantique du savant assis dans le noir, l'œil collé au télescope, sacrifiant son bien-être pour l'amour de la science (je peux vous assurer personnellement que le fait de rester immobile pendant des heures dans l'obscurité à guider le télescope, luttant contre le froid et le sommeil au cours des longues nuits d'hiver, n'est pas une expérience très agréable). Maintenant, je travaille dans une pièce bien éclairée et chauffée, et je commande tout électroniquement à l'aide d'ordinateurs puissants en manipulant des boutons sur un tableau de commande. Ainsi, dès que le télescope est pointé, l'image de la galaxie qui fait l'objet de mes études apparaît sur un écran de télévision, agrandie des milliers de fois. J'observe le ciel

1. Abrité par un dôme aussi haut qu'un immeuble de dix étages, ce télescope de 4 mètres de diamètre permet de voir des astres 100 millions de fois moins brillants que l'étoile la moins lumineuse visible à l'œil nu.

par électronique interposée. La perte de cette communion directe avec le ciel est plus que compensée par une précision accrue et une plus grande efficacité engendrée par le confort physique.

Le ciel, par une nuit sans lune, loin des lumières aveuglantes des villes, est un spectacle merveilleux. Des milliers de points de lumière brillent de tous leurs feux. Il y en a deux là-bas, vers l'ouest, qui sont un peu plus brillants et qui scintillent un peu moins. Ce sont les planètes Mars et Jupiter, les voisines les plus proches de la Terre en s'éloignant du Soleil. Mars, où des machines construites par l'homme se sont déjà posées et où la recherche de la vie extra-terrestre s'est révélée négative ; Jupiter, le colosse du système solaire, qui est 11 fois plus grande et 318 fois plus massive que notre Terre. La lumière qui me parvient de Mars et de Jupiter, comme celle des sept autres planètes, n'est pas leur propre lumière, mais celle qui est reflétée par le Soleil. Ce Soleil qui, en raison de la rotation de la Terre, va et vient au-dessus et au-dessous de l'horizon, donnant naissance au jour et à la nuit, et autour duquel toutes les planètes tournent. À cause de cette même rotation de la Terre, Mars et Jupiter vont elles aussi bientôt disparaître en deçà de l'horizon et je ne les reverrai que la nuit prochaine. La lumière de ces deux planètes n'a pas mis très longtemps pour parvenir jusqu'à moi, 12 minutes seulement pour Mars et 42 minutes pour Jupiter. Le système solaire n'est qu'un grain de sable sur la plage immense de l'univers.

Mon attention se tourne vers les autres points lumineux. Ce sont des étoiles, tout comme le Soleil, qui fabriquent leur propre lumière et leur propre énergie grâce à des réactions nucléaires intenses dans leur cœur. Elles font partie de notre galaxie, que les Anciens ont baptisée Voie lactée, à cause de cette bande blanchâtre que je vois là-bas traverser la constellation d'Orion. Cette lumière diffuse est émise par les milliards d'étoiles dans le plan de notre galaxie, et notre Soleil n'est qu'une étoile quelconque parmi les 100 milliards de la Voie lactée ; il nous entraîne autour du centre galactique tous les 250 millions d'années avec les autres étoiles. J'admire la belle constellation d'Orion et je pense à la naissance des étoiles, car Orion est une immense pépinière stellaire où de grands nuages interstellaires s'effondrent par endroits, sous l'effet de leur gravité, pour fabriquer de nouvelles étoiles.

Comme est trompeuse l'impression de sérénité, de tranquillité et d'immuabilité que j'éprouve en observant ce ciel étoilé ! Non seulement tout bouge, les planètes autour du Soleil, le Soleil autour du centre galactique, mais les étoiles, tout comme les hommes, naissent, vivent et meurent. Mais ces changements se réfèrent à une échelle de temps cosmique, graduée en millions ou en milliards d'années, et ils sont imperceptibles à notre propre échelle de temps. La lumière des étoiles que je vois à l'œil nu n'a mis, au plus, que quelques dizaines d'années pour me parvenir. Notre Voie lactée est en réalité beaucoup plus grande, elle a un diamètre de 90 000 années-lumière, mais les étoiles situées près du bord de la galaxie émettent une lumière beaucoup trop faible pour que je puisse les apercevoir à l'œil nu. Mais, aussi grande soit-elle, une galaxie n'est qu'un château de sable sur l'immense plage cosmique.

Je dirige mon attention vers la constellation d'Andromède. Je m'efforce de distinguer en son sein une forme lumineuse diffuse qui n'est pas ponctuelle comme celle des étoiles. C'est la galaxie Andromède, et la lumière qui me parvient de ses 100 milliards d'étoiles a mis 2,3 millions d'années pour venir effleurer mes paupières. C'est une galaxie assez semblable à la nôtre. Avec la Voie lactée, Andromède domine la masse de notre petit groupe local de galaxies, notre petit groupement de châteaux de sable sur la plage du ciel.

Je contemple le ciel parsemé d'innombrables étoiles qui brillent de tous leurs feux et pourtant je suis enveloppé d'une obscurité complète. C'est à peine si je peux deviner la forme vague du dôme du télescope dans la nuit noire et je pense que j'ai de la chance de connaître aujourd'hui la réponse à cette question qui a intrigué tellement de scientifiques avant moi et qui est beaucoup moins innocente qu'elle n'en a l'air : pourquoi le ciel est-il noir en dépit d'une si grande multitude d'étoiles ? Je sais maintenant que l'obscurité de la nuit est reliée au fait que l'univers a eu un début, qu'il n'est pas éternel. Après m'être imprégné de la beauté sereine de la nuit, je rentre pour continuer mes observations de la galaxie lointaine qui, elle, est à une distance de plus de 5 milliards d'années-lumière. Grâce à cette immense cuvette rassembleuse de lumière qu'est ce grand miroir de 4 mètres, grâce à ces yeux colossaux qu'est ce télescope, et grâce aux miracles de l'électronique et de l'informatique modernes, je peux capturer de la lumière qui a quitté son point d'origine il y a plus de 5 milliards d'années, quand le Soleil et la Terre n'existaient pas encore et quand les atomes qui constituent mon corps n'avaient pas encore été propulsés dans le milieu interstellaire par l'étoile qui les fabriquait.

Je me dis qu'il est bien extraordinaire que la simple vue du firmament étoilé ait pu faire naître en moi toutes ces pensées, et qu'il est merveilleux que mon cerveau ait tout de suite ressenti l'irrésistible besoin d'organiser les fragments d'information sur le monde extérieur qui me sont communiqués par mes sens en un schéma unifié et cohérent. La nature n'est pas muette. Tel un orchestre lointain, elle nous fait constamment parvenir des fragments de musique et des notes éparses. Mais elle ne veut pas tout nous livrer sur un plateau. La mélodie qui unit les fragments de musique manque. Le fil conducteur des notes est dissimulé. C'est à nous de percer les secrets de cette mélodie cachée pour l'entendre dans toute sa radieuse beauté[1].

1. François Jacob, *La Statue intérieure*, Le Seuil, 1987, p. 305.

Ce besoin d'unification et de cohérence, cette nécessité de rechercher la mélodie cachée, est une exigence de l'esprit humain. Face au monde qui nous entoure, nous conjurons notre anxiété, notre angoisse des vides infinis en l'organisant et en lui prêtant un visage familier. Cette organisation du monde extérieur, quand elle s'applique à l'univers tout entier, se nomme cosmologie. Je suis cosmologiste quand j'essaie d'harmoniser des fragments d'information en apparence aussi disparates que le lever et le coucher du Soleil, ou le firmament étoilé la nuit, ou encore le changement des saisons au cours de l'année, de la beauté fleurie du printemps jusqu'aux teintes pourpres et dorées de l'automne. En bâtissant ainsi un système d'idées cohérentes pour expliquer le monde extérieur, en tant que membres d'une société, d'une culture, nous créons un univers. Cet univers nous fournit un langage commun et contribue à la cohésion de notre société en nous donnant une croyance en une origine et une évolution collectives, et en nous donnant une identité propre, distincte de celle des autres. Nous sommes ce que nous savons. Bien sûr, l'univers que nous créons n'est pas unique, mais multiple. Il change selon les époques et les cultures. Il a une vie et une histoire qui lui sont propres et qui, bien souvent, évoluent parallèlement à la vie et à l'histoire de la société qui l'a créé.

Un univers est comme un être humain. Il naît, atteint son apogée, entame son déclin et puis disparaît, remplacé par un autre univers. Ce déclin et cette disparition sont bien souvent provoqués par le contact avec une autre société ou culture plus dynamique, ou par des faits ou des découvertes incompatibles avec l'univers actuel, ou enfin par l'émergence de nouvelles idées qui remettent en cause l'univers présent[1].

L'univers magique

Les univers se sont ainsi succédé et la mélodie secrète a pris des formes diverses à travers le temps et l'histoire. Le premier univers a émergé il y a peut-être quelques centaines de milliers d'années, en même temps que l'apparition du langage. L'homme des cavernes vivait dans un univers magique peuplé d'esprits. Imaginons un homme de la grotte de Lascaux, dans le sud-ouest de ce qui deviendra, bien plus tard, la France. Il vient de finir son repas et sort de la caverne pour prendre l'air et contempler le ciel. Il remarque que l'esprit Soleil s'est couché puisqu'il n'est plus aveuglé par sa lumière. En revanche, l'esprit Lune s'est levé puisqu'il le distingue là-bas, au-dessus de l'horizon. Tous les esprits étoiles se sont aussi levés puisque les voilà qui scintillent de tous leurs feux. Les esprits Terre, arbres, fleurs et rivières se sont couchés. Tout est calme et

1. Edward Harrison, *Masks of the Universe*, New York, Macmillan, 1985.

serein. Cet homme de la grotte de Lascaux se sent parfaitement à l'aise dans cet univers magique où tout objet a un esprit qui lui est associé, parce que pour lui le monde des esprits n'est que le miroir de celui des hommes, avec les mêmes désirs, pulsions et coutumes. Cet homme sait qu'il peut s'adresser à ces esprits comme il le ferait à d'autres humains. Il sait qu'il peut les amadouer, les louer, leur faire des offrandes pour s'attirer leurs bonnes grâces.

L'univers mythique

L'univers magique était simple, familier et à la mesure de l'homme. Mais au fil du temps, il perdit de plus en plus cette simplicité et cette familiarité. Avec l'accumulation du savoir, l'innocence disparut. L'homme perçut de plus en plus son insignifiance et son impuissance face à l'immensité de l'univers. Ce dernier se fit de plus en plus complexe et prit bientôt un aspect surhumain. Pour gérer toute cette complexité, il fallait des êtres aux pouvoirs bien supérieurs à ceux des humains. Le monde des esprits à l'image de celui des hommes n'était plus suffisant. Il y a environ 10 000 ans, l'univers magique humain se mua en un univers mythique surhumain. Les esprits désertèrent les arbres, les fleurs et les rivières. Le monde perdit son humanité. L'univers était maintenant régi par les dieux vivant dans un lointain au-delà. C'était maintenant le règne du dieu Soleil pendant le jour et l'empire du dieu Lune, des dieux planètes et étoiles pendant la nuit. La cosmologie consistait en des mythes qui contaient l'histoire de ces dieux, de leurs amours et de leurs accouplements, de leurs haines et de leurs guerres. Dans l'univers mythique, les phénomènes naturels, y compris la création de l'univers lui-même, étaient les conséquences des actions de ces dieux, mus par des sentiments très humains comme l'amour, la haine et la passion, mais dotés de pouvoirs surhumains. Avec l'univers mythique, la religion fit aussi son entrée. La communication avec des êtres surhumains ne pouvait plus se faire directement comme c'était le cas avec les esprits dans l'univers magique. Elle se faisait par l'intermédiaire d'individus privilégiés, les prêtres, à travers des cérémonies d'offrandes de nourriture ou de sacrifices. Cette association cosmologie-religion, cosmologiste-prêtre, dura près de trois millénaires jusqu'à ce que l'univers scientifique supplante l'univers mythique.

Les univers mythiques étaient nombreux et divers, et variaient selon les cultures et les époques. Dans bon nombre d'entre eux, la fonction génératrice de la femme inspira le mythe de la création. Pour les Babyloniens qui vivaient il y a cinq millénaires à Sumer, dans le delta du Tigre et de l'Euphrate (l'Irak et la Syrie d'aujourd'hui), la femme primaire, Tiamat, accoucha d'Anu, le dieu du ciel, après son accouplement avec Apsu, le dieu de l'abîme des océans. Anu et Tiamat (les relations incestueuses allaient bon train dans ces univers mythiques) engendreront Ea, le dieu de la Terre. Il en résulta – après bon nombre d'accouplements avec toutes les combinaisons possibles de partenaires – six cents dieux et déesses dont l'arbre généalogique remplirait des pages entières. Tout en se querellant constamment, à travers des guerres incessantes, chacun de ces dieux gérait un aspect de l'existence humaine.

Presque à la même époque, l'univers mythique égyptien se développait sur les bords du Nil. Comme dans l'univers babylonien, l'eau était source de vie. L'être primaire Atoum, qui contenait en lui la somme de toute existence, vivait dans l'océan primordial Nun. C'est lui qui, sous la forme d'Atoum-Râ, engendra le monde et les quelque huit cents dieux et déesses qui peuplent l'univers mythique égyptien. Atoum devint plus tard Râ, le dieu-Soleil. Geb était la Terre, un disque plat bordé de montagnes qui flottait sur l'océan primordial Nun. Le corps de la belle déesse Nout formait la voûte céleste et était soutenu par Shu, le dieu de l'air. Nout était parée d'innombrables bijoux étincelants, les planètes et les étoiles. Râ, le dieu-Soleil, parcourait le dos de Nout sur un bateau dans sa course journalière à travers le ciel pendant le jour et rebroussait chemin à travers les eaux sous la Terre pendant la nuit.

La bureaucratie céleste

Mon univers mythique favori est peut-être celui des Chinois, qui se développa aux alentours de l'an 2000 av. J.-C. Ce dernier illustre bien le caractère souvent anthropomorphique de ces univers mythiques, où l'organisation des dieux reflète celle des hommes. Dans l'univers chinois, les dieux et les déesses font partie d'une bureaucratie gigantesque où ils passent leur temps à compiler des dossiers, faire des rapports et donner des directives, tout comme les employés de l'Empire chinois. Un peu plus tard, vers l'an 500 av. J.-C., le philosophe Confucius introduisit la notion des pôles opposés, le Yin et le Yang. Dans l'univers chinois, le monde était engendré par l'effet réciproque dynamique de ces deux forces polaires. Le Ciel était le Yang, le pouvoir fort, masculin et créateur. La Terre était le Yin, féminin et maternel. Le Ciel était au-dessus et en mouvement, la Terre était au-dessous et au repos. Le Soleil était le Yang, lumineux, chaud et sec, la Lune était le Yin, sombre, froide et moite. L'univers était dans un mouvement cyclique perpétuel, le Yin parvenant à son maximum et cédant sa place au Yang. La nuit qui suivait le jour, la Lune qui prenait la place du Soleil, l'hiver froid et sombre qui succédait à l'été chaud et lumineux, voilà autant d'exemples de l'interaction du couple Yin-Yang.

Les victoires intellectuelles obtenues par les hommes de l'univers mythique étaient impressionnantes. Les Égyptiens avaient conquis la géométrie pour construire leurs pyramides. Les Babyloniens avaient maîtrisé la science des chiffres pour enregistrer la position des astres, élaborer des calendriers et prédire les éclipses de la Lune. Mais les prêtres égyptiens et babyloniens n'observaient pas le ciel pour lui-même, mais pour y lire le destin des hommes : leur intérêt était plutôt astrologique qu'astronomique. Utiliser leurs connaissances mathématiques pour découvrir les lois qui gouvernent le mouvement des objets célestes n'était pas une de leurs préoccupations. Comme le mouvement des astres est cyclique, il suffisait de suivre leurs positions dans le ciel pendant une longue période de temps pour pouvoir prédire leurs positions futures. La connaissance de la position de la Terre par rapport au Soleil, à la Lune, aux étoiles et au reste de l'univers n'était pas nécessaire. Comme leurs prédécesseurs, au début de l'ère mythique, qui bâtissaient des temples de pierre à Carnac, en Bretagne, dans l'ouest de la France, ou à Stonehenge, dans le sud de l'Angleterre, pour marquer l'emplacement du lever et du coucher du Soleil et de la Lune, les Babyloniens et les Égyptiens étaient plus cosmologistes-prêtres que cosmologistes-astronomes.

Le miracle grec

Vers le VIe siècle av. J.-C., le long de la côte de l'Asie Mineure, en Ionie, survint le plus invraisemblable des développements : le « miracle grec », qui dura près de huit siècles. En plein milieu de l'univers mythique, une poignée d'hommes exceptionnels parvinrent à renverser la vapeur et à semer les germes d'un nouvel univers qui allait sonner le glas de l'ancien.

Les Grecs introduisirent l'univers scientifique, qui est encore le nôtre aujourd'hui. Au lieu de s'abandonner aveuglément aux dieux et de se contenter d'observer les événements naturels sans les comprendre, les Grecs eurent l'intuition révolutionnaire que le monde pouvait être disséqué en ses différentes composantes et que la raison humaine était capable d'appréhender les lois qui régissent le comportement de ces composantes et leurs interactions entre elles. La nature pouvait être sujet de réflexion et de spéculation. La compréhension des lois naturelles qui était réservée exclusivement aux dieux dans l'univers mythique était partagée par l'homme dans l'univers scientifique.

Munis de cette inébranlable confiance en la capacité de la raison humaine, les Grecs se mirent au travail. La structure de la matière, la nature du temps, les phénomènes biologiques, géologiques et météorologiques, rien n'échappa à leur regard curieux et inquisiteur. Leucippe et Démocrite morcelèrent la matière en atomes indivisibles, une vision qui demeure d'actualité. Pythagore, en élaborant ses théorèmes, fonda les mathématiques, et Euclide bâtit sa géométrie, qui reste l'un des édifices intellectuels les plus harmonieux et les plus impressionnants de l'histoire des idées.

De cette intense fébrilité intellectuelle émergea un nouvel univers qui prit ses distances avec l'univers mythique. Pendant quatre siècles, maintes cosmologies, de plus en plus sophistiquées, furent élaborées. Elles aboutirent finalement à l'univers de Ptolémée, qui allait régner de manière souveraine durant les 2 000 ans à venir. Les fondements de la méthode scientifique furent graduellement mis en place. Alors que les premières cosmologies dérivaient de spéculations purement philosophiques, les contraintes posées par l'observation des mouvements des planètes prirent de plus en plus d'importance. Les premières cosmologies gardaient encore beaucoup de résonances mythiques. Pour Thalès (vers 560 av. J.-C.), tout était eau. La Terre plate flottait sur un océan primordial surplombé par un ciel d'eau. Tout comme dans l'univers mythique babylonien, l'eau était l'élément primaire qui animait le monde entier. Anaximandre (vers 545 av. J.-C.) rejeta l'idée d'un seul élément primaire. Pour lui, le monde résultait de l'interaction et du mélange des contraires, le chaud et le froid, la lumière et l'ombre, une idée qui rappelait très fort le concept chinois du Yin et du Yang. La Terre était une colonne aplatie flottant dans l'air au milieu des anneaux de feu successifs qu'étaient le Soleil, la Lune et les planètes. Déjà, l'univers géocentrique avec les sphères concentriques encastrées des planètes dressait sa tête.

L'univers mathématique

La rigueur mathématique fit son entrée dans la pensée cosmologique avec Pythagore, au VIe siècle av. J.-C. Selon lui, l'univers, le « cosmos », avait une géométrie harmonieuse, gouvernée par les lois mathématiques et les chiffres. Les nombres étaient le principe et la source de toute chose, le reflet de la perfection de Dieu. La Terre perdit sa forme aplatie et acquit la forme mathématique la plus « parfaite », celle d'une sphère. À l'opposé des futurs univers géocentriques où la Terre immobile occupait la place centrale, l'univers pythagoricien mettait au centre un grand feu invisible, autour duquel dix objets décrivaient des cercles parfaits. Leurs mouvements, en parfaite harmonie musicale, engendraient la « musique des sphères ». Les dix objets étaient, par ordre croissant de distance par rapport au feu central, l'anti-Terre, la Terre, la Lune, le Soleil, les cinq autres planètes connues – Mercure, Vénus, Mars, Jupiter et Saturne – et la sphère des étoiles. L'existence de l'anti-Terre, qui protégeait la Terre de la chaleur intense du feu central, devait être postulée pour amener le nombre total d'objets à dix, le nombre parfait. Pythagore aurait été bien malheureux de savoir qu'il n'y a que neuf planètes connues actuellement dans notre système solaire. L'univers devait se conformer aux nombres et pouvait être déduit de la raison pure. Les observations n'étaient pas utiles. La méthode scientifique telle qu'elle est pratiquée aujourd'hui, qui préconise que l'harmonie du monde peut être perçue à travers les observations et les expériences, n'avait pas encore fait son apparition.

L'univers géocentrique

Platon, au IVe siècle av. J.-C., reprit certaines idées pythagoriciennes pour élaborer un nouvel univers. La Terre gardait sa forme sphérique parfaite. Les mouvements célestes conservaient leur parfaite circularité. Ils étaient parfaitement uniformes. Les planètes devaient accomplir leur périple autour de la Terre avec une vitesse constante, sans accélération ni décélération. Les cieux associés aux dieux devaient être parfaits et la perfection des cieux exigeait la perfection des formes et des mouvements.

L'anthropocentrisme de l'univers mythique refit surface et la Terre reprit sa place centrale et son immobilité. La tentation de l'univers géocentrique était bien compréhensible. Quoi de plus naturel, en contemplant les trajectoires des objets célestes d'est en ouest dans le ciel nuit après nuit, que de supposer que la Terre était immobile au centre de l'univers et que le Soleil, la Lune, les planètes et les étoiles tournaient autour d'elle ? Platon conçut un univers où la Terre était au centre d'une immense sphère extérieure qui contenait les planètes et les étoiles. L'univers était fini et limité par cette sphère, qui était dotée d'un mouvement de rotation quotidien, pour rendre compte du mouvement des objets célestes.

Les mouvements rétrogrades

Mais cet univers à deux sphères ne pouvait expliquer l'étrange et singulier mouvement des planètes. En effet les planètes, quand elles étaient visibles, traversaient le ciel d'est en ouest pendant la nuit, comme toutes les étoiles. Mais, nuit après nuit, elles changeaient de position par rapport aux étoiles, progressant inexorablement d'ouest en est. Ce mouvement était d'ailleurs à l'origine du nom « planète », qui signifiait « vagabond » en grec. Les étoiles, elles, semblaient fixes les unes par rapport aux autres. Dans l'univers d'aujourd'hui, nous savons que cette différence de mouvement relatif entre les planètes et les étoiles est en réalité due à un effet de distance. Les étoiles très lointaines ne semblent pas bouger alors que les mouvements des planètes proches semblent être d'une grande amplitude.

Fait étrange, de temps à autre, les planètes semblaient s'arrêter dans leur trajectoire et inverser la direction de leur mouvement par rapport aux étoiles. Les planètes effectuaient alors un mouvement appelé rétrograde, d'est en ouest, pendant un certain temps avant de reprendre leur mouvement ouest-est habituel. Dans notre univers héliocentrique d'aujourd'hui, ces mouvements rétrogrades des planètes ont une explication bien naturelle. Ils résultent du fait que l'observation des mouvements des planètes s'effectue d'un endroit qui est lui-même en mouvement. Les mouvements rétrogrades se produisent chaque fois que la Terre, sur son orbite autour du Soleil, dépasse une planète supérieure (plus loin du Soleil que la Terre) ou est dépassée par une planète inférieure (plus proche du Soleil que la Terre). Ils ne sont qu'apparents. Un extra-terrestre observant de son vaisseau spatial le système solaire n'observerait pas de mouvements rétrogrades (fig. 1).

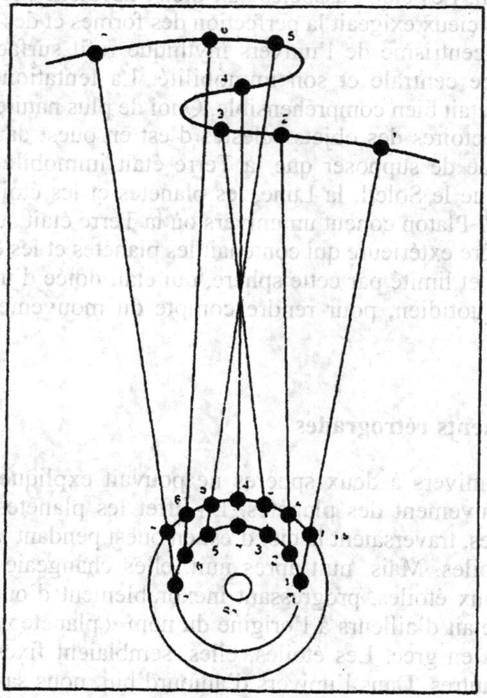

Fig. 1. *Le mouvement rétrograde des planètes.* Un observateur terrestre voit Mars inverser son mouvement par rapport aux étoiles lointaines (position 4') lorsque la Terre dépasse Mars dans son orbite autour du Soleil. Ce mouvement rétrograde n'est qu'apparent : il est dû au mouvement de l'observateur terrestre emporté par la Terre autour du Soleil. Un extra-terrestre qui observerait Mars d'un site fixe ne verrait pas de mouvement rétrograde. Quand la Terre a depassé Mars, ce dernier reprend son mouvement habituel d'ouest en est par rapport aux étoiles lointaines dans le ciel.

L'univers scientifique

Eudoxe, un jeune contemporain de Platon, ne pouvait pas savoir que, dans l'univers géocentrique de Platon, les mouvements rétrogrades des planètes n'étaient pas réels. Il voulait construire un univers où les mouvements des planètes seraient fidèlement reproduits. En termes platoniciens, il fallait « sauver les apparences » coûte que coûte. Pour Eudoxe, la raison pure à elle seule n'était plus suffisante pour cerner la réalité. Elle devait être conforme aux observations. Eudoxe fut ainsi le premier à construire un univers scientifique. Il transforma l'univers à deux sphères de Platon en un univers à sphères multiples. À la Terre immobile au centre et à la sphère extérieure des étoiles qui limitait l'univers, il ajouta des sphères concentriques pour chacune des planètes. Il comprit que tout mouvement pouvait être expliqué par la superposition de plusieurs mouvements circulaires et uniformes, le mouvement « naturel » des planètes. Ainsi, pour expliquer le mouvement rétrograde des planètes, la rotation des sphères planétaires devait s'accompagner de la rotation de sphères supplémentaires attachées aux sphères planétaires et possédant des axes inclinés. Au total, il fallut trente-trois sphères à Eudoxe pour rendre compte des observations de son époque.

Le pas suivant fut fait par Aristote (vers 350 av. J.-C.), qui infusa à l'univers multisphérique d'Eudoxe une dimension à la fois plus physique et plus spirituelle. Pour reproduire les observations plus précises des mouvements des planètes, le nombre total de sphères passa à cinquante-cinq. La Lune, Mercure, Vénus, le Soleil, Mars, Jupiter et Saturne étaient sur des sphères cristallines concentriques centrées sur la Terre toujours immobile. Chaque sphère planétaire était liée à quatre ou cinq autres sphères et toutes tournaient autour d'axes différents, de façon que la superposition de leurs mouvements reproduisait le mouvement de la planète. L'univers était toujours limité par la sphère extérieure des étoiles (fig. 2).

L'univers aristotélicien était divisé en deux, la sphère de la Lune servant de zone de démarcation. La Terre et la Lune appartenaient au monde changeant et imparfait où régnaient la vie, l'usure et la mort. Dans ce monde constitué de terre, d'eau, d'air et de feu, le mouvement naturel était vertical. Toute chose allait en ligne droite, de haut en bas ou de bas en haut. L'air et le feu s'élançaient vers le ciel tandis que la terre et l'eau tombaient vers le sol. Le mouvement circulaire n'étant pas permis, la Terre était immobile et ne tournait pas sur elle-même. Le monde parfait, celui des autres planètes, du Soleil et des étoiles, était en revanche inchangeant et éternel. Constitué d'éther, son mouvement naturel était celui de la rotation autour de la Terre, ce qui expliquait le mouvement éternel de rotation des sphères cristallines planétaires. Dans cet univers, les imperfections du

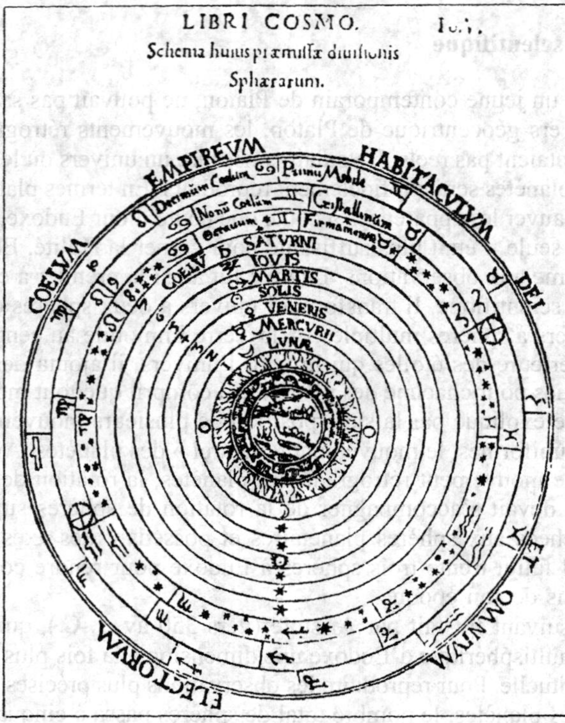

Fig. 2. *L'univers géocentrique d'Aristote*. La Lune, Mercure, Vénus, le Soleil, Mars, Jupiter, Saturne et les étoiles sont situés sur des sphères cristallines concentriques centrées sur la Terre immobile (photo, Bibliothèque nationale).

ciel, telles les comètes, ces boules de feu qui faisaient sporadiquement leur apparition, ne pouvaient qu'appartenir au monde imparfait : elles étaient le résultat de perturbations dans l'atmosphère terrestre.

L'univers platonicien et aristotélicien atteignit son apogée deux siècles plus tard avec Ptolémée (vers 140 av. J.-C.). Celui-ci fit la synthèse des connaissances acquises pendant les quatre siècles précédents et élabora un univers géométrique qui fut accepté sans réserve pendant plus de 1 500 ans. Les trois principales propriétés des univers précédents étaient retenues. L'univers était géocentrique. La Terre était sphérique et au centre de tout. Les mouvements naturels des planètes étaient circulaires et uniformes.

La Terre est courbe

La sphéricité de la Terre avait été démontrée au siècle précédent par Ératosthène (vers 250 av. J.-C.) qui vivait à Alexandrie et qui avait lu qu'à Syène, une petite ville au sud de l'Égypte, le 21 juin, jour le plus long de l'année, les colonnes des temples ne projetaient pas d'ombre à midi. Ce jour venu, Ératosthène, en vrai scientifique, s'en alla observer à midi les colonnes des temples d'Alexandrie. Il constata que celles-ci, contrairement à celles de Syène, projetaient de grandes ombres sur le sol. Il conclut de cette simple observation que la Terre devait être courbe. Elle ne pouvait être plate, car si elle l'était, toutes les colonnes sur Terre projetteraient les mêmes ombres au même instant. En mesurant l'étendue des ombres des colonnes à Alexandrie et en obtenant la distance séparant Alexandrie de Syène à partir du nombre de pas nécessaires pour joindre les deux villes à pied, Ératosthène put calculer la circonférence de la Terre, qu'il évalua à 40 000 kilomètres, une valeur très proche des mesures modernes, ce qui était tout à fait remarquable.

Cercle sur cercle

Ptolémée s'était donné la tâche de rectifier certaines lacunes de l'univers aristotélicien. En particulier, il voulait donner une solution à deux problèmes mis en évidence par des observations précises. Le premier problème était celui des mouvements « anormaux » des planètes. Celles-ci montraient des variations de vitesse sur leurs orbites, contraires à la doctrine de parfaite uniformité de mouvement si chère à Aristote. Le second problème concernait la variation de la distance de la Lune et des planètes à la Terre, une variation qui se traduisait par un changement de la dimension angulaire de la Lune ou par un changement de brillance des planètes. Cette variation de distance ne trouvait pas d'explication dans l'univers aristotélicien, car dans celui-ci les planètes étaient attachées à des sphères dont le centre était la Terre. Par définition, la distance d'une planète à la Terre était ainsi toujours égale au rayon de la sphère planétaire et ne pourrait varier. Pour Ptolémée, il s'agissait de résoudre ces deux problèmes tout en tenant compte du mouvement rétrograde des planètes. Il eut l'idée ingénieuse de détacher les planètes des sphères célestes et de les placer sur de petits cercles, appelés épicycles, ayant leurs centres sur la surface des sphères célestes. Ainsi, le mouvement d'une planète dans le ciel serait la superposition de deux mouvements : le mouvement uniforme de la planète sur un épicycle dont le centre lui-même se déplacerait uniformément sur le cercle d'une sphère céleste (fig. 3). L'effet serait assez semblable à ce que pourrait voir un spectateur placé au centre d'une piste circulaire et admirant un cow-boy galopant avec son cheval sur la piste et faisant tournoyer au-dessus de sa tête un lasso dont l'extrémité serait lumineuse. Avec l'introduction des épicycles, Ptolémée fut à même de résoudre tous les problèmes posés par l'univers aristotélicien. Il put non seulement rendre compte de façon quantitative, précise et détaillée de tous les mouvements passés des planètes, mais il lui fut aussi possible de prédire leurs positions futures. L'*Almageste* (« le grand astronome », en arabe), dans lequel Ptolémée consigna tous ses calculs et publia ses tables de positions de planètes, reste sans conteste un ouvrage majeur. Il servit de fondement à plus de sept siècles d'astronomie arabe et présentait un univers géométrique qui, avec l'univers physique aristotélicien, allait s'imposer jusqu'au XVIe siècle. Bien sûr, il y eut des contestations. Aristarque, au IIIe siècle av. J.-C., avait déjà rejeté l'univers géocentrique au profit d'un univers héliocentrique dont le Soleil serait le centre et autour duquel tourneraient la Terre et les autres planètes. Mais sa voix fut vite étouffée.

L'univers médiéval

Par une nuit de l'hiver 1300, un moine franciscain quitte son lit chaud et douillet pour se rendre aux matines. Il traverse la cour du monastère et s'arrête près du cloître pour contempler le ciel. Enveloppé dans l'obscurité froide et silencieuse de la nuit, il est captivé par le firmament étoilé. Là-bas, bien au-dessus de l'horizon, il distingue un point de lumière plus brillant que les autres. Il sait que c'est la planète Jupiter qui poursuit inlassablement sa trajectoire circulaire autour de la Terre sur sa sphère cristalline, accompagnée dans son voyage par les anges des hautes sphères. Il sait aussi que, entre la Terre et la Lune, invisible ce soir, se trouve le purgatoire où les âmes des justes doivent être purifiées avant de pouvoir accéder à de plus hautes sphères et s'approcher de Dieu ; Dieu qui réside dans l'empyrée, au-delà de la sphère cristalline des étoiles qu'il voit briller de tous leurs feux. La pensée de Dieu amène instinctivement une prière sur ses lèvres. Il espère bien que son âme atteindra un jour les hautes sphères et qu'il ne connaîtra jamais les feux de l'enfer dans les entrailles de la Terre. L'univers aristotélicien des sphères cristallines est encore très présent dans l'univers médiéval du moine franciscain. La nouveauté, c'est la présence de figures et de concepts issus de la religion chrétienne : les anges, le purgatoire, l'enfer, l'empyrée, Dieu.

Quinze siècles avaient passé depuis la grande synthèse de l'univers grec par Ptolémée. Maints événements s'étaient passés. La Grèce avait été annexée à l'Empire romain vers la fin du IIe siècle av. J.-C. et le christianisme fut déclaré religion officielle de l'Empire vers l'an 300.

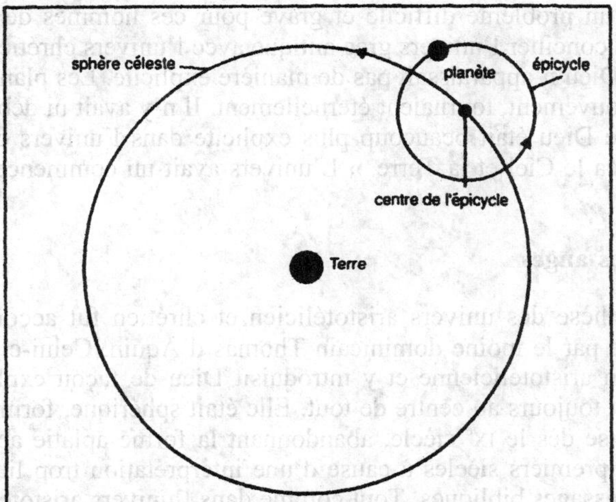

Fig. 3. *L'univers de Ptolémée.* L'univers géocentrique de Ptolémée fit autorité pendant plus de quinze siècles. Pour rendre compte du mouvement des planètes, Ptolémée fit déplacer chaque planète sur un cercle appelé épicycle dont le centre était lui-même en rotation sur une sphère céleste centrée sur la Terre (fig. du bas).

L'éclat de la pensée grecque diminua pendant cette période. Les Romains n'étaient pas intéressés par les spéculations abstraites. En dépit de brillantes inventions technologiques et d'innovations pratiques, telle la réforme du calendrier, ils contribuèrent peu à la pensée cosmologique. Les invasions répétées des hordes barbares des Goths et des Huns venus de l'est pendant les Vᵉ et VIᵉ siècles donnèrent le coup de grâce à l'Empire romain, déjà considérablement affaibli par la corruption politique et le chaos économique. Le savoir grec disparut de l'Occident.

Parallèlement au déclin et à la chute de l'Empire romain, l'Empire arabe islamique, qui s'étendait de l'Espagne à l'Inde, prit son essor. Le flambeau de la civilisation et des sciences passa aux mains des califes de Bagdad qui, pendant la période 750-1000, firent construire des observatoires et traduire en arabe les grandes œuvres grecques, tel l'*Almageste*. Dès l'an 1000, l'Espagne était devenue le grand centre intellectuel du monde islamique, et, à travers elle, l'Europe chrétienne redécouvrit la pensée grecque. La traduction des grandes œuvres grecques d'arabe en latin fut entreprise et les mots d'origine arabe tels que « algèbre », « azur », « zénith » ou « zéro » envahirent le vocabulaire courant.

Le savoir, dans le monde médiéval, était dans les mains de l'Église. Tous les manuscrits étaient rassemblés dans les bibliothèques des monastères, et seuls les moines y avaient accès. La conception aristotélicienne soulevait un problème difficile et grave pour ces hommes de religion. Comment concilier l'univers grec antique avec l'univers chrétien ? Chez Aristote, Dieu n'apparaissait pas de manière explicite. Les planètes, une fois en mouvement, tournaient éternellement. Il n'y avait ni début ni fin. Le rôle de Dieu était beaucoup plus explicite dans l'univers chrétien : « Dieu créa le Ciel et la Terre. » L'univers avait un commencement.

Dieu et les anges

La synthèse des univers aristotélicien et chrétien fut accomplie au XIIIe siècle par le moine dominicain Thomas d'Aquin. Celui-ci reprit la conception aristotélicienne et y introduisit Dieu de façon explicite. La Terre était toujours au centre de tout. Elle était sphérique, forme qu'elle avait reprise dès le IXe siècle, abandonnant la forme aplatie acquise au cours des premiers siècles à cause d'une interprétation trop littérale de certains passages bibliques. Tout comme dans l'univers aristotélicien, la Lune, le Soleil, les planètes et les étoiles tournaient autour de la Terre sur des sphères cristallines. Il existait une sphère supplémentaire au-delà de la sphère des étoiles introduite par les Arabes : la sphère primaire, dotée par Dieu d'un mouvement de rotation constant.

Dieu était maintenant présent en personne. Après l'avoir créé, il veillait aux affaires d'un univers hiérarchisé, secondé dans sa tâche par une armée d'anges. Dieu résidait dans l'empyrée, le domaine des feux éternels, au-delà de la sphère primaire, mais à une distance finie, l'univers étant lui-même fini. Les anges venaient ensuite dans la hiérarchie. Ils habitaient les sphères planétaires et celle du Soleil, et étaient responsables de la rotation de ces dernières. En vrais mécaniciens du ciel, ils s'assuraient de la bonne marche de la machine céleste. Leur degré de divinité décroissait à mesure que leur sphère de résidence s'éloignait de l'empyrée. Il y avait ensuite la sphère de la Lune, frontière entre la zone sous-lunaire et les hautes sphères, dont le passage était jalousement surveillé par les anges. Dans la zone sous-lunaire se trouvaient le purgatoire, l'antichambre des hautes sphères, et la Terre, domaine des hommes et de la mortalité. Au bas de la hiérarchie, dans les entrailles de la Terre, était l'enfer, domaine des démons et du Mal, et où les âmes mauvaises échouaient après leur vie terrestre. L'élément mythique qui avait disparu dans les univers géométriques d'Aristote et de Ptolémée réapparaissait à travers la religion. Le bleu diurne du ciel était la lumière éthérée de Dieu. Diables et démons peuplaient la nuit de l'univers médiéval. La succession du jour et de la nuit était le résultat du combat sans relâche entre le Bien et le Mal. Mais l'élément scientifique et rationnel introduit par les Grecs demeurait très présent et allait se renforcer considérablement dans les siècles à venir.

Et si la Terre bougeait ?

Paradoxalement, ce fut la réintroduction de la religion dans la cosmologie qui fit avancer l'élément scientifique dans les univers qui suivirent. Les hommes d'Église – en particulier Étienne Tempier, évêque de Paris au XIIIe siècle – qui se penchèrent sur l'univers de Thomas d'Aquin y découvrirent progressivement certains aspects qui étaient en contradiction directe avec la théologie acceptée. L'univers de saint Thomas d'Aquin était fini et limité par l'empyrée, séjour divin. Or, le Dieu de la religion, infini et omniprésent, résidait en tout lieu. Le confiner en un seul endroit reviendrait à douter de ses pouvoirs illimités. Si Dieu était infini, pourquoi l'univers ne serait-il pas lui-même infini ? Le germe de l'univers infini était semé. D'autre part, n'était-il pas présomptueux de la part de l'homme de croire qu'il occupait la place centrale dans l'univers ? Pourquoi Dieu, qui résidait partout, ne serait-il pas aussi au centre de l'univers ? Mieux encore, avançait le cardinal allemand Nicolas de Cues au XVe siècle, puisque Dieu était infini, présent en tout lieu et centre en tout endroit, tout lieu dans l'univers devait être centre. Le firmament étoilé devait apparaître le même, quel que soit le lieu d'observation dans l'univers. Aucun lieu n'était spécial et il y avait une infinité de centres. Cette idée, connue aujourd'hui sous le nom de principe cosmologique, sera reprise cinq siècles plus tard par Einstein pour bâtir sa théorie de la relativité. L'univers géocentrique commençait à vaciller sérieusement. La conception de l'immobilité de la Terre, jusqu'alors sacrée, commençait aussi à être entamée. N'était-il pas sacrilège de croire que Dieu, doté de pouvoirs illimités, ne pouvait pas vaincre l'immobilité de la Terre et la faire tourner ? Après tout, remarquait l'évêque français Nicole Oresme au XIVe siècle, tout mouvement était relatif. Le mouvement des astres dans la voûte céleste pouvait être aussi bien dû à une rotation des objets célestes autour d'une Terre immobile qu'à une rotation de la Terre par rapport à des objets célestes immobiles. La raison humaine ne pouvait pas distinguer entre ces deux possibilités. Le marin sur un bateau qui descendrait une rivière et qui verrait le rivage défiler devant ses yeux aurait l'impression trompeuse que c'est le bateau qui est immobile et le rivage qui est en mouvement. Nous serions-nous trompés, comme le marin sur le bateau ? demandait Nicole Oresme. Et si la Terre bougeait vraiment ?

Malgré ces attaques contre l'univers géocentrique, le modèle de Ptolémée continuait à régner, faute de mieux. Les épicycles s'ajoutaient aux épicycles pour rendre compte des observations de plus en plus précises des mouvements des planètes. L'édifice ptoléméen acquérait une complexité accrue et s'éloignait chaque jour davantage de l'harmonie simple des sphères célestes si chère à Pythagore.

L'univers héliocentrique

Ce fut un autre homme d'Église, le chanoine polonais Nicolas Copernic, qui, finalement, délogea la Terre de sa place centrale dans l'univers. Avec son livre *Des révolutions des sphères célestes*, publié en 1543, juste avant sa mort, Copernic modifia complètement le visage de l'univers et inaugura une révolution intellectuelle dont nous ressentons encore les conséquences aujourd'hui. Les principes aristotéliciens, considérés comme évidents depuis deux mille ans, furent remis en cause. Dans l'univers copernicien, le centre était situé près du Soleil. La Terre fut reléguée au rang des autres planètes. Elle perdit son immobilité et se dota de mouvement pour accomplir sa révolution annuelle autour du Soleil, comme les autres planètes. Les planètes acquirent l'ordre auquel nous sommes habitués aujourd'hui. À distance croissante du Soleil venaient tour à tour Mercure, Vénus, Terre, Mars, Jupiter et Saturne, les six planètes connues du système solaire. La Lune, seule, conservait la Terre comme son centre. Elle accompagnait la Terre dans son voyage annuel autour du Soleil tout en accomplissant son tour mensuel autour de cette dernière. La Terre étant en mouvement, les mouvements rétrogrades des planètes, qui se produisaient chaque fois que la Terre était dépassée ou dépassait une autre planète, pouvaient être facilement expliqués sans avoir recours aux épicycles imaginés par Ptolémée. Pourtant, même Copernic ne pouvait pas faire table rase de tous les concepts aristotéliciens. Des idées qui avaient prévalu durant deux millénaires avaient la vie dure. Les planètes, dans l'univers copernicien, continuaient à résider sur des sphères cristallines poussées par des anges et leurs orbites, autour du Soleil, gardaient la circularité parfaite si prisée par les Grecs et une parfaite uniformité de mouvement, seule possible dans les hautes sphères d'après Aristote. Mais, étant donné que les orbites des planètes ne sont pas exactement circulaires, et leurs mouvements non exactement uniformes, Copernic dut tout de même faire appel à des épicycles pour chaque planète afin d'expliquer leur mouvement. Chacune se déplaçait sur un petit cercle, l'épicycle, dont le centre traçait lui-même un cercle sur la sphère cristalline correspondante, au cours de la rotation journalière de cette dernière autour du Soleil. Les sphères cristallines n'étaient pas tout à fait centrées par rapport au Soleil, mais en un point très proche, entre le Soleil et la Terre.

L'univers héliocentrique assena un coup sévère à la psyché humaine. L'homme avait perdu sa place centrale dans le cosmos. Il n'était plus au centre de l'attention de Dieu. L'univers ne tournait plus autour de lui et le cosmos n'était plus créé pour son seul usage et bénéfice. D'autre part, dans le nouvel univers, la Terre était devenue une haute sphère comme les autres planètes. D'après Aristote, tout ce qui relevait des hautes sphères devait être parfait, inchangeant et éternel, en contradiction avec les objets terrestres observés, imparfaits, changeants et éphémères. Cela signifiait-il que les cieux étaient imparfaits ? La confiance en la perfection des cieux fut sérieusement ébranlée.

Fig. 4. *L'univers héliocentrique de Copernic*. Copernic et son univers héliocentrique tel qu'il le publia en 1543, dans son ouvrage intitulé *Des révolutions des sphères célestes*. Les sphères planétaires en rotation et la sphère immobile des étoiles sont centrées sur le Soleil (photo, Bibliothèque nationale).

L'univers infini

Dernier coup assené à la conscience humaine, l'univers s'était considérablement agrandi, réduisant ainsi la taille et l'importance de la Terre par rapport au reste de l'univers. Certes, l'univers copernicien était toujours fini et limité par la sphère extérieure des étoiles qui était rigide et ne tournait plus. Comme Nicole Oresme l'avait pressenti, le mouvement apparent des étoiles était dû à la rotation journalière de la Terre sur elle-même, et non à la rotation des cieux autour de la Terre. La sphère extérieure des étoiles était, dans l'univers aristotélicien, à peine plus éloignée que la sphère de Saturne. Même à cette distance relativement modeste, un problème se posait, car le périmètre d'un grand cercle sur la sphère extérieure était déjà tellement grand que les étoiles devaient tourner à une vitesse inimaginable pour parcourir toute cette distance en une seule journée. Copernic résolut le problème en accordant à la Terre le mouvement et aux étoiles l'immobilité, mais, ce faisant, il fut contraint de repousser la sphère extérieure des étoiles à une très grande distance de la Terre. Il réduisit le système solaire qui occupait l'univers presque tout entier à un petit recoin de celui-ci. Copernic devait repousser très loin la sphère des étoiles, car ces dernières restaient obstinément fixes les unes par rapport aux autres malgré la rotation annuelle autour du Soleil dont il avait doté la Terre.

Or, si une étoile est relativement proche et qu'elle est observée à deux moments différents au cours de cette rotation, elle doit paraître avoir changé de place par rapport aux étoiles plus lointaines, comme en témoigne la simple expérience suivante. Pointez un doigt, bras tendu, et fixez-le d'un œil, puis de l'autre, en clignant rapidement des yeux. Votre doigt semblera bouger par rapport aux objets plus lointains. Ce phénomène est dû au fait que vos yeux sont à une certaine distance l'un de l'autre, tout comme la distance entre les deux positions successives de la Terre au moment des observations provoque un changement de position d'une étoile proche par rapport aux plus lointaines. L'angle correspondant au changement de position est appelé parallaxe, et cet angle est d'autant plus petit que la distance à l'étoile est plus grande (voir aussi fig. 9). Les étoiles ayant des parallaxes trop petites pour être mesurées, Copernic en conclut qu'elles devaient être très distantes.

D'un seul coup, Copernic avait délogé l'homme de sa place centrale, semé le doute dans son esprit quant à la perfection des cieux et rendu l'homme plus insignifiant. On pourrait s'étonner qu'en préconisant un univers héliocentrique d'une telle conséquence Copernic ne se soit pas attiré de démêlés avec l'Église, qui défendait l'univers géocentrique d'Aristote et de Thomas d'Aquin. Ce laisser-faire de la part de l'Église pouvait s'expliquer de plusieurs façons. D'abord, Copernic lui-même était un homme d'Église. Ensuite, il n'avait autorisé la publication de son livre que très tard (trois ans avant sa mort ; la légende dit qu'il n'en vit un exemplaire que le jour de sa mort). Mais, surtout, la préface du livre insistait sur le fait que l'auteur ne pensait pas que l'univers proposé correspondait à l'univers réel, mais que c'était un simple modèle mathématique qui permettait de prédire les mouvements des objets célestes et des éclipses de façon peut-être plus commode que le modèle de Ptolémée. Cette préface, qui n'était pas signée, fut probablement rédigée par Andreas Osiander, qui s'occupa de la publication du livre. En tout cas, l'Église fut satisfaite de l'interprétation de l'univers copernicien comme simple modèle mathématique. L'univers aristotélicien de Thomas d'Aquin était ainsi préservé et l'Église retint ses foudres contre Copernic.

Les grains semés par Copernic commencèrent à pousser dans les années qui suivirent. Deux hommes reprirent à leur compte l'univers déjà très vaste de Copernic et en firent éclater les frontières. L'astronome anglais Thomas Digges proposa, en 1576, de supprimer la sphère extérieure des étoiles. L'univers devenait infini avec ses étoiles réparties dans le domaine illimité de Dieu. Le moine dominicain Giordano Bruno peupla cet univers infini d'une infinité de mondes habités par une infinité de formes de vie, qui toutes célébraient la gloire de Dieu. Cette dernière proposition fit déborder l'eau du vase et Giordano Bruno fut accusé d'hérésie et condamné par l'Église à mourir sur le bûcher en 1600.

L'imperfection des cieux

Le concept aristotélicien de la perfection des cieux continua à être soumis à rude épreuve. Un des coups les plus décisifs fut porté par Tycho Brahé, un astronome danois qui avait poussé la précision des observations astronomiques au plus haut degré, autant qu'il était possible avant l'invention du télescope, en construisant d'énormes instruments pour mieux lire les mesures et en tenant compte des variations de température qui allongeaient ou raccourcissaient très légèrement les instruments. En 1572, une nouvelle étoile apparut dans la constellation de Cassiopée, si brillante qu'elle fut visible de jour tout un mois durant. Tycho, tout jeune de ses vingt-six ans, l'observa jour après jour, nuit après nuit, et établit avec certitude que la nouvelle étoile devait être très distante, bien au-delà des sphères cristallines planétaires. En effet, contrairement aux planètes, elle ne changeait pas de position par rapport aux étoiles distantes. Tycho en conclut qu'Aristote devait avoir tort, que les cieux avaient changé, qu'ils n'étaient pas immuables. Nous savons aujourd'hui que Tycho avait raison et que la nouvelle étoile n'était autre qu'une supernova, explosion fulgurante marquant la mort d'une étoile massive dans notre Voie lactée, et qui, dans un dernier sursaut d'agonie, libéra pendant quelques jours autant d'énergie que cent millions de Soleils. La supernova de Tycho, comme elle est désignée maintenant, est l'une des rares (sept en tout) supernovae observées dans notre Voie lactée.

Le roi du Danemark fut si impressionné par l'observation de la supernova qu'il donna à Tycho une île entière, Hven, au large de la côte du Danemark, pour en faire son observatoire. Là, pendant vingt ans, Tycho accumula des observations d'une précision sans précédent. En particulier, l'observation de la grande comète de 1577 confirma ses doutes sur la perfection aristotélicienne des hautes sphères. Les comètes, jusqu'ici, étaient considérées comme des phénomènes atmosphériques terrestres, tout comme les arcs-en-ciel. Tycho Brahé démontra que cela ne pouvait être le cas. La comète changeait de position par rapport aux étoiles lointaines, ce qui la plaçait beaucoup plus près de la Terre que la supernova. Mais ce mouvement était tellement plus petit que celui de la Lune que la comète devait être beaucoup plus distante de la Terre que cette dernière. Elle était certainement quelque part dans la zone des sphères cristallines planétaires.

De nouveau, l'immuabilité aristotélicienne des cieux fut violée. Un nouvel objet était apparu. Fait encore plus grave, les observations très précises de Brahé lui permirent de déterminer l'orbite de la comète. Il découvrit que cette orbite était ovale et non circulaire. Où était donc passée la perfection circulaire des mouvements dans les cieux ? Autre conséquence grave de cette découverte : si l'orbite de la comète était ovale et que celle-ci n'était pas plus éloignée que la plus distante des planètes, la comète devait obligatoirement traverser les sphères solides cristallines planétaires, ce qui serait absurde si ces dernières existaient vraiment. Tycho Brahé fut forcé de conclure que les sphères cristallines des planètes n'étaient pas réelles, qu'elles n'existaient que dans l'imagination des hommes. Le rejet de ces sphères aristotéliciennes soulevait un problème difficile : si les planètes n'étaient pas attachées à des sphères, pourquoi ne tombaient-elles pas ? Qu'est-ce qui les retenait dans les cieux ? Malgré ces questions, Tycho essaya de construire son propre univers en trouvant un compromis entre l'univers héliocentrique de Copernic et l'univers géocentrique d'Aristote, un univers où les planètes tournaient autour du Soleil mais où le Soleil, avec son cortège de planètes, tournait comme la Lune autour de la Terre qui retenait sa place centrale (fig. 5).

Galilée et son télescope

Le personnage qui entre ensuite en scène fut Galileo Galilei, professeur de mathématiques en Italie. Il passa les dix-huit premières années de sa jeune carrière, de 1591 à 1609, à étudier comment les objets tombaient par terre. Il était persuadé qu'il y trouverait le secret du mouvement des objets célestes, ayant rejeté la notion aristotélicienne selon laquelle les mouvements sur Terre étaient rectilinéaires alors que les mouvements célestes étaient circulaires. Il avait bien observé qu'un ballon jeté dans l'air retombait par terre selon une trajectoire courbe. Les mêmes lois naturelles devaient régir toute chose dans l'univers, et elles ne pouvaient être découvertes que par des observations ou expériences répétées et précises. Ayant ainsi inventé la physique expérimentale, Galilée fit glisser des objets sur des plans inclinés pour ralentir leur chute et obtenir des mesures plus précises. Il découvrit que tout objet qui tombait par terre avait exactement la même accélération, quel que soit son poids. S'il n'y avait pas la résistance de l'air, une plume et un obus de plomb lâchés du haut d'une tour au même moment atteindraient le sol au même instant. Bien que ce résultat ait été vérifié maintes fois dans les vides artificiels créés dans les laboratoires, un astronaute américain, quelque trois cent soixante ans plus tard, a voulu tirer son chapeau à Galilée en faisant l'expérience avec une plume et un marteau sur la surface dépourvue d'atmosphère de la Lune.

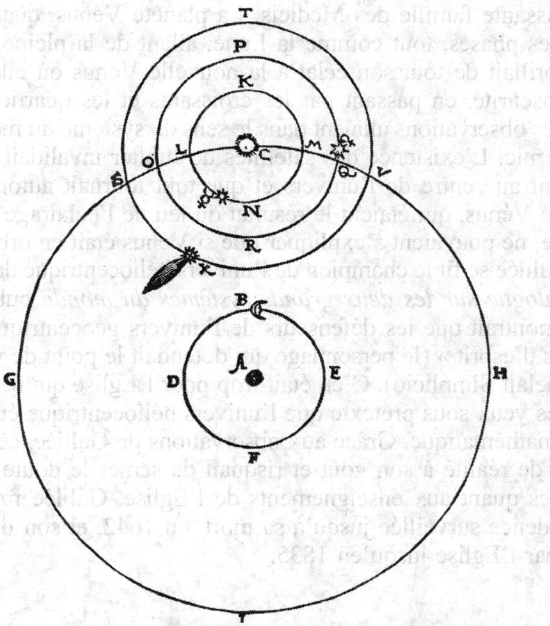

Fig. 5. *L'univers de Tycho Brahé*. Un compromis entre l'univers héliocentrique de Copernic et l'univers géocentrique d'Aristote : les planètes tournent autour du Soleil, mais le Soleil, avec son cortège de planètes, tourne autour de la Terre, tout comme la Lune.

En 1609, Galilée entendit parler de l'invention récente du télescope en Hollande. Tout de suite, il construisit un appareil capable d'agrandir trente-deux fois, de la taille des télescopes qu'on trouve aujourd'hui dans les magasins, et le pointa vers le ciel. Comme ce fut le cas chaque fois qu'un instrument nouveau a été tourné vers le ciel, Galilée découvrit monts et merveilles. Il vit une foule de phénomènes nouveaux et d'objets inconnus qui remirent davantage encore en cause la version aristotélicienne des cieux pour donner raison à l'univers héliocentrique copernicien. De nouvelles imperfections apparurent dans les cieux. Des montagnes apparurent sur la Lune. Le Soleil montra des taches sombres sur sa surface (appelées aujourd'hui « taches solaires », elles semblent sombres à cause de leur température, moins élevée comparée au reste du disque solaire). Après la supernova de Tycho et la comète de 1577, les montagnes lunaires et les taches solaires enfoncèrent le dernier clou dans le cercueil de la perfection aristotélicienne des cieux. Tournant son télescope vers Jupiter, Galilée découvrit quatre satellites en orbite autour de la planète, satellites aujourd'hui connus sous le nom de « satellites galiléens », mais qu'il baptisa « satellites médicéens » pour gagner la faveur et l'appui financier de la puissante famille des Médicis. La planète Vénus, quant à elle, traversait des phases, tout comme la Lune, allant de la pleine Vénus où la planète brillait de tout son éclat à la nouvelle Vénus où elle replongeait dans l'obscurité, en passant par les croissants et les quartiers de Vénus. Toutes ces observations allaient dans le sens du système du monde proposé par Copernic. L'existence des satellites de Jupiter invalidait l'idée que la Terre était au centre de l'univers et que tout tournait autour d'elle. Les phases de Vénus, qui étaient le résultat du jeu de l'éclairage du Soleil sur la planète, ne pouvaient s'expliquer que si Vénus était en orbite autour du Soleil. Galilée se fit le champion de l'univers héliocentrique dans son grand livre *Dialogue sur les deux grands systèmes du monde* publié en 1632, où il démontrait que les défenseurs de l'univers géocentrique étaient des « simples d'esprit » (le personnage qui défendait le point de vue traditionnel s'appelait Simplicio). C'en était trop pour l'Église qui ne pouvait plus fermer les yeux sous prétexte que l'univers héliocentrique était un simple modèle mathématique. Grâce aux observations de Galilée, ce modèle prenait trop de réalité à son goût et risquait de semer le doute dans l'esprit des fidèles quant aux enseignements de l'Église. Galilée fut jugé et mis sous résidence surveillée jusqu'à sa mort, en 1642, et son livre fut mis à l'Index par l'Église jusqu'en 1835.

Le mouvement des planètes

Cette action malencontreuse de l'Église eut pour effet de déplacer le centre de l'activité scientifique vers le nord de l'Europe. Le prochain acteur à entrer en scène dans la saga des bâtisseurs d'univers est l'Allemand Johannes Kepler. Jeune professeur de lycée en mathématiques, celui-ci était devenu l'assistant de Tycho Brahé en 1600 à Prague en ce qui deviendrait plus tard la Tchécoslovaquie, où Tycho s'était retiré après avoir perdu les faveurs du roi du Danemark. Deux ans plus tard, Tycho Brahé mourut en laissant entre les mains du jeune Kepler ses innombrables et méticuleuses observations des objets célestes et, en particulier, des planètes. Grâce à l'obsession magnifique de Tycho, Kepler avait à sa portée un trésor d'observations d'une précision inégalée, accumulées nuit après nuit pendant une vingtaine d'années, la durée nécessaire pour suivre les planètes les plus proches accomplissant plusieurs orbites autour du Soleil. Kepler était persuadé qu'il trouverait dans ce trésor le secret des mouvements célestes, et les lois qui régissent l'univers. Il croyait en l'univers héliocentrique de Copernic. Il était aussi convaincu par la démonstration de Tycho selon laquelle les sphères cristallines planétaires n'étaient qu'un produit de l'imagination humaine.

Cette attitude était d'autant plus méritoire que Kepler croyait que l'univers était gouverné par les mathématiques, que Dieu était géomètre.

Pendant de longues années, l'astronome avait pensé que le nombre de planètes (six étaient connues de son temps), ou plus exactement le nombre d'intervalles entre les planètes (cinq en tout), était conforme aux cinq solides réguliers connus des Grecs, dits « platoniques », et dont les côtés étaient des polygones réguliers. Le cube, par exemple, dont le côté est un carré, fait partie de ces solides (voir fig. 46). Après des années de travail, Kepler dut finalement se rendre à l'évidence que des orbites planétaires circulaires circonscrites par les solides platoniques ne pouvaient être en accord avec les observations de Tycho Brahé. Le nombre de planètes connues aujourd'hui (neuf en tout) aurait aussi suffi à invalider cette théorie de solides platoniques.

Dans son univers héliocentrique, Kepler avait tout naturellement pensé à des orbites planétaires circulaires avec des mouvements uniformes. Bien que la croyance en la perfection des cieux fût ébranlée, l'hypothèse d'une forme orbitale parfaite, le cercle, et d'un mouvement uniforme parfait pour les planètes, s'imposait depuis Platon. Copernic, Tycho et Galilée avaient tous accepté cette hypothèse sans la remettre le moins du monde en cause. En examinant les observations que Tycho Brahé avait accumulées sur Mars, Kepler découvrit que la trajectoire de la planète n'était pas symétrique autour du Soleil comme elle le serait pour une orbite circulaire, mais qu'elle était légèrement plus allongée d'un côté que de l'autre. Après quatre années d'études et neuf cents pages de calcul, et à l'encontre de ses propres convictions, Kepler dut se résigner à faire tomber le dernier bastion aristotélicien. Les orbites planétaires n'étaient plus circulaires, mais elliptiques. Le Soleil n'était plus au centre, mais à l'un des foyers de l'ellipse (fig. 6). Les épicycles n'avaient plus de raison d'être. Les mouvements des planètes pouvaient être parfaitement expliqués sans leur existence. Deux mille années d'obsession épicyclique prenaient ainsi fin. Le mythe de l'uniformité des mouvements planétaires fut lui aussi balayé. Les planètes accéléraient quand elles s'approchaient du Soleil et décéléraient en s'en éloignant. Il existait une relation mathématique précise entre le temps mis par une planète pour accomplir une révolution autour du Soleil et sa distance à cet astre. Si la Terre ne mettait, par définition, qu'une année pour accomplir son périple autour du Soleil, Mars, qui était 1,5 fois plus éloignée, mettait 1,9 fois plus longtemps, tandis que Jupiter, à une distance 5,2 fois supérieure, aurait une « année » de 11,9 ans.

Pourquoi la Lune ne tombe-t-elle pas vers la Terre ?

Si Kepler pouvait décrire les mouvements des planètes par des lois mathématiques bien précises, le problème que Tycho s'était posé en supprimant les sphères cristallines restait entier. Qu'est-ce qui maintenait les planètes sur leurs orbites elliptiques ? Pourquoi ne tombaient-elles pas vers le Soleil ? Quelle était la cause de leurs mouvements puisqu'il n'y avait plus d'anges pour les pousser ? Pourquoi accéléraient-elles près du Soleil et décéléraient-elles loin de celui-ci ? Kepler croyait en des forces magnétiques émanant du Soleil qui maintenaient les planètes sur leurs orbites. Ces forces décroissaient loin du Soleil, ce qui entraînait le ralentissement des planètes, et augmentaient près du Soleil, en accélérant leur mouvement. Kepler faisait fausse route. Ce qui fut brillamment démontré par un Anglais du nom d'Isaac Newton, né l'année même de la mort de Galilée, soit douze ans après la disparition de Kepler. Grâce à lui, la gravité fit une entrée fracassante dans l'univers scientifique.

En l'an 1666, le jeune Newton, âgé de vingt-trois ans, venait d'obtenir son diplôme de l'université de Cambridge. Pour échapper à l'épidémie de peste qui sévissait alors, il s'était réfugié dans la maison de sa mère, dans le Lincolnshire. Pendant les deux années de sa retraite campagnarde forcée, Newton changea le visage de l'univers. Il inventa le calcul infinitésimal, fit des découvertes fondamentales sur la nature de la lumière – il fut le premier à décomposer la lumière avec un prisme en ses couleurs arc-en-ciel et à construire un télescope réflecteur. Mais, surtout, il découvrit le principe de la gravitation universelle. Jamais auparavant et jamais depuis, sauf peut-être en l'an 1905, quand Albert Einstein inventa simultanément la relativité restreinte et l'effet photoélectrique (un effet qui concerne l'interaction de la lumière avec les atomes), l'univers n'avait connu de si grands bouleversements en un laps de temps si court.

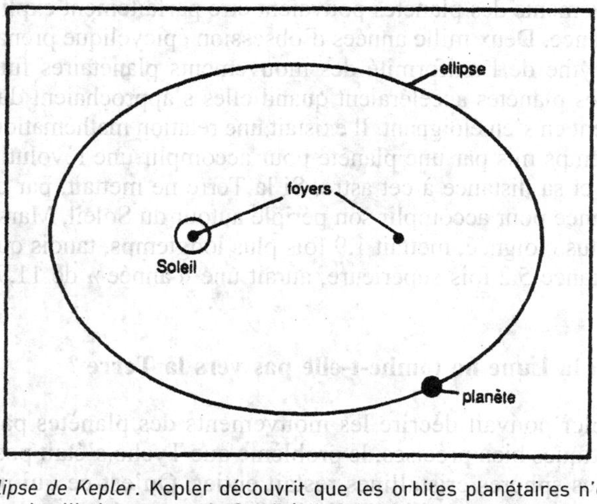

Fig. 6. *L'ellipse de Kepler*. Kepler découvrit que les orbites planétaires n'étaient pas circulaires mais elliptiques, avec le Soleil à l'un des foyers de l'ellipse.

La légende dit que Newton eut l'idée de la gravitation universelle en voyant tomber une pomme à ses pieds. Galilée avait déjà essayé, avant Newton, de disséquer les mouvements de chute des objets. Le grand bond conceptuel réalisé par Newton consista à relier la chute de la pomme dans le verger au mouvement de la Lune autour de la Terre. Newton fit table rase de la distinction aristotélicienne entre ciel et Terre. Pour lui, la Lune, tout comme la pomme, était sujette à une même et seule gravitation universelle. Si la Lune ne tombait pas vers la Terre, tout comme la pomme, c'est qu'il existait une force qui s'opposait à la force de gravité et qui repoussait la Lune de la Terre. Cette force due au mouvement de la Lune sur son orbite, appelée force centrifuge, est exactement égale et opposée à la force de gravité, si bien qu'il n'y a pas de force nette sur la Lune. La gravité ayant été neutralisée, la Lune, même sans sphère cristalline, peut ainsi poursuivre son mouvement autour de la Terre sans tomber.

D'autre part, elle n'avait plus besoin d'anges pour la pousser sur son orbite. Une fois lancée, la Lune continuait son mouvement d'elle-même, sans l'aide d'aucune intervention extérieure. La situation est comparable à celle d'une pomme lancée en l'air. Une fois qu'elle a quitté votre main, elle n'a plus besoin d'aucune intervention pour poursuivre sa trajectoire. Mais, direz-vous, elle s'écrase sur la Terre peu après, tandis que la Lune continue inexorablement son mouvement autour de la Terre. C'est parce que la pomme n'a pas reçu assez d'impulsion de votre main au moment du lancer. Si vous la lanciez de plus en plus fort, elle resterait en l'air de plus en plus longtemps et atterrirait de plus en plus loin. Si vous étiez doué d'une force surhumaine, vous lanceriez la pomme tellement fort qu'à un moment donné la distance de son point de chute serait supérieure au diamètre de la Terre. Elle décrirait ainsi une trajectoire elliptique autour de la Terre et continuerait indéfiniment à tourner autour d'elle. Vous auriez ainsi mis une pomme en orbite. Si vous la lanciez encore plus fort, la pomme décrirait une courbe parabolique ou hyperbolique. Elle échapperait alors à l'influence gravitationnelle de la Terre et irait se perdre dans l'espace infini (fig. 7). En pratique, bien sûr, la gravité de la Terre est trop grande pour que des objets puissent être mis en orbite par des forces humaines. Heureusement, car nous ne voudrions pas polluer l'espace avec des ballons de football ou de rugby ! Il faut toute la puissance dégagée par des tonnes de carburant pour placer une navette spatiale en orbite.

L'univers mécanique

Les mouvements, une fois déclenchés, n'avaient donc plus besoin d'intervention divine ou autre. L'univers newtonien était mécanique. Il fonctionnait comme une horloge à ressort qu'on remontait. Une fois remonté, l'univers fonctionnait de lui-même en respectant les lois de la gravitation universelle. Dieu disposait de beaucoup plus de temps libre dans l'univers newtonien que dans l'univers aristotélicien. Au lieu de la vigilance constante qui était nécessaire pour surveiller l'armée d'anges assurant la bonne marche des planètes et autres objets célestes, Dieu n'avait plus qu'à donner un petit coup de pouce à l'univers à son début pour qu'il fonctionnât tout seul par la suite.

Avec la gravitation universelle, Newton put expliquer les caractéristiques des mouvements planétaires découverts par Kepler. La force de gravité était transmise par un milieu appelé éther (bien que très loin de l'éther aristotélicien), un concept vague que Newton ne développa pas. Étant attractive, elle faisait tomber deux objets l'un vers l'autre, et elle devait avoir une relation inverse avec la distance séparant deux objets puisqu'elle devenait plus grande près du Soleil, attirant une planète plus fortement et la faisant accélérer, tandis qu'elle diminuait loin du Soleil avec comme conséquences la décélération et le ralentissement de la planète. En fait, Newton découvrit que la force de gravité devait décroître comme le carré de la distance séparant deux objets. Si un homme et une femme s'éloignent l'un de l'autre à une distance dix fois plus grande, la force d'attraction gravitationnelle entre eux diminue du carré de dix, soit de cent fois. D'autre part, la force gravitationnelle est proportionnelle à la masse de chaque objet. La masse mesure l'inertie d'un objet, sa résistance au mouvement. Il est beaucoup plus facile de pousser une personne qu'un éléphant, la personne étant beaucoup moins massive. Le caillou jeté dans l'air retombe au sol en raison de la force gravitationnelle que la Terre exerce sur lui. Cette force est réciproque et le caillou exerce exactement la même force sur la Terre. Seulement, le déplacement de la Terre vers le caillou est imperceptible parce que la Terre, étant beaucoup plus massive, offre une résistance au mouvement bien supérieure à celle du caillou. Le caillou tombe vers la Terre et non l'inverse. De même, la Lune tourne autour de la Terre et non le contraire. Il ne faut pas confondre la masse avec le poids. Vous avez du poids parce que la force gravitationnelle de la Terre vous attire vers son centre contre sa surface. Le poids est un mot qui signifie « force gravitationnelle ». Il varie avec le champ de gravité. Si vous pesez 60 kilogrammes sur Terre, vous n'en pèseriez plus que 10 sur la Lune parce que la gravité de celle-ci ne correspond qu'à 1/6 de celle de la Terre. En revanche, votre masse ne changerait pas.

Tout objet attire un autre objet avec une force qui est proportionnelle au produit de leurs masses et inversement proportionnelle au carré de la distance qui les sépare. Avec cet énoncé de la loi de la gravitation universelle, Newton, dans son œuvre maîtresse *Principes mathématiques de la philosophie naturelle*, publiée en 1687, expliqua, outre les orbites planétaires, de quelle manière la Lune était responsable des marées, les orbites « ovales » des comètes et bien d'autres phénomènes naturels.

En fait, ce fut pour étudier les orbites des comètes qu'Edmund Halley, astronome du roi, poussa son ami Newton à publier ses *Principes*, plus de deux décennies après l'année fatidique de 1666. Newton, dans la crainte obsessionnelle de se faire voler ses idées, avait retardé la publication de ses découvertes. Il accusa pendant longtemps le philosophe et mathématicien allemand Leibniz de lui avoir emprunté l'idée du calcul infinitésimal, bien que celui-ci l'ait développé de manière complètement indépendante. Ce fut en appliquant la loi de la gravitation universelle que Halley découvrit que la comète qui porte maintenant son nom suivait une orbite elliptique autour du Soleil et qu'elle revenait visiter l'humanité tous les soixante-seize ans.

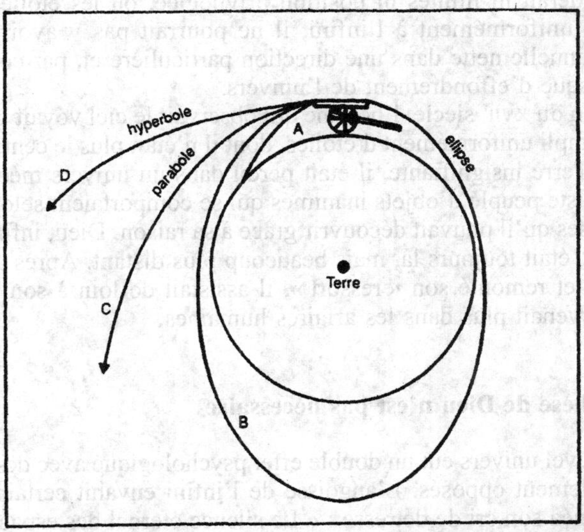

Fig. 7. *Les mouvements des objets selon Newton.* Newton découvrit la loi de la gravitation universelle et quantifia le mouvement des objets. Selon lui, la trajectoire d'un projectile dépend de la vitesse initiale avec laquelle il a été lancé. À une petite vitesse, il atterrira non loin du point de lancement (trajectoire A). À une plus grande vitesse, il pourra être mis en orbite elliptique autour de la Terre (le centre de la Terre serait alors à l'un des foyers de l'ellipse B). À une vitesse encore plus grande, le projectile ira se perdre à l'infini en suivant une trajectoire parabolique (C) ou hyperbolique (D).

L'univers déterministe

Le déterminisme fit son entrée dans l'univers scientifique. Les mouvements terrestres et célestes étaient régis par des lois mathématiques rigoureuses et précises qui pouvaient être comprises et utilisées par l'esprit humain. Si une pierre était jetée en l'air, il suffisait de connaître sa position et sa vitesse initiales pour prédire exactement à quel instant, où et avec quelle vitesse elle allait tomber. La pierre n'avait pas d'autre choix que de suivre la trajectoire parabolique qui résultait de la loi de la gravitation universelle.

L'univers infini, d'ordre philosophique et théologique avec Thomas Digges et Giordano Bruno, acquit un statut scientifique avec Newton. L'univers devait être infini car, s'il possédait des limites, il devait y avoir quelque part une position centrale privilégiée. Si c'était le cas, la gravité qui attirait tout ferait s'effondrer vers cette position toutes les parties de l'univers pour y former une grande masse centrale, ce qui n'était pas conforme à l'univers observé. En revanche, dans un univers infini qui ne posséderait ni limites ni position privilégiée, où les étoiles seraient réparties uniformément à l'infini, il ne pourrait pas y avoir de force gravitationnelle nette dans une direction particulière et, par conséquent, aucun risque d'effondrement de l'univers.

À la fin du XVIIe siècle, l'homme qui observait le ciel voyait un univers infini, rempli uniformément d'étoiles, dont il n'était plus le centre. Perché sur une Terre insignifiante, il était perdu dans un univers mécanique et déterministe peuplé d'objets inanimés qui se comportaient selon des lois rigoureuses qu'il pouvait découvrir grâce à sa raison. Dieu, infini comme l'univers, était toujours là, mais beaucoup plus distant. Après avoir créé l'univers et remonté son « ressort », il assistait de loin à son évolution et n'intervenait plus dans les affaires humaines.

L'hypothèse de Dieu n'est pas nécessaire

Ce nouvel univers eut un double effet psychologique avec des résultats diamétralement opposés. L'angoisse de l'infini envahit certains. Blaise Pascal lança son cri de détresse : « Le silence éternel des espaces infinis m'effraie », et se réfugia dans le jansénisme pour tenter de se rapprocher de ce Dieu qui s'était tellement éloigné. Mais, pour la plupart, la pensée que la raison humaine pouvait pénétrer le secret de Dieu et déchiffrer les lois qui régissaient l'univers était exaltante. Le XVIIIe siècle fut le siècle des Lumières, l'âge de la Raison. Dieu se retira de plus en plus loin. L'univers, la Nature, selon le terme du XVIIIe siècle, était plus que jamais une machine bien huilée qui marchait toute seule, sans l'aide de Dieu. La raison suprême régnait, reléguant la foi au second plan. Le marquis Pierre Simon de Laplace, qui avait offert à Napoléon Bonaparte une copie de son ouvrage *Mécanique céleste* et qui s'était fait reprocher par ce dernier de ne pas avoir mentionné une seule fois le Grand Architecte, avait répondu d'un ton sec : « Je n'ai pas besoin de cette hypothèse ! » La confiance en la raison humaine était illimitée. L'homme raisonnable pouvait tout faire. Cet optimisme déborda dans toutes les autres sphères de l'activité humaine. L'idée du progrès fit son apparition. L'homme pouvait continuellement s'améliorer et se perfectionner. Il pouvait domestiquer la nature à son profit. Il pouvait parfaire les institutions sociales et politiques. La fin du XVIIIe siècle vit non seulement la révolution industrielle, mais aussi la révolution américaine en 1776 et la révolution française en 1789.

Le XIXe siècle vit une réaction contre l'univers mécanique et déterministe de Newton avec l'avènement du romantisme. Mais l'univers scientifique était bien installé et ne pouvait plus être délogé. La raison humaine continuait à marquer des points. Elle était capable de tout, même de découvrir une nouvelle planète. Uranus, la septième planète que l'astronome anglais William Herschel avait mise en évidence en 1781, montrait des irrégularités dans son orbite autour du Soleil que ne pouvait expliquer la loi de la gravitation universelle si le système solaire ne comptait que sept planètes. En revanche, si l'attraction d'une huitième planète encore plus distante du Soleil était postulée, le mouvement d'Uranus devenait compréhensible. L'astronome français Urbain Le Verrier et l'Anglais John Couch Adams calculèrent la position de la planète hypothétique dans le ciel et la huitième planète, qu'on nomma Neptune, fut découverte en 1846 à la position prédite. Neptune n'avait pas été découverte en cherchant dans le ciel à travers un télescope, mais avec un crayon, du papier et la raison humaine. C'était une preuve de plus que la machinerie de l'univers décrite par la loi de Newton fonctionnait très bien.

Délogé de sa place centrale par Copernic, rendu insignifiant dans un univers infini et éloigné de Dieu dans un univers mécanique par Newton, l'homme occidental du XIXe siècle se consolait en songeant à sa filiation céleste. Il était, après tout, le descendant d'Adam et Ève, eux-mêmes engendrés par Dieu. Même en ayant perdu sa place centrale dans l'univers, il était encore l'enfant chéri de Dieu. Charles Darwin, en publiant en 1859 son *Origine des espèces*, ne lui laissa même pas cette consolation. Selon le naturaliste, les origines de l'homme étaient beaucoup moins nobles. Il avait pour ancêtres de ses ancêtres, tour à tour en remontant le temps, des primates, des reptiles, des poissons, des invertébrés, pour aboutir aux cellules primitives. L'évolution biologique nécessitait beaucoup de temps pour opérer. L'âge de l'univers, que Kepler et Newton avaient évalué à six mille ans, était remis en question. Des milliards d'années étaient nécessaires, une échelle de temps que les études géologiques semblaient confirmer. L'univers, qui s'était agrandi dans l'espace, s'agrandissait à présent dans le temps. Dieu s'éloignait de plus en plus. À l'aube du XXe siècle, Raison et Foi, Science et Religion prirent des chemins divergents.

II

DE LA VOIE LACTÉE À L'UNIVERS

L'univers du XXe siècle est celui du big bang. La majorité des cosmologistes pensent maintenant que l'univers a commencé son existence par une énorme explosion à partir d'un état extrêmement petit, chaud et dense, il y a une dizaine de milliards d'années environ. L'émergence de cette nouvelle vision de l'univers a été fulgurante. En un demi-siècle, l'univers statique aux étoiles fixes et immobiles de Newton est devenu un univers dynamique, en expansion, empli de mouvement et de violence. Les « espaces infinis au silence éternel » qui effrayaient Pascal ont été envahis par le bruit et la fureur. Leur immuabilité s'est transformée en une évolution perpétuelle.

La rapidité avec laquelle le nouvel univers s'est imposé est d'autant plus extraordinaire que, au début du XXe siècle, l'étendue de notre Voie lactée, la galaxie (du grec *galaktos*, qui signifie « lait ») qui contient notre Soleil et son système solaire, était complètement inconnue. Parler d'autres mondes dans d'autres galaxies, ou de l'univers tout entier, relevait encore de la pure science-fiction. Et pourtant, dans les dernières cinquante années, la cosmologie a vraiment acquis le statut d'une science exacte, c'est-à-dire d'une discipline fondée sur des observations précises et rigoureuses, et non sur de vagues spéculations philosophiques ou métaphysiques. Cet essor est dû avant tout aux gigantesques avancées technologiques des deux siècles derniers pour mieux capturer et enregistrer la précieuse lumière des objets célestes, cette lumière porteuse d'information et moyen privilégié de communication de l'homme avec le reste de l'univers. Dotés d'une confiance inébranlable en la raison humaine et en sa capacité de découvrir et comprendre les lois de la nature, les enfants de Newton et de Voltaire ont inventé et perfectionné avec passion les outils nécessaires pour mieux observer l'univers et satisfaire leur curiosité.

Capturer la lumière

Il fallait d'abord des « yeux » plus grands. Notre œil, avec son diamètre d'à peine un centimètre, est un récepteur de lumière trop petit. Et pourtant c'est un outil déjà extrêmement efficace puisque l'étoile la moins brillante qui soit visible à l'œil nu à la campagne, loin de la lumière aveuglante des villes, par une nuit sans Lune, est déjà 25 millions de fois moins lumineuse que celle de la pleine Lune. Les télescopes sont venus au secours de l'œil nu. Ils nous ont aidés de deux façons. D'une part, ils agrandissent les images, nous permettant une vue plus détaillée, et, d'autre part, ils collectent plus de lumière, nous permettant de voir des objets moins lumineux. Galilée fut le premier à braquer un télescope vers le ciel en 1609. Et, déjà, son petit télescope avec une lentille d'environ 3 centimètres de diamètre lui révélait les détails des montagnes lunaires et les satellites de Jupiter. En permettant de voir des objets de près d'un millier de fois moins lumineux, le télescope permit à Galilée de faire passer le nombre d'étoiles visibles dans la Voie lactée de quelques milliers à quelques millions.

La quête du plus grand détail et du moins lumineux s'est poursuivie inlassablement. Les diamètres des télescopes n'ont cessé d'augmenter. L'un des plus célèbres bâtisseurs de ces temples du XXe siècle fut l'astronome américain George Hale, qui construisit les plus grands télescopes de son temps. Il avait le don de convaincre les puissants de ce monde de financer ses projets. Ainsi, Charles Yerkes, qui s'était enrichi en vendant des tramways à Chicago, finança en 1897 la construction d'un télescope de 1 mètre au Wisconsin. Ce télescope reste aujourd'hui le plus grand réfracteur du monde, rassemblant la lumière grâce à une lentille, tout comme le télescope de Galilée. Mais l'époque des réfracteurs fut vite révolue. Les lentilles de plus de 1 mètre de diamètre devinrent trop encombrantes, de par leur poids et leur épaisseur. Commença alors le règne des télescopes réflecteurs où la lumière était capturée par un grand miroir en forme de paraboloïde. Cette fois, la Providence apparut en la personne d'Andrew Carnegie, un magnat de l'acier. Avec son aide financière, Hale fit construire sur le mont Wilson, sous le beau ciel de la Californie du Sud, deux télescopes, un de 1,5 mètre de diamètre en 1908 et un autre plus grand de 2,5 mètres de diamètre en 1922, qui allaient bientôt changer le visage du monde. Mais Hale ne pouvait s'arrêter là. Il rêvait d'un télescope plus grand encore, de 5 mètres de diamètre, avec lequel il pourrait voir des objets si peu lumineux qu'ils seraient aux confins mêmes de l'univers. La légende dit que Hale reçut un beau jour, dans les années 1930, un coup de téléphone du directeur de la fondation établie par John Rockefeller, fondateur de la Standard Oil et magnat du pétrole. Ce dernier avait lu un article de vulgarisation dans un magazine où Hale décrivait son rêve et était prêt à financer le projet ! Le télescope de 5 mètres inauguré en 1948 et perché en haut d'une autre montagne sud-californienne, le mont Palomar, resta jusque dans les années 1970 le plus grand réflecteur du monde. Équipé d'instruments modernes, il permet de voir des objets 40 millions de fois moins lumineux que l'étoile la plus faible distinguable à l'œil nu.

Aujourd'hui, les dômes de plus d'une dizaine de télescopes de diamètre supérieur à 3 mètres, éparpillés dans le monde entier sur des cimes de montagnes éloignées de la civilisation et de la lumière des villes, de l'Arizona à Hawaii, de la Californie au Chili, ouvrent leurs fentes par chaque nuit claire, pour capturer la lumière de l'univers. Et pourtant, la quête n'est pas terminée. Déjà se profilent à l'horizon les télescopes de 10 à 15 mètres de diamètre. Les miroirs de ces mastodontes ne peuvent plus être d'une seule pièce. Un miroir monolithe d'une telle dimension serait tellement lourd qu'il ne pourrait conserver la forme paraboloïdale nécessaire pour assurer une bonne qualité de l'image. Ces nouveaux télescopes sont multimiroirs. Ils sont composés de plusieurs miroirs plus petits, tels les télescopes Keck sur le volcan éteint Mauna Kea à Hawaii, dont la surface de chacun est faite de 36 miroirs hexagonaux de 1,8 mètre de taille chacun, et dont l'effet combiné est celui d'un télescope de 10 mètres de diamètre. Un très grand télescope européen, le VLT, composé de 4 télescopes de 8,2 mètres de diamètre chacun, et qui équivaut à un télescope monolithe de 16 mètres de diamètre, a été construit dans les années 1990 à Cerro Paranal, dans le désert d'Atacama au Chili, par l'Observatoire européen austral, un consortium astronomique de seize pays européens dont l'Allemagne fédérale, la Belgique, le Danemark, la France, l'Italie, les Pays-Bas, la Suède et la Suisse. Les télescopes Keck et VLT nous permettent de voir des objets environ 10 fois moins lumineux que ne le permet le télescope de Palomar.

Conserver la lumière

Après avoir déployé tant d'efforts pour capturer la lumière se posait le problème de la retenir prisonnière. Il s'agissait d'enregistrer l'image formée pour la conserver et l'étudier. Il ne fallait pas se contenter de regarder à travers le télescope, de transmettre l'image à la rétine de l'œil qui l'enverrait par des nerfs optiques au cerveau, avec pour tout résultat l'impression d'une belle image entrevue. Et pourtant, les premiers astronomes ne purent faire mieux. Pour fixer en mémoire ces images, Galilée dut allier son grand talent d'astronome à celui non moins considérable de dessinateur pour effectuer de très beaux dessins de ses observations. La situation trouva son dénouement avec l'invention de la photographie par le Français Nicéphore Niepce en 1826. Désormais, des milliers d'étoiles pouvaient être fixées en images sur une seule plaque de verre. En permettant d'accumuler et d'emmagasiner la lumière pendant des heures sur une grande surface, la plaque photographique renforça le pouvoir du télescope de voir des astres toujours moins lumineux et permit enfin l'étude systématique du ciel. Elle s'imposa dans les observatoires jusque dans les années 1970, puis fut supplantée par le détecteur électronique. Ce dernier, bien plus sensible encore, pouvait accumuler en une demi-heure autant de lumière qu'une plaque photographique en une nuit entière.

Décomposer la lumière

Nous connaissons tous l'arc-en-ciel, cette arche multicolore qui surgit parfois dans le ciel pendant une averse à l'opposé du Soleil. Son secret fut percé par Newton dès 1666, l'année fatidique où il se réfugia à la campagne pour échapper à la peste. C'est le passage de la lumière solaire blanche à travers des gouttelettes de pluie qui nous offre ce merveilleux festival de rouge, orangé, jaune, vert, bleu, indigo et violet. Les gouttelettes de pluie, agissant comme des prismes de verre, décomposent la lumière solaire en ses différentes couleurs.

De même que la pluie décompose la lumière solaire en arc-en-ciel pour notre plus grand plaisir, l'astronome décompose avec un spectroscope la lumière des objets célestes capturée par les télescopes, pour l'analyser. Cet instrument développé au début du XIXe siècle par l'Allemand Fraunhofer allait bientôt révéler la composition chimique et le mouvement des étoiles et des galaxies. Ainsi peut se résumer l'activité de l'astronome : ayant capturé la lumière céleste avec de grands télescopes, il l'enregistre sur des plaques photographiques ou des détecteurs électroniques et l'analyse en la décomposant avec un spectroscope.

Les nouvelles lumières

Mais cette définition correspond-elle toujours bien à l'astronomie contemporaine ? Je parlais plus haut de l'astronomie visible, de la lumière à laquelle nos yeux sont sensibles. Or, il existe toute une gamme de lumières possibles dont la lumière visible n'occupe qu'une toute petite partie. Il y a d'abord la lumière gamma et la lumière X. Celles-ci sont tellement énergétiques qu'elles traversent facilement la paroi de votre corps. Vous avez certainement vu les photographies de vos poumons prises avec la lumière X pour dépister la tuberculose. Vient ensuite la lumière ultraviolette qui est moins énergétique, mais assez cependant pour causer des brûlures cutanées, détruire les cellules et causer un cancer si vous en recevez trop. Se succèdent enfin, par ordre d'énergie décroissante, la lumière visible qui nous est familière, la lumière infrarouge, la lumière micro-onde (celle de vos fours à micro-ondes) et la lumière radio, qui est la moins énergétique de toutes les lumières. C'est elle qui transmet les sons et les images de la station émettrice à votre poste de radio ou de télévision pour vous permettre de capter votre programme favori (voir la note quantitative n° 1).

Parmi tous ces choix possibles, est-il raisonnable de supposer que l'univers n'ait choisi que la lumière visible pour émettre ses signaux ? Cela paraît bien invraisemblable et anticopernicien. Après tout, le fait que l'œil humain ne soit sensible qu'au visible est une simple conséquence de l'évolution biologique darwinienne. Une grande partie de la lumière solaire que l'atmosphère terrestre laisse passer est de nature visible, et la nature nous a munis d'yeux sensibles à cette lumière pour faciliter l'évolution de l'espèce humaine. Mais il ne faut pas s'attendre à ce que l'univers tienne compte de la nature de nos yeux. En fait, le Soleil lui-même émet toutes les lumières, mais en moindre quantité que la lumière visible. L'atmosphère terrestre nous protège des rayons très énergétiques du Soleil comme les rayons X ou ultraviolets afin de faciliter le développement de la vie (cette protection des rayons ultraviolets n'est pas totale, comme peut en attester toute personne qui a été brûlée en prenant un bain de soleil exagérément prolongé).

Il est clair que le fait de se cantonner dans la lumière visible nous donnerait une vision bien incomplète et pauvre de l'univers. Pour vous en convaincre, imaginez que, tout d'un coup, vos yeux ne soient plus sensibles qu'à une seule couleur, disons le bleu. Votre vision du monde serait bien incomplète. Bien sûr, vous verriez encore le ciel bleu et la mer azurée. Mais le vert des arbres, les roses parfumées, les coquelicots champêtres et les papillons multicolores disparaîtraient de votre monde, ce qui serait bien dommage.

Ainsi, l'astronome moderne s'est procuré de nouveaux yeux. Le développement des radars, pendant la Seconde Guerre mondiale, a donné naissance, dans les années 1950, à la radioastronomie. L'essor de l'astronautique et la conquête de l'espace dans les années 1960 permirent d'aller au-delà de l'atmosphère terrestre et de visionner enfin l'univers en rayons gamma, X, ultraviolets ou infrarouges, grâce à des télescopes juchés sur des ballons, fusées ou satellites. Le télescope spatial Hubble – baptisé du nom du découvreur des galaxies et de l'expansion de l'univers, Edwin Hubble – a été mis en orbite en 1990 par la navette spatiale américaine. Capable de capter les lumières ultraviolette, visible et infrarouge, Hubble, avec son miroir de 2,4 mètres de diamètre, est le plus grand télescope qui ait jamais été mis dans l'espace. Il peut voir des astres cinquante fois moins lumineux et avec dix fois plus de détails que les plus grands télescopes au sol. Il est capable de remonter le temps jusqu'à l'époque de la naissance des galaxies, quelques milliards d'années après le big bang. Hubble n'a pas rempli tout de suite ses promesses car il y a eu un grave défaut dans son miroir qui le rendait myope. Heureusement, les astronautes de la navette spatiale américaine ont pu lui rendre la vue en lui apportant un système de verres correcteurs, lors d'une mission spectaculaire en décembre 1993. Avec un poids de 11 tonnes, une longueur de 11 mètres et une orbite de 600 kilomètres au-dessus de la Terre, Hubble fait le tour du globe toutes les 90 minutes. Il est commandé d'un centre situé à Greenbelt, dans le Maryland. Son successeur, le James Webb Space Telescope (JWST), est prévu pour une mise en orbite à la fin octobre 2021. Celui-ci possède un miroir de 6,5 mètres de diamètre, comparé aux 2,4 mètres de Hubble. Il pourra remonter le temps encore plus loin dans le passé et observer en direct la naissance des premières étoiles et galaxies.

En attendant le lancement du JWST et après plus de trente ans de bons et loyaux services, Hubble continue à révolutionner notre vision du monde en nous envoyant des images de toute beauté des planètes du système solaire, des visions inédites d'étoiles en formation dans des pouponnières stellaires, des photographies extraordinaires de galaxies avec un trou noir en leur cœur, ou encore de galaxies en collision.

Les limites de la Voie lactée

Armés de nos télescopes, plaques photographiques et spectroscopes, partons maintenant à la découverte de l'étendue de l'univers. Les dimensions du système solaire étaient bien connues dès la fin du XIXe siècle. Les distances entre les planètes avaient été déterminées selon le principe des parallaxes, décrit plus haut à propos de la découverte de la rotation de la Terre autour du Soleil par Copernic. Tout objet céleste proche semble changer de position par rapport aux étoiles lointaines quand il est observé de deux endroits différents. Il suffisait de photographier simultanément les planètes de deux observatoires distincts. Ces derniers devaient être éloignés l'un de l'autre (de préférence sur deux continents différents), car le changement de position apparent est d'autant plus important et donc d'autant plus facile à mesurer que la distance entre les deux observatoires (appelée ligne de base) est plus grande (fig. 8). Une fois la parallaxe (l'angle correspondant au changement de position) mesurée, la distance à la planète est obtenue par un simple calcul trigonométrique en utilisant la distance connue entre les deux observatoires.

Ces efforts firent apparaître que la lumière du Soleil mettait environ 8 minutes pour nous parvenir, que ce dernier se trouvait à 8 minutes-lumières – soit 147 millions de kilomètres – de la Terre et que Neptune, la planète découverte par de savants calculs, était à 4 heures-lumières. Mais à quelle distance se trouvaient les « innombrables » étoiles vues par Galilée dans la Voie lactée, et que les plaques photographiques attachées au foyer de télescopes toujours plus grands multiplièrent à souhait dans les siècles qui suivirent ? Existait-il une limite à la Voie lactée ? Ou s'étendait-elle indéfiniment en remplissant l'univers newtonien sans limites, peuplé uniformément d'étoiles ? Quelle était la forme de la Voie lactée ? Sphérique ou aplatie ? Les réponses n'étaient pas évidentes. L'univers nous apparaît en deux dimensions sur la voûte céleste comme un paysage sur une vaste toile où le peintre aurait oublié toute règle de perspective. L'observation directe ne donne pas la troisième dimension, la profondeur de la scène cosmique.

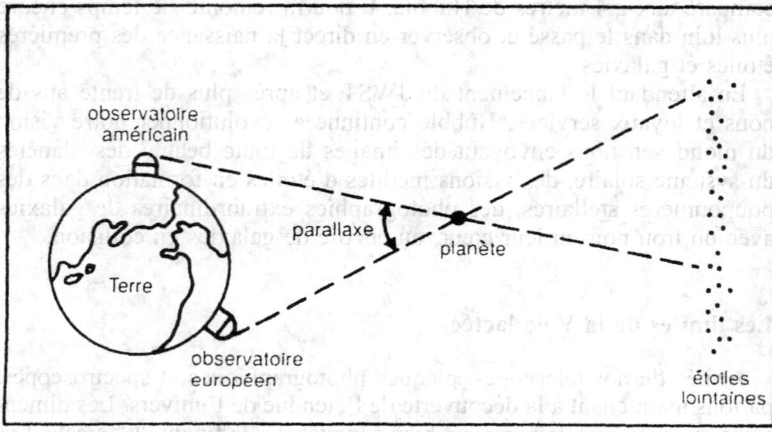

Fig. 8. *La mesure des distances aux planètes*. Les positions d'une planète par rapport aux étoiles lointaines, mesurées simultanément de deux observatoires distincts, diffèrent d'un petit angle appelé parallaxe. Cet angle est d'autant plus grand que les observatoires sont plus éloignés l'un de l'autre et que la planète est plus proche. Ainsi, la mesure de l'angle et la connaissance de la distance des deux observatoires permettent de déduire la distance à la planète.

Un disque mince aplati

Il y eut, bien sûr, des esprits courageux pour spéculer sur la nature de la Voie lactée qui constituait, jusqu'à nouvel ordre, l'univers tout entier. Pour l'Anglais Thomas Wright, en 1750, l'univers était une mince couche d'étoiles prise en sandwich entre deux sphères concentriques, avec Dieu trônant au centre des sphères. L'univers de Wright était plus mystique et philosophique que scientifique, et il en proposa plusieurs versions qui se contredisaient les unes les autres. Mais il découvrit un aspect essentiel de la Voie lactée que tout homme de raison observant la nuée jaunâtre au-dessus de sa tête, par une belle nuit d'été, peut reconnaître. Wright avait très justement remarqué que la distribution des étoiles dans le ciel n'était pas uniforme, et que le Soleil et la Terre devaient se trouver dans une couche très mince d'étoiles. Un habitant de la Terre qui regarde le ciel dans une direction tangente à cette mince couche sphérique voit une multitude d'étoiles sur sa ligne de visée, ayant un peu l'aspect d'une grande bande jaunâtre projetée dans le ciel. En revanche, s'il dirige son regard perpendiculairement à la couche mince, en dehors de la bande jaunâtre, il ne voit que très peu d'étoiles.

Le philosophe allemand Emmanuel Kant, en reprenant les idées de Wright en 1775, comprit que la forme sphérique n'était pas indispensable pour expliquer l'apparence de la Voie lactée. L'univers passa d'une mince couche sphérique à un disque aplati. S'inspirant du mouvement des planètes autour du Soleil, il attribua aux étoiles un mouvement circulaire dans le plan du disque autour de son centre. Les étoiles semblaient fixes au firmament, leur mouvement étant imperceptible tant elles étaient distantes. Le disque de la Voie lactée n'était pas infini, il avait des limites. Il devait donc y avoir d'autres mondes bien au-delà de ces limites, similaires au nôtre. Ces « univers-îles », comme Kant les nommait, étaient peut-être ces taches nébuleuses en forme de spirales que l'astronome anglais William Herschel venait de découvrir. Ces spéculations étaient tout à fait remarquables, tant elles sonnent juste dans l'univers d'aujourd'hui.

Mais l'intuition géniale ne suffisait pas. William Herschel, musicien qui abandonna son métier pour étudier la musique des cieux et découvreur de la planète Uranus, fut le premier à tenter de mesurer scientifiquement l'étendue de la Voie lactée dans les années 1780. Il ne put y parvenir, faute de connaître les distances aux étoiles, mais essaya vaillamment de déterminer sa forme en comptant les étoiles dans différentes directions du ciel. La Voie lactée serait plus étendue dans des directions comptant un nombre élevé d'étoiles que dans des directions où les étoiles seraient moins nombreuses. Cette méthode ne pouvait donner de résultats probants que si les étoiles avaient à peu près toutes la même luminosité, si elles étaient uniformément distribuées dans l'espace, si elles pouvaient être vues jusqu'aux bords de la Voie lactée et, enfin, s'il n'y avait rien dans la Voie lactée pour absorber leur lumière, toutes conditions que nous savons aujourd'hui ne pas être réalisées. Les étoiles peuvent être 10 fois moins ou 100 000 fois plus lumineuses que le Soleil. Elles ne sont pas réparties uniformément dans la Voie lactée et, surtout, des grains de poussières d'étoiles absorbent leur lumière, les empêchant d'être vues jusqu'aux bords de la Voie lactée. Herschel obtint ainsi une Voie lactée de forme aplatie, centrée sur le Soleil ; mais l'absorption de la lumière des étoiles par la poussière lui donna des bords très irréguliers.

Le Soleil n'a rien de spécial

Pour commencer à déchiffrer la mélodie secrète, la fugue cosmique, il fallait à tout prix pénétrer l'univers en profondeur. La mesure des distances au-delà du système solaire commença par les étoiles les plus proches. Les parallaxes vinrent de nouveau au secours de l'observateur. Parce que les étoiles étaient beaucoup plus éloignées que les planètes, la séparation des deux points d'observation devait être bien plus grande également afin que le changement de position de l'étoile proche par rapport aux étoiles lointaines soit mesurable.

Le voyage annuel de la Terre autour du Soleil fut mis à contribution. Les deux observations simultanées à partir de deux observatoires séparés furent remplacées par deux observations successives à deux positions différentes de la Terre sur son orbite. Pour maximiser la distance entre les deux positions successives de la Terre, les plaques photographiques furent prises à six mois d'intervalle (fig. 9). La ligne de base passa ainsi du diamètre de la Terre (de l'ordre de 10 000 kilomètres) au grand axe de l'orbite elliptique de la Terre autour du Soleil (environ 300 millions de kilomètres). Les distances de quelques centaines d'étoiles les plus proches purent ainsi être mesurées. Malheureusement, les parallaxes devenaient de plus en plus petites, et donc de plus en plus difficiles à déterminer à mesure que les distances augmentaient. La méthode des parallaxes ne donnait plus d'informations utiles pour des étoiles se trouvant au-delà d'une centaine d'années-lumière.

Mais, déjà, l'exploration en profondeur de ce petit coin d'univers montrait l'insignifiance du système solaire et le vide extrême de l'espace. La taille du système solaire se mesurait en heures-lumières (Pluton, découverte en 1930, aux confins du système solaire, était de 5,2 heures-lumières de la Terre) tandis que les distances entre les étoiles se comptaient en années-lumière (il y a 8 760 heures-lumières dans une année-lumière). Le ciel était extrêmement vide. L'étoile la plus proche du Soleil ne se trouvait pas à moins de 4 années-lumière, Sirius était à 8 années-lumière et Véga à 22 années-lumière.

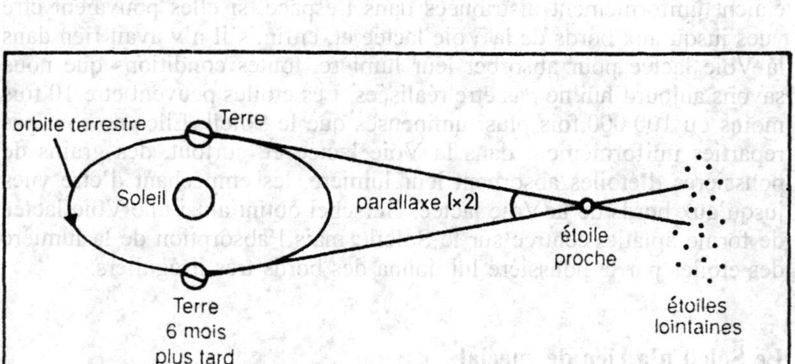

Fig. 9. *La mesure des distances aux étoiles proches.* La position d'une étoile proche par rapport à celles des étoiles lointaines change quand elle est observée à différents moments de l'année. Ce changement n'est pas dû à un mouvement réel de l'étoile proche, mais à un effet optique résultant du changement de perspective dû à la rotation annuelle de la Terre autour du Soleil. La moitié de l'angle correspondant au changement de position observé après six mois d'intervalle, quand la Terre se retrouve, dans son orbite, diamétralement opposée à sa position initiale par rapport au Soleil, est appelée parallaxe. Cet angle est d'autant plus petit que l'étoile est plus éloignée. Ainsi, la mesure de l'angle et la connaissance de la distance Terre-Soleil permettent de déduire la distance à l'étoile proche.

Les distances des étoiles proches, combinées avec leurs brillances apparentes, révélèrent leurs brillances intrinsèques, et permirent de régler un vieux contentieux entre Kepler et Newton. Kepler pensait que Sirius et les autres étoiles étaient beaucoup moins lumineuses que le Soleil tandis que Newton pensait qu'elles l'étaient autant, hypothèse reprise par Herschel pour déterminer la forme de la Voie lactée. Parmi les étoiles proches, il y en avait qui étaient plus brillantes et d'autres moins brillantes que le Soleil. La Terre n'avait rien de spécial, disait Copernic. La luminosité du Soleil non plus. Notre étoile était très quelconque.

Les étoiles bougent

Le spectroscope entra en scène pour faire reculer encore les limites de l'univers connu. Les étoiles, jusque-là immobiles dans le ciel, se mirent à bouger. Leur mouvement fut perçu grâce au spectroscope et grâce à une découverte du physicien autrichien Johann Christian Doppler. Celui-ci découvrit à Prague, en 1842, que le son émis par un objet en mouvement était plus aigu quand l'objet s'approchait de l'observateur et plus grave quand celui-ci s'en éloignait. Cet effet Doppler, nous l'avons tous ressenti quand, debout sur le quai d'une gare, nous entendons le sifflet aigu d'un train qui entre en gare et celui, plus grave, du train qui s'éloigne. Tout comme le son, la lumière subit un effet Doppler. Quand un objet lumineux s'éloigne de nous, sa lumière devient plus « grave », elle est décalée vers le rouge et perd de l'énergie, tandis que si l'objet lumineux vient vers nous, sa lumière devient plus « aiguë », elle est décalée vers le bleu et acquiert plus d'énergie. Le changement de couleur est d'autant plus grand que la vitesse d'éloignement ou d'approche augmente. Le spectroscope dévoile ainsi le mouvement des étoiles. Il décompose leur lumière, ce qui permet de mesurer le changement de couleur et d'obtenir leur vitesse d'éloignement ou d'approche (voir la note quantitative n° 1). Si vous avez eu un jour une contravention pour excès de vitesse sur l'autoroute, sachez que vous êtes une victime de l'effet Doppler. Pour mesurer précisément votre vitesse, il suffisait au gendarme, installé avec son radar au bord de la route, de faire réfléchir de la lumière radio sur l'arrière de votre voiture. Le changement de « couleur » ou de fréquence de l'onde radio réfléchie causé par le mouvement de votre véhicule a permis de déterminer exactement la vitesse à laquelle vous rouliez.

Des étoiles qui convergent dans le ciel

Les mesures Doppler des étoiles les plus proches permirent d'établir que, par rapport à ces étoiles, le Soleil se déplaçait à une vitesse de 20 kilomètres par seconde. Il perdit enfin l'immobilité acquise depuis Copernic. Toutes les autres étoiles se mirent aussi à bouger. L'étude des mouvements d'étoiles groupées dans des amas dits galactiques contribua en particulier à faire reculer les frontières de l'univers connu. Ces amas sont des groupements de quelques centaines d'étoiles qui ne semblent pas être liées par la gravité (elles se disperseront au bout de quelques centaines de millions d'années), mais qui se trouvent réunies par un accident de naissance : elles sont nées d'un même nuage de gaz interstellaire qui s'est effondré et fragmenté pour leur donner le jour.

Tout comme le Soleil et les autres étoiles, les amas galactiques sont doués de mouvement. Les étoiles, dans un amas, suivent des trajectoires parallèles dans l'espace interstellaire, mais un effet de perspective donne l'illusion qu'elles convergent toutes vers un point unique dans l'espace, appelé « point de convergence ». Cet effet de perspective nous est familier. Qui n'a pas observé depuis un quai de gare des voies de chemin de fer parallèles qui semblent toutes converger vers l'horizon (fig. 10) ? Ce mouvement parallèle des étoiles de l'amas galactique se traduit par un changement de position dans le ciel par rapport aux étoiles plus lointaines. Un changement si minime qu'il faut s'armer d'une grande patience et photographier les étoiles dans l'amas galactique à une dizaine d'années d'intervalle au moins pour que leur mouvement soit perceptible.

Il s'agit maintenant de déterminer la distance à chaque étoile dans l'amas après avoir mesuré son changement de position dans le ciel. Pour cela, il faut connaître le mouvement de notre station d'observation, la Terre, perpendiculaire à la ligne de visée à l'amas. Le principe est simple et vous l'appliquez inconsciemment quand vous regardez défiler le paysage à bord de votre voiture. Les poteaux qui délimitent le champ passent à toute allure, les pommiers alignés dans le champ défilent un peu moins vite et les montagnes situées tout au fond, à l'horizon, semblent à peine bouger. Instinctivement, vous ordonnez les détails du paysage en fonction de leur vitesse de défilement devant vos yeux et vous construisez ainsi la perspective de ce paysage. Les poteaux passent plus vite, donc ils sont au premier plan, tout près de la voiture, tandis que les montagnes, qui apparaissent presque immobiles, doivent être très lointaines. Si vous voulez estimer la distance des poteaux ou des pommiers, il vous suffit de mesurer leur mouvement apparent et de savoir à quelle vitesse vous roulez. De même, le mouvement des étoiles de l'amas par rapport aux étoiles lointaines et le mouvement de la Terre relatif à chaque étoile dans l'amas sont indispensables à la détermination de leurs distances.

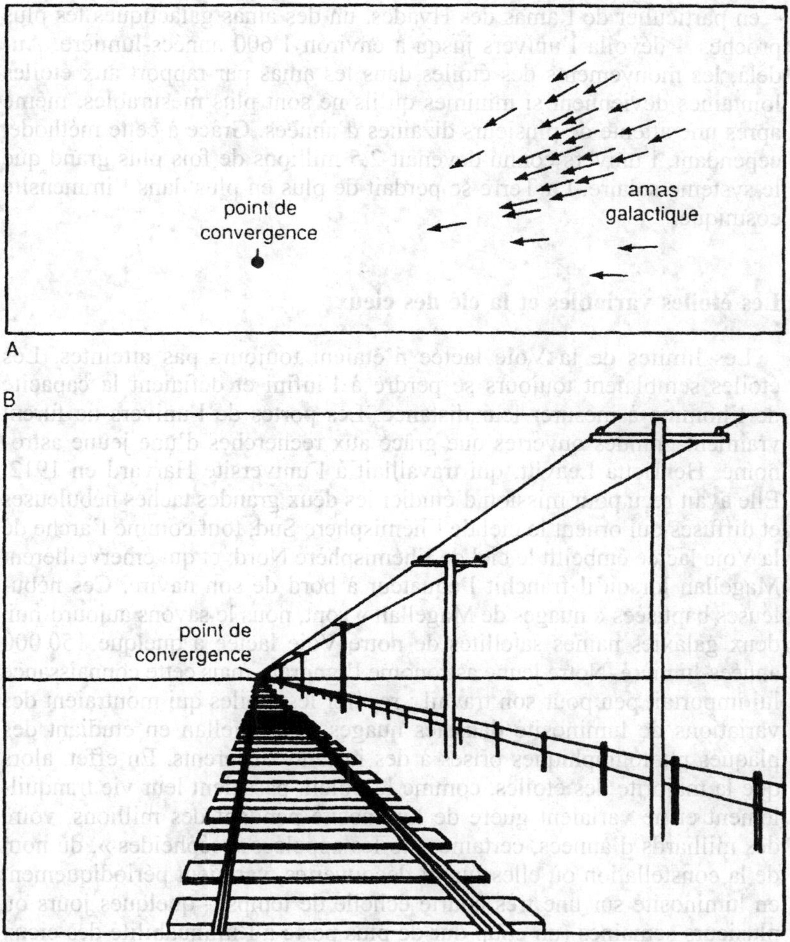

Fig. 10. *La mesure des distances aux amas d'étoiles*. Les étoiles d'un amas galactique, bien que suivant des trajectoires parallèles dans l'espace, semblent toutes converger vers un point dans le ciel appelé point de convergence (fig. 10*a*), tout comme des rails de chemin de fer parallèles semblent converger à l'horizon (fig. 10*b*). La connaissance du point de convergence et des mouvements des étoiles permet de déterminer la distance à l'amas.

Ce mouvement relatif peut être déduit très facilement si l'on connaît le point de convergence et le mouvement d'éloignement ou d'approche de chaque étoile obtenu grâce à l'effet Doppler.

La distance de l'amas sera la moyenne de toutes les distances des étoiles qui peuvent être mesurées. L'utilisation des amas galactiques

– en particulier de l'amas des Hyades, un des amas galactiques les plus proches – dévoila l'univers jusqu'à environ 1 600 années-lumière. Au-delà, les mouvements des étoiles dans les amas par rapport aux étoiles lointaines deviennent si minimes qu'ils ne sont plus mesurables, même après une attente de plusieurs dizaines d'années. Grâce à cette méthode, cependant, l'univers connu devenait 2,5 millions de fois plus grand que le système solaire. La Terre se perdait de plus en plus dans l'immensité cosmique.

Les étoiles variables et la clé des cieux

Les limites de la Voie lactée n'étaient toujours pas atteintes. Les étoiles semblaient toujours se perdre à l'infini et défiaient la capacité de l'homme à mesurer leur distance. Les portes de l'univers ne furent vraiment grandes ouvertes que grâce aux recherches d'une jeune astronome, Henrietta Leavitt, qui travaillait à l'université Harvard en 1912. Elle avait reçu pour mission d'étudier les deux grandes taches nébuleuses et diffuses qui ornent le ciel de l'hémisphère Sud, tout comme l'arche de la Voie lactée embellit le ciel de l'hémisphère Nord, et qui émerveillèrent Magellan lorsqu'il franchit l'équateur à bord de son navire. Ces nébuleuses baptisées « nuages de Magellan » sont, nous le savons aujourd'hui, deux galaxies naines satellites de notre Voie lactée à quelque 150 000 années-lumière. Notre jeune astronome l'ignorait, mais cette connaissance lui importait peu pour son travail : repérer les étoiles qui montraient des variations de luminosité dans les nuages de Magellan en étudiant des plaques photographiques prises à des instants différents. En effet, alors que la majorité des étoiles, comme le Soleil, passaient leur vie tranquillement et ne variaient guère de luminosité pendant des millions, voire des milliards d'années, certaines étoiles appelées « céphéides », du nom de la constellation où elles furent découvertes, variaient périodiquement en luminosité sur une très courte échelle de temps – quelques jours ou plusieurs semaines (un coup dur de plus porté à l'immuabilité des cieux d'Aristote !). Leavitt s'aperçut que le temps écoulé entre deux maximums de brillance consécutifs (ce temps est appelé « période ») était d'autant plus long que l'étoile céphéide était plus brillante : il y avait donc une relation directe entre la période des variations de lumière d'une céphéide et sa luminosité apparente (fig. 11).

La nuit, sur l'autoroute, une paire de phares d'automobile perce la dense obscurité des ténèbres. La luminosité apparente des phares vous permet d'estimer la distance de la voiture par rapport à vous. Ce n'est possible que parce que vous avez une idée de la brillance intrinsèque des phares, ayant vu de tout près les phares d'une voiture émettre leurs puissants faisceaux de lumière. De même, la luminosité apparente d'une étoile ne donne aucune information sur sa distance. Une étoile peut sembler faible parce qu'elle est intrinsèquement brillante, mais extrêmement éloignée, ou parce qu'elle est intrinsèquement faible, mais très proche. La brillance apparente décroît comme le carré de la distance : une étoile 2 fois plus éloignée paraîtra 4 fois moins brillante. De même que vous devez connaître la luminosité intrinsèque des phares pour estimer la distance de la voiture par rapport à vous, l'astronome doit connaître la brillance intrinsèque d'une étoile pour déduire sa distance à partir de sa brillance apparente. Pour que la relation de Leavitt soit utile, pour qu'elle indique la distance aux étoiles, il fallait convertir la relation période-luminosité apparente en une relation période-luminosité intrinsèque. Il suffirait alors de mesurer la période (qui indique la luminosité intrinsèque) et la luminosité apparente de toute étoile céphéide pour en déterminer la distance.

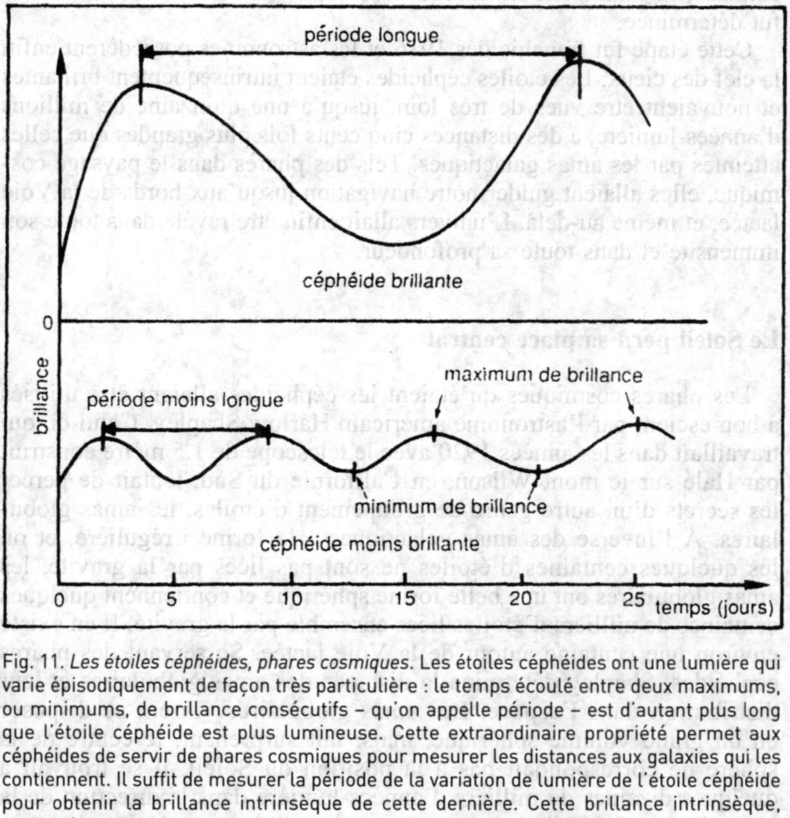

Fig. 11. *Les étoiles céphéides, phares cosmiques*. Les étoiles céphéides ont une lumière qui varie épisodiquement de façon très particulière : le temps écoulé entre deux maximums, ou minimums, de brillance consécutifs – qu'on appelle période – est d'autant plus long que l'étoile céphéide est plus lumineuse. Cette extraordinaire propriété permet aux céphéides de servir de phares cosmiques pour mesurer les distances aux galaxies qui les contiennent. Il suffit de mesurer la période de la variation de lumière de l'étoile céphéide pour obtenir la brillance intrinsèque de cette dernière. Cette brillance intrinsèque, combinée avec la brillance apparente observée, indique la distance.

Transformer la luminosité apparente en luminosité intrinsèque nécessite la connaissance des distances à quelques étoiles céphéides proches. Les méthodes traditionnelles de calcul de distances, celles des parallaxes ou du point convergent dans les amas, furent employées. Il n'y avait pas d'étoile céphéide dans la Voie lactée qui fût assez proche (à moins de 100 années-lumière) pour que sa distance pût être déterminée directement par la méthode des parallaxes. Il n'y avait pas non plus d'amas galactiques contenant des étoiles céphéides qui fussent assez proches pour que la méthode du point convergent pût leur être appliquée. Il fallut donc passer par une étape intermédiaire. La distance de l'amas des Hyades fut déterminée par la méthode du point convergent. Celle d'amas galactiques plus lointains, mais contenant des céphéides, put être ensuite déduite en supposant que la luminosité intrinsèque des étoiles de ces amas était la même que dans l'amas des Hyades. Une fois les distances de ces amas connues, la luminosité intrinsèque des céphéides qui y sont contenues fut déterminée.

Cette étape fut franchie dès 1916 et les astronomes possédèrent enfin la clef des cieux. Les étoiles céphéides étaient intrinsèquement brillantes et pouvaient être vues de très loin, jusqu'à une quinzaine de millions d'années-lumière, à des distances cinq cents fois plus grandes que celles atteintes par les amas galactiques. Tels des phares dans le paysage cosmique, elles allaient guider notre navigation jusqu'aux bords de la Voie lactée, et même au-delà. L'univers allait enfin être révélé dans toute son immensité et dans toute sa profondeur.

Le Soleil perd sa place centrale

Les phares cosmiques qu'étaient les céphéides allaient être utilisés à bon escient par l'astronome américain Harlow Shapley. Celui-ci, qui travaillait dans les années 1920 avec le télescope de 1,5 mètre construit par Hale sur le mont Wilson, en Californie du Sud, tentait de percer les secrets d'un autre genre de groupement d'étoiles, les amas globulaires. À l'inverse des amas galactiques à la forme irrégulière, et où les quelques centaines d'étoiles ne sont pas liées par la gravité, les amas globulaires ont une belle forme sphérique et contiennent quelques centaines de milliers d'étoiles liées ensemble par la gravité. Il en existe environ une centaine autour de la Voie lactée. Se servant des phares céphéides, Shapley détermina la distance des amas globulaires et leur distribution dans l'espace. Les amas globulaires vinrent se disposer en un grand volume sphérique, mais, fait surprenant, le centre de la sphère ne correspondait pas à la position du Soleil, il se trouvait à quelques dizaines de milliers d'années-lumière dans la direction de la constellation Sagittaire.

Le fantôme de Copernic faisait une fois de plus son apparition. Se pouvait-il que le Soleil ne soit pas au centre de l'univers ? Shapley décida que c'était la seule solution possible pour rendre compte de la distribution des amas globulaires. Le Soleil, au lieu d'être au centre de la Voie lactée, fut relégué dans sa lointaine banlieue. Après être devenu moyennement brillant, le Soleil se retrouvait à une place tout à fait ordinaire. En supposant que le système des amas globulaires délimitait la Voie lactée, Shapley attribuait un diamètre de 300 000 années-lumière à la galaxie, et plaçait le Soleil à une distance de 50 000 années-lumière du centre galactique. Nous savons maintenant que ces valeurs sont exagérées. Shapley, tout comme Herschel, ne pouvait réaliser que les poussières d'étoiles absorbaient la lumière des céphéides et les rendaient moins brillantes. Ce qu'il attribua à un effet de distance était en fait dû à l'absorption de la lumière par la poussière.

Dans l'univers tel qu'on le conçoit aujourd'hui, la Voie lactée a la forme d'un disque de 90 000 années-lumière de diamètre. Ce disque est très mince, son épaisseur n'étant que le centième de son diamètre, et les quelques centaines de milliards d'étoiles qui le composent tournent toutes autour du centre du disque, le centre galactique (fig. 12). Le Soleil est aux deux tiers du rayon de ce disque vers le bord, à une distance de 30 000 années-lumière du centre galactique. Il entraîne le système solaire à une vitesse de 230 kilomètres par seconde à travers l'espace, dans son périple autour du centre galactique, qu'il accomplit tous les 250 millions d'années. Depuis sa naissance, il y a 4,6 milliards d'années, le Soleil a accompli 18 fois le tour de la Voie lactée.

Un univers extragalactique

Les limites de la Voie lactée étaient enfin atteintes. La taille du système solaire s'était réduite à un milliardième de celle de la galaxie. Les efforts accomplis avaient été prodigieux, car mesurer l'étendue de la Voie lactée depuis notre petit coin de Terre était à peu près comparable à l'exploit que réaliserait une amibe si elle parvenait à mesurer l'étendue de l'océan Pacifique !

Mais le travail était loin d'être achevé. Une question fondamentale restait sans réponse : l'univers finissait-il avec la Voie lactée ou s'étendait-il bien plus loin ? Existait-il d'autres systèmes comparables au-delà des limites de cette dernière ? Les « univers-îles » de Kant existaient-ils ? Shapley pensait que l'univers se réduisait à la Voie lactée. Les taches nébuleuses dans le ciel devaient y être contenues. Paradoxalement, l'homme qui avait délogé le Soleil de sa place centrale avait oublié le fantôme de Copernic. La place centrale dans l'univers était maintenant occupée par la Voie lactée. Shapley avait de bonnes raisons de le croire, étant persuadé que la Voie lactée était très grande (150 000 années-lumière de rayon). Or, la distance des nuages de Magellan obtenue grâce aux céphéides était aussi de 150 000 années-lumière. Les nuages de Magellan et, par conséquent, toutes les autres taches nébuleuses devaient être dans la Voie lactée. Celle-ci était seule dans l'univers.

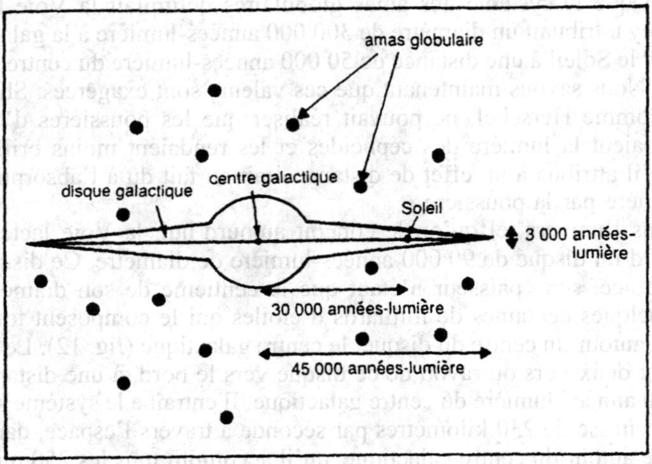

Fig. 12. *Anatomie d'une galaxie spirale*. La figure montre les différentes composantes d'une galaxie spirale (et en particulier de la Voie lactée) telles que les verrait un observateur situé dans un plan du disque galactique (on dit que c'est une vue « par la tranche »). Les étoiles jeunes se trouvent dans le disque mince et aplati. Dans la Voie lactée, le Soleil est aussi dans le disque galactique, aux deux tiers du rayon vers le bord. Les étoiles plus vieilles se trouvent dans un ensemble sphérique au centre de la galaxie, appelé bulbe. On les trouve aussi dans le halo qui, avec les amas globulaires, entoure la galaxie.

L'univers de Shapley ne fut pas adopté à l'unanimité. Certains pensaient qu'il s'était trompé dans ses calculs, que la Voie lactée était beaucoup plus petite, que les taches nébuleuses aux formes de spirales dans le ciel n'appartenaient pas à la Voie lactée et qu'elles étaient des galaxies comme la nôtre. Le débat sur la nature des nébuleuses faisait rage au début des années 1920.

La solution fut trouvée par Edwin Hubble, astronome américain et ancien avocat qui avait délaissé le barreau pour se consacrer à l'étude des étoiles. En 1923, utilisant le télescope nouvellement construit sur le mont Wilson, il put décomposer la grande tache nébuleuse dans la constellation d'Andromède en une multitude d'étoiles dont certaines étaient des céphéides. Celles-ci lui ouvrirent toutes grandes les portes du monde au-delà de notre Voie lactée. Elles donnèrent en effet une distance de 900 000 années-lumière[1] à la tache nébuleuse. Même en se référant à la mesure erronée de Shapley concernant la taille de la Voie lactée (300 000 années-lumière), la nébuleuse était bien au-delà de cette dernière. La nébuleuse d'Andromède était devenue galaxie et sœur jumelle de la nôtre. Le monde se peuplait tout d'un coup d'une multitude de galaxies. Les univers-îles d'Emmanuel Kant devenaient réalité. L'univers s'agrandissait de plus en plus et, bientôt, la Voie lactée allait se perdre dans l'immensité de l'univers tout comme le système solaire s'était déjà perdu dans l'immensité de la Voie lactée. Le fantôme de Copernic avait triomphé une fois de plus. La Voie lactée avait perdu sa place unique.

III

LES ACTEURS DU DRAME : LES GALAXIES ET LE COUPLE ESPACE-TEMPS

Les galaxies fuient

Tout comme les étoiles composent une galaxie, les galaxies composent l'univers. Pour comprendre l'univers, il faut étudier les galaxies. Avec l'aide du télescope de 2,5 mètres du mont Wilson, Edwin Hubble se mit au travail avec acharnement. Il s'agissait d'abord d'examiner le mouvement des galaxies. Le spectroscope et l'effet Doppler furent mis à contribution. La lumière décomposée des galaxies confirma vite un fait bien étrange, déjà remarqué en 1923 par l'Américain Vesto Slipher qui travaillait à l'observatoire de Lowell, en Arizona. Sur les 41 galaxies étudiées, 36 montraient un décalage vers le rouge, elles s'éloignaient de la Voie lactée, alors que 5 seulement révélaient un décalage vers le bleu et s'approchaient de la Voie lactée. De toute évidence, le mouvement des galaxies n'était pas désordonné. Si cela avait été le cas, la moitié des galaxies en moyenne auraient dû s'approcher de la Voie lactée, et l'autre moitié s'en éloigner. Or, la majorité des galaxies fuyaient la Voie lactée comme si cette dernière avait la peste.

De plus, ce mouvement de fuite des galaxies était ordonné, il ne se faisait pas complètement au hasard. Après son succès avec la galaxie

1. En fait, cette distance est trop petite d'un facteur d'environ 2, les céphéides dans Andromède étant intrinsèquement 4 fois plus brillantes que celles situées dans la Voie lactée qui avaient servi à calibrer la relation période-luminosité intrinsèque des céphéides. La vraie distance d'Andromède est de 2,3 millions d'années-lumière.

Andromède, Hubble avait continué ses recherches sur les phares cosmiques, les céphéides, dans d'autres galaxies, pour déterminer la distance de ces « univers-îles ». Armé de ses vitesses, déduites en mesurant le changement de couleur de la lumière décomposée, et de ses distances, Hubble nota en 1929 une relation entre ces quantités qui allait marquer une étape décisive dans la connaissance de l'univers : à savoir que la vitesse de fuite d'une galaxie est proportionnelle à sa distance. (Cette relation est connue sous le nom de « loi de Hubble-Lemaître ».) Une galaxie deux fois plus distante s'éloignait deux fois plus vite, tandis qu'une galaxie dix fois plus distante fuyait dix fois plus vite. D'autre part, le mouvement de fuite des galaxies était le même dans toutes les directions. Que l'on observât des galaxies en haut, en bas, devant, derrière, à droite, à gauche, le mouvement était toujours le même. C'est ce qu'on nomme un mouvement isotrope. L'univers en expansion était né.

Un univers avec un début

Autre conséquence capitale du fait que la vitesse de fuite d'une galaxie varie en proportion avec sa distance de la Terre, qu'elle fuit d'autant plus vite qu'elle en est éloignée : l'univers a eu un début. En raison de la proportionnalité existant entre distance et vitesse, chaque galaxie a mis exactement le même temps pour parvenir de son point d'origine à sa position actuelle. Si la séquence des événements était inversée, toutes les galaxies se rencontreraient en un seul point au même instant. D'où l'idée d'une grande explosion initiale, le « grand boum » ou, en anglais, le « big bang » donnant lieu à l'expansion actuelle de l'univers.

Supposons que vous êtes au sommet de l'Arc de Triomphe, place de l'Étoile à Paris, contemplant le spectacle grandiose des avenues qui convergent vers vous. Vous remarquez des gens qui font du jogging le long des avenues en s'éloignant de l'Arc de Triomphe et vous vous amusez à estimer les distances et la vitesse des coureurs. Le premier, qui descend l'avenue des Champs-Élysées, est à 10 mètres de l'Arc de Triomphe et court à une vitesse de 1 mètre par seconde. Le deuxième, qui longe l'avenue Foch, est à 20 mètres et court deux fois plus vite, à une vitesse de 2 mètres par seconde. Le troisième, qui dévale l'avenue de la Grande-Armée à toute allure à une vitesse de 5 mètres par seconde, est aussi le plus éloigné, à 50 mètres de l'Arc de Triomphe. Vous remarquez que la vitesse de chaque coureur est proportionnelle à sa distance et vous concluez que 10 secondes auparavant les trois coureurs se trouvaient à l'Arc de Triomphe. De même, l'astronome conclut qu'il y a une dizaine de milliards d'années, toutes les galaxies étaient réunies. Avec le big bang, l'univers n'est plus éternel : il a un commencement. La notion de création, qui avait été introduite dans la pensée cosmologique au XIIIe siècle par le biais de la religion, en la personne de Thomas d'Aquin, trouva ainsi de manière fortuite un support scientifique sept siècles plus tard, au moment où l'on s'y attendait le moins. Après avoir pris des chemins divergents au XIXe siècle, la religion semblait vouloir à nouveau rentrer, sur la pointe des pieds, dans le monde de la science.

Un univers sans centre

Mais, dites-vous, toutes les galaxies s'éloignent de nous, donc la Voie lactée doit être le centre de l'univers. Après avoir délogé la Terre et le Soleil de leurs places centrales, le fantôme de Copernic aurait-il failli à sa tâche ? L'homme est-il le centre de l'univers, après tout ? Hélas ! il nous faut très vite déchanter. L'univers s'est arrangé de telle sorte que les habitants de chaque galaxie voient exactement le même paysage que nous, qu'ils observent tous les galaxies les fuir et qu'il aient tous l'illusion d'être au centre du monde. Parce que tout est centre, l'univers n'a pas de vrai centre. Comment l'univers a-t-il pu jouer ce rôle d'illusionniste et accomplir ce tour de passe-passe magique ? Tout simplement en se servant à nouveau du fait que la vitesse de fuite d'une galaxie est proportionnelle à sa distance.

Sur une autoroute, à la tombée de la nuit, une file de voitures quitte Paris. La vitesse à laquelle chaque voiture roule est d'autant plus grande qu'elle est plus éloignée de Paris. Julie n'est qu'à 1 kilomètre de Paris. Sa voiture roule très lentement, à la vitesse de 10 kilomètres à l'heure. Pierre est deux fois plus loin, à 2 kilomètres de Paris, et il conduit à 20 kilomètres à l'heure. Isabelle, à 3 kilomètres, roule à 30 kilomètres à l'heure et Rémi, à 4 kilomètres de Paris, se déplace à 40 kilomètres à l'heure. Supposons maintenant que chaque conducteur est équipé d'un radar et sait utiliser l'effet Doppler pour mesurer la vitesse d'éloignement ou d'approche des autres voitures, et qu'il sait également mesurer leur distance en connaissant la brillance intrinsèque des feux arrière et des phares, et en observant leurs brillances apparentes. Pierre constate que la voiture de Julie, qui est à 1 kilomètre derrière lui, s'éloigne de la sienne à 10 kilomètres à l'heure. Isabelle, à 1 kilomètre devant lui, s'éloigne aussi à 10 kilomètres à l'heure, tandis que Rémi, à 2 kilomètres devant lui, prend de la distance à 20 kilomètres à l'heure. Isabelle observe exactement les mêmes mouvements que Pierre : elle voit Pierre et Rémi à 1 kilomètre de distance s'éloigner à 10 kilomètres à l'heure, tandis que Julie, à 2 kilomètres, creuse son écart à 20 kilomètres à l'heure. Chaque conducteur voit les autres s'éloigner de lui à une vitesse qui augmente de 10 kilomètres à l'heure pour chaque kilomètre de distance (fig. 13). De même, les habitants de chaque galaxie voient toutes les autres galaxies

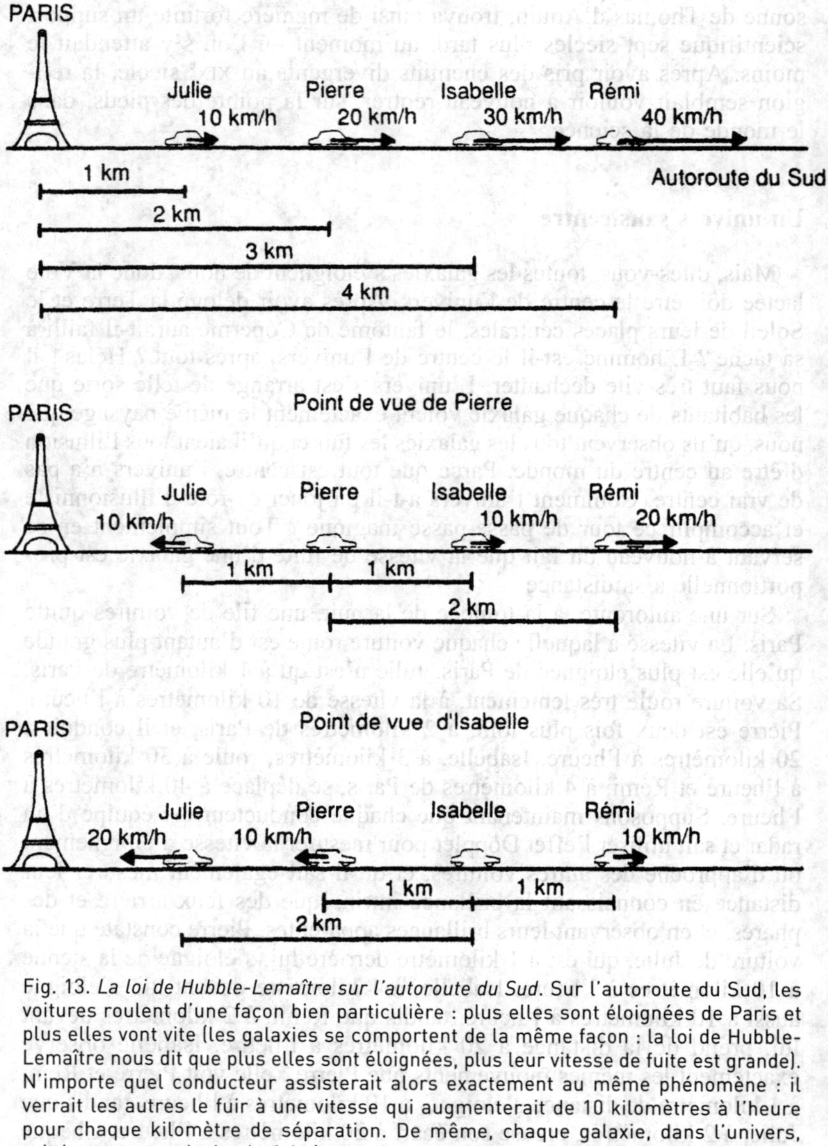

Fig. 13. *La loi de Hubble-Lemaître sur l'autoroute du Sud*. Sur l'autoroute du Sud, les voitures roulent d'une façon bien particulière : plus elles sont éloignées de Paris et plus elles vont vite (les galaxies se comportent de la même façon : la loi de Hubble-Lemaître nous dit que plus elles sont éloignées, plus leur vitesse de fuite est grande). N'importe quel conducteur assisterait alors exactement au même phénomène : il verrait les autres le fuir à une vitesse qui augmenterait de 10 kilomètres à l'heure pour chaque kilomètre de séparation. De même, chaque galaxie, dans l'univers, voit les autres galaxies la fuir à une vitesse qui augmente d'environ 25 kilomètres par seconde pour chaque million d'années-lumière de distance. De même qu'il n'y a pas d'observateur privilégié sur l'autoroute du Sud, il n'y a ni centre ni position privilégiée dans l'univers.

fuir d'eux à une vitesse qui augmente environ de 25 kilomètres par seconde pour chaque million d'années-lumière de distance. Les galaxies ne fuient pas la Voie lactée. Elles se fuient les unes les autres. Notre position n'est pas privilégiée. Le fantôme de Copernic a triomphé une fois de plus.

Un espace qui se crée

Quand je dis « l'univers est en expansion », il ne faut pas imaginer des milliards de galaxies lancées à toute allure dans un espace vide, immobile et immuable, qui a existé de tout temps, et dont la présence a précédé le big bang. Il ne faut pas se demander où, dans cet espace immuable, peut se trouver ce fameux point où tout a commencé, l'emplacement de l'explosion originelle. La question était peut-être légitime dans l'univers de Newton, mais elle est dépourvue de sens dans l'univers du big bang. L'espace n'existait pas avant le big bang. Depuis l'explosion primordiale, il est en création perpétuelle.

L'espace, dans l'univers de Newton, était statique et immobile. Baigné d'une substance invisible appelée éther, qui transmettait la force de gravité, il n'était qu'une scène de théâtre où se déroulait le drame cosmique avec les acteurs planètes, étoiles et galaxies. L'espace abandonne son rôle passif dans l'univers du big bang. De spectateur, il se mue en acteur dans le drame cosmique. De statique, il devient dynamique. Ainsi, dans le nouvel univers, ce ne sont pas les galaxies qui sont en mouvement dans un espace immobile, mais c'est au contraire un espace en expansion qui entraîne des galaxies au repos avec lui.

Imaginez que vous mettez au four un gâteau aux raisins. À mesure que la pâte gonfle, la surface du gâteau augmente et les raisins incrustés dans la pâte s'éloignent les uns des autres. Ou imaginez que vous soufflez dans un ballon décoré d'étoiles en papier. La surface du ballon qui se gonfle augmente et toutes les étoiles s'éloignent les unes des autres. De la même manière que les raisins sont immobiles dans le gâteau et que les étoiles de papier sont fixées à la surface du ballon, les galaxies sont immobiles dans l'espace. Tout le mouvement vient de la surface du gâteau et de celle du ballon, tout comme c'est l'espace qui est en expansion. Tout comme la vitesse de fuite des galaxies augmente proportionnellement à leur distance, les raisins et les étoiles de papier verront leurs compagnons s'éloigner d'autant plus vite qu'ils sont plus loin.

Au fur et à mesure que le temps s'écoule, l'espace de l'univers, infinitésimal lors de sa création, s'agrandit. Les distances qui séparent les galaxies deviennent de plus en plus grandes. Après une évolution de quelque 15 milliards d'années, depuis l'ère de la formation des galaxies jusqu'à l'époque actuelle, la distance entre deux galaxies quelconques non reliées par la gravité a augmenté d'un millier de fois.

Un espace dynamique

Albert Einstein avait annoncé dès 1915 la fin de l'espace statique de Newton et la naissance de l'espace dynamique dans sa nouvelle théorie de la gravitation universelle, baptisée « relativité générale ». La Lune tourne autour de la Terre. Selon Newton, elle suit sagement son orbite elliptique grâce à l'équilibre entre deux forces égales et opposées : la force gravitationnelle qui l'attire vers la Terre et la force centrifuge, résultant de son mouvement, qui l'éloigne de la Terre. L'univers newtonien est un monde de forces transmises par une substance mystérieuse appelée éther, qui remplit l'espace passif. Dans le monde einsteinien, les forces disparaissent. Plus besoin d'éther. C'est l'espace devenu actif qui conduit le bal et qui dicte les mouvements. La Lune suit son orbite elliptique parce que c'est la seule trajectoire possible dans l'espace courbé par la gravité de la Terre. Einstein libère l'espace de sa rigidité. L'espace élastique peut s'étirer, se rétrécir, se déformer et se contorsionner à souhait au gré de la gravité. Et c'est la forme finale de cet espace qui dicte les mouvements des objets ou de la lumière qui le traversent. La trajectoire de la lumière qui passe près du Soleil est courbe parce que la gravité du Soleil courbe l'espace qui l'entoure (voir fig. 17). Le trou noir, le résultat de l'effondrement d'une étoile massive (quelques dizaines de masses solaires), qui passe d'un rayon initial de quelques centaines de millions de kilomètres à un rayon final de moins de 20 kilomètres, a une gravité si grande que l'espace se replie sur lui-même, empêchant la lumière de sortir.

Le caractère dynamique de l'espace avait posé à Einstein un grand dilemme. L'espace de l'univers devant être en mouvement, il devait soit être en expansion, soit s'effondrer sur lui-même, tout comme la pierre qu'on jette en l'air doit monter ou descendre. Parler d'un univers statique aurait revenu à dire que la pierre peut rester immobilisée et suspendue dans l'air. Or, tout dans les observations de l'époque indiquait un univers statique. Einstein dut introduire dans sa théorie une force « antigravité » pour neutraliser l'effet de gravité de l'univers responsable du mouvement de l'espace. Cette force antigravité n'est observée ni en laboratoire ni dans les mouvements planétaires, mais elle ne peut être exclue à l'échelle de l'univers. Quatorze ans plus tard, apprenant en 1929 la découverte de l'expansion de l'univers par Hubble, Einstein regretta certainement de n'avoir pas eu davantage confiance en ses équations et de n'avoir pas défendu son univers dynamique plus vigoureusement contre les observations. Il qualifia cette introduction de la force antigravité de « plus grosse erreur de sa vie ».

Un univers sans limites

Que se passerait-il si l'univers avait des limites, si je me plaçais près du bord cosmique et si je lançais un javelot par-delà l'univers ? Le javelot reviendrait-il dans l'univers ou irait-il se perdre dans l'au-delà ? C'est la question que se posait le philosophe grec Archytas de Tarente au IVᵉ siècle av. J.-C. (fig. 14). Vingt siècles plus tard, l'Anglais Thomas Digges et l'Italien Giordano Bruno donnèrent la seule réponse sensée à la question d'Archytas. L'univers ne pouvait pas avoir de limites. La situation décrite par Archytas ne pouvait exister. Il n'y avait ni bord cosmique ni au-delà, et tout javelot lancé se retrouverait nécessairement dans l'univers où son mouvement pourrait être décrit. La géométrie euclidienne régnait, souveraine, dans l'univers de Giordano Bruno. L'espace de cet univers était plat. Dans un tel espace, deux lignes parallèles ne pouvaient jamais se rencontrer et la somme des angles d'un triangle était toujours égale à 180 degrés. Un univers euclidien sans limites était nécessairement un univers infini. Giordano Bruno paya de sa vie sa découverte de l'infinité du monde.

Fig. 14. *L'univers a-t-il des limites ?* Cette gravure du Moyen Âge illustre à merveille la plus vieille des questions : l'univers a-t-il des limites ? Si nous parvenions à regarder de l'« autre côté » (la sphère immobile des étoiles constituant les limites de l'univers médiéval), quelles merveilles découvririons-nous ? Nous savons aujourd'hui que l'univers, fini ou infini, n'a pas de limites (photo, Bibliothèque nationale).

Et pourtant, Giordano Bruno aurait peut-être pu échapper à la hantise de l'infinité et sauver sa vie s'il avait connu l'existence de géométries non euclidiennes. Dans ces géométries, élaborées principalement par le mathématicien allemand Bernhard Riemann au XIXe siècle, l'univers pouvait ne pas avoir de frontières, et rester cependant parfaitement fini. Si cela vous semble impossible, imaginez-vous en Magellan ou en Phileas Fogg, faisant plusieurs fois le tour de la Terre. Vous pouvez faire autant de tours que vous voulez, vous ne rencontrerez jamais de limites. Jamais un mur ou une bordure pour vous barrer le chemin. Et, malgré cela, la surface de la Terre est finie. Cela est possible parce que la Terre n'est pas plate, mais courbe. Euclide perd ses moyens quand il s'agit de décrire une surface courbe. Il faut alors appeler Riemann à la rescousse. Sur la Terre, les lignes parallèles, tels les cercles de longitude, convergent et se rencontrent aux pôles Nord et Sud. La pyramide de Khéops en Égypte, la tour Eiffel à Paris et l'obélisque à Washington, aux États-Unis, définissent les sommets d'un immense triangle sur Terre. Vous vous amusez à mesurer les trois angles de ce triangle et à les additionner. Leur somme est supérieure à 180 degrés. La Terre a une courbure dite « positive ». Cette courbure ne caractérise pas toutes les surfaces. La surface des cols de montagne ou des selles de cheval ont une courbure « négative ». Sur une telle surface, les lignes parallèles divergent et la somme des angles d'un triangle est inférieure à 180 degrés (fig. 15).

Ces résultats peuvent s'appliquer à l'espace à trois dimensions. L'univers peut être plat ou sans courbure. Mais il peut aussi posséder une courbure positive ou négative. En pleine nuit, vous regardez le puissant faisceau de lumière projeté par votre lampe électrique. Si vous vivez dans un univers plat, la lumière ira se perdre à l'infini, dans un univers infini. Si votre univers a une courbure positive, vous verrez l'image du faisceau de lumière revenir vers vous après avoir fait le tour de l'univers, comme Phileas Fogg revient à son point de départ après avoir fait le tour de la Terre. L'univers est fini, ou « fermé ». Si votre univers est courbé négativement, la lumière se perdra dans l'infini. L'univers est infini, ou « ouvert ». Dans les trois cas, l'univers est sans limites et Archytas peut dormir tranquille.

Fig. 15. *La courbure de l'univers*. Ce schéma illustre par analogie les trois types de courbure que peut posséder l'univers (l'analogie n'est pas parfaite parce que l'espace à trois dimensions de l'univers est illustré par des surfaces à deux dimensions).
La figure 15*a* illustre la géométrie d'un univers plat à courbure nulle par une surface plane. La géométrie de cette surface a été étudiée par Euclide : par un point, on ne peut tracer qu'une parallèle à une droite, et la somme des angles d'un triangle est de 180 degrés. L'expansion d'un univers plat ne prendra fin qu'après un temps infini.
La figure 15*b* illustre la géométrie d'un univers à courbure positive par la surface d'une sphère. Cette géométrie a été étudiée par Bernhard Riemann : toutes les droites se rencontrent aux pôles et aucune parallèle ne peut être tracée. La somme des angles d'un triangle est supérieure à 180 degrés. L'expansion d'un univers à courbure positive s'achèvera dans le futur et il s'effondrera sur lui-même. On dit qu'il est fermé.

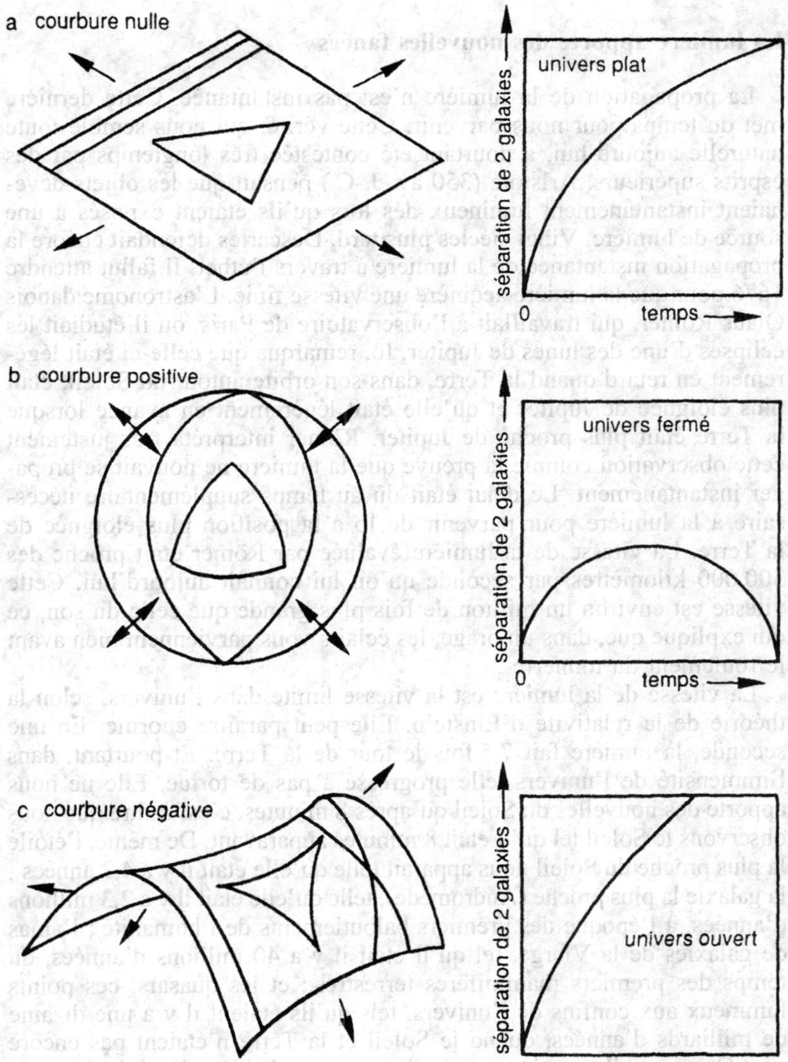

La figure 15*c* illustre la géométrie de Lobatchevski et Bolyai d'un univers à courbure négative par la surface d'une selle de cheval. Cette géométrie a également été étudiée par B. Riemann : par un point donné, on peut tracer une multitude de parallèles à une droite (une parallèle étant définie comme une ligne qui ne rencontre jamais la droite), et la somme des angles d'un triangle est inférieure à 180 degrés. Un univers à courbure négative aura une expansion éternelle. On dit qu'il est ouvert.

La lumière apporte des nouvelles fanées

La propagation de la lumière n'est pas instantanée. Cette dernière met du temps pour nous parvenir. Cette vérité, qui nous semble toute naturelle aujourd'hui, a pourtant été contestée très longtemps par des esprits supérieurs. Aristote (350 av. J.-C.) pensait que les objets devenaient instantanément lumineux dès lors qu'ils étaient exposés à une source de lumière. Vingt siècles plus tard, Descartes défendait encore la propagation instantanée de la lumière à travers l'éther. Il fallut attendre 1676 pour que la lumière acquière une vitesse finie. L'astronome danois Olaüs Römer, qui travaillait à l'observatoire de Paris, où il étudiait les éclipses d'une des lunes de Jupiter, Io, remarqua que celle-ci était légèrement en retard quand la Terre, dans son orbite autour du Soleil, était plus éloignée de Jupiter et qu'elle était légèrement en avance lorsque la Terre était plus proche de Jupiter. Römer interpréta très justement cette observation comme la preuve que la lumière ne pouvait se propager instantanément. Le délai était dû au temps supplémentaire nécessaire à la lumière pour parvenir de Io à la position plus éloignée de la Terre. La vitesse de la lumière évaluée par Römer était proche des 300 000 kilomètres par seconde qu'on lui connaît aujourd'hui. Cette vitesse est environ un million de fois plus grande que celle du son, ce qui explique que, dans un orage, les éclairs vous parviennent bien avant le roulement du tonnerre.

La vitesse de la lumière est la vitesse limite dans l'univers, selon la théorie de la relativité d'Einstein. Elle peut paraître énorme. En une seconde, la lumière fait 7,5 fois le tour de la Terre. Et pourtant, dans l'immensité de l'univers, elle progresse à pas de tortue. Elle ne nous apporte des nouvelles du Soleil qu'après 8 minutes, c'est-à-dire que nous observons le Soleil tel qu'il était 8 minutes auparavant. De même, l'étoile la plus proche du Soleil nous apparaît telle qu'elle était il y a 4,2 années ; la galaxie la plus proche (Andromède), telle qu'elle était il y a 2,3 millions d'années, à l'époque des premiers balbutiements de l'humanité ; l'amas de galaxies de la Vierge, tel qu'il était il y a 40 millions d'années, du temps des premiers mammifères terrestres ; et les quasars, ces points lumineux aux confins de l'univers, tels qu'ils étaient il y a une dizaine de milliards d'années, quand le Soleil et la Terre n'étaient pas encore nés. Ces nouvelles, qui nous parviennent de plus en plus loin, sont de moins en moins fraîches. Sur notre îlot du présent déferlent de tous côtés les vagues du passé. L'astronome est un voyageur dans le temps. Grâce à ses télescopes, il remonte le passé de l'univers.

Dix nouvelles galaxies tous les ans

Debout sur le pont de son bateau au beau milieu de l'océan Atlantique, le navigateur scrute la mer. Aucune terre en vue, rien que de l'eau à perte d'horizon. De même que la vue du navigateur est limitée par l'horizon de l'océan, la vision de l'astronome ne peut s'étendre au-delà de l'horizon cosmologique. Cette limite fondamentale, ce ne sont pas les télescopes qui en sont responsables, mais les facteurs conjugués de la vitesse finie de la lumière et de l'âge de l'univers.

L'univers est né, nous le verrons plus tard, il y a environ une quinzaine de milliards d'années. La surface d'une sphère centrée sur la Terre et d'un rayon de 15 milliards d'années-lumière constitue notre horizon cosmologique. Les régions de l'univers situées en dehors de la sphère n'ont pas encore eu le temps de communiquer avec nous. Leurs nouvelles, transmises par la lumière, ne nous sont pas encore parvenues.

Fini ou infini, l'univers ne nous dévoile que peu à peu son paysage grandiose. À mesure que le temps s'écoule, la sphère-horizon s'agrandit et notre regard peut s'étendre plus loin. Environ dix nouvelles galaxies apparaissent dans notre champ de vision chaque année.

Pourquoi le ciel est-il noir la nuit ?

Les événements les plus simples sont souvent les plus riches en informations. Il suffit de les voir. La chute d'une pomme révéla à Newton les secrets de la gravitation universelle. La nuit noire contient en elle les débuts de l'univers.

En 1610, Kepler s'était déjà interrogé sur le secret de la nuit noire. Si l'univers était infini, se disait-il, le ciel nocturne, quand le Soleil éclaire l'autre côté de la Terre, devrait être aussi brillant que le jour. Un univers infini devrait contenir une infinité d'étoiles aussi brillantes que le Soleil. Comme au milieu d'une forêt dense où la vue est arrêtée par d'innombrables troncs d'arbres, le regard devrait toujours, où qu'il se porte, rencontrer une étoile dans la « forêt stellaire » d'un univers infini, et le ciel nocturne devrait posséder la brillance du Soleil (fig. 16). La nuit noire signifiait donc que l'univers n'était pas infini, concluait Kepler.

En 1687, quand Newton reprit la thèse de l'univers infini pour éviter que la gravitation universelle ne fasse tout effondrer en une grande masse centrale, le problème de la nuit noire fit de nouveau son apparition. L'astronome allemand Heinrich Olbers, reprenant une idée du Suisse Jean-Philippe de Cheseaux, suggéra en 1823 que la lumière des étoiles devait être absorbée pendant son voyage dans l'espace. Le ciel était noir parce que la lumière des étoiles ne nous parvenait pas entièrement.

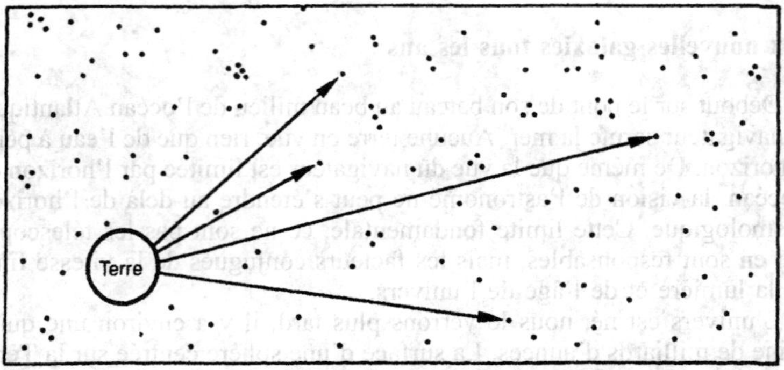

Fig. 16. *Le paradoxe d'Olbers : pourquoi le ciel est-il noir la nuit ?* Heinrich Olbers s'était posé la question suivante en 1823 : pourquoi la nuit est-elle noire ? Si l'univers était infini et rempli d'une infinité d'étoiles, le regard devrait toujours rencontrer une étoile, où qu'il se tourne : la nuit devrait donc être aussi claire que le jour. Or, ce n'est pas le cas. (La question aurait été plus correcte si elle avait été formulée en termes de galaxies au lieu d'étoiles. Mais Olbers ne connaissait pas encore l'existence des galaxies.) Nous tenons aujourd'hui l'explication de ce paradoxe : l'univers a eu un commencement, et le nombre de galaxies dont la lumière a eu le temps de parvenir jusqu'à nous n'est pas infini. Les grands télescopes actuels, équipés de détecteurs électroniques les plus sophistiqués, peuvent détecter des astres très peu lumineux, donc très lointains, et regarder ainsi très profondément dans l'univers. Ces télescopes révèlent que, à mesure que recule la limite de l'observable, le ciel se couvre de plus en plus de sources lumineuses. La presque totalité de ces sources lumineuses sont des galaxies contenant chacune 100 milliards de Soleils. Une petite fraction ne représente probablement pas des galaxies réelles, mais des galaxies-mirages dont les images sont créées par des galaxies plus proches agissant comme des lentilles gravitationnelles (voir fig. 37). Mais, malgré l'invasion de la lumière quand le ciel est photographié avec une sensibilité très grande, on peut encore distinguer des endroits dépourvus de galaxies. Ce sont ces endroits qui permettent que la nuit reste noire. Inversement, le seul fait de noter que la nuit est noire indique bien que le nombre de galaxies perçues ne peut croître indéfiniment au fur et à mesure que des télescopes plus puissants perçoivent des astres de moins en moins lumineux, sous peine de recouvrir complètement le ciel de galaxies et de se retrouver à nouveau face au paradoxe d'Olbers.

Cette explication ne pouvait être la bonne, car tout ce qui était absorbé devait être réémis. La lumière ne se perdait pas. L'énigme, aujourd'hui connue sous le nom de « paradoxe d'Olbers », demeurait entière.

Avec l'univers du big bang, le mystère de la nuit noire fut enfin résolu. La nuit est noire parce qu'il n'y a pas assez d'étoiles pour remplir le ciel de lumière. Le nombre d'étoiles est limité, non pas parce que l'univers a des limites, comme le pensait Kepler, mais parce que nous ne voyons pas tout l'univers. Parce que celui-ci a eu un début, et parce que la propagation de la lumière n'est pas instantanée, seule la lumière des étoiles à l'intérieur de la sphère-horizon nous parvient. D'autre part, le nombre d'étoiles est limité, car elles ne durent pas éternellement. La vie des étoiles lumineuses est courte par rapport à l'âge de l'univers. Le temps de quelques millions d'années, voire quelques milliards d'années, et les voilà qui s'en vont. Finalement, l'expansion de l'univers ajoute sa petite contribution. À mesure que les distances entre les galaxies augmentent, la lumière a de plus en plus de mal à nous parvenir. Elle perd de l'énergie et est décalée vers le rouge. L'énergie lumineuse dans la sphère-horizon diminue.

La prochaine fois que vous contemplerez le firmament étoilé par une belle nuit noire, dites-vous bien que vous devez ce merveilleux spectacle au fait que l'univers a eu un début et que la vie des étoiles lumineuses est courte.

Le temps élastique

Les galaxies fuient de plus en plus vite à mesure que leur distance augmente. Un télescope assez puissant pour voir jusqu'à l'horizon cosmologique découvrira des objets s'éloignant à 80 %, 90 %, 95 %, 99 % de la vitesse de la lumière. Comme un cheval de course qui dépenserait toute son énergie pour atteindre un poteau d'arrivée qui ne cesserait de s'éloigner, sur une piste qui s'allongerait sans cesse la lumière des galaxies qui fuient s'épuise à nous rattraper.

Un habitant d'une galaxie lointaine nous envoie un signal radio toutes les secondes. Les signaux radio, au départ de la galaxie, sont séparés par une durée d'une seconde. Mais au cours du trajet jusqu'à nous, la distance qui les sépare augmente à cause de l'expansion de l'univers, si bien que, à leur arrivée sur terre, le temps qui sépare deux signaux successifs est bien plus long qu'une seconde. Et ce temps est d'autant plus long que la vitesse de la galaxie lointaine est plus grande, qu'elle est plus distante. La seconde chez l'extra-terrestre a pris des airs d'éternité chez nous. La seconde peut se muer en heure, année, siècle… dépendant de la vitesse de fuite de la galaxie. Le temps a perdu son universalité. Comme l'espace, le temps devient élastique. Il s'étire ou se raccourcit selon le mouvement de celui qui le mesure. Le temps unique et universel de l'univers newtonien a fait place à une multitude de temps individuels, tous différents les uns des autres dans l'univers d'Einstein.

La fontaine de jouvence

Jules et Jim sont deux jumeaux. Jules, aventurier, part à la conquête de l'espace dans une puissante fusée qui le propulse à 87 % de la vitesse de la lumière. Jim, plus casanier, préfère passer sa vie paisiblement sur Terre. Avant de partir, Jules et Jim ont bien synchronisé leurs montres. Jules part le 1er janvier 1988. Dix ans plus tard, il prend le chemin du retour. Quand il se pose sur Terre, le calendrier à bord du vaisseau spatial indique le 1er janvier 1998. De retour chez Jim, il jette un coup d'œil au calendrier de la maison qui indique le 1er janvier 2008. Jim a vingt ans de plus, alors que Jules n'a que dix ans de plus. La différence d'âge est bien réelle. Jim a plus de rides et de cheveux blancs que Jules. Son cœur a plus battu, il a mangé plus de repas, bu plus de vin et lu plus de livres.

En supprimant le temps absolu, Einstein nous a donné une fontaine de jouvence. Cette fontaine ne rajeunit pas, mais ralentit le passage inexorable du temps. Pour vieillir moins rapidement, il faut aller vite. La vitesse est le secret de la jeunesse prolongée. Si Jules avait voyagé à 99 % de la vitesse de la lumière, il aurait ralenti son vieillissement d'un facteur 7. Pendant les dix ans de son voyage, soixante-dix ans se seraient écoulés sur Terre. Jules n'aurait probablement pas revu Jim à son retour. Et s'il avait pu voyager à 99,9 % de la vitesse de la lumière, Jules aurait rencontré les arrière-arrière-petits-enfants de Jim. Il aurait ainsi ralenti son temps par rapport à celui de la Terre d'un facteur de 22,4. Son voyage de dix ans aurait duré deux cent vingt-quatre années terrestres et il serait rentré en l'an 2212 (voir la note quantitative no 2).

Einstein aurait pu donner un argument de plus à ceux qui vantent les effets bénéfiques du jogging. Ceux qui font du jogging ralentissent leur vieillissement par rapport aux autres. Bien sûr, ce ralentissement est infinitésimal. La seconde de la personne qui court à 1 mètre par seconde équivaudrait à 1,000000000000000005 seconde de la personne immobile. Le premier nombre différent de 0 dans ce long chiffre n'arrive qu'à la dix-huitième place après la virgule décimale. La différence est si petite qu'elle ne peut être détectée par les horloges atomiques les plus sophistiquées. Même si cette personne passe la moitié de sa vie (cinquante ans) à courir, elle n'aura gagné qu'un cent-millionième de seconde par rapport à nous autres, paresseux. Dans la vie quotidienne, les vitesses que nous atteignons en automobile, avion ou bateau sont infimes par rapport à celle de la lumière. C'est pourquoi nous vivons tous au même temps, tant les différences sont minimes. Heureusement d'ailleurs, car que de rendez-vous ratés et quel chaos si l'élasticité du temps se manifestait dans notre vie de tous les jours !

Le couple espace-temps

Le temps est élastique et malléable. L'espace, nous l'avons vu, l'est aussi. Tous les deux peuvent se dilater, se contracter, s'étirer, se rétrécir à souhait. Ce n'est pas par hasard que ces deux acteurs du drame cosmique ont un caractère si proche l'un de l'autre. Ils forment en fait un couple bien uni dont les mouvements sont toujours complémentaires. Quand le temps s'étire, quand il passe plus lentement, l'espace se rétrécit. Jim, sur

Terre, constate non seulement que Jules, fendant l'espace dans sa fusée à 87 % de la vitesse de la lumière, vieillit 2 fois moins vite, mais aussi que l'espace de ce dernier s'est contracté : le vaisseau spatial de Jules apparaît à Jim comme raccourci de moitié (voir la note quantitative n° 2). Dans l'univers d'Einstein, l'espace et le temps sont indissolublement liés. Les déformations concertées de l'espace et du temps peuvent être considérées comme une transmutation de l'espace en temps. L'espace qui se rétrécit se transforme en un temps qui s'allonge et passe moins vite. Le taux de change à la banque cosmique est très élevé. Vous n'obtiendrez qu'une seconde de temps pour 300 000 kilomètres d'espace. Mais vous n'avez pas le choix. Le temps et l'espace ne sont plus dissociables comme dans l'univers de Newton. L'univers a désormais quatre dimensions. La dimension du temps s'ajoute aux trois dimensions de l'espace. Pour pouvoir préciser vos coordonnées dans l'univers, il ne suffit pas d'indiquer votre position, il faut aussi préciser le temps mesuré à cette position.

La vitesse de la lumière coûte cher

L'espace est immense. L'étoile la plus proche est située à plus de 4 années-lumière. D'un bout à l'autre de la Voie lactée s'étend un champ d'étoiles de près de 100 000 années-lumière. Notre galaxie jumelle, Andromède, est à plus de 2 millions d'années-lumière. Notre vie humaine dure tout au plus cent ans. En nous interdisant d'aller plus vite que la lumière, Einstein avait rendu l'exploration interstellaire, et à plus forte raison l'exploration intergalactique, quasiment impossible. Mais, me direz-vous, Einstein, pour se racheter, ne nous a-t-il pas donné le moyen de freiner le temps, de ralentir l'approche inexorable de la mort ? Il suffirait à Jules d'appuyer sur les pédales, d'augmenter la vitesse de son vaisseau spatial et de s'approcher de la vitesse de la lumière. Ainsi, il vieillira moins vite, et disposera de plus de temps pour franchir les espaces intersidéraux. Mais malheureusement, cela est plus vite dit que fait. Tout a un prix et le prix pour s'approcher de la vitesse de la lumière est très élevé.

Si Jules voyageait à 99 % de la vitesse de la lumière, il vieillirait sept fois moins mais la masse de la fusée serait aussi sept fois plus importante (voir la note quantitative n° 2). Il faudrait donc plus de carburant pour faire avancer le vaisseau spatial. Plus la fusée va vite, plus elle devient massive, et plus il faut de carburant. Ce cycle infernal est inéluctable. Une fusée se déplaçant à la vitesse de la lumière aurait une masse infinie et elle aurait donc besoin d'une source d'énergie infinie, ce qui est inconcevable. Le ralentissement du temps par la vitesse, trop coûteux, est hors d'atteinte. L'exploration interstellaire et intergalactique reste dans le domaine des rêves.

Mon passé est ton présent et votre futur

Un soir d'orage, sur le quai d'une gare. La foudre frappe soudain les deux extrémités d'un wagon du train qui entre en gare. Françoise, qui attend sur le quai, voit la foudre frapper en même temps l'avant et l'arrière du wagon. Elle sait qu'il a fallu une fraction de seconde pour que la lumière des éclairs lui parvienne, mais comme elle était placée au moment du coup de foudre exactement à la même distance des deux extrémités du wagon, ce délai a été le même pour les deux éclairs, et elle en conclut qu'ils ont frappé le wagon précisément au même instant. Paul, assis au milieu du wagon, a eu très peur. L'émotion passée, il se remémore les événements. Il a vu la foudre frapper l'avant du wagon avant l'arrière. Parce que le mouvement du train le propulse en avant, il va à la rencontre de la lumière de l'éclair qui a frappé à l'avant, tandis que la lumière de l'éclair qui a frappé à l'arrière doit le rattraper. Il y a donc une toute petite fraction de seconde de différence. Barbara, qui se trouvait dans un train allant en sens inverse de celui de Paul, a été aussi témoin de l'incident. Elle se trouvait à l'instant fatidique à égale distance des deux extrémités du wagon. Pour elle, la foudre a frappé l'arrière du wagon d'abord et l'avant après.

Qui a raison ? Einstein rend son verdict. Tout le monde a raison, explique-t-il. La perte de la ridigité du temps a entraîné la disparition des concepts de simultanéité, de passé, de présent et de futur universels. Pour Françoise, la foudre a frappé en même temps les deux extrémités du wagon. Mais le « même temps » de Françoise n'est pas le même temps de Paul et de Barbara qui sont en mouvement par rapport à elle. Si Françoise définit l'instant où la foudre frappe l'avant du wagon comme son « présent », elle voit aussi la foudre frapper l'arrière dans ce qui est son « présent », mais Paul voit la foudre frapper l'arrière plus tard, c'est-à-dire dans le « futur » de Françoise, tandis que Barbara le constate dans le « passé » de Françoise.

Le mouvement dicte la séquence d'événements séparés dans l'espace et détermine ce qui appartient au passé, présent ou futur. Il n'y a plus de « maintenant » universel. Jim, sur Terre, peut se poser la question : « Que se passe-t-il maintenant (en regardant sa montre et son calendrier) sur la planète Jupiter ? » Jules, dans son vaisseau spatial filant à toute vitesse, peut se poser la même question, à la même date, en consultant la montre et le calendrier du bord. Mais le « maintenant » de Jules sur Jupiter sera différent de celui de Jim. La différence de ces « maintenant » est d'autant plus grande que les vitesses relatives sont plus élevées. Les quasars, ces objets lumineux aux confins de l'univers, s'éloignent à plus de 90 % de la vitesse de la lumière. Le « maintenant » des quasars quand je marche peut subir des variations de milliers d'années par rapport au « maintenant » des quasars quand je suis immobile.

Le clou peut-il être enfoncé avant que le marteau ne frappe ?

La relativité a semé au vent les concepts de passé, de présent et de futur. La vitesse réarrange l'ordre des événements. Cela veut-il dire que la causalité est morte ? Que l'effet peut venir avant la cause, que le résultat précède l'action ? Le clou peut-il être enfoncé avant que le marteau ne frappe ? La cible peut-elle être atteinte avant que le fusil ne tire ? La lumière des étoiles lointaines peut-elle nous arriver avant d'être émise ? Puis-je venir au monde avant ma grand-mère ? Fort heureusement pour notre équilibre psychique, la réponse à toutes ces questions est négative. La séquence chronologique de deux événements ne peut être modifiée que s'ils sont rapprochés l'un de l'autre dans le temps ou distants l'un de l'autre dans l'espace, à tel point que la lumière n'a pas assez de temps pour voyager d'un événement à l'autre pendant l'intervalle de temps qui les sépare. Pour que le passé, le présent et le futur perdent leur identité, il faut que les deux événements ne puissent pas être reliés causalement par la lumière, qu'ils ne puissent pas influer l'un sur l'autre. Françoise voit la foudre frapper simultanément les deux extrémités du wagon. La lumière n'a pas le temps d'aller d'un éclair à l'autre, et l'ordre des événements peut être modifié par le mouvement. La lumière a amplement le temps d'aller du marteau au clou avant que le marteau ne frappe le clou, ou d'aller du fusil à la cible avant que la balle n'atteigne cette dernière. L'ordre des événements sera alors le même pour tous. Ouf ! Je ne naîtrai pas avant ma grand-mère.

Le temps perdu de Proust

Nous disons « le temps passe, il s'écoule ». Nous nous représentons le temps comme l'eau d'une rivière qui coule, les flots d'un fleuve qui passe. Sur notre navire immobile et ancré dans le présent, nous regardons la rivière du temps qui passe, éloignant les flots du passé et apportant les vagues du futur. Nous accordons au temps une dimension spatiale et c'est cette représentation du mouvement du temps dans l'espace par rapport à nous qui nous donne la sensation du passé, du présent et du futur. Le présent seul existe « maintenant ». Lui seul a une réalité palpable. Le passé s'en est allé et s'est perdu dans nos souvenirs. Marcel Proust en allant à la recherche de ce temps perdu nous a enchantés avec ses jeunes filles en fleurs et ses madeleines. Le futur, encore à venir, n'existe que dans nos rêves et nos espoirs.

Ce temps subjectif ou psychologique, nous le portons tous en nous. Cette distinction entre le passé, le présent et le futur règle notre vie et constitue le fondement de notre langage avec ses verbes conjugués au passé ou au futur. Nous sommes convaincus que le passé révolu ne peut plus être modifié tandis que nous aimerons croire que le futur peut être modelé par nos actions. Pourtant, cette notion du passage du temps, de son mouvement par rapport à notre conscience immobile (ou, de manière équivalente, du mouvement de notre conscience par rapport au temps immobile), s'adapte mal au langage du physicien moderne. Si le temps a un mouvement, quelle est sa vitesse ? Une question évidemment absurde. D'autre part, la notion que seul le présent existe, qu'il est seul réel, n'est pas compatible avec la destruction du temps rigide et universel par la relativité. Le passé et le futur doivent être aussi réels que le présent puisque Einstein nous dit que le passé d'une personne peut être le présent d'une autre personne ou encore le futur d'une troisième personne.

Pour le physicien, le temps n'est plus marqué par une succession d'événements. Les distinctions entre passé, présent et futur sont désormais inutiles. Tous les instants se valent. Il n'existe plus de moment privilégié. Si je lance une balle en l'air, il me suffit de savoir sa position et sa vitesse initiales pour calculer sa trajectoire. Cette trajectoire sera toujours la même, que la balle soit lancée à six heures du matin ou à huit heures du soir, le 1er janvier 1988 ou le 31 décembre 1998. Parce que les notions de passé, de présent et de futur sont abolies, le temps n'a plus besoin d'être en mouvement. Il ne s'écoule plus. Il est simplement là, immobile, comme une ligne droite s'étendant à l'infini dans les deux directions. Le flot du temps psychologique a fait place à l'inertie tranquille du temps physique. La question de la vitesse du temps qui s'écoule ne se pose plus.

Pourquoi une telle différence entre les deux temps ? Probablement parce que la physique ne sait pas encore décrire les processus biologiques et psychiques. C'est notre activité cérébrale qui nous fait sentir que le temps s'écoule. Le secret du temps qui passe réside dans notre cerveau. Il ne sera dévoilé que quand nous comprendrons comment nous sentons, pensons et créons.

La flèche du temps

Un enfant naît. Il devient adolescent, vieillard et meurt. Ce scénario est répété pour chacun d'entre nous. La marche du temps est inexorable et il va toujours dans le même sens, dans la même direction. Il nous conduit du berceau au tombeau et refuse l'ordre inverse.

Le passé s'est déjà estompé tandis que le futur est à venir. Le passé ne peut venir après le futur. Comme une flèche qui va tout droit devant elle après avoir quitté la corde de l'arc, le temps psychologique progresse et va de l'avant. Il ne peut revenir en arrière. Il est irréversible.

Cette irréversibilité du temps, responsable de notre hantise de la mort, est pourtant absente dans le monde des particules qui composent la matière. À l'échelle subatomique, le temps n'est plus unidirectionnel. La flèche du temps disparaît et le temps peut s'écouler dans les deux directions. Si vous faites un film des événements dans le monde subatomique, et que vous le projetiez dans le sens inverse du sens dans lequel il a été fait, vous ne vous apercevrez pas de la différence. Deux électrons convergent, ont une collision et repartent. Inversez la séquence des événements et vous aurez encore deux électrons qui convergent, ont une collision et repartent. Les lois physiques qui décrivent ces événements, avec une seule petite exception, ne portent pas en elles l'empreinte d'une direction de temps particulière. Elles sont valables dans les deux sens.

La petite exception concerne une particule subatomique dénuée de charge électrique qui s'appelle méson K ou kaon. Le monde subatomique est un monde changeant et impermanent. La plupart des particules ont une existence très brève. Un clin d'œil et elles s'en vont. Le kaon vit moins d'un millionième de seconde. Il disparaît en se scindant en trois autres particules dans plus de 99 % des cas. Cette désintégration est réversible dans le temps. Les trois particules peuvent se rassembler pour reformer un kaon. Mais dans moins de 1 % des cas, et c'est là où le bât blesse, le kaon ne se désintègre qu'en deux particules. Cette situation n'est pas réversible dans le temps. Elle ne peut se produire que dans une seule direction. La désintégration du kaon a défini une « petite » flèche du temps. Petite, parce que le kaon est la seule à avoir cette particularité parmi les milliers de particules qui peuplent le monde subatomique, parce que la désintégration en deux particules est très rare et que le kaon n'est pas présent dans la matière qui nous compose et dont sont faits les galaxies et l'univers. Il n'apparaît qu'à la suite de collisions violentes entre particules dans les grandes machines qui accélèrent ces dernières à des vitesses proches de celle de la lumière. Cette petite flèche du temps semble ne pas jouer un rôle important, mais son message reste un mystère.

Généralement absente dans le monde subatomique, la flèche du temps fait son entrée en force dans le monde macroscopique. Le temps psychologique s'écoule, nous l'avons vu, de la naissance à la mort. Le temps physique acquiert une direction bien déterminée. Les films du monde macroscopique ne peuvent plus être projetés dans les deux sens.

Une tasse de thé chaud se refroidit. Un morceau de glace fond sous la chaleur du soleil. Une goutte d'encre se dilue dans l'eau d'un verre. Les pierres d'une cathédrale gothique en ruine se détachent et se brisent en mille morceaux. Autant de situations qui portent en elles la direction du temps. Vous ne verrez pas se produire la séquence inverse des événements. La tasse de thé ne se réchauffera pas d'elle-même. L'eau de la glace fondue ne se reconstituera pas spontanément en morceau de glace. Ni les particules d'encre, ni les morceaux de pierre ne se rassembleront pour reconstituer la tache au milieu de l'eau limpide, ou pour redonner à la cathédrale son ancienne splendeur.

Dans toutes ces situations, l'état initial est plus organisé que l'état final. Le morceau de glace avec sa structure cristalline est plus ordonné que la nappe d'eau qui en résulte après que la glace a fondu. L'organisation de la belle cathédrale gothique est de loin supérieure à celle du tas de pierres informe qu'elle est devenue. Le contenu en information diminue. Il me faut bien plus de paroles pour décrire la cathédrale que le tas de pierres.

La tasse de thé peut se refroidir parce que l'air qui l'entoure est plus froid que le thé, parce qu'il y a un déséquilibre entre les températures de l'air et du thé. Le thé va se refroidir et l'air se réchauffer jusqu'à ce qu'il n'y ait plus de différence de température, jusqu'à ce que l'équilibre soit atteint. Le déséquilibre s'efface au profit de l'équilibre. La température d'un objet se traduit par l'agitation des atomes ou molécules qui le composent. Le thé est chaud parce que les molécules de l'eau chauffée s'agitent beaucoup. Leurs mouvements sont désordonnés. L'air est froid parce que les molécules d'air sont plus calmes. Leurs mouvements sont plus ordonnés. Le désordre des molécules d'eau va se communiquer aux molécules d'air et le désordre va augmenter jusqu'à ce que l'équilibre des températures soit établi. La situation finale contient moins d'information que l'état initial puisqu'il me suffit d'une seule température pour la décrire au lieu des deux initiales. De même que le passage du passé au futur, de la naissance à la mort, définit la direction du temps psychologique, le passage de l'organisation à la désorganisation, du plus d'information au moins d'information, du déséquilibre à l'équilibre, définit la direction du temps physique. Le physicien résume « désordre », « moins d'information » et « moins de déséquilibre » par le mot « entropie », et énonce le principe qui donne au temps physique sa direction : l'entropie doit toujours augmenter. Le désordre doit s'accroître, l'information doit se perdre et le déséquilibre doit disparaître. Ce principe est connu sous le nom du « deuxième principe de la thermodynamique », science qui étudie les propriétés de la chaleur. Il fut découvert au siècle dernier, pendant la révolution industrielle, en essayant d'améliorer le rendement des machines à vapeur.

Le miracle de l'assiette brisée

Comment la nature a-t-elle pu imposer une direction du temps à l'échelle macroscopique alors que cette direction était absente à l'échelle subatomique ? Après tout, les objets macroscopiques sont composés de particules subatomiques. Comment l'ensemble a-t-il pu acquérir une propriété que les composantes ne possèdent pas ? La réponse réside dans le grand nombre de particules qui composent le monde macroscopique et de leurs interactions entre elles.

Un gramme d'eau contient 1 million de milliards de milliards (10^{24}) d'atomes. Le monde macroscopique ramené au monde subatomique donne toujours des chiffres de cet ordre de grandeur. Il nous est impossible de suivre le comportement individuel d'un si grand nombre d'atomes. Nous pouvons seulement avoir une idée de leur comportement moyen à l'aide des lois de la statistique et des probabilités. Je lance une pièce de monnaie en l'air. Je ne peux pas prédire si, à chaque essai, elle va retomber pile ou face. Mais les lois de la statistique me disent que si je lance la pièce un grand nombre de fois, elle devrait retomber en moyenne autant de fois sur le côté face que sur le côté pile. Il en va de même pour la loi de l'entropie. C'est une loi statistique. En moyenne, l'entropie doit croître. Mais, en principe, l'entropie peut décroître, l'ordre, l'information et le déséquilibre augmenter et la direction du temps s'inverser, tout comme, en principe, la pièce de monnaie peut retomber pile cent fois de suite. La flèche du temps existe parce que la probabilité d'un tel événement est tellement petite qu'il ne se produit pas.

Je laisse tomber une assiette qui se brise en mille morceaux. Les lois de la statistique n'interdisent pas, en principe, la séquence inverse des événements de se produire. Les fluctuations statistiques des molécules d'air dans la chambre peuvent agir de telle façon que les morceaux soient poussés les uns contre les autres pour reconstituer l'assiette. Des variations de température peuvent survenir juste le long des cassures pour ressouder l'assiette brisée. D'autres fluctuations peuvent se conjuguer pour susciter un courant d'air qui poussera l'assiette reformée dans ma main. Si vous pouviez voir une telle séquence d'événements se produire, vous crieriez au miracle et vous auriez raison. La probabilité d'une telle séquence est extrêmement faible, si petite qu'elle est pratiquement nulle. Elle est environ de $1/10^{10^{25}}$. Le nombre $1/10^{10^{25}}$ est le chiffre 1 précédé de 10^{25} zéros. Je peux commencer à écrire le commencement du nombre $1/10^{10^{25}}=0{,}00000\ldots$, mais je dois vite m'arrêter, car la quantité de zéros est telle que, même si je remplissais toutes les pages de tous les livres du monde entier, je n'arriverais pas à compléter ce nombre.

Une assiette qui se brise ne se reconstituera pas d'elle-même. Les assiettes ne sont pas fabriquées par des miracles, mais dans des usines. Bien que les atomes et leurs composantes soient indifférents à la direction du temps, leur effet collectif détermine une direction bien précise. L'univers doit aller de l'ordre au désordre, du déséquilibre à l'équilibre, de l'abondance au manque d'information.

La lumière ne se propage pas vers le passé

Une pierre tombe dans un étang. Elle crée de belles ondes d'eau concentriques qui se propagent de l'endroit où la pierre a touché l'eau jusqu'aux bords de l'étang. Nous voilà de nouveau en présence d'un phénomène irréversible dans le temps. Nous ne verrons jamais l'eau s'organiser d'elle-même en ondes concentriques et converger vers un point au milieu de l'étang. Le film ne peut être projeté en sens inverse. Comme tous les phénomènes ondulatoires, les ondes de lumière divergent de la source qui les produit, elles ne convergent pas vers cette dernière. La lumière va vers le futur et non vers le passé. Les ondes radio émises par le radar de la police au bord de la route et réfléchies sur l'arrière de votre voiture reviennent une fraction de seconde après leur émission, pas avant. Le Soleil nous apparaît tel qu'il était il y a huit minutes, non tel qu'il sera dans huit minutes. Bien que les équations de l'Écossais James Maxwell, qui décrivent la propagation de la lumière, soient réversibles par rapport au temps, la lumière ne se propage que vers le futur. Nous ne pouvons pas communiquer avec le passé. Nous ne pouvons pas envoyer un message radio à Ève pour lui dire de ne pas manger la pomme interdite ou à nos arrière-grands-parents pour empêcher leur rencontre et notre venue au monde. La causalité est sauvée. La flèche électromagnétique (la lumière est un phénomène électromagnétique) indique la même direction au temps que les flèches psychologique et thermodynamique. Il doit s'écouler du passé vers le futur. Le temps peut ralentir, mais il ne peut jamais changer de direction. Heureusement pour nous, car il serait bien difficile de communiquer avec des gens pour qui la direction du temps serait inversée : ils connaîtraient tout ce que vous alliez leur dire avant que vous ne leur adressiez la parole, mais oublieraient aussitôt la conversation terminée.

Les étoiles sont des machines à fabriquer du désordre

Le fait que ces trois flèches de temps indiquent toutes la même direction n'est probablement pas dû au hasard. Les physiciens sentent confusément que leur direction commune est imposée par l'expansion de l'univers, mais la question est encore très loin d'être élucidée. Seule jusqu'ici la flèche thermodynamique a révélé sa parenté avec la flèche du temps cosmologique définie par l'expansion universelle.

L'univers à son début était, nous le verrons, une purée homogène et uniforme de radiation et de particules élémentaires. Il n'y avait aucune structure. C'était le désordre complet et le contenu en information était très petit. Après une histoire d'environ 15 milliards d'années, des centaines de milliards de galaxies sont apparues, contenant chacune des centaines de milliards d'étoiles. Sur une planète en orbite autour d'une des étoiles, dans une de ces galaxies, est apparue la conscience humaine capable de s'interroger sur l'univers. La structure a surgi du manque de structure, l'ordre du désordre et la complexité de la simplicité. À première vue, ce cours des événements semble contredire le deuxième principe de la thermodynamique : l'entropie semble diminuer au lieu d'augmenter. L'univers n'aurait-il pas une flèche thermodynamique ?

C'est là qu'intervient l'expansion de l'univers et la flèche du temps cosmologique. L'expansion refroidit la lumière qui baigne l'univers. La température d'une particule de lumière, d'un photon, se traduit par l'énergie qu'elle porte. À mesure que les distances entre les galaxies augmentent, la lumière s'épuise de plus en plus pour nous parvenir. Elle perd son énergie et l'univers se refroidit. Des quelques millions de degrés Kelvin (°K) qu'elle avait à la troisième minute de l'univers, la lumière universelle n'a plus maintenant que 3 °K[1]. Contrastant avec cette température frigorifique, la température des cœurs des étoiles est de quelques millions de degrés K. Il y a déséquilibre de température entre les étoiles et l'espace qui les entoure. De même que la tasse de thé chaud se refroidit au contact de l'air plus froid et communique le désordre des molécules d'eau de thé aux molécules d'air et, ce faisant, augmente le désordre total, les étoiles rejettent leur lumière chaude dans la lumière plus froide où elles baignent et accentuent le désordre général de l'univers. Les étoiles sont des machines à fabriquer du désordre et leur production totale de désordre fait plus que compenser le déficit en désordre qui a été créé par l'organisation des structures de l'univers et par l'émergence de la complexité. Le désordre *net* de l'univers augmente au cours du temps. Ce désordre ne s'est pas accru considérablement depuis le début de l'univers. La contribution totale des étoiles pendant 15 milliards d'années n'a augmenté l'entropie cosmique que de 0,1 %. Mais cela suffit pour que la direction du temps thermodynamique soit respectée. Ainsi, le cœur chaud des étoiles et la froideur de l'espace due à l'expansion de l'univers, en permettant l'épanouissement de la complexité, sont responsables de notre existence.

Le deuxième principe de la thermodynamique n'interdit pas que des coins d'ordre surgissent dans l'univers, du moment que, pour compenser cet ordre, un plus grand désordre est produit ailleurs. Par exemple, après avoir lu cet ouvrage, votre cerveau aura acquis environ un million de

1. J'utiliserai dans cet ouvrage l'échelle de température de Kelvin (le physicien anglais qui l'a établie). Cette échelle est plus commode à utiliser que l'échelle de température centigrade pour mesurer des phénomènes physiques, car elle utilise la notion selon laquelle la température d'une particule se traduit par son mouvement. Le zéro de l'échelle Kelvin (égal à –273 degrés centigrades) constitue le zéro absolu, où tout mouvement est mort.

fragments d'information, il sera plus ordonné, d'un million d'unités. Mais pour lire, il ne faut pas avoir faim, et les nourritures spirituelles ne suffisent pas. Pendant la lecture du livre, vous avez dû consommer au moins mille calories sous forme de nourriture. Vous avez converti la forme d'énergie ordonnée que sont la viande, les légumes et les fruits en une forme d'énergie désordonnée que vous communiquez à l'espace environnant par la chaleur que dégage votre corps, ou par la sueur que secrète votre peau. Ce faisant, vous aurez augmenté le désordre total de l'univers de dix millions de millions de millions de millions (10^{25}) unités, soit de dix millions de millions de millions (10^{19}) fois plus que l'ordre acquis par votre cerveau (en supposant que vous avez tout compris et enregistré !). Le désordre est très supérieur à l'ordre. Vous pouvez avoir la conscience tranquille en lisant cet ouvrage : la direction de la flèche du temps thermodynamique ne sera pas violée !

Des questions se posent. Nous ne savons pas, pour l'instant, si l'expansion de l'univers sera éternelle ou si, dans un lointain futur, les galaxies inverseront leurs mouvements et si l'univers s'effondrera sur lui-même. La direction du temps thermodynamique qui est reliée, nous l'avons vu, à l'expansion s'inversera-t-elle dans un univers en contraction ? Le tas de pierres informe se transformera-t-il en une majestueuse cathédrale ? La lumière, au lieu de partir des étoiles, convergera-t-elle vers elles ? Le temps psychologique s'écoulera-t-il dans une direction inverse ? Si c'est le cas, les habitants d'un univers en contraction se croiront aussi dans un univers en expansion puisque tous leurs processus cérébraux seront inversés. Le brouillard qui enveloppe toutes ces questions est encore très loin d'être dissipé.

La matière ralentit le temps

Pour ralentir son vieillissement, il suffisait à Jules, dans son vaisseau spatial, d'appuyer sur l'accélérateur et de s'approcher de la vitesse de la lumière. Mais il aurait pu aussi freiner le temps en dirigeant son vaisseau spatial près d'une étoile, car Einstein, dans sa relativité générale publiée en 1915, nous a appris que le champ de gravité engendré par l'étoile et par toute matière retarde le temps. Comme l'espace est courbé par la matière, le temps perd sa rigidité et devient élastique en sa présence.

Le temps s'écoule moins vite pour quelqu'un qui est en bas de la tour Eiffel que pour quelqu'un qui se trouve en haut, ou pour un locataire d'un immeuble qui vit au rez-de-chaussée que pour un locataire du dixième étage. Le temps de l'Esquimau, au pôle Nord, passe relativement plus lentement que celui d'un habitant de Bornéo à l'équateur. Le temps ralentit quand la pesanteur est plus élevée. Celle-ci est due à l'attraction gravitationnelle qu'exerce la Terre sur nous et varie donc comme l'inverse du carré de la distance nous séparant du centre de la Terre. Les individus situés en bas de la tour Eiffel, au rez-de-chaussée ou au pôle Nord sont tous plus près du centre de la Terre que leurs homologues, et ils subissent donc une plus grande pesanteur. L'Esquimau est plus proche du centre de la Terre que l'habitant de Bornéo, car la Terre n'est pas parfaitement sphérique. Les forces centrifuges nées de la rotation de cette dernière font que le rayon terrestre est légèrement plus grand (d'une trentaine de kilomètres) à l'équateur qu'aux pôles. Ces différences de temps sont minimes. L'effet cumulé est tout au plus d'un milliardième de seconde sur une vie humaine entière. À peine un battement de cœur de plus. Le ralentissement du temps par la pesanteur passe inaperçu dans notre vie quotidienne. Heureusement, car sinon il faudrait faire face à une crise du logement : tout un chacun voudrait vivre au rez-de-chaussée et personne aux étages supérieurs !

Les trous noirs transforment les hommes en spaghetti

Les effets sont plus visibles à l'échelle cosmique. Comparé au temps terrestre, le temps passe plus vite dans l'espace où l'attraction gravitationnelle de la Terre est beaucoup plus faible. Il s'écoule moins vite sur le Soleil dont la pesanteur est environ trente fois supérieure à celle de la Terre (vous y pèseriez trente fois plus) et plus vite sur la Lune dont la pesanteur est six fois moindre que celle de la Terre. Il y a même des endroits dans le cosmos où la gravité est tellement intense qu'elle réussit à freiner complètement le temps. Ces endroits résultent de la mort d'étoiles massives (plus de cinq fois la masse du Soleil) qui se sont effondrées sur elles-mêmes après avoir épuisé leur réserve d'énergie nucléaire. La grande quantité de matière de l'étoile massive effondrée est comprimée dans un volume tellement petit que le champ de gravité qui en résulte est énorme, si énorme que l'espace se replie sur lui-même et que la lumière ne peut plus sortir. L'étoile effondrée devient un trou noir. Elle n'est plus visible. Son existence se manifestera désormais par l'attraction gravitationnelle qu'elle exerce sur tout objet qui passe à proximité, et par la déformation qu'elle a laissée dans le tissu temps-espace.

Jules continue son voyage à bord du vaisseau spatial. Il consulte son tableau de bord et s'aperçoit que le vaisseau a dévié de son parcours, qu'il est attiré vers quelque chose dans l'espace. Jules se précipite pour regarder à travers le hublot. Rien à signaler dans la direction vers laquelle le vaisseau se dirige. Un rapide coup d'œil sur ses cartes lui apprend qu'il est près d'un trou noir supermassif de quelques millions de masses solaires. Jules comprend qu'il va être bientôt englouti par le trou noir et qu'il lui faut sans plus tarder allumer les moteurs et faire marche arrière. Il sait qu'il faut accomplir cette manœuvre avant que le vaisseau ne franchisse le rayon du trou noir, la frontière du non-retour. Ce rayon passé, il ne pourra plus faire marche arrière malgré toute la puissance de ses moteurs et il ira à sa perte. Les moteurs s'allument et la fusée rebrousse chemin. Jules pousse un soupir de soulagement. Il est sauvé.

Mais supposons que Jules ait l'âme audacieuse d'un explorateur, qu'il ne craigne pas pour sa vie et qu'il se dise que c'est l'occasion ou jamais d'explorer l'intérieur d'un trou noir. En s'en approchant, il pourra communiquer ses observations et impressions par radio à son jumeau Jim resté sur Terre. Mais la communication sera interrompue dès qu'il aura franchi le rayon du trou noir puisque la lumière radio ne peut plus sortir. Ce qu'il observerait à l'intérieur du trou noir resterait lettre morte puisqu'il ne pourrait jamais en faire part à qui que ce soit d'autre.

Suivons Jules à mesure qu'il s'approche du trou noir. L'influence gravitationnelle du trou noir se fait de plus en plus sentir. Jules a comme l'impression qu'on le tire à la fois par la tête et par les pieds. Ce tiraillement est dû à la *différence* entre les forces de gravité que le trou noir exerce sur les deux extrémités du corps de Jules. Les pieds, étant plus proches du trou noir, subissent une plus forte attraction gravitationnelle que la tête, qui en est éloignée de 1,8 mètre (la taille de Jules). Les pieds de Jules tombent donc plus vite vers le trou noir que sa tête et son corps s'allonge. Ces forces dites de marée (car c'est aussi la *différence* entre les forces gravitationnelles exercées par la Lune sur le centre de la Terre et sa surface qui est responsable des marées des océans sur Terre) étirent, allongent toute chose dans le vaisseau spatial, leur donnant la forme de spaghettis longs et minces. Quand le champ de gravité devient trop intense, l'allongement est trop grand, les forces électromagnétiques qui retiennent les atomes ensemble et qui sont responsables de la solidité et de la cohésion du corps humain ne peuvent plus résister aux forces de marée, le corps de Jules se brise, et c'est la fin.

Les trous noirs arrêtent le temps

Mais n'anticipons pas. Jules est encore loin du trou noir et de cette fin tragique. Il continue à envoyer à Jim par ondes radio les images enregistrées par la caméra photographique à l'intérieur de la cabine spatiale. Sur Terre, Jim décode les ondes radio, reconstitue les images et suit sur son écran de télévision le déroulement des événements dans la cabine spatiale. À mesure que Jules s'approche du trou noir et que le champ de gravité devient plus intense, les ondes radio qu'il envoie doivent travailler de plus en plus pour sortir de ce champ de gravité et parvenir à Jim. Elles perdent de plus en plus d'énergie et l'intervalle de temps qui sépare deux ondes successives reçues sur Terre s'allonge de plus en plus. Les nouvelles images mettent de plus en plus longtemps à parvenir et à se renouveler. Le film des événements à bord du vaisseau spatial ralentit progressivement. Il passe à une vitesse de plus en plus lente. Du point de vue de Jim, Jules prend maintenant un temps considérable pour faire tout geste, accomplir toute action. Loin de l'influence gravitationnelle du trou noir, Jules mettait deux minutes (le temps est mesuré sur la montre de Jim) pour se brosser les dents. À mesure qu'il approche du trou noir, cette action prend deux heures, deux années, deux siècles, deux milliards d'années... Jim voit le temps de Jules s'allonger de plus en plus par rapport au sien. Finalement, juste au moment où Jules franchit le rayon de non-retour, son temps, mesuré sur la montre de Jim, se fige. Du point de vue de Jim, le trou noir a arrêté le temps de Jules. L'image sur l'écran de télévision de Jim ne se renouvelle plus. Jules aura le même sourire, la même pose et le même geste pour l'éternité. De même, Jim ne verra jamais le vaisseau spatial de Jules disparaître dans l'abîme du trou noir. Pour Jim, la fusée restera pour toujours suspendue dans l'espace au rayon du non-retour.

Toute l'éternité en un clin d'œil

Jules voit les événements se dérouler de tout autre façon. Pour lui, le temps qu'il lit sur l'horloge du bord s'écoule normalement. Son vaisseau s'approche du trou noir et franchit sans problème le rayon du non-retour. Jim est conscient qu'il se dirige tout droit vers le centre du trou noir où la densité et le champ de gravité sont infiniment grands et que les forces de marée vont bientôt briser son corps. Il continue à recevoir des messages radio de Jim. Happées par le champ de gravité qui croît à mesure qu'il s'approche du centre du trou noir, ces ondes radio gagnent de plus en plus d'énergie et arrivent de plus en plus vite. Jules voit le temps de Jim s'accélérer de plus en plus et, à l'instant où il franchit le rayon du non-retour, toute l'éternité passe devant ses yeux en un seul instant : la vieillesse et mort de Jim, le soleil qui s'éteint après 11 milliards d'années d'existence, la fin des étoiles des galaxies, de l'univers... Jules ne pourra plus ressortir du trou noir pour réintégrer l'univers extérieur puisque, de son point de vue, cet univers a déjà vécu sa vie, il a fini d'exister quand il franchit le rayon de non-retour. Réintégrer cet univers après avoir vu la fin équivaudrait à dire que Jules sortirait du trou noir avant d'y être entré, ce qui est absurde. Parce qu'il a dépassé le temps du monde extérieur, Jules est condamné à rester dans le trou noir et à périr.

La recette de fabrication des trous noirs

Comment fabriquer un trou noir ? En principe, tout objet peut devenir trou noir. Il suffit de le comprimer en deçà d'une certaine taille pour que le champ de gravité qui en résulte soit assez fort pour replier l'espace sur lui-même et empêcher la lumière de sortir. Supposons que votre masse soit de 70 kilogrammes. Si deux mains géantes vous comprimaient à moins de 10^{-23} centimètre (1 divisé par 100 000 milliards de milliards), un rayon 10 milliards de fois plus petit que celui de l'électron, vous deviendriez un trou noir. Le rayon du trou noir varie en proportion avec sa masse. Ainsi la Terre, qui a une masse de 6×10^{27} grammes (6 suivi de 27 zéros), deviendrait un trou noir si son rayon de 6 400 kilomètres était réduit à 1 centimètre (moins qu'une balle de ping-pong). Le Soleil, avec une masse de 2×10^{33} grammes (2 suivi de 33 zéros), deviendrait un trou noir si son rayon de 700 000 kilomètres se réduisait à 3 kilomètres (voir la note quantitative n° 3).

Ainsi, il ne faut surtout pas imaginer qu'un trou noir est nécessairement très petit et très dense. Tout dépend de sa masse. Un trou noir ayant une masse de 1 milliard de Soleils aurait une taille de 3 milliards de kilomètres, c'est-à-dire légèrement inférieure à celle du système solaire, et sa densité moyenne ne serait pas supérieure à celle de l'air que nous respirons. Si, par malchance, Jules avait été happé par l'emprise d'un trou noir à basse densité, il n'aurait rien senti au moment du passage du rayon de non-retour. Il ne se serait aperçu qu'il était prisonnier du trou noir que bien plus tard, après avoir parcouru des milliards de kilomètres à l'intérieur du trou noir et au moment où les forces de marée commenceraient à lui faire mal aux os. Il serait alors trop tard pour faire quoi que ce soit. Il n'aurait plus qu'à attendre sa fin inexorable.

En pratique, les trous noirs ne se trouvent pas à tous les coins de rue, car il est très difficile de comprimer les objets. Sur Terre, la force électromagnétique, qui soude les atomes et les molécules et qui les organise en réseaux cristallins, donne de la solidité aux choses qui nous entourent et résiste farouchement à une compression si extrême. Ni vous ni moi, pas plus que la Terre, ne deviendrons jamais des trous noirs. Il faut appeler à l'aide un agent compresseur puissant. La force de gravité répond à l'appel. Elle est attractive et fait que tout s'effondre. Elle va aider à fabriquer des trous noirs. Pour que la gravité soit efficace, il faut une très grande masse, nous enseigne Newton. Ces très grandes masses, on les trouve dans les étoiles. Mais n'importe quelle étoile ne fera pas l'affaire. Le Soleil, avec son énorme masse de 2 milliards de milliards de milliards de tonnes, ne finira pas en trou noir. Dans 6 milliards et demi d'années, quand il aura épuisé sa réserve d'énergie nucléaire, la gravité le fera s'effondrer en une naine blanche d'environ 10 000 kilomètres de diamètre, c'est-à-dire la taille de la Terre, très loin des 3 kilomètres requis. Le Soleil n'est pas assez massif. Pour finir leur vie en trous noirs, les étoiles progénitrices doivent avoir la masse d'une dizaine de Soleils ou plus. Ces étoiles massives sont relativement rares et c'est pourquoi les trous noirs ne courent pas les rues.

La défaite du bon sens

À ce point, vous vous grattez la tête et pensez : « Tout ce que je viens de lire sur le temps et l'espace est bien étrange. Le temps qui a perdu son caractère universel, qui se dilate ou se contracte selon mes mouvements. Et l'espace qui en fait de même. Et la gravité qui se mêle à la danse et déforme aussi l'espace et le temps. Et ces trous noirs où toute l'éternité peut passer en un clin d'œil. Tout cela met à mal mon intuition et mon bon sens. Je ne comprends pas ! » Cette réaction est bien naturelle. Nous éprouvons tous un besoin instinctif de ramener dans le cadre du bon sens quotidien des concepts nouveaux et étrangers, de réduire la réalité à des images familières. Quand cela ne marche pas, quand notre intuition est bafouée, quand nos idées et nos croyances les plus chères sont foulées au pied, quand notre « bon sens » est balayé d'un revers de main, alors nous levons les bras au ciel et crions : « Je ne comprends pas ! »

Et pourtant, il n'y a rien à comprendre. La nature est ainsi faite. Il faut l'accepter comme elle est. Notre intuition et notre bon sens fondés sur les événements quotidiens sont de bien mauvais guides quand il s'agit de l'infiniment petit ou de l'infiniment grand, de l'atome ou de l'univers. Einstein a pu, en rejetant le bon sens quotidien, construire cet immense monument de la pensée qu'est la relativité.

Une théorie scientifique est bonne, non parce qu'elle est en accord avec l'intuition ou le bon sens, mais parce qu'elle décrit correctement la nature, qu'elle prédit des phénomènes qui peuvent être observés et vérifiés. Que le temps se dilate avec la vitesse ne fait plus aucun doute. Le temps s'allonge chaque fois qu'une particule subatomique est lancée à une vitesse proche de celle de la lumière dans des accélérateurs de particules, tel celui du Centre européen pour la recherche nucléaire (CERN) à Genève. On peut le vérifier en accélérant des particules ayant une durée de vie très courte, qui se désintègrent après quelques millioniièmes de seconde. On constate que la durée de vie de ces particules est multipliée par dix, vingt, cent… selon la vitesse à laquelle elles sont accélérées, et toujours en accord avec les prédictions de la relativité. Le temps a ralenti pour ces particules. Elles vivent plus longtemps, que cela nous plaise ou non.

La matière courbe l'espace. Voilà encore une autre prédiction de la relativité contre laquelle notre bon sens se rebelle, mais qui a été vérifiée dès 1919 au cours d'une expédition qui avait pour but d'observer une éclipse solaire et qui est restée fameuse dans les annales de la physique. L'idée, proposée par Einstein lui-même, était de profiter de l'absence de lumière solaire masquée par la Lune pour photographier les étoiles lointaines dont les positions projetées dans le ciel étaient très proches du Soleil. Si l'espace est courbé par le champ de gravité du Soleil, la trajectoire de la lumière de ces étoiles lointaines doit être également courbée. Cette courbure de trajectoire doit se traduire par un léger déplacement angulaire de leurs images par rapport aux images des mêmes étoiles prises six mois plus tard, quand la Terre est de l'autre côté du Soleil, et que la lumière de ces étoiles ne doit plus traverser le champ de gravité solaire pour nous parvenir. Le déplacement angulaire prédit par Einstein était minuscule (mais néanmoins deux fois plus grand que celui prédit par Newton), et égal à l'angle sous-tendu par votre pouce s'il était à 1 kilomètre de distance. Mais il put être mesuré (fig. 17) et était en accord avec la relativité. Cette confirmation observationnelle éclatante établit la relativité comme une théorie avec laquelle il fallait compter et propulsa Einstein au faîte de la gloire. Depuis, la déflexion de la lumière par le Soleil a été mesurée maintes fois et avec beaucoup plus de précision par des radioastronomes utilisant la lumière radio de sources radio lointaines et, chaque fois, la relativité s'est révélée juste. L'espace se plie à la matière, que nous le voulions ou non.

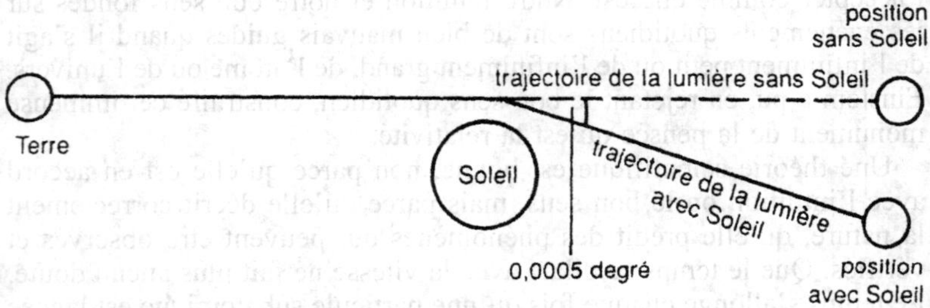

Fig. 17. *La matière courbe l'espace*. Selon la théorie de la relativité générale d'Einstein, le champ de gravité du Soleil (ou de n'importe quel autre objet massif) courbe l'espace et les trajectoires lumineuses. Cette prédiction a été vérifiée par l'observation d'étoiles dont la lumière, pour nous parvenir, doit passer à proximité du Soleil et traverser son champ de gravité. Pour photographier ces étoiles, il faut attendre une éclipse solaire, puis comparer ces photographies avec celles prises dans des conditions où la lumière stellaire n'a pas à traverser le champ de gravité du Soleil, six mois après par exemple, quand la Terre est de l'autre côté du Soleil. La comparaison montre toujours un léger changement de position des étoiles, en accord avec la théorie de la relativité. La déviation de la lumière par le champ de gravité solaire fut mesurée par l'astronome anglais Arthur Eddington lors d'une éclipse solaire en 1919, ce qui propulsa Einstein au faîte de la gloire. La théorie de Newton prévoit aussi une déviation de la lumière dans un champ de gravité, mais 2 fois moins grande.

Les horloges atomiques mesurent le temps de la manière la plus précise qui soit. Synchronisez deux horloges atomiques, laissez-les côte à côte et demandez à vos descendants lointains de revenir plusieurs milliards d'années plus tard. Ils constateront que les deux horloges ne différeront que de moins d'une fraction de seconde. Utilisant ces produits fabuleux de la technologie moderne, une équipe de physiciens a démontré que la gravité ralentit le temps. Une horloge atomique est emportée par avion dans l'espace où la gravité terrestre est plus faible qu'au sol. Au retour, on compare l'heure qu'elle indique à celle d'une horloge restée au sol. Cette dernière retarde de quelques milliardièmes de secondes. Le temps de l'horloge restée au sol dans un champ de gravité plus grand a passé plus lentement. De nouveau, la relativité triomphe sur le bon sens.

Le trou noir a faim

Les observations ne mentent pas. Vous acceptez à contrecœur l'idée que le temps et l'espace deviennent élastiques en présence de la vitesse ou d'un champ de gravité. Défenseur du bon sens, vous voilà poussé dans vos derniers retranchements. Vous sortez votre dernière arme. Vous attaquez ce que vous pensez être le talon d'Achille de l'astrophysicien, son point faible : le concept des trous noirs. Vous affirmez que l'astrophysicien a beau jeu de parler de trous noirs : puisque ces objets sont invisibles, les observations ne pourront jamais venir le soutenir ou le démentir. Les trous noirs resteront à jamais un produit de son imagination fébrile. Vous n'avez pas besoin de faire violence à votre bon sens pour le suivre sur ce terrain.

Vous vous trompez. Le trou noir se trahit par sa gloutonnerie. Une fois né, il attire tout ce qui passe à proximité, en dehors du rayon de non-retour, pour l'engloutir, gagner de la masse et croître. Ce cannibalisme a des conséquences qui sont observables.

Certaines étoiles, comme les humains, vivent en couple. De nombreuses étoiles massives sont membres d'étoiles doubles, des paires d'étoiles très rapprochées qui tournent l'une autour de l'autre. Si l'une des étoiles s'effondre en un trou noir, l'autre étoile continuera de tourner autour de sa compagne invisible comme si de rien n'était. Le champ de gravité qui dicte le mouvement de l'étoile visible ne dépend que de la masse totale de la paire qui n'a pas changé. De même, si deux mains géantes comprimaient le Soleil en un trou noir, il n'y aurait plus de jour et la nuit serait éternelle, mais la Terre continuerait son interminable voyage annuel et le mouvement de toutes les autres planètes ne changerait pas. Le champ de gravité puissant du trou noir attire l'atmosphère gazeuse de l'étoile visible vers lui. Les atomes de gaz qui composent cette atmosphère tombent à toute vitesse vers le trou noir. S'entrechoquant dans leur chute, ils se réchauffent et brillent. Parce que les mouvements de collision des atomes tombant vers le trou noir sont d'une violence extrême, ces atomes émettent une lumière très énergique, la lumière X. Cette lumière X, émise bien au-delà du rayon de non-retour, peut être détectée.

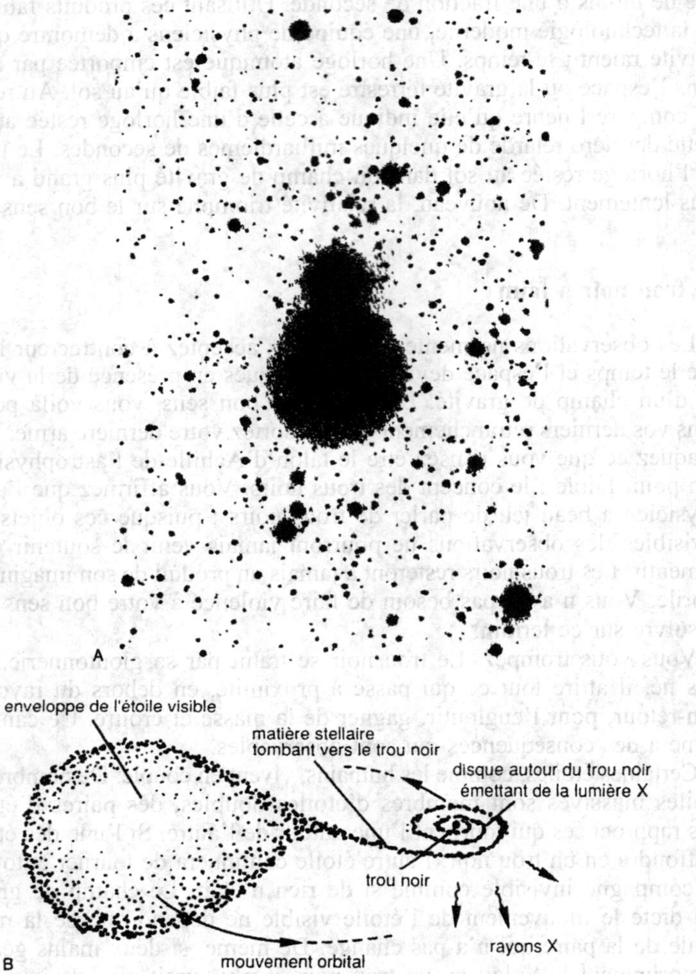

Fig. 18. *Un trou noir dans la constellation du Cygne*. Le cliché 18*a* montre une étoile supergéante (c'est-à-dire extrêmement brillante ; c'est celle du dessous) dans la constellation du Cygne, autour de laquelle tourne en orbite ce que les astronomes pensent être un trou noir. L'image très importante de l'étoile est due à des effets optiques provoqués par la grande brillance de l'étoile, et elle ne reflète pas le véritable diamètre de l'étoile. Ce dernier est trop petit pour être vu directement (photo, Hale Observatories).
Le schéma 18*b* montre comment le trou noir, tournant en orbite autour de l'étoile supergéante, attire gravitationnellement l'enveloppe de cette dernière. La matière, en tombant vers le trou noir et en formant un disque gazeux tout autour, s'échauffe et émet des rayons X trahissant la présence du trou noir.

Dans la direction de la constellation du Cygne, il existe une source X très brillante. À cet emplacement se trouve une étoile qui, on le sait grâce à la décomposition de sa lumière et en utilisant l'effet Doppler pour étudier son mouvement, tourne autour d'un autre objet ayant la masse d'une dizaine de Soleils. Or cet objet est invisible. On pense qu'il s'agit d'un trou noir (fig. 18). Même sur ce terrain mouvant, la nature semble donner raison à la relativité. La défaite du bon sens est totale.

IV

LE BIG BANG AUJOURD'HUI

Les astronomes n'aiment pas changer leurs habitudes

Les astrophysiciens sont conservateurs. Ils n'aiment pas que, d'un jour à l'autre, de nouvelles idées ou théories viennent modifier des connaissances acquises au prix de tant d'efforts par le passé. Ils acceptent mal que leur représentation de la réalité, leur langage commun soient tout d'un coup altérés de manière profonde, qu'un nouveau coup de pinceau vienne retoucher la toile déjà peinte, que les notes de musique soient soudainement réarrangées pour former une mélodie nouvelle.

Et pourtant, c'est ce qui est arrivé avec la théorie du big bang. En moins d'un demi-siècle, celle-ci est devenue le paradigme[1] de la cosmologie moderne, une théorie à partir de laquelle sont conçus et planifiés projets et observations nouvelles. Le big bang est devenu le nouveau langage commun, la nouvelle représentation du monde, le dernier tableau de peinture et la mélodie la plus récente. Une des raisons majeures de ce nouveau et rapide consensus est sans aucun doute la capacité à prédire, le pouvoir prophétique de cette théorie et le fait que ses prédictions ont été vérifiées de façon spectaculaire. Seule la théorie du big bang peut expliquer des observations en apparence aussi disparates que l'existence d'un rayonnement fossile qui baigne tout l'univers, la composition chimique des étoiles et galaxies – trois quarts d'hydrogène et un quart d'hélium – et le fait que l'univers, les plus vieilles étoiles et les atomes les plus anciens ont tous à peu près le même âge. Examinons cela de plus près.

1. Thomas Kuhn, *La Structure des révolutions scientifiques*, Flammarion, 1983.

Le rayonnement fossile de l'univers

Avec le big bang, l'univers prend une dimension historique. On peut parler maintenant d'une histoire de l'univers, avec un commencement et une fin, un passé, un présent et un futur. L'univers newtonien statique, immuable et dépourvu d'histoire est relégué au rang des univers moribonds.

L'ethnologue recherche, au fin fond de l'Afrique, des os d'homme primitif qui lui permettent de retracer l'histoire humaine. Le géologue creuse dans les profondeurs de l'écorce terrestre à la poursuite d'organismes fossiles qui l'aideront à reconstituer l'histoire de la Terre. De même, l'astronome promène un regard inquisiteur sur le contenu de l'univers, à la recherche de fossiles cosmiques qui lui permettront de reconstruire l'histoire du cosmos.

Le fossile cosmique le plus important, celui qui a rallié la majorité de la communauté scientifique à la théorie du big bang, et qui constitue l'écueil contre lequel se brisent la plupart des théories rivales, est un rayonnement qui baigne l'univers tout entier et qui nous provient de l'époque où l'univers n'était âgé que de 300 000 ans. Les grains de lumière, ou photons, qui composent ce rayonnement fossile (environ 400 par centimètre cube) se cognent contre ma main au moment même où j'écris ces lignes, ou contre votre visage pendant que vous les lisez. Ces grains de lumière fossiles, qui peuvent être perçus et captés à l'aide de radiotélescopes, sont les notes de musique éparses que la nature nous envoie. À nous de déchiffrer leur mélodie secrète.

L'existence de ce rayonnement fossile universel avait été annoncée dès 1946 par le physicien américano-russe George Gamow. Celui-ci, se fondant sur les travaux antérieurs du mathématicien russe Alexandre Friedmann et du chanoine belge Georges Lemaître, avait utilisé la physique pour remonter le temps à la source du big bang, tout comme l'explorateur remonte la rivière vers sa source. Les lois de la physique avançaient que l'univers avait dû être plus chaud et plus dense par le passé. D'autre part, le rapport de force entre les deux composantes de l'univers, la matière (les atomes, les étoiles et les galaxies) et la lumière, devait avoir été inversé quand l'univers était moins âgé. Toute matière est énergie, nous enseigne Einstein. La matière domine l'univers actuel de son énergie qui est environ 3 000 fois supérieure à celle de la lumière. La situation s'inverse dans les premiers instants de l'univers. Entre 1 seconde et 300 000 années après l'explosion initiale, les températures et les densités étaient si extrêmes qu'aucune des structures que nous observons aujourd'hui, galaxies, étoiles ou même atomes, ne pouvait exister. C'était le règne de la lumière. Cette lumière, à l'origine chaude et énergétique (sa température était de 10 000 °K quand l'univers avait 300 000 ans) et qui baigne tout l'univers, doit encore nous parvenir aujourd'hui, mais considérablement refroidie, selon Gamow. Le travail que la lumière fossile a dû fournir pendant 15 milliards d'années, pour rattraper notre Voie lactée emportée par l'expansion de l'univers, l'a beaucoup épuisée. Elle a perdu une grande partie de son énergie, si bien qu'elle n'a plus qu'une température frigorifique de 3 °K (–270 °C) au-dessus du zéro absolu dans l'univers actuel. Cette lumière, si froide et si peu énergétique, ne pourrait être captée qu'avec un radiotélescope.

Un feu dans la cheminée laisse des cendres. Le rayonnement fossile constitue les cendres du feu de la création.

Les téléphones et la cosmologie

Ce rayonnement fossile, cet écho de la création, personne ne se donna la peine de le rechercher pendant les vingt années qui suivirent. Les travaux de Gamow furent oubliés. Ce n'est qu'en 1965 que la lumière fossile fut découverte par hasard par deux radioastronomes américains, Arno Penzias et Robert Wilson, qui travaillaient dans les laboratoires de la compagnie téléphonique Bell.

L'histoire est belle et vaut la peine d'être contée. Les préoccupations de Penzias et Wilson étaient tout autres que cosmologiques. Dans le souci d'améliorer les communications téléphoniques, ils voulaient construire un radar aussi perfectionné que possible afin de capter les signaux de Telstar, le premier satellite de communication. Cette tâche devait, à l'origine, être accomplie par un radar français. Mais la construction de l'appareil prit du retard. La date du lancement de Telstar approchait et les dirigeants de la compagnie Bell s'inquiétaient. Dans l'éventualité où le radar français ne serait pas prêt, ils demandèrent à Penzias et Wilson d'en construire un autre. Telstar fut lancé. Le radar français fut prêt à temps, mais le télescope de Penzias et Wilson fut tout de même mis à contribution. Il permit de détecter non seulement les signaux de Telstar, mais aussi un mystérieux rayonnement à 3 °K. Ce n'est que plus tard que Penzias et Wilson se rendirent compte qu'ils entendaient la musique de la création. Le retard des ingénieurs français avait provoqué la découverte de l'autre pierre angulaire de la théorie du big bang ! Sans les observations du mouvement de fuite des galaxies et de la lumière fossile, l'édifice du big bang s'effondrerait.

On peut se demander pourquoi il a fallu attendre deux décennies pour entreprendre des observations d'une importance si capitale et pourquoi, après cette longue attente, ce fut le hasard qui provoqua la découverte. La raison n'est probablement pas à rechercher dans le manque de moyens techniques. Quand les travaux de Gamow sur le big bang furent publiés quelques années après la fin de la Seconde Guerre mondiale, la radioastronomie prenait déjà son essor grâce aux développements des radars pendant la guerre. La vraie raison serait plutôt d'ordre psychologique. Le big bang donnait à la notion de création une base scientifique. La religion montrait le bout de son nez, et les physiciens, mal à l'aise, « oublièrent » inconsciemment la prédiction de Gamow.

Après la découverte de Penzias et de Wilson, les astronomes se mirent avec acharnement à étudier le rayonnement fossile, comme pour rattraper le temps perdu. Les radiotélescopes du monde entier furent mis à contribution. Le rayonnement cosmologique était omniprésent et toujours égal à lui-même. Il indiquait la même température de 3 °K, quelle que soit la direction dans laquelle vous pointiez votre télescope (on dit qu'il est isotrope), de quelque endroit que vous l'observiez, d'une chambre ou du sommet d'une montagne, et quelle que soit la fréquence à laquelle vous régliez votre radiotélescope. La théorie du big bang avait passé la première épreuve la tête haute. La création de l'univers née de l'imagination fertile de quelques physiciens avait véritablement eu lieu. L'univers avait bien commencé son existence par une phase chaude et dense. Il s'était bien rempli de cette lumière qui nous parvient aujourd'hui toute refroidie. Les grains de lumière fossiles dominent l'univers de leur nombre. Ils sont 1 milliard pour chaque particule de matière. Mais leur énergie est si faible qu'ils ne représentent que moins d'un millième de l'énergie totale de l'univers.

Récemment, les découvertes d'un satellite de la NASA surnommé COBE (l'acronyme pour Cosmic Background Explorer), mis en orbite en 1989 pour étudier le rayonnement fossile, ont encore apporté de l'eau au moulin du big bang. Les observations de COBE nous disent que la distribution en énergie de ce rayonnement universel ne peut se comprendre que si l'univers, à l'origine, était extrêmement chaud, comprimé et dense. COBE a également découvert des semences de galaxies se manifestant par des fluctuations de température minuscules (de l'ordre de trente millionièmes) du rayonnement fossile, nous donnant ainsi une image de ce qu'était l'univers 300 000 ans après sa création. Cette découverte est essentielle pour la théorie du big bang et pour notre existence car sans semences de galaxies, pas d'étoiles et de galaxies, ni d'intelligence et de conscience.

Pour l'hélium, tout se joue dans les trois premières minutes

Nous sommes faits d'éléments chimiques. Nos os sont constitués de calcium. Le carbone, en se combinant avec l'hydrogène, l'oxygène et l'azote, fabrique les molécules du code génétique qui sont responsables du stockage et de la transmission de l'information, et qui font que nos enfants nous ressemblent. Le zinc nous aide à digérer l'alcool. Le cuivre sert à la pigmentation de la peau. Au moins vingt-sept éléments chimiques règlent le bon fonctionnement de notre corps. Que l'un de ces éléments vienne à manquer, et c'est la maladie.

Ces éléments « lourds » (leur masse atomique est plus lourde que celle de l'hydrogène et de l'hélium, les deux éléments les plus légers de l'univers), dont nous sommes faits et qui constituent les fondements de la vie, ne représentent pourtant qu'une fraction insignifiante, environ 2 % de la masse totale de l'univers. Les étoiles et les galaxies n'ont pas la même composition que les hommes. Elles sont faites à 98 % d'hydrogène et d'hélium, cet hélium qui pousse les jolis ballons multicolores des enfants haut dans le ciel. Dans les années 1960, les astronomes remarquèrent que la quantité d'hélium par rapport à l'hydrogène ne variait pratiquement pas d'étoile en étoile, ou de galaxie en galaxie, à l'inverse des métaux lourds dont la quantité pouvait varier d'un facteur de plus de 1 000. Les objets cosmiques montraient toujours la même proportion d'environ un quart d'hélium pour trois quarts d'hydrogène en masse.

Cette régularité remarquable ne pouvait être le fruit du hasard. L'inconstance des éléments lourds et la constance de l'hydrogène et de l'hélium devaient refléter leur origine. Dès l'année 1939, le physicien américain Hans Bethe avait découvert que les métaux lourds pouvaient être fabriqués dans le cœur des étoiles. Ces fours cosmiques chauffés à des dizaines de millions de degrés fusionnaient des noyaux d'atomes d'hydrogène en des noyaux plus lourds, libérant de vastes quantités d'énergie nucléaire qui alimentaient le feu des étoiles. Il était aussi évident que l'hydrogène devait être un élément primordial, c'est-à-dire antérieur à la formation des étoiles puisque les étoiles elles-mêmes étaient composées d'hydrogène. L'hélium avait un statut particulier. Il ne pouvait être fabriqué en quantité suffisante dans les fours stellaires, puisqu'une telle fabrication aurait libéré une énorme quantité d'énergie, plus que celle observée dans l'univers.

La constance de l'hélium par rapport à l'hydrogène pouvait s'expliquer naturellement si ces deux éléments étaient exclusivement produits dans les premiers instants de l'univers, c'est-à-dire s'ils étaient « primordiaux ». Leurs quantités relatives seraient ainsi fixées une fois pour toutes et ne dépendraient plus de l'évolution des étoiles et des galaxies, dans les milliards d'années à venir, qui était la cause de la grande variation en quantité des éléments lourds. D'autre part, l'absence actuelle de l'énergie libérée dans la fabrication de l'hélium pouvait être expliquée par la dilution de cette énergie due à l'expansion de l'univers. Les astrophysiciens se mirent au travail avec frénésie, et la théorie du big bang remporta son deuxième triomphe. Si la température de l'univers était maintenant de 3 °K, les calculs prédisaient que, environ trois minutes après l'explosion primordiale, le quart de la masse de l'univers était faite d'hélium, les trois quarts restants d'hydrogène et que ces proportions n'ont que très peu varié depuis. Ce sont précisément celles qui sont observées dans les étoiles et les galaxies… Les cosmologistes avaient de plus en plus l'impression qu'ils étaient sur la bonne voie.

Les galaxies décélèrent

Le dernier argument en faveur de la théorie du big bang concerne l'âge de l'univers, c'est-à-dire l'intervalle de temps entre le moment où toute la matière des galaxies était ensemble et maintenant. Pour l'obtenir, il suffirait, en théorie, d'observer une galaxie, de mesurer sa distance et sa vitesse de fuite et de diviser une quantité par l'autre. Sur l'autoroute, vous dépassez un panneau qui indique que vous êtes à 200 kilomètres de Paris. Un rapide coup d'œil sur votre indicateur de vitesse vous permet de savoir que vous roulez à 100 kilomètres à l'heure. Il vous suffit d'un petit calcul mental pour savoir que vous avez quitté Paris il y a deux heures sans avoir à consulter votre montre. Ce calcul est exact si vous avez toujours roulé à la même vitesse depuis le départ de Paris. L'âge de l'univers, obtenu en divisant la distance d'une galaxie par sa vitesse, est exact si la vitesse des galaxies ne varie pas en fonction du temps. Or, toute galaxie dans l'univers subit l'influence gravitationnelle de la masse visible (comme celle des galaxies) et invisible (comme celle des trous noirs) qui y est contenue. L'attraction gravitationnelle ralentit le mouvement d'expansion : les galaxies subissent un petit mouvement de décélération. Si, au début de votre voyage, vous aviez roulé à 150 kilomètres à l'heure avant de ralentir jusqu'à 100 kilomètres à l'heure, vous auriez conclu que votre voyage a réellement duré moins de deux heures. De même, en raison de la décélération des galaxies, l'âge de l'univers est légèrement inférieur à l'âge obtenu en divisant la distance d'une galaxie par sa vitesse de fuite.

Le ballet cosmique

Mesurer l'âge de l'univers équivaut donc à mesurer les distances et les vitesses de fuite des galaxies. La vitesse d'éloignement des galaxies est facilement mesurable. Il suffit, en effet, de décomposer la lumière des galaxies à l'aide d'un spectroscope et de mesurer l'effet Doppler. Mais attention ! Il faut ne prendre en compte que le mouvement des galaxies dû à l'expansion de l'univers. Tout autre mouvement, tel celui qui est dû à l'attraction gravitationnelle des galaxies voisines, doit être exclu.

Les galaxies n'aiment pas être seules. Elles semblent avoir l'instinct grégaire et préfèrent s'associer. Le meilleur endroit, pour une galaxie, est à proximité d'une autre. Elles s'organisent ainsi en agglomérations, en structures de plus en plus grandes. Notre « maison », la galaxie, fait partie d'un petit village, d'un « groupe local » de galaxies reliées par la gravité qui inclut, outre notre Voie lactée, la galaxie Andromède et une quinzaine de galaxies naines dont les satellites de la nôtre, les Grand et Petit Nuages de Magellan, et qui s'étend sur une dizaine de millions d'années-lumière. Aux environs de notre village cosmique existent d'autres villages, d'autres groupes de galaxies. En pénétrant plus profondément dans l'univers, nous rencontrons même des villes, des amas de quelques milliers de galaxies liées par la gravité, dont la taille est d'une trentaine de millions d'années-lumière. Tout comme les villages et les villes font partie d'un pays, le groupe local fait partie d'un énorme complexe de 10 000 galaxies assemblées dans des groupes ou dans des amas s'étendant sur quelque 200 millions d'années-lumière, qui est appelé « superamas local » ou encore « superamas de la Vierge », parce que l'amas dit de la Vierge apporte une contribution importante à sa masse.

La gravité fait que les galaxies, dans ces structures, s'attirent et « tombent » les unes vers les autres. Les mouvements de chute ainsi engendrés se superposent au mouvement d'expansion. La Terre, de fait, participe à un fantastique ballet cosmique. Elle nous entraîne d'abord à travers l'espace à raison de 30 kilomètres par seconde, dans son voyage annuel autour du Soleil. Celui-ci emmène à son tour la Terre dans son périple autour du centre de la Voie lactée à 230 kilomètres par seconde. La Voie lactée tombe à 90 kilomètres par seconde vers sa compagne Andromède (de notre point de vue, Andromède tombe vers nous ; elle est l'une des rares galaxies dont la lumière est décalée vers le bleu). Ce n'est pas fini. Le groupe local tombe à quelque 600 kilomètres par seconde, attiré par l'amas de la Vierge et par le superamas le plus proche du superamas local, celui de l'Hydre et du Centaure. Des observations en cours semblent indiquer que le ballet ne s'arrête pas là, que l'amas de la Vierge et le superamas de l'Hydre et du Centaure tombent eux-mêmes vers une autre grande agglomération de galaxies, que les astronomes, faute d'informations supplémentaires, ont surnommé le « Grand Attracteur » (fig. 19).

Mais, malgré l'intérêt esthétique que nous portons à cette merveilleuse chorégraphie cosmique, il nous faut tâcher, pour déterminer l'âge de l'univers, de ne pas inclure ces pas de danse dans nos calculs des mouvements des galaxies. Notre but est de capter le mouvement de l'expansion de l'univers dans son expression la plus pure. Il nous faut donc éliminer le plus possible toute influence gravitationnelle et n'observer, autant que faire se peut, que des galaxies situées bien au-delà du superamas local, environ 200 fois plus loin que notre compagne Andromède, à des distances supérieures à 200 millions d'années-lumière. Pour des galaxies plus proches, il faut nous efforcer de soustraire tout pas de danse au mouvement de fuite.

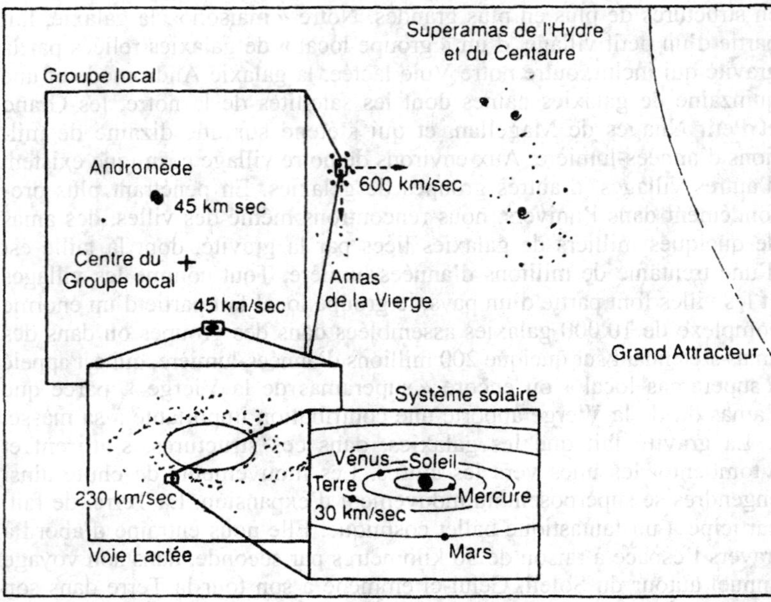

Fig. 19. *Le grand ballet cosmique*. De notre socle terrestre, nous participons à un fantastique ballet cosmique : la Terre nous propulse à 30 kilomètres par seconde autour du Soleil, lequel fend l'espace à 230 kilomètres par seconde autour du centre de la Voie lactée. Celle-ci tombe à son tour vers la galaxie Andromède à 90 kilomètres par seconde (chacune des deux galaxies se précipitant à 45 kilomètres par seconde vers le centre du groupe local). Le groupe local, dont les membres les plus massifs sont la Voie lactée et Andromède, se déplace à 600 kilomètres par seconde, attiré par la gravité de l'amas de la Vierge et du superamas de l'Hydre et du Centaure. Ce dernier tombe à son tour vers le Grand Attracteur, dont la masse est équivalente à celle de dizaines de milliers de galaxies et dont la nature est encore inconnue.

L'âge de l'univers

Notre quête de l'âge de l'univers est encore très loin de s'achever. La profondeur cosmique nous fait défaut. La mesure des distances des galaxies éloignées présente de formidables difficultés. Toute l'incertitude actuelle dans l'évaluation de l'âge de l'univers provient des incertitudes dans la mesure des distances. La véritable perspective de l'univers continue encore à nous échapper.

Hubble, avec les phares célestes que sont les étoiles céphéides, avait pu mesurer l'univers jusqu'à 13 millions d'années-lumière, environ 4 fois plus loin que le groupe local. Mais au-delà de ces distances, ces phares deviennent trop faibles, la luminosité devient trop faible pour être détectée. Il fallait des phares plus brillants pour nous aider à pénétrer l'univers plus en profondeur. Les étoiles les plus brillantes d'une galaxie (surnommées « supergéantes » parce qu'elles ont la luminosité de 100 000 Soleils et qu'elles sont 300 fois plus grosses que notre astre), les amas globulaires, ces ensembles sphériques de centaines de milliers d'étoiles, les supernovae, ces explosions qui marquent la fin de la vie des étoiles massives et qui libèrent autant d'énergie par seconde qu'une galaxie entière à leur maximum de brillance, furent mis à contribution. Ces phares nous permettent de progresser dans l'univers jusqu'à une distance d'environ 300 millions d'années-lumière et de nous échapper de l'influence gravitationnelle du superamas local. Malheureusement, contrairement au cas des étoiles céphéides, la vraie brillance de ces phares est très mal connue. De même qu'une personne qui ignore la brillance réelle des phares d'une voiture ne peut estimer avec précision la distance qui la sépare de l'automobile, l'astronome qui ne connaît pas la brillance réelle des phares cosmiques ne peut évaluer leurs distances avec une grande précision.

Pour percer le secret de la vraie brillance de ces phares lointains, l'astronome doit effectuer une série de mesures qui dépendent toutes les unes des autres. Pour mesurer la profondeur cosmique, il lui faut construire un véritable échafaudage, où la solidité d'un étage dépend de la solidité de tous ceux qui le précèdent (voir table 1). À la base de cet échafaudage se trouve l'amas galactique des Hyades, le groupement d'étoiles le plus proche. Sa distance (120 années-lumière) a été déterminée, souvenez-vous-en, grâce à la méthode du point convergent, et les brillances réelles des étoiles dans l'amas des Hyades ont pu être déduites à partir de leurs brillances apparentes. Pour construire le deuxième étage de l'échafaudage, et aller plus loin dans l'univers, il fallait trouver des amas galactiques plus distants et, en particulier, ceux contenant des céphéides. La distance de ces amas plus lointains fut obtenue en supposant que leurs étoiles ont la même brillance réelle que celles de l'amas des Hyades. La connaissance de ces distances permit ensuite de déduire la brillance réelle des céphéides. La relation période-luminosité des céphéides permet à son tour d'accéder au troisième étage, et de mesurer les distances des galaxies jusqu'à 13 millions d'années-lumière. La vraie brillance des étoiles supergéantes, des amas globulaires et des supernovae dans ces galaxies put être ainsi obtenue. Pour monter jusqu'au quatrième étage et pénétrer l'univers jusqu'à 300 millions d'années-lumière, il fallait de nouveau supposer que la brillance des étoiles supergéantes, amas globulaires ou supernovae était la même dans les galaxies lointaines et qu'elle ne variait pas dans le temps. Le temps intervient car, nous l'avons vu, la lumière met du temps pour nous parvenir, et regarder loin dans l'espace, c'est regarder loin dans le passé. En pénétrant la profondeur cosmique, l'astronome remonte aussi le temps.

Table 1

Comment l'astronome mesure la profondeur cosmique

Distance en années-lumière	Objet céleste	Méthode de détermination de distance
10 × 10^9		
	Galaxies lointaines et quasars	La loi de Hubble-Lemaître est utilisée : le décalage vers le rouge indique la distance
300 × 10^6		
	Étoiles supergéantes, amas globulaires, supernovae	Phares cosmiques dont la brillance intrinsèque est déterminée à l'aide des méthodes à la base de l'échafaudage
13 × 10^6		
	Étoiles céphéides dans les galaxies du groupe local	Relation période-brillance intrinsèque
1500		
	Amas galactique d'étoiles (Hyades)	Point de convergence
100		
	Planètes, étoiles proches	Parallaxe
0		

Supposer que les étoiles ou autres objets cosmiques ne varient pas dans le temps et l'espace est bien hardi. Leur dénier une histoire et une identité propre, d'une galaxie à l'autre, serait probablement une erreur. Hubble l'avait appris à ses dépens en 1929 quand, pour déterminer la distance d'Andromède, il supposa que les céphéides de celle-ci avaient la même brillance réelle que celles de la Voie lactée. Ce qui était erroné. Elles étaient 4 fois plus brillantes. Hubble pensa qu'Andromède était plus proche qu'elle ne l'était en réalité et se retrouva ainsi avec un univers âgé de 2 milliards d'années seulement, trop jeune d'un facteur de 10 par rapport à l'univers d'aujourd'hui.

L'autre grande source d'imprécision dans l'évaluation de la distance des phares cosmiques provient de la construction même de l'échafaudage. Avec cette technique, les erreurs commises à chaque étape se propagent et s'accumulent, si bien que l'erreur globale sur les distances des galaxies au-delà du superamas local, au quatrième étage, est énorme, même si l'erreur sur la distance aux Hyades, à la base, est minime. Après tant d'efforts et malgré toute l'ingéniosité déployée, l'univers refuse encore de nous dévoiler sa vraie profondeur et son âge réel. Pour l'instant, on peut seulement dire qu'il a entre 10 et 20 milliards d'années.

Est-ce que l'univers, telle une femme coquette, refusera à jamais de nous dire son âge réel ? Des instruments nouveaux se profilent à l'horizon, qui vont peut-être forcer son secret. Le télescope spatial Hubble, sa myopie réparée, et grâce à sa capacité de scruter sans être gêné par l'atmosphère, permettra d'observer des astres 50 fois moins lumineux et 7 fois plus éloignés que le plus grand télescope au sol. Il pourra détecter des céphéides jusqu'à l'amas de galaxies le plus proche, l'amas de la Vierge, un groupement d'environ 1 000 galaxies qui fait partie du superamas local, et qui est à 42 millions d'années-lumière. Les distances déterminées à partir des céphéides sont très précises, ce qui solidifierait considérablement le quatrième étage de l'échafaudage. D'autre part, la base même de cet échafaudage va être renforcée. Un satellite européen nommé Hipparcos (du nom de l'astronome grec qui le premier obtint la parallaxe de la Lune, mais qui est aussi l'acronyme pour High Precision Parallax Collecting Satellite [satellite collecteur de parallaxes à haute précision]) a été mis en orbite en 1990. Il permettra d'obtenir les parallaxes des étoiles dans l'amas des Hyades, qui constitue la base de l'échafaudage. La distance de ce dernier pourra alors être mesurée avec une merveilleuse précision.

Sur un autre front, les astronomes s'activent à développer des techniques qui permettront de mesurer directement les distances aux objets célestes lointains, sans passer par cet échafaudage et éviter ainsi toutes les sources d'imprécision qui y sont attachées.

L'âge des plus vieilles étoiles

Le mouvement de fuite des galaxies nous a servi de sablier cosmique pour dater l'univers. De 10 à 20 milliards d'années est-il un âge raisonnable ? L'univers contient des objets tels que la Terre ou les vieilles étoiles dans les amas globulaires, dont on peut déterminer l'âge avec une assez grande précision. Cet âge doit être égal ou inférieur à celui de l'univers, car il serait bien embarrassant d'être confronté à un univers (qui, par définition, englobe tout) moins âgé que son contenu.

Les amas globulaires sont parmi ce que l'univers contient de plus vieux. Ils ont été formés dans le premier milliard d'années de son histoire. Ils vont nous servir de deuxième sablier cosmique. Imaginez un village où l'on a rassemblé tous les bébés de France nés le même jour, disons le 1er janvier 1988. Ces bébés vont grandir. Ils fêteront leur anniversaire le même jour de chaque année. Certains deviendront de grosses personnes, d'autres seront plus maigres. Les obèses auront davantage de maladies et d'arrêts cardiaques, leur vie sera courte, d'une durée de cinquante ans. Les personnes de poids moyen auront une durée de vie de soixante-quinze ans, alors que les personnes les plus maigres auront une longévité supérieure et vivront jusqu'à cent ans. Vous visitez le village. Il vous suffit d'examiner l'apparence des habitants du village pour deviner leur âge. Supposons que vous y fassiez une visite en l'an 2008, vingt ans après la naissance des bébés. Tous sont encore vivants. Vous rencontrez des adolescents obèses, de poids moyen et maigres, et vous déduisez que leur âge commun doit être de moins de cinquante ans. Vous revenez trente ans plus tard, en l'an 2038. Vous ne voyez plus que des personnes de poids moyen et d'autres maigres. Les obèses ont disparu. Vous en concluez que les habitants du village doivent avoir entre cinquante et soixante-quinze ans. Votre fils revient trente ans plus tard, en l'an 2068. Il ne rencontre plus que des personnes très maigres. Il en déduit que leur âge oscille entre soixante-quinze et cent ans.

De même, l'astronome peut déduire l'âge des habitants « étoiles » dans le village « amas globulaire » en examinant leurs caractéristiques physiques telles que leur masse ou leur brillance. Comme les bébés du village, toutes les étoiles d'un amas globulaire sont nées en même temps du fait de l'effondrement d'un nuage interstellaire d'hydrogène et d'hélium. Comme les êtres humains, certaines étoiles sont nées plus « obèses », plus massives et plus lumineuses que d'autres. Ces étoiles massives et lumineuses consomment avec prodigalité leur réserve d'énergie nucléaire. Très vite, elles arrivent au bout du rouleau et meurent. Quelques millions d'années et elles s'en vont. Des feux de paille dans la longue histoire de l'univers. En revanche, les étoiles plus « malingres », moins massives et moins lumineuses utilisent parcimonieusement leur réserve d'énergie. Elles arrivent à subsister des milliards d'années sur leurs petites économies. Le Soleil est une de ces étoiles parcimonieuses. Il a déjà vécu 4,5 milliards d'années, mais il n'est qu'à moins de la moitié de son existence. Les étoiles moins massives et moins lumineuses que le Soleil vivront plus longtemps encore, jusqu'à 20 milliards d'années. L'astronome, en visitant le village « amas globulaire », ne rencontre que des étoiles chétives et malingres, pas très lumineuses. Il conclut que l'âge des étoiles dans les amas globulaires, les plus vieilles étoiles de l'univers, se situe entre 12 et 20 milliards d'années. Le partisan de la théorie du big bang jubile. Le deuxième sablier cosmique indique à peu près le même âge.

L'âge des atomes les plus anciens

Un troisième sablier cosmique est à notre disposition. Il concerne la durée de vie de certains atomes. Ces atomes ne sont pas éternels. Au bout d'un certain temps, ils se désintègrent et se métamorphosent en d'autres atomes. L'exemple le plus connu est celui du carbone 14 (la variété de carbone la plus commune est le carbone 12 qui est plus stable). Le carbone 14 a une demi-vie de 6 000 années, c'est-à-dire que la moitié des atomes de carbone présents au début disparaissent après 6 000 ans. Si vous avez initialement 10 000 atomes de carbone 14, 6 000 ans après, il n'en restera plus que 5 000. Encore 6 000 ans (12 000 ans depuis le début) et il ne restera plus que 2 500 atomes. Encore 6 000 ans (18 000 ans depuis le début) et le nombre d'atomes de carbone se réduit à 1 250. Et ainsi de suite. Il suffit donc de compter le nombre d'atomes de carbone 14 pour obtenir l'âge d'un objet.

Ce sablier cosmique fait la joie des archéologues et la terreur des faussaires. Il permet de dater de manière très précise tout objet qui contient des atomes de carbone, aussi bien les plus anciens manuscrits que les tableaux impressionnistes de Monet.

Le carbone 14 vit le temps d'un éclair dans l'histoire de l'univers. Sa demi-vie est trop courte pour servir de sablier au cosmos. Il nous faut des atomes dont la demi-vie est comparable aux 10 à 20 milliards de l'univers. Les atomes d'uranium viennent à notre secours, ce même uranium qui alimente nos centrales nucléaires et éclaire nos maisons la nuit, ou qui est responsable de la puissance dévastatrice de la bombe lâchée sur Hiroshima. Comme certains autres éléments lourds de l'univers, cet uranium est né de l'agonie explosive des étoiles massives.

Il y a en fait deux espèces d'atomes d'uranium, l'uranium 235, qui a une demi-vie de 1 milliard d'années, et l'uranium 238 qui vit plus longtemps, avec une demi-vie de 6,5 milliards d'années. Parce que l'uranium 235 disparaît plus vite que l'uranium 238, le rapport du nombre d'atomes d'uranium 235 au nombre d'atomes d'uranium 238 décroît progressivement. Ce rapport marque le temps et nous sert de sablier cosmique. L'âge des atomes les plus anciens qu'il indique se situe à nouveau entre 10 et 20 milliards d'années.

Il n'y a, *a priori*, aucun lien évident entre les trois sabliers cosmiques : le mouvement de fuite des galaxies, l'évolution des étoiles et la désintégration des atomes. Le fait qu'ils donnent tous la même réponse ne peut être accidentel. À moins d'une immense conspiration cosmique pour nous mettre sur une fausse piste, il faut y voir un nouveau triomphe de la théorie du big bang.

Jusqu'ici, nous avons seulement abordé les succès du big bang, succès éclatants, il est vrai. Mais est-ce à dire qu'aucun nuage menaçant n'apparaît à l'horizon, que tout est résolu par cette théorie ? Nous verrons que ce n'est nullement le cas, mais aussi que tout n'est pas perdu et que les développements récents de la physique de l'infiniment petit, celle des particules élémentaires, sont à même de dissiper une grande partie de ces nuages.

Pourquoi un univers si homogène ?

Dès le début, la théorie du big bang a été assombrie par des points noirs qui sont restés inexpliqués jusqu'à récemment. Le premier point noir concerne une propriété remarquable de l'univers : son homogénéité. La température de 3 °K du rayonnement fossile qui baigne tout l'univers est la même dans quelque direction que vous regardiez, en bas, en haut, devant, derrière, à gauche ou à droite. Elle ne varie pas de plus de 0,001 % d'un point du ciel à l'autre. L'univers apparaît donc uniforme dans toutes les directions. Or, ce rayonnement cosmologique a été produit, nous le verrons bientôt, alors que l'univers n'avait que 300 000 ans. La lumière étant le moyen de communication le plus rapide entre les différentes zones de l'espace, cela implique que seules des régions séparées de moins de 300 000 années-lumière avaient eu le temps de s'influencer mutuellement pour homogénéiser leur température. L'horizon cosmologique était alors de 300 000 années-lumière et, à plus grande échelle, la température n'a *a priori* aucune raison d'être la même. Pourtant, les observations montrent que la température est la même dans quelque direction que l'on regarde, c'est-à-dire dans des régions séparées par des distances bien supérieures à 300 000 années-lumière. La situation est comparable à celle de deux bateaux au repos sur un océan, tellement éloignés l'un de l'autre qu'ils ne peuvent se voir. Tout d'un coup, et exactement au même instant, vous les voyez lever l'ancre et se diriger tous deux vers la même île avec la même vitesse. En tant que spectateur, vous vous dites que ces actions semblables et simultanées ne se sont pas produites par hasard, que les deux bateaux sont entrés en contact radio pour décider de leur mouvement commun. De même, la grande homogénéité de l'univers implique que toutes ses parties ont été en relation les unes avec les autres. La théorie du big bang, dans sa version première, affirme que cela est impossible. Face à ce puzzle inexpliqué, l'astrophysicien lève les bras et masque son ignorance en invoquant des « conditions initiales » : si les différentes parties de l'univers sont aussi semblables aujourd'hui, c'est qu'elles devaient déjà l'être au départ. Le « Grand Architecte » les avait créées identiques les unes aux autres ! Une explication qui n'explique rien.

Pourquoi un univers structuré ?

Le deuxième point noir est en quelque sorte la contrepartie du problème de l'homogénéité de l'univers. Au lieu de se demander pourquoi l'univers est régulier, l'astrophysicien se demande pourquoi il présente des irrégularités, pourquoi il possède des structures.

L'univers est comme une gigantesque toile pointilliste de Georges Seurat. De loin, on peut apprécier l'ensemble du tableau, mais on ne distingue pas les mille petits points de couleurs diverses et chatoyantes qui composent les figures dans le tableau. Les contours paraissent uniformes. C'est seulement en se rapprochant du tableau que les figures se décomposent en une multitude de points. De même, l'univers vu de loin apparaît très uniforme. Tous les détails sont supprimés comme en témoigne l'extraordinaire uniformité du rayonnement fossile.

Et pourtant, l'univers n'est pas tout à fait uniforme. Il possède des structures. Heureusement pour nous, car un univers dénué de structures est comme un désert sans oasis : la vie ne peut y subsister, ni s'y développer. Si notre univers était dénué de structures, nous ne serions pas là pour en parler. Tout comme pour la toile de Seurat, les structures de matière commencent à se dessiner dans un univers examiné de plus près. D'abord apparaissent les plus grandes structures, dites superamas de galaxies, dont les dimensions s'évaluent en centaines de millions d'années-lumière ; en s'enchevêtrant, elles tissent une vaste tapisserie cosmique. Puis viennent les amas qui sont 10 fois plus petits que les superamas, puis les groupes de galaxies 20 fois plus petits, puis les galaxies (dont notre Voie lactée) 2 000 fois plus petites, puis les étoiles de notre galaxie (dont notre Soleil) 10^{15} (1 suivi de 15 zéros) fois plus petites, puis notre Terre, 10^{17} fois plus petite, havre des hommes dans l'immensité cosmique.

Le paysage de l'univers présente donc un double visage : une uniformité globale presque parfaite et une structure d'une richesse inouïe à petite échelle. En se rapprochant et en regardant plus en détail, la toile monotone, banale et uniforme s'est transformée en une merveilleuse tapisserie cosmique riche de dessins et de motifs. Comment l'univers a-t-il pu développer une hiérarchie si riche de structures à partir d'un état si uniforme ? Comment la complexité a-t-elle pu surgir de la simplicité ? Ce problème de la structure de l'univers et de la formation des galaxies est resté sans solution jusqu'à présent. De nouveau, l'astrophysicien donne sa langue au chat et invoque les conditions initiales : le « grand architecte » a semé, dans son univers régulier, des irrégularités qui, en croissant, ont donné naissance aux galaxies, aux étoiles et aux êtres humains.

Où est passé l'antimatière ?

Le troisième nuage noir à l'horizon, dans le paysage du big bang, concerne la plus fondamentale de toutes les questions : la genèse de l'univers. Comment la matière et la lumière (ou radiation) ont-elles surgi de la structure même de l'espace ? Quelles sont les lois physiques qui ont déterminé le contenu de l'univers en matière, antimatière et radiation ?

L'antimatière, malgré son nom qui évoque la science-fiction, n'est pourtant pas très différente de la matière dont nous sommes faits et qui compose le monde qui nous entoure. Prenez les composantes de la matière, par exemple le noyau de l'atome d'hydrogène, ou proton. Il a, par convention, une charge électrique positive. Inversez le signe de la charge et vous aurez un antiproton. L'électron a une charge électrique égale à celle du proton, mais de signe opposé (la charge est négative). Inversez le signe (la charge devient positive) et vous aurez un antiélectron (ou positon). L'antimatière est l'image de la matière, mais vue dans un miroir qui inverse les signes des charges électriques. Hormis la charge électrique, les propriétés physiques de la matière et de l'antimatière sont exactement les mêmes. L'antiproton peut se combiner avec l'antiélectron pour former un atome d'antihydrogène. Les antiatomes peuvent se lier pour constituer des antimolécules et la vie peut surgir après l'élaboration des longues chaînes en forme d'hélice des antigènes d'ADN. On peut imaginer un anti-moi écrivant ces lignes et un anti-vous les lisant dans une lointaine antiplanète tournant autour d'un anti-Soleil perdu dans l'immensité d'une anti-galaxie. Vous et votre anti-vous vivez des vies parallèles tant que vous êtes séparés. Mais que vous vous rencontriez, et c'est la catastrophe. Une poignée de main et vous devenez tous les deux lumière. Car la matière et l'antimatière s'annihilent quand elles entrent en contact et se métamorphosent en radiation.

Cependant, la probabilité de trouver un anti-vous quelque part dans l'univers est extrêmement faible. L'univers semble être dépourvu d'antimatière. Les rayons cosmiques, ces vents de particules chargées qui nous parviennent des confins de notre galaxie, ne contiennent pratiquement que de la matière (des protons surtout). De plus, on n'observe pas un si grand nombre de photons, ces particules de lumière qui résulteraient de l'annihilation entre matière et antimatière si celles-ci existaient en quantité égale. Les photons excèdent bien en nombre (1 milliard contre 1) les particules de matière (telles que le proton) dans l'univers actuel, mais ce nombre serait loin d'être suffisant si l'antimatière était aussi importante que la matière. Pourquoi vivons-nous alors dans un univers composé exclusivement de matière ? Où sont les anti-vous et les anti-moi ? Où est passée toute l'antimatière qui devait être présente aux premiers instants de l'univers ? Jusque très récemment, ces questions étaient restées sans réponse.

Pourquoi le paysage de l'univers est-il si plat ?

Il y a enfin le nuage noir que représente la platitude de l'univers. Le mot « platitude » décrit la géométrie de l'espace. Le paysage de l'univers actuel à grande échelle est dépourvu de relief. Sur l'autoroute de l'univers, vous ne verrez qu'un paysage très monotone avec des champs plats qui s'étendent à perte de vue. Ce manque de relief implique que l'univers ne peut contenir une grande quantité de matière puisque celle-ci, lorsqu'elle est assez abondante, courbe la géométrie globale de l'espace. Ce n'est que très rarement dans l'immensité cosmique que vous rencontrerez des galaxies qui, par leur gravité, creusent des vallées pour rompre l'ennui des grands champs plats. Pourquoi l'univers manque-t-il de courbure ?

Dire que l'univers est globalement plat, c'est aussi dire qu'il existe un équilibre presque miraculeux entre les deux forces opposées qui se livrent un combat acharné depuis le début de l'histoire de l'univers : la force explosive du big bang qui l'a fait éclater et lui a donné son mouvement d'expansion, et la force gravitationnelle attractive de son contenu en matière et énergie, qui ralentit et essaie d'inverser son mouvement d'expansion. S'il y avait eu davantage de matière et d'énergie, si le paysage avait été plus courbé, en d'autres termes si la force gravitationnelle avait été bien supérieure à la force explosive, il y aurait belle lurette que l'univers se serait effondré sur lui-même en un trou noir géant et nous ne serions pas là aujourd'hui pour en parler. De même, s'il y avait eu moins de matière et d'énergie, si la force explosive l'avait emporté de loin sur la force gravitationnelle, la matière n'aurait jamais pu s'assembler en galaxies, étoiles, Soleil et Terre, et nous ne serions pas là non plus pour nous poser des questions. L'équilibre entre les deux forces doit être d'une précision remarquable. Changez la vitesse d'expansion de l'univers, à l'âge d'une seconde, d'une fraction infime, égale à un milliardième de milliardième (10^{-18}) de sa valeur, et vous aurez complètement changé son destin. Quel est le mécanisme physique qui a permis de régler l'univers avec une telle précision ? Là encore, l'astrophysicien lève les bras au ciel et avoue son ignorance.

Jusqu'à ces dernières années, des nuages noirs très importants planaient donc sur l'édifice du big bang, projetant des ombres qui ternissaient son lustre. La théorie, poussée dans ses derniers retranchements, commençait à révéler des failles dans sa structure. Mais les efforts récents accomplis dans le domaine de la physique de l'infiniment petit, afin de construire une théorie unifiée de la nature où il n'y aurait plus qu'une « superforce » pour régir l'univers à son début, et l'idée d'une phase d'expansion extrêmement rapide dite « inflationnaire » dans les premières fractions de seconde de l'univers, promettent de fournir le ciment nécessaire pour réparer ces failles. Ces nouveaux développements ont permis de remonter jusqu'aux tout débuts de l'univers, et d'esquisser une première version de son histoire. Mais avant d'ouvrir le livre de l'histoire de l'univers, il nous faut faire connaissance avec les quatre forces fondamentales de la nature. Nous nous familiariserons ensuite avec le flou quantique qui règle le monde de l'infiniment petit.

Les quatre forces

La nuit tombe. Les lumières s'allument. L'orage arrive. Des éclairs illuminent le ciel. Le vent souffle en rafales. Les feuilles, arrachées aux arbres, esquissent en l'air de gracieux mouvements avant de retomber sur le sol. Dans cette scène familière de la vie courante se révèlent les forces de la nature. Tout changement dans le monde qui nous entoure se fait par l'intermédiaire de forces. Quatre forces fondamentales sont seules responsables de l'extrême diversité et variété des changements et mouvements dans la nature. La force gravitationnelle de la Terre fait que les feuilles mortes retombent au sol après avoir été ballottées par le vent. La force électromagnétique est responsable des lumières qui brillent dans les maisons et des éclairs dans le ciel. La force nuclaire dite « faible » responsable de la désintégration des atomes et de la radioactivité permet le bon fonctionnement des centrales nucléaires qui alimentent en électricité les maisons. La force nucléaire dite « forte » permet l'existence des noyaux des atomes qui composent les maisons, les feuilles, les arbres et le sol.

La colle de l'univers

La force de gravité règne dans le monde macroscopique. Son rôle sur Terre fut remarqué dès les premiers balbutiements de l'humanité : les choses tombaient du haut vers le bas. Dans l'univers aristotélicien, au IVe siècle av. J.-C., ce mouvement vertical ne caractérisait que le monde imparfait de la Terre et de la Lune. Le monde parfait des autres planètes, du Soleil et des étoiles possédait des mouvements circulaires parfaits, non régis par la gravité. La notion de la gravitation universelle, qui agit sur l'ensemble de l'univers, n'apparut qu'avec Newton au XVIIe siècle. La gravité est la « colle » du cosmos. Elle attire les choses les unes vers les autres. Elle nous retient sur Terre, retient la Lune autour de la Terre, les planètes autour du Soleil, les étoiles dans les galaxies et les galaxies dans les amas. Supprimez la gravité et nous flotterons dans l'espace. La Lune, les planètes et les étoiles se disperseront dans l'immensité cosmique.

Rien n'échappe à l'emprise de la gravité. Tout ce qui est masse ou énergie est assujetti à sa loi. Paradoxalement, cette influence omniprésente s'accompagne d'une extrême faiblesse. La gravité est la plus faible des quatre forces de la nature. Au niveau des particules élémentaires, elle est négligeable. L'atome d'hydrogène, le plus simple et le plus léger des éléments de l'univers, est composé d'un électron lié à un proton. La force de gravité entre l'électron et le proton est 10^{40} (1 suivi de 40 zéros) plus petite que la force électrique entre ces deux particules. L'atome d'hydrogène est aussi petit (10^{-8} centimètre = 0,00000001 centimètre) parce que la force électrique a suffisamment de vigueur pour attirer l'électron tout près du proton. Supprimez la force électrique et l'atome d'hydrogène, laissé à la seule force gravitationnelle, s'enflera jusqu'à remplir l'univers. La force gravitationnelle est tellement faible qu'elle ne parviendra pas à attirer l'électron à moins de quelques dizaines de milliards d'années-lumière du proton.

L'intensité de la force gravitationnelle dépend de la masse des objets concernés. Celle qui s'exerce entre le proton et l'électron est aussi faible à cause de l'extrême petitesse de la masse de l'électron (10^{-27} grammes, le premier chiffre non nul vient après 27 zéros) et du proton, bien que ce dernier soit environ 2 000 fois plus massif que l'électron. Il ne reste à la gravité, vu son extrême faiblesse et son peu d'importance à l'échelle atomique, qu'à appliquer le dicton « l'union fait la force ». Puisqu'une seule particule n'est pas assez massive pour lui permettre de manifester son influence, elle va l'exercer à travers des objets plus grands et plus massifs, contenant un nombre de particules beaucoup plus élevé. Ce nombre doit être fantastiquement élevé quand on sait que 1 gramme d'eau contient déjà environ 10^{24} particules. Même à l'échelle des objets de la vie courante, la gravité est insignifiante. Vous (qui pesez 70 kilogrammes) ne sentez pas la force gravitationnelle que votre interlocuteur (s'il pèse une cinquantaine de kilogrammes) exerce sur vous. Si vous vous sentez « attiré » par lui, cela sera par tout autre chose que la force gravitationnelle. Quand vous passez près d'un grand immeuble de quelques tonnes, la gravité ne vous projette pas contre ses murs. Il faudrait des instruments extrêmement sophistiqués pour mesurer l'influence gravitationnelle d'une grande bâtisse. Ce n'est qu'à l'échelle astronomique que la gravité se fait vraiment sentir, qu'elle a son mot à dire. L'énorme masse de la Terre (6×10^{27} grammes) nous empêche de flotter dans l'air, tels des astronautes dans une cabine spatiale, et la Lune de dériver au loin. Soleil (10^{33} grammes), étoiles (10^{33} grammes), galaxies (10^{45} grammes), groupes de galaxies (10^{46} grammes), amas de galaxies (10^{48} grammes) et enfin univers (?) vont former une hiérarchie de masses toujours croissantes et un empire toujours plus vaste où la gravité va régner en maître absolu.

La colle des atomes

La force électromagnétique est, nous l'avons vu, bien supérieure à la force de gravité. Sa vigueur fait qu'un aimant peut facilement attirer à lui un clou malgré la force gravitationnelle exercée par la masse entière de la Terre sur ce dernier. Elle forme les atomes en attachant des électrons (de charge négative) aux noyaux. Un noyau d'atome est un ensemble de protons (chargés positivement) et de neutrons (une particule dont la masse est très similaire à celle du proton, mais qui est dépourvue de charge électrique, comme son nom l'indique) reliés par la force nucléaire forte. Il suffit donc d'additionner les charges des protons pour obtenir la charge positive du noyau.

Dans le monde de l'électromagnétisme, on n'est quelqu'un que si l'on a sur sa carte de visite une charge électrique positive ou négative. Car, à l'inverse de la gravité qui agit sur toute masse ou énergie, la force électromagnétique est très discriminatoire. Tout ce qui n'a pas de charge électrique, comme la particule de lumière (le photon) ou le neutron, est exclu et ignoré. Quant aux particules porteuses de charge, la force électromagnétique leur impose des règles de conduite sociale très strictes : les charges opposées doivent s'attirer et les charges semblables doivent se repousser. Un proton et un électron s'attirent, mais deux protons ou deux électrons se repoussent. À l'inverse de la gravité qui attire tout, l'électromagnétisme attire ou repousse selon la charge.

Le domaine d'action de la force électromagnétique ne s'arrête pas au monde des atomes. Elle intervient dans la construction de structures plus complexes. Elle soude des atomes en les obligeant à partager leurs électrons pour former des molécules. Par exemple, pour former la molécule d'eau, la force électromagnétique soude deux atomes d'hydrogène avec un atome d'oxygène. Elle pousse les molécules à se combiner à leur tour en de longues chaînes, la plus haute expression de ces chaînes étant les hélices enchevêtrées de l'ADN qui permettent la vie et sa transmission. La force électromagnétique, en servant de colle aux atomes, est donc responsable de la cohésion, de la solidité et de la beauté des choses qui nous entourent. Sans elle, la Terre ne pourrait être solide, votre squelette ne pourrait supporter le poids de votre corps, et votre main pourrait passer à travers les pages de ce livre. La beauté des formes d'une sculpture de Rodin, les lignes parfaites du corps féminin ou la ligne fragile et délicate d'une rose, voilà autant de plaisirs esthétiques que nous procure la force électromagnétique. Sans elle, le monde, dénué de forme, serait bien morne. Laissés à la seule gravité, les atomes auraient une taille gigantesque et les étoiles ne seraient que d'énormes noyaux de protons ou de neutrons.

Comme la gravité, la force électromagnétique s'affaiblit en proportion inverse du carré de la distance entre deux charges électriques. Mais, à l'inverse de la gravité qui peut pallier sa faiblesse à grande échelle en additionnant de plus en plus de masse, la force électromagnétique qui dépend de la grandeur de la charge électrique a bien des difficultés à accroître cette dernière. Car, si les charges électriques positives s'additionnent, les charges négatives se soustraient, si bien que la majorité des objets dans l'univers est neutre, ils n'ont pas de charge nette. Livre, chaise, maison, Soleil, étoiles, galaxies et peut-être même univers sont neutres. La force électromagnétique n'a aucune emprise sur eux. Son pouvoir se limite généralement au monde atomique. Elle doit laisser la gestion du vaste univers à la gravité.

Comme son nom l'indique, la force électromagnétique a une double nature. Elle attire ou repousse les charges électriques, mais oriente aussi nos boussoles ou pousse le clou contre l'aimant grâce à son pouvoir magnétique. Les deux natures sont intimement reliées. L'une est indissociable de l'autre. Une charge électrique qui se déplace crée une force magnétique. Un champ magnétique qui varie crée un courant électrique. Le champ magnétique de la Terre, qui pointe l'aiguille de la boussole de l'explorateur approximativement vers le pôle Nord, est le résultat des mouvements de particules chargées (protons et électrons) dans les régions centrales de la Terre. Ces régions sont tellement chaudes et tellement écrasées par la pression des couches supérieures de l'écorce terrestre que le centre de la Terre perd sa solidité et se retrouve à l'état de masse liquide de magma et de lave où la matière a été décomposée en protons et électrons. De même, le champ magnétique du Soleil, des étoiles ou de la Voie lactée est la conséquence des mouvements de la matière décomposée en charges électriques.

Cette connexion intime entre l'électricité et le magnétisme fut réalisée dès 1864 par le physicien écossais James Maxwell.

La force qui désintègre

La matière n'est généralement pas éternelle. Parmi les centaines de particules « élémentaires » qui composent la matière, très peu ignorent la mortalité. On compte au rang des rares immortels l'électron, le photon et une autre particule neutre de masse nulle ou infime, appelée neutrino. Mais toutes les autres particules vivent leur vie et meurent. Même le proton présente des velléités de mortalité (sa vie est néanmoins très longue, des centaines de milliers de milliards de milliards de milliards [10^{32}] d'années au moins). La mort d'une particule élémentaire se traduit par sa désintégration en d'autres particules. Le processus se poursuit jusqu'à complète métamorphose en particules immortelles ou stables.

La force qui règle cette désintégration et cette métamorphose est la force dite « faible ». Comme son nom l'indique, elle n'a pas beaucoup de vigueur. Bien que de loin supérieure à la force de gravité, elle est environ 1 000 fois plus faible que la force électromagnétique. Son domaine d'influence est minuscule. Elle n'a de pouvoir que dans le monde de l'atome, sur des distances de 10^{-16} centimètre. Elle est si discrète à l'échelle de la vie quotidienne que sa découverte a été le fruit d'un hasard complet. Un soir de 1896, le physicien français Henri Becquerel laissa par accident une plaque photographique dans un tiroir à proximité de cristaux de sulfate d'uranium. Quand il revint le lendemain, un voile mystérieux recouvrait la plaque photographique. En l'étudiant, il découvrit que les atomes d'uranium se désintégraient en d'autres particules qui tachaient la plaque. Il appela le processus de désintégration « radioactivité ».

La force faible occupe donc une place bien à part dans le quatuor des forces : elle ne sert pas de « colle » comme les autres forces. Elle se contente de faire mourir la matière en la désintégrant. Elle ne ferait pas tout de suite défaut si elle venait à disparaître. Le Soleil s'éteindrait après quelques millions d'années (au lieu d'une dizaine de milliards d'années), car la force faible est responsable de quelques réactions nucléaires, au cœur de notre astre, qui lui procurent énergie et longévité. Mais, surtout, la matière durerait plus longtemps. L'univers serait peuplé de toutes sortes de particules étranges et exotiques qui coexisteraient avec les protons, électrons et photons familiers. Une chimie nouvelle et étrange, et une vie complexe et différente de la nôtre (qui est fondée sur la chimie du carbone) pourraient se développer et s'épanouir.

La colle des particules

Les noyaux d'atomes sont des collections de protons et de neutrons. Les protons sont tous porteurs d'une même charge positive. La force électromagnétique leur ordonne de se repousser et, pourtant, ils restent obstinément ensemble dans les noyaux atomiques. Une force bien supérieure à la force électromagnétique et qui s'oppose à cette dernière doit maintenir les protons réunis et leur servir de colle. C'est la force « forte », la plus vigoureuse du quatuor des forces. Elle est 100 fois plus intense que la force électromagnétique. Son royaume, tel celui de la force faible, est minuscule et son influence ne s'exerce que sur des distances atomiques de l'ordre de 10^{-13} centimètre. Elle est sélective et n'agit que sur des particules massives comme les protons et neutrons, ignorant complètement les particules légères comme les électrons, les photons et les neutrinos. Le concept de masse est ici tout relatif. Le proton et le neutron ne pèsent pratiquement rien (10^{-24} gramme), mais ils sont tout de même 1 836 fois plus massifs que l'électron. On ne connaît pas exactement la masse du neutrino, mais elle est bien inférieure à celle de l'électron. Quant au photon, il ne pèse rien. Au royaume des aveugles, le borgne est roi.

Le voyage dans la matière entrepris par les physiciens au cours des trois dernières décennies leur a révélé que le proton et le neutron n'étaient pas les particules élémentaires et indivisibles qu'on croyait. Ils sont en réalité composés à leur tour de particules plus élémentaires, baptisées du nom de « quarks » par leur découvreur, Murray Gell-Mann, un physicien américain amateur de poésie et de littérature. Celui-ci s'était souvenu de la phrase de ce superbe inventeur de langage qu'était James Joyce, dans *Finnegans Wake* : « Trois quarks pour Muster Mark. » Comme pour « Muster Mark », trois est le nombre de quarks nécessaires pour former un proton ou un neutron. La colle des trois quarks est de nouveau la force forte. Que celle-ci vienne à disparaître et nous vivrons dans un monde de quarks en liberté, sans protons ni neutrons, sans atomes ni molécules, sans Terre ni Soleil, sans étoiles ni galaxies.

Après nous être familiarisés avec le quatuor des forces, il nous reste à faire plus ample connaissance avec les lois qui régissent le monde microscopique. Cette connaissance est essentielle pour comprendre l'évolution de l'univers, car l'infiniment petit va accoucher de l'infiniment grand, l'univers tout entier va jaillir de « presque rien ». Là encore, comme avec le couple espace-temps, notre bon sens va être soumis à rude épreuve.

Le flou quantique

Le XIXe siècle nous avait légué un univers déterministe d'où était banni le hasard et où tout pouvait être décrit de manière rigoureuse par les lois mathématiques et physiques découvertes par la raison humaine. Tout événement avait une cause, il ne pouvait avoir lieu par accident. La causalité réglait la mécanique de l'univers déterministe. Le marquis Pierre Simon de Laplace, le même qui avait rejeté l'hypothèse de Dieu, écrivait dans un élan d'enthousiasme :

« Nous devons envisager l'état présent de l'univers comme l'effet de son état antérieur et comme la cause de celui qui va suivre. Une intelligence qui, pour un instant donné, connaîtrait toutes les forces dont la nature est animée, et la situation respective des êtres qui la composent, si d'ailleurs elle était assez vaste pour soumettre ces données à l'analyse, embrasserait dans la même formule les mouvements des plus grands corps de l'univers et ceux du plus léger atome : rien ne serait incertain pour elle et l'avenir comme le passé serait présent à ses yeux[1]. »

1. Pierre Simon de Laplace, *Essai philosophique sur les probabilités*, Gauthier-Villars, 1921, p. 3.

L'avènement de la mécanique quantique, la physique qui décrit les atomes, au début du XXe siècle, allait faire voler en éclats le rigide carcan déterministe. Le hasard et la fantaisie vont rentrer en force dans un monde où tout était minutieusement réglé. La stimulante incertitude va remplacer l'ennuyeuse certitude. Le flou quantique va se substituer à la rigueur déterministe et les romantiques auront leur revanche.

Imaginez que vous jouez au tennis. La balle va et vient au-dessus du filet. À chaque instant vous pouvez, si vous le voulez, mesurer avec précision la position et la vitesse de la balle dans l'espace. Il vous suffirait par exemple de filmer le match, puis d'étudier le film. Remplaçons maintenant les deux joueurs de tennis par deux atomes dans une molécule. Au lieu de se renvoyer une balle de tennis, les deux atomes échangent des électrons. Mais si vous essayez de faire la même chose avec les électrons qu'avec une balle de tennis, c'est-à-dire de définir précisément à la fois la position et le mouvement d'un électron, vous échouerez lamentablement.

La raison de cet échec est liée à l'acte d'observation lui-même. La lumière est le seul moyen dont nous disposons pour communiquer avec l'électron, pour savoir où il est et où il va. Pour l'observer, je dois lui envoyer des particules de lumière, ou photons. Or, chaque photon possède une certaine quantité d'énergie qui est reliée à sa longueur d'onde (voir la note quantitative n° 1). Cette longueur d'onde détermine le degré de précision avec laquelle la lumière peut cerner la réalité et localiser l'électron. Plus l'énergie est faible, plus la longueur d'onde est grande, et plus la réalité devient floue. Si l'énergie augmente, la longueur d'onde diminue et les contours se précisent. Si j'envoie de la lumière radio vers l'électron pour mesurer sa position, je serai seulement en mesure de dire qu'il est situé quelque part dans une vaste zone de la dimension de la longueur d'onde de la lumière radio, qui est de quelques dizaines de mètres. Si j'éclaire l'électron avec le faisceau de lumière visible de ma lampe de poche, je pourrai le localiser avec une précision de quelque dix millionièmes de mètres. La lumière gamma permet de définir avec une extrême précision (à un milliardième de millimètre) la position de l'électron.

Vous vous dites qu'il n'y a pas de problème, qu'il suffit d'éclairer l'électron avec une lumière très énergétique, comme la lumière gamma, pour le localiser avec autant de précision que vous le souhaitez. Mais, et c'est un grand mais, la position seule ne suffit pas pour décrire la réalité de l'électron. Il nous faut aussi connaître son mouvement. Or, en bombardant l'électron de photons pour lui arracher le secret de sa position, nous le perturbons. Les photons communiquent leur énergie à l'électron et son mouvement en est modifié. La perturbation est d'autant plus importante que l'énergie de la lumière est grande. Nous nous trouvons ainsi face à un dilemme. Plus nous réduisons le flou de la position de l'électron en l'éclairant avec des photons plus énergétiques, plus nous le dérangeons et augmentons le flou de son mouvement. L'action même de déterminer engendre l'indétermination.

Nous ne pourrons jamais résoudre ce dilemme. Il faudra trancher et choisir. Soit vous mesurez la position d'un électron avec une grande précision, auquel cas vous renoncez à connaître son mouvement, soit vous observez sa vitesse et acceptez que sa position reste imprécise, mais vous ne pourrez jamais connaître précisément à la fois vitesse et position. Cette indétermination ne vient pas du fait que vous manquez d'imagination dans vos calculs ou de ce que votre matériel n'est pas assez sophistiqué. C'est une propriété fondamentale de la nature découverte dans les années 1920 par l'un des fondateurs de la physique quantique, le physicien allemand Werner Heisenberg. La nature suit un principe d'incertitude (voir la note quantitative n° 4). L'information que vous pourrez recueillir de l'électron ne pourra jamais être complète. Son futur exact, qui dépend de cette information, vous sera à tout jamais inaccessible. Le vieux rêve de Laplace, d'un univers à la mécanique parfaitement huilée où le passé, le présent et le futur de chaque atome peuvent être appréhendés par l'intelligence humaine, se brise. Il y aura toujours une part de hasard dans le destin des atomes.

Le hasard et le flou qui règnent dans le monde subatomique s'estompent dans le monde macroscopique. Nous pouvons en principe obtenir, avec autant de précision que nous le souhaitons, à la fois la position et la vitesse d'une balle de tennis, d'un bateau sur la mer, d'un avion dans le ciel, ou d'une étoile dans une galaxie, et découvrir leur passé et leur futur. La lumière qui nous permet d'acquérir ces informations a bien interagi avec ces divers objets, mais son énergie est tellement faible par rapport à celle des objets que la perturbation qui en résulte est toujours négligeable. C'est comme si celle-ci n'avait jamais eu lieu. Parce que l'acte d'observer ne perturbe pratiquement pas les objets macroscopiques, les lois physiques qui les décrivent sont parfaitement déterministes. Elles rendent bien compte du comportement des choses de la vie, de la trajectoire des avions, des trains et des bateaux, et de la vie et de la mort des étoiles et des galaxies. Heureusement pour notre santé psychologique, car l'incertitude de notre destin pèse déjà bien lourd. Nous n'avons pas besoin que cette incertitude s'étende à l'ensemble des objets qui nous entourent. Comme tout passionné de tennis, j'aime à savoir que si je tiens ma raquette d'une certaine façon et frappe la balle avec une force bien dosée, celle-ci atterrira à l'intérieur du court et non pas n'importe où au hasard. Limités par le monde macroscopique, Newton et Laplace ne pouvaient connaître que le déterminisme. Le hasard au cœur de la matière leur était inaccessible.

L'observation crée la réalité

Un anthropologue débarque aux fins fonds de la forêt amazonienne pour y étudier les mœurs et coutumes d'une tribu indienne. Sa présence même au sein de cette ethnie va être un élément perturbateur. Les Indiens ne se comportent pas de la même façon sous l'œil investigateur du chercheur que lorsqu'ils sont seuls. Le résultat des observations de l'anthropologue sera modifié par le fait même de son acte d'observer. Qui peut se vanter de ne pas avoir, au moins une fois dans sa vie, modifié sa manière d'être face au regard d'un autre ?

L'observation modifie la réalité et en crée une nouvelle. Ce qui est quelquefois vrai pour les êtres humains est une loi fondamentale du monde microscopique. Parler d'une réalité « objective » pour l'électron, d'une réalité qui existe sans qu'on l'observe, a peu de sens puisqu'on ne peut jamais l'appréhender. Toute tentative de capture de la réalité objective se solde par un échec cuisant. Celle-ci est irrémédiablement modifiée et se transforme en une réalité « subjective » qui dépend de l'observateur et de son instrument de mesure. La réalité du monde subatomique n'a de sens qu'en présence d'un observateur. Nous ne sommes plus des spectateurs passifs devant le drame majestueux du monde des atomes. Notre présence change le cours du drame. Les notes de musique que les atomes nous envoient se trouvent modifiées du fait même que nous les entendons. La forme que prend la mélodie du monde microscopique est inextricablement liée à notre présence et les équations qui décrivent ce monde doivent inclure explicitement l'acte d'observer.

La dualité de la matière

Parce que l'électron ne pourra jamais nous livrer simultanément le secret de sa position et celui de son mouvement, nous ne pourrons jamais parler d'une trajectoire pour l'électron comme nous parlons de la trajectoire de la Lune autour de la Terre. Nous ne pourrons jamais dire que l'électron va du point A au point B par un chemin bien précis, comme nous parlons d'une automobile qui va de Paris à Lyon par l'autoroute du Sud. Alors comment se rend-il de A à B ? En empruntant simultanément tous les chemins possibles de A à B. Tous les chemins mènent à Rome et l'électron les prend tous. Dans un atome, il ne se contente pas de suivre sagement une seule orbite autour du noyau comme les planètes autour du Soleil, mais il virevolte, fait des pirouettes, esquisse des pas de danse et est partout à la fois dans la salle de bal de l'atome. Comment l'électron peut-il être sur tous les chemins et partout en même temps ? En revêtant son autre visage, car l'électron, le photon, ou toute autre particule élémentaire, possèdent une double personnalité. Ils sont à la fois particule et onde.

La particule, quand elle est onde, peut se propager dans l'espace vide de l'atome et l'occuper tout entier tout comme des ondes circulaires, causées par une pierre qu'on jette, se propagent et occupent toute la surface de l'étang. Si je ne l'observe pas, l'électron s'évade de la rigidité du monde déterministe où chacun doit rendre compte de manière précise de sa place et de son mouvement, et il est partout à la fois. Je ne pourrai jamais prédire où il sera à un moment déterminé. Tout au plus pourrais-je estimer la probabilité qu'il sera à tel et tel endroits. Pour cela, il me faudra d'abord calculer la forme de l'onde qui lui est associée en suivant la recette donnée dès 1926 par le physicien autrichien Erwin Schrödinger. L'onde de l'électron, telles les vagues de l'océan, possède une très grande amplitude à certains endroits (ce sont les crêtes des vagues) et une amplitude bien moindre à d'autres (ce sont les creux des vagues). Pour obtenir ensuite la probabilité de rencontrer l'électron, il me faudra suivre les instructions données (également en 1926) par le physicien allemand Max Born, selon lesquelles il me suffirait de calculer le carré de l'amplitude de l'onde. Ainsi, pour maximiser mes chances de rencontrer l'électron, j'ai intérêt à choisir mes lieux de rendez-vous aux crêtes des ondes et à éviter les creux.

Mais, même aux crêtes des ondes, je ne suis jamais certain que l'électron sera au rendez-vous. Peut-être que 2 fois sur 3 (une probabilité de 66 %), ou 4 fois sur 5 (une probabilité de 80 %), l'électron sera là. Mais la probabilité n'atteindra jamais 100 %. La certitude est expulsée du monde atomique et le hasard entre en force. Je lance une pièce de monnaie en l'air. Les lois de la probabilité me disent que la pièce doit retomber en moyenne la moitié des fois pile et l'autre moitié face. Mais je ne peux pas dire à l'avance que la pièce retombera pile (ou face) tout comme je ne peux être sûr de retrouver l'électron au rendez-vous des crêtes.

Le hasard est inhérent à la nature de la matière microscopique. C'est la défaite totale de la certitude. Le grand Einstein, déterministe invétéré et le premier pourtant à reconnaître la dualité onde-particule de la matière, avait bien des difficultés à accepter le grand rôle que jouait le hasard dans le monde des atomes. « Dieu ne joue pas aux dés », disait-il. Mais en cela, il se trompait. Dieu joue aux dés. Les prédictions de la mécanique quantique, qui accorde un rôle majeur au hasard, ont toujours été confirmées par les expériences en laboratoire. Car dire « hasard » ne veut pas nécessairement dire « chaos total » ou « manque de prédictions », ces dernières étant la marque d'une bonne théorie scientifique. Au lieu de prédire des événements isolés dans le monde macroscopique, tels la chute d'une pomme, le trajet d'une balle de tennis ou le mouvement de la Lune autour de la Terre, comme dans le cas de la mécanique classique de Newton ou Laplace, la mécanique quantique décrit de manière statistique le comportement moyen d'une multitude d'événements dans le monde subatomique. Incapable de nous indiquer le moment précis où un seul atome de carbone 14 va se désintégrer, elle se rattrape en nous dévoilant combien en moyenne, parmi une foule d'atomes de carbone 14, vont se désintégrer après une attente de 1, de 100 ou de 10 000 années. La causalité, ici, n'a plus de sens pour l'individu, mais existe encore pour la collectivité.

Ainsi, le flou quantique est une partie intégrante de la vie d'une particule élémentaire. Avant l'observation, elle est floue parce qu'elle revêt son visage d'onde, ce qui lui permet d'être sur tous les chemins qui mènent à Rome. Après que l'observation l'a capturée, elle reprend son visage de particule. Mais le flou persiste. Parce que l'observation l'a dérangée, la particule refuse de nous livrer simultanément le secret de sa position et de son mouvement.

Votre bon sens se rebelle. Comment un électron peut-il être à la fois particule et onde ? Il n'y a rien à comprendre. La nature est ainsi faite. Le caractère double des particules a été vérifié maintes fois dans les laboratoires. Notre expérience de la vie quotidienne n'est pas un bon guide quand il s'agit de l'infiniment petit. Comme Janus, chaque particule a deux visages. Ils représentent deux descriptions également valables de la nature et se complètent l'un l'autre. Dans le paysage atomique, le principe de la complémentarité du physicien danois Niels Bohr vient s'ajouter au principe d'incertitude de Heisenberg.

Tout est possible si on attend

Une question se pose alors. Si le hasard règne en maître dans la vie des atomes individuels, comment se fait-il qu'il disparaisse à l'échelle macroscopique pour céder la place au déterminisme ? Après tout, les objets macroscopiques sont faits de particules subatomiques. Pourquoi la Lune ne quitte-t-elle pas tout d'un coup son orbite elliptique autour de la Terre pour aller virevolter et danser autour de Jupiter ? Les lois de la mécanique quantique disent qu'en principe cela est possible. Mais la probabilité d'un tel événement est si minime qu'il ne pourrait arriver que si l'on avait l'éternité devant soi. La clef de la réponse est contenue dans le grand nombre d'atomes (10^{50}) qui composent la Lune. En présence d'un grand nombre de particules, le hasard se neutralise et se fait tout petit au profit du déterminisme. Mais, et c'est là le point important, il n'est jamais complètement absent. Le flou quantique permet en principe à la Lune de faire un tour du côté de chez Jupiter si elle disposait de l'éternité. Mais nos misérables cent années de vie, les 4,6 milliards d'années du système solaire ou même les 15 milliards d'années de l'univers ne sont qu'un bref instant en regard de l'éternité. Ce n'est pas en vous réveillant demain que vous découvrirez la Lune orbitant autour de Jupiter.

De même, le grand nombre d'atomes contenus dans les objets de la vie quotidienne empêche le hasard de se manifester. Si vous posez un livre sur une table, vous ne risquez pas de le retrouver dans la baignoire. Le cambrioleur peut rester longtemps au coin de la rue d'une banque avant que l'argent déposé dans le coffre-fort ne se retrouve dans ses poches. Je ne verrai pas dans les jours à venir *La Joconde* de Léonard de Vinci quitter le Louvre pour venir dans mon salon. La mécanique quantique dit qu'il y a une probabilité non nulle que cela puisse arriver. Tout est possible à condition d'attendre. Mais l'attente risque d'être très, très longue, et c'est pourquoi les histoires de personnes qui disparaissent à un point de l'espace pour réapparaître à un autre n'appartiennent qu'aux séries de science-fiction de la télévision.

Les dés de Dieu et les gènes

Mais est-ce à dire que le hasard quantique n'a aucune influence sur notre existence ? Assurément non. Car c'est lui qui est, par exemple, responsable de l'énergie solaire indispensable à toute vie, et en particulier à la nôtre, sur Terre. Le cœur du Soleil est un immense four stellaire chauffé à environ une dizaine de millions de degrés (Kelvin) qui fabrique de l'énergie en fusionnant ensemble des protons et des neutrons pour former des noyaux d'hélium. Poussés par l'immense chaleur, les protons et les neutrons sont lancés à toute vitesse les uns vers les autres pour essayer de se rencontrer et de fusionner. Un proton fonce vers un autre. Comme tous les protons, il porte une charge positive. La force électromagnétique, qui interdit que des particules de même charge s'associent, et dont l'intensité augmente à mesure que les protons s'approchent les uns des autres, leur ordonne de se repousser et de rebrousser chemin. Et c'est ce qui se passe la plupart du temps. La majorité des protons arrivent à une certaine distance l'un de l'autre et font demi-tour pour repartir dans une autre direction. La plupart des rendez-vous n'ont pas lieu. Mais de temps à autre, l'ordre de la force électromagnétique n'est pas respecté. La mécanique quantique permet au proton de transgresser la loi électromagnétique. Tout est possible sous son règne et, pour elle, les lois sont faites pour être violées. Elle autorise le proton à se rapprocher autant qu'il peut d'un autre pour fusionner. Ces violations quantiques de la loi seraient extrêmement rares s'il n'y avait que quelques protons. Mais ces derniers sont tellement nombreux (10^{57}) au cœur du Soleil que l'effet combiné de toutes les violations suffit à alimenter la brillance de notre astre. À l'inverse du cambrioleur de banque, les protons peuvent très vite tirer profit du flou quantique grâce à leur grand nombre. Ainsi, le hasard quantique est directement responsable de notre existence. Sans sa présence pour contrecarrer la rigidité électromagnétique, les étoiles et les galaxies ne brilleraient pas la nuit et nous ne serions pas là pour en parler.

Le flou quantique est à votre service quand vous passez un disque de Bach sur votre chaîne laser ou quand vous regardez l'émission *Apostrophes* à la télévision. Ce matériel audiovisuel ne fonctionne que grâce à de petits composants électroniques appelés « transistors ». Ceux-ci produisent une amplification du courant électrique, phénomène qui ne peut s'expliquer que dans le cadre de la mécanique quantique. Nous portons tous au plus profond de nous-mêmes les conséquences du flou quantique. Celui-ci intervient lors de l'élaboration des longues chaînes, en forme d'hélice, des molécules d'ADN responsables de la conception dans le ventre maternel. Dieu joue aux dés pour déterminer notre bagage génétique.

Le flou quantique est bel et bien avec nous. La prochaine fois que vous admirerez les lignes pures et parfaites d'une statue de Rodin, dites-vous bien que sous l'immuable solidité et la merveilleuse précision apparentes se cachent une mouvante réalité et une extrême imprécision. Sous l'œil inquisiteur du microscope, la statue qui semble remplir l'espace se dissout en vide. Ce grand vide qui sépare les atomes impeccablement alignés sur des réseaux cristallins telles des rangées de soldats bien disciplinés. Mais, surtout, le vide des atomes eux-mêmes. Le noyau qui n'occupe que le millionième de milliardième (10^{-15}) du volume de l'atome est perdu dans une vaste immensité. Un noyau dans un atome, c'est comme un grain de riz sur un terrain de football. La monotonie du vide de l'atome n'est rompue que par le passage de cortèges d'électrons frénétiques allant dans tous les sens, virevoltant d'un endroit à l'autre, apparaissant partout et ne s'arrêtant nulle part. Les noyaux des atomes ne sont pas en reste. Eux aussi servent de salle de bal où les protons et les neutrons peuvent donner libre cours à leur besoin de mouvement. Ces mouvements sont beaucoup moins frénétiques que ceux des électrons parce que les protons et neutrons sont obèses et massifs, et parce que la salle de bal du noyau est beaucoup moins grande que celle de l'atome. À l'échelle subatomique, la statue de Rodin se transforme en un vide presque total troublé seulement par les innombrables vibrations quantiques des électrons, des protons et des neutrons.

Les prêts d'énergie de la banque Nature et les particules fantômes

La mécanique quantique a un caractère rebelle. Elle aime à transgresser les lois et à refuser l'ordre établi. Même les bastions de la mécanique classique et de la relativité qu'on croyait les plus solides et les mieux protégés ne résistent pas à son assaut dévastateur. Une des forteresses les plus spectaculaires qui soient tombées est le trou noir. Comme son nom l'indique, le trou noir ne doit rien laisser ressortir, matière ou lumière, une fois le rayon de non-retour franchi. Glouton, il dévore tout ce qui passe à proximité, étoiles dans une galaxie ou vaisseau spatial, et devient de plus en plus gros et massif. Selon la relativité, la matière engloutie est perdue définitivement et à tout jamais pour le monde extérieur au trou noir. « Définitivement » et « jamais » sont des mots qui n'existent pas dans le vocabulaire de la mécanique quantique. Pour elle, tout peut arriver pourvu que l'on sache attendre. En se servant de la mécanique quantique, l'astrophysicien anglais Stephen Hawking montra, en 1974, que les trous noirs n'étaient pas si noirs que cela, qu'ils perdaient de la masse et s'évaporaient en émettant de la lumière. Comble de l'ironie, les trous noirs pouvaient « briller » !

La mécanique quantique accomplit ce tour de force en faisant appel, sous une autre forme, au principe d'incertitude de Heisenberg. Car non seulement la nature nous empêche de connaître simultanément la position et la vitesse d'un électron, mais elle rend également floue l'énergie d'une particule élémentaire, un flou qui dépend de la durée de vie de cette dernière. Plus sa durée de vie est courte, plus son énergie sera incertaine (voir la note quantitative n° 3). Ce flou de l'énergie permet à la mécanique quantique de faire des entorses au principe de la conservation d'énergie qui règne dans le monde macroscopique. « Rien n'est gratuit dans la vie » ou « on n'a rien sans rien » pourrait résumer ce principe. Il nous faut travailler et dépenser de l'énergie pour nous nourrir. Une voiture ne roule que parce que nous remplissons son réservoir d'essence. Si l'on additionne toutes les dépenses d'énergie de la voiture, l'énergie totale consommée sera exactement égale à l'énergie de l'essence utilisée.

La nature agit différemment dans le monde quantique. Elle ne respecte plus le principe de la conservation d'énergie. Grâce au flou de l'énergie, elle peut en créer là où il n'y en avait pas. Sa devise est la suivante : « L'énergie peut être gratuite. Elle peut s'obtenir de rien. » La nature peut prêter de l'énergie sans rien demander en retour, et cette énergie gratuite peut engendrer des particules élémentaires. Mais les opérations de la banque Nature sont soumises au principe d'incertitude. Tous les prêts d'énergie doivent être tôt ou tard remboursés, et plus la somme d'énergie empruntée a été grande, plus le remboursement doit se faire rapidement. Bien que le prêt d'énergie nécessaire à la survie de la particule soit minime (nous ne sentirions pas l'énergie d'une particule si elle venait à se cogner contre notre peau), il est déjà trop grand pour la banque Nature, si bien qu'il ne dure qu'une infime fraction de seconde. Le remboursement s'effectue, la banque Nature récupère son énergie, équilibre ses comptes et la particule disparaît.

Les particules ainsi nées du flou de l'énergie ont des existences fantomatiques. Une brève et furtive apparition et elles s'en vont. Laissées à elles-mêmes, elles ne parviennent jamais à quitter le monde des ombres et à émerger dans le monde réel. Nous ne pouvons pas les détecter avec nos instruments. Ce sont des « particules virtuelles », des particules en devenir, qui ne se réalisent pas. Car pour se réaliser, il faut de l'énergie et la banque Nature refuse les prêts d'énergie de longue durée. Ainsi, l'espace qui nous entoure est peuplé d'un nombre inimaginable de particules fantômes apparaissant et disparaissant à un rythme effréné. À un instant donné, l'espace dans un petit cube de 1 centimètre de côté peut contenir jusqu'à 1 000 milliards de milliards de milliards (10^{30}) d'électrons virtuels.

Il ne faut pas croire que seule la matière a le droit de jouer les fantômes. En fait, son existence fantomatique n'est possible que grâce à la présence non moins fantomatique de l'antimatière. Car si la banque Nature veut bien prêter de l'énergie, elle refuse catégoriquement d'octroyer des prêts de charge électrique. La loi de la conservation de la charge électrique doit être rigoureusement respectée. La charge électrique de l'espace étant nulle avant l'apparition de particules virtuelles, la création d'un électron virtuel à charge négative doit toujours s'accompagner de celle d'un positon virtuel de charge opposée. Au ballet fantomatique des particules virtuelles s'ajoute la danse frénétique de leurs antiparticules en devenir.

Vous vous dites, arrivés à ce point, que les physiciens ont l'esprit bien tordu. À quoi bon inventer des particules fantômes qui ne peuvent être détectées ? La physique est-elle en train de tomber dans le délire le plus complet ? Heureusement non, car si les particules virtuelles ne peuvent être vues directement, leur présence peut être déduite de façon indirecte. Sans leur existence fantomatique, certains comportements des atomes ne sauraient s'expliquer. Ce sont elles, porteuses de la force nucléaire forte, qui maintiennent ensemble les protons et les neutrons dans les noyaux atomiques.

L'autre intérêt des particules virtuelles est que, dans des circonstances exceptionnelles, elles peuvent se réaliser et entrer dans le monde réel. Si une particule virtuelle peut trouver un bienfaiteur assez généreux pour payer sa dette d'énergie envers la banque Nature, elle peut quitter le monde des fantômes et se matérialiser dans le monde physique en compagnie de son antiparticule. La gravité, et c'est là où nous rejoignons notre histoire du trou noir, aime bien jouer ce rôle de bienfaiteur et aider les particules virtuelles à réaliser leur potentiel.

Des trous noirs qui s'évaporent

La gravité d'un trou noir est, nous l'avons vu, extrêmement grande. Parce qu'elle est très riche en énergie, la gravité va payer l'emprunt d'énergie des particules virtuelles et de leurs antiparticules situées juste au-delà du rayon de non-retour du trou noir. Une fois leur prêt remboursé, celles-ci émergent du monde des ombres pour entrer dans le monde réel. Suivons le sort d'une paire électron-antiélectron (ou positon) ainsi créée. Il y a plusieurs cas de figure possibles : les deux particules peuvent retomber dans les griffes du trou noir et être dévorées par lui, auquel cas leur excursion dans le monde réel aura été de bien courte durée. Ou bien l'électron peut s'échapper de l'emprise du trou noir tandis que son antiparticule, moins fortunée, retombe dans le gouffre. L'électron rencontre un autre positon qui a échappé lui aussi à la voracité du trou noir, et tous deux deviennent lumière. Si l'électron et son antiparticule parviennent à s'échapper ensemble, leur étreinte s'achève aussi par la destruction en une flambée de lumière. Ainsi la lumière s'échappe du trou noir, qui « rayonne ». L'énergie payée par la gravité pour matérialiser les particules virtuelles provient en dernier lieu de celle qui est associée à la masse du trou noir. À mesure que la gravité distribue généreusement ses réserves d'énergie pour aider les particules de l'ombre à se réaliser et à se convertir en lumière, la masse du trou noir qui alimente cette générosité diminue. Le trou noir « s'évapore » littéralement en lumière. Ainsi, Jules, happé et tué par le trou noir, réapparaît sous forme de particules de lumière. Une bien maigre consolation !

Le taux d'évaporation n'est pas le même pour tous les trous noirs. Chacun d'entre eux a une température qui commande l'évaporation, et qui est inversement proportionnelle à sa masse. Plus un trou noir est massif, plus sa température est basse et plus sa masse s'évapore lentement en lumière. Ainsi, à l'inverse des humains, les plus gros trous noirs sont ceux qui ont la longévité la plus grande. La durée de vie d'un trou noir est proportionnelle au cube de sa masse. Doublez sa masse et il vivra 8 fois plus longtemps. Les trous noirs qui résultent de la mort des étoiles ont la masse de plusieurs Soleils. Cette masse est tellement grande et le taux d'évaporation si faible que les trous noirs descendants des étoiles nous semblent éternels. Ainsi, un trou noir de la masse du Soleil (2×10^{33} grammes) n'aurait qu'une température d'un dix millionième de degré et mettrait 10^{65} années (1 suivi de 65 zéros) à s'évaporer. En admettant qu'il puisse le faire. Car tout comme l'eau d'une théière ne peut s'évaporer que parce que la température de l'air qui l'environne est plus basse que celle de l'eau bouillante, le trou noir ne peut s'évaporer que si l'espace qui l'entoure est plus froid que lui. Nous savons que cela n'est pas le cas aujourd'hui, car le rayonnement cosmique qui baigne l'univers a une température de 3 °K. Il faudra attendre plus de 10^{20} ans avant que l'expansion cosmique ne refroidisse l'univers à un dix millionième de degré (en supposant que l'univers ne s'effondre pas avant) et qu'un trou noir de la masse du Soleil ne puisse commencer à se transformer en lumière (voir la note quantitative n° 3).

Les trous noirs stellaires sont pratiquement éternels. Mais n'existerait-il pas des trous noirs de masse beaucoup plus petite et dont l'évaporation serait beaucoup plus importante ? Ces trous noirs de faible masse ne sont pas très fréquents. Il est extrêmement difficile de comprimer des objets non massifs au-delà de leur rayon de non-retour pour les transformer en trous noirs. Vous qui pesez 70 kilogrammes, vous vous souvenez qu'il me fallait vous comprimer à 1 centième de millième de milliardième de milliardième de centimètre (10^{-23} centimètre) pour que vous deveniez un trou noir. Aucun processus naturel, aucune technologie ne permettent de faire cela. Dans l'univers actuel, la gravité sait transformer des étoiles massives de 10^{33} grammes en trous noirs, mais pas des hommes pesant 70 kilogrammes.

Pourtant, il y a eu un moment dans l'histoire de l'univers, tout à son début, où ce dernier était si petit et si dense et où la gravité était tellement grande que des minitrous noirs primordiaux de petite masse ont pu se former. L'astrophysicien anglais Stephen Hawking a suggéré que, dans les premières fractions de seconde de son existence, l'univers a pu donner naissance à une multitude de minitrous noirs de 1 milliard de tonnes (10^{15} grammes). « Mini » est ici un terme tout relatif. La masse du minitrou noir est de 1 milliard de milliards de fois plus petite que celle du Soleil, mais encore 10 milliards de fois plus grande que celle d'un être humain. Un minitrou noir primordial a une température de 120 milliards de degrés Kelvin, et la taille d'un proton (10^{-13} centimètre). Il émet de l'énergie à hauteur de 6 000 mégawatts, équivalents à la production de plusieurs centrales d'énergie nucléaire. À mesure qu'il s'évapore, sa masse diminue, sa température augmente, il émet de plus belle et la perte de masse s'accélère. Au bout de quelque 15 milliards d'années (l'âge de l'univers), le milliard de tonnes s'est réduit à 20 microgrammes (la masse d'un grain de poussière) et c'est le grand feu d'artifice… Le minitrou noir achève son existence dans une énorme explosion libérant l'énergie de 10 millions de bombes à hydrogène de 1 mégatonne, et avec l'éclat de 10 millions de milliards de galaxies. La lumière gamma qui résulte de ces explosions fulgurantes est la plus énergétique de toutes. Ces feux d'artifice n'ont encore jamais été détectés, si bien que les minitrous noirs primordiaux restent pour l'instant à l'état d'hypothèse.

Nous voici au terme de notre exploration du monde étrange et fantasmagorique de la mécanique quantique, prêts à ouvrir le livre de l'histoire de l'univers.

V

LE LIVRE DE L'HISTOIRE DE L'UNIVERS

Le temps cosmique

La version définitive du livre de l'histoire de l'univers n'est pas près d'être achevée. Bien des pages seront revues et corrigées dans les temps à venir. Seules celles qui portent sur l'époque actuelle ont quelques chances de ne pas changer. Le début de l'ouvrage, qui décrit la création de l'univers, et sa fin, qui traite du lointain futur de l'univers et de sa mort éventuelle, sont fondés sur les extrapolations très audacieuses des lois physiques actuelles poussées à l'extrême. Ces lois physiques peuvent-elles résister à un tel traitement ? Seul l'avenir nous le dira, mais l'histoire du big bang telle qu'elle apparaît aujourd'hui est déjà très belle et vaut la peine d'être contée.

Le temps dans l'univers du big bang est, nous l'avons vu, élastique. Il se dilate ou se rétrécit selon le mouvement de l'observateur ou selon la quantité de matière qui se trouve à proximité de ce dernier. Un livre d'histoire retrace les événements au fil du temps. Parmi le nombre infini de temps possibles, lequel choisir ? Nous adopterons, pour raconter notre histoire, le temps dit « cosmique », à savoir celui d'un individu emporté par l'expansion de l'univers et qui voit la majorité des galaxies s'éloigner de lui. Ce temps est pratiquement identique à celui de la Terre, du Soleil ou de la Voie lactée. Bien sûr, ces derniers objets participent à un fantastique ballet cosmique (voir fig. 19) qui s'ajoute au mouvement d'expansion, mais ces mouvements s'effectuent à des vitesses si infimes par rapport à celle de la lumière que les déformations de temps sont négligeables. Ainsi, une année de temps cosmique est le temps mis par la Terre pour accomplir son périple autour du Soleil. Les habitants des autres galaxies mesureront le même temps cosmique. Ils pourront lire notre livre d'histoire sans aucune modification.

Nous aurions pu demander à Jules, filant à toute vitesse dans son vaisseau spatial et voyant en avant les galaxies s'approcher avec leur lumière décalée vers le bleu et en arrière s'éloigner avec leur lumière décalée vers le rouge, de raconter l'histoire du big bang, avec son temps ralenti. Jules aurait également pu raconter l'histoire de l'univers avec un temps qui se fige progressivement à l'approche d'un trou noir. L'histoire serait la même, mais les phénomènes seraient plus compliqués à décrire et le livre beaucoup plus long. Pour vous épargner l'ennui d'une histoire qui s'étire sans fin, nous avons adopté la voie de la simplicité et le temps cosmique. Parce que l'univers ne nous a pas encore révélé son âge, nous le fixerons à 15 milliards d'années. Si, dans le futur, l'univers se révélait plus jeune ou plus vieux, il suffirait de soustraire ou d'additionner le nombre d'années approprié.

Pour raconter l'histoire de l'univers dans toute sa splendeur, les pages de notre livre d'histoire auront une propriété bien particulière : chacune d'entre elles nous fera avancer d'un facteur 10 dans l'histoire de l'univers. Ainsi, si nous en sommes à la page décrivant l'univers à 100 000 ans, la page suivante nous transportera à 1 million d'années. Encore une page et l'univers aura 10 millions d'années, et ainsi de suite. Le livre doit être agencé ainsi en raison de l'extrême fébrilité de l'univers à son tout début. Pendant cette période, les événements se déroulent à un train d'enfer et, pour en rendre compte d'une manière précise et complète, il est nécessaire de retenir des instants très rapprochés les uns des autres, le temps se mesurant en fractions de seconde. Mais, à mesure que l'univers vieillit, l'exubérance de l'enfance et l'ardeur juvénile font place au calme serein de la maturité. Les événements nouveaux et les changements ne surviennent plus aussi fréquemment et les comptes rendus peuvent être plus espacés dans le temps sans pour autant manquer l'essentiel. Le temps se mesure alors en millions ou en milliards d'années.

Ouvrons maintenant notre livre et partons à la découverte de l'univers du big bang à la suite des explorateurs-physiciens et astronomes, avec pour seules armes les lois physiques de l'infiniment grand (la relativité) et de l'infiniment petit (la mécanique quantique) ainsi que les observations astronomiques (la fuite des galaxies, le rayonnement fossile et l'abondance des éléments).

La frontière de la connaissance

Au risque de vous décevoir, nous ne pourrons pas faire débuter l'histoire de l'univers à un « temps zéro », au moment même de la création de l'espace et du temps. Mais, consolez-vous, il sera quand même question d'un temps inimaginablement court, 10^{-43} ou 0,000… seconde après l'explosion primordiale. Le premier chiffre non nul ne survient qu'après 43 zéros. La durée d'un flash photographique occuperait 1 milliard de milliards de milliards de fois plus de temps dans l'histoire entière de l'univers que 10^{-43} seconde n'occuperait dans une seconde. Même l'astrophysicien que je suis, qui manie à longueur de journée des chiffres astronomiquement grands ou infiniment petits, ne peut s'empêcher d'éprouver un étrange sentiment d'irréalité en évoquant ce chiffre. Et pourtant, les lois physiques déduites de l'observation de l'univers actuel semblent bien résister à cette extrapolation vers un passé si lointain, lorsque l'univers était considérablement plus petit, chaud et dense.

À 10^{-43} seconde après le big bang, ce qui deviendra l'univers observable d'aujourd'hui n'a que 10^{-33} centimètre de diamètre. Il est 10 millions de milliards de milliards de fois plus petit qu'un atome d'hydrogène. L'univers est tellement jeune que la lumière n'a pu voyager bien loin, et que l'horizon cosmologique est tout proche. Il est inimaginablement chaud (10^{32} °K) et dense (10 suivi de 96 zéros × la densité de l'eau). Son énergie est incommensurablement grande. Si nous voulions atteindre cette énergie, il nous faudrait construire des machines accélératrices de particules élémentaires avec des diamètres, non pas de quelques kilomètres, comme celle du Centre européen pour la recherche nucléaire (CERN) à Genève, mais de quelques années-lumière. La construction d'un accélérateur intersidéral qui s'étendrait jusqu'aux étoiles les plus proches n'est pas près d'être réalisée, et c'est pourquoi les physiciens des particules aiment bien l'univers à son début. Celui-ci ne coûte rien. Il leur permet de tester leurs théories physiques à des énergies qui ne pourront jamais être atteintes sur Terre. Bien sûr, il y a des désavantages à cet accélérateur cosmique. L'expérience est unique et ne pourra être répétée. Elle est loin dans le passé. Elle ne peut être contrôlée comme on contrôle une expérience en laboratoire. Mais les avantages l'emportent sur les inconvénients.

A 10^{-43} seconde après l'explosion, l'univers est tellement comprimé et la densité si grande que la gravité, qui est d'ordinaire négligeable à l'échelle microscopique, devient aussi importante que les autres forces, les forces nucléaires forte et faible et la force électromagnétique. Or, et c'est là que le bât blesse, nous ne savons pas décrire le comportement des atomes et de la lumière quand la gravité devient intense. Ce problème a été signalé dès le début du siècle par le physicien allemand Max Planck, et c'est pourquoi le temps de 10^{-43} seconde est encore souvent appelé temps de Planck. La physique s'essouffle et perd ses moyens au temps de Planck. La mécanique quantique décrit bien le comportement des atomes et la lumière quand la gravité est négligeable. La relativité rend bien compte des propriétés de la gravité à l'échelle cosmique quand les forces nucléaires et électromagnétiques ne jouent pas le premier rôle. Mais personne n'a encore su unifier les deux théories pour décrire une situation où toutes les forces seraient sur un pied d'égalité.

Les physiciens sont en train de faire des efforts prodigieux pour trouver une « théorie unifiée » de la nature. Depuis quelques années, ils pensent que les quatre forces qui régissent le monde actuel ne sont que des aspects différents d'une seule et unique force dont le règne monothéiste s'étendrait à l'univers tout entier, tout comme la force électrique et la force magnétique ne sont que deux manifestations différentes de la force électromagnétique. Sous les attaques répétées de l'Américain Steven Weinberg et du Pakistanais Abdus Salām, les forces électromagnétique et nucléaire faible se sont laissé unir en 1967 en une force électrofaible. La force nucléaire forte semble bien vouloir s'unir avec la force électrofaible pour former la force électronucléaire, bien que la théorie en soit encore à ses premiers balbutiements. Le mariage de la force électromagnétique avec les deux forces nucléaires, forte et faible, exige des conditions bien particulières. Il ne peut subsister que dans un environnement extrêmement chaud où les énergies des particules élémentaires sont elles aussi extrêmement élevées, comme dans les tout premiers instants de l'univers. La chaleur et l'énergie sont indispensables à la solidité des liens du mariage. Que l'univers se refroidisse au-delà d'une certaine température et l'union se rompt. C'est ce qui est arrivé au cours de l'expansion de l'univers et, maintenant, les trois forces font ménage à part. La froideur de l'univers actuel a dissous leurs liens.

La gravité résiste encore obstinément à toute proposition d'union. Cette orgueilleuse qui régit l'infiniment grand refuse de s'allier aux seigneurs de l'infiniment petit. Elle ne veut pas être « quantifiée ». L'unification de la mécanique quantique avec la relativité constitue à l'heure actuelle une barrière encore insurmontable. Même Albert Einstein, qui a travaillé d'arrache-pied pendant les trente dernières années de sa vie, n'a pas réussi à la franchir. Tant que la résistance de la gravité ne sera pas brisée, il sera impossible de remonter plus loin que le temps de Planck. C'est la limite de nos connaissances. Derrière le mur de Planck se cache une réalité encore inabordable. Le couple espace-temps de notre univers à quatre dimensions pourrait être complètement différent ou ne plus exister. Les physiciens qui ont fait de brèves incursions derrière le mur de Planck racontent qu'ils ont entrevu un univers chaotique à dix ou même vingt-six dimensions, où la gravité est si forte qu'elle a réorganisé le tissu de l'espace, lui donnant six (ou vingt-deux) autres dimensions, où l'espace s'est effondré sous l'effet de sa gravité en d'innombrables trous noirs microscopiques et où passé, présent et futur, et même le temps, n'ont plus de sens. En réalité, une durée infinie peut se cacher derrière le mur de Planck. Celle de 10^{-43} seconde n'est que le résultat de l'extrapolation de nos lois physiques vers le temps zéro. Mais puisque, précisément, ces lois perdent pied derrière le mur de Planck, rien n'est moins sûr.

Quant aux trous noirs microscopiques, ils ont une masse de 20 microgrammes, la plus petite qui puisse exister. Avec un diamètre de 10^{-33} centimètre, ils sont 100 milliards de milliards de fois plus petit qu'un proton. Avec une température de 10^{32} degrés, ils s'évaporent en 10^{-43} seconde, disparaissant et réapparaissant (grâce au flou de l'énergie quantique) dans un cycle infernal de vie et de mort. L'univers est-il infiniment dense et chaud à son début ? La relativité dit que oui, mais il n'y a pas, là non plus, de certitude. Par le passé, l'apparition de quantités infinies a toujours été le signe d'une défaillance de nos théories plutôt que d'un comportement extrême de l'univers, le signe d'un manque d'imagination de l'homme plutôt que de la nature. Il faudra encore de longues années de dur labeur avant que le mur de Planck puisse être percé. En attendant, il nous faut adopter le temps de Planck comme notre « temps zéro ». Cela sera notre temps de référence quand nous parlerons de l'origine, du début ou de la création de l'univers.

Une inflation vertigineuse

Ouvrons notre livre d'histoire à la première page. L'univers a l'âge irréellement petit de 10^{-43} seconde et, avec une température de 10^{32} degrés, il est plus brûlant que tous les enfers que Dante a pu imaginer. L'univers tout entier est contenu dans une sphère de 1 millième de centimètre de diamètre, la taille de la pointe d'une aiguille. Nous ne pouvons voir qu'une fraction infime de cet univers-aiguille. L'horizon cosmologique, qui cerne l'univers observable et qui est défini par la distance parcourue par la lumière pendant l'existence de l'univers, s'étend seulement à un minuscule 10^{-33} centimètre. Nous sommes tout juste de l'autre côté du mur de Planck. Le couple espace-temps qui nous est familier a fait son apparition. L'espace à trois dimensions est en perpétuelle création avec l'expansion de l'univers. Celui-ci acquiert un devant et un derrière, un haut et un bas, une droite et une gauche. Les autres dimensions de l'espace qui existaient peut-être derrière le mur de Planck ont tellement rétréci qu'elles ne sont plus visibles. Cette perte de dimensions est semblable à celle que subirait un morceau de papier à deux dimensions enroulé sur lui-même de manière si serrée qu'il devient une ligne droite à une dimension. Le vide quantique règne. Mais il ne s'agit pas du vide calme et tranquille, dépourvu de substance et d'activité que nous imaginons tous, mais d'un vide vivant, bouillonnant d'énergie qui, sous son apparence placide, cache une grande effervescence. Nous avons vu que, grâce au flou de l'énergie quantique, ce vide est peuplé d'une multitude de particules et d'antiparticules fantômes qui apparaissent et disparaissent au gré des prêts et des demandes de remboursement d'énergie de la banque Nature. Deux forces se partagent le contrôle de l'univers : d'une part, la force électronucléaire, qui résulte de l'union de la force électromagnétique et des forces nucléaires forte et faible, et, d'autre part, la force gravitationnelle encore réfractaire à toute union.

Continuons notre lecture. Au fil des pages et à mesure que le temps passe, l'univers en expansion devient moins dense et moins chaud. À la neuvième page du livre, vers 10^{-35} seconde, l'univers s'est refroidi d'un facteur de 10 000 et a une température, encore infernale, de 10^{27} degrés. Mais un événement extraordinaire va se produire. La chute de température de l'univers va entraîner la désintégration de la force électronucléaire en deux. La force nucléaire forte va désormais être séparée de la force électrofaible, résultat de l'union de la force électromagnétique avec la force nucléaire faible. La gravité est toujours là, qui fait obstinément ménage à part. Au lieu d'être gouverné par un couple, l'univers sera désormais soumis à un triumvirat. C'est le début d'une lente ascension vers la complexité qui mènera jusqu'à nous. L'univers perd sa simplicité, sa « symétrie » en se refroidissant. Il se comporte comme le sel ou l'eau qu'on refroidit. Le sel et la glace chauffés deviennent liquides. Ils perdent toute structure. Leur forme ne privilégie aucune direction particulière, tout comme l'univers très chaud du début est « symétrique ». Mais, en se refroidissant, le sel et l'eau se cristallisent sous forme de cubes. Ils perdent leur symétrie. Toutes les directions ne sont plus équivalentes. La matière privilégie désormais les surfaces planes des cubes. Tout comme le sel et l'eau, l'univers se « cristallise » en se refroidissant.

Cette cristallisation à 10^{-35} seconde va avoir de lourdes conséquences pour l'univers et, partant, pour notre existence. Tout comme l'eau en se transformant en glace libère une bouffée de chaleur, l'univers en se cristallisant va libérer l'énorme énergie du vide. De même que l'explosion d'une bombe fait voler une maison en éclats, l'injection de l'énergie du vide imprime à l'univers une expansion fulgurante que le physicien américain Alan Guth a qualifiée d'« inflationnaire ». De même que l'inflation économique d'un pays entraîne la perte de valeur de sa monnaie et une escalade effrénée des prix en un temps très court, l'« inflation » de l'univers entraîne un accroissement vertigineux du volume de chacune de ses parties en un temps infinitésimal. Pendant la période inflationnaire qui dure une minuscule fraction de seconde, de 10^{-35} à 10^{-32} seconde (les pages 9 à 12 de notre livre d'histoire), l'univers va tripler ses dimensions toutes les 10^{-34} secondes. Comme il y a 100 intervalles de 10^{-34} seconde dans 10^{-32} seconde – la durée de la phase inflationnaire –, chaque région de l'univers triple sa taille 100 fois de suite. Multipliez $3 \times 3 \times 3$… 100 fois, vous vous apercevrez que l'univers a accru ses dimensions d'un facteur 10^{50} et son volume (qui est proportionnel au cube de la dimension) d'un facteur 10^{150} (1 suivi de 150 zéros) pendant l'ère inflationnaire. Cette expansion frénétique du début de l'univers contraste avec la « langueur monotone » de l'expansion actuelle. Pendant les 10 derniers milliards d'années de son histoire, l'univers n'a augmenté son volume que d'un facteur relativement petit d'un milliard (10^9).

Cette énorme croissance de l'univers à son début permet de dissiper bien des nuages qui assombrissaient le paysage du big bang. Vous vous souvenez du problème posé par la grande homogénéité de l'univers actuel. Comment des régions du ciel, diamétralement opposées, et apparemment sans contact possible, ont-elles pu coordonner leurs propriétés avec une telle précision ? Le contact interdit dans une expansion normale devient possible grâce à l'expansion inflationnaire. Pour comprendre cela, il faut savoir que, après l'inflation, tout l'univers observable d'aujourd'hui avait à peine la taille d'une orange de 10 centimètres de diamètre. Dorénavant, quand je parlerai de l'univers, il s'agira toujours de la petite portion d'univers contenue dans l'univers entier bien plus grand. Puisque l'univers avait grandi d'un facteur 10^{50}, il était parti d'un petit bout d'espace d'un diamètre de 10^{-49} centimètre, soit des milliards de milliards de milliards de milliards de fois plus petit que celui d'un noyau d'atome. Cet univers du début (à 10^{-35} seconde), avant la phase inflationnaire, était tellement petit que chaque partie infinitésimale qu'il contenait était en contact avec chaque autre. La lumière, qui était le moyen favori de communication entre ces régions, et qui voyageait à la vitesse de 300 000 kilomètres à la seconde, avait déjà pu parcourir 3×10^{-25} centimètre, même si elle n'avait disposé que du temps infinitésimal de 10^{-35} seconde pour voyager. La zone de communication possible était déjà 1 million de milliards de milliards de fois plus grande que l'univers, et les diverses régions n'avaient aucun problème pour coordonner leurs propriétés afin d'être exactement semblables. Après l'inflation, à 10^{-32} seconde, les régions de l'univers-orange ne sont plus en contact les unes avec les autres, mais elles « se souviennent » de l'avoir été.

La platitude du paysage de l'univers semble également pouvoir être expliquée par la phase inflationnaire. La géométrie de l'espace s'aplatit durant l'inflation, tout comme une petite région sur la surface d'un ballon s'aplatit quand ce dernier est gonflé. Nous sommes tous conscients du fait que la courbure d'une sphère est d'autant plus faible que son rayon est plus grand. L'univers, en accroissant dramatiquement sa taille, devient plat.

Une multitude d'univers

Pendant l'ère inflationnaire, de 10^{-35} à 10^{-32} seconde, l'univers s'est donc enflé d'un facteur de 10^{50} pour atteindre la taille d'une orange de 10 centimètres de diamètre. L'horizon cosmologique, qui définit la région de l'espace en communication par la lumière, s'est aussi enflé du même facteur. À 10^{-32} seconde, il s'étend à 10^{26} centimètres, 1 000 fois plus large que l'univers observable aujourd'hui. L'inflation a non seulement fait grossir notre petit coin d'univers, mais elle a aussi donné des tailles gigantesques à toutes les autres parties de l'espace. Notre univers n'est plus qu'une petite bulle perdue dans l'immensité d'une bulle méta-univers qui est des dizaines de millions de milliards de milliards de fois plus vaste. Notre bulle méta-univers se perd à son tour dans une multitude d'autres bulles méta-univers toutes créées dans la phase inflationnaire à partir d'infimes régions d'espace disconnectées les unes des autres. Si notre univers observable s'agrandit au cours des âges au fur et à mesure que la lumière dispose de plus de temps pour nous parvenir, si dix nouvelles galaxies franchissent l'horizon cosmologique chaque année pour venir se présenter à nous, si notre méta-univers se dévoile de plus en plus, nous ne pourrons jamais entrer en communication et connaître ce qui se passe dans les autres méta-univers. Ils seront à jamais exclus de notre sphère d'observation. Ils pourront contenir des galaxies, des étoiles et d'autres formes de vie ou pourront être inhospitaliers et vides, ils pourront être paradis ou enfer, nous ne le saurons jamais.

Le fantôme de Copernic est donc allé jusqu'au bout de son acte. Non content de déloger la Terre de sa place centrale dans le système solaire, de transformer le Soleil en une étoile quelconque à la périphérie de la Voie lactée, de rendre cette dernière insignifiante dans l'immensité d'un univers qui contient 100 milliards de galaxies, il ira jusqu'à perdre notre univers dans un méta-univers et notre méta-univers dans une multitude d'autres méta-univers…

Le vide, origine de tout

La libération de l'énergie du vide dans l'univers pendant la phase inflationnaire va avoir une autre conséquence extrêmement importante. Elle va donner naissance au contenu matériel de l'univers. Nous avons vu que le vide originel était vivant, peuplé d'une multitude de particules et d'antiparticules fantômes qui doivent leur existence aux prêts d'énergie consentis par la banque Nature. L'injection d'énergie va rembourser ces prêts et permettre aux particules et antiparticules de quitter le monde des fantômes et de pénétrer dans la réalité. Les quarks, les électrons, les neutrinos et leurs antiparticules vont surgir du vide. Mais dès leur matérialisation, les particules et leurs antiparticules se rencontrent et s'annihilent pour devenir lumière. Les grains de lumière (ou photons) disparaissent à leur tour pour donner naissance à des paires particule-antiparticule. Il y a une constante interaction entre la matière, l'antimatière et la radiation. L'univers est baigné dans une soupe de quarks, d'électrons, de neutrinos, de photons et de leurs antiparticules.

S'il y avait autant de particules que d'antiparticules, notre histoire s'arrêterait là. Je ne serais pas en train d'écrire ces lignes et vous ne seriez pas là pour les lire. La matière détruirait l'antimatière et il ne resterait que des photons. Ces photons, affaiblis plus tard par l'expansion de l'univers et son refroidissement, ne pourraient plus accoucher de particules et d'antiparticules. Il ne resterait qu'un univers rempli de lumière d'où particules élémentaires, étoiles, galaxies, être humains, vous et moi seraient absents. Mais, heureusement pour nous, la nature n'est pas impartiale vis-à-vis de la matière et de l'antimatière. Le physicien soviétique Andreï Sakharov découvrit qu'elle a une toute petite préférence pour la matière. Ainsi, pour chaque milliard d'antiquarks qui vont surgir du vide, il y aura 1 milliard plus 1 quark qui apparaîtront. Plus tard, vers 10^{-6} seconde (27 pages après l'ère inflationnaire), quand l'univers se sera assez refroidi pour permettre aux quarks de former des protons et des neutrons (désignés sous le nom commun de « baryons ») et aux antiquarks de former leurs antiparticules (les antibaryons), la plupart des baryons et des antibaryons s'annihileront pour devenir lumière. Mais le fait que les quarks seront en léger surnombre par rapport aux antiquarks aura pour conséquence de créer un résidu de protons et de neutrons. Pour chaque milliard de particules et d'antiparticules qui s'annihileront pour donner 1 milliard de photons, il ne restera qu'une particule de matière, exactement la proportion qui est observée dans l'univers actuel. Toute l'antimatière disparaît.

Un des nuages noirs qui obscurcissaient le paysage du big bang se dissipe. Des observations restées sans explication trouvent une réponse. La matière peut surgir du vide si une assez grande quantité d'énergie y est injectée. Le vide est origine de tout, galaxies, étoiles, arbres, fleurs, vous et moi. L'idée de la naissance *ex nihilo*, du néant, qui hier encore n'appartenait qu'à la religion, semble trouver aujourd'hui un support scientifique dans la cosmologie. Nous vivons dans un univers de matière, nous ne risquons pas de rencontrer des anti-vous et des anti-moi, car la nature a un milliardième de plus de partialité pour les quarks que pour les antiquarks. Les particules de lumière dominent maintenant l'univers de leur nombre, car la plupart des particules de matière et d'antimatière se sont mutuellement anéanties.

La soupe de quarks, d'électrons, de neutrinos, de photons et de leurs antiparticules qui émerge au terme de cet instant inimaginablement court de 10^{-32} seconde n'est pas tout à fait uniforme. Elle est parsemée d'irrégularités et de « rugosités ». Il y a des endroits, ici et là, qui sont plus denses que d'autres. Ces irrégularités s'amplifieront plus tard pour donner naissance aux structures de la tapisserie cosmique : les galaxies, les étoiles et les planètes, et toutes les oasis de l'univers qui favoriseront l'ascension de la matière vers la complexité et qui permettront l'émergence de la vie. La cristallisation de l'univers a non seulement permis l'apparition des premières particules de matière, nos plus lointains ancêtres, mais elle a aussi pris soin de semer les germes des oasis nécessaires pour notre apparition sur la scène cosmique. Ainsi se dissipe un autre nuage qui assombrissait le big bang, le problème de l'origine des structures dans l'univers.

Bien sûr, les irrégularités qui naissent sont soumises à des contraintes très sévères. Elles ne peuvent être trop petites, car elles n'auraient pas eu le temps de grandir à la taille des belles galaxies de centaines de milliers d'années-lumière de diamètre qui parsèment l'univers d'aujourd'hui, pendant les 15 milliards d'années qui se sont écoulées. Elles ne peuvent pas non plus être trop grandes, car le satellite COBE a observé des irrégularités dans le rayonnement fossile qui ne sont que de 0,001 %.

Le double visage de l'univers, cette uniformité globale presque parfaite accompagnée d'une richesse inouïe à petite échelle, impose donc aux irrégularités un équilibre très délicat. Elles ne doivent pas être trop modestes, mais elles ne peuvent pas non plus verser dans l'excès et la démesure. De simples calculs préliminaires ont montré que les irrégularités nées de la phase inflationnaire de l'univers sont trop grandes d'un facteur de 100 000 ou plus. Reste encore à écrire la page du livre qui explique comment a été résolu ce problème. En attendant, apprécions l'énorme bond en avant provoqué par l'introduction de l'idée d'une phase inflationnaire de l'univers : au lieu d'invoquer un « grand architecte » semant des irrégularités dans son univers régulier, nous sommes maintenant à même de les calculer !

Une nouvelle cristallisation de l'univers

Tournons la page et quittons cette ère inflationnaire qui a été si bénéfique pour notre existence. Pendant sa folle expansion, d'un bout de vide de 1 milliard de milliards de milliards de milliards de fois plus petit qu'un noyau d'atome jusqu'à la taille d'une orange, l'univers s'est considérablement refroidi. Mais l'énergie du vide libérée lors de la première cristallisation de l'univers, quand la force nucléaire forte s'est séparée de la force électrofaible, a fait de nouveau grimper sa température jusqu'à 10^{27} °K. Nous sommes juste 10^{-32} seconde après l'explosion primordiale, à la douzième page de notre livre. L'univers-orange poursuit son expansion, mais à un rythme beaucoup moins effréné qu'avant, un rythme proche de celui qu'il possède aujourd'hui après 15 milliards d'années. Alors que les distances dans l'univers s'accroissent exponentiellement en fonction du temps pendant la période inflationnaire, elles ne vont plus augmenter (jusqu'à environ 300 000 années) qu'à un rythme suivant la racine carrée du temps (voir la note quantitative n° 5). Pendant l'ère inflationnaire, entre 10^{-34} et 10^{-32} seconde, l'univers avait grandi, nous l'avons vu, d'un facteur de 10^{50}. Au rythme de l'« après-inflation », ses dimensions n'auraient augmenté que d'un facteur de 10 pendant la même période. À la course folle de l'ère inflationnaire succèdent les pas de tortue des ères postinflationnaires.

Pendant les vingt pages suivantes, de 10^{-32} à 10^{-12} seconde, l'univers continue de s'agrandir et devient moins chaud et moins dense, mais rien d'extraordinaire ne se passe. C'est la « traversée du désert » (ou est-ce simplement le « désert de l'imagination » des physiciens ?). Les pages se suivent et se ressemblent. L'univers est rempli d'une pincée de quarks, d'électrons et de neutrinos, et de leurs antiparticules. Chauffé à une température extrême, tout ce joli petit monde est animé d'une grande fébrilité, s'élançant dans toutes les directions et se cognant les uns contre les autres. Les rencontres des particules avec leurs antiparticules sont mortelles et les convertissent en ces grains de lumière que sont les photons. Ceux-ci ne sont pas en reste et participent à la frénésie générale. Ils disparaissent à leur tour pour donner naissance à de nouvelles paires de particules et d'antiparticules. Création et destruction se succèdent à un rythme d'enfer.

À la trente-deuxième page, à un millième de milliardième (10^{-12}) de seconde après l'instant originel, l'univers a beaucoup grandi. Il est maintenant à peine plus petit que l'orbite de la Terre autour du Soleil. Il est encore très dense (1 million de millions de fois plus dense que le noyau d'un atome) et chaud (1 million de milliards de degrés).

Un événement important va se produire et l'univers va franchir une nouvelle étape importante dans son ascension vers la complexité. En effet, il va subir une nouvelle « cristallisation ». Le triumvirat des forces qui régissait l'univers se transforme en quatuor. L'union de la force électromagnétique et de la force nucléaire faible se brise à son tour et, désormais, ces deux forces se séparent. Avec la force gravitationnelle et la force nucléaire forte, elles vont, à quatre, contrôler l'univers. Ce gouvernement à quatre têtes, né à un millième de milliardième de seconde après l'explosion originelle, subsiste encore dans l'univers d'aujourd'hui. Comme lors de la première cristallisation, l'univers reçoit une bouffée d'énergie, mais beaucoup moins grande cette fois. Au lieu de s'emballer dans une expansion inflationnaire, l'univers poursuit tranquillement son expansion à pas de tortue.

L'emprisonnement des quarks

Tournons six pages. L'univers est âgé maintenant de 1 millionième (10^{-6}) de seconde. Son volume est à peu près égal à celui du système solaire. Sa température a baissé jusqu'à 10 000 milliards de degrés. L'agitation et l'énergie des particules et de leurs antiparticules décroissent au fur et à mesure que l'univers se refroidit. Le mouvement des quarks et des antiquarks se ralentit assez pour que la force nucléaire forte puisse contraindre les quarks et les antiquarks à se combiner en des particules plus familières, les protons, les neutrons et leurs antiparticules.

Tel le berger qui peut enfin rassembler ses moutons parce qu'ils n'ont plus assez d'énergie pour s'échapper, la force nucléaire forte rassemble les quarks et les antiquarks. Mais elle ne le fait pas de n'importe quelle façon. Elle les groupe trois par trois. Ainsi, les protons et les neutrons sont le résultat de trois quarks soudés ensemble par la force forte. Les quarks eux-mêmes se divisent en deux catégories, selon leur charge électrique. Une première espèce porte une charge positive égale aux deux tiers de la charge de l'électron et une deuxième espèce a une charge négative égale au tiers de la charge électronique. Le proton, qui a une charge positive égale et opposée à celle de l'électron, est composé de deux quarks de la première espèce et d'un quark de la deuxième espèce. Le neutron, qui, comme son nom l'indique, n'a pas de charge électrique, a la constitution inverse : un quark de la première espèce et deux quarks de la seconde. Parce qu'ils doivent leur existence à la force forte, le proton, le neutron et leurs antiparticules sont désignés collectivement sous le nom de hadrons, qui signifie « fort » en grec. Parce que les hadrons occupent le devant de la scène dans cette période de l'histoire de l'univers, cette dernière est souvent connue sous le nom d'« ère hadronique ».

Les quarks et leurs antiparticules vont désormais perdre leur liberté. Dans l'histoire de l'univers à venir, nous ne les verrons plus jamais à l'état libre. Pour les libérer de leur joug, les physiciens ont bien essayé de bombarder les prisons-protons et neutrons à grands coups de faisceaux de particules accélérées à de très hautes énergies dans des machines monstres de plusieurs kilomètres de diamètre, comme celle du CERN à Genève, mais, jusqu'à ce jour, jamais un quark libre n'a été entrevu. La force forte, méritant bien son nom, n'a jamais voulu relâcher son emprise sur les quarks, malgré des attaques répétées. Jusqu'à nouvel ordre, les quarks restent donc des entités théoriques nées de l'imagination fertile des physiciens, mais dont l'existence semble nécessaire pour comprendre les propriétés de la matière qui nous entoure.

La première victoire de la matière

Avec l'emprisonnement des quarks, l'univers entre dans l'ère hadronique et la matière franchit une nouvelle étape importante dans son ascension vers la complexité. Mais la perte de liberté des quarks et des antiquarks n'est pas la seule conséquence remarquable du refroidissement continuel de l'univers en expansion. Le cycle infernal de l'annihilation de la matière en lumière et de la reconversion de la lumière en matière, que subissaient toutes les particules et leurs antiparticules, va être rompu. L'annihilation de la matière va pouvoir se poursuivre, mais la métamorphose de la lumière en particules se fera de plus en plus difficilement. Pour en comprendre les raisons, il faut nous souvenir de l'enseignement d'Einstein selon lequel toute matière est énergie. Selon cet énoncé (dont la folie des hommes s'est emparé et qui a abouti, malheureusement, à la bombe atomique), une paire particule-antiparticule a une certaine masse (égale à 2 fois la masse de la particule) et donc une certaine énergie de masse (égale à la masse de la paire multipliée par le carré de la vitesse de la lumière). La particule porteuse de la lumière, le photon, pour pouvoir se transformer en une paire particule-antiparticule, doit avoir au moins l'énergie de masse de la paire, sous peine de faire violence au principe de la conservation d'énergie. Bien sûr, une paire relativement massive comme le couple proton-antiproton aurait besoin de plus d'énergie qu'une paire moins massive comme le couple électron-antiélectron (ou positon).

Or, les photons s'épuisent et perdent de l'énergie au cours de l'expansion de l'univers et de son refroidissement : un dixième de millième de seconde après l'explosion originelle, la température de l'univers a baissé jusqu'à 1 000 milliards de degrés. Les photons n'ont déjà plus assez d'énergie pour se transformer en des paires proton-antiproton ou neutron-antineutron. Les paires qui existaient déjà s'annihilent. Le réservoir de protons, de neutrons et de leurs antiparticules se vide rapidement, mais l'eau du robinet ne coule plus pour le remplir. La vaste majorité des protons et des neutrons se convertissent en lumière. Mais, parce que la nature a un milliardième de plus de préférence pour la matière plutôt que pour l'antimatière, pour chaque milliard de paires particule-antiparticule qui s'annihileront pour devenir photons, une particule de matière survivra parce qu'elle ne pourra pas trouver de partenaire antiparticule pour l'embrasser dans une étreinte mortelle. C'est la première victoire de la matière sur l'antimatière.

Ainsi, après son premier dixième de millième de seconde d'existence, la purée de l'univers s'est transformée en un mélange composé principalement de photons, d'électrons et de neutrinos avec une toute petite pincée d'un nombre égal de protons et de neutrons, rescapés de la grande destruction.

Bien que, au cours de la bataille entre la matière et l'antimatière, le camp de l'antimatière ait subi de sérieux revers et que les troupes d'antiprotons et d'antineutrons aient été réduites à néant, l'antimatière ne s'avoue pas vaincue. Elle dispose encore de bataillons entiers d'antiélectrons (positons) et d'antineutrinos, car, à la température de 1 000 milliards de degrés, les photons ont encore assez d'énergie pour se transformer en paires électron-antiélectron et neutrino-antineutrino. Parce qu'il y a équilibre entre la conversion de la lumière en particules et celle des particules en lumière, les photons, électrons, neutrinos et leurs antiparticules sont en nombre égal. Victime de la grande destruction, les protons et les neutrons sont relégués au rang d'infime minorité parmi la population des particules de l'univers. Il ne reste plus qu'un proton ou neutron pour 100 millions ou plus de chacune des autres particules. L'ère hadronique, dominée par les protons et les neutrons, s'achève. Le devant de la scène est maintenant occupé par les autres particules plus légères et qui agissent surtout entre elles par l'intermédiaire de la force nucléaire faible. Quand l'horloge cosmique sonne un dix-millième de seconde, l'ère leptonique (du grec *lepton*, qui signifie « faible ») commence.

Les neutrinos font bande à part

Le cocktail primordial de l'ère leptonique est composé de photons, d'électrons, de neutrinos et de leurs antiparticules, et d'un zeste de protons et de neutrons. Excepté les neutrinos qui font bande à part, tout ce monde, surchauffé par l'extrême température, est en constante interaction, chaque particule ne pouvant se déplacer sans se cogner immédiatement contre une autre particule. Ainsi, les photons porteurs de lumière et d'information n'arrivent pas à se frayer un chemin à travers la forêt épaisse des électrons, protons et neutrons. La lumière, qui, aux premiers instants de l'univers, est extrêmement énergétique et faite de rayons gamma, est entièrement bloquée. L'univers est complètement opaque et même les télescopes les plus puissants ne pourront jamais percer cette opacité.

Les neutrinos, eux, traversent la jungle des particules comme si de rien n'était, car ils n'interagissent avec le reste du monde qu'à travers la force nucléaire faible. Comme nous l'avons vu, le domaine d'influence de cette force faible est microscopique et ne s'étend que sur des distances de moins d'un dixième de millionième de milliardième de centimètre. Après la première demi-seconde de l'univers (quatre pages plus loin dans notre livre d'histoire), alors que nous sommes encore dans l'ère leptonique, l'univers n'est déjà plus assez dense, les particules ne sont déjà plus assez rapprochées les unes des autres pour que l'interaction faible puisse s'exercer. Les neutrinos se conduisent alors comme si les autres particules n'existaient plus et il n'y a plus aucune interaction avec ces dernières. Ce manque d'interaction leur donne une précieuse liberté de mouvement. Au lieu d'être entravés dans leur action comme c'est le cas pour les photons, ils sont libres de s'ébattre, de parcourir l'univers et de le remplir de leur multitude. Cette population de neutrinos qui s'est séparée du reste des particules dès la première demi-seconde qui a suivi la naissance originelle erre encore dans l'univers d'aujourd'hui et forme, par son nombre, la deuxième population de l'univers, juste derrière les photons qui constituent le rayonnement cosmique à 3 °K.

À l'heure où j'écris ces lignes, des centaines de milliards de neutrinos nés des premiers instants de l'univers viennent se cogner contre chaque centimètre carré de ma peau et traversent mon corps à une vitesse proche de celle de la lumière. Chaque centimètre cube d'espace contient des centaines de ces neutrinos fossiles. Pour chaque atome dans l'univers, il y a 100 millions de neutrinos (comparés à 1 milliard de photons) et, pourtant, cette gigantesque population de particules n'a encore jamais été détectée. Elle reste à l'état de prédiction de la théorie du big bang. La raison en est précisément le manque d'interactions entre les neutrinos et les autres particules qui peuplent l'univers. Nos télescopes et nos détecteurs sont faits de ces autres particules et si les neutrinos n'interagissent pas avec elles, nous n'avons aucune chance de les capturer, de les mettre en cage et de les observer. D'autre part, les neutrinos primordiaux ont aussi perdu beaucoup d'énergie avec l'expansion de l'univers. Même si, par chance, un ou deux neutrinos se laissaient capturer aujourd'hui, ils n'auraient même plus l'énergie qui permettrait de déclencher les réactions nucléaires avec les particules qui composent les détecteurs pour révéler leur présence. Pour déceler ces neutrinos affaiblis, il faudrait construire des détecteurs des millions de fois plus performants que ceux qui existent actuellement, ce qui n'est pas près d'être réalisé.

Ainsi, contrairement aux photons du rayonnement cosmique à 3 degrés qui se sont laissé facilement capturer par les radiotélescopes de Penzias et Wilson parce qu'ils interagissent plus facilement avec la matière, les neutrinos primordiaux demeurent insaisissables. Le seul espoir de pouvoir un jour vérifier leur présence serait qu'ils possèdent une masse. Même avec un dixième de millième de la masse d'un électron, les neutrinos domineraient l'univers de leur masse grâce à leur grand nombre et, par leur influence gravitationnelle, ils modifieraient profondément les mouvements des étoiles, des galaxies et le futur même de l'univers. Mais nous aurons l'occasion de revenir sur ce sujet quand nous discuterons du devenir de l'univers. Pour l'instant, poursuivons notre lecture du livre de l'histoire de l'univers.

La déroute de l'antimatière

Outre la séparation des neutrinos du reste des particules, l'ère leptonique est aussi marquée par l'anéantissement complet de l'antimatière. L'horloge cosmique marque 1 seconde. La température de l'univers a baissé d'un facteur 100, à 10 milliards de degrés. L'univers est encore tellement dense qu'un centimètre cube de son contenu pèse 100 kilogrammes. C'est alors que va se produire une deuxième grande annihilation de matière et d'antimatière, et le scénario qui s'était déjà déroulé pour les protons et les neutrons va se répéter pour les électrons. Les photons, épuisés par l'expansion de l'univers, n'ont plus l'énergie nécessaire pour se convertir en paires électron-antiélectron. Les paires qui existaient déjà deviennent lumière en des étreintes mortelles. Mais, pour chaque milliard de couples qui se dissolvent ainsi en lumière, il reste un électron solitaire et sans partenaire qui échappe au massacre.

Car la matière a toujours un léger avantage. Elle continue à bénéficier du faible que la nature a eu pour elle pendant la phase inflationnaire, et si l'antimatière lui présente 1 milliard d'antiélectrons, la matière pourra toujours lui opposer 1 milliard plus 1 électrons. Les dernières troupes que l'antimatière a lancées dans la mêlée sont anéanties. La victoire de la matière, malgré de très lourdes pertes, est maintenant totale, et la déroute de l'antimatière complète. Dès sa première seconde d'existence, l'univers s'est arrangé pour qu'il y ait des vous et des moi plutôt que des anti-vous et des anti-moi. D'autre part, parce que la partialité de la nature est la même envers les protons porteurs de charge positive qu'envers les électrons porteurs de charge négative, il y a autant de charges positives que de négatives dans l'univers. Ce qui fait que la charge électrique totale de l'univers est nulle, et que nous vivons dans un univers neutre électriquement.

La dénatalité des neutrons

L'anéantissement de l'antimatière va créer un déséquilibre entre les populations de protons et de neutrons, et avoir des conséquences profondes sur la composition chimique future de l'univers. Nous avons vu que les protons ont émergé après le premier millionième de seconde de l'univers en nombre égal à celui des neutrons à cause de l'égalité des quarks des deux espèces. Or les protons et les neutrons sont fondamentalement différents du point de vue de leur longévité. Le proton abandonné à lui-même va vivre au moins des dizaines de milliers de milliards de milliards de milliards (10^{31}) d'années, pratiquement l'éternité. C'est une particule « presque » stable. En revanche, le neutron a un caractère très instable. Il se métamorphose très rapidement en d'autres particules. Un neutron libre se désintègre en un proton, un électron et un neutrino après 15 minutes seulement, désintégration qui est orchestrée par la force nucléaire faible. Ainsi, les neutrons, livrés à eux-mêmes, disparaîtraient de la face de l'univers en un bref quart d'heure. Mais les protons arrivent à la rescousse. Ils repeuplent la population des neutrons en se combinant avec des électrons pour se transformer en neutrons et en neutrinos, une transformation qui se fait grâce à la force nucléaire faible.

Avant que l'horloge cosmique n'ait marqué une seconde, il y avait autant de neutrons nés de l'accouplement des protons avec les électrons que de neutrons qui se désintégraient, si bien que la population des neutrons restait constante et égale à celle des protons. Il y avait des électrons à profusion, avec qui les protons pouvaient s'accoupler pour se transformer en neutrons. Mais dès que sonne la première seconde, presque tous les électrons s'annihilent avec leurs antiparticules. Les protons ne trouvent donc plus assez de partenaires-électrons pour engendrer des neutrons. La population des neutrons va désormais subir une baisse sérieuse de natalité et diminuer progressivement face à la population des protons. L'équilibre numérique se rompt. Quand la première seconde sonne à la pendule cosmique, il ne reste plus que deux neutrons pour chaque dizaine de protons, rapport qui va marquer de façon décisive la composition chimique de l'univers à venir. Ainsi s'achève la première seconde, qui a vu la naissance de l'univers presque *ex nihilo*, l'émergence de la matière et la préparation des conditions physiques nécessaires à l'ascension vers la complexité, seconde qui, par le nombre d'événements qui s'y sont déroulés, revêtira plus d'importance que toutes les autres 10^{17} secondes des 15 milliards d'années qui suivirent.

La machine à fabriquer de l'hélium

La fin de la première seconde sonne aussi le glas de l'ère leptonique et marque le début de l'ère du rayonnement, celle du règne des photons. Ces photons sont nés, rappelons-le, de l'étreinte mortelle des paires proton-antiproton et neutron-antineutron dans la première grande annihilation et de celle des couples électron-antiélectron dans la seconde. Ils dominent de leur nombre les rares protons, neutrons et électrons rescapés de ces deux grands épisodes de destruction collective. Pour chaque proton ou électron survivant, il y a maintenant 1 milliard de photons, un rapport numérique qui s'est maintenu jusqu'à présent. Empli de photons qui restent en étroite interaction avec la matière, et de neutrinos qui ignorent toujours superbement toutes les autres particules, l'univers n'est presque plus que rayonnement. La purée initiale des particules s'est presque entièrement métamorphosée en lumière. Les photons dominent l'univers de leur énergie et contrôlent le rythme de son expansion. L'énergie d'une particule est la somme de deux types d'énergie, l'énergie de masse (que l'on calcule en multipliant la masse par le carré de la vitesse de la lumière, selon la fameuse formule d'Einstein) et l'énergie de mouvement. Parce que les photons n'ont pas de masse, toute leur énergie vient de leur mouvement effréné. À la première seconde de l'univers, l'énergie des photons est 10 millions de fois supérieure à la somme de l'énergie de masse et de mouvement des particules de matière (protons, neutrons et électrons). Pourtant, pour nombreux et énergétiques qu'ils soient, les photons sont toujours dans l'incapacité complète de traverser la jungle des électrons et des protons. L'univers continue à se cacher sous son voile opaque.

Dans les 100 secondes qui vont suivre (les deux pages suivantes de notre livre d'histoire), l'univers va encore franchir une étape importante dans sa lente ascension vers la complexité et se transformer en une machine à fabriquer des noyaux d'atomes. Ces noyaux seront plus tard indispensables à l'élaboration des atomes et des éléments chimiques. Pour construire des noyaux d'atomes, l'univers-maçon se sert des briques-protons et neutrons (désignés collectivement sous le nom de nucléons) qu'il a à sa disposition. Leur ciment est la force nucléaire forte.

La structure la plus simple est, bien sûr, celle qui ne serait composée que d'une seule brique. La nature choisit tout naturellement la brique qui est la plus stable, et le proton est désigné pour servir de noyau à l'hydrogène. Le neutron est rejeté, car aucun maçon digne de ce nom ne voudrait construire une bâtisse qui se désintégrerait quinze minutes après. La structure plus complexe que l'univers-maçon construit ensuite est composée de deux nucléons. Un proton et un neutron cimentés par la force nucléaire forte forment un deutéron, le noyau du deutérium. Mais ces deutérons ont une vie bien éphémère. L'union proton-neutron n'est pas très solide et, pendant les premières secondes, leurs liens fragiles sont continuellement brisés par les photons très énergétiques. Les deutérons disparaissent dès qu'ils sont créés. Faute de pouvoir construire des structures à deux nucléons, l'univers ne peut espérer construire des noyaux plus compliqués, à trois, quatre, cinq nucléons. L'ascension vers la complexité est interrompue momentanément. Heureusement, il suffit d'attendre, car les photons perdent de l'énergie et s'épuisent au fur et à mesure de l'expansion de l'univers. Bientôt, ils n'auront plus la force de casser les deutérons.

Cela se produit quand l'horloge cosmique marque 100 secondes et que la température de l'univers est descendue jusqu'à 1 milliard de degrés. Les deutérons peuvent désormais se former sans problème et l'ascension vers la complexité reprend. Chaque deutéron agglutine un neutron pour former un noyau d'hélium 3 (le chiffre représente le nombre total de nucléons dans le noyau), lequel capture à son tour un proton pour donner un noyau d'hélium 4. Cette capture se fait malgré l'opposition de la force électromagnétique qui tente de repousser le proton du noyau d'hélium 3, tous les deux portant la même charge positive. La température de l'univers (responsable des mouvements extrêmes des particules) et le flou quantique permettent de vaincre cette opposition. L'hélium 4 nous est bien familier, car c'est lui qui fait monter vers le ciel les jolis ballons multicolores des enfants dans les parcs (ces ballons s'élèvent dans le ciel parce que l'hélium qui les gonfle est beaucoup plus léger que l'air qui les entoure et que nous respirons).

Le vol arrêté

Les noyaux d'hélium 4, composés de deux protons et de deux neutrons, sont, à l'inverse des deutérons, très stables et solides. Une fois nés, ils sont là pour durer. Cette solidité à toute épreuve a toutefois un grand désavantage : elle paralyse de nouveau l'ascension vers la complexité. La force même des liens qui unissent les nucléons de l'hélium 4 font que ces derniers se renferment sur eux-mêmes et rejettent toute association avec d'autres nucléons. Ils se suffisent à eux-mêmes et ne supportent plus l'intrusion de nucléons supplémentaires. L'univers-maçon essaie bien de façonner des structures plus complexes. Il tente d'ajouter des nucléons aux noyaux d'hélium pour former du lithium 5 ou du béryllium 8, ou de fusionner deux noyaux d'hélium. Mais ces efforts sont vains. Les structures qui en résultent ne sont pas stables et la plupart se désintègrent dès qu'elles sont créées. Le ciment ne tient pas. Circonstance aggravante, l'univers ne dispose pas de beaucoup de temps pour agir. Le temps que l'hélium et le deutérium se forment (3 minutes à peine après l'explosion originelle), et l'univers est déjà tellement dilué par son expansion que les particules n'ont plus l'occasion de se rencontrer, de s'agglutiner, et de former des structures plus complexes. Les réactions nucléaires s'arrêtent.

La construction de structures stables s'arrête donc aux noyaux d'hélium. Dans son ascension vers la complexité, l'univers s'est engagé dans une impasse et ne peut aller plus loin. Son vol s'est arrêté. Sa première tentative d'accéder à la vie et à la conscience s'est soldée par un échec cuisant. Car si l'univers s'en tenait à cette expérience ratée, il serait bien morne et triste aujourd'hui : rempli de nuages de gaz d'hydrogène et d'hélium, il offrirait un terne paysage dont la monotonie ne serait interrompue par aucune autre structure. L'hélium étant réfractaire à toute liaison chimique et le pauvre hydrogène ne trouvant pas d'autre partenaire, l'univers serait condamné à la simplicité et à la stérilité. Un tel univers ne pourrait jamais engendrer les éléments chimiques plus lourds et plus complexes nécessaires à l'émergence des arbres et des fleurs, des pommes de Cézanne ou des nénuphars de Monet. Et, surtout, il ne pourrait jamais accoucher des hélices enchevêtrées des molécules d'ADN qui mènent à vous et à moi. Et pourtant nous sommes là. L'univers, bien plus tard, tentera une nouvelle fois d'accéder à la vie en inventant des machines à fabriquer des éléments lourds. Mais n'anticipons pas et revenons à la lecture de notre livre d'histoire.

Un noyau d'hélium pour douze noyaux d'hydrogène

À la centième seconde de son existence, l'univers a donc pris un nouveau visage : des noyaux d'hydrogène, des noyaux d'hélium 4 et d'infimes traces de noyaux de lithium et de deutérium, le tout contenu dans un bain de neutrinos et de photons. Ces derniers, épuisés par l'expansion de l'univers, ont perdu beaucoup d'énergie. La lumière gamma des premiers instants est devenue ultraviolette. Au prix d'un peu d'arithmétique, nous pouvons obtenir exactement la proportion respective des noyaux d'hydrogène et d'hélium. Puisque les noyaux d'hydrogène sont faits exclusivement de protons et que les noyaux d'hélium sont faits à la fois de protons et de neutrons, il suffit de connaître le nombre de neutrons par rapport à celui des protons pour obtenir cette information. Nous avons vu que, à la première seconde, la crise de natalité des neutrons avait déjà considérablement réduit leur nombre et qu'il ne restait plus que deux neutrons pour chaque dizaine de protons. L'écart s'est davantage creusé à la centième seconde : il n'y a plus que deux neutrons pour quatorze protons. D'un lot quelconque de quatorze protons, deux vont se combiner avec deux neutrons pour former un noyau d'hélium, tandis que les douze autres formeront des noyaux d'hydrogène. Ainsi, à la fin des trois premières minutes de l'univers, il y a un noyau d'hélium pour chaque lot de douze noyaux d'hydrogène. Parce que l'hélium formé de quatre nucléons pèse environ quatre fois plus que l'hydrogène formé d'un seul nucléon, la théorie du big bang prévoit donc qu'environ le quart [= 4/(4 + 12)] de la masse de l'univers est fait d'hélium et les trois quarts d'hydrogène (les éléments lourds dont nous sommes constitués et qui sont indispensables à la vie ne représentent que 2 % environ de la masse de l'univers).

Agréable surprise ! C'est exactement la proportion que les astronomes observent, qu'ils regardent dans les étoiles ou dans les galaxies. Il semble bien que les deux éléments qui sont les plus abondants dans l'univers aient été fabriqués pendant les premières minutes de son existence, et que presque rien n'ait changé depuis. Cette concordance est l'un des grands triomphes de la théorie du big bang.

L'univers lève son voile

Une fois passée la période de fabrication des noyaux d'hydrogène et d'hélium (on l'appelle souvent période de « nucléosynthèse primordiale »), plus rien d'important n'aura lieu pendant une longue période de 300 000 ans. Comme si l'univers s'arrêtait pour reprendre son souffle. Bien sûr, pendant tout ce temps, l'expansion se poursuit et l'univers continue à se diluer dans un espace grandissant et à se refroidir. Juste avant que l'horloge cosmique ne sonne la trois cent millième année (onze pages plus loin dans notre livre d'histoire), la température de l'univers, qui était de 1 milliard de degrés à la centième seconde, n'est plus que légèrement supérieure à 3 000 degrés, une température à peu près comparable à celle de la surface du Soleil. Ce refroidissement est, comme toujours, accompagné d'une perte d'énergie des photons. La lumière ultraviolette invisible qui baignait l'univers est devenue jaune et visible comme la lumière du Soleil. L'univers continue à se cacher sous son voile opaque. Les mouvements des photons qui transportent la lumière et l'information continuent à être entravés par la jungle des électrons restés libres. Ces derniers ne peuvent pas se combiner avec des protons pour former des atomes d'hydrogène ou avec des noyaux d'hélium pour former des atomes d'hélium. Les photons environnants ont encore bien trop d'énergie. Il suffit qu'un atome se constitue pour qu'un photon arrive et le casse, libérant noyaux et électrons.

Lorsque arrive la trois cent millième année dans le calendrier cosmique, l'univers va subir une série de changements qui vont le marquer à tout jamais. Désormais, les photons n'auront plus assez d'énergie pour casser les atomes. La force électromagnétique entre en action et pousse chaque proton à accaparer un électron (vous vous souvenez que, par le truchement de la force électromagnétique, les charges opposées s'attirent) et à former un atome d'hydrogène, et chaque noyau d'hélium (chargé 2 fois positivement) à se mettre en ménage avec deux électrons pour se transformer en un atome d'hélium. Pour la première fois, la matière neutre à l'état atomique fait son entrée sur scène.

Autre fait marquant, l'univers lève finalement son voile pour nous révéler son visage. Parce que tous les électrons ont été enfermés dans des atomes-prisons, parce qu'il n'y a plus d'électrons libres pour entraver leurs mouvements, les photons peuvent désormais voyager comme bon leur semble. L'univers, d'opaque, devient transparent. La matière et le rayonnement, intimement couplés auparavant, se séparent et vont dorénavant vivre leur histoire séparément (fig. 20). Les photons qui nous parviennent de cette trois cent millième année fatidique sont les plus vieux que nous puissions capturer avec nos télescopes. Ils constituent ce fameux rayonnement fossile qui baigne tout l'univers et qui représente, avec l'expansion de l'univers, l'une des deux pierres angulaires de la théorie du big bang. Bien sûr, ce rayonnement n'a plus aujourd'hui la température de 3 000 degrés ni la couleur jaune du Soleil, et nous ne pouvons le voir comme nous l'aurions fait si nous avions été présents en l'an 300000. La température de ce rayonnement va continuer à diminuer inexorablement au fur et à mesure de l'expansion de l'univers (elle décroît en proportion inverse de la séparation entre deux points quelconques de l'univers : par exemple, si l'univers a subi une expansion d'un facteur 2, la température diminue de moitié). Au cours des 15 milliards d'années qui vont suivre, le rayonnement cosmique va parcourir la gamme de couleurs qui va du jaune à l'orange, puis du rouge au rouge plus foncé, avant de devenir invisible à l'œil humain. Le ciel, brillant comme la surface du Soleil, va graduellement faire place à la nuit noire parsemée d'étoiles qui fait notre enchantement par les belles soirées d'été. Le rayonnement cosmique a maintenant tellement refroidi (sa température est, nous l'avons vu, de 3 degrés) que seuls des yeux-radio seront capables de le voir.

Le règne de la matière

Au moment où l'univers dévoile son visage se déroule, presque parallèlement, la passation des pouvoirs du rayonnement à la matière. Les photons issus des deux grandes destructions dominent toujours de leur

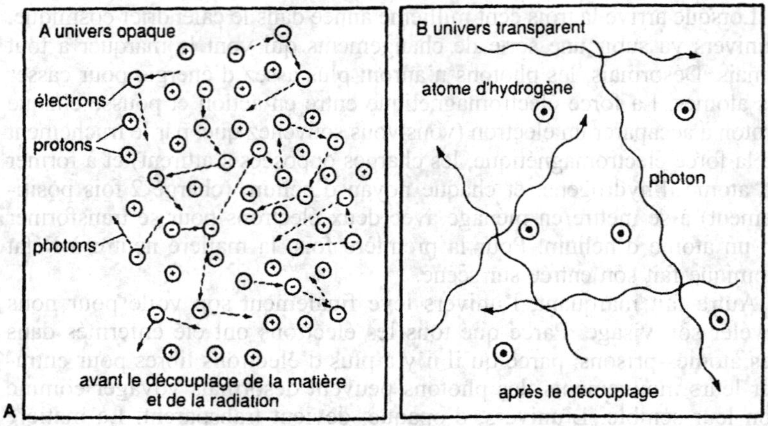

Fig. 20. *Le divorce entre la matière et la radiation.* Pendant les 300 000 premières années de l'univers, les photons qui composent la radiation ont tellement d'énergie qu'ils empêchent la combinaison des protons et des électrons pour former des atomes d'hydrogène. Ces protons et ces électrons à l'état libre ne peuvent aller nulle part sans se cogner contre des photons. La matière et la radiation sont intimement liées et les fluctuations de densité ne peuvent croître en attirant gravitationnellement d'autres fluctuations, car le mouvement de ces derniers est entravé par les photons. Réciproquement, le mouvement des photons est gêné par les protons et les électrons, la lumière ne peut se propager et l'univers est complètement opaque (fig. 20*a*).
300 000 années après l'explosion originelle, l'expansion de l'univers a affaibli l'énergie des photons, et les protons et les électrons peuvent enfin se combiner pour former des atomes d'hydrogène. Ces derniers ne peuvent plus être détruits par les photons affaiblis. La formation des atomes d'hydrogène s'accompagne de l'émission des photons, qui constituent aujourd'hui le rayonnement à trois degrés, la marque fossile la plus vieille de l'univers. La matière et la radiation sont désormais découplées et vont vivre des histoires séparées. La radiation n'entrave plus le mouvement de la matière, et vice versa. L'univers devient transparent et les fluctuations de densité peuvent enfin croître en attirant gravitationnellement d'autres fluctuations vers elles. La construction des structures de l'univers peut enfin commencer (voir figure 20*b*).

nombre les particules de l'univers, alignant un milliard d'entre eux pour chaque proton ou neutron présent. Mais, du point de vue énergétique, il va y avoir un retournement complet de situation. Avant la trois cent millième année, l'énergie existait bien plus dans l'univers sous forme de rayonnement que de matière. C'était le rayonnement qui menait le bal et qui contrôlait le rythme de l'expansion universelle. Mais la matière va maintenant combler son retard. Son énergie devient égale à celle du rayonnement. À mesure que le temps s'écoule, la matière va dépasser le rayonnement en contenu énergétique, et creuser de plus en plus l'écart. Dans l'univers d'aujourd'hui, l'énergie du rayonnement ne représente plus que le millième de celle de la matière. L'ère de la matière, qui a commencé à la trois cent millième année, est encore la nôtre, et elle va se perpétuer jusqu'à un futur très lointain, à moins que l'univers ne s'effondre sur lui-même.

Ce retournement de situation dramatique s'explique très simplement. L'univers se fait involontairement l'allié de la matière. Son expansion épuise davantage le rayonnement que la matière. Dans un volume quelconque de l'univers qui s'agrandit au cours du temps, le nombre de particules, qu'elles soient de matière ou de rayonnement, reste le même. Le rapport d'un milliard de photons à une particule de matière ne change pas. Mais le rapport des énergies change. Alors que l'énergie totale des particules de matière (qui est principalement une énergie de masse égale à la masse multipliée par le carré de la vitesse de la lumière, nous dit Einstein) reste la même au cours de l'expansion universelle, l'énergie des particules de rayonnement diminue (en proportion inverse de la taille de l'univers), si bien que l'énergie de la matière finira par dépasser l'énergie du rayonnement (voir la note quantitative n° 5).

L'univers émerge donc transparent de la trois cent millième année, dominé par la matière, rempli d'atomes d'hydrogène et d'hélium, et prêt pour l'acte suivant.

Les villages et les métropoles de l'univers

Nous quittons maintenant la terre ferme que constitue la période qui va de la première seconde à la trois cent millième année de l'univers, celle où nos connaissances sont peut-être les plus solides. Contrairement à la période qui précède la première seconde, pour laquelle les nouvelles théories de grande unification des quatre forces sont encore balbutiantes et incertaines, nous n'avons pas dû faire violence à la physique, connue et vérifiée maintes fois dans les laboratoires terrestres, pour comprendre les propriétés de la purée de matière et de rayonnement qui remplissait alors l'univers.

Mais il va nous falloir à présent nous aventurer à nouveau dans les sables mouvants et aborder une époque enveloppée d'un épais brouillard, et dont les détails sont encore très flous. Son histoire reste à écrire et nous ne pourrons en donner ici qu'une simple esquisse. Cette période mystérieuse est celle de la formation des galaxies, qui va occuper les quelque deux à cinq premiers milliards d'années de l'univers, et les deux prochaines pages de notre livre d'histoire. Au cours des dernières années, les brumes se sont légèrement dissipées grâce à l'avalanche d'observations de dizaines de milliers de galaxies qui ont aidé à établir une cartographie plus précise de la distribution de ces dernières dans l'univers, et à obtenir une vue plus détaillée de la tapisserie cosmique. Cette cartographie a contribué, à son tour, à éclairer la période de formation des galaxies.

Bien avant même que la nature des galaxies ne fût éclaircie, leur tendance à se regrouper et à former des structures bien plus grandes était déjà connue. Les galaxies, tout comme les êtres humains, manifestent un instinct grégaire développé. Elles se regroupent en communautés et évitent la solitude et l'isolement. Bien sûr, elles ne sont pas reliées par des attaches affectives comme les humains, mais par des liens tissés par la gravité. Les catalogues des positions des « nébuleuses », des taches lumineuses étendues, reconnues plus tard comme des galaxies, établis par l'astronome anglais John Herschel dès 1864, montraient déjà clairement que le meilleur endroit pour trouver une nébuleuse était la proximité d'une autre nébuleuse. Au début du siècle, en 1908, l'astronome suédois Carl Charlier soutenait déjà, non sans audace, que ces nébuleuses étaient extragalactiques, c'est-à-dire situées bien au-delà de notre Voie lactée, et il proposait même un modèle d'univers hiérarchisé où la tendance des nébuleuses à se regrouper se reproduisait à l'infini : deux nébuleuses se groupent en paires, les paires se rassemblent en groupes, les groupes se rassemblent en amas, les amas se groupent en superamas, et ainsi de suite à l'infini.

Vers 1925, Edwin Hubble établit définitivement la nature extragalactique des nébuleuses et ouvrit toutes grandes les portes du monde situé au-delà de notre Voie lactée. En photographiant des astres de moins en moins lumineux, donc de plus en plus lointains, avec les télescopes nouvellement construits sur le mont Wilson, en Californie, les astronomes américains Edwin Hubble et Harlow Shapley (celui qui délogea le Soleil de sa place centrale dans la Voie lactée) démontrèrent que notre galaxie faisait partie d'une structure encore plus vaste appelée « groupe local ». Celui-ci contient, outre notre Voie lactée, la galaxie Andromède et une quinzaine de galaxies naines, dont les satellites de la galaxie, les Grand et Petit Nuages de Magellan. De tels groupes de galaxies ont des dimensions moyennes de l'ordre de 13 millions d'années-lumière, environ 130 fois supérieures au diamètre d'une galaxie, et des masses de l'ordre de 10 000 milliards de masses solaires (10^{46} grammes)[1]. Si les galaxies sont les maisons de l'univers, les groupes en sont les petits villages.

Une nouvelle étape dans l'étude de la hiérarchie des structures de matière dans l'univers fut franchie avec la mise en opération d'un télescope de 1,2 mètre – le télescope Schmidt – au mont Palomar, en Californie, vers la fin des années 1940. Ce télescope, spécialement conçu

1. Par exemple le groupe de galaxies appelé sextette de Seyfert (du nom de l'astronome qui l'a découvert) se trouve à 195 millions d'années-lumière. Les bras diffus de faible brillance qui jaillissent des galaxies sont composés d'étoiles arrachées de leurs galaxies mères au cours d'interactions gravitationnelles. Ce groupe illustre aussi les méfaits des superpositions fortuites : la plus petite galaxie, de forme presque circulaire et située près du centre du groupe, n'appartient pas au groupe, mais en est environ 4,5 fois plus éloignée. Elle se trouve par accident dans la même ligne de visée que le groupe. Voir aussi fig. 20.

pour photographier de très larges régions célestes, permit en quelques années (entre 1950 et 1954) d'inscrire, sur des milliers de plaques photographiques, l'ensemble du ciel vu de l'hémisphère Nord. Les reproductions de ces plaques se trouvent maintenant dans les observatoires du monde entier et servent d'archives du cosmos et de mémoire visuelle aux astronomes. Ces plaques photographiques révélèrent des structures encore bien plus grandes que les groupes de galaxies : les amas de galaxies. Ces amas étaient des ensembles de quelques milliers de galaxies reliées par la gravité, avec une taille moyenne de quelque 60 millions d'années-lumière et une masse de quelques millions de milliards de masses solaires (10^{48} grammes) (fig. 21). Près de 3 000 amas purent ainsi être dénombrés dans l'hémisphère Nord. C'étaient les villes de province de l'univers.

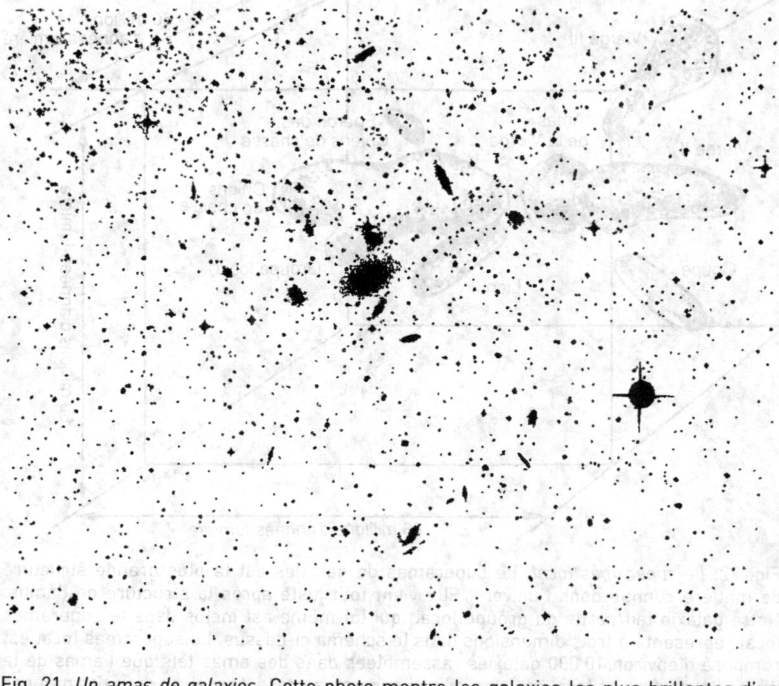

Fig. 21. *Un amas de galaxies.* Cette photo montre les galaxies les plus brillantes d'un amas de galaxies dans la direction de la constellation de Pavo, qui n'est visible que de l'hémisphère Sud. L'amas est situé à une distance de 325 millions d'années-lumière. Dans la hiérarchie des structures, l'amas de galaxies représente la structure qui suit celle du groupe. Un amas typique contient un millier de galaxies avec une population mixte de galaxies spirales et elliptiques. Les galaxies elliptiques prédominent dans la région centrale, tandis que les galaxies spirales sont plus nombreuses dans les régions périphériques. Un amas contient en moyenne 1 million de milliards de Soleils et a une dimension typique de 60 millions d'années-lumière (photo, Royal Observatory, Édimbourg).

Mais l'organisation structurelle de l'univers ne semblait pas s'arrêter à l'échelle des amas. En effet, les amas eux-mêmes se regroupent pour former des superamas. Chaque superamas, qui contient cinq ou six amas, a une dimension de quelque 200 millions d'années-lumière, et une masse de 10 millions de milliards de masses solaires (10^{49} grammes). Les superamas sont les grandes métropoles de l'univers. Ainsi, notre « groupe local » fait lui-même partie d'une structure plus grande, contenant une dizaine d'autres groupes et d'amas, appelée « superamas local », une découverte faite dès 1960 par l'astronome franco-américain Gérard de Vaucouleurs (fig. 22). L'intuition géniale de Charlier semblait être vérifiée, du moins jusqu'à l'échelle des superamas.

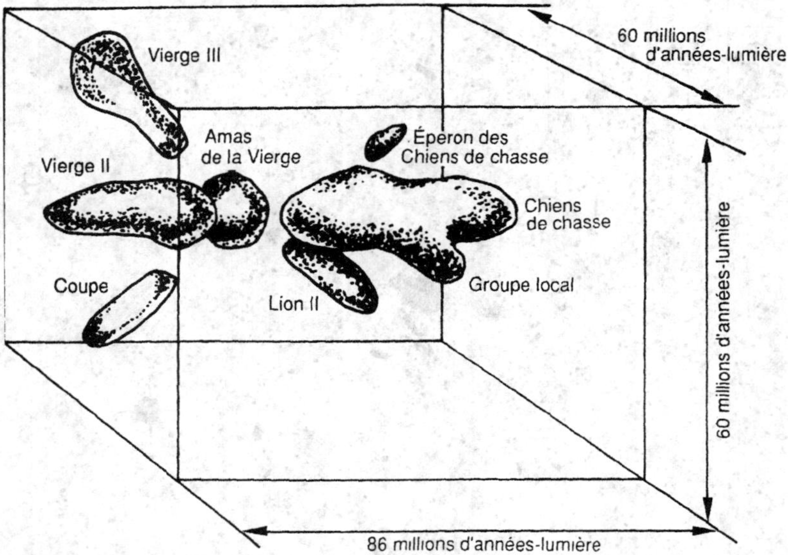

Fig. 22. *Le superamas local.* Le superamas de galaxies est la plus grande structure de matière connue dans l'univers. Elle vient tout juste après la structure de l'amas. Notre galaxie fait partie du groupe local, qui lui-même est inclus dans le superamas local représenté à trois dimensions dans le schéma ci-dessus. Le superamas local est composé d'environ 10 000 galaxies rassemblées dans des amas tels que l'amas de la Vierge (le superamas local est aussi appelé superamas de la Vierge), ou dans des groupes reliés par la gravité. Le superamas local a la forme d'un disque aplati contenant environ 60 % des galaxies. Les 40 % restants forment des structures filamentaires au-dessus du disque, qui pointent vers celui-ci. De grands vides sont également apparents. Les galaxies du superamas local n'occupent que 5 % du volume visible ci-dessus. Le groupe local est situé au bord du disque et tombe à une vitesse de 250 kilomètres par seconde vers l'amas de la Vierge qui se trouve au centre. Ce mouvement de chute est dû à l'attraction gravitationnelle exercée sur le groupe local par l'amas de la Vierge (dessin d'après R. B. Tully).

La tapisserie cosmique : crêpes, filaments, vides et bulles

Ces progrès fulgurants dans la connaissance de la hiérarchie des structures dans l'univers ont été fondés presque exclusivement sur l'analyse de catalogues de positions de galaxies. La tendance des galaxies à se regrouper était mesurée à partir de positions projetées dans le ciel. Faute de connaître les distances aux galaxies, l'astronome était contraint d'ignorer la troisième dimension, la profondeur de la scène cosmique. Ce faisant, il courait le risque d'être trompé par les effets de projection. En effet, deux galaxies peuvent apparaître tout près l'une de l'autre dans le ciel, mais être en réalité très éloignées si elles se trouvent simplement alignées sur la ligne de visée de l'observateur (fig. 23). Ces effets de projection sont négligeables sur de petites échelles où les lignes de visée sont courtes, mais elles deviennent importantes à l'échelle des amas ou des superamas où les lignes de visée sont très longues. Ainsi, pour obtenir une vue plus détaillée des structures de l'univers à grande échelle, la troisième dimension est indispensable. Mais grâce aux progrès techniques récents, la mesure de distances d'un grand nombre de galaxies est devenue enfin possible.

Pour pénétrer l'univers dans sa profondeur, il suffit de faire appel à la grande découverte de Hubble, en 1929, selon laquelle la lumière des galaxies éloignées était décalée vers le rouge, ce décalage étant d'autant plus grand que la galaxie était plus éloignée. Décomposez la lumière d'une galaxie à l'aide d'un spectroscope, mesurez son décalement vers le rouge et vous obtiendrez sa distance. Les progrès furent d'abord extrêmement lents, ce qui s'explique par le fait que, si les positions de milliers de galaxies peuvent être enregistrées sur une seule plaque photographique en une seule observation, les mesures des décalages vers le rouge de la lumière des galaxies nécessitent autant d'observations que de galaxies. Hubble n'avait à sa disposition que les mesures d'une trentaine de galaxies au moment de sa grande découverte. Vers la fin des années 1970, le nombre de galaxies possédant des mesures de décalage

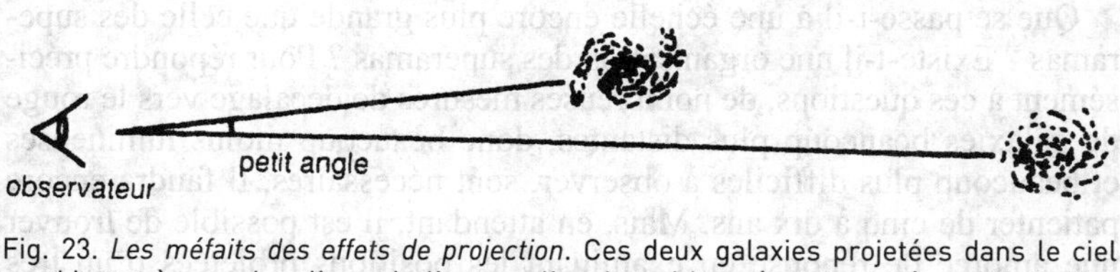

Fig. 23. *Les méfaits des effets de projection.* Ces deux galaxies projetées dans le ciel semblent très proches l'une de l'autre : l'angle qui les sépare est très petit et elles sont presque sur la même ligne de visée de l'observateur. Mais elles sont en réalité séparées par une très grande distance. La seule façon de s'en rendre compte est de déterminer leurs distances en mesurant le décalage vers le rouge de leur lumière.

vers le rouge ne dépassait pas les deux milliers. Heureusement, le développement des détecteurs électroniques a facilité la tâche des cartographes de l'univers. Ces derniers sont beaucoup plus sensibles que les plaques photographiques. Ils peuvent détecter une par une les particules de lumière que sont les photons et obtenir, en une demi-heure, l'information pour laquelle Hubble et ses contemporains auraient travaillé une nuit entière.

Les progrès furent alors très rapides et le paysage cosmique qui apparut fut des plus étonnants et des plus inattendus. Tout d'abord, les superamas de galaxies, les plus grandes structures connues, au lieu d'être sphériques, avaient la forme tantôt de crêpes aplaties, tantôt de longs et minces filaments. L'épaisseur des crêpes, de quelque 40 millions d'années-lumière, était de l'ordre du cinquième de leur diamètre. Les filaments, eux, pouvaient traverser l'espace sur des distances de centaines de millions d'années-lumière. Mais la grande surprise fut la découverte de grands vides dans le cosmos, de grandes régions de dizaines de millions d'années-lumière complètement démunies de galaxies. Les galaxies, nous l'avons vu, ont tendance à se regrouper en villages, villes et métropoles, mais elles ont poussé si loin cet instinct grégaire que les campagnes sont complètement désertes. Vous pourrez voyager pendant des dizaines de millions d'années-lumière sans rencontrer aucune galaxie. Les galaxies distribuées en crêpes et en filaments n'occupent que le dixième du volume de l'univers. Dans les neuf dixièmes restants, il n'y a que du vide. Fait encore plus étonnant, ces vides semblent emprunter la forme de grandes cavités sphériques, donnant l'impression d'énormes bulles de savon à la surface desquelles seraient situés les superamas-crêpes et filaments (fig. 24). Ces grands vides ne sont pas isolés dans l'espace. Ils sont tous connectés les uns aux autres et ils forment un immense réseau où vous pouvez aller d'un vide à l'autre sans jamais traverser de crêpes ou de filaments. La topologie de l'univers est semblable à celle d'une éponge : si vous partez de la cavité quelconque d'une éponge, vous pouvez vous rendre dans n'importe quelle autre cavité en suivant un labyrinthe compliqué, certes, mais sans jamais devoir traverser une paroi de l'éponge (fig. 25).

Que se passe-t-il à une échelle encore plus grande que celle des superamas ? Existe-t-il une organisation des superamas ? Pour répondre précisément à ces questions, de nombreuses mesures de décalage vers le rouge de galaxies beaucoup plus distantes, donc beaucoup moins lumineuses et beaucoup plus difficiles à observer, sont nécessaires. Il faudra encore patienter de cinq à dix ans. Mais, en attendant, il est possible de trouver une amorce de réponse en examinant les positions projetées d'un très grand nombre de galaxies (1 million environ) sur une très grande région du ciel. Se révèle alors une merveilleuse tapisserie dont les superamas en forme de crêpes et de filaments constitueraient la texture, les amas

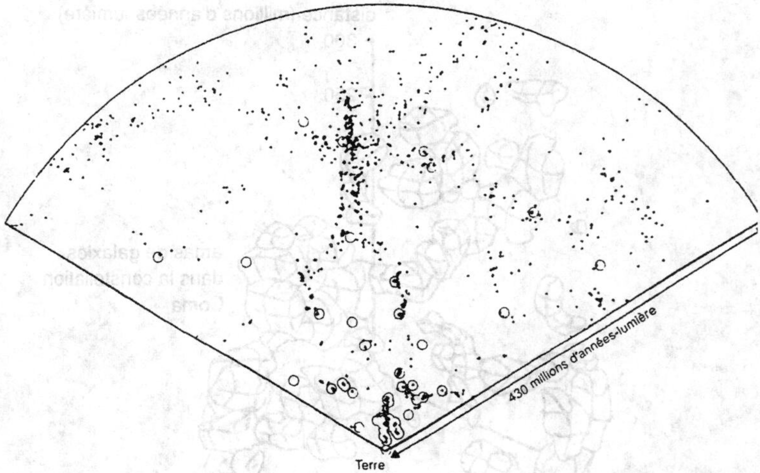

Fig. 24. *Les grands vides de l'univers.* En mesurant le décalage vers le rouge de la lumière de milliers de galaxies et en obtenant ainsi leurs distances, l'astrophysicien a pu pénétrer dans la troisième dimension de l'univers. Avec la profondeur cosmique, un paysage extraordinaire est apparu. Ce schéma montre la distribution en profondeur des 1 100 galaxies apparemment les plus brillantes dans une petite tranche de l'univers. Ces galaxies brillantes sont représentées par des croix. Il est évident que l'univers contient d'énormes vides dénués de toute galaxie brillante, aux formes presque sphériques, avec des diamètres de dizaines de millions d'années-lumière. Ces énormes vides sont-ils remplis par des galaxies de plus faible luminosité ? J'ai réalisé, avec des collègues, la cartographie spatiale de galaxies naines beaucoup moins lumineuses (en mesurant le décalage vers le rouge de ces galaxies naines avec un radiotélescope, car elles sont trop peu lumineuses pour être observées avec un télescope optique) et obtenu le même paysage (les galaxies de faible luminosité sont représentées ici par des cercles) : les trous de l'univers ne sont donc pas remplis par des galaxies de faible luminosité (dessin d'après de Lapparent *et al.* et Thuan *et al.*).

(les régions de forte densité) les nœuds, et les grands vides presque sphériques les mailles[1]. Ainsi, en se rapprochant et en regardant plus en détail, le paysage de l'univers, de toile monotone, banale et uniforme, est devenu un patchwork fantastique où les galaxies tissent une infinité

1. Les astronomes américains C. D. Shane et C. A. Wirtanen, de l'observatoire de Lick en Californie, ont établi en 1967 la première carte céleste montrant le million de galaxies les plus brillantes dans l'hémisphère céleste Nord (la galaxie la moins brillante représentée étant environ 160 000 fois moins lumineuse que l'étoile la moins brillante visible à l'œil nu). La carte ne représente pas les positions de galaxies individuelles, mais est construite en divisant le ciel en petites cellules carrées et en comptant le nombre de galaxies dans chaque carré. Le comptage du million de galaxies fut fait à la main (et non à l'aide de machines automatiques comme c'est le cas maintenant) : Shane et Wirtanen y consacrèrent douze années de leur vie.

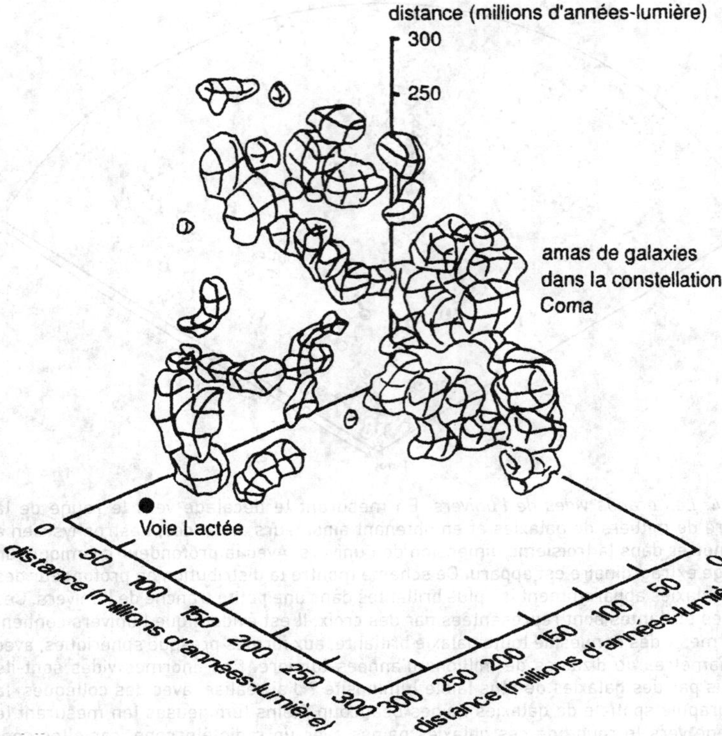

Fig. 25. *La structure en éponge de l'univers.* La distribution à trois dimensions des 1 000 galaxies les plus brillantes dans l'hémisphère céleste Nord est représentée ci-dessus. La galaxie la moins brillante représentée est environ 1 600 fois moins lumineuse que l'étoile la moins brillante visible à l'œil nu. Les positions individuelles des galaxies ont été reliées par des surfaces lisses. Le paysage qui s'offre aux regards est extraordinaire : les galaxies forment un réseau de structures entièrement connectées les unes aux autres, s'entremêlant avec un réseau de grands trous totalement vides de galaxies. La topologie de l'univers n'est pas sans rappeler celle d'une éponge, les structures formées par les galaxies correspondant aux parois de l'éponge et les vides aux trous de l'éponge (dessin d'après Davis *et al.*).

de dessins et de motifs. La tâche de l'astrophysicien est maintenant d'essayer de comprendre comment l'univers a tissé cette tapisserie. Il lui faut compléter les détails d'un scénario dont il connaît précisément le début et la fin. Le début, c'est un univers qui varie seulement de 0,001 % dans ses propriétés, 300 000 années après le big bang, comme le montrent les observations du rayonnement fossile par le satellite COBE. La fin, ce sont les structures observables à présent dans l'univers. Comment celui-ci a-t-il pu développer une hiérarchie si riche de structures à partir d'un état si uniforme ? Comment la complexité a-t-elle pu surgir de la simplicité ? La gravité va venir à notre secours pour éclaircir la situation.

Les semences des galaxies

Pendant les 300 000 premières années de l'univers, la gravité, bien que présente, s'était faite très discrète. Retirée dans les coulisses, elle avait abandonné le devant de la scène aux autres forces. Celles-ci ont aidé l'univers à faire ses premiers pas vers la complexité, la force nucléaire forte construisant les noyaux d'atomes à partir des quarks et la force électromagnétique aidant à accoucher des atomes en unissant noyaux et électrons. Mais nous avons vu également que la fabrication des éléments chimiques nécessaires à la vie s'était arrêtée court, les atomes d'hélium étant trop stables et interdisant l'élaboration d'atomes plus complexes.

La gravité arrive à la rescousse. Elle va donner à l'univers une deuxième chance pour reprendre son ascension vers la complexité, et sauver la situation en créant dans le désert cosmique des oasis qui échapperont au refroidissement continuel dû à l'expansion de l'univers et qui permettront à la vie et à la conscience d'émerger. Ces oasis auront pour nom planètes, étoiles et galaxies.

Mais faisons un court retour en arrière et examinons pourquoi la gravité était ainsi paralysée et n'avait pas pu commencer sa tâche avant l'an 300000. Nous avons vu que l'univers, avant qu'il ne devienne transparent, était tout entier baigné dans une soupe de radiation et de matière. Fait fondamental, cette soupe n'était pas tout à fait lisse et uniforme. Ici et là étaient éparpillées des irrégularités, des fluctuations de densité. Vous vous souvenez que ces « rugosités » étaient nées pendant l'ère inflationnaire de l'univers, pendant la première seconde, au cours d'une de ses périodes de « cristallisation ». Tout comme la glace, résultat de la cristallisation de l'eau, peut présenter des défauts – fêlures dans sa structure interne –, l'univers développe des défauts, des irrégularités dans sa soupe en se cristallisant. Notre propre existence dépend de ces fluctuations de densité, car celles-ci sont les semences qui vont se développer en arbres-étoiles et galaxies grâce aux bons soins du jardinier Gravité. Sans ces semences, les oasis de vie que sont les galaxies n'existeraient pas.

Ces irrégularités originelles, nous l'avons vu, ne peuvent être ce que bon leur semble. D'une part, elles doivent être assez petites pour ne pas provoquer de fluctuations de température plus grandes que celles (inférieures à 0, 01 %) qui sont observées dans le rayonnement fossile à 3 °K. D'autre part, elles doivent être assez grandes pour pouvoir être amplifiées et devenir les structures actuelles en une durée compatible avec les 15 milliards d'années de l'univers. Les étoiles, galaxies, amas et superamas, bien qu'ils diffèrent d'un facteur de plus de 1 million de milliards en masse et en taille, ne représentent qu'une infime possibilité de toutes les masses et de toutes les tailles possibles. L'expérience serait complètement ratée si ces irrégularités produisaient des structures dont la plus grosse aurait la taille d'un microbe !

Il existe deux espèces connues de fluctuations : celles où la matière et le rayonnement agissent de concert et varient en même temps de lieu en lieu de manière à préserver le rapport de 1 milliard entre le nombre des particules de rayonnement, les photons, et celui des particules de matière, les protons et les neutrons. La constance de ce rapport est appelé « adiabaticité » et les fluctuations qui conservent ce rapport sont appelées des « fluctuations adiabatiques ». Mais il peut aussi arriver que le rayonnement n'agisse pas en harmonie avec la matière. Celle-ci varie, mais le rayonnement reste constant. Les fluctuations de matière sont alors superposées sur un fond parfaitement homogène de rayonnement, dénué de toute fluctuation. Dans ce cas, la température du rayonnement ne varie pas, le rayonnement est dit « isotherme » et les fluctuations de matière sont appelées « fluctuations isothermes » (fig. 26).

Les acteurs du drame : gravité et expansion

La gravité va s'emparer de ces semences et les faire « pousser » en étoiles et en galaxies. L'excès de gravité qui est associé à l'excès de matière ou de rayonnement contenu dans une irrégularité attire d'autres irrégularités voisines qui fusionnent avec l'irrégularité originale, contribuant ainsi à sa croissance. Mais, avant que l'horloge cosmique ne sonne la trois cent millième année, les efforts de la gravité sont vains. Tout comme les photons ne pouvaient pas se propager à travers la jungle des électrons et des protons, les électrons à l'état libre ne disposent pas d'une grande liberté de mouvement car, à chaque fois qu'ils veulent aller quelque part, ils se cognent contre les photons qui sont beaucoup plus nombreux. Les protons, qui sont 1 836 fois plus lourds que les électrons, ont encore plus de mal à se frayer un chemin à travers la foule des photons. Cette entrave à la libre circulation interdit toute croissance des fluctuations puisque les protons et les électrons ne peuvent se rejoindre et s'agglomérer, malgré tous les efforts de la gravité pour les rapprocher.

Circonstance aggravante, durant les 300 000 premières années de l'univers, les fluctuations adiabatiques (celles où la matière et le rayonnement agissent de concert) sont soumises à une sévère destruction qui élimine les plus petites d'entre elles. En effet, les photons emprisonnés dans ces inhomogénéités supportent mal leur confinement et ont tendance à se diffuser au-dehors. Ils y réussissent lorsque les fluctuations sont de petite taille. Entraînant avec eux les particules qui composent l'excès de

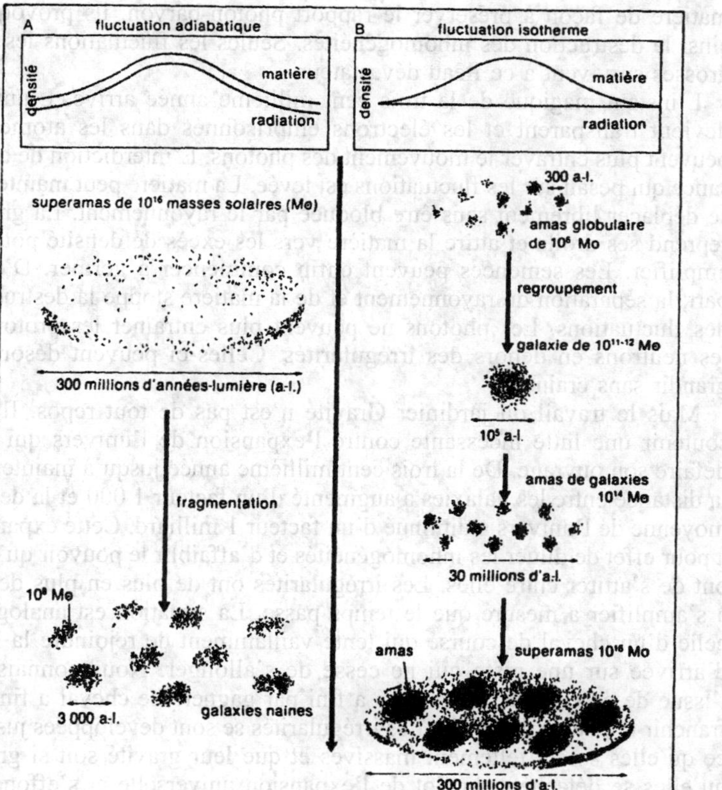

Fig. 26. *Les semences de galaxies*. Pour expliquer les structures observées dans l'univers, l'astrophysicien doit invoquer des irrégularités ou fluctuations de densité dans l'univers à ses débuts, qui jouent le rôle de semences de galaxies. Ces graines de galaxies ont été observées par le satellite COBE en 1992, et sont de l'ordre de 0,001 %. Il existe deux scénarios possibles pour expliquer la formation des structures dans l'univers qui correspondent à deux types possibles de fluctuations de densité. Dans le cas des fluctuations dites « adiabatiques » (fig. 26*a*), la matière et la radiation varient de concert, de façon à préserver le même rapport de 1 milliard de photons pour 1 proton ou 1 neutron partout dans l'univers. La radiation comprimée dans les fluctuations s'échappe, entraînant la matière comprimée avec elle, et causant la destruction des structures les plus petites. Les structures qui émergent en premier, après que la gravité a fait croître les fluctuations, sont des superamas en forme de crêpes aplaties (voir fig. 27) d'une masse de 10 millions de milliards de Soleils. Ces superamas se fragmenteront ensuite pour former des structures plus petites. Dans le cas des fluctuations dites « isothermes » (fig. 26*b*), seule la matière est comprimée. La radiation reste parfaitement homogène. Les structures les plus petites ne sont pas détruites parce que la radiation n'est plus emprisonnée dans les fluctuations. Les premières structures à surgir sont de petits amas globulaires, d'une masse de 1 million de Soleils. Les plus grandes structures (galaxies, amas et superamas) se formeront ensuite par regroupement gravitationnel.

matière de façon à préserver le rapport photon-baryon, ils provoquent ainsi la destruction des inhomogénéités. Seules les fluctuations les plus grosses survivent à ce fléau dévastateur.

L'instant magique de la trois cent millième année arrive. L'univers devient transparent et les électrons emprisonnés dans les atomes ne peuvent plus entraver le mouvement des photons. L'interdiction de croissance qui pesait sur les fluctuations est levée. La matière peut maintenant se déplacer librement sans être bloquée par le rayonnement. La gravité reprend ses droits et attire la matière vers les excès de densité pour les amplifier. Les semences peuvent enfin commencer à germer. D'autre part, la séparation du rayonnement et de la matière stoppe la destruction des fluctuations. Les photons ne peuvent plus entraîner les protons et les neutrons en dehors des irrégularités. Celles-ci peuvent désormais grandir sans crainte.

Mais le travail du jardinier Gravité n'est pas de tout repos. Il doit soutenir une lutte incessante contre l'expansion de l'univers qui veut défaire son ouvrage. De la trois cent millième année jusqu'à maintenant, la distance entre les galaxies a augmenté d'un facteur 1 000 et la densité moyenne de l'univers a diminué d'un facteur 1 milliard. Cette expansion a pour effet de diluer les inhomogénéités et d'affaiblir le pouvoir qu'elles ont de s'attirer entre elles. Les irrégularités ont de plus en plus de mal à s'amplifier à mesure que le temps passe. La situation est analogue à celle d'un cheval de course qui tente vaillamment de rejoindre la ligne d'arrivée sur une piste qui ne cesse de s'allonger. Nous connaissons l'issue de ce combat. La gravité a fini par gagner. Le cheval a fini par franchir le poteau d'arrivée. Les irrégularités se sont développées jusqu'à ce qu'elles soient tellement massives et que leur gravité soit si grande qu'elles se détachent du flot de l'expansion universelle et s'effondrent sur elles-mêmes pour donner naissance aux étoiles, galaxies, amas et superamas. Parce qu'elles ne participent plus à l'expansion, ces structures vont échapper au refroidissement général et permettre à la vie de surgir. Examinons de plus près cette lutte épique.

La masse invisible de l'univers

Mais avant de nous pencher sur la lutte qui oppose la gravité et l'expansion de l'univers et de nous intéresser à l'histoire de la croissance des germes de galaxies en villages, villes et métropoles actuels du cosmos, il nous faut préciser une donnée fondamentale, à savoir la quantité de matière présente dans l'univers. Celle-ci, par la force gravitationnelle qu'elle exerce, freine et contrôle le rythme de l'expansion universelle et, par conséquent, le taux de croissance des germes de galaxies. Facile, me direz-vous, il suffit de dénombrer les étoiles et les galaxies.

Malheureusement, le problème n'est pas si simple. L'astronome peut facilement compter les objets cosmiques qui émettent de la lumière. Il peut s'agir de rayons gamma, X ou ultraviolets, de lumière optique ou d'ondes infrarouges ou radio, pourvu qu'ils puissent être « vus » par un télescope. (Désormais, nous utiliserons le terme « visible » non dans le sens conventionnel de « perceptible à nos yeux », mais dans le sens élargi de « perceptible par les télescopes ».) Mais tout ne brille pas dans l'univers : prenons l'exemple extrême des trous noirs qui peuvent être massifs, mais qui empêchent toute lumière de franchir le rayon de non-retour. L'astronome a dû déployer des trésors d'ingéniosité (nous y viendrons dans le prochain chapitre) pour contourner cette absence de lumière et tenter de recenser le contenu de l'univers. Les résultats sont encore bien fragiles, mais un fait est déjà certain : l'univers contient de 10 à 100 fois plus de masse non lumineuse que de masse lumineuse. L'univers visible semble n'être que l'infime partie visible de l'iceberg.

La quantité totale de matière ne contrôle pas seulement le destin des fluctuations, elle détermine le destin même de l'univers. Si la densité (la masse, à la fois visible et invisible, divisée par le volume) moyenne de l'univers est supérieure à une densité critique de trois atomes d'hydrogène par mètre cube, la gravité est assez forte pour arrêter l'expansion de l'univers, et celui-ci s'effondrera un jour sur lui-même. C'est le cas d'un univers fermé. Que l'univers contienne en moyenne moins de trois atomes d'hydrogène par mètre cube et l'expansion sera éternelle. C'est le cas d'un univers ouvert (voir la note quantitative n° 5). Nous ignorons, à l'heure actuelle, la quantité de matière présente dans l'univers, si ce dernier est ouvert ou fermé. Mais alors, comment raconter l'histoire de la croissance des germes de galaxies ? Il nous faut recourir à des univers-jouets.

Des univers-jouets

L'astrophysique occupe une place bien à part parmi les sciences exactes. C'est la seule science qui ne permet pas de faire des expériences en laboratoire comme c'est le cas en physique, en chimie ou en biologie. L'expérience a eu lieu une fois pour toutes il y a 15 milliards d'années. Nous ne pouvons pas concocter des étoiles ou des galaxies dans nos éprouvettes. Nous nous bornons à les observer de loin.

Et pourtant, la situation a beaucoup changé au cours des dernières années, avec l'arrivée d'ordinateurs capables d'effectuer des milliards de calculs par seconde. Faute de pouvoir expérimenter en laboratoire, l'astrophysicien compense sa frustration en faisant des expériences numériques avec un ordinateur puissant qui permet de simuler et d'étudier l'évolution des structures. Étoiles, galaxies, amas, suparamas, univers, tout y passe et l'ordinateur se fait une joie de régurgiter d'innombrables univers-jouets. Ces univers sont ainsi appelés parce que la plupart d'entre eux sont modélisés. Pour créer un univers-jouet, l'astrophysicien fournit à l'ordinateur un ensemble de conditions (appelées conditions initiales) qu'il pense être « raisonnables » et pouvoir être valables en l'an 300000, quand la matière et le rayonnement se sont découplés. Entre autres, il doit préciser la densité totale de matière (visible et invisible), les diverses composantes de cette matière (protons, neutrons, électrons, neutrinos, etc.) et les types de fluctuations initiales (adiabatique ou isotherme). Ensuite, il laisse évoluer la matière selon les lois connues de la physique. L'ordinateur peut ainsi suivre les mouvements de centaines de milliers de galaxies. Après une évolution de 15 milliards d'années (l'ordinateur, lui, ne met que quelques heures pour calculer cette évolution), c'est-à-dire après que la distance entre deux points quelconques de l'univers a augmenté d'un facteur de 1 000, l'astrophysicien ordonne à l'ordinateur de s'arrêter et de produire une image de l'univers-jouet qu'il pourra comparer avec celle de l'univers actuel observé. Si l'univers-jouet est très différent de l'univers observé, il finit dans la poubelle. L'astrophysicien retourne questionner l'ordinateur comme un prêtre de l'Antiquité s'en retournerait interroger l'oracle de Delphes. Les conditions initiales sont légèrement modifiées et l'ordinateur produit un nouvel univers-jouet, qui peut être de nouveau confronté avec l'univers observé… Et ainsi de suite jusqu'à ce que l'univers-jouet ressemble à l'univers observé. L'astrophysicien peut alors conclure que les conditions initiales fournies à l'ordinateur sont assez semblables à celles qui prévalaient dans l'univers à sa trois cent millième année, et qu'il a dissipé un peu du mystère qui enveloppe cette période. Mais examinons plus en détail ces univers-jouets.

Des crêpes trop petites, des germes trop grands

Pour notre premier univers-jouet, donnons-nous des airs d'éternité et attribuons-lui une expansion éternelle. La densité moyenne de matière de cet univers ouvert doit alors être inférieure à la densité critique de trois atomes d'hydrogène par mètre cube. Fixons cette densité à un cinquième de la densité critique. Pourquoi le cinquième ? La contribution des objets lumineux de l'univers (étoiles et galaxies) n'est que d'un petit cinquantième de la densité critique. Mais les études des mouvements des galaxies dans les amas semblent impliquer, comme nous le verrons au chapitre suivant, qu'il y a 10 fois plus de masse non lumineuse, de nature inconnue, que de masse lumineuse dans l'univers, soit une contribution totale d'un cinquième de la densité critique. D'autre part, cette valeur est également en accord avec la quantité de matière nécessaire pour fabriquer les éléments primordiaux (tels que l'hélium et le deutérium) pendant les trois premières minutes de l'univers, dans une proportion compatible avec celle observée dans les étoiles et les galaxies.

Semons ensuite des germes adiabatiques de galaxies, où les fluctuations du rayonnement épousent celles de la matière, car ce sont eux qui sont prévus par les théories d'unification des forces qui décrivent l'univers en ses premiers instants. Transportons-nous ensuite à l'époque qui suit tout juste la trois cent millième année de l'univers. Le rayonnement vient de se séparer de la matière. Les électrons ont été emprisonnés dans les atomes. Leur disparition de la circulation a une influence déterminante sur la forme des structures que la gravité va sculpter. Celle-ci crée des structures en attirant la matière vers les fluctuations de densité, les rendant de plus en plus massives jusqu'à ce qu'elles s'effondrent sur elles-mêmes.

Avant l'an 300000, les électrons libres exerçaient sur les fluctuations de densité une pression qui était la même de tout côté. Il n'y avait pas de direction préférentielle, et la gravité, si elle avait pu agir, aurait produit des formes sphériques. Après la disparition des électrons libres, la gravité, sans l'aide de cette pression isotrope, va créer des formes aplaties, des « crêpes » ou des filaments. Cela peut se comprendre si l'on se rappelle que tout mouvement dans l'espace peut se référer à trois directions perpendiculaires, les directions haut-bas, droite-gauche et devant-derrière. Une forme sphérique correspondrait à des mouvements d'effondrement qui auraient exactement la même amplitude et le même sens, et qui se déclencheraient exactement au même moment dans trois directions indépendantes, ce qui est bien improbable. Essayez d'arranger un rendez-vous avec trois autres personnes aux emplois du temps surchargés et extrêmement différents les uns des autres, et vous vous rendrez compte qu'il y a peu de chance que cela se réalise. Il est bien plus facile d'en rencontrer deux ou, encore mieux, de les voir séparément. De même il est beaucoup plus probable que l'excès de densité s'effondre dans une seule direction, avec un mouvement d'expansion ou d'effondrement, mais beaucoup plus lent, dans les deux autres directions, créant ainsi des structures aplaties en forme de crêpes, avec des densités très élevées (fig. 27).

L'univers-jouet poursuit son évolution. Les structures aplaties continuent à croître en accumulant de la matière et se rejoignent finalement pour tisser une vaste toile d'araignée cosmique en trois dimensions. Les régions aplaties contenant la totalité de la matière lumineuse n'occupent que 10 % du volume total, tandis que 90 % du volume sont vides. Si l'on pousse l'évolution de l'univers-jouet bien au-delà de son âge actuel de 15 milliards d'années, on constate que la structure cellulaire de l'univers n'est que passagère et que, dans le futur, elle disparaîtra au profit de concentrations irrégulières de matière de plus en plus larges. Du point

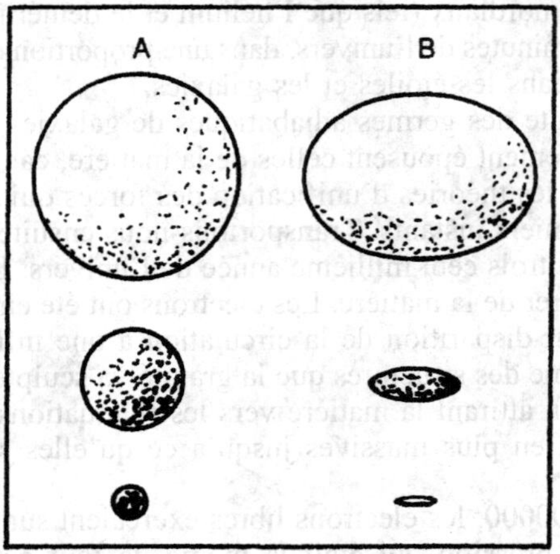

Fig. 27. *Des superamas en forme de crêpes.* Les plus grandes structures de matière connues dans l'univers sont les superamas de galaxies. Ceux-ci ne sont pas sphériques, mais ont une forme de crêpes aplaties. Comment de telles formes ont-elles pu surgir des fluctuations initiales de densité de matière (voir fig. 26) ? Une fluctuation de densité parfaitement sphérique au début conserverait sa forme sphérique en s'effondrant sous l'effet de sa propre gravité (la séquence A de gauche). En général, les fluctuations n'ont pas une forme sphérique parfaite. La séquence B de droite montre l'effondrement d'une fluctuation qui a une dimension verticale initiale légèrement inférieure à celle qui est horizontale. La gravité amplifie la déformation pendant l'effondrement, la dimension verticale se rétrécissant beaucoup plus vite que la dimension horizontale. Le résultat final est une structure très aplatie, ressemblant à celle des superamas.

de vue de la formation des structures, l'univers actuel n'est ni très jeune (puisque les structures sont déjà formées) ni très vieux (puisque la structure cellulaire subsiste encore). Pour former des galaxies à partir de ces grandes structures aplaties, on imagine un processus de fragmentation dont la physique n'est pas encore très bien connue. Des calculs très sommaires suggèrent que la masse type d'un de ces fragments de crêpes aplaties est de 100 millions de masses solaires, soit la masse d'une galaxie naine.

Ainsi, dans un univers ouvert, ensemencé de germes de galaxies adiabatiques, les plus grandes structures (les superamas) se forment en premier tandis que les plus petites apparaissent ensuite par fragmentation. Les galaxies naines attireront, par le truchement de la gravité, d'autres galaxies naines pour former des galaxies normales et celles-ci se grouperont à leur tour en groupes et en amas. Ces structures sont remarquablement semblables à celles observées dans l'univers actuel. On pourrait croire que le problème de la formation des galaxies est résolu. Hélas ! il nous faut très vite déchanter. Un examen plus attentif révèle des aspects de l'univers-jouet qui sont en contradiction directe avec les observations. Tout d'abord, la masse des premières structures qui apparaissent n'est que de 100 000 milliards (10^{14}) masses solaires, ce qui est de 10 à 100 fois inférieur aux masses observées des superamas. Les crêpes sont trop petites. De plus, et c'est beaucoup plus grave, les semences de galaxies, pour pouvoir germer et atteindre la taille des structures actuelles, en 15 milliards d'années, devaient être au départ assez grandes. Or de telles irrégularités ne sont pas observées dans le rayonnement fossile, dont les fluctuations mesurées par COBE sont de l'ordre de 0,001 %, et qui date pourtant de la même époque. Notre espoir aura été de courte durée.

Un univers à neutrinos massifs

Qu'à cela ne tienne, me direz-vous. Revenons à l'ordinateur et demandons-lui de calculer un autre univers-jouet. L'univers-jouet précédent avait besoin de grandes semences parce que sa densité moyenne de matière était trop faible (seulement le cinquième de la densité critique) et que la gravité n'était pas assez forte pour faire croître les germes à la taille voulue pendant la durée de cet univers. Que se passerait-il si l'univers avait exactement la densité critique ? La gravité serait plus forte, les semences n'auraient plus besoin d'être aussi grandes et les fluctuations de densité ne feraient plus violence aux observations du rayonnement fossile. D'autre part, la densité critique est celle d'un univers plat, géométrie qui est favorisée par la théorie de l'univers inflationnaire. Nous avons vu que l'univers, en s'accroissant dramatiquement durant son extraordinaire phase inflationnaire, avait complètement aplati son paysage.

Mais attention ! En augmentant la densité ou la quantité totale de matière, il ne faut surtout pas violer les autres contraintes observationnelles. Cette matière supplémentaire ne doit pas être attachée aux galaxies. Celles-ci semblent bien contenir 10 fois plus de masse non lumineuse que de masse lumineuse, mais pas 50 fois plus. La matière additionnelle ne doit pas exister sous forme de baryons, car la présence supplémentaire de protons et de neutrons pendant les trois premières minutes de l'univers produirait des quantités de deutérium et de lithium incompatibles avec celles observées dans les étoiles et dans les galaxies. Les candidats ne manquent pas pour constituer cette nouvelle masse invisible et non baryonique. Les théories qui tentent d'unifier les quatre forces de la nature en une seule prédisent, dans les toutes premières fractions de seconde de l'univers, l'apparition d'une foison de particules aux noms plus étranges les uns que les autres, mais qui ne manquent pas d'une certaine poésie : neutrinos, axions, photinos, higgsinos, gravitinos, monopoles magnétiques, pyrgons, maximons, newtorites, etc. Certains physiciens proposent même des objets exotiques tels que les pépites de quarks ou des trous noirs primordiaux.

Mais, me direz-vous encore, hormis les neutrinos et les trous noirs primordiaux, comment se fait-il que toute cette faune n'ait jamais été mentionnée au début de l'histoire de l'univers ? La raison en est simple : à l'exception des neutrinos, aucun de ces objets ou particules n'a été découvert jusqu'à présent ni dans l'univers ni en laboratoire. Jusqu'à nouvel ordre, ils ne vivent que dans l'imagination fertile des physiciens. Ceux-ci, telles de bonnes fées se penchant sur le berceau d'un nouveau-né, les ont cependant dotés de deux propriétés bien particulières, qui attribuent à ces objets exotiques un rôle important dans l'élaboration des structures de l'univers, s'ils existent vraiment. D'abord, ils ont tous une masse. Ensuite, contrairement aux protons, électrons ou photons, ils interagissent très faiblement avec les autres particules, ce qui leur donne une grande liberté de propagation. Cette liberté va beaucoup influencer l'échelle des structures qui surgiront dans l'univers.

Notre nouvel univers-jouet est concocté selon la recette suivante : tout d'abord, un zeste (un cinquantième) de matière baryonique (protons et neutrons) lumineuse, plus une quantité appréciable de matière également baryonique, mais non lumineuse (environ un cinquième). Jusqu'ici, la recette est la même que pour notre univers-jouet précédent. Mais que choisir pour les quatre cinquièmes qui restent ? Il nous faut ajouter de la matière à la fois non lumineuse et non baryonique. Certes, nous n'avons que l'embarras du choix parmi la multitude des particules qui s'offrent à nous. Pour maintenir un pied dans la réalité, choisissons le neutrino. Contrairement à tous les autres candidats, nous savons au moins qu'il existe, d'après nos observations en laboratoire. Malheureusement, nous ignorons encore s'il possède une masse. Celle-ci, prédite par les théories d'unification des forces et égale à environ un dix millième de la masse de l'électron, n'a pas encore pu être établie. Mais pour l'instant, faisons comme si le neutrino avait une masse, semons des germes adiabatiques, et examinons l'évolution d'un univers-jouet dont la masse serait dominée par des neutrinos.

À première vue, les neutrinos massifs semblent être le médicament miracle pour guérir l'univers-jouet précédent de ses maux. Au fil de l'expansion de l'univers, les neutrinos, comme les photons, perdent leur énergie, s'épuisent et ralentissent. Parcourant l'univers à une vitesse proche de celle de la lumière au tout début, ils sont déjà essoufflés bien avant la trois cent millième année, date fatidique du divorce entre la matière et le rayonnement. La gravité, profitant de cette faiblesse, les attire vers les fluctuations de densité. Les neutrinos, à l'inverse des photons, peuvent rejoindre les fluctuations sans aucune entrave à leur mouvement, grâce à leur manque d'interaction avec les autres particules. Ils sont capturés par les fluctuations qui deviennent de plus en plus grosses. Ainsi, la croissance des grains de galaxies peut commencer juste après la grande explosion, à l'inverse du cas précédent où la gravité devait attendre la séparation entre matière et rayonnement, donc l'an 300000, avant de pouvoir agir. Non seulement la gravité est plus forte (la densité de matière est plus grande), mais les fluctuations disposent aussi de plus de temps pour grandir. Les germes de galaxies peuvent être moins grands au début. Les fluctuations de température qu'ils produisent dans le rayonnement fossile sont considérablement diminuées et bien en accord avec les limites établies par l'observation. Un des points noirs de l'univers-jouet précédent disparaît.

De même, les fluctuations les plus petites subissent une sévère destruction. Les neutrinos qui y sont enfermés supportent encore plus mal leur emprisonnement que les photons dans l'univers précédent. Ils s'évadent, causant la désintégration de leurs prisons. Parce qu'ils peuvent voyager beaucoup plus loin que les photons, ils vont « gommer » des fluctuations beaucoup plus grandes. Cette destruction se passe bien avant l'an 300000, quand les neutrinos sont épuisés par l'expansion de l'univers. Les fluctuations rescapées de cette destruction vont grandir et la plus petite structure qui survivra aura une masse de 1 à 10 millions de milliards (entre 10^{15} et 10^{16}) de masses solaires, précisément la masse des superamas. Comme dans l'univers-jouet précédent, ces structures prendront la forme de crêpes aplaties qui tisseront une immense tapisserie cosmique. Mais cette fois-ci, les crêpes ne seront pas trop petites, elles auront la bonne taille. L'autre point noir s'évanouit aussi.

Est-ce à dire qu'un univers à neutrinos massifs est la réponse ? Malheureusement, là aussi il faut vite déchanter. Le paysage d'un tel univers, après 15 milliards d'années d'évolution, ne ressemble pas du tout à celui qui est observé. Si les superamas ont bien la taille adéquate, les amas sont trop massifs et les vides trop grands. Ce désaccord est dû à la trop grande vitesse de propagation des neutrinos dans les premiers instants de l'univers, qui « gomment » les petites structures.

De la matière invisible « froide »

Que faire pour percer le secret de la formation des structures ? Comment sortir de l'impasse ? Ce ne sont pas les propositions qui manquent. Les physiciens sont rarement à court d'imagination. Si les neutrinos massifs ne font pas l'affaire, on peut leur substituer d'autres particules. Pour pallier l'absence des petites structures dans les univers-jouets à neutrinos massifs, on inclura dans la recette, à la place des neutrinos, des particules qui seront censées être plus massives, qui se déplaceront moins vite et qui, par conséquent, laisseront survivre des structures plus petites.

Parce que l'énergie de mouvement d'une particule peut toujours être caractérisée par une température (les particules « chaudes » se déplacent très vite, tandis que les particules « froides » sont plus léthargiques), ces particules qui bougent lentement constituent ce qu'on appelle, dans notre jargon, de la matière non lumineuse « froide » (les neutrinos, eux, sont de la matière non lumineuse « chaude »).

Les candidats ne manquent pas. Il suffit de choisir judicieusement parmi la faune zoologique des particules aux noms poétiques. Les axions et les photinos ont, à présent, la cote pour constituer cette matière non lumineuse « froide ». Mais, malheureusement, nous entrons ici dans l'irréalité la plus complète. Ces particules n'existent pour l'instant que dans l'imagination des physiciens et elles ne sont que le produit de leurs équations complexes. Personne ne les a vues. Si l'on ne peut même pas être sûr qu'elles existent, que dire de leur masse ? Est-ce vraiment progresser que d'expliquer un mystère en inventant d'autres entités tout aussi mystérieuses ? La science, et plus particulièrement l'astrophysique, doit être fondée sur l'expérience et l'observation. Si elle n'obéit plus à ce précepte, elle perd sa crédibilité. Les physiciens en ont bien conscience. La chasse aux particules qui occupent le top du hit-parade des particules « froides » a été ouverte, mettant en jeu les technologies les plus modernes. Mais, jusqu'ici, les recherches ont été vaines et les particules froides se font désirer.

En attendant, les paysages des univers-jouets où les quatre cinquièmes de la densité critique sont dus à de la matière non lumineuse froide ne semblent pas faire violence aux observations. Les premières structures qui apparaissent ont également la forme de crêpes aplaties, mais leur masse est, comme prévu, beaucoup plus petite. Au lieu d'avoir une masse comparable à celle des superamas (10^{16} masses solaires), ces structures ressemblent plutôt aux galaxies naines de 1 milliard de masses solaires. Les galaxies normales se forment ensuite de la coalescence des galaxies naines, et les groupes et amas du rassemblement des galaxies normales. Ces structures tissent une tapisserie cosmique qui ressemble davantage à celle que nous connaissons. Mais, par rapport à l'univers-jouet précédent, l'ordre est inversé : les petites structures se forment d'abord, les plus grandes ensuite.

Pouvons-nous chanter victoire ? Avons-nous vraiment réussi à percer le secret de la formation des structures ? À nouveau, il nous faut refréner notre enthousiasme, car un grave problème apparaît : dans cet univers-jouet, toute la matière non lumineuse froide est associée à des galaxies, amas ou superamas. Sa densité est celle, critique, de trois atomes d'hydrogène par mètre cube. Or, nous savons, par l'observation des mouvements de galaxies (que nous décrirons dans le prochain chapitre), que la densité de la matière (visible et invisible) associée aux galaxies ne représente que le cinquième de la densité critique. Une contradiction intolérable ! Les astrophysiciens, jamais à court d'idées, accusent alors les galaxies de nous berner, de ne donner qu'une vue bien partiale de la répartition de la matière dans l'univers. Supposons, disent-ils, que l'univers soit rempli uniformément de matière non lumineuse, et que cette matière ne s'allume qu'en de très rares endroits (ceux qui sont les plus denses) pour devenir galaxies. La matière évaluée dans les galaxies ne représenterait alors qu'une infime fraction de la totalité. C'est un peu comme si, du haut d'un avion, vous vouliez mesurer l'étendue d'un immense océan noyé dans l'obscurité. Çà et là apparaissent les lumières de quelques navires. Si vous vous fondez sur la distance qui sépare quelques points lumineux, vous sous-évaluerez certainement l'immensité de l'océan. Dans la mer cosmique, au lieu d'obtenir la densité critique, les galaxies ne vous donneront que le cinquième de sa valeur réelle.

Les premières briques étaient-elles minuscules ?

Les galaxies, telle une femme infidèle, ne nous disent pas toute la vérité. Suggestion certes attrayante, mais qui nous plonge de nouveau dans l'irréalité la plus complète. Non seulement nous n'avons aucune preuve que la matière non lumineuse « froide » existe réellement, mais nous savons encore moins si elle baigne l'univers tout entier. Ce dernier univers-jouet, qui semble pourtant si irréaliste, a pourtant le vent en poupe et bénéficie de la faveur de nombre d'astrophysiciens, parce qu'il est capable de reproduire les observations de la tapisserie cosmique. Pour ma part, je pense que c'est une solution par trop facile de cacher la plus grande partie de la matière non lumineuse loin des galaxies. Sans l'aide de ces phares cosmiques, il nous sera extrêmement difficile de mettre en évidence et de mesurer cette matière non lumineuse. Dans ce cas, que vaut une théorie qui ne peut être vérifiée expérimentalement ? Mais avant que le jury ne rende son verdict final, attendons de voir si les moyens impressionnants mis en œuvre pour capturer des particules de matière invisible froide venant de l'espace portent leurs fruits, et explorons d'autres solutions.

Jusqu'ici, tous nos univers-jouets étaient ensemencés de germes adiabatiques contenant à la fois matière et rayonnement. Ces germes sont dans le vent parce que les théories d'unification des forces prévoient leur existence. Que se passerait-il si les germes étaient isothermes, c'est-à-dire s'ils ne contenaient que de la matière ? Une différence fondamentale s'impose alors : s'il n'y a pas de rayonnement comprimé dans les fluctuations isothermes, il n'y a pas de destruction des plus petites structures par des grains de lumière tentant de retrouver leur liberté. Les premières structures qui émergent après 300 000 années sont infimes : des amas globulaires (les mêmes dont Shapley s'est servi pour déterminer la place du Soleil dans la Voie lactée) d'environ 100 000 masses solaires. Les structures plus grandes se formeront ensuite par regroupement gravitationnel : les amas globulaires se rassemblent en galaxies, les galaxies en amas, et les amas en superamas. Mais, là aussi, une difficulté de taille apparaît : il est extrêmement malaisé de construire, à partir des formes minuscules et sphériques que sont les amas globulaires, les formes en crêpes aplaties ou en filaments que sont les superamas.

Ainsi, notre connaissance actuelle de la formation des structures dans l'univers, les oasis dans le désert cosmique qui donneront plus tard naissance à la vie, est encore très sommaire. La période d'après l'an 300000 est encore très floue. Nous ne savons même pas dans quel ordre les événements se sont déroulés. Les premières structures à se former furent-elles les plus grandes (superamas) et celles-ci se fragmentèrent-elles par la suite pour engendrer les plus petites (galaxies), ou est-ce que les structures les plus petites (amas globulaires ou galaxies naines) apparurent en premier pour se regrouper ensuite en amas et superamas, grâce aux bons soins de la gravité ? (voir fig. 26). La plupart de nos univers-jouets n'ont pu concilier en même temps la grande uniformité du début avec la structure actuelle en réseau de crêpes aplaties, de filaments et de trous. Le seul qui ait réussi à reproduire la tapisserie cosmique, celui qui est rempli de matière non lumineuse froide, baigne dans l'irréalité la plus complète.

Les astrophysiciens continuent à se poser des questions et à concocter fiévreusement d'autres univers-jouets à l'aide de leurs ordinateurs. Nous avons fait la part belle à la gravité dans nos univers-jouets précédents, en supposant que les grands trous vides de dizaines de millions d'années-lumière de diamètre, complètement dépourvus de galaxies, étaient son œuvre : elle était tellement efficace à rassembler les galaxies dans les villages et les métropoles que la campagne en était toute désertée ! La récente découverte des formes presque sphériques de ces vides (fig. 24) a suggéré que la gravité n'était peut-être pas seule en cause. Comme nous le verrons plus loin, il se peut que l'apparition des premières structures, amas globulaires, galaxies naines ou superamas, soit accompagnée de la formation d'une multitude d'étoiles massives qui ne vivront que quelques millions d'années (un clin d'œil dans l'histoire cosmique) et mourront de mort violente au cours de grandes explosions appelées supernovae. Et c'est peut-être l'effet conjugué de ces explosions, de ces feux d'artifice cosmiques qui a vidé l'espace des galaxies, les projetant sur les parois de grandes bulles sphériques. Par ailleurs, la gravité n'est sans doute pas seule responsable de la structure filamenteuse des superamas. Les théories de l'unification des forces avancent que l'univers – tel un cristal qui développe des imperfections en passant trop vite de la forme liquide à la forme solide – subit des fêlures en forme de filaments s'étendant sur des milliards d'années-lumière, lors de ses périodes de cristallisation à son début. Ces fêlures sont appelées « cordes cosmiques ». Elles sont incroyablement massives et denses : un centimètre de corde peut peser autant que toute la chaîne montagneuse des Alpes et elles sont un million de milliards (10^{15}) de fois moins épaisses que la taille d'un noyau atomique. Ces cordes sont peut-être à l'origine des grandes structures presque linéaires tracées par les galaxies dans le ciel (fig. 28). Les cordes cosmiques n'ont actuellement plus le vent en poupe car elles auraient engendré des irrégularités beaucoup plus grandes dans le rayonnement fossile que celles observées par COBE.

En tout cas, aucun univers-jouet ne pourra emporter l'adhésion tant que la lumière ne sera pas faite sur la quantité exacte de matière contenue dans l'univers et sur la nature de la masse invisible. La panoplie des univers-jouets possibles serait déjà très réduite si la masse du neutrino pouvait être mesurée ou si l'existence de certaines particules exotiques pouvait être démontrée dans les accélérateurs à haute énergie. En attendant, il nous faut tirer notre chapeau bien bas à l'univers. À partir d'une purée initiale presque parfaitement homogène, proche du niveau zéro de l'organisation, il a su, en dépit de notre ignorance, engendrer un véritable patchwork où les galaxies tissent une merveilleuse tapisserie de motifs complexes au milieu de gigantesques espaces vides.

L'univers à la loupe : galaxies et étoiles

Nous avons admiré la toile de l'univers à travers ses structures les plus grandes. À présent, rapprochons-nous et examinons à la loupe ses structures les plus petites. Là encore, on ne peut que s'émerveiller de la beauté et de la richesse des motifs. Les briques de l'univers apparaissent, ces taches « nébuleuses » que Kant appelait « univers-îles » et que nous désignons aujourd'hui sous le nom de galaxies. Dans la limite de l'horizon de l'univers, elles sont quelques centaines de milliards et leur nombre s'accroît chaque année d'une dizaine, à mesure que l'horizon recule avec le temps.

Elles sont nées quand l'horloge cosmique a sonné 3 à 4 milliards d'années. La gravité travaillant d'arrache-pied depuis la trois cent millième année ou même avant, et résistant vaillamment à l'expansion de l'univers qui veut défaire son œuvre, est enfin parvenue à transformer les fluctuations de densité en des embryons de galaxies. Ces embryons, des nuages diffus d'hydrogène et d'hélium, résultats de la coalescence de petits nuages de la taille d'amas globulaires ou de galaxies naines, ou de la fragmentation d'énormes nuages de la taille de superamas,

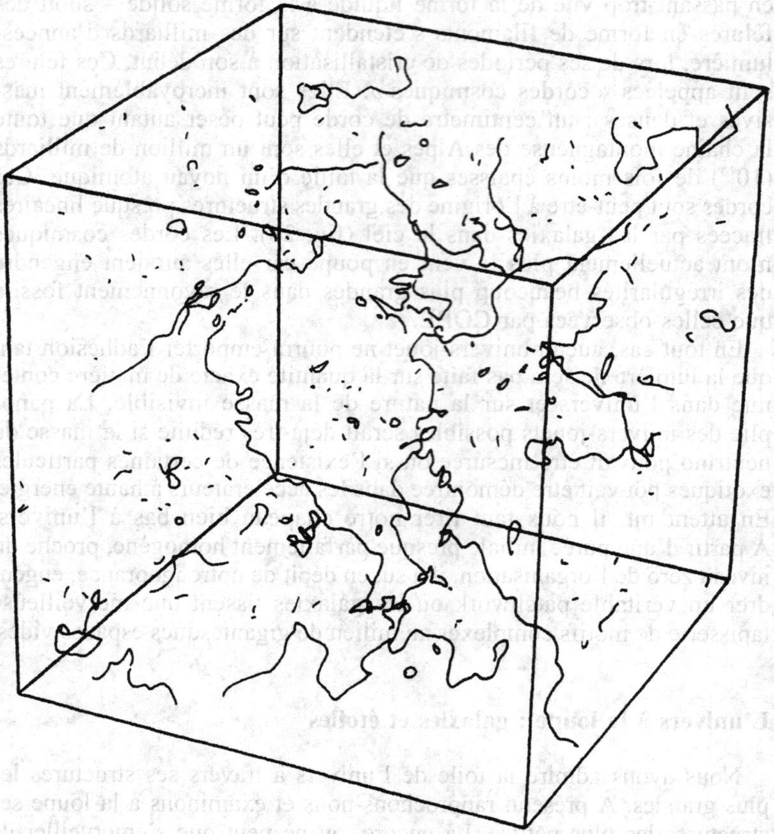

Fig. 28. *Les cordes cosmiques*. Les théories qui tentent d'unifier les forces fondamentales de la nature en une seule, aux premiers instants de l'univers, prédisent que, au cours du refroidissement qui se produisit pendant les premières fractions de seconde de son existence, l'univers a développé des fêlures en forme de « cordes » longues et minces dans le tissu de son espace, comme le montre l'univers-jouet ci-dessus, calculé par ordinateur. Bien qu'aucune corde cosmique n'ait été vue, certains astrophysiciens pensent que ces cordes sont peut-être à l'origine des filaments que tracent les galaxies dans le ciel.

vont s'effondrer sous l'effet de leur propre gravité. Cet effondrement comprime et chauffe la matière gazeuse, la transformant en des centaines de milliards de petites boules gazeuses extrêmement chaudes (la température centrale atteint des dizaines de millions de degrés) appelées « étoiles ».

Le destin final des embryons galactiques dépend de leur efficacité à convertir la matière gazeuse en étoiles. Certains travaillent si bien que presque toute la matière gazeuse est métamorphosée en étoiles après un milliard d'années. Ils deviennent alors des « galaxies elliptiques », ainsi appelées parce qu'elles ont la forme de taches nébuleuses elliptiques dans le ciel. Trois galaxies sur dix appartiennent à ce type. D'autres, moins zélées, ne parviennent à transformer en étoiles que les quatre cinquièmes de la masse gazeuse. Le cinquième restant s'aplatit en un disque mince qui tourne sur lui-même environ tous les deux cent millions d'années. Ce disque gazeux continue à se convertir en étoiles, à un rythme beaucoup plus lent et, de préférence, le long des bras en forme de spirale qui s'y dessinent bientôt (quelques centaines de millions d'années après la formation du disque). Ce sont les « galaxies spirales » (voir fig. 12). Elles dominent la population galactique. Six galaxies sur dix appartiennent à ce genre. D'autres encore, franchement paresseuses, prennent beaucoup de temps pour convertir la matière gazeuse en étoiles. Il s'agit en général de galaxies naines ne contenant que quelques milliards d'étoiles, 100 fois moins que dans les galaxies spirales. Leur masse gazeuse est comparable à celle des étoiles. N'ayant aucune forme spéciale, n'épousant ni la forme d'ellipse ni celle de disque, elles sont baptisées « galaxies irrégulières ». Une galaxie sur dix appartient à ce type. Pourquoi les galaxies varient-elles tant dans leur capacité à transformer la matière gazeuse en étoiles ? Les raisons en sont encore obscures, mais il semble bien que cela soit relié à leur milieu d'origine. Ainsi, dans un milieu où les fluctuations de densité sont très denses, le gaz, plus comprimé et plus chauffé, s'allume plus facilement en étoiles. Les amas de galaxies, milieux denses par excellence, contiennent en majorité des galaxies elliptiques. Les galaxies isolées ou en groupes, milieux beaucoup moins denses, sont généralement des spirales.

Des accidents de circulation cosmiques

Est-ce à dire que les galaxies, une fois formées, conservent pour toujours leur identité et les propriétés « génétiques » conférées à leur naissance ? Assurément non, car, comme nous l'avons vu, les galaxies ne vivent pas dans un splendide isolement, mais au milieu d'autres galaxies. Elles interagissent avec leur environnement et leurs propriétés génétiques s'en trouvent modifiées. Il arrive même que certaines galaxies soient mangées par d'autres. Ces effets sont surtout importants au cœur des amas de galaxies, où la densité de galaxies est très élevée (de 1 000 à 10 000 galaxies dans un cube de quelques millions d'années-lumière de côté), de 100 à 1 000 fois plus importante que celle du groupe local de galaxies dont fait partie notre Voie lactée.

Il y a plus de vide entre les étoiles dans un amas globulaire, même très dense, qu'entre les galaxies dans un amas. Celles-ci sont séparées en moyenne par seulement 5 diamètres de galaxies tandis que les étoiles, dans l'amas, sont distantes les unes des autres de 100 000 diamètres stellaires.

Les galaxies se déplacent dans l'amas à une vitesse de l'ordre de 1 000 kilomètres par seconde. Il y a un tel encombrement dans la circulation galactique que les « accidents » cosmiques sont fréquents. Une galaxie risque d'entrer en collision avec une de ses compagnes tous les 100 millions à 1 milliard d'années. Comme l'âge moyen d'un amas de galaxies proche est de 4 milliards d'années, toute galaxie observée aujourd'hui dans un amas a dû subir entre 4 et 40 collisions dans son passé. Dans la plupart des cas, les collisions ne sont pas directes, et on ne relève que de légères éraflures. Les dégâts se limitent à une perte d'étoiles des parties extérieures des galaxies en collision, qui sont arrachées par de violentes forces gravitationnelles. Ces étoiles n'appartiennent plus alors à des galaxies individuelles, mais forment une mer d'étoiles intergalactiques dans laquelle baignent les galaxies de l'amas. Elles émettent une lumière faible et diffuse, distincte de la lumière des galaxies.

De temps en temps, la collision a lieu de plein fouet. Les deux galaxies perdent alors leur identité et fusionnent pour former une nouvelle galaxie plus massive et plus lumineuse. Lors de ces collisions cosmiques, de nombreuses étoiles sont arrachées de leurs galaxies mères par des forces gravitationnelles et projetées dans l'espace intergalactique, formant des bras lumineux diffus. Quand l'effet de collision sera passé (moins de 1 milliard d'années plus tard), ce tas informe prendra la forme d'une galaxie elliptique. La transformation est aussi radicale qu'une personne qui changerait de sexe.

Des galaxies cannibales

D'autre part, des drames terribles se déroulent au cœur de l'amas. Des galaxies disparaissent, dévorées par une galaxie elliptique géante. Celle-ci, la plus brillante dans l'amas, est près de 10 fois plus grande et plus lumineuse que les autres galaxies (voir un exemple d'une telle galaxie dans l'amas représenté dans la figure 21). Son énorme masse exerce des forces gravitationnelles qui freinent les mouvements des galaxies qui passent à proximité. Les galaxies freinées tombent en spirale, progressivement, vers la galaxie elliptique géante qui finit par les « manger ». La plus grosse galaxie grossit de plus en plus, engloutissant ses compagnes plus petites, et devient ainsi de plus en plus massive et lumineuse. C'est la loi de la jungle appliquée au monde des galaxies.

La plus « forte » devient toujours plus « forte » aux dépens des galaxies plus « faibles » qui sont menacées d'extinction. En moyenne, 1 milliard d'années s'écoule entre les « repas » successifs de la galaxie cannibale. Il a donc bien dû y avoir quatre galaxies victimes depuis la formation de l'amas. Les étoiles intergalactiques, produits des accidents galactiques, sont elles aussi attirées par la forte gravité de la galaxie géante. Elles tombent vers celle-ci et forment un halo de lumière diffuse autour de la galaxie cannibale.

Nous sommes faits à la fois d'« inné » et d'« acquis ». L'inné est le bagage génétique transmis par nos parents et inscrit dans les hélices enchevêtrées de l'ADN. L'acquis est ce qui résulte de notre interaction avec notre environnement : parents, amis, amours, travail, école, etc. De même, les galaxies sont le résultat de l'inné et de l'acquis. Leurs propriétés « génétiques », déterminées au moment de leur naissance, sont inévitablement modifiées par l'environnement. Au cours de leur vie, les galaxies peuvent perdre leurs étoiles, leur disque gazeux, ou grossir en dévorant leurs compagnes. Tout comme le sociologue a bien du mal à séparer l'inné de l'acquis en nous, l'astrophysicien n'a pas la tâche facile pour démêler le génétique de l'environnement dans les galaxies. L'avènement du télescope spatial va beaucoup aider. Il permettra d'observer des galaxies beaucoup plus lointaines, donc beaucoup plus jeunes (voir loin, c'est voir tôt) et ayant beaucoup moins subi l'influence de l'environnement. En comparant les propriétés des galaxies lointaines, qui sont surtout innées, à celles des galaxies proches, qui ont aussi une grande part d'acquis, il sera possible de préciser la part relative de la génétique et de l'environnement.

Les premières étoiles

L'univers s'était arrêté brutalement, à la troisième minute dans son ascension vers la complexité, l'hélium primordial refusant de se combiner pour accoucher d'atomes plus complexes. L'univers devait trouver une solution pour sortir de cette impasse et se donner une seconde chance de reprendre son vol. Il va se tirer brillamment d'affaire en inventant, avec le concours de la gravité, galaxies et étoiles. Les galaxies sont nécessaires pour échapper au refroidissement et à la dilution engendrés par l'expansion de l'univers. Le contenu des galaxies, lié par la gravité, ne participe plus au mouvement universel et peut conserver ainsi sa chaleur et son énergie. Mais l'invention de la galaxie ne suffit pas. Cette dernière n'est pas encore assez dense pour permettre la rencontre et la combinaison éventuelle d'atomes d'hydrogène et d'hélium avec d'autres, condition *sine qua non* pour reprendre l'ascension vers la complexité. En moyenne, l'embryon de galaxie ne contient qu'un atome d'hydrogène (10^{-24} gramme) par centimètre cube, ce qui est des millions de milliards de fois moins dense que l'air que nous respirons. Le « vide » des galaxies est plus vide que tous ceux que nous ayons pu créer dans nos laboratoires.

L'univers a besoin de lieux plus denses pour accéder à la complexité. Il invente alors les étoiles. Pendant son effondrement provoqué par la gravité, l'embryon de galaxie se fractionne en des centaines de milliards de petits nuages gazeux d'hydrogène et d'hélium. Poussés par la gravité qui leur donne une forme sphérique, ces petits nuages s'effondrent à leur tour. La densité, dans leur cœur, s'accroît graduellement. Elle dépasse bientôt 160 fois celle de l'eau. La température monte et atteint des dizaines de millions de degrés. Les atomes d'hydrogène et d'hélium au cœur de ces boules gazeuses, nés des premières minutes de l'univers, s'entrechoquent furieusement, libérant électrons, noyaux d'hydrogène (ou protons) et noyaux d'hélium. Ce paysage n'est pas sans nous rappeler celui de l'univers à sa troisième minute. La seule différence est l'absence de neutrons libres. Q'importe ! Les boules gazeuses vont déclencher les réactions nucléaires en n'utilisant que des protons. Ceux-ci s'unissent quatre par quatre pour former des noyaux d'hélium 4. (En fait un noyau d'hélium 4 est fait de deux protons et de deux neutrons, deux des protons originaux se métamorphosant en deux neutrons, avec la libération de deux antiélectrons [ou positons] et de deux neutrinos) (fig. 29). Les responsables de ces unions sont de nouveau la grande température et le flou quantique. Ceux-ci mettent en échec la force électromagnétique qui tente d'éloigner les protons les uns des autres. Les unions de protons en hélium libèrent de l'énergie qui se manifeste sous forme de rayonnement : le boules gazeuses s'allument. C'est la naissance des premières étoiles. Leur date de naissance n'est pas très bien connue, mais on pense qu'elle se situe aux alentours du deuxième ou troisième milliard d'années de l'univers. Autre conséquence de la libération d'énergie nucléaire : l'effondrement des boules gazeuses est stoppé net. Un équilibre s'établit entre la pression du rayonnement, qui veut faire éclater l'étoile, et celle de la gravité, qui s'efforce de la faire s'effondrer. Mais quelle est la source mystérieuse de l'énergie des étoiles ? Einstein est là pour nous le dire : si l'on compare la masse de quatre protons libres avec celle de l'hélium 4, résultat de leur union, on constate avec stupeur que la masse de l'hélium 4 n'est pas égale, mais légèrement inférieure, à celle de quatre protons. Où est donc passée la différence de masse ? Elle a été convertie en énergie, et c'est celle-ci qui allume les étoiles. Pour calculer cette énergie, il suffit de multiplier la différence de masse par le carré de la vitesse de la lumière.

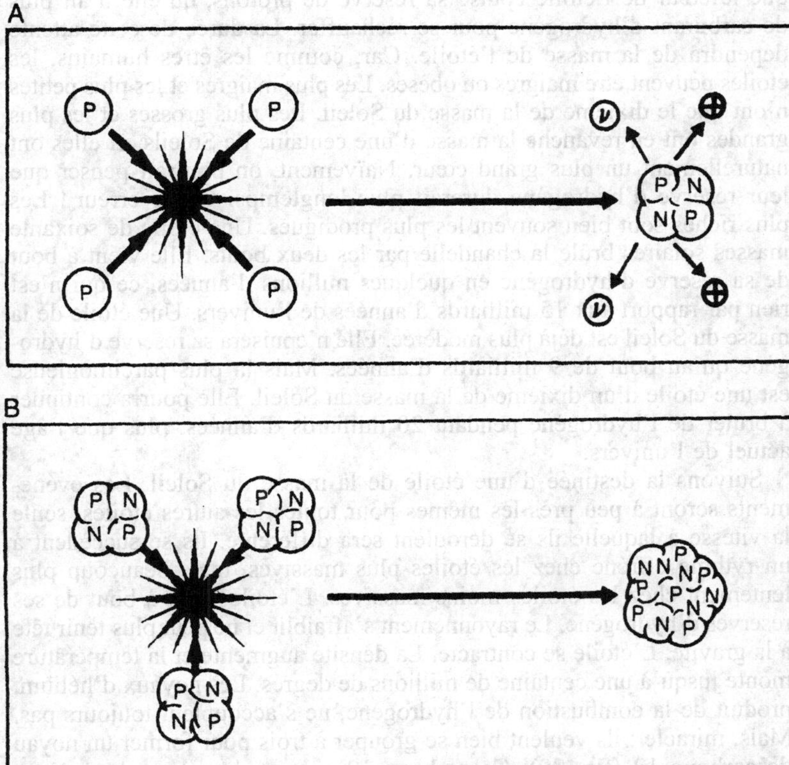

Fig. 29. *L'alchimie nucléaire dans les creusets stellaires*. Une étoile comme le Soleil s'alimente en énergie et brille grâce à de nombreuses réactions nucléaires en son cœur, chauffé à 10 millions de degrés, chacune fusionnant quatre protons (ou noyaux d'hydrogène) en un noyau d'hélium (avec la libération de deux positons et de deux neutrinos) (fig. 29*a*). L'étoile, quand elle a brûlé toute sa réserve d'hydrogène, n'a plus assez de rayonnement pour la soutenir contre sa propre gravité ; son cœur s'effondre alors légèrement et sa température centrale grimpe jusqu'à 200 millions de degrés. Commence alors la fusion de triplets de noyaux d'hélium en noyaux de carbone, ce qui donne à l'étoile un regain d'énergie (fig. 29*b*).

Une nouvelle chance pour l'univers

Jusqu'ici, l'invention de l'étoile n'a rien apporté de nouveau : les noyaux d'hélium existaient déjà dès la troisième minute de l'univers. Est-ce que l'étoile va pouvoir franchir l'obstacle de l'hélium et donner sa seconde chance à l'univers ? Pour connaître la réponse, il faut attendre que le cœur de l'étoile épuise sa réserve de protons, qu'elle n'ait plus de carburant d'hydrogène pour se réchauffer. La durée de cette attente dépendra de la masse de l'étoile. Car, comme les êtres humains, les étoiles peuvent être maigres ou obèses. Les plus maigres et les plus petites n'ont que le dixième de la masse du Soleil. Les plus grosses et les plus grandes ont en revanche la masse d'une centaine de Soleils, et elles ont naturellement un plus grand cœur. Naïvement, on pourrait penser que leur réserve d'hydrogène durerait plus longtemps. Grave erreur ! Les plus riches sont bien souvent les plus prodigues. Une étoile de soixante masses solaires brûle la chandelle par les deux bouts. Elle vient à bout de sa réserve d'hydrogène en quelques millions d'années, ce qui n'est rien par rapport aux 15 milliards d'années de l'univers. Une étoile de la masse du Soleil est déjà plus modérée. Elle n'épuisera sa réserve d'hydrogène qu'au bout de 9 milliards d'années. Mais la plus parcimonieuse est une étoile d'un dixième de la masse du Soleil. Elle pourra continuer à brûler de l'hydrogène pendant 20 milliards d'années, plus que l'âge actuel de l'univers.

Suivons la destinée d'une étoile de la masse du Soleil. Les événements seront à peu près les mêmes pour toutes les autres étoiles, seule la vitesse à laquelle ils se déroulent sera différente. Ils se succèdent à un rythme effréné chez les étoiles plus massives, mais beaucoup plus lentement chez les étoiles moins massives. L'étoile vient à bout de ses réserves d'hydrogène. Le rayonnement s'affaiblit et ne peut plus tenir tête à la gravité. L'étoile se contracte. La densité augmente et la température monte jusqu'à une centaine de millions de degrés. Les noyaux d'hélium, produit de la combustion de l'hydrogène, ne s'accouplent toujours pas. Mais, miracle : ils veulent bien se grouper à trois pour former un noyau de carbone 12 (fig. 29). Ce carbone 12 qui est dans les arbres, dans les pages de ce livre ou dans les toiles de Van Gogh et de Matisse. Ce prodige s'accomplit parce que la nature s'est arrangée pour que la masse d'un noyau de carbone soit très proche de la masse de trois noyaux d'hélium. En fait, elle est légèrement inférieure, et la différence de masse est, comme auparavant, transformée en rayonnement. Le rayonnement, nouvellement approvisionné, regagne des forces et s'équilibre de nouveau avec la gravité. La contraction du cœur stellaire, devenu plus petit et plus dense, s'arrête. En même temps que le cœur se contracte, l'atmosphère de l'étoile, sous la poussée de l'énorme bouffée d'énergie libérée par la combustion de l'hélium en son cœur, se gonfle démesurément. L'étoile dépasse d'une centaine de fois sa taille initiale. Le rayonnement, qui s'échappe d'une surface qui est des dizaines de milliers de fois plus grande, est beaucoup plus dilué. L'étoile se refroidit à sa surface et sa couleur vire au rouge. Elle devient une géante rouge.

Pourquoi l'étoile a-t-elle réussi à franchir la barrière de l'hélium, là où l'univers primordial a si misérablement échoué ? Parce qu'il est très difficile de réunir ensemble, par hasard, trois noyaux d'hélium. Il faut du temps. Temps dont ne disposait pas l'univers en expansion. La matière se diluait inexorablement à mesure que l'horloge cosmique égrenait les minutes. Les chances d'une telle rencontre s'amenuisaient de seconde en seconde, et étaient déjà pratiquement nulles à la troisième minute. La géante rouge n'a pas à se soucier de l'expansion et de la dilution de la densité. Elle dispose de millions d'années, une éternité par rapport à trois minutes, pour favoriser ces rencontres. Et c'est pourquoi elle a réussi où l'univers a échoué.

L'ascension vers la complexité peut maintenant reprendre. L'invention de l'étoile a sauvé l'univers à un double titre. Celui-ci dispose désormais des fours cosmiques dont il a besoin pour fabriquer en toute tranquillité les éléments chimiques nécessaires à la vie. Il échappe à la stérilité. Mais aussi, les étoiles sont, comme nous l'avons vu, des machines à fabriquer du désordre. Elles permettent à l'univers d'accéder à la complexité sans faire violence à la thermodynamique, qui veut que le désordre aille toujours croissant.

Une étoile en pelures d'oignon

La combustion de l'hélium en carbone ne va durer que quelque 2 milliards d'années, environ 5 fois moins que la période de combustion de l'hydrogène en hélium. À la fin de cette période, le cœur de la géante rouge, faute d'un rayonnement suffisant pour la soutenir contre la gravité, se contracte de nouveau. Pour une étoile comme le Soleil, c'est la fin de la route. Parce qu'elle est relativement peu massive, sa température au cœur n'est pas assez élevée pour déclencher la combustion du carbone. Pour les étoiles de plus de 4 fois la masse du Soleil, la vie continue. Leur cœur en se contractant sous l'influence de la gravité se réchauffe. Quand la température atteint le seuil des 600 millions de degrés, la combustion du carbone commence. Pour les étoiles de plus de 9 fois la masse du Soleil, l'alchimie nucléaire va encore plus loin. Dans la chaleur torride de leur cœur naissent des éléments plus complexes et familiers tels que le néon, l'oxygène, le sodium, le magnésium, l'aluminium et le silicium, ou encore le phosphore et le soufre. L'étoile va ainsi avancer aussi loin que possible sur la voie de la complexité. La même séquence d'événements va se répéter maintes fois : à l'épuisement d'un combustible, le cœur s'effondre et devient plus dense et plus chaud. Un nouveau combustible plus lourd est entamé, engendrant des éléments nouveaux et de plus en plus lourds. Les événements vont en s'accélérant et les cycles prennent de moins en moins de temps. Plus d'une vingtaine de nouveaux éléments chimiques verront le jour en quelques millions d'années.

L'action ne se déroule pas seulement au cœur de la géante rouge. Le rayonnement libéré par les réactions nucléaires au centre chauffe également toutes les couches extérieures, leur permettant aussi de brûler du combustible. Seulement, la température n'est pas uniforme : de quelques milliards de degrés au cœur, elle n'est plus que de quelques milliers de degrés à la surface. Parce que l'hydrogène ne brûle en hélium qu'à 10 millions de degrés, que l'hélium ne brûle en carbone qu'à 100 millions de degrés, etc., le combustible et les produits de la combustion doivent varier en fonction des couches. L'étoile acquiert ainsi une structure en « pelures d'oignon » s'appauvrissant progressivement en éléments lourds loin du centre. Vers la fin de sa vie, le cœur de l'étoile est fait de fer, de cobalt et de nickel, résultat de la combustion du silicium. Au-dessus, le carbone brûle en silicium, phosphore et soufre. Au-dessus encore, l'hélium fusionne pour engendrer le carbone, l'oxygène et le néon. Finalement, l'hydrogène se transforme en hélium dans la couche supérieure. 60 % de la masse de l'étoile participent ainsi au festival de la combustion. Les 40 % restants sont trop froids pour participer à la fête. Ils conservent l'hydrogène né des trois premières minutes.

Le fer récalcitrant

L'étoile poursuit son bonhomme de chemin jusqu'à l'apparition du fer 56. L'ascension vers la complexité a bien progressé. Avec de simples briques-protons et neutrons, l'étoile-maçon a pu construire des édifices aussi imposants que celui du fer 56, une structure nucléaire composée de vingt-six protons et de trente neutrons. Elle porte déjà en elle l'hydrogène, le carbone, l'azote et l'oxygène qui formeront plus de 90 % des atomes de notre corps, et les autres éléments chimiques qui seront responsables de la diversité des formes et des couleurs des choses de la vie. Mais les événements se gâtent avec l'arrivée du fer. L'étoile est stoppée net dans son élan. Elle ne peut aller plus loin. Le fer 56 ne peut être utilisé comme combustible. Il ne peut fournir de l'énergie à l'étoile et l'aider dans son combat contre la gravité. Pourquoi cette impasse ? Dans toutes les combustions précédentes, la masse du produit final est toujours inférieure à la somme des masses des noyaux d'atomes qui fusionnaient (la masse du noyau d'hélium est inférieure à celle de quatre protons, la masse du carbone à celle de trois noyaux d'hélium, etc.). Cette différence de masse convertie en énergie permet à l'étoile de briller et de ne pas s'effondrer sous l'effet de sa masse. La conversion de l'hydrogène en hélium est la plus énergétique. (C'est elle, malheureusement, qui est responsable de la puissance dévastatrice de la bombe d'hydrogène, dite bombe H. C'est elle aussi que les hommes essaient de domestiquer sur Terre. Il faudra encore un travail herculéen pour pouvoir contrôler la fusion thermonucléaire, mais l'enjeu en vaut la peine : elle constitue une source d'énergie propre – il n'y a pas de déchets radioactifs – et illimitée – il suffira de puiser les noyaux d'hydrogène dans l'eau des océans.) Les combustibles plus lourds que l'oxygène mais moins lourds que le fer alimentent moins en énergie, mais suffisent à faire vivre l'étoile. Tout change avec le fer 56. Celui-ci ne se combine avec d'autres noyaux que si on lui fournit de l'énergie. À partir du fer, la masse du produit final est supérieure à la somme des masses des noyaux qui participent à la fusion. Le fer 56 exige un lourd tribut d'énergie pour sa participation aux réactions nucléaires. L'étoile, en manque d'énergie, n'a que faire de cette exigence. À court de combustible, elle s'arrête de rayonner. La gravité, ne sentant plus la résistance du rayonnement, prend le contrôle de la situation et comprime l'étoile. Celle-ci s'effondre et meurt. Dépendant de sa masse, la mort peut être douce ou violente.

Trois morts pour l'étoile

Suivons le destin d'une étoile possédant une masse inférieure à 1,4 fois la masse du Soleil. Elle s'éteint dans la sérénité. À court de combustible, l'étoile passe de la taille d'une géante rouge (50 millions de kilomètres de rayon) à celle de la Terre (environ 6 000 kilomètres de rayon). L'étoile devient naine (fig. 30). Elle est toute chaude, car l'énergie du mouvement d'effondrement a été convertie en chaleur. La température de sa surface est de l'ordre de 6 000 degrés. La chaleur est rayonnée dans l'espace. La couleur blanche du rayonnement, semblable à celle du Soleil, vaut à l'étoile le nom de « naine blanche ». La densité est énorme : un centimètre cube de naine blanche pèse une tonne. Mais qu'est-ce qui empêche la naine blanche de s'effondrer encore plus ? Qui tient tête à la gravité ? Ce n'est certes pas le rayonnement devenu trop faible. Le physicien autrichien Wolfgang Pauli, l'un des fondateurs de la mécanique quantique, nous donne la réponse. Il a découvert en 1925 que deux électrons ne peuvent être comprimés ensemble : ils s'excluent mutuellement (la découverte de Pauli est connue sous le nom de « principe d'exclusion »). L'étoile, en s'effondrant, comprime les électrons qu'elle contient dans un volume de plus en plus petit. Plus ceux-ci sont entassés, et plus ils résistent et tentent de s'échapper. Cette résistance crée une pression qui, s'opposant à celle de la gravité, fait que la naine blanche ne s'effondre pas. Cette répulsion mutuelle des électrons n'est pas le fait de la force électromagnétique repoussant des charges électriques semblables, mais une des manifestations de la mécanique quantique.

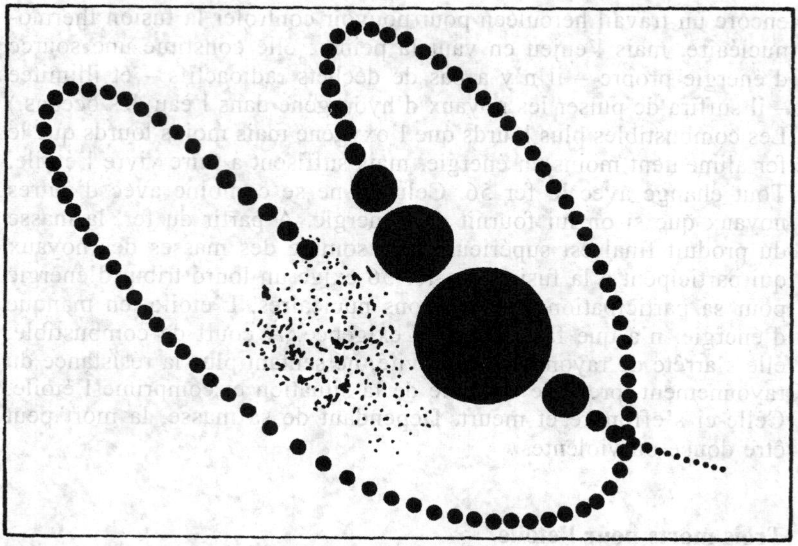

Fig. 30. *Naissance, vie et mort d'une étoile*. Ce dessin donne un aperçu, tous les 100 millions d'années, des diverses étapes de la vie d'une étoile comme le Soleil : naissance à partir de l'effondrement d'un nuage interstellaire, étoile brûlant de l'hydrogène pendant 9 milliards d'années, puis transformation en géante rouge brûlant de l'hélium pendant 2 milliards d'années, avant de s'effondrer et de devenir naine blanche. À la fin de sa vie, elle est naine noire, cadavre stellaire perdu dans l'obscurité de l'immensité cosmique.

En même temps que l'effondrement du cœur, les couches supérieures se détachent de l'étoile. Illuminées par la naine blanche, elles prennent l'aspect d'un anneau gazeux jaune et rouge, appelé « nébuleuse planétaire » (terme trompeur, car les nébuleuses planétaires et les planètes n'ont aucun lien commun). Cette mort douce est le sort réservé à la majorité des étoiles (y compris notre Soleil) : les étoiles de moins de 1,4 masse solaire dominent la population des galaxies. Il faut un grand télescope pour repérer les naines blanches, car elles brillent très faiblement. Sirius, la plus brillante étoile dans le ciel nocturne, a une naine blanche pour compagne. La naine blanche va mettre des milliards d'années à perdre sa chaleur. À la fin, transformée en « naine noire » invisible, elle rejoindra le rang des innombrables cadavres stellaires qui jonchent l'immensité des galaxies. Quant à la nébuleuse planétaire, elle se dispersera dans l'espace, l'ensemençant des éléments lourds fabriqués dans les creusets stellaires.

Que se passe-t-il avec une étoile de plus de 1,4 masse solaire ? Elle a droit à une agonie beaucoup plus violente. Mais là encore, le sort final divergera selon que l'étoile est plus ou moins massive que cinq

Soleils environ. Intéressons-nous d'abord à la fin d'une étoile dont la masse est entre 1,4 et 5 masses solaires. La masse accrue de l'étoile la comprime davantage. L'effondrement se passe si vite (une fraction de seconde) que les électrons sont pris de vitesse et n'ont pas le temps d'organiser leur résistance à la gravité. Le cap des 6 000 kilomètres du rayon de la naine blanche est allégrement franchi. Le rayon du cœur de l'étoile se rétrécit jusqu'à 10 kilomètres. La densité finale est extrême. Elle peut atteindre 1 milliard de tonnes par centimètre cube. C'est comme si vous comprimiez la masse de cent tours Eiffel dans le volume de la pointe de votre stylo à bille. Les noyaux ne peuvent résister à la compression et se brisent en protons et en neutrons. Les électrons sont tellement serrés contre les protons qu'ils sont contraints de s'unir avec eux pour engendrer neutrons et neutrinos. Les neutrinos, que nous avons déjà rencontrés dans les premiers instants de l'univers, sont fidèles à leur réputation. N'interagissant pas avec la matière, ils s'échappent tout de suite. Le cœur de l'étoile devient un gigantesque « noyau » de neutrons. Ceux-ci, qui ne vivent que 15 minutes à l'état libre, perdent leur velléité de mortalité quand ils sont emprisonnés. Ce sont eux qui résistent maintenant à la gravité et font que l'étoile à neutrons ne s'effondre pas. Comme c'est le cas pour les électrons, il existe un principe d'exclusion pour les neutrons et ceux-ci ne peuvent être trop serrés ensemble.

Au terme de l'effondrement du cœur, une fulgurante explosion se produit. Les couches en pelures d'oignon fertilisées en éléments lourds sont projetées dans l'espace à des milliers de kilomètres par seconde. L'explosion atteint la brillance de 100 millions de Soleils. Un point lumineux surgit dans le ciel. C'est une « supernova ». L'arrêt brutal de l'effondrement du cœur provoqué par la résistance des neutrons est à l'origine de cette explosion cataclysmique. Une onde de choc est créée, qui se propage vers la surface et repousse les couches supérieures de l'étoile, provoquant son éclatement. L'enveloppe déchiquetée de l'étoile continue à se dilater, propulsée par l'énergie de l'explosion originale. Ce faisant, elle ensemence le milieu interstellaire d'éléments lourds fabriqués pendant la vie de l'étoile et au cours de l'explosion.

Dans les galaxies, ces morts explosives surviennent à peu près tous les siècles. L'homme, depuis qu'il a commencé à consigner ses observations, en a vu environ une dizaine dans la Voie lactée. En 1572, le jeune Tycho Brahé avait observé une « nouvelle étoile » dans la constellation de Cassiopée. Découverte qui sema le doute dans son esprit quant à l'immuabilité des cieux d'Aristote. Ce qui reste de la supernova porte maintenant son nom. Le 23 février 1987, une supernova dans une des galaxies naines satellites de la Voie lactée, le Grand Nuage de Magellan à quelque 150 000 années-lumière de distance, a secoué le monde astronomique. Tous les moyens d'observation modernes (grands télescopes au sol, satellites spatiaux et autres instruments que Tycho Brahé n'aurait jamais pu imaginer) furent mis à contribution pour étudier cet événement extraordinaire. Même les neutrinos échappés du cœur effondré de l'étoile morte furent capturés par des détecteurs placés à des kilomètres sous terre, dans des mines d'or désaffectées. Mais une des supernovae les plus célèbres dans les annales astronomiques est sans nul doute celle qui fut à l'origine du reste de supernova qu'on appelle maintenant « nébuleuse du Crabe ». Cette « étoile invitée » (c'est le joli nom que les astronomes chinois lui donnèrent) apparut le matin du 4 juillet 1054. Aussi brillante que Vénus, elle fut visible de jour, des semaines durant. Pourtant, on ne trouve nulle mention d'elle en Occident dans les écrits astronomiques de l'époque. Leurs auteurs devaient avoir plus confiance en l'univers immuable et inchangeant d'Aristote qu'en leurs propres yeux…

Il y a déjà bien longtemps que l'étoile hôte n'est plus visible à l'œil nu. Avec un télescope, on peut discerner un reste de supernova rayonnant faiblement et qui a la forme d'un crabe, d'où son nom. Mais ce qui lui donne sa notoriété, c'est la découverte en son sein d'une étoile à neutrons de 10 kilomètres de rayon, en 1967. Celle-ci, imaginée dès 1934 par les astronomes américains Walter Baade et Fritz Zwicky, résultait donc bel et bien de la mort d'une étoile. Elle se manifesta sous la forme d'une étoile qui s'allumait et s'éteignait 30 fois par seconde, d'où son nom de « pulsar ». Ce comportement bizarre vient d'abord du fait que l'étoile à neutrons ne rayonne pas sur toute sa surface. La lumière (qui est surtout de nature radio) émerge en deux minces faisceaux semblables à celui d'un phare. De plus, l'étoile à neutrons tourne très vite sur elle-même, d'où l'impression qu'elle s'allume et s'éteint chaque fois qu'un faisceau lumineux balaie la Terre (fig. 31). Le pulsar va jouer son rôle de phare céleste pendant plusieurs millions d'années. Sa réserve d'énergie, emmagasinée lors de l'effondrement, va s'épuiser. Il tournera de moins en moins vite et finira par ne plus rayonner. Enveloppé du silence des morts, ce cadavre stellaire ne pourra plus être vu ni entendu. Une étoile sur mille dans la Voie lactée finit sa vie en pulsar.

Nous en arrivons enfin à la plus définitive des morts stellaires. C'est le sort que subit une étoile plus massive que 5 Soleils environ. Une très grande masse provoque un effondrement extrêmement violent. Cette fois, non seulement les électrons, mais également les neutrons, sont pris au dépourvu. Ils n'ont pas le temps de s'organiser pour résister à la gravité. Celle-ci ne peut plus être arrêtée. Elle comprime la matière au cœur de l'étoile en un volume si petit que le champ de gravité qui en résulte est énorme. Le cœur de l'étoile est devenu trou noir.

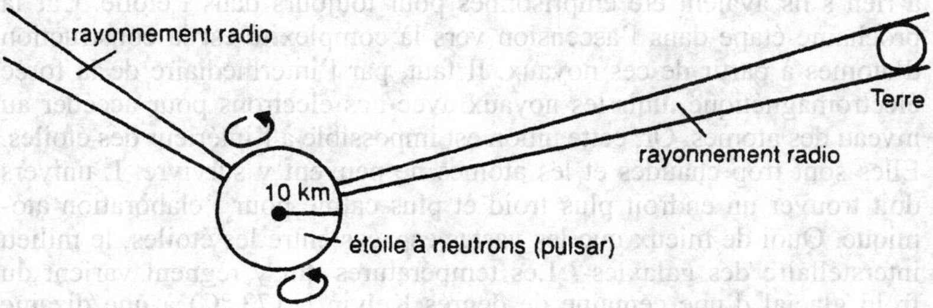

Fig. 31. *Le pulsar*. Un pulsar est une étoile à neutrons de 10 kilomètres de rayon qui tourne très vite sur elle-même et qui se comporte comme un phare cosmique. Le pulsar ne rayonne pas sur toute sa surface, mais en deux faisceaux lumineux (la lumière est surtout de nature radio). Un observateur terrestre recevra un signal radio du pulsar chaque fois qu'un faisceau balaie la Terre. Les signaux se succèdent, séparés par un intervalle de temps égal au temps mis par l'étoile pour faire un tour complet sur elle-même. Le pulsar le plus rapide qui ait été détecté nous envoie des signaux tous les 1,6 millième de seconde, c'est-à-dire qu'il fait 600 tours sur lui-même en une seconde. Une vraie toupie céleste !

Comme dans le cas précédent, la violence de l'effondrement produit une explosion gigantesque qui projette les couches supérieures de l'étoile dans l'espace : la naissance du trou noir est aussi saluée par la déflagration d'une supernova. Cette fois, l'étoile morte ne laissera même pas de cadavre visible. Elle se manifestera désormais, nous l'avons vu, par les effets gravitationnels qu'elle exerce sur tout objet qui passe à proximité. Elle ralentira le temps. Elle transformera les astronautes trop hardis en spaghetti et les broiera. Pour un observateur terrestre, le trou noir sera très difficile à détecter. Sauf, nous l'avons vu, s'il fait partie d'une paire dont l'autre membre serait une étoile encore en vie. Le trou noir attirera alors l'atmosphère gazeuse de l'étoile visible vers lui. Les atomes de gaz dans cette atmosphère émettront de la lumière X en tombant vers le trou noir, et trahiront ainsi la présence de ce dernier. On pense qu'un trou noir existe dans la direction de la constellation du Cygne, à l'emplacement d'une source X très brillante (voir fig. 18). Dans la Voie lactée, les trous noirs sont beaucoup moins nombreux que les naines blanches et les pulsars : les étoiles massives sont minoritaires dans la population galactique.

Les bienfaits des supernovae

Nous avons vu que l'univers a inventé galaxies et étoiles pour se sortir de l'impasse de l'hélium. Mais tous les produits de la cuisson stellaire, les édifices magnifiques des noyaux des éléments lourds, n'auraient servi à rien s'ils avaient été emprisonnés pour toujours dans l'étoile. Car la prochaine étape dans l'ascension vers la complexité est la construction d'atomes à partir de ces noyaux. Il faut, par l'intermédiaire de la force électromagnétique, unir les noyaux avec des électrons pour accéder au niveau des atomes. Or, cette union est impossible à l'intérieur des étoiles. Elles sont trop chaudes et les atomes ne peuvent y survivre. L'univers doit trouver un endroit plus froid et plus calme pour l'élaboration atomique. Quoi de mieux que les vastes espaces entre les étoiles, le milieu interstellaire des galaxies ? Les températures qui y règnent varient du froid glacial d'une centaine de degrés Kelvin (–173 °C) à une dizaine de milliers de degrés. Le milieu interstellaire est réchauffé – au-dessus des 3 °K (–270 °C) de l'espace intergalactique – par le rayonnement des étoiles massives et chaudes et des supernovae qui résultent de leur mort violente.

Comment sortir les produits de la cuisson de l'intérieur des fours stellaires ? D'abord grâce aux bons offices des nébuleuses planétaires. Mais ce moyen est bien inefficace, car ces nébuleuses sont peu massives, à peine quelques dixièmes d'une masse solaire. D'autre part, elles sont le produit d'étoiles maigres (moins de 1,4 masse solaire) qui n'ont pas pu progresser très loin dans l'élaboration des éléments lourds. Une étoile inférieure à la moitié de la masse du Soleil, par exemple, ne peut rien fabriquer de mieux que de l'hélium. Son cœur n'est pas assez chaud pour vaincre la force électromagnétique et permettre des combinaisons plus compliquées de protons et de neutrons. Mais il existe un deuxième moyen. Les étoiles massives (de quelques masses solaires ou plus) perdent peu à peu leurs couches supérieures. Leur fort rayonnement parvient à vaincre la gravité qui lie l'enveloppe à l'étoile et à la pousser dehors. Comme le vent d'automne arrache les feuilles des arbres squelettiques, le vent stellaire, résultat du rayonnement intense, arrache l'enveloppe de l'étoile pour la disperser dans l'espace interstellaire. Mais, de nouveau, ce moyen pèche par son inefficacité. Les vents stellaires ne transportent pas beaucoup de masse. Les produits de la cuisson ne sortent pas très vite du four. L'univers emploie donc les grands moyens et fait carrément exploser l'étoile. Cette dernière tentative sera la bonne. Plusieurs masses solaires de matière enrichie par l'œuvre créatrice de l'étoile sont projetées dans l'espace. C'est le premier bienfait de la supernova : elle ensemence l'espace entre les étoiles d'éléments lourds.

La supernova ne s'en tient pas là. Elle profite de son énorme énergie pour poursuivre l'alchimie interrompue dans le cœur des étoiles. Vous vous souvenez que l'ascension vers la complexité dans les creusets stellaires s'était arrêtée au fer. Le noyau de fer, le plus stable de tous les éléments, refusait de s'unir à d'autres particules pour se complexifier, à moins qu'on ne lui donne de l'énergie. Cette énergie, la supernova en a à revendre. Le fer s'embrase cette fois-ci et les réactions nucléaires s'emballent. Près d'une soixantaine d'éléments vont naître au cours de l'explosion. Cette fois, la nature a trouvé la formule. Elle va pouvoir aller jusqu'au bout de son alchimie. Ainsi viennent au monde les noyaux des éléments plus lourds que le fer. Saluons au passage la naissance de l'argent et de l'or qui serviront à parer les jolies femmes, du plomb plus prosaïque, et de l'uranium qui sera responsable de la bombe destructrice d'Hiroshima. La panoplie des quatre-vingt-douze éléments durables dans la nature, ceux qui ne se désintègrent pas spontanément après quelques instants, est désormais complète. Elle va des éléments les plus simples et les plus anciens, l'hydrogène (un proton) et l'hélium (deux protons), jusqu'à l'uranium (quatre-vingt-douze protons), en passant par le fer (vingt-six protons), roi de la stabilité.

Enfin, la supernova va accomplir une dernière bonne œuvre. Avec son énergie fantastique, elle lance dans l'espace interstellaire électrons, protons et autres noyaux nés de l'alchimie créatrice de l'étoile. Mues par une vitesse presque aussi grande que celle de la lumière, certaines de ces particules vont entreprendre un long voyage interstellaire, traversant la galaxie de part en part. Dans la Voie lactée, ces particules voyageuses vont un jour rencontrer la Terre. Les physiciens terrestres qui les capturent avec leurs détecteurs les appellent « rayons cosmiques ». Les biologistes pensent que les rencontres de ces rayons cosmiques avec les molécules des gènes dans notre corps peuvent profondément modifier la structure de ces derniers. La supernova, à travers les rayons cosmiques, est donc très probablement à l'origine des mutations génétiques qui ont jalonné l'évolution darwinienne, et qui ont mené de la cellule primitive à nous.

Les quasars

Revenons à notre livre d'histoire. Les premières étoiles sont nées. Elles ont admirablement joué leur rôle d'alchimistes. Ayant emprunté du gaz dépourvu de métaux (nom collectif pour les éléments chimiques plus lourds que l'hydrogène et l'hélium), elles l'ont restitué considérablement enrichi. Les étoiles massives ont vécu le temps d'un clin d'œil. Quelques millions d'années de brillance et de chaleur, et elles s'en sont allées. Seuls restent des cadavres compacts et denses, les étoiles à neutrons et les trous noirs. Quant aux étoiles légères qui, parcimonieuses et économes, ne dépensent pas beaucoup d'énergie, elles vivront encore des milliards d'années. Certaines d'entre elles sont encore en vie aujourd'hui.

Il y a de bonnes raisons de penser que cette première génération d'étoiles fut particulièrement riche en étoiles massives dans certaines galaxies. La moisson de métaux récoltés fut particulièrement abondante. Environ un milliard de cadavres stellaires en forme de trous noirs jonchaient le sol de ces terreaux galactiques après quelques millions d'années. Encore un milliard d'années et ce milliard de trous noirs, attirés les uns vers les autres par leur gravité, s'agglomèrent pour former un gigantesque trou noir au centre de la galaxie, aussi massif qu'un milliard de Soleils. Ce trou noir géant va causer des dégâts dans la galaxie hôte. Il va happer toutes les étoiles qui vont passer à proximité, leur donner la forme de spaghetti, les déchiqueter et les engloutir. Le gaz des étoiles déchirées tombe à toute vitesse vers le cœur du trou noir, formant un disque aplati autour de ce dernier. Il s'échauffe et rayonne de toute son énergie avant de franchir le rayon de non-retour, où son rayonnement ne sera plus visible. Les environs du trou noir brillent de mille feux. La brillance est 1 000 fois supérieure à celle de la galaxie hôte, autant que 100 000 milliards de Soleils réunis. Un quasar est né. L'énergie prodigieuse du quasar vient pourtant d'une région dont la taille est à peine 100 fois plus grande que notre système solaire. Le quasar n'occupe qu'une région de quelques mois-lumières, moins du centième de millième de la taille moyenne d'une galaxie. Le monstre dans son cœur, qui lui fournit son énergie en dévorant avec gloutonnerie les pauvres étoiles, est encore plus compact. Son rayon de non-retour n'est que de quelques milliards de kilomètres, soit à peu près la taille du système solaire. Pour l'observateur terrestre, le quasar est tellement petit qu'on dirait un point lumineux, une étoile. Ce qui lui donne son nom : « quasar » est la contraction de l'anglais « quasi-star ». C'est d'ailleurs cette apparence d'étoile qui dérouta complètement les astronomes au début des années 1960. La lumière décomposée du quasar ne ressemblait à aucune lumière stellaire connue. L'enquête piétina pendant plusieurs années. Ce ne fut qu'en 1963 que le puzzle fut résolu. La lumière des quasars était bien celle d'ensembles d'étoiles, mais tellement décalée vers le rouge qu'elle était méconnaissable. Hubble nous a appris que plus la lumière d'une galaxie est décalée vers le rouge, plus elle est éloignée. Le grand décalage vers le rouge de la lumière des quasars les situe aux confins de l'univers observable, bien plus loin que la majorité des galaxies. Et comme regarder loin, c'est voir tôt, les quasars nous apparaissent aujourd'hui tels qu'ils étaient lorsque l'univers était encore dans sa prime jeunesse, lorsqu'il n'avait encore que quelques milliards d'années (voir la note quantitative n° 1).

Les quasars sont les seuls jalons dont nous disposons actuellement, en 1988, pour situer la naissance des premières étoiles et galaxies. La lumière des quasars nous révèle qu'ils contiennent déjà beaucoup de métaux. Ils sont donc nés après l'œuvre créatrice de la première génération d'étoiles. Celles-ci ont probablement vu le jour entre le deuxième et le troisième milliard d'années. Pourrons-nous, un jour, surprendre une galaxie en train de naître, une galaxie dite « primordiale » ? Les étoiles massives de la première génération, dans ces galaxies primordiales, doivent offrir, en mourant de leur agonie explosive, un merveilleux spectacle de feux d'artifice, projetant leur lumière à travers l'immensité de l'univers, comme des lampes perçant l'obscurité de leurs faisceaux lumineux. Peut-être le télescope spatial, qui peut voir sept fois plus loin que les plus grands télescopes au sol, ravira-t-il nos yeux d'un tel spectacle. Peut-être alors l'épais brouillard qui masque notre connaissance de cette époque mystérieuse se dissipera-t-il enfin.

Les galaxies à quasars ne sont pas les seules à nourrir un monstre cannibale en leur sein. D'autres galaxies surnommées « galaxies à noyaux actifs » possèdent aussi des trous noirs dans leur cœur. Ceux-ci, généralement de 10 à 100 fois moins massifs que les trous noirs des quasars, provoquent moins de dégâts. Mais en déchiquetant et en dévorant les étoiles, ces trous noirs sont aussi responsables d'un fort rayonnement, allant des rayons gamma et X jusqu'aux ondes radio. Il n'est pas jusqu'à notre propre Voie lactée qui semble receler un trou noir de moins de 1 million de masses solaires en son centre. L'univers immuable d'Aristote est bien mort. Nos télescopes, sensibles à toute la gamme des ondes électromagnétiques, nous révèlent des événements d'une violence inouïe au cœur de certaines galaxies.

Les molécules interstellaires

Nous arrivons au terme de notre récit et à la dernière page de notre livre sur l'histoire de l'univers. Les milliards d'années se déroulent. L'univers continue imperturbablement son expansion (les distances augmentent comme le temps à la puissance 2/3) (voir la note quantitative n° 5). Il se dilue et se refroidit. La toile cosmique des superamas, amas et groupes de galaxies se tisse lentement. Les galaxies vivent leur vie. L'élaboration des métaux, commencée avec la première génération d'étoiles, se poursuit en leur sein. Plusieurs générations d'étoiles se succèdent. Comme les êtres vivants, les étoiles naissent, vivent leur vie et meurent. À chaque génération se produit un double phénomène. Les étoiles massives consument vite leur vie et, dans leur agonie explosive, rejettent dans l'espace, entre les étoiles, la matière gazeuse ensemencée de métaux. Cette matière se condense en nuages interstellaires qui se contractent à leur tour sous l'effet de la gravité pour engendrer de nouvelles étoiles. Les étoiles légères, elles, sont là pour un bon bout de temps. Elles viennent s'ajouter à celles de la première génération. Les générations d'étoiles vont se chevaucher. Transformant continuellement la matière gazeuse en étoiles, les galaxies s'enrichissent peu à peu en métaux. Ceux-ci constituent maintenant 2 % de leur masse.

Que devient l'ascension vers la complexité ? La galaxie dispose de noyaux d'éléments lourds, produits de l'alchimie créatrice des étoiles massives, éparpillés dans l'espace interstellaire. Avec ce matériel, elle va essayer de fabriquer atomes et molécules. Mais comment favoriser les rencontres entre particules, condition *sine qua non* pour bâtir des structures plus complexes ? Les nuages interstellaires sont trop peu denses pour être un lieu favorable de rencontres (la densité est 10^{22} fois moindre que celle de l'eau). Les grains de poussière interstellaire, nés dans les enveloppes des géantes rouges et rejetés dans l'espace entre les étoiles par les vents stellaires, sont beaucoup mieux désignés pour jouer ce rôle. Ce sont de très petites particules d'un millième de millimètre. Leur noyau solide, essentiellement fait de silicium, d'oxygène, de magnésium et de fer (comme l'écorce terrestre), est recouvert d'une mince couche de glace. Sur ces grains, terres fertiles de rencontres, les noyaux des éléments lourds vont s'en donner à cœur joie pour multiplier associations et unions. Ils s'essaient à toutes les combinaisons possibles. C'est une véritable orgie d'accouplements. Des molécules comprenant deux, trois, quatre et jusqu'à treize atomes surgissent. Les radiotélescopes en ont vu près d'une centaine. Chacune de ces molécules émet un signal radio qui lui est propre et qui permet de l'identifier. Parmi les plus abondantes, on trouve les molécules de l'hydrogène (H) et du monoxyde de carbone (CO). Les molécules d'eau (H_2O), du méthane (CH_4) et de l'ammoniac (NH_3) sont moins nombreuses.

Toutes les molécules semblent avoir une prédilection pour un quartette d'atomes : ceux du carbone (C), de l'hydrogène (H), de l'oxygène (O) et de l'azote (N). Les êtres vivants sont composés, à plus de 99 %, de ces quatre éléments. Déjà, les briques de la vie pointent leur nez. Mais, me direz-vous, nous sommes encore bien loin des unités fondamentales de la vie (les protéines, les enzymes et les acides nucléiques) qui contiennent des milliers d'atomes ou des millions d'éléments de l'ADN. Bien sûr, la nature n'est pas allée jusqu'au bout de la complexité. La leçon à retenir de cette profusion de molécules interstellaires n'est pas l'échec de la nature, mais son triomphe éclatant. Elle s'est montrée inventive et a su, dans un milieu extrêmement inhospitalier, dans le froid glacial et le vide presque parfait du milieu interstellaire, fabriquer un véritable zoo de molécules. Les astronomes furent les premiers surpris. Ils ne s'attendaient pas le moins du monde à une faune aussi diverse et variée. En tout cas, étant donné la merveilleuse dextérité de la nature à produire les molécules, il serait bien présomptueux de penser qu'elle nous a réservé l'exclusivité de la vie.

La planète imaginée

Le temps passe. L'horloge cosmique sonne 10,4 milliards d'années. Parmi les centaines de milliards de galaxies qui peuplent l'univers observable, nous fixons notre attention sur une galaxie aux jolis bras en spirale. Elle a pour nom Voie lactée. Dans un petit coin perdu de cette Voie lactée, aux deux tiers de la distance du centre vers le bord, un nuage interstellaire se contracte. Son mouvement d'effondrement a peut-être été déclenché par une supernova toute proche. La température au cœur du nuage monte. De quelques dizaines de degrés, la voilà qui franchit allégrement, après quelques millions d'années, le cap des 10 millions de degrés. Les réactions nucléaires se déclenchent. Le nuage gazeux s'allume. Il devient étoile. Le Soleil, astre de la troisième génération, est né.

La nature poursuit sa progression vers la complexité. Des molécules qui ne comprennent qu'une dizaine d'atomes ne lui suffisent pas. Les conditions du milieu interstellaire, avec ses froids bien plus que polaires et ses « presque vides » vertigineux, sont trop rigoureuses pour former des structures plus complexes. Pour accoucher de la vie, il faut trouver un berceau plus accueillant. La nature imagine alors la planète. Pour bâtir cette dernière, elle se sert des poussières interstellaires disséminées dans le nuage. Au moment de la contraction, des grains de poussière s'échappent du nuage. Certains commencent à tourner autour du Soleil, formant de jolis anneaux tels ceux qui parent Saturne. Au sein de ces anneaux, certaines poussières, un peu plus grosses que les autres, commencent à en capturer d'autres. Elles grandissent. Leurs masses croissent : 1 gramme, 1 kilogramme, 1 tonne, puis des milliards de tonnes. Bientôt la quasi-totalité de la matière des anneaux se retrouve dans neuf corps solides sphériques (la gravité aime la sphéricité). Le système solaire commence son existence et la grosse Jupiter en est la souveraine (fig. 32). Autour de chaque planète (sauf Mercure et Vénus) s'organise un cortège de petites condensations, les Lunes. La Terre a sa Lune, et Jupiter et Saturne trônent au milieu d'une vingtaine de satellites. Ce qui reste devient météorite ou astéroïde. Un grand nombre de ceux-ci viennent s'écraser sur les planètes fraîchement créées. Les cratères qui parsèment les paysages lunaire et mercurien sont les témoins silencieux de cette période d'intense bombardement.

La grande période de chambardement a duré quelques centaines de millions d'années. La Terre, forte de ses 6 000 milliards de milliards de tonnes, peut commencer à se préparer pour la vie. Elle tourne sur elle-même à toute vitesse. Les nombreux volcans, qui déversent à la surface terrestre leurs longues coulées de lave brûlante, voient le Soleil

Fig. 32. *La formation du système solaire*. Le système solaire est le résultat de l'effondrement d'un nuage de gaz interstellaire de plusieurs milliers de milliards de kilomètres de diamètre. En s'effondrant, le nuage s'aplatit (*a*) et devient tellement chaud et dense en son centre que des réactions nucléaires se déclenchent (voir aussi fig. 29) : c'est la naissance du Soleil (*b*). Le gaz, moins dense à la périphérie, se condense à son tour en planètes et en astéroïdes. Le système solaire est né (*c*).

se hâter à travers le ciel. Sa course céleste, du lever au coucher, ne dure que deux heures et demie : la Terre, au début, tournait sur elle-même en cinq heures. Depuis, elle a beaucoup ralenti, freinée par les forces gravitationnelles que la Lune exerce sur elle. Elle continuera à ralentir. La journée de vingt-quatre heures s'étirera jusqu'à quarante-huit heures, des semaines, des mois, des années… Mais que ceux qui n'aiment pas être dérangés dans leurs habitudes se rassurent. Même s'ils deviennent centenaires, ils n'auront qu'à ajouter tout au plus que quelque trente secondes à leur journée. Le ralentissement terrestre est presque imperceptible pour une vie humaine.

L'ascension vers la vie

Un milliard d'années se sont écoulées depuis la naissance du Soleil. La Terre s'est beaucoup refroidie. À la surface de l'océan de lave surgit une masse de pierre grise, embryon de continent. Cette lave solidifiée va gagner du terrain, jusqu'à couvrir 30 % de la surface terrestre. En même temps qu'elle se solidifie, la lave exhale les grandes quantités de gaz contenues en son sein. Une atmosphère 100 fois plus épaisse que celle d'aujourd'hui enveloppe la Terre. Mélange d'hydrogène (H), d'ammoniac (NH_3), de méthane (CH_4), d'eau (H_2O) et de gaz carbonique (CO_2), l'atmosphère primitive dégage des effluves malsains et empoisonnés. Le refroidissement se poursuit. L'eau de l'atmosphère primitive se condense. Il commence à pleuvoir. Des pluies diluviennes déversent leurs trombes d'eau et inondent la Terre. Des nappes d'océans finissent par recouvrir les trois quarts de la surface de la planète.

Soumises à l'incessante action des rayons ultraviolets énergétiques du jeune Soleil (les rayons ultraviolets solaires pouvaient pénétrer l'atmosphère primitive sans difficulté, la couche d'ozone [O_3] n'existant pas encore, car tout l'oxygène était emprisonné dans l'eau), frappées par les puissantes décharges électriques et les éclairs fulgurants des grands orages qui grondent en permanence, les molécules simples de l'atmosphère primitive vont se livrer à une orgie de combinaisons et d'unions. L'atmosphère terrestre est des millions de milliards de fois plus dense que le milieu interstellaire. Les rencontres sont beaucoup plus fréquentes. Des substances « organiques » apparaissent. Vingt espèces d'acides aminés, chacun fait d'une trentaine d'atomes, abondent à profusion. Au gré des pluies, ces produits organiques vont se dissoudre dans l'eau des océans. L'eau va enfin jouer son grand rôle de catalyseur de la vie. Par son grand pouvoir de dissolution, elle peut accueillir de nombreuses molécules étrangères. Des millions de fois plus dense que l'atmosphère terrestre, elle est le lieu des rencontres et des combinaisons par excellence. De plus, en parfaite hôtesse, elle sait comment protéger ses invités des effets nocifs du Soleil et des orages.

Dans ce milieu si propice, les acides aminés vont s'assembler en de longues chaînes et, quelques centaines de millions d'années plus tard, les protéines font leur entrée. Plus tard, c'est au tour des protéines de s'assembler pour donner les hélices enchevêtrées des molécules d'ADN. Celles-ci ont découvert le secret de l'immortalité : elles savent comment se reproduire. Ce sont elles qui vont transmettre le bagage génétique de tous les êtres vivants. Puis, à 11,5 milliards d'années, c'est l'arrivée des cellules. Contenant chacune des millions de molécules d'ADN, elles vont servir de briques à construire la vie. Bactéries et algues bleues, organismes monocellulaires, pullulent dans les océans et sont les formes les plus avancées de la vie. Les fossiles les plus anciens datent de cette époque. Trois milliards d'années passent. Pendant cette longue période de gestation, la plaque continentale se construit. Quand l'horloge cosmique sonne 14,4 milliards d'années, il y a 600 millions d'années, les premiers organismes pluricellulaires, les méduses, font leur apparition. Encore 100 millions d'années et les premiers coquillages et crustacés apparaissent. Puis, 100 millions d'années plus tard, ce sont les poissons qui font leurs débuts. À la même époque, il y a 450 millions d'années, la Terre se couvre de plantes et de forêts. Les espèces végétales vont avoir une profonde influence sur l'atmosphère terrestre. Elles absorbent l'eau du sol par leurs racines et le gaz carbonique de l'air par leurs feuilles. Utilisant l'énergie solaire, elles convertissent leurs éléments en sucre, tout en rejetant de l'oxygène : c'est la photosynthèse. Les atomes d'oxygène s'envolent vers l'atmosphère. Certains se mettent à trois pour former de l'ozone. La couche d'ozone, qui filtre les rayons ultraviolets solaires et nous protège par l'atmosphère contre le cancer de la peau, fait son apparition. La Terre est la seule planète du système solaire qui possède de l'oxygène libre dans son atmosphère. C'est cette même couche d'ozone qui, malheureusement, fait maintenant la une de l'actualité : l'homme, à force de polluer sa niche écologique avec ses usines et automobiles, y a creusé un grand trou qui ne cesse de grandir.

Tout est maintenant prêt pour que la vie, protégée par l'atmosphère contre les effets nocifs du Soleil, sorte de l'eau pour envahir les terres. Il y a 300 millions d'années, les oiseaux et les reptiles (serpents, lézards, tortues) font leur apparition. Encore 75 millions d'années et les dinosaures font leurs premiers pas. Ils dominent la Terre pendant près de 160 millions d'années. Pendant cette période, il y a 230 millions d'années, la plaque continentale se fracture et les continents commencent leur dérive. Puis, brusquement, il y a 65 millions d'années, les dinosaures disparaisssent. Certains pensent qu'à cette époque un astéroïde d'une dizaine de kilomètres est venu percuter la Terre. Sous le choc, un immense cratère se creuse (on ne le voit plus, car il a été effacé par les mouvements de l'écorce terrestre) tandis que d'énormes quantités de poussière sont projetées dans le ciel. À tel point que la poussière forme un voile opaque, empêchant la lumière du Soleil d'arriver sur Terre. Les plantes, ne pouvant plus réaliser la photosynthèse, meurent. La Terre se refroidit et c'est le début d'un long hiver. Les dinosaures (et autres espèces qui se nourrissent de plantes) ne résistent pas longtemps au froid et à la faim. Ils sont éliminés. Mais cette théorie n'est pas universellement acceptée et la mort subite des dinosaures reste un mystère. En tout cas, le malheur des uns fait le bonheur des autres. Les mammifères, qui ont fait leur première apparition il y a quelque 100 millions d'années, peuvent enfin évoluer sans crainte et en toute liberté dans les vertes prairies (tout est rentré dans l'ordre après que les poussières sont retombées sur terre et que la lumière solaire a pu de nouveau réchauffer notre planète). Les singes surgissent il y a quelque 20 millions d'années. C'est aussi le moment où la plaque continentale de l'Inde entre en collision avec celle de l'Asie, soulevant la chaîne de l'Himalaya. Le premier *Homo sapiens* fait son entrée il y a environ 2 millions d'années seulement.

La longue ascension vers la complexité, commencée il y a 15 milliards d'années, a enfin abouti à l'homme (fig. 33). À partir du vide, puis de la purée initiale de particules élémentaires, l'univers a su construire des êtres humains de 30 milliards de milliards de milliards (3×10^{28}) de particules, capables de se multiplier et de se reproduire. Vers la fin, l'évolution cosmique s'est considérablement accélérée. L'homme ne représente qu'un clin d'œil dans l'histoire de l'univers. Si toute cette histoire était comprimée en une seule journée, le Soleil et la Terre ne seraient apparus que vers 5 heures du soir. L'essentiel de l'ascension vers l'homme se ferait à la dernière heure. Les méduses entreraient en scène à 23 h 2, les poissons à 23 h 22, les oiseaux et les reptiles à 23 h 31. Les dinosaures passeraient à 23 h 38 et sortiraient de scène 15 minutes plus tard. Les singes prendraient la relève à 23 h 58 et l'homme ne ferait son entrée que 11,5 secondes avant minuit. Quant à l'homme civilisé et technologique des quatre derniers millénaires, il n'aurait occupé que les deux derniers centièmes de seconde de la journée, à peine la durée d'un flash photographique. Aura-t-il la sagesse d'échapper au suicide nucléaire et écologique et de se maintenir en vie sur sa belle planète, pour accompagner l'univers dans son évolution ne serait-ce que pendant les quelques milliards d'années à venir ? La vie n'a probablement pas terminé son ascension vers la complexité. Quelles surprises nous réserve-t-elle encore ?

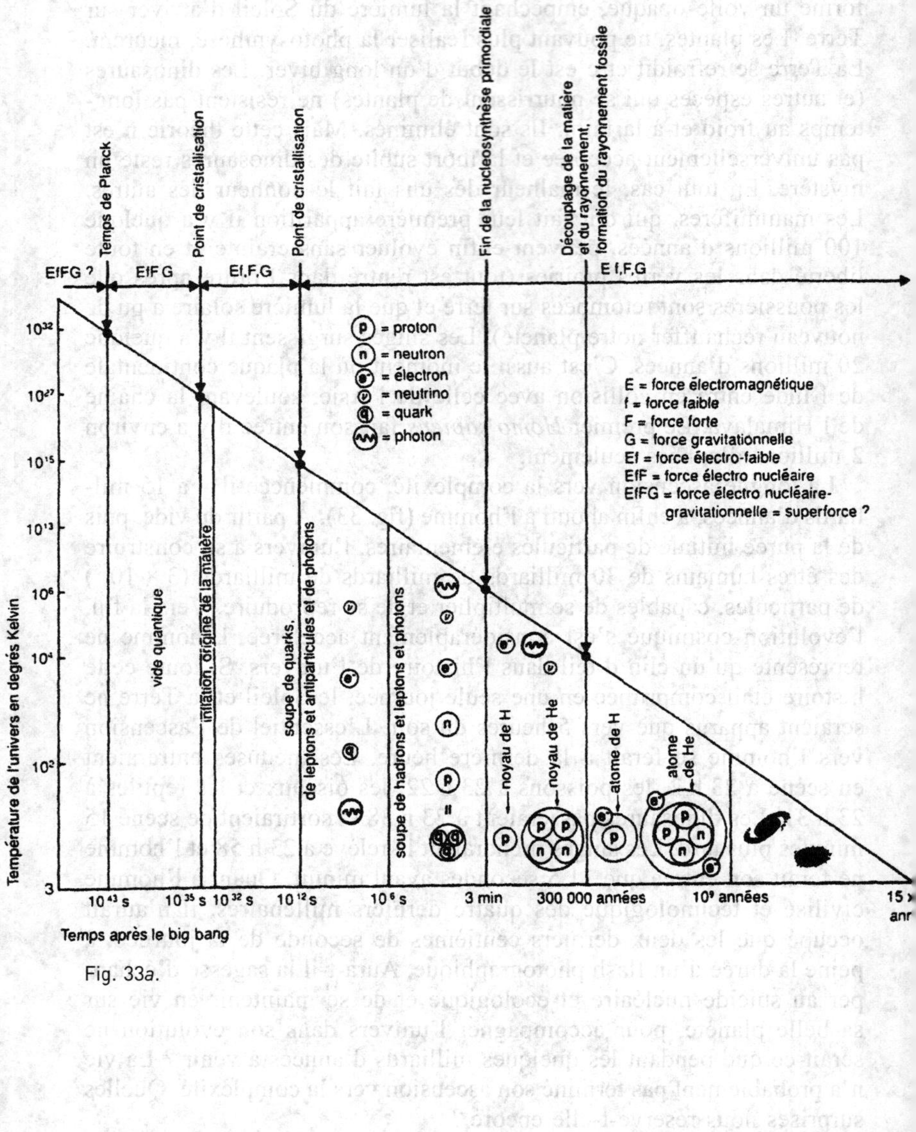
Temps de Planck
Point de cristallisation
Point de cristallisation
Fin de la nucléosynthèse primordiale
Découplage de la matière et du rayonnement, formation du rayonnement fossile
EfFG ?
EfF G
Ef,F,G
E f,F,G
p = proton
n = neutron
e = électron
v = neutrino
q = quark
photon
E = force électromagnétique
f = force faible
F = force forte
G = force gravitationnelle
Ef = force électro-faible
EfF = force électro nucléaire
EfFG = force électro nucléaire-gravitationnelle = superforce ?
Température de l'univers en degrés Kelvin
10³²
10²⁷
10¹⁵
10¹³
10⁶
10⁴
10²
3
vide quantique
inflation, origine de la matière
soupe de quarks, de leptons et antiparticules et de photons
soupe de hadrons et de leptons et photons
noyau de H
noyau de He
atome de H
atome de He
10⁻⁴³ s
10⁻³⁵ s
10⁻³² s
10⁻¹² s
10⁶ s
3 min
300 000 années
10⁹ années
Temps après le big bang

Fig. 33*a*.

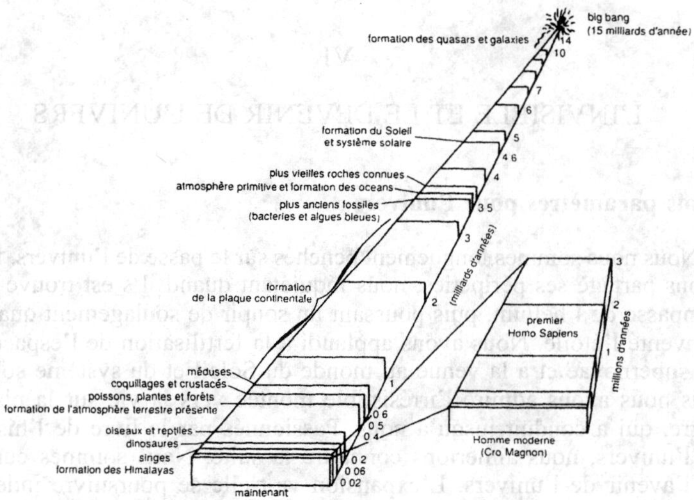

Fig. 33b. *L'histoire de l'univers*. La figure 33*a* décrit en détail le premier milliard d'années de l'univers et son refroidissement progressif. Utilisant les récents acquis de la physique des particules élémentaires, les astrophysiciens ont pu esquisser une histoire de l'univers jusqu'à 10^{-43} seconde après le big bang. La physique connue ne peut être extrapolée au-delà, car une théorie quantique de la gravitation serait alors nécessaire. C'est peut-être à 10^{-43} seconde que les quatre forces fondamentales de la nature (les forces électromagnétique, gravitationnelle, nucléaires forte et faible) s'unissent en une seule et unique force. À mesure que le temps passe, l'univers se dilate et se refroidit. La phase inflationnaire, c'est-à-dire celle où l'univers s'agrandit exponentiellement, commence à 10^{-35} seconde et se termine à 10^{-32} seconde. C'est durant cette période, lorsque la force forte se différencie de la force électronucléaire, que l'univers acquiert son homogénéité et sa géométrie plate, que les germes des galaxies futures sont semés, et que les quarks, électrons et neutrinos ainsi que leurs antiparticules surgissent du vide. La nature a une infime préférence pour les quarks par rapport aux antiquarks (un milliardième de plus), ce qui aurait pour conséquence que le futur univers sera plutôt composé de matière que d'antimatière, et qu'il y aura 1 milliard de photons pour chaque particule de matière.
À 10^{-12} seconde, la force faible se différencie de la force électromagnétique. Les quatre forces sont désormais présentes dans l'univers. La soupe de quarks, d'électrons, de neutrinos, de photons, et de leurs antiparticules est présente jusqu'à 10^{-6} seconde, où survient l'annihilation de la majorité des protons et des neutrons (qui se sont formés à partir des quarks) avec leurs antiparticules. L'univers est maintenant peuplé de photons, de neutrinos, et d'une minorité de protons, de neutrons (1 milliard de fois moins nombreux que les photons), et d'électrons. Aux alentours de 3 minutes, la nucléosynthèse primordiale des noyaux d'hydrogène et d'hélium est achevée. Rien d'important ne se passe jusqu'à environ 300 000 ans. Alors l'univers s'est assez refroidi pour permettre aux électrons de se combiner aux noyaux pour former des atomes d'hydrogène et d'hélium. Cela s'accompagne de l'émission du rayonnement fossile que nous observons aujourd'hui à une température de trois degrés. Les électrons liés aux noyaux n'empêchent plus les photons de se propager. L'univers devient transparent (voir aussi fig. 20). Aux alentours de 1 milliard d'années, les premiers quasars et embryons de galaxies se forment.
La figure 33*b* montre en détail les événements importants qui se sont déroulés pendant les quatorze derniers milliards d'années : la formation du Soleil et de son système planétaire, il y a 4,6 milliards d'années, la formation de l'atmosphère terrestre et des continents, il y a 500 millions d'années, l'apparition de la vie sur Terre et l'évolution des espèces jusqu'à l'arrivée du premier *Homo sapiens*, il y a 2 millions d'années.

VI

L'INVISIBLE ET LE DEVENIR DE L'UNIVERS

Trois paramètres pour l'univers

Nous nous sommes longuement penchés sur le passé de l'univers. Nous avons partagé ses péripéties, nous inquiétant quand il s'est trouvé dans l'impasse de l'hélium, puis poussant un soupir de soulagement quand il a inventé l'étoile. Nous avons applaudi à la fertilisation de l'espace par les supernovae et à la venue au monde du Soleil et du système solaire. Puis nous avons admiré l'irrésistible montée vers la vie sur la planète Terre, qui a conduit jusqu'à nous. Passionnés par le livre de l'histoire de l'univers, nous aimerions connaître la suite. Nous sommes curieux de l'avenir de l'univers. L'expansion va-t-elle se poursuivre indéfiniment, l'univers deviendra-t-il infini (on dit qu'il est ouvert) ? Ou bien arrêtera-t-il son expansion pour s'effondrer un jour sur lui-même (univers fermé) (fig. 34) ?

Ce futur ne se lit ni dans les cartes ni dans une boule de cristal, mais il est contenu dans trois nombres, appelés paramètres cosmologiques, si l'on en croit le mathématicien russe Alexandre Friedmann. Celui-ci avait construit, en 1922, un modèle mathématique en se fondant sur la théorie de la relativité générale publiée par Einstein en 1915. Ce modèle, qui a en même temps l'avantage d'être le plus simple, épouse le mieux les contours de l'univers observé. Le premier paramètre est relié à l'âge de l'univers (il est souvent appelé « paramètre de Hubble »). Il nous renseigne sur le rythme des événements, la rapidité à laquelle ils se succèdent, le temps que prend chaque chose à se développer. L'évolution universelle se déroule-t-elle à un train d'enfer, comme dans les passages accélérés des vieux films de Charlot, ou va-t-elle à pas de tortue ? Nous savons que l'évolution de l'univers a pris entre 10 et 20 milliards d'années. Si ce dernier refuse de nous livrer son âge exact, c'est parce que nous ne savons pas encore mesurer de façon précise la profondeur cosmique.

Le deuxième paramètre décrit la décélération subie par l'univers dans son mouvement d'expansion (on l'appelle paramètre de décélération). Toute galaxie subit l'influence gravitationnelle de toute la masse (visible et invisible) contenue dans l'univers. La galaxie est freinée dans son mouvement d'expansion : elle décélère.

Le troisième paramètre est relié au deuxième. Mais au lieu de décrire le ralentissement de l'univers, il s'attaque à la cause même du mouvement de décélération. Il caractérise la masse ou, plus exactement, la densité (la masse divisée par le volume) de l'univers (on l'appelle paramètre de densité).

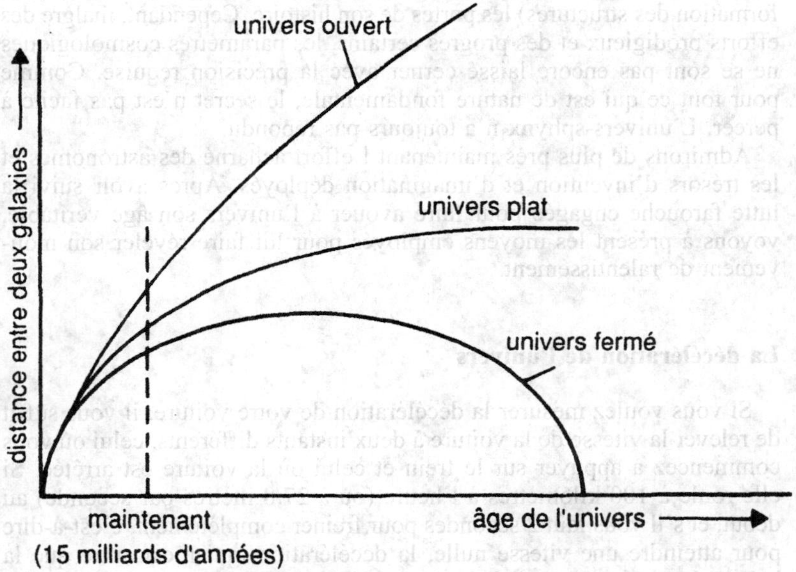

Fig. 34. *Le devenir de l'univers.* La gravité exercée par la matière (visible et invisible) ralentit l'expansion de l'univers. Mais parce que nous ne savons pas encore mesurer avec précision la quantité totale de matière, le destin ultime de l'univers n'est pas encore connu. Si la densité de matière est inférieure à une densité critique de trois atomes d'hydrogène par mètre cube, la gravité ne pourra arrêter l'expansion, qui sera éternelle. Les distances entre les galaxies augmenteront sans fin et l'univers sera « ouvert ». Les observations actuelles semblent favoriser ce type d'univers. Si la densité est tout juste égale à la densité critique, l'univers n'arrêtera son expansion qu'après un temps infini. Cet univers, que l'on nomme « plat » (voir fig. 15), aura un destin semblable à celui d'un univers ouvert. Si la densité de matière est supérieure à la densité critique, l'univers atteindra une taille maximale avant de s'effondrer sur lui-même. Dans cet univers dit « fermé », les galaxies se rapprocheront de plus en plus et se désintégreront en particules de lumière et de matière à une température et à une densité extrêmes. L'univers renaîtra-t-il de ses cendres (voir fig. 36) ?

Si l'univers contient moins de trois atomes par mètre cube, l'expansion ne peut être stoppée. En revanche, il suffit qu'il y ait plus de trois atomes par mètre cube pour que tout bascule : l'univers est condamné à s'effondrer sur lui-même dans le futur. Cette densité critique qui décide du sort de l'univers est un nombre extraordinairement petit, si l'on songe que 1 gramme d'eau contient 1 million de milliards de milliards (10^{24}) d'atomes d'hydrogène. L'univers, en moyenne, est extraordinairement vide.

Un énorme effort d'observation a été fourni au cours des six dernières décennies pour mesurer ces paramètres cosmologiques. L'enjeu en vaut la peine. Non seulement ces paramètres nous révéleront le destin de l'univers, mais ils nous ouvriront aussi (nous l'avons vu dans le récit de la formation des structures) les portes de son histoire. Cependant, malgré des efforts prodigieux et des progrès certains, les paramètres cosmologiques ne se sont pas encore laissé cerner avec la précision requise. Comme pour tout ce qui est de nature fondamentale, le secret n'est pas facile à percer. L'univers-sphynx n'a toujours pas répondu.

Admirons de plus près maintenant l'effort acharné des astronomes et les trésors d'invention et d'imagination déployés. Après avoir suivi la lutte farouche engagée pour faire avouer à l'univers son âge véritable, voyons à présent les moyens employés pour lui faire révéler son mouvement de ralentissement.

La décélération de l'univers

Si vous voulez mesurer la décélération de votre voiture, il vous suffit de relever la vitesse de la voiture à deux instants différents, celui où vous commencez à appuyer sur le frein et celui où la voiture est arrêtée. Si elle roule à 100 kilomètres à l'heure (ou à 27,8 mètres par seconde) au début, et s'il vous faut 2 secondes pour freiner complètement, c'est-à-dire pour atteindre une vitesse nulle, la décélération, qui n'est autre que la baisse de vitesse par unité de temps (dans ce cas 1 seconde), serait de (27,8 – 0) mètres par seconde divisé par 2 secondes soit 13,9 mètres par $(\text{seconde})^2$. En principe, on pourrait mesurer la décélération de l'univers de la même façon. Il suffirait de mesurer la vitesse d'une galaxie quelconque (en utilisant l'effet Doppler) à deux instants différents, d'en déduire la différence de vitesse et de diviser par la différence de temps pour obtenir la décélération de l'univers. Mais en pratique, ces mesures sont inapplicables. Le ralentissement des galaxies dû à la décélération de l'univers est si infime qu'il est imperceptible pendant les 100 années d'une vie humaine ou même pendant les 2 millions d'années de l'humanité. Il faudrait attendre des milliards d'années, ce qui n'arrange pas nos affaires.

Heureusement, la prodigue nature vole à notre secours. Elle nous donne un moyen précieux pour percer ses secrets. Puisque nous ne pouvons pas attendre que le temps passe, elle s'arrange pour que nous puissions nous promener dans le passé. La lumière porteuse d'information nous permet de voyager dans le temps parce que sa propagation n'est pas instantanée. Bien que possédant la vitesse maximale dans l'univers, elle ne parcourt que 300 000 kilomètres par seconde et met du temps pour nous parvenir. Nous observons l'univers toujours avec un certain retard. En emprisonnant la lumière de galaxies de plus en plus lointaines, nous remontons le fleuve du passé de l'univers : les télescopes sont de vraies machines à remonter le temps. Ainsi, pour mesurer la décélération de l'univers, il suffirait en principe de mesurer la vitesse de deux galaxies à des distances différentes. Cela équivaudrait à mesurer la vitesse de l'expansion de l'univers à deux instants différents, et l'on obtiendrait sa décélération.

Le problème de la profondeur cosmique se dresse une fois de plus sur notre chemin. Pour connaître la décélération de l'univers, il nous faut obtenir l'âge des galaxies en même temps que leurs vitesses. Pour les dater, il nous faut connaître leurs distances. La nuit, nous utilisons la brillance apparente des phares d'une voiture (dont nous connaissons la vraie brillance) pour estimer la distance qui nous sépare de l'automobile. De même, nous l'avons vu, l'astronome doit avoir recours à des phares cosmiques dont il connaît la vraie brillance pour obtenir la troisième dimension de l'univers. Parmi la faune des objets astronomiques qui peuplent l'univers, les galaxies elliptiques géantes au cœur des amas semblent toutes désignées pour jouer ce rôle de phare. Elles brillent d'un feu extrême : étant donné qu'elles sont environ 5 fois plus lumineuses que leurs compagnes de taille normale, on peut les voir à de très grandes distances. Dans notre voyage vers le passé, elles permettent de remonter au moins jusqu'à la moitié de l'âge de l'univers. D'autre part, leur vraie brillance est bien connue et ne varie que très peu d'une galaxie à une autre, tout au moins pour les galaxies elliptiques géantes proches (la variation est inférieure à 40 %). Cette constance en brillance intrinsèque est une propriété absolument essentielle pour un phare : le marin doit pouvoir se dire avec certitude que, si la lumière du phare est faible, c'est qu'il est très loin du rivage. La possibilité qu'il soit en réalité tout proche des rochers qui menacent de couler son bateau, et que la luminosité du phare soit faible parce que sa vraie brillance a diminué, ne doit pas exister. Ainsi, pour tenter de percer le mystère de la décélération de l'univers, l'astronome mesure les brillances apparentes (qui, combinées avec les vraies brillances, donnent les distances et donc les âges) et les décalages vers le rouge (qui indiquent les vitesses par l'effet Doppler) de centaines de galaxies elliptiques géantes (en pratique, il faut observer autant de galaxies elliptiques géantes que possible pour compenser les petites variations de brillance intrinsèque de galaxie en galaxie et les erreurs de mesures individuelles). L'astronome pousse les télescopes et les détecteurs électroniques jusqu'au bout de leurs possibilités. Il traque les galaxies dans leurs repères les plus lointains, si loin que la brillance d'une galaxie entière se réduit à quelques grains de lumière. Il doit essayer de remonter le passé de l'univers autant que faire se peut : la différence de vitesse de l'expansion de l'univers est d'autant plus grande, et donc d'autant plus facile à mesurer, que la différence de temps est élevée. Quant à nous, nous nous frottons les mains : nous allons enfin connaître le paramètre de décélération. L'univers va enfin nous révéler son ultime destin.

Les galaxies elliptiques géantes ne sont pas de bons phares

Le succès n'était possible que si la vraie brillance des galaxies elliptiques géantes ne variait ni dans le temps ni dans l'espace. Or, on sait maintenant qu'elles évoluent en brillance au moins de deux manières. Il y a d'abord les modifications de brillance dues à l'évolution stellaire. Les galaxies sont composées d'étoiles qui naissent, vivent et meurent, et qui, par conséquent, varient en brillance. La brillance de la galaxie, qui est la brillance intégrée de toutes les étoiles qui la composent, doit par conséquent changer au cours du temps. Elle diminue de quelques % chaque milliard d'années. Les galaxies lointaines observées dans leur jeunesse exubérante sont intrinsèquement plus brillantes que les galaxies proches entrevues dans leur paisible maturité. Si ce changement de brillance dû à l'évolution des étoiles n'est pas pris en compte, les distances des galaxies lointaines seront sous-estimées (vous les croiriez plus brillantes parce qu'elles sont plus proches), et la décélération de l'univers surestimée (les galaxies lointaines sont plus rapprochées des galaxies proches, donc la décélération est plus grande). Un affaiblissement en brillance de quelques % par milliard d'années peut sembler très insignifiant au premier abord. Mais l'erreur que cela introduit dans la détermination de la décélération de l'univers est telle qu'il n'est plus possible de distinguer un univers ouvert, à expansion éternelle, d'un univers fermé qui s'effondrera dans le futur, notre but ultime.

Nous avons échoué parce que les galaxies elliptiques géantes ne sont pas de bons indicateurs de distance, parce que leur brillance varie en fonction du temps. Qu'importe, me direz-vous ? Puisque nous connaissons la cause de cette variation, il suffit de la calculer et de corriger les brillances des galaxies elliptiques géantes de cet effet afin de leur rendre le statut de phares. Malheureusement, c'est plus vite dit que fait. Pour calculer l'évolution des galaxies due à l'évolution stellaire, il nous faut connaître le taux de formation d'étoiles dans les galaxies en fonction du temps, et leur distribution en masse, deux quantités fort mal connues à l'heure actuelle. Le problème de la formation des étoiles reste un des problèmes fondamentaux en astrophysique et, tant que le voile ne sera pas levé, l'évolution des galaxies ne pourra pas être calculée avec la précision requise.

Des repas de galaxies

L'autre cause d'évolution des galaxies elliptiques géantes vient de leur prédilection à dévorer leurs compagnes plus petites. Nous avons vu que, dans le cœur très dense des amas, les galaxies interagissent à travers la gravité. Ces interactions freinent les galaxies dans l'amas et les font tomber progressivement en spirale vers la galaxie elliptique géante, au centre de l'amas, qui finit par les dévorer. Ce « cannibalisme galactique » fait que la plus grosse galaxie grossit de plus en plus en engloutissant ses compagnes plus chétives et qu'elle devient, de ce fait, de plus en plus lumineuse.

L'effet net de cette évolution dite « dynamique » est l'inverse de celui créé par l'évolution stellaire. Les galaxies elliptiques géantes proches contemplées dans leur maturité gagnent en brillance intrinsèque par rapport aux galaxies lointaines vues dans leur jeunesse : elles ont eu plus de temps pour exercer leur cannibalisme et se gaver de nourriture. De nouveau, la croissance en brillance est de l'ordre de quelques % par milliard d'années, ce qui est suffisant pour perturber complètement nos efforts pour déterminer la décélération de l'univers. Encore une fois, notre ignorance du cannibalisme galactique est telle que cet effet ne peut être pris en compte avec la précision requise.

En somme, la détermination du paramètre de décélération dans le proche futur se présente mal. Les effets d'évolution nous aveuglent et nous empêchent de distinguer entre un univers ouvert et fermé. Pouvons-nous sortir de cette impasse en utilisant des phares autres que les galaxies elliptiques géantes ? Les quasars, quand ils furent découverts en 1963, soulevèrent un immense espoir. C'étaient des phares idéaux, extrêmement lumineux et aux confins mêmes de l'univers. Malheureusement, il fallut vite déchanter. D'un quasar à l'autre, la brillance intrinsèque variait d'un facteur supérieur à 1 000, ce qui les rendait inutilisables comme phares. D'autres candidats furent proposés, mais en fin de compte, le problème fondamental et mal compris de l'évolution des galaxies dressait toujours une barrière infranchissable. Le télescope spatial débloquera-t-il la situation ? Sa myopie étant réparée, il pourra observer plus loin, et capturer des galaxies à un âge beaucoup moins avancé et à un stade d'évolution inférieur. Ces observations comparées à celles des galaxies proches, dont l'évolution est plus avancée, permettront de raffiner les corrections d'évolution. Peut-être alors seulement l'univers consentira-t-il à nous révéler son taux de ralentissement.

La masse invisible de l'univers

En attendant, nous faut-il renoncer à tout espoir de connaître le destin ultime de l'univers ? Pas le moins du monde, car le troisième paramètre – la densité moyenne de matière dans l'univers – peut nous aider à répondre à cette question. La décélération de l'univers dépend de la quantité de matière qu'il contient. Ainsi, en répertoriant le contenu en masse de l'univers, nous disposerons d'un autre moyen pour connaître son futur.

Retour en arrière. Pasadena, Californie, 1933. Dans un des bureaux du California Institute of Technology, le Suisse Fritz Zwicky vérifie et revérifie ses calculs. Il vient d'achever une série d'observations des mouvements des galaxies de l'amas de la Vierge, ce qui lui permet de déterminer la masse totale de l'amas. Il a fait le bilan de toutes les incertitudes possibles : celles qui sont liées à l'observation ou au manque de données, hypothèses trop simplificatrices, etc. Rien à faire. Il lui faut se rendre à l'évidence : la masse totale de l'amas est considérablement supérieure à la somme des masses des galaxies individuelles.

Pour la première fois, l'observation vient de suggérer l'existence d'énormes quantités de masse invisible. Soixante ans plus tard, le problème de la masse invisible hante et obsède toujours la conscience des astrophysiciens. Les nombreuses observations qui se sont accumulées depuis n'ont fait que donner raison à Zwicky. La masse invisible semble être partout. Elle envahit toutes les structures connues de l'univers, des chétives galaxies naines jusqu'aux superamas les plus gigantesques. Même les physiciens des particules s'en sont récemment mêlés. Ils réclament haut et fort la présence de grandes quantités de masse invisible. Celle-ci est devenue leur enfant chéri. En les cachant sous les voiles de l'invisibilité, ils espèrent ainsi donner un air de respectabilité à toutes les particules exotiques et massives qui, selon eux, sont nées dans les tout premiers instants de l'univers et qui, jusqu'ici, n'existent encore que dans leur imagination débridée.

Avec une grande réticence, l'astronome a dû se faire à l'idée qu'il vit dans un « univers-iceberg », dont la presque totalité de la masse n'est pas directement accessible à ses instruments. Mais il y a une différence fondamentale entre l'iceberg et l'univers : nous savons de quoi est faite la masse immergée de l'iceberg, alors que la nature de la masse invisible reste un formidable défi pour l'esprit humain. Dans notre inventaire du contenu en masse de l'univers, il va falloir faire très attention à inclure à la fois le visible et l'invisible.

Comment peser l'univers

Comment mesurer l'invisible ? La tâche semble insurmontable au premier abord. Heureusement, Newton est là pour nous dire que la solution est plus simple qu'il n'y paraît : lorsque la matière étudiée est répartie en plusieurs corps distincts, étoiles ou galaxies, c'est sa chère gravitation universelle qui mène le bal. Pour obtenir la masse totale d'un ensemble d'étoiles ou de galaxies reliées par la gravité, il suffit d'étudier les mouvements (qu'on mesurera par effet Doppler) des étoiles ou galaxies individuelles. (On suppose que l'ensemble est en équilibre, qu'il n'est ni en expansion ni en train de s'effondrer.) Des vitesses élevées seront alors le signe d'une grande masse. Elles doivent être importantes pour contrebalancer la forte gravitation et l'attraction intense de la forte masse. Inversement, des vitesses faibles trahiront la présence d'une masse réduite.

Point essentiel, ces mouvements mesurent *toute* la masse présente, lumineuse ou non, visible ou invisible. On pourrait, pour illustrer le point, se transporter dans le système solaire, où les planètes évoluent gracieusement dans le champ de gravitation du Soleil. Imaginons qu'une main géante comprime le Soleil au-delà du rayon de non-retour et qu'il devienne un trou noir. Les planètes continueront leur révolution autour du trou noir comme si de rien n'était. Seule conséquence catastrophique : la vie sur Terre, faute d'énergie, s'éteindrait. Imaginons que des extra-terrestres visitent notre système solaire. En observant les mouvements des planètes, ils n'auront aucune peine à déduire que, là où se trouve notre astre maintenant, existe un objet invisible de la masse du Soleil. Dans le même ordre d'idées, l'astronome français Le Verrier et l'astronome anglais John Adams ont découvert en 1846 la planète Neptune en scrutant les perturbations exercées par une masse inconnue sur le mouvement d'Uranus. L'étude très détaillée des orbites des sondes américaines *Surveyor* autour de la Lune a révélé que celle-ci n'était pas homogène, mais présentait différentes concentrations de masse (des « mascons »). Les mouvements révèlent à l'astronome la « cartographie » du champ de gravitation. Grâce à Newton, nous sommes prêts maintenant à faire l'inventaire de l'univers. Partons à la recherche de la masse invisible.

Le principe cosmologique

Il est bien évident qu'en pratique nous ne pouvons pas dresser une liste du contenu de *tout* l'univers. Des vies entières n'y suffiraient pas. Il nous faut adopter un principe simplificateur qui nous facilitera la tâche. Ici intervient le fantôme de Copernic. Il nous rappelle que ni la Terre, ni le Soleil, ni la Voie lactée, ni le groupe local, ni le superamas local ne sont des endroits privilégiés ou spéciaux. Ces mêmes structures sont reproduites en des milliards d'exemplaires dans l'immensité de l'univers. Notre coin d'univers n'a rien de particulier. Alors, pourquoi ne pas parier que tous les autres coins sont pareils, que l'univers est semblable à lui-même en tout lieu (on dit qu'il est homogène) et dans toutes les directions (il est isotrope) ? Les cosmologistes acceptent le pari. Le « principe cosmologique » qui suppose que l'univers est homogène et isotrope constitue un des postulats fondamentaux de la relativité générale d'Einstein. Il a été confirmé de façon spectaculaire par l'observation du rayonnement fossile à 3 degrés qui baigne tout l'univers. La température de ce rayonnement ne varie pas de plus de 0,001 % d'un coin du ciel à l'autre. Nous poussons un grand soupir de soulagement. Il nous suffit de faire l'inventaire de la masse et de mesurer la densité moyenne de matière autour de nous. Selon le principe cosmologique, la densité moyenne de matière dans le reste de l'univers est la même. Il faut cependant prendre bien soin de répertorier le contenu d'un volume assez grand afin qu'il soit représentatif du reste de l'univers, un volume qui inclurait au moins le superamas local.

Quelque chose d'obscur autour des galaxies

Commençons notre exploration de l'invisible. Explorons d'abord notre « jardin », le voisinage solaire. Suivons le mouvement des étoiles dans une région de quelque 300 années-lumière autour du Soleil. Comme dans un immense manège galactique, les étoiles tournent sans relâche autour du centre de la Voie lactée. Se propulsant à travers l'espace à quelque 230 kilomètres par seconde, le Soleil boucle un tour tous les 250 millions d'années. Tout comme des chevaux de bois qui montent et descendent pendant que tourne le manège, les étoiles vont et viennent perpendiculairement au disque galactique (à environ 10 kilomètres par seconde) pendant leur promenade autour du centre galactique. Ce mouvement de va-et-vient révèle la densité totale de matière dans le disque. Une forte densité se traduirait par un mouvement rapide tandis qu'un mouvement léthargique refléterait une faible densité. Additionnons toute la matière du voisinage solaire visible au télescope : étoiles, naines blanches, gaz d'hydrogène (atomique et moléculaire). Première surprise : la densité de la matière visible n'est environ que la moitié de la densité totale. L'invisible commence à montrer le bout de son nez. Dans notre petit jardin, il y a autant de masse invisible que de visible.

Continuons notre exploration. A cause de l'absorption de la lumière visible par les grains de poussière interstellaire dans le plan galactique, nous ne pouvons pas voir plus loin que le bout de notre jardin avec nos télescopes optiques (pour capturer le monde extragalactique lointain, nous pointons nos télescopes optiques dans la direction perpendiculaire au plan galactique, où l'absorption par la poussière est considérablement réduite). En revanche, la galaxie est transparente aux ondes radio émises par le gaz d'hydrogène atomique. Celles-ci peuvent traverser la Voie lactée de part en part sans être absorbées. De plus, dans le plan galactique des galaxies spirales, le gaz d'hydrogène s'étend généralement de 2 à 3 fois plus loin que les étoiles, jusqu'à 100 000 années-lumière du centre (fig. 35). Les mouvements des atomes d'hydrogène vont nous permettre d'explorer une région 300 fois plus vaste que le voisinage solaire. C'est tout le quartier environnant qui s'ouvre à notre curiosité.

Les atomes d'hydrogène, tout comme les étoiles, se déplacent en équilibre sur des orbites quasi circulaires autour du centre de la galaxie, à quelques centaines de kilomètres par seconde. Ces mouvements contiennent en eux le secret de la distribution de la masse dans la Voie lactée (ou dans toute autre galaxie spirale). Une masse plus grande à l'intérieur de l'orbite d'un atome d'hydrogène correspondrait à un mouvement circulaire plus rapide, et vice versa. Pour cartographier la masse, il suffit donc de scruter le mouvement de rotation du gaz en fonction de la distance au centre galactique (dans le jargon du métier, on dit qu'on établit une « courbe de rotation »).

Les radioastronomes se mirent au travail avec acharnement. Et, de nouveau, une surprise de taille les attendait au bout du chemin. Les atomes d'hydrogène montraient une constance des plus surprenantes dans leur vitesse de rotation. Quel que fût l'endroit où ils se situaient (excepté près du noyau de la galaxie), ils tournaient obstinément à la même vitesse de 230 kilomètres par seconde. Les astronomes en furent tout ébahis. Ils s'étaient faits à l'idée que toute la masse de la galaxie était à l'intérieur de son disque lumineux. Or, si c'était le cas, les atomes d'hydrogène à l'extérieur du disque visible auraient dû ralentir (leur vitesse de rotation aurait dû décroître en proportion inverse de la racine carrée de leur distance au centre). Le fait même qu'ils ne montraient aucun signe d'épuisement impliquait la présence d'une masse noire invisible bien au-delà du disque visible.

Dans le cas de notre galaxie, le disque gazeux s'arrête à quelque 70 000 années-lumière du centre galactique. Comment aller plus loin dans l'exploration de l'invisible ? Il faut trouver des objets plus éloignés, mais toujours liés à la galaxie par la gravité. Mettons à contribution les mouvements des amas globulaires (les mêmes qui contribuèrent à déloger le Soleil de sa place centrale) et les galaxies naines satellites (tels les nuages de Magellan) qui orbitent autour de la Voie lactée. La masse totale de matière peut alors être répertoriée jusqu'à 200 000 années-lumière du centre galactique. Les mouvements sont décortiqués et la même conclusion s'impose à nouveau : il y a quelque chose d'obscur autour de notre galaxie. Où est la masse mystère ? Est-elle répartie dans un volume sphérique autour de la galaxie ou est-elle confinée dans un disque invisible qui ne serait que le prolongement de son disque visible ? Si les mouvements trahissent la présence de la masse invisible, ils sont bien incapables de nous indiquer sa répartition. Il faut avoir recours à des arguments plus indirects, d'ordre théorique. Nous avons vu que les étoiles du disque participent à un manège fantastique, tournant à toute vitesse autour du centre galactique à 230 kilomètres par seconde, mais allant et venant de manière léthargique à 10 kilomètres par seconde

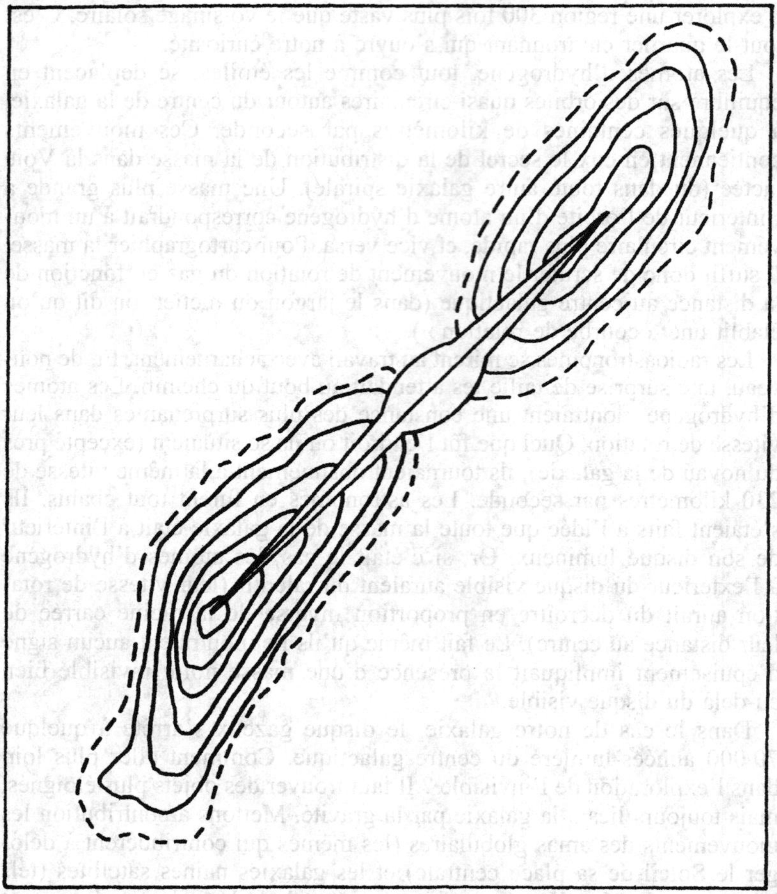

Fig. 35. *Le disque gazeux d'une galaxie spirale vu par un radiotélescope*. Le disque de gaz d'hydrogène d'une galaxie spirale, bien que non visible, émet des ondes radio. Avec un télescope radio, on peut le voir s'étendre sur un rayon de 2 à 3 fois plus grand que le rayon du disque visible formé par les étoiles. L'étude des mouvements de ce gaz d'hydrogène permet de conclure à l'existence d'un énorme halo massif et invisible, de nature encore inconnue, qui entoure la partie visible de la galaxie spirale (voir fig. 36).

perpendiculairement au plan galactique. Ces mouvements de va-et-vient étant extrêmement faibles comparés au mouvement de rotation, les calculs montrent que les étoiles devraient s'organiser en une structure qui ressemble à une gigantesque barre d'où partiraient les bras spiraux après un tour de manège, soit 250 millions d'années après. Or il n'en est rien.

Notre Voie lactée ne possède pas une telle structure en son cœur, bien que les observations n'excluent pas la présence d'une petite barre. Cette absence pourrait s'expliquer si un halo sphérique, massif et invisible entourait la galaxie visible. Il empêcherait la formation de la barre centrale. Les mouvements des étoiles, des atomes d'hydrogène, des amas globulaires et des galaxies naines, jalons de la masse invisible, nous disent que la masse du halo croît proportionnellement à la distance au centre de la galaxie visible. La masse du halo intérieure à la sphère délimitée par le Soleil (un rayon de 30 000 années-lumière) est égale à 100 milliards (10^{11}) de Soleils, comme la masse totale du disque. En allant 6 fois plus loin (à un rayon de 180 000 années-lumière), la distance de notre dernier jalon (une galaxie naine), la masse du halo invisible devient 6 fois plus grande, soit la masse de 600 milliards de Soleils.

L'étendue de la masse invisible

Mais où s'arrêtent les halos invisibles des galaxies ? Comment sonder leurs limites ? Il nous faut découvrir des poteaux indicateurs encore plus éloignés. On se rappelle que les galaxies se trouvent souvent en couple (appelé « binaire »), liées ensemble par la gravité. Le mouvement d'une des galaxies par rapport à l'autre peut en principe nous dévoiler la masse totale, visible et invisible, de la binaire. La masse invisible peut alors être sondée jusqu'à des distances environ 7 fois supérieures au rayon optique d'une galaxie, jusqu'à 300 000 années-lumière. C'est toute la ville qui peut ainsi être explorée. De nouveau, la masse invisible impose sa présence. Ce « quelque chose d'obscur » englobe chacune des galaxies de la paire jusqu'à au moins 300 000 années-lumière. La masse invisible intérieure à ce rayon (toujours proportionnelle à ce rayon) est maintenant 10 fois plus grande que celle du disque visible. Elle atteint la masse de 1 000 milliards (10^{12}) de Soleils.

Nous n'avons toujours pas atteint, semble-t-il, les limites de l'invisible. Il nous faut passer à une échelle 10 fois plus grande que celle des binaires et traquer la masse invisible dans les groupes de galaxies. Explorons à présent le département où se trouve notre ville. Promenons-nous d'abord dans le groupe local. Outre notre Voie lactée, il contient notre proche voisine, la galaxie Andromède. Du point de vue des forces gravitationnelles, le groupe local peut être considéré comme une binaire composée seulement de la Voie lactée et d'Andromède, car les autres galaxies sont naines et de masse négligeable. Comment déterminer la masse du groupe local ? Utilisons notre vieille recette et scrutons le mouvement d'Andromède.

Surprise ! Au lieu de s'éloigner de la Voie lactée, comme le font la plupart des autres galaxies, Andromède se dirige droit vers notre galaxie, à une vitesse de 90 kilomètres par seconde ! Sa lumière, au lieu d'être décalée vers le rouge, vire au bleu ! Cependant, à l'origine, il y a environ 13 milliards d'années, Andromède devait, comme les autres galaxies, s'éloigner de la Voie lactée. Le mouvement d'expansion de l'univers provoqué par l'explosion originelle l'y obligeait. Le mouvement a donc dû s'inverser à une certaine époque de l'histoire cosmique. La masse totale du groupe local doit être assez grande pour freiner, par gravitation, la fuite d'Andromède et la contraindre à faire demi-tour. Un calcul simple nous indique que cette masse est de l'ordre de 2 000 milliards de masses solaires. Si la Voie lactée et Andromède, très semblables par ailleurs, ont à peu près la même masse, chacune de ces galaxies « pèse » donc 1 000 milliards de Soleils, soit 10 fois plus que ce que « pèsent » les parties visibles. Cela nous rappelle quelque chose : c'est exactement la masse obtenue dans notre exploration des binaires. Pourtant, la séparation d'Andromède et de la Voie lactée (2,3 millions d'années-lumière) est 7 fois plus grande que celle des binaires. Une seule conclusion possible : nous avions déjà atteint les limites de l'invisible avec les binaires. Explorer plus loin ne nous a rien apporté de plus.

Pour en avoir le cœur net, explorons les mouvements des galaxies dans d'autres groupes. Leur taille moyenne, de 6 millions d'années-lumière, nous propose une zone d'investigation vingt fois plus grande que les binaires. La même conclusion s'impose. Il n'y a pas plus de matière invisible dans les groupes que dans les binaires. La matière invisible ne s'étend pas au-delà de 300 000 années-lumière autour des galaxies. Elle est répartie dans des halos géants de 1 000 milliards de masses solaires et constitue 90 % de la masse totale des galaxies (fig. 36).

De la matière invisible intergalactique

Franchissons un nouveau pas dans l'échelle de l'univers et partons à la recherche de la masse invisible dans les amas de galaxies. Une galaxie sur dix dans l'univers se trouve dans ces amas (la majorité des autres sont dans des groupes). Nous disposons maintenant d'un champ d'investigation de quelque 15 millions d'années-lumière. C'est une grande partie du pays qui s'ouvre à notre exploration. C'est dans un de ces amas, l'amas de la Vierge, que le Suisse Fritz Zwicky découvrit pour la première fois la masse invisible. De nouveau, suivons à la loupe les mouvements des galaxies dans les amas. Cette fois, le résultat est différent. La masse invisible se trouve en quantité de 2 à 3 fois supérieure dans les amas que dans les groupes ou dans les binaires. La masse invisible, qui représente plus de 90 % de la masse totale des amas, serait donc de deux types : d'une part, celle attachée aux galaxies individuelles de l'amas et, d'autre part, une masse invisible intergalactique, localisée entre les galaxies de l'amas, en quantité à peu près égale.

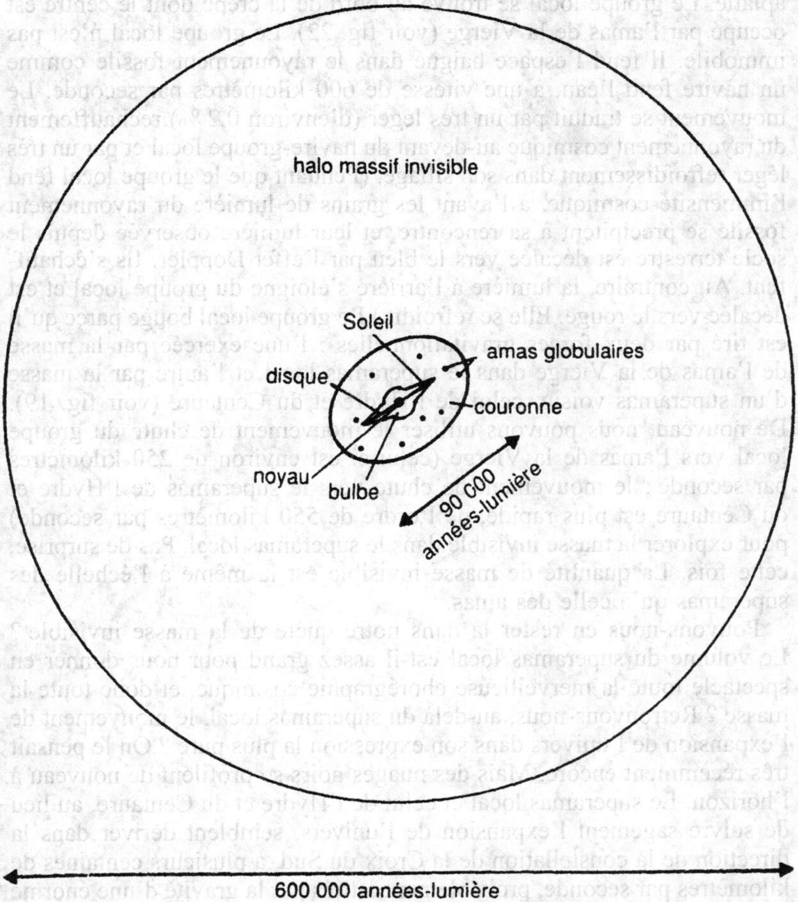

Fig. 36. *Quelque chose d'obscur autour des galaxies.* Les études des mouvements des étoiles et du gaz dans les galaxies spirales montrent que celles-ci sont entourées d'un énorme halo invisible, de 5 à 10 fois plus grand et plus massif que la partie visible. Cette masse invisible apparaît omniprésente dans l'univers, mais sa nature reste un mystère.

Il nous reste à faire le pas final et à explorer la plus grande structure de matière connue dans l'univers, le superamas de galaxies. Concentrons-nous en particulier sur notre superamas local. Notre terrain de recherche est devenu le pays tout entier. Il s'étend sur quelque 60 millions d'années-lumière. Le superamas local contient environ 10 000 galaxies assemblées en une dizaine de groupes et d'amas, tous liés les uns aux autres par la gravité. Ces galaxies s'organisent en une vaste structure en forme de crêpe aplatie. Le groupe local se trouve au bord de la crêpe dont le centre est occupé par l'amas de la Vierge (voir fig. 22). Le groupe local n'est pas immobile. Il fend l'espace baigné dans le rayonnement fossile comme un navire fend l'eau, à une vitesse de 600 kilomètres par seconde. Le mouvement se traduit par un très léger (d'environ 0,2 %) réchauffement du rayonnement cosmique au-devant du navire-groupe local et par un très léger refroidissement dans son sillage. (Pendant que le groupe local fend l'immensité cosmique, à l'avant les grains de lumière du rayonnement fossile se précipitent à sa rencontre, et leur lumière observée depuis le socle terrestre est décalée vers le bleu par l'effet Doppler. Ils s'échauffent. Au contraire, la lumière à l'arrière s'éloigne du groupe local et est décalée vers le rouge. Elle se refroidit.) Le groupe local bouge parce qu'il est tiré par deux forces gravitationnelles : l'une exercée par la masse de l'amas de la Vierge dans le superamas local et l'autre par la masse d'un superamas voisin, celui de l'Hydre et du Centaure (voir fig. 19). De nouveau, nous pouvons utiliser le mouvement de chute du groupe local vers l'amas de la Vierge (celui-ci est environ de 250 kilomètres par seconde ; le mouvement de chute vers le superamas de l'Hydre et du Centaure est plus rapide, de l'ordre de 550 kilomètres par seconde) pour explorer la masse invisible dans le superamas local. Pas de surprise, cette fois. La quantité de masse invisible est la même à l'échelle des superamas qu'à celle des amas.

Pouvons-nous en rester là dans notre quête de la masse invisible ? Le volume du superamas local est-il assez grand pour nous donner en spectacle toute la merveilleuse chorégraphie cosmique, et donc toute la masse ? Retrouvons-nous, au-delà du superamas local, le mouvement de l'expansion de l'univers dans son expression la plus pure ? On le pensait très récemment encore. Mais des nuages noirs se profilent de nouveau à l'horizon. Le superamas local et celui de l'Hydre et du Centaure, au lieu de suivre sagement l'expansion de l'univers, semblent dériver dans la direction de la constellation de la Croix du Sud, à plusieurs centaines de kilomètres par seconde, probablement attirés par la gravité d'une énorme concentration de matière de nature inconnue. Celle-ci a été surnommée le « Grand Attracteur », faute d'informations supplémentaires (voir fig. 19). Sa masse serait 30 fois supérieure à celle du superamas local et équivalente à celle de dizaines de milliers de galaxies. Les astronomes sont en train de tout faire pour confirmer l'existence du Grand Attracteur. S'ils réussissent, il nous faudra réviser à la hausse la masse et la densité de l'univers. Affaire à suivre…

Étoiles et planètes avortées

La recherche de la masse invisible doit s'arrêter ici, peut-être provisoirement. En attendant, elle se fait sentir, par l'intermédiaire de la gravitation, à toutes les échelles explorées. Obsédante, omniprésente, tout près ou au loin, son influence est dominante quel que soit le système visible considéré. Elle représente environ 90 % de la masse de l'univers. Fritz Zwicky avait soulevé un sacré lièvre !

Le vertige passé, l'astronome – comme le lecteur – doit se ressaisir et essayer d'en savoir plus. Quelle est la nature de la masse invisible ? De quoi est-elle composée ? C'est la plongée dans les eaux froides de l'infini pour tenter de reconnaître l'univers-iceberg, après en avoir découvert l'existence…

Autant le dire tout de suite, la nature de cette masse invisible nous reste totalement inconnue. Le mystère est complet. Après cinquante-cinq années de recherches, nos connaissances n'ont pas beaucoup progressé. Certaines observations permettent d'affirmer ce que la masse invisible ne peut pas être, mais il reste tout de même d'innombrables hypothèses possibles. Privé des photons porteurs d'information, l'astronome est littéralement plongé dans le noir, et ne peut avoir recours qu'à une approche très indirecte, donc très incertaine, pour tenter de percer le secret de la nature de la masse invisible. L'état de notre ignorance est tel que seule l'absurdité inhérente à cette hypothèse m'empêche de proposer comme masse invisible d'innombrables copies de ce livre flottant au milieu de l'espace !

Passons en revue les nombreux candidats qui se sont présentés pour décrocher le rôle de la masse invisible. Aucun n'a soulevé l'enthousiasme unanime du jury. Viennent d'abord les étoiles avortées, celles dont la masse est inférieure à un centième de la masse du Soleil et dont la température au centre n'est pas assez élevée pour que des réactions thermonucléaires puissent s'y déclencher. Comme elles sont petites par rapport aux étoiles et de couleur sombre parce qu'elles ne brillent pas, ces étoiles avortées sont également connues sous le nom de « naines brunes ». Jupiter, la reine des planètes dans notre système solaire, avec un millième de la masse du Soleil, est elle-même une étoile avortée. Elle est incapable de briller par elle-même : la jolie lumière qu'elle émet par les belles nuits claires n'est autre que celle, reflétée, du Soleil. Pierre Corneille pensait peut-être à ces étoiles ratées quand il évoquait « cette obscure clarté qui tombe des étoiles »… Puis viennent les planètes avortées, les astéroïdes si chers au Petit Prince d'Antoine de Saint-Exupéry. Morceaux de pierre au paysage déchiqueté, dont la taille va de quelques kilomètres à plusieurs centaines de kilomètres, ils sont si peu massifs que la gravité n'a pas pu les sculpter en sphères. Ces étoiles et ces planètes avortées restent en course, jusqu'à nouvel ordre, comme des candidats plausibles pour la masse invisible : le jury n'a pu trouver d'arguments suffisamment convaincants pour les éliminer.

Dieu joue-t-il aux cosminos ?

On ne peut en dire autant des comètes, ces grosses boules de neige et de glace qui ne s'allument que lorsqu'elles pénètrent dans notre système solaire, en reflétant la lumière du Soleil. Si elles constituent vraiment 90 % de la masse de l'univers, on devrait les voir visiter beaucoup plus souvent notre système solaire. Et que penser des cadavres d'étoiles ? Après tout, nous savons que les étoiles meurent en laissant des naines blanches, des étoiles à neutrons ou des trous noirs. Ces cadavres stellaires compacts et non lumineux, s'ils étaient en assez grand nombre, seraient tout désignés pour constituer la masse invisible. Mais il faut vite déchanter : les étoiles, nous l'avons vu, éjectent en mourant les métaux lourds fabriqués en leur sein. Si 90 % de la masse de l'univers étaient constitués de cadavres stellaires, la quantité de métaux éjectés dépasserait de loin celle observée dans les étoiles et dans les galaxies. Restent les minitrous noirs primordiaux nés, peut-être, dans les premiers instants de l'univers. Ils n'ont pas de parenté avec les étoiles, la contrainte de l'abondance des métaux lourds ne les concerne donc pas. Mais on devrait les voir exploser maintenant avec l'éclat de millions de milliards de galaxies. Or, ils demeurent désespérément absents.

Des nuages de gaz d'atomes d'hydrogène, alors ? Ils émettraient une trop forte émission radio en comparaison de ce qui est observé. Des nuages de gaz d'hydrogène chaud ionisé ? Les atomes d'hydrogène dans le gaz chauffé s'entrechoquent violemment. La force électromagnétique n'est plus assez forte pour maintenir ensemble le proton et l'électron dans l'atome d'hydrogène. Les protons et les électrons se libèrent et on dit que le gaz est ionisé. Il y a bien, au cœur des amas de galaxies, un gaz d'hydrogène chauffé à des millions de degrés dont la présence se manifeste par une forte émission de rayons X détectée par les observatoires spatiaux. Mais la masse de ce gaz chaud ne représente que 10 % de la masse de l'amas.

Rien de très convaincant jusqu'ici. Notre plongée dans l'eau froide n'a rien donné. Face à cette situation, il a bien fallu se tourner vers d'autres possibilités, beaucoup moins conventionnelles. Les spéculations sur la nature de la masse invisible ont ainsi pris une tournure nouvelle, grâce aux développements récents dans le domaine de la physique des particules : les théories de « grande unification » qui tentent de fondre les quatre forces de la nature en une seule, dans les tout premiers instants de l'univers. Elles prédisent, nous l'avons vu, l'existence d'une foison de particules ayant toutes une masse et aux noms plus exotiques et poétiques les uns que les autres : neutrinos, gravitinos, photinos (nous appellerons « cosminos » toutes ces particules dont le nom se termine par « -nos »), axions… Excepté les neutrinos, toutes ces particules n'existent encore que dans l'imagination des physiciens. Quant à mesurer la masse des neutrinos, c'est encore une autre paire de manches. Américains, Soviétiques, Allemands et Français travaillent nuit et jour pour trouver la masse du neutrino. Mais jusqu'à présent, elle demeure insaisissable.

En attendant, signalons seulement que si les neutrinos avaient une masse égale au millionième de celle de l'électron, ils domineraient, en raison de leur grand nombre, la masse de l'univers. Ils pourraient même stopper son expansion si leur masse était le dix-millième de celle de l'électron. Mais un univers à neutrinos massifs ne peut pas, nous l'avons vu, tisser la belle tapisserie cosmique des galaxies. La matière invisible froide (photinos, higgsinos, etc.) ferait mieux l'affaire, mais sa réalité reste à confirmer. « Dieu ne joue pas aux dés », disait Einstein. Jouerait-il aux cosminos ? La nature a plus d'un tour dans son sac et la solution finale du problème de la masse invisible ne manquera pas de nous surprendre tous. En tout cas, il semble bien établi maintenant que de 90 à 98 % de la masse de l'univers est invisible. Admirons une fois de plus la sagesse du renard qui affirmait déjà au Petit Prince : « L'essentiel est invisible pour les yeux. » Mais qu'est-ce que l'essentiel ?

Des mirages cosmiques

Le mystère de la masse invisible reste donc entier. Une lueur d'espoir se profile cependant à l'horizon : depuis quelques années, les astronomes ont découvert un nouveau phénomène qui porte la promesse d'élucider bien des questions sur la quantité totale de matière (visible et invisible) dans l'univers et sur sa répartition spatiale. Il s'agit du phénomène des mirages gravitationnels.

Des mirages gravitationnels se produisent quand deux astres (ou plus) situés à des distances différentes de la Terre sont parfaitement (ou presque) alignés avec cette dernière et paraissent coïncider (ou presque) dans le ciel. La lumière de l'astre le plus éloigné, un quasar par exemple, doit, pour nous parvenir, traverser le champ de gravité de l'astre le plus proche, et, ce faisant, est déviée (voir la figure 25 illustrant la déviation de la lumière par le Soleil). Cette déviation de la lumière entraîne une transformation, une déformation ou même une multiplication de l'image du quasar. Einstein avait démontré, dès 1936, en utilisant la relativité générale, que si deux étoiles étaient alignées avec la Terre, l'étoile la plus éloignée aurait, en plus de son image habituelle de point de lumière, une autre image en forme d'anneau lumineux l'entourant (fig. 37). L'anneau de lumière constitue une sorte de mirage cosmique, d'illusion optique, car il n'existe pas vraiment. Le cas est analogue à un mirage dans le désert, où le voyageur assoiffé et fatigué découvre, à son grand désespoir, que la belle oasis dans laquelle il avait espéré se désaltérer n'est qu'une image. Le mirage dans le désert résulte aussi de la déviation de la lumière, seulement, ce n'est pas le champ de gravité d'un astre, mais l'atmosphère surchauffée au-dessus du désert qui est la cause de cette déviation. L'astre le plus rapproché de la Terre dont la gravité dévie la lumière de l'astre plus lointain est appelé « lentille gravitationnelle ». Tout comme la lentille de vos lunettes courbe la lumière pour corriger votre myopie, la lentille gravitationnelle courbe la lumière des astres pour créer des mirages gravitationnels.

Einstein pensait que l'alignement de deux étoiles avec la Terre était trop improbable et que le phénomène des mirages gravitationnels resterait à l'état de théorie. Le Suisse Fritz Zwicky (celui de la masse invisible) reprit l'idée d'Einstein un an plus tard, en 1937, mais proposa, au lieu d'étoiles, des galaxies et des amas de galaxies comme lentilles gravitationnelles. Les choses en restèrent là pendant les 42 années qui suivirent, car personne n'avait jamais vu un mirage gravitationnel dans le ciel. Jusqu'en 1979, quand une paire de quasars fut découverte. Les deux quasars étaient très proches l'un de l'autre dans le ciel et leurs propriétés étaient rigoureusement identiques : même décalage vers le rouge, même couleur, etc. Cette grande similarité mit la puce à l'oreille des astronomes. Elle ne pouvait être accidentelle. Et si l'un des quasars était le mirage gravitationnel de l'autre ? Cela expliquerait naturellement le fait qu'ils étaient en tout point semblables. Mais pour créer un mirage, il fallait une lentille gravitationnelle. En scrutant soigneusement la région du ciel autour des quasars, une galaxie fut découverte qui était superposée à l'un des quasars. Il n'y avait plus de doute : le premier mirage cosmique avait été trouvé. Il n'y avait en réalité qu'un quasar. La galaxie alignée avec le quasar et la Terre (ce qui fait qu'un observateur terrestre voit des images superposées du quasar et de la galaxie), et située à une distance intermédiaire entre les deux, était la lentille gravitationnelle qui avait créé le mirage du deuxième quasar. Depuis, d'autres mirages cosmiques ont été découverts. Même les anneaux lumineux (ou plutôt des fragments d'anneaux) dont l'existence a été prévue par Einstein ont été vus dans la direction d'amas de galaxies. L'existence du phénomène de mirage gravitationnel ne fait plus aucun doute.

Quel est le rapport entre ces mirages cosmiques et la masse invisible ? Un mirage cosmique résulte de l'interaction complexe entre la lumière d'un astre (étoile, quasar, galaxie ou amas de galaxies) et le champ de gravité d'une lentille gravitationnelle. Celui-ci dépend de la masse totale de matière (visible et invisible) et de sa répartition spatiale dans la lentille. D'autre part, la trajectoire de la lumière est aussi influencée par le champ de gravité de toute matière intergalactique (visible et invisible) qui peut exister entre l'astre et la lentille, et entre la lentille et la Terre. Les mirages cosmiques peuvent donc nous renseigner non seulement sur la masse invisible dans les lentilles, mais aussi dans l'espace intergalactique.

À l'heure où j'écris ces lignes, les mirages cosmiques ne nous ont pas encore beaucoup aidés à progresser dans la solution du mystère de la masse invisible. Ils ont surtout confirmé des faits concernant la masse invisible que nous savions déjà. Par exemple, la présence des arcs lumineux dans les amas de galaxies implique l'existence de 10 fois plus de masse non lumineuse que de masse lumineuse au cœur des amas de galaxies, une conclusion que nous avions déjà atteinte par l'étude des mouvements des galaxies dans les amas. Après plus d'une dizaine d'années de recherche, on en connaît environ deux douzaines. La rareté relative de ces mirages gravitationnels nous dit que l'espace intergalactique ne peut être rempli de trous noirs massifs (de l'ordre d'un milliard de masses solaires), car ces derniers constitueraient de très bonnes lentilles gravitationnelles. En tout cas, il faut espérer que l'étude théorique et observationnelle de ces mirages cosmiques peut un jour nous révéler les secrets de la masse invisible dans l'univers.

Aux dernières nouvelles, l'univers serait ouvert

Revenons à nos moutons. Nous voulions obtenir la densité de matière de l'univers pour connaître son destin. Pour cela, nul besoin de connaître la nature de la masse invisible. Il suffit de savoir qu'elle existe. Calculons d'abord la densité de la masse lumineuse due aux étoiles et aux galaxies : à peine un cinquantième de la densité critique. Ajoutons la densité de la masse invisible. Elle est 10 fois supérieure à celle de la masse lumineuse. La densité totale de matière de l'univers atteint le cinquième de la densité critique.

Nous avons choisi le chemin des galaxies pour parvenir jusqu'à la densité de matière. Nous aurions pu emprunter un tout autre chemin, celui du deutérium. Cet élément, vous vous en souvenez, a été fabriqué dans les trois premières minutes de l'univers. Son existence est très sensible à la densité de matière dans l'univers. L'abondance du deutérium dans les étoiles et dans les galaxies implique une densité de matière elle aussi égale au cinquième de la densité critique. Un univers plus dense aurait irrémédiablement détruit, par combustion thermonucléaire, lors des premiers instants de l'univers, toute trace de deutérium.

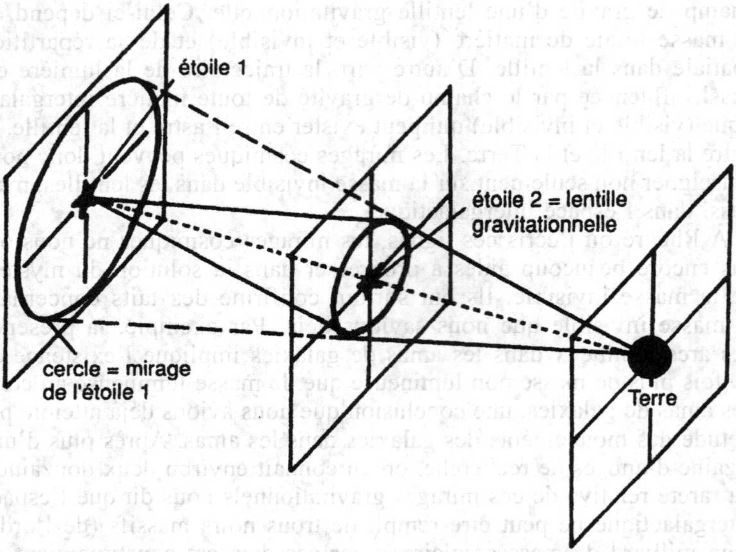

Fig. 37. *Les lentilles gravitationnelles et la masse invisible*. Einstein, utilisant la relativité générale, démontra en 1936 que, si deux étoiles étaient alignées sur la même ligne de visée d'un observateur terrestre, l'étoile la plus proche de la Terre (l'étoile 2 dans la figure) agirait comme une lentille gravitationnelle qui produirait une image déformée de l'étoile la plus lointaine (l'étoile 1) : le champ de gravité de l'étoile 2 dévierait la lumière de l'étoile 1 (voir aussi fig. 17) et l'observateur terrestre, au lieu de ne voir qu'un point de lumière à la vraie position de l'étoile 1, apercevrait aussi un anneau circulaire de lumière centrée sur la vraie position de l'étoile 1. Cet anneau de lumière est donc comme une sorte de mirage cosmique ; il n'existe pas réellement et n'est que l'image déformée d'une étoile. Einstein perçut la notion de lentille gravitationnelle comme purement théorique, pensant que l'alignement parfait de deux étoiles par rapport à la Terre était trop peu probable.
En cela, Einstein se trompait ! En 1987 fut découvert, sinon un immense anneau de lumière, tout au moins une portion d'anneau de lumière, un arc géant lumineux dans la direction d'un amas de galaxies, à quelque 4 milliards d'années-lumière, dénommé Abell 370. L'explication de cet arc est semblable à celle donnée dans la figure, avec de légères variantes : au lieu de l'étoile 2, c'est l'amas de galaxies Abell 370 (et surtout sa partie centrale, celle qui est la plus dense) qui joue le rôle de lentille gravitationnelle. À la place de l'étoile 1 se trouve maintenant une galaxie. L'image de la galaxie est déformée par la partie centrale de l'amas en un immense arc lumineux. L'image n'est pas un anneau lumineux complet parce que la galaxie et le cœur de l'amas ne sont pas parfaitement alignés. Il a été vérifié, en mesurant les distances grâce aux décalages vers le rouge de la lumière des galaxies dans l'amas et de celle de l'arc, que l'arc se trouve bien à une distance beaucoup plus grande que celle de l'amas, à quelque 6 milliards d'années-lumière de nous.
On connaît, à l'heure actuelle, plus d'une douzaine d'arcs lumineux géants dans la direction d'amas de galaxies. Les propriétés de ces arcs (forme, longueur, orientation, etc.) permettent de déduire la masse totale, visible et invisible, de la partie centrale des amas qui les produisent. Les lentilles gravitationnelles peuvent donc être considérées comme de nouveaux outils permettant à l'astronome de traquer la masse invisible de l'univers.

Deux méthodes complètement indépendantes ont abouti à la même réponse, ce qui est rassurant. La densité moyenne de matière dans l'univers n'est que d'un atome d'hydrogène par mètre cube. Il faudrait au moins 3 fois plus de matière pour stopper l'expansion universelle (si l'univers a tout juste la densité critique, son mouvement d'expansion ne s'arrêterait qu'après un temps infini). Jusqu'à nouvel ordre, l'univers est ouvert. Mais la réponse n'est pas aussi catégorique qu'on le voudrait. Des faits nouveaux risquent de surgir et de remettre tout en question. À travers nos pérégrinations, nous avons déjà vu rôder dans l'ombre des monstres massifs et menaçants tels que le « Grand Attracteur » ! Si l'existence de ces monstres se confirme, il faudra revoir la densité de l'univers à la hausse. D'autre part, le chemin des galaxies peut être trompeur. Il suppose que toute la masse de l'univers soit associée aux galaxies et aux amas de galaxies. Mais si nous étions bernés par les galaxies ? S'il y avait une composante massive, invisible, distribuée uniformément dans l'univers, qui ne suive pas la distribution des galaxies ? Elle aurait échappé à toute méthode utilisant le mouvement des galaxies pour mesurer la masse. Nous nous retrouverions alors dans la position de l'homme qui, une nuit, perd sa clé quelque part dans la rue, mais qui s'obstine à ne chercher que sous les réverbères, parce que ce sont les seuls endroits qui sont éclairés.

Il nous reste cependant le chemin du deutérium, me direz-vous. Il donne la même réponse. Mais là encore, il y a des trous dans le raisonnement. Le deutérium ne peut nous renseigner que sur la matière invisible composée de protons et de neutrons, matière dite baryonique. Il est muet quant aux neutrinos, photinos, gravitinos et autres cosminos, bref, sur toute la matière non baryonique, car celle-ci n'intervient pas dans la fabrication ou la destruction du deutérium. Or les physiciens prédisent justement l'existence de ces particules exotiques pour marier les quatre forces de l'univers à ses premiers instants. Ils nous disent aussi que si l'univers a vraiment traversé à ses débuts une phase d'expansion extrêmement rapide (la phase dite « inflationnaire »), il ne peut avoir *que* la densité critique.

Au terme de cette longue quête des trois paramètres cosmologiques, faisons le point. Quelle morale pouvons-nous tirer de toute cette histoire ? Un univers âgé de 15 milliards d'années, contenant une densité de matière équivalente à un cinquième de la densité critique, et donc à expansion éternelle, épouse bien les contours du paysage observé. Son âge est en accord avec celui des plus vieilles étoiles dans les amas globulaires. Il peut produire les quantités observées d'hélium et de deutérium.

Mais il reste encore bien des problèmes. L'âge de l'univers, qui dépend du paramètre de Hubble, a un facteur d'incertitude de 2. Sa détermination est fondée sur un échafaudage d'indicateurs de distance dont l'équilibre est bien fragile. La situation, pour le paramètre de décélération, est actuellement sans espoir. Les effets d'évolution des galaxies sont tellement grands qu'ils masquent tout effet de décélération. Quant au paramètre de densité de la matière, il existe la possibilité qu'une fraction importante de la masse de l'univers (5 fois la masse connue actuellement, ou plus) échappe encore totalement à notre détection. Bien qu'elle constitue au moins 90 % de la masse de l'univers, nous n'avons pas la moindre idée de ce que peut être la masse invisible.

La détermination définitive des paramètres cosmologiques reste encore à faire. En plus de cinq décennies, nous avons certes progressé, mais le chemin à parcourir est encore très long. Comme c'est souvent le cas dans le domaine scientifique, à mesure que certaines questions sont résolues, d'autres ont surgi, encore plus complexes. À mesure que nous avançons, la piste n'a cessé de s'allonger et le poteau d'arrivée de s'éloigner. Le télescope spatial et les nouveaux grands télescopes au sol laissent entrevoir une lueur d'espoir. Mais il reste un travail herculéen à faire pour que, au bout du chemin, l'univers nous révèle sa destinée.

Le Soleil s'éteint

Notre tentative de prédiction du futur de l'univers s'est soldée par un demi-échec. Nous croyons savoir que son expansion sera éternelle, mais nous n'en sommes pas très sûrs. Nous résistons mal à l'envie de jouer tout de même au prophète. Puisqu'il n'y a que deux lignes de vie possibles pour l'univers, pourquoi ne pas les suivre toutes les deux et voir où cela nous mène ? Nous avons bien extrapolé du présent vers le passé, et avec succès, semble-t-il. Pourquoi ne pas le faire vers le futur ? Les équations ne connaissent pas la direction du temps. Bien sûr, nous pouvions remonter le temps avec nos télescopes et vérifier si le passé se conformait à ces équations. Nous ne pourrons pas agir de même avec le futur. Si la lumière nous apporte des nouvelles fanées, elle n'a rien à nous dire sur le devenir. Sans possibilité de vérification expérimentale, tout au moins à l'échelle humaine du temps, prédire l'avenir de l'univers peut paraître un exercice bien futile. Mais souvent, en science, il est malvenu de refuser une voie qui s'offre. Qui sait quels monts et merveilles nous attendent au bout ?

Nous entreprendrons donc ce voyage dans le futur. Mais avant de nous lancer, il faut bien préciser les règles du jeu. Nos prédictions seront fondées sur l'extrapolation des lois physiques actuelles. Elles ne doivent pas changer au cours de la partie. Ainsi, la gravité ne doit pas s'affaiblir dans le futur. Les 15 milliards d'années passées semblent nous confirmer que les lois physiques sont bien immuables dans le temps. Il faut ensuite supposer que nous disposons déjà de toute la physique nécessaire, hypothèse bien plus hasardeuse. La première moitié du XXe siècle a vu surgir deux forces nouvelles (les forces nucléaires forte et faible), et l'éclosion de la mécanique quantique et de la relativité. Pourquoi aurions-nous le dernier mot ? Mais il faut bien faire avec ce que l'on a. Enfin, il nous faut parier que l'intelligence, qui s'est révélée un cadeau empoisonné pour l'évolution écologique de la Terre, ne pourra jamais modifier le cours de l'évolution de l'univers.

Préoccupons-nous d'abord du sort d'un univers ouvert, puisque c'est celui qui est favorisé par les observations. L'univers continue à se diluer et à se refroidir au gré de son expansion dans les quelques dizaines de milliards d'années à venir. Pas d'événements marquants à l'échelle cosmique. Calme et serein, il poursuit tranquillement son bonhomme de chemin. Quelques incidents, insignifiants à l'échelle universelle, vont cependant venir troubler le train-train quotidien de notre Voie lactée. Dans 3 milliards d'années, le Grand Nuage de Magellan, une galaxie naine satellite qui tourne actuellement autour de la Voie lactée à quelque 150 000 années-lumière, va tomber dans la galaxie. La galaxie naine, freinée dans son mouvement par la gravité de la Voie lactée, a déjà amorcé un mouvement en spirale qui va la conduire tout droit dans la bouche grande ouverte de la Voie lactée. La galaxie cannibale brillera alors de la lumière d'un milliard de Soleils de plus. Encore 700 000 millions d'années (dans 3,7 milliards d'années) et Andromède, notre voisine proche (à 2,3 millions d'années-lumière) qui fonce droit sur nous maintenant à 90 kilomètres par seconde, va heurter de plein fouet notre galaxie. Le choc se fera sans trop de dégâts, car il y a énormément de vide (3 années-lumière en moyenne) entre les étoiles. Les deux galaxies s'interpénétreront et elles perdront leurs disques de gaz d'hydrogène. Le Soleil modifiera légèrement son orbite, et les orbites des planètes du système solaire seront un peu perturbées, il y aura peut-être plus de risques de tremblements de terre. Mais, en somme, pas de quoi fouetter un chat.

Les choses deviennent plus sérieuses avec l'événement qui va suivre, car la survie même de l'espèce humaine en dépend. Dans 4,5 milliards d'années environ, le Soleil aura brûlé toute sa réserve d'hydrogène. Il entamera alors sa réserve d'hélium. Cette nouvelle source d'énergie fera gonfler l'enveloppe de notre astre jusqu'à 100 fois sa taille actuelle, et il deviendra une géante rouge. Mercure se perdra dans son enveloppe brillante. Les terrestres verront le Soleil envahir de son disque rouge une grande partie de leur ciel (environ un quinzième). La géante rouge chauffera notre planète jusqu'à 1 200 °C. L'atmosphère s'envolera. Les mers s'évaporeront. Les rochers se volatiliseront. Les jungles brûleront. La vie ne sera plus possible. Nos arrière-arrière…

petits-enfants s'embarqueront dans leurs vaisseaux spatiaux. Ils s'en iront vivre au bord du système solaire, sur les mondes éloignés de Neptune et Pluton, loin des tentacules brûlants de la géante rouge. Mais le répit sera (relativement) de courte durée. Encore 2 milliards d'années et la réserve d'hélium s'épuisera à son tour. Le Soleil s'éteindra, laissant pour cadavre une naine blanche qui se refroidira inexorablement pour devenir naine noire (voir fig. 30). Il sera temps de partir à la recherche d'une autre source d'énergie, d'un autre Soleil. Commencera peut-être alors la grande colonisation de la galaxie, dont les auteurs de science-fiction sont si friands…

La longue nuit

À plus long terme, ce sont toutes les étoiles de l'univers qui s'éteindront. Les galaxies s'arrêteront de briller. Elles auront épuisé leur réserve de gaz d'hydrogène et ne pourront plus fabriquer de nouvelles étoiles. La merveilleuse alchimie créatrice stellaire s'arrêtera pour de bon. Elle n'illuminera plus jamais l'univers. Les sols des terreaux galactiques seront jonchés de cadavres stellaires. Trous noirs, étoiles à neutrons et naines noires giseront en abondance au milieu d'innombrables planètes, astéroïdes et météorites. Une nuit noire sans fin s'abattra sur l'univers (tout au moins pour nos yeux humains : l'univers, baigné dans un rayonnement fossile de plus en plus refroidi par l'expansion universelle, continuera à rayonner pour des yeux radio). L'univers sera alors 100 fois plus vieux. La distance moyenne entre les galaxies aura augmenté de 1 à 20 millions d'années-lumière. L'ère des étoiles aura duré en tout 1 000 milliards (10^{12}) d'années.

Au bout de cette période, les 100 milliards d'étoiles de chaque galaxie morte, devenues autant de cadavres, seront encore reliées par la gravité, et continueront à suivre inlassablement leurs anciennes orbites. Mais la gravité, disposant d'un temps illimité, essaiera de réarranger les choses. Grâce à ses bons offices, les ex-étoiles interagiront et s'échangeront de l'énergie. Certaines en gagneront, d'autres en perdront (l'énergie doit se conserver). Les gagnantes convertiront leur énergie supplémentaire en vitesse. Elles iront plus vite, élargiront leur orbite et gagneront le bord de la galaxie. Emportées par leur élan, elles s'échapperont de l'emprise gravitationnelle de leur galaxie mère pour aller se perdre dans l'immensité de l'espace intergalactique. Les perdantes, elles, en perte de vitesse, tomberont vers le centre galactique, formant un noyau de plus en plus dense. Quand l'horloge cosmique sonnera 1 milliard de milliards (10^{18}) d'années, la galaxie se sera littéralement évaporée. Elle aura perdu 99 % de ses étoiles mortes. Le petit pourcentage d'étoiles qui aura échappé à l'expulsion (1 milliard d'entre elles) se retrouvera dans le noyau de la galaxie. Celui-ci, de plus en plus massif et dense, continuera à se contracter jusqu'à atteindre le rayon de non-retour (égal à environ la moitié de la distance du Soleil à Pluton, la plus lointaine des planètes). Il deviendra trou noir. Pendant la contraction du noyau, dans l'encombrement de la circulation, de nombreuses collisions frontales se produiront entre les cadavres stellaires, les faisant voler en éclats. La matière martyrisée rayonnera. De gigantesques feux d'artifice se déclencheront, qui illumineront la nuit d'encre des galaxies mortes. Toute la gamme du rayonnement électromagnétique sera présente, des rayons gamma jusqu'aux ondes radio en passant par la lumière visible. La fête continuera après la formation du trou noir qui, en happant et en déchiquetant les étoiles mortes, fera briller leur matière chauffée. La galaxie retrouvera l'éclat et la brillance de sa période d'antan quand elle nourrissait un quasar en son sein, quelques milliards d'années après l'explosion originelle. Cette période faste ne durera que 1 milliard d'années et, de nouveau, l'obscurité obsédante et le froid glacial prédomineront. Des galaxies du temps passé ne resteront que des trous noirs galactiques de 1 milliard de masses solaires.

Les amas de galaxies ne seront pas en reste. Ils se transformeront aussi en trous noirs au bout de 10^{27} années. Comme les étoiles du cas précédent, chacune des milliers de galaxies dans chaque amas jouera au jeu de l'échange d'énergie à travers la gravité. Comme auparavant, les gagnantes (99 %) quitteront l'amas et deviendront des trous noirs galactiques tandis que les perdantes se rassembleront au cœur de l'amas pour former un trou noir hypergalactique de 1 000 milliards (10^{12}) de masses solaires, avec un rayon de non-retour de 3 000 milliards de kilomètres (fig. 38).

Ainsi, quand l'horloge cosmique sonnera 1 milliard de milliards de milliards (10^{27}) d'années, quand les galaxies se seront séparées de 1 milliard de milliards (10^{18}) d'années-lumière, la merveilleuse tapisserie cosmique des galaxies et des amas de galaxies se sera littéralement évanouie dans l'espace. Perdus dans la nuit de l'univers vivront d'innombrables trous noirs galactiques et hypergalactiques emportés par l'expansion universelle. Au milieu de ces monstres géants pulluleront de multiples débris de toute sorte (astéroïdes, comètes, planètes, naines noires, étoiles à neutrons, petits trous noirs de quelques masses solaires), les gagnants du jeu de l'énergie éjectés de leur galaxie mère ou de leur amas d'origine.

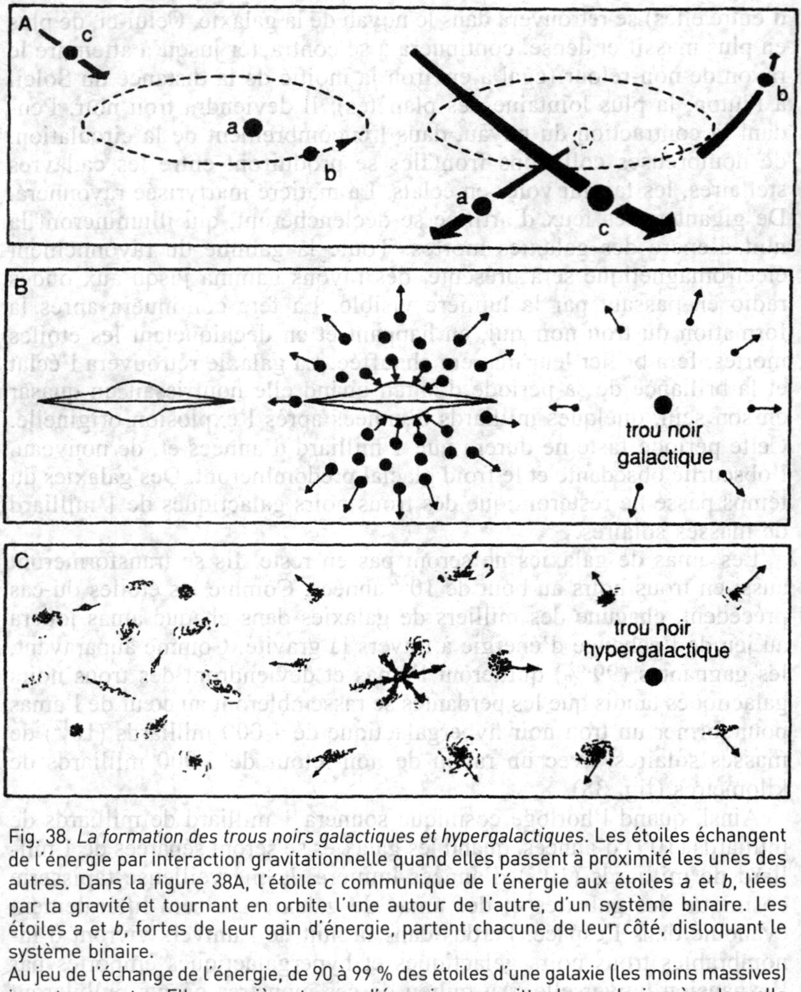

Fig. 38. *La formation des trous noirs galactiques et hypergalactiques*. Les étoiles échangent de l'énergie par interaction gravitationnelle quand elles passent à proximité les unes des autres. Dans la figure 38A, l'étoile *c* communique de l'énergie aux étoiles *a* et *b*, liées par la gravité et tournant en orbite l'une autour de l'autre, d'un système binaire. Les étoiles *a* et *b*, fortes de leur gain d'énergie, partent chacune de leur côté, disloquant le système binaire.

Au jeu de l'échange de l'énergie, de 90 à 99 % des étoiles d'une galaxie (les moins massives) jouent gagnantes. Elles acquièrent assez d'énergie pour quitter leur galaxie mère, laquelle s'évapore littéralement après 1018 ans. En même temps, les étoiles les plus massives (de 1 à 10 % du nombre total) jouent perdantes et, n'ayant plus assez d'énergie, tombent vers le centre. La gravité les fait s'effondrer en un trou noir galactique d'une masse de 1 milliard de Soleils, seul vestige de la galaxie originale de 100 milliards de Soleils (fig. 38B). Les mêmes phénomènes d'évaporation et de formation de trou noir se déroulent dans les amas de galaxies. Là, les acteurs du jeu de l'échange de l'énergie ne sont plus les étoiles d'une galaxie, mais des galaxies entières de 100 milliards d'étoiles chacune. Au bout de 1027 ans, de 90 à 99 % des galaxies (les moins massives) s'évaporeront de leur amas mère. Ne restera de l'amas qu'un trou noir hypergalactique de 1 000 milliards de Soleils, résultat de l'effondrement provoqué par la gravité des galaxies perdantes – c'est-à-dire les plus massives – au jeu de l'échange de l'énergie (fig. 38C).

L'évaporation des trous noirs

Les trous noirs ne sont pas éternels. Nous avons vu que la mécanique quantique, dans un défi suprême à la mécanique classique, les fait évaporer et volatiliser en rayonnement. Elle accomplit ce tour de force en empruntant de l'énergie au champ de gravité du trou noir pour aider les particules fantômes, qui pullulent juste au-delà du rayon de non-retour, à se matérialiser. Celles-ci, une fois dans le monde réel, deviennent lumière lors de rencontres mortelles avec leurs antiparticules. L'emprunt d'énergie se traduit par une diminution de la masse du trou noir (la masse et l'énergie sont équivalentes, nous dit Einstein). Plus le trou noir s'amaigrit, plus il s'échauffe (sa température est inversement proportionnelle à sa masse) et plus il rayonne. Le processus s'accélère jusqu'à ce que le trou noir s'évapore complètement dans une apothéose de lumière. Bien sûr, il faut du temps pour que la mécanique quantique mène son action à bien. Il faut d'autant plus de temps que le trou noir est plus massif (la longévité d'un trou noir est proportionnelle au cube de sa masse). Mais la mécanique quantique n'est pas pressée. Elle dispose de l'éternité…

Nous avons aussi vu que la mécanique quantique ne peut pas commencer son action évaporatoire quand elle le veut. Elle doit attendre que l'univers se soit assez refroidi. En effet, tout comme l'eau bouillante ne peut s'évaporer qu'au contact d'un air plus froid (la chaleur va du chaud au froid, et non le contraire), les trous noirs ne peuvent s'évaporer que s'ils sont plus chauds que le rayonnement fossile qui les baigne. La température d'un trou noir de la masse du Soleil est d'un dixième de millionième (10^{-7}) de degré, celle d'un trou noir galactique d'un dixième de millionième de milliardième (10^{-16}) de degré et celle d'un trou noir hypergalactique d'un dixième de milliardième de milliardième (10^{-19}) de degré. En l'an 10^{20}, l'univers se sera assez refroidi pour permettre l'évaporation des trous noirs de la masse solaire. Les trous noirs galactiques pourront commencer leur lente évaporation vers la mort au temps cosmique de 10^{34} années. Les trous noirs hypergalactiques devront attendre jusqu'à 10^{39} années pour commencer à se convertir en lumière. Le temps passera et la mécanique quantique œuvrera patiemment. Les trous noirs solaires compléteront leur conversion en lumière en l'an 10^{65}. L'année cosmique 10^{92} arrivera et ce sera au tour des trous noirs galactiques de disparaître. Les trous noirs hypergalactiques subiront le même sort en l'an 10^{100} (voir la note quantitative n° 3). Tous illumineront brièvement les profondes ténèbres de leur lumineuse agonie explosive. En ce temps extrêmement lointain ne resteront qu'étoiles à neutrons, naines noires, planètes, météores, astéroïdes et autres petits débris, gagnants du jeu de l'énergie et perdus par leurs galaxies mères, plongés dans un immense océan de rayonnement, toujours plus glacial (la température ne sera plus que de 10^{-60} degré au-dessus du zéro absolu en l'an 10^{100}).

Les diamants ne sont pas éternels

Dans notre société, les diamants sont symboles à la fois de luxe et de pérennité. Non seulement ils parent le cou des femmes élégantes, mais ils sont aussi considérés comme inusables et éternels, étant les plus durs des minéraux naturels. Cette immortalité du diamant se vérifie certainement à l'échelle des 100 ans de nos vies humaines, des 2 millions d'années de l'histoire de l'humanité ou même des 15 milliards d'années de l'histoire de l'univers. Mais elle ne se vérifiera plus à l'échelle de 10^{65} années. Au bout de ce temps très, très long, la température du diamant serait si proche du zéro absolu que les atomes qui le composent devraient être figés en une structure cristalline permanente, cimentée par les forces électromagnétiques. Et cela serait le cas si la mécanique classique avait son mot à dire. Mais, à nouveau, la mécanique quantique n'aura que faire des interdictions de la mécanique classique. Elle libérera les atomes de leur rigidité, défera les liens des forces électromagnétiques. Les atomes pourront alors, de temps à autre, quitter leur place, virevolter dans le diamant et se réarranger. Le diamant solide se comportera alors comme un liquide qui pourra changer de forme à souhait. Lui qui fut si finement taillé par les mains habiles du diamantaire prendra alors la forme toute banale d'une sphère sous l'influence de la gravité.

Mais la mécanique quantique n'aura pas encore achevé son travail. Elle essaiera alors de changer la nature même des atomes dans le diamant. La nature est paresseuse. Elle suit la politique du moindre effort et n'aime pas dépenser plus d'énergie qu'il n'en faut. Tout système doit évoluer vers un état d'énergie minimal. Dans le monde atomique, l'état ferreux est celui de la moindre énergie. Le fer est l'enfant chéri de la nature. Celle-ci l'a doté de la structure atomique la plus stable qui soit (le noyau de fer a vingt-six protons et trente neutrons), et veut que toute la matière atomique devienne fer. La mécanique quantique contraindra les noyaux atomiques plus lourds que ceux du fer à se fissionner et se débarrasser des protons et des neutrons superflus. Ceux qui seront plus légers devront fusionner et acquérir les protons et les neutrons manquants. Tout deviendra fer. Vous vous souvenez que ce sont ces mêmes réactions nucléaires de fusion qui font briller les étoiles. Elles surviennent en abondance au cœur des étoiles, chauffé à des dizaines de millions de degrés. Dans le froid glacial de l'univers du futur, les réactions seront beaucoup plus rares. Il faudra du temps, beaucoup de temps pour qu'elles aient un effet. La mécanique quantique mettra 10^{1500} années à convertir toute la matière en fer. (Les heureux propriétaires de diamants peuvent dormir tranquilles : ce n'est pas demain qu'ils trouveront à leur réveil des boules de fer à la place de leurs chers bijoux !) Un nouvel âge de fer commencera. Hormis les étoiles à neutrons, tout deviendra sphère de fer, des plus petits grains de poussière jusqu'aux naines noires de quelques masses solaires en passant par les planètes et les astéroïdes. Les réactions nucléaires menant au fer libéreront de l'énergie, mais seront bien incapables de freiner l'inexorable refroidissement de l'univers vers le zéro absolu (la température sera alors de 10^{-1000} degré).

Les boules de fer ne sont pas situées au plus bas de l'échelle de l'énergie. Les sphères de neutrons sont en dessous et les trous noirs plus bas encore. De nouveau, la mécanique quantique se mettra à l'œuvre. Elle convertira les noyaux de fer en neutrons. Les protons, dans ces noyaux, se combineront avec des électrons pour donner neutrons et neutrinos. Les neutrinos se perdront dans l'espace tandis que les boules de fer se métamorphoseront en sphères à neutrons. L'univers entrera dans l'ère neutronique. La mécanique quantique poursuivra patiemment son travail. Elle essaiera maintenant de convertir la quasi-totalité de la matière en trous noirs. Elle permettra aux neutrons, dans les objets neutroniques, alignés impeccablement en réseaux cristallins comme des rangées de soldats disciplinés, de s'écarter un peu des rangs. Certains neutrons proches de la surface iront se perdre dans l'espace. D'autres tomberont vers le centre et, s'y accumulant, provoqueront l'effondrement des sphères à neutrons en trous noirs. La métamorphose des boules de fer, d'abord en sphères à neutrons, ensuite en trous noirs, sera célébrée par de nombreux feux d'artifice libérant neutrinos et rayons X, mais aussi de la lumière visible qui tirera brièvement l'univers de l'obscurité totale.

Tout cela se déroulera avec une extrême lenteur. À la fin de cet épisode, l'univers serait âgé environ de $10^{10^{76}}$ ans (l'âge exact dépend de la plus petite masse possible qui puisse s'effondrer en trou noir). Cet âge est inimaginable. Pour l'écrire en entier, je devrais faire suivre le 1 de presque autant de zéros qu'il y a d'atomes d'hydrogène dans les centaines de milliards de galaxies de l'univers observable. Tous les livres du monde écrits depuis l'aube de l'humanité ne seraient pas suffisants pour contenir un tel nombre. Même si j'avais le papier nécessaire, je n'essaierais pas de l'écrire. En alignant un zéro par seconde, il me faudrait jusqu'à l'année 10^{68} pour terminer ce chiffre, époque où toutes les galaxies et tous les amas de galaxies se seraient déjà transformés en trous noirs et où les trous noirs d'une masse solaire auraient déjà achevé leur évaporation.

Dans ce futur extrêmement lointain (voir la table 2), les trous noirs s'évaporeront en un temps relativement court. Ainsi, la quasi-totalité de la matière (y compris nos chers diamants) termine sa vie en lumière. L'univers ne sera plus alors qu'un immense océan de rayonnements (photons) et de neutrinos (ainsi que d'autres particules plus rares comme les protons et les électrons) d'où la chaleur se retirera chaque jour un peu plus. La température se rapprochera de plus en plus du zéro absolu, sans jamais l'atteindre. Çà et là, éparpillés dans l'obscurité glaciale, emportés par l'expansion universelle, flotteront encore quelques microscopiques grains de poussière (ceux dont la masse était inférieure à 20 microgrammes, qui n'avaient pu s'effondrer en trous noirs). L'univers, au fil de son expansion, se diluera de plus en plus : il se videra toujours plus de son contenu de matière et de rayonnement. Mais le « vide » ne sera jamais complet. Les particules fantômes, apparaissant et disparaissant au gré des prêts et des remboursements d'énergie à la banque Nature, permis par le flou quantique de l'énergie, le peupleront pour l'éternité.

Table 2
Le futur lointain d'un univers ouvert

Temps (en années)	Événement
10^{12}	Les étoiles s'éteignent.
10^{18}	Les galaxies deviennent des trous noirs galactiques.
10^{27}	Les amas de galaxies deviennent des trous noirs hypergalactiques.
[10^{31}-10^{36}]	[Les protons meurent.]
10^{100}	Les trous noirs s'évaporent.
10^{1500}	Toute la matière (hormis les étoiles à neutrons) se métamorphose en boules de fer.
$10^{10^{76}}$	Les étoiles à neutrons et les boules de fer s'effondrent en trous noirs. Ces derniers s'évaporent en lumière.

Le proton serait-il mortel ?

Les diamants ne sont pas éternels. Ils finiront pas s'effondrer pour devenir trous noirs et s'évaporer en lumière. Mais cela prendra presque l'éternité. Le chiffre qui décrit cette durée serait tellement long que l'on ne pourrait l'écrire en entier, même en y passant toute sa vie. La mort des diamants surviendrait à bien plus brève échéance, et nous pourrions bien plus facilement écrire leur durée de vie, si une prédiction des nouvelles théories d'unification des forces aux premiers instants de l'univers se révélait correcte. Cette prédiction enlève l'immortalité au proton qui, jusque-là, faisait partie de la bande des quatre immortels avec le photon, le neutrino et l'électron. Toutes les autres particules se désintégreraient, au bout de quelques instants, sous l'impulsion de la force électromagnétique ou de la force nucléaire faible, en particules plus légères. Nous avons vu que le neutron à l'état libre ne vit en moyenne que 15 minutes.

Selon les théories de grande unification, le proton, bien que déchu au rang des mortels, a encore une durée de vie très respectable. Il ne se désintégrera qu'au bout de quelque 10^{32} années ou plus. On n'a encore jamais vu un proton mourir. Bien que notre corps possède 3×10^{28} protons, il faudra attendre au moins 3 000 ans, 30 fois la durée d'une vie humaine, pour qu'un de ces protons disparaisse. Pour pallier la brièveté de la vie humaine, les physiciens pressés vont épier la mort du proton dans de grandes masses de matière. Dans 1 000 tonnes de matière, il y a environ 5×10^{32} protons, et 5 protons en moyenne devraient se désintégrer par année. Les expériences sont généralement faites à quelques kilomètres sous terre pour isoler des rayons cosmiques les protons et les électrons projetés dans l'espace par les supernovae (l'interaction de la masse de matière avec un rayon cosmique peut simuler la mort d'un proton). Une ancienne mine d'or dans le Dakota du Sud (États-Unis), une autre près de Bangalore, en Inde, et deux tunnels sous le Mont-Blanc ont été mis à contribution. Les physiciens, guetteurs de la mort du proton, y ont remplacé les chercheurs d'or. Jusqu'ici, pas un seul proton n'a été surpris en train de se désintégrer. Le proton serait-il plus immortel qu'on ne le croyait ? Affaire à suivre…

En tout cas, si le proton était mortel, le destin de l'univers ouvert bifurquerait dramatiquement après la formation des trous noirs galactiques et hypergalactiques. Les divers débris de l'espace subiront un tout autre sort. Les naines noires et les étoiles à neutrons verront chaque année 10^{25} de leurs 10^{57} protons se désintégrer en positons (les antiparticules des électrons), neutrinos et photons. Les neutrinos, toujours réfractaires à toute interaction, quitteront les cadavres stellaires pour aller se perdre dans l'immensité de l'espace. Les autres particules seront réabsorbées par les étoiles qui se réchaufferont légèrement, à une température de 3 °K pour les naines noires les moins massives et de 100 °K pour les étoiles à neutrons. Les étoiles mortes auront alors un semblant de regain de vie. Elles rayonneront très faiblement jusqu'à environ 10^{30} années. Quand l'an 10^{33} arrivera, tous leurs protons se seront désintégrés, et elles achèveront leur existence. Nos chers diamants et autres objets dans l'univers auront subi le même sort. L'univers ne sera plus qu'un vaste océan dilué d'électrons, de positons, de neutrinos et de photons. Il y aura quelques îlots invisibles çà et là, les trous noirs galactiques et hypergalactiques. Ceux-ci traîneront leur existence jusqu'à leur évaporation complète en lumière en l'an 10^{100}, comme avant.

Qu'adviendra-t-il des électrons et de leurs antiparticules, les positons ? S'ils pouvaient s'embrasser, ils s'envoleraient aussi en une apothéose de lumière. Un univers ouvert, où la densité de matière est inférieure à la densité critique, serait si peu dense qu'électrons et positons n'auraient que très peu de chances de se rencontrer. Sur 10^{42} paires électron-positon, il y en aura peut-être une qui pourra s'étreindre dans une envolée de lumière. Les électrons et leurs antiparticules survivront séparément très longtemps encore.

Dans le cas d'un univers plus dense, avec la densité critique par exemple, les particules seront encore extrêmement éloignées les unes des autres – leur séparation moyenne serait 1 milliard de fois plus grande que la dimension de l'univers d'aujourd'hui –, mais assez rapprochées pour que la force électromagnétique puisse agir et lier des couples électron-positon pour former de gigantesques atomes de positonium. Dans les vastes salles de bal de milliards de milliards d'années-lumière du positonium, la mécanique quantique permettra à l'électron de danser et de virevolter jusqu'à sa rencontre avec le positon, après quelque 10^{120} ans, pour s'envoler dans un éclat de lumière.

Comme dans le cas d'un proton immortel, l'univers ouvert deviendra mer de rayonnement, de neutrinos et d'électrons avec, en prime, des positons, mais les protons et les grains de poussière microscopiques en moins. Seulement, la voie de la mortalité du proton sera beaucoup plus rapide que la voie de l'effondrement des boules de fer en sphères à neutrons et en trous noirs. À raison d'un zéro par seconde, il ne me faudra que 2 minutes pour écrire le nombre 10^{120} en entier.

Un brasier infernal

Parce que de grands monstres massifs, tel le Grand Attracteur, risquent de rôder dans l'obscurité, parce que de vastes populations de particules, nées dans les premières fractions de seconde et surgies de l'imagination créatrice des physiciens, peuvent remplir l'univers de leur masse, la possibilité que l'univers soit fermé, que sa densité de matière soit supérieure à la densité critique, ne peut être exclue. L'expansion s'arrêterait alors et l'univers s'effondrerait sur lui-même. L'obscurité glaciale serait remplacée par une fantastique apothéose de lumière et de chaleur, et le feu de l'enfer se substituerait à la froideur désolée.

Le futur de l'univers fermé se déroulera à un rythme dicté par sa densité de matière. Celle-ci freine l'expansion par la force gravitationnelle qu'elle exerce. L'arrêt complet de l'expansion se fera d'autant plus tard que la densité, et donc sa gravité, sera moins élevée. Un univers doté précisément de la densité critique poursuivrait son expansion indéfiniment, mais de plus en plus lentement. Son destin se confondrait avec celui d'un univers ouvert. Un univers de 2 fois la densité critique (c'est-à-dire contenant six atomes d'hydrogène par mètre cube) arrêterait son expansion au bout de 40 milliards d'années (il serait alors âgé de 50 milliards d'années).

Embarquons-nous avec ce dernier et partageons ses péripéties. Au début, les événements dans l'univers fermé ressemblent à ceux dans l'univers ouvert. D'abord, l'anéantissement du Grand Nuage de Magellan par la galaxie cannibale dans 3 milliards d'années, puis la grande collision avec Andromède dans 3,7 milliards d'années. Ensuite, le gonflement du Soleil en géante rouge dans 4,5 milliards d'années, la grande chaleur qui évacuera la vie de la Terre et la mort du Soleil laissant derrière un pauvre cadavre stellaire de naine blanche qui, après une dizaine de milliards d'années, deviendra naine noire. L'univers continuera son expansion tout en décélérant progressivement. Les galaxies auront encore le temps de fabriquer plusieurs générations additionnelles d'étoiles, et les cimetières stellaires s'enrichiront de nombreux autres cadavres stellaires.

Arrivera l'an 50 milliards. L'univers aura triplé sa taille. Il y aura en moyenne 3 millions (au lieu de 1) d'années-lumière d'espace entre les galaxies. La température du rayonnement fossile aura diminué d'un facteur 3, à 1 °K au-dessus du zéro absolu. La force attractive de la gravité triomphera enfin de la force de répulsion de l'explosion originelle. C'est elle qui mènera désormais le bal. L'univers commencera à se contracter sous son propre poids. Les galaxies arrêteront de se fuir, inverseront leurs mouvements et commenceront à tomber les unes vers les autres. Nos descendants verront la lumière des galaxies proches se décaler vers le bleu (par l'effet Doppler). La lumière des galaxies les plus lointaines continuera à être décalée vers le rouge : les nouvelles de l'effondrement de l'univers dans les contrées éloignées (qui se manifesteront par un décalage vers le bleu de la lumière des galaxies) ne parviendront à nos arrière-arrière-… petits-enfants que des dizaines de milliards d'années plus tard.

L'univers poursuivra sa contraction pendant quelque 100 milliards d'années, sans que rien d'extraordinaire se passe. Les galaxies continueront à se rapprocher les unes des autres. Le rayonnement fossile, comprimé dans un univers de plus en plus petit, se réchauffera progressivement. Quand l'univers aura rétréci jusqu'au cinquième de sa taille actuelle, les amas de galaxies, serrés comme des sardines en boîte, commenceront à fusionner et à perdre leur identité. Les événements iront en s'accélérant. Encore 900 millions d'années et, dans un univers 100 fois plus petit que le nôtre, ce sera au tour des galaxies de s'agglomérer et de perdre leur individualité. L'univers sera alors un immense champ d'étoiles baigné dans un rayonnement fossile de 300 °K (27 °C), aussi chaud que sur Terre. L'effondrement de l'univers aura insufflé beaucoup d'énergie à ces étoiles qui fendront l'espace à quelque 3 000 kilomètres par seconde.

La contraction continuera : 100 millions d'années passeront et l'univers deviendra 1 000 fois plus petit que l'univers actuel. Le rayonnement fossile sera chauffé à 3 000 °K, il sera proche de la température de la surface des étoiles. La nuit disparaîtra. La lumière du ciel sera aussi aveuglante que celle du Soleil. Les étoiles sillonneront l'espace à des vitesses si proches de celle de la lumière (300 000 kilomètres par seconde) qu'elles seront aplaties comme des crêpes. Encore 900 000 années et la température atteindra 10 000 °K. La surface des étoiles commencera à s'évaporer. Les molécules, puis les atomes des atmosphères stellaires, ne pouvant plus supporter la chaleur extrême, commenceront à se dissocier, libérant noyaux et électrons qui rempliront l'espace. La lumière aura de plus en plus de mal à se frayer un chemin à travers la jungle des électrons. L'univers redeviendra opaque, comme dans ses 300 000 premières années. L'évolution se précipitera. La température continuera d'augmenter. Les étoiles s'évaporeront de plus en plus en noyaux et en électrons. 100 000 ans plus tard, la température de l'univers sera de 10 millions de degrés K, aussi torride que celle qui règne au cœur du Soleil. Cette température extrême déclenchera des réactions nucléaires dans les étoiles et provoquera leur mort explosive. Dans un tumulte de détonations nucléaires, toutes les étoiles se volatiliseront en des gerbes de noyaux, d'électrons et de photons. Les noyaux libérés, incapables de subsister dans cette fournaise, se désintégreront très vite en protons et en neutrons.

L'univers retrouvera presque son visage d'enfance : océan de lumière et de particules comme avant, mais parsemé de nombreux trous noirs, cadavres des étoiles d'antan. Les trous noirs gloutons s'empresseront de happer tout ce qui passera à leur portée, lumière ou particules, pour grossir et redoubler de voracité. Leur croissance s'accélérera. Certains fusionneront et une partie grandissante du contenu de l'univers sera absorbée par eux. Les événements iront en s'accélérant. Le cap des 10 000 milliards de degrés K sera franchi en un millier d'années. Les photons auront tellement d'énergie qu'ils pourront accoucher de paires particule-antiparticule. Antiélectrons et antiprotons surgiront. Protons, neutrons et leurs antiparticules se briseront, libérant quarks et antiquarks.

La purée universelle deviendra un mélange de quarks, d'électrons, de neutrons et de leurs antiparticules. Les trois forces (électromagnétique, nucléaires faible et forte) redeviendront une, la gravité restant obstinément à l'écart. Tout se passera comme si le film du big bang se déroulait à l'envers, excepté le fait que l'univers sera beaucoup plus hétérogène en raison de la présence de nombreux trous noirs. L'univers continuera à se contracter (jusqu'à 10^{-28} centimètre, 1 million de milliards de fois plus petit que le diamètre du noyau d'un atome d'hydrogène) et à se réchauffer jusqu'à la température fatidique de 10^{32} degrés. Nous ne pourrons accompagner l'univers plus loin dans sa contraction. Sa mort ultime (le big crunch) nous échappera comme les tout premiers moments de sa naissance lors du big bang. Le barrage de Planck, le mur de la connaissance, se dressera devant nous. La physique connue s'arrêtera là et nous ne pourrons extrapoler davantage (table 3).

Table 3

Le compte à rebours vers l'effondrement final d'un univers fermé

Temps avant l'effondrement final (en années)	Événement
-10^9	Les amas de galaxies fusionnent.
-10^8	Les galaxies fusionnent.
-10^6	Les étoiles, aplaties comme des crêpes, traversent le ciel à des vitesses proches de celle de la lumière.
-10^5	Les enveloppes des étoiles s'évaporent en particules élémentaires. La lumière ne peut plus se propager : l'univers redevient opaque.
-10^3	Les étoiles explosent. Les trous noirs, cadavres stellaires des étoiles d'antan, dévorent la matière environnante et grandissent à vive allure.
-1	L'univers est rempli d'une soupe de quarks, d'électrons, de neutrons et de leurs antiparticules.

Un univers cyclique ?

Que se passera-t-il derrière le mur de Planck ? L'univers mourra-t-il dans une densité et une chaleur infinies ? Ou est-ce qu'un mécanisme encore inconnu arrêtera son effondrement final, lui permettant de « rebondir » et de repartir vers un nouveau big bang ? Pourra-t-il, tel un phénix, renaître éternellement de ses cendres ? Connaîtra-t-il une série infinie de cycles d'expansion et de contraction ? Autant de questions qui resteront sans réponse tant que nous ne saurons pas décrire la gravité dans le monde de l'infiniment petit. En tout cas, une chose est sûre : les cycles se suivront peut-être, mais ne se ressembleront pas. Chaque cycle successif aura un net gain d'énergie, car le réchauffement pendant la contraction l'emportera sur le refroidissement pendant l'expansion. Ce gain d'énergie permettra à l'univers de se dilater de plus en plus, avant de commencer son effondrement. Les cycles s'allongeront (fig. 39). Chaque cycle amènera aussi une nouvelle moisson de trous noirs et sa part de désordre (ou entropie). Les univers successifs deviendront de plus en plus hétérogènes et désordonnés. Le fait que le nôtre soit si extraordinairement homogène à son début, comme le montre le rayonnement fossile, implique que si l'univers est cyclique, nous sommes dans un des tout premiers cycles (ce qui ne plaira pas au fantôme de Copernic, car cela sous-entend que nous vivons un instant privilégié de l'histoire de l'univers), ou que l'univers, derrière le mur de Planck, a su gommer toutes les « rugosités » dues aux trous noirs et remettre de l'ordre dans le désordre.

Une dernière énigme concerne la flèche du temps. Nous avons vu que la direction de la flèche du temps cosmologique, qui est la même que celle des temps psychologique et thermodynamique, est liée à l'expansion de l'univers. Cela signifierait-il que la direction du temps cosmologique s'inverserait dans un univers en contraction ? Mais si la direction du temps psychologique faisait de même, nos descendants n'auront-ils pas l'impression d'être eux aussi dans un univers en expansion ? De nouveau, pas de réponse certaine. Au premier abord, rien de très spécial ne se passera lorsque l'univers commencera sa contraction : la lumière des galaxies lointaines continuera à être décalée vers le rouge et ne virera au bleu qu'au terme de milliards d'années. Alors, pourquoi le temps changerait-il de direction ?

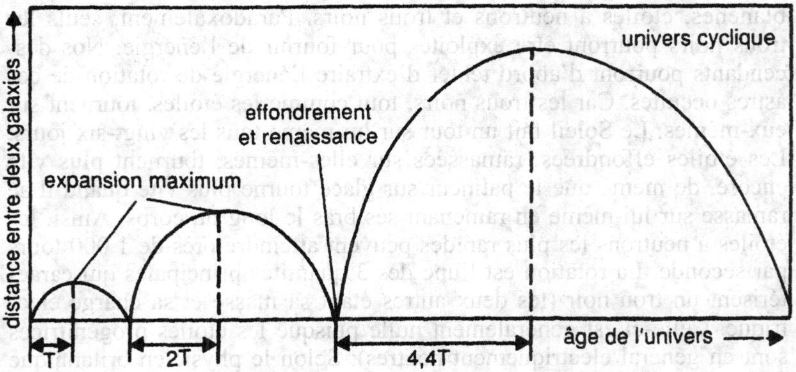

Fig. 39. *Un univers cyclique*. Un univers fermé (voir fig. 34) qui s'effondre sur lui-même peut-il renaître de ses cendres, tel un phénix, pour repartir dans un nouveau cycle avec, peut-être, de nouvelles lois physiques ? Nul ne le sait, car la physique actuelle perd pied à des densités et à des températures trop extrêmes. En tout cas, même si l'univers repart dans un nouveau cycle, les cycles se suivront, mais ne se ressembleront pas. L'univers accumulera de plus en plus d'énergie au cours des cycles, ce qui aura pour effet que chaque cycle successif durera plus longtemps et que la taille maximale de l'univers deviendra de plus en plus grande.

Domestiquer les trous noirs

L'avenir de l'univers n'est pas rose. Selon la densité de matière qu'il contient, il finira écrasé dans un feu d'enfer ou étiré dans une froideur glaciale, interminable. La vie pourra-t-elle se maintenir dans ce lointain futur ? En admettant que nos descendants aient assez de sagesse pour échapper au suicide nucléaire et écologique, et que le rythme des progrès technologiques ne se ralentisse pas, quelles stratégies devront-ils adopter pour survivre et maintenir l'habitabilité de l'univers ? Seuls les problèmes de survie de nos éventuels descendants dans un univers ouvert peuvent nous intéresser. En effet, le cas d'un univers fermé est vite réglé. Il n'y aura aucune chance pour nos arrière-arrière-… petits-enfants de s'en sortir : dans quelques dizaines de milliards d'années, ils finiront dans un four crématoire infernal. La chaleur infinie effacera toute forme de vie.

La survie, dans le cas d'un univers ouvert, dépend d'abord de l'accès à une source d'énergie. La mort du Soleil conduira inévitablement à un exode interstellaire, à la recherche d'un autre astre. Celui-ci s'éteindra à son tour après une dizaine de milliards d'années, et la quête d'une nouvelle étoile reprendra. Et ainsi de suite, jusqu'à la période de 1 000 milliards (10^{12}) d'années où toutes les étoiles s'éteindront et où les galaxies finiront de briller. Ce sera la fin de l'ère de l'énergie thermonucléaire des étoiles. Resteront d'immenses champs de cadavres stellaires : naines blanches, étoiles à neutrons et trous noirs. Paradoxalement, seuls les trous noirs pourront être exploités pour fournir de l'énergie. Nos descendants pourront d'abord tenter d'extraire l'énergie de rotation de ces astres occultes. Car les trous noirs, tout comme les étoiles, tournent sur eux-mêmes. Le Soleil fait un tour sur lui-même tous les vingt-six jours. Les étoiles effondrées, ramassées sur elles-mêmes, tournent plus vite encore, de même que le patineur sur glace tourne plus vite quand il se ramasse sur lui-même en ramenant ses bras le long du corps. Ainsi, les étoiles à neutrons les plus rapides peuvent atteindre près de 1 000 tours par seconde. La rotation est l'une des 3 quantités principales qui caractérisent un trou noir (les deux autres étant sa masse et sa charge électrique. Celle-ci est généralement nulle puisque les étoiles progénitrices sont en général électriquement neutres). Selon le physicien britannique Roger Penrose, nos descendants devront, pour soutirer de l'énergie aux trous noirs, « nourrir » ces monstres tournant à toute vitesse de déchets radioactifs. Si une particule radioactive, en descendant dans la gueule béante du trou noir, se scindait en deux autres avant de franchir le rayon de non-retour, une des nouvelles particules serait dévorée par le trou noir, mais l'autre, dans certaines conditions, pourrait s'échapper avec plus d'énergie que la particule originelle en emportant de l'énergie de rotation du trou noir qui tournerait alors un peu moins vite. Nos descendants n'auront qu'à cueillir ces particules rescapées. Ils feront ainsi d'une pierre deux coups : se débarrasser de leurs produits radioactifs nocifs et subvenir à leurs besoins d'énergie (fig. 40).

Il leur faudra être constamment sur le qui-vive. La période de 10^{12} à 10^{27} années est une époque de grand chambardement : les cadavres stellaires joueront au jeu de l'échange d'énergie qui finira par l'éjection de 90 % des trous noirs hors de la galaxie mère. Nos descendants devront abandonner le trou noir exploité dès qu'il y aura un danger d'éjection, sous peine d'être rejetés eux aussi dans le grand vide intergalactique. Ils partiront à la recherche d'un autre trou noir dans la galaxie, et l'exploitation recommencera. Après une longue migration de trou noir en trou noir, ils se retrouveront au centre de la galaxie, exploitant le grand trou noir galactique de 1 milliard de masses solaires, produit de l'agglomération des trous noirs perdants dans le jeu de l'échange d'énergie. Par des migrations similaires, les autres civilisations de la galaxie (si elles existent) seront aussi parvenues au même trou noir galactique. Elles se rassembleront toutes aux abords du trou noir dont le rayon de non-retour est de 3 heures-lumières (environ la taille du système solaire). Elles s'engageront dans de grands dialogues intersidéraux et exploiteront ensemble le trou noir. Quand l'énergie de rotation des trous noirs galactiques sera épuisée, viendra l'exploitation des trous noirs hypergalactiques de 1 000 milliards (10^{12}) de masses solaires qui perdront aussi progressivement leur énergie de rotation et ralentiront de plus en plus jusqu'à ne plus tourner.

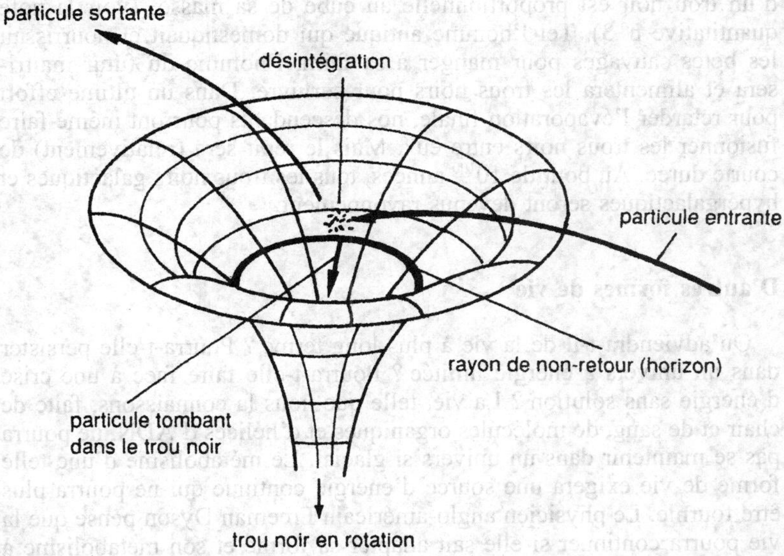

Fig. 40. *L'exploitation des trous noirs*. Pour extraire l'énergie d'un trou noir (représenté dans la figure par l'espace courbe), il faut lui envoyer des particules radioactives. Une telle particule peut se désintégrer en deux juste avant de traverser le rayon de non-retour du trou noir. Une des deux particules s'engouffre dans le trou noir, et l'autre s'échappe vers l'extérieur avec plus d'énergie que la particule originale. Ce gain d'énergie (que l'on peut exploiter pour alimenter nos besoins énergétiques) se fait aux dépens de l'énergie de rotation du trou noir qui tourne de moins en moins vite.
Le même mécanisme opère quand un trou noir s'évapore. Mais la paire de particules, au lieu d'être le produit de la désintégration d'une particule radioactive, se matérialise grâce au prêt d'énergie consenti par le champ de gravité intense qui entoure le trou noir. Comme auparavant, une des particules de la paire tombe dans le trou noir, tandis que l'autre s'échappe en emmenant de l'énergie empruntée au trou noir. Celui-ci s'évapore ainsi lentement.

Nos descendants se tourneront alors vers l'énergie du rayonnement résultant de l'évaporation des trous noirs. Ils construiront d'énormes réservoirs autour des trous noirs, au-delà de leur rayon de non-retour, pour emmagasiner cette précieuse énergie. Cette énergie sera bien moindre que celle qui provenait de la rotation des trous noirs. Nos descendants deviendront très économes. Ils seront obligés d'hiberner pendant de longues périodes pour ne pas dépenser trop d'énergie. L'évaporation réduira de plus en plus la masse des trous noirs. Leur température s'accroîtra et leur perte de matière s'accélérera jusqu'à la grande explosion finale. Pour ralentir la mort des trous noirs, nos descendants partiront à la chasse des débris de l'espace : planètes, comètes, astéroïdes, etc., pour nourrir les monstres, les engraisser et ralentir leur évaporation (la durée de vie d'un trou noir est proportionnelle au cube de sa masse) (voir la note quantitative nº 3). Tel l'homme antique qui domestiquait et nourrissait les bêtes sauvages pour manger à sa faim, l'homme du futur maîtrisera et alimentera les trous noirs pour survivre. Dans un ultime effort pour retarder l'évaporation finale, nos descendants pourront même faire fusionner les trous noirs entre eux. Mais le répit sera (relativement) de courte durée. Au bout de 10^{100} années, tous les trous noirs galactiques et hypergalactiques seront devenus rayonnement.

D'autres formes de vie

Qu'adviendra-t-il de la vie à plus long terme ? Pourra-t-elle persister dans un univers à énergie limitée ? Pourra-t-elle faire face à une crise d'énergie sans solution ? La vie, telle que nous la connaissons, faite de chair et de sang, de molécules organiques et d'hélices d'ADN, ne pourra pas se maintenir dans un univers si glacial. Le métabolisme d'une telle forme de vie exigera une source d'énergie continue qui ne pourra plus être fournie. Le physicien anglo-américain Freeman Dyson pense que la vie pourra continuer si elle sait adapter sa forme et son métabolisme à un environnement toujours plus froid. Il adopte le point de vue optimiste selon lequel la survie de la conscience et de l'intelligence ne dépend pas de la nature particulière du matériel qui leur sert de support, mais de la complexité de l'agencement de ce matériel. Ainsi, nul n'est besoin des hélices enchevêtrées des molécules organiques d'ADN pour fabriquer un cerveau. Un nuage de grains de poussière microscopiques (ceux qui pèsent par exemple moins de 20 microgrammes et qui ne pourront jamais s'effondrer en trous noirs) ou, si le proton est instable, une nuée d'électrons et de positons, avec une organisation sophistiquée, feront aussi bien l'affaire. Ces formes de vie, en adaptant leur métabolisme à un froid de plus en plus intense et en hibernant sur des périodes de plus en plus longues pour conserver leur énergie, pourront peut-être se perpétuer pour l'éternité. Certes, nous sommes en pleine science-fiction. Mais il ne faut pas sous-estimer la nature. Il lui a suffi d'une dizaine de milliards d'années pour créer, à partir du vide, un univers d'étoiles et de galaxies ainsi qu'une intelligence assez évoluée pour questionner l'univers qui l'a engendrée. Qui sait de quelles prouesses elle est capable si elle dispose de l'éternité ?

VII
UN UNIVERS ACCIDENTEL OU NÉCESSAIRE ?

Le fantôme de Copernic remis en question

Copernic avait, au XVIe siècle, délogé l'homme de sa place centrale dans le système solaire. Depuis, son fantôme n'a cessé de nous hanter et de causer d'autres ravages. La Terre perdit sa place centrale, puis le Soleil fut à son tour ramené au rang d'une simple étoile reléguée dans une lointaine banlieue de la Voie lactée. Voie lactée qui se retrouva vite perdue parmi les centaines de milliards de galaxies de l'univers observable. L'homme était réduit à l'insignifiance face à l'immensité de l'espace. L'émergence de l'intelligence et de la conscience n'était qu'un simple fait du hasard, un accident de parcours dans la longue marche de l'univers. Celui-ci n'avait que faire de notre présence. Il s'en souciait comme d'une guigne. Cette réduction de la conscience humaine au néant plongea certains dans un profond désespoir. Blaise Pascal poussa déjà, au XVIIe siècle, un immense cri d'angoisse devant « le silence éternel des espaces infinis », auquel répondirent, trois siècles plus tard, les appels de détresse conjugués du biologiste français Jacques Monod : « L'homme est perdu dans l'immensité indifférente de l'univers d'où il a émergé par hasard[1] », et du physicien américain Steven Weinberg : « Plus on comprend l'univers, plus il nous apparaît vide de sens[2]. »

Face à cette sombre perspective, un mouvement de résistance s'organisa. Le fantôme de Copernic fut remis en question. Las de son pouvoir dévastateur, quelques physiciens tentèrent, au cours des vingt dernières années, de briser son joug écrasant et de rendre à l'homme sa place privilégiée dans le cosmos. Pour eux, l'homme n'a pas émergé par hasard dans un univers indifférent. Au contraire, tous deux sont en étroite symbiose : si l'univers est tel qu'il est, c'est parce que l'homme est là pour l'observer et se poser des questions. L'existence de l'être humain est inscrite dans les propriétés de chaque atome, étoile et galaxie de l'univers et dans chaque loi physique qui régit le cosmos. Que des propriétés et des lois de l'univers se modifient un tant soit peu et nous ne serons plus là pour en parler. Le visage de l'univers et notre existence sont donc inextricablement liés. « L'univers se trouve avoir, très exactement, les propriétés requises pour engendrer un

1. Jacques Monod, *Le Hasard et la Nécessité*, Le Seuil, 1970.
2. Steven Weinberg, *Les Trois Premières Minutes de l'univers*, Le Seuil, 1978.

être capable de conscience et d'intelligence. » L'astronome australien Brandon Carter, l'un des chefs de file de l'attaque concertée contre le fantôme de Copernic et l'auteur de cet énoncé, a baptisé ce dernier « principe anthropique » (du grec *anthropos*, qui signifie « homme »). Reste à voir si cette attaque est justifiée. Il nous faut examiner les dessous de l'affaire.

Des nombres dans la nature

Vous lancez une balle en l'air. Elle décrit une courbe gracieuse dans l'espace avant de retomber sur le sol. Cette courbe, loin d'être quelconque, a une forme mathématique très précise. Un physicien vous dira qu'il ne peut s'agir que d'une ellipse, d'une parabole ou d'une hyperbole. Il vous révélera combien de temps la balle restera en l'air et l'emplacement exact où elle retombera au sol. Pour donner ces indications, il utilisera deux types de renseignements : d'abord les lois de la physique et, ensuite, ce qu'il appelle les « conditions initiales ». La loi physique qui commande la trajectoire de la balle est celle de la gravité : la force gravitationnelle qui attire la balle vers la Terre varie de façon proportionnelle au produit de leurs masses et de façon inversement proportionnelle au carré de leurs distances. Cet énoncé qualitatif « proportionnel » peut être rendu quantitatif (c'est-à-dire permettre de faire des calculs précis) si l'on introduit dans la loi un nombre appelé « constante de gravitation » et que l'on distingue traditionnellement par la lettre G. Ainsi, la loi de Newton peut aussi bien s'énoncer comme suit : la force gravitationnelle est *égale* au produit de G par les deux masses divisé par le carré de leurs distances. Ce nombre G dicte la force de gravité. S'il est grand, la gravité est vigoureuse. S'il est petit, la gravité est faible. La valeur de G, mesurée maintes fois dans les laboratoires, est très petite : la gravité est la plus faible de toutes les forces. Mais aucune théorie physique, et c'est là que le bât blesse, ne peut expliquer pourquoi G a cette valeur plutôt qu'une autre. Ce nombre nous est « donné » et il faut vivre avec.

La loi de Newton ne suffit pas pour évaluer la courbe gracieuse de la balle dans l'espace. Il faut également connaître les conditions initiales, le point précis dans l'espace où elle a quitté votre main et sa vitesse initiale de lancement. Lancée avec force, elle aura une grande vitesse initiale et atterrira loin. Avec un lancer plus mou, sa vitesse initiale sera plus faible et elle touchera le sol plus près.

Ce qui est vrai pour la balle est également vrai pour l'univers. Son évolution et son destin dépendent de la même dualité : des lois physiques gouvernées par quelques « nombres » (ces paramètres numériques sont appelés « constantes fondamentales de la nature ») et des conditions initales, celles qui furent attribuées par les fées qui se sont penchées sur le berceau de l'univers lors du big bang.

Combien faut-il de « nombres » pour décrire l'univers ? Notre connaissance actuelle nous dit qu'il faut un peu plus d'une dizaine. De même que G dicte la force de gravité, il y a deux autres paramètres numériques qui contrôlent l'intensité des forces nucléaires forte et faible. Il y a ensuite *c*, la vitesse de la lumière et la plus grande dans l'univers. Puis vient *h*, la constante dite de Planck (celui du mur de la connaissance), qui dicte la taille des atomes. Les atomes sont petits parce que *h* est minuscule. Puis viennent les nombres qui caractérisent les masses des particules élémentaires. Il y a, bien sûr, la masse de l'électron, mais aussi la masse du proton. (Pourquoi pas la masse du quark, puisqu'un proton est supposé être composé de trois quarks ? Parce que les quarks n'ont jamais été isolés à l'état libre et restent jusqu'à nouvel ordre des entités théoriques.) Puis c'est *e*, la charge de l'électron (la charge du proton est égale et opposée). Viennent encore quelques autres. On en compte une quinzaine en tout. Ces nombres, comme leur autre nom l'indique, sont véritablement constants. Ils semblent ne varier ni dans le temps ni dans l'espace. Nos descendants lointains ou des extra-terrestres vivant à l'autre bout de l'univers mesureront exactement les mêmes nombres. Nous avons pu nous en assurer en remontant le temps et en sondant l'espace grâce à l'observation de galaxies très lointaines. Les propriétés de ces galaxies ne sont pas très dissemblables de celles de notre Voie lactée, ce qui ne peut se comprendre que si les constantes n'ont pas varié de manière appréciable. (En tout cas, cette constance des nombres de la nature sera bien utile le jour où nous entrerons en contact avec des civilisations extra-terrestres. Nous communiquerons par la lumière en utilisant les mêmes données physiques [la même masse du proton, la même masse de l'électron, la même vitesse de la lumière, etc.]. Autrement, tout serait chaos, et le dialogue impossible.)

Avons-nous répertorié tous les « nombres » de la nature ? Nul ne le sait. Si, demain, d'autres forces ou particules venaient à être découvertes, la liste s'allongerait. Mais elle pourrait aussi être raccourcie. Les physiciens s'emploient en fait activement à la réduire. Ils veulent unifier les quatre forces fondamentales en une seule. S'ils réussissent, ils pourront décrire les quatre forces avec un seul paramètre au lieu de plusieurs. Et puis, pourquoi ne découvrirait-on pas une théorie grandiose qui pourrait prédire la vitesse de la lumière, la constante du monde atomique (*h*) ou la masse de l'électron ? Ou un grand principe unificateur qui décrirait tout l'univers et qui ne reposerait sur aucun nombre « donné », auquel cas la liste des paramètres serait réduite à zéro ? La physique actuelle est encore très, très loin de ce grand principe à zéro paramètre. Nous ne sommes pas arrivés à unir la gravité avec les autres forces. Et nous sommes encore moins certains que le fait même de parler d'un grand principe unificateur a un sens. En attendant, contentons-nous d'accepter ces nombres comme des « données » de la physique. Acceptons que la lumière voyage à 300 000 kilomètres plutôt qu'à 1 kilomètre par seconde, ou que la masse du proton soit 1 826 fois supérieure à celle de l'électron et non le contraire, et voyons comment ces « constantes » de la physique sont responsables de la diversité et de la richesse des structures dans l'univers, et de l'éclosion de la vie.

Les choses de la vie

Les nombres de la nature gouvernent notre vie quotidienne. Ils déterminent la taille et la masse des choses de la vie. Ils font que le monde est tel qu'il est, au lieu d'être tout autre. Ce qui semble être une lapalissade reflète l'infinité des choix de masse et de taille que la nature tient à sa disposition pour bâtir le contenu de l'univers. Ainsi, les planètes, au lieu d'être des boules sphériques de quelques milliers de kilomètres, auraient pu se réduire à de minuscules grains de poussière. Les êtres humains auraient pu avoir la taille de microbes. Pourquoi le jour, la durée d'une rotation de la Terre sur elle-même, n'a-t-il que vingt-quatre heures ? Pourquoi toutes les choses qui font que la vie vaut la peine d'être vécue sont-elles ce qu'elles sont ? Pourquoi la plus haute montagne sur Terre a-t-elle moins de 10 kilomètres d'altitude ? Pourquoi les fleurs sont-elles moins hautes que 1 mètre et les arbres moins que quelques dizaines de mètres ? Pourquoi une goutte d'eau de pluie n'a-t-elle que quelques centimètres de diamètre ? La réponse est dans les nombres, dans les constantes fondamentales de la nature.

Les objets sont faits d'atomes, et ce sont ces derniers qui leur confèrent la solidité. L'atome est le résultat de l'équilibre entre deux forces : la force électromagnétique qui attire les électrons vers les protons du noyau, et qui dépend de la masse du proton m_p et de celle de l'électron m_e, et de la charge e de l'électron ; et la force qui lui est opposée, qui résulte du principe d'exclusion selon lequel les électrons ne peuvent être trop serrés les uns contre les autres, et qui fait intervenir la constante de Planck (h). La constante de gravitation G n'intervient pas, car la gravité ne joue aucun rôle dans le monde atomique (la force gravitationnelle entre un proton et un électron est 10^{40} fois plus faible que la force électromagnétique). Les « nombres » m_p, m_e, e et h contrôlent les deux forces de telle sorte que la taille de l'atome est extrêmement petite, de l'ordre d'un cent millionième de centimètre. La nature aurait pu construire des atomes de la taille de la tour Eiffel en choisissant d'autres constantes physiques, mais elle ne l'a pas fait.

Les atomes s'organisent ensuite en des réseaux cristallins pour composer les objets solides de formes et de couleurs variées qui font l'agrément de la vie : les pots de fleurs, l'Arc de Triomphe, les tableaux de Degas et de Monet, etc. En raison de la petitesse de G, la gravité n'intervient pas tant que la masse de l'objet ne dépasse pas 100 milliards de milliards de tonnes (10^{26} grammes), ce qui est le cas de presque toutes les choses de la vie. Au-delà de cette masse, la force gravitationnelle est assez grande pour avoir son mot à dire. Elle n'aime que les formes sphériques et transforme toute masse supérieure à 10^{26} grammes en sphères que nous appelons planètes. Nous l'avons échappé belle ! Si G avait été beaucoup plus grand, la gravité serait intervenue pour des masses beaucoup plus petites et nous aurions vécu dans un monde triste et morne où seule la forme sphérique aurait été tolérée ! (Nous avons vu que, dans un futur très lointain, la mécanique quantique réduira toute forme en sphère. Mais nous ne serons alors plus faits de chair et de sang et, sous forme de nuées de poussières ou d'électrons plongés dans une obscurité glaciale, nous aurons peut-être perdu tout sens esthétique.)

Pour qu'une planète soit habitable, il lui faut une atmosphère qui la protège contre les effets nocifs des rayons ultraviolets du Soleil, et qui permette l'ascension vers la complexité, la formation des molécules organiques et l'éclosion de la vie. Il faudra une planète suffisamment massive pour retenir l'atmosphère, mais pas trop massive pour que l'atmosphère retenue ne soit pas trop épaisse et ne bloque pas la lumière du Soleil, source d'énergie. Les nombres nous disent qu'une telle planète aura un rayon approximatif de 6 400 kilomètres et une masse proche de 6×10^{27} grammes, les paramètres de la Terre. La force centrifuge qui projette un passager contre la paroi de la voiture quand le conducteur amorce trop brusquement un virage tente aussi de disloquer les réseaux cristallins de la Terre, de briser les liens atomiques et moléculaires, et de la faire voler en éclats. Il ne faut donc pas qu'elle tourne trop vite. À nouveau, d'après les constantes physiques, une journée de vingt-quatre heures fera très bien l'affaire. Quelle est la plus grande montagne qui puisse se dresser sur Terre ? Celle que les réseaux cristallins de l'écorce terrestre pourront supporter sans se briser. Un petit calcul et les constantes physiques indiquent que la plus haute montagne ne doit pas dépasser le centième du rayon de la planète, c'est-à-dire 64 kilomètres. L'Himalaya ne dépasse pas 7 kilomètres.

Les constantes de la physique nous disent aussi pourquoi les êtres humains ne peuvent pas dépasser une taille de 2 mètres environ : un corps humain plus grand se briserait lors d'une chute accidentelle. (Cela serait également valable pour les chevaux, les éléphants ou les girafes. Les constantes physiques ne savent pas les distinguer des humains.) Les nombres nous révèlent que l'homme occupe une place bien précise entre l'atome et la planète. Sa masse et sa taille sont les moyennes géométriques des masses et des tailles d'une planète et d'un atome (la moyenne géométrique est la racine carrée du produit : ainsi, 9 est la moyenne géométrique des nombres 3 et 27, alors que 15 est la moyenne arithmétique qui nous est plus familière).

Ainsi, une quinzaine de constantes physiques déterminent le paysage qui nous entoure. Ce sont d'elles que dépend la magnifique hiérarchie des structures et des masses dans l'univers, du plus petit atome au plus grand superamas de galaxies en passant par l'homme, la planète, l'étoile et la galaxie (fig. 41). Ce sont elles qui limitent les sommets des montagnes et nous empêchent d'avoir une taille de microbes. Mais le plus extraordinaire, ce sont aussi les constantes physiques, conjuguées aux conditions initiales de l'univers, qui ont permis l'éclosion de la vie et l'apparition de la conscience et de l'intelligence. L'existence de la vie dépend d'un équilibre très précaire et d'un concours de circonstances extraordinaire. Modifiez un tant soit peu les paramètres numériques ou les conditions initiales, et l'univers sera complètement différent et nous n'existerons plus.

Les univers-jouets sont infertiles

Les physiciens se sont rendu compte de l'extrême improbabilité de l'émergence de la vie et de l'intelligence dans un univers aux paramètres numériques et aux conditions initiales quelconques, en cédant à leurs impulsions de vouloir jouer aux dieux créateurs. Pour pallier le fait que nous ne disposons que d'un seul univers pour effectuer nos observations, le nôtre, ils vont créer une multitude d'univers fictifs et suivre leur évolution hypothétique à l'aide d'équations complexes et de puissants ordinateurs. Tout comme ils se sont servis d'univers-jouets pour étudier la formation de la merveilleuse tapisserie cosmique des galaxies, les astrophysiciens vont utiliser des univers-jouets pour étudier les conditions nécessaires à l'émergence de la vie et de la conscience. Ces univers-jouets auront tous des paramètres numériques et des conditions initiales différents. Dans l'un, la force nucléaire faible sera moins intense, dans l'autre ce sera la force électromagnétique qui augmentera. Le suivant contiendra tellement de matière qu'il s'effondrera au bout d'une seconde tandis qu'un autre sera peuplé d'une telle quantité de trous noirs qu'il sera complètement inhomogène. Les questions à 1 000 francs seraient : ces univers-jouets sauront-ils gravir les différents échelons de la pyramide de la complexité pour aboutir à la conscience ? Est-ce qu'ils sauront inventer galaxies, étoiles, planètes et océans primitifs pour engendrer la vie ?

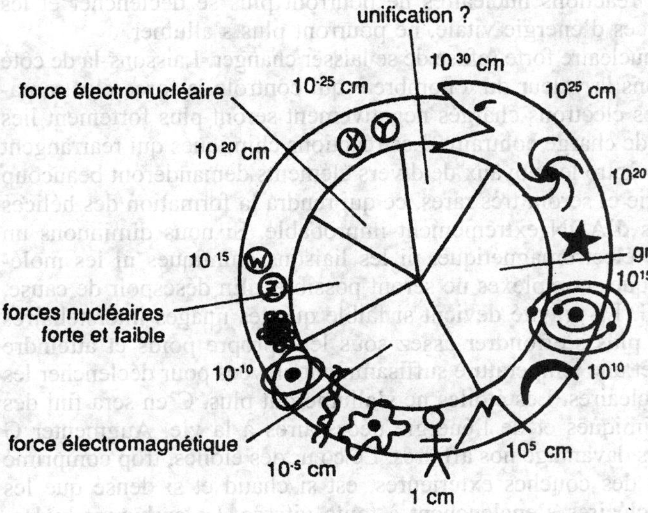

Fig. 41. *Le réglage précis des quatre forces de l'univers*. Ce serpent qui se mord la queue illustre le domaine d'influence de chaque force. La force gravitationnelle contrôle le domaine cosmique (galaxies, étoiles, planètes et Lune). La force électromagnétique opère de l'échelle des hommes à celle des atomes en passant par celle des amibes et des hélices enchevêtrées de l'ADN. Les forces nucléaires forte et faible contrôlent le domaine des noyaux d'atomes et des particules élémentaires. À des échelles plus petites (comme celle de l'univers à ses débuts), les forces nucléaires et la force électromagnétique s'unissent pour former la force électronucléaire. La gravité s'unira-t-elle avec la force électronucléaire pour ne former qu'une seule « superforce » à des échelles encore plus petites ? L'intensité relative de ces quatre forces a été réglée de façon très précise pour permettre l'apparition de la vie et de la conscience. Que ces forces diffèrent un tant soit peu et nous ne serons plus là pour en parler (dessin d'après S. Glashow).

La réponse à ces questions est surprenante au premier abord. La vie telle que nous la connaissons n'aura aucune chance de surgir dans un univers un tant soit peu différent du nôtre. Tous les univers-jouets seront donc infertiles et vides de conscience. Les paramètres numériques ne souffrent aucune modification. Augmentons un peu (de quelques pourcentages par exemple) la valeur du paramètre qui contrôle l'intensité de la force nucléaire forte, et les protons, noyaux d'hydrogène, ne pourront plus rester libres. Ils se transformeront en noyaux lourds en se combinant avec d'autres protons et neutrons. Sans hydrogène, adieu eau, molécules d'ADN et vie. Des étoiles pourront se former, mais elles s'éteindront très vite, faute de carburant d'hydrogène. Diminuons un peu l'intensité de la force nucléaire forte. Nous versons alors dans l'excès contraire : aucun noyau autre que celui d'hydrogène ne pourra survivre. Les noyaux d'hydrogène ne pourront plus se combiner pour brûler en hélium. Les réactions nucléaires ne pourront plus se déclencher et les étoiles, sources d'énergie vitale, ne pourront plus s'allumer.

La force nucléaire forte refuse de se laisser changer. Laissons-la de côté et augmentons la valeur du « nombre » qui contrôle la force électromagnétique. Les électrons chargés négativement seront plus fortement liés aux noyaux de charge contraire. Les réactions chimiques qui réarrangent les électrons entre les noyaux de divers éléments demanderont beaucoup plus d'énergie et seront très rares, ce qui rendra la formation des hélices enchevêtrées d'ADN extrêmement improbable. Si nous diminuons un peu la force électromagnétique, ni les liaisons chimiques ni les molécules organiques complexes ne seront possibles. En désespoir de cause, diminuons G. La gravité devient si faible que les nuages interstellaires ne pourront plus s'effondrer assez sous leur propre poids et atteindre une densité et une température suffisamment élevées pour déclencher les réactions nucléaires. Les étoiles ne s'allumeront plus. C'en sera fini des éléments chimiques et de l'énergie nécessaires à la vie. Augmenter G n'arrange pas davantage nos affaires. Le cœur des étoiles, trop comprimé par le poids des couches extérieures, est si chaud et si dense que les réactions nucléaires s'enclenchent à toute vitesse. Le carburant hydrogène est très vite consommé, trop vite pour que l'évolution cosmique ait le temps de gravir les échelons nécessaires à l'ascension vers la vie.

Une argumentation similaire s'applique aux autres « nombres ». La même conclusion est toujours répétée : les paramètres numériques sont inflexibles. Changer légèrement leurs valeurs élimine toute chance d'éclosion de la vie. Que se passerait-il si les conditions initiales de l'univers étaient modifiées ? Nous donneraient-elles des univers-jouets plus fertiles ? Là encore, il nous faudra conclure que les conditions initiales de notre univers sont très particulières et que toute modification entraîne la suppression de la vie.

Un univers réglé avec une extrême précision

Une des conditions initiales les plus importantes de l'univers est la quantité de matière par unité de volume (ou densité de matière) qu'il contient. Cette quantité détermine, nous l'avons vu, le destin de l'univers. Un univers très dense au départ aura une durée de vie très courte. Une expansion d'une année, d'un mois ou même d'une seconde, et la gravité provoquera l'effondrement et l'écrasement dans une chaleur infernale. La vie n'aura plus le temps nécessaire pour gravir les échelons de la complexité. Les êtres vivants sont faits de noyaux d'éléments lourds (tel le carbone) fabriqués au cœur des étoiles. Pour que ces noyaux soient disponibles, il faut d'abord attendre qu'une génération d'étoiles vivent leurs vies et se consument en des agonies explosives pour ensemencer le milieu interstellaire des produits de leur combustion. Puis attendre l'invention de la planète et patienter pendant la longue progression des acides aminés jusqu'au cerveau humain. En tout, il faut compter au moins quelques milliards d'années. Facile, me direz-vous. Il suffit de diminuer la densité initiale pour allonger la durée de l'univers et donner à la vie le temps de se développer. Mais il ne faut pas verser dans l'excès inverse. Un univers de très faible densité aura une longue durée, certes. Mais la matière y sera tellement diluée qu'étoiles et galaxies ne pourront plus s'y condenser et il sera lui aussi condamné à la stérilité.

En fait, seul un univers ayant une densité extrêmement précise pourra à la fois durer longtemps et héberger galaxies et étoiles. C'est le cas du nôtre. Nous avons vu qu'il possède une densité très proche de la densité critique (trois atomes d'hydrogène par mètre cube), c'est-à-dire de la densité d'un univers qui n'arrêterait son expansion qu'après un temps infini. La densité de notre univers n'est, aux dernières nouvelles, que le cinquième de la densité critique. Elle pourrait être égale à la densité critique si l'univers contenait d'innombrables particules élémentaires nées à ses premiers instants ou si de nombreux monstres massifs, tel le « Grand Attracteur », rôdaient dans l'immensité de l'espace. En tout cas, il est extraordinaire que la densité actuelle de l'univers soit si proche de la densité critique, alors qu'elle aurait pu être des milliers, voire des milliards de fois plus petite ou plus grande que cette dernière. Les calculs montrent que la différence entre la densité réelle et la densité critique augmente avec le temps. Cette différence a été amplifiée d'un facteur de 1 million de millions de fois depuis l'ère de la nucléosynthèse primordiale. Le fait que les deux densités soient encore presque égales après 15 milliards d'années d'évolution signifie que, au moment de la fabrication de l'hydrogène et de l'hélium, environ trois minutes après l'explosion originelle, la densité de l'univers ne différait pas de plus d'un millionième de millionième de la densité critique. La densité de l'univers a été parfaitement réglée pour que les galaxies, oasis de vie, surgissent dans le désert cosmique, et que l'évolution cosmique ait le temps nécessaire pour accéder à l'intelligence. Le paysage universel qui correspond à la densité critique est plat et dénué de toute courbure. S'il y avait assez de matière pour sculpter ce paysage en montagnes et vallons, l'univers se serait effondré au bout de quelques secondes.

Il existe d'autres réglages tout aussi précis. L'univers est homogène et isotrope à un très haut degré. Ses propriétés sont presque les mêmes partout et dans toutes les directions. La température du rayonnement fossile ne varie pas de plus de 0,001 % d'un point du ciel à l'autre. C'est fort heureux pour nous. Un univers initialement trop chaotique et désordonné ne contiendrait aucune galaxie. Les mouvements anarchiques se dissiperaient en chaleur, réchauffant l'univers et empêchant la formation des galaxies. Un univers homogène, oui, mais pas trop. Il doit contenir çà et là les graines d'inhomogénéité qui germeront sous forme de galaxies nourricières. De nouveau, tout se joue sur l'équilibre : l'univers ne doit être ni trop homogène pour permettre l'existence de graines de galaxies, ni trop inhomogène pour favoriser leur croissance. Le réglage initial est, encore une fois, d'une virtuosité époustouflante : l'écart du taux d'expansion de l'univers à son début (au temps de Planck de 10^{-43} seconde), dans les différentes directions de l'espace, ne doit pas être supérieur à 10^{-40} (un nombre extrêmement petit : le chiffre 1 arrive seulement après 40 zéros). On pourrait comparer la précision de ce réglage à l'habileté d'un archer qui réussirait à planter sa flèche au milieu d'une cible carrée de 1 centimètre de côté, éloignée de 15 milliards d'années-lumière, la taille de l'univers…

Certes, lorsque nous parlons de vie et d'intelligence, nous faisons l'hypothèse contestable d'une vie et d'une intelligence semblables aux nôtres, fondées sur l'activité biochimique des molécules géantes d'hydrogène, de carbone, d'oxygène, etc. La voie biochimique n'est peut-être pas la seule qui mène à la conscience. Le physicien anglo-américain Freeman Dyson a, nous l'avons vu, avancé l'idée d'un cerveau fait à partir d'un nuage de grains de poussière microscopiques ou d'assemblages d'électrons et de positons. Mais ces propositions relèvent encore de la science-fiction. La voie biochimique qui mène à la vie est, jusqu'à nouvel ordre, la seule que nous connaissons. Peut-être est-ce là faire preuve d'un nombrilisme exagéré et d'un anthropocentrisme outré que le fantôme de Copernic aurait certainement désavoués. Mais que faire d'autre en l'absence d'informations supplémentaires ?

En tout cas, il est certain que les constantes fondamentales de la nature et les conditions initiales ont été réglées avec une extrême précision pour que l'univers franchisse les étapes qui mènent des particules élémentaires à la vie biochimique en passant par les planètes, les étoiles et les galaxies. Une petite modification et l'univers serait stérile et vide d'observateurs. Que penser de ce stupéfiant concours de circonstances ? Certains n'y voient que le fruit du hasard. L'univers, dans ce cas, serait accidentel. Le fait que les constantes physiques et les conditions initiales aient été à même d'engendrer la vie ne serait qu'une coïncidence heureuse, sans grand intérêt. L'homme est perdu « dans l'immensité indifférente de l'univers d'où il a émergé par hasard ». Cette attitude, qui rencontre l'approbation du fantôme de Copernic, suscite le désespoir.

Pour d'autres, ce concours de circonstances n'est pas accidentel, il a sa signification et si l'univers existe en tant que tel, c'est bien pour faire émerger la conscience et l'intelligence. Il contenait en germe, dès le début, les conditions requises pour l'arrivée d'un observateur. Il tendait à prendre conscience de lui-même par la création de l'intelligence.

« Quelque part, il savait que l'homme allait venir[1] ! » Les partisans de ce point de vue, l'astrophysicien anglais Brandon Carter en tête, l'ont même élevé au statut de principe anthropique ! (Ce qualificatif d'« anthropique », qui sous-entend que seul l'homme a le privilège de la conscience et de l'intelligence, est, encore une fois, le reflet d'un anthropocentrisme excessif, d'une vanité humaine mal placée. Les amibes, les chimpanzés et les baleines seraient en droit de protester. L'astrophysicien franco-canadien Hubert Reeves a proposé de remplacer « principe anthropique » par le terme plus général de « principe de la complexité », qu'il énonce comme suit : « L'univers possède, depuis les temps les plus reculés accessibles à notre exploration, les propriétés requises pour amener la matière à gravir les échelons de la complexité[2]. » Cet énoncé place à égalité hommes et chimpanzés.)

Avec le principe anthropique, la défaite du fantôme de Copernic est totale. L'homme, sous l'éclairage de la cosmologie moderne, reprend la première place. Non pas la place centrale, dans le système solaire et dans l'univers, qu'il occupait avant Copernic, mais dans les desseins de l'univers. Il ne doit plus craindre l'immensité de l'univers, justement faite pour l'accommoder. L'univers est vaste parce qu'il doit être suffisamment âgé pour que l'homme ait le temps d'apparaître sur scène. L'âge en question doit être supérieur à quelques milliards d'années et c'est pourquoi l'univers a une quinzaine de milliards d'années-lumière, et non pas la taille du système solaire qu'on lui attribuait du temps de Copernic.

Les univers parallèles

Le principe anthropique a auréolé l'univers de finalité : il tend vers la conscience. Comment réagir ? Le scientifique éprouve une méfiance bien justifiée vis-à-vis de tout argument finaliste. La science moderne est née du rejet systématique et catégorique de l'explication des phénomènes naturels en termes de « causes finales » ou de « projet », démarche propre aux doctrines religieuses. Dire comme l'écrivain Bernardin de Saint-Pierre que « les citrouilles sont grosses parce qu'elles sont faites pour être mangées en famille », c'est jouer la politique de l'autruche, c'est se cacher la tête dans le sable pour ne pas voir l'existence de causes plus profondes. De même, nous aurions pu dire : « L'univers a un paysage aussi plat et homogène parce qu'il avait pour but l'homme, et que ces conditions sont nécessaires à la réalisation de ce but », et nous en tenir là, sans chercher plus loin. Nous n'aurions

1. Freeman Dyson, *Les Dérangeurs d'univers*, Payot, 1987.
2. Hubert Reeves, *L'Heure de s'enivrer*, Le Seuil, 1986.

jamais découvert la phase inflationnaire dans les premières fractions de seconde de l'histoire de l'univers, qui explique naturellement les propriétés d'homogénéité et de platitude, sans invoquer une cause finale : avant sa croissance exponentielle (l'« inflation »), l'univers était si petit que toutes ses parties infinitésimales étaient en contact les unes avec les autres, ce qui leur a permis de s'homogénéiser. Après l'inflation, les zones ne sont plus en contact mais elles « se souviennent » de l'avoir été. Quant à la géométrie de l'espace, elle s'est aplatie durant l'inflation, de même que la surface d'un ballon s'aplatit quand ce dernier est gonflé. À trop invoquer l'idée de « projet », on risque de passer à côté de grandes découvertes.

Que doit faire le scientifique qui refuse d'attribuer au hasard l'extraordinaire précision de réglage des constantes physiques et des conditions initiales nécessaires à l'émergence de la conscience, s'il dénie également toute finalité à l'univers ? Il appelle la mécanique quantique à la rescousse et introduit la notion d'univers parallèles.

La mécanique quantique enveloppe, nous l'avons vu, le monde des atomes et des particules d'un grand flou. L'électron, au lieu de suivre sagement une orbite bien définie autour du noyau d'atome, comme la Terre autour du Soleil, peut virevolter, faire des pirouettes et être partout à la fois dans la grande salle de bal de l'atome. Quand je ne l'observe pas, l'électron rejette son masque de particule et revêt son visage d'onde. Impossible de le localiser avec certitude. Je ne pourrai qu'avancer la probabilité de le rencontrer ici ou là. L'onde de l'électron, telles les vagues de la mer, a des zones de grande amplitude (les crêtes des vagues) et de faible amplitude (le creux des vagues). La probabilité de rencontrer l'électron, proportionnelle au carré de l'amplitude de l'onde, est donc maximale sur les crêtes de l'onde et minimale dans ses creux. Tant que je n'utilise pas mon appareil de mesure pour observer l'électron, je ne pourrai décrire sa réalité que par probabilités. Le déterminisme est banni. J'active mon instrument de mesure et fais une observation en un endroit quelconque dans l'atome, disons sur la crête d'une onde. L'électron se mue en particule et apparaît – ou non – à l'endroit observé. Si je le localise à cet endroit, je peux me demander s'il était là avant que l'observation ne le capture. En cas de réponse positive, je me heurte à un grave problème conceptuel : si l'électron était là et nulle part ailleurs, sa probabilité d'être en tout autre endroit dans la vaste salle de bal de l'atome devait être nulle. Or l'électron, revêtu de son habit d'onde, avait, selon la mécanique quantique, une probabilité non nulle d'être à tous les autres endroits. La mécanique quantique serait-elle fautive ?

Des physiciens tels qu'Albert Einstein ou Erwin Schrödinger, qui n'aimaient pas penser que Dieu jouait aux dés avec la nature, s'efforcèrent de trouver des exemples de situation où la mécanique quantique serait prise en défaut (ironie du sort, c'est Schrödinger qui nous apprit à calculer la forme de l'onde de l'électron et autres particules, et qui détermina que la probabilité de localiser une particule est proportionnelle au carré de l'amplitude de l'onde). Schrödinger imagina en particulier une situation où les paradoxes de la mécanique quantique dans le monde subatomique envahiraient le monde macroscopique de la vie de tous les jours. Considérons, dit-il, un chat enfermé dans une chambre avec un flacon de poison de cyanure. Au-dessus de la bouteille de poison est suspendu, telle l'épée de Damoclès, un marteau contrôlé par une substance radioactive, c'est-à-dire une substance dont les noyaux se désintègrent spontanément au bout d'un certain temps. Lors de la première désintégration, le marteau tombe sur le flacon et le brise, libérant le contenu qui va empoisonner le chat. Jusqu'ici, rien d'extraordinaire. Mais les problèmes surgissent dès que nous essayons de prédire le destin du chat. La vie de ce dernier dépend de la première désintégration. Or, celle-ci ne peut être décrite qu'en termes de probabilités : il y a 50 % de chances pour qu'un noyau se désintègre (ou ne se désintègre pas) au bout d'une heure. Tant que nous ne pénétrons pas dans la chambre pour vérifier si le chat est mort ou vivant, tant que nous n'intervenons pas comme observateur, nous pouvons seulement dire qu'au bout d'une heure le félin est une combinaison de 50 % de chat mort et de 50 % de chat vivant (fig. 42). L'interdéterminisme du monde subatomique a gagné le monde macroscopique par l'intermédiaire de la matière radioactive. Schrödinger ne pouvait accepter cette description de la réalité. Pour lui, le chat est soit mort, soit vivant. Parler d'un chat suspendu entre la vie et la mort, et qui ne se décide à vivre ou à mourir pour de bon qu'après l'entrée de l'observateur dans la chambre, lui semblait d'une absurdité totale. Les difficultés conceptuelles ne s'arrêtent pas là : même si nous acceptons le rôle souverain de l'observateur, même si nous admettons que ce dernier a le pouvoir de dissiper le flou des électrons et du destin des chats, que se passerait-il si l'objet observé était l'univers tout entier ? Par définition, l'univers englobe tout. Il ne peut y avoir d'observateur en dehors de l'univers (à moins d'un être suprême : nous verrons cette possibilité plus en détail dans le prochain chapitre). Cela signifie-t-il que l'univers, faute d'observateur extérieur, n'est que flou, qu'il n'est pas fait d'une seule réalité, mais de la combinaison d'une multitude de réalités, tout aussi valables les unes que les autres ? Cette supposition ne peut être la bonne : les choses qui nous entourent ont bien une réalité unique et concrète. Le flou des atomes n'existe pas dans la vie de tous les jours.

C'est pour résoudre ces difficultés conceptuelles et éviter les chats suspendus entre la vie et la mort que le physicien américain Hugh Everett proposa en 1957 la notion d'univers parallèles. Selon lui, l'univers se divise en deux copies presque semblables chaque fois qu'il y a alternative d'action, choix ou décision. Il y aurait un univers où le chat serait vivant et un autre où il serait mort (fig. 81). Les deux univers parallèles seraient aussi réels l'un que l'autre. Ils contiendraient tous les deux des observateurs identiques qui se seraient dédoublés. Ces univers seraient totalement déconnectés l'un de l'autre : les observateurs d'un univers ne pourraient jamais examiner ce qui se passe dans l'autre. Quant à l'électron, revêtu de son habit d'onde, virevoltant dans la vaste salle de bal de l'atome, la notion d'univers parallèles met sur un pied d'égalité la position observée avec toutes les autres positions où la probabilité (donnée par le carré de l'amplitude de l'onde) est non nulle. L'électron occupe toutes les positions, observées ou non, mais chaque position se trouve dans un univers parallèle différent. De cette multitude d'univers, l'observateur sélectionne un univers particulier avec une position bien précise de l'électron. Chaque univers étant aussi réel que son voisin, la présence d'un observateur extérieur, nécessaire pour dissiper le flou quantique, n'a plus de raison d'être.

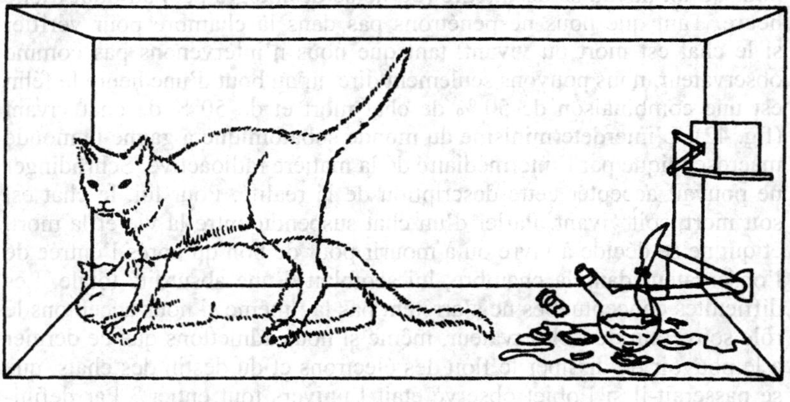

Fig. 42. *Un chat suspendu entre la vie et la mort ou les paradoxes de la mécanique quantique*. La mécanique quantique décrit la réalité en termes de probabilités. Certains physiciens illustres (dont Einstein) n'aimaient pas cette interprétation non déterministe du monde réel. Pour la mettre en défaut, le physicien autrichien Erwin Schrödinger imagina la situation suivante : un chat est enfermé dans une chambre avec un flacon de cyanure, lequel est placé sous un marteau contrôlé par une substance radioactive. À la première désintégration de la substance radioative, le marteau tombe, brisant le flacon, libérant le poison et tuant le chat. Selon les lois de la mécanique quantique, nous ne pouvons pas prévoir exactement quand la première désintégration aura lieu. Nous ne pouvons parler qu'en termes de probabilités : il y a, par exemple, 50 % de chance qu'une désintégration se produise (ou ne se produise pas) au bout d'une heure. Ainsi, en ce qui concerne le chat, tout ce que nous pouvons dire (sans pénétrer dans la chambre), c'est que, au bout d'une heure, il existe une combinaison de 50 % de chat mort et 50 % de chat vivant, une description de la réalité que Schrödinger trouvait inacceptable. C'est pour remédier à ce genre de paradoxe que la théorie des univers parallèles (ou multiples) fut introduite. Selon cette théorie il existerait un univers où le chat serait mort et un autre, parallèle au premier mais entièrement déconnecté de lui, où il serait en vie.

Vous objecterez, avec raison, que cette notion d'univers parallèles est bien étrange. Votre bon sens se rebelle à l'idée que les caprices d'un seul électron sont à même de diviser l'univers en d'innombrables copies presque identiques, où votre conscience et votre personnalité sont également reproduites à l'infini. Mais le bon sens peut-il servir de guide dans le monde étrange de la mécanique quantique ? En tout cas, la notion d'univers multiples ne contredit aucune expérience en laboratoire. Jusqu'à preuve du contraire, on ne peut la rejeter. L'univers peut donc, en principe, se livrer à une orgie de divisions, à une frénésie de dédoublements, chaque fois qu'il y a alternative. Qu'un atome change d'état dans une étoile quelconque perdue dans une galaxie lointaine, elle-même égarée dans l'immensité de l'espace, et le monde qui nous entoure se divise en deux copies semblables. Certains univers ne seraient pas très différents du nôtre. Ils ne s'en distingueraient, par exemple, que par la position d'un seul électron dans un seul atome. Bien malin qui pourrait voir la différence. D'autres différeraient davantage, par exemple par leurs populations de chats vivants. D'autres univers existeraient encore où Judas n'aurait pas trahi le Christ, où la Révolution française n'aurait pas eu lieu, où la France serait encore sous un régime monarchique, où Napoléon n'aurait pas perdu la bataille de Waterloo, où Hitler n'aurait pas existé, où le maréchal Pétain n'aurait pas signé l'armistice, etc. D'autres encore différeraient de façon plus fondamentale : ils auraient d'autres constantes physiques et d'autres conditions initiales, avec des lois physiques différentes. Tout ce qui peut arriver arrive dans ce vaste ensemble d'univers. Mais en aucun cas ces univers parallèles, qu'ils diffèrent d'un seul électron ou qu'ils aient de tout autres lois physiques, ne seraient accessibles à notre expérience. Ils sont aussi réels que le nôtre, mais nous sont interdits à tout jamais.

Si l'on accepte cette notion d'univers parallèles, il n'y a plus à discuter de notre univers en termes de causes finales ni à lui attribuer le projet de faire apparaître l'homme. La fabuleuse précision du réglage des constantes physiques et des conditions initiales n'est plus surprenante. Ces constantes physiques et ces conditions initiales ont été sélectionnées, parmi un nombre infini de choix possibles, par le fait même que nous existons. Une écrasante majorité d'univers parallèles n'auront pas au départ les conditions nécessaires à l'émergence de la vie et ils seront vides de conscience. Dans ces univers inhospitaliers, il n'y aura personne pour se poser des questions. C'est parce que notre univers possède des paramètres « fertiles » que nous sommes là pour en parler. Sous ce nouvel éclairage, l'homme n'est plus le but de l'univers qui le contient (l'énoncé « fort » du principe anthropique), mais un simple observateur et les propriétés de l'univers doivent être compatibles avec son existence (l'énoncé « faible » du principe anthropique).

Nous voilà en pleine science-fiction. L'existence de ces univers parallèles ne pourra jamais être vérifiée, car ils échappent à notre observation. Et pourtant, la notion d'univers multiples n'a cessé de pointer son nez sous d'autres formes dans le paysage de la physique. Pour le physicien américain John Wheeler, l'univers traverse une interminable série de cycles d'expansions et de contractions. Après chaque contraction à une température et une densité infinies, l'univers renaît, tel un phénix, de ses cendres, pour entamer un nouveau cycle d'expansion (voir fig. 39). Mais à chaque nouveau cycle, l'univers repart avec des constantes physiques, des conditions initiales et même des lois physiques différentes. La plupart de ces cycles ne possèderont pas les conditions nécessaires à l'émergence de l'intelligence. Le cycle qui est le nôtre a, par chance, les paramètres fertiles nécessaires et c'est pourquoi je suis là pour écrire ces lignes et vous pour les lire. Wheeler a remplacé la division frénétique des univers d'Everett par une succession infinie d'univers, mais l'idée reste la même : une infinité d'univers où les constantes physiques, les conditions initiales et même les lois physiques peuvent varier à volonté. À nouveau, ces univers sont totalement déconnectés les uns des autres. Le fondement scientifique de l'univers cyclique de Wheeler est encore plus fragile que celui des univers parallèles d'Everett : nous ne savons même pas si l'univers contient assez de matière pour s'effondrer lui-même. Quant à savoir ce qui se passe à des températures et à des densités extrêmement élevées, derrière le mur de Planck (l'univers peut-il redémarrer avec de nouvelles constantes physiques ?), la physique actuelle ne dispose pas de moyens suffisants pour le dire.

La notion d'univers multiples a également pointé son nez, on s'en souvient, lors de la description de la phase inflationnaire dans le livre de l'histoire de l'univers. Dans ce scénario, notre univers n'est qu'une petite bulle perdue dans l'immensité d'une bulle méta-univers, beaucoup plus vaste. Cette bulle méta-univers se perd à son tour dans une multitude d'autres bulles méta-univers. Bien que notre connaissance de ces premiers moments de l'univers soit encore très sommaire, il est intéressant de constater que des univers multiples surgissent naturellement des théories d'unification, celles qui tentent d'unir les forces fondamentales de la nature en une seule. Ces univers multiples n'ayant pas été invoqués spécialement pour résoudre les paradoxes de la mécanique quantique (comme ce fut le cas des univers d'Everett) ou pour expliquer le réglage précis de l'univers (comme ce fut le cas de l'univers cyclique de Wheeler), ils sont peut-être plus crédibles. Mais ils souffrent toujours du plus grave défaut qui soit en science : ils ne peuvent être vérifiés par l'observation, étant tous déconnectés les uns des autres, et en particulier du nôtre.

Le hasard réinterprété

Que penser du principe anthropique ? Il est difficile de nier qu'il y a dû y avoir un ajustement extraordinaire des paramètres physiques pour que la conscience (fondée sur la chimie du carbone) fasse son apparition. Le philosophe Pangloss de Voltaire ne croyait pas si bien dire quand il proclamait que « tout est bien dans le meilleur des mondes ». Tout est bien parce que le monde a été réglé minutieusement pour notre venue. Le fantôme de Copernic n'a plus qu'à baisser la tête. Notre existence même est un événement remarquable et porteur d'informations. L'astronome sait que l'univers qu'il va observer cette nuit a des propriétés qui doivent être compatibles avec le fait qu'il est là. Mais cette connaissance l'aide-t-elle à mieux appréhender les principes fondamentaux qui régissent l'univers ? Le principe anthropique a-t-il sa place dans la démarche scientifique ? La science prédit. Des conditions initiales sont précisées (par exemple la position et la vitesse initiales d'une balle qu'on jette en l'air), des lois physiques sont appliquées (la loi de la gravitation universelle de Newton) et des prédictions sont faites (quand et où la balle va atterrir), prédictions qui peuvent être vérifiées par des mesures précises. Le principe anthropique opère en sens inverse. C'est un énoncé *a posteriori*. Nous savons que nous existons. Que peut-on en déduire des conditions initiales et des principes qui régissent l'univers ? Ce principe est-il stérile et dépourvu de tout caractère prédictif, ce dont on l'a maintes fois accusé ?

Il faut bien reconnaître que, depuis son énoncé par Brandon Carter en 1974, le principe anthropique ne nous a pas apporté une moisson de découvertes scientifiques. Il me semble qu'en lui-même le principe ne peut être révélateur de grandes vérités. Mais il peut guider notre intuition et nous aiguiller sur le bon chemin pour percer les secrets de la nature. Un exemple me vient à l'esprit. En 1961, treize ans avant l'énoncé formel du principe anthropique par Carter, le physicien américain Robert Dicke avait déjà relevé une étrange coïncidence : l'univers et les étoiles ont à peu près le même âge, une dizaine de milliards d'années environ. Dicke comprit tout de suite que cette étrange coïncidence n'était pas accidentelle, mais nécessaire : l'univers doit être assez âgé pour avoir le temps de fabriquer du carbone, qui est nécessaire à l'existence des hommes en général, et des physiciens en particulier. L'univers ne pouvant aller plus loin que l'hélium dans ses trois premières minutes, il fallait attendre l'invention de l'étoile, son alchimie créatrice, et son agonie explosive pour disséminer les produits de la combustion stellaire dans l'espace, le temps de quelques milliards d'années. L'univers ne peut pas non plus être beaucoup plus âgé que la durée de vie d'une étoile. Un univers trop vieux ne contiendrait que cadavres stellaires, naines blanches, étoiles à neutrons ou trous noirs. Les physiciens ne pourraient y vivre. L'âge de l'univers n'est pas accidentel, mais déterminé par notre présence. Dicke aurait pu utiliser cet argument pour s'opposer à la théorie de l'univers stationnaire (*steady state* en anglais) qui était la grande rivale de la théorie du big bang dans les années 1950. Cette dernière prédisait un univers sans commencement ni fin, avec un âge sans limites dans le passé et dans le futur. Dans cette théorie, il n'y aurait eu aucune connexion évidente entre l'âge de l'univers et celui d'une étoile. Dicke aurait pu argumenter (il ne l'a pas fait) que la similarité de ces deux âges faisait pencher la balance en faveur d'un commencement de l'univers, c'est-à-dire en faveur du big bang. Mais il n'aurait pas pu s'en tenir là. Dire que la théorie du big bang est la bonne parce que, dans cette théorie, notre présence explique naturellement la coïncidence entre l'âge de l'univers et celui des étoiles n'aurait convaincu personne. Mais se rendre compte que notre existence est extraordinaire peut aider à canaliser notre intuition et à aiguiller nos observations. Ainsi, le raisonnement de Dicke, pris au sérieux, aurait peut-être pu faire avancer la date de la découverte qui, en 1965, fit triompher le big bang, celle du rayonnement fossile de l'univers chaud et dense du début. Le principe anthropique peut guider notre pensée, mais ne peut en aucun cas se substituer aux recherches des grands principes physiques qui régissent la nature et aux observations qui les vérifient.

Jacques Monod pensait que toute l'évolution cosmique menant à l'homme n'était qu'une suite de coups de dés chanceux, qu'une succession d'heureuses coïncidences qui auraient bien pu ne jamais se produire. Le biochimiste pensait aux rencontres de hasard entre les quarks pour former les noyaux d'atomes, entre les atomes au cœur des étoiles pour alimenter leurs feux, entre les atomes, produits de la combustion stellaire, pour former les molécules interstellaires et les planètes, entre les molécules organiques de l'océan primitif pour engendrer les hélices enchevêtrées de l'ADN. L'homme a surgi à la suite de cette longue chaîne de hasards heureux, mais il aurait aussi bien pu ne jamais apparaître. La notion d'univers multiples et parallèles et le principe anthropique donnent à la notion de hasard un tout autre sens que celui que lui attribuait Monod. Le vrai hasard ne réside plus dans les rencontres de particules, de quarks, d'atomes et de molécules, mais dans le choix des constantes physiques et des conditions initiales. Une fois celles-ci fixées, la matière contient déjà en elle les germes de l'éclosion de la conscience, et la gestation cosmique va mener inexorablement jusqu'à nous.

Le scientifique et le finalisme

L'idée d'univers multiples a permis au scientifique d'apaiser sa méfiance vis-à-vis du finalisme et de contourner l'idée d'un « projet » par l'univers. Mais chaque fois qu'il est bercé par une fugue de Bach ou une sonate de Mozart, qu'il contemple les tournesols de Van Gogh ou les pommes de Cézanne, qu'il est transporté d'enthousiasme devant les couleurs chaudes et douces d'un coucher de Soleil, ou qu'il s'émerveille de la beauté d'un paysage, le doute s'insinue à nouveau en lui : et s'il y avait tout de même, malgré tout, un projet ? Affirmer, sans aucune preuve, qu'il n'y en a pas est une attitude aussi peu scientifique et dogmatique que de proclamer qu'il en existe un. Et puis, postuler une infinité d'univers invérifiables n'est pas très satisfaisant pour l'esprit. Pourquoi la nature devrait-elle se livrer à une orgie de créations d'univers infertiles uniquement pour en créer un qui soit fertile ? Cela semble être du gaspillage pur et simple, et n'est pas du tout conforme à la simplicité et à l'économie des lois naturelles connues.

Parler d'un projet revient à parler d'un créateur suprême, de Dieu. Oser mêler Dieu et science relève de la pire hérésie aux yeux de certains scientifiques, tels Monod ou Weinberg. Ces derniers considèrent que la méthode scientifique est incapable de répondre directement à la question de l'existence d'un projet et d'un être suprême, et ils ont bien raison. Dieu ne se démontre pas comme un théorème de mathématiques. Il ne se vérifie pas par des observations au télescope, des mesures en laboratoire ou des calculs sur ordinateur. On possède la foi ou on ne l'a pas. Mais les découvertes récentes de la cosmologie ont éclairé la plus fondamentale et la plus vieille des questions d'une lumière nouvelle. Et il importe que toute réflexion sérieuse sur l'existence de Dieu en tienne compte. Après tout, les questions que se pose le cosmologiste sont étonnamment proches de celles qui préoccupent le théologien : comment l'univers a-t-il été créé ? Y a-t-il un début du temps et de l'espace ? L'univers aura-t-il une fin ? D'où vient-il et où va-t-il ? Le domaine de Dieu est celui du mystérieux et de l'invisible, celui de l'infiniment petit et de l'infiniment grand. Ce domaine n'appartient plus aujourd'hui exclusivement au théologien, il est aussi celui du scientifique. La science est là, qui accumule les découvertes et bouleverse les perspectives. Le théologien n'a plus le droit de rester indifférent. Confrontons les arguments religieux et philosophiques concernant l'existence de Dieu avec la nouvelle vision scientifique de l'univers. Examinons le face-à-face de Dieu et de la cosmologie moderne.

VIII

DIEU ET LE BIG BANG

Une cause première est-elle nécessaire ?

Un des arguments les plus fréquemment utilisés pour démontrer l'existence de Dieu et qui a attiré l'attention des plus grands philosophes et théologiens à travers les âges, de Platon et Aristote à Emmanuel Kant, en passant par saint Thomas d'Aquin, est celui qui concerne l'enchaînement des causes : toute chose a une cause. Il ne peut y avoir une chaîne infinie de causes. Tôt ou tard, on doit aboutir à une cause première, responsable de tout le contenu de l'univers. Cette cause première est Dieu.

Cet argument repose bien sûr sur le concept occidental de temps linéaire. Un événement A se produit, qui cause B, qui provoque à son tour C, et ainsi de suite. Dans certaines philosophies et religions orientales, tel le bouddhisme, le temps n'est plus linéaire, mais cyclique. L'événement A provoque B qui cause C qui, à son tour, cause A. La boucle se referme sur elle-même et il n'y a plus nécessairement de cause première. De nouveau, les bizarreries de la mécanique quantique n'excluent pas ce cas de figure. En effet, dans les années 1960, une théorie physique proclamait qu'il n'y avait *pas* de particule élémentaire, que chaque particule était composée de toutes les autres, qu'il y avait un peu de toutes les particules dans chaque particule : A est composé de B et C, B de A et C, et C de A et B. Cette théorie n'a plus le vent en poupe, car la théorie d'une hiérarchie de particules de plus en plus élémentaires semble mieux épouser les contours de la nature : la matière est faite de molécules, qui sont faites d'atomes, qui sont composés d'électrons et de noyaux d'atomes, dont les briques sont des protons et des neutrons, qui sont construits à leur tour de quarks. La chaîne s'arrête là, jusqu'à nouvel ordre.

Le flou quantique a fait voler en éclats l'argument d'une cause première. Dans le monde subatomique des particules élémentaires, les relations causales et le déterminisme ne sont plus de mise. Des particules fantômes peuvent surgir, nous l'avons vu, de façon soudaine et imprévisible, en empruntant de l'énergie à la banque Nature. Impossible de savoir à coup sûr où et quand elles vont apparaître, nous pouvons seulement annoncer leur probabilité de surgir à tel et tel endroit. Elles auront plus de chances d'émerger dans l'espace courbé et rempli d'énergie gravitationnelle près du rayon de non-retour d'un trou noir de la Voie lactée que dans l'espace plat de la chambre où vous lisez ce livre : pourtant, grâce aux tours de magie de la mécanique quantique, la probabilité qu'une particule fantôme apparaisse sans crier gare tout près de votre main, quoique infinitésimale, est non nulle. Ces particules fantômes n'ont pas de cause précise et leur comportement ne peut être prévu à l'avance.

Les physiciens pensent, nous l'avons vu également, que ce qui est vrai pour une particule élémentaire l'est aussi pour l'univers tout entier à ses débuts. Le flou quantique permet au temps et à l'espace, puis à l'univers, de surgir spontanément du vide. Au temps de Planck (10^{-43} seconde), l'univers n'avait qu'une taille de 10^{-33} centimètre, 10 millions de milliards de milliards de fois plus petit qu'un atome, et la mécanique quantique qui régit le monde subatomique peut faire son œuvre. L'univers n'a plus besoin d'une cause première. Il apparaît par la grâce d'une fluctuation quantique. Une fois créé, l'inflation le gonfle exponentiellement dans ses premières fractions de seconde, les quarks et les antiquarks font leur entrée sur scène et la gestation cosmique qui va mener jusqu'à nous commence, guidée par les lois de la physique et de la biologie. Cette description de la création de l'univers ressemble étrangement à la création *ex nihilo* invoquée dans beaucoup de religions. La grande différence est que l'apparition de l'univers, par la magie du flou quantique, ne semble plus nécessiter une cause première ni l'existence de Dieu. Son émergence peut s'expliquer par des processus purement physiques.

Dieu et le temps

La mécanique quantique a rendu obsolète la notion de cause première. Mais cela n'est pas tout. La notion même de « cause à effet » perd son sens habituel quand il s'agit de l'univers. Cette notion présuppose l'existence du temps : la cause arrive avant l'effet. Le père et la mère viennent avant l'enfant, et non le contraire. Le temps s'écoule de la cause à l'effet. Or, la physique moderne pense que le temps et l'espace sont créés en même temps que l'univers. Cette notion n'est pas nouvelle : saint Augustin écrivait déjà, au IVe siècle ap. J.-C., que le monde devait être créé non pas dans le temps, mais avec le temps. Il trouvait ridicule la pensée de Dieu attendant un temps infini, puis se décidant tout d'un coup à créer l'univers. Que veut alors dire la phrase « Et Dieu créa l'univers » si le temps n'existait pas encore et qu'il a été créé avec l'univers ? L'acte de création n'a de sens que dans le temps. Il est aussi absurde de penser que Dieu existait « avant » l'univers que de se demander ce qui est arrivé « avant » le big bang. « Avant » n'a pas de sens parce que le temps n'avait pas encore fait son apparition.

Pour éviter ces contradictions logiques, certains physiciens ont avancé des théories plus bizarres les unes que les autres. Le physicien américain John Wheeler (celui de l'univers cyclique) propose d'inverser l'ordre de la causalité dans le temps : la cause ne viendrait plus avant, mais après l'effet ; l'univers n'a plus besoin d'un esprit créateur, car c'est l'homme qui est responsable de l'apparition de l'univers. Par une mystérieuse connexion causale homme-univers qui agirait en sens inverse de la direction habituelle du temps, notre existence causerait rétroactivement l'émergence de l'univers. C'est le principe anthropique poussé à l'extrême. Cette inversion de la causalité dans le temps peut conduire à des contradictions logiques autrement plus graves – vous pourrez, par exemple, empêcher la rencontre de vos parents et votre venue au monde –, et la plupart des physiciens la rejettent. Mais certaines théories physiques n'excluent pas la causalité rétroactive. Des particules baptisées « tachyons », qui se déplaceraient plus vite que la lumière, pourraient influencer le passé. Heureusement pour notre santé d'esprit, elles n'existent encore que dans l'imagination débridée des physiciens. Dans certaines situations, la mécanique quantique (encore elle !) semble impliquer que l'acte d'observer peut modifier rétroactivement une situation passée. Mais cela se passe au niveau subatomique et il n'est pas évident que l'univers tout entier soit sujet à ce genre de causalité rétroactive.

Il existe d'autres difficultés conceptuelles associées à l'idée d'un Dieu situé dans le temps. Le passage du temps se traduit par des changements. Mais peut-on parler d'un Dieu changeant, lui qui est la cause première de toute transformation dans l'univers ? Qui peut changer Dieu ? D'autre part, le temps, Einstein nous l'a bien enseigné, n'est pas universel. Il peut varier d'un point à l'autre de l'univers. Le temps près d'un trou noir n'est pas le même que sur la Terre. Il est élastique et la volonté humaine peut le modifier. Un coup de pied sur l'accélérateur et le temps ralentira. Le temps peut même changer de direction ou s'arrêter si l'univers s'effondre sur lui-même. Un Dieu situé dans le temps ne serait plus tout-puissant. Il serait soumis aux variations du temps causées par des trous noirs, étoiles à neutrons ou autres champs de gravité, ou par des actes humains. C'en serait fini de son omnipotence.

La solution à ces dilemmes serait un Dieu en dehors du temps, un Dieu qui transcende le temps. Mais cela soulève aussi des difficultés : un tel Dieu, distant, impersonnel, ne serait plus à même de nous secourir. Le Dieu auquel nous adressons nos prières est un Dieu capable de ressentir des émotions, qui peut être content ou insatisfait du progrès moral des êtres humains, qui peut décider d'exaucer nos vœux ou de nous punir, qui peut planifier et modifier notre futur, bref un Dieu qui a des activités temporelles. Un Dieu en dehors du temps ne pourrait plus nous aider. D'ailleurs, si Dieu transcende le temps, il connaît déjà le futur. Pourquoi se préoccuperait-il du progrès de la lutte humaine contre le mal ? Le résultat lui est connu d'avance. Un Dieu en dehors du temps ne pensera plus, car la pensée est, elle aussi, une activité temporelle. Le savoir de Dieu ne changera plus au cours du temps. Dieu devra connaître, à l'avance, tous les changements en fonction du temps du moindre atome dans l'univers.

Ainsi, la physique moderne nous donne le choix entre un Dieu personnel, mais sans omnipotence, ou un Dieu tout-puissant, mais impersonnel. Le temps devenu élastique n'autorise plus un Dieu à la fois personnel et omnipotent[1].

Dieu et la complexité

Qui d'entre nous n'a pas connu l'extrême plaisir esthétique que procurent l'écoute d'une belle musique, la contemplation d'une œuvre d'art, la vue d'une jolie femme ou d'un paysage ravissant ? Dans ces moments privilégiés, nous ne pouvons accepter que l'univers soit vide de sens et de projet. Nous pensons que tant de beauté et de complexité ne peut être le fruit du pur hasard, qu'il doit y avoir un esprit créateur. Ce faisant, nous reprenons instinctivement à notre compte un des arguments favoris des théologiens pour prouver l'existence de Dieu : seul un Créateur peut être responsable d'une nature si complexe et si bien agencée. L'archevêque anglais William Paley écrivait en 1802 : « Si, en me promenant, je bute contre une pierre, je ne m'interrogerai pas sur l'origine de la pierre. Elle aurait pu être là depuis des siècles. Mais si je tombe par hasard sur une montre gisant au sol, je me dirais qu'elle est l'œuvre d'un horloger. » L'organisation et la complexité de la montre sont la preuve de l'existence d'un artisan. De même, l'organisation et la complexité de l'univers démontrent l'existence d'un Dieu-horloger.

Cet argument est certainement très convaincant. Malheureusement, la science moderne n'est pas tout à fait en accord avec un tel raisonnement. Elle nous dit que des systèmes très complexes peuvent être le résultat d'une évolution tout à fait naturelle selon des lois physiques ou biologiques bien comprises, et que nul n'est besoin d'invoquer un Dieu-horloger. Complexité n'entraîne pas nécessairement créateur et projet. Nous avons vu dans le livre de l'histoire de l'univers que celui-ci, parti d'un état primordial très simple, une purée de particules élémentaires, a su, en 15 milliards d'années, suivant des lois physiques et biologiques bien déterminées, construire la merveilleuse tapisserie cosmique des galaxies, et faire apparaître dans une de ces galaxies une conscience capable de l'observer. Une fois lancé, l'univers n'a pas besoin d'horloger pour développer sa complexité. À première vue, cela semble en contradiction flagrante avec la deuxième loi de la thermodynamique (la physique de l'énergie et de la chaleur) qui part du principe que le désordre total de l'univers va toujours croissant, que les jolies cathédrales non entretenues tombent en ruine, que les roses flétrissent, que les choses et les êtres vivants vieillissent et s'usent au fil du temps, que celui-ci fait

1. Paul Davies, *God and the New Physics*, New York, Simon and Schuster, 1983.

affront aux plus belles choses, que l'ordre devient chaos. L'émergence de la vie, cet état d'organisation et de complexité suprêmes, à partir d'un niveau de complexité zéro, un vide rempli d'énergie gravitationnelle, semble constituer un défi à la physique.

Mais nous avons vu que ce qui semble être un grand paradoxe n'en est pas vraiment un. Si vous faisiez l'inventaire de tout ce qui est ordre et désordre dans l'univers (le désordre est mesuré quantitativement par une fonction que les physiciens appellent entropie), le désordre l'emporterait toujours et il irait toujours croissant avec le temps. La thermodynamique n'interdit pas qu'en certains endroits particuliers et privilégiés l'ordre s'installe, que les structures s'organisent, que la complexité se construise, que la conscience émerge. À condition qu'en d'autres lieux il y ait un plus grand désordre compensatoire et que le bilan net soit toujours un désordre croissant. L'ordre que représente la vie sur Terre n'est possible que grâce au désordre plus grand que crée le Soleil en convertissant les atomes d'hydrogène en énergie, lumière et chaleur. Toutes les structures de l'univers, galaxies ou planètes, doivent leur existence à deux facteurs : l'expansion de l'univers et la création de désordre par les étoiles. L'expansion de l'univers est essentielle pour refroidir le rayonnement fossile et créer un déséquilibre de température entre les étoiles et l'espace qui les entoure. Ce déséquilibre permet à son tour aux étoiles de se transformer en machines à fabriquer du désordre. Celles-ci rejettent leur lumière chaude désordonnée dans la lumière plus froide et plus ordonnée qui les enveloppe. Le désordre se communique de la lumière chaude à la lumière froide, le désordre total augmente et des coins d'ordre peuvent surgir sans violer la deuxième loi de la thermodynamique. D'autre part, l'expansion de l'univers est nécessaire à l'existence même des étoiles. C'est elle qui, en diluant l'univers, a limité la nucléosynthèse primordiale aux noyaux atomiques les plus légers et qui a permis que, au bout des 3 premières minutes, les trois quarts de la masse baryonique (protons et neutrons) soient constitués d'hydrogène et le reste d'hélium. Sans l'expansion, l'univers aurait converti toute la matière en fer et, alors, adieu aux réserves d'hydrogène qui alimentent le feu et le désordre des étoiles ! Sans ce désordre, adieu à l'ordre, à la vie et à la conscience !

Ainsi, la complexité et l'organisation peuvent surgir spontanément dans un univers en expansion et inventeur d'étoiles. La main d'un Dieu organisateur ne semble plus être nécessaire.

Dieu et la vie

Vous restez sceptique. Admettons, dites-vous, que les structures de l'univers ont des causes naturelles et nul besoin de l'intervention de Dieu. Mais qu'en est-il de la vie ? N'a-t-elle pas besoin d'une cause supranaturelle, de Dieu ? L'homme n'est, après tout, qu'une combinaison de 30 milliards de milliards de milliards de particules inanimées. La somme d'une multitude de choses inanimées ne peut être qu'inanimée. Si les espèces humaines, animales et végétales sont vivantes, c'est que Dieu a ajouté à la combinaison d'atomes un ingrédient essentiel, la vie.

Cet argument ne tient pas compte du fait que le tout peut être plus grand que la somme des composantes individuelles, qu'il peut acquérir au niveau macroscopique des propriétés qui sont absentes au niveau microscopique. Vous admirez une toile pointilliste du peintre Georges Seurat. Les innombrables points de peinture, tout chatoyants de couleurs, n'évoquent rien si vous les contemplez individuellement. Ce n'est qu'en reculant et en contemplant le tableau dans son ensemble que les personnages et les paysages se dessinent et prennent forme, et que la peinture acquiert sa signification. De même, les notes de musique isolées nous laissent froids. Ce n'est que lorsqu'elles sont assemblées en une symphonie ou une sonate par le génie d'un Beethoven ou d'un Mozart que la musique nous émeut. Les mots du dictionnaire sont froids et impersonnels, mais mis en poèmes par Rimbaud ou Baudelaire, ils nous touchent profondément. Le tout a des qualités que les parties n'ont pas. De même, on peut imaginer des atomes parfaitement inanimés qui se combinent selon des lois physiques tout à fait naturelles et qui, passé un certain seuil de l'organisation et de la complexité, engendrent la vie sans avoir recours à une intervention divine. La vie est le résultat d'un phénomène collectif (ou holistique). On ne peut la réduire à un ensemble de cellules, d'hélices d'ADN ou de chaînes d'atomes.

Nous sommes encore dans l'ignorance la plus complète des processus qui ont engendré la vie à partir d'atomes inanimés. Quel degré minimal de complexité et d'organisation doit être atteint pour que la vie surgisse ? Comment parvenir à cette complexité par les voies de la physique et de la chimie ? La vie a probablement commencé son ascension, nous l'avons vu, dans l'atmosphère primitive de la Terre. En 1953, les chimistes américains Stanley Miller et Harold Urey ont, au cours d'une expérience restée célèbre, reproduit dans leurs éprouvettes l'atmosphère terrestre primitive : mélange d'ammoniac, de méthane, d'hydrogène et d'eau, le tout soumis à des décharges électriques pour simuler les orages qui grondaient sur la Terre, il y a 4,6 milliards d'années. Après quelques jours, des molécules bases de la vie, les acides aminés, ont fait leur apparition. Miller et Urey étaient sur la bonne voie pour déchiffrer le mystère de la vie. Mais il y a très loin des acides aminés aux hélices enchevêtrées de l'ADN capables de se reproduire. L'origine de la vie reste l'une des plus grandes énigmes scientifiques. Tout ce que nous pouvons dire, c'est que cette origine n'est pas incompatible avec les lois naturelles connues, qu'elle ne nécessite pas obligatoirement une intervention divine.

Dieu et la conscience

Une fois créée, la vie va s'accélérer d'elle-même pour arriver à l'intelligence et à la conscience, à la raison et à l'esprit. Il y a 3,5 milliards d'années, les premières formes de vie, les premières cellules vivantes apparaissent sur Terre. Pendant près de 3 milliards d'années, soit environ les trois quarts du temps écoulé depuis la première forme de vie terrestre jusqu'à aujourd'hui, l'évolution est extrêmement lente et le stade monocellulaire n'est pas dépassé. Puis, en moins de 1 milliard d'années, l'évolution passe à la vitesse supérieure : les animaux pluricellulaires (mollusques, poissons, reptiles et mammifères) envahissent la Terre. Ensuite, en moins de 100 millions d'années, soit moins de 3 % de l'âge des vivants, trois espèces douées d'une intelligence primaire font leur apparition : primates, dauphins et rats. Et puis, il y a environ 2 millions d'années apparaît l'*Homo sapiens* doté d'une conscience et d'une « âme ».

Il est bien difficile de dire à quelle étape précise la conscience a fait son apparition. Les orangs-outangs, les gorilles et les chimpanzés semblent être capables d'éprouver des émotions bien humaines : amour, peines et joies. Ils semblent même avoir un rudiment de langage. Mais sont-ils capables d'abstraction ? En tout cas, on ne les voit pas en train de composer fiévreusement des symphonies et des pièces de théâtre, d'écrire des romans, de peindre ou de sculpter… De nouveau, la question se pose : la conscience nécessite-t-elle une intervention divine ? Faut-il « injecter » une âme dans un corps fait de milliards d'atomes ? Faut-il « greffer » un esprit sur un cerveau composé de milliards de neurones ?

De nouveau, la réponse est que ces questions n'ont pas de sens. Formuler ainsi les questions revient à confondre des concepts descriptifs situés à des niveaux complètement différents. Parler des atomes d'un corps ou des neurones d'un cerveau, c'est parler des notes de musique ou des mots du dictionnaire. Parler de la vie et de la conscience, c'est passer à un autre niveau, c'est abandonner la description réductionniste pour adopter la description collective et holistique, c'est se référer à la mélodie d'une symphonie ou à l'intrigue d'un roman. Le corps et l'âme ne sont pas des concepts que l'on peut placer au même niveau descriptif. Les mettre à pied d'égalité (comme l'a fait Descartes en parlant de la dualité corps-âme), c'est s'exposer à des questions absurdes du genre : où est l'âme dans l'espace et le temps ? (Descartes croyait que la glande pinéale dans le cerveau était le site de l'âme, Teilhard de Chardin pensait que la conscience était répartie dans tous les atomes du corps, idées qui n'ont aucun fondement expérimental.) Où est l'âme avant que le corps ne vienne au monde ? Où va-t-elle après la destruction du corps ? Est-ce que Dieu a une réserve d'âmes à sa disposition, dans laquelle il puise pour les greffer sur des ensembles d'atomes ? Ces questions n'ont pas de sens, car l'esprit et le corps ne sont pas deux substances matérielles distinctes, l'une contenant l'autre. On ne peut en parler en les situant sur le même plan.

Avec une description à deux niveaux de l'âme et du corps, rien n'empêche l'apparition naturelle et spontanée de la conscience, si l'évolution dépasse un certain seuil d'organisation et de complexité. L'étincelle divine n'est plus requise. Cette conclusion a des implications assez peu agréables pour notre amour-propre : le cerveau ne serait plus qu'une machine pensante, qu'une somme de composants constituant une sorte de société, et ce sont les relations à l'intérieur de cette société qui constitueraient ce qu'on appelle l'esprit[1]. Cela veut aussi dire que les machines, si elles deviennent assez complexes, pourront penser et sentir. Les machines auront du cœur. Bien sûr, bien que les capacités mentales des machines intelligentes actuelles nous dépassent dans beaucoup de domaines (elles calculent beaucoup plus vite et sans erreur, et peuvent nous battre aux échecs), leurs capacités sensorielles sont encore très limitées : elles ne voient pas très bien, reconnaissent difficilement leurs interlocuteurs, ne comprennent que jusqu'à 10 000 mots (à condition qu'on leur parle très lentement et très distinctement) et parlent d'une voix bien pâteuse. Mais ces machines intelligentes n'existent que depuis quinze ans (et elles ont déjà atteint une complexité comparable à celle des insectes) alors que l'homme est le produit de millions d'années d'évolution ! Cette vision de machines pensantes dans le futur n'est peut-être pas très réjouissante, mais elle n'est pas exclue par la science de l'intelligence artificielle actuelle.

Dieu et les extra-terrestres

Si nous acceptons l'hypothèse que la vie et la conscience ont émergé naturellement sur Terre, sans aucune aide divine, il nous faut envisager la possibilité de l'existence d'autres formes d'intelligence dans l'univers. Après tout, l'univers observable contient 100 milliards de galaxies rassemblant chacune 100 milliards d'étoiles. Si chaque étoile possède, comme notre Soleil, un cortège d'une dizaine de planètes, on peut évaluer à 100 000 milliards de milliards (10^{23}) la population totale de planètes dans l'univers. Pourquoi notre planète serait-elle la seule à héberger la vie ? (Elle semble pourtant bien être la seule parmi les neuf planètes du système solaire. L'exploration de Mars, qui, après la Terre, est la planète la plus propice à la vie telle que nous la connaissons, par les sondes américaines *Viking* n'a révélé ni Martiens ni organismes vivants.) Pourquoi les échelons de la complexité ne seraient-ils gravis que sur Terre ? Cela paraît bien improbable et le fantôme de Copernic est tout indigné qu'on

1. Marvin Minsky, *La Société de l'esprit*, InterÉdition, 1988.

puisse seulement envisager cette hypothèse. Il y a un vaste débat à ce sujet. Certains pensent que nous sommes seuls dans l'univers parce que nous n'avons jamais reçu de messages provenant du cosmos. On peut répliquer que nous ne disposons peut-être pas encore de la technologie ou des connaissances nécessaires pour capter et déchiffrer ces messages intersidéraux, ou que les extra-terrestres n'ont aucune envie de communiquer avec nous, qu'ils nous observent de loin comme des spectateurs observeraient des bêtes en cage dans un zoo. L'absence de preuve n'est pas preuve de l'absence.

L'existence de civilisations extra-terrestres soulèverait en tout cas des questions théologiques fort intéressantes, concernant notamment la religion chrétienne. Selon celle-ci, nous aurions hérité le « péché originel » de nos ancêtres Adam et Ève. Une race extra-terrestre qui se serait développée indépendamment sur une autre planète n'aurait pas eu cet héritage : serait-elle dépourvue de péché ? D'autre part, Dieu a envoyé son Fils Jésus-Christ sur Terre pour sauver la race humaine. Y aurait-il une multitude de Jésus-Christ extra-terrestres visitant chaque planète fertile pour sauver les vivants qui s'y sont développés ? Des questions qui paraissent absurdes au premier abord, mais auxquelles les théologiens devraient faire face si, demain, nous entrions en contact avec une telle civilisation.

Giordano Bruno avait déjà soulevé ces questions en l'an 1600 en avançant l'idée d'un univers infini contenant une infinité de mondes habités par une infinité de formes de vie, célébrant toutes la gloire de Dieu. Mais l'Église, au lieu d'essayer de résoudre le problème, a préféré faire taire Giordano Bruno en le condamnant à mourir sur le bûcher.

Le pari final

La cosmologie moderne a profondément modifié nos idées concernant la nature du temps et de l'espace, l'origine de la matière, le développement de la vie et de la conscience, l'ordre et le désordre, la causalité et le déterminisme. Elle aborde des sujets qui furent longtemps la propriété exclusive de la religion et les illumine d'un éclairage nouveau. À force d'attaquer le mur qui entoure la réalité physique avec les marteaux-pilons que sont les lois physiques et mathématiques, les cosmologistes et les astronomes se sont retrouvés face à face avec les théologiens.

À première vue, la physique contemporaine semble avoir aboli la nécessité de Dieu. Les deux arguments favoris pour démontrer l'existence divine semblent définitivement écartés. L'argument de la cause première n'a plus de sens parce que le flou quantique a aboli le déterminisme dans le monde microscopique. L'argument d'un Dieu-horloger, créateur de la beauté, de l'organisation et de la complexité de l'univers, n'est plus infaillible. L'ordre peut apparaître dans des oasis de l'immensité cosmique sans intervention divine si un plus grand désordre est créé ailleurs. Les étoiles sont les auteurs de ce désordre, elles qui rejettent leur lumière chaude dans l'univers refroidi par son expansion. La vie et la conscience peuvent jaillir de la matière sans étincelle divine, car ce sont des phénomènes collectifs, des manifestations holistiques.

Et pourtant, un doute subsiste. L'évolution cosmique a été, nous l'avons vu, minutieusement réglée pour mener jusqu'à nous. Que les constantes fondamentales, les conditions initiales ou les lois physiques diffèrent un tant soit peu, et nous ne serons plus là pour en parler. Toute la gestation cosmique peut s'expliquer par des lois naturelles (des lois disparates que les physiciens espèrent, un jour, amalgamer en une seule super-loi, un grand principe unificateur), mais encore faut-il établir ces constantes physiques et définir précisément ces lois (ou ce grand principe). Face à cette situation, il y a deux attitudes possibles. On peut invoquer un être suprême, auteur de ces lois, qui a tout planifié et réglé, ou faire la part belle au hasard en introduisant l'hypothèse d'univers multiples et parallèles. Dans cette hypothèse, il y aurait une infinité d'univers avec toutes les combinaisons possibles de constantes et de lois physiques. La plupart des univers auraient des combinaisons perdantes et infertiles. Le nôtre a eu, par hasard, une combinaison gagnante, dont nous sommes le gros lot, et ce qui apparaît comme réglage précis n'est alors que pure coïncidence.

Quelle attitude adopter ? Face à ce dilemme, l'homme de science, malgré toutes ses connaissances, se trouve tout aussi dépourvu et démuni que son voisin. La science n'est d'aucune utilité quand il est question de foi. Le scientifique doit mesurer ses risques et se jeter à l'eau. Il doit parier, comme Pascal. Pour ma part, je suis prêt à parier sur l'existence d'un être suprême. L'hypothèse d'une multitude d'univers fictifs et invérifiables fait violence à mon sens de la simplicité et de l'économie. Sans aller aussi loin que le philosophe autrichien Karl Popper, pour qui « ce qui ne peut être observé ou réfuté relève de la magie ou de la mystique, mais n'appartient pas au domaine scientifique[1] », je trouve bien gratuite l'hypothèse d'innombrables univers inaccessibles à l'observation. Et puis, j'aime disposer d'un libre choix. Dans le monde des univers parallèles, tout ce qui peut arriver arrive. Supposons que le vendredi soir, j'ai le choix entre aller au cinéma ou rester à la maison pour regarder l'émission *Apostrophes* à la télévision. La théorie des univers multiples dirait que je ferais les deux à la fois. L'univers et moi nous dédoublerions. Dans un univers, j'irais au cinéma et, dans l'autre, je regarderais *Apostrophes* à la télévision. Tous les choix étant obligés, il n'y a plus de choix. Un criminel, dans ce monde d'univers parallèles,

1. Karl Popper, *The Logic of Scientific Discovery*, New York, Harper and Row, 1965.

aurait beau jeu pour plaider la clémence du jury au tribunal : les lois de la mécanique quantique l'auraient contraint de commettre son crime. S'il ne l'avait pas commis dans cet univers, un de ses doubles l'aurait de toute façon commis dans un autre univers parallèle. Enfin, parier sur le hasard implique le non-sens et le désespoir. Les cris de détresse de Monod et Weinberg en sont bien la preuve. Alors, pourquoi ne pas parier plutôt sur le sens et l'espérance ?

IX

LA MÉLODIE SECRÈTE

Un univers stationnaire et une création continue

La nature n'est pas silencieuse. Elle se plaît à nous envoyer en permanence des notes de musique. Mais elle ne nous livre pas l'organisation des notes, ni ne nous révèle le secret de sa mélodie. C'est à nous de percer le secret, de découvrir la mélodie et d'écrire la partition. La mélodie du big bang s'est imposée et a rallié la majorité des cosmologistes. Pourtant, pour une petite minorité d'astrophysiciens, le big bang sonne faux. Ils entendent les mêmes notes de musique, mais la mélodie qu'ils construisent à partir de ces notes est complètement différente. Il existe quantité de théories cosmologiques rivales qui ont tenté, jusqu'ici sans succès, de détrôner le big bang. Prêtons l'oreille à ces mélodies alternatives.

Après le big bang, la théorie cosmologique qui a été sans doute poussée le plus loin est celle de l'univers stationnaire (*steady state* en anglais). Cette théorie fut conçue en 1948 par les astronomes anglais Hermann Bondi, Thomas Gold et Fred Hoyle. Elle a exercé une influence énorme sur la pensée cosmologique des années 1950 et 1960, et a suscité maints travaux visant à la différencier du big bang.

La théorie de l'univers stationnaire est née à la fois d'un souci d'esthétique et d'une préoccupation philosophique et religieuse, mais aussi d'une observation qui s'est révélée fausse par la suite. Le souci d'esthétique ressort du principe cosmologique, un des postulats fondamentaux de la relativité générale, qui va être confirmé par la suite de façon spectaculaire par l'observation du rayonnement fossile, et selon lequel l'univers doit être homogène et isotrope, c'est-à-dire identique à lui-même en tout lieu et dans toutes les directions. Pourquoi ne pas aller plus loin ? Pourquoi ne pas élargir au temps le concept d'homogénéité et d'isotropie de l'espace ? On aurait alors un principe cosmologique parfait, un univers immuable à la fois dans l'espace et le temps. L'univers serait de tout temps semblable à lui-même : il serait stationnaire. Cette théorie rejette ainsi la notion d'évolution et de changement inhérente à la théorie du big bang. L'idée aristotélicienne de l'immuabilité des cieux refait surface sous une autre forme.

Dans la théorie de l'univers stationnaire, celui-ci n'aurait ni commencement ni fin. Et c'est là où la préoccupation religieuse et philosophique intervient. Dans les années 1950 et 1960, les notions de création et de commencement (et, par conséquent, celle d'un créateur suprême), dans le domaine scientifique, sentaient le soufre. Maints cosmologistes ne voulaient pas en entendre parler et étaient tout heureux qu'une théorie leur offre sur un plateau un univers qui a existé de tout temps. Cela leur permettait d'envoyer aux oubliettes le problème de la création tout en gardant bonne conscience. D'autre part, un univers d'un âge infini permettait de résoudre le problème posé par les âges respectifs de l'univers et de la Terre tels qu'on les évaluait à ce moment-là. En effet, si l'on acceptait le big bang, l'univers, selon Hubble, n'avait que 2 milliards d'années, alors que des mesures d'éléments radioactifs dans l'écorce terrestre évaluaient la Terre à 4,6 milliards d'années. Comment celle-ci pouvait-elle être plus vieille que l'univers ? Le modèle du big bang devait être faux, conclurent Bondi, Gold et Hoyle. Nous savons aujourd'hui que la faute n'était pas à mettre sur le compte du big bang, mais sur celui de Hubble. Celui-ci s'était trompé sur la brillance intrinsèque de ses phares cosmiques, les étoiles céphéides. Actuellement, on évalue l'univers à 15 milliards d'années et il n'y a plus de danger que le contenu soit plus vieux que le contenant, que la Terre soit plus âgée que l'univers, dans le cadre de la théorie du big bang.

Mais comment concilier l'idée d'un univers immuable dans le temps avec l'observation de l'expansion de l'univers ? Si les galaxies s'éloignent constamment les unes des autres, si de plus en plus d'espace vide se crée entre elles, l'univers ne peut rester semblable à lui-même dans le temps. Pour sauver le principe cosmologique parfait, Bondi, Gold et Hoyle ont dû postuler une création continue de matière (et donc de galaxies) qui compense exactement le vide créé par l'expansion de l'univers. Le niveau d'eau d'un réservoir qui se vide peut rester le même si vous l'approvisionnez d'eau fraîche. Votre bon sens se rebelle : vous ne voyez pas la matière surgir spontanément aux coins des rues. Mais le taux nécessaire pour approvisionner l'univers en matière est tellement faible (il suffirait d'ajouter un atome d'hydrogène à chaque volume d'espace de 1 litre, tous les milliards d'années) qu'il est imperceptible et non mesurable. Le mécanisme de la création continue de matière n'était pas expliqué, mais après tout la création de matière dans le big bang ne l'était pas non plus dans les années 1950 (nous avons vu précédemment qu'il existe maintenant une explication possible dans le contexte du big bang, grâce à la physique des particules). En essayant d'éviter la grande création, Bondi, Gold et Hoyle ont dû avoir recours à une série infinie de petites créations (fig. 43).

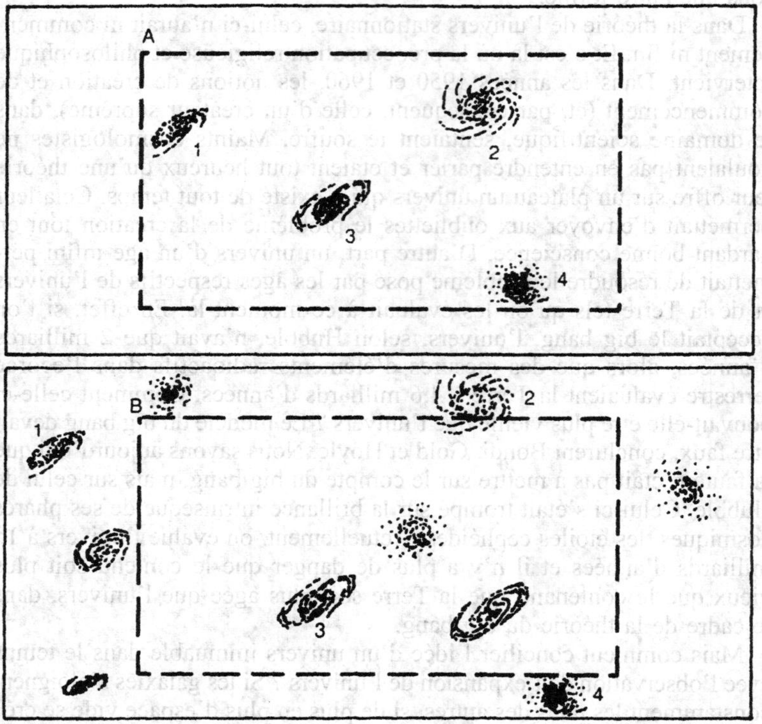

Fig. 43. *L'univers stationnaire et le big bang*. La théorie cosmologique rivale la plus sérieuse de celle du big bang, jusque dans les années 1960, fut la théorie de l'état stationnaire. La figure ci-dessus illustre comment la théorie de l'état stationnaire doit postuler la création continue de matière pour maintenir un univers qui reste semblable à lui-même en dépit de son expansion. Dans la figure A, quatre galaxies, numérotées de 1 à 4, participent à l'expansion de l'univers. Au stade suivant, à cause de l'expansion, le cadre en pointillé de la figure A s'est élargi pour remplir toute la figure B. Les quatre galaxies numérotées se sont éloignées les unes des autres, créant un vide plus grand entre elles. Dans la théorie du big bang, ce vide va s'accroître de plus en plus (du moins dans un univers ouvert et jusqu'au moment de l'expansion maximale dans un univers fermé). Dans la théorie de l'univers stationnaire, de nouvelles galaxies (non numérotées) sont créées, de manière à maintenir un nombre constant de galaxies dans le nouveau cadre en pointillé. Le taux de création de matière est tellement faible (un atome d'hydrogène dans un volume de 1 litre par milliard d'années) qu'il ne peut être mesuré. Ce fut la découverte du rayonnement fossile à 3 °C qui donna, en 1965, le coup de grâce à la théorie de l'état stationnaire.

Les observations vinrent vite semer le doute dans la théorie de l'univers stationnaire. Les quasars, découverts au début des années 1960, semblaient mourir et diminuer en nombre au fur et à mesure que l'univers avançait en âge. La population des quasars était florissante il y a une dizaine de milliards d'années, alors qu'elle est relativement décimée maintenant (l'astronome peut étudier la démographie des quasars à travers le temps en les observant à des distances de plus en plus éloignées et en utilisant le principe selon lequel « voir loin, c'est voir tôt »). Il y avait évolution des quasars, une notion dont la théorie ne pouvait s'accommoder. Mais le coup de grâce fut donné en 1965 par la découverte du rayonnement fossile. Puisque la théorie de l'univers stationnaire rejetait l'idée d'un début chaud et dense, elle ne pouvait offrir aucune explication naturelle au rayonnement qui baigne l'univers tout entier. La mélodie de l'univers stationnaire se trouva reléguée au cimetière des musiques mortes.

Et si l'univers n'était pas en expansion ?

D'autres mélodies furent proposées. Certaines ont tenté d'ébranler l'une des deux pierres angulaires qui soutiennent l'édifice du big bang : l'expansion de l'univers (l'autre pierre angulaire étant le rayonnement fossile). Vous vous souvenez que l'expansion de l'univers se traduit par le mouvement des galaxies, par le fait qu'elles s'éloignent les unes des autres. Notre vie humaine ou même les quelques millénaires de l'homme civilisé sont trop courts pour observer directement des changements de position des galaxies dans le ciel, comme nous observons le mouvement d'un homme ou d'un véhicule. Pour démontrer le mouvement des galaxies, Hubble avait utilisé l'effet Doppler, selon lequel la lumière change de couleur quand elle est émise par un objet en mouvement. La lumière des galaxies étant décalée vers le rouge, elles s'éloignent de nous. De plus, la vitesse d'éloignement d'une galaxie (obtenue en mesurant le changement de couleur) est proportionnelle à sa distance, ce qui implique un mouvement d'expansion universelle.

Certaines théories remettent en cause l'interprétation du décalage vers le rouge de la lumière des galaxies comme dû à un mouvement d'expansion. Elles avancent que la perte d'énergie qui provoque ce décalage vers le rouge – l'épuisement des photons porteurs de cette lumière – n'est pas causée par l'expansion de l'univers, mais qu'elle est la conséquence de la « fatigue » accumulée par les photons au cours de leur long voyage intergalactique et interstellaire dans un univers parfaitement statique et immobile pour parvenir jusqu'à nos télescopes. Un modèle d'univers statique (sans expansion) avec une lumière « fatiguée » peut être construit (Hubble et le physicien américain Richard Tolman en ont proposé un en

1935), qui reproduit la proportionnalité observée entre le décalage vers le rouge et la distance des galaxies. Mais la théorie de la lumière fatiguée a bien des faiblesses. D'abord, il n'existe pas de mécanisme physique connu qui causerait cette fatigue. L'astrophysicien français Jean-Claude Pecker a bien proposé que les photons perdent leur énergie au cours de leur voyage parce qu'ils interagissent avec une nouvelle particule dont la masse devrait être inférieure à celle de l'électron. Ce mécanisme n'a pas reçu l'acceptation générale des astrophysiciens parce que, jusqu'à ce jour, la nouvelle particule dont l'existence est postulée n'a jamais été observée, ni en laboratoire ni dans l'univers.

Indépendamment de la cause précise de la fatigue de la lumière, la théorie de la lumière fatiguée souffre de bien d'autres maux. Elle prévoit des relations entre les propriétés des galaxies (telles que leur taille et leur brillance apparentes) et leur décalage vers le rouge qui sont en contradiction avec les observations. Mais l'écueil principal contre lequel la théorie de la lumière fatiguée va se fracasser, comme toutes les autres théories rivales du big bang, c'est le rayonnement fossile : elle n'a en effet pas les moyens d'expliquer l'existence de ce dernier.

Des décalages vers le rouge non cosmologiques

Il y eut bien d'autres attaques contre le big bang et l'interprétation dite « cosmologique », celle qui attribue le décalage vers le rouge de la lumière des galaxies à l'expansion universelle. Ce n'est pas un hasard si ces attaques, venant d'une minorité d'astronomes, redoublèrent d'intensité juste après la découverte des quasars en 1963. Ces objets, qui avaient l'apparence d'étoiles, possédaient des décalages vers le rouge beaucoup plus importants que ceux observés jusque-là dans les étoiles et dans les galaxies. Ces grands décalages vers le rouge impliquaient, par l'effet Doppler, d'énormes vitesses de fuite, et donc des distances gigantesques si les quasars participaient à l'expansion universelle décrite par la loi de Hubble-Lemaître : ces derniers seraient situés aux confins de l'univers. Or, ces quasars ont une grande brillance apparente quand bien même ils sont fort éloignés. L'énergie libérée en leur sein doit donc être immense, équivalente à l'énergie libérée par 100 000 milliards de Soleils ou 1 000 galaxies. D'autre part, cette énergie extrême provient d'une région de quelques mois-lumières, moins du centième de millième de la taille d'une galaxie et à peine 100 fois plus grande que notre système solaire. (Les astronomes ont une idée de la taille des quasars parce que la lumière de ces derniers varie. Celle-ci augmente ou diminue en brillance en l'intervalle de quelques mois. La taille d'un quasar est la distance parcourue par la lumière pendant ce laps de temps, soit quelques mois-lumières.)

Le cœur des quasars est donc extrêmement dense et énergétique. Nous avons vu qu'un trou noir monstrueux, aussi massif que 1 milliard de Soleils, déchiquetant et dévorant les pauvres étoiles de la galaxie sous-jacente qui passent à proximité, peut produire cette énergie considérable dans un volume aussi compact. Mais invoquer des trous noirs aussi massifs, dont l'existence rentre dans le cadre de la théorie de la relativité, mais qui n'est pas encore vérifiée par l'observation, n'était pas du goût de certains astronomes. Ils ont préféré abandonner l'hypothèse cosmologique pour les quasars. Si le grand décalage vers le rouge de la lumière des quasars n'était pas dû à l'expansion de l'univers, la relation entre décalage vers le rouge et distance, établie pour les galaxies, ne pouvait être utilisée pour déduire les distances des quasars. Ceux-ci pourraient être très proches (une hypothèse dite « locale »), leur énergie serait alors tout à fait banale et on n'aurait plus besoin de trous noirs massifs pour les expliquer.

L'attaque contre l'interprétation cosmologique des quasars a surtout été menée par l'astronome américain Halton Arp. D'après lui, il existe maints exemples de galaxies et de quasars en paires ou en groupes, donc à la même distance de nous, mais avec des décalages vers le rouge totalement différents (ces derniers étant bien sûr beaucoup plus importants pour les quasars que pour les galaxies). Ces décalages vers le rouge ne peuvent donc avoir pour origine l'expansion de l'univers comme le formule la loi de Hubble-Lemaître, une des pierres angulaires de la théorie du big bang. Car, si c'était le cas, des astres situés à la même distance devraient avoir le même décalage vers le rouge. Or, Arp prétend trouver des exemples de paires d'astres qui sont, selon lui, également éloignés de nous, mais qui possèdent des décalages vers le rouge totalement différents. Mais comment démontrer que ces objets en paires ou en groupes sont vraiment à la même distance, que leur proximité dans le ciel n'est pas seulement le résultat d'un effet de projection ? Deux astres peuvent sembler très proches l'un de l'autre dans le ciel, tout en étant en réalité très éloignés s'ils se trouvent simplement alignés sur la ligne de visée de l'observateur (voir fig. 23). D'ordinaire, c'est justement le décalage vers le rouge indiquant la distance qui permet de déterminer la profondeur cosmique et de cartographier l'univers. Mais dans ce cas précis, cette méthode n'est d'aucune utilité, car c'est la relation même entre le décalage vers le rouge et la distance qui est remise en cause. Arp doit recourir à d'autres moyens pour démontrer l'association spatiale de ses galaxies et de ses quasars. Il met en évidence des ponts lumineux qui les relient, ou encore remarque des alignements entre eux, ce qui suggère, selon lui, une origine commune. La réalité des ponts lumineux a été mise en question par les partisans de l'interprétation cosmologique. Ils les attribuent soit à des effets photographiques trompeurs, soit à des nuages de gaz et de poussière dans la Voie lactée (ils sont appelés « nébuleuses de réflexion »), qui reflètent la lumière des étoiles et qui sont vus en projection sur les objets d'Arp. D'autre part, les alignements sont, selon eux, accidentels et ne reflètent aucune connexion réelle.

Quelle est la cause du décalage vers le rouge des quasars si l'expansion de l'univers n'en est pas responsable ? (L'interprétation cosmologique du décalage vers le rouge des galaxies n'est généralement pas remise en question, bien qu'Arp favorise une composante non cosmologique dans certaines galaxies.) En raison des alignements qu'il a relevés, Arp imagine d'immenses explosions au cœur de galaxies génératrices qui éjectent galaxies et quasars dans l'immensité intergalactique. Le décalage vers le rouge est aussi interprété comme un effet Doppler, c'est-à-dire causé par un mouvement. Ce mouvement n'a cependant pas pour origine l'expansion de l'univers, mais une explosion suivie d'une éjection. À mon avis, le point faible de cette théorie est l'absence générale de décalage vers le bleu. En effet, dans un schéma d'éjection, il devrait y avoir autant de chances que la galaxie ou le quasar éjecté vienne vers nous, ce qui produirait un décalage vers le bleu, ou s'éloigne de nous, ce qui produirait un décalage vers le rouge.

Le débat, ou plutôt la controverse (car peut-on appeler débat un dialogue de sourds ?), sur la nature des décalages vers le rouge de la lumière des quasars continue, bien que les voix dans le camp non cosmologique semblent faiblir de plus en plus. Je pense que l'existence des décalages vers le rouge non cosmologiques (c'est-à-dire non dus à l'expansion de l'univers) ne sera établie ou réfutée que le jour où nos instruments seront suffisamment sensibles pour mesurer le décalage vers le rouge de la très faible lumière des ponts lumineux. Si ces mesures indiquaient des décalages vers le rouge allant en augmentant le long du pont lumineux, du décalage vers le rouge de la galaxie jusqu'à celui bien plus grand du quasar, l'association spatiale ne ferait plus de doute et l'existence des décalages vers le rouge non cosmologiques serait établie. En attendant, la démonstration de leur existence est loin d'être assez convaincante pour ébranler la magnifique structure du big bang car, malheureusement, la brillance de ces ponts lumineux est si faible que les mesures de vitesse sont impossibles avec les instruments actuels.

Il y a eu d'autres cris d'alarme concernant la nature du décalage vers le rouge. L'astronome américain William Tifft prétend que les différences de vitesse entre les galaxies d'une paire ou dans un amas (mesurées par l'observation des décalages vers le rouge) sont invariablement des multiples d'un nombre très spécial, 73 kilomètres par seconde ! Ces résultats ont été accueillis avec un très grand scepticisme par la communauté astronomique et ils n'ont pas suscité suffisamment d'enthousiasme de la part d'autres chercheurs pour être vérifiés. Tant que les résultats de Tifft n'auront pas subi de vérifications indépendantes, ils ne pourront être pris au sérieux.

Plus vite que la lumière ou une gravité variable ?

D'autres attaques sont venues non pas dirigées directement contre le big bang, mais contre la relativité générale qui lui sert de fondement théorique. Un grand cri d'alarme a été poussé lors de la découverte, dans certaines sources radio (des astres qui émettent la plus grande partie de leur énergie en ondes radio), de mouvements dits « superlumineux », c'est-à-dire ayant une vitesse plus grande que celle de la lumière. La relativité générale d'Einstein serait dès lors invalidée, car un de ses postulats fondamentaux est que rien ne peut se déplacer plus vite que la lumière. Bien heureusement, ce ne fut qu'une fausse alerte. Ce phénomène superlumineux s'explique très bien dans le contexte de la relativité générale par un effet d'illusion dû au fait que la source radio est éjectée de la galaxie (visible) à laquelle elle est associée à des vitesses proches de celle de la lumière, mais ne la dépassant pas, dans une direction qui est presque exactement celle de la Terre.

La relativité générale est aussi basée sur l'hypothèse implicite d'une gravité constante, qui ne varie ni dans le temps ni dans l'espace. Certaines théories cosmologiques remirent en cause cette hypothèse. Tout cela à cause d'une étrange coïncidence. Vous vous souvenez que la gravité ne joue aucun rôle dans le monde atomique et que c'est l'électromagnétisme qui mène le bal : le rapport de la force électromagnétique à la force gravitationnelle entre un électron et un proton est un nombre extrêmement grand, de l'ordre de 10^{40} (1 suivi de 40 zéros). Le physicien anglais Paul Dirac, l'un des pères fondateurs de la mécanique quantique, remarqua en 1937 que ce nombre surgissait également dans un contexte totalement différent : c'est aussi le rapport de l'âge de l'univers au temps mis par la lumière pour traverser le diamètre d'un proton. Selon Dirac, il ne pouvait s'agir d'une coïncidence, mais bien de la manifestation d'une loi profonde de la nature, d'une connexion encore mystérieuse entre les mondes de l'infiniment grand et petit.

Mais il y a un hic. L'âge de l'univers n'est pas constant, il augmente avec le temps. La coïncidence ne serait donc valable qu'à notre époque. Dirac postula alors que la gravité, ou plus précisément le nombre G qui commande l'intensité de la force gravitationnelle, décroît avec le temps. Ainsi, le rapport de la force électromagnétique à la force gravitationnelle entre un proton et un électron croîtra en fonction du temps, si bien que l'égalité avec le rapport de l'âge de l'univers au temps mis par la lumière à traverser un proton sera maintenue. Le changement de G requis dépasse toutefois de beaucoup les limites observationnelles. La théorie prédit des changements d'orbite pour les planètes du système solaire qui sont en désaccord avec les observations. Si G diminue, la force gravitationnelle qui retient les planètes dans leurs orbites autour du Soleil devrait s'affaiblir. Les planètes devraient s'éloigner du Soleil. Or elles ne le font pas.

La modification des lois de Newton

Il y eut également des attaques contre la loi de la gravitation universelle de Newton. Ces attaques furent motivées par le mystère de la masse invisible dans l'univers. Vous vous souvenez que les astronomes, en étudiant, selon la loi de Newton, les mouvements des étoiles et du gaz dans une galaxie spirale ou ceux des galaxies dans un amas, ont été amenés à conclure que nous vivons dans un univers-iceberg, dont 90 à 98 % de la masse sont invisibles. De plus, la nature de cette masse invisible nous est totalement inconnue. Face à cette situation inconfortable, quelques astronomes ont proposé de modifier la loi de Newton. Après tout, se disent-ils, si cette dernière a été vérifiée maintes fois dans les laboratoires et à l'échelle du système solaire par l'étude des orbites planétaires, elle ne l'a pas été directement à l'échelle des galaxies, où justement la masse invisible se manifeste. En se référant à une loi de gravité différente où la force gravitationnelle entre deux objets ne varierait plus en proportion inverse du carré de la distance qui les sépare, les mouvements des galaxies n'impliqueraient plus nécessairement la présence d'énormes quantités de masse invisible, et la sensation, fort déplaisante au demeurant, de vivre dans un univers dont la plus grande partie de la réalité nous échappe n'aurait plus lieu d'être.

Cette proposition n'a pas déclenché des vagues d'enthousiasme au sein de la communauté astronomique. D'abord parce que la masse invisible ne se manifeste pas uniquement à travers le mouvement des étoiles et du gaz dans les galaxies et des galaxies dans les amas. Nous avons vu que l'abondance des éléments fabriqués dans le big bang (hydrogène, hélium et deutérium) implique aussi une quantité comparable de masse invisible. D'autre part, les prédictions de la théorie, avec une loi de gravité modifiée, restent vagues et difficiles à vérifier expérimentalement. Mais le plus grave est le fait que remettre en question la loi de Newton signifie également remettre en cause la relativité générale, le support théorique du big bang, puisque celle-ci se réduit à la théorie newtonienne dans les situations où les vitesses sont très inférieures à celle de la lumière. Or, une théorie modifiée de la relativité générale n'a pas encore été élaborée. En science, il ne suffit pas de détruire, il faut aussi bâtir à la place.

Une cosmologie matière-antimatière

Venons-en à présent aux cosmologies matière-antimatière. Les noms qui y sont attachés sont ceux des physiciens suédois Hannes Alfvén et Oskar Klein, et celui du physicien français Roland Omnès. Selon Alfvén et Klein, il doit exister une symétrie parfaite entre la matière et l'antimatière, de même qu'il devrait y avoir autant de vous et de moi que d'anti-vous et d'anti-moi dans l'univers. Ce dernier commença son existence sous la forme d'une métagalaxie géante avec des quantités égales de matière et d'antimatière. Celle-ci s'effondra sous l'effet de la gravité et, quand la densité devint assez forte dans son cœur, il y eut annihilation de la matière avec l'antimatière, avec pour résultat d'énormes quantités de radiation. Cette radiation parvint à renverser le mouvement de contraction de la matière et de l'antimatière restantes, et à le transformer en mouvement d'expansion.

Les cosmologies matière-antimatière sont incompatibles avec un certain nombre d'observations. D'abord les rayons cosmiques, ces vents de particules chargées libérées par les agonies explosives des étoiles massives et qui nous parviennent des extrêmes confins de notre Voie lactée, contiennent presque exclusivement de la matière (des protons et des électrons). Ensuite, les quantités énormes de rayons X qui ont dû résulter de l'annihilation matière-antimatière ne sont pas observées. Et puis, la physique des particules nous dit que la nature a une préférence infime pour la matière (un milliardième de plus que pour l'antimatière) et que toute idée de symétrie parfaite entre matière et antimatière est erronée. Enfin se dresse l'écueil suprême : il n'y a pas d'explication naturelle au rayonnement fossile dans une cosmologie matière-antimatière.

Nous arrivons ainsi au terme de nos pérégrinations à travers les mélodies alternatives. Aucune n'a été capable de détrôner le big bang. Aucune n'a su acquérir la beauté enjôleuse et la simplicité séductrice de la théorie de l'explosion originelle, ni épouser aussi parfaitement les contours sinueux de la nature. Les théories rivales, faute d'avoir pu rencontrer l'adhésion générale de la communauté scientifique, sont, dans tous les cas, le résultat du travail d'un seul homme ou d'une équipe de quelques chercheurs. Ces théories ne sont pas aussi développées qu'on pourrait le souhaiter. Elles n'ont pas le pouvoir de conviction de la théorie du big bang, soit parce qu'elles restent enveloppées d'un voile mathématique abstrait et ne permettent pas la confrontation entre la théorie et l'observation, soit parce que leurs prédictions sont en contradiction directe avec les observations (toutes butant contre l'obstacle du rayonnement fossile), soit encore parce qu'elles introduisent des lois physiques nouvelles d'une manière tout à fait arbitraire.

Le pari du scientifique

Si elles n'ont pu détrôner la théorie du big bang, cela ne signifie pas que les théories rivales – les autres mélodies – ne sont d'aucune utilité, qu'elles n'ont pas un rôle à jouer dans l'entreprise scientifique. En science, comme dans tous les autres domaines, il faut toujours se méfier des modes. Une théorie qui rallie la majorité des voix n'est pas nécessairement la bonne. La plupart de ceux qui l'ont adoptée l'ont fait, non pas au terme d'un examen critique, mais peut-être par conformisme et par inertie intellectuelle, simplement parce que cette théorie était vigoureusement défendue par quelques chefs de file particulièrement éloquents. Les théories hérétiques, non orthodoxes, jouent donc un rôle particulièrement important : elles empêchent les défenseurs de la théorie orthodoxe de s'endormir sur leurs lauriers, elles les obligent à être constamment sur le qui-vive, à l'affût d'une faille, d'un défaut possible dans la structure érigée. Si la faille est trop grande et ne peut être colmatée, l'édifice s'écroule et un nouveau bâtiment prend sa place. C'est ainsi que procèdent les révolutions scientifiques. La mécanique quantique est apparue parce que la mécanique classique se montrait incapable d'expliquer les propriétés des atomes. Mais il faut faire bien attention à ne pas verser dans l'autre excès et à ne pas tout détruire à la moindre difficulté. Reconstruire sur des ruines est très ardu. Il ne faut pas se hâter de postuler des décalages vers le rouge non cosmologiques pour la simple raison que l'explication de l'énergie des quasars par des trous noirs massifs n'est pas de son goût, ou de changer la loi de la gravité parce que la nature de la masse invisible reste un mystère. Ces difficultés ne sont-elles pas des failles dans notre imagination plutôt que des défauts dans la structure du big bang ?

Face à toutes ces théories rivales, confronté à une multitude de mélodies alternatives, le cosmologiste pèse le pour et le contre et fait son choix. J'ai parié – le lecteur l'aura deviné –, comme la majorité de mes collègues, sur la théorie du big bang. Outre sa simplicité et son élégance, elle possède cette qualité nécessaire à toute bonne théorie : elle a un grand pouvoir de prédiction. Ses prédictions les plus importantes (le rayonnement fossile et l'abondance de l'hydrogène et de l'hélium) ont été confirmées de façon spectaculaire par les observations. Grâce à l'apport des idées issues de la physique des particules élémentaires, grâce à l'union de l'infiniment grand et de l'infiniment petit, elle s'est encore enrichie et permet peut-être même de répondre aux questions les plus profondes, les plus fondamentales qu'on puisse poser : quelle est la genèse de l'univers ? Quelle est l'origine de la matière ?

Le cosmologiste hérétique suédois Hannes Alfvén (celui de l'univers matière-antimatière) a lancé l'accusation que « le big bang est un mythe, peut-être un merveilleux mythe qui mérite une place d'honneur dans un zoo qui contiendrait déjà le mythe hindou de l'univers cyclique, l'œuf cosmique chinois, le mythe biblique de la Création en six jours, le mythe cosmologique de Ptolémée et bien d'autres[1] ». Je crois qu'Alfvén a tort. À la lumière de ce qui a été dit, il ne fait plus aucun doute que la théorie

1. Voir *La Recherche*, n° 69, 1976, p. 610.

du big bang est maintenant davantage qu'un mythe. Elle a acquis les titres de noblesse d'une science. C'est une théorie dotée d'une santé rigoureuse, qui a résisté jusqu'ici à bien des attaques, et qui donne jusqu'à nouvel ordre la meilleure description de l'univers. Si, un jour, le big bang devait être supplanté par une théorie cosmologique plus sophistiquée, celle-ci devrait incorporer tous les acquis du big bang, de la même façon que la physique einsteinienne a dû incorporer tous les acquis de la physique newtonienne.

L'univers du big bang est le dernier en date d'une longue succession d'univers commençant avec l'univers magique, et passant par les univers mythique, mathématique et géocentrique. Il ne sera certainement pas l'ultime univers : il serait bien étonnant que nous ayons le dernier mot, que nous soyons les élus qui perceront le secret de la mélodie. Il y aura encore, dans le futur, une longue série d'univers qui se rapprocheront toujours plus du vrai Univers (avec un U majuscule, pour le distinguer des univers créés par l'homme). Mais atteindrons-nous jamais le but final, parviendrons-nous jamais à la Vérité ultime, où l'Univers nous sera révélé dans toute sa splendeur, où la mélodie nous livrera tous ses secrets ? Pour répondre à cette question, il nous faut examiner en détail les étapes qui jalonnent la voie de la connaissance, depuis l'instant où nous captons les signaux de la nature, ses notes de musique, jusqu'au moment où le savoir et l'illumination jaillissent.

La numérisation des images

Au petit déjeuner, vous ouvrez votre quotidien du matin. À la page scientifique, deux gros titres attirent votre attention : « Un astronome observe une étoile en train de naître » et « Des physiciens au Centre européen de recherche nucléaire (CERN) à Genève découvrent une nouvelle particule élémentaire ». Immédiatement, votre esprit évoque l'image d'un astronome assis dans le noir, suivant avec son télescope la venue au monde d'une étoile, comme un homme regarderait sa femme accoucher dans une chambre d'hôpital. Vient ensuite l'image d'un groupe de physiciens, tous vêtus de blanc, se penchant sur leurs instruments et se récriant devant la beauté de la nouvelle particule élémentaire, comme des parents, penchés sur un berceau, s'extasient sur la beauté du nouveau-né.

Rien n'est plus éloigné de la réalité. Les « découvertes » de l'étoile en train de naître ou de la nouvelle particule élémentaire ont été faites des mois, ou même des années après l'observation ou l'expérience initiale. De nombreuses étapes ont été nécessaires avant que l'information acquise au télescope ou dans l'accélérateur de particules ne devienne connaissance. La première étape consiste à convertir l'information en chiffres, à la « numériser ». Dans le cas de l'étoile, cela se fait par l'intermédiaire d'un détecteur électronique attaché au télescope que l'astronome commande à partir d'une chambre bien éclairée. Le détecteur capture l'image de l'étoile et la convertit en chiffres : il attribue aux points les plus lumineux de l'image les chiffres les plus élevés, tandis que des chiffres moins élevés seront assignés aux points de plus faible luminosité. (La même technique est appliquée au Compact Disc qui rend un son si pur et si cristallin, à la seule différence que, au lieu de lumière, c'est le son qui est ici numérisé [ou « digitalisé »].)

Quant à la particule élémentaire, elle est si petite (un dix-millième de milliardième [10^{-13}] de centimètre) et a généralement un temps de vie si court (de l'ordre d'un cent millième de milliardième de milliardième [10^{-23}] de seconde) qu'aucun appareil de mesure ne pourra la détecter directement. Les microscopes électroniques les plus performants à l'heure actuelle ne peuvent voir plus petit qu'environ un cent millionième (10^{-8}) de centimètre. L'électronique la plus rapide perd ses moyens quand il s'agit d'événements plus courts qu'un milliardième (10^{-9}) de seconde. Alors, comment « visualiser » la particule élémentaire ? On l'envoie dans une chambre remplie de liquide. La particule interagit avec les atomes du liquide et laisse sur son passage un chapelet de petites bulles gazeuses (d'où le nom de « chambres à bulles » attribué à ces grands réservoirs de liquide). Ces bulles vont grossir rapidement jusqu'à pouvoir être photographiées. L'image de la trajectoire de la particule est ensuite, tout comme dans le cas de l'image de l'étoile, « numérisée ».

Les images « numérisées » sont enregistrées sur bande magnétique comme vous enregistreriez une sonate de Mozart sur la bande magnétique de votre cassette. Puis l'astronome, ou le physicien, quitte le télescope, ou l'accélérateur, avec sa moisson de bandes magnétiques sous les bras. Dans son université ou dans son laboratoire, pendant les jours, les mois ou même les années à venir, il va « visionner » l'image de l'étoile ou de la trajectoire de la particule élémentaire sur un écran de télévision, comme vous visionnez un film avec votre magnétoscope. Il pourra varier les contrastes et jouer à loisir avec les couleurs de l'image pour mettre tel ou tel détail en valeur. Avec l'aide de puissants ordinateurs, il pourra « traiter » l'image et éliminer tous les « parasites » pour augmenter la qualité de l'image. Enfin, il devra « interpréter » l'image. Ce faisant, il fait appel à tout l'arsenal de modèles et de théories dont il dispose. L'astronome devra faire appel aux théories de formation d'étoiles. Le physicien se servira de toute sa connaissance des interactions entre les particules élémentaires et de leurs propriétés. Finalement, au terme de longues réflexions et de nombreuses discussions avec des collègues, une conclusion s'impose et le savoir jaillit. Ce dernier est distillé et consigné dans un article qui est envoyé à un journal scientifique pour être publié. C'est seulement à ce moment que la découverte est communiquée aux médias, et que vous en êtes informés par votre journal du matin.

Le lecteur l'aura compris, le scientifique ne compose pas sa mélodie avec les notes vierges que la nature lui envoie. Ces notes sont inévitablement transformées par les instruments d'observation et d'analyse (télescope, chambre à bulles, ordinateur, etc.), et par le cerveau de l'observateur qui les interprète.

L'œil interprétateur

Mais est-ce à dire que nous pouvons capturer des notes vierges et capter la réalité brute et dénuée de tout artifice si nous abandonnons télescopes et instruments intermédiaires, en faisant seulement confiance à nos yeux ? Encore tout récemment, on pensait que c'était possible, que l'œil fonctionnait comme une caméra de télévision, qu'il se contentait de transmettre une image sans aucune interprétation : l'œil balaie une scène, enregistre une multitude de points lumineux. Des signaux sont envoyés au cerveau qui reconstitue fidèlement la scène, nous procurant la sensation de voir. Dans ce schéma, la finesse de détail d'un paysage observé dépendra de la taille des cellules de la rétine qui enregistrent la lumière : plus les cellules seront grandes et plus l'image sera floue. Les singes ne perçoivent pas la réalité avec autant de détails que les humains : cela veut-il dire que leur rétine est divisée moins finement ? Des études récentes du mécanisme de la vue montrent que ce n'est pas le cas. L'œil est constitué d'une multitude de cellules de forme conique remplies d'un liquide pourpre. Le cône perd sa couleur pourpre et devient incolore quand un grain de lumière le frappe. Il met un certain temps avant de retrouver sa couleur pourpre et, pendant ce temps, perd la faculté de « voir ». Cette inactivité momentanée des cônes incolores impliquerait, en principe, que l'œil humain ne puisse former une image détaillée et continue. Cette dernière devrait être très grossière, avec les zones de lumière (correspondant aux cônes actifs) entrecoupées de zones d'ombre (les cônes inactifs). Et cependant, les images qui nous parviennent du monde extérieur ne sont pas tachées d'ombre et les détails exquis d'un tableau de Monet ou d'une statue de Rodin nous enchantent. Les biologistes expliquent ce paradoxe apparent par l'agencement des cônes. Ceux-ci sont interconnectés de telle façon que les signaux envoyés au cerveau conspirent à nous donner l'impression d'une image lumineuse sans ombre en dépit de l'image tachée d'ombre formée par les cônes. Ainsi, même au niveau visuel le plus élémentaire, la réalité est déjà interprétée, les notes de musique déjà modifiées.

Visualiser l'invisible

L'œil nu de l'astronome est mort. Depuis que Galilée a braqué la première lunette astronomique vers Jupiter et ses satellites en 1610, la situation n'a plus jamais été la même. Aidé par de gigantesques télescopes commandés par de puissants ordinateurs, l'œil de l'astronome n'a cessé de se perfectionner, percevant des astres de moins en moins lumineux et de plus en plus éloignés avec des détails toujours plus précis. L'astrophysicien a même conquis l'invisible. Il a inventé des télescopes qui peuvent capturer des lumières inaccessibles à l'œil humain. Des télescopes radio et infrarouges révèlent un univers d'une beauté et d'une richesse inouïes. L'astronome s'est ensuite libéré de la pesanteur ancestrale pour « satelliser » ses yeux. Des télescopes sensibles aux rayons ultraviolets, X ou gamma, portés par des satellites qui fendent l'espace à des centaines ou milliers de kilomètres au-dessus de la Terre, permettent de contempler, au-dessus du voile opaque de l'atmosphère terrestre, un univers d'une violence extrême. L'astronome est désormais maître de toutes les lumières, il a dompté tout le rayonnement électromagnétique (voir la note quantitative n° 1).

Tout comme les images visibles, les images invisibles sont numérisées (aux signaux radio ou X les plus intenses correspondent des chiffres élevés, à ceux qui sont faibles des chiffres plus petits) et enregistrées sur bande magnétique. On les visionne sur un écran de télévision et des images de galaxies radio ou X apparaissent, bariolées de (fausse) couleur et dans toute leur splendeur : l'invisible a été visualisé.

Les machines peuvent nous berner

Vous l'avez compris, à mesure que ses instruments deviennent plus complexes et plus sophistiqués, que l'invisible est conquis, l'astronome s'éloigne de plus en plus de la réalité brute et des notes de musique vierges. La réalité est filtrée à travers des circuits électroniques cauchemardesques, elle est manipulée, numérisée et reconstituée par la grâce de puissants ordinateurs et de traitements mathématiques complexes. Galilée avait eu, au début, un mal fou à convaincre ses collègues de la réalité des merveilles qu'il découvrait grâce à son télescope. Ceux-ci pensaient que les satellites de Jupiter et les cratères sur la Lune n'étaient que des illusions optiques causées par la lentille du télescope. Après tout, la lentille dévie la lumière et amplifie les images. Pourquoi ne créerait-elle pas des illusions optiques ?

Le problème de la véracité des images est mille fois amplifié en astronomie moderne. Le *Very Large Array* (VLA) – qui signifie la « très grande rangée de télescopes » – installé au Nouveau-Mexique (États-Unis) est le plus grand radiotélescope du monde en son genre. Le VLA – qui s'étale sur une superficie de 27 kilomètres de diamètre, aussi grande que celle de Paris et ses environs – se compose de 27 télescopes de 25 mètres de diamètre chacun, disposés sur des rails de chemin de fer (qui permettent de les déplacer) formant un immense Y dont chaque bras s'étend sur 21 kilomètres. Les 27 télescopes sont contrôlés par de puissants ordinateurs qui combinent la lumière radio recueillie dans chacun des télescopes en une seule, la « numérisent » et la manipulent par des opérations mathématiques complexes, avant d'envoyer une image sur un écran de télévision. Dans la majorité des cas, la lumière radio provient d'une galaxie qui émet aussi de la lumière visible. L'image « visuelle » est considérablement différente de l'image radio. Alors que la galaxie visible a la forme d'une galaxie elliptique parfois traversée par une bande énorme de poussière (la bande apparaît sombre parce que la poussière absorbe la poussière visuelle), la lumière « radio » est concentrée en deux « jets » allongés partant du centre de la galaxie visible et perpendiculaires à la bande de poussière. Les astronomes pensent que ces jets proviennent d'un grand trou noir de la masse de milliards de Soleils au centre de la galaxie visible. Ainsi, les « yeux radio » complètent les « yeux visuels » en révélant la richesse et la complexité de l'univers. J'éprouve toujours un grand sentiment d'irréalité quand j'utilise ce radiotélescope : j'observe des astres invisibles qui émettent de la lumière radio avec un instrument que je ne contrôle pas directement. Je suis entièrement à la merci des ordinateurs. Ce sont eux qui pointent les 27 télescopes, qui combinent la lumière radio recueillie dans chacun des télescopes, la numérisent, la manipulent par des opérations mathématiques complexes avant de projeter une image sur un écran de télévision en couleur. Il y a eu un si grand nombre d'étapes entre les signaux bruts et l'image finale qu'il est légitime de se demander quelle est la part de « vérité objective » dans cette image. Les collègues de Galilée avaient raison de se montrer sceptiques : en science, un résultat – ou une observation – n'est accepté qu'après avoir été vérifié séparément par d'autres chercheurs, qui utilisent d'autres techniques ou des instruments de mesure différents. En effet, il est peu probable que la même erreur se répète chaque fois ou que les machines nous bernent à chaque occasion.

La réalité triée et transformée

En principe, ces difficultés techniques sont surmontables. Il suffit de faire bien attention à chaque étape, de construire soigneusement les instruments de mesure, de programmer avec soin les ordinateurs, en somme de ne pas laisser l'erreur humaine s'infiltrer. S'il ne fallait compter qu'avec des machines, la réalité pourrait être, en théorie, rendue aussi objective que possible. Mais ce qui est incontournable, c'est l'homme et son cerveau. L'homme ne peut observer la nature de manière objective. Il y a une interaction constante entre son monde intérieur et le monde extérieur. L'évolution du monde intérieur influence la perception du monde extérieur et, inversement, le contact avec le monde extérieur transforme le monde intérieur. Le monde intérieur du scientifique est truffé de concepts, de modèles et de théories acquis tout au long de sa formation professionnelle. Ce monde intérieur, quand il est projeté au-dehors, ne permet plus à l'homme de science de voir des faits « nus » et objectifs, dénués de toute interprétation. Même le plus objectif des chercheurs aura des « préjugés ». En fait, ces préjugés (auxquels l'historien des sciences américain Thomas Kuhn donna le nom collectif de « paradigme ») sont le moteur même de la démarche scientifique. Sans opinion préconçue, dépourvu de tout paradigme, comment le scientifique pourra-t-il choisir, parmi les multitudes d'informations que la nature lui envoie, parmi l'avalanche des faits qui l'assaillent, ceux qui sont les plus significatifs, les plus susceptibles de révéler les lois et les principes, les plus porteurs d'information ? Le tri de la réalité constitue une partie essentielle de la démarche scientifique et les plus grands hommes de science sont ceux qui savent aller à l'essentiel en négligeant l'insignifiant.

La réalité est donc inévitablement transformée par le monde intérieur, et nous ne voyons que ce que nous voulons bien voir. Qui n'a pas éprouvé une ineffable légèreté de l'être quand l'amour nous touche, quand tout ce qui était encore hier laid et sans âme se pare soudain d'une beauté indescriptible ? À la vue d'une madeleine, Proust voit défiler tout le temps perdu de son enfance. Une rue banale, un air de musique quelconque vous touchent soudain au plus profond de votre être parce que des événements importants de votre vie y sont associés. Le scientifique n'échappe pas à cette règle. Le naturaliste anglais Charles Darwin, père de la théorie de l'évolution, raconte une histoire charmante : il passa toute une journée au bord d'une rivière et n'y vit que cailloux et eau. Onze ans plus tard, il revint sur les lieux pour rechercher la trace d'un glacier. L'évidence sautait maintenant aux yeux. Un volcan éteint n'aurait pu laisser de traces plus visibles de son activité passée que cet ancien glacier. Darwin découvrit ce qu'il cherchait dès qu'il sut regarder.

La « réalité » dépend donc intimement du bagage conceptuel du scientifique. Elle est triée et transformée par ses « préjugés ». En astrophysique, l'exemple le plus frappant de cette étroite dépendance de la « réalité » et de l'arsenal conceptuel est, à mon avis, le problème de la masse invisible. Cette masse n'émet aucune sorte de lumière et est donc complètement inaccessible à l'observation directe, même si l'astronome maîtrise toutes les subtilités du rayonnement électromagnétique. Cette masse invisible ne peut être plus éloignée de la réalité tangible. Et pourtant, la majorité des astrophysiciens croient que de 90 à 98 % de la masse de l'univers sont constitués de cette matière invisible parce que, si l'on s'en tient à la loi de la gravitation universelle de Newton, les mouvements des étoiles et du gaz dans les galaxies, et ceux des galaxies dans les amas, seraient tout autres si cette masse n'existait pas. De même, l'édifice du big bang repose sur la relativité générale. Sans ce support théorique, il s'écroulerait. L'homme crée l'univers en projetant son monde intérieur sur le monde extérieur.

Cette interaction entre l'intérieur et l'extérieur explique aussi pourquoi la science est née en Europe plutôt qu'ailleurs. Le scientifique ne travaille pas dans l'isolement. Le milieu culturel environnant modifie son monde intérieur et l'orientation de ses recherches. Selon le chimiste belge Ilya Prigogine, « la science n'apparaît qu'en fonction de l'idée que les hommes se font de l'univers. Si un peuple est persuadé qu'un créateur suprême est à l'origine du monde et détermine son futur, c'est qu'il existe des lois et un avenir discernable. Il appartient alors aux hommes de décoder ces lois divines[1] ». Newton, imprégné de religion chrétienne, incarna bien cette science occidentale, cette urgence à rechercher dans les lois de la nature le reflet de Dieu. La science ne naquit pas en Chine, où furent pourtant inventées la poudre et la boussole, parce que la notion d'un Dieu créateur régissant l'univers avec ses lois y était absente. (Selon Confucius, le monde naquit de deux forces opposées, le Yin et le Yang.)

La fermentation intérieure

Mais si le scientifique ne voit que ce qu'il cherche, s'il place tout fait nouveau dans un cadre conceptuel qui existe déjà, comment progresser, comment acquérir de nouvelles connaissances ? Le chercheur est conservateur par nature et la nouveauté émerge difficilement. Toute tentative susceptible de semer le trouble et d'ébranler l'édifice rencontre toujours une forte résistance. Et, souvent, des faits qui se révéleront plus tard « anormaux » (c'est-à-dire n'entrant pas dans le cadre conceptuel habituel) doivent tout d'abord se plier aux idées en vogue, quand ils ne sont pas simplement ignorés. L'exemple le plus extrême de ce conformisme est celui de Ptolémée, accumulant les épicycles pour expliquer le mouvement des planètes autour d'une Terre fixée au centre du monde. Ce conservatisme n'est pas aussi néfaste qu'il peut paraître au premier abord : il constitue une soupape de sécurité contre de constantes remises en question, de perpétuelles révolutions. Assurant la bonne marche de la science en temps ordinaire, il la protège contre un état de chaos permanent qui la paralyserait.

1. Voir l'interview de Guy Sorman dans *Le Figaro Magazine* du 5 mars 1988.

Pourtant, il faut bien que la science progresse. Les révolutions éclatent quand les faits nouveaux s'accumulent, qui ne cadrent plus dans l'ancien schéma, mais surtout quand des hommes de génie, qui entrevoient des connexions nouvelles entre des faits que tout *a priori* devait séparer, font leur apparition. L'univers tout entier est interconnecté, chaque partie reflète la totalité, comme nous le verrons plus tard. La démarche de la science consiste à trier et à fragmenter la réalité. À un certain stade, elle ne peut décoder qu'une petite partie du tout. Et chaque fois qu'une interconnexion nouvelle surgit, la science fait un fantastique bond en avant. Newton découvrit la gravitation universelle en établissant une relation entre le mouvement de chute d'une pomme et celui de la Lune autour de la Terre. La relativité générale s'imposa à Einstein dès qu'il entrevit l'interconnexion entre le temps et l'espace.

Ces interconnexions sont des actes de création et d'imagination au même titre que ceux de Picasso peignant ses *Demoiselles d'Avignon*, de Beethoven composant ses symphonies ou de Proust recapturant son enfance dans sa *Recherche du temps perdu*. Les grandes découvertes scientifiques ne surgissent pas par hasard. Elles sont le produit d'une intense fermentation intérieure qui se nourrit d'éléments extérieurs apparemment disparates, les régurgite et les restitue, transformés et transfigurés, unifiés et connectés.

Le pendule de Foucault

La science est constamment à la poursuite de nouvelles interconnexions. En effet, l'univers qu'elle prétend décrire semble être totalement connecté. La totalité de l'univers apparaît mystérieusement présente en tout lieu et en tout temps. Chaque partie reflète le tout. Deux expériences de natures très différentes nous le confirment.

La première concerne le pendule de Foucault. Le physicien français Léon Foucault voulait démontrer que la Terre tournait sur elle-même. En 1851, lors d'une expérience restée célèbre, il attacha un pendule (qui consistait simplement en un objet pesant suspendu au bout d'une longue corde) à la voûte du Panthéon à Paris. Le pendule, une fois lancé, eut un comportement très remarquable : le plan dans lequel il balayait l'air de ses mouvements (appelé plan d'oscillation) pivotait autour de l'axe vertical au fur et à mesure que les heures s'égrenaient. Oscillant, par exemple, dans la direction nord-sud au début, il se déplaçait dans la direction est-ouest après quelques heures. (Aux pôles terrestres, le plan d'oscillation fait un tour complet sur lui-même au cours d'une journée. À Paris, en raison d'un effet de latitude, il ne fait qu'une fraction de tour en vingt-quatre heures.)

Pourquoi le plan d'oscillation du pendule de Foucault pivote-t-il ? Foucault répondit que ce mouvement n'était qu'apparent, que le plan était fixe en réalité et que c'était la Terre qui tournait. Et il s'en tint là. Cette réponse était cependant incomplète, car un mouvement ne peut être décrit que par rapport à une absence de mouvement. La Terre tourne par rapport à quelque chose qui ne tourne pas. Le mouvement absolu n'existe pas. S'il n'y avait qu'un seul et unique objet dans l'univers, nous ne pourrions pas parler du mouvement de cet objet, car ce mouvement ne pourrait être comparé à nul autre. Pour décrire le mouvement de rotation de la Terre, Foucault aurait dû citer des objets de comparaison qui ne bougent pas. Mais comment les trouver, et surtout comment nous assurer de leur fixité ? Le pendule de Foucault vient à notre secours. Puisque celui-ci, une fois lancé, a un plan d'oscillation qui est fixe, il suffirait de l'orienter dans la direction de l'astre soumis au test de la fixité. Si l'astre testé est immobile, il restera toujours dans le plan d'oscillation du pendule. Au contraire, s'il possède un mouvement, une lente dérive en dehors du plan d'oscillation se produira.

Essayons tour à tour les objets astronomiques qui nous sont connus, en commençant par les plus proches et en nous éloignant de plus en plus. Orientons le plan de notre pendule vers le Soleil. Peine perdue. Après un mois, le Soleil est déjà sorti du plan d'oscillation. Les étoiles les plus proches, dans un rayon de quelques années-lumière, passent plus de temps dans le plan du pendule, mais elles aussi s'en échappent au bout de quelques années. Qu'en est-il de la galaxie Andromède, située à 2,3 millions d'années-lumière ? Elle fait mieux l'affaire, mais elle aussi quitte le plan. Vient ensuite le superamas local, à quelque 40 millions d'années-lumière. Le temps passé dans le plan augmente de façon notable au fur et à mesure que les objets testés sont plus éloignés, mais la lente dérive persiste. En désespoir de cause, orientons notre pendule vers un amas de galaxies situé à quelques milliards d'années-lumière, visible seulement sur les plus grands télescopes. Notre patience est enfin récompensée : il n'y a plus de dérive.

Ces résultats sont parfaitement compréhensibles. Nous avons vu qu'un fantastique ballet cosmique se superpose au mouvement d'expansion de l'univers. La Terre tourne autour du Soleil, qui tourne à son tour autour du centre de la Voie lactée. Celle-ci est attirée vers le centre du groupe local qui se dirige à son tour vers le centre du superamas local. Ce dernier semble tomber à son tour vers un grand complexe massif de galaxies surnommé le Grand Attracteur (voir fig. 19). Ce n'est que bien au-delà du superamas local que les mouvements de ballet s'atténuent, que l'expansion universelle se manifeste dans son expression la plus pure. Les mouvements de ballet provoquent la dérive des objets testés hors du plan d'oscillation du pendule de Foucault. La dérive ne prend fin que lorsque les objets sont assez éloignés pour ne plus participer au ballet.

La conclusion à tirer de ces expériences est extraordinaire : le pendule de Foucault oscille en ignorant superbement son environnement local, faisant fi de la Terre, du Soleil, du groupe local et du superamas local. Il ajuste son comportement en fonction des galaxies lointaines ou, puisque la totalité de la masse visible de l'univers se trouve dans les galaxies, de l'univers tout entier. En d'autres termes, ce qui se trame chez nous se décide dans l'immensité cosmique, ce qui se passe sur notre minuscule planète est dicté par toute la hiérarchie des structures de l'univers. Chaque partie porte en elle la totalité et de chaque partie dépend tout le reste. L'univers est connecté. Cette conclusion, le philosophe et physicien autrichien Ernst Mach (celui des vitesses supersoniques) y était déjà parvenu à la fin du XIXe siècle, quand il se préoccupait lui aussi du problème des objets qui tournent. Le physicien pensait que la masse de chaque objet, la quantité qui mesure son inertie, sa résistance au mouvement, est le résultat de l'influence de l'univers tout entier sur cet objet. Selon lui, quand vous peinez pour pousser votre voiture en panne ou pour déplacer un meuble dans votre salon, la résistance au mouvement que vous expérimentez émane de toute l'immensité cosmique. Mach n'a jamais décrit en détail cette mystérieuse influence universelle qui s'exerce sur votre voiture ou dans votre salon, et personne ne l'a fait depuis.

En tout cas, le comportement du pendule de Foucault nous force à conclure qu'il existe une tout autre sorte d'interaction que celles décrites par la physique connue, une interaction mystérieuse qui ne ferait intervenir ni force ni échange d'énergie, mais qui connecterait l'univers tout entier.

L'indivisibilité de l'univers

Le pendule de Foucault nous a montré que l'univers est interconnecté à l'échelle macroscopique. Nous allons voir maintenant que le monde subatomique est tout aussi indivisible. Cette évidence repose sur une expérience fameuse proposée en 1930 par Albert Einstein, Boris Podolsky et Nathan Rosen pour tenter de prendre en défaut l'interprétation probabilistique de la réalité par la mécanique quantique. Imaginons, disent-ils, une particule qui se désintègre spontanément en deux grains de lumière A et B. Rien ne permet de dire *a priori* les directions que ces derniers vont prendre. Une seule certitude : par symétrie, ils doivent partir dans des directions opposées. Si A se dirige vers l'ouest, B doit s'en aller vers l'est. Installons donc nos instruments de mesure et vérifions : A est bien à l'ouest et B à l'est. Tout se passe apparemment comme prévu.

Mais c'est compter sans l'indéterminisme du monde subatomique. La mécanique quantique nous dit que A ne pouvait avoir de direction précise avant d'être capté par l'instrument de mesure. Il arborait alors sa physionomie d'onde et était susceptible de prendre n'importe quelle direction. C'est seulement après avoir interagi avec le détecteur que A se transforme en particule et « apprend » qu'il se dirige vers l'ouest. Si A ne « savait » quelle direction prendre avant d'être capturé par l'instrument de mesure, comment B pourrait-il « deviner » à l'avance la direction de A et orienter sa trajectoire de façon à être capté au même instant dans la direction opposée ? Cela n'avait aucun sens. Einstein et ses collègues conclurent donc que la mécanique quantique faisait fausse route, que la réalité ne pouvait être décrite en termes de probabilités et que Dieu ne jouait pas aux dés : A « savait » avant son départ la direction qu'il allait prendre et l'avait communiquée à B avant leur séparation afin que celui-ci emprunte la direction opposée. A et B ont une réalité objective bien déterminée, indépendante de l'acte d'observation. Mais Einstein se trompait. Les expériences en laboratoire ont toujours donné raison à la mécanique quantique et celle-ci rend bien compte du comportement des atomes : A ne « savait » vraiment pas dans quelle direction partir, Dieu joue aux dés et les particules n'ont pas de réalité objective indépendante de l'acte d'observation. Alors, comment résoudre le paradoxe EPR (d'après les initiales des trois auteurs) ?

Ce paradoxe n'en est vraiment un que si l'on suppose que la réalité est « localisée » sur chacun des deux grains de lumière, que ces derniers sont distincts et séparés et qu'ils ne peuvent s'influencer l'un l'autre. Il est balayé si nous acceptons l'idée que les deux grains de lumière, même séparés par des milliards d'années-lumière, font partie, avant d'être enregistrés par les instruments de mesure, d'une même totalité, qu'ils sont en contact permanent par une sorte d'interaction mystérieuse. Ainsi, B « sait » instantanément tout ce que fait A : ils n'ont plus besoin de s'envoyer des messages. La réalité n'est plus locale, mais globale. Il n'y a plus d'« ici » ou de « là ». Tout est connecté et « ici » est identique à « là ».

Le pendule de Foucault et l'expérience EPR nous ont contraints à dépasser nos notions habituelles d'espace et de temps. Nous sommes amenés à conclure que l'univers possède bien un ordre global et indivisible, tant à l'échelle macroscopique que subatomique. Une influence omniprésente et mystérieuse fait que chaque partie contient le tout et que le tout reflète chaque partie. Tous les êtres vivants dans l'univers, toute la matière, le livre que vous tenez entre vos mains, les meubles qui vous entourent, les vêtements que vous portez, tous les objets que nous identifions comme fragments de réalité contiennent la totalité enfouie en eux. « Nous tenons chacun l'infini au creux de notre main[1]. »

---

1. William Blake, *Auguries of Innocence*, in *Complete Writings of William Blake*, Geoffrey Keynes (éd.), New York, Oxford University Press, 1989.

La science occidentale, réductionniste par nécessité (il faut isoler des parcelles de réalité pour les étudier en détail et progresser), converge ainsi de plus en plus vers une vue globale (on dit « holistique ») de l'univers. Les tentatives actuelles pour unifier les lois de la physique n'en sont qu'une manifestation. La science nous a appris que nous partageons avec toute la matière de l'univers une histoire commune, que nous sommes les enfants des étoiles, les frères des bêtes sauvages et les cousins des jolis coquelicots champêtres. Elle nous dit aussi que nous portons tout l'univers en nous, que nous sommes indivisibles de lui. Ce sentiment d'appartenance cosmique nous empêchera-t-il de succomber au suicide nucléaire ou écologique ? Le scientifique n'a pas, en tout cas, le choix. Pour paraphraser le fameux mot d'André Malraux : « La science du XXIe siècle sera spirituelle, ou ne sera pas. »

Le secret de la mélodie

Reprenons notre question du début : l'Univers nous sera-t-il un jour révélé dans la totalité de sa glorieuse réalité ? Parviendrons-nous à percer le secret de la vraie mélodie ? À la lumière de ce qui a été dit, cela semble bien difficile, voire impossible. L'acte même d'observer modifie la réalité, nous enseigne la mécanique quantique. Cette « réalité » est ensuite modifiée et interprétée par notre œil, nos instruments de mesure et nos « préjugés ». Fait encore plus grave, ne pouvant échapper à notre finitude, nous ne pourrons jamais étudier qu'une infime partie de ce vaste univers qui est entièrement interconnecté. Au prix d'efforts prodigieux d'imagination et de créativité, des hommes de génie découvriront de plus en plus de connexions et la science progressera. Mais jamais *toutes* les connexions ne seront révélées. (À ce propos, il est utile de mentionner les travaux du mathématicien autrichien Kurt Gödel, qui démontra en 1931 qu'il existera toujours en mathématiques des propositions indémontrables. De même qu'il est impossible de tout démontrer en mathématiques, l'esprit humain ne pourra jamais appréhender la totalité de l'Univers.)

L'Univers nous sera à jamais inaccessible. La mélodie restera à jamais secrète. Mais est-ce une raison pour se décourager, pour abandonner la quête ? Je ne le crois pas. L'homme ne pourra jamais échapper à ce besoin urgent d'organiser le monde extérieur en un schéma cohérent et unifié. Après l'univers du big bang, il continuera à en créer d'autres, qui se rapprocheront toujours plus de l'Univers sans jamais l'atteindre, et qui illumineront et magnifieront son existence.

NOTES QUANTITATIVES

Ces notes sont destinées aux lecteurs qui désirent disposer d'informations plus quantitatives sur certains sujets traités dans le texte. Elles ne sont pas nécessaires à la compréhension de ce dernier. Le plus souvent, au lieu de donner des équations complètes, je me contenterai d'indiquer la relation de certaines quantités à d'autres quantités. Aussi, j'emploierai souvent le symbole *a* qui signifie « varie en proportion de ». Ainsi, $a \alpha b^2$ veut dire que si *b* est doublé, *a* sera multiplié par le carré de 2, c'est-à-dire 4.

1. La lumière et l'effet Doppler

Vous jetez une pierre dans un étang. Des ondes circulaires se propagent de l'endroit où la pierre a touché l'eau jusqu'au bord de l'étang. La distance entre deux crêtes successives est appelée longueur d'onde. Le nombre de crêtes qui arrivent au bord de l'étang par seconde (obtenu en divisant la vitesse de propagation de l'onde par la longueur d'onde) est appelé la fréquence de l'onde. De même, une source lumineuse émet des ondes concentriques de lumière qui se propagent à 300 000 kilomètres par seconde ; seulement, les ondes, au lieu d'être circulaires, sont sphériques. La lumière est aussi caractérisée par une longueur d'onde l et une fréquence f qui varie en proportion inverse de l ($f = c/l$, où c est la vitesse de la lumière). La longueur d'onde ou la fréquence de la lumière détermine son énergie E : la lumière est d'autant plus énergétique que sa fréquence est plus élevée ou que sa longueur d'onde est plus petite ($E \alpha f$ ou $E \alpha 1/l$).

La gamme des ondes électromagnétiques s'obtient en variant la longueur d'onde ou la fréquence de la lumière. Les rayons gamma possèdent la plus petite longueur d'onde (environ un dix milliardième de centimètre), la plus grande fréquence (les ondes arrivent au nombre d'environ 300 milliards de milliards [3×10^{20}] par seconde) et la plus grande énergie. En ordre décroissant d'énergie ou de fréquence, ou, de manière équivalente, en ordre croissant de longueur d'onde, viennent ensuite les rayons X, la lumière ultraviolette, visible, infrarouge et radio. La lumière visible n'occupe qu'un tout petit domaine, sa longueur d'onde variant entre 3 et 7 centièmes de millièmes de centimètre, et elle vient frapper nos paupières avec une fréquence d'environ un million de milliards (10^{15}) par seconde. Quant à la lumière radio, sa longueur d'onde peut atteindre un kilomètre. Les ondes radio viennent avec une fréquence relativement faible de 300 000 par seconde (fig. 44). L'atmosphère terrestre n'est pas transparente à toutes les formes de lumière. Seules la lumière visible, une petite partie de la lumière infrarouge et la lumière radio peuvent la traverser et être capturées par des télescopes sur Terre. Les autres lumières ne peuvent être capturées qu'au-dessus de l'atmosphère terrestre avec des télescopes portés par des ballons ou des satellites.

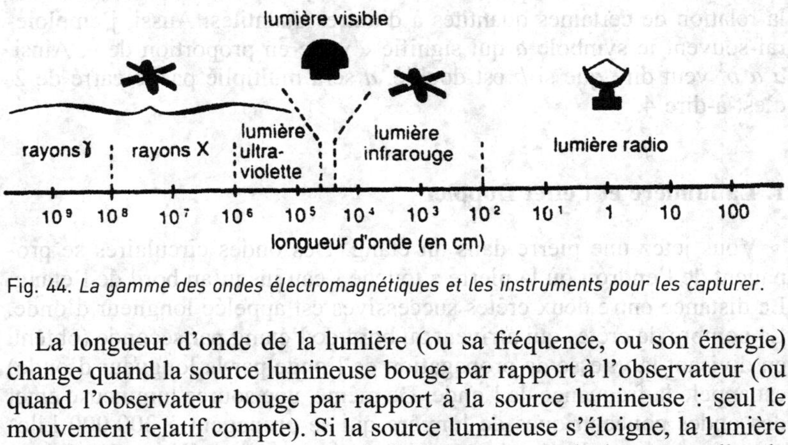

Fig. 44. *La gamme des ondes électromagnétiques et les instruments pour les capturer.*

La longueur d'onde de la lumière (ou sa fréquence, ou son énergie) change quand la source lumineuse bouge par rapport à l'observateur (ou quand l'observateur bouge par rapport à la source lumineuse : seul le mouvement relatif compte). Si la source lumineuse s'éloigne, la lumière met plus de temps pour parvenir à l'observateur, la longueur d'onde observée, l (observée), la distance entre deux crêtes successives qui parviennent à l'observateur, s'allonge par rapport à la longueur d'onde de la lumière émise, l (émise), selon la formule :

$$\frac{l\ (\text{observée})}{l\ (\text{émise})} = 1 + \frac{v}{c}$$

où v est la vitesse relative entre la source lumineuse et l'observateur, et c la vitesse de la lumière. La fréquence et l'énergie de la lumière observée sont moindres que celles de la lumière émise. Si, au lieu de s'éloigner, la source s'approche, la longueur d'onde observée se raccourcit par rapport à la longueur d'onde émise. Dans la formule, il suffirait alors de remplacer le signe + par le signe –. La fréquence et l'énergie de la lumière observée augmenteraient au lieu de diminuer. Ce phénomène est appelé « effet Doppler », d'après le nom du physicien qui l'a étudié. C'est en utilisant un radar et la formule précédente que le policier mesure la vitesse de votre voiture sur l'autoroute. Il connaît la fréquence (ou longueur d'onde, *l* [émise]) de l'onde radio émise par le radar. Il a un instrument pour mesurer la fréquence (ou longueur d'onde, *l* [observée]) de l'onde radio réfléchie par l'arrière de votre voiture. Il n'a plus qu'à appliquer la formule pour avoir votre *v* ! L'effet Doppler s'applique aussi au son. Nous avons tous remarqué que le son de l'avertisseur d'une voiture devient plus aigu (sa fréquence augmente) quand celle-ci s'approche et qu'il devient plus grave (sa fréquence diminue) quand la voiture s'éloigne.

Dans le cas de la lumière visible, la lumière rouge a une longueur d'onde plus grande (ainsi qu'une fréquence et une énergie plus petites) que la lumière bleue. Aussi emploie-t-on l'expression « décalage vers le rouge » pour désigner le phénomène d'allongement de la longueur d'onde de la lumière émise, causé par le mouvement de fuite de la source lumineuse par rapport à l'observateur (comme le mouvement de fuite des galaxies dû à l'expansion de l'univers), même si la lumière est de nature autre que visible. Le décalage vers le rouge *z* est défini comme le changement fractionnaire de la longueur d'onde par rapport à celle émise :

$$z = \frac{l\,(\text{observée}) - l\,(\text{émise})}{l\,(\text{émise})} = \frac{v}{c}$$

Inversement, le phénomène du raccourcissement de la longueur d'onde de la lumière émise causé par un mouvement d'approche de la source lumineuse est appelé « décalage vers le bleu ». La formule est la même que celle du décalage vers le rouge, excepté que le numérateur de la fraction est remplacé par *l* (émise) – *l* (observée).

Les formules précédentes ne sont correctes que dans le cas où la vitesse *v* est petite par rapport à la vitesse de la lumière *c*. Quand *v* s'approche de *c*, il faut employer les formules données par la relativité restreinte :

$$\frac{l\,(\text{observée})}{l\,(\text{émise})} = \frac{1 + v/c}{(1 - v^2/c^2)^{1/2}}$$

Ce qui donne :

$$z = \frac{l\,(\text{observée}) - l\,(\text{émise})}{l\,(\text{émise})} = \frac{1 + v/c}{(1 - v^2/c^2)^{1/2}} - 1$$

D'après la formule précédente, il est évident que quand v s'approche de c, le dénominateur s'approche de zéro et le décalage vers le rouge z peut devenir très grand. Les astres qui possèdent les plus grands décalages vers le rouge connus sont les quasars. Le plus grand z connu d'un quasar est de 4,4 : sa lumière est décalée vers le rouge de 440 %. Par comparaison, le z d'une galaxie proche dans l'amas de la Vierge, à 44 millions d'années-lumière, n'est que de 0,003. Sa lumière n'est décalée vers le rouge que de 0,3 %. La loi de Hubble-Lemaître, qui relie le décalage vers le rouge à la distance, implique que les quasars, avec leurs grands décalages vers le rouge, sont très distants, aux confins mêmes de l'univers. Puisque regarder loin, c'est aussi regarder tôt, observer un quasar avec un z de 4,4 équivaut à remonter le temps jusqu'à l'époque où l'univers n'avait que quelque 2 milliards d'années, moins d'un cinquième de son âge actuel. Les astres à grand z sont comme des vestiges archéologiques qui nous aident à déchiffrer le passé de l'univers.

Très récemment encore, les décalages vers le rouge connus des galaxies étaient très inférieurs à ceux des quasars : ils ne dépassaient pas la barre de 1. Mais en 1988, des galaxies très lointaines furent découvertes qui possédaient des z de l'ordre de 3,5 comparables à ceux des quasars. Ces observations impliquent que les galaxies étaient nées très tôt, de 2 à 3 milliards d'années après le big bang. Tout modèle d'univers qui prétend décrire la formation des galaxies doit tenir compte de ce fait. L'univers-jouet rempli de matière invisible froide (chap. V), qui est favorisé par la majorité des cosmologistes à l'heure actuelle, ne semble pas faire l'affaire car les galaxies ne s'y forment qu'assez tard, après le cinquième milliard d'années.

2. L'élasticité du couple espace-temps

Avec la publication de la relativité restreinte par Einstein en 1905, le temps et l'espace perdent le caractère universel et absolu qu'ils possédaient avec Newton. Ils seront désormais individuels et dépendront du mouvement de l'observateur. Un observateur immobile verrait le temps t_o d'un observateur en mouvement se dilater d'un facteur γ défini par

$$\gamma = \frac{1}{(1 - v^2/c^2)^{1/2}}$$

où v est la vitesse de l'observateur en mouvement et c la vitesse de la lumière. Autrement dit :

$$t = \gamma t_0$$

Ainsi, si Jules voyage dans une fusée qui se déplace à 87 % de la vitesse de la lumière, Jim, son jumeau resté sur Terre, verra le temps de Jules s'écouler 2 fois moins vite que le sien : les aiguilles des horloges à bord du vaisseau spatial avanceront 2 fois plus lentement et Jules mettra 2 fois plus de temps pour se brosser les dents. Les processus biologiques ralentiront également : Jules vieillira seulement de 6 mois pour chaque année terrestre. La dilatation du temps est d'autant plus grande que la vitesse du vaisseau spatial est plus proche de celle de la lumière. Si Jules se déplaçait à 99,99 % de la vitesse de la lumière, 10 années à bord correspondraient à 707 années terrestres. Cette dilatation du temps a été vérifiée maintes fois, en particulier dans les accélérateurs de particules élémentaires : celles-ci vivent beaucoup plus longtemps quand elles sont accélérées à des vitesses proches de celle de la lumière.

Mais tout mouvement est relatif, objecteriez-vous avec juste raison. Si Jim voit Jules se déplacer à la vitesse v dans son vaisseau spatial, Jules pourrait considérer que c'est lui qui est immobile, et que c'est Jim qui s'éloigne à la vitesse v. Jules verrait alors le temps de Jim sur Terre se dilater exactement de la même façon que Jim voit le temps de Jules se dilater. Si la vitesse du vaisseau spatial est de 87 % de celle de la lumière, 1 année de Jules équivaut à 6 mois terrestres. Les deux points de vue sont aussi valables l'un que l'autre et il n'y a pas de problème tant que Jules et Jim ne se rencontrent pas.

Mais supposons que Jules, las de ses voyages interstellaires, décide de rentrer à la maison voir son jumeau Jim. Se pose alors la question à 1 000 francs : de Jules et Jim, qui aurait vieilli le plus ? La réponse est sans équivoque : c'est Jim, resté sur Terre, qui aurait vieilli le plus. Si Jules a voyagé à 87 % de la vitesse de la lumière et que la durée de son voyage, mesurée avec les horloges du vaisseau spatial, était de 10 ans, Jules aurait vieilli de 10 ans tandis que Jim aurait 20 ans de plus. Pourquoi ? Parce que la situation n'est plus symétrique entre Jules et Jim, comme cela l'était quand Jules se déplaçait à une vitesse constante v dans son vaisseau spatial. Pour rentrer, Jules a dû décélérer, stopper puis accélérer dans la direction inverse. C'est Jules et non Jim qui sent les effets d'accélération et de décélération, cloué sur son siège. Jules sait parfaitement que c'est lui qui est en mouvement : il serait absurde pour lui de penser que, juste au moment où il manœuvre sa fusée pour faire demi-tour, la Terre et l'univers tout entier s'arrêtent pour accélérer ensuite dans la direction opposée. Le mouvement à vitesse constante est symétrique pour Jules et Jim, mais pas le mouvement accéléré ou décéléré. Lorsque Jules retourne sur Terre, il est plus jeune que Jim. Il n'est pas à la fois plus jeune et plus vieux. Les calculs qui prennent en compte les effets d'accélération et de décélération arrivent à la même conclusion, qu'ils soient faits du point de vue de Jules ou de celui de Jim.

Le temps et l'espace sont intimement liés dans la théorie de la relativité. Celle-ci dit que la dilatation du temps doit s'accompagner nécessairement d'une contraction de l'espace. Jim ne verra pas seulement le temps de Jules se dilater, il verra aussi l'espace de ce dernier rétrécir. Par exemple, le vaisseau spatial de Jules apparaîtra à Jim considérablement raccourci. Si l_o est la longueur du vaisseau spatial, Jim mesurerait une longueur l donnée par :

$$l = l_o/\gamma = l_o\,(1 - v^2/c^2)^{1/2}$$

C'est la même quantité γ qui allonge le temps et comprime l'espace. Si Jules parcourait l'espace à 87 % de la vitesse de la lumière, Jim verrait un vaisseau spatial rétréci de moitié. Ces transformations simultanées peuvent être considérées comme une transmutation de l'espace en temps. L'espace qui se rétrécit se transforme en un temps qui s'allonge. Le taux de conversion est de 300 000 kilomètres d'espace pour une seconde de temps. La vitesse n'est pas la seule à pouvoir déformer le temps et l'espace. La gravité le peut aussi. Le champ de gravité d'un trou noir peut replier l'espace sur lui-même et arrêter le temps. Mais c'est le sujet de la relativité générale que nous n'aborderons pas ici.

En même temps que son temps se dilate et que sa longueur se contracte, la masse m_o d'un objet en mouvement augmente selon la formule :

$$m = m_o\,\gamma = \frac{m_o}{(1 - v^2/c^2)^{1/2}}$$

C'est de nouveau la même quantité γ qui gouverne le changement de masse. Jim verrait la fusée de Jules doubler en masse si elle se déplaçait à 87 % de la vitesse de la lumière. (Jules ne verrait pas la masse de sa fusée changer.) La masse grandit de plus en plus à mesure que la vitesse augmente, jusqu'à devenir infinie quand la vitesse atteint celle de la lumière. L'énergie nécessaire pour accélérer la masse grandissante s'accroît aussi jusqu'à devenir infinie. Cela montre l'impossibilité d'accélérer un objet quelconque à la vitesse de la lumière : toutes les réserves d'énergie du monde n'y suffiraient pas.

Cette augmentation de la masse avec la vitesse rend très dangereuse toute collision avec un objet se déplaçant vite, aussi peu massif soit-il. Un grain de sable accéléré à une vitesse proche de celle de la lumière acquérerait la masse d'une planète. Une collision de la Terre avec ce grain de sable la briserait en mille morceaux.

3. Les trous noirs

Comment fabriquer un trou noir ? Il suffit de comprimer une masse (n'importe quelle masse, une pièce de 10 francs, une chaise, une personne, une montagne, une étoile ou une galaxie) dans un volume assez petit pour que la gravité y soit si grande que même la lumière, qui possède la plus grande vitesse possible (300 000 kilomètres par seconde), ne peut plus s'échapper. Le rayon au-delà duquel il faut comprimer un objet pour qu'il devienne trou noir est appelé « rayon de non-retour » (quiconque franchit ce rayon ne pourra plus ressortir) ou « rayon de Schwarzschild » (le physicien qui l'a découvert) par les scientifiques. Ce rayon R varie en proportion de la masse de l'objet comprimé :

$$R \propto M$$

(La formule exacte est $R = 2GM/c^2$, où G est la constante qui régit la force de la gravité et c la vitesse de la lumière.)

Le Soleil, dont la masse est de 2×10^{33} grammes, a un rayon de non-retour de 3 kilomètres. Celui de la tour Eiffel qui possède une masse de 6 900 tonnes est d'un milliardième de milliardième (10^{-18}) de centimètre. Une personne de 70 kilogrammes deviendrait un trou noir si elle était comprimée à moins de 10^{-23} centimètre. Vu la taille infime des rayons de non-retour des choses de la vie courante, il est aisé de comprendre pourquoi ces dernières ne s'effondrent pas toutes en trous noirs : leur masse, et donc leur gravité, n'est pas assez grande pour vaincre la résistance des forces électromagnétiques qui lient les atomes et confèrent leur solidité aux choses de la vie, ni pour comprimer ces dernières à des tailles si extrêmement minuscules. Seules les étoiles et les galaxies ont assez de masse et de gravité pour s'effondrer en trous noirs.

La densité d d'un trou noir est :

$$d = \frac{\text{Masse}}{\text{Volume}} = \frac{3M}{4\pi R^3} \propto \frac{M}{M^3} \propto \frac{1}{M^2} \propto \frac{1}{R^2}$$

Puisque la densité diminue comme l'inverse du carré de la masse, un trou noir très massif n'est pas nécessairement très dense. La densité d'un trou noir de la masse du Soleil est assez grande ($1{,}8 \times 10^{16}$ grammes par centimètre cube), mais un trou noir avec une masse de 4,2 milliards de Soleils aura la densité de l'air que nous respirons (0,001 gramme par centimètre cube).

L'astrophysicien anglais Stephen Hawking a montré que les trous noirs ne sont pas, après tout, entièrement noirs. La mécanique quantique leur permet de s'évaporer lentement en lumière. Le taux d'évaporation est contrôlé par la température T du trou noir. Cette température est d'autant plus petite que la masse M du trou noir est plus grande :

$$T \, \alpha \, \frac{1}{M}$$

Le temps *t* (évaporation) mis par un trou noir pour s'évaporer complètement varie comme le cube de sa masse :

$$t \text{ (évaporation) } \alpha \, M^3$$

La température d'un trou noir de la masse du Soleil est d'un dix millionième (10^{-7}) de degré Kelvin et son temps d'évaporation est de 10^{65} années. La température d'un trou noir galactique d'un milliard (10^9) de masses solaires est de 10^{-16} °K et son temps d'évaporation de 10^{92} années, tandis que la température d'un trou noir hypergalactique de mille milliards (10^{12}) de masses solaires est de 10^{-19} °K et son temps d'évaporation de 10^{100} années.

Bien sûr, tout comme l'eau chaude d'une tasse de café ne peut s'évaporer que quand l'air qui l'entoure est plus froid (la chaleur ne peut qu'aller du chaud au froid), les trous noirs ne peuvent s'évaporer que si leur température est supérieure à celle du rayonnement fossile qui baigne l'univers tout entier. Cette condition n'est pas remplie dans l'univers actuel qui a une température de 3 °K après une évolution de 15 milliards d'années. Sachant que la température T (univers) de l'univers varie comme (voir la note quantitative n° 5)

$$T\,(\text{univers}) \, \alpha \, \frac{1}{R\,(\text{univers})} \, \alpha \, \frac{1}{t^{2/3}}$$

où *t* est l'âge de l'univers, nous déduisons qu'un trou noir de la masse du Soleil ne commencera son évaporation qu'à $t = 10^{20}$ ans, quand la température de l'univers sera tombée à un dix millionième de degré Kelvin. Un trou noir galactique devra attendre jusqu'à $t = 10^{34}$ ans et un trou noir hypergalactique jusqu'à $t = 10^{39}$ ans avant de pouvoir commencer à s'évaporer.

La masse d'un trou noir peut être, en principe, aussi grande que possible. Mais elle ne peut être inférieure à 20 microgrammes (2×10^{-5} gramme). Un trou noir qui aurait cette masse minimale (appelée masse de Planck) posséderait une température de 10^{32} °K (la température de Planck) et s'évaporerait en 10^{-43} secondes (le temps de Planck). Ces nombres caractérisent l'univers à son début, au mur de Planck, à l'instant où la physique actuelle perd pied. Hawking a suggéré que l'univers à ce moment était tellement dense que son espace s'était effondré en d'innombrables minitrous noirs (ou trous noirs primordiaux) possédant la masse de Planck, et s'évaporant et renaissant toutes les 10^{-43} secondes dans un cycle infernal de vie et de mort. Ces trous noirs primordiaux n'ont jamais été détectés.

4. Le principe d'incertitude en mécanique quantique

Le hasard et le flou règnent dans le monde des atomes. Je ne peux pas décrire le mouvement d'un électron dans un atome comme je décrirais la trajectoire d'une balle qu'on lance en l'air, ou le parcours d'un bateau qui fend l'eau de l'océan. Le mouvement de l'électron m'échappe parce que je ne peux pas mesurer à chaque instant, avec précision, à la fois sa position et sa vitesse, comme je pourrais le faire avec la balle ou le bateau. Cette imprécision, ou incertitude, ne pourra pas être éliminée quelle que soit la sophistication de mon instrument de mesure. Elle est inhérente à l'acte même de mesurer. En mesurant, par exemple, la position d'un électron, je dois l'éclairer et, ce faisant, je lui envoie des particules de lumière qui perturbent sa vitesse. Le physicien allemand Werner Heisenberg a exprimé cette incertitude dans le monde atomique par une inégalité. Si Δx est l'incertitude sur la mesure de la position x et si Δv est l'incertitude sur la mesure de la vitesse v, leur produit doit toujours être supérieur à un nombre très petit égal à $h/2\pi$ (où h est la constante de Planck égale à $6{,}63 \times 10^{-27}$ erg seconde) :

$$\Delta x \; \Delta v \geq \frac{h}{2\pi}$$

Ainsi, si je réduisais l'incertitude sur la position (Δx proche de zéro), l'incertitude sur la vitesse deviendrait énorme pour compenser, de manière que le produit $\Delta x \; \Delta v$ soit toujours supérieur à $h/2\pi$. Je ne peux pas réduire simultanément Δx et Δv.

Une inégalité semblable lie l'incertitude ΔE sur l'énergie d'une particule élémentaire à l'incertitude Δt sur sa durée de vie :

$$\Delta E \; \Delta t \geq \frac{h}{2\pi}$$

Plus la durée de vie d'une particule est courte et plus son énergie est incertaine. C'est cette règle qui permet à la mécanique quantique de transgresser le principe de la conservation de l'énergie qui règne dans le monde macroscopique pour engendrer des particules fantômes ou virtuelles. Parce qu'une particule virtuelle a une durée de vie extrêmement courte, elle peut emprunter une énergie ΔE à la banque Nature pour surgir pendant un bref instant. La plupart du temps, la nature reprend vite son énergie et la particule virtuelle disparaît après un temps Δt. Occasionnellement, la particule virtuelle trouve un bienfaiteur généreux qui l'aide à payer sa dette d'énergie envers la banque Nature, et accède au monde réel. La gravité a de l'énergie à revendre, et c'est pourquoi les particules virtuelles peuvent se matérialiser dans un champ de gravité intense, tel celui qui existe aux environs d'un trou noir, juste au-delà du rayon de non-retour. De même, c'est le flou de l'énergie qui a permis à l'univers tout entier de jaillir d'un vide subatomique.

5. Les paramètres cosmologiques et l'évolution de l'univers

L'évolution de l'univers (son passé, son présent et son futur) est déterminée par la lutte entre deux forces opposées : la force résultant de l'explosion initiale responsable de l'expansion de l'univers et la force gravitationnelle exercée par tout son contenu en matière (visible et invisible) qui freine l'expansion. Dès 1922, le mathématicien russe Alexandre Friedmann avait utilisé la théorie de la relativité générale publiée par Albert Einstein en 1915 pour obtenir les équations décrivant cette lutte épique. Ces équations, dans leur version la plus simple, sont fondées sur trois paramètres appelés « paramètres cosmologiques ». Le premier paramètre caractérise l'expansion de l'univers tandis que les deux autres, intimement liés, caractérisent son freinage.

Le premier paramètre cosmologique H est aussi appelé *paramètre* de Hubble, car il intervient dans la loi découverte par Edwin Hubble en 1929 qui décrit l'expansion de l'univers :

$$v = \mathrm{H}r$$

où v est la vitesse de fuite (en kilomètres par seconde) d'un point quelconque dans l'univers par rapport à un autre, et r la distance (en millions d'années-lumière) les séparant. Les observations montrent que le paramètre de Hubble a une valeur actuelle entre 15 et 30 kilomètres par seconde par million d'années-lumière (voir chap. IV). L'inverse du paramètre de Hubble donne l'âge de l'univers (cet âge est approximatif ; il serait exact si l'univers n'était pas décéléré) :

$$\text{Âge } \alpha \ \frac{1}{\mathrm{H}} \begin{cases} = 10 \text{ milliards d'années pour H } = 30 \text{ km/s}^{-1} (10^6 \text{ années-lumière})^{-1} \\ = 20 \text{ milliards d'années pour H } = 15 \text{ km/s}^{-1} (10^6 \text{ années-lumière})^{-1} \end{cases}$$

L'âge de l'univers reste incertain d'un facteur de 2. Il est évident que le paramètre de Hubble, étant l'inverse de l'âge de l'univers, varie en fonction du temps. Très grand au début de l'univers, il diminue à mesure que celui-ci vieillit.

Le deuxième paramètre cosmologique q décrit la *décélération* de l'univers due au freinage exercé par la force gravitationnelle de la matière qui y est contenue. La décélération est, par définition, le ralentissement de vitesse par unité de temps (par exemple une seconde) :

$$q \, \alpha \, \frac{\Delta v}{\Delta t}$$

tandis que la vitesse est le changement de distance par unité de temps :

$$v = \frac{\Delta r}{\Delta t} = \dot{r}$$

Nous utilisons ici le symbole $\dot{}$ pour désigner la dérivée par rapport au temps. Ainsi

$$q \, \alpha \, \frac{\Delta \dot{r}}{\Delta t} = \ddot{r}$$

La formule exacte donnée par les équations de Friedmann est :

$$q = -\frac{\ddot{r}r}{\dot{r}^2}$$

Le signe – signifie que l'univers est décéléré (un signe + correspondrait à un univers accéléré). Selon que q est inférieur, égal ou supérieur à 1/2, l'univers est ouvert (à expansion éternelle), plat (l'expansion ne s'arrêtera qu'après un temps infini), ou fermé (il s'effondrera sur lui-même).

Le troisième paramètre cosmologique d est la *densité moyenne de matière* (visible et invisible) de l'univers. Il est relié au paramètre de décélération q, puisque c'est la force de gravité exercée par la matière qui freine l'univers dans son expansion. Les équations de Friedmann montrent que la gravité serait assez forte pour stopper l'expansion si d est supérieure à une densité critique égale à :

$$d \text{ (critique)} = \frac{3\mathrm{H}^2}{8\pi \mathrm{G}}$$

où G est le nombre qui dicte l'intensité de la force de la gravité. Pour H = 15 kilomètres par seconde par million d'années-lumière, *d* (critique) = 3 atomes d'hydrogène par mètre cube ou $4{,}5 \times 10^{-30}$ gramme par centimètre cube. (*d* [critique] devient 12 atomes d'hydrogène par mètre cube ou $1{,}8 \times 10^{-29}$ gramme par centimètre cube si H = 30 kilomètres par seconde par million d'années-lumière.) Le cas où $d > d$ (critique) est celui d'un univers fermé. Si $d = d$ (critique), l'expansion de l'univers ne s'arrêtera qu'après un temps infini : c'est un univers plat. Si $d < d$ (critique), l'univers se dilatera indéfiniment : c'est un univers ouvert. On n'a pu recenser jusqu'ici qu'une densité de matière (visible et invisible) égale au cinquième de la densité critique. Jusqu'à nouvel ordre, nous vivons dans un univers ouvert, à expansion éternelle (voir chap. VI).

Le paramètre de décélération *q* est relié au paramètre de densité *d* par la relation

$$q = \frac{d}{2d\,(\text{critique})} = \frac{4\pi G d}{3H^2}$$

Si nous parvenions à mesurer de manière précise les trois paramètres cosmologiques H, *q* et *d* (quelques méthodes de mesure sont décrites dans les chapitres IV et VI), nous pourrions voir si la relation précédente est vérifiée et tester ainsi la validité de la relativité générale à l'échelle de l'univers tout entier.

Passons en revue maintenant les principales étapes dans l'évolution de l'univers :

1) Il y a d'abord l'*ère inflationnaire* (10^{-35} seconde $< t < 10^{-32}$ seconde) où l'univers se dilate exponentiellement en fonction du temps :

$$r \propto e^{Ht}$$

où *r* est la distance entre deux points quelconques de l'univers, et H le paramètre de Hubble pendant la phase inflationnaire. Cette phase, due à des phénomènes de cristallisation de l'univers, n'est pas décrite par les équations de Friedmann. En revanche, celles-ci décrivent bien les phases suivantes.

2) L'*ère du rayonnement* (1 seconde $< t <$ 300 000 ans) où la densité du rayonnement *d* (rayonnement) est supérieure à la densité de matière *d* (matière) et contrôle l'évolution de l'univers. Pendant cette phase, l'univers se dilate proportionnellement à la racine carrée du temps :

$$r \propto t^{1/2}$$

La température T décroît comme l'inverse de la distance :

$$T \,\alpha\, \frac{1}{r} \,\alpha\, \frac{1}{t^{1/2}}$$

La densité de la matière décroît comme l'inverse du volume :

$$d \text{ (matière) } \alpha\, \frac{1}{r^3} \,\alpha\, \frac{1}{t^{3/2}}$$

Mais la densité du rayonnement décroît encore plus vite :

$$d \text{ (rayonnement) } \alpha\, \frac{1}{r^4} \,\alpha\, \frac{1}{t^2}$$

La différence provient du fait que l'énergie de masse de la matière est conservée pendant l'expansion de l'univers tandis que l'énergie du rayonnement décroît comme $1/r$. À mesure que l'univers avance en âge, l'écart entre la densité du rayonnement et celle de la matière s'amoindrit. Les deux densités sont égales vers l'an 300000.

3) L'*ère de la matière* ($t > 300\ 000$ ans) commence alors, et dure encore aujourd'hui. Dans cette phase, c'est la matière qui domine et contrôle l'expansion de l'univers. Celle-ci est maintenant décrite par :

$$r \,\alpha\, t^{2/3}$$

La température et les densités de matière et de rayonnement continuent à diminuer en fonction du temps :

$$T \,\alpha\, \frac{1}{r} \,\alpha\, \frac{1}{t^{2/3}}$$

$$d \text{ (matière) } \alpha\, \frac{1}{r^3} \,\alpha\, \frac{1}{t^2}$$

$$d \text{ (rayonnement) } \alpha\, \frac{1}{r^4} \,\alpha\, \frac{1}{t^{8/3}}$$

L'univers d'aujourd'hui a une température de 3 °K. La densité de matière est d'environ 10^{-30} gramme par centimètre cube, tandis que la densité du rayonnement est d'environ 7×10^{-34} gramme par centimètre cube, soit environ 1 430 fois plus faible.

REMERCIEMENTS

Plusieurs personnes ont lu, corrigé et commenté diverses parties des versions préliminaires de ce texte : Bruno et Laurence Bardèche, Hélène Boullet, Marie-Françoise Foudrat, Michel Jacasson, et surtout Michel Cassé. Je leur exprime ma reconnaissance. Colette Douillet, Marie-Christine Pelletan et Nicole Perrier ont contribué à la frappe du texte, Françoise Warin a reproduit les photographies, Gérard Berton a dessiné les diagrammes, Claire Hauter a mis le texte en forme finale et Hélène Guillaume s'est occupée de la préparation matérielle du livre. Que ces personnes en soient remerciées. Je tiens à exprimer ma vive gratitude à Jean Audouze pour m'avoir accueilli à l'Institut d'astrophysique de Paris, et à Catherine Cesarsky et Thierry Montmerle pour leur hospitalité au service d'astrophysique du Centre d'études nucléaires de Saclay. Je voudrais aussi dire ma reconnaissance à la Commission franco-américaine d'échanges culturels et universitaires pour avoir bien voulu m'accorder une bourse Fulbright pendant mon année sabbatique en France. Enfin, mes remerciements vont à Éric Vigne qui a suggéré que j'écrive ce livre et qui m'a encouragé et conseillé pendant l'élaboration du texte.

LE CHAOS
ET L'HARMONIE

La fabrication du Réel

À la mémoire de mon père,
et à tous ceux en quête de beauté et d'harmonie.

AVANT-PROPOS

Nous assistons en cette fin de XXᵉ siècle à un véritable bouleversement dans notre façon de concevoir le monde. Après avoir dominé la pensée occidentale pendant 300 ans, la vision newtonienne d'un Univers fragmenté, mécaniste et déterministe a fait place à celle d'un monde holistique, indéterministe et exubérant de créativité.

Pour Newton, l'Univers n'était qu'une immense machine composée de particules matérielles inertes, soumises à des forces aveugles. À partir d'un petit nombre de lois physiques, l'histoire d'un système pouvait être tout entière expliquée et prédite si l'on pouvait le caractériser à un instant donné. Le futur était déjà contenu dans le présent et le passé, et le temps était en quelque sorte aboli. Si bien que nous nous retrouvions face à une étrange dichotomie : d'une part, des lois de la Nature invariantes et intemporelles ; d'autre part, un monde changeant et contingent ; d'une part, des lois de la physique qui ne connaissent pas la direction du temps ; d'autre part, un temps thermodynamique et psychologique qui va toujours de l'avant. Un château non entretenu tombe en ruines, une fleur se fane et nos cheveux blanchissent au fil du temps, jamais l'inverse. L'Univers était enfermé dans un carcan rigide qui lui ôtait toute créativité et lui interdisait toute innovation. Tout était irrémédiablement fixé à l'avance, aucune surprise n'était permise. Ce qui provoqua la célèbre phrase de Friedrich Hegel : « Il n'y a jamais rien de nouveau dans la Nature. » C'était un monde où le réductionnisme régnait en maître. Il suffisait de décomposer tout système complexe en ses éléments les plus simples et d'étudier le comportement de ses parties pour comprendre le tout. Car le tout n'était ni plus ni moins que la somme des composantes. Il existait une relation directe entre la cause et l'effet. L'ampleur de l'effet était invariablement proportionnelle à l'intensité de la cause et pouvait être déterminée à l'avance.

Ce déterminisme contraignant et stérilisant, ce réductionnisme rigide et déshumanisant prévalurent jusqu'à la fin du XIXᵉ siècle. Ils furent bousculés, transformés et, en fin de compte, balayés par une vision beaucoup plus exaltante et libératrice au cours du XXe siècle. La dimension historique entra en force dans nombre de disciplines scientifiques. La contingence occupa une place à part entière dans des domaines aussi variés que la cosmologie, l'astrophysique, la géologie, la biologie et la génétique. Le Réel n'était plus seulement déterminé par des lois naturelles appliquées à des conditions initiales particulières ; il était aussi modelé et façonné par une suite d'événements contingents et historiques. Certains de ces épisodes, modifiant et bouleversant la réalité à son niveau le plus profond, étaient à l'origine même de notre existence. Ainsi celui du bolide rocailleux venu percuter la Terre il y a quelque 65 millions d'années : en provoquant la disparition des dinosaures et en favorisant ainsi la prolifération de nos ancêtres les mammifères, ce choc contingent fut responsable de notre émergence. Le rêve formulé par Laplace au XVIIIe siècle d'une intelligence qui « embrasserait dans la même formule les mouvements des plus grands corps de l'Univers et ceux du plus léger atome » et pour laquelle « rien ne serait incertain… et l'avenir comme le passé serait présent à ses yeux » volait en éclats.

L'intrusion de l'histoire ne fut pas seule responsable de la libération de la Nature. Les lois physiques perdirent elles-mêmes de leur rigidité. Avec l'avènement de la mécanique quantique au début du XXe siècle, le hasard et la fantaisie entrèrent en force dans le monde subatomique. Et à l'ennuyeuse certitude déterministe se substitua la stimulante incertitude du flou quantique. Le réductionnisme étroit et simpliste fut balayé et la réalité morcelée et localisée devint holistique et globale. Le monde macroscopique ne fut pas épargné : avec la théorie du chaos, le hasard et l'indétermination envahirent non seulement la vie de tous les jours, mais aussi le domaine des planètes, des étoiles et des galaxies. L'aléatoire fit irruption dans un monde par trop minutieusement réglé. Une simple relation de cause à effet n'était plus de mise. L'ampleur des effets n'était plus toujours en proportion avec l'intensité des causes. Certains phénomènes étaient si sensibles aux conditions initiales qu'un infime changement au début pouvait conduire à un changement tel, dans l'évolution ultérieure du système, que toute prédiction devenait vaine. Les propos tenus par Henri Poincaré en 1908 – « Une cause très petite, qui nous échappe, détermine un effet considérable que nous ne pouvons ne pas voir, et alors nous disons que cet effet est dû au hasard » – ne pouvaient être plus éloignés des formulations laplaciennes.

Débarrassée de son carcan déterministe, la Nature peut donner libre cours à sa créativité. Les lois intemporelles de la physique lui fournissent des thèmes généraux autour desquels elle peut broder et improviser. Elles délimitent le champ du possible et offrent des potentialités. C'est à la Nature de les réaliser. C'est à elle de décider de son destin et de définir son futur. Pour fabriquer la complexité, la Nature va miser sur le non-équilibre, dans la mesure où les structures ne naissent qu'à partir de situations hors d'équilibre. La symétrie n'est intéressante que dès l'instant où elle est brisée. C'est éloignée de l'équilibre que la matière génère de l'inédit. L'ordre parfait est stérile, alors que le désordre contrôlé est créatif, le chaos déterministe, porteur de nouveautés. La Nature innove ; elle crée des formes belles et variées qui ne peuvent plus être représentées par des lignes droites ou de simples figures géométriques, mais par des courbes plus complexes que Benoît Mandelbrot a appelées « fractales ». La matière s'organise selon des lois d'organisation et des principes de complexité, et acquiert des propriétés « émergentes » qui ne peuvent être déduites de l'étude de ses composantes. Le réductionnisme est bien mort. Cette liberté recouvrée de la Nature jette un éclairage nouveau sur l'ancienne dichotomie entre les lois physiques intemporelles, éternelles et immuables, et le monde temporel, changeant et contingent : la Nature est *dans* le temps car elle peut innover et créer autour de lois *hors* du temps.

J'ai voulu retracer ici le développement des idées qui ont mené à cette nouvelle vision du monde. L'ouvrage est agencé de la façon suivante :

Le chapitre I évoque la vérité et la beauté. L'activité scientifique est souvent considérée comme froide et impersonnelle, dépourvue de tout sentiment esthétique. Rien ne peut être plus faux.

Le chapitre II raconte l'histoire du système solaire pour illustrer comment le Réel est déterminé, à tous les niveaux, par l'action conjuguée de l'indéterminé et du déterminé, du hasard et de la nécessité. En assistant à la naissance du Soleil et des planètes, nous découvrons comment les impacts de bolides rocheux sur la Terre sont responsables non seulement de la beauté fleurie du printemps et de la douce clarté de la Lune, mais aussi de notre propre existence.

Le chapitre III décrit la théorie du chaos. Au travers d'exemples tirés de l'astrophysique, de la météorologie, de l'économie, de la biologie et de la médecine, nous voyons comment le chaos aide la Nature à réaliser ses potentialités pour fabriquer le Réel.

Le chapitre IV montre comment la Nature se sert de subtils principes de symétrie pour imposer une profonde unité au monde physique. Ainsi, ces principes de symétrie nous ont permis d'unifier l'électricité avec le magnétisme, le temps avec l'espace. Nous rendrons aussi visite aux « trous noirs » où le couple espace-temps atteint son état le plus étrange.

Dans le chapitre V, nous entrons dans le monde des atomes. Nous constatons que le flou quantique y règne et que le Réel n'est plus objectif, mais dépend de l'observateur. Nous examinons comment les principes de symétrie nous aident à mettre de l'ordre dans l'époustouflante variété des particules et nous rapprochent d'une théorie unifiée des forces fondamentales de la Nature. Nous décrivons la dernière théorie en date, qui dit que les particules élémentaires ne sont que des vibrations de « bouts de corde » infinitésimalement petits dans un espace-temps à dix dimensions !

Le chapitre VI raconte comment la Nature, avec la liberté que lui confèrent le chaos et le flou quantique, exerce sa créativité. Nous examinons comment elle réalise les potentialités contenues dans les lois physiques pour créer la vie. Nous voyons que celle-ci ne peut en aucun cas être expliquée de manière purement réductionniste : un organisme vivant est plus que la somme des atomes et molécules qui le composent. Il nous faut faire appel ici à des principes « émergents » d'auto-organisation et de complexité qui agissent de manière holistique, à l'échelle globale de tout l'organisme.

Le chapitre VII discute de la « déraisonnable efficacité » de l'homme à comprendre l'Univers. Non seulement les lois physiques ont été réglées de manière extrêmement précise pour que la vie émerge, mais elles ont aussi permis l'apparition de la conscience. Pourquoi ces lois ont-elles une Nature mathématique ? Se peut-il que l'homme comprenne l'Univers pour lui donner un sens ?

Paris, août 1997.

I

VÉRITÉ ET BEAUTÉ

Un homme et une femme

Un beau jour de printemps à Paris. Dans un café, un homme savoure une bière tout en lisant son journal. À la table d'à côté, une femme boit son café tout en regardant déambuler les piétons. Ils ne se sont pas vus. Tout à coup, l'homme tourne la tête et son regard croise celui de la femme. Se déclenche alors une série d'événements. La lumière dorée du Soleil réfléchie par le corps svelte de la femme pénètre dans les yeux de l'homme. Voyageant à la vitesse de 300 000 km à la seconde, 10 000 milliards de particules de lumière (appelées photons) s'engouffrent chaque seconde dans chacune de ses pupilles, traversant d'abord un corps ovale appelé cristallin, puis une substance transparente et gélatineuse, avant d'aboutir sur la rétine.

La danse dans la rétine

Dans la rétine, 5 millions de cellules en forme de cônes et 100 millions d'autres en forme de bâtonnets entrent en action. Les cônes sont sensibles aux fortes intensités lumineuses et sont responsables de la vision en couleurs le jour, tandis que les bâtonnets ne fonctionnent qu'aux faibles intensités lumineuses et sont responsables de la vision monochrome la nuit. Certaines cellules reçoivent une grande quantité de lumière, celle qui provient des zones brillantes du corps de la femme, comme ses lèvres moites soulignées par un brillant rouge à lèvres. D'autres reçoivent moins de lumière, celle qui provient de zones plus ombragées du corps de la femme, telles ses joues légèrement fardées. Chaque cône et chaque bâtonnet contient des pigments. Chaque molécule de pigment est à son tour composée de 20 atomes de carbone, de 28 atomes d'hydrogène et d'une molécule d'oxygène. Ces molécules enregistrent la lumière en effectuant une sorte de ballet étrange. Au repos, quand elle n'est pas activée par la lumière, la molécule de pigment est rattachée à une protéine et est toute recroquevillée. Mais, quand une particule de lumière la frappe (la lumière réfléchie par la femme frappe 30 millions de milliards de molécules dans l'œil de l'homme à chaque seconde), cette molécule se sépare de la protéine et se redresse. Un certain temps passe, et elle se recroqueville de nouveau en attendant l'arrivée de la particule de lumière suivante.

Les neurones entrent en action

Tous ces événements ont pris moins d'un millième de seconde depuis que le regard de l'homme s'est posé sur la femme. Pourtant, l'homme n'est toujours pas « conscient » de la présence de la femme, puisque l'information contenue dans les particules de lumière n'est pas encore parvenue à son cerveau. La danse des molécules dans la rétine va mettre en branle des neurones d'abord dans les yeux, puis dans le cerveau. Les molécules à la surface des neurones changent de forme, bloquant le flot des ions (particules chargées positivement) de sodium dans le liquide qui les entoure, et provoquant un courant électrique qui se propage de neurone en neurone depuis l'œil jusqu'au cerveau. Dans le cortex cérébral, chaque neurone fait la synthèse de l'information transmise par un millier de neurones avant de retransmettre à son tour l'information analysée à un millier d'autres neurones. Une grande partie des centaines de milliards de neurones du cerveau de l'homme, connectés ensemble par des circuits d'une complexité inouïe, se mettent au travail pour traiter l'information. Les flots de potassium et de sodium s'arrêtent selon qu'ils sont bloqués ou non par les neurones. Les courants électriques ne cessent de parcourir les circuits neuronaux, déclenchant des bouffées de molécules qui propagent des signaux qui vont à leur tour exciter d'autres neurones. Le courant crépite de partout. Au bout de quelques millièmes de seconde, l'image est reconstruite dans le cerveau de l'homme ; il voit enfin la femme. Il remarque ses cheveux blonds coupés court, ses grands yeux bleus et son tailleur marron foncé qui lui moule le corps, sa tête légèrement penchée qui lui donne un air songeur.

La femme tourne la tête, rencontre le regard de l'homme, esquisse un sourire et lance un : « Bonjour. » Immédiatement, une multitude de molécules d'air se mettent en branle, leurs vibrations transmettent le son des cordes vocales de la femme aux oreilles de l'homme. Deux mètres les séparent et le son arrive un cent cinquantième de seconde plus tard. Le tympan (une membrane de 1 millimètre d'épaisseur) de chaque oreille de l'homme se met aussi à vibrer. Les vibrations sont transmises au liquide dans le limaçon qui, comme son nom l'indique, a la forme en spirale d'une coquille d'escargot. Le déchiffrage des sons se fait ici. Une membrane mince se met à osciller, de concert avec les vibrations du liquide. Dans cette membrane se trouvent une multitude de fibres d'épaisseur inégale, telles les cordes d'une harpe. Cette harpe est modulée par la voix harmonieuse de la femme et va restituer à la fois le ton grave de la syllabe « bon » et le ton plus aigu de la syllabe « jour ». Finalement, les sons sont transmis au nerf auditif qui passe l'information au cortex cérébral. L'homme entend le « Bonjour » de sa voisine.

Tous ces processus sont bien connus. Les progrès de la neurobiologie dévoilent chaque jour un peu plus les secrets du cerveau. Mais ce qui n'est pas du tout compris, c'est le processus qui fait naître la pensée traversant l'esprit de l'homme comme un éclair : « Qu'elle est belle ! »

La Nature est belle

Qu'est-ce que la Beauté ? Non seulement nous n'avons aucune idée sur la façon dont notre cerveau appréhende la beauté du monde, mais nous sommes encore moins capables d'en parler en termes précis. C'est davantage une gageure de parler de beauté dans un contexte scientifique, ce que je me propose de faire ici. Dans l'esprit populaire, l'activité scientifique est une entreprise purement rationnelle d'où est bannie toute émotion, et la physique est une science précise et exacte d'où toute contemplation esthétique est exclue. Les jugements de valeur n'ont pas droit de cité ; seuls restent des faits froids et impersonnels. Pourtant, le scientifique, tout autant que l'artiste, est sensible à la beauté de la Nature. Mes fréquents voyages à tel ou tel observatoire n'ont pas émoussé le plaisir toujours renouvelé de me retrouver dans des sites d'une beauté exceptionnelle, loin des lumières de la civilisation. Je suis toujours aussi émerveillé par la splendeur aride et majestueuse du désert d'Arizona où se dresse l'observatoire de Kitt Peak que par le paysage lunaire dépourvu de toute végétation du volcan éteint de Mauna Kea, à Hawaii, sur lequel les grands télescopes prolifèrent comme des champignons. Mon cœur bat toujours à grands coups quand le dessin exquis des bras spiraux d'une galaxie à des milliards d'années-lumière s'esquisse sur l'écran de télévision qui relaie le télescope…

Si la Nature est belle, pourquoi les théories qui la décrivent ne le seraient-elles pas aussi ? Le scientifique, au même titre que le poète, ne peut-il pas se laisser guider par des considérations d'ordre esthétique, en plus de celles d'ordre rationnel ? Les plus grands savants ont donné une réponse sans équivoque à cette question ; ainsi le mathématicien français, Henri Poincaré (1854-1912) : « Le scientifique n'étudie pas la Nature pour un but utilitaire. Il étudie parce qu'il y trouve du plaisir ; et il y trouve du plaisir parce que la Nature est belle. Si la Nature n'était pas belle, elle ne vaudrait pas la peine d'être étudiée, et la vie ne vaudrait pas la peine d'être vécue. » Et Poincaré ajoute une définition de la Beauté sur laquelle je reviendrai : « Je parle de la beauté intime qui vient de l'ordre harmonieux des parties et qu'une intelligence pure est capable d'appréhender. » Un cri du cœur auquel répond le physicien allemand Werner Heisenberg (1901-1976), un des pères de la physique quantique : « Si la Nature nous conduit à des formes mathématiques d'une grande simplicité et beauté – par le mot "formes", je veux dire des systèmes cohérents d'hypothèses, d'axiomes, etc. – et que personne n'a entrevues auparavant, nous ne pouvons nous empêcher de penser qu'elles sont vraies, qu'elles révèlent un aspect réel de la Nature… Vous avez dû le sentir aussi : la simplicité presque effrayante et la totalité des interconnexions que la Nature étale soudain devant nous et pour lesquelles nous n'étions pas du tout préparés. » Albert Einstein (1879-1955) lui-même écrit à la fin de son premier article sur la relativité générale : « Toute personne qui comprendra cette théorie ne pourra échapper à sa magie. » « Ordre harmonieux », « simplicité », « cohérence », « magie » : voilà autant de définitions du mot « beauté » en science, que je vais maintenant tenter de cerner.

Les choses de la vie et la relativité du Beau

La beauté dont parle le physicien est très différente de celle que ressent le musicien en écoutant une sonate de Mozart (1756-1791) ou une fugue de Bach (1685-1750), ou qu'éprouve un amateur d'art devant les danseuses de Degas (1834-1917), les pommes de Cézanne (1839-1906) ou les nymphéas de Monet (1840-1926). Elle n'est pas la même que ce que l'homme ressent à la vue de sa belle voisine. La beauté des femmes obéit à des critères notoirement connus pour être dépendants du contexte culturel, social, psychologique ou même biologique. Les femmes aux formes plantureuses de Rubens (1577-1640) ou de Renoir (1841-1919) ne constituent plus aujourd'hui le modèle de la beauté féminine. Dans les années 1960, la silhouette longiligne de Twiggy constituait le « standard » pour le corps des femmes. La beauté de la femme orientale est différente de celle de la femme occidentale, même si des campagnes publicitaires forcenées pour les produits de beauté ont imposé la norme de beauté occidentale à travers le monde, conduisant à des aberrations comme ces femmes asiatiques qui se font débrider les yeux ! Même dans le domaine artistique, il y a des phénomènes de mode. Van Gogh (1853-1890) meurt dans la misère, désespéré de n'avoir pu vendre ses toiles. Un demi-siècle plus tard, ses peintures s'arrachent à prix d'or. Les perceptions esthétiques diffèrent d'une culture à une autre. Les conventions de peinture présentes dans une peinture du mont Fuji par Hokusai (1760-1849) ne ressemblent pas à celles de Cézanne quand il peint la montagne Sainte-Victoire. La beauté ineffable du Taj Mahal, en Inde, est tout à fait différente de la splendeur de la cathédrale de Chartres. Est donc bien téméraire celui qui veut définir la Beauté. Comme l'amour ou la haine, on la sent quand son sentiment indicible vous envahit, mais on est bien en peine de la décrire avec des mots.

La beauté des choses est dans l'œil de celui qui les voit. Elle peut surgir à tous les coins de rue, se faufiler en chacun de nos objets quotidiens, pourvu que nous soyons disposés à la voir. Une fleur, un arbre qui hier encore était tout à fait ordinaire, parce que notre esprit était préoccupé, éveille tout à coup notre sens esthétique parce que, comme le dit si bien le philosophe allemand Arthur Schopenhauer (1788-1860), nous ne considérons plus « ni le lieu, ni le temps, ni le pourquoi, ni l'à-quoi-bon des choses, mais purement et simplement leur Nature » ; parce que nous ne permettons « plus ni à la pensée abstraite, ni au principe de la raison d'occuper la conscience, mais qu'au lieu de tout cela, nous tournons toute la puissance de notre esprit vers l'intuition ». Et Schopenhauer d'expliquer : « Lorsqu'on s'y engloutit tout entier et que l'on remplit toute sa conscience d'un objet naturel actuellement présent, paysage, arbre, rocher, édifice, ou tout autre ;… au moment qu'on oublie son individu, sa volonté, et qu'on ne subsiste que comme sujet pur, comme clair miroir de l'objet, de telle façon que tout se passe comme si l'objet existait seul sans que personne le perçoive, qu'il soit impossible de distinguer le sujet de l'intuition elle-même, et que celle-ci comme celui-là se confondent en un seul être, en une seule conscience entièrement occupée et remplie par une vision unique et intuitive ; lorsque enfin l'objet s'affranchit de toute relation avec la volonté : alors, ce qui est ainsi connu, ce n'est plus la chose particulière en tant que particulière, c'est l'idée, la Forme éternelle. »

S'il n'y a pas de critère objectif pour juger de la beauté dans la création humaine, pouvons-nous espérer en dégager un dans l'entreprise scientifique ? Pouvons-nous construire un système esthétique en science pour juger de la beauté de la Nature, de l'agencement de son organisation ? Une réponse positive peut être possible, car, au contraire de la beauté des femmes et des choses, la beauté d'une théorie physique n'est pas relative, mais universelle. Elle peut être appréciée par des scientifiques de tous bords, de quelque pays ou culture qu'ils soient. Un physicien vietnamien pourra vanter les mérites de la relativité générale aussi bien que son collègue français.

Malgré les exhortations de Schopenhauer à laisser la raison au vestiaire et à s'abandonner à l'intuition pour appréhender la beauté, je vais tout de même tenter l'exercice périlleux qui consiste à cerner le concept du Beau dans une théorie physique. Je ne tenterai pas d'en donner une définition précise, tâche vouée d'avance à l'échec. Je me contenterai d'énumérer et d'illustrer une liste de propriétés qu'une *belle* théorie scientifique se doit de posséder.

La Beauté en science

Tout d'abord, le mot « Beau » ne se réfère pas à la beauté purement plastique des équations alignées d'une main soigneuse sur une page blanche, encore que je doive avouer y voir une sorte de beauté abstraite, la même que m'inspirerait une feuille remplie de caractères dessinés avec dextérité par un calligraphe chinois. Le poète et peintre Henri Michaux (1899-1984) a utilisé à bon escient cette beauté plastique des caractères chinois dans ses encres. La Beauté n'est pas reliée non plus au concept d'« élégance » dont parlent physiciens et mathématiciens. Une preuve mathématique ou un résultat physique sont élégants parce qu'ils ont été obtenus avec un minimum d'étapes. Une théorie peut être belle sans avoir pour autant des solutions élégantes. La théorie de la relativité générale qui, de l'avis de tous les spécialistes, est l'édifice intellectuel le plus harmonieux jamais construit par un esprit humain, n'a pas, excepté pour les cas les plus simples, de solution élégante. Les mathématiques y sont très compliquées. Et pourtant c'est la plus belle théorie qui soit. Une théorie est belle parce qu'elle a un air d'inévitabilité. C'est un sentiment que vous avez déjà dû éprouver à l'audition d'une fugue de Bach : pas une note n'aurait pu en être changée sans en rompre l'harmonie. Ou à la vue de *La Joconde* de Léonard de Vinci (1452-1519) : pas un coup de pinceau n'aurait pu être placé différemment sans en détruire l'équilibre. De même pour une belle théorie. Ayant adopté les principes physiques qui servent de base à sa théorie de la gravitation, Einstein n'avait plus le choix. La relativité générale était inévitable. Comme lui-même l'a écrit : « L'attrait principal de la théorie réside dans le fait qu'elle se suffit à elle-même. Qu'une seule de ses conclusions soit invalidée et il faut abandonner la théorie. La modifier sans détruire toute la structure est impossible. » Ce caractère d'inévitabilité et de nécessité d'une belle théorie est tel que, bien souvent, lorsqu'elle entre en scène, les physiciens sont tout étonnés qu'elle ne leur soit pas apparue comme évidente auparavant.

La deuxième qualité d'une belle théorie, c'est qu'elle se doit d'être simple. Il ne s'agit pas ici de la simplicité des équations dans la théorie, mesurée par exemple par le nombre des symboles, mais de celle des idées qui la sous-tendent. Par exemple, pour décrire sa théorie de la gravitation, Isaac Newton (1642-1727) n'a besoin que de trois équations, correspondant aux trois dimensions de l'espace, tandis que la relativité générale a besoin de quatorze équations. Pourtant, c'est cette dernière qui est la plus belle, parce qu'elle repose sur des idées de base plus simples, sur lesquelles nous reviendrons. L'univers héliocentrique de Copernic (1473-1543) où les planètes poursuivent inlassablement leur parcours sur des orbites elliptiques autour du Soleil est plus simple que l'univers géocentrique de Ptolémée (v. 90-v. 168) où la Terre occupe la place centrale et où les planètes se déplacent sur des cercles dont les centres se déplacent eux-mêmes sur d'autres cercles. Une théorie simple se contente d'un nombre minimal d'hypothèses. Elle ne s'embarrasse pas de fioritures inutiles. Elle satisfait le postulat de simplicité d'Occam (fin du XIIIe s.-1349) : « Tout ce qui n'est pas nécessaire est inutile. »

La conformité avec le Tout

La dernière qualité d'une théorie, et la plus importante à mes yeux, c'est qu'elle s'adapte aux contours sinueux de la Nature et fasse coïncider Beauté et Vérité. En effet, une théorie physique n'a pas lieu d'être si elle ne nous révèle pas de nouvelles connexions dans la Nature, susceptibles d'être vérifiées par des observations ou expériences en laboratoire, si elle n'étale pas devant nos yeux « la simplicité presque effrayante et la totalité des interconnexions de la Nature », comme le dit si bien Werner Heisenberg. Une théorie qui ne peut être vérifiée expérimentalement n'appartient plus au domaine de la science, mais à celui de la métaphysique. Les spéculations intellectuelles sont stériles tant qu'elles ne s'appuient pas sur les formes de la Nature. Écoutons Heisenberg définir la Beauté telle qu'elle était perçue dans l'Antiquité : « La conformité des parties les unes avec les autres et avec le Tout. » La théorie de la relativité est belle parce qu'elle a connecté et unifié des concepts fondamentaux de la physique qui étaient jusque-là totalement distincts : le temps, l'espace, la matière et le mouvement. La matière courbe l'espace et la courbure de l'espace dicte le mouvement. La Lune suit une trajectoire courbe (une ellipse) autour de la Terre parce que la masse de la Terre courbe l'espace autour d'elle. Le mouvement contrôle à son tour les comportements du couple temps-espace. Une particule élémentaire se déplaçant à une vitesse proche de celle de la lumière voit son temps s'allonger et son espace se rétrécir. Ce ralentissement du temps, cette fontaine de jouvence inespérée n'est pas une utopie : les particules lancées à toute vitesse dans les accélérateurs nucléaires, tel celui du CERN, à Genève, vivent en effet plus longtemps que celles qui sont au repos. Pour ce qui est de la courbure de l'espace par la matière, les observations montrent que la lumière des étoiles est déviée lorsqu'elle passe près du Soleil, exactement comme si celui-ci courbait son espace environnant.

Une théorie est d'autant plus belle qu'elle révèle des connexions inattendues à chaque nouveau tournant, au fur et à mesure que les chercheurs explorent sa structure plus en détail. La relativité générale satisfait au plus haut point à ce critère. Elle n'a cessé de nous étonner par ses richesses imprévues. Einstein lui-même fut le premier surpris quand il découvrit que ses équations lui imposaient un univers en mouvement. Tout comme la pierre qu'on lance ne peut rester figée en l'air, l'univers ne peut être statique : il doit soit se dilater, soit se contracter sur lui-même. Or les observations astronomiques de son temps, en 1915, indiquaient un univers statique, et Einstein modifia ses équations pour en tenir compte. Action qu'il qualifia de « plus grande erreur de sa vie » quand l'astronome américain Edwin Hubble (1889-1953) découvrit l'expansion de l'univers en 1929. Einstein n'avait pas eu assez confiance en la beauté et en la véracité de ses propres équations. Depuis, la relativité générale n'a cessé de révéler des trésors inouïs. Elle sert de pilier à la théorie du big bang. Elle a permis aux cosmologues de remonter le cours du temps et de décrire l'évolution de l'univers à partir d'une explosion initiale fulgurante qui a aussi donné naissance à l'espace-temps. Elle nous a aussi poussés à concevoir des régions dans l'espace où la gravité est tellement forte et où l'espace est tellement recourbé sur lui-même que la lumière ne peut plus en ressortir : les trous noirs. Ou encore, elle nous dit qu'il y a des endroits où des galaxies massives recourbent l'espace et dévient la lumière d'objets lointains pour créer des mirages cosmiques. Les astronomes appellent ces galaxies des « lentilles gravitationnelles », car, comme le cristallin de nos yeux, elles dévient et focalisent la lumière.

Inévitable, simple et conforme avec le Tout : voilà les traits d'une belle théorie. C'est ce désir esthétique de conformité avec le Tout qui a aiguillonné les efforts des physiciens, depuis deux siècles, pour trouver une théorie du Tout, une théorie qui pourrait interconnecter tous les phénomènes physiques de l'Univers et unifier les quatre forces fondamentales de la Nature en une seule.

Mais, avant de partir à la recherche du Graal de la physique, la théorie du Tout, avec pour seul guide le principe de Beauté, il nous faut faire connaissance avec la contingence. Car Beauté ne coïncide avec Vérité que si nous prenons bien soin de discerner le fondamental de la contingence. La Beauté n'est plus un bon guide pour bâtir une théorie si nous ne tenons pas compte de l'intrusion des faits historiques. En effet, la Nature est gouvernée à la fois par les lois fondamentales et par des accidents de l'Histoire, des incidents de parcours qui ne portent pas de significations profondes. L'histoire de la formation du système solaire illustre bien cette ingérence de l'Histoire dans les phénomènes de la Nature. Aussi allons-nous remonter le temps de 4,6 milliards d'années et assister en direct à la naissance du système solaire. Ces événements revêtent une importance capitale non seulement parce qu'ils débouchent sur nous, mais aussi parce qu'ils vont nous apprendre à bien distinguer le fondamental du contingent.

II

CONTINGENCE ET NÉCESSITÉ : HISTOIRE DU SYSTÈME SOLAIRE

Le Soleil naît de la mort d'une étoile

Le système solaire s'est formé, il y a environ 4,6 milliards d'années, dans une galaxie parmi les centaines de milliards que compte l'univers observable, appelée Voie lactée. À sa périphérie, vers les deux tiers de son rayon en allant vers le bord, à quelque 30 000 années-lumière du centre galactique, une étoile massive est au bout du rouleau : elle n'a plus de matière-carburant pour générer de l'énergie et briller. La gravité prend le dessus et le cœur de l'étoile agonisante s'effondre en même temps que se produit une déflagration fulgurante qui projette dans l'espace les couches supérieures de cette étoile à des milliers de kilomètres par seconde. La mort de l'étoile massive est ainsi saluée par une supernova qui atteint la brillance de milliards de Soleils. Près de la supernova se trouve un nuage gazeux composé presque entièrement des deux éléments chimiques fabriqués dans le big bang au cours des trois premières minutes de l'univers : les trois quarts de sa masse (2 milliards de milliards de milliards de tonnes) sont fait d'hydrogène, tandis que l'hélium en compose 23 %. Quant aux 2 % restants, ils sont faits d'éléments plus lourds que l'hélium (les plus abondants sont le carbone, l'azote et l'oxygène) qui ont vu le jour grâce à l'alchimie nucléaire au cœur des étoiles des générations précédentes. Celles-ci ont ensuite ensemencé l'espace interstellaire dans leur agonie explosive. Touché de plein fouet par l'onde de choc provoquée par la supernova voisine, le nuage s'effondre sous l'effet de sa gravité. Le cœur du nuage devient de plus en plus dense. Du vide initial presque parfait (10 000 milliards de milliards de fois moins dense que l'eau), la densité atteint 2, puis 10, puis 100 fois celle de l'eau. Les atomes lancés les uns contre les autres dans un espace de plus en plus restreint s'entrechoquent et échauffent le gaz. Le froid frigorifique du début (environ –263 °C) fait place à une chaleur de plus en plus torride. Cent millions d'années se sont écoulées depuis l'effondrement du nuage. La densité au cœur est maintenant 160 fois celle de l'eau. Le cap des 10 millions de degrés vient d'être passé. Les atomes d'hydrogène et d'hélium au cœur du nuage se heurtent furieusement en libérant électrons, noyaux d'hydrogène (ou protons) et d'hélium. La chaleur et la densité, extrêmes, déclenchent des réactions nucléaires. Les protons s'unissent 4 par 4 pour former les noyaux d'hélium. Ces unions libèrent de l'énergie qui se manifeste sous forme de rayonnement. La boule gazeuse s'allume.

L'étoile Soleil est née. La mort de l'étoile massive a accouché de notre astre de vie.

D'où vient l'énergie qui alimente ses feux ? Comparons la masse de 4 protons libres avec celle du noyau d'hélium, résultat de leur union. Surprise ! La masse du noyau d'hélium n'est pas égale, mais légèrement inférieure (de 0,7 %) à celle des 4 protons. La masse qui manque a été convertie en énergie. Pour obtenir la quantité d'énergie libérée par le Soleil à chaque réaction nucléaire, il suffit de multiplier la masse manquante par le carré de la vitesse de la lumière, nous enseigne Einstein, puisque masse et énergie sont équivalentes. L'énergie qui résulte de la fusion de 4 protons en un noyau d'hélium est infime : même pas de quoi alimenter une petite lampe électrique. Mais le Soleil brille et nourrit la vie sur la planète bleue, car des centaines de milliards de milliards de milliards de milliards (10^{38}) de réactions se déroulent à chaque seconde en son cœur. Quelque quatre cent millions de tonnes d'hydrogène sont converties en hélium toutes les secondes. L'effondrement de la boule gazeuse est stoppé net par la libération de l'énergie. Un équilibre s'instaure entre la poussée du rayonnement, qui tend à faire éclater l'étoile, et la compression de la gravité qui tend à la faire s'effondrer. Le nuage gazeux (on l'appelle encore nébuleuse solaire) est doué de mouvement. Il tourne sur lui-même, comme tous les nuages interstellaires, les étoiles et les galaxies. Pendant son effondrement, le mouvement de rotation s'accentue, tout comme le patineur sur glace tourne plus vite sur lui-même quand il ramène les bras le long de son corps. La force centrifuge due à cette rotation accrue transforme la nébuleuse en un disque aplati au centre duquel trône la boule gazeuse du Soleil sculptée en sphère par la gravité.

Les poussières des géantes rouges

Nous avons suivi jusqu'ici la prestation du gaz qui a engendré le Soleil. Mais d'autres acteurs occupent aussi le devant de la scène. Disséminés dans la nébuleuse gazeuse coexistent d'innombrables grains de poussière. Très petites particules de dix millièmes de millimètre, ceux-ci sont pourtant des géants à l'échelle atomique. Résultant du jeu des associations de milliards d'atomes de silicium, d'oxygène, de magnésium et de fer, nés dans les creusets stellaires et les supernovae et maintenus en réseaux rigides par la force électromagnétique, ces grains de poussière arborent un noyau solide recouvert d'une mince couche de glace. Ces grains sont nésavant et ailleurs. Plus précisément, dans les enveloppes d'étoiles appelées « géantes rouges ». Étoiles à la taille démesurée (environ 100 fois la taille du Soleil, soit 70 millions de kilomètres de rayon), leur atmosphère moins brûlante (environ 3 000 °C au lieu des quelque 6 000 °C de la surface solaire) a permis aux éléments chimiques fraîchement fabriqués en leur sein, et expulsés par des vents stellaires qui soufflent à des centaines de kilomètres à la seconde, de se combiner en poussières. Ces poussières, balayées et rassemblées par l'onde de choc de la supernova, se sont agglomérées pour donner naissance à des grains solides. Ceux-ci se disséminent à leur tour dans le milieu glacial du nuage gazeux. Ils sont toujours présents quand la nébuleuse solaire s'aplatit en un disque de quelque 5 heures-lumière de rayon.

Le jeu de l'agglomération

Les belles cathédrales sont faites d'ensembles de pierres de taille. Les planètes, elles, sont construites d'agrégats de poussière dont le ciment est la force électromagnétique et la force de gravité. Les grains de poussière éparpillés dans le disque gazeux s'agglutinent grâce à la gravité pour former de plus gros grains (fig. 45). Ces derniers exercent une force gravitationnelle plus grande qui happe d'autres grains à proximité. Ceux-ci viennent se coller aux grains originaux, augmentant leur taille et leur masse. Au bout de quelques dizaines d'années de ce jeu d'agglomération, les petits grains deviennent de gros gravillons. Le processus d'agglutination continue, et c'est maintenant au tour des gravillons de se coller les uns aux autres. La taille des gravillons atteint celle de bonbons, d'œufs, puis de pommes de terre au bout d'une centaine d'années. La Nature poursuit sans relâche sa marche vers la complexité en continuant à jouer au jeu de l'agglutination. La taille des gros gravillons (appelés encore planétésimals, ou astéroïdes) dépasse celle du ballon de football, du stade de football, du quartier, de la ville, du département, de la France entière, de la Lune… Le changement de taille s'accompagne d'un changement de forme. Les petits planétésimals sont légers, leur gravité est faible ; leur force de gravité ne peut pas vaincre la force électromagnétique qui donne solidité et consistance aux choses. Cette dernière aime l'aspérité et la rugosité, et les planétésimals, depuis la taille des gravillons jusqu'à celle de la France entière, arborent des contours irréguliers ressemblant à ceux de patates. Les deux satellites de Mars, Phobos et Deimos, ont une telle forme « patatoïdale ». Quand les planétésimals atteignent la taille de la Lune, les forces de gravité prennent le dessus sur les forces électromagnétiques. Contrairement aux dernières, les premières ont la rugosité en aversion et n'aiment que la forme parfaite de la sphère. Les planètes et leurs satellites sont sculptés en boules toutes rondes[1].

1. À l'échelle des choses de la vie, la force électromagnétique a toujours le dernier mot. Heureusement pour nous, car un monde où la gravité dominerait serait bien morne et triste : la sphère serait la seule forme permise, et les délicats contours d'un

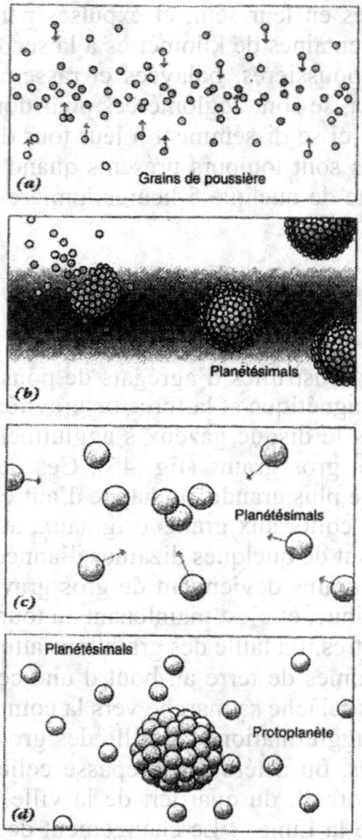

Fig. 45. *La formation des planètes.* a) Des grains de poussière se rencontrent et s'agglomèrent en de petits corps rocailleux qui se disposent dans un disque mince. b) La gravité rassemble ces petits corps en des corps plus gros de la taille d'astéroïdes appelés planétésimals. c) Les planétésimals s'assemblent à leur tour sous l'effet de la gravité. d) Les planètes naissent.

Le processus de croissance se ralentit considérablement vers la fin, à mesure que les planétésimals deviennent plus gros. La Nature passe beaucoup plus de temps à fabriquer des astéroïdes de la taille des stades de football que ceux de la taille des ballons de football, et encore plus de temps à construire ceux de la taille des quartiers ou des villes que ceux de la taille des stades. La raison en est simple : à mesure que les planétésimals grossissent, leur nombre diminue. Alors que la population

pétale de rose, les formes parfaites d'une statue de Rodin, la dentelle de fer de la tour Eiffel nous seraient inconnus.

des gravillons se chiffre en milliards, le nombre de corps de la taille de la Lune se compte sur les doigts de la main. Moins d'objets, moins de collisions et d'agglutinations, d'où une croissance ralentie.

Rencontres à risques

La croissance des gravillons ne se fait pas sans heurts ni accrocs. Elle ne progresse pas toujours du plus petit au plus gros. De temps à autre, le processus d'agglutination aiguillonné par la gravité aboutit non pas à une union, mais à une brisure. Lancés les uns contre les autres, au lieu de se capturer, les planétésimals se pulvérisent dans des collisions dévastatrices. Le travail d'agglutination accompli jusque-là se trouve soudain défait dans un choc d'une immense violence.

Deux stades de football se rencontrent. Au lieu de passer à une dimension supérieure, ils se fracassent en des millions de gravillons. L'impact dégage l'énergie de dizaines de mégatonnes de TNT et la puissance de centaines de bombes d'Hiroshima. Tous les efforts déployés pour passer du grain de poussière à la planète sont anéantis en une fraction de seconde. Tout est à refaire. Les risques de destruction sont d'autant plus importants que les planétésimals sont plus gros et massifs : la collision de deux poids lourds sur l'autoroute provoque des dégâts autrement plus graves que le choc de deux bicyclettes.

Ainsi, vers la fin, les rencontres des planétésimals, si elles se sont considérablement raréfiées, sont aussi à très hauts risques. La croissance se ralentit de plus en plus. Elle progresse à pas de tortue. Alors qu'il ne fallait que quelques centaines d'années pour passer du grain de poussière au ballon de football, 100 millions d'années sont nécessaires pour que les planètes enfin apparaissent. Mais la Nature dispose de tout le temps dont elle a besoin. Que ce soit pour attendre que les rares rencontres se fassent, ou pour reconstruire les planétésimals si leur rencontre s'est révélée destructrice. Au bout de 100 millions d'années, huit planètes (le cas de la plus lointaine, Pluton, est spécial : on pense qu'elle est un très gros astéroïde orbitant aux confins du système solaire) font leur apparition et commencent leur interminable ronde autour du Soleil naissant.

Le Soleil nettoie

Près du Soleil, le jeu de l'agglomération a donné naissance à quatre petites planètes appelées « internes » à cause de leur proximité par rapport au Soleil, et dites « telluriques » à cause de leur composition chimique : Mercure, Vénus, la Terre et Mars. La plus grosse, la Terre, a quelque

12 700 km de diamètre. Vénus est sa jumelle en taille, tandis que Mars n'en mesure que la moitié, et Mercure un peu plus du tiers. Boules rocailleuses, elles ont peu ou pas d'atmosphère. Sur Terre, l'air qui s'engouffre dans nos poumons est fait à 77 % d'azote et à 22 % d'oxygène. L'atmosphère vénusienne est 100 fois plus dense que celle qui existe sur Terre. Débarquez sur Vénus et vous sentirez une énorme pression sur vos épaules, comme si vous étiez plongé à un kilomètre sous la mer. L'air que vous y respirerez ne sera pas très bon pour votre santé. Il sera composé à 96 % de gaz carbonique et à 4 % d'azote. Le gaz carbonique emprisonne la chaleur solaire et crée un énorme « effet de serre » qui chauffe la surface vénusienne à quelque 5 fois la température de l'eau bouillante. C'est le sort qui attend la Terre si nous n'y prenons garde et continuons à déverser à qui mieux mieux le gaz carbonique des tuyaux d'échappement des voitures et des cheminées d'usine dans l'atmosphère de notre planète et à couper les arbres qui, par la photosynthèse, absorbent le gaz carbonique et enrichissent l'air en oxygène.

L'atmosphère martienne est, à l'opposé, cent fois moins dense que celle de la Terre. Elle est si légère que les satellites envoyés depuis la Terre n'ont aucune peine à photographier sa surface désertique à la couleur de rouille. Les sondes *Mariner* y ont vu des lits de fleuves desséchés suggérant que l'eau coulait à flots sur la surface martienne dans le passé. Qui dit eau dit peut-être vie. Nous savons maintenant que les Martiens n'existent que dans l'imagination fertile des auteurs de science-fiction, et que le système de canaux qu'ils sont censés avoir construit sur la surface de Mars n'est qu'une illusion d'optique engendrée par des tempêtes de sable. Cela n'exclut cependant pas l'existence de micro-organismes unicellulaires sur Mars. En août 1996, des scientifiques ont annoncé à grand bruit avoir trouvé de tels micro-organismes dans un météorite venu de Mars et tombé sur Terre. Ce résultat est aujourd'hui contesté... Sur Mars non plus, il ne fera pas bon respirer. D'abord parce qu'il n'y a pas beaucoup d'atmosphère ; ensuite parce que la composition de l'atmosphère y est identique à celle de Vénus. Quant à Mercure, elle a simplement perdu toute son atmosphère.

Une question vient immédiatement à l'esprit : pourquoi la composition des atmosphères et des sols (faits surtout de silicates) des petites planètes est-elle différente de la composition de la nébuleuse solaire ? Celle-ci, nous l'avons vu, a la composition universelle des étoiles et des galaxies. Les trois quarts de sa masse sont faits d'hydrogène et le reste d'hélium, avec une toute petite pincée d'éléments lourds. Ceux-ci, comme le carbone, l'oxygène ou l'azote, ne forment qu'un infime 2 % de cette masse. L'enquête révèle que c'est le jeune Soleil naissant qui est le coupable. Ce sont ses feux ardents qui ont chassé l'hydrogène et l'hélium vers l'extérieur du système solaire. Le Soleil agit comme un immense ventilateur qui évacue l'air. Les régions proches de lui se trouvent nettoyées d'éléments volatils et légers tels que l'hydrogène et l'hélium. La raison de ce nettoyage est double. D'abord parce qu'une planète tellurique, proche du Soleil, subit de plein fouet sa chaleur torride, ce qui se traduit par une débauche de mouvements des atomes dans son atmosphère. D'autre part, la masse d'une planète tellurique est relativement faible et sa gravité n'est pas assez forte pour contenir l'agitation des atomes, lesquels se perdent dans l'espace. Ne restent que les matériaux plus lourds que l'hydrogène et l'hélium, qui ne se vaporisent pas sous l'effet de la chaleur des feux solaires (on les qualifie de réfractaires), tels que les silicates qui formeront le sol de Vénus, de la Terre et de Mars. Sur Mercure – la planète la plus proche du Soleil et dont la température moyenne sur la surface est de 350 degrés centigrades pendant la journée, tombant à –170 degrés centigrades pendant la nuit –, même les silicates ne résistent pas à la chaleur solaire trop ardente : ils se volatilisent et s'en vont. Mercure est faite en grande partie de matériaux ferreux qui résistent mieux à la chaleur solaire ; toute son atmosphère primitive s'est envolée sous les feux du Soleil.

Vénus, la Terre et Mars ne sont guère mieux loties : elles aussi ont perdu toute leur atmosphère primitive. Les atmosphères qui les entourent maintenant sont venues plus tard. Elles sont composées de gaz (dont l'eau) emprisonnés dans les planétésimals qui composent leur corps rocailleux et qui les ont relâchés par la suite. Sur Terre, l'eau se condensera et il pleuvra des trombes. Les océans recouvriront les deux tiers de la surface, lui donnant sa couleur bleue si distincte. La vie surgie de ces océans conduira jusqu'à nous.

Si les planètes telluriques ont perdu 98 % de leur matériau primitif, la situation s'inverse pour les planètes géantes – Jupiter, Saturne, Uranus et Neptune – qui occupent la région extérieure du système solaire (elles sont appelées « externes »). Elles récupèrent les gaz légers et volatils chassés de la zone intérieure par le chalumeau solaire. Jupiter est à cet égard la grande gagnante : elle a récupéré tellement de gaz qu'elle domine de sa masse toutes les autres planètes. 318 fois plus massive que la Terre, elle en a 11 fois le diamètre. Additionnez la masse de toutes les autres planètes, de leurs lunes, de la totalité des astéroïdes et comètes existant dans le système solaire, et vous n'arriverez qu'à 40 % de la masse de Jupiter. Autour d'un cœur rocailleux de 10 000 km de rayon s'est fixée sur Jupiter une atmosphère composée d'hydrogène et d'hélium et de 60 000 km d'épaisseur.

On pense que l'atmosphère jovienne n'est gazeuse que dans les 20 000 premiers kilomètres. Au-dessous, le gaz d'hydrogène se liquéfie sous l'énorme pression des couches gazeuses supérieures. Ces dernières ont été examinées en détail par la sonde *Galilée*, de la NASA, en décembre 1995. Celle-ci a parachuté des instruments scientifiques qui se sont enfoncés dans l'atmosphère du colosse des planètes pour y mesurer température, pression et composition chimique. Les instruments scientifiques n'ont pas fait long feu. L'énorme pression des couches atmosphériques supérieures les a écrabouillés et les a fait taire au bout de quelques heures, mais cela a été suffisant pour que Galilée nous envoie de précieuses informations sur l'atmosphère jovienne. Les trois autres planètes géantes, Saturne, Uranus et Neptune, ne sont pas en reste : elles aussi se sont dotées d'un cœur rocailleux entouré d'une atmosphère gazeuse faite d'hydrogène et d'hélium.

La chaleur solaire perd beaucoup de son intensité en ces lointaines contrées du système solaire. Alors que la température à midi, quand le Soleil est au plus haut au-dessus de l'horizon, est un torride 327 °C sur Mercure et un tout à fait agréable 27 °C sur Mars, elle n'atteint qu'un réfrigérant –123 °C dans la couche supérieure de l'atmosphère de Jupiter, et un tout à fait glacial –210 °C sur Neptune. Les atomes d'hydrogène et d'hélium ne s'agitent pas beaucoup dans ces milieux frigorifiques et la gravité n'a aucun problème à retenir d'immenses quantités d'atmosphère autour des planètes géantes.

Le nécessaire et le fortuit

Nous avons remonté le temps de 4,6 milliards d'années pour assister en direct à la naissance du système solaire. Nous avons été éblouis par la déflagration fulgurante de la supernova. Nous avons applaudi quand l'astre de vie s'est allumé, dispensant chaleur et énergie. Nous avons suivi avec intérêt le jeu de l'agglomération des grains de poussière dans la nébuleuse solaire devenue disque. Nous les avons vus d'abord grandir vite, de la taille de gravillons à celle de pommes de terre, puis plus lentement, de la taille de ballons de football à celle de la Lune. Le spectacle est devenu inquiétant et brutal vers la fin. L'union douce des grains de poussière du début a donné place à la rencontre fracassante de gigantesques morceaux de rocher lancés à une vitesse de dizaines de kilomètres par seconde et qui se pulvérisent en pluies de gravillons. Nous avons poussé un grand soupir de soulagement quand, à force de réparer les dégâts, la Nature a fait apparaître, au bout de 100 millions d'années, huit planètes qui ont alors entamé leur ronde majestueuse autour du Soleil.

Nous nous sommes transportés dans l'arène du système solaire pour alimenter nos réflexions sur le fortuit et le nécessaire, l'imprévisible et le prévisible, le particulier et le général, la contingence et la nécessité. Notre sens esthétique, nos critères de beauté ne sont de bons guides, dans la recherche des lois de la Nature, que quand nous faisons bien la part de la contingence et de l'universel. Un fait est universel s'il ne dépend ni du temps ni de l'espace. Par exemple, nous pensons que certains événements qui ont accompagné la naissance de l'étoile Soleil et de son cortège planétaire sont universels parce qu'ils se sont produits maintes fois au cours des quinze milliards d'années qui se sont écoulés depuis le big bang, non seulement dans notre propre galaxie mais dans d'autres. L'effondrement du nuage gazeux interstellaire, le déclenchement des réactions nucléaires en son cœur, qui allument le Soleil, la formation d'un disque protoplanétaire, la constitution des planétésimals, le jeu de l'agglomération qui va engendrer les planètes : tous ces faits relèvent du nécessaire et de l'universel. Nous pensons que ces processus physiques et ces enchaînements d'événements se sont produits et se produiront encore maintes fois en d'autres recoins de notre vaste univers, et que notre système solaire n'est qu'un parmi d'innombrables autres dans le cosmos. D'où la quête de planètes extrasolaires autour d'autres étoiles de notre Voie lactée.

Déjà, les astronomes pensent voir un système solaire en formation autour d'une étoile nommée Bêta Pictoris, située à quelque 450 000 milliards de kilomètres du Soleil. Celle-ci est entourée d'un disque de poussières et de gaz qui rayonne de tous ses feux en lumière infrarouge. Ce disque est relativement jeune – il s'est formé il y a peut-être seulement quelques centaines de millions d'années (moins d'un dixième de l'âge du système solaire) – et constitue une magnifique preuve de l'exactitude de nos idées sur la formation des systèmes solaires. Des planètes naîtront dans ce disque, qui tourneront dans un plan autour de Bêta Pictoris, tout comme les planètes du système solaire poursuivent inlassablement leur ronde autour du Soleil dans le plan du Zodiaque. Peut-être que sur l'une de ces planètes la vie et la conscience apparaîtront tout comme elles l'ont fait sur Terre.

Les télescopes n'ont jamais pu, jusqu'à présent, détecter directement une planète hors de notre système solaire. C'est une tâche extrêmement difficile, car les planètes sont cachées par l'éclat aveuglant de l'étoile autour de laquelle elles tournent. Le télescope spatial Hubble est capable, en principe, de « voir » des planètes autour d'autres étoiles dans un rayon de quelques dizaines d'années-lumière. Peut-être le fera-t-il un jour. En attendant, nous avons déjà des preuves indirectes de l'existence de planètes aussi massives que Jupiter autour de certaines étoiles dans la Voie lactée. Parce que les planètes agissent gravitationnellement sur leur étoile mère, leur présence perturbe très légèrement mais de manière perceptible le mouvement de celle-ci. Il suffit donc de mesurer avec précision les variations de vitesse de l'étoile mère pour en déduire l'existence de planètes autour d'elle.

Les solides de Kepler

Nous avons vu que nombre de processus physiques relèvent de l'universel. Mais la contingence joue aussi un rôle non négligeable dans le façonnement du Réel. Et si nous ne reconnaissons pas cet élément de hasard, si nous ne tenons pas compte de cette intrusion de l'Histoire, nous courons le risque, dans notre recherche des lois de la Nature, de faire fausse route. Le jeune Johannes Kepler (1571-1630) l'apprit à ses dépens, en 1604, quand il essaya de comprendre la disposition des planètes dans le système solaire.

Pour Kepler, Dieu était géomètre, et la beauté des mathématiques devait se refléter dans le ciel et dans la disposition des planètes. Or, Euclide avait déjà démontré que, dans l'espace à trois dimensions, il ne peut exister que cinq solides (dits « pythagoriciens ») dont les faces sont identiques : le tétraèdre constitué de quatre triangles, le cube constitué de six carrés, l'octaèdre composé de huit triangles, le dodécaèdre constitué de douze pentagones, et l'icosaèdre composé de vingt triangles. Du temps de Kepler, Uranus, Neptune et Pluton n'étaient pas encore découvertes. Six planètes étaient connues, séparées par cinq intervalles. Cinq solides, cinq intervalles entre les planètes : pour Kepler, ce ne pouvait être une coïncidence. Cette concordance expliquait à la fois le problème du nombre des planètes et leur disposition par rapport au Soleil. Kepler construisit un système solaire où les cinq solides pythagoriciens étaient encastrés dans les six sphères planétaires de la façon suivante : Mercure – octaèdre – Vénus – icosaèdre – Terre – dodécaèdre – Mars – tétraèdre – Jupiter – cube – Saturne (fig. 46). Nous nous étonnons, aujourd'hui, de constater à quel point l'un des précurseurs de la science moderne et le découvreur des lois qui régissent le mouvement des planètes a fait fausse route. Nous savons que le système solaire compte neuf planètes et huit intervalles, et n'a aucune espèce de rapport avec les cinq solides pythagoriciens. Kepler s'est trompé parce qu'il n'a pas su distinguer le hasard de la nécessité, la contingence du fondamental. Il a appliqué son sens de la beauté et de l'harmonie à des phénomènes contingents. Le nombre exact des planètes et leur disposition par rapport au Soleil ne sont pas des données fondamentales, mais relèvent de la succession d'incidents historiques qu'est le jeu de l'agglomération des grains de poussière dans la nébuleuse solaire. Dans un autre système solaire autour d'une autre étoile, le nombre des planètes et les distances qui les séparent seront différents. La Beauté n'est un bon guide que quand il s'agit de l'universel.

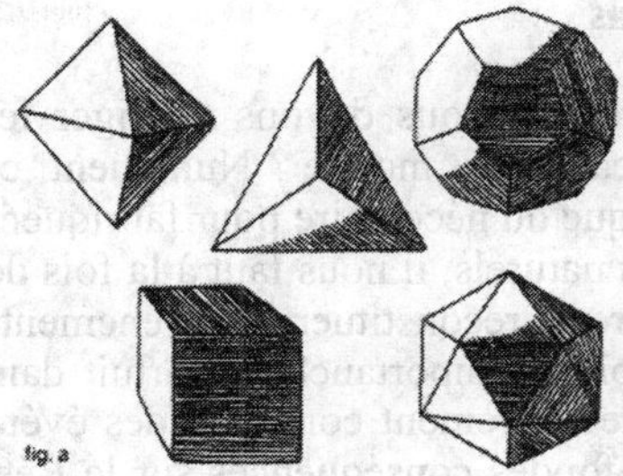

fig. a

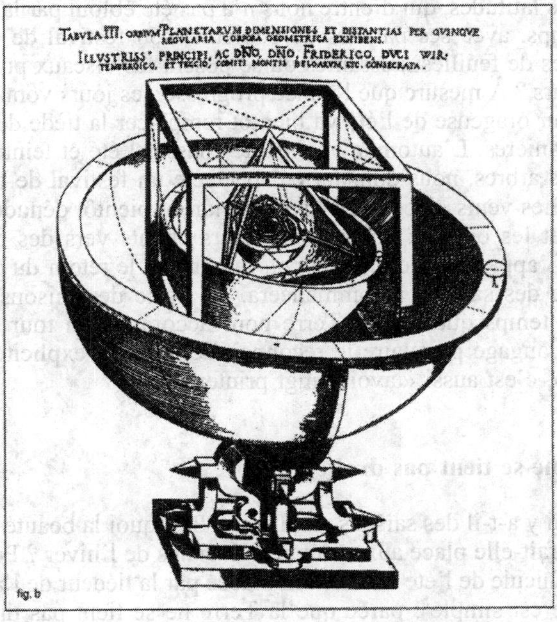

fig. b

D.R.

Fig. 46. *Kepler et les cinq solides parfaits de Pythagore*. Kepler pensait que le nombre de planètes et leur disposition par rapport au Soleil n'étaient pas arbitraires, mais une manifestation de la volonté de Dieu. Parce que Dieu était géomètre, les cinq solides parfaits de Pythagore (fig. a) devaient s'encastrer dans les sphères des six planètes connues à son époque. Kepler proposa un tel modèle géométrique du système solaire dans son ouvrage *Le Mystère cosmique* en 1596 (fig. b). Nous savons aujourd'hui qu'un tel modèle ne peut être correct puisqu'il y a maintenant neuf planètes connues dans le système solaire. Kepler avait fait fausse route parce qu'il n'avait pas réalisé que le nombre des planètes et leur distance par rapport au Soleil ne relevaient pas de la nécessité, mais de la contingence.

La ronde des saisons

Mais est-ce à dire que nous devons négliger le fortuit dans notre recherche de l'explication du monde ? Nullement, car la Nature se sert aussi bien du fortuit que du nécessaire pour fabriquer le Réel. Pour expliquer les phénomènes naturels, il nous faut à la fois découvrir les lois qui régissent le nécessaire et reconstituer les événements fortuits. La ronde des saisons illustre bien l'importance du fortuit dans notre vie de tous les jours. Elle montre clairement comment des événements contingents peuvent avoir de profondes conséquences sur le Réel.

Sous nos latitudes, qui d'entre nous n'a pas été ébloui par la splendeur du printemps, avec ses palettes de couleurs, son festival de fleurs, ses arbres parés de feuilles naissantes où se posent les oiseaux pour chanter leurs amours ? À mesure que l'année progresse, les jours vont s'allonger et la chaleur orageuse de l'été va bientôt remplacer la tiède douceur des nuits printanières. L'automne va ensuite chasser l'été et teinter d'or les feuilles des arbres, nous donnant en spectacle un festival de tons pastel et fauves. Les vents glacés de l'hiver viendront bientôt dénuder les bois et forêts, et les oiseaux emporteront leurs chants vers des cieux plus cléments. L'apparition des coquelicots annoncera le retour du printemps, et la ronde des saisons recommencera. Le cycle des saisons dure une année : le temps que met la Terre pour accomplir un tour autour du Soleil. Le langage populaire le reconnaît de manière explicite : « avoir vingt ans », c'est aussi « avoir vingt printemps ».

La Terre ne se tient pas droite

Pourquoi y a-t-il des saisons sur Terre ? Pourquoi la beauté fleurie du printemps fait-elle place aux morsures glaciales de l'hiver ? Pourquoi la brûlante canicule de l'été est-elle remplacée par la tiédeur de l'automne ? La réponse est simple : parce que la Terre ne se tient pas droite ; elle se penche de côté. Comme toutes les autres planètes, la Terre obéit à deux sortes de mouvements bien distincts : tout en tournant autour du Soleil, elle tourne aussi sur elle-même en une journée. C'est ce dernier mouvement qui fait que l'obscurité de la nuit succède à la clarté du jour. La Terre tourne sur elle-même autour d'un axe de rotation imaginaire qui joint le pôle Nord au pôle Sud et qui se prolonge jusqu'à l'étoile polaire. Elle se déplace autour du Soleil dans un plan appelé plan de l'Écliptique, ou plan du Zodiaque. Toutes les autres planètes (à l'exception de Pluton) tournent aussi inlassablement autour du Soleil dans ce plan qui s'est formé lors de l'effondrement de la nébuleuse solaire en un disque aplati.

Or, l'axe de rotation de la Terre n'est pas droit par rapport au plan du Zodiaque, mais s'incline de 23,5 degrés. C'est cette inclinaison qui est responsable du foisonnement de couleurs printanières autant que des migrations des hirondelles. En juin, cette inclinaison fait que l'hémisphère Nord se penche plus vers le Soleil et reçoit davantage de sa chaleur, alors que l'hémisphère Sud en est plus éloigné et bénéficie moins de ses rayons dorés. Alors que les Français et les Américains font brunir leurs corps sur les plages, tandis que leurs enfants batifolent dans la rafraîchissante tiédeur de la mer, les Brésiliens s'emmitouflent dans leurs manteaux et leurs gants pour se protéger des agressions hivernales. Six mois plus tard, en janvier, la situation s'inverse. Parce que l'orientation de l'axe de rotation de la Terre par rapport au plan du Zodiaque ne change pas, c'est maintenant l'hémisphère Nord qui reçoit moins de chaleur solaire que l'hémisphère Sud. Les Suédois voient leurs jours raccourcir et la neige poudrer de blanc leurs paysages urbains. Les Chiliens, eux, se préparent à des vacances bien méritées au bord de la mer. Ainsi va la ronde des saisons. La prochaine fois que vous pesterez contre la chaleur étouffante d'un mois d'août, ou contre le gel qui couvre le pare-brise de votre voiture en janvier, que vous vous émerveillerez de la beauté des couleurs automnales ou que vous vous extasierez devant un parterre de fleurs printanières, dites-vous bien que tout cela est dû au fait que la Terre ne se tient pas droite !

Des collisions… renversantes

Reste maintenant à savoir pourquoi la Terre est ainsi penchée. Pour trouver la clé du mystère, il nous faut de nouveau remonter au temps où le système solaire achevait de se former, il y a quelque 4 milliards d'années. La majorité des gravillons se sont rassemblés sous l'influence de la gravité pour former les planètes. Leur population a beaucoup diminué, et les collisions violentes entre planètes et astéroïdes[1], dont témoignent les faces vérolées de la Lune et de Mercure, se font alors de plus en plus rares. Mais tout danger n'est pas écarté. Çà et là rôdent encore de gros astéroïdes lancés à des dizaines de kilomètres par seconde et dont les orbites croisent celles des planètes. De temps en temps, un gros astéroïde percute une planète. Le choc est tel que la planète se renverse et penche

1. La plupart des cratères sur la surface de la Lune (ou de Mercure) ont été créés par l'impact de bolides rocailleux venus frapper leur surface à 10 km/s ou plus. Le bolide est vaporisé sous l'effet de l'impact et une onde de choc se propage vers l'intérieur du corps céleste. L'explosion centrale creuse une énorme cavité et éjecte de nombreux débris dont la masse totale peut atteindre 100 fois la masse du bolide. La plus grande partie des débris retombe dans le cratère ; d'autres s'éparpillent autour, alors que d'autres encore s'échappent de la gravité du corps céleste et vont se perdre dans l'espace. Certains de ces débris viendront visiter la Terre.

de côté. C'est ce qui est arrivé à la Terre. Quand les astéroïdes étaient encore nombreux et les collisions beaucoup plus fréquentes, on aurait pu s'attendre à ce qu'il y ait autant d'impacts au nord qu'au sud de l'équateur de la planète. Un impact au nord qui aurait fait se pencher la Terre aurait ensuite été compensé par un impact au sud qui l'aurait redressée. Mais, vers la fin de l'époque de la formation du système solaire, qui a duré quelque 440 millions d'années, la population des astéroïdes s'est tellement amenuisée, les collisions sont devenues si rares qu'une correction ultérieure est devenue très improbable. Ainsi, faute de collision correctrice, la Terre est restée penchée, donnant aux hommes la ronde des saisons et poussant les oiseaux migrateurs à s'envoler vers des cieux plus cléments.

La dernière collision de notre planète avec un gros bolide relève du domaine de l'aléatoire, de la contingence. Elle n'était pas inscrite de manière fondamentale dans les lois de la Nature. Aucune loi physique ne prédestinait la Terre a être inclinée de 23,5 degrés. Le hasard des collisions aurait pu faire qu'elle finisse presque droite, comme Jupiter. Celle-ci n'est penchée que de 3 degrés et ne connaît pratiquement pas de saisons. Les températures joviennes ne varient que très peu pendant le périple de 12 ans de la planète géante autour du Soleil. D'ailleurs, même si elle était davantage inclinée, Jupiter ne connaîtrait pas les saisons qui nous sont familières. Grosse boule gazeuse sans surface solide où héberger une faune et une flore, Jupiter ne verra jamais la floraison du printemps ni les ors et les mauves de l'automne.

Le Soleil se lève à l'ouest sur Vénus

Toutes les autres planètes du système solaire sont aussi plus ou moins inclinées. Mercure, la planète la plus proche du Soleil, se tient, comme Jupiter, toute droite. Tel un soldat au garde-à-vous, elle n'est penchée que de moins de 2 degrés. Vénus a une inclinaison de 13 degrés. Mais ce qui fait la particularité de l'« étoile du berger » (appellation trompeuse, car Vénus n'est pas une étoile, mais une planète), c'est le sens de sa rotation : le Soleil se lève à l'ouest et se couche à l'est sur Vénus. En quelque sorte, elle tourne la tête en bas, dans le sens opposé des autres planètes qui tournent toutes d'ouest en est. Que la majorité des planètes tournent *dans le même sens* n'est pas accidentel : ce sens général est dicté par celui de rotation originel de la nébuleuse solaire primitive qui donna naissance aux planètes. Mais le sens particulier *d'ouest en est* relève, lui, de la contingence. La nébuleuse solaire primitive aurait pu tout aussi bien tourner d'est en ouest. Dans ce cas, la France serait le pays du Soleil-Levant en lieu et place du Japon, et les Vietnamiens et les Chinois seraient des Occidentaux, alors qu'on appellerait Anglais et Allemands des Orientaux.

L'aléatoire et le fortuit sont aussi responsables du fait que Vénus tourne la tête en bas. Celle-ci a commencé par tourner d'ouest en est, comme toutes les autres planètes. Par la suite, elle a probablement subi une violente collision avec un gros astéroïde lancé dans le sens contraire à celui de la nébuleuse solaire primitive. Cette collision l'a fait virevolter, si bien que le Soleil qui chauffe sa surface à quelque 5 fois la température de l'eau bouillante (480 °C) se lève à l'ouest et non à l'est.

Quant à Mars, la « planète rouge » et la plus proche de nous quand on s'éloigne du Soleil, elle a une inclinaison très semblable à celle de la Terre (25,2 degrés). Si bien qu'elle connaît aussi une ronde des saisons et des variations de températures. Les saisons martiennes sont bien loin de la splendeur et de la magnificence des saisons terrestres. L'hiver se manifeste par une forte condensation du gaz carbonique dans l'air martien (qui en est composé à 98 %). Ce qui se traduit par un agrandissement de la surface de la calotte polaire et par un recouvrement du sol martien par une fine couche de neige carbonique. Quand vient le printemps, la chaleur solaire fait s'évaporer la neige carbonique, laquelle retourne dans l'atmosphère de Mars. La calotte polaire se rétrécit pour recouvrer sa surface d'antan. L'été arrive et la température du sol martien, intensément chauffé par les feux ardents du Soleil, contraste avec la fraîcheur de l'atmosphère. Ces fortes différences de température entre le sol et l'air provoquent de violentes tempêtes de sable, analogues à celles qui se déchaînent dans nos déserts terriens, qui protègent la surface martienne de la curiosité des observateurs terriens pendant des semaines entières. Ainsi se succèdent les saisons martiennes, rythmées par l'extension puis le rétrécissement des calottes glaciaires et par les tourbillons des tempêtes de sable. L'explosion florale du printemps et le festival de couleurs automnales ne sont pas au rendez-vous. Le miracle de la vie végétale tel qu'il s'est produit sur Terre n'a jamais eu lieu sur la « planète rouge ».

Une planète couchée sur le côté

Allons visiter maintenant les planètes géantes à la périphérie du système solaire. Nous observons Saturne, penchée de 26,7 degrés, et admirons Neptune, inclinée à 29,6 degrés. Rien qui sorte de l'ordinaire… jusqu'à ce que nous rencontrions Uranus. Celle-ci est inclinée à 98 degrés (son axe de rotation ne dévie que de 8 degrés de son plan orbital autour du Soleil) ; autrement dit, elle est carrément couchée sur le côté ! Son équateur, au lieu d'être près du plan du Zodiaque, comme pour les autres planètes, lui est presque perpendiculaire ! Cette situation extraordinaire donne naissance, sur Uranus, à des saisons accentuées à l'extrême. Pendant l'été, le pôle Sud voit le Soleil pendant 42 ans (la moitié du temps que met Uranus à accomplir son périple autour du Soleil), cependant que le pôle Nord est plongé dans une obscurité glaciale. La situation s'inverse après une demi-année uranienne, c'est-à-dire 42 autres années terrestres. Sur Uranus, aux deux pôles, nous ne verrions le magnifique spectacle du lever ou du coucher du Soleil que deux fois dans une vie humaine. De nouveau, c'est le fortuit qui est à l'origine de la bizarrerie des saisons uraniennes. Et, de nouveau, c'est un bolide rocailleux qui semble être le coupable. On pense en effet que c'est une collision avec un astéroïde massif qui a renversé Uranus sur le côté.

Ainsi, des événements aléatoires, non inscrits dans les lois de la Nature ni antérieurement déterminés, peuvent avoir des conséquences qui se répercutent à tous les niveaux du Réel. Sur Terre, ces événements contingents influent directement sur notre vie quotidienne. La Terre aurait pu rester droite comme Jupiter et connaître des températures journalières quasiment inchangées au cours de l'année. Ou elle aurait pu être couchée sur le côté, comme Uranus, et nous aurions connu une longue nuit hivernale de six mois, suivie d'une longue journée ensoleillée de six autres mois. Mais le hasard des collisions a fait que la Terre n'est penchée que de 23,5 degrés, ce qui nous permet d'admirer aussi bien la blancheur des paysages enneigés que la beauté fleurie du printemps ou toute la gamme des ocres et des bruns des forêts d'automne. Le mot « astrologie » revêt ici un sens nouveau : notre vie quotidienne n'est pas déterminée par la position des planètes au jour et à l'heure de notre naissance, mais bel et bien par des événements célestes fortuits qui se sont déroulés dans le lointain passé du système solaire.

Les saisons terrestres ne dépendent pas seulement de l'inclinaison de la Terre. La forme de son orbite autour du Soleil joue aussi un rôle important. Cette forme, Kepler nous l'a dit en 1609, n'est pas un cercle, mais une ellipse avec le Soleil à l'un de ses foyers. Cette forme elliptique fait que la distance Terre-Soleil varie d'un peu moins de 1 % quand la Terre est à son point le plus éloigné du Soleil par rapport au point où elle en est le plus proche. Cette petite différence suffit à créer les différences entre les saisons de l'hémisphère Sud et celles de l'hémisphère Nord. Ici, la contingence se manifeste à nouveau. Un concours de circonstances fait que, quand l'été arrive dans l'hémisphère Nord et l'hiver dans l'hémisphère Sud, la Terre est plus éloignée du Soleil dans son orbite et reçoit relativement moins de chaleur solaire. Les habitants vivant au-dessus de l'équateur bénéficient donc d'un été moins torride, alors que ceux qui vivent au-dessous grelottent davantage. Six mois plus tard, c'est l'hiver au Nord et l'été au Sud. Le sort continue à favoriser les habitants vivant au-dessus de l'équateur. La Terre est maintenant plus proche du Soleil dans son orbite ; elle reçoit plus de chaleur solaire que d'ordinaire, si bien que les habitants du Nord frissonnent moins, tandis que ceux du Sud voient le mercure de leur thermomètre monter encore davantage.

L'aléatoire influe donc directement sur notre bien-être. Il agit en fait à tous les niveaux du Réel.

L'étoile polaire n'est plus ce qu'elle était

En sera-t-il toujours ainsi ? Les habitants du Nord bénéficieront-ils toujours de climats moins rigoureux que ceux du Sud ? Cela serait le cas si la direction de l'axe de rotation de la Terre restait toujours pointé vers l'étoile polaire. Celle-ci, dans la constellation de la Petite Ourse, est l'étoile qui, de tous les points lumineux qui clignotent dans la nuit obscure, apparaît immobile dans le ciel en dépit du mouvement de rotation de la Terre. Or, la direction de l'axe de rotation de la Terre n'est pas fixe. L'astronome grec Hipparque (IIe s. av. J.-C.) le savait déjà en l'an 120 avant J.-C. Enfants, nous avons tous été subjugués par le mouvement de

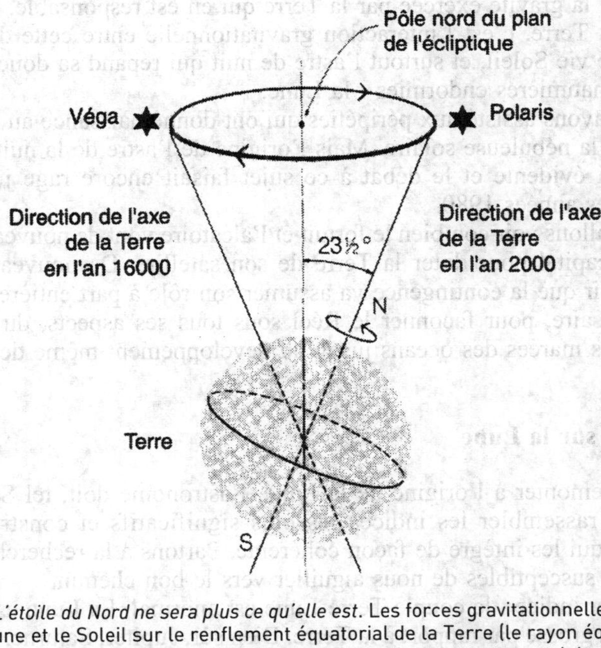

Fig. 47. *L'étoile du Nord ne sera plus ce qu'elle est*. Les forces gravitationnelles exercées par la Lune et le Soleil sur le renflement équatorial de la Terre (le rayon équatorial de la Terre est d'une vingtaine de kilomètres plus grand que son rayon polaire à cause de sa rotation qui crée des forces centrifuges tirant sur les régions équatoriales) tentent de redresser la Terre qui est inclinée de 23,5 degrés par rapport à la verticale de son plan orbital autour du Soleil. Au lieu de se redresser, l'axe de la Terre décrit un mouvement circulaire, appelé « précession », qui se répète tous les 26 000 ans. Polaris qui est à un degré près de la direction de l'axe de rotation terrestre joue maintenant le rôle de l'étoile polaire. Elle n'a pas toujours joué ce rôle dans le passé et va le perdre dans le futur. Dans 14 000 ans (en l'an 16000), cela sera Véga qui prendra le rôle de l'étoile polaire, rôle que lui ravira Polaris après 12 000 ans, quand l'an 28000 arrivera.

la toupie : l'axe de rotation de cette dernière n'est pas fixe, mais décrit un cône dans l'espace. Comme celui de la toupie, l'axe de rotation de la Terre décrit un cône. En revanche, la période, ici, n'est pas de quelques secondes, comme pour la toupie, mais de quelque 26 000 années. Les astronomes appellent ce mouvement « précession des équinoxes » (fig. 47). Ainsi, il y a 4 000 ans, l'axe pôle Nord-pôle Sud n'était pas pointé vers l'étoile polaire, mais vers l'étoile Alpha, dans la constellation du Dragon. Dans 14 000 ans, nos arrière-arrière…-petits-enfants verront l'axe de rotation de la Terre pointé vers une nouvelle étoile, Véga, dans la constellation de la Lyre[1]. À cette époque lointaine, la Terre sera plus proche du Soleil dans son orbite lorsque ce sera l'été dans l'hémisphère Nord. Ce sera alors au tour des habitants au nord de l'équateur de souffrir de températures plus extrêmes, d'étés plus torrides et d'hivers plus rigoureux…

Pourquoi ce mouvement de l'axe de rotation ? Dans le cas de la toupie, c'est la gravité exercée par la Terre qui en est responsable. Dans le cas de la Terre, c'est l'interaction gravitationnelle entre cette dernière, l'astre de vie Soleil, et surtout l'astre de nuit qui répand sa douce clarté sur les chaumières endormies : la Lune.

Nous avons assisté aux péripéties qui ont donné naissance au Soleil à partir de la nébuleuse solaire. Mais l'origine de l'astre de la nuit n'était pas aussi évidente et le débat à ce sujet faisait encore rage jusqu'au milieu des années 1980.

Nous allons voir combien le fortuit et l'aléatoire vont de nouveau jouer un rôle capital pour doter la Terre de son satellite. De nouveau, nous allons voir que la contingence va assumer son rôle à part entière, à côté du nécessaire, pour façonner le Réel sous tous ses aspects, du flux et reflux des marées des océans jusqu'au développement même de la vie.

Enquête sur la Lune

Pour remonter à l'origine de la Lune, l'astronome doit, tel Sherlock Holmes, rassembler les indices les plus significatifs et construire un scénario qui les intègre de façon cohérente. Partons à la recherche d'indications susceptibles de nous aiguiller vers le bon chemin.

Premier indice : le couple Terre-Lune est anormal. La Lune est beaucoup trop grosse par rapport à la Terre. Bien sûr, Jupiter, Saturne, Uranus et Neptune possèdent des satellites de masses comparables à la Lune, mais ces planètes géantes ont respectivement 318, 95, 15 et 17 fois la masse de la Terre. Le diamètre de la Lune (3 476 km) est à peu près le quart de celui de la Terre (12 700 km), tandis que Jupiter (143 000 km)

1. Jacques Laskar, « La Lune et l'origine de l'homme », *Pour la science*, août 1993, p. 14.

et Uranus (51 000 km) sont toutes deux 30 fois et Saturne (120 500 km) et Neptune (49 500 km) respectivement 23 et 18 fois plus grandes que leurs plus grosses lunes.

Autre détail troublant : parmi les planètes telluriques, seule la Terre a une Lune aussi importante. Mercure et Vénus n'ont pas de satellites. Mars en a deux, Phobos et Deimos, mais de taille si insignifiante – respectivement des diamètres de 28 et 16 km, soit de la taille de gros astéroïdes – que, dans les années 1950, l'astrophysicien russe Iossif Shklovsky émit même l'idée qu'il s'agissait de vaisseaux spatiaux mis en orbite par les Martiens !…

Notre astronome-détective, poursuivant son enquête, découvre que la Lune a une densité moyenne plus faible (3,3 fois celle de l'eau) que celle de la Terre (5,5 fois celle de l'eau). Cette différence vient du fait que notre planète a un cœur de fer alors que la Lune n'en a pas. Mais, coïncidence extrêmement intéressante, la densité lunaire est la même que celle des pierres granitiques de l'écorce terrestre. Y aurait-il une relation entre celle-ci et la Lune ?

L'astronome continue son investigation, aidé en cela par les 382 kilos de pierres lunaires prélevées en six endroits différents sur la Lune et rapportées sur Terre, pendant la période 1969-1984, par Neil Armstrong (1930-2012) et les onze autres astronautes américains du programme Apollo qui ont foulé la surface de notre satellite. Analysées en laboratoire, ces pierres révèlent que le matériau lunaire est incomparablement sec : aucune trace de la moindre molécule d'eau, au contraire des rochers terrestres qui, même dans les déserts les plus torrides, en contiennent. Autre différence : comparées aux cailloux terrestres, les pierres lunaires manquent d'éléments volatils (qui s'évaporent à faible température), tels le potassium ou le sodium, mais contiennent davantage d'éléments réfractaires (qui fondent et s'évaporent à plus haute température), tels le calcium et l'aluminium.

Notre astronome-limier en déduit que la Lune est formée d'un matériau chauffé à une plus haute température (plus de 1 000 °C) que le matériau terrestre. Les éléments volatils se sont envolés dans l'espace, laissant la Lune plus riche en éléments réfractaires.

La Terre accouche de la Lune

Comme à la fin d'un roman policier d'Agatha Christie, arrive le moment fatidique où le détective rassemble tous les protagonistes de l'affaire au salon pour leur exposer la solution du problème. Avec, au bout du compte, le nom du coupable. Comme dans le cas d'Hercule Poirot, l'enquête n'a pas été si facile et l'astronome raconte d'abord comment il s'est fourvoyé sur plusieurs fausses pistes.

La première suppose que la Lune est née de la même façon que toutes les autres planètes et tous les satellites du système solaire, par le jeu de l'agglomération des planétésimals, il y a quelque 4,6 milliards d'années. De ce jeu sont nés le Soleil avec son cortège de huit planètes (on pense que Pluton est un très gros astéroïde orbitant aux confins du système solaire) et les « planètes géantes » avec leur ribambelle de Lunes (Jupiter en a seize connues, Saturne près de deux douzaines). L'embryon de la Lune s'est développé au sein d'un anneau de matière gravitant autour de la Terre. Mais cette hypothèse n'explique pas pourquoi la Lune est si grosse par rapport à la Terre, alors que les satellites joviens et saturniens sont beaucoup plus petits par rapport à leurs planètes mères. Elle ne nous dit pas pourquoi, des quatre planètes telluriques, la Terre est la seule à posséder une grosse Lune. En outre, le fait que la Lune soit composée de matériau plus sec, contenant moins d'éléments volatils et plus d'éléments réfractaires, et qu'elle possède de surcroît un noyau de fer aussi insignifiant demeure un complet mystère.

Retour, donc, à la case départ et attaque d'une nouvelle piste : et si la Lune était un astre errant venu visiter le système solaire et qui, capturé par la gravité de la Terre, ne serait plus jamais reparti ? Voilà qui expliquerait que seule la Terre possède un si gros satellite. Seule des quatre planètes telluriques, elle aurait eu la chance de capturer un partenaire idéal pour former un couple éternel. Elle seule aurait eu sa grosse Lune pour inspirer les poètes et pour masquer de temps à autre le disque solaire, arrêter la lumière du jour, donnant aux Terriens le spectacle magique d'une éclipse solaire. Enfin, si la Lune est une visiteuse étrangère au système solaire, cela expliquerait peut-être sa composition chimique légèrement différente…

Cette hypothèse d'une Lune capturée est certes attrayante, mais elle ne tient plus du tout dès qu'on l'examine de près. La capture d'astres s'approchant du voisinage de la Terre par celle-ci est extrêmement improbable. Nombre d'astéroïdes viennent régulièrement visiter les abords de la Terre ; jamais ils ne s'y attachent, ils repartent vers les confins du système solaire d'où ils sont venus. La capture de la Lune aurait pu se produire, mais dans des conditions si spéciales que l'hypothèse n'est guère prise au sérieux. Les ordinateurs sollicités nous apprennent que, pour qu'une telle capture se fasse, la Lune aurait dû s'approcher de la Terre à moins de 50 000 km (un cent millième de la taille du système solaire, ce qui correspondrait à l'épaisseur d'un cheveu par rapport à la longueur d'un terrain de football) sans se fracasser contre elle, et juste à la vitesse requise pour ne plus sortir de sa sphère d'attraction gravitationnelle. Que la vitesse soit un peu supérieure et la Lune serait repartie comme la majorité des astéroïdes qui s'approchent de la Terre. Qui plus est, une Lune capturée aurait une orbite en forme d'ellipse aplatie et non pas celle, presque circulaire, qui est observée. L'astronome-détective relègue vite cette hypothèse aux oubliettes et repart sur une nouvelle piste.

Cette nouvelle piste a été suggérée par l'astronome anglais George Darwin (1845-1912), fils de l'inventeur de la théorie de l'évolution des espèces, qui proposa à la fin du XIXe siècle une théorie assez originale pour expliquer l'origine de la Lune. Selon lui, c'est la Terre qui aurait accouché de son satellite. La Lune aurait été éjectée de celle-ci par la force centrifuge résultant de sa rotation. Cette force centrifuge est la même qui vous arrache de votre siège et vous projette contre la portière de la voiture quand le conducteur prend trop vite un virage. À son origine, la Terre aurait tourné beaucoup plus vite qu'aujourd'hui. La force centrifuge, très supérieure, aurait alors arraché une région entière de l'écorce terrestre et l'aurait propulsée dans l'espace, créant un grand trou à la surface de notre planète, à l'emplacement de ce qui est maintenant le bassin de l'océan Pacifique. Ce morceau expulsé de la Terre se serait ensuite condensé pour former la Lune.

Cette théorie peut-elle expliquer tous les indices réunis ? Elle rend compte naturellement de la similarité en densité de l'écorce terrestre et de la Lune, mais reste muette sur leur différence de composition chimique. Mais le coup de grâce a été donné à cette théorie quand il a fallu répondre à la question : à l'époque où la Terre était encore enceinte de la Lune, tournait-elle assez rapidement pour générer une force centrifuge assez grande pour éjecter la Lune ? Les calculs rendent un verdict sans appel : la Terre tourne trop lentement pour qu'une telle éjection ait été possible. Cela aurait nécessité qu'elle tourne dix fois plus vite, c'est-à-dire en décrivant un tour sur elle-même en seulement deux heures et demie. On voit mal comment se serait construite par le jeu de l'agglomération des gravillons une Terre qui aurait tourné à une vitesse aussi folle. D'ailleurs, même si ç'avait été le cas, comment comprendre qu'elle se soit autant ralentie, jusqu'à allonger la durée du jour de deux heures et demie à vingt-quatre heures ? George Darwin essaya tant bien que mal de sauver sa théorie en invoquant des phénomènes de résonance qui auraient pu amplifier le mouvement d'éjection sans recourir à une vitesse de rotation ni à une force centrifuge trop grandes, mais personne n'y crut vraiment. D'ailleurs, on sait maintenant que, sur Terre, les océans en général, et l'océan Pacifique en particulier, se forment non par l'éjection de morceaux de croûte terrestre, mais par la dérive des plaques continentales qui crée de grandes fosses où s'engouffre leur eau.

Le Grand Impacteur

Notre astronome-détective se frotte les mains ; ses yeux pétillent de malice. Il en a terminé avec le récit de ses fausses pistes. En digne disciple de Sherlock Holmes et d'Hercule Poirot, il va maintenant nous exposer la théorie qui rendra compte de tous les indices recueillis et conduira au coupable.

Il nous ramène d'abord à l'époque du grand chambardement du système solaire quand, grâce au jeu de l'agglomération des planétésimals, les planètes se sont formées. Çà et là, de gros bolides appelés astéroïdes fendent encore l'air à des dizaines de kilomètres à la seconde. De temps à autre se produisent entre planètes et astéroïdes des collisions d'une violence fantastique qui éjectent des gerbes de matière dans l'espace. Dans le cas des chocs les moins énergétiques, la matière retombe sur la planète. Mais, pour les plus violents, l'énergie impartie à la matière est telle que celle-ci échappe à la gravité de la planète et se trouve éjectée. C'est le choc retentissant d'un de ces bolides fous contre la Terre qui, on l'a vu, l'a fait se pencher pour nous donner la ronde des saisons et le spectacle des champs de lavande en fleur. Notre astronome-limier avance que c'est aussi l'une de ces collisions fracassantes qui a arraché la Lune à l'écorce terrestre. Il nous décrit le Grand Impacteur : un énorme astéroïde rocailleux d'une masse d'environ un dixième de la masse terrestre et à peu près de la taille de Mars. Il est venu percuter la Terre il y a 4,6 milliards d'années. Sous la violence du choc, des gerbes de matière provenant à la fois de la Terre et du Grand Impacteur jaillissent alors dans l'espace. Une partie de la fantastique énergie d'impact se convertit en chaleur qui liquéfie et volatilise la matière éjectée. L'eau et les éléments volatils s'évaporent et se perdent dans l'espace[1]. De la matière éjectée, la partie qui ne s'est pas évaporée est surtout composée d'éléments réfractaires. Celle-ci s'assemble pour former une Lune pauvre en éléments volatils et riche en éléments réfractaires.

Cette théorie d'une collision gigantesque explique encore bien d'autres faits. La Lune a une densité proche de celle de l'écorce terrestre, puisque la première a été arrachée à la dernière par un choc violent. Le cœur de la Lune est pauvre en fer, car la partie centrale de l'astéroïde impacteur, riche en fer, s'est incorporée à la Terre.

La puissance des ordinateurs modernes a permis de vérifier la plausibilité d'une telle hypothèse. La théorie du Grand Impacteur est actuellement la meilleure sur le marché pour expliquer l'origine de la Lune. Elle a le vent en poupe car, comparée aux théories rivales, c'est elle qui rend le mieux compte des indices recueillis. Dans cette optique, la Terre est la seule des quatre planètes intérieures à posséder une grosse Lune, car

1. Des morceaux de la Lune ou de Mars éjectés dans ce genre de collisions violentes sont même parvenus jusqu'à la Terre. C'est d'ailleurs dans l'un de ces astéroïdes venus de Mars et tombés dans l'Antarctique que des scientifiques ont récemment déclaré avoir trouvé des traces de vie à l'état de micro-organismes. Cette conclusion est aujourd'hui contestée.

c'est la seule à avoir subi une telle collision avec un grand astéroïde. Un astéroïde qui aurait d'ailleurs pu pulvériser notre chère Terre en mille morceaux s'il avait été un peu plus massif. De nouveau, le fortuit et la contingence sont intervenus en force pour déterminer le Réel à son niveau le plus profond. Si le hasard avait fait que l'astéroïde meurtrier fût plus gros, la Terre n'existerait plus et nous ne serions pas là pour en parler. Un événement aléatoire qui s'est produit il y a 4,6 milliards d'années est donc non seulement responsable de l'« obscure clarté » qui illumine nos campagnes par les nuits de pleine Lune, mais aussi de notre existence. Car la Lune joue un rôle autrement important que celui de lanterne nocturne ou de muse des poètes. Elle a été indispensable à l'émergence même de la vie sur Terre, en jouant le rôle de stabilisatrice du climat terrestre. Voyons les dessous de l'affaire…

Les glaces envahissent la Terre

Nous transpirons dans la chaleur estivale et grelottons sous la morsure glacée du vent d'hiver parce que, nous l'avons vu, la Terre est inclinée et qu'elle se rapproche et s'éloigne successivement du Soleil au cours de son périple annuel suivant son orbite elliptique autour de ce dernier. La variation de la distance Terre-Soleil n'est pas énorme : moins de 1 % par rapport à la distance moyenne. Mais elle suffit pour donner aux Chiliens, vivant au-dessous de l'équateur, des étés plus chauds et des hivers plus froids que ceux que connaissent les Américains vivant au-dessus de l'équateur. La situation se complique encore du fait que ni l'inclinaison de la Terre ni la forme de son orbite ne sont constantes. L'influence gravitationnelle de la Lune, du Soleil et des autres planètes sur la Terre perturbe son inclinaison et son orbite, qui changent au cours du temps. Si bien que la chaleur solaire qui brunit votre peau pendant l'été ou réchauffe votre visage pendant l'hiver varie aussi en quantité au fil des années. Rassurez-vous : ces changements ne s'opèrent pas à l'aune d'une vie humaine, mais à l'échelle de dizaines, voire de centaines de milliers d'années.

Examinons d'abord le comportement de l'axe de rotation de la Terre. Celui-ci s'est conduit de manière assez sage. Sur un million d'années, l'inclinaison de la Terre n'a pas varié de plus de 1,3 degré par rapport à son inclinaison moyenne, de 23,5 degrés. C'est cette faible variation qui nous a donné la stabilité climatique nécessaire à l'éclosion et au développement de la vie sur Terre. Cela ne veut pas dire qu'une inclinaison de 1,3 degré de plus vers le Soleil soit sans conséquence sur la vie terrestre. Si ce changement intervenait du jour au lendemain, un Suédois vivant à une latitude de 65 degrés au-dessus de l'équateur recevrait soudain 20 % de chaleur solaire de plus pendant l'été. Mais, beaucoup plus important que le bronzage accentué des Nordiques, cette quantité de chaleur supplémentaire a joué et continue de jouer un rôle déterminant dans l'équilibre du climat terrestre, car c'est elle qui fait fondre les glaces accumulées pendant l'hiver et les empêche d'envahir les continents.

La Terre a pourtant connu dans son passé plusieurs périodes d'envahissement glaciaire. Les sédiments qui s'accumulent au fond des lacs et des mers s'accordent pour nous le dire. Les argiles et sables arrachés aux continents par l'érosion, les squelettes calcaires des algues microscopiques, les échantillons de glace, mémoires des climats anciens, nous racontent que la dernière glaciation a eu lieu il y a quelque 20 000 ans. Tout le Canada, le nord des États-Unis, le Groenland et le nord de l'Europe étaient sous environ 4 kilomètres de glace. Selon l'astronome yougoslave Miloutine Milankovitch, les grandes périodes glaciaires comme celle du quaternaire se déclenchent par suite d'un concours de circonstances très particulier : quand la Terre est le plus rapprochée du Soleil dans son orbite et qu'on est en hiver dans l'hémisphère Nord. L'hiver est alors peu rigoureux (plus proche, le Soleil chauffe davantage la Terre) et très court (la gravité plus forte du Soleil plus proche tire la Terre plus vite dans son orbite, raccourcissant la saison). Par contre, l'été sera frais et long. À cause de la fraîcheur de l'été, la neige tombée durant l'hiver ne pourra fondre entièrement. La neige non fondue s'accumule au cours des années et se transforme en glace. Agissant comme un miroir, elle renvoie la chaleur solaire dans l'espace, accentuant encore le refroidissement. Si, de surcroît, la Terre est moins inclinée à ce moment-là (ayant un angle de 22 degrés, par exemple), l'été, déjà frais, le sera encore davantage et la Terre entrera dans une période de glaciation.

La théorie de Milankovitch ne fut pas acceptée d'emblée. Mais, depuis deux décennies, les preuves de sa confirmation s'accumulent. L'analyse des sédiments marins nous permet de retrouver assez précisément les climats du passé et de remonter le temps jusqu'à environ 3 millions d'années en arrière. D'autres études géologiques moins précises nous ramènent jusqu'à environ –200 millions d'années. Ces témoins géologiques nous racontent que les températures moyennes des océans pendant les étés qui précédaient les périodes de glaciation étaient en effet plus fraîches, ainsi que le pensait Milankovitch.

Et si on enlevait la Lune ?

Si, même avec un axe de rotation qui se conduit aussi sagement, la Terre se laisse déjà envahir par les glaces, qu'en serait-il si son axe de rotation se montrait plus fantasque ? Notre voisine Mars nous donne un exemple de ce comportement erratique. Elle est maintenant inclinée de 25,2 degrés, mais son axe de rotation aurait varié de quelque 10 degrés par le passé. Le climat martien a sans doute traversé des phases extrêmes. C'est probablement la chaleur d'étés torrides, quand Mars était un peu trop penchée vers le Soleil, qui a fait évaporer les fleuves qui coulaient à sa surface, ne laissant que des lits desséchés pour rappeler son ancienne splendeur.

Pourquoi l'axe de rotation de la « planète rouge » est-il si inconstant ? Se peut-il que la cause en soit l'absence d'une grosse Lune ? Les deux satellites martiens, Phobos et Deimos, n'ont, nous l'avons vu, que la taille d'astéroïdes. Mais une question se pose alors : comment la Terre se comporterait-elle si, comme Mars, elle n'avait pas de grosse Lune ? Pour répondre à cette question, nous ne pouvons évidemment pas refaire le système solaire à notre guise, et loin de nous l'idée d'enlever aux poètes leur muse ! Mais l'ordinateur vient à notre secours : grâce à lui, nous pouvons jouer aux dieux créateurs et recommencer l'histoire du système solaire en supprimant la Lune. L'astronome français Jacques Laskar[1], du Bureau des longitudes, à Paris, et ses collègues ont tenté l'expérience. Ils ont trouvé qu'en l'absence de la Lune l'axe de rotation de la Terre se comporterait de façon tout à fait fantasque, montrant des variations allant d'une position perpendiculaire au plan du Zodiaque jusqu'à se trouver presque couché dans ce plan (une inclinaison de 85 degrés). Ces variations se produiraient pendant le temps géologiquement très court de quelques millions d'années. Les physiciens disent que l'axe de rotation de la Terre se conduirait alors de façon chaotique. Ce comportement chaotique (nous explorerons le chaos dans toute sa gloire au prochain chapitre) entraînerait des changements climatiques catastrophiques pour la vie sur Terre. Dans les périodes au cours desquelles la Terre se tient droite, la quantité de chaleur solaire reçue en chaque point du globe serait constante au cours de l'année. Au contraire, dans les périodes où elle serait couchée dans le plan du Zodiaque, comme Uranus, les Terriens subiraient des variations climatiques extrêmes : pendant six mois, la moitié de la Terre serait plongée dans l'obscurité et le froid glacial d'un interminable hiver, alors que cette même moitié serait ensuite baignée dans la lumière éblouissante du Soleil et une chaleur torride durant un été étalé sur une demi-année. Avec de telles extrémités climatiques qui nous tomberaient dessus sans crier gare – car nous ne pourrions prévoir le comportement chaotique de l'axe de rotation terrestre –, la vie aurait bien du mal à se développer sur Terre. Ainsi, en freinant le comportement inconstant de la Terre, la Lune a permis à l'homme de faire son apparition. À nouveau, nous devons apprécier ici le rôle fondamental de la contingence dans le façonnage de la réalité. Une collision accidentelle d'un astéroïde avec la Terre, en la faisant accoucher de la Lune, a permis l'émergence de la vie.

1. Jacques Laskar, « La Lune et l'origine de l'homme », art. cit.

La Lune soulève les océans

Des enfants jouent au ballon sur la plage. D'autres érigent des châteaux de sable sous l'œil attentif d'un surveillant haut perché sur sa grande chaise de bois. La nuit commence à tomber. Les baigneurs rangent leurs affaires et se pressent pour rentrer. La plage se vide lentement. La mer monte et les châteaux de sable s'écroulent sous la poussée des vagues. L'aire de jeux des enfants est envahie par les eaux. De temps en temps, des vagues plus hardies viennent lécher les pieds de la chaise du gardien de plage, maintenant vide. La Lune a fait son apparition et semble flotter au-dessus de l'horizon. Sa douce lumière irradie les flots. C'est un sentiment étrange que de penser que c'est cette pleine Lune, si fragile dans le voile de la nuit, qui a fait monter toute cette masse d'eau, inonder le bord de mer et renverser les châteaux de sable des enfants.

En effet, c'est bien la Lune qui est à l'origine des marées. Le flux et le reflux des océans sont une conséquence de la force gravitationnelle qu'exerce la Lune en deux endroits diamétralement opposés sur Terre. Ainsi, la marée est haute à l'endroit de la Terre le plus rapproché de la Lune, car l'attraction gravitationnelle de celle-ci y est la plus forte. Là, les océans sont soulevés par la Lune. Mais, paradoxalement, la marée est également haute à l'endroit diamétralement opposé, de l'autre côté du globe, dans la zone terrestre alors la plus éloignée de la Lune. L'attraction gravitationnelle de la Lune y est la plus faible et celle-ci tire moins à elle l'eau des océans, comparativement avec les autres régions du globe, si bien que ces eaux enflent et qu'une marée haute en résulte. Ainsi, en un lieu quelconque sur Terre, deux marées hautes successives ne sont séparées que par environ 12 heures. La première survient à l'instant où la Lune est la plus proche ; la deuxième, quand une semi-rotation de la Terre a transporté ce lieu au point diamétralement opposé, devenu le plus éloigné de la Lune[1].

Si la Lune soulève les océans sur Terre, le Soleil n'est pas en reste. Newton nous apprend que les forces de marée exercées par un astre varient en proportion de sa masse et en proportion inverse du cube de sa distance. Le Soleil est beaucoup plus massif que la Lune : il représente 27 millions de fois la masse lunaire. Mais il est aussi beaucoup plus éloigné : la distance Terre-Soleil est de 389 fois la distance Terre-Lune. Si bien qu'en fin de compte le pouvoir solaire de soulever les océans n'est que d'environ la moitié du pouvoir lunaire. En fonction des positions respectives du couple Soleil-Lune par rapport à la Terre, le Soleil peut

1. L'intervalle de temps, en fait, n'est pas exactement de 12 heures mais de 12,5 heures, car la Lune n'est pas immobile, mais bouge légèrement dans son orbite durant ce laps de temps.

renforcer ou bien contrecarrer l'action de la Lune. Or, c'est précisément ces positions respectives qui déterminent les phases de la Lune, si bien que l'amplitude des marées va de pair avec l'apparence lunaire. Ainsi, à la nouvelle Lune et à la pleine Lune, Soleil et Lune sont alignés avec la Terre ; leurs pouvoirs de soulever les océans sur Terre s'ajoutent et la marée revêt une grande amplitude. Les vagues montent très loin envahir l'aire de jeux des enfants et renverser les châteaux de sable sur les plages désertées. Par contre, aux premier et dernier quartiers de Lune, Soleil et Lune sont à angle droit par rapport à la Terre, le Soleil neutralise de moitié le pouvoir lunaire de soulever les océans et la marée n'a qu'une amplitude restreinte. Les vagues faiblardes laissent intacte la plus grande partie de l'aire de jeux et les châteaux de sable narguent l'eau qui ne parvient pas à les renverser.

La Lune a un côté secret

La Lune nous fait des cachotteries. Elle nous dissimule la moitié de sa surface. Elle présente toujours la même face aux Terriens. Pourtant, elle n'est pas immobile : elle tourne sur elle-même tout en accomplissant son périple mensuel autour de la Terre. Comment arrive-t-elle à cacher la moitié de sa surface tout en tournant ? Elle réussit ce tour de passe-passe magique en synchronisant son mouvement de rotation avec son mouvement orbital autour de la Terre. Parce qu'elle met exactement le même temps (29,5 jours) à accomplir les deux, elle nous présente toujours le même visage. Pour vous en convaincre, tentez l'expérience suivante : installez un ami sur une chaise au milieu d'une chambre et marchez autour de la chaise tout en faisant bien attention à toujours regarder votre ami dans les yeux et à ne jamais lui tourner le dos. Vous vous apercevrez que vous ne pourrez le faire que si vous tournez votre corps en même temps de manière à effectuer exactement un tour sur vous-même après avoir accompli un tour autour de la chaise.

Cette synchronisation parfaite des deux mouvements de la Lune n'est pas le fait du hasard. En effet, si la Lune soulève les océans terrestres qui viennent envahir l'aire de jeux des enfants sur la plage, la Terre exerce à son tour des forces de marée sur la Lune. Notre planète rend en quelque sorte la monnaie de sa pièce à la Lune, mais en plus grande proportion, la Terre étant environ 80 fois plus massive que son satellite. Faute de pouvoir soulever des mers sur la Lune desséchée, la Terre soulève la surface rocheuse lunaire, ce qui fait que la Lune n'est pas tout à fait ronde. Son diamètre à l'équateur est de 2 à 3 kilomètres supérieur à son diamètre moyen (3 476 km). Cette déformation en forme de sphère légèrement aplatie exerce des tensions terribles sur l'écorce rocheuse lunaire. Si bien que des tremblements de Lune doivent se déclencher pour la débarrasser de tout ce stress accumulé. Les instruments sismologiques laissés sur la Lune par les astronautes américains des missions Apollo enregistrent un maximum de tremblements de Lune à chaque nouvelle ou pleine Lune. Ces phases lunaires surviennent quand Terre, Lune et Soleil sont alignés et que les forces de marée exercées sur la Lune par la Terre s'ajoutent à celles du Soleil. En même temps qu'elles soulèvent et déforment sa surface, les forces de marée exercées par la Terre sur la Lune freinent la rotation de cette dernière, l'obligeant à synchroniser sa rotation avec sa révolution autour de la Terre. Si bien que la Lune ne présente plus que la moitié de sa surface aux Terriens[1].

Ceux-ci, ne pouvant plus résister à leur curiosité dévorante, ont finalement mis en orbite, dans les années 1960, des sondes artificielles appelées *Lunar Orbiter* pour percer le secret de la face cachée de la Lune. Une grande surprise les attendait : le paysage qu'ils découvrirent n'était pas tout à fait le même que celui de la face tournée vers la Terre ; alors qu'on attendait des cratères séparés par de grandes mers de lave solidifiée, comme sur la face tournée vers la Terre, la face cachée ne montrait qu'un fouillis de cratères, témoins muets de la période du grand bombardement par les astéroïdes lors de la formation du système solaire. Le mystère de l'absence de mers de lave solidifiée n'est pas tout à fait élucidé. Les astronomes pensent que l'écorce lunaire est peut-être plus épaisse du côté de la face cachée, si épaisse que les bolides rocheux qui se sont écrasés sur elle n'ont pu la transpercer, empêchant la lave, à l'intérieur de la jeune Lune, de remonter à la surface.

Le nautile et la Lune

Les forces de marée exercées sur la Lune par la Terre n'ont pas seulement déformé la surface lunaire, elles ont aussi freiné le mouvement de révolution de la Lune autour de la Terre. Ce freinage de la Lune au cours du temps, un organisme marin appelé joliment « nautile » en est la preuve vivante. Ce mollusque est célèbre pour l'élégant dessin de sa coquille en parfaite spirale. Celle-ci est divisée en une série de compartiments par des cloisons transversales. Le mollusque n'occupe pas toute la coquille, seulement le compartiment le plus extérieur. La coquille croît de façon très particulière : tel un maçon qui ajoute une nouvelle rangée de briques chaque jour, le nautile ajoute quotidiennement une nouvelle

1. En fait, la fraction visible de la Lune est de 59 % car la Lune n'a pas un mouvement uniforme dans son orbite mais accélère et décélère, ce qui fait que la synchronisation entre la rotation de la Lune et sa révolution n'est pas parfaite. De plus, l'axe de rotation de la Lune n'est pas exactement perpendiculaire à notre ligne de visée, ce qui fait que nous voyons un peu plus aux alentours des pôles.

couche à sa coquille tout en la signalant par une nouvelle strie. Puis, à la fin de chaque mois, quand la Lune a fait un tour complet autour de la Terre et que le nautile a sécrété trente stries, celui-ci quitte son compartiment pour emménager dans un nouveau qu'il sépare du précédent par une cloison. Ainsi, la coquille du nautile porte en elle une sorte de calendrier des âges d'antan qui nous permet de retracer l'évolution des mouvements de révolution de la Lune autour de la Terre au fil des temps. En étudiant les ancêtres des nautiles actuels sous forme fossile, un fait étonnant apparaît : le nombre de stries entre deux cloisons successives diminue à mesure que l'âge des fossiles augmente. Au lieu des trente stries que l'on trouve maintenant chez les nautiles qui peuplent les profondeurs des eaux du Pacifique Sud, on en compte seulement dix-sept dans les fossiles datant de 2,8 milliards d'années. Ces nautiles de jadis nous racontent que la Lune, par le passé, accomplissait beaucoup plus vite son périple autour de la Terre. Au lieu des 29,5 jours actuels, elle ne mettait que 29,1 jours il y a 45 millions d'années, et 17 jours il y a 2,8 milliards d'années !

Le freinage du mouvement orbital de la Lune autour de la Terre se traduit par un élargissement de son orbite qui s'éloigne progressivement de la Terre. Les faisceaux laser émis de la Terre et réfléchis par les miroirs laissés par les astronautes sur la surface lunaire nous le confirment. En effet, ces faisceaux nous permettent de mesurer la distance Terre-Lune avec une très grande précision : il suffit de multiplier la durée de leur trajet aller-retour par la vitesse de la lumière et de diviser par deux. Les faisceaux laser nous disent que la Lune s'éloigne en spirale de la Terre d'environ 3,5 centimètres par an. Cela veut dire, si nous inversons le cours du temps, que la Lune devait être beaucoup plus proche de la Terre quand elle s'est formée.

En s'éloignant de notre planète, la Lune nous apparaîtra de plus en plus petite, sa taille angulaire variant en proportion inverse avec sa distance à la Terre. À l'époque actuelle, les tailles angulaires de la Lune et du Soleil sont, par une curieuse coïncidence, approximativement égales (à environ 0,5 degré), ce qui permet le spectacle magique des éclipses solaires totales quand la Lune se glisse entre la Terre et le Soleil, bloquant ainsi entièrement la lumière solaire. Dans le futur, nos arrière-arrière…-petits-enfants ne pourront plus vibrer au spectacle d'une nuit totale qui descend en plein jour, car en continuant à s'éloigner de la Terre, la Lune deviendra trop petite pour bloquer tout le disque du Soleil. Nos descendants n'auront plus droit qu'à des éclipses solaires partielles.

Les jours s'allongent

Si la Terre freine la Lune dans son mouvement orbital, celle-ci lui retourne la monnaie de sa pièce en ralentissant à son tour la rotation de la Terre. Les jours n'ont cessé de s'allonger depuis la naissance de notre belle planète. La Lune accomplit son action de freinage par l'intermédiaire des marées qu'elle provoque. Le va-et-vient de ces dernières fait que la masse d'eau des océans soulevée par la Lune se frotte à l'écorce terrestre. Qui dit frottement dit chaleur dégagée et perte d'énergie. Pour vous en rendre compte, vous n'avez qu'à toucher le frein brûlant de votre bicyclette après vous être arrêté en catastrophe pour éviter une voiture. La Terre perd son énergie de rotation, elle tourne moins vite, et le temps mis par la Terre pour tourner une fois sur elle-même s'allonge. Mais que les hyperactifs qui se plaignent de n'avoir pas assez d'heures dans la journée pour accomplir toutes leurs tâches ne se réjouissent pas trop vite ! Le jour s'allonge, certes, mais à une allure de tortue. Une personne qui vivra 100 ans ne verra qu'une différence de 0,002 seconde entre la durée du jour de sa naissance et celle du jour de sa mort. Mais, sur des temps géologiques, qui ne se mesurent pas en centaines mais en milliards d'années, l'effet cumulé du freinage de la Terre est appréciable. Ainsi, il y a 350 millions d'années, la journée ne durait que 22 heures. Encore quelques milliards d'années en arrière, et la Terre tournait quatre fois plus vite que maintenant. Le Soleil se hâtait dans sa course journalière dans le ciel, du lever au coucher, en quelque 3 heures ! Quant à nos descendants, ils verront leurs journées s'allonger de plus en plus. Leurs mois feront de même, car la Lune continuera de s'éloigner de plus en plus de la Terre. Son orbite s'élargira de plus en plus, et elle mettra de plus en plus de temps pour accomplir son périple autour de la Terre. Le jour, s'allongeant relativement plus vite que le mois, rattrapera ce dernier dans environ 10 milliards d'années, 5,5 milliards d'années après que le Soleil a épuisé son carburant d'hydrogène. Jour et mois auront alors une durée de 47 de nos jours actuels ! La Lune s'arrêtera de s'éloigner de la Terre. Celle-ci mettra alors exactement le même temps pour tourner sur elle-même que la Lune pour tourner autour de la Terre. Cette situation sera similaire à la situation actuelle de la Lune qui met exactement le même temps à tourner sur elle-même et à faire un tour complet autour de la Terre. Tout comme la Lune ne montre aujourd'hui que la moitié de sa surface aux Terriens, la Terre présentera alors toujours la même moitié de sa surface aux cratères lunaires…

L'astéroïde meurtrier et les dinosaures

Le ciel qui se zèbre chaque année de vols d'oiseaux migrateurs suivant une route invisible et mystérieuse et cependant immuable, la douce clarté de la Lune qui inonde les campagnes endormies, les vagues qui viennent renverser les éphémères châteaux de sable érigés avec tant d'amour par les enfants, la constance de l'axe de rotation de la Terre qui a permis l'émergence de la vie, tous ces faits ont leur origine, nous l'avons vu, dans des événements qui ont eu lieu il y a 4,6 milliards d'années, au cours de collisions d'une violence fantastique entre notre jeune Terre et de gros bolides massifs appelés astéroïdes, qui pullulaient dans le système solaire à ses débuts. Ces collisions relèvent, nous l'avons noté, de la contingence et du hasard. Un petit changement d'orbite, et elles ne se seraient pas produites. Alors, adieu Lune, marées, saisons ! Mais l'intrusion de l'Histoire ne s'arrête pas là. La science moderne nous dit que notre émergence même sur Terre relève d'un événement contingent.

Il y a quelque 165 millions d'années, les dinosaures régnaient en maîtres sur la Terre. Les mammifères, nos ancêtres directs, survivaient tant bien que mal sous la forme de petits animaux nocturnes qui se dissimulaient dans les recoins et interstices pour échapper à la voracité des tyrannosaures et autres monstres carnivores. Mais voici qu'un événement survint qui changea tout, il y a environ 65 millions d'années, entre l'âge du crétacé et l'ère tertiaire. Un bolide céleste, d'un diamètre compris entre 6 et 14 kilomètres, et d'une masse de quelque 10 000 milliards de tonnes, apparut dans le ciel. Plus grand qu'une montagne et fendant l'air cent fois plus vite qu'une balle de fusil, à 25 kilomètres/seconde, le bolide plongea dans l'océan, quelque part du côté du golfe du Mexique, pour se fracasser une seconde plus tard contre l'écorce terrestre. Ce choc violent eut la force explosive d'un milliard de mégatonnes de TNT, soit 5 milliards de fois la puissance de la bombe qui dévasta Hiroshima, et environ un million de fois la puissance réunie de tous les arsenaux nucléaires de la planète. La planète trembla sous cet immense coup de massue cosmique. Un raz de marée (appelé *tsunami)* haut de centaines de mètres déferla sur la mer des Caraïbes, ravageant Cuba, la Floride et la côte du Mexique. L'impact projeta dans l'air plus de cent mille milliards de tonnes de pierre vaporisée, et laissa dans l'écorce terrestre une blessure géante de 180 kilomètres de diamètre et de plus de 20 kilomètres de profondeur. La pierre vaporisée se refroidit en haut de l'atmosphère et se condensa en des centaines de millions de petits cailloux qui retombèrent sur la Terre. Une pluie de gravillons s'abattit sur l'écorce terrestre pendant l'heure qui suivit. Le frottement contre l'atmosphère les réchauffa tant que l'air devint rouge de chaleur. L'azote dans l'atmosphère commença à se combiner avec l'oxygène pour former de l'acide nitrique. Une pluie acide tomba. Des incendies commencèrent à ravager les forêts et les feux se propagèrent vite à l'échelle planétaire. La plupart de la pierre éjectée retomba près du cratère, mais environ 1 % (des dizaines de milliers de milliards de tonnes) resta suspendu dans l'air des mois durant sous la forme d'une poussière très fine. Les vents répartirent cette fine poussière tout autour du globe, si bien qu'un immense nuage noir et opaque finit par recouvrir la Terre entière, la privant de la lumière et de la chaleur du Soleil. La Terre entra alors dans une nuit hivernale glaciale qui dura des années et les températures des continents plongèrent sous zéro[1]. La photosynthèse qui nourrit les plantes fut interrompue. Les conséquences de ce profond obscurcissement du ciel et de ce déluge de pluies acides sur la faune et la flore furent catastrophiques : 30 à 80 % des espèces végétales disparurent. La disparition des plantes et des arbres entraîna l'hécatombe des deux tiers des espèces vivantes, dinosaures inclus, faute de nourriture.

Le malheur des uns fait le bonheur des autres. La sortie de scène des dinosaures fut littéralement un cadeau du ciel pour nos ancêtres les mammifères. Ceux-ci, se nourrissant de grains enfouis sous terre et de noix, survécurent tant bien que mal à la Grande Hécatombe. Maintenant que leurs principaux prédateurs n'étaient plus dans les parages pour faire d'eux leur dîner favori, les mammifères se mirent à proliférer et à se ramifier en de nombreuses familles. En quelques dizaines de millions d'années – une courte durée à l'échelle des temps géologiques – entrèrent en scène chats, chiens, chevaux et autres baleines. Mais, surtout, la famille des singes apparut, qui allait mener à l'*Homo sapiens*. Ainsi, sans un astéroïde dont la trajectoire croisa accidentellement celle de la Terre il y a quelque 65 millions d'années, les dinosaures seraient peut-être encore les maîtres du monde, et les mammifères seraient encore de petites créatures nocturnes se dissimulant dans ses recoins. Nous ne serions jamais entrés en scène… Où l'on voit de nouveau combien la contingence et l'aléatoire ont profondément façonné le Réel.

Un métal extra-terrestre

Ce scénario de l'astéroïde meurtrier est pour l'instant le meilleur sur le marché pour expliquer la disparition brutale des dinosaures. Certes, d'autres causes ont été évoquées. Par exemple, une période de volcanisme intense au cours de laquelle les volcans auraient rejeté tant de suie et de cendres dans l'atmosphère que la lumière solaire aurait été masquée et

1. Cet hiver est souvent qualifié de « nucléaire », car la même séquence d'événements se produirait si une bombe atomique extrêmement puissante était lâchée sur la Terre.

n'aurait plus pu atteindre la Terre. La conséquence en aurait alors été la même que dans le cas de l'astéroïde meurtrier : un froid glacial se serait abattu sur notre planète, provoquant la Grande Hécatombe. Ou encore, on a parlé de l'explosion d'une supernova, signal de la mort cataclysmique d'une étoile massive à proximité du système solaire, qui aurait envoyé des rayonnements et particules nocifs pour la santé des sauriens… Mais aucune de ces hypothèses rivales n'a emporté l'adhésion du jury, faute de preuves !

Par contre, des découvertes importantes sont venues étayer le scénario de l'astéroïde meurtrier. Pour découvrir le coupable du meurtre des dinosaures, le physicien américain Luis Alvarez (1911-1988), son fils géologue Walter et leurs collègues de l'université de Berkeley ont pu remonter le temps jusqu'à l'époque de la fin des dinosaures, soit 65 millions d'années en arrière, en étudiant les strates géologiques de la Terre. En effet, l'histoire de la Terre s'inscrit chronologiquement au gré des dépôts successifs des minéraux qui s'accumulent à sa surface. Les couches supérieures nous racontent son histoire la plus récente, alors que les plus profondes nous évoquent son passé le plus lointain. L'équipe de Luis Alvarez s'est aperçue que la strate d'argile correspondant à la fin de la période des dinosaures, à la frontière entre l'âge du crétacé et l'ère tertiaire, contenait des couches minces (de quelques centimètres) de poussières et de grains minéraux très particuliers qui ne se forment que lors d'une grande explosion. D'autre part, ces dépôts contenaient un métal rare, appelé iridium, qui ne se trouve pas dans la croûte terrestre, mais qui est présent dans les astéroïdes et les comètes. Ce métal rare, on l'a retrouvé non seulement près du lieu d'impact, mais sur la planète entière. Ces dépôts avaient donc une origine extra-terrestre, et l'événement qui les avait créés avait eu des conséquences globales. D'où l'idée d'un astéroïde meurtrier venu percuter la Terre et provoquant une grande explosion.

Autre découverte importante qui a dissipé un mystère resté longtemps inexpliqué : où se trouve le point d'impact ? Un astéroïde d'une telle taille, qui a frappé la Terre avec une telle force, aurait dû laisser un cratère d'au moins 180 km de diamètre. On pense l'avoir localisé : il se situe au Yucatan, presqu'île du Mexique, entre le golfe du Mexique et la mer des Antilles. On y voit un énorme cratère à demi enfoui du nom de Chicxulub.

Le ciel va-t-il nous tomber sur la tête ?

La fin des dinosaures nous rappelle que des bolides venus du ciel peuvent encore nous réserver de bien mauvaises surprises. La calamité qui a frappé les dinosaures peut-elle nous arriver ? « Par Toutatis, le ciel va nous tomber sur la tête ! » ne cesse de répéter Abraracourcix, le chef de village, dans *Astérix*. Ces craintes sont-elles fondées, à la lumière des nouvelles connaissances scientifiques ? Examinons l'affaire de près.

Les deux grandes menaces qui peuvent surgir du ciel ont pour noms astéroïdes et comètes. Les astéroïdes sont de gros morceaux de pierre qui orbitent généralement autour du Soleil, entre Mars et Jupiter, dans ce que les astronomes appellent la « Ceinture d'Astéroïdes », à des distances de 2 à 3,5 fois la distance Terre-Soleil. À l'exception de trois astéroïdes dont le diamètre dépasse 300 km (la distance Paris-Dijon), et de quelque deux cents autres dont la taille est supérieure à 100 km (la distance Paris-Orléans), la majorité des centaines de milliers d'autres astéroïdes sont d'un diamètre inférieur à 1 kilomètre. Si l'on assemblait tous les astéroïdes présents dans la ceinture en un seul corps, celui-ci aurait un diamètre d'à peine 1 500 km, soit 2,3 fois moins que celui de la Lune, et beaucoup plus petit que celui d'une planète. Il est donc peu probable que la Ceinture d'Astéroïdes soit formée de débris d'une planète éclatée. On pense plutôt qu'elle est composée de débris restés de l'époque où le système solaire s'est construit. Généralement, les astéroïdes suivent bien sagement leurs orbites dans la Ceinture et ne viennent pas nous inquiéter. Mais, de temps à autre, des phénomènes chaotiques (abordés plus en détail au prochain chapitre) les sortent de leurs orbites habituelles, les éjectant de la Ceinture et les propulsant vers la Terre. Certains de ces bolides auront des orbites qui croiseront celle de la Terre, créant un risque de collision.

Une autre source de menace céleste vient des comètes, ces énormes masses de pierre de quelques kilomètres de long, recouvertes de neige sale. Celles-ci dorment en général bien tranquillement dans deux réserves. La première se situe bien au-delà du système solaire, à une distance d'environ 50 000 fois la distance Terre-Soleil, et contient le nombre impressionnant de 1 000 milliards de comètes. Cette réserve de comètes est appelée nuage de Oort (1900-1992), d'après le nom de l'astronome hollandais qui a postulé son existence. Beaucoup plus près de nous existe un deuxième réservoir de comètes appelé ceinture de Kuiper (1905-1973), du nom d'un autre astronome hollandais qui l'a découvert en 1951. Située près de la lisière de notre système solaire, à seulement 30 à 45 fois la distance Terre-Soleil, cette réserve contient au moins 100 millions de comètes.

La plupart du temps, les comètes restent bien sagement dans leurs réserves. Mais, de temps à autre, leur tranquillité est troublée par le passage d'un nuage de gaz et de poussière, parmi les nombreux qui jonchent le terreau galactique, ou bien d'une étoile proche, lesquels donnent à quelques comètes une sorte de pichenette gravitationnelle qui les expédie vers le système solaire. À mesure que ces comètes s'approchent du Soleil, la chaleur solaire fait évaporer la neige sale condensée sur les masses pierreuses, pour créer ces magnifiques queues cométaires, longues de millions de kilomètres qui donnent un spectacle de toute beauté aux Terriens[1]. La comète Hale-Bopp qui nous a éblouis de sa splendeur en 1997 en est un merveilleux exemple. Près de 200 comètes ont été identifiées, qui croisent à intervalles réguliers la route de notre vaisseau Terre. Une collision n'est donc pas exclue.

Les pierres célestes

Par le passé, la Terre a déjà été maintes fois frappée par ces monstres de pierre venus de l'espace. En fait, environ 300 tonnes de pierres et de poussières tombent chaque jour sur le sol terrestre. Cette pluie céleste fait que des villes fantômes abandonnées ont tôt fait de disparaître, ensevelies sous terre, en attendant l'arrivée d'archéologues qui viendront les excaver et leur faire raconter leurs anciennes splendeurs. Heureusement pour notre santé, la plupart des objets qui tombent du ciel ne dépassent pas la taille d'un grain de sable lorsqu'ils atteignent le sol. En fait, l'atmosphère terrestre constitue une sorte d'armure qui nous protège de tous les bolides de pierre d'une masse inférieure à environ 100 000 tonnes, et d'un diamètre inférieur à quelques dizaines de mètres. Le frottement contre l'air, le freinage lors du passage dans l'atmosphère sont si brutaux que ces gros bolides se désintègrent généralement en une multitude de petits corps. Chauffés à vif, ces derniers commencent par brûler et se consumer. Ces astéroïdes brûlants, appelés encore météorites, tracent des lignes de feu dans la nuit étoilée, offrant le spectacle merveilleux des « étoiles filantes ». Si la météorite est un débris de comète fait de neige sale, elle se désintègre relativement vite après son entrée dans l'atmosphère terrestre, bien au-dessus de 50 kilomètres d'altitude. Par contre, les météorites faites de rochers résistent plus longtemps aux feux qui les dévorent, et percutent le sol où les Terriens les retrouveront sous la forme de morceaux de pierre calcinée. Vers la mi-août, par les belles nuits d'été, vous pouvez assister à un festival d'étoiles filantes. C'est parce qu'à cette période de l'année la Terre croise l'orbite d'une comète dont le noyau rocheux se désagrège lentement. Et c'est la mort brûlante de cet essaim de débris de comète qui donne ce merveilleux spectacle de lumière.

Longtemps, le monde scientifique a trouvé saugrenue cette idée de pierres tombant du ciel. Ainsi, la très vénérable Académie des sciences de

1. Cette appréciation esthétique est relativement récente. Avant de comprendre que les comètes ne sont que de grosses boules de neige poussiéreuses dotées d'un noyau pierreux, l'humanité pensait que les comètes apportaient le mauvais sort. Elle tremblait d'effroi quand celles-ci s'approchaient de trop près de la Terre, et pensait que leurs longues queues, qui frôlaient la surface terrestre, contenaient des gaz empoisonnés.

Paris en a rejeté l'existence jusqu'à aussi tard que la fin du XVIIIe siècle. Ce n'est qu'au début du XIXe siècle que le physicien français Jean-Baptiste Biot (1774-1862) réussit à démontrer l'origine extra-terrestre de ces pierres brûlées. En 1803, les rumeurs couraient qu'une pluie de pierres s'était abattue sur le village de L'Aigle, dans le département de l'Orne. Biot fut envoyé par l'Académie pour mener l'enquête. Examinant des centaines de fragments de pierres éparpillés sur des dizaines de kilomètres carrés, interrogeant les paysans et recoupant leurs témoignages, bref, étudiant le phénomène avec toute la rigueur scientifique requise, Biot réussit à vaincre le scepticisme de ses collègues et à les persuader de la réalité des « pierres qui tombent du ciel ».

Ces météorites surgies des cieux n'ont jamais fait de mal à personne. On ne connaît pas de cas où une personne ait été blessée ou tuée par une pierre céleste. On cite bien des cas rarissimes et isolés – toit d'une voiture garée dans la rue défoncé, couverture d'un garage détruite ou boîte aux lettres transpercée –, mais il n'y a vraiment pas de quoi fouetter un chat ! Ce sont là des « rencontres du premier type »... Les pierres célestes de taille inférieure à 10 mètres se consument en majorité dans l'atmosphère terrestre et atteignent rarement le sol. Même quand elles le font, les rencontres sont discrètes et les dégâts peu importants.

Les cicatrices de la Terre

Environ 2 % des astéroïdes ont une taille comprise entre 10 et 100 mètres. Ils sont responsables des « rencontres du deuxième type ». Heureusement pour la vie sur Terre, ils se manifestent beaucoup moins souvent, au rythme d'une visite tous les quelques siècles. Ces astéroïdes du deuxième type sont faits de pierre ou de fer. Un astéroïde de pierre qui entre dans l'atmosphère à toute vitesse (environ 20 km par seconde) est soumis à une telle pression qu'il se brise et s'aplatit comme une crêpe, et explose généralement avant d'atteindre le sol. L'explosion est d'une telle violence que l'onde de choc atmosphérique souffle tout dans un rayon de plusieurs kilomètres. Par contre, un astéroïde de fer est plus résistant et ne se désintègre pas en menus morceaux lors de la traversée de l'atmosphère terrestre. Il arrive presque intact jusqu'au sol, causant considérablement plus de dégâts. La Terre porte encore des blessures infligées par ces visiteurs de l'espace. Plus de 150 cratères d'impact ont été recensés, en grande majorité formés dans les 200 derniers millions d'années. Cela ne veut pas dire que des pierres ne tombaient pas du ciel auparavant. La Terre était tout autant bombardée ; seulement, l'érosion due à la pluie, aux fleuves et aux océans, les mouvements tectoniques qui réarrangent les plaques continentales et les transformations apportées par les êtres vivants ont eu le temps d'effacer des blessures et cicatrices vieilles de plus de 200 millions d'années. La plupart des cratères d'impact se trouvent en Amérique du Nord, en Europe de l'Est et en Australie. Les astéroïdes n'ont pas une prédilection particulière pour ces trois régions ; mais leur superficie est grande, elles sont géologiquement stables, et les recherches y ont été menées le plus activement. Des milliers de cratères restent probablement à découvrir sous la profondeur des océans.

De tous les astéroïdes qui ont frappé la Terre, celui qui a fait couler le plus d'encre est sans nul doute celui de Toungouska, dans la taïga sibérienne, à cause du mystère qui l'enveloppait. C'est là qu'une masse rocheuse de 100 000 tonnes et d'un diamètre de quelque 50 mètres plongea, le matin du 30 juin 1908, dans l'atmosphère au-dessus de la rivière Toungouska, avant de se désintégrer totalement à environ 10 km d'altitude. Cette désintégration entraîna une énorme explosion qui fut entendue à des milliers de kilomètres à la ronde, entraîna l'extinction de troupeaux de cerfs entiers, et détruisit toute la forêt environnante dans un rayon de 30 kilomètres. Les habitants des villages voisins furent réveillés en sursaut par une explosion de fin du monde. Courant à leurs fenêtres, ils virent une immense boule de feu. L'énergie dégagée était équivalente à celle produite par 15 mégatonnes de TNT, soit 75 fois la puissance de la bombe d'Hiroshima. Dans les jours qui suivirent, d'après certaines sources, le ciel rougeoyait d'un éclat tel qu'il était possible à une personne aussi éloignée qu'un habitant de l'Europe de l'Ouest de lire son journal la nuit sans avoir à allumer une lampe. L'effet était aussi spectaculaire que celui d'une éruption volcanique. Parce que l'astéroïde avait explosé avant d'atteindre la surface, il n'y avait pas de cratère d'impact ni de fragments d'astéroïde sur le sol. Seul signe d'un événement passé d'une violence extrême : une immense forêt dévastée, avec des troncs d'arbres renversés et brûlés à perte de vue.

Cette scène de désolation, combinée à l'absence entière de cratère d'impact et de restes d'astéroïde, suscita les hypothèses les plus farfelues. Les adeptes des ovnis ont voulu y voir le lieu d'atterrissage d'une soucoupe volante dont les jets de feu des moteurs auraient brûlé la forêt… Mais, aujourd'hui, l'hypothèse de l'astéroïde volatilisé est la plus communément acceptée. On pense qu'il ne s'agit pas d'un débris de comète, puisque celui-ci se serait volatilisé haut dans l'atmosphère (à plus de 20 km d'altitude) bien avant d'atteindre le sol. Les chercheurs ont interrogé les arbres autour de Toungouska, témoins muets du grand événement se remettant lentement de la catastrophe qui leur est arrivée. Leurs écorces paraissent contenir de nombreuses particules minuscules avec une haute teneur en cuivre, or et nickel, caractéristique d'un astéroïde. Le coupable serait donc un astéroïde fait soit de fer, soit de pierre. Un astéroïde de fer semble être exclu : le fer est résistant et dense et ne se consume pas facilement. L'astéroïde de fer serait arrivé au sol presque intact et aurait causé des dégâts autrement graves que des forêts calcinées et des troupeaux de cerfs exterminés. Les indices convergent dans la direction d'un astéroïde de pierre qui aurait pénétré l'atmosphère sous un angle de 45 degrés et qui aurait explosé à environ 10 kilomètres au-dessus du sol. L'explosion aurait soulevé quantité de poussières (des millions de tonnes) à une altitude si élevée qu'elles pouvaient refléter la lumière d'un soleil déjà couché au-dessus de l'horizon. Ce qui expliquerait l'intense rougeoiement (les grains de poussière ont la propriété d'absorber le bleu de la lumière solaire et de laisser passer le rouge) qui eût permis à des Occidentaux de lire dans la nuit. L'astéroïde de Toungouska a donc causé plus de peur que de mal. One explosion spectaculaire dans un endroit isolé et qui n'a laissé pour trace que des forêts calcinées.

Un astéroïde du deuxième type qui a par contre laissé une blessure beaucoup plus visible dans l'écorce terrestre est celui responsable du Meteor Crater, en Arizona, aux États-Unis. Cet astéroïde fait de fer, donc beaucoup plus résistant que l'astéroïde de pierre de Toungouska, a traversé presque indemne l'atmosphère terrestre. D'une taille d'environ 50 mètres, il est venu s'écraser contre la Terre il y a environ 50 000 années, y creusant une énorme cavité de 1,5 km de diamètre, avec une énergie de 15 mégatonnes semblable à celle de l'astéroïde de Toungouska. La Terre a tremblé et des débris ont été propulsés du lieu d'impact sur plusieurs dizaines de kilomètres.

Pouvons-nous dormir tranquilles avec un ciel chargé de telles menaces ? Les statistiques disent que oui. En moyenne, une collision avec un astéroïde de pierre du type Toungouska ne se produit quelque part sur la Terre, nous l'avons vu, que tous les quelques siècles. Même si cela arrivait, il est très probable que l'astéroïde tomberait dans les océans qui recouvrent les deux tiers de la surface de notre planète bleue, ou frapperait une zone continentale non habitée. Un astéroïde de taille supérieure à 100 mètres qui tomberait dans la mer provoquerait un énorme raz de marée. Le choc engendrerait des vagues de centaines de mètres de haut qui s'abattraient avec une violence inimaginable sur la terre ferme, ravageant les villes côtières. Les dégâts seraient considérables, mais resteraient localisés. Ils ne s'étendraient pas à la planète entière. Même si, par malchance, l'astéroïde frappait une région habitée, les effets resteraient localisés à un rayon de quelques dizaines de kilomètres. Il n'y aurait pas de conséquences climatiques ou environnementales à l'échelle planétaire. Bien sûr, c'est là une maigre consolation si on habite la région touchée, mais 99,999 % de la population mondiale ne seraient pas affectés par l'événement. En tout cas, depuis que les livres d'histoire existent, il n'a jamais été fait mention d'une telle catastrophe. Votre assureur aurait à gagner s'il vous vendait une assurance contre le risque de recevoir sur la tête un astéroïde du type Toungouska : le risque annuel pour un individu de mourir d'un tel accident est inférieur à 1 sur 10 millions.

Quant aux bolides de fer du type Meteor Crater qui peuvent provoquer des dégâts autrement graves, ils sont beaucoup plus rares. Les météorites ferreux ne constituent que 5 % de toute la matière météoritique qui tombe sur Terre[1]. Étant plus rares, les bolides ferreux ne frappent les continents que toutes les quelques dizaines de milliers d'années, et la probabilité annuelle que vous en receviez un sur la tête est inférieure à 1 sur 1 milliard.

Subirons-nous le sort des dinosaures ?

Nous avons vu que l'équilibre global de la vie sur Terre n'est pas menacé quand il s'agit de collisions avec des astéroïdes du deuxième type, dont la taille est inférieure à 100 mètres, comme les astéroïdes du type Toungouska ou Meteor Crater. Mais qu'est-ce que l'avenir nous réserve quand il s'agit de « rencontres du troisième type », c'est-à-dire avec des bolides de la taille de montagnes, comprise entre plus de 1 kilomètre et moins de 10 kilomètres ? À l'inverse des astéroïdes plus petits, dont l'effet est localisé, ceux-ci peuvent causer des dégâts à l'échelle globale, qui affecteront la planète entière. La puissance dégagée par l'impact d'une pierre céleste de 1 kilomètre de diamètre est comparable à celle de l'explosion d'une bombe de 1 million de mégatonnes, soit 10 000 fois plus importante que celle dégagée par les plus puissantes des bombes thermonucléaires. Il faudrait faire exploser simultanément toutes les bombes emmagasinées dans tous les arsenaux du globe pour produire des dégâts comparables. Au début des années 1980, l'« hiver nucléaire » faisait la une des journaux. Les effets sur le globe et la civilisation humaine d'une guerre nucléaire généralisée étaient décrits avec force détails par la presse. Le scénario présenté n'était guère éloigné de ce qui se produirait à la suite d'une rencontre du troisième type avec un astéroïde meurtrier de 1 kilomètre de diamètre. En moyenne, un tel astéroïde viendrait heurter la planète toutes les 250 000 années. Son impact projetterait dans les plus hautes couches de l'atmosphère d'énormes quantités de poussières. Les cendres résultant des innombrables incendies de forêt provoqués par le choc viendraient s'y mêler. Poussières et cendres constitueraient une sorte d'écran opaque qui masquerait la chaleur et la lumière solaires pendant de longs mois. Un refroidissement global de quelques degrés centigrades

1. Pourtant, quand vous visitez un muséum d'histoire naturelle, il y a de grandes chances pour que vous voyiez exposé non pas une météorite pierreuse, mais un spécimen ferreux. La raison en est simple : malgré leur plus grand nombre, il est plus difficile de trouver des météorites pierreuses que des ferreuses. Les premières se confondent avec les pierres communes de l'écorce terrestre, tandis que les secondes peuvent être facilement repérées grâce à un détecteur de métaux.

par mois se produirait, et ce pendant plusieurs années. Une longue nuit glaciale descendrait sur la Terre. La photosynthèse qui nourrit les arbres et les plantes serait interrompue. La chaîne alimentaire serait perturbée. La production mondiale de blé et de riz baisserait. Disettes et épidémies se multiplieraient. Un milliard de personnes ou plus périraient de famine ou de maladie. Peu de nations pourraient faire face à une telle calamité. Les structures sanitaires, politiques et économiques mises en place par les sociétés humaines s'écrouleraient et notre civilisation vacillerait. La probabilité qu'un tel événement survienne pendant une année de votre vie est de l'ordre de 1 sur 1 million. Puisque la durée d'une vie humaine est d'environ 100 ans, cette probabilité est donc de 1 sur 10 000 pour votre vie entière. Votre agent d'assurances vous dira que c'est 100 fois moins que la probabilité de mourir dans un accident d'automobile, 200 fois moins que la probabilité d'être tué par une arme à feu aux États-Unis, mais plus que les probabilités réunies d'être victime d'un tremblement de terre, d'un ouragan ou d'une éruption volcanique.

Venons-en maintenant aux rencontres les plus dévastatrices, celles du « quatrième type ». Elles sont causées par des bolides célestes d'une taille de 10 kilomètres ou plus. Nous savons que ces monstres gigantesques viennent visiter la Terre de temps à autre. C'est un astéroïde de 15 kilomètres qui a tué les dinosaures, il y a quelque 65 millions d'années. Fort heureusement pour notre santé, ces mastodontes de l'espace sont beaucoup moins nombreux et viennent frapper la Terre beaucoup moins souvent que les autres. En moyenne, un astéroïde ou une comète de 10 kilomètres viendrait heurter la planète seulement tous les 10 millions d'années, et ceux de 15 kilomètres seulement tous les 100 millions d'années. Mais les rares visites de ces astéroïdes meurtriers du quatrième type auraient des conséquences catastrophiques pour l'évolution de la vie sur Terre. La civilisation ne vacillerait plus, elle s'éteindrait purement et simplement.

Un bolide de 10 km lancé à une vitesse de 20 km/seconde ne sentirait même pas l'atmosphère. Après une ou deux secondes de traversée, il exploserait au sol avec une puissance de 1 milliard de mégatonnes, soit 1 000 fois la puissance de tout l'arsenal nucléaire rassemblé actuellement sur le globe. Un cratère de 100 km de diamètre (environ la distance Paris-Orléans) se creuserait dans l'écorce terrestre. Le matériau incandescent serait éjecté si haut qu'il serait mis en orbite autour de la Terre. Des pluies de feu se déverseraient sur la planète, provoquant incendies et destructions. Des continents entiers s'enflammeraient. Cendres et suie, se mêlant avec les poussières projetées dans l'atmosphère, masqueraient la lumière solaire pendant plusieurs années. La température chuterait d'au moins 10 à 20 degrés. L'été, il gèlerait ; une longue nuit hivernale s'installerait. Des pluies empoisonnées (les incendies dégagent d'énormes quantités de carbone qui réagissent avec l'atmosphère pour former des produits toxiques) et acides s'abattraient sur la planète. À cette période initiale de froid et d'obscurité succéderait une période de chaleur torride due à l'effet de serre provoqué par le dioxyde de carbone dans l'atmosphère.

Comme l'impact du troisième type, un impact du quatrième type aurait des conséquences non plus localisées, mais à l'échelle planétaire. Nous avons vu comment un astéroïde de 15 km de taille a provoqué une longue nuit hivernale sur la Terre et tué les deux tiers des espèces vivantes à la limite du crétacé et de l'ère tertiaire. Les derniers dinosaures, mais aussi de nombreux organismes marins comme les ammonites et les bélemnites ont « soudainement » disparu. Cet événement n'est pas unique. Grâce à l'étude des fossiles dans des terrains géologiques d'âges différents, les paléontologues nous disent qu'il y a eu bien d'autres modifications brutales du paysage des vivants dans le passé de la Terre. Des hécatombes se seraient produites environ tous les 40 millions d'années. Dans les 250 millions d'années qui se sont écoulées depuis la fin du permien, il y aurait eu six hécatombes de grande envergure. À maintes reprises, l'aventure de la vie a recommencé sur Terre pour s'interrompre de nouveau. Se peut-il que ces interruptions aient été toutes causées par des bolides meurtriers du quatrième type ?

Protéger la Terre

Vision trop pessimiste de l'évolution de la vie à long terme sur la planète Terre ? Peut-être. En tout cas, nous connaissons l'existence d'au moins une centaine d'astéroïdes ayant un diamètre supérieur à 1 kilomètre et dont l'orbite croise celle de la Terre. Et il y a probablement encore deux milliers de ces astéroïdes dont nous ignorons totalement l'existence. Les risques de collision sont donc bien réels. En janvier 1989, une masse rocheuse d'environ 5 km de taille, nommée (naturellement) Toutatis, est passée à 15 millions de kilomètres au large de la Terre – presque rien à l'échelle des distances astronomiques. Toutatis viendra nous effleurer à nouveau en septembre de l'an 2000. Une autre visite est prévue : la comète de Swift-Tuttle, dont le noyau solide mesure au moins 5 km, a une orbite qui l'amène si près de la Terre qu'il y a une chance non nulle qu'elle nous heurte de plein fouet lors de sa prochaine visite, en août 2126.

Pourrions-nous agir si un astronome nous annonçait demain qu'il a découvert un astéroïde ou une comète fonçant droit sur la Terre ? Au contraire des autres cataclysmes naturels tels que tremblements de terre, ouragans ou éruptions volcaniques, devant lesquels nous sommes impuissants, l'humanité dispose maintenant de la technologie nécessaire pour éviter que le ciel ne lui tombe sur la tête. Nous pouvons, si cela nous chante, détourner de sa trajectoire un bolide de la taille d'une montagne. Un astéroïde à risques peut être détecté plusieurs décennies à l'avance.

Dans ce cas, nous aurions amplement le temps de nous préparer à envoyer une bombe nucléaire dans la soute d'une fusée. L'idée serait de la faire exploser à proximité du corps céleste menaçant, pour le dévier de sa trajectoire fatidique. Un changement de vitesse de quelques centimètres par seconde, soit d'un millionième de la vitesse du bolide rocailleux, suffirait. Il faudrait bien prendre garde à ne pas faire éclater l'astéroïde lui-même en milliers de fragments : nous nous retrouverions alors en présence d'une multitude de bolides menaçants fonçant tous vers la Terre, au lieu d'un seul !

Le cas de comètes fonçant sur nous est plus complexe. Parce qu'elle vient de très loin, de bien au-delà du système solaire (nous avons vu qu'une réserve de comètes appelée nuage de Oort existe à quelque 50 000 fois la distance Terre-Soleil), et parce qu'on ne peut bien la voir que quand elle est proche du Soleil, une comète dangereuse ne peut être détectée qu'une toute petite année avant qu'elle ne vienne se fracasser contre la Terre. Une défection de la comète ne pourrait alors s'accomplir que beaucoup plus près de nous, ce qui nécessiterait un changement de vitesse beaucoup plus conséquent et donc une bombe nucléaire bien plus puissante. Pour corser la situation, une comète, au contraire d'un astéroïde, n'est pas soumise aux seules forces de gravité exercées par le Soleil et par les neuf planètes. L'évaporation de la neige sale à partir de son noyau, sous l'influence de la chaleur solaire, lui donne de petites chiquenaudes qui font que son orbite est très difficile à calculer avec précision. Si bien que, au moment où nous devrions prendre la décision de procéder à l'interception et à la déviation d'orbite, nous ne saurions pas encore avec certitude si la comète représente un réel danger ou non. Ainsi la comète de Swift-Tuttle : nous ne savons pas à coup sûr si elle va nous percuter en 2126, quand elle s'approchera de nouveau de la Terre.

Heureusement pour nous, les comètes à risques sont beaucoup moins nombreuses que les astéroïdes dangereux : elles ne représentent que 10 % au plus du total. Mais repérer les bolides meurtriers, évaluer le risque qu'ils représentent pour la vie sur Terre et monter une expédition pour les dévier de leurs trajectoires, s'il le faut, tout cela demande beaucoup d'argent. Comme toujours, ce sont les responsables politiques qui tiennent les cordons de la bourse. Ces derniers traînent un peu les pieds, peu convaincus du risque réel. On les comprend : quand les problèmes de criminalité, de drogue et de pauvreté vous talonnent à longueur de journée, la question de savoir si le ciel va vous tomber sur la tête semble bien théorique. Pourtant, les choses ont changé depuis juillet 1994, quand le monde entier a pu voir en direct sur les écrans de télévision la rencontre du troisième type d'une masse céleste s'écrasant non pas sur la Terre, mais sur Jupiter, la planète géante du système solaire.

Les blessures de Jupiter

La Terre n'est pas la seule planète dans le système solaire à être la cible de bolides assassins. Jupiter, avec sa grande masse et son énorme gravité, attire aussi vers elle bien des indésirables. La comète Shoemaker-Levy 9 a pénétré dans la dense atmosphère de Jupiter en juillet 1994. Elle n'a pas plongé dans l'atmosphère jovienne en un seul morceau. Lors de son précédent passage, en juillet 1992, la comète s'était déjà dangereusement rapprochée de la planète géante (à 100 000 km), sans pour autant la heurter. Mais les énormes forces gravitationnelles de Jupiter déchirèrent son noyau rocailleux en une vingtaine de morceaux (les plus gros ayant une taille d'environ 1 km) qui se suivirent à la queue leu leu dans la même orbite. Ces fragments de comète brisée se disposaient en ligne droite comme les éléments d'un collier étalé sur 1 million de kilomètres, soit environ 3 fois la distance Terre-Lune. Ils ont percuté l'atmosphère d'hydrogène et d'hélium l'un à la suite de l'autre à une vitesse de 60 km/s. Cette rencontre de Shoemaker-Levy 9 avec Jupiter a été la première véritable catastrophe planétaire à être suivie en direct sur les écrans de télévision du monde entier, ceux-ci relayant presque instantanément les images captées par les télescopes au sol et dans l'espace (comme Hubble), tous braqués vers cette extraordinaire rencontre du troisième type.

Les habitants de la Terre ont pu voir se dessiner en quelques jours les dégâts causés par une vingtaine d'impacts dans le collier de nuages sombres enveloppant la planète géante. Éclairs, champignons explosifs, panaches convectifs et bulles gazeuses témoignaient de la violence de chaque impact. À l'emplacement de chaque impact a surgi, l'espace de quelques minutes, une brillante boule de feu chauffant le gaz environnant à des milliers de degrés. L'énergie dégagée était semblable à celle de 5 milliards de bombes atomiques comme celle qui a dévasté Hiroshima (1 milliard de mégatonnes). Chaque impact était comparable en violence à celui qui a causé la disparition sur Terre des dinosaures, il y a 65 millions d'années. La planète trembla et son intérieur vibra pendant des jours après la collision. Des blessures géantes, de la taille de la Terre, se dessinèrent dans les couches gazeuses supérieures de Jupiter. De couleurs sombres, on eût dit des yeux « au beurre noir » dans la face jovienne pareille au visage tuméfié d'un boxeur qui a reçu trop de coups de son adversaire. Des multitudes de gerbes de comète brisée furent projetées dans l'espace avant de retomber dans l'atmosphère jovienne. Ces blessures mettront longtemps à guérir : il faudra des mois, voire des années, pour qu'elles cicatrisent et pour que l'atmosphère de la planète revienne à son état initial. Les fragments de comète retombés seront transportés autour de Jupiter par des vents violents et mettront plusieurs années avant de se disperser.

Une veille cosmique

Cette collision planétaire a éveillé la conscience des responsables politiques à la menace de bolides meurtriers. Quelques semaines après la collision entre la comète Shoemaker-Levy 9 et Jupiter, en août 1994, le Congrès américain a demandé à la NASA de lui proposer un moyen d'identifier les « géo-croiseurs », c'est-à-dire les objets dont les orbites croisent celle de la Terre. Objectif : élaborer un programme de « veille cosmique » (*Spaceguard* en anglais) sous la forme d'un réseau mondial de télescopes scrutant et surveillant le ciel, et capable de repérer tous les objets célestes risquant de poser problème pour la bonne santé de la Terre. Ce réseau serait capable de déceler tous les objets de plus de 1 kilomètre de diamètre susceptibles de croiser l'orbite de notre planète dans les 10 années à venir.

Pour l'heure, le programme *Spaceguard* est encore à l'état de projet. Les scientifiques pensent que le Congrès américain a péché par optimisme : il faudra non pas 10, mais 25 ans pour dresser un recensement assez complet des bolides à risques de plus de 1 kilomètre de taille, avec un réseau de six télescopes de 2 à 3 mètres de diamètre répartis de manière uniforme sur Terre, et équipés des détecteurs modernes les plus sensibles à la lumière. Ce réseau scruterait en permanence toute la voûte céleste, à la recherche d'objets célestes proches bougeant rapidement par rapport aux étoiles fixes, plus distantes.

Les problèmes ne seraient pas seulement d'ordre technique ou scientifique, mais aussi politique et militaire. Politique pour le financement, mais aussi parce qu'une collaboration internationale est ici requise : il ne serait pas envisageable qu'un seul pays réagisse à un problème qui touche toutes les nations de la planète ; le sort de la civilisation humaine est l'affaire de tous. Militaire, parce qu'il faut prendre bien garde qu'une entreprise de protection de la Terre ne serve de prétexte au développement et à l'étude de techniques de guerre.

Les comètes apportent la vie

Nous avons vu comment des cailloux célestes venus percuter la Terre ont puissamment changé la texture du Réel en transformant brutalement le paysage du vivant. La Nature, pour façonner la réalité, utilise tous les moyens à sa disposition. Sur la trame des lois physiques, elle brode pour fabriquer la complexité. Non seulement elle a utilisé la contingence, par l'intermédiaire de bolides rocheux, pour nous donner la ronde des saisons, la douce clarté de la Lune, et favoriser l'épanouissement de nos ancêtres, les premiers mammifères, mais elle s'est peut-être même servie de ces pierres tombées du ciel pour apporter la vie sur Terre.

Pour voir comment, revenons à nouveau 4,6 milliards d'années en arrière, à l'époque de la formation du système solaire. Ou, plus précisément, au temps où les planétésimals ont terminé leur jeu de l'agglomération pour donner au jeune Soleil son cortège planétaire. La Terre des débuts était dépourvue d'eau. Pourtant, les océans recouvrent maintenant les deux tiers de la surface de la planète bleue. Comment expliquer ce mystère ? C'est ici que les comètes interviennent. Faites de neige sale, elles regorgent d'eau. D'autre part, pendant le premier milliard d'années du système solaire, le bombardement des planètes nouvellement formées par les comètes et les astéroïdes était beaucoup plus intense qu'aujourd'hui. En témoignent les faces vérolées de Mercure[1] et de la Lune. Pendant cette période de grand chambardement, les comètes auraient pu apporter à notre planète plusieurs fois la quantité d'eau contenue aujourd'hui dans les océans, avec en prime les silicates de leurs noyaux rocailleux pour bâtir l'écorce terrestre et une atmosphère secondaire[2].

Les comètes et astéroïdes ont pu jouer un rôle encore plus important. Ces bolides venus de l'espace sont peut-être à l'origine même de la vie sur Terre. Certains pensent qu'ils ont ensemencé les océans de substances organiques comme les acides aminés qui, en s'assemblant en longues chaînes, vont donner naissance aux protéines, puis aux molécules d'ADN, les « briques » de la vie. Ces matériaux organiques ont pu tomber du ciel à un rythme atteignant les 10 000 tonnes par an, et s'accumuler sur une couche de plus de 1 kilomètre d'épaisseur. Cette hypothèse d'une matière organique venue du ciel est motivée par la découverte de nombreuses substances organiques dans les bolides pierreux qui nous rendent visite. La météorite qui est tombée en septembre 1969 près de Murchison, en Australie, en contient plus de 400, dont plusieurs composés organiques introuvables sur Terre. D'autre part, l'étude des noyaux de comète a révélé qu'ils sont faits pour moitié de neige sale et pour moitié de silicates et de matière organique. On pense que ces substances organiques qui nous

---

1. Sans atmosphère pour la protéger, Mercure a été exposée au bombardement violent des astéroïdes pendant la formation du système solaire. La surface de Mercure, qui ressemble à celle de la Lune, est recouverte de milliers de cratères et de bassins qui peuvent atteindre jusqu'à 1 300 km de diamètre. La plupart de ces cratères et bassins portent le nom d'artistes et d'écrivains comme Bach, Shakespeare, Goethe ou Mozart (au contraire de la géographie lunaire qui commémore les scientifiques comme Copernic, Tycho, Kepler ou Descartes).

2. En effet, on l'a vu, la Terre a perdu son atmosphère primitive. Celle-ci était composée en grande partie d'hydrogène (à 75 %) et d'hélium (à 23 %), tout comme la nébuleuse solaire. Mais, réchauffés par les feux ardents du jeune Soleil, les atomes d'hydrogène et d'hélium s'agitent, et, trop légers pour être retenus par la gravité de la Terre, s'échappent et se perdent dans l'espace.

tombent du ciel ont été formées à partir de la profusion des molécules interstellaires (près de 90) que les radioastronomes ont découvertes à partir de la fin des années 1960. Ceux-ci en furent tout ébahis : personne ne pensait que le froid plus que glacial (–260 °C) et le vide presque parfait du milieu interstellaire fussent propices à la fabrication de molécules telles que celles de l'hydrogène (H_2), du monoxyde de carbone (CO), ou encore de l'eau (H_2O), du méthane (CH_4) ou de l'ammoniac (NH_3). La Nature s'est pourtant montrée extrêmement créative dans un milieu aussi inhospitalier. Bien sûr, on n'a pas encore trouvé d'acides aminés dans le milieu interstellaire, mais on a détecté leurs précurseurs, tels que des molécules de cyanate d'hydrogène ou d'ammoniac. Ces dernières, en réagissant avec l'eau des comètes et des astéroïdes, peuvent donner naissance à des acides aminés.

Ainsi, les bolides venus du ciel ont non seulement permis l'épanouissement explosif de nos ancêtres, les premiers mammifères, en provoquant l'hécatombe de leurs prédateurs sauriens, mais ils sont aussi responsables de notre biosphère par leur apport en eau et en gaz nécessaires à nos océans et à notre atmosphère. Ils constituent le lien entre l'immensité cosmique et notre vaisseau Terre. Nous sommes faits d'atomes fabriqués par l'alchimie nucléaire des étoiles massives qui les ont expulsés dans le milieu interstellaire au cours de leur agonie explosive. En véritables messagers de l'espace, les comètes et astéroïdes ont recueilli cette poussière d'étoiles pour ensemencer de vie notre belle planète.

Le déterminé et le fortuit

Nous avons vu comment des événements célestes totalement fortuits et imprévisibles peuvent profondément influencer notre vie de tous les jours. Au contraire des lois physiques, ces événements ne sont pas dictés par la nécessité, mais par le hasard et l'aléatoire. À tous les niveaux, le Réel est construit par l'action conjuguée du déterminé et de l'indéterminé, du hasard et de la nécessité. Dans le contexte du système solaire, la théorie physique (la loi de la gravitation universelle de Newton et les lois qui gouvernent le comportement des gaz) pouvait prévoir la formation du Soleil ainsi que celle des planètes par le jeu de l'agglomération des planétésimals. Elle pouvait nous dire à l'avance que la majorité des planètes seraient dans le même plan que celui de l'équateur du Soleil (appelé plan du Zodiaque). La théorie pouvait nous dire que les planètes tourneraient sur elles-mêmes et autour du Soleil dans le même sens que le Soleil, d'ouest en est. Ce sens était dicté par le sens de la rotation originelle de la nébuleuse solaire. Mais la théorie physique aurait été bien incapable de dire à l'avance le nombre exact des planètes (pourquoi neuf au lieu de cinq, par exemple ?). La valeur précise de l'inclinaison de la

Terre (23,5 degrés) n'est fixée *a priori* par aucune loi physique. Le fait qu'un bolide pierreux a arraché la Lune fille à la Terre mère et donné le clair de Lune qui inspire les poètes est un événement aléatoire, non antérieurement déterminé. L'aléatoire existe de son plein droit à tous les niveaux de la réalité.

Le fortuit et le nécessaire sont tous deux des outils indispensables dans la panoplie de la Nature. Ils constituent des couleurs complémentaires dans sa palette. Les lois et constantes physiques fixées dès les premiers instants de l'Univers aiguillent celui-ci vers une complexité toujours croissante. Depuis 15 milliards d'années, à partir d'un vide rempli d'énergie, la Nature a engendré successivement particules élémentaires, atomes, molécules, chaînes d'ADN, bactéries et tous les êtres vivants, dont l'homme. Sur cet immense canevas déterminé par les lois physiques, la Nature a su utiliser le fortuit pour inventer et créer la complexité. L'aléatoire lui donne la liberté nécessaire pour innover, pour élargir le champ des possibilités défini par le cadre souvent trop restreint des lois physiques, et satisfaire son besoin de variété et de complexité. Tout est mis à contribution : hasard et nécessité, événements aléatoires et lois déterministes. C'est pourquoi le Réel ne pourra jamais être décrit complètement par les seules lois de la physique. La contingence et l'histoire limiteront à tout jamais une explication complète de la réalité. Pour expliquer l'apparition de l'homme, nous pouvons invoquer l'astéroïde qui a paru dans le ciel il y a 65 millions d'années avant de frapper la Terre et d'y tuer les dinosaures, mais nous ne pourrons jamais expliquer pourquoi cet astéroïde est venu percuter notre planète juste à ce moment-là. Pour expliquer la beauté fleurie du printemps, nous pouvons invoquer le choc d'un astéroïde avec la Terre, mais nous ne pourrons jamais expliquer les conditions du choc qui ont fait que la Terre s'est penchée seulement de 23,5 degrés, au lieu d'être complètement couchée sur le côté, comme Uranus, ce qui nous aurait donné de longues nuits et d'aussi longues journées se succédant toutes les demi-années…

L'intrusion de l'histoire n'est pas seule responsable de la libération de la Nature. Les lois de la physique ont aussi perdu de leur déterminisme. Avec le développement de la théorie du chaos, le hasard fit une entrée fracassante dans le monde macroscopique.

III

DU CHAOS DANS LA MACHINERIE COSMIQUE, DE L'INCERTITUDE DANS LE DÉTERMINISME

La fin des certitudes

Le XXe siècle a vu s'écrouler l'un après l'autre les murs de certitudes qui entouraient la forteresse de la physique newtonienne. Einstein, avec sa théorie de la relativité, fit table rase en 1905 de la certitude newtonienne d'un espace et d'un temps absolus. Dans les années 1920 à 1930, la mécanique quantique détruisit la certitude de tout pouvoir mesurer aussi précisément que possible. La vitesse et la position d'une particule élémentaire de matière ne pouvaient plus être mesurées en même temps avec une précision illimitée. Un dernier mur de certitude s'est effondré à la fin du siècle : la science émergente du chaos est venue éliminer la certitude newtonienne et laplacienne d'un déterminisme absolu de la Nature. Avant l'avènement du chaos, « ordre » était le maître mot. Le mot « désordre » était au contraire tabou, ignoré, banni du langage de la science. La Nature devait se comporter de manière régulière. Tout ce qui était susceptible de montrer des velléités d'irrégularité ou de désordre était considéré comme une monstruosité. La science du chaos a changé tout cela. Elle a mis de l'irrégularité dans la régularité, du désordre dans l'ordre. Elle a enflammé l'imagination non seulement des scientifiques, mais aussi du public, car elle se préoccupe d'objets à l'échelle humaine et parle de la vie quotidienne.

La relativité avait pour domaine le monde de l'infiniment grand, celui des « trous noirs », des galaxies, de l'univers tout entier. La mécanique quantique opérait à l'autre extrême, dans le monde de l'infiniment petit, celui des électrons, des atomes et des molécules. Le chaos, lui, a un air de familiarité qui nous rassure. Qui ne s'est pas plaint du « chaos » une fois dans sa vie ? Il décrit aussi l'expérience quotidienne : les volutes irrégulières d'une cigarette, un drapeau qui claque au vent, les bouchons interminables sur une autoroute, ou même les gouttes d'eau qui tombent d'un robinet mal fermé. Avec la science du chaos, les objets de la vie de tous les jours deviennent des objets d'étude légitimes.

La science du chaos séduit aussi parce que c'est une science du global qui abat les cloisons entre les diverses disciplines. Elle rassemble des chercheurs d'horizons différents et va contre la tendance à la spécialisation outrée qui caractérise certains domaines de la recherche contemporaine. Elle est attrayante parce qu'elle fait s'écrouler le bastion du déterminisme et rend à la libre volonté sa première place. C'est, au surplus, une science « holistique » qui considère le tout et fait battre en retraite le réductionnisme. Le monde ne peut plus être expliqué seulement par ses éléments constitutifs (quarks, chromosomes ou neurones), mais doit être appréhendé dans sa globalité.

Pourtant, malgré tous ces aspects séduisants, la science du chaos n'a vraiment pris son essor que vers les années 1970 grâce à l'aide d'un allié inattendu, l'ordinateur. Celui-ci devint aussi indispensable à l'étude des systèmes chaotiques que le microscope le fut à l'étude des microbes, l'accélérateur de particules élémentaires de matière à l'exploration du monde subatomique, le télescope au sondage des espaces profonds.

Mais, même si elle mit longtemps à émerger comme sujet de recherche à part entière, la science du chaos a eu des précurseurs de génie. Un de ces pionniers fut le mathématicien français Henri Poincaré (1854-1912) qui s'était déjà insurgé contre la dictature du déterminisme newtonien dès la fin du XIXe siècle.

Le déterminisme et la balle de tennis

Vous jouez au tennis. Vous vous préparez à renvoyer la balle qui fonce vers vous. Un coup de raquette, et la balle repart de l'autre côté du filet. Un physicien pourrait vous dire où la balle va atterrir à l'intérieur du court s'il possédait deux types d'informations : d'abord les conditions initiales, c'est-à-dire l'instant et l'endroit précis où la raquette a frappé la balle, et la vitesse à laquelle celle-ci a été retournée ; ensuite les lois physiques, en l'occurrence la loi de la gravitation universelle de Newton. Cette dernière est bien connue et a été vérifiée maintes fois dans nos laboratoires, à l'échelle de la vie quotidienne (la pomme mûre tombe vers le sol) comme à celle du système solaire tout entier (par l'observation du mouvement des planètes). Nous pouvons en principe déterminer les conditions initiales de la balle de tennis de façon assez précise, par exemple en filmant le match avec une caméra vidéo. On peut mesurer précisément sur le film l'endroit dans l'espace où la raquette a frappé la balle. Pour déterminer le moment précis de la frappe, il suffit d'utiliser un chronomètre. Enfin, pour obtenir la vitesse, on peut regarder deux images successives sur le film, mesurer la distance parcourue sur le terrain par la balle et diviser cette distance par le temps écoulé entre les deux images. Ces mesures des conditions initiales de la balle de tennis peuvent être plus ou moins précises. Par exemple, en mesurant la position de la balle, on peut commettre une erreur de quelques centimètres. Pour ce qui est de la détermination de l'instant où la raquette a frappé la balle, il peut y avoir une incertitude de quelques fractions de seconde. Ces imprécisions dans les conditions initiales veulent-elles dire que le futur de la balle de tennis ne peut être connu, qu'il n'est pas prévisible ? Pas le moins du monde : car son mouvement ne dépend pas de manière ultrasensible des conditions initiales. Une imprécision de quelques centimètres et de quelques fractions de seconde n'entraînera qu'une incertitude du même ordre sur la prédiction de l'instant et de l'endroit du court où la balle rebondira. C'est ce qui rend le jeu de tennis possible. Si la trajectoire de la balle était imprévisible, si un petit changement de la frappe produisait des trajectoires complètement folles, la balle risquerait de retomber n'importe où et aucun échange ne pourrait avoir lieu.

Petite cause et grand effet

Mais il y a beaucoup de situations, dans la Nature et dans la vie courante, qui dépendent de manière extrêmement sensible des conditions initiales. Un petit changement dans l'état initial du système produit alors un énorme changement ultérieur. Les mathématiciens diront que ce changement croît de façon exponentielle avec le temps. Si une quantité croît de manière à doubler au bout d'un certain temps et qu'elle double encore après le même temps, et ainsi de suite, on dit que cette quantité croît exponentiellement. Cette croissance est énorme. Prenons un exemple. Supposons que l'inflation devienne « galopante » et atteigne le taux de 100 %, c'est-à-dire que l'argent perde la moitié de sa valeur et que les prix doublent chaque année. Ainsi, un magazine qui coûterait 5 € cette année coûterait 10 € l'année prochaine, 20 € l'année suivante, etc. Il coûterait 5 120 € au bout de dix ans et 5 242 880 € quand vingt années se seraient écoulées. Vous comprenez maintenant pourquoi des remous sociaux se développent dans les pays à grande inflation ; c'est ce qui s'est passé en Allemagne dans les années 1920 où il fallait des valises entières de billets de banque pour acheter une simple baguette ! Nous expérimentons aussi cette croissance exponentielle quand nous déposons notre argent dans un compte d'épargne. À un taux constant de 5 %, notre capital doublera en un peu plus de 14 ans, quadruplera en un peu plus de 28 ans, deviendra 8 fois plus important en un peu plus de 42 ans, etc. Naturellement, c'est sans compter sur le fisc et l'inflation qui se feront une joie de réduire cette somme autant qu'il sera possible.

De même, il existe des systèmes physiques qui dépendent de manière extrêmement sensible des conditions initiales. Une petite perturbation, et le résultat est totalement différent. Au contraire de la trajectoire de la balle de tennis, si je modifie un tant soit peu la position ou la vitesse du début, la trajectoire de l'objet perturbé, au départ très proche de celle de l'objet non perturbé, se mettra à diverger exponentiellement jusqu'à ce qu'elles n'aient plus rien à voir l'une avec l'autre. C'est ce que l'on appelle « chaos ».

Si vous consultez le *Petit Larousse*, il vous dira que ce mot signifie « désordre, confusion générale ». À vrai dire, le chaos tel que le scientifique le comprend ne signifie pas « absence d'ordre ». Il se rattache plutôt à une notion d'imprévisibilité, d'impossibilité de prévoir à long terme. Parce que l'état final dépend de manière si sensible de l'état initial, qu'un petit rien peut tout venir modifier, nous sommes fondamentalement limités dans la prédiction de cet état final. En effet, notre connaissance de l'état initial est toujours entachée d'une certaine imprécision, si petite soit-elle. Dans les systèmes dits chaotiques, cette imprécision s'amplifie de manière exponentielle et a pour résultat une non-connaissance de l'état final.

Le prophète du chaos

Poincaré fut le premier à réfléchir au problème de la dépendance du comportement de certains systèmes vis-à-vis des conditions initiales et à s'apercevoir que, pour ces systèmes, un petit changement au début conduisait à un tel changement de l'évolution ultérieure que le futur ne pouvait plus être connu et que les prédictions à long terme devenaient complètement vaines. Contre le credo déterministe de Laplace selon lequel, « pour une intelligence qui embrasserait dans la même formule les mouvements des plus grands corps de l'univers et ceux du plus léger atome, rien ne serait incertain pour elle, et l'avenir comme le passé serait présent à ses yeux », Henri Poincaré lança un avertissement prémonitoire dans son ouvrage *Science et méthode*, publié en 1908 : « Une cause très petite, qui nous échappe, détermine un effet considérable que nous ne pouvons pas ne pas voir, et alors nous disons que cet effet est dû au hasard. Si nous connaissions exactement les lois de la Nature et la situation de l'univers à l'instant initial, nous pourrions prédire exactement la situation de ce même univers à un instant ultérieur. Mais, lors même que les lois naturelles n'auraient plus de secret pour nous, nous ne pourrions connaître la situation initiale qu'approximativement. Si cela nous permet de prévoir la situation ultérieure avec la même approximation, c'est tout ce qu'il nous faut, nous disons que le phénomène a été prévu, qu'il est régi par les lois ; mais il n'en est pas toujours ainsi, il peut arriver que de petites différences dans les conditions initiales en engendrent de très grandes dans les phénomènes finaux ; une petite erreur sur les premières produirait une erreur énorme sur les derniers. La prédiction devient impossible. »

Malgré ce cri d'alarme, la science du chaos ne prit pas tout de suite son essor. Poincaré était trop en avance sur son temps. Et puis, l'ordinateur n'avait pas encore fait son apparition pour permettre au mathématicien d'extrapoler loin dans le futur le comportement de ces systèmes tellement sensibles aux conditions initiales, et de vérifier son intuition géniale. Les choses en restèrent là pendant plus d'un demi-siècle. Le flambeau ne fut repris, presque par hasard, qu'en 1961 par le météorologue américain Edward Lorenz (1917-2008).

L'effet papillon

Travaillant au fameux MIT, Lorenz se servait d'un ordinateur pour calculer la météo. Au début des années 1960, les ordinateurs, véritables fouillis de fils électriques et de tubes, étaient encore bien volumineux et bien peu esthétiques. Ils étaient très peu fiables et cela tenait presque du miracle quand ils fonctionnaient sans panne pendant plus d'une semaine. Même s'il occupait une salle tout entière, l'ordinateur de Lorenz n'avait ni la vitesse ni la mémoire nécessaires pour reproduire de façon réaliste l'atmosphère et les océans terrestres. Lorenz avait réussi à réduire la météorologie à sa plus simple expression en décrivant les mouvements de l'air et de l'eau par de simples équations, puisque c'est l'interaction de ces deux éléments qui fait la pluie et le beau temps. L'ordinateur se faisait alors une joie de régurgiter à Lorenz des bulletins météo. En voilà un qui parle du vent d'ouest tournant brusquement vers le nord… Un autre où des cyclones naissent et disparaissent… Encore un autre où des vagues de chaleur surviennent et où la pression chute brusquement… Pour interroger son ordinateur, Lorenz lui faisait imprimer des courbes ondulées racontant la variation d'un phénomène physique, par exemple la vitesse du vent du nord, en fonction du temps. Ainsi, par temps de calme plat, la courbe trace des vallées alors qu'elle dessinait des collines quand le vent soufflait en rafales.

Un jour d'hiver 1961, Lorenz voulut poursuivre le calcul d'un bulletin météo interrompu prématurément. Mais, pour gagner du temps, il recommença à mi-chemin au lieu de reprendre le calcul depuis le début. Lorenz démarra son programme, puis s'en alla boire une tasse de café. À son retour, un résultat tout à fait surprenant l'attendait, qui allait donner naissance à la nouvelle science du chaos.

Lorenz s'attendait à ce que la nouvelle courbe, partant à mi-chemin de l'ancienne, se superposât au millimètre près à cette dernière. Or, à sa profonde stupeur, il constata qu'il n'en était rien. Les deux courbes se suivaient bien au début, mais divergeaient si rapidement que toute apparence de parenté avait disparu au bout de quelques mois du modèle (fig. 48). Lorenz crut d'abord à une défaillance de son ordinateur. Un moment de réflexion lui démontra qu'il n'en était rien. La cause de la différence entre les deux courbes résidait dans les nombres qu'il avait introduits dans l'ordinateur comme conditions initiales du nouveau modèle. Quand il avait interrogé l'ordinateur, celui-ci lui avait donné le nombre 0,145237 pour le modèle interrompu, la mémoire de la machine n'étant capable de stocker que 6 chiffres après la virgule. Mais, quand il avait réintroduit ce nombre comme condition initiale du nouveau modèle, il avait, par paresse, arrondi le nombre et s'était contenté de taper 0,145. Il pensait qu'une différence de moins d'un millième serait sans conséquence. Il s'était trompé lourdement : un petit changement initial avait entraîné un énorme changement final.

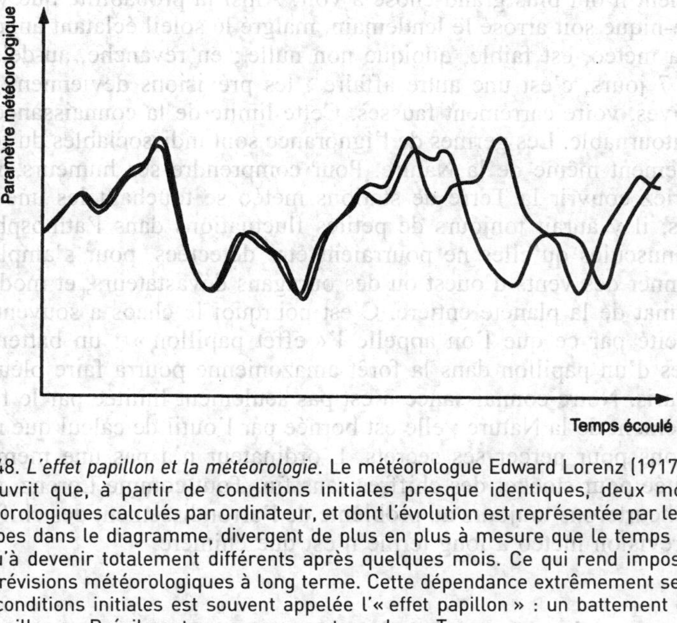

Fig. 48. *L'effet papillon et la météorologie*. Le météorologue Edward Lorenz (1917-2008) découvrit que, à partir de conditions initiales presque identiques, deux modèles météorologiques calculés par ordinateur, et dont l'évolution est représentée par les deux courbes dans le diagramme, divergent de plus en plus à mesure que le temps passe, jusqu'à devenir totalement différents après quelques mois. Ce qui rend impossibles les prévisions météorologiques à long terme. Cette dépendance extrêmement sensible des conditions initiales est souvent appelée l'« effet papillon » : un battement d'ailes de papillon au Brésil peut provoquer une tornade au Texas.

Le chaos impose donc une limite fondamentale à notre aptitude à prévoir la météo. Mais cela ne veut pas dire que vous deviez cesser d'écouter le bulletin météorologique qui précède ou suit le journal télévisé. Les prévisions météo à court terme, sur un ou deux jours, et sur une superficie restreinte comme celle de la France, sont assez fiables. Grâce à la télévision, nous sommes tous devenus familiers des images de satellites où des masses blanchâtres de nuages dansent et tourbillonnent au-dessus des continents. Grâce à ces images et avec la connaissance de la direction du vent, le météorologue peut prédire relativement facilement le temps qu'il fera dans 24 ou 48 heures. Pour des prévisions de plus longue durée, l'aide des ordinateurs est requise pour construire des modèles de circulation générale des masses d'air dans l'atmosphère terrestre. On communique aux ordinateurs des données météorologiques telles que la pression, la température et l'humidité, recueillies par des stations météorologiques éparpillées un peu partout sur le globe, des données géographiques comme les positions des montagnes et des océans, et des lois physiques qui décrivent le comportement des masses d'air. On leur demande alors de calculer le temps qu'il fera dans une ou deux semaines. Et on s'aperçoit que, déjà au bout de quelques jours, le temps calculé et le temps qu'il fait vraiment n'ont plus grand-chose à voir. Ainsi la probabilité que votre pique-nique soit arrosé le lendemain, malgré le soleil éclatant annoncé par la météo, est faible, quoique non nulle ; en revanche, au-delà de 6 ou 7 jours, c'est une autre affaire : les prévisions deviennent spéculatives, voire carrément fausses. Cette limite de la connaissance est incontournable. Les germes de l'ignorance sont indissociables du fonctionnement même de la Nature. Pour comprendre ses humeurs, vous pourriez couvrir la Terre de stations météo se touchant les unes les autres, il y aurait toujours de petites fluctuations dans l'atmosphère, si minuscules qu'elles ne pourraient être détectées, pour s'amplifier et donner des vents d'ouest ou des ouragans dévastateurs, et modifier le climat de la planète entière. C'est pourquoi le chaos a souvent été explicité par ce que l'on appelle l'« effet papillon » : un battement d'ailes d'un papillon dans la forêt amazonienne pourra faire pleuvoir sur Paris. Notre connaissance n'est pas seulement limitée par le fonctionnement de la Nature ; elle est bornée par l'outil de calcul que nous utilisons pour percer ses secrets. L'ordinateur n'a pas une mémoire illimitée pour stocker des chiffres sans fin. Tout comme Lorenz, nous nous heurterons toujours au problème de l'arrondissement des chiffres. La prévision météo à long terme n'est que chimère.

Ciel rationnel et homme irrationnel

C'est donc l'étude de la pluie et du beau temps qui a braqué les projecteurs et attiré l'attention de la communauté scientifique sur les phénomènes chaotiques. Cependant, historiquement, le chaos commença à se manifester non pas dans l'étude de la météorologie, mais dans un domaine où l'on s'y attendait le moins, celui du système solaire. Pour se consoler des aléas et incertitudes de la vie, pour conjurer son angoisse du futur, l'homme a toujours levé les yeux vers le ciel afin d'y trouver la certitude qui lui faisait si cruellement défaut dans les affaires et les relations humaines. Dans le tourbillon déboussolant de la vie, les phénomènes célestes se répétant immanquablement étaient comme une sorte d'assurance contre l'incertitude du lendemain. Les planètes qui, avec les étoiles, répètent leurs mouvements d'est en ouest, nuit après nuit, avec une infinie précision, la régularité inexorable de la marche du Soleil à travers le ciel pendant la journée, la Lune qui change d'apparence à intervalles réguliers pendant tout le mois, cette régularité de la machine céleste constituait pour nos ancêtres la preuve que l'univers était rationnel, malgré l'irrationalité qui les entourait.

Comme toujours, le ciel se révéla plus subtil et plus compliqué quand on l'eut étudié de plus près. Les observations montrèrent par exemple que le Soleil ne se lève pas chaque jour au même endroit de l'horizon, mais fait un va-et-vient. Les étoiles se lèvent aussi, la nuit, à des emplacements différents au-dessus de l'horizon au fil de l'année, et certaines disparaissent même de vue pendant des saisons entières. Quelques points de lumière ont un comportement des plus déconcertants : eux aussi traversent le ciel nocturne d'est en ouest, mais ils changent de position par rapport aux autres étoiles, revenant même parfois en arrière (mouvements qu'on appelle « rétrogrades »). Nous savons maintenant que ces points errants sont les planètes (ce qui signifie « vagabondes » en grec) du système solaire. Pourtant, en dépit de ces complications, les observations sur de plus longues durées ont révélé des rythmes subtils. Le mouvement de va-et-vient du Soleil à l'horizon et l'apparition, la nuit, de certaines étoiles et constellations sont liés au passage des saisons. La Lune a son propre cycle, beaucoup plus court que celui du Soleil. Elle accomplit environ 13 cycles pour un seul cycle solaire. Le ciel est donc bien rationnel et prévisible, au contraire de l'imprévisibilité des affaires humaines.

Les menhirs de Stonehenge

Dans le sud de l'Angleterre, le visiteur qui pénètre dans la plaine de Salisbury voit comme surgir du sol plusieurs rangs concentriques de dolmens et de menhirs hauts de 3 à 6 mètres, qui ravissent les yeux. Cet impressionnant ensemble mégalithique de Stonehenge – composé originellement de trente blocs de pierre de 4 m de diamètre disposés en un cercle de 30 m de diamètre – fut probablement érigé pendant l'âge de bronze, entre 2000 et 1500 avant J.-C. Il constitue un formidable monument à l'esprit humain qui essaie de conjurer l'angoisse des espaces infinis en lisant le rationnel dans le ciel.

Stonehenge est comme une immense horloge cosmique qui indique le mouvement du Soleil pendant l'année. Il y a 4 000 ans, les habitants de ce qui deviendrait par la suite la Grande-Bretagne avaient remarqué le va-et-vient de l'emplacement du lever du Soleil à l'horizon, et que ce mouvement, régulier, suivait des règles bien précises. Au solstice d'été (le 21 juin, qui est sous nos latitudes le jour le plus long de l'année, et qui marque le début de l'été), le Soleil se lève au point le plus au nord à l'horizon. Six mois plus tard, au solstice d'hiver (le 21 décembre, pour nous le jour le plus court de l'année, qui marque le début de l'hiver), il est le plus au sud. Une demi-année plus tard, il se lève de nouveau le plus au nord, et ainsi de suite. Pour se connecter au cosmos et célébrer le ciel, les hommes de l'âge de bronze construisirent un observatoire mégalithique dont l'allée centrale était orientée vers le point le plus au nord. Si vous allez un jour à Stonehenge par un solstice d'été, vous aurez une vue glorieuse du Soleil se levant, encadré par un portail de pierre érigé il y a quelque 40 siècles.

Le puzzle de la Lune

Les constructeurs de Stonehenge s'étaient aussi intéressés au mouvement de la Lune. Pour preuve, les nombreux monticules et fossés qui jalonnent l'observatoire solaire et paraissent être alignés sur le lever de Lune en son point le plus au nord à l'horizon. Ces alignements lunaires sont plus approximatifs, car le mouvement de la Lune est beaucoup plus compliqué que celui du Soleil. Elle ne se lève pas au même point le plus au nord à l'horizon après chaque cycle, mais fait son apparition en des points différents pendant des cycles successifs, pour ne retourner au point le plus au nord qu'après un long laps de temps de presque 19 ans. Les cycles de la Lune sont variés et divers. Par exemple, 29,5 jours s'écoulent entre deux pleines Lunes, période pendant laquelle la Lune montre tous ses visages, de la nouvelle Lune jusqu'à la pleine Lune en passant par le croissant, le quartier de Lune et la Lune gibbeuse. Par ailleurs, 27,3 jours suffisent pour que la Lune répète son alignement avec les étoiles. Ces cycles lunaires si variés posèrent un véritable casse-tête aux bâtisseurs de Stonehenge et à leurs prédécesseurs. Par contre, on aurait pu croire qu'avec la naissance de la science moderne, au XVIe siècle, le développement des mathématiques et de la physique au cours des siècles suivants, l'émergence des ordinateurs au XXe siècle, le problème des mouvements de la Lune aurait été résolu et classé depuis belle lurette. Or, il n'en est rien ! Ce n'est pas faute de talent et d'efforts : les plus grands esprits se sont penchés sur la question. Mais le mystère des mouvements de la Lune perdure. Pourtant, les chasseurs de secrets de la Lune ne sont pas rentrés bredouilles. Ils ont même pu capturer le chaos ! Voyons comment…

Cercle sur cercle

Parce qu'elle est l'objet céleste le plus proche de nous, la Lune qui jette ses douces clartés sur la campagne endormie et éclaire les ardeurs des amoureux dans la nuit protectrice a toujours fasciné l'imagination humaine. Aux temps anciens, les prêtres avides de pouvoir, les politiciens épris de puissance ont scruté avec beaucoup d'attention ses mouvements. Les sociétés anciennes pensaient que la Lune (ou le Soleil) était dévorée, lors d'une éclipse, par un dragon mythique ou par d'autres monstres célestes. Les éclipses suscitaient étonnement et effroi, et les politiciens ou les prêtres, en les annonçant à l'avance, pouvaient impressionner la populace par leur prescience ou leur savoir.

Les scientifiques ne demeurèrent pas en reste. Au IIe siècle après J.-C., l'astronome grec Ptolémée (v. 90-v. 168) procéda à une grande synthèse de toutes les connaissances acquises par ses prédécesseurs. Il proposa un modèle de la Lune qui prévalut pendant plus de mille ans. Dans un univers géocentrique, la Terre trônait au milieu du système solaire, et tous les autres corps célestes, y compris le Soleil, tournaient autour d'elle. La Lune faisait sa ronde autour de la Terre dans un plan incliné de 5 degrés par rapport au plan contenant la Terre, le Soleil et les autres planètes (le plan dit du Zodiaque). Ptolémée devait résoudre deux problèmes. D'abord, le mouvement de la Lune n'était pas uniforme dans son orbite. Elle accélérait en certains endroits et décélérait en d'autres, mettant à mal la doctrine du mouvement parfait et uniforme des objets célestes, si chère à Aristote (384-322 av. J.-C.). En outre, la distance Lune-Terre changeait, car la taille angulaire de la Lune n'était pas constante. Cela infirmait l'idée selon laquelle la Lune se déplaçait sur une sphère centrée sur la Terre. Car, si c'était le cas, la distance Terre-Lune, étant toujours égale au rayon de la sphère, ne pouvait varier. Pour résoudre ces problèmes, Ptolémée détacha la Lune de sa sphère céleste et l'installa sur un petit cercle appelé épicycle dont le centre lui-même était sur un autre cercle. Ainsi, le mouvement de la Lune résultait de la superposition de deux mouvements : le mouvement uniforme de la Lune sur un épicycle dont le centre lui-même se déplaçait uniformément sur le cercle d'une sphère centrée sur la Terre.

La Lune ne se plie pas aux calculs

Au XVIe siècle, les calculs des positions lunaires et des éclipses étaient devenus une véritable industrie. Aiguillonnés par le besoin des navigateurs qui aspiraient à connaître précisément la position de leurs vaisseaux et par la nécessité d'établir des calendriers pour les fêtes et les foires, les mathématiciens-astrologues calculaient sans relâche des tables de positions de la Lune. Parce que le modèle de Ptolémée n'était pas exact (la Terre n'est pas au centre du monde), les erreurs s'accumulaient à mesure que le temps passait. La Lune dans le ciel déviait de plus en plus par rapport à la position calculée, et il fallait périodiquement recommencer tous les calculs pour produire de nouvelles tables. Mais, même avec ces calculs répétés, les éclipses lunaires arrivaient parfois une ou deux heures avant l'heure prédite. Pis : les calculs donnaient des réponses différentes selon les méthodes employées.

L'univers géocentrique vit son règne s'achever en l'an 1543, quand le chanoine polonais Nicolas Copernic (1473-1543) délogea la Terre de sa place centrale et mit le Soleil à sa place. Se servant du trésor d'observations des positions des planètes mesurées par l'astronome danois Tycho Brahé (1546-1601), d'une précision inégalée, l'Allemand Johannes Kepler (1571-1630) perça en 1609 le secret des mouvements des planètes : celles-ci suivent des orbites elliptiques et non circulaires, comme le croyait Aristote. Les planètes accélèrent quand elles s'approchent du Soleil situé en l'un des foyers de l'ellipse, et décélèrent en s'en éloignant. Le mythe de l'uniformité des mouvements célestes était relégué aux oubliettes.

Kepler s'attaqua lui aussi au problème de la Lune. Il rejeta l'épicycle de Ptolémée et mit la Lune en orbite elliptique autour de la Terre. Ses calculs étant beaucoup plus précis, ses tables furent utilisées pendant des décennies après leur publication, en 1627. Mais la Lune se montrait toujours réfractaire, ne se conformant plus aux calculs au bout d'un certain temps…

Si Kepler avait disséqué le mouvement des planètes, la cause en était toujours inconnue. Qu'est-ce qui pousse les planètes le long de leurs orbites ? Sûrement pas une armée d'anges, comme on le pensait au Moyen Âge ! La réponse fut donnée de façon magistrale par l'Anglais Isaac Newton (1642-1727) en 1666. Celui-ci eut l'intuition révolutionnaire que la chute d'une pomme dans un verger était liée au mouvement de la Lune autour de la Terre. Une seule et même loi de la gravitation universelle dictait les mouvements respectifs de la pomme et de la Lune. Les planètes se déplacent en orbites elliptiques autour du Soleil parce qu'elles subissent l'influence gravitationnelle de ce dernier.

Le problème des trois corps

Newton se pencha aussi sur le problème de l'orbite de la Lune. Il y introduisit une nouveauté. Au lieu de rendre la gravité de la Terre seule responsable du mouvement de la Lune, il tint aussi compte de l'influence gravitationnelle du Soleil. Dans le modèle de Newton, Terre, Lune et Soleil s'attirent les uns les autres, dans une sorte de jeu de tir à la corde à trois, par une force de gravité qui ne dépend que de leurs masses et de leurs distances. Newton espérait ainsi imputer les irrégularités compliquées et périodiques de la Lune à l'influence perturbatrice du Soleil sur l'orbite elliptique de la Lune autour de la Terre.

À première vue, vous pourriez penser que le problème de l'orbite d'un corps céleste soumis à l'influence gravitationnelle de deux autres (les mathématiciens l'appellent « problème des trois corps ») ne devrait pas poser de grandes difficultés. Après tout, dans son œuvre maîtresse, *Principes mathématiques de la philosophie naturelle*, publiée en 1687, Newton avait déjà résolu le problème à deux corps. L'orbite d'un corps soumis à la gravité d'un seul autre ne peut être qu'une ellipse, parabole ou hyperbole. Alors, quoi de plus simple que de passer de deux à trois corps ? Vous vous tromperiez lourdement ! Les orbites de trois corps ne peuvent être décrites par une simple formule mathématique, comme dans le cas de deux. Le problème se trouve encore exacerbé quand on passe à quatre corps ou plus.

Faute de pouvoir trouver une solution exacte au problème du mouvement de la Lune, Newton dut recourir à ce que les mathématiciens appellent la « méthode des perturbations » pour obtenir une solution approximative. L'idée consiste à prendre en compte d'abord l'effet principal, en l'occurrence l'influence gravitationnelle de la Terre sur la Lune. C'est facile, puisqu'on en revient à la situation simple et idéalisée de deux corps. L'action du troisième corps est considérée ensuite comme une perturbation de cette situation idéalisée. Le calcul de cette perturbation (ou de ces perturbations, dans le cas de plus de trois corps) n'est pas chose aisée. Même le génie de Newton ne put en venir à bout. Il raconta plus tard que « jamais sa tête ne lui faisait plus mal que quand il travaillait sur le problème de la Lune ». Malgré une année de calculs intenses, les positions lunaires qu'il calculait grâce à sa théorie différaient encore des positions observées dans le ciel de 1/6 de degré. Cette erreur est appréciable, car la taille angulaire de la pleine Lune n'est que d'un demi-degré. La Lune étant très proche de nous (sa distance est de 384 000 km et sa lumière met un peu plus d'une seconde pour nous parvenir), une telle différence est facilement mesurable. Newton considéra son travail sur la Lune comme un grand échec et, après cet effort intellectuel intense mais non récompensé, il s'éloigna de la science. Peut-être sentait-il qu'il ne possédait plus la puissance créatrice de sa jeunesse, comme en l'an 1666 quand, à l'âge de 23 ans, il modifia le visage de l'univers en découvrant à la fois la gravitation universelle, le calcul infinitésimal et la nature de la lumière… Newton quitta son poste de professeur à l'université de Cambridge en 1696 et passa la plus grande partie du reste de sa vie dans un poste administratif, à la Trésorerie royale, à superviser la frappe de la nouvelle monnaie…

Si la Lune n'avait pas livré son secret, c'est que la méthode des perturbations utilisée par Newton ne correspondait pas à la situation réelle. La force gravitationnelle exercée par le Soleil sur la Lune constituait une part importante de la force totale exercée sur elle, et ne pouvait donc être traitée comme une simple perturbation. Comme dans les relations humaines où l'intrusion d'une troisième personne dans la vie d'un couple occasionne beaucoup plus de dégâts qu'un simple dérangement…

L'échec de Newton ne découragea pas ses successeurs qui s'attaquèrent de plus belle au problème de la Lune. Les promesses de gloire, prestige et influence s'ajoutaient là à l'intérêt scientifique. Résultats et contre-résultats se succédèrent à une cadence rapide dans les Académies des sciences d'Europe, surtout à Paris, Londres et Berlin. Des rivalités se développèrent. Les plus grands mathématiciens des XVIIIe et XIXe siècles se penchèrent sur la question. Parmi eux, le Suisse Leonhard Euler (1707-1783), ou encore les Français Joseph-Louis de Lagrange (1736-1813) et Pierre-Simon de Laplace (1749-1827). Ce faisant, ils découvrirent de nouvelles mathématiques, mais la Lune refusait obstinément de se plier à leurs calculs. Euler y passa toute sa vie, mais dut s'avouer vaincu : « J'ai essayé pendant ces quarante années de construire une théorie du mouvement de la Lune à partir des principes de la gravitation, mais il y a eu tellement d'embûches sur mon chemin que je dois m'arrêter… Je ne vois pas comment cette recherche sur la Lune peut aboutir, ni comment elle peut être utilisée à des fins pratiques. » Laplace réussit à réduire l'écart entre les positions calculées et observées à moins de 1/120 degré, mais lui non plus ne parvint pas à dompter la Lune. En fait, tous les calculs réalisés au XIXe siècle grâce aux lois de Newton et à un formidable outillage mathématique n'étaient guère plus précis que les résultats obtenus empiriquement 2 000 ans plus tôt par les astronomes grecs et babyloniens en observant les éclipses…

Pour débloquer la situation, il fallait une toute nouvelle approche, un « paradigme » radicalement différent, pour utiliser le terme moderne de l'historien des sciences Thomas Kuhn[1]. Cette nouvelle démarche, ce fut le jeune mathématicien français Henri Poincaré qui la trouva. Il proposa une méthode tout à fait originale pour s'attaquer aux problèmes de mécanique céleste. Ce faisant, il se retrouva confronté, de manière tout à fait inattendue, au chaos. Il démontra que les équations de Newton dans le cas de trois corps interagissant entre eux par la gravité recelaient non seulement le régulier et le prévisible, mais aussi l'irrégulier et le non-prévisible. La Lune refusait de se plier aux calculs parce qu'il y avait dans son comportement une part d'imprévisibilité que Newton et ses successeurs n'avaient pas soupçonnée jusque-là. En somme, les équations de Newton contenaient en germe le chaos.

1. Thomas Kuhn, *La Structure des révolutions scientifiques*, Flammarion, 1983.

Les orbites planétaires sont-elles éternelles ?

Brillant chercheur et esprit d'une grande originalité, Jules-Henri Poincaré (1854-1912) était déjà, à l'âge de vingt-sept ans, professeur de mathématiques à l'université de Paris. Il se pencha sur le problème des trois corps à l'occasion d'un concours de mathématiques organisé par l'université de Stockholm pour célébrer le soixantième anniversaire d'Oscar II (1829-1907), roi de Suède et de Norvège. Un des sujets de la compétition portait sur la stabilité du système solaire. De deux choses l'une : soit les planètes suivent sagement leurs orbites autour du Soleil pour l'éternité, répétant sans relâche le même mouvement ; dans ce cas, le système solaire est stable. Soit, à cause de l'accumulation des perturbations gravitationnelles causées par les planètes entre elles, les orbites planétaires vont changer radicalement dans un lointain avenir, altérant complètement la disposition du système solaire ; dans ce cas, la situation est instable. Le mathématicien allemand Gustav Dirichlet (1805-1859) avait affirmé dès 1858 qu'il avait réussi, en inventant une nouvelle méthode pour résoudre les équations de Newton, à démontrer que le système solaire était stable. Les planètes ne dévieraient jamais de leurs orbites actuelles, figées pour l'éternité. Mais la mort emporta Dirichlet une année après sa remarque provocatrice, et il disparut sans laisser de document écrit démontrant son affirmation. Parce que Dirichlet était connu pour ses démonstrations ingénieuses et incisives, sa remarque sur la stabilité du système solaire fut prise très au sérieux. Nombre de ses contemporains et successeurs s'essayèrent au problème, mais sans succès. D'où l'idée de cette compétition : peut-être quelque génie retrouverait-il la démonstration perdue de Dirichlet ?

Des séries qui n'en finissent pas

Avant Poincaré, les mathématiciens pensaient pouvoir répondre à la question de la stabilité du système solaire en examinant la nature des solutions aux équations de Newton. Celles-ci étaient basées sur l'idée que la position et la vitesse d'un corps à un instant donné déterminent toutes les positions et vitesses futures de ce corps, tout comme elles sont le résultat de ses positions et vitesses passées. Les lois physiques relient donc l'état présent du monde à un état immédiatement antérieur ou postérieur dans le temps. Elles nous décrivent la différence entre l'instant présent et celui qui est juste avant ou après. Si bien que les lois de Newton peuvent prendre la forme d'équations différentielles.

Les solutions à ces équations différentielles revêtaient la forme extrêmement rébarbative d'une somme interminable d'expressions algébriques que les mathématiciens appellent « série ». Comme ces derniers n'avaient en général ni la patience ni même la longévité nécessaires pour calculer tous les termes d'une série, ils pensaient pouvoir obtenir une idée assez exacte du comportement des planètes en évaluant juste les quelques premiers termes de la série. Ils espéraient que les termes suivants seraient tellement petits qu'ils contribueraient pour fort peu à la somme totale. La série convergerait ainsi rapidement vers la réponse finale (elle était dite « convergente »). Mais toutes les séries ne sont pas nécessairement convergentes. Il en est qui sont obstinément divergentes : les nouveaux termes ne sont pas petits, leur inclusion dans la série augmente inévitablement le résultat final, lequel n'approche jamais une valeur particulière.

Concernant le système solaire, la « question à 1 000 francs » est alors : la série qui décrit le mouvement des planètes est-elle convergente, auquel cas le système solaire est stable et les planètes continueront inlassablement leur ronde autour du Soleil ; ou est-elle divergente, auquel cas les orbites des planètes changeront irrémédiablement ?

Si Dirichlet avait raison, on devait pouvoir montrer que la série était convergente. Tel était le défi que les organisateurs du concours établi en l'honneur du roi de Suède lancèrent aux mathématiciens du monde entier.

La réalité dans sa totalité

Henri Poincaré releva brillamment le défi. Mais il n'avait que faire des solutions en forme de séries qui n'en finissaient pas. Il voulait embrasser la réalité dans sa totalité. Or la méthode traditionnelle des équations différentielles isolait des fragments de réalité. La réalité totale était ensuite reconstituée en mettant bout à bout ces fragments. Comme Poincaré l'a écrit : « Au lieu de considérer le développement progressif d'un phénomène dans son intégralité, on cherche [par la méthode des équations différentielles] seulement à relier un instant à un autre qui le précède immédiatement. On fait l'hypothèse que l'état actuel du monde ne dépend que du tout récent passé, sans être influencé par la mémoire du lointain passé. » Cette perte de mémoire du passé donnait nécessairement une perception de la réalité comme continuum, bannissant désordre et chaos. De plus, résoudre les équations différentielles du problème des trois corps par la méthode des séries infinies était extrêmement ardu, voire impossible, même pour les plus grands praticiens de cet art. Ces derniers se rabattaient souvent sur des cas très spécifiques qu'ils parvenaient à résoudre, mais cela leur donnait une vue très simplifiée et partielle de la réalité. Au lieu d'une vue de fourmi limitée à la motte de terre ou à la touffe d'herbe voisine, Poincaré voulait se donner une vision d'aigle survolant montagnes et vallées. Concernant le problème des trois corps, l'examen d'une seule orbite correspondant à une combinaison spéciale de conditions initiales lui paraissait par trop restreint. Il lui fallait visionner en même temps le paysage global des orbites, avec toutes les combinaisons possibles de conditions initiales. À cette fin, il mit à profit son extraordinaire intuition géométrique pour inventer des techniques qui sont encore aujourd'hui à la base de l'étude du chaos.

Un espace abstrait et multidimensionnel

Nous vivons dans un espace à trois dimensions. Nous pouvons aller vers l'avant ou l'arrière, la gauche ou la droite, le haut ou le bas. Dans cet espace, la position à un instant donné d'une balle de tennis qui va et vient au-dessus du filet, ou d'un Phileas Fogg qui fait le tour du monde en 80 jours, est définie par trois coordonnées spatiales. Pour visionner le global, Poincaré dut abandonner l'espace familier de notre vie quotidienne. Par la puissance de son imagination, il se transporta dans un espace abstrait aux dimensions multiples, appelé « espace des phases » (fig. 49). Dans cet espace abstrait, la position de la balle de tennis ou celle de Phileas Fogg est déterminée non pas seulement par les trois coordonnées spatiales, mais aussi par trois coordonnées de vitesse : la vitesse de haut en bas, celle de droite à gauche, celle d'avant en arrière (ou vice versa). Sur la scène de cet espace abstrait, la vitesse devient un acteur à part égale avec la position. L'espace abstrait acquiert trois nouvelles dimensions pour accueillir ce nouvel acteur. Il faut donc six dimensions pour y décrire une balle de tennis. Il en faut six autres pour représenter Phileas Fogg. De même pour le problème à trois corps : il faut six dimensions pour décrire la Lune, six autres pour la Terre et encore six autres pour le Soleil. Ainsi, pour avoir une vue globale des trois corps, un espace à dix-huit dimensions est nécessaire. Grâce à cette profusion de dimensions, Poincaré n'est plus fourmi, mais aigle. Il vole au lieu de ramper. Il n'est plus réduit à avoir une vue isolée d'un sujet à la fois, il a une vue globale et simultanée de tous les acteurs en scène. Dans cet espace multidimensionnel, le système solaire tout entier ne sera plus représenté que par un seul point, au lieu de dix points (un pour le Soleil, neuf autres pour les planètes) dans un espace tridimensionnel conventionnel. C'est ce qui fait la puissance de cette construction mathématique qu'on appelle « espace des phases ». Aussi compliqué que soit le système étudié, aussi baroque que soit le décor, aussi nombreux que soient les acteurs, un seul point dans cet espace abstrait suffit à représenter la totalité d'un système.

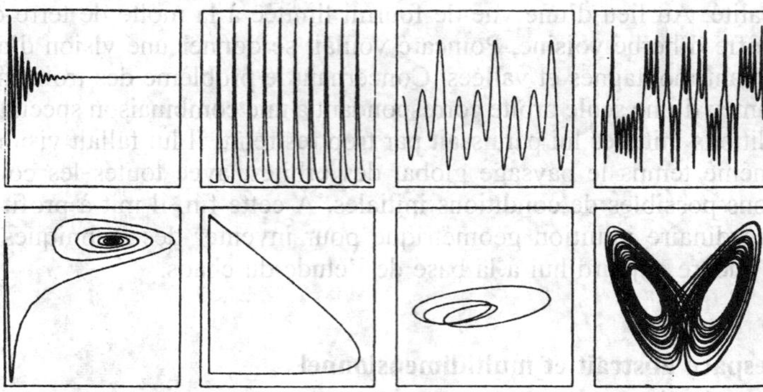

Fig. 49. *Des portraits dans l'espace des phases.* Le comportement dynamique d'un système peut être représenté de deux manières différentes. La façon classique consiste à représenter l'évolution du système en fonction du temps (fig. du haut). La manière moderne consiste à étudier les trajectoires d'un point représentant l'état dynamique du système dans l'espace des phases (fig. du bas). Par exemple, le système (*a*) converge vers un état d'équilibre après maintes oscillations, ce qui correspond dans l'espace des phases à des boucles qui convergent vers un point. Le système (*b*) se répète périodiquement, ce qui correspond dans l'espace des phases à une orbite cyclique. Le système (*c*) a également un mouvement périodique, mais plus complexe. Il se répète seulement après trois oscillations différentes : on dit qu'il possède un cycle de période 3. Cela correspond à des boucles plus compliquées dans l'espace des phases. Le système (*d*) est chaotique, et dans l'espace des phases possède la forme en ailes de papillon de l'attracteur étrange de Lorenz (voir fig. 51).

Du chaos dans un long fleuve tranquille

Mais ce qui intéressait Poincaré, ce n'était pas tant l'aspect statique et figé d'un système que son aspect dynamique et évolutif. Il ne voulait pas étudier la Lune immobile dans son orbite, mais comment elle bouge et comment son orbite change au fil des milliards d'années. Quand le système change et évolue, le point qui le représente dans l'espace multidimensionnel bouge et y décrit une courbe. Changez les conditions initiales, et le voilà qui dessine une autre trajectoire. L'ensemble des solutions aux équations différentielles qui décrivent le système correspond ainsi à une multitude de courbes dans cet espace abstrait, comme les flots d'un fleuve qui s'élance vers la mer. Imaginons une feuille arrachée par le vent, qui virevolte dans l'air avant de se poser à la surface de ce fleuve mathématique qui l'emporte. Elle peut suivre une trajectoire simple et directe à la surface d'un long fleuve tranquille, ou bien rencontrer des remous et tourbillons qui lui feront décrire voltiges et arabesques. Les mouvements de la feuille sur ce fleuve mathématique abstrait sont du plus grand intérêt, car ils nous renseignent sur les mouvements du système dans l'espace réel. Ainsi, pour vérifier si l'évolution d'un système dans l'espace réel dépend de manière sensible des conditions initiales, il suffira d'étudier les mouvements de deux feuilles aux trajectoires très proches l'une de l'autre sur le fleuve mathématique. Si leurs trajectoires divergent, le système est très sensible aux conditions initiales. Par contre, si les trajectoires se suivent et se ressemblent, il ne l'est pas.

Les fleuves mathématiques n'ont pas le même comportement que le Rhône ou la Loire. Alors que les fleuves réels se jettent dans la mer et ne reviennent pas à leur source, les fleuves mathématiques ne se privent pas de le faire. Si le mouvement dans l'espace réel est périodique, c'est-à-dire qu'il se répète, comme le fait par exemple celui du balancier d'une pendule, le fleuve mathématique, lui, peut revenir à son point de départ, et la boucle est alors bouclée. De même, si un fleuve réel peut se subdiviser en deux ou plusieurs cours, il est interdit aux trajectoires mathématiques dans l'« espace des phases » de se scinder en deux. Il leur est aussi interdit de croiser une autre trajectoire alors qu'un cours d'eau réel ne se prive pas de se jeter dans le cours d'un autre.

De l'incertitude qui rôde dans l'ombre

Ayant conquis la vision globale de l'aigle grâce à l'espace mathématique des phases, Poincaré pouvait s'attaquer au problème des trois corps, sujet du concours organisé en l'honneur du roi de Suède. Ce faisant, il allait révolutionner le domaine mathématique qui s'occupe des relations entre forces et mouvements et qu'on appelle « dynamique ». Plus important encore, il allait faire surgir de l'ombre un acteur tout à fait inattendu et qui allait jouer un rôle essentiel dans la « fabrication » du Réel : le chaos.

Le problème de la dynamique de deux corps interagissant par leur gravité a été résolu par Kepler et Newton. Ils nous ont appris qu'une planète poursuit inlassablement sa ronde autour du Soleil en suivant une orbite elliptique, avec le Soleil à l'un des foyers de l'ellipse. Le problème des trois corps, nous l'avons vu, est autrement difficile. Pour analyser le flot des fleuves mathématiques dans l'espace des phases, Poincaré imagine une sorte d'écran plat qui laissera passer les flots sans les déranger, mais qui enregistrera l'endroit précis où chaque flot le traverse. Ainsi, une ellipse dans l'espace réel correspond à une boucle dans l'espace mathématique. Si une planète trace inlassablement la même orbite dans le ciel, comme Newton le croyait, la même boucle sera parcourue sans relâche dans l'espace des phases. Cette boucle transpercera l'écran

– appelé maintenant « plan de Poincaré » – en un seul et unique point. Un mouvement périodique dans l'espace réel correspond donc à un point dans le plan de Poincaré. Un mouvement plus compliqué, mais qui se répétera après quatre passages, se traduira par quatre points dans ce plan. Un mouvement qui ne se répétera jamais engendrera une infinité de points. Comme les points colorés de Georges Seurat (1859-1891) font surgir de la toile une scène de dimanche champêtre au bord de l'île de la Grande Jatte, les points du plan de Poincaré vont faire apparaître des dessins plus fantastiques et poétiques les uns que les autres, et dont la complexité est un reflet direct de celle du mouvement dans l'espace réel. Les ordinateurs d'aujourd'hui peuvent se faire artistes et engendrer avec aisance ces dessins d'une éclatante beauté, rehaussés de couleurs qui font le ravissement des yeux. Une simple trajectoire traçant des méandres dans l'espace des phases peut dessiner dans le plan de Poincaré des paysages merveilleux évoquant montagnes et vallées, îlots perdus au milieu de fleuves torrentiels qui se déversent dans l'océan. Fait extraordinaire : le même motif se répète à l'infini. Isolez un petit bout de ce paysage, agrandissez-le avec une loupe, et vous verrez le même paysage de montagnes et de vallées, d'îlots et de fleuves, mais à plus petite échelle…

C'est en examinant ces dessins que Poincaré rencontra le chaos. Bien sûr, en 1888, il n'avait pas à sa disposition l'armada d'ordinateurs et de terminaux graphiques laser dont nous disposons à présent. Il dut se contenter de sa formidable imagination. Son génie lui fit entrevoir, à travers ces dessins dans le plan vertical, qu'il existait des situations où un tout petit changement dans la position ou dans la vitesse initiales d'un des trois corps pouvait modifier totalement son orbite. Ce petit changement pouvait le faire basculer de la stabilité dans le chaos. Poincaré réalisa que régularité et chaos étaient intimement mêlés, et que l'imprévisible n'était jamais très éloigné du prévisible. Dans le plan de Poincaré, au milieu de zones régulières pouvaient se trouver des îlots de turbulence, tout comme au milieu des régions les plus chaotiques pouvaient surgir des coins d'ordre. Ainsi, Poincaré découvrit qu'un système à trois corps apparemment aussi simple que celui de la Lune, de la Terre et du Soleil, régi par une loi aussi précise et contraignante que la gravitation universelle de Newton, pouvait également donner lieu à l'imprévisible et au non-défini. L'incertitude entrait par la grande porte, et c'en était fini des certitudes de Laplace ! Cette découverte du futur indéfini, Poincaré la consigna dans un traité de 270 pages intitulé *Sur le problème des trois corps et les équations de la dynamique*.

Pourquoi le chaos échappa-t-il à Newton ?

L'incertitude rôdait au cœur même des équations de Newton. Si celui-ci ne l'entrevit pas, c'est qu'il était à la recherche de l'harmonie et de l'ordre cosmiques qui lui étaient si chers. Sa résolution du problème du mouvement des planètes dans son œuvre maîtresse, *Principes mathématiques de la philosophie naturelle*, publiée en 1687, avait été si magistrale, si totale, si complète et définitive que l'univers, qui auparavant semblait mystérieux et incertain, s'était transformé comme d'un coup de baguette magique en une horloge mécanique bien huilée d'où tout indéterminisme était banni et toute fantaisie exclue. Le retentissement de l'œuvre fut tel qu'il ne serait jamais venu à l'esprit des contemporains de Newton, ni même de ses successeurs, de remettre en question le message implicite de ses travaux. Message que les Grecs avaient déjà proclamé haut et fort, dès le IVe siècle avant J.-C. : la Nature était régie par des lois universelles qui pouvaient être appréhendées par la raison humaine. Cette confiance exubérante et sans limites en une rationalité du monde déborda du domaine de la physique et envahit toutes les sphères de l'activité humaine au cours des siècles qui suivirent. Grâce à sa raison, l'homme pouvait parfaire aussi bien ses institutions sociales et politiques. La révolution industrielle, les révolutions américaine et française de la fin du XVIIIe siècle furent les aboutissements de cette confiance illimitée en la raison humaine.

Que l'incertitude tapie dans l'ombre ait échappé à Newton n'ôte rien à son génie. Au contraire, il a fallu toute sa fulgurance intellectuelle pour sélectionner et isoler les problèmes qui, parmi les innombrables défis de la Nature, étaient susceptibles d'être domptés par la raison humaine et possédaient une solution bien définie. Newton savait fort bien que le majestueux édifice théorique qu'il avait construit n'expliquait pas tout. À sa grande irritation, il ne pouvait pas, par exemple, dompter les mouvements de la Lune rebelle, tiraillée entre la force gravitationnelle de la Terre et celle du Soleil. Il fallut attendre le génie de Poincaré pour révéler le double visage des lois mécaniques de Newton : si la face découverte de ces lois est celle de l'harmonie, leur face cachée est celle du désordre. Si Newton est le prophète de l'ordre, Poincaré est celui du chaos.

Si Newton et Kepler ont pu percevoir l'harmonie du monde, c'est parce que nous vivons dans un système solaire dominé par la masse du Soleil. C'est lui qui mène le bal de la gravitation et dicte la danse des planètes. Cette circonstance a permis à Newton de traiter le problème de l'orbite de chaque planète autour du Soleil comme un problème à deux corps : le Soleil et la planète. S'il y avait eu deux Soleils dans notre système solaire, le problème serait devenu un problème à trois corps (les deux

Soleils et la planète), et le chaos serait alors entré en force (fig. 50). Les planètes auraient eu des orbites erratiques et imprévisibles, et les humains qui auraient vécu sur une de ces planètes n'auraient jamais pu percevoir la moindre harmonie. Ils n'auraient jamais eu l'idée de lois régissant l'univers ni qu'il convenait à l'esprit humain de les rechercher. Du reste, dans un système chaotique, la vie et la conscience auraient-elles pu émerger ?

Fig. 50. *Le chaos dans un système à trois corps*. Les deux schémas montrent la complexité de l'orbite d'une planète située dans un système solaire dominé, non pas par un seul Soleil, comme dans le nôtre, mais par deux étoiles de masses égales. La planète suit alors une orbite extrêmement complexe et imprévisible, c'est-à-dire chaotique.

La numérologie et les astéroïdes

Le chaos rôde dans le système solaire. Sa présence cachée va nous aider à comprendre l'origine de ces gros bolides rocailleux qu'on appelle astéroïdes et comètes et qui sont, nous l'avons vu, de puissants agents de la contingence dans son édification du Réel. Leur origine constituait en effet un mystère. Il y a deux siècles, un schéma du système solaire n'aurait inclus que le Soleil, six planètes (Uranus, Neptune et Pluton n'étaient pas encore connues) et ces visiteuses évanescentes qu'étaient les comètes. Les astéroïdes n'avaient pas encore fait leur entrée dans le monde de l'astronomie. Ils la firent en force grâce à un peu de numérologie dans l'étude du ciel.

Kepler n'était pas le seul à penser que les chiffres gouvernaient les cieux et le comportement des planètes. L'astronome allemand Johann Titius (1729-1796) partageait le même avis. En 1766, il proposa une recette très simple pour déterminer les distances des planètes en termes de distance Terre-Soleil : commencez par 0 et 3, puis doublez successivement chaque nombre ; vous obtiendrez alors la séquence 0, 3, 6, 12, 24… Ajoutez ensuite 4 à chaque nombre et divisez le résultat par 10. La séquence deviendra : 0,4, 0,7, 1,0, 1,6, 2,8, 5,2 et 10,0. Comparez à la séquence des distances des planètes au Soleil : 0,39 (Mercure), 0,72

(Vénus), 1,0 (Terre), 1,52 (Mars), ?, 5,20 (Jupiter) et 9,54 (Saturne). Sauf pour le ?, l'accord est remarquable. La recette de Titius reproduit extraordinairement bien les distances du Soleil aux six planètes connues à l'époque. Pourtant, cette découverte numérologique ne fit pas grand bruit et tomba vite dans l'oubli. Elle connut une seconde vie quand l'astronome allemand Johann Bode (1747-1826) l'exhuma et la répandit auprès du grand public en 1772, si bien qu'elle est maintenant connue sous le nom de formule de Titius-Bode. Elle acquit encore plus de crédibilité quand la planète Uranus fut découverte en 1781 par l'astronome anglais William Herschel (1738-1822) à une distance de 19,2, alors que la formule donnait 19,6.

Pourtant, un mystère subsistait concernant le ? dans la séquence de nombres. La formule de Titius-Bode prédisait l'existence d'un corps céleste entre les orbites de Mars et de Jupiter, à 2,8 fois la distance Terre-Soleil. Or ce corps restait désespérément absent. Une recherche intensive de la planète manquante s'organisa. En 1801, l'astronome-moine sicilien Giuseppe Piazzi (1746-1826), travaillant à l'observatoire de Palerme, découvrit un objet céleste de très faible luminosité à la distance prédite par la formule. Celui-ci était trop peu brillant pour être une planète et bougeait dans le ciel par rapport aux étoiles éloignées. Piazzi le baptisa Cérès, du nom de la patronne de la Sicile et déesse de l'agriculture dans la mythologie romaine. Cette première découverte fut suivie par une avalanche d'autres, favorisées par l'invention de la plaque photographique à la fin du XIXe siècle. Des objets de faible luminosité bougeant par rapport aux étoiles se multiplièrent durant les années qui suivirent. Nous savons aujourd'hui que Cérès est l'un des plus gros représentants d'une population de 1 million de bolides rocailleux au paysage déchiqueté, appelés astéroïdes. Ces astéroïdes orbitent tous entre Mars et Jupiter, formant une sorte de ceinture rocheuse. Une question se pose : ces innombrables corps rocailleux ne sont-ils pas les débris d'une planète qui a éclaté en mille morceaux à la suite de quelque événement catastrophique ? L'hypothèse ne paraît pas très plausible, car si on recollait tous les astéroïdes ensemble on n'obtiendrait pas une planète comme la Terre, mais une sphère d'à peine 1 500 km de diamètre, soit moins de la moitié de la taille de notre Lune. De plus, nous n'avons pas la moindre idée de ce qui peut ainsi faire voler en éclats une planète. Il est plus raisonnable de penser que ces débris n'ont jamais été ensemble, mais qu'ils sont les laissés-pour-compte du jeu de l'agglomération des planétésimals qui s'est déroulé il y a 4,6 milliards d'années, lors de la naissance du système solaire.

Que penser de la formule de Titius-Bode ? Elle a passé la tête haute les tests d'Uranus et de la Ceinture d'Astéroïdes… Cela implique-t-il pour autant que les chiffres gouvernent la disposition des planètes ?

Que l'accord entre la séquence de nombres donnée par cette formule et la distance séparant les planètes n'est pas un pur hasard, mais serait inscrite dans les lois qui régissent la formation des systèmes planétaires ? Qu'en d'autres systèmes planétaires, autour d'autres soleils, dans d'autres voies lactées, la même séquence numérique s'appliquerait ? La réponse à ces questions est assurément non. La formule de Titius-Bode échoua d'ailleurs misérablement aux tests suivants. Neptune, découverte simultanément par le Français Urbain Le Verrier (1811-1877) et par l'Anglais John Couch Adams (1819-1892) en 1846, est à 30,1 fois la distance Terre-Soleil au lieu des 38,8 fois prévues par la formule. Pluton, la planète la plus lointaine, découverte en 1930 par l'Américain Clyde Tombaugh, n'est qu'à 39,3 fois la distance Terre-Soleil, au lieu de 77,2. Ce désaccord concernant Pluton peut probablement s'expliquer, car les astronomes pensent que cette dernière n'est pas une planète comme les autres, mais probablement le membre le plus proéminent d'une famille de milliers d'astéroïdes recouverts de glace qui orbitent à la périphérie du système solaire. À preuve la très petite masse (deux millièmes de la masse de la Terre) et la très petite taille (66 % du diamètre de la Lune) de Pluton. D'autre part, la très grande inclinaison de son orbite : son plan orbital est incliné de 17,1 degrés par rapport au plan du Zodiaque, alors que toutes les autres planètes poursuivent leur ronde autour du Soleil dans celui-ci. En outre, Pluton possède l'orbite la plus excentrique de toutes les planètes. À tel point qu'à l'endroit de son orbite le plus rapproché du Soleil, Pluton en est plus près que Neptune de quelque 100 millions de kilomètres…

Si l'échec de la formule dans le cas de Pluton est entouré de circonstances atténuantes, dans celui de Neptune il ne présente en revanche aucune excuse. Ce qui fait douter que la formule de Titius-Bode soit une loi fondamentale de la Nature, car elle devrait alors s'appliquer à toutes les planètes sans exception. Faut-il conclure qu'il s'agit d'une simple coïncidence numérique ? Difficile de répondre par un oui catégorique, car la formule rend quand même compte de l'emplacement de sept planètes et de la Ceinture d'Astéroïdes. Affaire à suivre…

Les astéroïdes et les orbites manquantes

À ce jour, les astronomes ont répertorié quelque 5 000 orbites d'astéroïdes parmi le million de corps rocailleux qui peuplent la Ceinture d'Astéroïdes. Puisqu'il y a tellement foule, on pourrait penser qu'il y a maints carambolages, chocs et collisions entre ces morceaux de pierre célestes qui tous fendent l'air selon des orbites elliptiques autour du Soleil, entre Mars et Jupiter. Rien ne serait plus faux : l'espace est si vaste qu'un astéroïde quelconque est séparé en moyenne de plusieurs millions de kilomètres de son voisin le plus proche, si bien que les collisions frontales constituent plutôt l'exception que la règle.

Pourtant, un mystère sévissait au royaume des astéroïdes. L'astronome américain Daniel Kirkwood (1814-1895), menant son enquête en 1857 sur les orbites des bolides rocailleux, s'aperçut que certaines de ces dernières étaient manquantes ! Les astéroïdes évitaient systématiquement toutes les orbites dites « en résonance » avec celle de Jupiter. Ces orbites « résonantes » ont une période (le temps mis pour accomplir une révolution complète autour du Soleil) qui est une fraction entière (1/3, 1/2, etc.) de celle de Jupiter. Par exemple, quand Jupiter accomplit un tour autour du Soleil tous les 12 ans, un astéroïde doté d'une période de 4 ans sera dans une résonance de 3 à 1 avec la planète géante. Cet astéroïde se retrouvera situé pareillement par rapport à Jupiter et subira la même impulsion gravitationnelle de celle-ci toutes les trois orbites. Ce phénomène de résonance, nous l'avons tous éprouvé quand nous jouions, enfants, à la balançoire. Pour aller de plus en plus haut, avec un mouvement de va-et-vient de plus en plus ample, la personne qui poussait devait coordonner ses gestes avec le mouvement d'oscillation de la balançoire. Il fallait pousser juste au moment où celle-ci atteignait l'endroit le plus élevé dans sa trajectoire, avant de repartir dans l'autre sens. C'est-à-dire que, pour amplifier le mouvement, il fallait pousser « en résonance » avec le mouvement de va-et-vient. Pousser sans coordination ne menait à rien : la balançoire ne prenait jamais de hauteur. Comme pour la balançoire, l'astéroïde est poussé « en résonance » par la force gravitationnelle de Jupiter.

Kirkwood pensait que c'étaient ces impulsions répétées qui avaient poussé graduellement l'astéroïde hors de son orbite de résonance, ce qui expliquait les orbites manquantes. Cette explication était insatisfaisante, car incomplète : elle ne nous disait pas ce que devenait l'astéroïde une fois qu'il avait quitté l'orbite de résonance. Demeurait-il dans la Ceinture d'Astéroïdes à suivre sagement une orbite elliptique entre Mars et Jupiter, ou bien allait-il quitter son lieu d'origine, s'en aller croiser les orbites de la Terre et de Mars, voire tuer quelques dinosaures ? Les astronomes n'ont pas la longévité nécessaire pour suivre en direct les changements d'orbites des astéroïdes. Ceux-ci se déroulent sur des échelles de temps de quelque 100 000 années. De nouveau il faut recourir aux équations différentielles de Newton pour extrapoler dans le futur. Mais, de nouveau, nous nous trouvons face au problème des corps multiples : il nous faut non seulement tenir compte de l'influence gravitationnelle du Soleil sur l'astéroïde, mais également de celles de Jupiter et de Mars. Ce problème n'admet pas, nous l'avons vu, une solution exacte. Les astronomes eurent recours à la méthode des « perturbations », traitant les influences de Jupiter et de Mars comme de menus additifs à l'influence du Soleil, ce qui n'est pas tout à fait vrai. Comme pour la Lune, cette méthode n'a mené nulle part. Les astronomes levèrent les bras au ciel, et le problème des orbites manquantes en resta là.

Des visites du côté de la Terre

Le mystère des orbites manquantes des astéroïdes revint à l'ordre du jour dans les années 1970. Il est vrai qu'un événement nouveau de grande importance s'était produit : l'ordinateur avait vu le jour, et sa puissance de calcul était telle qu'extrapoler des orbites d'astéroïdes jusqu'à des centaines de milliers d'années dans le futur était devenu envisageable. L'Américain Jack Wisdom, travaillant à l'Institut de Technologie de Californie (CALTECH), se donna pour tâche de construire un modèle du système solaire sur son ordinateur. Il plaça 300 astéroïdes sur une orbite manquante, celle qui est dans la « résonance » de 3 à 1 avec Jupiter. Ces astéroïdes avaient donc une période de 4 ans, exactement le tiers de celle de Jupiter. Pour obtenir une « vue d'aigle » de l'ensemble des orbites, Wisdom utilisa les techniques développées par Henri Poincaré : les mouvements des astéroïdes furent scrutés non plus dans l'espace réel à trois dimensions, mais dans l'espace mathématique multidimensionnel des phases. Dans cet espace abstrait, le changement de position et de vitesse de chaque astéroïde se traduisit par les méandres d'une trajectoire sinueuse. Comme Poincaré, Wisdom obtint une vue simultanée du flux des 300 astéroïdes en étudiant leurs intersections avec un plan vertical. Et comme Poincaré, Wisdom entrevit le chaos.

Dans l'espace des phases, des régions chaotiques où les mouvements des astéroïdes étaient désordonnés et non prévisibles, et le futur indéterminé, apparurent entremêlées et juxtaposées avec des régions d'ordre où les mouvements étaient réguliers et prévisibles, et le futur bien défini. Dans certains cas, les astéroïdes répétaient bien sagement leurs orbites d'une révolution à l'autre autour du Soleil, sans grand changement pendant des centaines de milliers d'années. Dans d'autres, après environ 100 000 ans de comportement tranquille, l'astéroïde pouvait brusquement troquer son ancienne orbite elliptique entre Mars et Jupiter contre une autre qui l'envoyait se balader du côté de Mars et de la Terre. Ces excursions ne sont pas sans risques, et des astéroïdes vagabonds entrent de temps à autre en collision avec l'une de ces deux dernières. L'ordinateur révéla à Wisdom qu'en moyenne, sur cinq astéroïdes dans l'orbite en résonance de 3 à 1 avec Jupiter, l'un pouvait brusquement avoir quitté sa trajectoire habituelle pour s'embarquer dans une orbite totalement chaotique au bout d'un demi-million d'années. Ainsi s'expliquerait le mystère des orbites manquantes. Ces orbites sont situées dans des zones chaotiques où d'infimes changements de position ou de vitesse peuvent entraîner des orbites totalement différentes. Ces orbites chaotiques envoient les astéroïdes du côté de Mars ou de la Terre, et vident les orbites de résonance dans la Ceinture d'Astéroïdes. Ainsi le rôle de Jupiter n'est-il pas de faire sortir les astéroïdes de leurs orbites habituelles par une série de chiquenaudes gravitationnelles, comme le pensait Kirkwood, mais de créer par sa gravité des conditions chaotiques qui modifient les orbites des astéroïdes.

De nouveau nous voyons que les lois parfaitement déterministes de la gravitation universelle de Newton recèlent les germes mêmes du chaos. Sans ce grain de folie, la gravité newtonienne n'aurait jamais pu nous envoyer des visiteurs de la Ceinture d'Astéroïdes. Sans le chaos tapi dans l'ombre, peut-être les dinosaures régneraient-ils encore sur Terre, et peut-être la Lune ne serait-elle pas présente pour jeter sa douce clarté sur les étreintes nocturnes des amoureux.

Le ver va-t-il ronger toute la pomme ?

Mais si les équations de Newton contiennent au plus profond de leur substance les germes du chaos, qu'en est-il des mouvements des planètes dans le système solaire ? Si le chaos a envahi le domaine des astéroïdes, pourquoi n'en serait-il pas de même pour les planètes ? Si le ver était déjà dans la pomme, pourquoi ne rongerait-il pas la pomme tout entière ? Les mouvements incessants des planètes, qui ont toujours symbolisé aux yeux de l'espèce humaine la pérennité, la permanence et la constance face aux aléas, à l'impermanence et à l'inconstance de la vie quotidienne, recèleraient-ils le chaos et l'imprévisible ? La mécanique céleste qui semblait si bien huilée contiendrait-elle les germes de sa propre destruction ? Le système solaire, qui apparaissait si stable à une échelle de temps de quelques millénaires, serait-il en fait profondément instable sur des intervalles de temps plus longs ?

La question de la stabilité du système solaire n'est pas nouvelle. Elle était déjà d'actualité il y a plus de 200 ans, et l'astronome et mathématicien français Pierre Simon, marquis de Laplace, fut l'un des premiers à lui apporter un élément de réponse.

Un jeune homme pressé

Né en 1749 dans une ferme de Normandie, Laplace montra très tôt une grande aptitude pour les mathématiques. Après de brillantes études à l'université de Caen, il monta à l'âge de vingt ans à Paris pour se frotter aux grands esprits de l'époque et faire ses premières armes. Muni de lettres de recommandation élogieuses de ses professeurs, il frappa à la porte du philosophe et mathématicien Jean d'Alembert (1717-1783), l'un des personnages les plus en vue de la vie universitaire française de l'époque. Ce dernier s'était lui aussi penché sur les problèmes de la mécanique céleste, en particulier sur les mystères des mouvements de la Lune. Brillant cerveau, il avait la réputation de venir souvent en aide aux jeunes gens prometteurs. D'Alembert refusa tout d'abord de recevoir Laplace, lui faisant dire que les personnes qui se présentaient munies de lettres de recommandation ne l'intéressaient pas. Sans se déconcerter, Laplace revint chez lui composer une longue dissertation sur les principes généraux de la mécanique qu'il soumit au maître. L'originalité de la pensée et l'évidente maîtrise du sujet dont faisait preuve Laplace conquirent d'Alembert, qui lui ouvrit alors toutes grandes les portes de sa maison et lui apporta toute son aide. Tant et si bien qu'au bout de quelques jours seulement Laplace fut nommé professeur de mathématiques à l'École militaire !

D'Alembert n'eut pas à regretter sa décision, car depuis cet instant jusqu'à sa mort, en 1827, Laplace fit plus que justifier la confiance que le vieil homme lui avait témoignée. Il excella non seulement en astronomie et en mathématiques, mais montra aussi un sens aigu de la survie politique en traversant les soubresauts de l'histoire de France de la Révolution à l'Empire, puis à la Restauration, sans jamais être inquiété ni perdre la faveur des dirigeants en place. Napoléon Bonaparte le nomma même ministre de l'Intérieur en 1799. Mais les dons qui lui étaient si précieux en sciences (précision, minutie, remise en question permanente) le desservirent en tant qu'administrateur. « Il ne pouvait survoler une question, voyant des subtilités partout », écrira plus tard Napoléon à Sainte-Hélène à son sujet. En termes modernes, Laplace faisait du « micro-management », si bien que les décisions n'étaient jamais prises. Ses fonctions de ministre ne durèrent que six semaines, mais Napoléon le tint toujours en très haute estime, le récompensant plus tard par l'octroi du titre de marquis. L'Empereur n'était pas sans reconnaître le prestige qu'apportaient les grands scientifiques à son règne ; dans le cadre de la constante rivalité entre la France et l'Angleterre, il n'était pas mécontent d'avoir à ses côtés le « Newton français ».

L'hypothèse de Dieu n'est plus nécessaire

Si cette brève aventure politique ne fut pas des plus réussies, la carrière scientifique de Laplace fut, en revanche, exceptionnelle. Il s'attaqua dès 1773 au problème de la stabilité du système solaire. Problème formidable, car il s'agissait de prendre en compte en même temps les interactions gravitationnelles mutuelles entre le Soleil et les six planètes connues. Si le problème des trois corps était déjà difficile, comment progresser sur un problème des sept corps ?

On savait déjà à cette époque que plusieurs planètes étaient rebelles aux équations newtoniennes et affichaient des irrégularités dans leurs mouvements. Newton pensait que ces déviations pouvaient amener à l'éclatement du système solaire, à moins que, de temps à autre, la pendule ne soit comme par magie (le physicien anglais alla même jusqu'à postuler une intervention divine) remise à l'heure.

Saturne et Jupiter se montraient particulièrement réfractaires. Au bout de 1 000 ans, Jupiter déviait de sa position calculée de près de 1 degré (deux fois la taille angulaire de la pleine Lune), alors que Saturne était à plus de 2 degrés de là où elle devait se trouver. Le jeune Laplace s'attaqua au problème et démontra qu'il y avait résonance entre les deux planètes : Saturne faisait deux révolutions autour du Soleil en approximativement le temps qu'il fallait à Jupiter pour en accomplir cinq, si bien qu'elles se retrouvaient à peu près au même endroit dans le plan du Zodiaque environ tous les 59 ans. Tout comme la balançoire s'élance de plus en plus haut vers le ciel si elle est poussée en résonance avec son mouvement de va-et-vient, ces rendez-vous périodiques entre Jupiter et Saturne provoquent des impulsions gravitationnelles répétées qui, en s'accumulant au fil du temps, font dévier les deux planètes de leurs orbites habituelles. Point essentiel, Laplace démontra que ces déviations ne pouvaient croître indéfiniment. Celles-ci atteignent un maximum, puis décroissent jusqu'à un minimum, pour croître à nouveau jusqu'à un nouveau maximum, le tout dans un cycle de 900 ans. Les irrégularités sont toujours bridées, leurs excès toujours contenus ; elles ne peuvent s'emballer et devenir si grandes qu'elles risqueraient d'entraîner l'éclatement du système solaire. Selon Laplace, les planètes poursuivront leurs rondes autour du Soleil jusqu'à la fin des temps. Pour lui, le système solaire est une merveilleuse horlogerie cosmique, une mécanique bien huilée, mue par la seule force de la gravitation universelle. Dans son œuvre maîtresse, *Traité de mécanique céleste*, il s'est employé à démontrer comment les mathématiques règlent le monde, et que la grande loi de la Nature découverte par Newton peut expliquer avec une précision inouïe les mouvements les plus divers, de la chute d'une pomme dans un verger jusqu'au mouvement de la Lune autour de la Terre. Ce fut ce travail qui lui fit lancer ce formidable cri d'optimisme selon lequel une intelligence qui connaîtrait à un instant donné les forces qui animent les choses de la Nature et leurs positions appréhenderait tout à la fois le passé, le présent et le futur de l'univers. Rien ne serait plus incertain. L'horloge cosmique est si bien huilée qu'elle marche toute seule. Une intervention divine n'est plus nécessaire. Quand il présente sa *Mécanique céleste* à Napoléon et que celui-ci lui demande pourquoi il n'a pas fait mention du Grand Architecte, Laplace s'écrie : « Sire, je n'ai pas besoin de l'hypothèse de Dieu. »

Un planétaire digital

Le prestige et la réputation de Laplace, ses œuvres de vulgarisation (c'est lui qui introduisit les termes de « mécanique céleste » dans le langage de la physique), contribuèrent grandement à diffuser ses idées parmi le grand public. Ses vues déterministes furent débattues dans maints salons parisiens par les mathématiciens, philosophes et autres brillants esprits de l'époque. Une objection était souvent émise : le système solaire pouvait-il être aussi stable et éternel que le prétendait Laplace ? Ce dernier avait démontré que les déviations des planètes par rapport à leurs orbites idéales étaient petites et le restaient. Pourtant, il y avait nombre d'exemples, dans la vie quotidienne, d'une toute petite cause entraînant de grands effets. Quel alpiniste n'a pas vu la chute d'une pierre insignifiante déclencher une avalanche catastrophique ? Nous sommes tous familiers de la situation d'un tas de sable en équilibre précaire ; ajoutez-y quelques grains et le tas tout entier s'écroulera. Même avec de menues déviations, les orbites des planètes ne pourraient-elles pas devenir instables ? N'entreraient-elles pas en collision les unes avec les autres et ne seraient-elles pas éjectées du système solaire ? Malgré l'immense autorité de Laplace, un doute subsistait. Laplace lui-même dut d'ailleurs reconnaître que les lois de Newton n'expliquaient pas tout. Par exemple, la Lune refusait obstinément de se plier aux équations newtoniennes. Y avait-il des aspects de la théorie du grand physicien anglais qui lui échappaient ?

Le doute persista au cours du siècle suivant. Il ne trouva à s'étayer qu'après la découverte du chaos par Henri Poincaré, à la fin du XIXe siècle. Comme nous l'avons vu, celui-ci perçut des zones de désordre juxtaposées et entremêlées avec des zones d'ordre quand il s'attaqua au problème des trois corps. Cette découverte rendit plausible la possibilité que le système solaire pût d'un coup basculer de l'ordre dans le désordre, et contînt ainsi les germes de sa propre destruction.

Pour en avoir le cœur net, il suffirait, me direz-vous, d'extrapoler les équations des orbites planétaires de Newton loin dans le futur. Laplace n'avait après tout emmené Saturne et Jupiter que de quelques cycles de 900 ans dans le temps, ce qui n'était qu'un battement de cils dans l'histoire du système solaire. Celui-ci a un passé de 4,6 milliards d'années et probablement a-t-il encore autant de temps devant lui. La seule catastrophe annoncée surviendra dans 4,5 milliards d'années, quand le Soleil deviendra une « géante rouge ». À cet instant, il aura consommé tout son carburant d'hydrogène et entamera sa réserve d'hélium. Cette nouvelle source d'énergie fera enfler notre astre du jour de cent fois sa taille actuelle. L'enveloppe brûlante de la « géante rouge » engouffrera Mercure et Vénus. Les habitants de la Terre verront le ciel rougir et la chaleur éteindra toute vie. Pour survivre, nos descendants devront émigrer vers le bord du système solaire, sur Pluton par exemple, loin des brûlants tentacules de la « géante rouge ».

Mais comment extrapoler des équations dans le futur ? Nous avons vu que le problème des trois corps n'admettait pas de solution algébrique exacte. *A fortiori* le problème des dix corps (le Soleil et les neuf planètes) en admettrait-il encore moins. L'algèbre ne pouvant venir à la rescousse, les astronomes se tournèrent vers cet allié si précieux de l'astrophysique moderne qu'est l'ordinateur. Mais même les calculs par ordinateur posent de formidables difficultés. Les raisons en sont multiples. D'abord, les planètes évoluent autour du Soleil à des rythmes très différents. Plus la planète en est éloignée, plus elle met de temps pour accomplir son périple autour de ce dernier (c'est une des lois planétaires de Kepler : la période d'une révolution est proportionnelle à la distance Soleil-planète à la puissance 1,5). Ainsi Mercure, la planète la plus proche du Soleil, se hâte-t-elle et accomplit-elle un tour en 88 jours, justifiant bien son surnom de « prompt messager des dieux ». Par contre, la plus lointaine, Pluton, prend son temps et, avec son allure de tortue, met près de deux siècles et demi (248 ans) pour accomplir une révolution autour du Soleil. Or, quand on veut suivre l'évolution du système solaire dans son ensemble, c'est toujours la planète dont la période est la plus courte (Mercure, en l'occurrence) qui dicte le tempo. Comme Mercure a besoin d'être scrutée jour après jour dans son parcours autour du Soleil, il faudra aussi suivre jour après jour le comportement de Pluton. Mais cela entraîne un énorme gaspillage de calculs pour les planètes extérieures, car leur tempo est des centaines, voire plus d'un millier de fois plus lent que celui de Mercure. Pluton aurait besoin d'être scrutée toutes les quelques années, et non pas tous les quelques jours. C'est comme si vous vouliez photographier la course d'un lièvre et d'une tortue ; à cause de la vélocité du lièvre, il vous faudra prendre des clichés des deux coureurs toutes les quelques minutes pour étudier leurs positions respectives. La position du lièvre changera considérablement d'une photographie à l'autre, tandis que celle de la tortue bougera à peine. Beaucoup de pellicule sera gaspillée pour la tortue.

Outre ce problème, la traque du chaos ne révèle rien de vraiment très intéressant avant des centaines de milliers, de millions, voire de milliards d'années dans le futur. Il faut donc des ordinateurs dotés de puissances de calcul fantastiques. Jusque dans les années 1970, même les ordinateurs les plus avancés ne possédaient pas la puissance requise. Faute de mieux, les chercheurs calculaient des « systèmes solaires-jouets » tronqués des planètes intérieures et ne comprenant que les extérieures (Jupiter, Saturne, Uranus, Neptune et Pluton), ce qui leur permettait de supprimer le lièvre et de ne travailler que sur la tortue, d'avancer donc plus vite dans le calcul des orbites. Au lieu de suivre les planètes jour après jour dans leur évolution, on pouvait faire des pas de géant dans le temps en franchissant plusieurs années à la fois. Mais, même avec un système solaire tronqué, le plus qu'on ait pu voyager dans le futur, vers la fin de 1983, ne représentait que quelque 5 millions d'années. Dans cet intervalle de temps, aucun phénomène chaotique ne s'était manifesté. Laplace n'aurait-il pas eu raison, après tout ? Le système solaire ne serait-il pas stable ? La ronde des planètes ne serait-elle pas éternelle ?

L'affaire rebondit en 1984, quand deux chercheurs américains au MIT, Jack Wisdom (celui-là même qui débusqua le chaos dans la Ceinture d'Astéroïdes et qui entre-temps avait quitté CALTECH) et Gerald Sussman, mirent au point un ordinateur spécialement conçu pour calculer les orbites planétaires, qu'ils baptisèrent « planétaire digital ». Tout comme les merveilles mécaniques des XVIIIe et XIXe siècles, le planétaire digital reproduisait les mouvements des planètes. Seulement, au lieu d'être un assemblage de sphères de tailles variées, montées sur des bras en métal, tournant à des rythmes différents autour d'un point central grâce à un système d'engrenages sophistiqué et aussi précis qu'une horloge, le planétaire digital était fait de circuits électroniques, et les orbites des planètes étaient représentées par des chiffres. Mais, avant de s'embarquer pour un voyage dans le futur du système solaire avec le planétaire digital, il fallait à tout prix s'assurer que toute irrégularité ou déviation d'une orbite normale montrée par une planète était bien réelle, et non pas artificiellement causée par l'ordinateur du fait de sa mémoire limitée. Celui-ci ne peut en effet stocker en mémoire des nombres d'une longueur illimitée. Il doit nécessairement les tronquer et les arrondir. Par exemple, si l'ordinateur ne peut stocker que 6 chiffres après la décimale, le nombre 1,4576952 sera arrondi en 1,457695. L'erreur pour un seul nombre est certes minime, mais elle s'accumule pour devenir énorme après les millions d'opérations effectuées par l'ordinateur. Ces erreurs numériques peuvent alors provoquer dans les orbites des irrégularités artificielles qui n'ont rien à voir avec la réalité. Une autre source d'erreurs vient du fait que les mouvements des planètes sont continus, alors que l'intégration d'une équation est par nature un processus discontinu : on divise le temps en petits intervalles et on fait avancer les planètes par petits bonds d'un intervalle de temps à un autre. Comment s'assurer que ces erreurs restent infimes et ne faussent pas les conclusions ?

On fait faire à la planète un aller-retour dans le temps. On amènera Pluton, par exemple, grâce aux calculs, jusqu'à 200 millions d'années dans le futur, puis on inversera le sens du temps pour la faire revenir en arrière de 200 millions d'années. Un calcul parfait, qui serait sans erreur, ferait revenir la planète exactement à son point de départ. Par contre, si les erreurs sont grandes, les positions de départ et de retour seront totalement différentes. En minimisant le plus possible ces erreurs, Wisdom et Sussman réussirent le véritable exploit de transporter Pluton à 845 millions d'années dans le futur, puis de la faire revenir en arrière à une position finale qui ne différait que de 1/6 de degré (soit seulement 1/3 de la taille angulaire de la pleine Lune) de sa position initiale. L'erreur étant minime, la scène était prête pour la chasse au chaos au sein du système solaire.

Pluton imprévisible

Les deux chercheurs s'embarquèrent dans une odyssée à travers le temps et voyagèrent à 845 millions d'années dans le futur du système solaire, soit près de 1/5 de son âge actuel. De nouveau, pour éviter le problème du lièvre et de la tortue, ils durent ôter au système les quatre planètes intérieures (Mercure, Vénus, la Terre et Mars). Malgré cette amputation, il fallut au planétaire digital cinq mois de calculs ininterrompus pour accomplir ce voyage dans le temps. Au bout de ce long voyage, le chaos avait-il fait son apparition ? Les orbites planétaires s'étaient-elles laissé envahir par le désordre ? La réponse fut non pour la majorité des planètes. Le chaos demeurait obstinément absent dans le cas des quatre planètes géantes (Jupiter, Saturne, Uranus et Neptune). Ces dernières montraient bien des variations dans l'inclinaison, l'orientation et la forme de leurs orbites, mais vraiment pas de quoi fouetter un chat… Seule Pluton, la planète la plus lointaine, dont le nom fut donné jadis au dieu des Enfers, n'affichait pas cette sagesse exemplaire.

Pluton avait toujours détonné parmi les planètes extérieures : petite (à peine 1/5 de la taille de la Terre) parmi les grandes (Jupiter a onze fois le diamètre de la Terre), elle n'évolue pas dans le plan du Zodiaque, comme toutes les autres planètes. Inclinée de 17 degrés, son orbite est si excentrique qu'il lui arrive d'être plus proche du Soleil que Neptune. Par exemple en 1989, quand Pluton a croisé l'orbite de Neptune et s'est rapprochée du Soleil de 100 millions de kilomètres de plus que cette dernière. Du fait de ces croisements d'orbites, on pourrait s'inquiéter d'un risque de collision entre Neptune et Pluton. Or cela n'arrive jamais. Les deux planètes s'évitent toujours habilement, dans une sorte de danse synchronisée, grâce à une résonance entre leurs mouvements : Neptune fait à peu près trois fois le tour du Soleil pendant deux révolutions de Pluton, si bien que chaque fois que Neptune croise l'orbite de Pluton, celle-ci se trouve toujours à l'autre bout de son orbite elliptique, aussi loin que possible de celle-là.

Le voyage dans le futur de Wisdom et Sussman leur a permis de dénicher encore d'autres résonances pour Pluton. Ainsi, l'inclinaison de l'orbite plutonienne oscille avec des périodes de 3,8 et 34 millions d'années. De plus, l'endroit de l'orbite le plus proche du Soleil (appelé périhélion) revient toujours au même endroit tous les 3,7, 27 et 137 millions d'années.

Pourtant, malgré ces nombreuses variations périodiques, Pluton refuse avec entêtement de s'emballer et poursuit tranquillement son bonhomme de chemin autour du Soleil.

Mais si ces irrégularités périodiques voulaient nous dire que Pluton était vraiment au bord du chaos ? Et qu'il s'en fallait d'un rien pour la faire basculer de l'ordre au désordre, la précipiter de la placidité dans le tumulte ? Peut-être Pluton est-elle dans la situation d'un monceau de neige en équilibre précaire sur une corniche et qu'un petit caillou peut transformer en avalanche, ou dans celle d'un tas de sable qu'un grain supplémentaire suffit à faire s'effondrer ?

Pour en avoir le cœur net, Wisdom et Sussman firent l'expérience suivante : ils mirent deux Pluton imaginaires côte à côte, avec des vitesses et des positions presque identiques, et suivirent leurs orbites dans l'espace abstrait des phases avec le planétaire digital. Si les trajectoires divergeaient, le chaos était présent. Si elles se suivaient l'une l'autre, il était absent. Nos deux compères virent les trajectoires diverger exponentiellement. La distance séparant les deux Pluton doublait tous les 2 millions d'années, et cela sans relâche. Si bien qu'au bout de 25 millions d'années la séparation initiale était multipliée par près de 5 800. Le mouvement de Pluton n'est donc pas prévisible, tout comme le temps qu'il fera dans un mois ne l'est pas. Un tout petit changement de vitesse ou de position entraîne des trajectoires totalement différentes. Le chaos est bien présent dans le mouvement de Pluton.

Mais cela ne veut pas nécessairement dire que nous verrons Pluton venir se balader demain du côté de la Terre, aller s'écraser sur Mars, ou encore quitter définitivement le système solaire. Après tout, elle a passé plus de 4 milliards d'années à tourner tranquillement autour du Soleil. Le chaos est bien en Pluton, mais il est bridé et contrôlé. Peut-être même a-t-il été le responsable de l'orbite si particulière de la planète. On peut penser que Pluton a vu le jour dans le plan du Zodiaque, comme toutes ses consœurs, mais qu'en passant par une série d'états chaotiques elle s'est retrouvée dans son orbite actuelle.

La découverte du chaos en Pluton soulève un point d'interrogation en ce qui concerne toutes les autres planètes. Peut-être que si le chaos ne s'est pas encore manifesté en elles, c'est que le planétaire digital n'a pas calculé assez loin dans le futur. Après tout, le chaos aime la compagnie. Il est contagieux ! Le moment semble venu d'utiliser un ordinateur encore plus puissant, capable de transporter un système solaire non tronqué, où les neuf planètes seraient présentes, beaucoup plus loin encore dans le futur…

Le futur indéfini du système solaire

Le flambeau a été repris par le Français Jacques Laskar, travaillant au Bureau des longitudes de Paris. Cette vénérable institution a été créée en 1795 par la Convention, sous l'impulsion de l'abbé Grégoire, pour reprendre aux Anglais la maîtrise des mers. En effet, il fallait déterminer avec précision la position des navires, et donc savoir calculer les longitudes en se servant de la position des étoiles dans le ciel. Le Bureau des longitudes avait pour mission de calculer aussi précisément que possible les trajectoires des corps célestes. Il publie chaque année une éphéméride, c'est-à-dire une collection de tables donnant les positions du Soleil, de la Lune, des planètes, etc., tout au long de l'année. Ces tables permettent non seulement de calculer les positions des navires, mais sont aussi très utiles à d'autres fins. Les astronomes s'en servent pour planifier leurs observations, la NASA pour envoyer des sondes spatiales à la rencontre des corps célestes du système solaire. Les calendriers et les fêtes publiques sont basés sur ces éphémérides. Ainsi, la mosquée de Paris consulte le Bureau des longitudes pour déterminer la date officielle du ramadan, qui est fixée en fonction de l'apparition de la nouvelle Lune. Le Bureau compte aussi parmi ses « clients » des personnages assez inattendus. L'assureur voudra savoir si le conducteur avait le Soleil dans les yeux au moment de l'accident. Le juge d'instruction et le policier demanderont s'il faisait pleine Lune ou nuit noire à l'instant fatidique du crime. L'architecte aura besoin de la position de notre astre solaire pour orienter correctement la maison qu'il est en train de construire. Le cinéaste voudra savoir si la Lune sera pleine au moment du tournage de scènes de nuit. Sur des échelles de temps plus longues, le paléoclimatologue voudra tout connaître de l'ensoleillement de la planète il y a 50 millions d'années. L'astronome, lui, souhaitera apprendre le sort du système solaire dans quelques centaines de millions d'années : sera-t-il stable ou bien va-t-il se disloquer, chaque planète partant de son côté ?

Nous avons vu que Laplace, l'un des membres fondateurs du Bureau des longitudes, avait opté pour la stabilité. En marchant sur les pas de son illustre prédécesseur, Jacques Laskar rencontra au contraire le chaos. Pour ce faire, notre chercheur injecta dans son ordinateur une expression mathématique longue de quelque 150 000 termes algébriques décrivant le comportement moyen des planètes dans leurs orbites autour du Soleil. Laskar n'était pas intéressé par des variations à court terme – des petites déviations, ici ou là, durant des milliers, voire des dizaines de milliers d'années, puis la planète rentrant dans le droit chemin – mais par des changements à long terme. Tout comme l'économiste qui, pour étudier l'évolution de la Bourse, ne prêtera pas attention aux mouvements journaliers en dents de scie de chaque action, mais à la valeur moyenne de 40 actions (appelée CAC 40) sur une période de 30 jours.

Laskar transporta ainsi le système solaire jusqu'à 200 millions d'années dans le futur. Pour traquer le chaos, il fallait répéter le calcul en modifiant un tout petit peu les conditions initiales. De nouveau la « question à 1 000 francs » était : dans l'espace abstrait des phases (caractérisé non seulement par les coordonnées spatiales, mais aussi par les coordonnées en vitesse), les trajectoires d'une planète avec des conditions initiales légèrement différentes restent-elles proches l'une de l'autre, leur écart augmentant proportionnellement avec le temps, ou bien divergent-elles exponentiellement, leur écart doublant, redoublant puis redoublant encore dans un temps donné, ce temps étant d'autant plus court que le système est plus chaotique ?

La réponse donnée par l'ordinateur est sans équivoque : le système solaire tout entier, y compris les planètes intérieures, est chaotique. Le comportement imprévisible de Pluton est la règle plutôt que l'exception. De minuscules différences de position s'amplifient de façon si démesurée que les trajectoires qui en résultent sont totalement divergentes. Cette dépendance si extrême à l'égard des conditions initiales signifie que le présent est déconnecté à la fois du futur et du passé. Le futur est imprévisible, et le passé à jamais perdu.

Laskar constata que la séparation entre deux trajectoires d'une planète quelconque avec des conditions initiales très légèrement différentes doublait tous les 3,5 millions d'années. Deux Terres imaginaires différant seulement de 100 mètres au départ se retrouveraient, au bout de 100 millions d'années, à environ 40 millions de kilomètres l'une de l'autre, soit près du tiers de la distance Terre-Soleil ! Ce qui fait que les trajectoires planétaires ont un passé indéfini et un futur incertain, car les mesures des positions des planètes ne sont jamais parfaitement précises. Mais, comme pour Pluton, le hasard ne peut pas faire non plus ce que bon lui semble : il est tenu en bride. Le futur indéfini des orbites n'implique pas nécessairement que nous verrons demain la Terre venir se balader du côté de Vénus ou quitter le système solaire. La Terre va très probablement poursuivre sagement sa ronde actuelle autour du Soleil dans son orbite présente. Mais on ne pourra jamais en être absolument sûr. Il existera toujours un tout petit risque qu'elle ne le fasse pas. Le rêve de déterminisme absolu de Laplace a volé en éclats.

Dieu joue aux dés avec les planètes

Notre capacité de voir le futur des planètes intérieures (Mercure, Vénus, la Terre et Mars) s'amenuise considérablement au bout de quelques dizaines de millions d'années. Le hasard évacué par le déterminisme newtonien et laplacien revient en force dans le monde macroscopique. Il avait déjà envahi le monde des atomes grâce à l'avènement de la mécanique quantique au début du XXe siècle. Bohr, Heisenberg et Pauli nous ont dit que nous ne pouvons parler d'une trajectoire de l'électron comme nous parlons de la trajectoire de Jupiter autour du Soleil. Nous ne pourrons jamais préciser à la fois sa position et sa vitesse. Comme Janus, l'électron a deux visages : il est à la fois particule et onde. Il n'est particule que quand nous l'observons. Loin du regard scrutateur, il arbore son visage d'onde. Au lieu de suivre sagement une seule orbite autour du noyau d'atome, il virevolte, fait des pirouettes et occupe tout l'espace vide de l'atome, comme une onde causée par un caillou se propage pour occuper la surface de l'étang tout entier. L'électron échappe au carcan du monde déterministe. On ne pourra jamais prédire où il sera à un moment donné. Tout au plus pourra-t-on estimer la probabilité qu'il soit ici ou là. Comme les vagues de l'océan, l'onde de l'électron possède des crêtes et des creux. On aura plus de chances de le rencontrer aux crêtes, mais, même là, il n'y aura aucune certitude que l'électron sera au rendez-vous. La probabilité de l'y trouver sera grande, mais jamais égale à 100 %.

Le monde des atomes était ainsi tombé sous la coupe du hasard. On pensait que le monde macroscopique et surtout que la forteresse de la mécanique céleste, imprenables, ne succomberaient jamais aux assauts du non-déterminisme. Henri Poincaré a trouvé des failles dans les murailles de cette forteresse dès la fin du XIXe siècle. Le chaos s'y est engouffré en force et le bastion des planètes, qui avait donné naissance au déterminisme, est tombé avant même que le XXe siècle ne soit écoulé. « Dieu ne joue pas aux dés », disait Einstein, déterministe invétéré, à propos de la mécanique quantique. Il ne pouvait pas supporter l'idée que le hasard menât le bal dans le monde des atomes. Qu'eût-il dit s'il avait su que Dieu joue aussi aux dés avec les planètes ?

L'idée que le bastion déterministe des planètes était imprenable demeurait si bien ancrée dans les esprits que les résultats de Laskar furent d'abord accueillis avec un grand scepticisme. Les critiques fusèrent de tous côtés. Se borner à regarder le comportement moyen des planètes n'était peut-être pas adéquat. Peut-être les orbites planétaires divergeaient-elles non pas à cause de phénomènes chaotiques, mais du fait de l'accumulation des erreurs numériques introduites par l'arrondissement des nombres. Laskar tenta de répondre à ces attaques en identifiant les causes physiques susceptibles de générer du chaos dans le système solaire. Ce faisant, il se retrouva nez à nez avec le phénomène de résonance. De subtiles interactions gravitationnelles existent entre Mars et la Terre d'une part, entre Mercure, Vénus et Jupiter d'autre part. Ces résonances sapent la prévisibilité. Elles sont l'ennemi du déterminisme. De même que pousser une balançoire en résonance avec son mouvement de va-et-vient la propulse de plus en plus haut vers le ciel pour le plus grand plaisir des enfants, de même des impulsions gravitationnelles répétées amplifient de petites différences initiales jusqu'à mener à l'imprévisibilité.

En science, le meilleur moyen de vérifier l'exactitude d'un résultat est de faire refaire le calcul ou l'observation, de préférence par d'autres chercheurs utilisant des méthodes et instruments totalement différents. D'autres astronomes se mirent donc à l'œuvre pour traquer le chaos dans le système solaire. Certains ne se contentèrent plus de suivre simplement le comportement moyen des planètes, ainsi que l'avait fait Laskar. Ils scrutèrent en détail l'évolution future de chaque planète. D'autres construisirent des ordinateurs spécialement conçus pour translater le système solaire dans le temps. Au bout du chemin, le verdict fut unanime : quels que fussent les méthodes de calcul ou les ordinateurs utilisés, les systèmes solaires fictifs exhibaient invariablement un comportement chaotique. Un menu changement des conditions initiales, et voilà les orbites qui divergeaient exponentiellement au bout d'un temps variant de 3 à 30 millions d'années. Le chaos ne se limitait pas aux planètes intérieures ; il envahissait aussi les extérieures. Nombre d'orbites comprises entre Uranus et Neptune ne sont pas stables. Mettez-y des corps célestes, et la moitié d'entre eux seront éjectés du système solaire au bout de 5 milliards d'années environ. De ce processus d'éjection on peut induire l'existence possible d'un système solaire peuplé, il y a plusieurs milliards d'années, de nombreuses petites planètes (en sus des neuf que nous connaissons actuellement) de la taille de la Lune, qui furent éjectées ultérieurement ; celles qui sont restées, plus massives, étaient moins sujettes au risque d'éjection.

Le rôle que le chaos a joué dans la formation du système solaire reste enrobé de mystère. Ce dernier s'est-il formé très vite, en quelques millions d'années, passant de la nébuleuse solaire primitive à sa configuration actuelle, toute la matière s'agglomérant dans les planètes et laissant peu de débris ? Si c'est le cas, on ne peut dire que le chaos ait été un acteur très important. Ou, au contraire, le système solaire s'est-il élaboré graduellement, au fil de milliards d'années avec maints débris pullulant entre les embryons de planètes et le chaos jouant le rôle de « balayeur de débris » ? Nul ne le sait encore. On ne peut exclure que le chaos ait aussi son mot à dire quant à l'existence d'une dixième planète dans le système solaire ; une telle masse supplémentaire perturberait l'équilibre précaire du système, ce qui entraînerait l'éjection de la masse perturbatrice.

Le chaos non catastrophique

Les « systèmes solaires-jouets » montrent tous des signes de chaos. Mais si celui-ci est tellement omniprésent, une question se pose : le système solaire s'est formé il y a 4,6 milliards d'années, soit une très longue durée. Pourtant, les planètes poursuivent encore aujourd'hui leur révolution tranquille autour du Soleil. Comment se fait-il que pendant tout ce temps elles n'aient pas été prises de folie, que leurs orbites ne se soient pas entrecroisées, que des collisions frontales ne les aient pas fait voler en éclats ? Comme nous l'avons vu, chaos n'est pas nécessairement synonyme de désordre, de folie et d'instabilité. La planète Pluton s'est comportée avec retenue et modération pendant des milliards d'années, alors que son orbite ne pouvait être prédite au-delà de quelques dizaines de millions d'années. Nous nous retrouvons à nouveau face à un chaos bridé. Il existe toujours un petit risque que le système solaire se désintègre dans le futur, que les planètes partent chacune de leur côté dans les quelques millions d'années à venir, mais cette probabilité est extrêmement réduite. Si l'ordinateur calculait l'évolution d'un milliard de « systèmes solaires-jouets », il ne se passerait rien, dans les 4,5 milliards d'années à venir, pour la très grande majorité d'entre eux. La Terre continuerait à accomplir sa révolution annuelle autour du Soleil, le printemps continuerait de nous enchanter avec son exubérance de couleurs, et l'hiver de nous attaquer de ses morsures glaciales. Parmi ce milliard de « systèmes solaires-jouets », nous en verrons peut-être un qui sera soudain pris d'un grain de folie et se disloquera.

On dit que le hasard est « bridé » dans le système solaire quand les perturbations gravitationnelles demeurent faibles et que les phénomènes de résonance ne les amplifient pas. C'est précisément parce que le chaos ne donne pas libre cours à toutes ses excentricités que Newton et Laplace ont pu penser que le système solaire était une mécanique merveilleusement huilée, dont le futur, le présent et le passé pouvaient être déterminés avec une certitude absolue. Le chaos qui rôde dans les recoins du système solaire constitue donc une sorte de passerelle entre, d'une part, le monde abstrait, purifié et idéalisé des lois physiques, et, d'autre part, la complexité et le désordre du monde concret où nous évoluons.

Des orbites stellaires chaotiques

Par les belles nuits chaudes d'été, une grande arche blanchâtre traverse le ciel, qui ravit les yeux. Sa teinte laiteuse a inspiré aux Anciens le nom de « Voie lactée ». Nous savons aujourd'hui que ce n'est rien d'autre que le disque de notre galaxie, un ensemble d'environ 100 milliards de Soleils liés par la gravité. Parce que le système solaire se trouve dans le disque, nous voyons ce dernier par la tranche, ce qui lui donne cet aspect de bande lumineuse qui découpe le ciel. Les étoiles ne sont pas immobiles dans ce disque aplati de 90 000 années-lumière de diamètre. Comme dans une sorte d'immense manège cosmique, elles tournent autour du centre galactique (cahier photo, n° 9). Ainsi, notre Soleil, une étoile de banlieue à 30 000 années-lumière du centre de la Voie lactée (c'est-à-dire aux deux tiers du rayon galactique en allant vers le bord), entraîne notre système solaire à travers 250 km d'espace à chaque seconde. Ce qui fait que nous faisons le tour de la galaxie tous les 250 millions d'années. Depuis sa naissance, il y a 4,6 milliards d'années, notre astre a décrit 18 fois cette ronde galactique.

C'est la gravitation universelle de Newton qui dicte le mouvement des étoiles dans le disque. Une question se pose donc : si le chaos rôde au cœur des équations de Newton, ne va-t-il pas aussi envahir le monde des étoiles ?

Le Français Michel Hénon, de l'Observatoire de Nice, a voulu en avoir le cœur net. Pour visualiser le mouvement des étoiles dans le disque de la galaxie, il a fait appel à la méthode du plan vertical de Poincaré. Le passage de chaque étoile à travers ce plan correspond à un point dans sa surface. Si l'orbite se répète, le point sera toujours le même. Si elle ne se répète pas, si la boucle n'est pas bouclée, l'orbite traversera le plan en un endroit différent et le point changera de place. C'est en suivant les pérégrinations de ces points que Hénon a vu le chaos envahir le monde des étoiles. Pourtant, celui-ci ne se manifesta pas d'emblée. Les premières orbites calculées pour des étoiles possédant une énergie de mouvement moyenne se comportèrent très sagement. Bien qu'elles ne fussent pas complètement régulières et ne se répétassent jamais tout à fait, elles étaient loin d'être imprévisibles. Les points n'erraient pas au hasard dans le plan de Poincaré, mais y traçaient une courbe à la forme bien définie, ressemblant à celle d'un œuf. Ce qui voulait dire que les étoiles se déplaçaient au sein du disque galactique dans un volume ayant la forme de la chambre à air d'une bicyclette, et qu'on appelle *tore*. Hénon eut la curiosité d'augmenter l'énergie de mouvement des étoiles. La courbe en forme d'œuf se déforma en une figure plus compliquée épousant des figures de 8 ou bien se morcelant en boucles distinctes. Mais les orbites restaient stables et le chaos était toujours absent. Hénon augmenta encore l'énergie des étoiles ; tout à coup, comme par magie, le chaos fit son apparition. Les points se mirent à vagabonder dans le plan de Poincaré. Si, par endroits, il était encore possible de les joindre par une courbe continue, à d'autres cela devenait quasiment impossible. Des îlots d'ordre apparaissaient çà et là, perdus dans un vaste océan de désordre. Les orbites stellaires étaient devenues instables et le chaos avait envahi la « galaxie-jouet ». Deux points proches l'un de l'autre dans le plan de

Poincaré pouvaient appartenir à des orbites totalement différentes. Or c'est là la marque du chaos : changez tant soit peu l'énergie de l'étoile, et son orbite devient imprévisible.

Des attracteurs étranges

Mais, comme dans le cas des planètes, chaos ne signifie pas désordre total. Le chaos est déterministe et le désordre est bridé. Dans l'espace abstrait des phases, les points d'intersection des orbites avec le plan vertical de Poincaré dessinent des formes bien définies. Au contraire de figures informes ou indistinctes, les dessins tracés sont extrêmement esthétiques et ravissent les yeux. Les points ne s'éparpillent pas au petit bonheur, mais sont « attirés » vers des courbes à la forme étrange et fantastique, auxquelles les physiciens ont donné le nom d'« attracteurs étranges ».

Étranges, car ces si jolis dessins sont la résultante de deux tendances antagonistes. D'une part, une tendance convergente, puisque toutes les orbites sont attirées irrésistiblement vers ces dessins comme un clou l'est par un aimant, d'autre part une tendance divergente, puisque des orbites initialement très proches les unes des autres divergent exponentiellement au bout d'un certain temps. Étranges, aussi, car ces dessins sont toujours semblables à eux-mêmes, quelle que soit l'échelle à laquelle vous les examinerez. Admirez les lignes délicates d'un attracteur étrange sur une feuille de papier ; prenez une loupe et grossissez une partie de cet attracteur étrange : vous y retrouverez les mêmes dessins, mais en plus petits. Grossissez de nouveau une partie de ces dessins à petite échelle, et vous reconnaîtrez de nouveau les mêmes tracés. Les mêmes motifs se répètent à l'infini, quel que soit l'effet grossissant de votre loupe.

Hénon découvrit que l'attracteur étrange des orbites stellaires a la forme d'une banane. Les traits qui dessinent cette forme incurvée montrent une certaine épaisseur et révèlent cette propriété bien curieuse de pouvoir se dédoubler sans fin. Prenons une loupe pour les grossir. Chaque trait se divise en deux. Grossissons encore. Chacun des deux nouveaux traits se divise à son tour en deux autres. Répétons le processus *ad infinitum* avec des loupes de plus en plus puissantes. Les traits se divisent à l'infini, comme une série sans fin de poupées russes emboîtées les unes dans les autres. Un point correspondant à une orbite stellaire sera toujours localisé sur l'un de ces traits, mais il sera impossible de deviner où sera localisé le point correspondant à l'orbite suivante, si ce n'est qu'il figurera quelque part sur l'attracteur étrange…

Les attracteurs étranges ne concernent pas seulement les orbites stellaires. Edward Lorenz qui a débusqué, nous l'avons vu, le chaos dans la météorologie y a aussi découvert un attracteur étrange. Dans l'espace abstrait des phases, les mouvements compliqués des masses d'air qui nous amènent la pluie ou le beau temps peuvent être représentés par un point qui danse et virevolte tout en traçant de jolis dessins. Lorenz a montré que les points tombaient toujours dans un attracteur étrange en forme de paire d'ailes de papillon, contenant des boucles et des spirales serrées à l'infini, mais qui ne se répètent jamais (fig. 51). À nouveau, on y voit donc une interminable série de poupées russes. Une loupe révèle qu'une courbe se divise en 2, 4, 8, etc., jusqu'à l'infini.

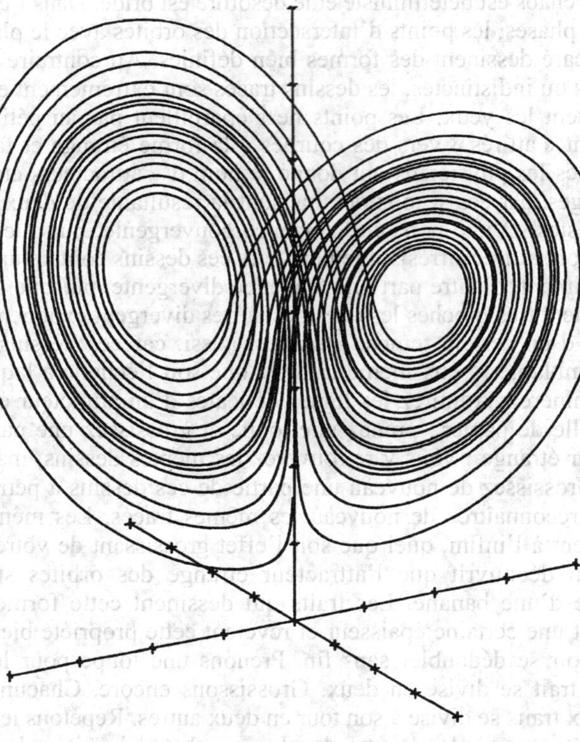

Fig. 51. *L'attracteur de Lorenz*. En étudiant les mouvements de convection de l'air dans l'espace des phases (ces mouvements sont dus au refroidissement de l'atmosphère en altitude. L'air chaud monte et se refroidit, ce qui le fait descendre. En redescendant il s'échauffe, ce qui le fait remonter de nouveau), le météorologue Edward Lorenz découvrit que le point représentant le système météorologique traçait dans le plan de Poincaré une figure belle et étrange en forme d'ailes de papillon. Le point ne répétait jamais son mouvement mais traçait inlassablement des boucles en forme d'ailes de papillon. Il était irrésistiblement attiré vers ces boucles, d'où le nom d'« attracteur étrange » donné au dessin dans le plan de Poincaré. Par exemple, le point pouvait tracer une boucle dans l'aile gauche, puis deux boucles dans l'aile droite, avant de revenir sur celle de gauche. Le mouvement du point était chaotique car on ne pouvait pas prédire où il allait se trouver dans une boucle et sur laquelle des boucles l'instant suivant.

Cette division sans fin soulève une question : comment un espace fini peut-il contenir de l'infini ? La réponse est des plus étonnantes : c'est possible parce que l'attracteur étrange a une dimension fractale…

La côte bretonne est un objet fractal

Sur les bancs de l'école, nous avons appris que certaines choses familières ont un nombre de dimensions qui peut être exprimé par un nombre entier : la ligne droite a une dimension 1, une surface plane a deux dimensions 2, l'espace dans lequel nous évoluons a trois dimensions 3 (haut-bas, droite-gauche, devant-derrière). Or, depuis le début des années 1970, nous savons qu'il existe une catégorie d'objets dont le nombre de dimensions ne peut être exprimé que sous forme de fraction, par exemple 9/5 ou 5/2. Ces objets dont le nombre de dimensions est fractionnel ont été qualifiés de « fractals » par leur découvreur, le mathématicien franco-américain Benoît Mandelbrot (1924-2010).

Vous devez penser que des objets dont le nombre de dimensions n'est pas un nombre entier doivent être très bizarres, dotés d'une forme tarabiscotée et fantasmagorique qui n'existe que dans l'imagination débridée des mathématiciens. Vous vous trompez lourdement. Les objets aux dimensions fractionnaires sont au contraire des objets familiers que nous côtoyons dans la vie courante. Certains d'entre eux éveillent même en nous un sentiment d'indicible beauté : un flocon de neige sur la vitre d'une fenêtre en hiver, un nuage à la forme délicate qui flotte dans le ciel azuré, ou encore une feuille au dessin tout en finesse sur un arbre. Comment repérer ces objets aux dimensions non entières ? La recette est simple : ce sont ceux qui ont des formes irrégulières non répertoriées par la géométrie euclidienne. Qui plus est, l'irrégularité qui les caractérise se répète à toutes les échelles.

Prenons par exemple la côte bretonne. Si vous la contemplez à travers le hublot d'un avion volant à quelques kilomètres au-dessus du sol, vous devinerez sa forme irrégulière générale, mais vous n'en voyez pas les détails comme les jolies plages ou les baies à l'eau limpide. En revanche, si vous suivez en voiture la route qui longe la côte bretonne, autrement dit si vous la contemplez à une distance de quelques dizaines de mètres, vous pourrez admirer ces plages et ces baies dans toute leur splendeur ; mais les menus détails, comme les petits zigzags, les échancrures minimes dans la côte vous échapperont encore. Ces détails, vous pourrez les percevoir si vous longez la côte à pied. Mais vous ne devinerez pas les très menus détails, comme les grains de sable ou les minuscules fragments de coquilles ou de galets. Imaginez-vous maintenant en fourmi parcourant la côte millimètre après millimètre. Vous découvrirez les accidents de terrain les plus infimes, et jusqu'au moindre grain de sable. Les irrégularités se manifestent ainsi à chaque échelle, et les motifs se répètent d'une échelle à l'autre. Les baies, criques et plages révèlent des sous-baies, des sous-criques et des sous-plages qui dévoilent à leur tour des sous-sous-baies, sous-sous-criques et sous-sous-plages… Cette répétition se poursuit jusqu'à l'échelle des atomes, à l'échelle d'un centième de millionième de centimètre.

Vous pouvez vous demander quelle est la longueur de la côte bretonne. Vous n'obtiendrez pas une réponse unique, car celle-ci dépend de la distance à laquelle vous exercez vos talents d'arpenteur pour mesurer cette longueur. D'avion, beaucoup de coins et de recoins de taille inférieure à 1 km seront négligés. La réponse que vous obtiendrez sera donc certainement inférieure à la longueur réelle de la côte. De la route, en voiture, vous verrez mieux les contours sinueux des baies et des criques, mais les irrégularités de moins de quelques mètres vous échapperont. La longueur que vous obtiendrez sera plus grande, car davantage de détails seront pris en compte, mais elle sera toujours inférieure à la vraie longueur. Promenez-vous maintenant à pied le long de la côte, un mètre à la main. La réponse que vous obtiendrez sera plus proche de la longueur réelle de la côte bretonne, mais restera encore inférieure à sa longueur réelle, car les coins et recoins de taille inférieure à un mètre n'auront pas été pris en considération. Et ainsi de suite. La fourmi qui aura tenu compte du moindre grain de sable mesurera une longueur plus grande que vous avec votre mètre pliant, etc. La réponse dépend donc des rapports entre l'objet mesuré (ici la côte bretonne) et l'observateur. Elle est plus ou moins grande selon que ce dernier examine l'objet de près ou de loin. Cette interaction entre objet observé et observateur fait écho à ce qu'il en est dans le monde des atomes où l'acte d'observer perturbe et modifie les propriétés de l'atome observé.

La géométrie de l'irrégulier

Votre bon sens vous dit que les estimations sans cesse croissantes de la longueur de la côte bretonne devront bien converger vers une valeur finale correspondant à la vraie longueur. Et vous auriez raison si la côte bretonne était décrite par une figure géométrique euclidienne, par exemple le cercle. Ainsi, pour mesurer la longueur d'un cercle, la méthode par sommation de segments de plus en plus courts converge bien vers le vrai périmètre du cercle. Ce dernier sera d'abord représenté de façon approximative par un triangle inscrit dans le cercle, puis par un carré, par un pentagone, un hexagone, etc. Le périmètre de ces figures géométriques inscrites dans le cercle approchera de plus en plus celui du cercle. Ce n'est plus le cas dès qu'il s'agit de la longueur d'une figure comme la côte bretonne. Benoît Mandelbrot a découvert que plus l'échelle de mesure diminue, plus la longueur mesurée pour la côte croît jusqu'à devenir infinie, ce qui fait violence à notre bon sens.

En fait, la géométrie euclidienne perd pied dès qu'il s'agit de décrire un objet aussi irrégulier que la côte bretonne, ou plus généralement tout ce qui est tordu, disloqué, discontinu ou rugueux. Elle ne peut rendre compte du non-lisse, du non-arrondi, de l'entrelacé et de l'enchevêtré. Elle échoue quand elle a affaire à du non-régulier. Or c'est l'irrégulier qui caractérise la grande majorité des choses de la vie. Comme Mandelbrot se plaît à le souligner, « les nuages ne sont pas des sphères, les montagnes ne sont pas des cônes, les côtes maritimes ne sont pas des cercles, et les éclairs ne sont pas des lignes droites ». Les formes de la géométrie euclidienne classique (sphère, cercle, cône, etc.) représentent une puissante abstraction de la réalité. Cette géométrie a été énormément utile et a influencé notre vue du monde pendant plus de deux millénaires. C'est elle que la plupart des écoliers apprennent encore aujourd'hui sur les bancs de l'école. Elle a inspiré Platon, pour qui le monde réel n'était qu'un reflet imparfait du monde parfait aux formes euclidiennes parfaites. Parce que le cercle était la forme euclidienne la plus parfaite, Ptolémée pensait que les planètes se déplaçaient sur des cercles dont les centres étaient eux-mêmes en rotation sur des sphères célestes centrées sur la Terre. Cette représentation erronée du monde perdura pendant plus de vingt siècles. Mais, aussi utiles et vénérables qu'ils soient, les concepts euclidiens avaient atteint leurs limites. Pour décrire la complexité du monde, il fallait inventer un nouveau langage, celui de l'irrégulier. Puisque les habituels concepts euclidiens de longueur, de largeur et d'épaisseur donnaient des réponses qui faisaient fi du bon sens, il fallait les abandonner. Mandelbrot envisagea une autre notion pour décrire l'irrégulier, celle de « dimension ».

Les objets fractals ou la régularité dans l'irrégularité

Le concept de « dimension » n'est pas nouveau. Il existe aussi dans la géométrie d'Euclide (IIIe s. av. J.-C.). Mais Mandelbrot reprit l'idée, avancée en 1919 par le mathématicien allemand Felix Hausdorff, de dimensions fractionnaires, c'est-à-dire représentées non par des nombres entiers, mais par des fractions. Une dimension fractionnaire permet de mesurer la rugosité et l'irrégularité d'un objet. La longueur de la côte bretonne tortueuse n'est pas, nous l'avons vu, très bien définie. Par contre, sa sinuosité, son degré d'irrégularité peuvent fort bien se mesurer par une dimension fractionnaire. Le raisonnement suivant vous en convaincra.

La dimension de la côte bretonne doit être plus grande que 1, puisqu'elle ne suit pas une courbe régulière. D'autre part, elle doit être inférieure à 2, puisqu'elle ne s'étale pas pour occuper une surface tout entière. Elle est donc située entre 1 et 2, étant d'autant plus proche de 1 que la côte est lisse et offre peu d'irrégularités, et d'autant plus près de 2 qu'elle est plus accidentée et décrit plus de zigzags pour occuper plus de surface.

La dimension fractionnaire mesure l'irrégularité d'un objet, c'est-à-dire son efficacité à occuper de l'espace. Mandelbrot a qualifié de « fractals » ces objets à la forme irrégulière, à la fois parce que le mot latin *fractus* veut dire cassé, irrégulier, mais aussi parce qu'il rappelle le terme « fraction ».

Les objets fractals ont une propriété particulière : leur manque de régularité n'est pas aléatoire. En fait, il y a de la régularité dans leur irrégularité. Le degré d'irrégularité reste constant à différentes échelles. Un objet fractal présente la même apparence, qu'on le regarde de loin ou de près. Quand vous l'approchez, les menus détails se précisent, mais l'objet présente autant d'irrégularités que quand il est vu tout entier de loin. Les objets fractals ont ce qu'on appelle une « invariance d'échelle » : ils présentent le même aspect, quel que soit leur grossissement. Un motif se répète à l'intérieur d'un même motif plus grand, lui-même inclus dans un motif semblable encore plus grand, à l'instar d'une série sans fin de poupées russes emboîtées les unes dans les autres, ou comme un poisson qui en avale un plus petit, lequel en avale un plus petit, qui en avale un encore plus petit, et ainsi de suite, sans fin. La même irrégularité se répète à toutes les échelles.

La Nature aime les structures fractales

Les objets fractals ont trouvé un champ d'application dans les domaines les plus variés et les plus surprenants, de la géologie à la botanique en passant par la physiologie. La Nature semble avoir une grande affinité pour les structures fractales. En géologie, la géométrie fractale s'est révélée un outil puissant pour décrire les reliefs de la surface terrestre. Par exemple, pour décrire un éboulis de rochers au pied d'une montagne. De loin, l'éboulis se détache sur l'horizon et semble ne posséder aucun relief : le tas de rochers paraît avoir une dimension de 2. Mais, si l'on s'en rapproche, l'éboulis se décompose en une multitude de rochers aussi gros qu'une voiture. Ces rochers remplissent presque – mais pas totalement – l'espace à 3 dimensions, car ils ne s'emboîtent pas exactement, laissant entre eux un réseau d'interstices. La dimension fractale de l'éboulis de rochers est donc inférieure à 3 ; sa valeur exacte est 2,7.

Les structures fractales se retrouvent aussi dans le corps humain. La structure en ramification des vaisseaux sanguins, de l'aorte aux capillaires, est de nature fractale. Les grosses artères se ramifient en artères moyennes qui se ramifient à leur tour en artérioles. C'est la solution la plus efficace que la Nature ait trouvée pour emmagasiner l'énorme surface des vaisseaux sanguins à l'intérieur du volume très limité du corps humain. La Nature a magnifiquement réussi son tour de passe-passe dimensionnel. Bien que le système des vaisseaux sanguins n'occupe qu'environ 5 % du volume du corps humain, sa structure fractale fait que, dans la plupart des tissus, aucune cellule n'est jamais très éloignée d'un vaisseau.

Le réseau sanguin n'est pas le seul, dans le corps humain, à posséder une structure fractale. D'autres parties du corps en sont dotées, toujours dans le but d'empaqueter la plus grande surface dans le plus petit volume. La surface des poumons d'un être humain est supérieure à celle d'un court de tennis ! Pourtant, toute cette surface tient miraculeusement à l'intérieur de la cage thoracique. À nouveau, la Nature a eu recours au système des ramifications : des bronches qui se ramifient en sous-bronches qui se ramifient à leur tour en bronchioles. Le système urinaire, le canal biliaire dans le foie, les fibres qui transmettent les impulsions électriques au muscle cardiaque, tous se révèlent avoir une organisation fractale : des structures qui se ramifient en sous-structures qui se ramifient encore en sous-sous-structures, et un même motif qui se répète d'une échelle à l'autre. Des ramifications pulmonaires aux ramifications botaniques, il n'y a qu'un petit pas à franchir. Ainsi, les ramifications des branches d'un arbre, les dessins délicats d'une feuille ou encore les motifs complexes d'une écorce sont autant de structures fractales.

Mais celles-ci ne constituent pas seulement le langage de la Nature. Elles servent aussi de support conceptuel nécessaire et indispensable à l'étude du chaos. En effet, les attracteurs étranges associés aux systèmes chaotiques (les figures géométriques dans l'espace abstrait des phases vers lesquelles les mouvements d'un système sont irrésistiblement attirés) montrent aussi cette répétition d'un même motif à toutes les échelles, c'est-à-dire une structure fractale. Les objets fractals et le chaos sont intimement et indissolublement liés.

De la turbulence sur Jupiter

Le chaos ne se limite pas aux mouvements des masses d'air qui nous amènent les orages de l'été ou les giboulées du printemps. Il est omniprésent dans tout ce qui est fluide dans le monde qui nous entoure. Promenez-vous sur les quais de la Seine et suivez des yeux l'eau qui coule sous les ponts de Paris. Près des pylônes des ponts, vous verrez des tourbillons qui se forment. Comme mue par une volonté propre, l'eau dessine des mouvements compliqués, irréguliers et apparemment désordonnés. Nous qualifions ces mouvements de turbulents ; le scientifique les décrira comme chaotiques. Le chaos est aussi présent dans le mouvement de l'air qui s'écoule par les tuyaux d'orgues, alors que ceux-ci remplissent l'église d'une musique qui nous transporte. Les gerbes de lave incandescente que les fureurs de la Terre propulsent vers le ciel par la bouche géante d'un volcan sont elles aussi chaotiques. Les volutes de fumée qu'un amateur de cigarette laisse voluptueusement échapper de ses lèvres, l'eau qui coule d'un robinet ou qui se déverse dans les claires fontaines, les trombes d'écume blanche des chutes du Niagara – tout cela est chaos.

Ces phénomènes de turbulence chaotique ne se limitent pas à notre chère Terre. Ils ont aussi envahi l'atmosphère de Jupiter, la planète géante du système solaire. Jupiter mérite bien son nom de dieu de l'Olympe. Elle pourrait engloutir plus de 1 400 Terres, et sa masse est 318 fois celle de notre planète bleue. Elle pèse à elle seule, nous l'avons vu, 2,5 fois plus que toutes les autres planètes, leurs lunes, les astéroïdes et comètes rassemblés. Immense boule de gaz et de liquide sans surface solide, Jupiter est surtout faite d'hydrogène et d'hélium. Parachutez-y une sonde spatiale (ainsi la sonde *Galilée* en décembre 1995) et celle-ci s'enfoncera dans la masse gazeuse. L'énorme pression des couches atmosphériques se fera une joie de comprimer et détruire la pauvre sonde (celle parachutée par Galilée n'a vécu que quelques heures avant de rendre l'âme, mais cela fut assez pour transmettre une moisson de données aux Terriens), Il ne fait pas bon respirer dans l'atmosphère jovienne : elle regorge de vapeurs d'ammoniac.

Un mystérieux phénomène dans l'atmosphère jovienne a depuis longtemps intrigué les scientifiques. Il y existe dans l'hémisphère Sud une Grande Tache Rouge en forme d'ovale, tel un œil gigantesque fixant son regard sur le cosmos. Cette immense masse gazeuse tourbillonnante et turbulente est présente sur Jupiter depuis au moins quatre siècles. L'Italien Galilée (1564-1642) l'a vue en 1609 quand il a braqué le premier télescope vers le ciel. Comment se fait-il que ce tourbillon de gaz ne s'apaise jamais ? Qu'est-ce qui alimente sa fureur ? Les hypothèses les plus folles et les plus invraisemblables ont été avancées. Au XIXe siècle, on pensait que la Grande Tache Rouge était une immense coulée de lave qui s'était échappée d'un volcan à la surface de Jupiter. On sait maintenant que cette explication ne tient pas la route, car Jupiter n'a pas de surface solide. Dans les années 1940, l'hypothèse d'une immense bulle d'hydrogène et d'hélium flottant dans l'atmosphère de la planète géante comme un œuf flottant entre deux eaux a eu le vent en poupe. Puis les choses en restèrent là jusqu'à l'avènement des sondes spatiales *Voyager 1* et *2*, petites merveilles technologiques qui s'en allèrent visiter les planètes extérieures et firent une moisson de découvertes extraordinaires qui modifièrent à tout jamais notre vision du système solaire.

Voyager 2 survola Jupiter et scruta en détail la Grande Tache Rouge. La sonde vit un énorme tourbillon de gaz aux tonalités brunes et orange aussi éclatantes que celles d'une toile impressionniste. Sa taille a varié au cours des siècles. Lors de la visite de *Voyager 1* et *2*, la Tache était légèrement plus grande que la Terre. Mais à son maximum, elle est tellement immense (40 000 km par 14 000 km) qu'elle pourrait à elle seule engloutir 3 Terres. Elle fait un tour sur elle-même dans le sens contraire des aiguilles d'une montre tous les 6 jours environ. Ce gigantesque maelström est emprisonné au milieu d'énormes bandes de nuages horizontales, de couleurs alternativement claires (des zones de haute pression) et foncées (des zones de basse pression). Les bandes sont parallèles à l'équateur en raison de la rotation extrêmement rapide de Jupiter[1]. Le spectacle évoquait un ouragan terrestre de taille démesurée. Mais ce ne pouvait être tout à fait le cas, puisqu'un ouragan tire son énergie dévastatrice de la chaleur libérée lors de la condensation de masses d'air humide en pluie. Or il n'y a pas de trombes de pluie qui se déversent dans l'atmosphère de Jupiter. D'autre part, un ouragan terrestre tourbillonnerait dans l'hémisphère Sud dans le même sens que celui des aiguilles d'une montre (dans le sens inverse dans l'hémisphère Nord). Pourtant, la Grande Tache Rouge, bien qu'étant située au-dessous de l'équateur, tourbillonne obstinément dans le sens opposé des aiguilles d'une montre… Enfin, et c'est là l'objection la plus forte, les ouragans terrestres s'éteignent au bout de quelques jours, bien heureusement pour les Terriens qui se trouvent sur leur passage, alors que la Grande Tache Rouge n'a cessé de se manifester depuis des siècles.

Il fallait donc trouver une explication, et c'est alors que le chaos vint à la rescousse. Ce tourbillon multiséculaire pouvait se comprendre comme un système auto-organisant, une région stable créée et maintenue par le chaos responsable de toute agitation ou turbulence environnante. Un îlot de stabilité dans un océan d'instabilité, un havre de structures au milieu d'une tempête de non-structures. Nous retrouvons ici la juxtaposition de l'ordre et du désordre perçue par Poincaré quand il étudia le problème des trois corps. La Grande Tache Rouge sur Jupiter nous dit que les équations qui décrivent la turbulence d'un fluide recèlent en puissance à la fois déterminisme et chaos. Le désordre, ignoré et réprimé jusqu'à la fin du siècle dernier, manifeste sa présence et réclame d'être reconnu à part entière à côté de l'ordre.

1. Jupiter est la planète qui tourne le plus vite dans le système solaire : elle tourne 27 fois plus vite que la Terre.

Le chaos et les choses de la vie

Le chaos ne réside pas seulement dans le temps qu'il fait sur Terre ou sur Jupiter, dans les orbites des planètes du système solaire ou des étoiles de la Voie lactée. Il peut se manifester à tous les coins de rue, dans les événements les plus quotidiens. Nous avons tous vécu des faits qui paraissaient tout à fait anodins, dénués d'importance au moment où ils s'étaient produits, mais qui ont ensuite radicalement changé le cours de notre vie. Un homme s'est levé un peu plus tard parce que la sonnerie de son réveil ne s'est pas déclenchée, il a raté son rendez-vous, perdu le job qui lui était destiné, et se retrouve faire quelque chose de radicalement différent de ce qu'il avait initialement prévu. Une femme a quelques secondes de retard parce que l'ascenseur de son immeuble est tombé en panne ; grâce à ce petit délai, le pot de fleurs du balcon du dixième étage, qui devait lui tomber sur la tête, la rate de quelques centimètres… Nous nous trouvons là dans des situations qui caractérisent le chaos : de très petits changements dans notre vie peuvent la bouleverser complètement. Des événements *a priori* sans importance déterminent tout le cours d'une vie. Changez tant soit peu les conditions initiales, et votre destin s'en trouve entièrement modifié.

Le chaos est devenu un sujet à la mode. Il fait la une des journaux, et les conférences internationales qui le mettent en vedette se multiplient partout dans le monde. Les ouvrages expliquant à qui mieux mieux les concepts d'« attracteurs étranges » et d'« objets fractals », remplis d'images fascinantes et rivalisant de beauté avec les livres d'art, envahissent les rayons des librairies. Le chaos a été hissé à la dignité d'objet de sciences et des instituts de recherche sont créés partout sur le globe pour l'étudier. Il a ainsi débordé le domaine des sciences naturelles pour envahir des disciplines ou spécialités aussi nombreuses et variées que l'anthropologie, la biologie, l'écologie, la géologie, l'économie, l'histoire, l'architecture islamique, la calligraphie japonaise, la linguistique, la musique, la Bourse, la radiologie, les télécommunications, la planification urbaine et la zoologie, pour n'en citer que quelques-unes.

Le flux et le reflux de la vie

Le chaos a même envahi le flux et le reflux de la vie. Le monde est un chaudron au contenu disparate fait de millions d'espèces vivantes. La forêt amazonienne pullule de reptiles de toutes espèces, d'oiseaux bariolés, d'insectes bourdonnant à qui mieux mieux. Les rivières et les océans regorgent de poissons et autres crustacés, tandis que les jungles abondent de spécimens rares, encore préservés. Comment ces diverses populations évoluent-elles ? Car le chaos a aussi son mot à dire dans l'évolution des espèces. Voyons comment.

Une population de lièvres vit dans une forêt. Que se passerait-il si les ressources nutritives de la forêt venaient à diminuer ou à disparaître ? Qu'adviendrait-il si un loup prédateur survenait, qui se ferait une joie de consommer un lièvre à chaque repas ? Qu'arriverait-il à une population humaine si une épidémie se déclarait et qu'un nouveau virus surgissait ? C'est pour répondre à ces questions qu'une discipline scientifique nouvelle a surgi récemment, celle de l'écologie. Des biologistes férus de mathématiques ont commencé à créer des modèles simples pour étudier l'évolution des populations. Le modèle le plus simple est un schéma classique malthusien : une démographie croissant indéfiniment, sans aucune contrainte alimentaire, morale ou territoriale. Ce modèle à la Malthus (1766-1834) est caractérisé par un taux de croissance lié par exemple à la fécondité. Ainsi, si la population initiale est de 100 000 et que le taux de croissance est de 1,1 (une augmentation de 10 % par an), la population sera de 110 000 l'année suivante. Pour obtenir la nouvelle population, il suffit de multiplier la population initiale par le taux de croissance. Comme un compte d'épargne qui s'augmente continuellement d'un intérêt, la population augmente d'année en année. Mais ce modèle n'est pas très réaliste, car il ne tient pas compte des dures réalités de l'existence : le manque de nourriture entraînant la famine, la lutte et la compétition acharnées pour cette nourriture engendrant des guerres, des maladies et autres épidémies qui déciment les populations, et bien d'autres facteurs encore. Ceux-ci freinent la croissance dès qu'une population devient importante[1].

En incorporant dans le modèle des facteurs limitant la croissance, vous pourrez penser que la population, après des phases de croissance suivies de périodes de surpopulation suivies de périodes de décroissance,

---

1. L'équation du schéma malthusien (croissance continue sans aucun freinage) est :

population (nouvelle) = (facteur de croissance)
× population (ancienne).

La façon la plus simple de prendre en compte le freinage en croissance de population dû aux guerres, maladies, famines, etc., est de multiplier le second membre de l'équation précédente par le facteur (1 – population [ancienne]). La nouvelle équation est alors :

population (nouvelle) = (facteur de croissance)
× population (ancienne) × (1 – population [ancienne]).

Le nouveau facteur à droite limite la croissance, car, lorsque la population augmente, la valeur de (1 – population) diminue, ce qui diminue le produit égal à la population nouvelle.

L'équation ci-dessus est réutilisée maintes fois grâce à un ordinateur. On commence avec une population initiale, on calcule la population nouvelle, qui est remise du côté droit de l'équation pour calculer une autre population nouvelle, laquelle est à son tour remise du côté droit de l'équation, et ainsi de suite.

va atteindre rapidement un équilibre : soit elle reste approximativement constante, soit elle fluctue selon une période assez régulière. Et vous aurez raison : les calculs par ordinateur confirment que, tant que le taux de croissance d'une population (sa tendance à l'explosion démographique et à la surpopulation) reste modéré, avec une valeur comprise entre 1 et 3 (les valeurs inférieures à 1 menant à l'extinction), la population est stable. Rien d'extraordinaire et pas de quoi fouetter un chat ! Mais les événements se précipitent lorsque le taux de croissance dépasse la valeur 3 (correspondant à un triplement de la population chaque année). L'équilibre est rompu et la population se met à osciller entre deux valeurs distinctes d'une année sur l'autre. Si le taux de croissance est encore plus élevé, une seconde bifurcation se produit. L'oscillation double devient quadruple. La population prend successivement quatre valeurs différentes, chacune revenant une fois tous les quatre ans. Si le taux de croissance est encore plus élevé, un nouveau dédoublement se produit : c'est maintenant une séquence de huit valeurs qui reviennent périodiquement tous les huit ans. Les dédoublements se poursuivent et surviennent de plus en plus fréquemment (8, 16, 32, 64, etc.), et les cycles s'allongent de plus en plus à mesure que le taux de croissance augmente.

Pourtant, malgré ce comportement complexe, les mêmes valeurs reviennent périodiquement. Il y a encore de la régularité dans la complexité. Mais cette régularité même disparaît lorsque le taux de croissance dépasse 3,57. Le chaos prend alors le dessus. La périodicité laisse place à l'aléatoire. Les variations de la population semblent devenir totalement désordonnées. Pourtant, au sein de ce chaos, l'ordre n'est pas complètement banni. Il manifeste sa présence de temps à autre. Des cycles stables réapparaissent pour certaines valeurs du taux de croissance, avant de laisser à nouveau la place à l'aléatoire pour certaines autres. Le régulier côtoie l'irrégulier et l'ordre se mêle au désordre. Les cycles totalement chaotiques sont invariablement accompagnés d'autres parfaitement réguliers.

Avant l'avènement de la science du chaos, les écologistes se divisaient en deux factions : d'une part, ceux qui pensaient que les populations évoluaient en général de façon régulière, qu'elles étaient soumises à des lois complètement déterministes ; d'autre part, ceux qui pensaient que la majorité de ces variations étaient aléatoires et ne suivaient aucun schéma précis, étant soumises à l'influence de facteurs environnementaux si imprévisibles et si puissants que toute tendance déterministe se trouvait anéantie. La théorie du chaos réconcilie ces deux points de vue : tout comme le chaos rôde potentiellement dans les équations déterministes de Newton et a envahi le monde apparemment placide des planètes, des modèles déterministes simples de l'évolution des populations peuvent engendrer de l'aléatoire. L'étude de populations de poissons et d'insectes dans des environnements bien contrôlés (comme dans un étang pour les poissons) le montre bien : elles traversent des périodes chaotiques alternant avec des périodes de régularité. Le modèle simple décrit ci-dessus ne s'applique pas directement à l'étude de l'évolution des populations humaines, car celle-ci est compliquée par l'interaction avec d'autres populations à travers les mouvements migratoires.

Le chaos et les épidémies

Si le chaos ne peut être étudié directement dans l'évolution des populations humaines, il peut en revanche être observé dans les épidémies qui font parfois rage sur le globe. Les épidémiologistes ont remarqué que celles-ci suivent des cycles, que les maladies croissent et décroissent de manière périodique. Si les médecins entament une campagne de vaccination, quelle en sera l'issue ? Votre intuition première vous dira que l'épidémie perdra de l'ampleur et sera éradiquée. Et vous aurez raison : la tendance à long terme sera à la baisse. Mais on assistera aussi à des mouvements chaotiques surprenants. Après le début de la campagne de vaccination, il y aura des laps de temps où les cas d'épidémie, loin de diminuer, atteindront des sommets ! Des oscillations d'une telle ampleur sont dues, vous l'avez compris, à des phénomènes chaotiques engendrés par l'action perturbatrice de la campagne de vaccination. Ainsi, si on assiste à une brusque flambée de rougeole ou de tuberculose, les médecins ne devront pas se décourager ni conclure trop hâtivement que la campagne de vaccination a échoué. Malgré ces mouvements chaotiques, l'épidémie sera finalement jugulée.

Les rythmes du cœur

La science du chaos a même aidé les médecins à mieux comprendre le fonctionnement du corps humain. Après tout, le corps est peut-être le système dynamique le plus complexe que l'on puisse étudier. Lieu de mouvements et de courants – mouvements des muscles, des fibres et des cellules, circulation des ions dans les tissus musculaires, courants électriques dans les circuits neuronaux, etc. –, le corps humain a des rythmes subtils et variés qui interagissent tous les uns sur les autres. Il a souvent été décrit en termes réductionnistes : un ensemble d'organes dont chacun est doté de ses propres structures, fonction et chimie. Les étudiants en médecine sont familiers de cette approche réductionniste : ils passent des années à mémoriser les noms des différentes parties de chaque organe et leurs fonctions. Cette démarche s'est révélée fort utile dans le passé, mais elle a ses limites. La science du chaos permet en tout cas d'aller plus loin. Elle donne une vision plus globale et appréhende le corps comme un lieu de mouvements et d'oscillations interagissant de concert. En se servant des techniques de la nouvelle science, les chercheurs ont pu étudier maintes dysharmonies du corps : les désordres respiratoires, la périodicité et l'irrégularité des cycles de croissance des cellules cancéreuses, les fortes variations du nombre des globules blancs et rouges dans les maladies du sang, etc. Le chaos a ainsi donné naissance à une nouvelle physiologie. Celle-ci a surtout été marquée par des découvertes surprenantes concernant un organe vital, le cœur.

Un cœur normal a un battement régulier. Mais si, par malchance, il se met dans un état pathologique où les battements perdent leur régularité, la mort peut s'ensuivre. Ces irrégularités cardiaques ont été répertoriées, cataloguées et étudiées. L'oreille exercée d'un médecin peut en reconnaître des dizaines quand il applique son stéthoscope sur la poitrine d'un malade. Une des irrégularités cardiaques les plus dangereuses est ce qu'on appelle la « fibrillation ventriculaire ». Dans ce cas, au lieu de se contracter et de se relâcher périodiquement – mouvements qui pompent et font circuler le sang –, les tissus musculaires du cœur se tordent de manière anarchique ; le cœur n'est jamais entièrement contracté, ni relâché, et le pompage du sang devient irrégulier. Une des caractéristiques les plus intrigantes de la fibrillation est que les nombreux et divers composants du cœur peuvent fonctionner tout à fait normalement alors que l'ensemble va irrémédiablement de travers. Chaque foyer d'automatisme du cœur peut continuer à envoyer des impulsions électriques régulières, chaque cellule musculaire peut y répondre correctement : en recevant son stimulus, celle-ci se contracte, transmet le stimulus à la cellule voisine, puis se relâche en attendant le prochain stimulus. Mais le cœur dans sa totalité, lui, ne fonctionne plus. C'est pourquoi la science du chaos, science du global, peut aider à comprendre.

Le chaos du cœur

Comment le chaos peut-il envahir un organe comme le cœur ? Pourquoi un rythme qui a été régulier pendant une vie entière, soit plus de 2 milliards de cycles ininterrompus, se détraque-t-il soudain pour s'engager dans une frénésie incontrôlée, puis fatale ? Une équipe de chercheurs de l'université McGill de Montréal, dirigée par Leon Glass, a tenté d'y voir plus clair. Les chercheurs prélevèrent de minuscules (1/80 de cm) agrégats de cellules cardiaques sur des embryons de poulets âgés d'une semaine. En les plaçant ensemble et en les agitant, ils observèrent au microscope un phénomène extraordinaire : les petits morceaux de cœur de poulet se mirent à battre spontanément à l'unisson, suivant le même rythme inné et régulier, sans aucune intervention d'un stimulateur cardiaque. Ils étudièrent ensuite le comportement d'un petit bout de cœur de poulet soumis à un stimulus extérieur appliqué de manière périodique, en l'occurrence un choc électrique. Le cœur de poulet se trouvait ainsi soumis à deux stimuli correspondant à deux rythmes totalement différents : l'un était le rythme inné du cœur, l'autre le rythme imprimé par les chocs électriques. Les chercheurs observèrent que le battement du cœur dépendait de la relation entre ces deux rythmes. Ils retrouvèrent le comportement dynamique exotique et varié que manifestent les systèmes chaotiques. Si la période du rythme inné était un multiple du rythme des chocs électriques, le cœur de poulet battait une fois tous les 1, 2, 3… chocs. En variant la fréquence des chocs électriques, on pouvait provoquer un dédoublement de période : le cœur battait quelquefois selon une certaine période, puis d'autres fois selon une période tout à fait différente. Ce dédoublement de période est similaire à ce que nous avons constaté ci-dessus avec l'évolution des populations. Dans certains cas, les battements, ne suivant aucune période particulière, peuvent devenir aléatoires et irréguliers. Le cœur de poulet est alors envahi par le chaos résultant de l'interaction entre le rythme physiologique inné et la fréquence des chocs électriques.

Ces expériences suggèrent que la fibrillation dans un corps humain peut être provoquée par l'apparition de foyers anormaux secondaires à l'intérieur du cœur, lesquels donnent des impulsions qui entrent en conflit avec le rythme propre au muscle cardiaque. L'interaction entre ces impulsions secondaires et le rythme principal met le cœur dans un état chaotique qui entraîne la fibrillation. Celle-ci est donc une maladie « dynamique ». Elle survient parce que le cœur est un système qui, à partir d'un battement normal, peut cesser de battre, ou battre de manière nouvelle et imprévue. La fibrillation est une forme de chaos stable, qui ne disparaît pas de lui-même. Seule une décharge électrique produite par un appareil de défibrillation à travers le thorax du patient peut ramener le cœur à son état normal. Pour l'heure, l'intensité et la forme exactes de la charge à appliquer sont déterminées par tâtonnements, sans connaissance approfondie de la dynamique du cœur. L'étude du chaos cardiaque en est encore à ses balbutiements. En attaquant le problème des rythmes du cœur de manière globale, les cardiologues espèrent pouvoir identifier scientifiquement les sujets à risque, mieux concevoir les défibrillateurs et prescrire les médicaments adéquats.

Que le chaos soit, et la santé sera !

Certains physiologues en sont même venus à penser qu'une certaine dose de chaos est nécessaire au bon fonctionnement du corps. Ainsi, des chercheurs tentent de mettre au point une application « chaotique » qui pourrait soulager les épileptiques. Chez ces derniers, les crises sont apparemment liées à de grands « pics » électriques dans le cerveau, comme si un grand nombre de neurones se déchargeaient en même temps. En évitant ces « pics », c'est-à-dire en imprimant aux neurones un comportement plus chaotique et aléatoire, on pourrait peut-être supprimer ces crises. L'idée est de « chatouiller » le cerveau en lui appliquant de petites impulsions électriques de façon à déclencher un comportement plus chaotique des neurones. Le chaos remplirait alors paradoxalement une fonction de régulation et de contrôle !

L'irrégularité est un élément fondamental de la vie. Celle-ci puise l'ordre dans un océan de désordre. « C'est en concentrant lui-même ce flux d'ordre que l'homme échappe à la désintégration en un chaos atomique », disait l'Autrichien Erwin Schrödinger (1887-1961), l'un des pères de la mécanique quantique et l'un des physiciens qui se sont penchés sur le problème de l'origine de la vie.

La Bourse et le chaos

L'économie et la finance sont aussi des domaines où la théorie du chaos a son mot à dire. Ce sont en effet des arènes où la « non-linéarité » règne en maître, où une toute petite cause peut entraîner des effets incommensurables. Prenons par exemple le cas simple et idéalisé d'un jeu souvent proposé aux étudiants de la Business School du MIT, jeu concernant la distribution de la bière. Ce jeu est censé les initier aux effets chaotiques susceptibles de se développer dans certains systèmes économiques en apparence tout simples. Chaque participant assume l'un des rôles suivants : ceux d'un détaillant, d'un grossiste, d'un distributeur ou d'un directeur de brasserie, c'est-à-dire une des personnes de la chaîne de distribution qui relie le consommateur de bière à la brasserie qui la produit. Le but du jeu, pour chaque participant à un maillon donné de la chaîne, consiste à disposer d'assez de caisses de bière pour satisfaire la demande de son client sans pour autant en avoir trop en stock. Le participant est pénalisé à la fois pour avoir trop ou pas assez de bière. Ainsi, le détaillant devra commander juste assez de caisses de bière au grossiste pour satisfaire la demande des consommateurs telle qu'il l'anticipe pour la semaine suivante. Le grossiste anticipe la demande du détaillant dans sa commande au distributeur, et ce dernier anticipe la demande du grossiste en passant sa commande de caisses de bière au directeur de la brasserie. De même, ce dernier produit juste assez de caisses de bière pour satisfaire la commande du distributeur telle qu'il l'anticipe.

Le jeu commence avec une demande constante des clients au détaillant : par exemple 10 caisses de bière par semaine. Tant que la demande reste constante, un équilibre s'installe : chacun commande 10 caisses de bière par semaine à son fournisseur, et il suffit à la brasserie de produire le même nombre de caisses de bière pour satisfaire tout le monde. Mais supposons qu'il y ait une perturbation dans l'équilibre du système. Pour une raison quelconque, les clients du détaillant doublent leur consommation de bière, c'est-à-dire achètent 20 caisses par semaine. Votre intuition vous dit que tous les participants à la chaîne de distribution de la bière vont s'adapter rapidement et sans heurt ni peine à cette nouvelle situation en doublant leur commande (ou leur production dans le cas de la brasserie). Or c'est loin d'être le cas ! Au lieu d'une transition en douceur, les commandes hebdomadaires effectuent de grandes oscillations. Ainsi, il n'est pas rare de voir à la trentième semaine le distributeur commander quarante caisses de bière à la brasserie alors que les clients n'en consomment que huit caisses par semaine. De toute évidence, une petite perturbation dans la chaîne de distribution de bière a suffi pour compromettre la bonne marche du système et entraîner un comportement fantasque et inattendu. Si le chaos a envahi un système aussi simple qu'une chaîne de distribution de bière, il n'est pas étonnant que la Bourse soit elle aussi affectée. Après tout, les marchés financiers forment un système dynamique extrêmement complexe, réagissant à la moindre bribe d'information nouvelle : la chute du prix de l'or, la remontée des taux d'intérêt, une élection présidentielle ou encore une grève des ouvriers dans une usine. Une petite perturbation peut entraîner des conséquences considérables. Pour en être convaincu, il suffit d'observer les centres financiers à New York, Londres, Tokyo ou Paris, bourdonnant de milliers d'opérateurs, tous criant à tue-tête et gesticulant à qui mieux mieux pour passer la bonne commande au bon moment tout en surveillant la concurrence et les informations qui pleuvent du monde entier par les lignes téléphoniques, les écrans de télévision et les télécopieurs. La règle du jeu est de maximiser le profit en prenant le moins de risques possible. Chaque opérateur doit vite assimiler l'information, anticiper la direction que va prendre le marché, et se jeter à l'eau pour placer sa commande.

Malgré cette activité frénétique qui confine parfois à la folie, n'y a-t-il pas une description rationnelle de ces hauts lieux du capitalisme ? Après tout, le rêve de tout économiste ou spéculateur est de prévoir les hauts et bas de la Bourse pour en tirer le maximum de profits. La théorie du chaos peut-elle y aider ? Bien que le fonctionnement des marchés financiers soit d'une extrême complexité, il existe des mécanismes autorégulateurs basés sur un mélange subtil de psychologie humaine, de comportement social et de pensée rationnelle. Par exemple, si le prix d'un produit est trop élevé, la demande va baisser, ce qui aura pour conséquence de faire baisser son prix. L'existence de ces mécanismes autorégulateurs a des implications importantes et surprenantes sur le comportement des marchés, des prix et des économies, et peut entraîner le chaos. Ainsi, le comportement du prix de l'or est semblable à l'évolution des populations décrite ci-dessus. Les marchands d'or, pour maximiser leur profit, poussent le prix de l'or aussi haut que possible. Supposons qu'ils augmentent ce prix chaque semaine, tout comme une population à la Malthus croît chaque année. Quand les prix deviennent trop hauts, il y a moins d'acheteurs et le prix baisse, comme la croissance trop forte d'une population est limitée par le manque de nourriture, la maladie ou la guerre. En fait, dans ce modèle simplifié, les équations qui décrivent l'évolution du prix de l'or sont très semblables à celles qui décrivent l'évolution d'une population donnée[1]. Tout comme dans le cas d'une population, le prix de l'or peut atteindre un certain équilibre si son taux d'augmentation d'année en année n'est point trop élevé. Si le taux d'augmentation est un peu plus grand, le prix de l'or commence à osciller entre 2, 4, 8, 16… valeurs possibles, un dédoublement successif qui rappelle celui des populations. Si le taux d'augmentation est encore plus haut, le prix de l'or devient chaotique. Nous sommes encore bien loin de pouvoir prédire les hauts et les bas du cours de l'or, mais les comportements décrits ici suggèrent que la théorie du chaos a tout pour nous aider à mieux comprendre le comportement des marchés et des économies.

Le chaos a ainsi investi la physiologie, la biologie, l'écologie et l'économie. Mais son étude quantitative dans ces sciences dites « molles » est encore loin d'atteindre au degré de sophistication qu'elle connaît dans des sciences « dures » comme l'astrophysique du système solaire, l'hydrodynamique ou même la météorologie. Cette disparité tient à deux raisons principales. D'abord, les systèmes biologiques et économiques sont si complexes qu'il est difficile de trouver les équations qui décrivent avec précision leur évolution temporelle. Les approximations sont ici encore trop simplistes. Ensuite, il s'agit de ce qu'on appelle des « systèmes complexes adaptatifs », c'est-à-dire des systèmes qui apprennent, se souviennent et s'adaptent, changeant par là même la nature du système initial. Ainsi, même si on arrivait à écrire les équations d'évolution temporelle des systèmes biologiques et économiques, ces équations devraient changer lentement avec le temps. Le chemin à parcourir pour aller au but est encore long et ardu.

Malgré ces difficultés, la théorie du chaos nous a déjà appris que certaines situations dynamiques en biologie, économie ou politique, au lieu de conduire à un équilibre, peuvent mener à une évolution temporelle chaotique, impossible à maîtriser. Les politiciens, législateurs et autres responsables officiels doivent donc considérer la possibilité que leurs décisions, loin de produire le meilleur équilibre voulu, puissent induire des oscillations violentes et imprévisibles, assorties de conséquences peut-être désastreuses. La théorie du chaos peut nous aider à

1. Voir la note 1, p. 429.

avoir une meilleure compréhension de ces oscillations afin de mieux les maîtriser.

Le chaos a donc donné de la liberté à la Nature. Celle-ci est libre d'exercer sa créativité. Elle le fait grâce à de subtils principes de symétrie qui se traduisent par une profonde unité du monde physique. Voyons de quoi il s'agit.

IV

L'AUSTÈRE BEAUTÉ DE LA SYMÉTRIE

La beauté du cercle

« Des trois figures géométriques, le cercle, le carré et le rectangle, laquelle trouvez-vous la plus belle, laquelle éveille le plus votre sens esthétique ? » Si je posais la question à un groupe de personnes, les avis différeraient certainement. Mais la plupart des gens placeraient le cercle en premier. En cela, ils rejoindraient les Grecs qui pensaient eux aussi, il y a plus de deux millénaires, que le cercle était la forme géométrique la plus parfaite. Ce qui incita Aristote à proclamer que les mouvements des planètes devaient être circulaires, puisque le ciel était le monde de la perfection. Cette obsession des orbites planétaires circulaires ne prit fin qu'au début du XVIIe siècle quand Johannes Kepler dut admettre à contrecœur que les planètes suivaient des orbites non pas circulaires, mais elliptiques.

Si la forme circulaire vous semble intuitivement la plus belle, vous êtes peut-être bien en peine de dire précisément pourquoi. Le physicien, lui, possède une réponse bien définie : le cercle est le plus beau parce qu'il possède le plus de symétrie. Qu'est-ce que la symétrie ? Le *Robert* nous dit que le nom a été emprunté en 1529 au latin *symmetria*, terme d'architecture lui-même emprunté au grec *summetria* qui signifie « juste mesure, proportion ». Le mot symétrie a donc d'abord été utilisé en architecture pour désigner « l'accord, la proportion des parties d'un bâtiment entre elles et avec l'ensemble, qui concourt à la beauté ». Par la suite, le mot a pris par extension le sens général de « régularité et harmonie dans les parties d'un objet », et a été utilisé en d'autres domaines que l'architecture, spécialement à l'époque classique pour parler d'une œuvre d'art (1660), au XVIIIe siècle en littérature (vers 1770), puis en musique (1847). Dans son *Encyclopédie*, Diderot (1713-1784) lui donne au XVIIIe siècle un sens plus spécifique pour désigner « la distribution régulière des parties, d'objets semblables, de part et d'autre d'un axe autour d'un centre ». Le terme est employé en botanique (1866), en zoologie et surtout en géométrie (1872). Au figuré, on emploie le mot « symétrie » pour parler d'idées, d'arguments ou de situations semblables et qui se répondent. La notion de symétrie évoque donc l'accord, la proportion, la régularité, l'harmonie et la beauté.

S'il veut utiliser la beauté comme guide dans sa recherche des lois physiques pour décrire la Nature, le physicien doit débusquer la symétrie dans les systèmes qu'il étudie. Pour cela, il a besoin d'introduire une définition opérationnelle précise de cette dernière : un objet est symétrique s'il ne change pas d'apparence (on dit qu'il est invariant) quand on le soumet à certaines opérations. Nous avons déjà vu que les objets fractals possèdent une invariance d'échelle, car ils présentent toujours le même motif, quelle que soit l'échelle à laquelle on les examine : de très près, à une toute petite échelle grossie grâce à une loupe, ou de très loin, à très grande échelle. D'autres objets sont invariants par rapport à la réflexion ou à la rotation. Par exemple, certains objets ne changent pas si vous les coupez en deux, conservez seulement une des moitiés et réfléchissez cette moitié dans un miroir. On dit qu'ils possèdent une symétrie de réflexion droite-gauche.

La symétrie droite-gauche

Il n'est pas étonnant que le mot « symétrie » ait une origine architecturale. Les plus grands chefs-d'œuvre architecturaux de l'humanité possèdent presque tous une symétrie bilatérale, c'est-à-dire une symétrie droite-gauche. Considérez par exemple le Taj Mahal en Inde. Placez un miroir géant vertical passant au milieu du bâtiment et réfléchissant sa partie gauche. L'image que vous verrez dans le miroir ressemblera comme deux gouttes d'eau à sa partie droite. À chaque motif dans la partie gauche du Taj Mahal correspond un motif semblable dans la partie droite, comme réfléchi par un miroir. C'est pourquoi la symétrie droite-gauche est aussi dite symétrie de réflexion. Les plus grands architectes à travers les âges et les cultures ont utilisé cette symétrie droite-gauche pour exprimer leurs sentiments d'ordre, de beauté et de perfection, et donner aux yeux et à l'esprit un sentiment indicible d'harmonie. Il n'y a qu'à contempler l'Arc de Triomphe à Paris, les jardins de Le Nôtre à Versailles, ou encore la merveilleuse architecture gothique de Notre-Dame de Paris pour s'en rendre compte. Les flèches de la cathédrale de Chartres qui s'élancent vers le ciel depuis la plaine beauceronne n'obéissent pas à cette symétrie droite-gauche ; cela pour des raisons historiques : ces deux flèches n'ont pas été construites à la même époque, la flèche romane ayant été terminée au XIIe siècle, tandis que la gothique ne le fut qu'au XVIe siècle. Mais dissimilarité des flèches ne signifie pas absence totale de symétrie. En fait, le reste de l'architecture de la cathédrale de Chartres constitue une grandiose illustration du principe de symétrie droite-gauche.

Un autre exemple de symétrie bilatérale est la forme du corps humain. Notre visage possède une symétrie droite-gauche presque parfaite. Prenez une de vos photos-portraits, découpez-la en deux en suivant une ligne droite allant du milieu de votre front jusqu'au milieu de votre menton ; réfléchissez la moitié dans un miroir, et vous verrez votre portrait tout craché. Bien sûr, il y a des différences de détails, parce que la symétrie du visage n'est pas parfaite. Cette bilatéralité fait que vous reconnaissez un ami de profil, que vous l'approchiez de droite ou de gauche. Cette symétrie droite-gauche est probablement le résultat de l'évolution biologique. L'arrangement symétrique des yeux et des oreilles permet à l'homme de voir en relief les paysages et de distinguer la direction des sons, ce qui était essentiel pour sa survie, face à ses prédateurs, il y a quelque 2 millions d'années. En fait, presque toutes les espèces animales possèdent cette symétrie droite-gauche, si bien que nous sommes tout étonnés quand nous en voyons une qui ne la possède pas, comme le flétan, poisson plat qui possède deux yeux du même côté.

La symétrie des cristaux de neige

Il existe des symétries autres que la symétrie droite-gauche. Un cercle ne change pas d'apparence si vous le faites pivoter autour de son centre : il possède ce que l'on appelle une symétrie de rotation. Le cercle possède le plus haut degré de symétrie de rotation, car vous aurez beau le faire tourner de n'importe quel angle, de 5, 70 ou 180 degrés, il restera toujours le même. C'est pour cela que vous avez intuitivement désigné le cercle comme la figure la plus symétrique. Le carré possède lui aussi une symétrie de rotation ; mais il est moins symétrique que le cercle, car vous ne pouvez le faire tourner sans changer son apparence que d'un angle ayant quatre valeurs possibles : 90, 180, 270 ou 360 degrés. Le rectangle est encore moins symétrique, puisque seules les rotations de 180 ou de 360 degrés conservent son apparence. Vous aviez donc raison de choisir le cercle comme la plus belle forme géométrique. Il est plus beau que le carré ou le rectangle, parce qu'il présente le plus de symétrie.

Les cristaux de neige, qui brillent sur les branches des arbres dénudés par la rigueur de l'hiver ou qui se dessinent sur les vitres des maisons après qu'une tempête a recouvert d'une blancheur immaculée la campagne assoupie, sont d'une extrême beauté. S'ils ravissent les yeux, c'est parce que les lois de la cristallisation ont pris de simples gouttes d'eau pour façonner une variété quasi infinie de géométries cristallines avec des symétries tout à fait étonnantes. Ils flattent notre sens esthétique parce qu'ils possèdent à la fois des symétries de réflexion, c'est-à-dire qu'ils présentent la même apparence vus de directions différentes, et des symétries de rotation, c'est-à-dire qu'ils paraissent les mêmes quelle que soit leur orientation (fig. 52).

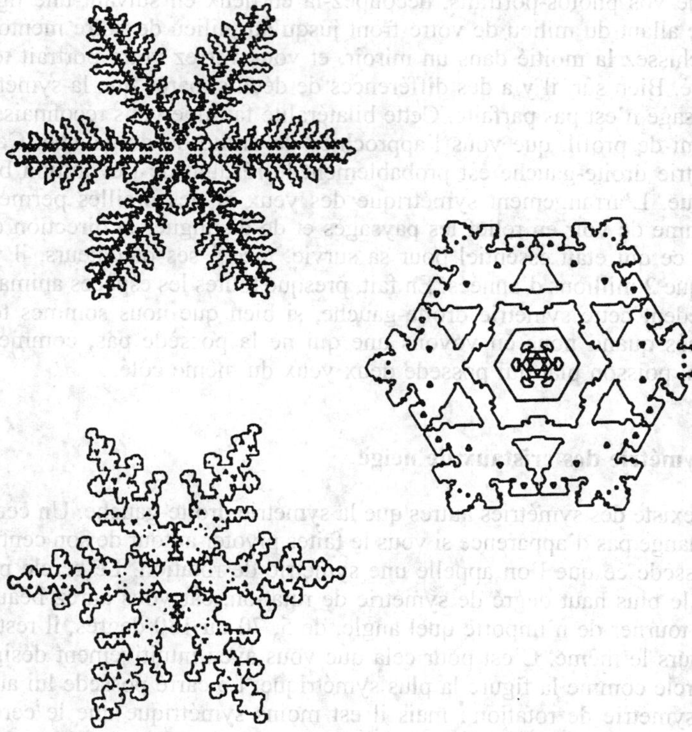

Fig. 52. *La beauté des cristaux de neige*. La Nature aime la symétrie. Elle construit les cristaux de neige en se servant à la fois des symétries de réflexion et de celles de rotation.

La symétrie des lois physiques et les extra-terrestres

Nous nous sommes jusqu'ici penchés sur la symétrie des objets. Nous nous sommes émerveillés devant l'harmonie des jardins de Versailles ou devant celle du Taj Mahal. Nous avons admiré la beauté du visage humain ou d'un cristal de neige. Pourtant, la Nature est infiniment plus subtile. Pour tisser la riche et complexe texture du Réel, elle se sert non seulement de la symétrie des choses, mais elle fait aussi intervenir la symétrie des lois. La symétrie implique constance et invariance. Une loi de la Nature est dite symétrique quand elle ne change pas, quels que soient l'observateur ou les conditions d'observation. Par exemple, les lois de la Nature sont les mêmes quelle que soit l'orientation du laboratoire où on les étudie. Ce qui semble être une lapalissade n'a pas toujours été aussi évident. Aristote pensait que le mouvement naturel dans l'espace était vertical, que toute chose allait de préférence de haut en bas, et que la Nature abhorrait l'horizontal. Il fallut attendre jusqu'au XVIIe siècle pour que Newton, après Galilée, démontre que toutes les directions dans l'espace se valent. La pomme tombe verticalement au sol non parce que c'est une direction privilégiée de l'espace, mais en raison du fait accidentel que nous vivons sur une Terre sphérique qui attire gravitationnellement, grâce à sa grosse masse, la pomme vers son centre.

Les lois de la Nature ne dépendent pas non plus du lieu où vous les étudiez. Que j'observe une galaxie à l'observatoire de Kitt Peak, dans l'aride splendeur du désert de l'Arizona, ou à l'observatoire de Hawaii, dans le paysage lunaire au sommet du volcan éteint de Mauna Kea, ses propriétés ne changeront pas. Un extra-terrestre observant la même galaxie à l'autre bout de la Voie lactée mesurera aussi exactement les mêmes propriétés.

Les lois physiques sont aussi invariantes par rapport au temps. Il importe peu que Johannes Kepler ait découvert les lois qui dictent les mouvements des planètes en l'an 1609 ou en 1997, ou qu'Edwin Hubble ait découvert l'expansion de l'Univers en 1929 au lieu de l'avoir fait à la fin du XXe siècle. Les lois de la Nature ont été, sont et seront toujours les mêmes. Cette invariance des lois par rapport au temps est particulièrement utile à l'astronome. Elle lui permet de se servir des télescopes comme de machines à remonter le temps. Pareil à l'explorateur qui remonte jusqu'aux sources du Nil, l'astronome remonte jusqu'à l'origine de l'Univers, du temps et de l'espace. Bien que la lumière porteuse d'informations voyage à la plus grande vitesse possible dans l'univers (300 000 km/s), elle se déplace à pas de tortue à l'échelle de l'Univers. Nous voyons donc ce dernier toujours avec retard. La Lune nous apparaît telle qu'elle était il y a un peu plus d'une seconde, le Soleil tel qu'il était il y a 8 minutes ; la plus proche étoile, il y a 4 ans ; Andromède, la plus proche galaxie de taille comparable à la Voie lactée, il y a 2 millions d'années, donc quand les premiers hommes apparaissaient sur Terre ; le plus proche amas de galaxies, il y a 40 millions d'années, et la galaxie la plus lointaine à avoir été observée, il y a environ une douzaine de milliards d'années !

Parce qu'elles sont invariantes par rapport au temps et à l'espace, les lois physiques découvertes sur notre petit coin de Terre nous permettent de comprendre les propriétés des étoiles et galaxies à l'autre bout de l'Univers. Ces objets sont si distants que leurs lumières ont commencé leur long voyage intergalactique et interstellaire pour parvenir à nos télescopes il y a très longtemps. Bien avant que les atomes qui composent notre corps ne soient manufacturés par l'alchimie nucléaire d'une étoile massive qui les expulsa plus tard dans le milieu interstellaire à l'occasion d'une violente agonie explosive. Pourtant, malgré des distances qui défient l'imagination, les propriétés de ces mondes lointains peuvent être appréhendées par la raison humaine. Si c'est possible, c'est parce que les lois physiques ne sont pas capricieuses. Elles ne varient pas de galaxie en galaxie, d'un lieu de l'Univers à un autre. La masse d'un atome d'oxygène ou la charge électrique d'un électron dans ces lointaines galaxies sont exactement les mêmes que sur Terre. Cette invariance des lois physiques dans l'espace et le temps pourra être d'une extrême utilité le jour où nous entrerons éventuellement en contact avec une civilisation extra-terrestre. Nous disposerons alors d'un langage commun, celui des lois de la Nature, pour ébaucher un début de conversation !

Le monde dans un miroir

Si les lois de la Nature sont invariantes dans le temps et l'espace, possèdent-elles une symétrie de réflexion, cette symétrie droite-gauche si plaisante à l'esprit humain, qui a inspiré les plus grands architectes et est responsable des plus beaux monuments et jardins aménagés sur Terre ? En d'autres termes, la Nature a-t-elle une préférence pour la droite ou pour la gauche ? Agit-elle comme une maîtresse de maison pointilleuse sur les règles de l'étiquette et qui place toujours l'invité d'honneur à sa droite à la table de banquet ? Pour décider, il nous faut entrer dans le monde du miroir.

Prenez n'importe quel phénomène physique, par exemple la collision de deux boules de billard ou le mouvement des aiguilles d'une montre. Réfléchissez le tout dans un miroir. La règle du jeu est la suivante : si le monde réfléchi dans le miroir suit exactement les lois physiques du monde réel, on dira que ces dernières possèdent une symétrie de réflexion. Dans le monde du miroir, droite et gauche sont inversées. Vous verrez les boules de billard venir à partir de et repartir dans des directions interverties, et les aiguilles de la montre tourner dans l'autre sens. Mais aucune des lois physiques connues ne sera violée. Elles possèdent donc une symétrie droite-gauche. Comme dans *Alice au pays des merveilles* de Lewis Carroll (1832-1898), il faut que vous pénétriez dans le monde du miroir pour vérifier la symétrie de réflexion. Bien sûr, celui-ci n'est pas identique à celui où vous évoluez. Si vous vous regardez dans le miroir, la personne que vous découvrez a bien votre visage et votre sourire, mais telle mèche de cheveux est du côté gauche au lieu d'être du côté droit, votre cœur est légèrement à droite au lieu d'être à gauche, et les hélices enchevêtrées de vos molécules d'ADN s'enroulent dans le sens opposé au sens normal. Mais, *a priori*, rien de tout cela ne viole les lois physiques connues. C'est probablement un accident de l'évolution biologique qui fait que notre cœur est placé légèrement à gauche plutôt qu'à droite. Les chimistes ont réussi à fabriquer en laboratoire des molécules qui sont comme de véritables images vues dans un miroir de molécules qui se trouvent dans la Nature ; elles possèdent exactement les mêmes propriétés physiques que les originales. Ainsi, si comme Alice vous pénétrez dans le monde du miroir et rencontrez un physicien au cœur légèrement du côté droit, et si vous lui demandez de vous décrire les lois physiques qui gouvernent son univers-miroir, ces dernières vous rappelleront si bien la physique de l'univers réel que vous conclurez que les lois physiques ont bien une symétrie de réflexion !

Des noyaux mères et filles

Auriez-vous raison ? La Nature est-elle vraiment impartiale vis-à-vis de la gauche et de la droite ? Jusqu'en 1956, tous les physiciens pensaient que oui. L'idée que la Nature pouvait favoriser un côté par rapport à l'autre, qu'elle agissait comme une maîtresse de maison plaçant toujours son invité d'honneur à sa droite, était des plus choquantes. Pourtant, la Nature s'empressa de détromper les physiciens trop sûrs d'eux-mêmes.

Vers le milieu des années 1950, de nouveaux accélérateurs de particules virent le jour, capables de lancer des faisceaux de particules élémentaires de matière à toute vitesse les uns contre les autres. La matière brisée en mille morceaux donna naissance à une foison de nouvelles particules élémentaires. Il y avait en particulier un groupe de particules dont l'apparition était complètement inattendue, et dotées de propriétés si bizarres que les physiciens, faute d'informations suffisantes, les baptisèrent « particules étranges ». Ces particules n'étaient pas éternelles. Elles se désintégraient spontanément au bout de quelque temps, et leur comportement au cours de ces désintégrations ne cadrait pas avec les lois connues de la physique. Deux physiciens chinois travaillant aux États-Unis, Chen-Ning Yang (né en 1922) et Tsung Dao Lee (né en 1926), se penchèrent sur le problème. Ils furent contraints et forcés de conclure que le comportement des « particules étranges » ne pouvait être compris que si l'on faisait table rase d'un des sacro-saints postulats de la physique : l'idée que la Nature a une symétrie droite-gauche.

Comment vérifier expérimentalement une proposition aussi radicale ? Lee et Yang suggérèrent de scruter le comportement d'un noyau radioactif qui tourne sur lui-même. Mais, avant de faire connaissance avec le noyau radioactif, il nous faut d'abord pénétrer dans le cœur d'un atome. Vous y rencontrerez d'abord le noyau atomique, fait de minuscules briques de matière, les protons, porteurs d'une charge électrique positive, et les neutrons qui, comme leur nom l'indique, n'en portent aucune. Protons et neutrons sont liés ensemble par une très forte colle appelée « force nucléaire forte ». Vous ferez ensuite connaissance avec les électrons, autres briques de matière, porteurs de la même charge électrique que les protons, mais de signe opposé. Il y a autant d'électrons que de protons dans l'atome, si bien que leurs charges électriques respectives s'annulent et que l'atome est neutre. Ce dernier n'a qu'un centième de millionième de centimètre de taille, et est donc minuscule, comparé aux choses de la vie. Pourtant, son volume est immense, comparé à celui du noyau qui n'occupe que le millionième de milliardième (10^{-15}) du volume atomique ! Le noyau au cœur d'un atome est comme un grain de sable au milieu de l'immensité d'un stade de football… Les électrons virevoltent et s'en donnent à cœur joie dans cette immense salle de bal de l'atome. Parce que le volume du noyau est si petit par rapport à celui de l'atome, la matière qui nous entoure, la chaise sur laquelle vous êtes assis, le vase de fleurs qui égaie la chambre ou le livre que vous tenez entre vos mains, tous ces objets ne sont presque constitués que de vide à l'échelle submicroscopique !

Comme la très grande majorité des objets dans l'Univers, le noyau atomique n'est pas immobile, mais tourne sur lui-même. Cette rotation a un sens bien déterminé qui définit une direction géographique. Par exemple, si le noyau tourne d'ouest en est, comme la Terre, le pôle Nord sera en haut et le pôle Sud en bas. Par contre, s'il tournait dans l'autre sens, d'est en ouest, les pôles seraient intervertis, le pôle Nord étant en bas, le pôle Sud en haut. Ainsi, si la Terre se mettait à tourner en sens inverse, non seulement le Japon ne serait plus le pays du Soleil-Levant, mais il serait celui du Soleil-Couchant, l'Australie serait dans l'hémisphère Nord, cependant que l'Alaska se trouverait dans l'hémisphère Sud.

Faisons maintenant connaissance avec le noyau d'un élément dit « radioactif ». La radioactivité est la propriété de certains noyaux atomiques de perdre spontanément de leur masse en émettant des particules ou des rayonnements électromagnétiques. Le noyau original, dit « noyau mère », se transmute en un « noyau fille ». La force responsable de cette transmutation est appelée « force nucléaire faible » dans la mesure où elle a très peu de vigueur par rapport à la force nucléaire forte qui, on l'a vu, relie protons et neutrons dans le noyau. Cette transmutation s'effectue en éjectant un électron qui s'échappe à toute vitesse. Celui-ci est créé de toutes pièces et n'appartient pas à la population des électrons qui virevoltent dans le vaste enclos de l'atome. Ces derniers sont si éloignés du noyau qu'ils ne sont aucunement affectés par la transmutation. L'électron éjecté se dirige dans une direction bien déterminée : nord, sud, ou une direction intermédiaire.

La Nature viole la symétrie droite-gauche

Nous voulons savoir si la transmutation d'un noyau radioactif respecte la symétrie de réflexion. Pour cela, nous faisons comme Alice au pays des merveilles et pénétrons dans le monde-miroir. Les lois physiques qui dictent la transmutation d'un noyau radioactif sont-elles les mêmes dans le monde-miroir et dans le monde réel ? Supposons que l'électron éjecté dans le monde réel voyage vers le nord, la direction nord étant définie par le sens de rotation d'ouest en est du noyau. Que se passerait-il dans le monde-miroir ? Le noyau réfléchi tournera en sens inverse, c'est-à-dire d'est en ouest, tout comme les aiguilles d'une montre tourneraient dans un miroir dans le sens opposé à leur sens normal. Mais, puisque le sens de rotation définit la direction géographique, un sens de rotation inverse veut dire que les pôles Nord et Sud sont intervertis. Dans le monde-miroir, le pôle Nord est en bas et le pôle Sud en haut. L'électron qui voyage vers le nord dans le monde réel va vers le sud dans le monde-miroir. Un physicien du monde-miroir, avec son cœur légèrement à droite, qui observerait cet événement, arriverait à des conclusions diamétralement opposées à celles de son collègue du monde réel, au cœur légèrement à gauche. Ce serait vrai, en tout cas, pour ce qui concerne le comportement de l'électron dans la transmutation d'un noyau radioactif.

En pratique, l'expérience est faite non pas avec un seul, mais avec un grand nombre de noyaux radioactifs. Le physicien scrute les électrons provenant de maintes désintégrations pour déterminer s'ils manifestent une préférence pour une quelconque direction. Si la Nature respecte la symétrie de réflexion, autant d'électrons partiront vers le nord que vers le sud dans le monde réel. Le physicien du monde-miroir observerait alors lui aussi autant d'électrons se dirigeant vers le nord que vers le sud. Par contre, s'il y a, dans le monde réel, plus d'électrons qui vont vers le sud que vers le nord, il y aurait, dans le monde-miroir, plus d'électrons qui vont vers le nord que vers le sud ; les deux situations seraient diamétralement opposées, et la symétrie de réflexion ne serait plus respectée. Dans ce cas, la Nature ne serait plus impartiale vis-à-vis de la droite ou de la gauche et agirait comme l'hôtesse qui place son invité d'honneur invariablement à sa droite…

Lee et Yang réussirent à convaincre une de leurs collègues, Mme Chien-Shiung Wu, de tenter l'expérience. Physicienne chinoise travaillant aux États-Unis, elle était réputée pour l'élégante simplicité et le soin méticuleux de son travail expérimental. Mme Wu n'avait pas la tâche facile car, à des températures normales comme celle d'un bureau ou d'une chambre, les noyaux atomiques bougent en permanence, si bien que leurs axes de rotation sont dans toutes les directions possibles. Mme Wu dut les réfrigérer à très basse température pour calmer leur agitation et les obliger à avoir tous le même axe nord-sud. Puis elle scruta la direction des électrons éjectés au cours de la transmutation des noyaux radioactifs. Le verdict ne tarda pas à tomber : les électrons montraient une préférence marquée pour le sud et évitaient généralement le nord. Ce qui impliquait que le monde-miroir ne suivait pas les mêmes lois physiques que le monde réel, tout au moins en ce qui concernait la désintégration des noyaux radioactifs. En pénétrant dans le monde-miroir, Alice découvrait des règles différentes ! La nouvelle que la Nature avait transgressé la symétrie de réflexion envoya une onde de choc parmi la communauté des physiciens. Un des bastions de la physique que l'on croyait imprenables était tombé. C'était comme si la plus haute autorité en étiquette avait commis une impardonnable gaffe…

La Nature ne viole pas la symétrie de réflexion à tout bout de champ et dans n'importe quelle circonstance. Elle le fait de façon très sélective et circonspecte. Elle se fait un malin plaisir de briser la symétrie de réflexion seulement quand la force nucléaire faible entre en jeu. Dans les situations où l'une des trois autres forces mène le bal, elle montre un profond respect pour la symétrie droite-gauche. Faisons connaissance avec ces trois forces.

Vient d'abord la force de gravité, celle qui nous attache à la Terre et nous empêche de flotter dans l'air, et qui nous fait tomber vers le sol quand nous trébuchons. Son domaine d'action englobe l'Univers tout entier. C'est elle qui est responsable de la fantastique architecture de ce dernier, des planètes jusqu'aux plus grandes structures de matière, les superamas de galaxies, en passant par les étoiles, les amas d'étoiles et les galaxies.

Vient ensuite la force électromagnétique qui tient ensemble les atomes, molécules et hélices enchevêtrées de l'ADN. Son domaine d'action est celui des choses de la vie. Elle est responsable des formes qui nous enchantent et qui font que la vie vaut la peine d'être perçue et vécue : les contours délicats d'un pétale de rose, ou les lignes d'une statue de Rodin (1840-1917). Elle donne une solidité aux choses. C'est elle qui vous empêche de traverser les murs ou de passer votre main à travers les pages de ce livre.

En dernier lieu vient la force nucléaire forte, que nous avons déjà rencontrée. C'est elle qui tient ensemble les briques de la matière, les protons et les neutrons, pour former les noyaux atomiques. Son champ d'action est limité à la taille du noyau d'atome, c'est-à-dire un dixième de millième de milliardième (10^{-13}) de centimètre.

Que l'une de ces trois forces soit présente et, la Nature recouvrant son impartialité, monde réel et monde-miroir suivent les mêmes lois physiques.

Le neutrino et les amants

Pourquoi la Nature ne respecte-t-elle pas la symétrie de réflexion quand la force nucléaire faible entre en jeu ? La clé du problème réside dans l'existence d'un deuxième larron qui intervient lors de la transmutation d'un noyau radioactif. Le noyau mère se transmute en un noyau fille de moindre masse tout en éjectant un électron. Du moins est-ce ce que pensaient les physiciens de l'époque. Mais la Nature, malicieuse, leur réservait une surprise de taille quand ils voulurent vérifier si le processus de transmutation respectait bien l'un des principes fondamentaux de la physique, celui de la conservation de l'énergie. Ce principe dit que dans un système isolé l'énergie totale ne se gagne ni ne se perd. L'énergie peut prendre deux formes possibles. Il y a d'abord l'énergie associée au mouvement : l'athlète dépense de l'énergie pour courir, votre voiture consomme de l'essence pour avancer. Einstein nous a appris qu'il existe une seconde forme d'énergie : l'énergie de masse ; tout objet doté d'une masse possède cette énergie, égale à la masse multipliée par le carré de la vitesse de la lumière. En tenant compte de ces deux formes d'énergie, les physiciens firent le bilan énergétique de la transmutation d'un noyau radioactif. L'énergie initiale est égale à l'énergie de masse du noyau mère. L'énergie finale est la somme de l'énergie de masse du noyau fille, de l'énergie de masse de l'électron et de l'énergie de mouvement de ce dernier. Le principe de la conservation de l'énergie dit que l'énergie finale doit être exactement égale à l'énergie initiale. Or, à leur vive stupéfaction, les physiciens découvrirent qu'il n'en était rien : l'énergie finale restait obstinément inférieure à l'énergie initiale.

Où était donc passée l'énergie manquante ? Le physicien autrichien Wolfgang Pauli (1900-1958), un des fondateurs de la physique quantique, eut une brillante inspiration en 1931. Il postula l'existence d'une nouvelle particule dont l'énergie de mouvement serait précisément égale à l'énergie manquante. Pour expliquer le fait qu'elle avait échappé jusqu'alors à l'attention de tout le monde, Pauli dota sa mystérieuse particule de propriétés assez extraordinaires : elle n'avait pas de masse (donc pas d'énergie de masse), ni de charge électrique, elle voyageait à la vitesse de la lumière et n'interagissait qu'avec la force nucléaire faible. Les forces de gravité, électromagnétique et nucléaire forte n'avaient aucune prise sur elle. C'était précisément ce manque d'interaction qui la rendait si peu manifeste, car les détecteurs de particules élémentaires, étant constitués de matière ordinaire, font intervenir les forces électromagnétique et nucléaire forte. Tel un discret fantôme glissant dans l'épaisseur de la nuit, la nouvelle particule était insaisissable.

Le physicien italien Enrico Fermi (1901-1954) se fit tout de suite le champion de la particule imaginée par Pauli et la baptisa du nom de « neutrino » – en italien « petit neutron ». Pour rappeler que la particule n'avait pas de charge électrique, tout comme le neutron découvert l'année suivante, en 1932, par le Britannique James Chadwick (1891-1974). Mais aussi pour la différencier du neutron, beaucoup plus massif puisque possédant une masse légèrement supérieure à celle du proton.

Au contraire de certains physiciens contemporains qui, sans aucun état d'âme, se font une joie d'inventer les particules les plus invraisemblables et les plus difficilement détectables pour expliquer le moindre phénomène, Pauli pensait qu'il avait peut-être commis le pire péché pour un physicien : postuler l'existence d'une particule élémentaire qui ne pourrait jamais être soumise à vérification. En cela il se trompait. La probabilité qu'un neutrino interagisse avec un noyau d'atome est certes infime, mais pas égale à zéro. Les chances d'interaction pouvaient être multipliées en plaçant le plus d'atomes possible sur le chemin du neutrino, par exemple grâce au contenu d'un énorme réservoir de liquide. Ensuite, il fallait s'armer de patience, l'attente d'une interaction d'un neutrino avec des atomes de matière pouvant durer des mois, voire des années. En travaillant avec acharnement, les physiciens américains Frederick Reines (1918-1998) et Clyde Cowan « virent » enfin un neutrino en 1955, confirmant ainsi l'intuition géniale de Pauli. Aujourd'hui, des faisceaux entiers de neutrinos sont produits chaque jour dans des accélérateurs de particules comme celui du CERN (Conseil européen pour la recherche nucléaire) à Genève. Le neutrino a pris sa place à part entière dans le zoo des particules élémentaires et plus personne ne nourrit le moindre doute sur son existence.

Le neutrino joue aussi un rôle fondamental dans l'histoire et l'évolution de l'Univers. La théorie du big bang nous dit qu'une énorme population de neutrinos est née dans les premières fractions de seconde après l'explosion originelle. Ces neutrinos primordiaux errent encore dans l'Univers d'aujourd'hui et y constituent de par leur nombre la deuxième population de particules, juste derrière celle des photons qui constituent le rayonnement fossile (la chaleur restante du feu de la création). Au moment même où vous lisez ces lignes, des centaines de milliards de ces neutrinos nés des premiers instants de l'Univers traversent votre corps de part en part à chaque seconde. Subjugué par leurs curieuses propriétés, le romancier américain John Updike (1932-2009) a même composé un poème au sujet des neutrinos :

Ils ignorent les murs les plus épais,
Ne font attention ni au dur acier ni au cuivre retentissant,
Ils provoquent l'étalon dans son écurie,
Et, ne faisant aucune distinction de classe,

Nous infiltrent, vous et moi.
Comme de grandes guillotines indolores,
Ils tombent de notre tête jusqu'à l'herbe à nos pieds.
La nuit, ils font leur entrée au Népal
Et viennent transpercer les corps assoupis des amants enlacés...

Parce que les neutrinos interagissent si peu avec les autres particules qui constituent la matière ordinaire, leur énorme population n'a jamais été captée ni par nos télescopes ni par nos détecteurs, ces derniers étant faits justement de cette matière ordinaire. Les neutrinos primordiaux demeurent donc insaisissables.

Wolfgang Pauli pensait que le neutrino n'avait pas de masse. Cette hypothèse a été remise en question récemment par les théories dites « de grande unification » qui tentent de fondre les forces fondamentales de la Nature, la gravité exceptée, en une seule. Ces théories attribuent en effet une masse aux neutrinos. Même si celle-ci était aussi faible que le dix millième de celle d'un électron, les neutrinos domineraient la masse de l'Univers du fait de leur grand nombre. Dans ce cas, le futur de l'Univers en serait modifié, car l'attraction gravitationnelle additionnelle exercée alors par la masse des neutrinos contribuerait à stopper son expansion, à renverser le mouvement de fuite des galaxies et à provoquer un big crunch (un big bang à l'envers). Mais il n'y a pas de cause d'alarme pour l'instant. En 1998, en utilisant un réservoir de 50 000 m^3 d'eau purifiée comme détecteur, une équipe de chercheurs japonais a pu mesurer une masse pour le neutrino, mais celle-ci est trop petite (elle est seulement d'un millionième de la masse de l'électron) pour que la contribution gravitationnelle de l'ensemble des neutrinos puisse stopper et renverser le mouvement de dilatation de l'univers.

L'antimatière nous rend visite depuis l'espace

La Nature jette au vent la symétrie gauche-droite quand la force nucléaire faible entre en jeu. Cette violation choquante de la symétrie mit la puce à l'oreille des physiciens et les incita à examiner plus soigneusement une autre hypothèse communément admise de la physique contemporaine : celle d'une symétrie parfaite entre matière et antimatière. Avant 1929, l'antimatière n'avait pas encore vu le jour. Cette année-là, l'Anglais Paul Dirac (1902-1984), autre père fondateur de la mécanique quantique, clama haut et fort que l'existence même de la matière impliquait la présence de l'antimatière. Dirac avait constaté que les solutions à ses équations venaient toujours par paires : à chaque solution correspondant à un électron de charge négative était couplée une autre solution correspondant à une particule dotée exactement des mêmes propriétés (masse, spin, etc.) que l'électron, mais de charge positive. Dirac pensa tout d'abord que l'antiparticule de l'électron était le proton, puisque ce dernier avait précisément une charge positive égale et opposée à celle de l'électron. Mais cela ne pouvait être le cas, car le proton n'a pas la même masse que l'électron. En fait, il est 1 836 fois plus massif ! Les événements ultérieurs vinrent confirmer que les équations de Dirac ne mentaient pas. En 1932 furent découvertes dans les rayons cosmiques ces particules qui viennent visiter la Terre depuis l'espace, expulsées par des étoiles massives dans leur agonie explosive. Des particules ayant exactement la même masse que l'électron, mais de charge opposée. L'antiparticule de l'électron fut baptisée « positon ». De même, on débusqua l'existence d'antiparticules du proton et du neutron, l'antiproton et l'antineutron. L'antimatière est l'image de la matière, mais vue dans un miroir qui inverse les signes des charges électriques.

La Nature aime la matière plus que l'antimatière

Une question se pose : la Nature est-elle symétrique par rapport à la matière et à l'antimatière ? Pour connaître la réponse, les règles du jeu sont les mêmes que dans le cas de la symétrie droite-gauche. Entrez dans un antimonde et demandez à un antiphysicien les lois physiques qui gouvernent son univers. Si ces dernières sont les mêmes que celles qui gouvernent le monde réel, c'est que la Nature respecte la symétrie matière-antimatière. Jusqu'en 1956, les physiciens pensaient que c'était le cas. Ils avaient de bonnes raisons de le faire. Hormis la charge électrique, les propriétés physiques de la matière et de l'antimatière paraissaient exactement les mêmes. Un antiproton pouvait se combiner avec un antiélectron pour former un antiatome d'hydrogène. Les antiatomes pouvaient se lier ensemble pour former des antimolécules. Ces antimolécules pouvaient se combiner à leur tour pour donner naissance à des antiacides aminés et à des antiprotéines. Ces dernières pouvaient s'assembler en de longues chaînes pour donner les hélices enchevêtrées de molécules d'anti-ADN. Celles-ci engendreraient la vie, quelque part dans un coin perdu d'une antigalaxie, sur une antiplanète orbitant autour d'un antisoleil. Sur cette antiplanète, il y aurait un antivous lisant un antilivre ! Votre vie et celle de l'antivous évolueraient de façon similaire. Si vous restiez chacun dans votre coin, vos vies continueraient à suivre des parcours parallèles. Mais que vous et votre antivous, vous veniez à vous rencontrer et à vous serrer la main, et ce serait la catastrophe : vous deviendriez instantanément tous deux lumière, car la matière dans votre corps annihilerait l'antimatière dans le corps de l'antivous, et tout ne serait plus que rayonnement…

L'antimatière semblait se comporter en tout point comme la matière, sauf que les signes des charges électriques étaient inversés. Le non-respect de la symétrie droite-gauche dans des situations où la force nucléaire faible mène le bal avait déjà mis la puce à l'oreille des physiciens. Ceux-ci s'empressèrent d'aller vérifier la symétrie matière-antimatière dans des situations où la force faible domine. Ils portèrent leur attention sur le neutrino et sur son antiparticule, l'antineutrino, particules élémentaires qui ne sont sensibles qu'à la force faible. À nouveau, ils considérèrent le sens de rotation du neutrino. Celui-ci tournait sur lui-même d'ouest en est. Si la symétrie matière-antimatière était respectée, l'antineutrino aurait dû lui aussi tourner d'ouest en est, puisque rien ne devait changer, hormis la charge électrique. À nouveau les physiciens en furent pour leurs frais : l'antineutrino tournait obstinément dans le sens opposé. Ce qui voulait dire que la symétrie matière-antimatière était violée.

Ce résultat n'était peut-être pas tout à fait inattendu. Nous vivons après tout dans un univers de matière. Il n'y a pas, çà et là, des poches d'antimatière tapies dans l'ombre, prêtes à surgir pour annihiler la matière. Vous ne devenez pas lumière en serrant la main d'un ami ou en vous asseyant sur une chaise, ce qui serait le cas si votre ami ou la chaise contenaient de l'antimatière. La probabilité de trouver un antivous quelque part dans l'Univers est extrêmement faible. Nous le savons parce que les rayons cosmiques, ces vents de particules chargées qui nous parviennent des confins de notre galaxie, à des dizaines de milliers d'années-lumière, nous le disent : ils ne contiennent pratiquement que de la matière, surtout des protons. Parce que nous vivons dans un Univers principalement constitué de matière, la Nature ne peut se montrer tout à fait impartiale vis-à-vis de la matière et de l'antimatière. Si elle l'était, il y aurait eu des quantités égales de matière et d'antimatière aux toutes premières fractions de seconde d'existence de l'Univers, quand celui-ci était extrêmement chaud, dense et petit (des centaines de milliards de milliards de fois plus petit qu'un noyau d'atome). Matière et antimatière se seraient annihilées et il ne serait resté qu'un Univers rempli de lumière. Particules élémentaires, étoiles, galaxies, planètes, êtres humains, vous et moi seraient absents. L'Univers serait infertile et nous ne serions pas là pour en parler. En fait, les observations astronomiques nous disent que la Nature a un milliardième de préférence en plus pour la matière que pour l'antimatière. Ainsi, pour chaque milliard d'antiparticules qui ont surgi du vide aux premières fractions de seconde d'existence de l'Univers, il y a eu un milliard plus une de particules à apparaître. Le milliard de particules et le milliard d'antiparticules se sont détruits dans une orgie d'annihilation, et il n'est resté qu'un milliard de photons pour accompagner la seule particule de matière survivante, rescapée du massacre du fait qu'elle n'avait pas d'antiparticule. Toute l'antimatière a ainsi disparu. La proportion d'un milliard à un, entre le nombre de particules de lumière et celui de particules de matière, est exactement celle qui est observée dans l'Univers actuel.

Les sautes d'humeur de la Nature

La Nature ne respecte donc ni la symétrie droite-gauche, ni la symétrie matière-antimatière quand elle a affaire à la force nucléaire faible. Elle ne semble pas se plier à ce qui serait le plus plaisant et agréable pour l'esprit humain : une symétrie totale et parfaite. Mais les physiciens ne baissèrent pas les bras. Ils se dirent que deux maux peuvent conduire à un bien. Peut-être qu'en inversant en même temps gauche-droite et charges électriques, la symétrie serait respectée.

La règle du jeu est toujours la même : prenons donc un miroir magique qui inverse non seulement gauche et droite, mais aussi les charges électriques. Les lois physiques qui décrivent ce monde magique sont-elles les mêmes que celles qui gouvernent le monde réel ? L'espoir des physiciens a été vite déçu. En 1964, les physiciens américains Val Fitch (1923-2015) et James Cronin (1931-2016) ont démontré que la Nature n'a pas plus de respect pour la symétrie quand les effets d'inversion gauche-droite et de charge électrique sont combinés que quand ils sont considérés séparément. Les deux physiciens scrutèrent la désintégration d'une particule de matière appelée « méson K ». Si la Nature respectait les symétries gauche-droite et matière-antimatière combinées, le méson K aurait dû se désintégrer en deux autres particules appelées « mésons Pi ». C'est bien ce qui se produisit la plupart du temps. Mais, de temps à autre, parmi quelques milliers de désintégrations normales, la Nature faisait un caprice. Le méson K, au lieu de se désintégrer en deux mésons Pi, décidait de se désintégrer en trois. Ce qui viole la symétrie. Cette violation intermittente est des plus dérangeantes. C'était comme si la Nature se montrait inconstante et fantaisiste, sujette à des sautes d'humeur aussi brusques qu'imprévues. La situation était différente quand les symétries droite-gauche et matière-antimatière étaient violées séparément. Ces marques d'irrespect de la symétrie étaient certes des plus choquantes, mais, au moins, la Nature avait le bon goût de s'y livrer de manière systématique. Elle était constante dans son irrespect. Au moins les physiciens savaient à quoi s'attendre. Avec la violation intermittente des symétries droite-gauche et matière-antimatière combinées, c'était comme si la Nature faisait de temps à autre un pied de nez aux physiciens trop curieux de ses mystères. En sus de cette inconstance enrageante, la Nature viole la symétrie de manière extrêmement sélective : elle ne le fait que dans la désintégration des mésons K ! Au bout de plus de vingt ans de travail acharné, les physiciens n'ont jamais pu observer une violation de symétrie dans une autre situation.

Au terme de cette exploration initiale des symétries dans la Nature, dressons un bilan. Dans la majorité des cas, quand les forces gravitationnelle, électromagnétique et nucléaire forte ont le beau rôle, la Nature respecte scrupuleusement à la fois la symétrie droite-gauche et la symétrie matière-antimatière. Elle ne viole les deux symétries précédentes que quand la force nucléaire faible entre en jeu. Elle peut alors transgresser chacune des deux symétries séparément ou ensemble. Dans le dernier cas, elle peut se montrer fantasque et capricieuse et ne violer la symétrie que par intermittences, dans la désintégration des mésons K. Mais la Nature a plus d'un tour dans son sac et peut se montrer infiniment plus subtile. Elle peut exhiber des symétries beaucoup plus fines et ingénieuses, qui unifient et lient ensemble des phénomènes et concepts physiques *a priori* totalement différents et déconnectés. Des phénomènes comme ceux de l'électricité et du magnétisme. Des concepts comme ceux de temps et d'espace. Voyons les dessous de cette affaire…

Une île appelée Magnésie

Les phénomènes électriques et magnétiques ont exercé de tout temps une profonde fascination sur l'imagination des hommes. Les Grecs avaient déjà remarqué qu'un morceau d'ambre que l'on frotte avait le pouvoir d'attirer des petits morceaux de papyrus. Sans le savoir, les enfants répètent aujourd'hui cette expérience en frottant un peigne en ébonite. Les habitants de la Grèce savaient aussi qu'il existait sur l'île de Magnésie un type de roche au pouvoir étrange qui attirait le fer. Les Chinois se servirent de cette roche appelée magnétite pour inventer la boussole qui indiquait le nord aux explorateurs.

Au cours des âges, maints faits empiriques s'accumulèrent çà et là, mais cette connaissance n'était ni organisée ni structurée. Les découvertes étaient faites au petit bonheur, les progrès lents, et sporadiques. L'électricité et le magnétisme étaient considérés comme des phénomènes totalement distincts, sans aucune connexion.

Le physicien français Charles de Coulomb (1736-1806) fut l'un des premiers à apporter un peu d'ordre dans cette montagne de désordre. Il détermina que la force électrique entre deux objets « électrifiés » varie comme l'inverse du carré de la distance qui les sépare. Si vous les éloignez 10 fois plus, la force électrique devient 100 fois plus faible. Cette dépendance par rapport à la distance est exactement la même que celle de la force de gravité qui, elle aussi, décroît comme l'inverse du carré de la distance entre deux objets. Mais, au contraire de la force gravitationnelle, qui reste toujours attractive, la force électrique peut soit attirer, soit repousser. Elle attire si les charges électriques sont de signe opposé, et repousse quand elles sont de même signe. Nous portons tous dans nos corps des mélanges de charges négative (celle des électrons) et positive (celle des protons dans les noyaux d'atomes). Alors, comment se fait-il que nous ne soyons pas attirés ou repoussés électriquement par d'autres personnes ? C'est parce que la Nature s'arrange toujours pour qu'il y ait autant de charges négatives et positives dans les choses de la vie : que ce soit le corps humain, un arbre ou un livre. L'équilibre est si parfait que la charge nette, donc la force électrique, est toujours nulle. Si un homme est attiré par une femme, ce n'est certainement pas la force électrique qui en est responsable ! Que la femme et l'homme aient seulement 1 % d'électrons en plus que de protons dans le corps et ils seront repoussés l'un de l'autre par une force électrique assez puissante pour soulever la Terre entière !

La grenouille de Galvani

Le grand pas suivant fut accompli grâce à une découverte accidentelle venant d'un champ d'étude pour le moins inattendu : celui de l'étude anatomique des grenouilles. En l'an 1789, alors que la ferveur révolutionnaire battait son plein dans les rues de Paris, le physicien et médecin italien Luigi Galvani (1737-1798) s'adonnait à la dissection des grenouilles. Il remarqua un fait étrange : au contact du métal du scalpel, les muscles de la grenouille écorchée se contractaient, comme traversés par un courant électrique. Cette interprétation se révéla exacte. Nous savons aujourd'hui que des impulsions électriques parcourent en permanence les nerfs et les muscles de notre corps. Un autre Italien, Alessandro Volta (1745-1827), physicien de son état, comte et sénateur du royaume d'Italie par la grâce de Napoléon Bonaparte, fit le bond conceptuel suivant : il comprit que la grenouille de Galvani n'était pas pour grand-chose dans la production de courant électrique, mais que les responsables étaient plutôt les tissus et les fluides dans le corps de celle-ci. Il en déduisit qu'il pouvait aussi bien produire un courant électrique en remplaçant la grenouille par un fluide chimique, et le métal du scalpel par des plaques de métaux immergées dans ce fluide. La pile électrique était née !

Le progrès décisif suivant fut accompli par le physicien danois Hans Christian Œrsted (1777-1851), qui établit pour la première fois une connexion intime entre les phénomènes électrique et magnétique. Il remarqua qu'un courant électrique fait dévier l'aiguille d'une boussole. Puisque cette dernière n'était sensible qu'à un phénomène magnétique, cela voulait dire que le courant électrique générait un champ magnétique. L'électromagnétisme, résultat de l'union entre électricité et magnétisme, pointait le bout de son nez…

Des lignes de force

Nouvel acteur à entrer en scène : le physicien anglais Michael Faraday (1791-1867). Reconnu comme l'un des plus grands expérimentateurs de son temps, il avait connu un destin des plus extraordinaires. Né dans un milieu défavorisé, fils de forgeron, Faraday n'avait pas eu les moyens, comme la plupart de ses collègues, d'aller à l'école et à l'université, ni d'acquérir une formation rigoureuse en physique. Sa fascination pour l'électricité datait de la période où, adolescent, employé dans une librairie, il était tombé accidentellement sur un article consacré à l'électricité dans l'*Encyclopaedia Britannica*, qui l'avait subjugué. Il se mit à fréquenter assidûment les conférences publiques sur l'électricité que donnait le très célèbre chimiste sir Humphry Davy (1778-1829) à l'Académie royale de Londres. La chance lui sourit, car Davy, séduit par l'enthousiasme et l'intelligence du jeune homme, l'engagea comme assistant dans son laboratoire londonien. Faraday se mit à apprendre sur le tas comment procéder à des expériences en physique et, bientôt, l'élève dépassa le maître, ce qui ne fut pas sans susciter une certaine jalousie chez Davy. Celui-ci tenta en vain de mettre des bâtons dans les roues à son élève en retardant l'avancement de sa carrière, mais il dut reconnaître à contrecœur que, parmi toutes ses propres découvertes, le fait d'avoir reconnu le talent de Faraday était peut-être la plus méritoire. Parmi les innombrables hauts faits expérimentaux de Faraday, il en est un qui doit être ici mentionné. L'Anglais réussit à apporter en 1831 une réponse à cette question qui avait longtemps intrigué les physiciens : la Nature est-elle symétrique vis-à-vis de l'électricité et du magnétisme ? Si, comme Œrsted l'avait remarqué, un courant électrique pouvait générer un champ magnétique, l'inverse était-il aussi vrai ? Un champ magnétique pouvait-il générer à son tour un courant électrique ? Faraday réussit à démontrer que c'était le cas. Mais à une condition : le champ magnétique devait varier. Un aimant immobile créant un champ magnétique statique ne produit aucun courant électrique. C'est seulement quand on bouge l'aimant, ce qui revient à modifier le champ magnétique, qu'une impulsion électrique va traverser un fil voisin. On obtiendra le même résultat en faisant bouger un fil électrique dans le champ magnétique statique d'un aimant immobile.

Fort du résultat de ses expériences, Faraday se mit à réfléchir sur la nature de la force électrique. Avant Faraday, on savait bien qu'il existait deux sortes d'électricité, l'une positive et l'autre négative, mais on ignorait si elles étaient vraiment distinctes ou bien s'il s'agissait de la même, le positif représentant la présence d'un fluide électrique, et le négatif son absence. Le fait que la force électrique pouvait agir à distance, qu'un courant électrique pouvait faire dévier l'aiguille d'une boussole sans aucun contact direct avec elle, troublait les esprits. On pensait que l'électricité devait avoir une nature double : non seulement elle était composée de charges statiques qui attiraient des bouts de papier et circulaient comme un fluide dans un fil électrique, mais, du fait de son action à distance, elle devait aussi posséder un caractère immatériel qui lui permettait de traverser impunément les parois des objets en métaux et de se propager dans l'espace.

Faraday fit table rase de toutes ces notions. À cause précisément de son parcours académique peu orthodoxe, il n'était pas alourdi et refréné par tout un bagage d'idées reçues, mais était libre d'aller là où son intuition le menait. Pour rendre compte de l'action à distance des forces électriques et magnétiques, il imagina des lignes de force partant d'une charge électrique ou d'un pôle d'un aimant pour se déployer dans l'espace en y formant un vaste champ électrique ou magnétique. Près de la charge électrique ou du pôle magnétique de l'aimant, les lignes de force seraient rapprochées et le champ et la force, intenses. Plus loin, les lignes de force s'écarteraient, elles se feraient moins denses, et l'intensité s'amoindrirait. La force électrique diminuerait comme l'inverse du carré de la distance, exactement ainsi que Coulomb l'avait pressenti. Une deuxième charge électrique ou un second aimant placé dans ce champ électrique ou magnétique sentirait l'effet de cette force. Ainsi les charges électriques ou les aimants n'agissaient pas directement les uns sur les autres, mais par les bons offices d'un champ de forces produit par chacun d'eux. Les idées de Faraday eurent d'emblée d'immenses répercussions pratiques. Grâce au schéma conceptuel de ses lignes de force, il était maintenant possible de convertir un mouvement mécanique en électricité (en faisant bouger un fil électrique dans le champ magnétique d'un aimant, par exemple), ou un courant électrique en mouvement. L'ère des dynamos et des moteurs s'ouvrait.

Malgré leur grand retentissement pratique, les idées de Faraday furent accueillies avec un certain scepticisme par ses collègues physiciens contemporains. À cause de sa formation d'autodidacte, Faraday ne possédait pas l'outillage mathématique nécessaire pour démontrer rigoureusement ses idées. Cet honneur revint à l'un de ses compatriotes, le physicien écossais James Clerk Maxwell (1831-1879).

Le mariage de l'électricité et du magnétisme

Au contraire de Faraday, Maxwell était issu d'une famille aisée d'Écosse et avait reçu la meilleure formation scientifique possible à l'université de Cambridge. Impressionné par l'imagination débordante et l'intellect pénétrant de Faraday, Maxwell était persuadé que ce dernier était sur la bonne voie et que les lignes de force imaginées par lui étaient bien réelles, que les charges électriques interagissaient par l'intermédiaire d'un champ de forces. Il mit à contribution ses talents mathématiques considérables pour quantifier l'intuition de Faraday. En 1873, il distilla toute la connaissance accumulée sur l'électricité et le magnétisme au cours du siècle précédent et la résuma en quatre formulations mathématiques magistrales, connues depuis lors sous le nom d'« équations de Maxwell ». Ces équations célèbrent le mariage de l'électricité et du magnétisme et sont un hymne à leur rôle symétrique dans la Nature. D'un coup de crayon génial, Maxwell avait réuni l'électricité et le magnétisme, qui vivaient jusque-là des existences séparées, en un seul et unique « champ électromagnétique ». Les équations de Maxwell décrivent comment le champ électromagnétique varie dans le temps et dans l'espace. Une équation raconte par exemple comment le champ électrique varie dans l'espace en présence d'un champ magnétique qui varie dans le temps. Une autre dit comment le champ électrique se dispose autour d'une charge...

Mais les équations de Maxwell lui révèlent aussi un fait tout à fait inattendu : l'existence des ondes électromagnétiques. C'est là la marque des grandes équations ou théories : elles prennent une vie propre et étonnent leurs propres auteurs en révélant toujours beaucoup plus que ce qu'eux-mêmes avaient cru y mettre.

Les équations de Maxwell racontèrent en fait le scénario suivant : un champ électrique qui varie dans le temps génère un champ magnétique ; mais, par son apparition, le champ magnétique varie aussi dans le temps et génère à son tour un champ électrique, qui génère à son tour un champ magnétique, et ainsi de suite. Le champ électromagnétique se propage dans l'espace comme une onde qui se propage sur la surface tranquille d'un lac quand on y jette une pierre. Maxwell put calculer très précisément la vitesse de propagation de cette onde électromagnétique. La réponse fut aussi extraordinaire qu'imprévue. La vitesse de propagation de l'onde électromagnétique était exactement égale à la vitesse de la lumière (300 000 km/s) ! Ainsi, une onde électromagnétique n'était rien d'autre que de la lumière ! Ce fut comme un tour de magie : d'un seul coup, non seulement l'électricité et le magnétisme étaient unifiés, mais un pan entier de la physique, que l'on croyait complètement distinct, l'optique – la science qui étudie la lumière –, se retrouvait sous la bannière de l'électromagnétisme. Les lois de l'optique, extraites à grands efforts par l'Anglais Isaac Newton et le Hollandais Christian Huygens (1629-1695), étaient contenues dans les équations de Maxwell. Celui-ci aurait pu célébrer son triomphe en termes quasi bibliques :

« Que l'électricité et le magnétisme soient, et la lumière fut ! »

Les nouvelles lumières

Cette découverte a élargi considérablement la vision de l'humanité. Depuis ce jour, la lumière ne se limite plus aux ondes visibles auxquelles nos yeux, par la grâce de l'évolution darwinienne, sont sensibles. Les ondes électromagnétiques se révèlent désormais aussi sous d'autres formes de lumière. La palette lumineuse de la Nature s'est ainsi extraordinairement enrichie et l'homme se sert maintenant de l'ensemble des lumières qui constituent le « spectre électromagnétique » (fig. 53) pour communiquer avec la Nature et lui arracher ses secrets. Chaque lumière est caractérisée par une énergie et une longueur (dite « longueur d'onde »), cette dernière étant la distance séparant deux crêtes successives de l'onde lumineuse. Plus la lumière est énergétique, plus sa longueur d'onde est petite. Les lumières gamma et X sont les plus énergétiques qui puissent être. Leur longueur n'est environ que d'un dixième de milliardième de centimètre. Elles traversent si facilement les tissus du corps humain qu'on se sert des rayons X pour radiographier les poumons et dépister ainsi la tuberculose. La lumière ultraviolette, avec une longueur de quelques millioniêmes de centimètre, est moins énergétique, mais l'est encore assez pour brûler la peau et causer des cancers en cas de trop fortes expositions au soleil. Viennent ensuite, par ordre d'énergie décroissante, notre chère lumière visible, avec une longueur d'onde de quelques centièmes de millièmes de centimètre, la lumière infrarouge de l'ordre du micron, la lumière micro-onde (celle des fours) longue de quelques millimètres, et la lumière radio, la moins énergétique de toutes, avec une longueur d'onde variant entre quelques centimètres et plusieurs kilomètres. C'est cette dernière qui véhicule votre programme favori de radio ou de télévision de la station émettrice à votre poste récepteur. Au moment même où vous lisez ces lignes, vous êtes entouré d'ondes électromagnétiques. Elles remplissent votre demeure et il suffit d'un petit tour de bouton pour que les ondes radio soient converties en sons et images, qu'une douce sonate de Chopin (1810-1849) vienne vous bercer ou qu'un western apparaisse sur votre écran. Maxwell ne se doutait certainement pas que sa découverte géniale déboucherait un jour sur ce petit écran qui abreuve l'humanité d'images et lui vole tant de son temps ! Mais ce n'est pas tout : mêlées aux ondes radio, les ondes visibles, provenant de la lumière du jour qui filtre par la fenêtre, ricochent partout sur la surface des objets pour aller jusque dans votre œil, vous permettant ainsi de les voir. Les ondes ultraviolettes du Soleil et les ondes X en provenance de l'espace viennent se mêler à la fête. Bref, un vrai kaléidoscope d'ondes lumineuses accompagne à tout instant notre existence.

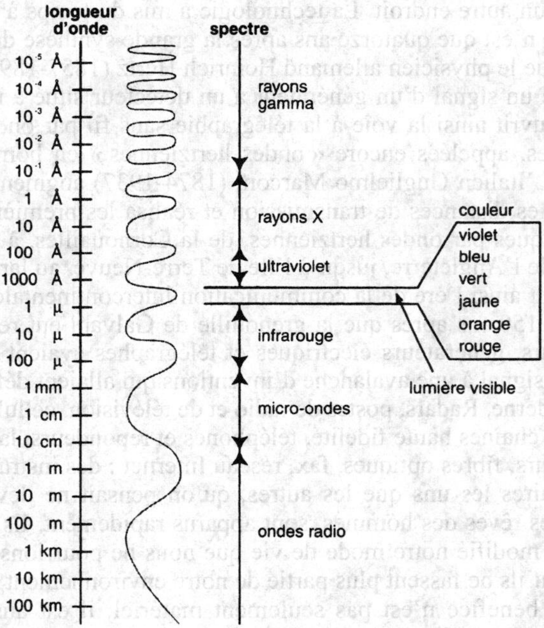

Fig. 53. *Le spectre électromagnétique*. C'est l'ensemble de tous les rayonnements que l'Univers émet, allant des rayons gamma, le rayonnement le plus énergétique et à la plus courte longueur d'onde (la longueur d'onde est la distance entre deux crêtes successives d'une onde lumineuse), au rayonnement radio, le moins énergétique et à la plus grande longueur d'onde (la longueur d'onde varie en proportion inverse de l'énergie). La lumière visible à laquelle nos yeux sont sensibles ne forme qu'une toute petite partie du spectre électromagnétique. Cette adéquation entre lumière visible et nos yeux est une conséquence de l'évolution darwinienne. Le Soleil émettant la plus grande partie de son énergie sous forme de lumière visible, la Nature nous a dotés d'yeux sensibles à cette lumière pour nous permettre de nous adapter à notre environnement et survivre. Pour explorer l'Univers dans sa glorieuse totalité, l'astronome a construit non seulement des télescopes optiques pour capturer la lumière visible, mais aussi des télescopes gamma, X, ultraviolet, infrarouge et radio. Seuls les télescopes optiques et radio peuvent être utilisés sur Terre, car seuls ces deux genres de lumière peuvent traverser l'atmosphère terrestre. Les autres types de télescopes doivent être portés au-dessus de l'atmosphère par des satellites spatiaux.
(1 µ = 1 micron = 10^{-4} cm ; 1 Å = 1 Angström = 10^{-8} cm)

La découverte de Maxwell a changé de fond en comble la façon dont les humains communiquent les uns avec les autres. Elle a donné naissance au vaste domaine des télécommunications. La théorie prédisait que, si à un certain endroit on produisait une perturbation électromagnétique, par exemple en faisant remuer une charge électrique, cette perturbation se propagerait dans l'espace à la vitesse de la lumière et pourrait être détectée à un autre endroit. La technologie a mis du temps à rattraper la théorie. Ce n'est que quatorze ans après la grande synthèse de Maxwell, en 1887, que le physicien allemand Heinrich Hertz (1857-1894) réussit à transmettre un signal d'un générateur à un détecteur situé à moins d'un mètre. Il ouvrit ainsi la voie à la télégraphie sans fil par ondes électromagnétiques, appelées encore « ondes hertziennes » en hommage à sa mémoire. L'Italien Guglielmo Marconi (1874-1937) augmenta considérablement les distances de transmission et réalisa les premières liaisons transatlantiques par ondes hertziennes, de la Cornouailles, à l'extrémité sud-ouest de l'Angleterre, jusqu'à l'île de Terre-Neuve, au large du Québec, ouvrant ainsi l'ère de la communication intercontinentale par radio.

À peine 150 ans après que la grenouille de Galvani eut rendu l'âme, déjà moteurs, générateurs électriques et télégraphes avaient vu le jour, donnant le signal à une avalanche d'inventions qui allaient déferler sur le monde moderne. Radars, postes de radio et de télévision, cellules solaires, transistors, chaînes haute fidélité, téléphones et répondeurs, lasers, puces et ordinateurs, fibres optiques, fax, réseau Internet : des instruments plus extraordinaires les uns que les autres, qu'on pensait ne devoir exister que dans les rêves des hommes, sont apparus rapidement. Ils ont si profondément modifié notre mode de vie que nous ne pourrions même pas imaginer qu'ils ne fassent plus partie de notre environnement quotidien !

Mais le bénéfice n'est pas seulement matériel, il est aussi d'ordre spirituel. Parce que les ondes électromagnétiques sont lumière, la grande synthèse de Maxwell illumine littéralement notre existence. Elle nous permet de nous connecter au reste de l'Univers. Les mouvements des électrons et des protons dans l'atmosphère d'une étoile perdue au fin fond de la Voie lactée, les impulsions électriques au sein de quelque lointaine galaxie, génèrent de la lumière qui va franchir l'espace dans un voyage intergalactique et interstellaire de millions, voire de milliards d'années, pour être finalement recueillie par nos télescopes et venir chatouiller les électrons dans la rétine de nos yeux. Les lois de Maxwell, en nous reliant aux étoiles et aux galaxies, nous intègrent au vaste Cosmos.

L'éther impondérable

Malgré le succès de Hertz et de Marconi dans leur transmission des ondes électromagnétiques à travers l'espace à la vitesse de la lumière, une question troublait les contemporains de Maxwell : si les signaux radio voyageaient dans l'espace comme des vagues à la surface d'un océan, qu'est-ce qui constituait cet océan pour les ondes lumineuses de Maxwell ? Quel était le support matériel permettant aux ondes de se propager ? Maxwell pensait que le champ électromagnétique avait une existence indépendante de tout support matériel, mais ses collègues n'étaient pas convaincus. Ils inventèrent une sorte de fluide hypothétique, impondérable et élastique, dans lequel les ondes lumineuses étaient censées se propager. Ils le nommèrent « éther », comme les Grecs qui utilisaient déjà ce terme pour désigner le fluide subtil qui remplissait, selon eux, les espaces au-delà de l'atmosphère terrestre.

Il existait un moyen simple de vérifier l'existence de cet éther. La Terre n'est pas immobile, mais nous entraîne dans son périple annuel autour du Soleil à une vitesse d'environ 30 km/s, soit 0,01 % de la vitesse de la lumière. À cause de ce mouvement, la vitesse de la lumière mesurée par des physiciens terriens doit en principe dépendre de la direction d'où vient la lumière. Supposons que nous mesurions cette vitesse dans le sens du mouvement de la Terre. La lumière venant à la rencontre de la Terre, sa vitesse apparente doit être plus élevée que sa vitesse réelle. Par contre, si nous mesurons cette vitesse dans la direction opposée à celle du mouvement de la Terre, la lumière doit rattraper la Terre et sa vitesse apparente doit alors être inférieure à sa vitesse réelle. Deux physiciens américains, Albert Michelson (1852-1931) et Edward Morley, tentèrent l'expérience en 1887. Les résultats qu'ils obtinrent furent des plus inattendus : la vitesse apparente de la lumière ne change pas d'un iota, quelle que soit la direction d'où elle venait. Elle reste obstinément égale à 300 000 km/s. Une expérience censée venir confirmer un résultat attendu l'a en fait totalement contredit !

Le résultat de l'expérience de Michelson et Morley ne pouvait se comprendre que si l'on supposait que la Terre ne bougeait pas par rapport à l'éther, ce qui était manifestement absurde. Nous savons que la Terre tourne autour du Soleil et il serait contraire à la raison de penser que l'éther, supposé emplir l'Univers tout entier, suivrait exactement le mouvement de la Terre, minuscule grain de sable perdu dans l'immensité du Cosmos. Le modèle d'un éther englobant tout l'Univers, pareil à une scène de théâtre où se dérouleraient tous les drames du Cosmos, était en crise. La solution à cette crise vint d'un obscur employé du Bureau des brevets de la ville de Berne, en Suisse, qui passait ses heures de loisir à réfléchir à des problèmes de physique. Il se nommait Albert Einstein (1879-1955) et allait bientôt sortir de son anonymat pour devenir le magicien de la physique moderne…

La relativité du couple temps-espace

À l'été 1900, Albert Einstein venait de terminer ses études universitaires en physique à l'École polytechnique de Zurich. Étudiant moyen, il avait postulé sans succès pour un emploi d'assistant à son ancienne université. Suivirent deux années de vaches maigres pendant lesquelles, « au seuil de la vie, [il se] sentait comme un paria tenu à l'écart, mal aimé et abandonné par chacun ». Pour survivre, il dut se rabattre sur des postes temporaires de répétiteur dans de modestes écoles suisses. Finalement, en 1902, grâce à l'intervention du père d'un de ses amis, il put enfin décrocher un poste d'« expert technique de 3e classe » au Bureau fédéral des brevets, à Berne. Cet emploi lui apporta une sécurité relative qui lui permit d'envisager des plans de mariage avec Mileva Maric, une camarade d'université, mais aussi lui dispensa la sérénité nécessaire pour s'adonner à ses chères études de physique. En 1905, il accoucha d'un article qui allait révolutionner la physique du XXe siècle. Dans cet article qui jetait les bases de sa fameuse théorie de la relativité, Einstein résolut le problème de la constance de la vitesse de la lumière de la manière la plus originale qui soit. Pour lui, « la Nature peut être subtile, mais pas malicieuse ». Elle devait respecter un principe de symétrie cher à Einstein, le « principe de relativité » : les lois de la physique doivent être les mêmes partout dans l'Univers, et cela quelle que soit la vitesse de l'observateur qui étudie ces lois. En particulier, la vitesse de la lumière doit être toujours la même. Mais, pour préserver la constance de la vitesse de la lumière, Einstein dut sacrifier deux concepts jusque-là sacro-saints de la physique newtonienne : l'universalité du temps et celle de l'espace. Voyons comment.

Une des vues les plus féeriques des soirées parisiennes est la dentelle de fer illuminée de la tour Eiffel qui domine de sa silhouette effilée la ville bientôt assoupie. Chaque jour, selon un rite immuable, les lumières de la tour s'éteignent à minuit, comme effleurées par un coup de baguette magique. Un soir, au moment où la tour Eiffel replonge dans les ténèbres de la nuit, deux voitures se croisent. Paul est dans sa Renault qui s'éloigne de la place du Trocadéro ; Ariane, dans sa Peugeot, s'en rapproche au contraire. Tous deux ont remarqué la lumière qui quitte la vieille Dame de Fer. Ils jettent machinalement un coup d'œil à leur montre. Environ minuit. En fait, une fraction de seconde après, car la lumière en provenance de la masse sombre de la tour Eiffel met un peu de temps pour parvenir jusqu'à la rétine de nos deux conducteurs. Connaissant la distance qui sépare leurs voitures de la tour Eiffel et le temps qu'il a fallu pour que l'information concernant l'immersion de la tour dans l'obscurité leur parvienne, nos deux amis physiciens amateurs peuvent en déduire la vitesse à laquelle l'information a été acheminée. Ils divisent simplement la distance par le temps écoulé après minuit. Pour Ariane qui se rapproche de la tour Eiffel et qui va donc à la rencontre de la lumière, le temps écoulé après minuit est légèrement plus court et la vitesse de la lumière qu'elle en déduit légèrement plus grande, puisqu'elle est la somme de la vitesse réelle de la lumière et de celle de sa Peugeot. Pour Paul qui s'éloigne de la Dame de Fer, la situation est inverse : la lumière doit le rattraper, le temps écoulé après minuit est donc légèrement plus long, et la vitesse apparente de la lumière légèrement plus petite, étant égale à la vitesse réelle de la lumière diminuée de la vitesse de sa Renault. En apparence, rien d'extraordinaire à cela. Tout semble « se tenir ».

Seulement, nous l'avons vu, il y a un hic, et même d'importance ! L'expérience de Michelson et Morley nous dit que Paul et Ariane doivent mesurer exactement et rigoureusement la même vitesse de la lumière, quelles que soient leur vitesse et la direction de leur mouvement. Face à cette situation, Einstein a proposé une solution révolutionnaire. Puisque la vitesse est la distance parcourue par unité de temps, elle ne peut être constante et indépendante du mouvement d'un observateur que si les distances et les intervalles de temps varient ensemble au gré du mouvement de cet observateur de façon à préserver leur rapport. D'un coup, Einstein jetait au vent les concepts d'un temps et d'un espace universels, qui étaient à la base de la théorie de Newton. Le temps et l'espace devenaient soudain malléables, flexibles. Le temps s'allonge si vous appuyez sur l'accélérateur pour atteindre une plus grande vitesse. Votre temps et mon temps sont légèrement différents. Mais les deux sont également valides. Il n'y a pas un temps meilleur ou plus correct qu'un autre. La chute du temps universel entraîna celle de l'espace, qui perdit lui aussi son caractère absolu. Ce dernier pouvait se rétrécir à souhait au gré du mouvement d'un objet. Le concept d'éther, qui jouait le rôle de repère spatial absolu, se trouva balayé par la même lame de fond.

Le temps allongé

Dans son article de 1905, Einstein nous dit précisément comment le temps se dilate et comment il ralentit pour une personne ou pour un objet en mouvement. Le ralentissement est d'autant plus prononcé que la vitesse est plus grande. Une seconde peut prendre des airs d'éternité si un objet se déplace assez vite. Si vous allez à la moitié de la vitesse de la lumière, votre seconde s'allonge de 15 % par rapport à la seconde d'une personne immobile. Accélérez jusqu'à 99,99 % de la vitesse de la lumière, et la seconde devient 1,18 minute. Augmentez la vitesse jusqu'à 99,9999999 % de celle de la lumière, et la seconde se transforme en 6,2 heures. Le temps s'allongera de plus en plus à mesure que vous vous approcherez de la vitesse de la lumière.

Vous vous dites que tout cela va contre le bon sens et que vous n'y comprenez rien. Mais le bon sens est un bien mauvais guide quand il s'agit de très grandes vitesses. Et il n'y a rien à comprendre : la Nature est ainsi.

La dilatation du temps a été vérifiée maintes fois, par exemple dans le comportement des « rayons cosmiques ». Installez un compteur Geiger à côté de vous ; il ne s'arrêtera pas de cliqueter. Les responsables de ce cliquetis sont les rayons cosmiques, des flux de particules très énergétiques qui arrivent de l'espace et bombardent constamment la Terre. On pense qu'ils proviennent de la mort d'étoiles massives (plus de 30 fois la masse du Soleil), dans la Voie lactée, qui, dans leurs agonies explosives, appelées supernovae, les ont expulsés à très grande vitesse à travers l'espace. Les rayons cosmiques entreprennent un très long voyage interstellaire qui les mènera un jour jusqu'à la Terre. N'était le bouclier de l'atmosphère terrestre, ces rayons cosmiques seraient si nocifs que la vie serait impossible sur Terre. Certaines particules sortent pourtant indemnes de la traversée atmosphérique et jouent un rôle déterminant dans l'évolution biologique sur Terre en provoquant des mutations génétiques dans les cellules vivantes.

Certaines de ces particules extrêmement énergétiques entrent en collision avec les noyaux des atomes tout en haut de l'atmosphère terrestre. Ces derniers se brisent en mille morceaux, provoquant une pluie de débris subatomiques qui se déverse sur la Terre. La majorité de ces débris ont une vie extrêmement brève et se désintègrent bien avant de parvenir sur notre planète. Des particules appelées « muons » survivent pourtant assez longtemps pour venir nous visiter et faire « chanter » les compteurs Geiger. Ces muons ressemblent à des électrons, mais en plus massifs. Ils interagissent fort peu avec la matière ordinaire, et la plupart s'enfoncent dans les profondeurs de l'écorce terrestre au terme de leur traversée atmosphérique. Un problème se pose pourtant : le muon est réputé être instable, ne vivre que le temps d'un clin d'œil avant de se désintégrer très rapidement. Il a une demi-vie de seulement 2 millioniènes de seconde, ce qui veut dire que, d'une population initiale de 10 000 muons, il n'en restera plus que 5 000 après 2 microsecondes, 2 500 après encore 2 microsecondes, 1 250 après encore 2 microsecondes, et ainsi de suite. La population muonique diminue très vite et se trouve réduite à zéro en un rien de temps. Or, en 2 microsecondes, la lumière ne franchit qu'une distance de 600 mètres. Les muons qui voyagent moins vite que la lumière parcourent une distance encore moins grande. Alors, comment peuvent-ils durer assez longtemps pour franchir une atmosphère terrestre de quelque 20 kilomètres d'épaisseur afin de venir nous rendre visite ?

Einstein est arrivé et nous l'explique… Parce que les muons se déplacent à une vitesse proche de celle de la lumière, leur temps de vie mesuré par les horloges terrestres se dilate d'environ mille fois. La demi-vie de 2 microsecondes se métamorphose en 2 millièmes de seconde. Ce qui donne aux muons assez de longévité pour venir faire cliqueter les compteurs Geiger sur Terre. Les muons ne sont pas les seules particules à voir leur vie s'allonger. Les particules élémentaires lancées à toute vitesse dans l'accélérateur nucléaire du CERN voient aussi leur existence s'allonger. Accélérez-les à 99,7 % de la vitesse de la lumière, et leur temps de vie s'allongera environ 13 fois. Accélérez-les à 99,9 % de la vitesse de la lumière, et elles vivront environ 45 fois plus longtemps. La dilatation du temps se manifeste dans tous les cas exactement comme Einstein l'avait prévu.

Vous restez sceptique et objectez que tout cela paraît bien abstrait. Les physiciens ont beau jeu de parler de la dilatation du temps pour des particules invisibles, inaccessibles directement à nos sens. Vous ne serez convaincu que si vous pouvez voir le temps d'objets plus concrets, par exemple celui des horloges, s'étirer quand ils sont en mouvement. Vous ne croyez pas si bien dire, car cette expérience précise a été réalisée en 1971 par deux physiciens américains. Ces derniers ont apporté à bord de jets commerciaux des horloges atomiques marquant le temps avec une extrême précision.

Jusqu'à très récemment, la seconde, dans notre monde obsédé par le temps, était définie par la rotation de la Terre sur elle-même. Mais celle-ci n'est pas assez constante. La Terre, nous l'avons vu, tourne de plus en plus lentement du fait des forces de marée que la Lune exerce sur elle. Les calculs montrent que quand la Terre est née il y a 4,6 milliards d'années, elle tournait environ 4 fois plus vite. Le jour ne durait alors qu'environ 6 heures et le Soleil se hâtait dans sa course journalière à travers le ciel en quelque 3 heures. Bien sûr, ce ralentissement est imperceptible au cours d'une vie humaine, mais il est assez grand pour affecter les horloges les plus précises. C'est pourquoi l'horloge atomique a été inventée. La seconde est maintenant définie par les vibrations d'un atome de césium. En une seconde, l'atome de césium vibre 9 192 631 770 fois. C'est ce temps atomique qui est diffusé par le Bureau international des poids et mesures, à Sèvres, dans la banlieue parisienne, et sur lequel les montres et horloges du monde entier sont réglées.

Dans l'expérience menée à bord de jets commerciaux, quatre horloges atomiques voyagèrent vers l'est, et quatre autres vers l'ouest. À l'issue du voyage, le temps des horloges qui ont volé est comparé à celui d'horloges restées au sol. Comme annoncé par Einstein, on constate des différences de temps exactement dans les proportions prévues par le physicien. Parce que les avions de ligne volent généralement à moins d'un millionième de la vitesse de la lumière, ces différences sont extrêmement faibles, de l'ordre d'un millionième de seconde par jour de vol. Néanmoins – c'est cela qui fait leur utilité –, ces minuscules changements peuvent tout à fait être détectés par des horloges atomiques. Les horloges qui avaient voyagé vers l'est avaient 59 milliardièmes de seconde de retard, alors que celles qui étaient allées vers l'ouest avaient 273 milliardièmes de seconde d'avance. La différence numérique entre les deux groupes d'horloges est due à la rotation d'ouest en est de la Terre. Car cette dernière produit elle aussi une dilatation du temps. Mais, lorsqu'on tient compte de cet effet, on s'aperçoit que le temps des horloges voyageuses s'est ralenti exactement dans la proportion prévue par Einstein.

Dans la vie quotidienne, nous nous déplaçons à des vitesses bien moindres que la vitesse d'un jet commercial. Même si nous fonçons à 200 km/heure sur l'autoroute à bord de notre voiture, nous ne faisons que nous déplacer à 2 dixièmes de millioniêmes de la vitesse de la lumière. Même à la vitesse de 300 km/heure à bord du TGV, le temps d'un passager ralentira de moins d'un millionième de seconde. Cette minuscule différence de temps sera détectable grâce à une horloge atomique, mais restera imperceptible pour nos pauvres montres ordinaires. Heureusement, d'ailleurs, pour notre santé mentale ! Car que de rendez-vous ratés, d'occasions manquées, si le temps changeait de manière appréciable au gré des mouvements de chacun !

Plus vite que la lumière ?

Une conséquence importante découle de la constance de la vitesse de la lumière : aucun objet matériel ne peut franchir le mur que constitue cette vitesse. En effet, si un objet pouvait accélérer en passant d'une vitesse léthargique très inférieure à la vitesse de la lumière à celle frénétique, supérieure à la vitesse de la lumière, il pourrait rattraper un rayon lumineux qui s'enfuit devant lui, le dépasser, puis le laisser loin derrière. La vitesse apparente de la lumière observée par quelqu'un qui voyagerait avec cet objet décroîtrait d'abord, pour devenir nulle, puis augmenterait dans l'autre sens, ce qui violerait de façon flagrante le résultat expérimental qui veut qu'un observateur doit toujours observer la même vitesse de la lumière. La théorie de la relativité interdit donc de franchir le mur de la vitesse de la lumière en passant d'une vitesse inférieure à 300 000 km/s à une vitesse supérieure. Plus précisément, la relativité n'interdit pas, comme on l'a souvent dit à tort, l'existence de particules ou d'objets voyageant plus vite que la lumière. Ce qu'elle interdit, c'est le *passage* du mur de la vitesse de la lumière. Cette interdiction vaut dans les deux sens : que ce soit d'une vitesse inférieure à celle de la lumière à une vitesse supérieure, ou inversement, d'une vitesse supérieure à une vitesse inférieure. Les physiciens ont d'ailleurs inventé un nom pour désigner des particules voyageant plus vite que la lumière ; ils les appellent des « tachyons », qui signifie « vitesse » en latin.

Mais, jusqu'ici, les tachyons n'existent que dans l'imagination débridée des chercheurs. Heureusement, car leur existence causerait bien des paradoxes en physique. En effet, voyager plus vite que la lumière pourrait vous ramener dans le passé, ce qui violerait le principe de causalité. Nous sommes habitués à ce que la cause vienne avant l'effet, à ce que l'action précède son résultat. Un œuf se brise parce que nous tapons sur sa coquille. Une feuille se détache d'un arbre parce que le vent souffle en rafale. Un clou s'enfonce dans le bois d'une chaise parce que nous tapons dessus avec un marteau. Une cible vole en éclats parce que nous lui tirons dessus. Je viens au monde parce que ma grand-mère a donné naissance à mon père qui à son tour m'a conçu. Si la relativité a jeté au vent le temps absolu pour donner à chacun un temps individuel, une question se pose inévitablement : peut-elle aussi réarranger l'ordre des événements, c'est-à-dire faire en sorte que l'effet vienne avant la cause, que le clou s'enfonce avant que le marteau ne tape, ou que je vienne au monde avant ma grand-mère ? Heureusement pour notre équilibre psychologique, la relativité ne modifie pas l'ordre des événements quand ils concernent des objets voyageant moins vite que la lumière. Dans notre monde, la cible vole toujours en éclats après que la balle a quitté le fusil, jamais avant. Bien sûr, le temps de la relativité est élastique, et la durée qui sépare l'instant où la balle quitte le fusil de celui où elle atteint la cible sera plus ou moins long en fonction de la vitesse de l'observateur, et, nous le verrons plus tard, de l'intensité du champ de gravité où il se trouve. Mais la cause viendra toujours avant l'effet !

La causalité chamboulée

Mais cet ordre n'est plus respecté quand il s'agit de tachyons voyageant plus vite que la lumière. Voyons comment.

Imaginons un fusil immobile qui tire, au lieu de balles ordinaires, des tachyons voyageant deux fois plus vite que la lumière. Imaginons aussi Jules, filant à toute vitesse à bord de son vaisseau spatial dans la direction de propagation des tachyons. Fait de matière ordinaire, Jules doit aller plus lentement que la lumière, disons à 80 % de la vitesse de cette dernière. Dans ces conditions, Jules verra la cible voler en éclats avant que les balles-tachyons ne quittent le canon du fusil. La causalité sera inversée. Il verra les tachyons jaillir de la cible éclatée pour aller réintégrer le canon du fusil, comme lorsqu'on projette un film à l'envers.

Mais l'analogie n'est pas tout à fait exacte. Dans un film, les événements se déroulent à l'envers parce que vous inversez la direction du mouvement de la bobine du film, en d'autres termes parce que vous inversez la direction du temps. Rien de tel dans le cas de notre fusil à tachyons. Le temps s'écoule toujours dans la même direction. Il va toujours de l'avant. Le passé s'estompe pour laisser place au présent, tandis que le futur est encore à venir. Si l'effet vient avant la cause, dans le cas du fusil à tachyons, c'est parce que ces derniers voyagent plus vite que la lumière. En fait, Jules verra les balles-tachyons fendre l'air deux fois plus rapidement que la lumière et aller de la cible vers le fusil tant que lui-même se déplacera à plus de la moitié de la vitesse de la lumière. Le temps séparant l'instant où la cible vole en éclats de celui où les balles-tachyons réintègrent le canon du fusil diminuera de plus en plus à mesure que la vitesse de Jules se rapprochera de la moitié de la vitesse de la lumière. À exactement 50 % de la vitesse de la lumière, Jules verra les balles-tachyons se transporter instantanément de la cible au fusil, comme si elles possédaient une vitesse infinie. Ce n'est qu'en ralentissant au-dessous de la moitié de la vitesse de la lumière qu'il verra la causalité se rétablir. L'ordre des événements redeviendra normal, et la cible volera en éclats après le départ des balles-tachyons du fusil.

Communiquer avec le passé

Un monde qui contiendrait des tachyons serait donc un monde où la logique telle que nous la connaissons n'aurait plus aucun sens. La causalité serait bouleversée et le rapport de cause à effet sens dessus dessous. Étant faits de matière ordinaire, nous ne pouvons remonter dans le passé, même dans un monde tachyonique. La machine à remonter le temps imaginée par H. G. Wells (1866-1946) reste du domaine de la science-fiction. Mais si le voyage dans le passé nous est interdit, nous pouvons en principe utiliser les tachyons pour envoyer des signaux dans le passé. Voyons les dessous de l'affaire[1].

Jules, l'aventurier, file dans son vaisseau spatial à 80 % de la vitesse de la lumière, tandis que son ami Jim, le sédentaire, coule des jours paisibles sur Terre. Les deux amis ont bien pris soin de synchroniser leurs montres avant de se séparer. Ils se sont promis de rester en contact en s'envoyant des messages avec des transmetteurs tachyoniques qui envoient des signaux à quatre fois la vitesse de la lumière. Supposons que Jules quitte la Terre à 10 heures du matin. À midi, heure terrestre, Jim se sert de son transmetteur pour envoyer un message à Jules. Jules aura voyagé pendant 2 heures à 80 % de la vitesse de la lumière et aura donc parcouru une distance de $2 \times 0{,}8 = 1{,}6$ heure-lumière (une heure-lumière est la distance parcourue par la lumière en une heure et est égale à 1,08 milliard de km). Le message tachyonique voyageant à 4 fois la vitesse de la lumière mettra donc 0,4 heure (soit 24 minutes) pour franchir cette distance. Mais, pendant ce 0,4 heure, la fusée continue son bonhomme de chemin et bouge de $0{,}4 \times 0{,}8 = 0{,}32$ heure-lumière, si bien qu'il faut au message un temps supplémentaire de 0,08 heure. Mais, pendant ce temps additionnel, la fusée poursuit sa route et parcourt encore une distance supplémentaire de $0{,}08 \times 0{,}8$ heure-lumière, ajoutant un temps de 0,016 heure pour que le message tachyonique rattrape la fusée. Et ainsi de suite… On a là une série sans fin de temps additionnels qui s'amenuisent de plus en plus. En fin de compte, Jules ne recevra le message de son ami

1. L'exemple qui suit est adapté de celui figurant dans *About Time*, de Paul Davies, New York, Simon and Schuster, 1995.

qu'à midi et demi, heure terrestre. Mais l'heure indiquée par sa montre est tout autre : voyageant à 80 % de la vitesse de la lumière, son temps va plus lentement que celui de Jim. Pour chaque heure qui s'écoule sur Terre la montre de Jules n'avance que de 0,6 × 1 heure, soit 36 minutes.

Ce ralentissement du temps se calcule facilement : vous divisez la vitesse de la fusée de Jules par la vitesse de la lumière, ce qui donne 0,8. Prenez-en le carré (0,64), soustrayez de 1, ce qui donne 0,36, puis prenez la racine carrée, ce qui donne 0,6 ou 60 %. Un voyage de 2,5 heures pour une montre terrestre ne semble donc avoir duré, pour Jules, que 1,5 heure. Sa montre indiquera donc 11 h 30 quand il recevra le message de Jim. Jules pensera ainsi que la distance qui le sépare alors de la Terre est de 1,5 × 0,8 = 1,2 heure-lumière.

Jules est très diligent et répond sans tarder au message de son ami. Son transmetteur tachyonique envoie lui aussi des messages à 4 fois la vitesse de la lumière. Pour Jules, la situation est maintenant inversée. Son message doit rattraper la Terre qui s'éloigne à 80 % de la vitesse de la lumière. Pour parcourir une distance de 1,2 heure-lumière, le message tachyonique mettra 0,3 heure. Mais, entre-temps, la Terre se sera éloignée et il faudra encore un peu plus de temps pour que le message tachyonique la rejoigne. Du point de vue de Jules, il faudra en fin de compte 3/8 d'heure ou 22,5 minutes pour que Jim reçoive la réponse. La montre de Jules marquera à cet instant 11 h 30 + 22,5 min = 11 h 52,5, soit 1 h 52,5 après son départ de Terre. Du point de vue de Jules, c'est maintenant le temps de Jim, transporté par une Terre qui s'éloigne à 80 % de la vitesse de la lumière, qui s'est ralenti d'un facteur de 60 %. Selon la montre terrestre de Jim, la réponse n'aura donc mis que 1 h 52,5 × 0,6 = 1 h 7,5 pour lui parvenir. Elle marquera alors 11 h 7,5. Étant donné que Jim a envoyé son message à midi pile, cela veut dire qu'il aura reçu la réponse à son message 52,5 minutes avant de l'envoyer, ce qui constitue une violation flagrante de la causalité. Grâce à son transmetteur tachyonique, Jules aura pu envoyer des signaux dans le passé de Jim !

J'espère vous avoir convaincu, par cet exemple très précis, qu'un monde qui admettrait des objets ou des particules voyageant plus vite que la lumière mettrait à mal la logique et la causalité telles que nous les connaissons. Einstein en était bien conscient. Il avait déclaré catégoriquement, dans son article de 1905, que des vitesses supérieures à celle de la lumière n'étaient pas permises. Le mur de la vitesse de la lumière empêche de chambouler les notions de futur et de passé, et permet de préserver notre équilibre mental. Cela dit, il n'y a pas de clause mathématique, dans la relativité restreinte décrite dans l'article de 1905, qui interdise de manière explicite l'existence de tachyons. Les physiciens aimeraient bien découvrir une telle clause, mais, jusqu'ici, elle demeure insaisissable. En tout cas, la physique, la logique et la causalité subiraient un rude choc si, quelque jour, des tachyons venaient à être découverts.

Le secret de l'éternelle jeunesse ?

Une question se pose. Einstein nous révèle que le mouvement ralentit le temps. Aurait-il découvert là une fontaine de jouvence, le secret de l'éternelle jeunesse ? Pour rester jeune, suffirait-il d'aller vite ? Il nous faut déchanter !

D'abord, il faut approcher de très près de la vitesse de la lumière pour que la dilatation du temps soit appréciable. Si Jules va à 80 % de la vitesse de la lumière, il ne vieillira, nous l'avons vu, que de 60 ans, rapportés aux 100 ans de Jim. À 86 % de la vitesse de la lumière, il ne vieillira plus que de 50 ans, et à 99,5 % de la vitesse de la lumière, il ne vieillira plus que de 10 ans. Plus Jules approche de la vitesse de la lumière, moins il vieillit par rapport à Jim. Mais la vitesse de la lumière a un prix vertigineux, car plus la fusée de Jules va vite, plus la masse de cette dernière augmente. En fait, la masse augmente exactement du même facteur que le ralentissement du temps. À 99,5 % de la vitesse de la lumière, Jules vieillit 10 fois moins vite que Jim, mais sa fusée devient aussi 10 fois plus massive. Et plus elle gagne en masse, plus il faut à Jules de carburant pour la faire marcher. Ce qui augmente encore plus la masse de son vaisseau spatial, et donc encore plus la masse de carburant requise. Un cercle vicieux s'installe, qui n'en finit pas. Pour atteindre la vitesse de la lumière, il faudrait à Jules une masse infinie de carburant, ce qui relève du domaine de la science-fiction.

Mais, même en admettant que ce problème du carburant puisse être résolu, Jules ne peut ralentir son vieillissement par rapport à son propre temps, seulement par rapport au temps de quelqu'un d'autre, en l'occurrence Jim. En effet, tant que Jules se déplace à une vitesse constante, sans accélération ni décélération, la situation est parfaitement symétrique entre Jules et Jim. Jules, dans sa fusée, pense que c'est le temps de Jim, emporté par la Terre à 80 % de la vitesse de la lumière, qui est ralenti à 60 %, et que c'est lui qui vieillit normalement. Jim, sur Terre, pense au contraire que c'est le temps de Jules, filant dans son vaisseau spatial à 80 % de la vitesse de la lumière, qui est ralenti de 60 % par rapport au temps terrestre. Comment le temps de Jules peut-il s'écouler à la fois plus vite et plus lentement que le temps de Jim ? Y a-t-il là un paradoxe ? La relativité restreinte fait-elle fausse route ?

La réponse est un non catégorique. Tant que Jules et Jim sont séparés, la situation est parfaitement symétrique et chacun pense que le temps de l'autre est ralenti par rapport au sien. Ils peuvent s'en assurer en regardant des images prises par des caméras de télévision, l'une filmant l'horloge dans le salon de Jim sur Terre, l'autre filmant l'horloge de Jules dans sa cabine spatiale. Ces images de télévision sont véhiculées par des ondes radio qui, Maxwell nous l'a dit, voyagent à la vitesse de la lumière. Examinons d'abord le point de vue de Jules. Parce que Jim s'éloigne de lui à 80 % de la vitesse de la lumière, Jules voit l'horloge de Jim avancer seulement de 36 minutes pour chaque heure qui s'écoule sur lui. En fait, Jules voit l'horloge de Jim avancer encore plus lentement, car, en sus du ralentissement du temps prévu par la relativité, l'image de l'horloge de Jim transportée par les ondes radio met un certain temps pour aller de la Terre jusqu'à la fusée de Jules, ce qui provoque un retard additionnel. Cet effet supplémentaire est appelé « effet Doppler », du nom du physicien autrichien qui découvrit un phénomène similaire pour une source sonore se déplaçant par rapport à un observateur[1]. Considérons maintenant la situation du point de vue de Jim. Elle est tout à fait symétrique. Jim voit Jules s'éloigner de la Terre à 80 % de la vitesse de la lumière et constate que l'horloge de Jules va plus lentement que la sienne. Ce retard, causé à la fois par l'effet relativiste et par l'effet Doppler, est exactement le même que celui constaté par Jules pour l'horloge de Jim.

Jules atteint sa destination, une planète orbitant autour d'une étoile, quelque part dans la Voie lactée. Après avoir vaqué à ses affaires sur la planète lointaine, Jules entreprend son voyage de retour. La situation est maintenant inversée. Les images du salon de Jim transportées par ondes radio émises de la Terre viennent à la rencontre de la fusée, et l'effet Doppler fait que l'horloge de Jim semble aller plus vite que celle de Jules. Bien sûr, le ralentissement du temps prévu par la relativité joue toujours, mais cet effet est moins grand que l'effet Doppler, et le résultat net est que Jules observe une avance de l'horloge de Jim par rapport à la sienne. Que voit Jim ? À nouveau, la situation est complètement symétrique. Jim reçoit des images transportées par ondes radio qui vont à la rencontre de la Terre. De nouveau, l'effet Doppler l'emporte sur l'effet relativiste, et Jim pense que l'horloge de Jules avance par rapport à la sienne, tout comme Jules pense que celle de Jim est en avance sur la sienne du même nombre de minutes exactement.

La symétrie brisée

La situation reste tout à fait symétrique tant que Jules et Jim ne se rencontrent pas. Mais que se passe-t-il quand Jules regagne la Terre et peut comparer directement sa montre avec celle de Jim sans passer par l'intermédiaire d'images transportées par ondes radio ? Sûrement qu'à cet instant la situation ne peut plus rester symétrique. Soit la montre de

1. Seulement, au lieu du temps qui change, c'est la fréquence du son qui change. L'effet Doppler fait que le son d'une sirène d'ambulance devient plus aiguë quand elle s'approche, plus grave quand elle s'éloigne.

Jim avance, soit elle retarde par rapport à celle de Jules, mais elle ne peut faire les deux à la fois. Einstein arrive et tranche : le temps de Jules l'aventurier s'est écoulé moins vite que celui de Jim le sédentaire. Si Jules a gardé une vitesse de 80 % de celle de la lumière, à la fois à l'aller et au retour, le temps qui s'est écoulé pour lui n'est que de 60 % de celui de Jim. Le voyage interstellaire de Jules a duré 20 ans selon le calendrier terrestre de Jim. Parti en l'an 2000, il est revenu en l'an 2020. Par contre, pour Jules, son voyage n'aura duré que 20 ans × 0,6 = 12 ans. Le calendrier à bord de son vaisseau spatial indique à son retour l'an 2012. Cette différence est réelle. Le cœur de Jules aura moins battu que celui de Jim, ses poumons auront moins absorbé d'air, ses cheveux auront moins blanchi, sa peau sera moins ridée. Il aura brossé ses dents moins de fois et avalé moins de repas.

La symétrie a donc été brisée. Pourquoi ? Parce que Jules, pour accomplir son voyage aller-retour, a dû changer de vitesse, c'est-à-dire accélérer ou décélérer. Accélérer d'abord à l'aller, pour échapper à la gravité terrestre et atteindre sa vitesse de croisière de 80 % de celle de la lumière, puis décélérer jusqu'à une vitesse presque nulle pour se poser sur la planète lointaine. Puis accélérer de nouveau pour entamer son voyage de retour, et décélérer une nouvelle fois pour se poser sur Terre. Ces accélérations et décélérations sont des effets bien réels. Les astronautes le sentent quand l'accélération de la navette spatiale les cloue à leurs sièges au moment du décollage. Nous les ressentons quand une voiture démarre en trombe ou quand un ascenseur remonte trop vite les étages. La situation est symétrique entre Jules et Jim tant que la vitesse de Jules est constante. Dans ces conditions, dire que la fusée de Jules s'éloigne d'une Terre immobile, ou que la Terre s'éloigne d'une fusée au repos, revient au même. La symétrie prévaut tant que la vitesse ne change pas. Dès qu'il y a changement, la symétrie est brisée et le temps de Jules s'écoule moins vite que celui de Jim, parce que c'est lui qui subit les effets d'accélération et de décélération.

Ainsi, la fontaine de jouvence dénichée par Einstein revêt un caractère très particulier. Il suffit d'appuyer le pied sur l'accélérateur pour prendre moins vite de l'âge. Mais vous ne pouvez utiliser la vitesse pour ralentir votre vieillissement par rapport à votre propre expérience du temps qui passe, seulement par rapport au temps ressenti par quelqu'un d'autre. Tant que Jules voyageait, il avait la sensation de vieillir normalement. Ce n'est qu'en rentrant sur Terre qu'il s'est aperçu qu'il n'avait pris que 12 ans au lieu des 20 ans qui se sont écoulés pour Jim.

Le feu des étoiles

Non seulement la masse augmente avec la vitesse, mais Einstein découvrit aussi qu'elle peut être convertie en énergie. Cette découverte allait modifier de fond en comble l'histoire de l'humanité et révéler aux physiciens… le sens du péché !

Pour Newton, toute l'énergie d'un objet réside dans son mouvement. Plus il va vite, plus il recèle d'énergie, celle-ci étant proportionnelle au carré de sa vitesse. Mais l'énergie est nulle pour un objet immobile. Einstein vient bouleverser tout cela. Il démontra qu'un objet au repos possède de l'énergie due à sa masse. Cette énergie de masse se calcule simplement en multipliant la masse par le carré de la vitesse de la lumière. C'est l'équation $E = mc^2$, qui est peut-être la formule physique la plus fameuse au monde. Parce que la vitesse de la lumière est énorme (300 000 km/s), cette énergie de masse est fantastique. Par exemple, si vous pesez 75 kilos et que vous savez convertir votre masse en énergie, vous libéreriez une énergie 30 fois supérieure à celle de la plus puissante bombe nucléaire que l'humanité ait jamais fait exploser.

Convertir la masse en énergie n'est pas chose facile. Pourtant, pendant la Seconde Guerre mondiale, les meilleurs physiciens des pays alliés se sont réunis dans un coin perdu du désert du Nouveau-Mexique, à Los Alamos, pour tenter de libérer la puissance de la matière. Les Alliés pensaient que Hitler était sur la même voie et qu'il fallait le battre de vitesse. Les physiciens de Los Alamos relevèrent brillamment le défi, et le premier essai d'une bombe atomique eut lieu à l'aube d'un matin de juillet 1945. La sérénité du désert fut secouée par l'explosion d'une énorme boule de feu. Quand il vit le champignon noir géant se dessiner dans le ciel blême, deux vers du *Bhagavad-gītā*, le poème hindou, traversèrent l'esprit du physicien américain Robert Oppenheimer (1904-1967), directeur de Los Alamos :

Je suis la mort,
Je suis devenu la destruction du Monde.

Une prémonition qui, malheureusement, se confirma quelques semaines plus tard quand, les 6 et 9 août 1945, deux bombes atomiques furent lâchées sur les villes japonaises d'Hiroshima et de Nagasaki, faisant plus d'une centaine de milliers de victimes et laissant une tache indélébile sur l'âme de l'humanité. Aurons-nous la sagesse de ne jamais oublier cette douleur et de préserver à jamais notre belle planète bleue du péril nucléaire ?

Einstein était bien loin de penser à la bombe atomique quand il découvrit l'équivalence masse-énergie. Sa préoccupation principale était le mouvement des objets. Mais les découvertes scientifiques fondamentales ont toujours des ramifications inattendues et peuvent prendre des directions imprévues. Elles ne contiennent pas le bien ou le mal en soi. C'est l'usage qu'en fait le politique ou le militaire qui détermine en fin de compte leur valeur morale.

La découverte d'Einstein a aussi permis de résoudre plusieurs énigmes scientifiques importantes. Au début du XXe siècle, on ne comprenait pas pourquoi les étoiles brillent. On n'avait aucune idée de ce qui alimentait leurs feux. Surtout pendant une si longue durée, car, grâce au datage des éléments radioactifs dans l'écorce terrestre, on savait déjà que le Soleil avait quelques milliards d'années d'existence. Grâce à l'équivalence masse-énergie, nous comprenons aujourd'hui que c'est en convertissant une toute petite partie de sa masse en hydrogène que le Soleil brille, nous réchauffe et est source de toute vie sur Terre. Cette conversion n'est certes pas très efficace (seulement 0,7 % de la masse d'hydrogène est converti en rayonnement), mais c'est suffisant pour faire de notre Terre un cocon bien douillet dans la froideur glaciale de l'espace interstellaire et intergalactique (proche du zéro absolu).

Cela a aidé aussi à percer le mystère de la naissance de l'Univers. On pense maintenant que l'Univers a débuté son existence par une explosion fulgurante appelée big bang à partir d'un vide rempli d'énergie. L'équivalence masse-énergie permet de comprendre comment cette énergie du vide a donné naissance au contenu matériel entier de l'Univers, des galaxies aux étoiles, des planètes aux hommes et aux microbes. La découverte d'Einstein permet aussi de comprendre le comportement des particules élémentaires dans le monde subatomique. Dans ce monde, par le jeu des collisions, des particules apparaissent et disparaissent comme par magie. Deux protons lancés à toute vitesse se rencontrent, et ce qui en résulte n'est pas seulement composé des deux protons originaux, mais d'une pléthore d'autres particules. Une partie de l'énergie de mouvement des deux protons a été convertie en masse de nouvelles particules. La physique newtonienne aurait été tout à fait impuissante à rendre compte de cette situation. Pour Newton, deux boules de billard se heurtent et repartent dans d'autres directions, mais l'apparition de nouveaux objets est en l'occurrence strictement inconcevable. Nous avons aussi vu comment, en se servant de l'équivalence masse-énergie et du principe de conservation de l'énergie, le physicien autrichien Wolfgang Pauli a découvert l'existence du neutrino.

La gravité et l'accélération

La symétrie a été brisée entre Jules et Jim parce que Jules a subi des accélérations et des décélérations, alors qu'elles étaient épargnées à Jim. Après son article de 1905, Einstein s'est penché sur la nature du mouvement accéléré en même temps que sur celle de la gravité. Il s'est bientôt rendu compte que les deux phénomènes étaient intimement liés. L'illumination, qu'il qualifia plus tard d'« idée la plus heureuse de [s]a vie », lui vint en 1907 alors qu'il rêvassait dans son Bureau des brevets à Berne. Comme toutes les grandes idées qui ont modifié le cours de l'Histoire, celle-ci fut d'une simplicité limpide. Einstein s'imagina dans un ascenseur accélérant brusquement vers le haut. Nous avons tous éprouvé cette expérience. L'accélération vous pousse vers le plancher, comme si, soudainement, la gravité avait augmenté et votre poids avait crû. Inversement, quand vous êtes dans un ascenseur qui accélère vers le bas, vous avez la sensation extrêmement désagréable que votre estomac ne peut pas tout à fait suivre le mouvement, que vous êtes moins collé au plancher, que votre poids diminue. Vous ressentez la même impression quand l'avion de ligne qui vous transporte rencontre un trou d'air et que le pilote fait brusquement descendre l'avion pour éviter la turbulence. Les ascenseurs firent ainsi réaliser à Einstein que l'effet d'un mouvement accéléré est équivalent à celui exercé par un champ de gravité.

Revenons visiter Jules à bord de son vaisseau spatial. Celui-ci est éloigné de toute planète ou étoile, ce qui veut dire qu'il n'est soumis à aucune force gravitationnelle. Jules a éteint tous les moteurs de sa fusée. Cette dernière, emportée par son élan, glisse à vitesse constante dans la quiétude de l'immensité interstellaire. À l'intérieur de la cabine, Jules s'est endormi, attaché à son siège par une ceinture. Dans la cabine flottent un verre vide, un crayon, une gomme et du papier à lettres. Jules était en train d'écrire une lettre tout en buvant un verre d'eau quand il est tombé dans les bras de Morphée. S'il n'avait pas été retenu par sa ceinture, lui aussi flotterait à côté de son crayon et de sa gomme. Jules se réveille et décide de mettre en marche les moteurs de sa fusée. Les objets continuent de flotter dans l'air comme si de rien n'était. Mais le plancher de la fusée accélérée se rapproche d'eux à vitesse croissante. Les objets flottants viennent le toucher tous au même instant. Si Jules avait un passager à bord de sa fusée et que celui-ci ne s'était pas rendu compte que Jules avait déclenché les moteurs, il penserait que la gomme et le crayon tombent sur le plancher parce qu'ils sont attirés par un champ de gravité, tout comme une pomme mûre tombe sur le sol, attirée par la gravité terrestre. Les effets de l'accélération de la fusée et ceux d'un champ de gravité sont rigoureusement identiques.

Einstein a élevé cette profonde similarité au rang de principe. Le « principe d'équivalence » constitue un outil extrêmement puissant pour explorer les secrets de la Nature. Pour comprendre, par exemple, le comportement de la lumière dans un champ de gravité, il suffira de se demander comment elle apparaîtrait à un observateur en mouvement accéléré, ce qui constitue un raccourci considérable. Einstein le magicien a donc poussé la notion de symétrie au plus haut degré.

Non content de décréter que deux observateurs se déplaçant à vitesse constante l'un par rapport à l'autre doivent percevoir exactement la même réalité physique, il nous dit aussi que toute différence entre la réalité physique perçue par un observateur en mouvement constant et celle perçue par un observateur en mouvement accéléré peut s'interpréter en termes de gravité.

La plume tombe aussi vite que le boulet de canon

Dans son principe d'équivalence, Einstein avait incorporé le résultat d'un illustre prédécesseur, le physicien italien Galilée (1564-1642). Celui-ci avait aussi longuement réfléchi sur la nature du mouvement accéléré et avait découvert que tous les objets tombaient au même rythme dans le champ de gravité terrestre, quel que soit leur poids. Avant Galilée, Aristote pensait que les objets lourds y tombaient plus vite que les objets légers. Par un raisonnement ingénieux, Galilée démontra que ce ne pouvait être le cas. Supposons, raisonna-t-il, qu'on lâche deux objets, un lourd et un léger, du haut d'une tour. Ces deux objets ne sont pas libres, mais attachés l'un à l'autre par une ficelle. La question est alors : est-ce que l'objet léger attaché à l'objet lourd retarde ou précipite la chute de ce dernier vers le sol ? Si Aristote avait raison, l'objet léger, en tombant moins vite que l'objet lourd, tirerait sur la ficelle et retarderait la chute de l'objet lourd. Mais on peut tout aussi bien arguer que les deux objets attachés ensemble forment un système plus lourd que le seul objet lourd, et donc que les deux objets ensemble doivent tomber plus vite que le seul objet lourd. Ainsi, si Aristote avait raison, nous arriverions à la conclusion absurde que la présence de l'objet léger précipite et retarde en même temps la chute de l'objet lourd ! Le seul moyen d'éviter cette absurdité est de conclure que la présence de l'objet léger n'affecte en aucune façon la chute de l'objet lourd, c'est-à-dire que l'objet léger tombe vers le sol aussi vite que l'objet lourd.

L'histoire dit que Galilée s'en alla jeter des objets de poids différents du haut de la tour penchée de Pise pour vérifier le résultat qu'il avait obtenu par le seul raisonnement. Idéalement, cette expérience devrait se faire dans un vide complet, où l'air serait absent et sa résistance au mouvement strictement nulle. Dans ces conditions, une plume d'oiseau tombera aussi vite vers le sol qu'un boulet de canon. Quelque 350 années plus tard, l'expérience a été réalisée sur la surface dépourvue d'atmosphère de la Lune par un astronaute américain utilisant une balle de golf et un marteau de fer.

La matière courbe l'espace

Avec son principe d'équivalence, Einstein va construire le magnifique édifice de la relativité générale qui décrit le comportement des objets en présence d'un champ de gravité et qui constitue l'un des monuments intellectuels les plus harmonieux que l'esprit humain ait jamais bâtis.

Une des premières conséquences fondamentales du principe d'équivalence est que l'espace est courbé par la gravité. Pour voir cela, rendons à nouveau visite à Jules en train d'accélérer à bord de son vaisseau spatial. Celui-ci dispose d'un pistolet à rayons laser (le laser est une source de lumière). Se tenant près d'une paroi, Jules vise une cible accrochée à la paroi opposée. Le rayon laser met une toute petite fraction de seconde pour atteindre la cible. Pendant ce temps, le plancher de la fusée en accélération continue à monter, si bien que le rayon laser touche non pas la cible, mais un emplacement situé au-dessous. Si Jules retraçait la trajectoire du rayon laser, il obtiendrait non pas une ligne droite, mais une courbe. L'accélération de la fusée a fait courber la trajectoire de la lumière. Mais, puisqu'un mouvement accéléré équivaut à un champ de gravité, cela veut dire que la lumière est courbée par la gravité, même si la particule de lumière, le photon, n'a pas de masse. Dire qu'un champ de gravité est produit par une masse matérielle revient à dire que la matière courbe la lumière.

La lumière n'aime pas perdre de temps. Elle emprunte toujours le chemin le plus court pour aller d'un endroit à l'autre. Dans un espace plat, sans courbure, c'est une ligne droite. Mais, dans un espace courbe, c'est une figure courbe. Dire que la matière courbe la lumière revient donc à dire que la matière courbe l'espace. La Lune accomplit son périple mensuel autour de la Terre en suivant une orbite courbe en forme d'ellipse. Pour Newton, cette orbite elliptique est déterminée par la force gravitationnelle exercée par la Terre sur la Lune, et transmise par un milieu mystérieux appelé « éther »[1]. Einstein fait table rase des notions de force et d'éther. Pour lui, la masse de la Terre courbe l'espace autour d'elle, et le chemin le plus court dans cet espace courbe pour orbiter autour de la Terre est une ellipse. C'est pourquoi l'orbite de la Lune a cette forme.

Einstein songea même à un moyen pour vérifier que la matière courbe l'espace. Il proposa d'observer des étoiles lointaines dont les positions projetées dans le ciel étaient très proches de celle du Soleil. Si l'espace était vraiment courbé par le champ de gravité du Soleil, la trajectoire de la lumière de ces étoiles lointaines serait déviée quand elle passerait à proximité du Soleil. Cette déviation se traduirait par un très léger

1. Cet « éther » était aussi censé transmettre, nous l'avons vu, les forces électriques et magnétiques.

déplacement angulaire (1/2 000 de degré, soit environ l'angle sous-tendu par une pièce de 10 francs à une distance de 10 km) par rapport aux images des mêmes étoiles photographiées six mois plus tard, quand la Terre est diamétralement opposée dans son orbite autour du Soleil et que la lumière des étoiles n'a plus à traverser le champ de gravité solaire pour nous parvenir. Pour photographier des étoiles dont la position projetée dans le ciel est proche de celle du Soleil, il faut attendre une éclipse solaire, quand la Lune masque sa lumière aveuglante. En 1919, deux expéditions anglaises furent organisées pour aller observer l'éclipse solaire au Brésil et en Guinée espagnole, afin de vérifier les prévisions d'Einstein. Le résultat fut spectaculaire. La lumière des étoiles était bien déviée par le champ de gravité solaire, et exactement de l'angle calculé par Einstein. Cette vérification spectaculaire de la relativité fit la une des journaux du monde entier. Un monde meurtri, tout juste sorti d'un conflit mondial dévastateur, las de n'entendre parler que de bolchevisme, de réparations de guerre ou de famine, fut subjugué par cette nouvelle scientifique. Einstein se trouva propulsé au faîte de la gloire.

La gravité ralentit le temps

Mais ce n'est pas fini. Le principe d'équivalence va mener Einstein à une conclusion encore plus folle : que le temps est ralenti par la gravité !

Pour nous en rendre compte, accompagnons Émilie et Claire dans leur visite à la tour Eiffel. Émilie reste en bas tandis que Claire monte tout en haut des 320 mètres de la tour. Physiciennes en herbe, elles veulent comparer leurs temps. De nouveau, c'est la lumière qui joue les messagers entre les deux amies. Celles-ci se sont mises d'accord pour qu'Émilie envoie à Claire un signal lumineux toutes les secondes, selon la montre d'Émilie. Est-ce que Claire verra les signaux lumineux lui arriver également séparés par un intervalle d'une seconde ? Pour nous aider à répondre à cette question, Einstein vient à la rescousse avec son principe d'équivalence. Il nous dit que la situation d'Émilie et de Claire en bas et en haut de la tour Eiffel est exactement équivalente à une situation imaginaire où l'on soustrairait la tour Eiffel à la gravité de la Terre pour la placer dans un énorme vaisseau spatial en accélération constante. Il est maintenant aisé d'analyser la situation. Du fait de l'accélération de la fusée, Claire s'éloigne de plus en plus vite des signaux lumineux envoyés par Émilie. Ceux-ci mettent de plus en plus de temps pour rattraper Claire, perchée en haut de la tour. Claire voit donc les signaux lumineux lui arriver de plus en plus espacés, séparés de plus d'une seconde. Claire, en haut, voit le temps d'Émilie, en bas de la tour, s'étirer et se ralentir par rapport au sien. La gravité de la Terre a donc ralenti le temps. Émilie, restée en bas, est plus proche du centre de la Terre et ressent une plus grande gravité terrestre, l'intensité de celle-ci décroissant comme le carré de la distance au centre terrestre. Inversement, Claire, en haut de la tour Eiffel, plus éloignée du centre de la Terre, est sujette à une gravité terrestre moins grande, et son temps va plus vite.

Ce ralentissement du temps est bien réel. Les gens qui habitent aux étages supérieurs de votre immeuble vieillissent plus vite que vous, qui habitez au rez-de-chaussée. De même, le temps passe plus rapidement pour les Équatoriens vivant sur l'équateur que pour les Esquimaux vivant au pôle Nord. Et cela parce que la Terre n'est pas parfaitement ronde. Du fait que notre globe tourne sur lui-même, une force centrifuge tire sur l'équateur, le rendant légèrement plus bombé (de 0,3 %) à l'équateur qu'aux pôles. Si bien que les Équatoriens sont un peu plus éloignés du centre de la Terre et sentent moins la gravité terrestre que les Esquimaux. Bien qu'elle nous empêche de flotter en l'air et que la navette spatiale doive dépenser des tonnes de carburant pour échapper à son emprise, la gravité terrestre est suffisamment faible pour que ces différences de temps soient insignifiantes à l'échelle de notre vie. Au bout d'une heure, une horloge sur Terre retarderait seulement d'un milliardième de seconde, comparée à une horloge dans l'espace, loin de toute influence gravitationnelle. Si vous vivez au rez-de-chaussée pendant toute votre vie, vous gagnerez à peine une microseconde sur votre voisin du dixième étage. Heureusement, d'ailleurs ! Sinon, le monde connaîtrait une crise du logement aiguë, personne ne voulant habiter dans les étages ! Et puis, il serait bien dommage que les habitants de la Terre désertent les régions ensoleillées de l'équateur pour aller s'enfermer dans les igloos près du pôle Nord juste pour gagner quelques bribes de vie !

Bien que nos pauvres montres ordinaires soient incapables de déceler de telles différences de temps, des instruments sophistiqués peuvent le faire. Deux physiciens américains de l'université Harvard, Robert Pound et Glen Rebka, ont réussi à mesurer un changement fractionnel de 2,5 millioniėmes de milliardièmes entre le haut et le bas d'une tour de 22,5 mètres à Harvard. Ce changement correspond à un retard de 1 seconde, au bout de 100 millions d'années, pour l'horloge du bas comparée à celle du haut.

Les astronomes se sont aussi servis de la gravité du Soleil pour mesurer le ralentissement du temps. À cause de son énorme masse, le Soleil a une gravité plus importante que la Terre ; donc le temps solaire devrait s'écouler plus lentement que le temps terrestre. Le retard fractionnel est de l'ordre de 2 millioniėmes. Parce que la Terre et les planètes tournent autour du Soleil, leurs positions dans le ciel changent. Lorsqu'une des planètes se trouve presque alignée sur le Soleil, on peut s'en servir pour refléter des signaux radio envoyés par radar depuis la Terre, et mesurer le temps aller-retour de ces ondes. Parce que celles-ci passent très près de la surface solaire où le temps s'écoule plus lentement, ce temps aller-retour devrait être légèrement plus long que le temps aller-retour correspondant à une situation où la planète se trouve dans une autre région du ciel, quand les signaux radio ne sont plus affectés par la gravité du Soleil. En d'autres termes, les échos planétaires doivent arriver en retard lorsqu'ils passent à proximité du Soleil. Des centaines d'échos ont été mesurés jusqu'à présent, et ont toujours donné raison à Einstein.

La spatialisation du temps

La gravité ralentit le temps et courbe l'espace. Un coup d'accélérateur pour atteindre une grande vitesse, et voilà que le temps s'allonge et que l'espace se rétrécit. Non seulement Jim voit le temps de Jules, filant à 80 % de la vitesse de la lumière, ne s'écouler qu'à 60 % du rythme de son propre temps, mais il voit aussi la fusée de Jules se rétrécir, mesurant seulement 60 % de sa longueur normale. C'est comme si l'étirement du temps était compensé par une contraction de l'espace. Dans le monde newtonien, le temps et l'espace étaient deux acteurs indépendants qui faisaient ce que bon leur semblait sur la grande scène cosmique. Einstein ne tolère plus cette séparation. Il marie ensemble l'espace et le temps. Désormais, ceux-ci forment un couple inséparable et indissoluble qui agit toujours de concert. Le temps et l'espace séparés ne sont plus que des ombres de la réalité. Seule l'union espace-temps a une existence tangible. L'espace prend des airs de temps, et le temps prend des airs d'espace.

Il y a quelque 20 000 ans, nos ancêtres du paléolithique donnaient déjà, de manière intuitive, une dimension spatiale au temps quand ils marquaient le passage des jours par des séries d'encoches déployées spatialement sur des os d'animaux. Einstein, en détruisant l'universalité du temps, fournit une justification scientifique à la spatialisation du temps. Celui-ci, en devenant malléable et flexible selon le mouvement de chacun, balaie les concepts de simultanéité, de passé, de présent et de futur universels. Mon « maintenant » peut être votre futur ou le passé de mon ami. Tout dépend de mon mouvement par rapport au vôtre et de la distance qui nous sépare. Par exemple, rien qu'en posant ce livre et en traversant votre salon, vous changerez votre « maintenant » d'une journée entière par rapport au « maintenant » de quelqu'un vivant dans la galaxie Andromède, à 2 millions d'années-lumière ! Les deux « maintenant » coïncideraient si vous étiez tous deux immobiles en train de lire sagement vos livres. Mais votre « maintenant » avancerait d'un jour dans le futur de l'habitant d'Andromède si, dans votre traversée du salon, vous vous rapprochiez de quelques mètres de la galaxie. Au contraire, si vous vous éloigniez d'Andromède, votre « maintenant » reculerait d'un jour dans le passé de l'habitant d'Andromède.

Cette perte du concept de simultanéité met à mal nos notions habituelles de passé, présent et futur. Nous pensons que le passé est révolu, qu'il s'en est allé se perdre dans les méandres de notre mémoire et que nous ne pouvons plus rien faire pour le modifier. Seules la saveur d'une madeleine ou la magie de l'écriture font revivre à Proust (1871-1922) ce temps perdu. Par contre, nous pensons que le futur est encore à faire, qu'il porte nos rêves et nos espoirs, et que nos actions présentes peuvent l'influencer et le façonner. Nous sentons le temps qui passe, et notre langage le reflète : nous parlons du « cours » ou du « fil » du temps. Pourtant, ce temps psychologique n'est pas en accord avec le temps physique d'Einstein. Si, comme celui-ci le dit, mon futur peut être le passé de mon ami et si le passé de mon voisin peut être mon présent, le passé ne peut être révolu et le futur n'est pas encore à faire. Passé et futur doivent coexister avec le présent. Comme un paysage qui s'étend à perte de vue dans l'espace, le temps physique est là tout entier au même moment. Le paysage du temps s'étend de l'horizon du passé jusqu'à l'horizon du futur. Toute distinction entre passé, présent et futur n'est plus qu'illusion. Au contraire du temps psychologique, le temps physique ne s'écoule ni ne passe. Il existe tout en bloc ; il est, tout simplement. Ce temps physique rejoint l'intuition poétique. Écoutons par exemple William Blake (1757-1827) dans *Jérusalem* :

Je vois le Passé, Présent et Futur
S'étendre tous ensemble devant moi

ou encore T. S. Eliot (1888-1965) dans *Burnt Norton* :

Et la Fin et le Commencement furent toujours là
Avant le Commencement et après la Fin
Et Tout est toujours Maintenant.

Le temps physique résout bien des paradoxes posés par le temps psychologique : si le temps passe vraiment, quelle est la vitesse de son flot ? Question évidemment absurde. Par contre, si le temps simplement est, s'il ne s'écoule pas, cette question n'a plus lieu d'être. Pourtant, tout dans notre expérience humaine nous suggère qu'il y a un cours du temps, qui nous mène du berceau au tombeau. Qu'est-ce qui crée cette sensation de mouvement ? Est-ce que cette impression de flot n'est qu'une pure construction mentale, une illusion suscitée par notre cerveau et qui n'aurait rien à voir avec le réel ? L'apparence n'est-elle que l'ombre de la réalité, comme Platon le concevait ? Ou y a-t-il un aspect du temps physique que nous n'appréhendons pas encore ? Einstein a révolutionné notre conception du temps au début du XXe siècle en le mariant avec l'espace. Y aura-t-il une nouvelle révolution, au XXIe siècle, qui résoudra la profonde dichotomie entre les deux temps, physique et psychologique ? En tout cas, une chose est sûre : une telle solution ne pourra pas être trouvée tant que nous ne comprendrons pas comment notre cerveau fonctionne et perçoit le temps, et comment tout cela est relié à notre conception du libre arbitre.

Einstein et les « trous noirs »

La gravité ralentit le temps et courbe l'espace. Ces notions heurtent le bon sens. Pourtant, elles ont été vérifiées par des horloges placées en haut d'une tour et qui avancent plus vite que celles placées en bas, par des signaux radio qui accusent un retard, par les rayons lumineux des étoiles qui sont déviés quand ils traversent le champ de gravité du Soleil. Mais ces effets sont si ténus qu'ils ne sont à la portée que des instruments les plus sophistiqués. S'ils étaient les seules conséquences de la théorie de la relativité, les idées d'Einstein auraient peut-être perdu de leur vitalité. Au contraire, la seconde moitié du XXe siècle a vu sur tous les fronts une résurgence si forte des idées d'Einstein qu'elle a été qualifiée d'« âge d'or » de la relativité. Et cela grâce, en astrophysique, à une série de découvertes d'objets plus extraordinaires les uns que les autres. La créature la plus singulière, dans ce merveilleux bestiaire de l'astrophysique, est sans nul doute le « trou noir » !

L'idée du trou noir avait déjà fait son apparition avant l'avènement de la relativité. Le philosophe anglais John Michell (1724-1793) l'avait suggérée dès 1783. Le mathématicien français Pierre Simon de Laplace (celui qui chantait les louanges du déterminisme et qui répliquait fièrement à Napoléon qu'il n'avait nul besoin de l'hypothèse d'un Grand Architecte pour expliquer la construction du monde) l'avait mentionnée dans son œuvre maîtresse, *Exposition du système du monde*, publiée en 1796. Leur raisonnement était simple. Il faut une certaine vitesse pour échapper à un champ de gravité. Par exemple, pour échapper à la gravité terrestre, il faut aller plus vite que 11 kilomètres/seconde, et pour se libérer de la gravité solaire, la vitesse doit dépasser 617 km/s. Supposons qu'il existe une masse dotée d'une gravité si grande que la vitesse nécessaire pour lui échapper est supérieure à la vitesse de la lumière. Dans ce cas, la lumière ne pourra s'échapper de cette masse, et celle-ci sera noire. Bien sûr, l'appellation du « trou noir » n'avait pas encore fait son entrée en scène à cette époque (le physicien américain John Wheeler [1911-2008] ne l'inventera qu'en 1967), et Laplace appelait ces objets des « astres occlus ». Les choses en restèrent là pendant plus d'un siècle, faute de théorie plus sophistiquée et d'observations plus précises. L'idée était trop en avance sur son temps.

En 1915, quand Einstein découvrit les équations de la relativité générale, il se rendit compte tout de suite que ses équations lui prédisaient l'existence d'objets dont la gravité était si grande que la lumière ne pouvait plus en sortir. Mais même Einstein le révolutionnaire n'était pas prêt à accepter une idée aussi saugrenue. Il se disait que ses équations perdaient peut-être pied quand la gravité devenait infinie. Pour lui, la Nature devait être assez ingénieuse pour nous épargner l'existence de bestioles aussi bizarres. Il écrivit des articles pour se déclarer résolument hostile à l'existence des trous noirs. Mais, en cela, il se trompait. Les trous noirs existent bel et bien. Les astronomes les ont dénichés, gisant au cœur des galaxies. Même notre Voie lactée en contient un ! Ils sont omniprésents dans l'astrophysique contemporaine et font souvent la une des revues. Einstein lui-même ne vécut pas assez longtemps pour voir les trous noirs occuper le devant de la scène astrophysique. Il s'éteignit à Princeton en 1955. Mais, bien avant, il avait déjà perdu tout intérêt pour ces bizarres objets compacts qui faisaient des pieds de nez au bon sens en matière d'espace et de temps. Les causes de ce désintérêt étaient multiples. Tout d'abord, les années 1920 avaient vu l'éclosion d'une nouvelle théorie de la matière, la mécanique quantique. Cette théorie interprète la réalité en termes de chances et de probabilités. Interprétation qu'Einstein, déterministe invétéré, ne trouvait pas du tout à son goût. « Dieu ne joue pas aux dés », se plaisait-il à répéter. Il passa les trente dernières années de sa vie à essayer de formuler une grande théorie qui unifierait la force de gravité avec la force électromagnétique et supprimerait cet indéterminisme tant abhorré. Ensuite, les obligations qui accompagnent malheureusement la notoriété prirent aussi beaucoup de son temps. Pendant la Seconde Guerre mondiale, c'est lui qui, poussé par le physicien hongrois Leo Szilard (1898-1964), écrivit au président américain Franklin Roosevelt (1882-1945) pour lui demander de mettre en route un programme de construction de la bombe atomique. Einstein était profondément pacifiste, mais son expérience personnelle du nazisme (il avait dû quitter l'Allemagne pour lui échapper) le persuada qu'il n'avait pas le choix. Il fallait battre Hitler (1889-1945) de vitesse. Toutefois, après Hiroshima et Nagasaki, il milita ardemment pour l'abolition de toutes les armes nucléaires et le rapprochement avec l'Union soviétique. Ben Gourion (1886-1973) lui offrit en 1952 la présidence de l'État d'Israël, qu'il déclina.

Figure solitaire et révérée, Einstein s'éloigna de plus en plus de la physique contemporaine. Il manifesta peu d'intérêt pour les grandes découvertes qui révolutionnèrent la physique des particules dans les années 1950, et ne cessa jamais de s'opposer à la mécanique quantique, malgré tous les succès de cette dernière pour rendre compte du comportement des atomes. Quant à l'exploration des bizarreries des trous noirs, il la laissa à ses jeunes collègues physiciens et cessa d'y participer dès après les années 1940. En pénétrant dans le monde des trous noirs, ses cadets découvrirent des phénomènes plus fantastiques les uns que les autres.

Et si vous deveniez trou noir ?

Comment localiser un trou noir ? Pour répondre à cette question, il nous faut d'abord apprendre la « recette de fabrication » de ces trous noirs, c'est-à-dire comment se crée un champ de gravité si intense que la lumière ne peut plus en ressortir. En principe, tout objet peut devenir trou noir pourvu que vous le comprimiez suffisamment. Vous qui pesez 75 kilos, si une main géante réduisait votre taille à 10^{-23} cm, c'est-à-dire à 10 milliards de fois plus petite que la taille d'un noyau d'atome, vous deviendriez trou noir. En fait, la taille en deçà de laquelle vous devez comprimer un objet est proportionnelle à sa masse. Plus il est massif, moins vous devez le comprimer. Ainsi, si vous voulez transformer en trou noir un éléphanteau de 750 kilos, soit 10 fois votre poids, vous devrez le comprimer à 10^{-22} cm, soit 10 fois la taille du trou noir résultant de votre auguste personne ! Mais comprimer avec la main n'est pas chose aisée. La force électromagnétique qui soude les atomes et les molécules ensemble, qui donne leur solidité aux os de notre squelette et est responsable de la cohésion et des formes des choses, résiste avec acharnement à toute tentative de compression. Heureusement, d'ailleurs : sinon, les gens régleraient leurs comptes en essayant de transformer leurs adversaires en trous noirs !

En fait, pour vaincre la résistance de la force électromagnétique, il nous faut appeler la force de gravité à la rescousse. Or, Newton nous l'a enseigné, l'intensité de cette dernière dépend de la masse de l'objet. Plus l'objet est massif, plus sa gravité est grande. Ainsi, pour avoir des chances de trouver des trous noirs, il nous faut chercher du côté des grandes masses. Et où localiser des grandes masses, sinon dans les étoiles ? Mais attention : toutes les étoiles ne font pas l'affaire. Considérons par exemple le cas de notre astre, le Soleil. Il possède la masse énorme de 2×10^{33} grammes (2 suivi de 33 zéros). Malgré cette masse fantastique, le Soleil ne s'effondre pas sous l'effet de sa gravité, parce qu'il génère furieusement de l'énergie dans son cœur chauffé à plus de 10 millions de degrés. Dans cette fournaise, les noyaux d'hydrogène (ou protons) s'entrechoquent, des millions de réactions nucléaires se déclenchent à chaque seconde, et le Soleil convertit une toute petite partie (0,7 %) de sa masse d'hydrogène en rayonnement. C'est ce rayonnement qui fait que le Soleil brille et ne s'effondre pas. En se frayant un chemin vers la surface à travers les couches supérieures de matière, le rayonnement tient tête à la gravité qui veut faire s'effondrer le Soleil. Un équilibre s'est instauré depuis 4,6 milliards d'années, date de naissance du Soleil, entre la force de gravité et celle du rayonnement. Cet équilibre va encore durer quelque 4,5 milliards d'années, le Soleil étant à mi-vie. Au bout de ce temps, il aura épuisé tout son carburant, les réactions nucléaires s'arrêteront et il n'y aura plus de rayonnement pour s'opposer à la gravité. Le Soleil s'effondrera alors sur lui-même. Deviendra-t-il alors un trou noir ?

La réponse est non. Étant donné sa masse, il faudrait qu'il s'effondre de son rayon actuel de 700 000 km à un rayon de moins de 3 km. Or la physique nous dit que l'effondrement du Soleil sera stoppé net à un rayon d'environ 6 000 km, de l'ordre du rayon terrestre, donc bien loin des 3 km nécessaires. Pourquoi cet arrêt ? Parce qu'à nouveau la gravité rencontre une force qui lui résiste. Ce n'est plus le rayonnement, cette fois, qui tient tête à la gravité, mais l'action conjuguée des électrons à l'intérieur du Soleil. En effet, la matière solaire chauffée à plus d'une dizaine de millions de degrés s'entrechoque violemment, libérant les électrons des atomes. L'effondrement du Soleil fait que ces électrons sont de plus en plus comprimés dans un espace qui ne cesse de se rétrécir. Parce qu'ils ne souffrent pas d'être empilés les uns sur les autres, ils exercent une résistance qui arrête l'effondrement[1]. Un nouvel équilibre s'instaure entre la force de gravité et celle des électrons. Le Soleil devient ce qu'on appelle une « naine blanche ». « Naine » à cause de sa petite taille, comparée à celle d'une étoile normale ; et « blanche » parce que c'est la couleur de la lumière émise, l'énergie générée par le mouvement d'effondrement étant convertie en rayonnement. La matière est tellement comprimée dans la naine blanche qu'un centimètre cube de ce cadavre stellaire pèse une tonne ! C'est comme si vous placiez un éléphant sur une cuillère à soupe ! La naine blanche va rayonner et se refroidir pendant encore des milliards d'années avant de s'éteindre et de devenir une « naine noire ».

Des phares célestes

Notre quête de trous noirs du côté du Soleil s'est révélée infructueuse. En fait, toutes les étoiles, jusqu'à 1,4 fois la masse du Soleil, partagent le sort de notre astre. En mourant elles ne deviennent pas trous noirs, mais naines blanches. Il nous faut donc aller regarder du côté des étoiles d'une masse supérieure à 1,4 fois celle du Soleil. Mais, de nouveau, il nous faut prendre garde, car toutes ces étoiles massives ne font pas l'affaire. Leur destin diffère selon qu'elles ont plus ou moins de trois fois la masse du Soleil environ. Les étoiles ayant une masse comprise entre 1,4 et approximativement 3 fois la masse du Soleil échappent de nouveau au destin de trous noirs. Pour elles, l'effondrement provoqué par la gravité est stoppé, non pas par la résistance des électrons, mais par celle des neutrons à l'intérieur de l'étoile. Les neutrons sont des

1. Le principe qui exprime la résistance des électrons (ou neutrons) à être trop serrés ensemble est dû au physicien autrichien Wolfgang Pauli et a pour nom « principe d'exclusion ».

particules élémentaires de matière qui ont une masse comparable à celle du proton, mais 1 836 fois supérieure à celle de l'électron, et qui, comme leur nom l'indique, ne possèdent pas de charge électrique. Comme les électrons, les neutrons ne supportent pas l'idée d'être entassés les uns sur les autres[1]. Ils font montre néanmoins d'une plus grande tolérance à être serrés ensemble, si bien que l'effondrement va beaucoup plus loin et ne s'arrête qu'à 10 km. Le cadavre stellaire qui en résulte est une étoile composée entièrement de neutrons, et d'une taille semblable à celle de la région parisienne. Comme un patineur sur glace tourne plus vite en ramenant les bras le long de son corps, l'étoile à neutrons, en s'effondrant, tourne follement sur elle-même, parfois plusieurs centaines de fois par seconde, comme une vraie toupie céleste. Elle émet un rayonnement provenant de l'énergie d'effondrement, en deux faisceaux lumineux qui balaient l'espace à la manière d'un gyrophare et avec la régularité d'un métronome. Chaque fois que l'un des faisceaux rencontre la Terre, les radiotélescopes perçoivent un signal de très courte durée qui se répète à chaque balayage. C'est comme si l'étoile avait des pulsations. D'où son autre nom de « pulsar » (de l'anglais *pulsating star* qui signifie « étoile à pulsations »). La matière est encore plus comprimée dans l'étoile à neutrons : un centimètre cube pèse 1 million de milliards de grammes. Cette fois, c'est comme si vous mettiez 1 milliard d'éléphants sur une cuillère à soupe !

Puisque les étoiles de moins de trois masses solaires environ ne font pas notre affaire dans notre quête de trous noirs, il nous faut regarder du côté des étoiles encore plus massives. Cette fois, nous sommes sur la bonne piste. Ces étoiles sont si massives que rien ne peut arrêter leur effondrement, ni l'aversion des électrons à l'idée d'être comprimés ensemble, ni celle des neutrons. Les cadavres stellaires qui résultent de ces étoiles massives ne sont ni des naines blanches, ni des étoiles à neutrons, mais bien des trous noirs.

L'Atlas des trous noirs

Pour découvrir le monde merveilleux et fantasmagorique des trous noirs, accompagnons à nouveau Jules, l'explorateur, dans un autre voyage. Il a été chargé par le quotidien *L'Univers* et par la Société française des explorateurs de faire un reportage sur les « astres occlus ». Son ami Jim, le sédentaire, lui servira, comme toujours, de contact sur la Terre. Pour rester en constante communication, Jules a une caméra de télévision à bord de son vaisseau spatial, qui ne cessera pas de transmettre des images sonorisées à Jim pendant tout le voyage. Jim fera de même : il donnera

1. Voir la note 1, p. 485.

sans interruption des nouvelles de la Terre à Jules grâce à une caméra de télévision installée dans son salon.

Jules doit d'abord décider de sa destination. Il consulte l'Atlas des trous noirs établi par la Société internationale des astronomes. Le trou noir le plus intéressant et l'un des plus proches est celui du Centaure, à quelque 8 années-lumière de la Terre. Il est le cadavre stellaire résultant de la mort explosive d'une étoile de 10 fois la masse du Soleil, il y a environ 5 000 ans. Jules calcule que, voyageant à 80 % de la vitesse de la lumière, il lui faudra 20 années terrestres pour faire l'aller-retour. S'il partait en l'an 2000, il ne reviendrait qu'en l'an 2020 selon les calendriers terrestres. Mais, à cause des accélérations et décélérations de sa fusée, il ne va prendre lui-même que 12 ans ; son calendrier de bord marquera l'an 2012 à son retour. Une durée raisonnable, à l'échelle d'une vie humaine.

Il y a bien d'autres candidats, dans l'Atlas des trous noirs, à avoir attiré l'attention de Jules. Par exemple, le trou noir du Sagittaire, que les astronomes ont découvert au cœur de la Voie lactée, à 30 000 années-lumière de la Terre. Ce trou noir est beaucoup plus massif : il possède une masse de 3 millions de Soleils. On pense qu'il est le résultat de la coalescence de dizaines de milliers de trous noirs, eux-mêmes provenant de la mort d'une multitude d'étoiles massives. Jules demande à son ordinateur de calculer le temps nécessaire pour accomplir un voyage aller-retour jusqu'au centre galactique. Il lui précise les conditions du voyage : d'abord une vitesse extrêmement rapide, approchant autant que possible celle de la lumière ; ensuite, une accélération et une décélération de la fusée qui recréeraient exactement la gravité de la Terre à l'intérieur de la cabine spatiale (on dit que l'accélération ou la décélération est de 1 g). Le plan du voyage est le suivant : Jules voyagerait avec une accélération de 1 g jusqu'à mi-chemin, puis il ferait pivoter le vaisseau spatial sur lui-même de 180 degrés et poursuivrait le reste du voyage avec une décélération de 1 g, jusqu'au trou noir. Dans les conditions de pesanteur terrestre à l'intérieur de son vaisseau spatial, Jules aurait le sentiment de n'avoir jamais quitté le plancher des vaches, ce qui rendrait le voyage extrêmement agréable. L'ordinateur calcule et régurgite la réponse : il lui faudra 30 002 années sur le calendrier terrestre pour l'aller, et autant pour le retour. Mais, comme Jules voyagerait à une vitesse moyenne de 99,99997 % de la vitesse de la lumière, le voyage n'aurait pour lui qu'une durée de 20 ans.

Un autre trou noir qui a attiré l'attention de Jules se trouve dans le cœur du quasar 3C 273 ; d'une masse de plus de 1 milliard de Soleils, il est à quelque 2 milliards d'années-lumière de la Terre, 1 000 fois plus loin que la galaxie Andromède, et bien au-delà du superamas de galaxies auquel appartient la Voie lactée. Les quasars font partie de l'étrange et merveilleux bestiaire de l'astrophysique moderne. Ils émettent une énergie si fabuleuse qu'ils sont aussi brillants que les étoiles proches, bien qu'étant situés à des distances fantastiques : des milliards d'années-lumière, presque aussi loin que les limites de l'univers observable. D'où leur nom de quasar, contraction du mot anglais *quasi-star*. Cette énergie fabuleuse, égale à celle d'une galaxie de 100 milliards de Soleils, est émise dans un volume à peine plus grand que celui du système solaire. Les astrophysiciens pensent que cette énorme énergie du quasar provient de la gloutonnerie d'un trou noir très massif au cœur d'une galaxie. En déchirant et dévorant les malheureuses étoiles de la galaxie hôte qui passent à proximité, le trou noir fait que le quasar brille de tous ses feux. Moyennant une accélération-décélération reproduisant la gravité terrestre à bord du vaisseau spatial, l'ordinateur répond à Jules qu'il lui faudrait 2 milliards d'années terrestres pour parvenir à destination, mais seulement 42 années de son propre temps. Bien que les trous noirs du Sagittaire et de 3C 273 exercent une profonde fascination sur l'imagination de Jules, celui-ci doit se rendre à l'évidence : s'il veut revoir son ami Jim en vie à son retour, il ne peut se payer le luxe d'entreprendre des voyages aller-retour longs de 60 000 ou de 4 milliards d'années terrestres. Bien sûr, sur Terre, Jim peut essayer de ralentir son vieillissement biologique en réfrigérant son corps et en entrant en hibernation, mais cette technique n'est pas encore au point. D'ailleurs, s'il le faisait, qui transmettrait le récit des aventures et péripéties de Jules au journal *L'Univers* ? Jim pourrait laisser des instructions à ses arrière-arrière-arrière… petits-enfants pour poursuivre sa tâche, mais comment être sûr que ses volontés seront respectées ? C'est décidé : la destination de Jules sera le trou noir du Centaure.

Un disque de gaz couleur arc-en-ciel

Après un voyage interstellaire de 6 ans selon le calendrier de bord, de 10 ans selon le calendrier terrestre, le trou noir du Centaure est en vue. Par le hublot de son vaisseau spatial, Jules découvre un spectacle magnifique. Le trou noir se manifeste par l'attraction qu'il exerce sur le gaz interstellaire environnant. Ce gaz interstellaire, dont la masse est composée pour trois quarts d'hydrogène et pour un quart d'hélium, provient de lambeaux d'enveloppes d'étoiles mortes expulsées dans le milieu interstellaire au cours de leurs agonies explosives (appelées supernovae). Ce gaz n'est pas très dense : avec une densité moyenne d'un atome d'hydrogène par centimètre cube, il est des dizaines de milliards de milliards de fois moins dense que l'air que nous respirons. Mais, déferlant de toutes les directions, ce gaz devient de plus en plus dense et va de plus en plus vite au fur et à mesure qu'il s'approche du trou noir. La matière gazeuse ne tombe pas en ligne droite dans la bouche béante du trou noir, mais tourbillonne en spirales de plus en plus serrées, entraînée par sa rotation rapide, avant d'y plonger. Les forces centrifuges dues à la rotation font que le gaz se dispose en un disque aplati analogue à un œuf au plat où le trou noir occuperait la place du jaune. Parce que le trou noir « accrète » la matière du disque, ce dernier est appelé disque d'accrétion.

Amorphe et indolent loin du trou noir dans la mesure où la gravité et l'attraction y sont faibles, le gaz s'agite furieusement aux abords du trou noir, la gravité et l'attraction y étant beaucoup plus grandes. Les atomes de gaz s'entrechoquent et s'échauffent. D'une température d'environ –260 °C loin du trou noir, le gaz atteint des millions de degrés aux abords de celui-ci. À cause de ces énormes différences de température, le disque émet un kaléidoscope de rayonnements. Loin du trou noir, vers le bord extérieur du disque, la lumière émise par le gaz froid est de nature radio. Elle devient progressivement plus énergétique, passant par la lumière micro-onde (celle de vos fours), infrarouge, visible, ultraviolette et X, jusqu'à la lumière gamma en se rapprochant du trou noir. Bien sûr, les yeux de Jules ne sont sensibles qu'à la lumière visible. Par le hublot de la fusée, il voit une sorte d'anneau lumineux autour du trou noir, arborant toutes les couleurs de l'arc-en-ciel, du rouge, au bord extérieur de l'anneau, jusqu'au violet, à son bord intérieur, en passant par l'orange, le jaune, le vert, le bleu et l'indigo. Pour détecter les autres lumières que ses yeux ne peuvent voir, Jules met en œuvre les instruments sophistiqués dont son vaisseau est équipé.

Au centre du disque trône une région qui n'émet aucune espèce de rayonnement. C'est le fameux trou noir que Jules est venu explorer. Celui-ci sait que le trou noir possède une surface-horizon au-delà de laquelle il ne lui faut pas s'aventurer s'il tient à rester en vie. Passé cette frontière, la gravité est si grande qu'aucun rayonnement ou matière ne peut plus en sortir. Jules sait que cette frontière a un rayon d'environ 30 km, puisque le rayon de non-retour est de 3 km pour le Soleil, que la masse du trou noir du Centaure est de 10 fois celle du Soleil, et que le rayon de non-retour est proportionnel à la masse du trou noir. Pour pouvoir explorer en toute tranquillité les propriétés du trou noir, Jules décide de placer son vaisseau spatial en orbite circulaire bien loin de la frontière de non-retour. Il choisit une orbite d'un rayon de 160 000 km, très au-delà du rayon fatidique de 30 km. Une fois en orbite, Jules coupe les moteurs de sa fusée afin d'économiser son carburant. Il sait que, pour l'heure, il n'en a plus besoin, car la force centrifuge provoquée par le mouvement circulaire s'oppose à la force de gravité et maintient la fusée sur son orbite circulaire, hors de portée des griffes du trou noir. La fusée fait ainsi un tour de 1 million de kilomètres toutes les 6 minutes environ.

La singularité ultime

Jules commence à réfléchir aux propriétés du trou noir qu'il lui faut décrire à ses lecteurs terriens. Grâce à ses connaissances en physique, il sait que toutes les caractéristiques extérieures du trou noir – l'intensité de son attraction gravitationnelle, la courbure de l'espace qu'il cause, la déviation de la trajectoire de la lumière, la forme et la taille de la surface-horizon – ne dépendent que de trois quantités : la masse du trou noir, son mouvement de rotation, sa charge électrique. Toute autre information concernant le trou noir est perdue. Celui-ci, une fois formé, perd la mémoire de tout ce qui pouvait concerner son géniteur. La composition chimique, l'odeur, la forme, la texture, la couleur ou la taille de l'objet qui l'a engendré sont effacées, à jamais perdues. Le trou noir constitue ainsi une source de perte d'informations dans l'univers (fig. 54).

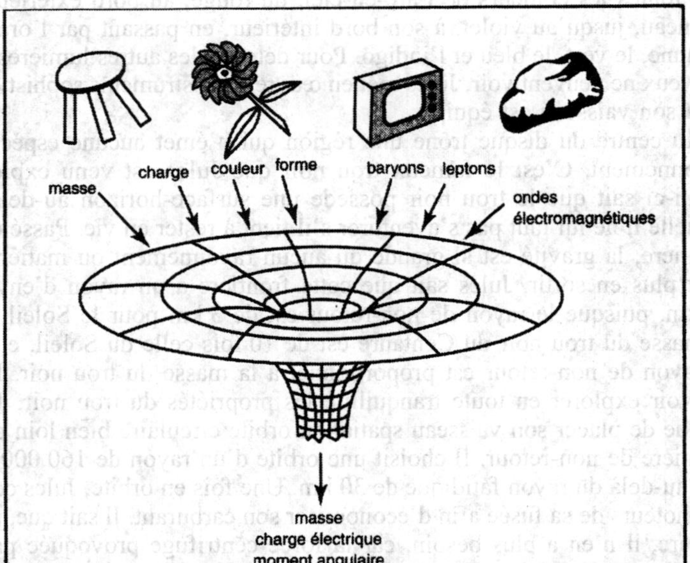

Fig. 54. *Le trou noir constitue une source de perte d'information.* De la matière qui y tombe, le trou noir ne mémorise que trois et seulement trois quantités : la masse, le moment angulaire (ou spin) et la charge électrique. Toute autre information comme la composition chimique, l'odeur, la couleur, la forme, la taille, etc. est perdue à tout jamais, une fois que la matière a franchi le rayon de non-retour du trou noir. Même si un observateur pouvait pénétrer dans un trou noir, survivre et effectuer des mesures, il ne pourrait jamais communiquer ces mesures au monde extérieur.

Supposez par exemple qu'une main géante vous comprime et vous dote d'une taille suffisamment petite pour que vous deveniez trou noir. Supposez que le même sort échoie à votre ami qui possède exactement la même masse que vous. Les deux trous noirs résultant de vous et de votre ami seront identiques, vus de l'extérieur. Ils auront la même masse, un mouvement de rotation nul (ni vous ni votre ami ne tourniez sur vous-mêmes avant votre mésaventure) et une charge nulle (puisque les charges électriques positives et négatives dans vos corps se compensent exactement). L'observateur qui contemplera ces deux trous noirs de l'extérieur sera bien en peine de dire lequel de vous deux a produit tel ou tel trou noir. Les informations concernant votre sexe, votre race, la couleur de vos cheveux, celle de vos yeux, votre taille, les vêtements que vous portiez, la forme de votre corps, tout a été effacé dès que vous êtes devenu trou noir.

Jules connaît la masse du trou noir : elle est de 10 fois celle du Soleil. Sa charge électrique est de 0, car si le trou noir possédait une charge négative ou positive, il se serait empressé d'attirer des particules du gaz interstellaire de charges opposées qui auraient neutralisé la sienne propre. Quant au mouvement de rotation du trou noir, Jules peut déjà le jauger en scrutant les furieux tourbillons du gaz interstellaire qui tombe en spirale dans la bouche du trou noir, happé par sa gravité. Jules s'attendait d'ailleurs à ce que le trou noir soit doué d'un fort mouvement de rotation, car l'étoile massive qui l'a engendré tournait vite sur elle-même. En s'effondrant, le cadavre stellaire ne peut que tourner encore beaucoup plus follement, tout comme le patineur sur glace tourne beaucoup plus vite sur lui-même dès qu'il ramène les bras le long de son corps. La vitesse de rotation augmente proportionnellement à l'inverse du carré du rayon de l'étoile effondrée. À cause de ce mouvement de rotation, la surface de l'horizon n'est pas tout à fait sphérique, mais légèrement aplatie à ses pôles et légèrement bombée à son équateur, tout comme la Terre à cause des forces centrifuges provoquées par sa rotation.

Jules fait un calcul rapide : si la masse de 10 Soleils est uniformément distribuée à l'intérieur d'un volume à peu près sphérique de 30 km de rayon, la densité de matière sera d'environ 2×10^{14} grammes par cm^3, soit 200 000 milliards de fois supérieure à celle de l'eau. Mais Jules sait que la matière à l'intérieur d'un trou noir ne peut être uniformément répartie. En fait, la relativité dit que toute la matière doit être concentrée dans une région infinitésimale de l'espace n'ayant que 10^{-33} cm de taille, soit 10 millions de milliards de milliards de fois inférieure à celle d'un atome. Les physiciens appellent cette région infinitésimale une « singularité ». Excepté pour le flot mince du gaz interstellaire qui se déverse dans le trou noir, tout n'est que vide, un vide qui s'étend de la surface-horizon jusqu'à la singularité[1].

1. Voir Kip Thorne, *Trous noirs et distorsions du temps*, Flammarion, 1997.

Le temps figé par le trou noir

Laissant son vaisseau spatial orbiter tranquillement à des centaines de milliers de kilomètres du trou noir, loin des griffes de ce dernier, Jules s'embarque à bord d'une petite capsule spatiale pour aller voir du côté de la surface-horizon. Jules sait qu'il doit faire montre d'une grande prudence. Une fausse manœuvre, et il peut tomber en chute libre dans la bouche béante du trou noir. Il souhaite se rapprocher en spirale de la surface-horizon en faisant décrire à sa capsule des orbites circulaires de plus en plus réduites. Pour ce faire, il procède à une série de petits freinages : un premier freinage qui ralentit légèrement le mouvement orbital initial (celui que la capsule a partagé au début avec le vaisseau spatial) et qui lui permet de descendre dans une orbite circulaire plus proche du trou noir ; puis un autre léger freinage afin que l'orbite devienne encore plus petite, et ainsi de suite...

Tout en descendant vers l'horizon du trou noir, Jules reste en contact avec son ami Jim sur Terre. Au début, loin du trou noir, tout est normal. Le temps des deux amis s'écoule au même rythme. Jim peut s'en assurer en regardant les images télévisées de l'horloge de Jules à l'intérieur de la capsule spatiale. Mais, à mesure que Jules s'approche du trou noir, les ondes de télévision qu'il envoie à Jim ont de plus en plus de mal à s'échapper de l'espace recourbé par la gravité du trou noir. La lumière radio perd de plus en plus d'énergie pour s'échapper de l'emprise de ce dernier. Les images envoyées par Jules se font de moins en moins fréquentes et se renouvellent de plus en plus lentement sur le téléviseur de Jim. Ce dernier a l'impression que le temps de Jules se ralentit de plus en plus. Pour se raser, Jules prend une minute, puis une heure, puis une journée, puis une année sur le calendrier de Jim. Jules continue à arborer la même insolente jeunesse, la même chevelure d'un noir éclatant et le même visage lisse, alors que la vieillesse opère ses ravages sur Jim, que ses cheveux blanchissent et que les rides envahissent ses traits. Pour Jim, tout ce qui concerne Jules semble aller à pas de tortue. Même ses processus cérébraux semblent marquer le pas : Jules a besoin d'une éternité pour prendre la moindre décision.

Jules ne contredit pas son ami. Lui aussi estime que le temps de Jim s'écoule beaucoup plus vite que le sien. Les images de télévision envoyées par Jim depuis la Terre, happées par la grande gravité du trou noir, arrivent de plus en plus vite dans la capsule spatiale et se renouvellent à toute vitesse sur la télévision. Alors que Jules vieillit d'à peine quelques jours dans sa descente vers l'horizon du trou noir, il voit sur son écran Jim fêter ses 40, 50, 60, 70 ans... Avec une pointe de tristesse et un petit pincement au cœur, il observe un Jim de moins en moins vif et alerte, de plus en plus sujet à des problèmes de santé. Si le temps passe plus vite pour Jim que pour Jules, c'est que la situation n'est pas symétrique entre les deux amis : c'est Jules qui subit les effets gravitationnels désagréables du trou noir, tandis que Jim, sur Terre, les ignore.

Autre conséquence du ralentissement du temps de Jules : au fur et à mesure qu'il s'approche du trou noir, ses paroles, transmises à Jim, s'étirent, sa voix devient de plus en plus grave et pâteuse, elle ressemble à ces sons caverneux que nous entendons quand, au cinéma, le film se casse ou que le projecteur s'arrête. Jules, quant à lui, ne remarque rien d'extraordinaire. De son point de vue, tout se déroule normalement. Il vieillit au même rythme qu'avant, ses processus cérébraux sont toujours aussi rapides, sa voix a toujours le même timbre. Au contraire, c'est la voix de Jim qui lui semble complètement déformée. Celle-ci devient de plus en plus aiguë, jusqu'à lui faire mal à l'oreille, et les mots affluent à une cadence si rapide qu'ils deviennent incompréhensibles, tout comme le son d'une bande magnétique qu'on fait avancer à toute vitesse.

Des forces de marée qui étirent le corps

Jules vieillit moins rapidement, mais son corps paie cette jeunesse prolongée. En effet, les effets gravitationnels exercés par le trou noir sur son corps ne sont pas du tout plaisants. Ils sont même extrêmement douloureux. Dans sa descente vers l'horizon du trou noir, Jules sent des forces de plus en plus vigoureuses tirant à la fois sur sa tête et sur ses pieds. Ses pieds, étant plus près que sa tête de 1,75 mètre (la taille de Jules) du centre du trou noir, sont tirés plus violemment vers la singularité. Cette différence entre les forces gravitationnelles qui s'exercent aux extrémités du corps de Jules engendre une force appelée « force de marée ». Celle-ci est ainsi dénommée parce que c'est aussi une force résultant de la différence entre deux forces gravitationnelles exercées par la Lune, l'une sur l'eau des océans, l'autre sur le centre de la Terre, qui est responsable des marées qui viennent renverser les châteaux de sable abandonnés par les enfants sur la plage. Vous-même qui vivez sur Terre, vous êtes sujet à des forces de marée exercées par la Terre, puisque vos pieds, plus près du centre de celle-ci, sont attirés plus fortement par notre globe que ne l'est votre tête. Mais vous ne sentez pas de tiraillements sur Terre, car la différence entre les forces de gravité qui s'exercent sur votre tête et sur vos pieds est de moins d'un millionième.

La situation est tout autre pour Jules lorsqu'il s'approche de la surface-horizon du trou noir. La différence des forces s'exerçant sur ses pieds et sur sa tête ne cesse d'augmenter. Les forces de marée du trou noir tentent de l'étirer comme un spaghetti, et ses os lui font de plus en plus mal. À une distance d'environ 13 000 km de l'horizon, il sent une force de marée correspondant à 1/4 de la gravité terrestre ; à 8 000 km, une force correspondant à 1 g ; à 3 000 km, une force de 15 g. Jules essaie tant bien que mal de se replier sur lui-même, de ramener ses genoux contre sa poitrine et sa tête entre ses jambes afin de raccourcir son corps autant que possible et de laisser ainsi le moins d'emprise aux forces de marée (idéalement, si la tête et les pieds de Jules étaient confondus en un seul point dans l'espace, et la longueur de son corps égale à zéro, les forces de marée s'annuleraient). Mais peine perdue ! Ces forces de marée sont si énormes qu'elles forcent les pieds de notre pauvre Jules à se déplier pour qu'elles puissent continuer leur travail d'étirement du corps. Jules souffre tant qu'il n'en peut plus. Il décide de rebrousser chemin. Il n'a aucun espoir d'atteindre l'horizon du trou noir sans que son corps ne se brise. Jules met en marche les moteurs de sa capsule spatiale. Il lui fait décrire des orbites circulaires en spirale de plus en plus grandes pour rejoindre sa fusée.

Des lentilles gravitationnelles

Jules a rebroussé chemin, son corps ne pouvait plus supporter les forces de marée du trou noir. Nous sommes frustrés de ne point savoir ce qui se passe de l'autre côté de l'horizon du trou noir. Nous voudrions connaître la fin de l'aventure. Aussi, pour satisfaire notre curiosité, assumons le rôle d'un dieu tout-puissant qui donnerait à Jules le pouvoir surhumain de résister aux forces de marée démesurées jusqu'à lui permettre d'atteindre la singularité ultime.

Jules poursuit donc son voyage en spirale jusqu'à la surface-horizon. Il ne se lasse pas de contempler le magnifique spectacle du firmament étoilé qui l'entoure. Seule une toute petite partie du ciel est masquée par le disque obscur du trou noir au-dessous de lui. Sur le fond noir d'encre scintillent d'innombrables points lumineux révélant les étoiles de la Voie lactée dans toute leur splendeur. Avec son télescope de bord, Jules peut aussi admirer des objets plus diffus, moins lumineux, qui sont des galaxies analogues à la Voie lactée, des collections de centaines de milliards d'étoiles liées par la gravité parmi les centaines de milliards d'autres collections qui peuplent l'univers observable. Au premier abord, le trou noir paraît avoir masqué toutes les étoiles et galaxies qui se trouvent derrière lui. Cela serait effectivement le cas si la lumière se propageait en ligne droite. Mais, justement, elle ne le fait pas. Le champ gravitationnel du trou noir agit plutôt comme une sorte de lentille qui dévie la trajectoire de la lumière. Celle-ci contourne l'horizon du trou noir pour reconverger de l'autre côté du disque et former un mince anneau autour de celui-ci. Le trou noir se comporte ainsi comme les lentilles de vos lunettes qui dévient la lumière afin de corriger votre myopie. Dans le cas présent, la lentille n'est pas faite de verre, mais de l'espace déformé et courbé par la gravité du trou noir. C'est pourquoi on l'appelle « lentille gravitationnelle ». Dans l'anneau entourant le trou noir, Jules peut distinguer de multiples images pour chaque étoile masquée par le trou noir : une première image qui résulte de la déviation de la lumière vers la droite du trou noir, une deuxième qui résulte de la déviation vers la gauche, une troisième qui résulte de la lumière qui a décrit un tour complet du trou noir, etc. La lumière de chaque étoile emprunte ainsi de multiples chemins pour traverser le champ de gravité du trou noir, ce qui provoque une démultiplication de ses images. Jules ne voit plus la vraie étoile masquée par le trou noir, mais ses multiples mirages.

Dès 1936, Einstein avait signalé le phénomène des lentilles gravitationnelles. C'était une des nombreuses ramifications imprévues de sa relativité générale. Comme toute grande théorie scientifique, celle-ci est comme un trésor fabuleux et inépuisable qui ne cesse de combler les physiciens de richesses inattendues. Einstein avait calculé que si deux étoiles sont exactement alignées sur la Terre, celle qui est le plus éloignée aura, en plus de son image habituelle, une autre image en forme d'anneau l'entourant, cette seconde image étant un mirage gravitationnel causé par la gravité de l'étoile la plus proche. Einstein pensait que cet alignement était bien improbable et qu'on ne rencontrerait jamais de mirages cosmiques dans le ciel. Mais, à nouveau, Einstein était trop en avance sur son temps. Il a fallu attendre jusqu'en 1979 pour que la première lentille gravitationnelle soit découverte. Mais avec une distribution des acteurs du drame considérablement modifiée par rapport à celle initialement prévue par Einstein. L'étoile lointaine est remplacée par un quasar, l'un de ces objets qui émettent une énergie si fabuleuse qu'ils sont aussi brillants qu'une étoile proche, bien qu'étant situés près de la limite observable. L'étoile proche qui jouait le rôle de lentille gravitationnelle a été remplacée par une galaxie. La lumière du quasar lointain, déviée par le champ de gravité de la galaxie, emprunte deux chemins pour la contourner, l'un à droite, l'autre à gauche, produisant ainsi deux images en tout point identiques de part et d'autre de la galaxie. C'est d'ailleurs la proximité et la grande similarité de ces deux images de quasar qui ont mis la puce à l'oreille des astronomes. Une telle similarité ne pouvait être accidentelle, mais causée par le dédoublement d'un seul et même objet.

Depuis lors, la traque de lentilles gravitationnelles n'a plus cessé. Les chasseurs ne sont pas rentrés bredouilles. Environ deux douzaines ont été débusquées. Les galaxies ne sont plus les seules à jouer le rôle de lentilles gravitationnelles. Des amas de galaxies, des ensembles de milliers de galaxies liées par la gravité se sont mis de la partie. On a vu les images de certaines galaxies ou quasars lointains se dédoubler, détripler, déquadrupler… Si l'alignement de l'objet lointain, de la lentille et de la Terre est parfait, les images prennent la forme d'un anneau, tout comme Einstein l'avait prévu. Une petite déviation dans l'alignement, et l'anneau se brise en multiples arcs lumineux.

Les astronomes poursuivent avec acharnement l'étude des lentilles gravitationnelles, car ils pensent que celles-ci peuvent nous aider à résoudre l'un des plus grands mystères de l'astrophysique contemporaine : celui de la masse invisible dans l'Univers. Nous vivons en effet dans un univers-iceberg. Plus de 90 % de la matière dans l'Univers n'émettent aucune sorte de rayonnement. Mais il y a une différence fondamentale entre l'iceberg et l'Univers : nous savons que la masse immergée de l'iceberg est faite de glace, alors que la quantité et la nature de la masse invisible demeurent une formidable énigme pour l'esprit humain. Privé de lumières à ce sujet, l'astronome est littéralement plongé dans le noir ! Il sait qu'une lentille gravitationnelle exerce son pouvoir de créer des mirages cosmiques grâce à son champ de gravité. Celui-ci dépend à son tour de la masse totale, visible et invisible, de la galaxie ou de l'amas de galaxies qui joue le rôle de lentille. Les mirages gravitationnels sont par conséquent comme des balises de la masse invisible.

Le tunnel du trou noir

Jules continue sa descente en spirale vers la sphère-horizon du trou noir. Il ne se lasse pas de contempler et d'admirer la splendeur du ciel étoilé. Loin du trou noir, le disque de gaz entourant ce dernier formait comme un plancher noir directement au-dessous de la fusée, mais le ciel au-dessus était complètement dégagé et scintillait d'innombrables étoiles. À mesure qu'il s'approche du trou noir, le noir qui, au début, n'enveloppait que le disque, envahit tout l'espace autour de la capsule spatiale. C'est comme si l'obscurité se refermait sur lui. Le ciel étoilé ne lui est plus visible qu'à travers une petite ouverture circulaire au-dessus de la capsule spatiale. Il a l'impression de plonger dans un long tunnel dont l'ouverture se rétrécit de plus en plus. Si l'obscurité enveloppe Jules de ses voiles, c'est que l'intense champ de gravité du trou noir attire et concentre tous les rayons lumineux qui viennent de l'univers extérieur en un mince faisceau convergeant au-dessus de la capsule spatiale. Au lieu de suivre des trajectoires horizontales ou obliques, les rayons lumineux sont forcés et contraints par la gravité de suivre des trajectoires verticales. La lumière visible se transforme en rayons X. Jules ne peut plus contempler avec ses yeux ses étoiles favorites, mais peut les détecter aisément grâce à son télescope de bord X.

Le trou noir et la fin du temps

Cependant que Jules poursuit sa descente vers l'horizon du trou noir, Jim voit le temps de son ami se ralentir de plus en plus. La fusée de Jules apparaît de plus en plus sombre, les ondes lumineuses qui transmettent les images de la fusée dépensant et perdant de plus en plus d'énergie pour échapper à l'emprise gravitationnelle du trou noir. Jules essaie d'améliorer la situation en allumant tous les feux de signalisation de la fusée, mais en vain. En perdant de l'énergie, la lumière visible vire de plus en plus au rouge. Sur l'écran de télévision de Jim, non seulement la fusée de Jules apparaît plus sombre, mais elle est aussi de plus en plus rouge.

Jules atteint maintenant la surface de non-retour. Il sait que, s'il franchit l'horizon, il va tomber irrémédiablement vers la singularité. Quelle que soit la puissance de ses moteurs, il ne pourra plus jamais rebrousser chemin. Ce sera un voyage à sens unique. Mais Jules, ayant l'âme d'un véritable explorateur, décide de franchir l'horizon. Il entend découvrir les secrets du trou noir, quand bien même il ne pourrait jamais communiquer ses découvertes à qui que ce soit d'autre, les ondes radio étant implacablement retenues par la gravité du trou noir. Même si Jules y gagne la satisfaction de savoir, le trou noir conservera à jamais son secret. La singularité qui y réside ne sera jamais dévoilée à notre curiosité. Sa vérité ne sera jamais mise à nu. Comme le mathématicien anglais Roger Penrose (né en 1931) l'a remarqué, le trou noir exerce une sorte de « censure cosmique » vis-à-vis de notre connaissance.

Sur Terre, Jim voit l'image de la fusée de Jules disparaître de l'écran quand ce dernier atteint l'horizon du trou noir. Tout n'est plus qu'obscurité. Le vaisseau spatial de Jules est englouti dans une nuit sans fin. Pour Jim, le temps de Jules se fige. Plus aucune image nouvelle sur l'écran. Jules arborera pour l'éternité cet air tendu et ce sourire crispé qui trahissent son angoisse de disparaître à tout jamais dans la bouche béante du trou noir. Jules, de son côté, voit les événements se dérouler de tout autre façon. Pour lui, son temps mesuré par l'horloge du bord continue à s'avancer de façon tout à fait normale. Et son vaisseau spatial, au lieu de rester figé à la surface-horizon pour l'éternité, comme Jim le pense, franchit bien l'horizon du trou noir. En fait, à 1,5 fois le rayon de la sphère-horizon, la fusée ne peut déjà plus suivre une orbite circulaire stable, malgré les vaillants efforts de Jules pour manœuvrer son vaisseau. L'attraction gravitationnelle est si forte qu'aucune force centrifuge ne peut lui tenir tête. Jules essaie de pousser ses moteurs autant que faire se peut afin d'aller plus vite et d'augmenter la force centrifuge de sa capsule. Mais peine perdue. Même si le vaisseau spatial pouvait tourner autour du trou noir à la vitesse de la lumière (ce qui ne serait jamais possible, car il lui faudrait une quantité infinie de carburant), la force de gravité a le dessus. Jules tombe en chute libre en suivant une trajectoire en ligne droite vers le trou noir. Il essaie de freiner quelque peu ce mouvement de chute, mais rien n'y fait. C'est parce que tout, fusée et matière interstellaire, tombe si vite vers la singularité que le vide est presque parfait à l'intérieur du trou noir.

En pénétrant dans le trou noir, Jules est allé au-delà du temps de l'univers extérieur. S'il avait pu arrêter son vaisseau spatial à la surface-horizon du trou noir, il aurait vu l'éternité passer devant ses yeux en moins d'une microseconde sur sa montre : la mort de Jim, la disparition de ses enfants, petits-enfants, arrière-petits-enfants, et de toutes les générations ultérieures, le Soleil brûlant toute sa réserve d'hydrogène et enflant jusqu'à atteindre 100 fois sa taille actuelle en géante rouge, Mercure et Vénus se volatilisant dans son enveloppe brûlante, l'évaporation des océans sur Terre et les incendies de forêts dévastant sa surface, la mort du Soleil en naine blanche, le refroidissement de cette dernière en naine noire, toutes les étoiles de l'Univers s'éteignant, à court de carburant, les galaxies s'arrêtant de briller, les sols des terreaux galactiques jonchés de cadavres stellaires (trous noirs, étoiles à neutrons, naines noires), une nuit noire sans fin s'abattant sur un univers de plus en plus froid[1]...

En réalité, Jules ne verra pas l'éternité passer sous ses yeux, car les forces gravitationnelles sont si grandes que, même s'il actionnait ses moteurs à pleine puissance, le vaisseau spatial ne pourrait rester suspendu à l'horizon du trou noir. Parce que les nouvelles de Terre et du reste de l'Univers prennent du temps pour lui parvenir, Jules aura plongé depuis belle lurette dans les griffes du trou noir avant que ces nouvelles ne soient arrivées à la sphère-horizon. En tout cas, Jules ne pourra plus jamais ressortir du trou noir, car il sera allé au-delà du temps du monde extérieur. Réintégrer ce monde équivaudrait à retourner dans le passé, ce qui est interdit par la physique connue.

Vers la singularité

Près de la singularité, le couple espace-temps s'affole. Tous deux oscillent de façon chaotique, créant des forces de marée encore plus chaotiques, tout comme le ballottement turbulent et désordonné de l'écume à la surface d'un océan quand la tempête fait rage. Les forces de marée se font une joie de jouer avec le corps du pauvre Jules. Elles exécutent une

1. Je décris ici le futur d'un univers ouvert qui ne contient pas assez de matière invisible pour que la gravité stoppe le mouvement d'éloignement des galaxies. Dans cet univers, l'expansion sera éternelle. Le futur d'un univers fermé qui finit son existence dans un « big crunch » est décrit dans mon ouvrage *La Mélodie secrète*, ici, p. 15.

sorte de danse diabolique, étirant sa tête dans la direction nord-sud, tirant son pied droit vers la direction est-ouest, écartant son pied gauche dans la direction nord-ouest – sud-est. C'est comme si deux mains géantes tiraillaient son corps de partout et en tous sens, avec des fréquences différentes selon les directions. Son corps n'étant pas fait de glaise malléable, la douleur de Jules est à son paroxysme. Les tiraillements se font de plus en plus rapides et de plus en plus forts, jusqu'à ce que les atomes du corps de notre intrépide explorateur soient si déformés qu'ils deviennent méconnaissables.

Si les forces de marée sont si énormes, c'est parce que le trou noir dans lequel est tombé Jules vient de naître relativement récemment. Laissées à elles-mêmes, elles doivent en principe diminuer d'intensité avec le temps, jusqu'à disparaître complètement[1]. Mais le gaz interstellaire qui tombe dans la bouche du trou noir leur redonne de la vigueur, tel un fauve qui reprend de l'énergie quand on l'alimente de viande fraîche. Revigorées, elles exercent à nouveau leur action de déchirement et de tiraillement. Moins d'une microseconde après que Jules a atteint la singularité, les forces de marée deviennent infinies à ses pieds, ensuite à sa poitrine, enfin à sa tête. Malgré les pouvoirs surhumains dont nous l'avons doté, les forces électromagnétiques qui retiennent les atomes de son corps ne peuvent plus résister aux forces de marée. Les électrons, protons et neutrons, briques des atomes, et les quarks, briques des protons et des neutrons, sont allongés en forme de longs spaghettis. Le corps de Jules se brise alors en mille morceaux, et c'est la fin.

Quand la singularité est atteinte, le couple espace-temps tel que nous le connaissons cesse d'exister. L'espace devient plus petit que 10^{-33} cm et les événements se déroulent en un temps de moins de 10^{-43} seconde. Les équations d'Einstein perdent pied. La singularité représente une sorte de mur de la connaissance, appelé encore « mur de Planck », d'après le nom du physicien allemand qui, le premier, a abordé la question. Pour franchir ce mur de Planck, il faut unifier la théorie de la relativité, qui décrit la gravité, avec la théorie de la mécanique quantique qui décrit le monde de l'infiniment petit. L'union des deux théories donne ce qu'on appelle la théorie de la gravité quantique. Cette théorie en est encore à ses balbutiements. Les courageux physiciens qui y ont fait des incursions préliminaires rapportent que dans la singularité, le couple espace-temps, si solidement soudé auparavant, se brise. Le temps cesse d'exister. Nous ne pouvons plus dire qu'un événement est survenu avant ou après un autre, car les concepts d'avant, de maintenant et d'après n'ont plus de sens. Séparé de son partenaire temps, l'espace n'est plus qu'une sorte de mousse sans forme définie. Sa courbure et sa topologie deviennent chaotiques et ne peuvent plus être décrites qu'en termes de probabilités

1. Voir Kip Thorne, *Trous noirs et distorsions du temps, op. cit.*

(fig. 55). Tout est aléatoire. On ne peut plus dire que l'espace passe tant de temps sous telle ou telle forme, puisque le temps n'existe plus. Les physiciens envisagent même que ces formes aléatoires et mouvantes de l'espace dans la singularité puissent donner naissance à de nouveaux univers, c'est-à-dire à de nouvelles régions d'espace-temps, comme cela s'est peut-être déjà produit il y a environ 15 milliards d'années pour notre propre univers. Mais tous ces concepts ne sont pour l'instant que pures spéculations. La gravité quantique est encore enveloppée d'une brume épaisse qui est loin d'être dissipée. Le chemin pour parvenir à une théorie de la gravité quantique est encore très long et semé d'embûches.

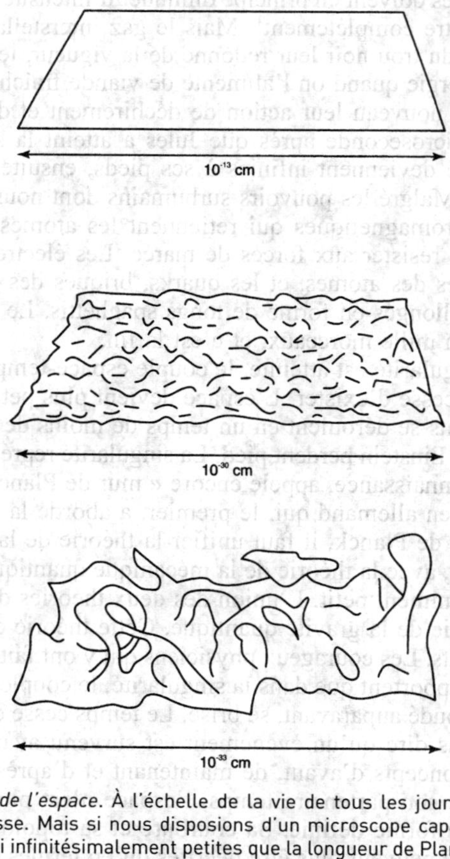

Fig. 55. *L'écume de l'espace*. À l'échelle de la vie de tous les jours, la géométrie de l'espace paraît lisse. Mais si nous disposions d'un microscope capable de regarder à des échelles aussi infinitésimalement petites que la longueur de Planck (10^{-33} cm), nous verrions une sorte de mousse quantique de l'espace qui serait en mouvement perpétuel et changerait sans cesse. La géométrie et la topologie de l'espace ne pourraient alors plus être décrites en termes déterministes, mais seulement en termes de probabilités.

Des univers parallèles et des trous de ver de terre

Des physiciens avancent même l'hypothèse que la singularité ne se forme peut-être jamais lors de la naissance d'un trou noir. La question se pose, puisque la relativité perd justement pied quand l'espace devient plus petit que 10^{-33} cm et ne peut donc plus décrire ce qui se passe désormais. Dans ce cas, le couple espace-temps continuerait d'exister, et Jules pourrait peut-être survivre. Mais il ne pourrait pas retourner dans l'univers qu'il a quitté, car il serait déjà passé au-delà du temps de cet univers. Il pourrait seulement émerger dans un autre univers connecté au nôtre par l'intermédiaire du trou noir. Dans ce nouvel univers, Jules pourrait partir à la recherche d'un autre trou noir pour accéder à un troisième univers, et ainsi de suite. Il pourrait ainsi visiter une suite infinie d'univers parallèles, sans jamais avoir la possibilité de revenir dans un univers déjà exploré. Ce scénario appartient encore pour l'instant au domaine de la science-fiction. Il n'y a aucune raison pour croire que de tels univers parallèles existent et qu'on puisse y accéder par des trous noirs sans être irrémédiablement déchiré par des forces de marée qui ne pardonnent pas.

Des physiciens aventureux ont même travaillé et creusé les équations de la relativité pour explorer la possibilité d'entrer par une singularité dans un coin de l'Univers puis de ressortir en un autre endroit du même Univers par une autre singularité. Ces deux singularités seraient connectées par une sorte de tunnel situé non pas dans l'espace ordinaire mais dans un « hyperespace » ressemblant au passage souterrain reliant deux trous que des vers de terre auraient creusés dans le sol. Le physicien américain John Wheeler (1911-2008), qui a toujours eu le don d'inventer des noms qui flattent l'imagination du public (c'est lui qui a introduit l'appellation de « trou noir » dans le langage de la physique), a misé sur cette ressemblance pour surnommer une telle paire de singularités un « trou de ver de terre » (*wormhole* en anglais) (fig. 56). Ce dernier ressemble beaucoup à un trou noir, sauf qu'il ne possède pas de sphère-horizon qui, une fois franchie, ne permet plus de rebrousser chemin. Alors que les voyages dans les trous noirs sont strictement à sens unique, ceux dans les « trous de ver de terre » peuvent être à double sens. Vous êtes libre d'entrer, mais aussi de ressortir et de communiquer avec le reste du monde si le cœur vous en dit. Les « trous de ver de terre » sont nus, exposés à la vue de tous. Ils n'exercent pas de censure cosmique. Surtout, ils possèdent une propriété extraordinaire qui fait rêver les physiciens et les auteurs de science-fiction : ils permettent de voyager à travers le temps. Entrez dans le trou de ver dans une direction, et vous irez dans le futur. Allez dans la direction inverse, et vous retournerez dans le passé. Au lieu d'être un spationaute, le trou de ver de terre vous permet de devenir un voyageur dans le temps, autrement dit un « chrononaute » !

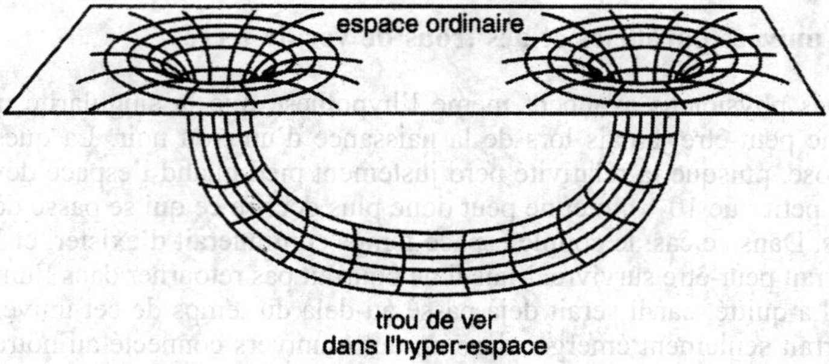

Fig. 56. *Un trou de ver dans l'espace-temps.* Les mathématiques de la relativité générale sont si riches et complexes qu'elles permettent l'existence d'entités les plus bizarres. Ainsi, elles prédisent l'existence de trous de ver dans l'espace-temps. Ces trous de ver posséderaient chacun une entrée et une sortie dans l'espace de notre Univers, mais le « tunnel » qui relierait l'entrée à la sortie serait situé dans un espace en dehors de notre Univers appelé « hyperespace ». Ces trous de ver ont une propriété extraordinaire. Ils peuvent servir de raccourcis pour voyager d'un coin de l'Univers à un autre, ou même pour se transporter dans un univers parallèle. Ils permettent même de remonter le temps. Ainsi un voyageur peut se glisser dans l'entrée d'un trou de ver à midi et en ressortir à l'autre extrémité deux heures plus tôt à 10 heures du matin. Ces voyages dans le passé feraient violence à la notion de causalité qui nous est familière, car un voyageur capable de retourner dans le passé pourrait annuler sa propre naissance en empêchant ses parents de se rencontrer. La Nature semble se protéger de ces absurdités logiques en faisant de telle sorte que le trou de ver ne reste ouvert pas suffisamment longtemps pour qu'un voyageur puisse s'y glisser. Le « tunnel » se ferme après un temps infinitésimalement court de 10^{-43} seconde. Des physiciens ont bien tenté de trouver des mécanismes physiques pour maintenir le trou de ver ouvert, mais jusqu'ici aucun scénario n'est vraiment convaincant.

Mais ne vous précipitez pas pour acheter des billets : il reste maints problèmes à résoudre, certains en apparence insurmontables, avant de pouvoir utiliser des « trous de ver de terre » comme machines à voyager dans le temps ! Tout d'abord, on ne connaît pas très bien leur recette de fabrication. Nous savons que les trous noirs sont engendrés par l'effondrement gravitationnel d'étoiles massives à court de carburant. Mais quel agent est à l'origine des singularités qui constituent les entrées et les sorties des « trous de ver de terre » ? Pour répondre, il nous faut appeler à la rescousse deux protagonistes. En premier lieu, la mécanique quantique, la physique qui décrit l'infiniment petit et qui a le don de permettre l'existence des phénomènes les plus invraisemblables. Ensuite, la gravité, avec son pouvoir de courber l'espace. L'alliance de ces deux protagonistes donne, nous l'avons vu, une théorie appelée « gravité quantique ». Les lois de la gravité quantique prévoient l'existence de minuscules « trous de ver de terre » dans l'espace de 10^{-33} cm de taille, vivant le temps infiniment bref de 10^{-43} seconde. Un flash photographique durerait 10 millions de milliards de milliards de milliards de milliards de fois plus longtemps ! Les « trous de ver de terre » apparaissent et disparaissent dans un cycle infernal de vie et de mort comme une sorte d'« écume quantique » flottant dans l'espace qui nous entoure. Si vous disposiez d'un microscope avec l'impossible pouvoir grossissant de 10^{33}, l'espace ne vous paraîtrait plus lisse et continu, plus placide et tranquille, mais rempli d'irrégularités et de discontinuités. Il frémirait et bouillonnerait d'activité, se tordant et se courbant dans tous les sens pour donner naissance à des singularités à l'existence fantomatique qui entreraient au monde pour en ressortir aussitôt. De temps en temps, deux singularités s'approcheraient l'une de l'autre et se connecteraient pour former un « trou de ver de terre » dans l'espace. L'existence de ce dernier ne dépend donc pas de lois déterministes, mais de celles de la probabilité.

Une fois un « trou de ver » créé, comment s'en servir pour voyager dans le temps ? Deux obstacles suprêmes devraient être surmontés, qui paraissent pour l'instant infranchissables. D'abord, il faut agir très, très vite, puisque vous ne disposez que du temps infinitésimal de 10^{-43} seconde pour vous glisser dans l'entrée du « trou de ver » et en ressortir ! Les voyages par les « trous de ver » ne sont pas pour ceux qui aiment bien baguenauder et prendre leur temps… Ensuite, puisque l'entrée est infinitésimalement petite (10^{-33} cm), il faut trouver un moyen de l'élargir pour qu'une personne puisse s'y glisser. Les quelques physiciens qui se sont penchés sur ce problème pensent que si vous essayiez d'élargir l'entrée d'un « trou de ver », celui-ci s'autodétruirait dans une violente explosion. C'est apparemment ainsi que la Nature se protège de la non-causalité et du non-sens. En effet, si un être humain pouvait voyager dans le temps et retourner dans le passé, il pourrait en principe empêcher ses parents de se rencontrer, rendre ainsi impossible sa conception et sa venue au monde, ce qui serait absurde. Cette situation bizarre est appelée le « paradoxe de la mère » (ou de la grand-mère, ou d'un lointain aïeul, puisque, avec un « trou de ver de terre », vous pourriez remonter dans le temps aussi loin que vous le voudriez, et couper votre arbre généalogique aussi haut que possible). On l'appelle aussi « paradoxe matricide » ou « parricide », car, dans une approche plus choquante, moins moralement correcte, le voyageur dans le temps tue carrément ses parents. Cette autoprotection contre le non-sens semble se vérifier pour l'instant. Nous ne voyons pas des hordes de touristes venir nous visiter depuis le futur, ainsi que l'a remarqué très justement le physicien anglais Stephen Hawking (1942-2018). En tout cas, ces voyages à travers le temps par des « trous de ver de terre » restent pour l'heure du domaine de l'imagination, malgré les quelques travaux scientifiques sérieux sur le sujet. Ils le resteront jusqu'à ce que le mur de Planck soit percé et que la théorie de la gravité quantique trouve à reposer sur un fondement autrement solide.

Les trous noirs se trahissent par leur gloutonnerie

La relativité prévoit que rien ne peut arrêter l'effondrement d'étoiles massives à court de carburant et que celles-ci finissent leur vie en trous noirs. Vous avez pu penser que ces objets aux propriétés fantastiques n'étaient que des entités théoriques n'existant que dans l'imagination débridée des physiciens. Ce n'est pas du tout le cas ! Les astrophysiciens ont bel et bien déniché des trous noirs dans les profondeurs de l'espace. Bien sûr, nous ne pouvons pas voir la singularité qu'ils abritent jalousement en leur sein, mais ils se trahissent par leur gloutonnerie et par les dégâts qu'ils causent à leur environnement. Voyons comment.

Tout comme les êtres humains, les étoiles aiment bien vivre en couple. Seulement, les liens qui les unissent ne sont pas ceux de l'amour et de la tendresse, mais ceux dus à la gravité. Presque la moitié des étoiles de la Voie lactée font partie d'une « binaire », paire d'étoiles en orbite l'une autour de l'autre. En général, les étoiles en couple n'ont pas la même masse, l'une est beaucoup plus massive que l'autre. L'étoile massive a besoin de beaucoup d'énergie pour alimenter sa luminosité prodigieuse. Elle consomme du carburant (hydrogène, hélium, carbone, etc.) à un rythme extravagant et brûle la chandelle par les deux bouts. Quelques dizaines de millions d'années – un clin d'œil par rapport aux 15 milliards d'années de l'Univers – et elle s'en va, laissant derrière elle un trou noir. Sa compagne moins massive est, par contre, beaucoup plus frugale et parcimonieuse. Moins lumineuse, elle dépense moins d'énergie et économise son carburant, ce qui lui permet de vivre beaucoup plus longtemps que sa partenaire. Après la mort de cette dernière, elle continue à orbiter autour de son cadavre stellaire comme si de rien n'était. Les mouvements orbitaux restent approximativement les mêmes, car c'est la gravité qui mène le bal, et celle-ci ne dépend que de la masse totale du système, qui a très peu changé. L'étoile la plus grosse, en mourant dans une agonie explosive, a bien éjecté son enveloppe, mais celle-ci n'est pas très massive. Presque toute la masse de l'étoile mourante se retrouve dans le trou noir.

La gravité du trou noir provoque un déversement du gaz de l'enveloppe de l'étoile vivante vers la singularité. Parce que le trou noir tourne sur lui-même, tout l'espace environnant est entraîné dans un mouvement de tourbillon fantastique qui fait que le gaz ne tombe pas tout droit vers le trou noir, mais s'en approche en décrivant des spirales de plus en plus resserrées. La force centrifuge fait que le gaz se dispose en forme d'un disque aplati autour du trou noir, bien au-delà de la surface-horizon. Le disque augmente en masse en accrétant le gaz ; on l'appelle, nous l'avons vu, disque d'accrétion. Le gaz chauffé à des millions de degrés par sa chute vers le trou noir émet une lumière très énergétique. Le disque d'accrétion se met à rayonner de copieuses quantités de rayons X. Les observatoires X en orbite (parce que l'atmosphère terrestre absorbe les rayons X, il faut placer ces observatoires dans l'espace) ont détecté dans la constellation du Cygne une étoile lumineuse avec un compagnon invisible orbitant autour d'elle et émettant de la lumière X. Les astronomes pensent que ce compagnon invisible n'est autre qu'un trou noir de la masse d'une dizaine de Soleils. Celui-ci s'est trahi par sa gloutonnerie en attirant gravitationnellement l'enveloppe gazeuse de sa compagne lumineuse. Ainsi, les trous noirs qui résultent de la mort d'une étoile massive dans la Voie lactée révèlent mieux leur présence s'ils vivent en couple avec une étoile vivante. Les trous noirs solitaires, comme celui visité par Jules, possèdent aussi un disque d'accrétion composé du gaz interstellaire environnant ; mais ce gaz n'est pas assez dense (sa densité est des milliards de milliards de milliards de fois moins dense que l'air que nous respirons) pour produire un rayonnement X assez intense pour être détecté par nos observatoires en orbite. Ces trous noirs solitaires seront perdus à tout jamais dans la grande nuit de l'espace, se réveillant seulement de temps à autre pour dévorer de malheureux nuages interstellaires passant trop près… ou des astronautes par trop imprudents !

Un trou noir au cœur de la Voie lactée

Les binaires ne sont pas les seuls parages de la Voie lactée où les astronomes pensent avoir découvert un trou noir. Ils affirment en avoir détecté un au cœur même de notre galaxie, à quelque 30 000 années-lumière de la Terre. Le signe révélateur n'est pas, cette fois-ci, le copieux rayonnement en lumière X d'un disque d'accrétion, mais les mouvements désordonnés des nuages de gaz interstellaire autour du centre galactique. En effet, ces mouvements devraient être très léthargiques en l'absence de corps très massif au centre de la Voie lactée, mais d'une grande amplitude, au contraire, s'il y en a un. De grandes vitesses sont nécessaires, en effet, pour résister à l'attraction gravitationnelle d'une grande masse. Or les nuages de gaz au centre galactique orbitent à de grandes vitesses, ce qui implique la présence d'un objet central doté d'une masse de 3 millions de Soleils. D'autre part, les astronomes ont également détecté au centre une source radio extrêmement compacte, pas plus grande que notre système solaire. Ce rayonnement radio pourrait s'expliquer comme émanant d'électrons arrachés au disque d'accrétion d'un trou noir et accélérés à grande vitesse dans un champ magnétique très intense. Ce trou noir de 3 millions de masses solaires a probablement été formé par la fusion d'innombrables trous noirs moins massifs résultant de l'agonie explosive de dizaines de milliers d'étoiles.

Le trou noir au centre de la Voie lactée peut-il représenter un danger pour nous ? Va-t-il dévorer la Terre, et nous avec ? Pas avant une quasi-éternité. La surface-horizon du trou noir au centre galactique a un rayon de 9 millions de kilomètres, soit seulement 30 secondes-lumière. La Terre étant située à 30 000 années-lumière, nous sommes bien loin des griffes du trou noir ! Ce dernier peut bien sûr augmenter son rayon d'action en dévorant les étoiles qui passent à sa portée et en augmentant sa masse. Le rayon augmentera alors en proportion de cette masse. Mais même en supposant que le trou noir, doué d'une gloutonnerie sans limites, dévore toutes les étoiles de la Voie lactée, son rayon n'augmentera que jusqu'à 3 000 milliards de kilomètres, soit 90 000 fois moins que la distance du centre galactique au système solaire. De plus, il lui faudrait des milliards de milliards d'années pour dévorer toute la galaxie, soit un laps de temps 100 millions de fois plus long que l'âge actuel de l'Univers. Ainsi, même en admettant que l'orbite du Soleil puisse changer pendant cette très longue période, la perspective d'être dévoré par le trou noir situé au centre de la Voie lactée constitue vraiment le moindre de nos soucis. Pour ceux qui ne peuvent s'empêcher de s'inquiéter de la fin du monde, la transformation du Soleil en géante rouge dans 4,5 milliards d'années, représente un danger autrement réel.

Les astronomes ont élargi leur terrain de chasse à d'autres galaxies. Ils ne sont pas rentrés bredouilles. Ils ont déniché des trous noirs encore plus massifs (atteignant 1 milliard de masses solaires) au cœur de certaines galaxies qui éjectent de la matière, ou au centre de galaxies voisines plus tranquilles comme la galaxie Andromède. Les signes annonciateurs en sont à nouveau des vitesses extrêmement rapides des étoiles au centre, ce qui trahit une grande masse, ainsi qu'une grande luminosité, ce qui trahit une grande densité d'étoiles happées par la gravité du trou noir. Mais ce n'est pas fini : les astronomes pensent que des trous noirs de quelques milliards de masses solaires, soit des milliers de fois plus massifs que le trou noir situé au cœur de la Voie lactée, alimentent la fabuleuse énergie des quasars en dévorant à tout va les étoiles des galaxies qui hébergent ces derniers. C'est d'ailleurs cette gloutonnerie qui va mener les quasars à leur fin. Au bout de quelques milliards d'années, la réserve d'étoiles dans la galaxie hôte s'épuise et il n'y a plus de nourriture pour satisfaire l'appétit du monstre jamais rassasié. Le quasar s'éteint. La population des quasars, qui était florissante il y a plus d'une dizaine de milliards d'années (soit 2 ou 3 milliards d'années après le big bang), se trouve réduite à presque rien à l'époque actuelle.

La fusion des trous noirs et les vibrations de l'espace-temps

Pour aller débusquer les trous noirs dans leurs tanières, les astronomes se sont servis jusqu'ici de leurs armadas de télescopes sur Terre et dans l'espace dans le but de capter la lumière des disques d'accrétion qui les entourent. Ils ont analysé toutes les lumières qui composent le spectre électromagnétique, de la lumière radio, la moins énergétique, jusqu'à la lumière gamma, la plus énergétique, en passant, par ordre d'énergie croissante, par les lumières infrarouge, micro-onde, visible, ultraviolette et X. Mais la curiosité des astronomes n'est pas pour autant assouvie. La lumière électromagnétique vient de régions situées bien au-delà de la surface-horizon des trous noirs dans le disque d'accrétion. Les astrophysiciens aimeraient en savoir davantage sur les régions toutes proches de la surface-horizon. Y a-t-il d'autres moyens que la lumière pour forcer les trous noirs à nous révéler leurs secrets ? Tels des prêtres allant consulter l'oracle de Delphes, les astrophysiciens reviennent interroger les équations d'Einstein. Et, de nouveau, celles-ci ne les déçoivent pas. Elles leur fournissent un moyen d'étudier les trous noirs sans avoir recours à la lumière.

Pour voir comment, transportons-nous au cœur d'une galaxie lointaine et fixons notre attention sur une paire de trous noirs orbitant l'un autour de l'autre. Les équations d'Einstein nous disent qu'au cours de leur valse endiablée les trous noirs, creux profonds dans le tissu de l'espace-temps, génèrent des ondes qui se propagent vers l'extérieur à la vitesse de la lumière. Ces ondes sont similaires à celles produites par une pierre que l'on jette dans l'eau d'une mare et qui se propagent vers le bord. Mais, au lieu de crêtes et de creux à la surface de l'eau, il s'agit, dans ce cas, de crêtes et de creux dans la courbure de l'espace. Parce que le paysage de l'espace est sculpté par la gravité, ces vagues de courbure d'espace sont appelées « ondes gravitationnelles ». En se propageant vers l'extérieur, elles volent de l'énergie de mouvement aux deux trous noirs, ce qui les fait tomber en spirale l'un vers l'autre dans un mouvement orbital qui s'accélère jusqu'à atteindre presque la vitesse de la lumière. Les surfaces-horizons des deux trous noirs se rapprochent de plus en plus pour finalement se toucher. Les trous noirs fusionnent alors ensemble pour former un trou noir dont la masse est égale à la somme des masses des deux trous noirs. Cette fusion est signalée par un jaillissement de nouvelles ondes gravitationnelles.

Sur Terre, ces ondes gravitationnelles nous parviennent comme les sons d'une mélodie à l'origine très lointaine. Tout comme les ondes soniques transportent les notes de musique jusqu'à nos oreilles pour nous bercer avec une sonate de Chopin, les ondes gravitationnelles portent en elles les événements de la vie passée des trous noirs. Les notes de musique viennent faire vibrer nos tympans et ces vibrations sont transmises par le nerf auditif à notre cerveau qui les décode : nous voici alors émerveillés par une fugue de Bach ou transportés par une symphonie de Beethoven (1770-1827). De même, si nous parvenons à capter et décoder les ondes gravitationnelles, elles nous enchanteront avec l'histoire des trous noirs. Elles nous raconteront maints détails sur leur masse, leur mouvement de rotation, la forme de leur orbite, ou encore les péripéties de leur fusion et les vibrations de l'espace-temps qui en ont résulté. En nous renseignant sur les déformations de l'espace-temps, elles joueront un rôle complémentaire à celui des ondes électromagnétiques qui nous informent sur les propriétés (température, densité, intensité du champ magnétique) de la matière autour des trous noirs. Parce que les ondes gravitationnelles n'interagissent pas avec la matière interstellaire, elles ne seront pas déformées ni absorbées, et elles nous apporteront des nouvelles intactes des régions toutes proches de l'horizon des trous noirs.

La mélodie de l'espace

Mais comment capter et décoder les ondes gravitationnelles ? Comment construire un « tympan » géant pour les écouter ? Comment déchiffrer la mélodie de l'espace ?

Le problème est formidable, car les trous noirs massifs générateurs d'ondes gravitationnelles ne sont pas au seuil de notre porte ! Ils sont très loin dans l'espace. Les paires de trous noirs de quelques dizaines de masses solaires disséminées dans le terreau galactique de la Voie lactée sont à des dizaines, voire des milliers d'années-lumière. Nous avons vu que le trou noir de 3 millions de masses solaires situé au cœur de la Voie lactée est à quelque 30 000 années-lumière. Quant aux trous noirs supermassifs de plusieurs milliards de masses solaires qui rôdent au sein des quasars, on ne les trouve qu'à des distances de milliards d'années-lumière. Ces distances extraordinaires ne rendent pas la tâche aisée aux chasseurs d'ondes gravitationnelles. Comme le son d'un orchestre s'estompe à mesure qu'on s'en éloigne, la mélodie de l'espace générée par la tombée en spirale d'une paire de trous noirs l'un vers l'autre et par la fusion qui en résulte diminue d'autant plus d'intensité que ces trous noirs sont plus éloignés de la Terre. L'intensité de la musique des trous noirs varie en fait en fonction inverse de la distance de ces derniers. Éloignez-vous d'une distance 100 fois plus grande, et vous percevrez une musique 100 fois plus faible.

L'effet est par contre extraordinaire si vous êtes aux premières loges. Notre ami Jules, l'explorateur, peut en témoigner. Au cours de ses nombreuses expéditions, il est allé étudier la fusion finale de la paire de trous noirs dans la constellation de Pégase. Jules arrive une semaine avant le moment fatidique. Les trous noirs ont chacun environ 20 fois la masse du Soleil. Séparés de quelque 30 000 km, ils sont entraînés dans une valse infernale, orbitant l'un autour de l'autre toutes les 10 secondes. Dans la semaine qui suit l'arrivée de Jules, ce rythme endiablé ne cesse de s'accélérer. Les deux trous noirs se rapprochent l'un de l'autre en spirale. La distance qui les sépare décroît à 20 000, puis 3 000, puis 2 000 km. Les 10 secondes nécessaires pour décrire une orbite deviennent 5 secondes, 2 secondes, puis 0,2 seconde. Dans les 10 secondes qui précèdent la fusion, la fusée de Jules se met à trembler violemment, signalant le déferlement des ondes gravitationnelles. L'intensité de ces secousses ne cesse d'augmenter, atteignant un paroxysme au moment précis de la fusion des deux trous noirs, responsable d'un nouveau jaillissement d'ondes gravitationnelles. Jules est tour à tour tiraillé et comprimé à la tête et aux pieds comme si deux mains géantes s'amusaient à jouer au Yo-yo avec son corps. Puis la vague passe et les vibrations diminuent d'intensité jusqu'à ce que tout redevienne normal. Jules pousse un grand soupir de soulagement, car son pauvre corps n'en pouvait plus. La vague d'ondes gravitationnelles va se perdre dans les profondeurs de l'espace et visitera un jour la Terre…

Les physiciens terriens se démènent comme de beaux diables pour accueillir dignement la visite des ondes gravitationnelles. Il leur faut construire un instrument suffisamment sensible pour les détecter et leur faire raconter l'histoire des trous noirs. Comme nous l'avons vu avec le corps du pauvre Jules, les effets des ondes gravitationnelles possèdent un certain air de famille avec ceux résultant des forces de marée que la Lune exerce sur les océans de la Terre. À l'endroit de la Terre le plus rapproché de la Lune (et aussi à celui qui lui est diamétralement opposé), l'eau des océans est tirée par la gravité lunaire qui provoque une marée haute, tout comme le corps de Jules est tiré par les ondes gravitationnelles. Mais il y a de profondes différences entre les deux situations.

Tout d'abord, les forces de marée tirent toujours l'eau, alors que le corps de Jules est tour à tour tiraillé et comprimé. Il est tiraillé quand la crête d'une onde gravitationnelle passe, comprimé quand le creux arrive, puis tiraillé de nouveau par la crête suivante. Par contre, l'eau à un endroit sur Terre se retire à marée basse non parce qu'elle est comprimée, mais parce que la rotation de la Terre éloigne cet endroit de la Lune.

Ensuite, il existe une différence de taille entre l'intensité des deux effets. Parce que la Lune est toute proche (elle n'est qu'à un peu plus d'une seconde-lumière), elle peut soulever l'eau des océans terrestres d'un ou plusieurs mètres et permettre aux vagues de venir lécher les pieds de la chaise vide du moniteur de plage à marée haute. Par contre, les ondes gravitationnelles qui ont parcouru des distances interstellaires de centaines, voire de milliers, d'années-lumière, et franchi des distances intergalactiques de milliards d'années-lumière, ont perdu beaucoup de leur intensité quand elles arrivent finalement sur Terre. Les forces féroces qui ont secoué si violemment la fusée de Jules et torturé sans aménité son pauvre corps ne sont plus que l'ombre d'elles-mêmes. Les ondes gravitationnelles générées par la fusion d'une paire de trous noirs dotés chacun d'une masse d'une dizaine de masses solaires et situés à 1 milliard d'années-lumière ne pourraient soulever les océans terrestres que d'une hauteur infinitésimale de 10^{-12} cm, soit 1 millième de milliardième de milliardième (10^{-21}) du diamètre de la Terre, ou 10 000 fois moins que la taille d'un atome ! Il est évident que ce n'est pas en scrutant intensément le niveau de l'eau d'un océan que nous serons alertés de la visite d'une onde gravitationnelle sur Terre. Les physiciens doivent donc déployer toute leur ingéniosité pour inventer des détecteurs d'ondes gravitationnelles capables de déceler des changements bien inférieurs à la taille d'un atome.

Un cylindre qui vibre et des cristaux qui chantent

L'Américain Joseph Weber (1919-2000) fut le premier à tenter de construire, commençant en 1959, un tel détecteur. Celui-ci prit la forme d'un énorme bloc cylindrique en aluminium de 2 m de long et de 0,5 m de diamètre, le tout pesant une tonne. L'idée était la suivante : si des ondes gravitationnelles venaient à traverser le détecteur, le bloc d'aluminium se mettrait à vibrer tout comme le vaisseau spatial de Jules a vibré à leur passage. Le bloc d'aluminium possède une fréquence de vibration qui lui est propre, tout comme une flûte à champagne a la sienne. Donnez un petit coup sec à celle-ci et vous entendrez toujours le même joli son cristallin. Il suffirait de mesurer les vibrations du cylindre pour faire raconter aux ondes gravitationnelles leur message. Mais c'est plus vite dit que fait. Parce que le cylindre d'aluminium n'a que 2 m de long, soit environ 6 millions de fois moins que le diamètre de la Terre, chaque vibration du cylindre sera 6 millions de fois plus faible que le soulèvement des eaux des océans par les ondes gravitationnelles. Cette vibration aura une amplitude d'environ 10^{-19} cm, soit un millionième de la taille d'un noyau d'atome. Des changements si minuscules peuvent-ils être mesurés ? Le défi technique était extraordinaire. Weber eut l'idée d'attacher des cristaux à son cylindre, lesquels avaient la propriété de générer un certain voltage électrique dès qu'ils se trouvaient soumis à des pressions induites par les vibrations (les physiciens appellent ce phénomène l'effet piézoélectrique). C'était comme si les cristaux chantaient à l'arrivée des ondes gravitationnelles. Avec de nombreux cristaux combinés en série, le voltage pouvait être amplifié et mesuré. Grâce à ces cristaux aux pouvoirs magiques, Weber réussit à mesurer des vibrations d'une amplitude égale à 10^{-14} cm, soit seulement un dixième de la taille du noyau d'un atome. Mais, malgré cette prouesse technique, c'était encore 100 000 fois trop grand pour détecter des ondes gravitationnelles résultant de la fusion de deux trous noirs de 10 masses solaires situés à une distance de 1 milliard d'années-lumière.

Il y avait encore d'autres difficultés. Il fallait isoler le cylindre d'aluminium des vibrations du sol et de la gravité changeante de l'atmosphère terrestre. Le mieux aurait été de transporter le cylindre dans l'espace, mais le coût aurait été prohibitif. D'autre part, même si on réussissait à isoler complètement le cylindre de son environnement, celui-ci ne pourrait détecter que des ondes gravitationnelles ayant une gamme de fréquences de vibration très restreinte : celles similaires à la fréquence propre du cylindre. Pour rendre toute la beauté et la richesse d'une symphonie de Beethoven, il faut un orchestre entier, avec des douzaines d'instruments divers, chacun produisant des tons différents. De même, pour reproduire la symphonie des ondes gravitationnelles, il faudrait des milliers de cylindres de taille et de poids variés, chacun captant un ton différent, ce qui serait onéreux et peu pratique.

Se dressait une autre difficulté, d'ordre théorique, qu'il fallait résoudre. Elle concerne un des principes fondamentaux de la mécanique quantique, le principe d'incertitude du physicien allemand Werner Heisenberg. Celui-ci nous enseigne que nous ne pouvons pas déterminer précisément la position d'un atome sans le perturber avec nos instruments de mesure, rendant sa vitesse aléatoire et imprévisible. Plus la position de l'atome sera précise, plus sa vitesse sera incertaine. Cette incertitude est inhérente à la Nature. Elle ne dépend ni de la façon dont vous faites la mesure, ni de la sophistication de votre équipement. Quand il s'agit de détecter des vibrations dont l'amplitude est 1 million de fois inférieure à la taille d'un noyau d'atome, le principe d'incertitude entre en force et nous dit qu'une telle précision ne peut être atteinte sans provoquer des vibrations parasites du cylindre d'aluminium qui masqueraient complètement celles dues aux ondes gravitationnelles.

Un interféromètre à laser

Face à ces difficultés, les physiciens se sont tournés vers d'autres types de détecteurs. L'instrument qui a actuellement le vent en poupe est un interféromètre à laser. L'idée consiste à suspendre trois poids, à chaque extrémité et au coin de l'angle droit d'un L gigantesque, chaque branche du L s'étendant sur plusieurs kilomètres (fig. 57). La venue d'une onde gravitationnelle modifierait très légèrement la longueur de chacune des deux branches. Au passage d'une crête, une des branches se contracterait alors que l'autre s'allongerait. Le contraire se produirait au passage d'un creux. Ces infimes changements de longueur sont minutieusement surveillés par un système de rayons laser qui font des allers-retours le long de chacune des deux branches, reflétés par des miroirs placés à chaque extrémité. Si l'une des branches du L s'allonge et que la deuxième se contracte, le premier rayon laser mettra plus de temps à faire le voyage aller-retour que le deuxième. Les deux rayons laser seront donc déphasés l'un par rapport à l'autre. Ils sont combinés ensemble dans un appareil appelé « interféromètre », qui mesure ces déphasages. En l'absence d'ondes gravitationnelles, les distances qui séparent les trois poids ne varient pas, les deux rayons laser mettent exactement le même temps pour faire leur trajet aller-retour, et le déphasage disparaît. Ainsi, nous pouvons faire raconter aux ondes gravitationnelles l'histoire de la fusion des trous noirs en mesurant les déphasages. Quant au principe d'incertitude, il ne présente plus autant de problèmes, car les interféromètres étant des milliers de fois plus longs que le cylindre de Weber, les amplitudes des changements seront aussi des milliers de fois plus grandes. Parce que la précision de mesure requise est bien moindre, les perturbations parasites introduites par les instruments de mesure deviennent négligeables.

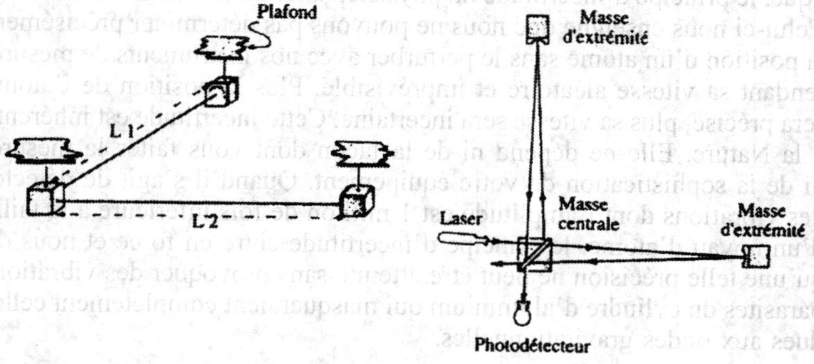

Fig. 57. *Un détecteur d'ondes gravitationnelles à laser*. L'instrument consiste en deux branches d'un grand L. Les distances L1 et L2 qui séparent les trois masses placées aux extrémités du L changent très légèrement lors du passage d'une onde gravitationnelle. Par exemple, la longueur L1 s'allonge alors que la longueur L2 diminue. Ces changements infimes sont mesurés par un système de rayons laser qui font l'aller-retour entre les extrémités du L. Le rayon laser voyageant le long de L1 met un peu plus de temps, alors que celui voyageant le long de L2 met un peu moins de temps, ce qui fait que les deux rayons laser sont légèrement déphasés. Ce déphasage est mesuré par l'interféromètre, ce qui permet ainsi d'étudier les propriétés de l'onde gravitationnelle.

Il est prévu qu'en l'an 2007 huit interféromètres jalonneront le globe. Deux seront en Italie, à Pise, la ville où Galilée étudia la gravité en lâchant des objets du haut de la tour penchée, il y a presque quatre siècles. Galilée aurait été bien étonné de voir que la même ville va maintenant abriter un instrument capable de détecter des vibrations de l'espace-temps causées par sa chère gravité. Les six autres interféromètres seront éparpillés en Louisiane et dans l'État de Washington, aux États-Unis, ainsi qu'au Japon, à raison de deux interféromètres en chaque endroit. Un réseau global est nécessaire pour s'assurer que les ondes gravitationnelles viennent bien du Cosmos. Dans ce cas, les huit interféromètres les détecteront en même temps. Par contre, s'il s'agit d'une perturbation locale, un seul interféromètre y sera sensible. Grâce à ce réseau global, les astrophysiciens du XXIe siècle pourront assister, comme s'ils étaient sur place, à la rencontre et à la fusion des trous noirs et des étoiles à neutrons, ainsi qu'à la naissance des trous noirs supermassifs qui alimentent le feu des quasars.

En attendant, ne pensez surtout pas que les ondes gravitationnelles ne sont que de pures inventions abstraites ne vivant que dans l'imagination trop fertile des physiciens. L'existence dans le ciel d'une paire d'étoiles à neutrons appelée encore « pulsar binaire » (les étoiles à neutrons sont aussi connues, nous l'avons vu, sous le nom de pulsars) a convaincu les astrophysiciens que ces ondes existent bel et bien. Ces deux pulsars, séparés par une distance de quelque 700 000 km, soit à peu près le rayon du Soleil, sont engagés dans une valse tourbillonnante en orbitant l'un autour de l'autre toutes les 8 heures. En scrutant la danse endiablée de ce pulsar binaire année après année, les astronomes se sont aperçus que son mouvement s'accélérait très légèrement : d'une fraction de 2,7 milliardièmes par an. Cette accélération ne peut se comprendre que si, tout comme la gravité fait que dans une paire de trous noirs, chacun tombe en spirale vers l'autre en émettant des ondes gravitationnelles, il en va de même pour le pulsar binaire. Les ondes gravitationnelles émises volent de l'énergie à la paire de pulsars, ce qui les fait se rapprocher l'un de l'autre et accélérer leur mouvement orbital.

Le chemin vers l'Unité

Ainsi se termine notre exploration du monde fantasmagorique des trous noirs. En se laissant guider par les principes esthétiques de beauté et d'élégance, en se laissant séduire par des idées d'harmonie et de symétrie, les physiciens ont perçu l'Unité de la Nature. Ils ont découvert des connexions intimes entre des phénomènes qui n'avaient *a priori* aucune similarité. Au fur et à mesure que la physique progresse, l'Unité de la

Nature se fait plus marquante. Le rêve d'une description unifiée de la Nature semble de plus en plus proche.

Au XVIIe siècle, Newton a ouvert le chemin vers l'Unité en faisant table rase des idées aristotéliciennes d'une Terre et d'un Ciel régis par des lois différentes, et en insistant sur le fait que le mouvement de la Lune autour de la Terre et la chute d'une pomme dans le verger sont gouvernés par la même gravitation universelle. Il a unifié la Terre et le Ciel. Plus tard, quand il fut reconnu que le son n'est qu'un mouvement ondulatoire de l'air, la science de l'acoustique fut unifiée avec la mécanique newtonienne. Au XIXe siècle vient la grande synthèse de l'électricité et du magnétisme par Maxwell. Celui-ci démontre que ces phénomènes ne sont que deux faces d'une seule et même réalité. En découvrant que les ondes électromagnétiques ne sont en fait que des ondes lumineuses, il unifie l'optique sous la bannière de l'électromagnétisme. Au début du XXe siècle, en insistant sur le fait que la lumière voyage toujours à la même vitesse et que les lois physiques demeurent invariantes, quel que soit le mouvement de l'observateur, Einstein unifie le temps avec l'espace. Mais, au moment même où il rumine sur le temps qui se dilate et l'espace qui se contracte, ses collègues physiciens font leurs premières incursions dans le monde des atomes. Ils découvrent (grâce d'ailleurs à un petit coup de main d'Einstein) un monde bizarre où les lois bafouent autant le bon sens que la relativité, d'où le déterminisme est banni et où le hasard règne en maître. Pénétrons dans ce monde étrange des atomes.

V

L'INSOUTENABLE ÉTRANGETÉ DES ATOMES

Un monde de couleurs

Nous vivons dans un monde de couleurs : le bleu azuré du ciel, le rose délicat d'une fleur, le vert luxuriant d'une feuille, ou encore le feu rougeoyant d'un coucher de soleil. Ces couleurs apportent du baume à notre âme ; en l'égayant, elles font que la vie vaut un peu plus la peine d'être vécue. À quoi devons-nous ce festival de nuances, cette exubérance de coloris ? Jusqu'au début du XXe siècle, nous ne le savions pas. C'est seulement avec la découverte de la structure des atomes que nous connaissons maintenant la réponse.

L'idée que la matière est faite d'atomes nous semble à présent toute naturelle et évidente. Pourtant, elle a mis du temps à s'imposer. L'idée que tous les phénomènes naturels peuvent s'expliquer à partir d'un constituant élémentaire vit le jour, comme tant d'autres qui sont à la base de la civilisation occidentale, en Grèce. Dans la ville de Milet, en Ionie, vers le VIe siècle avant J.-C., Thalès (v. 625-547 av. J.-C.) pensait que la substance fondamentale était l'eau, alors que, pour Anaximène (VIe s. av. J.-C.), c'était l'air. Ils étaient tous deux loin du compte. Ce furent Démocrite (v. 460-370 av. J.-C.) et Leucippe (v. 460-370 av. J.-C.) qui introduisirent un siècle plus tard l'idée révolutionnaire que toute matière est composée de particules insécables et éternelles qu'ils appelèrent « atomes » (du grec *atomos*, « qu'on ne peut diviser »). Faute de preuve expérimentale, les choses en restèrent là pendant les vingt et un siècles qui suivirent. L'idée d'atome s'éclipsa pour laisser place à la quaternité élémentaire d'Aristote (384-322 av. J.-C.) : l'Eau, l'Air, la Terre, le Feu. Maints événements se succédèrent : l'annexion de la Grèce par l'Empire romain, le déclin de la pensée grecque, les invasions répétées des hordes barbares, des Goths et des Huns, l'affaiblissement de l'Empire romain et, parallèlement, l'essor de l'Empire arabe islamique qui reprit le flambeau de la civilisation et des sciences avant de le repasser à son tour à l'Europe de la Renaissance.

Ce fut seulement vers les années 1600 que l'idée d'atome refit surface. Inspiré par *De la nature des choses* du poète latin Lucrèce (v. 98-55 av. J.-C.) qui exposait les idées de Leucippe et de Démocrite sur les atomes, le philosophe français Pierre Gassendi (1592-1655) invoqua la nécessité de faire des expériences pour tester l'hypothèse atomique. Ses appels ne tombèrent pas dans l'oreille d'un sourd. Le physicien et chimiste irlandais Robert Boyle (1627-1691) conclut en 1662 que la loi de compressibilité des gaz ne pouvait se comprendre que si ces derniers étaient faits d'atomes. Un nouveau pas vers la démonstration de l'existence des atomes fut accompli par le chimiste français Antoine de Lavoisier (1743-1794) ; celui-ci perça le secret de la composition de l'air et de l'eau, et démontra qu'ils étaient composés d'éléments chimiques combinés dans un rapport toujours constant (malheureusement, ces brillants travaux de chimie ne le sauvèrent pas de la guillotine, car il était aussi député). Le chimiste anglais John Dalton (1766-1844) conclut en 1808 que le comportement des éléments chimiques ne pouvait se comprendre que si chacun était constitué d'un type d'atome différent, caractérisé par un « poids atomique » qui lui était propre.

De l'ordre dans les éléments chimiques ou la table périodique

En 1869, le chimiste russe Dmitri Mendeleïev (1834-1907) parvint à mettre de l'ordre dans la faune des éléments chimiques qui semblaient croître et se multiplier à volonté. Il les ordonna selon leur poids atomique. Comme par magie, les éléments dotés des mêmes propriétés chimiques vinrent s'aligner en groupe de sept dans les mêmes colonnes. Cet alignement ne pouvait se comprendre que si chaque élément chimique était fait d'un seul type d'atomes. L'ensemble des colonnes forme ce qu'on appelle maintenant la « table périodique » des éléments chimiques, qui orne les murs des salles de classe dans les lycées. Quand Mendeleïev établit sa liste, seulement 63 éléments chimiques étaient connus sur les 92 répertoriés actuellement. Il y avait donc des cases vides. Mais Mendeleïev avait tellement confiance dans sa méthode pour ordonner les éléments qu'il n'hésita pas à déclarer que si les cases n'étaient pas toutes occupées, ce n'était pas parce que la Nature n'aimait pas certains éléments chimiques, mais parce que les hommes ne les avaient pas encore découverts. Et il avait raison : les cases vides furent remplies par la suite au fur et à mesure de la découverte de nouveaux éléments. Ce qui rendit Mendeleïev célèbre dans le monde entier, sauf en Russie où le tsar n'appréciait pas ses vues politiques par trop libérales…

Les indices continuèrent de s'accumuler en faveur de l'existence des atomes.

Tout d'abord, dans la seconde moitié du XIXe siècle, le physicien anglais James Maxwell (1831-1879 – celui des ondes électromagnétiques) et, un peu plus tard, les physiciens autrichien Ludwig Boltzmann (1844-1906) et américain Willard Gibbs (1839-1903), qui s'étaient penchés sur la thermodynamique, science de la chaleur, démontrèrent que les propriétés des gaz, en particulier leur température, pouvaient se comprendre s'ils étaient composés d'atomes. La chaleur serait causée par le mouvement des atomes : ceux-ci, dans un air chaud, se déplacent à grande vitesse, tandis qu'ils s'agitent beaucoup moins dans un air refroidi. Ainsi, l'air chaud du désert du Sahara vous brûle la peau parce que les molécules d'air chauffées par l'incandescence du Soleil se heurtent à toute vitesse à votre peau. Par contre, les atomes dans la brise fraîche qui refroidit votre peau bougent plus lentement. Dans cette optique, la matière ne peut être refroidie en deçà du zéro absolu (–273 °C), la température où les mouvements des atomes se figent.

Ensuite, le fait que les éléments chimiques s'ordonnaient selon leur poids atomique dans la table périodique de Mendeleïev suggérait que les atomes possédaient des degrés de complexité différents, les atomes les plus lourds étant les plus complexes. L'atome ne pouvait donc être l'unité de base, comme le pensaient Démocrite et Leucippe. Il devait posséder une structure interne et être composé de particules encore plus élémentaires. Mais, jusque-là, personne n'avait vu d'atome, encore moins sa structure interne. Les premières preuves expérimentales d'une structure interne se manifestèrent en 1897, quand le physicien anglais Joseph Thomson (1856-1940) découvrit l'électron en étudiant les décharges électriques dans des gaz. Si la nouvelle particule fut ainsi nommée, c'est qu'*electron* signifie « ambre » en grec et que les Grecs avaient découvert que l'ambre avait un mystérieux pouvoir d'attraction quand on le frottait avec de la laine. Les électrons portaient chacun une charge électrique, et leur nombre dans chaque atome variait selon la nature de ce dernier. Ce nombre était égal au poids atomique et correspondait au numéro de la place occupée par l'élément chimique dans la table périodique. Ainsi, le lithium, qui a 3 électrons, occupe la 3e place ; le bore, qui possède 5 électrons, occupe la 5e place, et ainsi de suite. Cette correspondance ne pouvait être le fait du hasard. L'électron était bien une brique fondamentale de la matière.

Un noyau dur comme fer

Les efforts redoublèrent au début du XXe siècle pour percer le secret de la structure de la matière. Pour cela, quoi de mieux que de la briser en mille morceaux en lançant sur elle des projectiles fonçant à toute vitesse ? En 1910, le physicien anglais Ernest Rutherford (1871-1937) se mit à bombarder de minces feuilles d'or avec des particules très énergétiques. Une surprise considérable l'attendait. Si la grande majorité des particules traversaient la feuille d'or comme si de rien n'était, une très petite fraction d'entre elles (1 sur 8 000) étaient réfléchies et revenaient à leur point de départ. C'était comme si un boulet de canon était renvoyé par une feuille de papier ! Les physiciens pensaient jusque-là que les atomes étaient entassés dans un objet solide comme des oranges sont entassées dans un cageot : en occupant presque tout l'espace, mais en laissant entre elles de petits interstices. Mais, si c'était le cas, aucune des particules lancées à toute vitesse vers la feuille d'or n'aurait dû rebrousser chemin. Elles auraient dû traverser la cible aussi facilement qu'une balle de fusil traverse une orange. Rutherford dut se rendre à l'évidence : il devait exister à l'intérieur de l'atome un noyau très dense et très dur qui réfléchissait les particules. Ce noyau devait occuper un volume très petit par rapport au volume total, puisque la majorité des projectiles le rataient et traversaient sans encombre la feuille d'or. Nous savons aujourd'hui qu'un noyau atomique a la taille minuscule d'un dixième de millième de milliardième (10^{-13}) de centimètre, autrement dit est 100 000 fois inférieur au diamètre de l'atome (10^{-8} cm). Le noyau atomique occupe donc un millionième de milliardième du volume de l'atome. Un noyau dans un atome, c'est comme un grain de riz sur un stade de football. Les objets solides qui nous entourent, le livre que vous tenez entre vos mains, la chaise sur laquelle vous êtes assis, tout n'est que « presque vide ».

Fort du résultat de ses expériences, Rutherford proposa un modèle de l'atome qui serait une sorte de mini-système solaire où le noyau serait le Soleil et les électrons les planètes. Mais un tel modèle ne peut correspondre à la réalité, car l'atome ne survivrait pas très longtemps. En effet, les lois de la physique classique disent que les électrons, en tournant autour du noyau, doivent rayonner de la lumière, épuiser leur réserve d'énergie de mouvement et tomber très rapidement en spirale vers le noyau. L'atome s'effondrerait sur lui-même en un millionième de seconde, en bien moins de temps qu'un clin d'œil ! Or nous ne voyons pas les objets s'effondrer sur eux-mêmes les uns après les autres. Ils poursuivent leur existence placide pendant de longues années. Alors, comment tenir les électrons en place ? Comment les empêcher de perdre de l'énergie et de tomber dans le noyau ? Comment faire pour que les solides maintiennent leur solidité ? Il fallait partir à la recherche de nouveaux principes physiques.

Des grains de lumière

Un jeune physicien danois de vingt-sept ans, Niels Bohr (1885-1962), releva le défi en 1913. Pour percer le mystère de la stabilité des atomes, il fit appel à la découverte extraordinaire par laquelle le physicien allemand Max Planck (1858-1947) avait inauguré le XXe siècle, en l'an 1900. Ce dernier s'était penché sur le problème apparemment tout simple du rayonnement émis par un corps chauffé à une certaine température. Il s'était tout de suite heurté à un obstacle de taille : les équations de la physique classique lui disaient avec obstination qu'un tel corps chaud devait émettre une quantité infinie de lumière dans l'ultraviolet. Ce qui était manifestement absurde. Les fours à cuisson n'explosent pas comme des bombes atomiques quand nous les allumons ! Ce qui serait le cas s'il y avait vraiment un rayonnement ultraviolet infini. Pour sortir de ce paradoxe de la « catastrophe de l'ultraviolet » et faire correspondre la théorie à la réalité, une solution se présenta à Planck : celle consistant à postuler que l'énergie rayonnante n'est pas une quantité continue, mais qu'elle a une structure discontinue. Elle existerait sous forme de « grains » ou « quanta ». Ces grains de lumière porteraient chacun une énergie égale au produit d'un nombre (appelé aujourd'hui « constante de Planck ») par la fréquence du rayonnement (la fréquence étant le nombre de crêtes de l'onde lumineuse passant par seconde en un point de l'espace). Après tout, se disait Planck, si la matière a un caractère corpusculaire, si elle est discontinue, pourquoi n'en serait-il pas de même de la lumière ?

Einstein, le révolutionnaire, n'hésita pas. Il mit tout de suite à profit l'idée de Planck pour expliquer l'effet photoélectrique, propriété des métaux consistant en l'éjection d'électrons de la surface d'un métal quand elle est soumise à l'action d'un rayon lumineux. Curieusement, l'énergie des électrons éjectés ne dépendait pas de l'intensité de la lumière, mais seulement de sa fréquence. Une lumière à haute fréquence, comme des rayons ultraviolets, éjectait des électrons beaucoup plus énergétiques qu'une lumière à basse fréquence, comme des ondes radio. Ce résultat ne pouvait se comprendre que si la lumière absorbée par le métal était formée de grains, qu'on appelle maintenant « photons ». Les photons absorbés par le métal communiquaient leur énergie aux électrons éjectés. Une lumière à haute fréquence contenait des photons plus énergétiques (leur énergie variant en proportion de leur fréquence) éjectant des électrons avec une énergie supérieure.

Les vitraux de l'atome

Dans un suprême effort d'imagination, Bohr opéra la synthèse du modèle planétaire de l'atome de Rutherford avec les quanta de Planck. Il accepta l'idée de Rutherford selon laquelle les électrons orbitent bien sagement autour du noyau de l'atome, mais y ajouta l'idée de discontinuité de Planck. Non seulement la lumière était discontinue, mais les orbites le devenaient aussi. Celles-ci prirent un air « quantique ». Les électrons ne pouvaient plus orbiter autour du noyau atomique là où bon leur semblait, mais étaient dans l'obligation de rester dans des orbites bien définies, à des distances bien précises du noyau. Mais comment montrer la validité d'un tel modèle ? Comment s'assurer que les électrons se comportent bien ainsi ? Si l'art, en science, consiste à voir des connexions qui n'étaient pas évidentes auparavant, Bohr fut un artiste au plus pur sens du mot. Il réalisa qu'il existait une fenêtre par laquelle il pouvait examiner le comportement de l'atome ; cette fenêtre était parée d'une vitre possédant des motifs aussi colorés et variés que les merveilleux vitraux qui ornent les murs des cathédrales gothiques. Ce vitrail de l'atome, c'était son spectre. On l'obtient en décomposant la lumière émise par un atome en ses différentes composantes d'énergie ou de couleur.

Nous avons tous été subjugués par la beauté de l'arc-en-ciel, cette arche multicolore qui surgit parfois après une averse du côté opposé au Soleil. L'arc-en-ciel n'est autre que le spectre de la lumière blanche du Soleil. La lumière solaire a été décomposée par les gouttelettes de pluie en ses différentes couleurs, nous offrant, par ordre d'énergie croissante de la lumière, ce merveilleux festival de rouge, d'orange, de jaune, de vert, de bleu, d'indigo et de violet. Ce changement de couleur est continu. Il se fait graduellement et l'on ne voit pas de brèche défigurer cette si belle structure lumineuse. Il en va tout autrement pour la lumière d'un atome. Son spectre n'est pas continu, mais haché en nombreuses raies verticales. Ainsi, la lumière visible de l'atome d'hydrogène – l'élément chimique le plus simple, le plus léger et aussi le plus abondant dans l'Univers – est caractérisée par trois raies aux couleurs vives : une raie rouge, une autre bleu-vert, une autre encore de couleur bleue. Bohr nous explique que cette discontinuité de la lumière est liée à la discontinuité des orbites de l'électron dans l'atome d'hydrogène. Chacune de ces raies est produite par une libération d'énergie. Un grain de lumière est émis par l'atome d'hydrogène chaque fois que son unique électron fait des sauts quantiques d'une orbite éloignée du noyau à une orbite plus rapprochée. L'énergie du grain de lumière libéré est très exactement égale à la différence entre les énergies de l'orbite de départ et de l'orbite d'arrivée. Ainsi, la raie rouge survient quand l'électron saute de la troisième à la deuxième orbite, la raie bleu-vert est produite quand l'électron saute de la quatrième à la deuxième orbite, et la raie bleue quand il saute de la cinquième à la deuxième orbite. La disposition des raies lumineuses dans le spectre est donc le fidèle reflet de l'arrangement des orbites de l'électron dans l'atome. Cet arrangement est unique pour chaque élément. Il constitue une sorte d'empreinte digitale, de carte d'identité de l'élément chimique. Comme Sherlock Holmes reconnaît l'identité du criminel aux empreintes laissées involontairement par ce dernier, l'astrophysicien expérimenté reconnaît les éléments chimiques présents dans l'atmosphère d'une étoile à la disposition des raies dans le spectre de cette dernière. Ainsi, ce sont ces spectres, avec leur lumière hachée en raies, qui nous ont révélé la composition chimique des étoiles, des galaxies et de l'Univers entier.

Comme les merveilleux vitraux colorés laissent filtrer la lumière du jour dans une cathédrale gothique, les spectres nous permettent de promener notre regard inquisiteur à l'intérieur de l'édifice de l'atome et de percer le secret de sa structure. Le monde nouveau de l'atome était gouverné par des lois aussi mathématiques que le monde de la mécanique classique révélé par Newton il y avait plus de deux siècles. Les mathématiques continuaient à bien épouser les contours de la Nature, y compris aux échelles les plus petites. Mais l'ère du continuum dans le monde des atomes était désormais révolue. Dorénavant, c'était le discontinu ou le principe du quantum qui allait prévaloir. Révolution radicale : c'était comme si un gouvernement dictatorial décrétait tout à coup qu'on ne pourrait plus marcher qu'à des pas de 20, 30 ou 35 cm, et qu'aucune autre longueur de pas ne serait plus permise sous peine de mort. En interdisant aux électrons d'emprunter n'importe quelle orbite, Bohr les empêcha de tomber en spirale vers le noyau et sauva ainsi les atomes de leur effondrement sur eux-mêmes. Mais si son modèle atomique rendait bien compte des spectres des atomes, des questions se posaient, qui étaient loin d'être résolues. Ce modèle restait en effet un curieux amalgame de physique classique et de physique quantique. Tant qu'ils orbitaient sagement autour du noyau atomique, les électrons suivaient les lois de la mécanique classique de Newton et de Kepler comme les planètes du système solaire. Mais, dès qu'ils se décidaient à sauter d'une orbite à une autre, ils obéissaient tout à coup aux nouvelles règles de la mécanique quantique. Tout cela manquait fort de cohérence.

Pourquoi la rose est-elle rose ?

Malgré ces difficultés conceptuelles, le modèle de l'atome de Bohr nous permet d'expliquer bien des faits concernant les propriétés de la matière, en particulier le festival des couleurs qui nous entourent. Pourquoi la rose est-elle rose, le coquelicot des champs rouge, la craie blanche ? La réponse est dans la structure atomique de la matière qui les compose. Nous interagissons avec l'Univers par le jeu de la lumière et de la matière. Faits de protons et d'électrons, nous sommes des êtres électromagnétiques qui communiquent avec le monde extérieur par des ondes électromagnétiques. Une grande partie de notre expérience humaine provient des reflets de la lumière solaire sur les objets qui peuplent notre environnement. Ainsi, le doux reflet de la Lune sur la surface tranquille d'un lac a son origine dans les grains de lumière produits au cœur du Soleil par la furie des réactions nucléaires. Ces grains de lumière émergent à la surface du Soleil au bout de 1 million d'années et viennent jouer avec les électrons qui valsent dans les atomes de silicium et d'oxygène composant les rochers à la surface aride de la Lune. Ils vont ensuite visiter un lac sur Terre, ricochent sur la surface sereine de l'eau et jouent avec les électrons dans les atomes d'hydrogène et d'oxygène liés ensemble dans les molécules d'eau. Au terme de leur voyage, ils s'en vont stimuler les nuages d'électrons dans les chaînes de protéines à l'intérieur de la rétine de nos yeux.

De même que le lac reflète l'image de la Lune, la rose nous enchante de ses contours délicats grâce à la lumière solaire qu'elle réfléchit dans nos yeux. Mais, direz-vous, la lumière solaire est blanche. Alors, pourquoi la rose n'est-elle pas blanche elle aussi ? La réponse réside dans les atomes de la rose. La lumière blanche, nous l'avons vu à propos de l'arc-en-ciel, est un amalgame de couleurs allant du rouge au violet. La rose absorbe le bleu et le violet et ne reflète que le rouge, qui se mélange avec le blanc pour donner le rose. Pourquoi cette préférence pour le bleu et le violet ? À cause de la disposition des orbites des électrons dans les atomes et molécules dont la rose est composée. Pour qu'un atome ou une molécule absorbe de la lumière, l'électron doit faire un saut quantique d'une orbite de basse énergie proche du noyau d'atome à une autre de plus haute énergie et plus éloignée du noyau, l'énergie (ou la couleur) de la lumière absorbée étant juste égale à la différence d'énergie entre ces deux niveaux. Or, il se trouve que certaines orbites d'électrons dans les atomes de la rose sont disposées de telle façon que leurs différences en énergie correspondent exactement à l'énergie des couleurs bleu et violet. C'est pourquoi celles-ci sont absorbées. Par contre, il n'y a pas d'orbites dont la différence en énergie corresponde à l'énergie de la couleur rouge. Celle-ci n'est pas absorbée ; indemne, elle vient chatouiller nos rétines. C'est pourquoi la rose est rose.

De même, la craie est blanche parce que les molécules dont elle est composée ont des orbites d'électrons dont la séparation en énergie ne correspond à aucune des énergies des couleurs de l'arc-en-ciel. Toutes les couleurs de la lumière blanche sont réfléchies par la craie, c'est pourquoi nous la voyons blanche.

Ainsi, la grande diversité de la structure des atomes et molécules qui composent la matière est responsable de la variété des couleurs qui nous entourent et égaient notre existence. Les teintes orange et mauves des pommes de Cézanne et le ciel bleu azur de Monet ne pourraient exister sans la fantastique diversité des éléments chimiques qui composent la peinture dont se servent les peintres pour créer leurs magies. Le monde serait bien morne si tous les atomes avaient la même structure. Par exemple, si toute la matière avait la structure des atomes de la craie, nous vivrions dans un monde blanc. Non seulement la craie serait blanche, mais aussi les coquelicots des champs ; les ailes des papillons perdraient leurs couleurs vives et seraient elles aussi d'un blanc terne et monotone.

Des ondes d'électrons

Le prochain acteur à entrer en scène dans la saga quantique fut le physicien français Louis de Broglie (1892-1987). Einstein avait attribué à la lumière un double visage : à côté de sa nature ondulatoire, elle pouvait aussi revêtir des airs de particule. Puisque la lumière avait ainsi une double personnalité, pourquoi pas aussi la matière ? se demanda de Broglie. En 1923, il suggéra que l'électron, en sus de son apparence corpusculaire, pouvait aussi revêtir un habit fait d'ondes. Il postula que les tailles des orbites dans un atome devaient être telles qu'elles pussent accueillir un nombre entier d'ondes d'électrons. Ainsi l'orbite la plus petite, la plus proche du noyau et caractérisée par l'énergie la plus faible, devait avoir un périmètre juste assez grand pour contenir une longueur d'onde (la distance entre deux crêtes successives). La deuxième orbite devait en contenir deux ; la troisième orbite, trois, et ainsi de suite.

L'intuition géniale de De Broglie fut confortée sur une base mathématique solide par le physicien autrichien Erwin Schrödinger (1887-1961) en 1925. Celui-ci inventa l'équation d'onde de l'électron (mais qui s'applique aussi bien à toute autre particule au sein d'un atome ou d'une molécule) qui porte aujourd'hui son nom. Armés de cette équation qui décrit comment l'onde d'une particule évolue en fonction du temps, les physiciens se mirent à calculer fébrilement : niveaux d'énergie d'atomes, structures des molécules, tout y passa. Une moisson de résultats arriva. Et, miracle : les calculs coïncidaient avec les observations. La matière avait donc bien des allures d'onde. C'était l'âge d'or de la mécanique quantique, l'époque était enivrante !

Mais si l'équation d'onde de Schrödinger permettait de décrire le comportement des atomes et des molécules, personne (pas même les pères de la théorie, Schrödinger et de Broglie) n'avait la moindre idée de ce qu'une onde de particules pouvait signifier. Une onde est décrite à chaque instant par une liste de nombres. Par exemple, pour une onde sonique, cette liste inclura la pression de l'air à chaque endroit où l'onde passe. Pour une onde lumineuse, la liste contiendra les intensités et directions des champs électrique et magnétique en chaque point de l'espace. Mais que diable pouvaient signifier les nombres caractérisant une onde d'électrons ? Quelle est la quantité qui oscille et varie comme une vague d'océan dans une telle onde ? La réponse vint de l'étude théorique du comportement d'un faisceau d'électrons décrit par un paquet d'ondes, lancés à toute vitesse contre un atome. Consultée, l'équation de Schrödinger nous dit que le paquet d'ondes, au contact de l'atome, se brise en plusieurs ondelettes qui partent dans toutes les directions, tout comme l'eau d'un tuyau d'arrosage qui rencontre un mur éclabousse partout. Comment devons-nous interpréter ce résultat ? Si l'onde d'électrons était vraiment une onde de matière, la décomposition du paquet d'ondes en de nombreuses ondelettes voudrait dire que les électrons se brisent en mille morceaux et que leurs débris s'en vont dans toutes les directions. Conclusion manifestement absurde, car les électrons ne se divisent pas. Ils restent entiers et conservent leur identité. Les ondes d'électrons ne peuvent donc pas être des ondes de matière. Alors, que peuvent-elles bien être ? Ce fut le physicien allemand Max Born (1882-1970) qui trouva la solution de l'énigme. Il avança en 1926 que l'onde décrite par l'équation de Schrödinger était non pas une onde concrète, faite de matière, se propageant dans l'espace, mais plutôt une onde abstraite, faite de probabilités.

Vous jouez au billard. À l'aide de la queue, vous lancez une boule contre une autre. Après la collision, les deux boules repartent dans des directions différentes. Ces directions peuvent être prévues par les lois de la mécanique classique de Newton, connaissant la force et la direction avec lesquelles le joueur a poussé la boule à l'aide de la queue. C'est ce déterminisme des trajectoires des boules qui rend le jeu de billard possible. La situation est tout autre dans le monde des atomes. Lancez un électron contre un atome. Après sa collision avec l'atome, la trajectoire de l'électron n'est plus déterminée. Il peut repartir dans n'importe quelle direction. Mais indétermination ne signifie pas absence complète d'information. Et c'est là que l'équation d'onde de Schrödinger a son rôle à jouer. Elle est là pour nous dire la probabilité avec laquelle vous pouvez rencontrer l'électron dans une direction donnée, en tel ou tel endroit, après la collision. Born nous dit que cette probabilité est égale au carré de l'amplitude de la fonction d'onde. Les chances de rencontre sont les plus grandes aux crêtes de l'onde, et les plus petites à ses creux. Mais même aux crêtes des ondes, il n'y aura jamais de certitude que l'électron sera au rendez-vous. Peut-être 3 fois sur 4 (une probabilité de 75 %) ou 9 fois sur 10 (une probabilité de 90 %) l'électron sera là, mais la probabilité ne sera jamais de 100 %. Dans le monde des atomes, la certitude ennuyeuse et le déterminisme contraignant de la mécanique classique sont bannis. Entrent en force l'incertitude stimulante et le hasard libérateur de la mécanique quantique.

Un monde indéterminé

Ni Schrödinger ni de Broglie, déterministes du fond du cœur, ne furent très satisfaits de la tournure probabilistique que prenait leur invention chérie. Pourtant, dans l'année qui suivit, en 1927, un jeune physicien allemand, Werner Heisenberg (1901-1976), apporta encore de l'eau au moulin de l'indéterminisme. En réfléchissant aux rapports entre l'objet observé et l'observateur, il parvint à la conclusion remarquable que le flou était inhérent au monde subatomique, et que rien ne pouvait le dissiper.

Supposons que nous voulions mesurer à la fois la position et la vitesse d'un objet. C'est chose facile dans la vie courante. Si vous vous déplacez dans votre voiture, il suffit de regarder les panneaux indicateurs pour savoir où vous êtes et de jeter un coup d'œil au compteur pour connaître votre vitesse. En principe, vous pouvez mesurer votre position et votre vitesse avec autant de précision que vous le désirez. Cette omnipotence est perdue dès que vous pénétrez dans le monde subatomique. Heisenberg a démontré qu'il existe une limite à la connaissance. Pour localiser une particule, il faut l'éclairer. Or la lumière ne peut préciser les contours d'un objet que si sa longueur d'onde (la distance entre deux crêtes ou deux creux) est comparable à la taille de l'objet. Si l'objet est trop petit par rapport à la longueur d'onde du rayon lumineux qui l'éclaire, vous ne distinguerez rien. Éclairez le visage d'une personne avec une lumière radio d'une longueur d'onde de quelques mètres : tout sera indistinct. Ce n'est qu'en utilisant des ondes radio d'une longueur de quelques centimètres que les oreilles, par exemple, commenceront à prendre forme. Diminuez la longueur d'onde de la lumière jusqu'à moins d'un millimètre ; la lumière est maintenant de nature infrarouge (fig. 37). Les yeux bridés, le nez un peu retroussé, la bouche esquissant un sourire commencent à se dessiner. Continuez à réduire la longueur d'onde jusqu'à quelques dixièmes de millièmes de millimètre. Voici maintenant notre chère lumière visible, à laquelle nos yeux sont sensibles. Celle-ci fait apparaître les fins cheveux, les grains de beauté, et même les rides. Allez encore de l'avant et rapetissez la longueur d'onde à moins d'un dixième de millième de millimètre. La lumière est maintenant de nature ultraviolette. Sous le regard d'un microscope ultraviolet, les cellules de la peau apparaissent grossies de quelque 3 500 fois et vous pouvez distinguer les chromosomes individuels. Faites encore un pas dans la réduction de la longueur d'onde, jusqu'à quelques centièmes de millioniêmes de millimètre. Vous êtes maintenant dans le domaine de la lumière X. Ces rayons énergétiques traversent le corps comme si de rien n'était. Ils sont un cadeau de la Nature pour votre médecin : ils lui permettent de voir sous votre peau la charpente de votre squelette, de même que votre dentiste pourra examiner vos dents cariées et plombées, et que le douanier scrutera sans l'ouvrir le contenu de votre valise.

Pour localiser une particule subatomique, nous procédons de même que pour le visage humain. Nous l'éclairons avec de la lumière dont la longueur d'onde est comparable à la taille d'un atome, soit un dixième de millionième de millimètre (10^{-8} cm). Cette lumière dont la longueur d'onde est si minuscule est de la lumière X. Mais, en éclairant la particule avec une lumière si énergétique, nous la perturbons, nous lui donnons une impulsion. Ce qui change totalement la vitesse qu'elle possédait avant que nous ne l'observions. Nous nous retrouvons ainsi face à un dilemme : soit nous localisons la particule avec le plus de précision possible en l'éclairant avec une lumière de très courte longueur d'onde, donc extrêmement énergétique et perturbatrice, et nous devons nous résoudre à en savoir très peu sur sa vitesse (par exemple, si nous voulons localiser un électron à un centième de millionième de centimètre près – la taille d'un atome –, l'incertitude sur sa vitesse serait telle qu'une seconde plus tard il pourrait être n'importe où dans un rayon d'un millier de kilomètres, donc au-delà des frontières de la France !) ; soit nous décidons que c'est la vitesse qui nous intéresse, et nous éclairons la particule avec la lumière la moins dérangeante possible, donc très peu énergétique et à très grande longueur d'onde. Cette fois, ce sera le flou complet sur sa position.

Les atomes imposent une limite à la connaissance. Nous ne pourrons jamais mesurer à la fois vitesse et position aussi précisément que possible. Le principe d'incertitude de Heisenberg oblige à sauter à l'eau et à choisir. L'incertitude est inhérente au monde des atomes. Quoi que nous fassions pour accroître la sophistication de notre instrument de mesure, nous buterons toujours contre cette barrière élevée face à la connaissance.

Le flou quantique envahit le monde subatomique, chassant le déterminisme si bien chanté par Laplace. La Nature nous demande d'être tolérants et de renoncer au vieux rêve humain du savoir absolu. Ce degré de tolérance est défini par un nombre appelé « constante de Planck ». Heisenberg nous dit que le produit de l'incertitude sur la position par l'incertitude sur la vitesse ne peut jamais être inférieur à la constante de Planck divisée par 2 π. Bien sûr, si la constante de Planck était nulle, les vitesses et les positions des particules pourraient être déterminées en même temps avec la précision voulue. Mais la Nature a fait un autre choix. Bien qu'elle soit extrêmement petite (dans le système d'unités basé sur le centimètre, le gramme et la seconde comme unités fondamentales de longueur, de masse et de temps, la constante de Planck a la valeur infime de $6{,}626 \times 10^{-27}$ – le nombre 6 626 vient seulement après 27 zéros !), la constante de Planck n'est pas nulle et constitue une limite absolue à la connaissance.

Une question se pose alors : si le flou quantique est si prédominant dans le monde subatomique, pourquoi en sommes-nous épargnés dans la vie de tous les jours ? Car, après tout, nous sommes faits de collections d'atomes. Pourquoi l'incertitude qui affecte le comportement des atomes se fait-elle absente à l'échelle des choses courantes de la vie ? La réponse réside dans la masse de ces objets quotidiens. Parce qu'ils sont massifs et ont beaucoup d'inertie, ils ne sont pas facilement perturbés quand nous les éclairons pour les observer. Si les rayons X énergétiques traversent impunément notre corps, ils ne nous poussent pas contre les murs. L'impulsion donnée par la lumière est négligeable, et la vitesse des objets quotidiens peut être mesurée aussi précisément que possible en même temps que leur position. L'indéterminisme disparaît. Heureusement pour notre santé mentale, car nous avons déjà assez à faire pour affronter les aléas de la vie sans avoir à nous soucier encore de l'incertitude du comportement des choses qui nous entourent !

Des particules avec le don d'ubiquité

Les humains ne peuvent pas être à plusieurs endroits en même temps. Ils n'ont pas le don d'ubiquité. Jean ne peut être à la fois rue de Sèvres et place de la Concorde, et Ariane ne peut pas dîner à la même heure dans le quartier chinois de la porte de Choisy et chez sa cousine à la porte de Versailles. Jean et Ariane sont ici ou là. Ils ne peuvent être ici et là. Pourtant c'est ce que la mécanique quantique dit pouvoir se passer dans le cas d'une particule subatomique. Ce don d'ubiquité nous est révélé grâce à une expérience sur les électrons calquée sur celle réalisée sur la lumière par le physicien anglais Thomas Young (1773-1829) au XVIIIe siècle. Celui-ci avait démontré la nature ondulatoire de la lumière en éclairant deux fentes parallèles avec une source lumineuse. L'image des deux fentes était projetée sur un écran placé derrière. Young constata que l'image ne consistait pas seulement en deux bandes parallèles de lumière situées directement derrière les fentes, comme cela serait le cas si la lumière se propageait en ligne droite ; elle résidait dans une série de bandes lumineuses parallèles, espacées d'intervalles réguliers, alternant avec des zones d'ombre. Cette succession d'ombre et de lumière ne pouvait s'expliquer que si la lumière avait une nature ondulatoire. Cet habit d'onde lui permettait de ne plus voyager en ligne droite quand elle était contrainte de passer par des fentes dont l'ouverture était plus étroite que la distance entre deux crêtes successives d'une onde. Les ondes lumineuses qui passaient par la fente de droite se mélangeaient alors avec celles qui se glissaient par la fente de gauche. Aux endroits de l'écran où l'onde de droite arrivait en phase avec l'onde de gauche, les crêtes de la première s'ajoutaient aux crêtes de la seconde qu'elles venaient renforcer, produisant ainsi des bandes lumineuses. Par contre, aux endroits de l'écran où les deux ondes arrivaient déphasées, les crêtes d'une onde s'additionnaient aux creux de l'autre et donc s'annulaient, créant des zones d'ombre. Ces zones de lumière et d'ombre qui alternent et qui sont produites par de la lumière interférant avec elle-même sont appelées « franges d'interférence ».

Tout cela ne fait pas violence à notre bon sens. Mais les choses se corsent quand nous répétons l'expérience des fentes de Young non pas avec de la lumière, mais avec des électrons. Remplaçons la source lumineuse par un canon à électrons du genre de ceux qui équipent nos appareils de télévision, et l'écran par une rangée de détecteurs d'électrons. Scrutons le comportement des électrons après qu'ils sont passés à travers les fentes. Notre bon sens nous dit qu'il ne devrait pas y avoir de franges d'interférence d'électrons, c'est-à-dire une série de maximums de nombre d'impacts d'électrons alternant avec des minimums, puisque le canon tire des électrons sous forme de corpuscules et non pas d'ondes. Mais, quand nous faisons l'expérience, ô surprise, les détecteurs enregistrent bien une succession de maximums et de minimums de points d'impact des électrons analogues aux zones d'ombre et de lumière observées dans le cas de la lumière ! La conclusion est inévitable : l'électron a subi une métamorphose radicale. Parti comme corpuscule du canon à électrons, il s'est transformé en onde avant d'arriver aux fentes. En outre, l'onde d'électron a dû s'arranger pour passer par les deux fentes en même temps, car les interférences ne peuvent se produire que s'il y a interaction entre deux ondes séparées. Ainsi, grâce à son habit d'onde, l'électron peut acquérir le don d'ubiquité ; il peut être partout à la fois. Sa trajectoire n'est plus définie. L'électron est sujet au « flou quantique ». Comme le Yin est complémentaire du Yang, l'électron a deux visages qui se complètent l'un l'autre : il est à la fois particule et onde. Ce « principe de complémentarité », comme Bohr l'a appelé, s'ajoute au principe d'incertitude de Heisenberg pour gouverner le monde subatomique.

Tous les chemins mènent à Rome

Du fait du flou quantique, l'image de Bohr selon laquelle le monde atomique est peuplé d'électrons qui suivent bien sagement des orbites définies autour du noyau atomique comme les planètes autour du Soleil, cette image n'a plus de sens. La notion de trajectoire de A à B est balayée. Nous pouvons dire qu'une particule est en A ou en B, mais nous serons bien en peine de dire comment elle va de A à B. Un automobiliste va de Paris à Marseille en passant par Lyon. Son itinéraire est bien défini. Il a été choisi de façon à minimiser le temps nécessaire pour arriver à destination. Mais que l'automobiliste se transporte dans le monde subatomique et il sera bien en peine de dire quel trajet il a pris pour réduire le temps du voyage. Il ne peut plus décrire la réalité qu'en termes de probabilités. Ainsi, il pourra dire qu'il est allé de Paris à Marseille avec 90 % de probabilités de passer par Lyon, 40 % de passer par Clermont-Ferrand, ou 25 % de passer par Bordeaux. Mais il ne pourra jamais être sûr à 100 % d'être passé par une de ces villes. Tous les chemins mènent à Rome, et l'électron les emprunte tous. Dans l'expérience des fentes de Young, nous ne pourrons jamais dire par quelle fente l'électron s'est glissé.

Dire que le hasard gît au cœur de la matière ne signifie pas que toute connaissance est inabordable, ni que les lois de la physique perdent pied. Au contraire, la mécanique quantique prévoit maintes propriétés de la matière, toujours en accord avec l'observation. Seulement, ces prédictions ne portent jamais sur des événements individuels, mais invariablement sur une série d'événements. Vous lancez une pièce de monnaie en l'air. Les lois de la probabilité ne pourront pas vous dire si, au prochain lancer, la pièce va retomber sur pile ou sur face. Elle peut seulement vous dire que, si vous la lancez de nombreuses fois, en moyenne elle retombera la moitié du temps sur pile et l'autre moitié sur face. De même, dans le monde subatomique, un événement spécifique n'est pas causalement déterminé mais la façon dont se comporte une foule d'événements l'est.

Des particules passe-murailles

Le flou des trajectoires dans le monde subatomique mène à des situations qui défient le bon sens. Dans la vie quotidienne, si vous lancez un caillou contre une vitre, de deux choses l'une : soit vous ne lancez pas le caillou avec assez de force et il rebondit ; soit il est lancé avec assez de vigueur, la vitre se brise en mille morceaux et vous vous attirez les foudres du propriétaire. Entrons maintenant dans le monde subatomique, remplaçons le caillou par un électron et la vitre par une rangée d'atomes faisant barrière au passage de l'électron. Dans la plupart des cas, le comportement de l'électron est très semblable à celui du caillou. Quand il ne va pas assez vite, il ricoche contre la barrière d'atomes et repart dans la direction opposée. Au contraire, quand il possède assez d'énergie, il franchit allégrement la barrière d'atomes. Rien d'extraordinaire jusqu'ici. Mais, de temps à autre, les bizarreries du monde quantique font irruption et l'électron a un comportement des plus inhabituels. Il rebrousse chemin alors qu'il possède toute l'énergie nécessaire pour franchir la barrière. Mais, plus fantastique encore : il se retrouve miraculeusement de l'autre côté de la barrière alors que son énergie est loin d'être suffisante… C'est comme si un caillou lancé mollement contre la vitre, au lieu de rebondir, se retrouvait comme par magie de l'autre côté de la fenêtre en laissant la vitre miraculeusement intacte ! Marcel Aymé (1902-1967) aurait été bien content d'apprendre que la mécanique quantique permet, sinon aux personnes, du moins aux électrons de jouer aux passe-murailles ! C'est comme si l'électron s'était creusé une sorte de tunnel pour franchir la barrière d'atomes. Les physiciens appellent d'ailleurs ce tour de passe-passe l'« effet tunnel ».

Le principe d'incertitude de Heisenberg nous permet de comprendre pourquoi l'électron peut jouer au passe-muraille et franchir des barrières *a priori* infranchissables. Tout comme nous ne pouvons pas connaître simultanément la position et la vitesse d'une particule subatomique, la mécanique quantique rend floue l'énergie d'une particule élémentaire à un instant donné. Ce flou permet à la particule d'emprunter de l'énergie à la banque Nature, et c'est ce supplément d'énergie qui lui permet de franchir les barrières. Mais attention ! Ce prêt d'énergie n'est pas à durée indéfinie. Plus le prêt d'énergie est grand, plus vite il faut le rembourser. La particule doit donc agir très vite pour tirer profit de son emprunt d'énergie. La majorité des particules reçoivent des prêts d'énergie qui sont loin d'être suffisants pour franchir la barrière. Elles rebroussent chemin. Mais, de temps en temps, une particule plus chanceuse se voit octroyer un grand prêt et se retrouve de l'autre côté de la barrière. Ne pensez surtout pas que cet « effet tunnel » existe seulement dans l'imagination débridée des physiciens. Quand vous écoutez votre concerto favori sur votre chaîne stéréo, il vous faut remercier l'« effet tunnel » pour le plaisir que vous en tirez. En effet, c'est grâce à lui que certaines composantes microélectroniques peuvent fonctionner…

L'observateur crée la réalité

Dans notre expérience de faisceaux d'électrons se glissant par deux fentes parallèles, nous ne pouvons dire par quelle fente l'électron est passé. Nous en serons toujours réduits à parler de probabilité, à « jouer aux dés », pour reprendre les mots d'Einstein. Vous me rétorquerez qu'il suffit de mettre des détecteurs juste derrière les fentes pour épier le passage des électrons. Mais l'acte même d'espionner perturbe le système, et nous ne pouvons plus avoir accès à la réalité qui existait avant que nous ne fassions l'observation. Tant que nous ne l'observons pas, la particule subatomique peut être à la fois ici *et* là, partout : elle revêt son habit d'onde, les ondes interfèrent entre elles et des séries de maximums et de minimums (des franges d'interférence) apparaissent sur l'écran derrière les fentes. C'est seulement quand nous l'observons que la particule décide d'être ici *ou* là, qu'elle revêt la forme de corpuscule et que les franges d'interférence disparaissent. C'est donc l'observation qui crée la réalité. Avant l'observation, l'électron revêt son habit d'onde et n'est que pure potentialité. Le potentiel ne se réalise qu'après l'observation. Alors que, pour Laplace, le monde était une mécanique bien huilée qui marchait toute seule sans besoin d'intervention divine ou humaine, la mécanique quantique réhabilite le rôle de l'observateur. Le monde extérieur est en quelque sorte défini par les questions que nous nous posons à son sujet.

L'observateur joue donc un rôle central pour que le Réel se cristallise au niveau subatomique. En est-il de même dans la vie de tous les jours ? Est-ce que toutes les parcelles de réalité que nous percevons autour de nous alors que nous vaquons à nos activités quotidiennes, tel parterre de fleurs multicolores, telle avenue bordée d'arbres, tel bureau encombré de livres, dépendent aussi de l'existence d'un observateur ? N'ont-elles pas d'existence propre ? La Lune est-elle là seulement quand nous l'observons ? Et la branche d'arbre qui se casse dans la forêt ne fait-elle aucun bruit parce qu'il n'y a personne pour l'entendre ? Devons-nous renoncer à l'objectivité du monde, à l'idée qu'il existe indépendamment de nous, que nous l'observions ou pas ?

Ces questions sont légitimes, car les choses de la vie sont faites d'atomes et nous avons vu que la réalité subatomique n'est pas objective, mais subjective. Pourquoi cette non-objectivité ne se propagerait-elle pas aux gens et objets qui nous entourent ? Nous sommes tous conscients du fait que notre comportement change sous l'œil scrutateur de l'autre. Nous n'agissons pas de la même façon en présence d'une autre personne que quand nous sommes seuls. Les indigènes d'une tribu indienne d'Amazonie changent subtilement leur manière d'être quand un ethnologue débarque pour les étudier. L'observation peut donc sans nul doute influencer la psychologie humaine. Mais peut-elle modifier la réalité de tous les jours ?

Erwin Schrödinger, le père de la fonction d'onde qui décrit toutes les potentialités d'une particule élémentaire, c'est-à-dire tous ses mouvements et positions possibles, ne pouvait admettre que la réalité ne soit pas indépendante de l'observation. Il était tellement perturbé par les bizarreries de la mécanique quantique qu'il lança un jour ce cri du cœur à Bohr : « Je suis vraiment désolé de m'être un jour mêlé de la théorie quantique. » Pour démontrer les situations absurdes auxquelles une interprétation probabilistique de la réalité pouvait conduire, il imagina la situation hypothétique suivante. Enfermons un chat, nous dit-il, dans une chambre avec un flacon de cyanure. Au-dessus du flacon est suspendu un marteau contrôlé par une substance radioactive, c'est-à-dire de la matière qui se désintègre spontanément au bout d'un certain temps. Lors de la première désintégration, le marteau est libéré et brise le flacon de cyanure. Le poison s'écoule et le chat meurt. Rien d'extraordinaire jusqu'ici. Les bizarreries commencent dès que nous essayons de prédire le destin du chat. La mécanique quantique nous dit que nous ne pouvons savoir exactement le moment où la première désintégration va se produire. Nous pouvons seulement décrire la situation en termes de probabilités : au bout d'une heure, il y aura 50 % de chances pour qu'un noyau se désintègre et que le chat soit tué. Mais il y aura aussi 50 % de chances pour que rien ne se passe et que le chat continue à vivre. Tant que nous n'ouvrons pas la porte de la chambre pour aller vérifier, tout ce que nous pouvons dire au bout d'une heure, c'est que le félin est une combinaison de 50 % de chat mort et de 50 % de chat vivant. Cela veut-il dire que nous pouvons fabriquer des chats morts-vivants ? Pas le moins du monde ! Si vous ouvrez la porte et regardez, vous verrez un chat soit mort, soit vivant, mais certes pas en suspens entre les deux états. C'est comme si la Nature attendait la venue d'un observateur pour se décider à choisir. Mais que se passe-t-il à l'intérieur de la chambre quand personne ne regarde ?

Une réalité multiple

Schrödinger avait imaginé l'histoire de son chat pour démontrer que l'interprétation probabilistique de la mécanique quantique pouvait déboucher sur des questions étranges, voire absurdes. Mais le physicien autrichien menait là un combat perdu d'avance, car la mécanique quantique accumulait victoire sur victoire dans le déchiffrement du comportement des atomes. Pour éviter des situations comportant des chats suspendus entre la vie et la mort, le physicien américain Hugh Everett proposa en 1957 une solution encore plus bizarre, la théorie dite des « univers parallèles ». D'après cette théorie, l'Univers se divise en deux exemplaires quasi similaires chaque fois qu'il y a alternative en vue d'un choix ou d'une décision. Ainsi, dans un univers, le chat serait vivant et, dans un autre univers parallèle, il serait mort. La réalité se démultiplierait à l'infini. Chaque univers parallèle naîtrait avec son propre espace-temps complètement déconnecté du nôtre, si bien qu'aucune communication entre des univers différents, en particulier avec le nôtre, ne serait possible. Nous-mêmes, en tant qu'observateurs, nous nous diviserions à l'infini, avec un exemplaire de chacun de nous dans chacun des univers parallèles. Chaque exemplaire ne percevrait qu'un seul univers et ne serait conscient que d'une seule réalité. Ainsi, au moment même où vous lisez ces mots, il y aurait une multitude d'exemplaires de vous assis dans le même fauteuil, installés dans la même maison, dans une multitude d'univers parallèles très légèrement différents les uns des autres. Tous ces exemplaires auraient vécu le même passé et accumulé les mêmes souvenirs. On peut imaginer de même une infinité de Marcel Proust se penchant sur le même passé et évoquant la saveur des petites madeleines dans un nombre infini de versions légèrement différentes d'*À la recherche du temps perdu*. Mais les futurs de ces multiples exemplaires de vous-même divergeraient, certains de façon imperceptible, d'autres de manière plus notable. Certains exemplaires continueraient bien tranquillement à lire cet ouvrage, d'autres se lèveraient pour aller se préparer une tasse de thé, d'autres encore iraient marcher pour se dégourdir les jambes. Parmi ceux qui iraient se promener, on pourrait même imaginer un exemplaire qui se ferait écraser par une voiture en traversant la rue, ce qui terminerait abruptement son existence. Les exemplaires du présent ouvrage se multiplieraient aussi à l'infini. Malheureusement, les droits d'auteur n'augmenteraient pas pour autant, puisqu'il y aurait aussi une infinité d'exemplaires de l'auteur, chacun réclamant son dû !

Ainsi, la mécanique quantique permet l'existence d'une réalité multiple. Mais, comme il n'y a aucun moyen d'observer des univers parallèles, ceux-ci restent jusqu'à nouvel ordre des entités théoriques dépourvues de toute preuve expérimentale, nées de l'imagination fertile des physiciens.

Quoi qu'il en soit, ceux-ci continuent de s'affairer fébrilement pour explorer la zone frontière entre le monde subatomique et celui de tous les jours. Ils veulent comprendre comment s'effectue le passage du flou quantique au déterminisme quotidien. Ils souhaitent expliquer pourquoi, en assemblant des milliards de milliards de milliards (10^{27}) d'atomes pour former un chat, nous ne pouvons plus parler d'un chat à 50 % mort et à 50 % vivant, mais seulement d'un chat mort *ou* vivant. Le chemin à parcourir est encore très long. Les plus grands agglomérats étudiés jusqu'ici ne dépassent pas quelque 5 000 particules. Dans de si petites assemblées, le flou quantique règne encore en maître.

Effacer le passé

La mécanique quantique introduit encore bien d'autres bizarreries dans le monde de tous les jours. Elle permet par exemple d'effacer le passé. Pour voir cela, il nous faut revenir à l'expérience des fentes de Young. Rappelons que, si nous ne regardons pas par quelle fente le photon (ou l'électron) s'est glissé, ce dernier arbore son habit d'onde et des franges d'interférence apparaissent dans toute leur beauté sur l'écran placé derrière les fentes. Mais que nous installions des détecteurs juste après les fentes pour espionner le photon et savoir par quelle fente il est passé, et ce dernier revêt son habit de particule, les franges d'interférence disparaissent. Mais la mécanique quantique fait encore plus fort : elle permet au photon d'attendre de prendre une décision sur lequel des deux aspects complémentaires de la réalité adopter, onde ou particule, bien après qu'il a franchi les fentes, alors que la logique nous dit que cette décision aurait dû être prise *avant* le passage des fentes.

Plaçons des détecteurs juste après les fentes pour espionner le passage du photon. Le photon revêt son habit de particule et il n'y a pas de franges. Rien d'extraordinaire à cela. Mais supposons qu'après le passage du photon à travers les fentes nous changions d'avis et ne voulions plus connaître son chemin exact. Nous pouvons utiliser des instruments placés avant l'écran, qui gomment cette information. Surprise : dès que l'information est effacée, les franges d'interférence réapparaissent comme par magie. Ce qui veut dire que le photon a troqué son habit de particule contre celui d'onde. Mais il l'a fait *après* avoir franchi les fentes, et non avant ! C'est comme si le photon savait d'avance, avant même de traverser les fentes, que les instruments gommeurs d'informations l'attendaient au bout du chemin, et qu'il avait ajusté son comportement de manière appropriée. En d'autres termes, la décision prise par des humains d'utiliser des instruments gommeurs d'informations a influencé la nature du réel dans le passé. Le réel quantique semble donc posséder une sorte de lien mystérieux avec le passé. Mais attention ! Si les actes d'un observateur-expérimentateur peuvent aider à décider de la nature du réel quantique dans le passé, ils ne peuvent en aucun cas modifier la causalité des événements passés. Je ne peux utiliser la mécanique quantique pour envoyer des informations dans le passé, empêcher mes parents de se rencontrer et annuler ainsi ma naissance !

Une réalité globale

Le monde quantique semble donc posséder une sorte de globalité (on dit encore « holisme ») qui transcende le temps. Il semble aussi transcender l'espace, comme le montre l'expérience suivante imaginée par Einstein.

Tout comme Schrödinger, le magicien de la physique du XXe siècle ne pouvait accepter que la réalité ne fût pas objective, qu'elle n'existât pas indépendamment de l'observateur, comme le prétendaient Bohr et ses disciples. Pour Einstein, le flou quantique ne pouvait être inhérent à la Nature, mais était une conséquence du manque de sophistication de nos instruments de mesure. Déterministe invétéré, il pensait que la réalité était régie de façon rigide par des lois de cause à effet, et non de façon floue par des lois du hasard et des probabilités. Le monde devait ressembler à un jeu de billard, non à une partie de roulette.

Einstein n'eut de cesse de trouver une faille dans la structure de la théorie quantique. Il travailla avec acharnement à découvrir un scénario démontrant que l'interprétation probabilistique d'une réalité subjective déboucherait sur des absurdités. Pendant de longues années, il imagina maintes situations dans lesquelles il pensait pouvoir prendre la mécanique quantique en défaut, mais Bohr eut toujours le dernier mot. En désespoir de cause, Einstein renonça à son objectif initial de démontrer que la mécanique quantique était une théorie erronée, pour se concentrer sur le but plus simple de prouver qu'elle était incomplète et ne donnait pas une description totale de la réalité. Avec ses collègues Nathan Rosen et Boris Podolsky, il imagina en 1935 l'expérience suivante, souvent appelée « expérience EPR », d'après les initiales de ses trois auteurs.

Considérons, disaient-ils, une particule qui se désintègre spontanément en deux grains de lumière A et B. Par symétrie, ces derniers doivent partir dans des directions diamétralement opposées. Installons nos instruments de mesure et vérifions. Si A part vers l'ouest, nous détectons bien B à l'est. Jusque-là, apparemment, rien d'extraordinaire. Mais c'est sans tenir compte des bizarreries de la mécanique quantique. Avant d'être capturé par le détecteur, A n'arborait pas son habit de particule, mais d'onde. Cette onde n'est pas localisée et il y a une probabilité non nulle pour A de se trouver dans n'importe quelle direction. C'est seulement quand il est capté que A se métamorphose en particule et « apprend » qu'il se dirige vers l'ouest. Mais si A ne « savait » pas à l'avance quelle direction prendre avant d'être capturé, comment B pouvait-il « deviner » le comportement de A et régler son propre comportement de façon à être capté au même moment dans la direction opposée ? Cela n'avait aucun sens. À moins d'admettre que A pouvait communiquer instantanément sa direction à B, ce qui revenait à violer la théorie de la relativité, puisque celle-ci interdit des signaux voyageant plus vite que la lumière. « Dieu n'envoie pas de signaux télépathiques », disait Einstein. Celui-ci conclut donc que la mécanique quantique ne donnait pas une description complète de la réalité. Selon lui, avant de se séparer de B, A devait déjà savoir quelle direction il allait prendre et le communiquer à B. A avait une réalité objective qui ne dépendait aucunement du fait qu'il serait capté plus tard par le détecteur à l'ouest. Mais cette réalité certaine et déterministe était bien « cachée » derrière la façade de l'incertitude et l'indéterminisme quantiques (les physiciens appellent une telle théorie « théorie des variables cachées », ces variables étant la position et la vitesse de la particule).

Malheureusement, Einstein avait tort. Le physicien français Alain Aspect, de l'université de Paris, a mené une série d'expériences sur des paires de photons afin de tester l'hypothèse EPR. Invariablement, les expériences ont donné raison à la mécanique quantique. Il n'y avait pas de « variables cachées ». Les failles tant recherchées par Einstein dans la structure de la théorie restaient désespérément absentes.

Alors, comment expliquer le fait que B sait toujours instantanément ce que fait A ? Le problème n'en est vraiment un que si nous supposons que la réalité est morcelée et localisée sur chacune des particules. Il disparaît si nous admettons que A et B font partie d'une réalité *globale*. A n'a pas besoin d'envoyer des signaux allant plus vite que la lumière à B, car les deux grains de lumière sont constamment en contact par une sorte d'interaction mystérieuse. Ainsi, le réel quantique balaie les notions de localisation. Les notions d'« ici » et de « là » n'ont plus de sens, car « ici » est identique à « là ». L'univers est un vaste système de particules interagissant toutes les unes sur les autres. Non contente d'avoir conféré un caractère holistique au temps, la mécanique quantique le confère aussi à l'espace.

Le noyau atomique a un autre constituant

Tandis que Schrödinger, Bohr et Einstein se débattaient avec les difficultés conceptuelles du réel quantique, le voyage des physiciens au cœur de la matière se poursuivait. Celle-ci, bombardée par des faisceaux de particules accélérées à des vitesses toujours plus fantastiques dans des machines de plus en plus grandes, s'étendant sur des dizaines de kilomètres, livrait de plus en plus ses secrets. La population des particules élémentaires de matière commençait à proliférer.

En 1930, l'atome de Bohr se composait d'un noyau autour duquel se déplaçaient des électrons. Cet atome était fait presque entièrement de vide, le noyau composé de protons de charge positive étant extrêmement compact. Il y avait un électron de charge négative pour chaque proton, si bien que la charge électrique totale de l'atome était nulle. La disposition des électrons autour du noyau déterminait les propriétés chimiques de l'atome et la place de ce dernier dans la table périodique de Mendeleïev. Mais des nuages noirs vinrent bientôt assombrir ce schéma si satisfaisant. Il y avait dans la Nature des atomes dotés exactement du même nombre d'électrons, mais avec des poids atomiques différents (on les appelle des « éléments isotopiques »). Par exemple, le néon revêt deux formes possibles : le néon-20 et le néon-22, dotés respectivement de 20 et 22 fois la masse de l'atome d'hydrogène, mais pourtant du même nombre d'électrons. Cette différence de masse impliquait qu'il devait y avoir un constituant supplémentaire dans le noyau atomique. On pensa d'abord que ce pouvait être des électrons. Ainsi le noyau atomique du néon-20 aurait 20 protons, tandis que celui du néon-22 en aurait 22, avec 2 électrons pour neutraliser les charges des 2 protons supplémentaires. Mais le physicien Ernest Rutherford – qui avait démontré l'existence du noyau atomique – eut une meilleure idée : pourquoi ne pas attribuer la différence de poids, plutôt qu'à des protons supplémentaires, à des particules ayant une masse similaire à celle du proton ? Cette nouvelle particule n'aurait pas de charge électrique – on l'appellerait « neutron » –, ce qui ne nécessiterait plus l'existence d'électrons dans le noyau atomique.

L'intuition géniale de Rutherford fut bientôt confirmée de manière éclatante par son collègue et ancien étudiant, l'Anglais James Chadwick (1891-1974). Celui-ci découvrit des particules qui n'étaient déviées ni par des aimants, ni par un champ électrique, et qui donc ne possédaient aucune charge électrique. D'autre part, quand on s'en servait pour bombarder des noyaux atomiques, des protons étaient éjectés, ce qui voulait dire que leur masse était similaire à celle de ces derniers. C'étaient bien les neutrons postulés par Rutherford. Ainsi, le neutron rejoignit le duo proton-électron pour former la troisième des briques de matière responsables de toute la complexité et de la beauté du monde.

Les neutrons maintiennent la stabilité de la matière

Pourquoi la Nature s'est-elle donné la peine d'inventer les neutrons ? Est-ce là un acte gratuit ? Pas le moins du monde ! Car, sans les neutrons, les noyaux atomiques, avec les seuls protons, ne seraient pas stables, et toute la matière qui nous entoure, la tasse de thé que vous tenez, les murs qui vous entourent, les roses qui parfument votre chambre, tout se désintégrerait ! En effet, si la force électromagnétique fait que des particules de charges opposées s'attirent, elle dicte que celles de même charge (qu'elle soit positive ou négative) se repoussent. Ainsi, les protons contenus dans le noyau atomique se repoussent et celui-ci éclaterait s'il n'existait pas une force pour l'en empêcher. Cette force qui s'oppose à la force électromagnétique et maintient ensemble les constituants du noyau atomique (on appelle encore ces constituants des « nucléons ») est surnommée « force nucléaire forte » par les physiciens. Forte, car elle est environ 100 fois plus vigoureuse que la force électromagnétique.

On pourrait penser qu'avec une telle intensité, la force nucléaire forte ne ferait qu'une bouchée de la force électromagnétique dans le noyau, et que cette dernière n'aurait aucun rôle à jouer. Mais la Nature est subtile et n'a pas mis tous les atouts du côté de la force forte. Celle-ci a une portée extrêmement restreinte. Elle ne peut agir que si les nucléons sont pratiquement les uns sur les autres. Qu'ils s'écartent tant soit peu, d'une distance infinitésimale de bien moins qu'un dixième de millième de milliardième (10^{-13}) de centimètre, et la force forte n'exerce plus aucun pouvoir. Elle devient impuissante. Par contre, la force électromagnétique, bien que beaucoup moins vigoureuse, a une portée autrement plus grande. Bien sûr, sa vigueur décroît avec la distance qui sépare les nucléons, mais elle s'affaiblit seulement comme le carré de la distance, au lieu d'une décroissance exponentielle comme dans le cas de la force forte. Situation analogue à un combat de boxe où l'un des deux boxeurs a un coup droit vicieux, mais qui ne porte pas très loin à cause de ses bras courts, tandis que son adversaire a un coup droit beaucoup moins percutant, mais qui peut atteindre plus loin à cause de son allonge…

Ainsi, dans le noyau atomique, les nucléons sont attirés les uns contre les autres par la force forte, mais seulement quand ils se touchent presque.

En revanche, la répulsion électrique se fait sentir d'un bout à l'autre du noyau. C'est pourquoi la force électrique gagne le combat haut la main quand il s'agit d'un large noyau. Ainsi dans le cas du noyau considérable de l'uranium qui, avec ses 92 protons et ses 140 neutrons, est très instable et fissionne à tout bout de champ. La répulsion électrique d'un si grand nombre de protons fait éclater le noyau d'uranium, éclatement qui s'accompagne d'une libération d'énergie. Les hommes ont réussi à dompter cette énergie, mais ils ne l'ont pas toujours utilisée à bon escient : les bombes atomiques qui ont semé mort et dévastation à Hiroshima et Nagasaki tirèrent en effet leur fantastique et mortelle énergie de la fission de l'uranium. Dans le cas contraire d'un noyau petit, comme celui de l'hydrogène, c'est la force forte qui l'emporte, et le noyau, au lieu de se désintégrer, fusionne avec un autre. Cette fusion libère elle aussi de l'énergie qui est en fait beaucoup plus écologique que l'énergie de fission, car elle ne laisse pas derrière elle de déchets radioactifs. L'homme essaie de produire cette énergie de fusion sur Terre, mais n'y est pas encore parvenu.

Quel est le rôle du neutron au milieu de ce combat acharné ? Il apporte la stabilité à la matière et fait que les choses de la vie ne sont pas constamment en train de se désintégrer ou de fusionner autour de nous. En effet, le neutron joue un rôle essentiel en instaurant un délicat équilibre entre la force nucléaire forte et la force électromagnétique afin que ni l'une ni l'autre n'emporte le match par K-O. Électriquement neutre, il ne contribue pas à la répulsion électrique, mais, par sa présence, aide la force forte à maintenir la cohésion du noyau. Le noyau de l'élément chimique le plus simple et le plus abondant de l'Univers, l'hydrogène, n'est composé que d'un seul proton. Ni la force électromagnétique ni la force nucléaire forte n'entrent ici en jeu, et la présence du neutron n'est donc pas nécessaire. Mais examinons l'élément chimique suivant, l'hélium. Celui-ci vient au deuxième rang pour son abondance dans l'Univers. Son noyau est composé de 2 protons et de 2 neutrons. Si les neutrons n'étaient pas là, le noyau d'hélium se désintégrerait instantanément. Et c'en serait fini de cet hélium qui pousse les ballons colorés des enfants vers le ciel et nous donne une voix nasillarde… Mais, surtout, la chaleur solaire responsable de toute vie sur Terre ne viendrait plus caresser nos joues. En effet, le feu des étoiles, en particulier du Soleil, provient d'innombrables fusions de 4 protons en un noyau d'hélium. Que l'hélium vienne à perdre sa stabilité et les étoiles ne brilleront plus dans un Univers glacial et désolé. Et parce que nous sommes tous poussières d'étoiles, nous ne serons plus là pour en parler ! Seuls les nuages d'hydrogène flotteront çà et là dans un Univers bien triste et bien uniforme. La chimie et la complexité ne seront plus possibles. Adieu, alors, au parfum des roses et au chant des rossignols, mais aussi et surtout à une conscience capable d'appréhender la beauté et l'harmonie du monde !

Le jumeau à moustaches du proton

La Nature a inventé le neutron pour que la matière n'éclate pas. Mais il reste une énigme à résoudre. L'observation montre que les masses du proton et du neutron sont presque identiques, le neutron ayant une masse supérieure de seulement 0,14 % à celle du proton, et tous deux ayant environ 2 000 fois la masse de l'électron. Pour que le neutron joue son rôle de stabilisateur de la matière, une telle concordance de masse n'était pas nécessaire. Par ailleurs, la force forte entre deux neutrons est presque la même que celle entre deux protons. En d'autres termes, le neutron ressemble en tout point (à 0,1 % près) au proton, sauf que l'un possède une charge électrique et l'autre pas. La situation est analogue à celle de deux jumeaux identiques, à cette différence près que l'un porte des moustaches et l'autre pas.

En 1932, l'Allemand Werner Heisenberg (1901-1976), le découvreur du principe d'incertitude, avança l'idée que cette identité presque parfaite entre le neutron et le proton ne pouvait être accidentelle, mais était la conséquence d'un principe de symétrie prévalant dans la Nature. Nous avons vu qu'en physique, symétrie veut dire que la réalité d'un objet reste la même quand on le soumet à diverses opérations comme une rotation ou bien une réflexion dans un miroir. Mais Heisenberg poussa le concept de symétrie beaucoup plus loin. Au lieu de se cantonner à des opérations concrètes que nous pouvons visualiser dans un espace réel, le physicien déclara que le principe de symétrie pouvait s'appliquer aussi bien à des opérations tout à fait abstraites. Ainsi, le proton pouvait se muer en neutron non pas par une opération concrète comme une rotation, mais par le changement d'une qualité abstraite appelée « isospin ». Cette propriété d'isospin caractérise les particules soumises à la force forte, au même titre que la charge électrique caractérise celles soumises à la force électromagnétique. Ainsi, si un observateur voit un proton, un autre observateur dont la perspective serait modifiée par un changement d'isospin verra un neutron. Puisque proton et neutron ne sont que deux facettes d'une même réalité physique, il n'est pas étonnant que la force forte entre deux protons soit la même que celle entre deux neutrons. Si le proton et le neutron sont symétriques par rapport à la force forte, ils ne le sont pas vis-à-vis de la force électromagnétique. Ce qui explique en grande partie la légère différence de masse entre les deux particules. Ainsi, la Nature aime la beauté et l'harmonie. En se servant du principe de symétrie pour construire la complexité du réel, elle s'assure que ces principes esthétiques sont inscrits au cœur même de la matière.

Une pléthore de particules

Le trio de l'électron, du proton et du neutron fut bientôt rejoint par des centaines d'autres particules. Certaines sont venues du ciel sous la forme de « rayons cosmiques », de flux de particules de matière créées et accélérées à très grande vitesse lors des agonies explosives (supernovae) d'étoiles massives dans la Voie lactée, et visitant la Terre après un long voyage interstellaire. Ces particules ont pour noms *muon*, *pion* ou encore *tau*. Mais la très grande majorité naissent et vivent bien moins que le temps d'un battement de cils (un millionième de seconde, voire moins encore), dans le feu de violents bombardements de cibles de matière par des faisceaux de particules accélérées à l'extrême dans les entrailles de monstrueuses machines. L'alphabet grec a été mis à contribution pour les nommer : *rhôs*, *sigmas*, *thêtas* et autres *omégas* sont ainsi apparus sur scène. L'existence d'autres particules a encore été prédite par la pensée pure. Nous avons vu que le physicien anglais Paul Dirac découvrit en 1928 l'existence de l'antiélectron (ou positon) et ouvrit toutes grandes les portes de la physique à l'antimatière du jour où l'équation qu'il avait conçue pour décrire le comportement de l'électron lui fournit obstinément deux solutions : l'une pour l'électron, mais une autre aussi pour une particule de charge opposée. Le positon fut découvert en 1932 dans des rayons cosmiques. Nous avons fait également connaissance avec l'Autrichien Wolfgang Pauli qui, pour expliquer la radioactivité, postula l'existence du neutrino, particule fantomatique interagissant si peu avec la matière ordinaire qu'elle ne fut découverte expérimentalement que plus de deux décennies plus tard, en 1955.

Le zoo des particules proliférait ainsi à vue d'œil et, comme le zoologiste se donne pour tâche la classification des innombrables espèces vivantes qui peuplent la Terre, les physiciens se devaient de mettre de l'ordre dans ce bestiaire de particules. Pour décrire cette population sans cesse croissante, ils inventèrent des quantités mathématiques de plus en plus abstraites. Nous sommes tous devenus familiers avec les concepts de masse, de charge ou de *spin* d'une particule élémentaire. Heisenberg fit le premier pas dans l'abstraction en introduisant le concept d'*isospin*. Bientôt les concepts de *parité* et d'*étrangeté* firent leur apparition. Ils étaient encore plus… étranges que ce qu'ils prétendaient décrire. Mais, malgré cette explosion de nouveaux concepts, la plus grande confusion semblait régner dans le monde des particules jusqu'au début des années 1960. La situation ressemblait à celle qui prévalait à la fin du XIXe siècle avec la prolifération des nouveaux éléments chimiques. Il fallait un nouveau Mendeleïev pour mettre de l'ordre dans ce désordre. Celui-ci apparut sous les traits du physicien américain Murray Gell-Mann (1929-2019). Mais si les chimistes avaient dû attendre la découverte du proton et de l'électron pour comprendre l'organisation des éléments chimiques dans la table périodique, Gell-Mann n'hésita pas à inventer lui-même les particules dont il avait besoin pour instaurer l'harmonie dans le monde subatomique !

La saveur et la couleur des quarks

Selon Gell-Mann, l'existence d'une certaine catégorie de particules ne pouvait se comprendre que si elles étaient composées d'une particule fondamentale qu'il baptisa du nom de « quark ». Amoureux de la langue de James Joyce (1882-1941), Gell-Mann avait été attiré par la consonance étrange d'une phrase joycienne dans *Finnegans Wake* : « *Three quarks for Muster Mark* ». Trois quarks pour monsieur Mark, donc, mais aussi pour le proton ou le neutron, puisque, dans le schéma de Gell-Mann, ceux-ci résultaient de la combinaison d'un nombre triple de quarks.

Pour expliquer la variété ahurissante des particules qui peuplent le monde subatomique, les physiciens s'aperçurent vite qu'un seul type de quark ne suffisait pas. Ils durent en introduire plusieurs familles tout en attribuant à chacune deux propriétés appelées poétiquement « saveur » et « couleur ». Si c'est bien en pensant aux multiples variétés de glaces qui font notre bonheur par les jours d'été que le mot « saveur » fut introduit, la saveur d'un quark n'a rien à voir avec celle d'une glace. Les quarks ne se dégustent pas comme du bon vin. « Saveur » désigne ici une qualité abstraite qui n'a rien à voir avec le goût. Similairement, le mot « couleur » n'a pas la même signification que dans la phrase « La couleur rouge des coquelicots des champs ». Toutes deux sont des propriétés abstraites, tout autant que le concept d'isospin. Les physiciens auraient pu aussi bien nommer ces mêmes propriétés « opulence », « obésité », « courage » ou « harmonie ». Mais ça aurait peut-être eu moins de résonance émotionnelle que les mots « saveur » et « couleur » qui font appel à nos chers sens du goût et de la vue et fournissent un lien ténu entre le monde de tous les jours et celui des particules. Le choix du mot « couleur » n'est pourtant pas tout à fait arbitraire : il a été choisi parce que les règles de combinaison des quarks de couleurs différentes pour former des protons et des neutrons incolores rappellent celles de la combinaison des trois couleurs primaires pour former la lumière blanche.

Au bistrot des physiciens, le menu énumère trois familles différentes de quarks avec le choix entre deux saveurs pour chaque famille, soit au total 6 quarks différents (fig. 58). Ainsi, la première famille regroupe la saveur du quark *up*, le moins massif de tous avec seulement 1/235 de la masse du proton, et la saveur du quark *down*, avec 1/135 de la masse du proton (les qualifications *up* et *down* n'ont aucune signification profonde, elles reflètent seulement la place où sont listés les 2 quarks dans une table : le quark *up* est listé en haut et le quark *down* est listé en bas). La deuxième famille regroupe la saveur du quark « étrange », avec 1/6 de la masse du proton, et la saveur du quark « charmé », avec également 1/6 de la masse du proton. Quant à la troisième famille, elle regroupe les quarks les plus massifs, le quark *bottom*, avec 5,2 fois la masse du proton, et le quark *top*, avec 170 fois la masse du proton (de nouveau, les qualifications *bottom* et *top* ne comportent pas de signification profonde, mais ne reflètent que la place de ces quarks dans une table ; les deux dernières « saveurs » ont souvent été aussi appelées « beauté » et « vérité » par les physiciens, ce qui confirme bien le caractère abstrait et mathématique de la « saveur » d'un quark). De plus, pour chaque « saveur » de quark, vous avez, pour le même prix, le choix entre trois « couleurs » différentes, ce qui porte le nombre total de quarks d'espèces différentes à 18. Les couleurs ont le nom des trois couleurs primaires de la lumière : le jaune, le rouge et le bleu. Les quarks d'une même « saveur » ont tous la même masse, quelle que soit leur « couleur ». C'est comme si vous commandiez des boules de glace au dessert. Si la taille de la boule de glace ne varie pas, vous pouvez commander n'importe quelle couleur, le prix restera le même. Le coût des colorants est constant. Le fait que des quarks de « couleurs » différentes possèdent la même masse est encore une manifestation de la prédilection de la Nature pour la symétrie. Les quarks d'une même « saveur » mais de « couleurs » variées représentent la même réalité physique sous des facettes différentes.

En outre, chaque quark possède une charge électrique fractionnelle déterminée par sa « saveur ». Ainsi, les quarks *up*, « charmé » et *top* ont une charge positive égale aux 2/3 de celle du proton, alors que les quarks *down*, « étrange » et *bottom* ont une charge négative égale à 1/3 de celle de l'électron. Les quarks d'une même famille peuvent changer de « saveur ». Par exemple, un quark *up* peut se muer en un quark *down*, et vice versa. Ils peuvent aussi – mais avec plus de difficulté – changer de famille. Mais, s'ils le font, ils ne peuvent se muer qu'en des quarks de charges électriques différentes. Par exemple, un quark *up* de charge 2/3 peut se transformer en un quark « étrange » de charge –1/3, mais il est interdit à un quark *up* de se muer en un quark « charmé », car tous deux possèdent la même charge de 2/3.

Fig. 58. *Le menu des quarks*. Au bistrot des physiciens, il existe six saveurs de quarks : *up*, *down*, étrange, charmé, *bottom* et *top*. La saveur *up* est la moins chère (le *quark up* est le moins massif) et la saveur *top* est la plus chère (le quark *top* est le plus massif). Chaque saveur vient en trois couleurs, mais le prix reste le même quelle que soit la couleur (chaque quark conserve la même masse qu'il soit jaune, rouge ou bleu).

La matière ordinaire – votre corps, le livre que vous tenez entre vos mains, le divan où vous êtes installé, les murs qui vous entourent –, tout est fait seulement de deux « saveurs » de quark : *up* et *down*. Il en est ainsi parce que la matière ordinaire est composée de protons et de neutrons, et que le proton résulte de la combinaison de deux quarks *up* et d'un quark *down*, ce qui lui confère une charge positive égale mais de signe opposé à celle de l'électron, et que le neutron est composé de deux quarks *down* et d'un quark *up*, ce qui lui donne une charge électrique nette nulle. Le proton et le neutron n'ont pas de « couleur ». Les « couleurs » primaires des trois quarks qui les composent se combinent de façon à s'annuler, de la même façon que les couleurs fondamentales de la lumière se combinent pour donner de la lumière blanche. Quant aux autres « saveurs » de quarks, elles interviennent dans de la matière plus rare qui ne se trouve que dans les rayons cosmiques ou dans les accélérateurs de particules. Le proton et le neutron, ainsi que d'autres particules également faites de quarks, font partie de la famille dite des « hadrons » (signifiant « forts » en grec) qui rassemble toutes les particules sujettes à la force nucléaire forte.

Les familles des leptons

L'autre constituant fondamental de la matière de tous les jours est l'électron. Celui-ci appartient à la famille dite des « leptons » (« faibles » en grec), qui rassemble toutes les particules sur lesquelles la force nucléaire forte n'a aucune emprise. Comme pour les quarks, la Nature nous sert un menu de six « saveurs » de leptons, également répartis en trois familles. Vous avez le choix entre l'électron qui nous est familier et son ami le neutrino électronique (nous l'avons déjà rencontré : il est souvent appelé tout simplement « neutrino »), qui forment la première famille. Viennent ensuite le muon et son compagnon le neutrino muonique, qui composent une deuxième famille. Enfin le tau et son comparse le neutrino tauique, qui constituent une troisième famille. À nouveau, des leptons de différentes « saveurs » possèdent différentes masses. L'électron est le plus léger, sa masse n'est que le 1/1 836 de celle du proton. Puis vient le muon, de masse intermédiaire égale à 1/9 de celle du proton. Enfin, le plus lourd est incontestablement le tau dont la masse est égale à 1,9 fois celle du proton. Quant aux masses des trois types de neutrinos, elles sont inexistantes ou extrêmement faibles. On sait par exemple que la masse du neutrino électronique est seulement un millionième de la masse de l'électron. Le tau et le muon portent la même charge électrique que l'électron. Par contre, les trois neutrinos sont électriquement neutres.

Si l'électron a une durée de vie éternelle – heureusement pour la stabilité de la matière autour de nous et pour notre santé –, le muon et le tau ont une vie extrêmement brève, de l'ordre d'un millionième de seconde, voire moins. Si bien qu'ils ne jouent pas un grand rôle dans la vie de tous les jours et qu'on ne les rencontre que dans les accélérateurs et les rayons cosmiques. Au contraire des quarks, qui se montrent moins rigides dans leurs fréquentations, il existe une ligne de démarcation très stricte entre les trois familles de leptons. Les deux membres d'une même famille restent toujours entre eux et ne fraternisent jamais avec les autres. Ainsi, un électron peut se muer en neutrino électronique, ou vice versa, ou un tau en neutrino tauique, et vice versa, mais vous ne verrez jamais un électron se transformer en neutrino muonique ou tauique.

Les quarks ne seront jamais libres

La matière est ainsi faite de quarks et de leptons. Mais si les six « saveurs » de leptons ont toutes été perçues dans la Nature ou entraperçues dans les rayons cosmiques et les accélérateurs de particules, il n'en va pas de même pour les quarks. Ceux-ci n'ont jamais daigné se manifester directement à nous. Ce n'est pas faute aux physiciens d'avoir essayé de les débusquer. Dans l'accélérateur linéaire de 3,2 km de long de l'université Stanford, ils ont lancé en 1968 des faisceaux de particules extrêmement énergétiques vers les protons pour les faire éclater et libérer ainsi les quarks. Mais sans aucun succès. Pourtant, la façon dont les particules ricochent sur les protons montre bien que ceux-ci ont une structure et sont composés de trois entités ponctuelles. Alors, pourquoi ne pouvons-nous pas libérer les quarks de leurs prisons ? La réponse réside dans la façon bizarre dont ils se comportent. Si deux quarks sont très près l'un de l'autre, ils s'ignorent complètement et chacun agit comme si l'autre n'existait pas. Ils ne ressentent aucune force. C'est comme s'ils étaient parfaitement libres (les physiciens qualifient d'ailleurs cet état de « liberté asymptotique ») et que la force forte avait disparu. Mais, dès qu'ils s'éloignent l'un de l'autre, c'est le contraire qui se produit : ils sont attirés fortement l'un vers l'autre. La force forte fait de nouveau sentir sa présence. La situation rappelle le comportement de certains amants ou époux : dès qu'ils sont séparés, ils déclarent leur amour inaltérable et n'en peuvent plus d'attendre le moment de se retrouver ; mais, dès qu'ils sont de nouveau ensemble, l'ardeur se transforme en indifférence, ils s'ignorent et ne se parlent pratiquement plus.

Ce comportement de la force forte vis-à-vis des quarks est des plus inhabituels, et contraire à notre intuition, appuyée sur l'étude des autres interactions. Ainsi, la force électromagnétique décroît quand la distance entre deux électrons croît, elle n'augmente pas. Deux aimants qui s'éloignent l'un de l'autre interagissent de moins en moins. De même, la force de gravité décroît en intensité comme le carré de la distance qui sépare deux masses. Comment comprendre dès lors la conduite si bizarre de la force forte ? Nous devons imaginer les quarks comme reliés ensemble par une ficelle. Quand ils sont près l'un de l'autre, la ficelle n'est pas tendue et les quarks ne ressentent aucune force. Par contre, c'est quand ils s'éloignent l'un de l'autre que la ficelle se tend et entrave leur liberté de mouvement. Supposons que nous tirions de plus en plus fort sur cette ficelle. Notre intuition nous dit qu'à la longue la ficelle se cassera et libérera les quarks. Mais c'est oublier qu'en tirant nous mettons de l'énergie dans la ficelle. Cette énergie va bientôt dépasser l'énergie de masse d'une paire quark/antiquark (cette énergie est égale à la masse de la paire multipliée par le carré de la vitesse de la lumière, nous dit Einstein). Quand la ficelle se casse, nous réussissons non pas à libérer les quarks, mais seulement à créer des paires quark/antiquark liées ensemble et formant des particules appelées « mésons ». Les quarks ne pourront jamais être libres. Nous ne pourrons jamais les voir dans toute leur glorieuse réalité. Tenter d'extraire un quark d'un proton, c'est comme essayer d'isoler le pôle nord d'un aimant : vous pouvez toujours couper l'aimant en deux, vous vous retrouverez non pas avec un pôle nord et un pôle sud isolés, mais avec deux aimants, plus petits certes, mais complets, chacun doté d'un pôle nord et d'un pôle sud.

Des photons messagers fantomatiques

Le monde n'est plus une immense collection de particules inertes et isolées sur lesquelles agissent des forces mécanistes et déterministes, comme le pensaient Newton et Laplace. La mécanique quantique nous dit qu'une réalité localisée n'a plus de sens et que ces particules font partie d'un tout. L'Univers est unifié en un immense réseau de connexions et d'interactions. L'idée d'une réalité non localisée n'est pas tout à fait nouvelle, puisqu'elle avait déjà surgi au XIXe siècle grâce à l'Anglais Michael Faraday. Pour expliquer l'action à distance des forces électriques et magnétiques, celui-ci avait imaginé, nous l'avons vu, d'immenses champs de lignes de force issus d'une charge électrique ou d'un pôle d'un aimant pour se déployer dans l'espace. L'électron est un point matériel qui trône au centre d'un vaste halo d'énergie électromagnétique invisible. Qu'un autre électron s'approche, il sentira l'influence de ce champ électromagnétique et une force répulsive le repoussera. C'est comme si le premier électron avait envoyé un message au second par l'intermédiaire du champ pour lui dire : « Va-t'en ! » Maxwell pensait que ce message était transmis par des ondes électromagnétiques qui se propageaient à la vitesse de la lumière dans le champ comme des vagues à la surface d'un océan.

Les physiciens du XXe siècle reprirent l'idée de champ de Faraday et l'incorporèrent dans la mécanique quantique pour bâtir une théorie de champ appelée « électrodynamique quantique ». Celle-ci a remporté maints succès dans l'explication du comportement des particules subatomiques et semble bien épouser les contours de la Nature. La théorie dit que l'information, au lieu d'être transmise par des ondes, comme le pensait Maxwell, l'est en fait par des grains de lumière appelés « photons ». Un électron arrive vers un autre. Sa trajectoire est déviée et il est repoussé. Pour Maxwell, c'est la force électromagnétique qui en est responsable : elle repousse des charges électriques de même signe. Le physicien moderne dira, lui, que les deux électrons ont échangé un photon messager. Le photon est émis par le premier électron et absorbé par le second. C'est comme si le premier électron avait tiré un boulet de canon et reculait sous l'effet du tir, tandis que le second était dévié par l'impact du boulet. Les électrons peuvent aussi échanger deux photons ou plus au lieu d'un seul, mais ce genre d'interaction est moins probable et important.

Les photons sont des messagers bien commodes, mais d'où viennent-ils ? Pour exister, ils ont besoin d'énergie. Alors, d'où vient cette énergie ? C'est là que le flou quantique de l'énergie intervient. Grâce au principe d'incertitude de Heisenberg, les photons peuvent emprunter de l'énergie à la banque Nature pour se matérialiser. Cet emprunt est toutefois sujet à des conditions très strictes fixées par le principe d'incertitude. Plus l'emprunt d'énergie est grand, plus le prêt sera de courte durée. La Nature réclame son dû, le photon rend son énergie et disparaît après un temps infinitésimalement court, absorbé par un autre électron. Ainsi, des photons à l'existence fantomatique (on les appelle particules « virtuelles ») apparaissent et disparaissent dans des cycles infernaux de vie et de mort. L'incertitude quantique fait que chaque électron est entouré d'une foule de photons virtuels telle une nuée d'abeilles bourdonnant autour d'une ruche. Les photons les plus proches de l'électron sont les plus énergétiques, car il leur faut très peu de temps pour rendre le prêt d'énergie et être absorbés. Par contre, ceux qui sont plus distants n'ont pas la faveur d'un grand prêt d'énergie, car il leur faut plus de temps pour rembourser le prêt. Chaque électron est donc immergé dans un océan effervescent de photons virtuels qui n'est autre que le champ électromagnétique postulé par Faraday. Si un deuxième électron vient d'aventure à s'égarer dans cette effervescence, il peut absorber un des nombreux photons virtuels qui pullulent autour du premier électron. Le photon absorbé joue son rôle de messager et dit au deuxième électron comment se conduire et nous l'observons dévier de sa trajectoire initiale. Les photons messagers resteront à jamais à l'état virtuel, et nous ne les verrons pas à cause de leur vie trop courte. Mais leur présence est indispensable pour que la théorie de l'électrodynamique quantique reproduise le comportement de la Nature.

La force forte et les gluons

Si la force électromagnétique est transmise par des photons virtuels, qu'en est-il des autres forces ? En dehors de la force électromagnétique, l'Univers est régi par trois autres forces dont nous avons déjà fait la connaissance : la force nucléaire forte qui tient les quarks ensemble dans les protons et neutrons, et qui rassemble ces derniers pour construire les noyaux atomiques ; la force nucléaire faible, responsable de la désintégration des noyaux d'atomes (le phénomène de la radioactivité) ; enfin la force gravitationnelle qui nous tient attachés sur Terre, retient les planètes autour du Soleil, regroupe les quelque cent milliards d'étoiles de la Voie lactée et empêche les amas de galaxies de se disperser. Se peut-il que ces trois autres forces soient aussi transmises par des particules messagères ? La réponse est oui pour les forces nucléaires forte et faible. Elle n'est pas encore connue avec certitude dans le cas de la force gravitationnelle.

On pense maintenant que la force nucléaire forte est transmise par 8 particules messagères appelées « gluons ». Le nombre 8 revient souvent en physique des particules ; il est la conséquence d'un principe de symétrie dans le monde subatomique (le physicien américain Murray Gell-Mann a appelé ce principe la « Voie Octuple », par référence aux 8 voies bouddhiques pour atteindre le nirvana : la compréhension juste, la pensée juste, la parole juste, l'action juste, les moyens d'existence justes, l'effort juste, l'intention juste et la concentration juste). Il faut 8 gluons pour tenir compte de la variété des « saveurs » des quarks. Pour prendre en considération les « couleurs » des quarks, chaque gluon est caractérisé, comme les quarks, par une des trois « couleurs » primaires : bleu, rouge et jaune. Les gluons font le va-et-vient entre les quarks, émis par l'un puis absorbés par l'autre, tels d'inlassables diplomates qui ne cessent de porter des messages d'un chef d'État à un autre, ou comme ces entremetteuses d'antan qui transmettaient sans relâche des billets doux entre les amoureux. Par ce va-et-vient constant, les gluons tiennent les quarks ensemble dans leurs prisons-protons et -neutrons, et rassemblent ces derniers dans les noyaux atomiques (leur nom vient d'ailleurs du mot anglais *glue* qui veut dire « colle »). Tout comme les quarks, les gluons sont à jamais prisonniers et ne pourront pas être vus à l'état libre. Comme les messagers de la force électromagnétique, les photons, ils sont sans masse et sans charge, et voyagent à la vitesse de la lumière. Si la Nature est faite de quarks et d'électrons, les gluons et les photons lui servent de particules de liaison, de messagers. Sans les photons, nous ne pourrions pas communiquer avec les lointaines étoiles et galaxies, ni recevoir leurs messages de beauté, d'harmonie et d'universalité. Sans les gluons, le parfum des roses et les glorieux couchers du Soleil ne viendraient pas enchanter notre existence.

La force faible et les plaques photographiques

Si les forces électromagnétique et nucléaire forte ont chacune leurs messagers, la force nucléaire faible ne demeure pas en reste. Elle a fait son apparition dans le monde de la physique quand le physicien français Henri Becquerel (1852-1908) découvrit par hasard, en 1896, qu'une plaque photographique se voilait en présence d'une masse d'uranium. Marie (1867-1934) et Pierre (1859-1906) Curie montrèrent que cet effet ne diminuait pas d'intensité avec le temps, et qu'un autre élément, le radium, pouvait échauffer et vaporiser un bloc de glace entier sans changer d'apparence de façon perceptible. L'uranium et le radium émettaient manifestement une nouvelle sorte de rayonnement, produit par une force qui ne pouvait être ni la force de gravité ni la force électromagnétique. Il fut vite compris que ces deux éléments chimiques étaient des substances radioactives contenant des noyaux instables. Ceux-ci, en réarrangeant leur structure interne, émettaient des particules énergétiques qui allaient voiler les plaques photographiques et vaporiser les blocs de glace. Ces substances radioactives étaient donc des sources de particules à haute énergie que les physiciens utilisèrent pour bombarder la matière et examiner sa structure avant l'avènement des grands accélérateurs.

De même que les autres forces, la force faible est véhiculée par des particules messagères. Celles-ci sont cette fois au nombre de trois. On leur a donné les appellations assez peu poétiques de W^+, W^- (de l'initiale du mot anglais *weak* pour « faible ») et Z. Au contraire des gluons, prisonniers et invisibles, elles ont été vues en 1984 dans l'énorme accélérateur du CERN (Conseil européen pour la recherche nucléaire). La force faible est faible parce que sa portée est extrêmement courte, beaucoup plus que celle de la force forte qui est déjà elle-même extrêmement petite. Sa portée est si infime qu'il est très improbable qu'une particule puisse s'approcher d'assez près d'une autre pour ressentir sa force faible. C'est la raison pour laquelle celle-ci ne lie pas des particules ensemble ni ne leur sert de colle, à l'instar des autres forces. Elle se contente de rendre les particules éphémères. Ainsi, elle rend instables tous les quarks, à l'exception du plus léger, le quark *up*, et tous les leptons qui portent une charge électrique, en épargnant à nouveau le plus léger, l'électron. Si bien que les quarks et les leptons se désintègrent à la longue pour adopter des formes plus stables, c'est-à-dire celle de quarks *up*, d'électrons et de neutrinos. Ces derniers sont stables car, bien qu'étant des leptons, ils ne portent pas de charge électrique. Presque toutes les particules ressentent la force faible. Seuls les photons et les gluons y sont insensibles.

La portée insignifiante de la force faible (un centième de millième de milliardième de centimètre), comparée à celle de la force électromagnétique, est due à la corpulence de ses particules messagères. La masse des W est 85 fois la masse du proton, tandis que la particule Z est 95 fois plus massive que ce dernier. Au contraire du photon sans masse, qui peut gambader et virevolter à son aise dans un vaste domaine sans jamais être retenu par le poids de son corps, les W et Z sont si massives qu'elles ne peuvent pas s'aventurer bien loin de leur lieu de naissance. Si la force faible ne se manifeste guère dans la vie de tous les jours (nous ne rencontrons pas des produits radioactifs à tous les coins de rue, bien heureusement pour notre santé, car les particules énergétiques émises sont nocives et peuvent en outre provoquer des malformations génétiques), elle est responsable de notre existence même. En effet, les réactions nucléaires qui alimentent le feu de la vie au cœur des étoiles, en particulier dans le Soleil, ne pourraient pas se déclencher sans l'intervention de la force faible.

La parenté improbable mais réelle des forces électromagnétique et faible

À première vue, la force faible est tout ce qu'il y a de différent de la force électromagnétique. La première a une portée infinitésimale bien plus petite que le noyau d'un atome, alors que la dernière a une portée qui n'en finit pas. Le photon, messager de la force électromagnétique, est on ne peut plus léger ; sans masse, il gambade dans l'Univers à la vitesse la plus grande possible, celle de la lumière. Par contre, les W et Z, messagères de la force faible, sont terrassées par leur corpulence et peuvent à peine bouger. Pourtant, il y a aussi des similarités entre elles, notamment en ce qui concerne leurs spins. Toutes les particules ont un *spin*. Elles tournent sur elles-mêmes comme des toupies. Mais elles ne peuvent pas tourner comme bon leur semble. La mécanique quantique leur impose des règles extrêmement strictes. Ainsi, les particules nommées « bosons » (en l'honneur du physicien indien Satyendranath Bose [1894-1974]) ont un spin qui ne peut pas prendre n'importe quelle valeur, mais doit être un multiple entier (0, 1, 2…) d'une unité qui n'est autre que la « constante de Planck ». Photons, W et Z appartiennent tous à la famille des bosons de spin 1. Si les particules messagères qui transmettent les interactions sont des bosons, les particules matérielles (électrons, autres leptons et quarks) appartiennent à la famille dite des « fermions » (en l'honneur du physicien italien Enrico Fermi [1901-1954]). Les particules de cette famille ont un spin qui ne peut être qu'un multiple demi-entier (1/2, 3/2…) de la constante de Planck.

Ainsi, le photon, les W et Z ont tous un spin de 1. Il y a entre eux un curieux air de famille malgré toutes leurs dissemblances. C'est comme si on avait affaire à deux personnes aux traits faciaux identiques, mais dont l'une est mince et longiligne comme un fil de fer, tandis que l'autre bat des records de poids et d'obésité. Se peut-il qu'il y ait après tout un lien de parenté entre les particules messagères des forces faible et électromagnétique ? Les physiciens pakistanais Abdus Salām (1926-1996) et américain Steven Weinberg (1933-2021) ont répondu par l'affirmative. Ils ont pu unifier en 1967 les deux forces en une seule. Pour ce faire, ils ont de nouveau fait appel à un principe de symétrie. Nous avons vu que le neutron est le jumeau « à moustaches » du proton : si l'on modifiait une propriété abstraite appelée isospin, le proton se muait en neutron. De même, Salām et Weinberg ont pu démontrer que le photon, les W et Z sont comme des triplés identiques qui ont été séparés à leur naissance et qui n'ont conservé qu'un très lointain souvenir de leur origine commune. S'ils ne présentent plus maintenant de lien évident de parenté, c'est parce que nous vivons dans un Univers à trop basse énergie, qui s'est trop refroidi.

Nous pensons aujourd'hui qu'il y a quelque 15 milliards d'années une explosion fulgurante, le big bang, a donné naissance à l'Univers, au temps et à l'espace. Depuis lors, sans relâche se poursuit une ascension vers la complexité. À partir d'un vide subatomique se sont constitués successivement quarks et électrons, protons et neutrons, atomes, étoiles et galaxies. Une immense tapisserie cosmique s'est tissée, composée de centaines de milliards de galaxies faites chacune de centaines de milliards d'étoiles. Dans la banlieue d'une de ces galaxies, sur une planète proche d'une étoile, apparaît l'homme, capable de s'émerveiller devant la beauté et l'harmonie du Cosmos, doué de conscience et d'intelligence pour comprendre l'Univers. À mesure que celui-ci vieillit, il se distend, créant de plus en plus d'espace entre les galaxies, en même temps qu'il se refroidit. Le rayonnement fossile, autrement dit la chaleur qui reste du feu de la Création, n'atteint plus que la température frigorifique de –270 °C ! Pourtant, à ses origines, 10^{-43} seconde après le big bang, l'Univers atteignait la température inimaginable de 10^{32} °C, plus brûlante que tous les enfers que Dante (1265-1321) aurait pu concevoir ! Quand l'horloge cosmique marqua un millionième de millionième (10^{-12}) de seconde après l'explosion primordiale, l'Univers était encore chaud de millions de milliards de degrés. Pendant ces premières fractions de seconde, ce n'était qu'une soupe primordiale de particules élémentaires incluant des W et des Z. Des températures extrêmes signifient des énergies excessives et des particules se déplaçant à toute vitesse. L'énergie de mouvement des W et des Z était si grande qu'elle dépassait de très loin leur énergie de masse. Celle-ci était négligeable et l'on pouvait considérer que, tout comme le photon, les W et Z n'avaient plus de masse. Ainsi, dans un environnement de très haute énergie comme celui de l'Univers primordial, les W et Z étaient sœurs du photon. « Nous sommes bien de la même famille, disent-elles aujourd'hui au photon. Nous sommes des messagères aussi efficaces que toi. Seulement, à basse énergie, dans un Univers qui s'est considérablement refroidi, nous sommes tellement gênées par notre corpulence que nous ne pouvons pas gambader aussi loin que toi pour aller livrer nos messages. »

En utilisant des principes abstraits de symétrie, Salām et Weinberg démontrèrent qu'au tout début de l'Univers, quand celui-ci n'avait pas encore atteint la taille d'un millième du diamètre d'un proton (10^{-16} cm) et que l'énergie ambiante était de quelques centaines de fois l'énergie de masse du proton, les deux forces électromagnétique et nucléaire faible étaient unifiées en une seule et même force, la force « électrofaible ». C'est seulement après que l'horloge cosmique eut marqué 10^{-12} seconde et que l'énergie de mouvement des W et Z eut assez diminué pour que leur corpulence les gêne dans leurs mouvements que l'union se brisa, les deux forces allant dorénavant vivre des existences séparées.

La grande unification

Le photon, les W et Z se sont retrouvés avec des larmes de joie. Une réunion des plus improbables s'est accomplie. Mais, l'émotion passée, les physiciens ont tourné leur regard du côté des 8 gluons, messagers de la force nucléaire forte. Se peut-il qu'il y ait aussi des liens de parenté insoupçonnés entre ces derniers et les autres particules messagères ? Si l'unification de deux forces peut se faire, pourquoi pas de trois ? Après tout, toutes ces particules messagères font partie de la même famille des 12 bosons de spin 1… « Impossible ! répondent en chœur les 8 gluons. Nous ne pouvons rien avoir de commun avec les autres messagers. Nous sommes forts et puissants, alors que les autres sont faibles et impuissants ! » Mais si cet argument est valable pour un Univers refroidi et à basse énergie, ce n'est plus le cas pour un Univers brûlant et à haute énergie. Plus l'énergie est élevée, plus les particules lancées à toute vitesse peuvent se rapprocher les unes des autres. Or, nous avons vu que si les quarks (qui ont les gluons comme messagers) sont très proches, ils sont comme libres. La force forte diminue tellement d'intensité qu'elle devient négligeable. Par contre, la force électromagnétique a un comportement tout à fait opposé : plus la distance entre particules décroît, plus elle augmente d'intensité. Si une force augmente et que l'autre diminue en fonction de l'énergie de l'Univers, il devrait bien exister une énergie spéciale où les deux forces deviennent égales en intensité. En d'autres termes, une augmentation d'énergie donne à la force électromagnétique, qui, dans notre Univers actuel à basse énergie, est quelque 100 fois plus faible que la force forte, une chance de rattraper cette dernière et de l'égaler.

Mais une question se pose : l'énergie où les forces forte et électromagnétique s'unifient est-elle bien la même que celle où les forces faible et électromagnétique deviennent une ? En effet, pour que la « grande unification » (on appelle ainsi la synthèse des trois forces pour la distinguer de la simple « unification » des deux forces faible et électromagnétique) s'accomplisse, il faut que la Nature arrange un rendez-vous à trois. La situation est analogue à celle de trois alpinistes (fig. 59). L'un, appelé « Fort », descend la montagne, tandis que les deux autres, nommés « Faible » et « Électromagnétique », la montent. Les trois alpinistes doivent régler leurs pas de façon à arriver au lieu de rendez-vous, quelque part entre le bas et le sommet, exactement en même temps. « Faible », qui part de l'altitude la moins élevée, doit presser le pas s'il veut rattraper

« Électromagnétique », qui part d'une plus grande altitude. Par contre, « Électromagnétique » ne doit pas monter trop vite, ni « Fort » descendre au pas de course, afin d'éviter de se rencontrer avant que « Faible » ne les rattrape. Le réglage destiné à synchroniser le rendez-vous à trois est très précis et délicat, mais la Nature semble l'avoir fait. Les intensités relatives des trois forces (qui correspondent aux altitudes relatives des points de départ de nos trois alpinistes) ont juste les valeurs requises pour que la « grande unification » se réalise. Les trois forces deviennent une quand nous remontons le temps jusqu'à 10^{-35} seconde, quand l'énergie de l'univers était de cent mille milliards (10^{14}) de fois l'énergie de masse du proton, et quand il n'avait que la taille d'un millième de milliardième de milliardième de milliardième (10^{-30}) de centimètre.

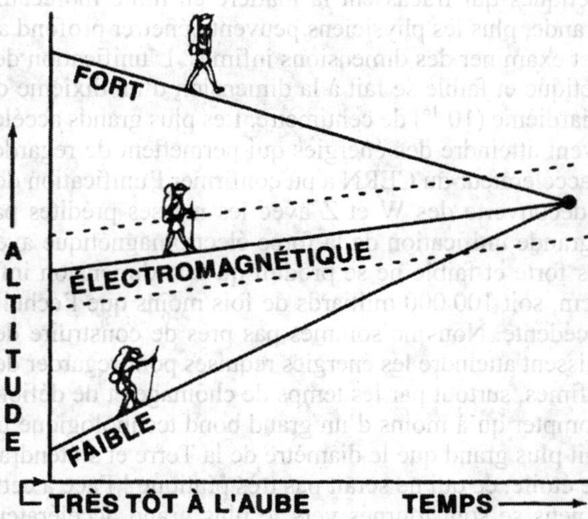

Fig. 59. *Une rencontre synchronisée*. La situation de l'unification des trois forces électromagnétique et nucléaires forte et faible à une température et une période passées de l'Univers est analogue à celle de trois alpinistes qui partent d'altitudes différentes dans une montagne et qui doivent se rencontrer au même endroit au même instant. Les alpinistes « Électromagnétique » et « Faible » doivent monter (de même que les deux forces correspondantes doivent croître en vigueur dans le passé de l'Univers), alors que l'alpiniste « Fort » doit descendre (de même que la force forte doit décroître en vigueur dans le passé).

Ainsi, le léger photon qui se désolait d'être enfant unique se retrouve tout à coup avec une ribambelle de onze frères et sœurs ! Quand il rencontra les 2 W et la Z, il était bien loin de supposer qu'il pouvait avoir quoi que ce soit de commun avec des personnages aussi obèses. Puis il découvrit que ceux-ci étaient eux aussi sans masse dans le passé, quand l'Univers était à haute énergie, et qu'il était après tout leur frère. Vinrent ensuite les 8 gluons, si différents du fait de leur force et de leur puissance. Mais il apparut que dans un Univers plus énergétique encore, les gluons perdraient leur force, alors que le photon, les W et Z en gagneraient. Si bien qu'au tout début tout le monde n'était qu'un.

L'infiniment petit accouche de l'infiniment grand

Pourrons-nous jamais vérifier expérimentalement la théorie de la grande unification ? Les accélérateurs de particules sont appelés à la rescousse. Ces accélérateurs sont en fait des microscopes géants. Les physiciens s'en servent pour bombarder la matière avec des faisceaux de particules extrêmement énergétiques qui fracassent la matière en mille morceaux. Plus l'énergie est grande, plus les physiciens peuvent pénétrer profond au cœur de la matière et examiner des dimensions infimes. L'unification des forces électromagnétique et faible se fait à la dimension d'un dixième de millionième de milliardième (10^{-16}) de centimètre. Les plus grands accélérateurs actuels peuvent atteindre des énergies qui permettent de regarder aussi petit. Ainsi, l'accélérateur du CERN a pu confirmer l'unification des deux forces par la découverte des W et Z avec les masses prédites par la théorie. Mais la grande unification de la force électromagnétique avec les forces nucléaires forte et faible ne se produit qu'à la dimension infinitésimale de 10^{-30} cm, soit 100 000 milliards de fois moins que l'échelle de l'unification précédente. Nous ne sommes pas près de construire des accélérateurs qui puissent atteindre les énergies requises pour regarder des dimensions aussi infimes, surtout par les temps de chômage et de déficits qui courent. Sans compter qu'à moins d'un grand bond technologique un tel accélérateur serait plus grand que le diamètre de la Terre et s'étendrait jusqu'à la prochaine étoile, ce qui ne serait pas très pratique ! Face à cette situation, les physiciens se sont tournés vers le plus grand accélérateur de particules de tous : l'Univers lui-même.

Un des développements scientifiques les plus marquants des vingt dernières années est sans nul doute le mariage de la physique des particules avec la cosmologie. Notre vaste Univers est parti d'un état inimaginablement petit, chaud et dense, avec des températures et énergies si extrêmes qu'elles ne pourront jamais être produites sur Terre et n'existeront que dans l'imagination des hommes. La grande expérience a été faite une fois pour toutes il y a 15 milliards d'années, et il nous revient maintenant de contempler cet Univers et de reconstituer son histoire. L'infiniment petit a accouché de l'infiniment grand. Il est donc tout naturel que l'astrophysicien s'allie avec le physicien des particules pour déchiffrer la mélodie secrète de l'Univers. Cette alliance est d'autant plus importante que l'astrophysicien ne peut pas remonter directement jusqu'à l'origine de l'Univers avec ses instruments. En effet, il explore le passé de l'Univers grâce à ses télescopes, qui sont des machines à remonter le temps. Parce que la lumière met du temps pour nous parvenir, nous observons toujours l'Univers avec un certain retard. Nous voyons la Lune telle qu'elle était il y a un peu plus d'une seconde, le Soleil tel qu'il était il y a 8 minutes, l'étoile la plus proche telle qu'elle était il y a 4 ans, la galaxie la plus proche, voisine de la Voie lactée, telle qu'elle était il y a 2 millions d'années, et ainsi de suite. Voir loin, c'est voir tôt. Dès lors, pouvons-nous imaginer qu'en construisant des télescopes de plus en plus grands et puissants nous puissions « voir » un jour le moment de la Création ? La réponse est non. L'Univers était si dense et chaud au cours de ses 300 000 premières années d'existence que la lumière ne pouvait se propager et que le Cosmos était complètement opaque. Il y a là une barrière naturelle que nos télescopes ne pourront jamais franchir. La plus vieille image de l'Univers, prise par le satellite COBE en 1991, date de l'époque où il n'avait que 300 000 ans.

Comment franchir ce mur d'opacité ? Si l'astronome se révèle impuissant, le physicien des particules vient à la rescousse. Car, depuis l'explosion primordiale jusqu'à l'an 300000 après le big bang, la matière dans l'Univers chaud et dense se présentait sous la forme de particules élémentaires extrêmement énergétiques. En fait, l'Univers du début n'était qu'un immense accélérateur de particules. C'est pourquoi les accélérateurs comme l'immense anneau de plusieurs dizaines de kilomètres installé au CERN, à Genève, prennent la relève des télescopes pour nous permettre de remonter l'histoire de l'Univers jusqu'à environ 10^{-12} seconde après le big bang. Mais, pour remonter encore plus loin dans le temps, il nous faudrait construire des accélérateurs plus grands et plus coûteux, ce qui n'est pas près d'être fait. Pour explorer la période entre l'explosion primordiale et le premier millième de milliardième de seconde de l'Univers, il nous faudra donc avoir recours à la théorie décrite précédemment et que les physiciens appellent le « modèle standard ».

La réponse à certaines questions parmi les plus urgentes et les plus fondamentales de la cosmologie d'aujourd'hui dépend de notre connaissance des événements qui se sont produits pendant cette première fraction de seconde de l'Univers. Pourquoi l'Univers est-il surtout fait de matière plutôt que de matière et d'antimatière en quantités égales ? Comment se sont formées les graines de galaxies qui ont donné naissance à l'immense tapisserie cosmique ? Et puis, il y a le problème de la masse invisible de l'Univers. Nous vivons en effet dans un univers-iceberg dont 90 à 98 % de la masse ne sont pas directement accessibles à nos télescopes dans la mesure où ils ne rayonnent pas. Pourtant, nous l'avons déjà dit, il existe une différence majeure entre l'iceberg et l'Univers : nous savons de quoi est faite la masse immergée de l'iceberg, alors que la nature de la masse invisible reste une formidable énigme pour l'esprit humain.

Alors que le « modèle standard » décrit la matière ordinaire (protons, neutrons, électrons), ses extensions « prédisent » l'existence de particules massives nées dans les premiers instants de l'Univers et d'une autre nature que la matière dont nous sommes faits. Peut-être l'une d'entre elles constituera-t-elle la masse invisible ? Si c'était le cas, le fantôme de Copernic aurait de nouveau frappé. Non seulement nous n'occupons plus le centre du Cosmos et nous représentons bien moins qu'un clin d'œil dans son histoire, mais nous ne serions pas même constitués de la même matière que la grande majorité de l'Univers !

Autre problème. L'évolution de l'Univers est déterminée par les conditions initiales (telles que le taux d'expansion initial ou la masse initiale de matière) et par une quinzaine de nombres appelés constantes physiques (telles la vitesse de la lumière ou la masse de l'électron). Nous avons mesuré avec une précision extrême la valeur de ces constantes, mais nous ne disposons pour l'instant d'aucune théorie pour les expliquer. Une des constatations les plus surprenantes de la cosmologie moderne est le réglage extrêmement précis de ces conditions initiales et de ces constantes physiques concourant à ce qu'un observateur apparaisse dans notre univers. Cette constatation est appelée « principe anthropique » (du grec *anthropos* qui signifie « homme »). Changez tant soit peu les conditions initiales et les constantes physiques, et l'Univers serait vide et stérile ; nous ne serions plus là pour en parler. Cette précision du réglage se révèle époustouflante : par exemple, le taux d'expansion initial de l'Univers a dû être réglé avec une précision comparable à celle d'un archer désireux de planter une flèche dans une cible d'un cm^2 placée de l'autre côté de l'Univers à 15 milliards d'années-lumière ! Le modèle standard se transformera-t-il un jour en une théorie qui pourra tout expliquer, y compris la valeur des constantes physiques et des conditions initiales ?

La mort du proton

Il y a une autre manière de tester la théorie de la grande unification sans avoir recours aux puissants accélérateurs de particules. Elle a à voir avec la mort du proton. La « force de grande unification » résultant de l'union des trois forces nucléaires et électromagnétiques possède aussi une particule messagère appelée de manière cryptique « X ». Tout comme les autres particules messagères, X doit son existence virtuelle à des emprunts d'énergie à la banque Nature. Or, elle est extrêmement corpulente : sa masse est de un dixième de milliardième de grammes, soit 100 000 milliards (10^{14}) de fois la masse du proton. Ce qui veut dire que son existence est extrêmement limitée dans le temps (elle doit rendre très vite à la banque Nature ses gros emprunts d'énergie) et sa portée infinitésimale. Ainsi, une particule X peut surgir à l'intérieur d'un proton, mais ne pourra pas vivre plus d'un centième de millionième de milliardième de milliardième de milliardième (10^{-35}) de seconde avant de disparaître. Pendant cette très brève apparition, elle ne pourra voyager que de la distance infinitésimale de 10^{-25} cm, soit mille milliards de fois moins que le diamètre d'un proton. Étant donné qu'il n'y a que trois quarks dans la vaste salle de bal du proton, la probabilité que X soit absorbée par un autre quark que celui qui l'a engendrée est infinitésimalement petite. Pour ce faire, il faudrait que deux quarks s'approchent l'un de l'autre de moins de 10^{-25} cm. La probabilité d'une telle rencontre est plus qu'infime. Elle est égale à la probabilité que deux mouches, sur une population totale de trois, se rencontrent par hasard dans un vaste hangar qui s'étendrait sur un quart de la distance séparant la Terre de la planète Vénus et qui aurait 10 millions de kilomètres de longueur ! Mais que la rencontre se produise, et il y a échange d'une particule X entre les deux quarks, avec des conséquences catastrophiques pour le proton. Les deux quarks se muent en un antiquark et un positon (ou antiélectron). Le positon est éjecté du proton, tandis que l'antiquark se combine avec le troisième quark pour former une nouvelle particule appelée « pion ». Le pion n'est pas stable et se désintègre au bout d'une fraction de seconde en photons. Le bilan net de la rencontre des deux quarks à l'intérieur du proton et de l'échange de la particule X entre eux est donc la mort du proton, qui ne laisse derrière lui qu'un positon et des photons. Ainsi, la matière n'est pas éternelle. Elle va mourir un jour. Mais ne vous inquiétez pas : les protons de votre corps ne vont pas se désintégrer tout à coup sous vos yeux, et vous ne vous transformerez pas instantanément en positons et en photons. La théorie de la grande unification n'est pas encore vérifiée expérimentalement, et les rencontres entre quarks dans un proton sont si rares que la durée de vie d'un proton est estimée à environ 10^{30} ans, soit des centaines de milliards de milliards (10^{20}) de fois l'âge de l'Univers.

Si le proton a une vie si longue, n'avons-nous donc aucune chance d'assister à sa mort et de vérifier la théorie de la grande unification ? Pas le moins du monde ! La théorie quantique dit que les protons peuvent se désintégrer à n'importe quel moment. Compte tenu du fait qu'un proton a une durée de vie de 10^{30} ans, si l'on rassemblait ensemble 10^{30} protons dans un même endroit, on devrait en voir en moyenne mourir un par an. Mieux encore, si on assemblait 10^{33} protons dans une même enceinte, on devrait voir plusieurs d'entre eux se désintégrer par jour. Pour ce faire, les physiciens américains ont rempli de 5 000 tonnes d'eau (l'eau est une excellente source de protons, puisqu'elle est faite de 2 atomes d'hydrogène – un atome d'hydrogène étant composé d'un proton et d'un électron – et d'un atome d'oxygène) une vaste cuve de 20 mètres de côté, que l'on a placée dans une mine de sel, dans l'Ohio (cela, pour que le sol arrête les rayons cosmiques qui pourraient déclencher dans la masse d'eau des réactions imitant la mort d'un proton). L'eau doit être extrêmement pure et claire pour que les photons qui signalent la mort d'un proton dans la cuve puissent traverser des mètres d'eau et être captés par des détecteurs installés sur les parois de la cuve. (Si l'eau de l'océan était d'une telle pureté et limpidité, on n'aurait aucune difficulté à admirer les merveilleuses faune et flore marines à quelque 20 mètres de profondeur.) Malheureusement, malgré tous les efforts déployés (il y a eu des expériences similaires au Japon et en Europe), personne n'a encore vu un proton mourir. Le proton serait-il plus immortel qu'on ne le croyait ? Faudrait-il modifier la théorie de la grande unification ? Les physiciens ne s'avouent pas encore vaincus. Les Japonais et les Italiens s'affairent fébrilement à construire des détecteurs cent fois plus sensibles afin de capter au moins un proton en train de rendre l'âme…

La gravité fait bande à part

Si les forces électromagnétique, faible et forte se sont laissé unir, le quatrième larron, la force de gravité, résiste obstinément : il fait bande à part. La mécanique quantique décrit bien le monde subatomique où la gravité n'est pas importante. La relativité rend bien compte des propriétés de la gravité à l'échelle cosmique des planètes, étoiles, galaxies et de l'Univers entier quand les forces nucléaires et électromagnétique ne jouent pas le premier rôle. Mais personne n'a encore su unifier les théories de l'infiniment grand et de l'infiniment petit en une seule théorie de « gravité quantique » qui décrirait une situation où toutes les forces seraient sur un pied d'égalité et qui pourrait être vérifiée expérimentalement. Et cela malgré les efforts acharnés des physiciens. Le grand Einstein lui-même passa les vingt-cinq dernières années de sa vie à tenter d'unifier la gravité avec l'électromagnétisme, mais sans succès (du fait de son opposition à la mécanique quantique, Einstein ne se soucia pas des deux forces nucléaires).

Le problème est de taille. En mécanique quantique, selon le modèle standard, les forces électromagnétique et nucléaires sont transmises, nous l'avons vu, par des particules messagères. Il est donc tout naturel de penser qu'il en serait de même pour la quatrième force. La mécanique quantique prévoit en effet que la force de gravité a pour messagère une particule nommée « graviton ». Tout comme le photon, celui-ci serait de la famille des bosons, n'aurait ni masse ni charge électrique, et gambaderait dans l'Univers à la vitesse de la lumière. Mais là s'arrêterait la ressemblance. Le graviton tournerait deux fois plus vite que le photon, son spin étant de 2 au lieu de 1. Alors que le photon est extrêmement sociable et adore interagir et jouer avec la matière pour transmettre à nos yeux la couleur et la beauté des choses de la vie, l'insociable graviton limite au minimum ses interactions avec les particules matérielles. Il traverserait votre corps et la Terre entière comme si de rien n'était, n'y laissant que moins de 1 % de son énergie. C'est pourquoi il est si difficile de capter des ondes gravitationnelles avec nos détecteurs faits de matière.

Malheureusement, il y a un hic d'importance dans cette belle histoire : c'est que personne n'a jamais vu un graviton. Il n'est pour l'instant qu'une entité purement mathématique qui n'existe que dans l'imagination des physiciens.

Géométriser la force électromagnétique

Mais si la mécanique quantique dit que la force de gravité est transmise par une particule messagère, il en va tout autrement pour la théorie de la relativité générale. Celle-ci décrit la gravité non pas comme une force, mais comme une conséquence de la géométrie de l'espace. La Lune décrit une orbite elliptique autour de la Terre. Newton dirait qu'elle le fait parce qu'elle est retenue par la force de gravité que la Terre exerce sur elle. Einstein dirait, lui, que la masse de la Terre courbe l'espace autour de cette dernière, et que la Lune emprunte tout simplement le chemin le plus court dans cet espace courbe pour aller d'un point à un autre, chemin appelé « géodésique » et qui a la forme d'une ellipse. Cette courbure de l'espace par une masse a été maintes fois vérifiée. Nous avons vu, par exemple, que la lumière d'une étoile est déviée par l'espace courbe autour du Soleil.

Ainsi, force veut dire géométrie dans la relativité. Unifier la mécanique quantique et la relativité pour fondre les quatre forces en une seule « superforce » dans un schéma que les physiciens appellent parfois avec trop de grandiloquence la « théorie du Tout » requerrait la conciliation de deux points de vue qui, *a priori*, n'ont rien à voir l'un avec l'autre : celui d'une force de gravité transmise par des particules messagères et celui d'une force générée par la géométrie même de l'espace.

Le premier pas vers une telle conciliation fut accompli dès 1919, juste quatre ans après la publication de la relativité générale, par un physicien polonais peu connu du nom de Theodor Kaluza (1885-1954). Seules la gravité et l'électromagnétisme occupaient la scène à ce moment-là. Les deux forces nucléaires n'avaient pas encore fait leur apparition. Inspiré par le pouvoir de la géométrie à rendre compte de la gravité dans la théorie d'Einstein, Kaluza voulait aussi « géométriser » la force électromagnétique. Pour ce faire, il proposa une solution des plus bizarres et inattendues. Il démontra que l'électromagnétisme était dû lui aussi à une courbure de la géométrie de l'espace. Pas dans l'espace à trois dimensions auquel nous sommes habitués, mais plutôt dans une quatrième dimension hypothétique de l'espace. Depuis Einstein, nous savons que nous vivons dans un espace-temps à quatre dimensions, aux trois dimensions de l'espace s'ajoutant la dimension du temps. Kaluza n'y alla pas de main morte : il conféra carrément une dimension supplémentaire à l'espace, créant ainsi un espace-temps à cinq dimensions. Selon lui, la gravité dans un tel espace-temps surdimensionné serait équivalente à la gravité ordinaire dans un espace-temps ordinaire à quatre dimensions, mais avec en bonus – c'était là le point essentiel – l'électromagnétisme. Dans cet espace-temps à cinq dimensions, les ondes radio qui apportent votre chanson favorite jusqu'à votre récepteur et les ondes lumineuses qui vous apportent la lumière du jour voyageraient dans la quatrième dimension de l'espace.

Des dimensions cachées de l'espace

Vous me direz que tout cela est bien beau et que l'idée de Kaluza est ingénieuse, mais que celui-ci fait fausse route, puisque vous ne ressentez pas le moins du monde cette dimension supplémentaire de l'espace dont il parle. Vous pouvez aller vers l'avant ou l'arrière, en haut ou en bas, à droite ou à gauche. Cela fait trois dimensions, mais certainement pas quatre ! Pouvons-nous vraiment bouger dans une autre direction encore ? S'il y avait vraiment une quatrième dimension spatiale, où diable a-t-elle pu bien passer ?

La réponse vint en 1926 du physicien suédois Oskar Klein (1894-1977). Celui-ci explique que la quatrième dimension paraît absente parce qu'elle s'est « enroulée » jusqu'à atteindre une très petite taille et devenir imperceptible. La situation rappelle celle d'un tuyau d'arrosage (fig. 60). De loin, il apparaît comme une ligne qui serpente, mais, de près, il a une forme cylindrique. Ce qui apparaît de loin comme un point à une dimension sur le tuyau d'arrosage devient, de près, un cercle à deux dimensions qui contourne la surface cylindrique. De même, Klein nous dit que ce que nous pensons être un point dans notre espace à trois dimensions est en réalité un tout petit cercle dans une quatrième dimension spatiale. Nous ne le remarquons pas, parce que le cercle est infinitésimalement petit : sa circonférence est de 10^{-33} cm, soit 100 milliards de milliards de fois moins que la taille d'un noyau d'atome. Parce qu'il est beaucoup plus grand, l'atome ne peut s'engouffrer dans cette quatrième dimension spatiale pour réapparaître dans un autre coin de l'Univers. Les auteurs de science-fiction sont friands de ce stratagème, car il permet à leurs personnages de se déplacer d'un point à l'autre de l'Univers à trois dimensions spatiales sans être limités par la vitesse de tortue qu'est celle de la lumière à l'échelle du Cosmos. Mais ces voyages dans des dimensions supplémentaires de l'Univers restent du domaine de la science-fiction. Disons plutôt que la cinquième dimension supplémentaire doit être considérée comme enfouie au plus profond de l'atome.

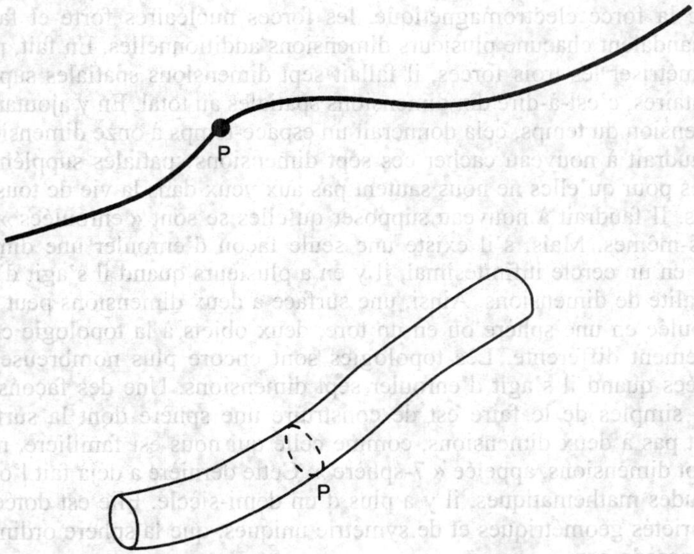

Fig. 60. *Des dimensions cachées*. Ce qui, vu de loin, apparaît comme une ligne à une dimension devient, vu de près, un tube cylindrique à deux dimensions. Chaque point sur la ligne est en réalité un cercle minuscule sur la surface du tube. Une dimension est cachée à cause de la taille infime du cercle. De la même manière, le physicien Oskar Klein pense que ce qui nous apparaît comme un point dans un espace à trois dimensions est en réalité un très petit cercle dans un espace à quatre dimensions, avec une quatrième dimension spatiale cachée.

Malgré son ingéniosité, la théorie de Kaluza-Klein resta plus de cinquante ans sans être prise au sérieux par les physiciens. Pour eux, ce n'était qu'une simple curiosité mathématique sans grand rapport avec la réalité. Avec la découverte des forces nucléaires forte et faible, dans les années 1930, une théorie qui n'unifiait que la gravité et l'électromagnétisme sans tenir compte des deux autres forces ne pouvait être correcte. Mais, dans les années 1980, avec la théorie de la grande unification des forces nucléaires et électromagnétique et le rêve d'unifier aussi la gravité dans une « théorie du Tout », l'idée de « géométriser » toutes les forces redevint d'actualité et la théorie de Kaluza-Klein fut ressuscitée et mise au goût du jour.

Un univers à onze dimensions

Géométriser les autres forces a un prix. Alors qu'il suffisait d'une dimension spatiale supplémentaire pour accomplir ce tour de passe-passe avec la force électromagnétique, les forces nucléaires forte et faible demandaient chacune plusieurs dimensions additionnelles. En fait, pour géométriser les trois forces, il fallait sept dimensions spatiales supplémentaires, c'est-à-dire dix dimensions spatiales au total. En y ajoutant la dimension du temps, cela donnerait un espace-temps à onze dimensions. Il faudrait à nouveau cacher ces sept dimensions spatiales supplémentaires pour qu'elles ne nous sautent pas aux yeux dans la vie de tous les jours. Il faudrait à nouveau supposer qu'elles se sont « enroulées » sur elles-mêmes. Mais, s'il existe une seule façon d'enrouler une dimension en un cercle infinitésimal, il y en a plusieurs quand il s'agit d'une pluralité de dimensions. Ainsi, une surface à deux dimensions peut être enroulée en une sphère ou en un tore, deux objets à la topologie complètement différente. Les topologies sont encore plus nombreuses et variées quand il s'agit d'enrouler sept dimensions. Une des façons les plus simples de le faire est de construire une sphère dont la surface n'est pas à deux dimensions, comme celle qui nous est familière, mais à sept dimensions, appelée « 7-sphère ». Cette dernière a déjà fait l'objet d'études mathématiques, il y a plus d'un demi-siècle. Elle est dotée de propriétés géométriques et de symétrie uniques, que la sphère ordinaire ne possède pas.

Ainsi, si l'Univers avait onze dimensions, dont sept dissimulées dans une 7-sphère, il existerait une possibilité que la force de gravité s'unisse avec les trois autres forces pour former une superforce. Dans cet Univers, toutes les forces de la Nature ne seraient que des manifestations de la géométrie et structure de l'espace-temps. La force de gravité serait causée par la courbure de l'espace ordinaire à trois dimensions, alors que les autres forces résulteraient de la courbure de l'espace dans les sept dimensions supplémentaires. De ce point de vue, les forces, sources de tout changement ou évolution dans l'Univers, ne seraient plus que le résultat de formes géométriques sculptées ou modelées sur une immense étendue.

Si les sept dimensions supplémentaires cachées ne nous sautent pas aux yeux dans la vie ordinaire, y a-t-il la moindre chance de les débusquer grâce à notre technologie ? Nous avons vu que plus l'énergie avec laquelle nous bombardons la matière est grande, plus nous pouvons voir petit. Pourrons-nous jamais voir ces dimensions cachées ? La réponse est un non catégorique. La théorie prévoit que les dimensions supplémentaires doivent être enroulées en une 7-sphère d'un millionième de milliardième de milliardième de milliardième (10^{-33}) de centimètre de rayon. Cette taille infinitésimale est appelée « longueur de Planck », d'après le physicien allemand dont nous avons déjà fait la connaissance et qui, le premier, réalisa la nature quantique de la lumière. Il avait calculé la dimension à laquelle il fallait descendre pour que la force de gravité, si faible et si négligeable à l'échelle atomique (elle est la plus faible des quatre forces : si la force forte avait une intensité de 1, la force électromagnétique en aurait une de 10^{-2}, la force faible de 10^{-5}, et la force de gravité de seulement 10^{-39}), soit sur un pied d'égalité avec les autres forces. Il obtint la dimension inimaginablement petite de 10^{-33} cm, soit 1 000 fois moins que l'échelle de la « grande unification » des trois forces, nucléaires forte et faible, et électromagnétique. Pour voir si petit, il faudrait une énergie égale à 10 milliards de milliards de fois l'énergie de masse du proton, soit 100 000 fois supérieure à l'énergie nécessaire pour voir la « grande unification ». Nous avons déjà vu que pour vérifier cette dernière il faudrait, à moins d'une révolution technologique, construire un accélérateur qui s'étendrait jusqu'à la prochaine étoile. Explorer les dimensions supplémentaires enroulées dans la 7-sphère est *a fortiori* encore plus impossible : un accélérateur aussi grand que la Voie lactée, de 100 000 années-lumière de long, serait nécessaire ! Nous nous retrouvons donc dans une impasse.

Les physiciens, jamais à court d'imagination, ont bien trouvé une théorie pour unifier la gravité avec les trois autres forces, mais il n'y a pour l'instant aucun moyen expérimental de la vérifier.

La symétrie devient super

L'espace contient des dimensions supplémentaires si les forces sont des manifestations de la géométrie. Curieusement, si vous aimez les particules et adoptez le point de vue selon lequel les forces naissent non pas de la géométrie de l'espace, mais de l'incessant va-et-vient de particules messagères, il vous faudra aussi ajouter des dimensions supplémentaires à l'espace. Cette constatation vient d'une théorie qui prétend unifier non pas directement les forces, cette fois-ci, mais la substance même de l'Univers : la matière et la lumière.

La matière ordinaire est faite de quarks et d'électrons. Ceux-ci sont tous de la famille des fermions, c'est-à-dire des particules dotées d'une rotation quantique ou spin de 1/2. Par contre, la particule de lumière, le photon, est un boson, c'est-à-dire une particule de spin 1. Dans le modèle standard, bosons et fermions sont on ne peut plus différents, surtout en ce qui concerne leur comportement en société. Les fermions sont isolationnistes. Ils ne supportent pas d'être trop serrés contre d'autres fermions. Ce comportement asocial est intrinsèque et n'a rien à voir avec la force répulsive due à la charge électrique. Les électrons sont asociaux, mais aussi les neutrons et les neutrinos qui ne portent aucune charge. Vous pouvez entasser des fermions dans un volume donné jusqu'à un certain nombre seulement. Au-delà, ils protestent et résistent. Cette exclusion des autres, cette résistance des fermions à l'entassement est à la base du

« principe d'exclusion » du physicien autrichien Wolfgang Pauli (celui de la découverte du neutrino). Ce principe dit que deux électrons ne peuvent pas partager le même état quantique ; il permet de comprendre pourquoi les électrons dans un atome ne sont pas tous entassés les uns sur les autres dans l'orbite la plus proche du noyau, celle qui possède l'énergie la plus petite. En fait, les électrons remplissent avec discipline les orbites autour du noyau selon une règle très précise dictée par le principe d'exclusion de Pauli. Cette règle est la suivante : si n est le nombre quantique qui caractérise une orbite, le nombre maximal d'électrons qui peuvent y résider est $2\ n^2$. Ainsi l'orbite la plus rapprochée du noyau a un nombre quantique de 1 et peut accueillir au plus 2 électrons. L'orbite suivante, avec un nombre quantique de 2, peut loger 8 électrons, la troisième 18 électrons, et ainsi de suite… Sans cet ordre et cette discipline des électrons, la table périodique des éléments n'existerait pas, la chimie serait impossible, et toute la beauté et la complexité du monde disparaîtraient. Sans le principe d'exclusion de Pauli, toutes les étoiles finiraient en trous noirs. Nous n'aurions pas le plaisir de connaître les naines blanches (la forme dans laquelle finira notre Soleil quand il sera à court de carburant nucléaire) ni les étoiles à neutrons. En effet, nous l'avons vu, naines blanches et étoiles à neutrons ne peuvent exister que parce que les électrons dans les premières et les neutrons dans les secondes ne supportent pas d'être trop serrés et résistent à la pression de la gravité.

Les bosons, par contraste, sont on ne peut plus sociaux. Ils n'ont aucune objection à partager tous le même lit et se font une joie d'être pressés les uns contre les autres. Rejetant tout principe d'exclusion, ils travaillent dans un esprit d'équipe et s'entraident au lieu de se mettre des bâtons dans les roues, comme font les fermions. C'est ainsi qu'ils peuvent s'unir pour produire des effets macroscopiques perceptibles à nos sens, bien qu'ils soient de taille subatomique. Par exemple, des armées de photons peuvent agir de concert pour former une onde électromagnétique radio qui se propage dans l'espace à la vitesse de la lumière pour apporter votre programme de télévision favori dans votre salon. Les électrons ont aussi, nous l'avons vu, des ondes qui leur sont associées. Mais nous ne verrons jamais une onde d'électrons se propager dans l'espace, dans la vie de tous les jours, par suite du refus des électrons de coopérer les uns avec les autres.

Pour unifier la matière et la lumière, il faut donc coupler ensemble fermions et bosons. Il faut trouver un principe de symétrie qui les lie, qui transforme un fermion en boson, et vice versa. À une époque qui n'a pas peur des hyperboles, la symétrie en question a été nommée « supersymétrie » par ses inventeurs, ce qui leur a valu par la même occasion d'être qualifiés de « superphysiciens » faisant de la « superphysique » ! Malheureusement, la démarche initiale, consistant à lier ensemble fermions et bosons déjà connus, échoua. Les « superphysiciens » se virent contraints et forcés de doubler la population des particules existantes en liant des fermions connus à des bosons inventés de toutes pièces, et des bosons connus à des fermions encore à découvrir. Selon la « supersymétrie » (ou SUSY, en abrégé), chaque boson connu est associé à un « superpartenaire » fermionique, et chaque fermion connu l'est à un « superpartenaire » bosonique. Le « superpartenaire » est identique à tous égards à l'original (même masse, même charge électrique, même couleur, etc.), sauf pour le spin qui doit toujours différer d'une valeur 1/2. Ainsi, le « superpartenaire » du photon de spin 1 a un spin de 1/2, et le « superpartenaire » de l'électron de spin 1/2 a un spin 0.

Une prolifération de superparticules

La naissance soudaine et hypothétique (pour l'instant) de tant de particules mit à rude épreuve l'imagination des physiciens pour les désigner. La terminologie qui fut proposée et finalement adoptée ne fut pas des plus élégantes. Pour conserver la terminologie familière mais bien curieuse des particules ordinaires, et se souvenir facilement de qui est accouplé avec qui, les « superpartenaires » des fermions ont reçu tout simplement le préfixe *s* (initiale du mot « supersymétrie ») greffé au nom habituel. Ce qui peut donner des monstruosités du type sélectron, smuon, stau, slepton, squark, stop, etc. Les « superpartenaires » des bosons, eux, ont été baptisés généralement de noms à la consonance plus douce. Pour les nommer, on a simplement ajouté le suffixe *ino* (qui veut dire « plus petit » en italien) au nom ordinaire, bien que les particules concernées ne soient pas aussi petites et légères que le suggère ce suffixe. Ainsi, le photon a pour « superpartenaire » le photino, le graviton le gravitino, etc. Mais, de temps en temps, la recette conduit aussi à des noms bizarres et laids. Ainsi les W, Z et gluons ont pour « superpartenaires » les Winos, les Zinos et les gluinos ! Le nom est particulièrement malencontreux pour le pauvre Wino, qui signifie « poivrot » en argot anglais (du mot *wine*, qui veut dire « vin »).

Les physiciens se sont mis avec ardeur à chercher ces particules « superpartenaires » dans leurs accélérateurs. Mais, jusqu'ici, aucune n'a été vue. Elles restent désespérément absentes. Si un « superpartenaire » de même masse que l'électron existait vraiment, il se combinerait avec des noyaux pour former des atomes, et nous aurions déjà observé ces derniers. Si aucune machine n'a vu de particules « superpartenaires », cela veut dire que soit l'idée d'une « supersymétrie » est fausse, soit nos accélérateurs actuels n'ont pas l'énergie nécessaire pour les produire. Dans le second cas, les « superpartenaires » doivent être plus massives que les particules ordinaires. Ce qui impliquerait que la symétrie de masse soit rompue, qu'elle ne puisse plus être parfaite. Certains astrophysiciens ont lancé l'idée que ces particules « superpartenaires » massives pourraient constituer la masse invisible de l'Univers.

Il ne fallut pas attendre longtemps avant que les « superphysiciens » ne dirigent leur regard du côté de la gravité. Après tout, la « supersymétrie » avait des airs de géométrie. Deux opérations « supersymétriques » successives donnaient un résultat équivalant à celui d'une opération géométrique : celle de se déplacer dans l'espace. Naquit ainsi la théorie de la « supergravité ». Dans cette théorie, la gravité n'est plus transmise uniquement par le seul graviton de spin 2, mais l'est aussi par toute une famille de particules « supersymétriques » appelées « gravitinos », chacune avec un spin de 3/2. Dans le monde de tous les jours, nous ne pourrons jamais séparer l'effet du graviton de celui des gravitinos. Tout ce que nous ressentons, c'est leur effet combiné. C'est leur action conjuguée qui nous fait tomber par terre quand nous trébuchons. La description la plus économique de la supergravité en termes mathématiques requiert aussi des dimensions supplémentaires de l'espace. Nous nous retrouvons à nouveau avec un espace-temps à onze dimensions.

Ainsi, que l'on ait pris comme point de départ la relativité générale où toute force n'est qu'une manifestation de la géométrie, ou la mécanique quantique avec son point de vue selon lequel les forces sont véhiculées par des particules messagères, nous nous retrouvons au même point d'arrivée, dans un Univers à onze dimensions, dont sept se sont enroulées si minusculement qu'on ne les voit plus. Simple coïncidence ou profonde vérité de la Nature ? Seul l'avenir nous le dira.

Quoi qu'il en soit, aucune des particules « supersymétriques » prévues par la théorie, y compris les gravitinos, n'a été vue. Elles restent de purs produits de l'imagination sans bornes des physiciens. Des espoirs de les détecter se profilent cependant à l'horizon. Le LHC (initiales du nom anglais : « Large Hadron Collider », qui signifie « Grand Collisionneur de hadrons », c'est-à-dire de protons-protons), dont la mise en service au CERN est prévue pour les alentours de l'an 2005, pourra atteindre une énergie sept fois plus élevée que celle du plus puissant accélérateur actuel, le FERMILAB, situé dans l'Illinois, près de Chicago, soit encore 7 000 fois l'énergie de masse du proton. D'après la théorie, cette énergie sera suffisante pour produire les particules « supersymétriques ». Mais, tant que cela ne sera pas fait, la « supersymétrie » restera une théorie en quête d'une réalité à décrire, tout comme les personnages de Pirandello (1867-1936) l'étaient d'un auteur.

La symphonie des supercordes

L'un des obstacles les plus importants qui se dressent sur le chemin menant à l'unification et le rendent si ardu est sans doute le problème des infinités, c'est-à-dire des quantités infinies qui ne cessent de surgir dans la théorie. Ce qui est signe que cette dernière n'est pas conforme à la Nature, puisque celle-ci abhorre l'infini. Nous avons vu, par exemple, que plus les particules messagères qui véhiculent les forces sont proches des particules de matière qui les ont engendrées, plus leur énergie augmente. Cette augmentation n'a pas de limites et peut devenir infinie, car rien n'empêche les particules messagères de se confondre complètement avec les particules de matière. Dans le modèle standard, ces dernières ne sont que des points mathématiques sans dimension aucune. Pour essayer de remédier à ce problème des infinités, l'idée est venue de donner une taille aux particules de matière. Si cette taille était beaucoup plus petite que ce que nos instruments peuvent percevoir, nous n'aurions pas été conscients d'une telle dimension. C'est ainsi qu'a fait son apparition la théorie dite « des cordes ».

Au lieu d'être de simples points mathématiques sans dimension, les particules de matière sont devenues des cordes infiniment minces se déployant dans une seule dimension, un peu comme des spaghettis extrêmement fins. On avait déjà essayé, par le passé, de représenter les particules matérielles par de minuscules sphères, mais cette approche fut rejetée dans la mesure où elle contredisait la relativité générale. Les premiers calculs utilisant le concept de cordes ne furent pas très encourageants. Ils produisaient des particules qui voyageaient plus vite que la lumière, ce qui n'était pas permis par la Relativité. En désespoir de cause, on appela la « supersymétrie » à la rescousse. Les cordes devinrent des « supercordes ». Celles-ci restèrent bien sagement au-dessous de la vitesse de la lumière, et la théorie des cordes fut sauvée. La « supersymétrie » introduisit aussi un invité surprise qu'on n'attendait pas : une particule sans masse voyageant à la vitesse de la lumière et de spin 2. Vous l'avez reconnu : c'est le graviton, hypothétique particule messagère de la force de gravité. Ainsi, sans l'avoir fait exprès, puisque la motivation originale était de se débarrasser des infinités, les physiciens ont introduit la gravité dans la théorie des cordes. Cette gravité, qui s'était montrée si réfractaire, s'était enfin décidée à rejoindre la compagnie des autres forces, sans se faire inviter. Elle s'était glissée subrepticement dans la théorie. Les physiciens étaient ravis. La théorie des supercordes semblait promettre au bout du chemin l'unification tant attendue des quatre forces de la Nature.

La théorie nous dit que les supercordes ont une longueur infinitésimalement petite de 10^{-33} cm, qui n'est autre que la longueur de Planck où la gravité est à pied d'égalité avec les autres forces. Les particules de matière et de lumière, celles qui transmettent les forces qui lient le monde ensemble et font qu'il change, tout cela n'est que la manifestation des vibrations de ces supercordes. Tout comme les vibrations des cordes d'une guitare ou d'un violon produisent, pour notre plus grand bonheur esthétique, des sons variés accompagnés de toutes leurs harmoniques (c'est-à-dire des sons ayant des fréquences multiples de celle du son fondamental), les supercordes sont à l'origine de divers sons et harmoniques qui se manifestent dans la Nature et nos instruments de mesure comme des protons, des neutrons, des électrons, des photons, etc. En fait, les mathématiques développées au XIXe siècle pour décrire les vibrations des cordes dans les instruments de musique rendent bien compte des vibrations de ces supercordes. L'énergie de chaque mode de vibration correspond à une particule dont la masse est égale, selon la formule d'Einstein, à cette énergie divisée par le carré de la vitesse de la lumière. Ainsi, le proton n'est autre qu'un trio de supercordes qui vibrent, chaque corde correspondant à un quark. Comme un trio de violoncelles nous enchante en interprétant un air de Mozart, les vibrations combinées des trois supercordes produisent la musique du proton qui se traduit en une masse, une charge électrique positive et un spin de 1/2 quand cette musique est captée par nos détecteurs scientifiques. L'atome, qui est une combinaison de protons, neutrons et électrons, dispose, pour créer sa musique, de plus de musiciens encore dans son orchestre. Ces musiciens sont encore plus nombreux et le son devient encore plus ample et majestueux quand il s'agit de la molécule, faite d'un ensemble d'atomes. Tout autour de nous, les supercordes chantent et vibrent, et le monde n'est qu'une vaste symphonie. La prochaine fois que vous écouterez une partition de Beethoven dans votre salon, dites-vous bien que, mêlées aux sons des violons, trompettes et autres tambours qui s'accordent pour créer la sublime musique qui vous transporte, se trouvent peut-être aussi (*peut-être*, car la théorie des supercordes n'est pas encore vérifiée expérimentalement) les vibrations de toute la matière qui vous entoure…

Des boucles de supercordes

Une même et seule supercorde peut nous apparaître sous plusieurs visages en vibrant à différentes fréquences. En vibrant d'une certaine façon, elle peut nous apparaître comme un graviton. Qu'elle change son mode de vibration, et la voilà sous l'habit d'un photon. Les supercordes ne vivent pas des vies placides et isolées. Elles bougent, interagissent, se connectent ou se subdivisent. Leur comportement en société est très compliqué, et, grâce à de longs calculs mathématiques, les physiciens commencent seulement à comprendre leur sociologie. Les mathématiques destinées à décrire ce comportement sont extrêmement complexes, et, pour la première fois dans l'histoire de la physique, elles n'ont pas été défrichées préalablement par les mathématiciens. Il faut espérer, pour avancer au plus vite, que les techniques mathématiques vont s'améliorer ou que nous trouverons une autre façon d'aborder la théorie qui serait conceptuellement et techniquement plus simple.

La tension des supercordes joue un rôle capital dans leur comportement. À basse énergie, comme dans notre Univers actuel, cette tension est grande, elle tire sur les deux extrémités et les rapproche, si bien que les supercordes deviennent des points. C'est la raison pour laquelle la physique passée, qui considérait les particules comme des points, pouvait si bien décrire les phénomènes à basse énergie. Mais, à très haute énergie, comme dans le big bang ou dans les accélérateurs, la tension se relâche, les particules deviennent supercordes, et leur comportement change. Les deux bouts d'une supercorde peuvent rester libres ou se connecter pour former une boucle. Deux supercordes différentes peuvent aussi se combiner pour former une seule boucle. Cette forme de boucle est celle qui semble le mieux rendre compte des propriétés de la Nature, surtout des principes de symétrie que les physiciens ont découverts dans le monde subatomique.

Parce que la « supersymétrie » et la « supergravité » postulent l'existence d'une vaste population de particules massives invisibles, quelques physiciens ont avancé l'idée qu'il devrait exister un monde de l'ombre peuplé de particules semblables aux nôtres (quarks, électrons, neutrinos, etc.), mais qui n'interagiraient avec notre monde qu'à travers la gravité. Il serait possible, par exemple, qu'une personne faite de cette « matière de l'ombre » traverse votre corps sans que vous ressentiez quoi que ce soit. Cela parce que la gravité exercée par votre corps est extrêmement faible. Mais que la gravité augmente et les conséquences seraient perceptibles. Par exemple, si une « planète de l'ombre » venait à traverser notre système solaire, sa gravité pourrait éjecter notre chère Terre de son orbite. Mais, pour l'instant, toutes ces idées ne sont étayées par aucune preuve expérimentale, et les planètes, trous noirs et galaxies du « monde de l'ombre » restent du domaine de la spéculation.

Puisque la gravité a fait son entrée dans la théorie des supercordes par l'intermédiaire de la supersymétrie, il n'est pas étonnant que des dimensions supplémentaires de l'espace se manifestent aussi. Dans une version de la théorie, les supercordes habitent un univers à neuf dimensions spatiales, résultant en un espace-temps à dix dimensions. Dans une autre version, l'univers a vingt-cinq dimensions spatiales, résultant en un espace-temps à vingt-six dimensions. À nouveau, il faut supposer que les six ou vingt-deux dimensions supplémentaires se sont enroulées sur elles-mêmes jusqu'à atteindre une taille si infinitésimalement petite (10^{-33} cm) qu'elles ne sont plus perceptibles. Les physiciens émettent l'hypothèse que, lors du big bang, toutes les dimensions étaient sur un pied d'égalité et que les particules de la soupe primordiale les « percevaient » toutes. Mais, quand l'horloge a marqué 10^{-35} seconde, l'Univers s'est embarqué dans une phase d'expansion fulgurante appelée « phase inflationnaire », qui a gonflé exponentiellement trois dimensions spatiales tout en laissant les autres à leur taille infinitésimalement petite. Ces dimensions ont été perdues de vue et ne se manifestent plus à nous que par les propriétés des particules et des forces. Celles-ci ont donc toutes une origine géométrique, bien que la gravité reste la seule force dans notre Univers actuel à être associée, de manière perceptible, à la géometrie de l'espace-temps.

La théorie des supercordes présente donc plusieurs avantages importants. En attribuant une taille non nulle aux particules, elle contourne le problème des infinités. En admettant la gravité en son sein, elle nous rapproche du but tant désiré d'une description unifiée de la Nature.

La marche vers l'Unité

Nous voici au terme de notre long voyage au cœur de la matière. Ce voyage a été marqué par une marche incessante vers l'Unité (fig. 61). À mesure que la physique a progressé, elle a découvert des connexions intimes entre des phénomènes que l'on pensait tout à fait distincts. Une description unifiée de la Nature, appelée parfois avec trop de grandiloquence « théorie du Tout », est devenue la quête du Graal du physicien moderne. Dans cette quête de l'Unité, la symétrie n'a cessé d'intervenir pour guider ses pas hésitants. Elle a pris de plus en plus d'importance, en même temps qu'elle est devenue de plus en plus abstraite. De symétries simples droite-gauche ou de rotation, on en est venu à parler de « symétrie matière-lumière ».

La marche vers l'Unité a commencé avec Isaac Newton au XVIIe siècle. Celui-ci unifia mécaniques terrestre et céleste. L'acoustique rejoignit ensuite le giron de la mécanique. Celle-ci engloba après la science de la chaleur, quand on découvrit au XIXe siècle que cette dernière était due au mouvement agité des molécules qui composent les objets. Vous transpirez l'été parce que la forte température fait que les molécules de l'air bougent très vite et se heurtent à votre corps avec beaucoup d'énergie. Par contre, vous gelez l'hiver parce que la basse température fait que ces mêmes molécules ont des mouvements beaucoup plus apathiques, et se cognent à votre corps avec beaucoup moins d'énergie. Un pas de plus vers l'Unité a été accompli du jour où on a réalisé que l'interaction mécanique entre objets, par exemple la friction (c'est elle qui fait que les freins de votre bicyclette s'échauffent quand ils frottent contre les roues), pouvait s'expliquer par l'interaction électromagnétique entre les atomes et molécules de ces objets.

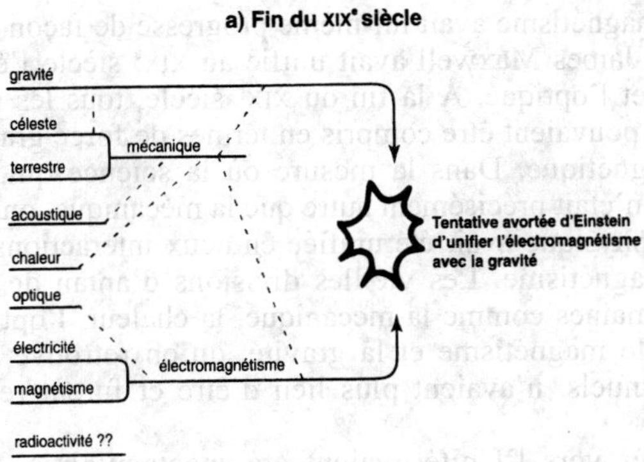

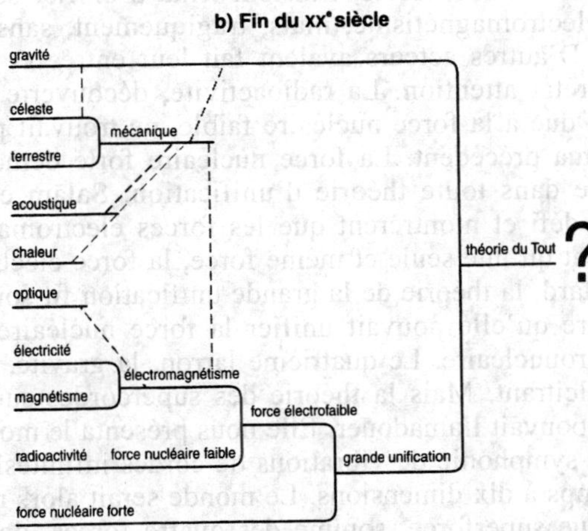

Fig. 61. *L'Unité de la Nature*. À mesure que la physique progresse, elle révèle des connexions inattendues et insoupçonnées. Ainsi, à la fin du XIXe siècle (diagramme a), toute la physique s'est retrouvée unifiée sous la bannière de seulement deux forces : la force de gravité et la force électromagnétique. La radioactivité qui venait d'être découverte n'était pas encore incluse. Einstein tenta d'unifier les deux forces pendant les dernières années de sa vie, mais en vain. Et pour cause ! Les deux forces nucléaires faible et forte n'étaient pas encore connues. À la fin du XXe siècle (diagramme b), quatre forces fondamentales règlent le monde : en plus des forces de gravité et électromagnétique sont venues s'ajouter les deux forces nucléaires forte et faible. Steven Weinberg et Abdus Salām ont réussi à unifier les forces électromagnétique et nucléaire faible en une force électrofaible. Les théories de grande unification semblent pouvoir unifier la force électrofaible avec la force nucléaire forte en une force électronucléaire. Les physiciens travaillent avec acharnement pour unifier la force électronucléaire avec la force de gravité en une seule superforce. C'est la quête d'une théorie du Tout, le Graal du physicien moderne. Une version de cette théorie du Tout est celle des supercordes qui dit que les particules élémentaires sont des vibrations de bouts de corde infinitésimalement petits dans un espace-temps à dix dimensions.

L'électromagnétisme avait lui-même progressé de façon remarquable vers l'Unité. James Maxwell avait unifié au XIXe siècle l'électricité, le magnétisme et l'optique. À la fin du XIXe siècle, tous les mouvements de particules pouvaient être compris en termes de force gravitationnelle et électromagnétique. Dans la mesure où la science qui étudiait ces mouvements n'était précisément autre que la mécanique, on pouvait dire que toute la physique avait été unifiée en deux interactions : la gravité et l'électromagnétisme. Les vieilles divisions d'antan de la physique en divers domaines comme la mécanique, la chaleur, l'optique, le son, l'électricité, le magnétisme et la gravité, qu'on retrouve encore dans les vieux manuels, n'avaient plus lieu d'être et furent reléguées aux oubliettes.

Les progrès vers l'Unité avaient été spectaculaires. Pourtant, le but ultime était encore loin, le chemin semé d'embûches. Durant la première moitié du XXe siècle, Einstein tenta d'unifier sa chère gravité avec l'électromagnétisme, mais, tragiquement, sans succès. Et pour cause ! D'autres acteurs avaient fait leur entrée et réclamaient qu'on leur prêtât attention. La radioactivité, découverte à la fin du XIXe siècle et due à la force nucléaire faible, ne trouvait pas sa place dans le schéma précédent. La force nucléaire forte demandait aussi à être incluse dans toute théorie d'unification. Salām et Weinberg relevèrent le défi et montrèrent que les forces électromagnétique et faible n'étaient qu'une seule et même force, la force électronucléaire. Un peu plus tard, la théorie de la grande unification fit son apparition pour nous dire qu'elle pouvait unifier la force nucléaire forte avec la force électronucléaire. Le quatrième larron, la gravité, se montrait toujours récalcitrant. Mais la théorie des supercordes surgit et nous avisa qu'elle pouvait l'amadouer. Elle nous présenta le monde comme une immense symphonie de vibrations de cordes infinitésimales dans un espace-temps à dix dimensions. Le monde serait alors régi par une seule et unique superforce, somme des quatre forces, dont le règne monothéiste s'étendrait à l'Univers entier.

Serions-nous au bout du chemin ? Verrions-nous l'Unité dans toute sa beauté ? Certains le pensent. Pour ma part, je ne suis pas convaincu. La théorie de la grande unification a, pour le moment, peu de chances d'être vérifiée expérimentalement, car cela requerrait des énergies fantastiques. Elle ne peut être vérifiée indirectement que par la mort du proton qui, pour l'instant, possède une longévité qui dépasse les prévisions. La théorie des supercordes a encore moins de chances d'être soumise directement à l'expérience, l'unification du Tout étant prévue à des énergies qui défient l'imagination (il y a tout de même une petite chance que les particules supersymétriques dont l'existence est prédite par la théorie soient perçues dans les machines du futur). D'autre part, la théorie est enveloppée d'un voile mathématique si épais qu'elle n'a plus aucune connexion avec la réalité. Or, tant que la physique n'est pas ancrée dans le Réel, elle n'est que métaphysique.

Nous avons pu admirer la prodigieuse inventivité de la Nature en ce qui concerne la matière inanimée. Voyons maintenant comment elle exerce sa créativité pour générer la vie.

VI
L'UNIVERS CRÉATIF

Éloge de l'imperfection

En se laissant guider par la symétrie, les physiciens se sont rapprochés de l'Unité. Ils ont découvert qu'au moment de la Création, quand l'Univers était extrêmement petit, chaud et dense, les forces pouvaient être unifiées, l'Unité pouvait être parfaite. Aujourd'hui, après 15 milliards d'années d'évolution, nous vivons en revanche dans un Univers d'une époustouflante complexité et variété, régi par quatre forces distinctes, d'intensité et de caractère totalement différents. Par exemple, la force nucléaire forte est 100 fois plus intense que la force électromagnétique, et 10^{39} fois plus grande que la force de gravité. La matière montre elle aussi une diversité des plus fantastiques. Les quarks s'assemblent 3 à 3 pour former protons et neutrons, mais les électrons ne se combinent pas en d'autres structures. Ceux-ci ont une masse et une charge électrique, alors que les neutrinos et les photons n'en ont pas.

La Nature s'amuse à varier le plus possible. Pourquoi n'a-t-elle pas choisi de maintenir l'Unité parfaite du début ? Pourquoi n'a-t-elle pas choisi de construire des briques de matière toutes identiques ? La réponse est simple : un Univers parfait est certes possible, mais il serait stérile et morne. Un tel Univers ne pourrait héberger ni le parfum des roses, ni le chant des rossignols, ni les feux éclatants des couchers du Soleil, ni les nénuphars de Monet. Surtout, il ne pourrait engendrer une conscience ni une intelligence capables de se poser des questions sur son histoire et sa destinée. L'Unité parfaite, la symétrie sans faille, la perfection absolue seraient synonymes de stérilité et de mort. Le principe de la vie se fane devant la perfection glacée d'une symétrie trop précise ou d'une unité trop absolue. Dans un monde parfait et indifférencié, nous ne pourrions pas exister. Nous sommes là parce que la symétrie a été rompue.

Cette importance d'être imparfait, nous la retrouvons dans les domaines les plus variés, depuis la physique jusqu'à la biologie en passant par les mathématiques. Les imperfections sont souvent utiles, sinon nécessaires. Les menues erreurs, les légers défauts, les impuretés minuscules, les infimes exceptions à la règle sont indispensables au bon fonctionnement des systèmes. L'exemple suivant, qui concerne les chemins de fer au Japon, nous le montre bien.

On s'était longtemps demandé pourquoi les caténaires françaises vendues aux Japonais s'usaient beaucoup plus vite sur les chemins de fer du pays du Soleil-Levant qu'en France. Jusqu'au jour où l'on s'aperçut que les ingénieurs japonais, maniaques à l'excès, plantaient leurs pylônes à un intervalle rigoureusement exact de 100 m, alors que leurs homologues français les installaient plus approximativement tous les 100 m à *peu près*. De ce fait, un système d'ondes vibratoires de forte amplitude s'établissait, qui faisait que les câbles électriques se frottaient contre les caténaires et les usaient prématurément. Le problème était la perfection du système ; la solution, une petite imperfection dans l'espacement.

La perfection temporelle peut se révéler aussi néfaste que la perfection spatiale : les soldats ne doivent jamais défiler au pas sur un pont, car les chocs répétés et synchronisés risqueraient de le faire s'écrouler…

Alors que la perfection est stérile, l'imperfection est riche de potentialités. Sans l'ajout d'impuretés dans les cristaux de silicium et de germanium dont sont faits les transistors dans votre poste de radio, vous ne pourriez pas écouter votre station favorite. Ces impuretés qui introduisent des « surprises » dans la répétition à l'infini des réseaux cristallins de ces éléments aident le courant électrique à circuler plus facilement dans les transistors. En pharmacie, des produits purs sont parfois moins efficaces contre les microbes que les mélanges naturels impurs. Si la matière vivante était une machine parfaite, programmée pour se reproduire à l'infini, immuablement et éternellement semblable à elle-même, sans la moindre variation, la vie n'aurait pu évoluer. Elle serait restée pour toujours au même stade primitif. C'est grâce à des imperfections de reproduction que des structures nouvelles peuvent apparaître et que la vie peut évoluer. Un gène qui se transforme (peut-être par interaction avec un rayon cosmique), un chromosome qui se réorganise après s'être brisé sont sources de mutation et d'évolution. Les imperfections de la duplication génétique sont à l'origine de l'extraordinaire richesse et variété des espèces végétales et animales qui peuplent aujourd'hui notre écosystème, des délicats myosotis jusqu'aux géants baobabs, des bactéries parasites jusqu'aux hommes pensants. Les temples hindous ne sont pas tout à fait symétriques ; la légende dit qu'une trop grande perfection rendrait les dieux jaloux. Mais n'est-ce pas plutôt parce que la « perfection » d'une œuvre d'art, comme celle de la Nature, naît d'une imperfection contrôlée des détails ? Parce que la vraie perfection est stérile, alors que l'imperfection mesurée est génératrice de nouveauté ?

Les aimants et les supraconducteurs refroidis perdent leur symétrie

L'histoire de l'Univers est faite d'une série de symétries brisées, d'imperfections contrôlées. C'est cette imperfection dans la perfection qui permet que nous soyons là et que la nuit noire soit constellée de planètes, d'étoiles et de galaxies. Le monde est vibrant de couleurs, mais aussi rempli de bruit et de fureur. Le vent nous caresse les joues et nous apporte le parfum d'une fleur. Les vagues des océans clapotent doucement et nous bercent dans notre sommeil. Le Soleil illumine de ses feux ardents les vastes prairies. Si toute cette beauté qui met du baume à notre âme est possible, c'est parce que les forces, au lieu d'être une, sont quatre. C'est la force de gravité qui a rassemblé la matière autour des graines de galaxies, minuscules hétérogénéités de densité de l'Univers apparues dans les 300 000 premières années, pour qu'elles grandissent en étoiles et en galaxies. C'est elle aussi qui, plus tard, a rassemblé les grains de poussière en planètes et en lunes. La force nucléaire forte, en liant neutrons et protons en noyaux d'atomes, a permis la naissance de la matière qui est en nous et qui nous entoure. La force électromagnétique, en liant atomes et molécules, a permis l'émergence de la double hélice enchevêtrée de l'ADN et de la vie. Quant à la force faible, elle est responsable des réactions nucléaires qui alimentent le feu des étoiles. Les quatre forces sont donc responsables de toute la diversité et variété des choses de la vie. Pourtant, nous l'avons vu, elles n'étaient, très probablement, qu'une au début.

Pour créer la complexité et la nouveauté, l'Univers a dû rompre la symétrie parfaite des forces originelles. Il l'a fait de façon spontanée (les physiciens parlent à ce propos de « brisure de symétrie spontanée ») en se refroidissant. En effet, le froid brise la symétrie. Nous l'observons avec la glace : à haute température, celle-ci fond et se transforme en eau, qui n'a aucune structure particulière ; l'eau liquide est symétrique. Par contre, lorsque la température baisse au-dessous de 0 °C, l'eau se transforme en glace ; la symétrie est alors brisée, car les cristaux de glace possèdent une orientation spatiale particulière qui fait que toutes les directions de l'espace ne sont plus équivalentes. La froideur, en provoquant un changement d'état de l'eau liquide en glace solide (les physiciens appellent ce changement d'état une « transition de phase »), a donc généré de la structure à partir d'un état sans structure.

Un autre exemple concerne les aimants. À haute température, le magnétisme n'est pas activé et l'aimant n'attire pas les clous. Un aimant est en effet composé d'aimants microscopiques. Quand on le réchauffe, ces petits aimants bougent à qui mieux mieux, de façon complètement chaotique, et pointent dans toutes les directions possibles si bien que leurs effets magnétiques s'annulent. Mais que la température vienne à baisser au-dessous d'un seuil critique de 770 °C et l'effet magnétique réapparaît spontanément, car les aimants microscopiques ne sont plus si agités et s'alignent bien sagement dans une seule et même direction pour produire un champ magnétique macroscopique cohérent. Là encore, la symétrie des directions des petits aimants a donc été brisée par le froid.

Le même phénomène se produit avec des matériaux dits « supraconducteurs ». Ceux-ci perdent soudain toute résistance au passage de l'électricité quand ils sont refroidis au-dessous d'une certaine température. Au lieu de bouger indépendamment les uns des autres en suivant des trajectoires compliquées et fantasques, comme dans un matériau conducteur normal, les milliards d'électrons qui constituent le courant électrique se déplacent à basse température comme un seul homme, avec un mouvement hautement corrélé et organisé. Ce mouvement concerté permet aux électrons de bouger sans perte d'énergie ni échauffement. Cette économie d'énergie est fortement prisée par les industriels qui espèrent se servir des supraconducteurs pour construire ordinateurs et lignes téléphoniques.

Cette organisation du mouvement à grande échelle s'observe aussi dans les « superfluides » comme l'hélium liquide qui, refroidi à très basse température, perd toute viscosité et peut circuler sans friction ni perte d'énergie. À nouveau, le froid a rompu la symétrie en poussant les électrons (dans les supraconducteurs) et les atomes d'hélium (dans les superfluides) à se déplacer dans une même direction bien déterminée.

L'Univers rompt la symétrie

Tout comme pour l'eau, les aimants, les supraconducteurs ou les superfluides, le froid va permettre à l'Univers de rompre la symétrie et d'accéder à la complexité. Comme je l'ai longuement développé dans *La Mélodie secrète*[1], l'Univers est né par la grâce d'une fluctuation quantique à partir d'un vide infinitésimalement petit. Notre connaissance des premiers moments de l'Univers est très incertaine pour la période où celui-ci était plus jeune que 10^{-43} seconde et plus petit que

1. Trinh Xuan Thuan, *La Mélodie secrète*, Fayard, 1988 ; rééd. Gallimard, coll. « Folio Essais », n° 160, 1991, ici, p. 15.

10^{-33} cm (seuils appelés respectivement temps et longueur de Planck), car nous ne disposons pas encore, nous l'avons vu, d'une théorie de la gravité quantique. Derrière ce mur de la connaissance qu'est la barrière de Planck se cache encore une réalité inabordable, peut-être peuplée de supercordes vibrant dans un espace-temps à 10 dimensions. C'est seulement quand l'horloge cosmique marque 10^{-43} seconde que le temps et l'espace à 3 dimensions qui nous sont familiers font leur apparition. L'Univers observable possède alors l'invraisemblable température de 10^{32} degrés. À 10^{-43} seconde, la gravité quitte l'union et va désormais vivre séparément. Les trois autres forces étant encore liées ensemble en une force électronucléaire, l'Univers est régi par un couple. Puis, à 10^{-35} seconde, quand l'Univers s'est refroidi d'un facteur de 100 000, à 10^{27} degrés, une deuxième brisure de symétrie se produit. C'est maintenant la force forte qui va faire bande à part. Les forces de gravité, forte et électrofaible forment alors un triumvirat qui contrôle l'Univers.

Cette deuxième brisure de symétrie va avoir d'importantes conséquences pour l'avenir de l'Univers. Tout comme l'eau, en brisant sa symétrie pour se transformer en glace, libère une bouffée de chaleur, l'Univers, en rompant sa symétrie, libère l'énorme énergie du vide. Cette énergie fait que l'Univers s'emballe dans une folle expansion, appelée « inflation », durant le temps infinitésimalement court de 10^{-32} seconde. Mais cela suffit pour que l'Univers observable triple de taille cent fois de suite et atteigne celle d'une orange. La fin de la phase inflationnaire est marquée par une nouvelle brisure de symétrie : la matière et la lumière, unifiées auparavant en forme d'énergie, vont se séparer. Elles naissent selon la relation entre masse et énergie décrite par Einstein, et le vide sans structure se retrouve tout à coup envahi par des myriades de particules. Quarks, leptons, photons et leurs antiparticules font irruption. L'Univers continue son expansion, mais de façon plus mesurée. Il se refroidit de plus en plus et, quand l'horloge cosmique marque 10^{-12} seconde, sa température n'est plus que de 10^{15} degrés. Ce refroidissement d'un facteur un million de millions provoque une nouvelle brisure de symétrie. La force faible se sépare de la force électromagnétique. Désormais, les forces seront quatre pour façonner la complexité de l'Univers. Chaque brisure de symétrie est ainsi créatrice de potentialités nouvelles et de structures à venir.

L'Univers a un penchant pour la matière

Si les forces nées d'une succession de brisures de symétrie façonnent le monde, nous devons aussi notre existence à une autre de ces brisures, celle entre matière et antimatière. La symétrie matière-antimatière est l'une des lois sacro-saintes de la Nature. La matière est une forme d'énergie et peut être créée dans les accélérateurs de particules mais, quand nous la produisons, elle est toujours accompagnée d'une quantité égale d'antimatière. Si l'énergie du vide a généré la matière associée à l'antimatière dans l'Univers primordial, comment se fait-il que nous vivions aujourd'hui dans un Univers fait presque exclusivement de matière ? Où est passée l'antimatière ? Nous savons qu'il n'y a pas, dans la Voie lactée, des multitudes d'antiétoiles avec des cortèges d'antiplanètes sur lesquels des antivous liraient des antilivres ! Les rayons cosmiques, ces particules nées des agonies explosives d'étoiles massives, qui viennent nous visiter de l'espace, nous le disent : elles contiennent moins de 0,01 % d'antimatière. Ensuite, les énormes quantités de rayons X qui devraient résulter de l'annihilation matière-antimatière, si, de temps à autre, une galaxie venait à rencontrer une antigalaxie, restent désespérément absentes. On pourrait postuler que la matière et l'antimatière se sont séparées, vivent dans des coins différents de l'Univers et ne se rencontrent jamais, mais cette supposition est bien peu plausible, puisqu'elles étaient intimement mêlées dans la soupe primordiale.

Comme nous l'avons vu, s'il y avait symétrie parfaite et donc autant de particules que d'antiparticules, nous ne serions pas là en train de discuter de cette question. La matière et l'antimatière se seraient annihilées complètement et l'Univers ne contiendrait que des photons. Ces photons, continuellement affaiblis en énergie par l'expansion de l'Univers et par son refroidissement, ne pourraient plus accoucher de particules et d'antiparticules (l'énergie du photon doit être au moins égale à la masse de la particule ou antiparticule multipliée par le carré de la vitesse de la lumière). Il ne resterait plus qu'un Univers rempli de lumière, incapable d'engendrer étoiles, galaxies et êtres humains. L'Univers a donc dû trouver très tôt un moyen de briser la symétrie matière-antimatière, puisque nous sommes là. On pense maintenant qu'il l'a fait 10^{-32} seconde après l'explosion primordiale, à la fin de la phase inflationnaire, quand l'énergie du vide a donné naissance aux particules et antiparticules. La Nature a montré alors une toute petite préférence pour la matière. Pour chaque milliard d'antiquarks qui ont surgi du vide, elle s'est arrangée pour qu'il y ait un milliard *plus un* quarks. Différence infime, mais lourde de conséquences. En effet, plus tard, vers le premier millionième de seconde, quand l'Univers se sera refroidi à 10 000 milliards de degrés – assez pour permettre aux quarks de s'assembler trois à trois afin de former neutrons et protons, et aux antiquarks de former leurs antiparticules –, la très grande majorité des quarks et antiquarks se sont annihilés pour devenir lumière. Mais, pour chaque milliard de particules et d'antiparticules qui se sont annihilés pour donner un milliard de photons, il restera exactement une particule de matière sans particule d'antimatière pour la détruire. Ainsi, nous existons et notre corps est fait de matière parce que la Nature a eu un milliardième de préférence pour la matière par rapport à l'antimatière. Et c'est pourquoi il y a un milliard de particules de lumière pour une particule de matière dans l'univers d'aujourd'hui.

Pourquoi cette brisure de symétrie ? La réponse n'est pas encore connue, malgré les efforts des physiciens, en particulier ceux du défunt dissident soviétique et défenseur des droits de l'homme, Andreï Sakharov (1921-1989). Les processus physiques qui peuvent produire une asymétrie matière-antimatière semblent être reliés à ceux responsables de la mort du proton. Encore une raison pour laquelle les physiciens n'en peuvent plus d'attendre de voir celui-ci se désintégrer…

La Nature a donc dû introduire de l'imperfection contrôlée dans la perfection pour permettre notre existence. Pour ce faire, elle a spontanément brisé la symétrie entre les forces et celle entre matière et antimatière. Parce que l'Univers du début n'était qu'une soupe primordiale de particules élémentaires, la physique des particules nous a permis de comprendre partiellement comment la symétrie a été rompue. L'approche consistant à réduire le comportement de l'Univers à celui des particules subatomiques a été efficace et a facilité notre compréhension du Cosmos. Mais, pour aller plus loin, cette approche « réductionniste » est-elle suffisante, ou bien nous faut-il considérer d'autres approches plus « holistiques », qui considèrent l'Univers dans son ensemble ?

Les rochers calcaires de la baie d'Along

Dans mon pays natal au doux nom de Vietnam, à moins de 100 kilomètres du port de Haiphong et à une centaine de kilomètres à l'est de Hanoi se trouve une des merveilles naturelles du monde, la baie d'Along. Assis dans un bateau qui tangue gentiment sous la légère poussée des vagues irisées, je ne me lasse pas de contempler ce spectacle grandiose et de me laisser imprégner par la beauté du site, mais aussi par sa sérénité. Devant moi, d'innombrables rochers calcaires au profil effilé surgissent çà et là de la vaste étendue d'eau et pointent vers le ciel. Ce sont ces masses de calcaire sculptées au fil des âges par l'érosion de la pluie et des vagues, tapissées d'une végétation touffue, verdoyante qui font la réputation de la baie. Ces sculptures sont faites d'un simple élément chimique appelé carbonate de calcium. Si je pouvais en examiner un échantillon au microscope, je découvrirais que le calcaire est constitué d'innombrables fossiles de minuscules animaux qui pullulaient il y a très longtemps dans la mer de Chine. Leurs petits cadavres ont mis des millions d'années à se déposer en couches stratifiées et comprimées au fond de l'océan et à donner naissance à ces imposantes structures de calcaire qui font maintenant l'admiration des touristes.

Nous sommes tous familiers de la craie, qui est aussi faite de calcaire. Les professeurs s'en servent pour écrire au tableau noir et apprendre à leurs élèves les rudiments de l'algèbre et de la philosophie. Cette craie est blanche. Pourquoi ? Nous connaissons la réponse. La lumière visible blanche du Soleil qui éclaire toutes choses et fait que nous percevons les objets autour de nous est un amalgame des couleurs de l'arc-en-ciel allant du bleu au rouge en passant par le vert et le jaune. La couleur d'un objet dépend des couleurs de la lumière solaire qui ne sont pas absorbées par cet objet, mais réfléchies dans nos yeux. Ainsi, les pierres de turquoise qui ornent le cou des femmes élégantes ont une couleur située entre le bleu ciel et le bleu-vert, car le phosphate d'aluminium et de cuivre dont elles sont faites absorbe le rouge et l'orange, mais réfléchit le bleu et le vert. De même, la craie est blanche parce que le carbonate de calcium réfléchit toute la lumière blanche du Soleil et n'absorbe aucune couleur de l'arc-en-ciel (elle absorbe les lumières infrarouge et ultraviolette du Soleil, mais celles-ci ne nous concernent pas : elles sont invisibles à nos yeux). Alors, pourquoi les rochers de calcaire de la baie d'Along ne sont-ils pas blancs comme la craie ? Parce qu'ils ne sont pas faits exclusivement de carbonate de calcium : des grains de poussière microscopiques se sont déposés à leur surface au cours des temps géologiques, ce qui leur donne une couleur grisâtre un peu triste.

Pourquoi certains objets, comme la pierre de turquoise, absorbent-ils certaines couleurs de l'arc-en-ciel alors que d'autres, comme la craie, ne le font pas ? La raison est double. La première explication concerne la nature quantique de la lumière : un rayon lumineux contient d'innombrables particules de lumière sans charge ni masse (les photons) possédant chacune une énergie bien déterminée. La seconde explication concerne la nature quantique de la matière, composée d'atomes et de molécules. Un atome ne peut exister que dans certains états d'énergie. Cette énergie ne peut changer n'importe comment, mais seulement d'un montant bien déterminé. L'atome (ou la molécule), qui est généralement à l'état d'énergie la plus basse, ne peut passer à une énergie supérieure qu'en absorbant un photon avec une énergie bien précise. Cette énergie précise est exactement égale à la différence d'énergie entre l'état final et l'état initial de l'atome. Or, il se fait que les atomes de cuivre dont est composée la pierre de turquoise ont justement un état qui diffère de l'état normal d'une énergie égale à celle d'un photon de couleur rouge orange. C'est pourquoi la partie rouge orange de la lumière solaire est absorbée, et la pierre de turquoise nous apparaît bleu-vert. Par contre, les molécules dans la pierre de calcaire n'ont pas d'état dont la différence avec l'état normal corresponde à l'énergie des photons visibles de la lumière solaire ; ces derniers ne sont pas absorbés, toute la lumière solaire est réfléchie dans nos yeux, et c'est ainsi que le calcaire nous paraît blanc.

Pourquoi les atomes et les molécules ne peuvent-ils exister qu'à des énergies bien déterminées ? Pourquoi ces énergies ont-elles les valeurs qu'elles ont ? La théorie de la mécanique quantique, en particulier l'équation d'onde de Schrödinger, nous fournit la réponse. Tout comme l'air dans les orgues des cathédrales ne peut vibrer qu'à certaines fréquences, les particules, dans un atome, ne peuvent coexister que dans des états d'énergie bien définis.

Pourquoi la matière est-elle composée de particules ? Pourquoi la lumière existe-t-elle ? Comme un enfant curieux qui vous tape sur les nerfs avec ses interminables pourquoi et sa curiosité jamais assouvie, nous nous sommes posé une longue série de questions qui ont fini par nous conduire aux particules élémentaires et au modèle « standard » qui décrit leur nature et leur comportement. Cette démarche tente de réduire la richesse et la beauté du monde aux seules particules, champs de forces et interactions. Elle fait l'hypothèse que tout système physique peut être disséqué en composants élémentaires, et que le comportement global du système peut être compris et expliqué en termes de comportement de ses composants considérés comme fondamentaux. Cette approche réductionniste suppose que toute la complexité du monde – le parfum des lavandes, l'aboiement d'un chien, le sourire d'un enfant – peut ainsi être expliqué par les lois de la physique.

Le réductionnisme a un passé glorieux

Le réductionnisme a exercé une profonde influence sur la pensée scientifique occidentale. Parce que la Nature est complexe, la réduire à ses plus simples éléments a permis de progresser. La physique telle que nous la connaissons n'aurait pas été possible sans ce processus de simplification. Nous avons vu à l'œuvre la puissance de la méthode réductionniste en méditant sur la couleur des rochers de la baie d'Along. Nous pourrions faire de même pour n'importe laquelle de leurs propriétés.

Penchons-nous par exemple sur leur composition chimique. Le calcaire est composé de trois éléments chimiques, le calcium, le carbone et l'oxygène, avec leurs poids toujours dans la même proportion de 40, 12 et 48 %. Pourquoi ces proportions, et pourquoi restent-elles toujours les mêmes ? Parce que les poids respectifs des atomes de calcium, de carbone et d'oxygène sont dans les rapports 40/12/16, et parce qu'une molécule de carbonate de calcium contient un atome de calcium et un atome de carbone pour trois atomes d'oxygène. Pourquoi trois fois plus d'atomes d'oxygène que d'atomes de calcium et de carbone ?

Le nombre d'atomes de chaque élément chimique au sein d'une molécule est déterminé par le nombre d'électrons échangés par cet élément avec ses voisins. Ainsi, le carbone possède six électrons, l'oxygène, huit, et le calcium, vingt. Parmi ces électrons, la mécanique quantique nous dit que l'atome de carbone en a quatre disponibles à partager, alors que l'atome de calcium n'en dispose que de deux. Quant à l'atome d'oxygène, il n'a pas d'électrons à partager, mais peut en capter deux. C'est ainsi que trois atomes d'oxygène accaparant un total de six électrons se retrouvent accouplés avec un atome de carbone et un atome de calcium qui leur fournissent ces six électrons. C'est la force électrique exercée par ces électrons partagés qui tient les atomes ensemble dans la molécule.

Pourquoi le rapport 40/12/16 des poids atomiques ? Parce que le noyau atomique est composé de protons et de neutrons, et que le noyau de calcium en contient un total de 40 (20 protons qui fournissent les 20 charges positives nécessaires pour annuler les 20 charges négatives des électrons, un atome devant être électriquement neutre, et 20 neutrons), celui du carbone, 12 (6 protons et 6 neutrons), et celui de l'oxygène, 16 (8 protons et 8 neutrons). Pourquoi la présence de neutrons dans le noyau atomique, alors qu'ils ne portent aucune charge électrique ? Pour tenir le noyau atomique ensemble, nous l'avons vu. Sans les neutrons, la force électrique répulsive entre les protons ferait éclater le noyau. Les neutrons attirent les protons avec la force forte d'une manière si intense que le noyau est 100 000 fois plus petit que l'atome lui-même, qui est donc presque entièrement vide. Pourquoi le neutron et le proton ont-ils presque la même masse, et pourquoi le neutron est-il neutre alors que le proton possède une charge électrique ? Ils ont à peu près la même masse parce que tous deux sont faits du même nombre et des mêmes types de quarks, les quarks *up* et les quarks *down*. Quant à la différence de charge, elle est due au fait que le proton est composé de 2 quarks *up*, chacun de charge électrique 2/3, et d'un quark *down* de charge électrique –1/3, alors que le neutron, lui, est composé de deux quarks *down* et d'un quark *up*.

Ainsi, notre série de pourquoi nous a de nouveau ramenés au modèle standard. La question de la composition chimique des rochers de la baie d'Along a trouvé réponse dans la physique des particules. Une nouvelle fois, en réduisant un système complexe à ses composants, nous avons pu progresser et comprendre. La méthode réductionniste est efficace et possède sans nul doute un passé glorieux. Mais est-ce la seule concevable ? Pouvons-nous vraiment réduire tous les phénomènes du monde au stade des particules et de leurs interactions ? En particulier le plus complexe d'entre eux, le phénomène de la vie ? Après tout, les rochers de la baie d'Along sont eux-mêmes générés par la vie : ils sont composés de milliers de fossiles de petits animaux qui ont absorbé et utilisé les sels de calcium et le gaz carbonique dissous dans les mers anciennes pour se fabriquer des carapaces de carbonate de calcium autour de leurs corps fragiles et se protéger contre leurs prédateurs.

Les hélices enchevêtrées de l'ADN

L'approche réductionniste a certainement obtenu par le passé de remarquables succès dans l'étude de la vie. Dans cette optique, les êtres vivants ne sont que des ensembles d'atomes et de molécules fonctionnant sous l'action des quatre forces qui nous sont familières, selon les lois habituelles de la physique. L'explication de la vie se réduirait à celle du comportement et de l'interaction des composants moléculaires des êtres vivants. La seule différence entre les matières vivante et inerte viendrait de leur degré de complexité. En d'autres termes, les êtres biologiques seraient simplement des machines extrêmement complexes. Cette vue « mécaniste » de la vie prétend que la biologie n'est qu'une branche de la chimie, qui n'est à son tour qu'une branche de la physique.

L'étude des bases moléculaires de la vie a donné lieu à des découvertes impressionnantes, la plus spectaculaire étant sans doute le déchiffrage du code génétique par l'Américain James Watson (né en 1928) et l'Anglais Francis Crick (1916-2004) en 1953. Leur découverte de la double hélice enchevêtrée de l'ADN compte parmi les plus grandes aventures scientifiques du XXe siècle. Nous savons maintenant que la vie sur Terre est le produit d'une coopération harmonieuse entre deux classes de molécules très larges : les acides nucléiques et les protéines. Les acides nucléiques (nommés ainsi parce qu'ils se trouvent dans les parties centrales des cellules vivantes) sont au nombre de deux et ont les dénominations barbares d'acides désoxyribonucléique et ribonucléique, mais sont plus communément connus sous leurs sigles ADN et ARN.

Chaque acide nucléique a sa fonction propre. Les molécules d'ADN sont de longues chaînes faites alternativement de molécules de sucres et de phosphates, d'où sortent des structures composées de quatre types de molécules appelées « bases ». Deux de ces bases sont de très petites molécules, la thymine et la cytosine, composées d'atomes de carbone, d'azote, d'oxygène et d'hydrogène arrangés en hexagones. Les deux autres bases, la guanine et l'adénine, sont de plus grosses molécules dans lesquelles les atomes sont arrangés en hexagones liés avec des pentagones. Ces quatre bases forment l'alphabet du code génétique, comme les vingt-six lettres de l'alphabet romain constituent le fondement de la langue française. D'ailleurs, elles sont connues par leurs initiales T, C, G et A. Les bases se combinent deux à deux. Leurs structures et dimensions sont telles que l'adénine est complémentaire de la thymine, et que la cytosine va de pair avec la guanine. La molécule d'ADN a la structure d'une double hélice : deux chaînes de molécules de phosphate et de sucre tournent en spirale sur elles-mêmes, reliées entre elles par les bases complémentaires. Imaginez un escalier en spirale dont les rampes seraient constituées par les sucres et phosphates, et dont les marches seraient formées par les bases. Sur chaque marche, une grande base est accompagnée de sa petite base complémentaire. Cette structure fait qu'une moitié de la double hélice contient le code complet, et que l'autre moitié est en quelque sorte superflue. C'est cette redondance qui permet à la molécule d'ADN de se dédoubler, processus qui fait que nos enfants nous ressemblent et qui est aussi fondamental à la vie que le sexe. Quand une cellule se divise, les deux chaînes se séparent. Chaque base d'une chaîne se réassemble avec sa base complémentaire d'une autre chaîne, et nous nous retrouvons avec deux molécules d'ADN identiques au lieu d'une. Les liens moléculaires dans une chaîne sont d'une solidité à toute épreuve, tandis que les liens entre les bases sont plus fragiles, ce qui permet à une hélice de se détacher de l'autre intacte, et de se reproduire la plupart du temps sans erreur. De temps à autre, pourtant, une erreur de copie se produit, des molécules sont réarrangées, et une mutation génétique survient. Les mutations peuvent aussi être causées par des réarrangements spontanés de molécules.

Les protéines sont composées de longues chaînes d'unités plus petites appelées « acides aminés ». Il existe vingt types différents d'acides aminés. Ceux-ci se retrouvent partout, chez les humains, les chats, dans les fleurs ou les bactéries. Les protéines sont les hommes à tout faire et les briques de la vie. Ce sont elles qui font le travail au niveau moléculaire et veillent au bon fonctionnement des cellules vivantes. Pour qu'une collaboration harmonieuse s'établisse entre les molécules d'ADN et les protéines, pour qu'elles communiquent, il fallait trouver un mécanisme capable de traduire l'alphabet de quatre lettres de l'ADN en l'alphabet de vingt lettres des protéines. Le dictionnaire servant à accomplir cette traduction fut élaboré dans les années 1960. La machinerie de la cellule lit la séquence des bases trois par trois, l'une après l'autre. Après la lecture de trois bases, un signal est déclenché qui commande à la cellule de fabriquer un premier acide aminé. Suivent la lecture de trois autres bases et la fabrication d'un autre acide aminé, et ainsi de suite. À mesure que les acides aminés sont produits, ils s'alignent pour se réunir en protéines, comme sur la chaîne d'assemblage d'une usine d'automobiles. Les acides aminés s'agencent ensemble en utilisant les instructions stockées dans les molécules d'ADN. C'est ici qu'intervient l'autre acide nucléique, la molécule d'ARN. Des sections de séquences de bases contenant les instructions sont copiées sur la molécule d'ARN qui n'est composée que d'une seule chaîne. Celle-ci, agissant comme messager, transmet l'information à des molécules d'une grande complexité appelées « ribosomes », qui sont comme d'immenses usines de fabrication de protéines. Ce sont les protéines qui assurent la bonne marche des réactions chimiques en brisant ou en nouant les liens moléculaires, comme des mécaniciens d'usine forant des trous ou soudant des pièces détachées.

La cause finale d'Aristote et les forces aveugles de Démocrite

Cette brève incursion dans la biologie nous a montré que les composants moléculaires de la vie sont organisés en une merveilleuse machinerie extrêmement bien huilée. Mais si, à l'échelle moléculaire, une telle description mécaniste de la vie, avec son vocabulaire incluant des mots comme « machine », « mécanicien », « usine » ou « chaîne d'assemblage », a rencontré de grands succès et nous a aidés à percer de grands mystères comme le secret de la duplication et de la transmission des gènes, voire à comprendre pourquoi nos enfants nous ressemblent, un énorme problème se pose quand on considère l'organisme vivant dans son entier. Si chaque molécule réagit aveuglément aux forces qui s'exercent sur elle à un instant et en un endroit donnés, comment se fait-il qu'elle puisse intégrer et coordonner son comportement individuel de façon à former un tout cohérent et harmonieux ? Comment des atomes individuels qui se déplacent et réagissent selon les lois causales de la physique, sous l'action de forces locales produites par des atomes voisins, peuvent-ils agir de façon cohérente et coordonnée à l'échelle de l'organisme tout entier et sur des distances beaucoup plus grandes que les distances intermoléculaires ?

C'est comme si les molécules avaient toutes un même grand dessein, comme si elles portaient en elles un vaste plan non contenu dans les lois physiques qui ne régissent que les comportements locaux. Cette idée que les composants des organismes vivants se développent et se comportent de façon « holistique », comme s'ils tendaient vers un seul et même but, n'est pas nouvelle. Le philosophe grec Aristote (384-322 av. J.-C.) pensait déjà, il y a quelque vingt-quatre siècles, qu'il existait un plan préexistant au développement d'un organisme vivant, qui guidait son comportement vers une fin définie préalablement. Ce concept de téléologie (du grec *teleos* qui signifie « fin ») signifiait que tous les êtres vivants tendaient vers une cause finale. L'Univers lui-même était un organisme géant évoluant conformément à un grand plan cosmique vers une destinée prédéterminée. Cette idée d'une harmonie holistique se situe à l'opposé de la vision « atomiste » dont le philosophe grec Démocrite (v. 460-v. 370 av. J.-C.) se fit le champion. D'après celui-ci, toutes les structures et formes du monde n'étaient que des arrangements différents d'atomes, et tout changement ou évolution ne reflétait que le réarrangement de ces atomes. L'Univers était une immense machine où chaque atome répondait aveuglément à l'influence de ses voisins, et à rien d'autre. Toute idée de cause finale était bannie. Le conflit entre l'holisme et le réductionnisme était déjà d'actualité.

La diversité de la vie

Nous ne pouvons pas observer l'éclosion d'une fleur, nous laisser bercer par le bruissement des feuilles d'un arbre, écouter le chant des oiseaux, voir un chien laisser éclater son allégresse au retour de son maître ou contempler les relations complexes, faites de joies et de peines, entre les êtres humains qui nous entourent sans arriver à la conclusion que les organismes vivants représentent la forme suprême de la matière organisée et active. La vie possède un haut degré de complexité et une variété des plus extraordinaires. Le nombre d'espèces vivantes connues sur le globe est estimé par le biologiste américain Edward Wilson[1] à 1,4 million, mais il y en a encore tant à découvrir que leur nombre exact peut atteindre entre 10 et 100 millions, soit presque deux fois le nombre d'individus que compte la population française. La très grande majorité des organismes vivants sont constitués par les insectes (751 000 espèces différentes) et les plantes (248 000 espèces), les animaux ne représentant que 281 000 espèces. Le reste est constitué par les bactéries, virus, algues, protozoaires et champignons, mais ces espèces sont encore si mal étudiées qu'il en reste un très grand nombre à découvrir.

Cette variété stupéfiante ne caractérise pas seulement le nombre des espèces. Au sein d'une même espèce, la diversité des formes et des caractères est sans limites. Par exemple, les êtres humains sont de races différentes, ont des visages, des tailles, des formes de nez et d'yeux, des couleurs de cheveux et de pupilles différents. Chaque être humain a des caractéristiques uniques et spécifiques qui font son individualité. Cette spécificité des organismes vivants les distingue des particules qui peuplent le monde subatomique. Quand celles-ci appartiennent à une même classe, elles possèdent toutes les mêmes propriétés. Vous rencontrez un électron, vous les avez tous vus. Le proton ne change pas d'un iota, qu'il soit dans le noyau d'un atome de carbone ou bien de fer.

Une autre propriété distingue les êtres vivants des particules subatomiques. Des jumeaux identiques, qui pourtant portent en eux les mêmes gènes, ont des comportements qui ne sont pas tout à fait identiques. Ils illustrent la deuxième différence essentielle entre le monde de l'animé et celui de l'inanimé. Les particules subatomiques ne relèvent

1. Edward O. Wilson, *The Diversity of Life*, Cambridge, Harvard University Press, 1992, p. 134.

que de l'inné. Une fée leur a conféré à leur naissance des propriétés particulières et elles les conservent toute leur vie durant. Par contre, les êtres vivants sont un mélange d'inné et d'acquis. Aux propriétés génétiques conférées à leur naissance viennent s'ajouter des caractéristiques acquises, celles qui résultent de l'interaction des organismes vivants avec leur environnement. Si le comportement des jumeaux identiques n'est pas exactement le même, c'est que leurs parcours respectifs dans la vie, leurs amis, amours, maîtres, etc., ont été différents. La vie sur Terre n'est possible que parce qu'elle est intégrée dans un réseau complexe appelé « écosphère », fait de multitudes d'organismes vivants mutuellement interdépendants, qui tous coexistent dans un état d'équilibre dynamique. Au contraire des systèmes inanimés qui peuvent être « fermés », c'est-à-dire complètement coupés de leur milieu, les organismes vivants sont des systèmes « ouverts » qui interagissent continuellement avec leur environnement par des échanges incessants, notamment d'énergie et de matière. Ces échanges se font parce qu'un organisme vivant n'est pas en équilibre thermodynamique avec son milieu environnant. Par exemple, sa température n'est pas la même que celle de l'air ambiant. Cet état de non-équilibre avec l'environnement est essentiel à la vie. Il permet à la Nature d'accéder à des structures plus organisées et de monter plus haut dans l'échelle de la complexité. Il lui permet de créer de l'ordre à partir du chaos, de la diversité à partir de la simplicité.

Le métronome chimique

L'équilibre est synonyme de non-structure et de stérilité, alors que le non-équilibre implique organisation et créativité. Nous l'observons tous les jours quand nous faisons bouillir de l'eau dans une casserole pour notre tasse de thé du matin. L'eau du bas, réchauffée et moins dense, tente d'aller vers le haut. Tant que le système reste quasiment en équilibre, c'est-à-dire que la différence de température entre le haut et le bas est faible, rien ne se passe. La viscosité de l'eau s'oppose à tout mouvement. Mais, dès que la différence de température dépasse un seuil critique, des structures apparaissent. Le liquide abandonne sa passivité et des cellules de convection surgissent, qui s'organisent dans un flot ordonné et stable. L'eau, initialement homogène et sans structure, s'est organisée, car en la chauffant nous l'avons mise hors de son état d'équilibre. Les cellules de convection ne subsistent que quand la température n'est pas trop élevée. Si l'on continue à augmenter la température, le flot ordonné devient chaotique.

Cette auto-organisation d'un système en état de non-équilibre ne caractérise pas seulement l'eau bouillante. Elle a aussi été observée dans une réaction chimique dite de Belooussov-Jabotinski (du nom des deux scientifiques russes qui l'ont d'abord étudiée) par le chimiste belge d'origine russe Ilya Prigogine (1917-2003). Cette réaction chimique se déroule dans un mélange de sulfate de cérium, d'acide malonique et de bromate de potassium dissous dans de l'acide sulfurique. Pour l'étudier, des colorants sont utilisés afin de marquer chaque ion (un ion est un atome qui a perdu un ou plusieurs électrons). Ainsi, le bleu indiquera les ions acides, tandis que le rouge marquera les ions basiques (les bases sont des corps qui neutralisent les acides en se combinant à eux). Une pompe est utilisée pour injecter les éléments chimiques dans le mélange. Tant que le taux d'injection reste faible, le système est près de son état d'équilibre et rien d'extraordinaire ne se passe ; toutes les couleurs restent mélangées ensemble. Mais quand le taux d'injection dépasse une valeur critique, le système chimique passe à un état de non-équilibre, et un spectacle étonnant se produit : tout le mélange vire d'un coup au rouge. Deux minutes passent, et la couleur du mélange entier vire au bleu. Encore deux minutes, et c'est le rouge qui revient, et ainsi de suite. Le changement de couleur est périodique et se poursuit avec la régularité d'un métronome. On a d'ailleurs qualifié un tel système d'« horloge chimique ».

Cette pulsation rythmée est des plus extraordinaires si l'on considère qu'il y a quelque 100 000 milliards de milliards (10^{23}) de particules dans le mélange chimique. Leur action concertée est analogue à la situation suivante. Nous avons tous vu à la télévision le tirage du Loto en direct. Des boules numérotées sont mises dans un bocal pourvu d'un système mécanique qui les brasse. La présentatrice choisit au hasard dans le bocal une boule numérotée qui donne le premier chiffre du numéro gagnant. Les boules sont mélangées à nouveau, une nouvelle boule est choisie, fixant le deuxième chiffre, et ainsi de suite. Imaginons maintenant que nous remplacions les boules numérotées par 50 000 milliards de milliards de boules noires et autant de boules blanches. Agitons-les dans le bocal. La plupart du temps, nous ne verrons plus qu'une couleur grise, car en moyenne autant de boules noires que de blanches seront visibles. De temps à autre, il y aura un peu plus de boules blanches que de boules noires, ou vice versa, mais ces fluctuations statistiques ne surviendront que de façon aléatoire. Pour rencontrer l'équivalent de la pulsation rythmée entre le rouge et le bleu du mélange chimique évoqué plus haut, il faudrait que, tout à coup, nous ne voyions exclusivement que des boules noires, puis, deux minutes plus tard, que des boules blanches, puis derechef que des boules noires au bout de deux nouvelles minutes, et ainsi de suite. Nous serions éberlués et crierions au miracle ! C'est pourtant ce qui se passe avec des systèmes chimiques ouverts en non-équilibre : ils ont un pouvoir d'auto-organisation et de création de l'ordre à partir du chaos que les systèmes chimiques fermés en équilibre ne possèdent pas.

On a essayé d'expliquer ce comportement rythmé de l'horloge chimique par des changements qui se produisent de façon cyclique avec une fréquence déterminée par les concentrations respectives des divers éléments entrant dans le mélange. Ces changements cycliques sont provoqués par un phénomène appelé « autocatalyse ». Les catalyseurs sont des substances qui accélèrent les réactions chimiques, et l'autocatalyse a lieu quand la présence d'une certaine substance génère encore plus de cette substance. Ici, une nouvelle énigme se pose : entre les molécules individuelles, les forces agissent sur des distances d'un dixième de millionième de centimètre ; or la pulsation rythmée se produit dans des régions de plusieurs centimètres. De nouveau, nous constatons que les milliards et milliards d'atomes présents dans le mélange chimique ont un comportement holistique, qu'ils suivent un plan global. L'horloge chimique est un autre exemple de la brisure spontanée de la symétrie par la Nature afin d'accéder à la complexité. L'état initial sans organisation était symétrique par rapport au temps ; la symétrie est rompue dès que les oscillations commencent, car les états qui se succèdent ne sont plus invariants en fonction du temps.

L'organisation de la réaction chimique de Belooussov-Jabotinski ne se fait pas seulement dans le temps, mais aussi dans l'espace. Deux sortes de structures spatiales extraordinaires apparaissent : soit des ondes circulaires concentriques de couleur bleue qui se propagent sur un fond rouge à partir d'une source centrale vers l'extérieur, soit des structures spirales bleues qui tournent comme des roues de charrette autour d'un centre, également sur un fond rouge. Dans le cas de l'eau qui bout, comme dans celui du mélange chimique, quand le système est poussé au-delà d'un seuil critique, il peut sortir de son état d'équilibre pour bifurquer vers un état d'auto-organisation hautement structuré. Ilya Prigogine appelle ce genre de mélange chimique un « système dissipatif », car celui-ci doit dissiper de l'énergie pour maintenir les structures qui se développent. Le système peut aussi bifurquer vers un état totalement chaotique. En effet, si le taux de pompage continue à augmenter, le comportement rythmé de l'horloge chimique donne lieu à des oscillations de plus en plus complexes qui deviennent totalement chaotiques, phénomène que nous avons déjà longuement abordé. Nous ne pouvons déterminer à l'avance laquelle des deux branches de la bifurcation le système va emprunter. C'est comme si la matière inanimée possédait une volonté propre.

Le mystère des formes

Si la compréhension du caractère holistique de la matière inanimée, de sa capacité à s'organiser dans un système ouvert et en non-équilibre en est encore à ses balbutiements, la matière vivante pose un problème autrement formidable. Cette énigme est la suivante : comment un ensemble de molécules qui, *a priori*, ne ressentent que l'action de leurs toutes proches voisines, sait s'organiser pour former un organisme vivant cohérent sur des distances beaucoup plus grandes que les distances entre molécules ? Le problème est à son comble quand il s'agit de l'être vivant. Les protéines sont de longues chaînes qui doivent se contorsionner de manière extrêmement compliquée pour revêtir la forme tridimensionnelle requise en vue d'accomplir leurs tâches. Comment des parties totalement distinctes de la molécule savent-elles coordonner leur comportement de façon à produire la forme désirée ? Comment un embryon peut-il se développer, à partir d'une seule cellule fertilisée, en un être vivant d'une complexité fantastique, dont chaque partie sera douée d'une fonction spécifique ? C'est le problème de la différenciation cellulaire. Comment certaines cellules de l'embryon savent-elles qu'elles doivent devenir des cellules du sang, alors que d'autres doivent évoluer en cellules d'os ? Se pose ensuite le problème de la position spatiale : comment une cellule connaît-elle la position qu'elle doit occuper par rapport aux autres parties de l'organisme pour diriger son mouvement ? Comment les cellules de l'oreille savent-elles qu'elles doivent aller au visage plutôt qu'à l'estomac ? Comment une coordination aussi minutieuse et précise s'effectue-t-elle à la fois dans l'espace et dans le temps ? C'est le grand mystère de l'élaboration des formes (ou morphogenèse) à partir de l'état embryonnaire.

À nouveau, nous ne pouvons nous empêcher d'évoquer un « grand plan » guidant le comportement des cellules individuelles vers une destinée finale durant le développement de l'embryon jusqu'à l'organisme entier. Écoutons le biochimiste français Jacques Monod (1910-1976) qu'on ne saurait pourtant accuser d'être un partisan de l'holisme, qui fut même au contraire un ardent défenseur du réductionnisme : « … L'une des propriétés fondamentales qui caractérisent tous les êtres vivants sans exception [est] celle d'être des objets doués d'un projet qu'à la fois ils représentent dans leurs structures et accomplissent par leurs performances… Plutôt que de refuser cette notion (ainsi que certains biologistes ont tenté de le faire), il est au contraire indispensable de la reconnaître comme essentielle à la définition même des êtres vivants. Nous dirons que ceux-ci se distinguent de toutes les autres structures de tous les systèmes présents dans l'Univers par cette propriété que nous appellerons la téléonomie[1]. »

Cette impression de projet et de finalité se trouve encore renforcée quand nous constatons l'extraordinaire capacité de certains systèmes vivants à se former complètement alors même que l'embryon a été mutilé pendant la période de développement. Un processus appelé « régulation » remplace les cellules manquantes par de nouvelles, ou remet à leurs positions « correctes » celles qui ont été déplacées. Encore plus extraordinaire est l'observation que des organismes vivants déjà développés peuvent se reconstituer après avoir été mutilés. Nous avons tous été étonnés de voir un ver de terre coupé en deux devenir deux autres vers de terre. Les salamandres peuvent générer un nouveau membre entier pour remplacer celui qui a été mutilé. Le cas le plus étonnant est sans doute celui de l'hydre, petit animal d'eau douce doté de 6 à 10 tentacules ; il peut se diviser spontanément en deux ou trois morceaux dont chacun générera un animal entier ! Ou encore, si vous le coupez en petits morceaux, il se réassemblera de lui-même dans sa totalité !

L'élan vital

Comment expliquer que les êtres vivants semblent être « doués d'un projet », qu'ils ont une qualité téléologique, pour reprendre le terme d'Aristote, ou téléonomique, pour employer celui de Monod ? Parler de « cause finale » ou de « projet » est frappé d'anathème par nombre de scientifiques. Non sans raison : la science moderne est née et a progressé grâce au rejet systématique de l'explication des phénomènes naturels en ces termes. Dire comme Bernardin de Saint-Pierre (1737-1814) que la Providence a « partagé la citrouille en tranches parce qu'elle est faite pour être mangée en famille » ne fait guère avancer notre connaissance en matière de citrouilles ! Pourtant, l'évidence est là pour ce qui concerne les êtres vivants, qu'on ne saurait nier. Monod pose ainsi le problème : « L'objectivité cependant nous oblige à reconnaître le caractère téléonomique des êtres vivants, à admettre que dans leurs structures et performances, ils réalisent et poursuivent un projet. Il y a donc là, au moins en apparence, une contradiction épistémologique profonde. Le problème central de la biologie, c'est cette contradiction elle-même, qu'il s'agit de résoudre si elle n'est qu'apparente, ou de prouver radicalement insoluble si en vérité il en est bien ainsi[2]. »

1. Jacques Monod, *Le Hasard et la Nécessité*, Le Seuil, 1970, p. 22.
2. *Ibid.*

Pour tenter de résoudre cette « contradiction épistémologique profonde », certains ont adopté le point de vue que les êtres vivants forment une classe à part, qu'ils sont soumis à des lois autres que celles qui régissent la matière inerte. Ces lois possèdent un ingrédient supplémentaire, absent dans les lois ordinaires. Dans les théories dites « vitalistes », cet ingrédient supplémentaire revêt la forme de ce que le philosophe français Henri Bergson (1859-1941) a appelé l'« élan vital[1] ». Cet élan vital confère à la matière vivante des propriétés spéciales qui lui permettent de s'organiser et d'évoluer de façon harmonieuse et créatrice[2]. Un « courant de vie » lutte avec la matière inanimée pour la contraindre à s'organiser. Aujourd'hui ces idées vitalistes n'ont plus le vent en poupe. Elles ne sont pas prises au sérieux, faute de preuve expérimentale.

Comment le local peut-il influencer le global ?

D'autres idées ont été avancées pour expliquer le mystère de la morphogenèse. L'une avance que s'il y a « plan », ce plan doit être emmagasiné quelque part dans les molécules d'ADN de l'œuf fertilisé. Mais, étant donné que l'ADN est le même dans chaque partie de l'organisme vivant, comment chaque molécule d'ADN choisirait-elle la partie qui la concerne dans le plan global pour le mettre en œuvre ? Il faudrait invoquer une sorte de « métaplan » qui contiendrait ces instructions. Si c'était le cas, où se trouverait ce métaplan ? Ce genre de raisonnement nous conduirait vite à une régression infinie. La théorie de la morphogenèse qui a pour le moment le plus le vent en poupe est celle des gènes « activés ». Elle postule que certains gènes spéciaux ont la fonction particulière de réguler le comportement des autres gènes. Ils sont généralement inactifs, mais, au moment voulu, ils se « réveillent » et entrent en action pour donner des instructions aux autres gènes. Ces gènes spéciaux ont été étudiés chez les mouches, mais semblent exister également chez d'autres organismes vivants, y compris l'homme. Mais, si la découverte de ces gènes explique le mécanisme par lequel la morphogenèse opère, elle n'explique toujours pas comment des gènes à l'échelle moléculaire peuvent coordonner leurs actions à l'échelle d'un organisme macroscopique, autrement dit, comment des actions locales peuvent exercer une influence à l'échelle globale.

---

1. Henri Bergson, *L'Évolution créatrice*, Genève, A. Skira, 1945.

2. Il faut souligner que Bergson rejette l'idée d'une cause finale, d'un projet déterminé à l'avance ; pour lui, une telle notion n'est qu'une autre forme de déterminisme, inversée dans le temps.

Nous avons déjà rencontré plusieurs fois, dans nos pérégrinations à travers le monde de la matière inerte, des circonstances où des interactions locales peuvent donner lieu à une organisation globale. Souvenons-nous du cas de l'eau qui bout, ou de celui du mélange chimique qui, telle une horloge, s'engage dans des pulsations rythmées. Un système ouvert en état de non-équilibre peut, nous l'avons vu, bifurquer d'un état non structuré vers un état hautement organisé. Se peut-il que le système des cellules vivantes dans l'embryon s'embarque lui aussi dans une série de bifurcations qui lui permettent d'accéder à l'organisation et à la complexité ? Très probablement pas, car il y a des différences fondamentales entre les cellules vivantes et, par exemple, les cellules de convection inanimées dans l'eau. Ces cellules présentes dans l'eau qui bout s'organisent spontanément sans suivre un plan global. Elles n'ont nul besoin d'instructions comme celles du code génétique. D'autre part, la forme et le caractère des cellules de convection dans l'eau qui bout sont complètement imprévisibles et changeants, alors que la forme des organismes vivants est stable et invariante ; à partir d'une configuration donnée de la molécule d'ADN, la forme finale de l'organisme qui en résulte est on ne peut plus précise et déterminée.

Une autre idée déjà rencontrée dans le monde des particules pour relier le local au global est celle des « champs ». Les champs électriques ne sont pas localisés à l'emplacement des particules, mais s'étendent bien plus loin. Peut-il exister un « champ morphogénétique » dans les organismes vivants, tout comme il y a un champ électromagnétique dans les molécules ? Ce champ s'étendrait à l'organisme entier et donnerait des instructions aux cellules individuelles pour guider leurs mouvements. Mais il y a un hic : puisque le code génétique est censé être localisé dans les molécules d'ADN, comment ces dernières communiquent-elles au champ les instructions dont elles sont porteuses, et comment harmonisent-elles leurs comportements locaux à l'échelle d'un champ global ? Cela ne constitue pas la seule difficulté : comment les molécules d'ADN, identiques dans un même organisme, peuvent-elles transmettre des instructions différentes au champ selon leur localisation ? Ces instructions doivent varier d'endroit en endroit pour permettre la différenciation des cellules. Si nous supposons que les molécules d'ADN disent au champ quelle forme prendre, et que celui-ci dit à son tour aux molécules d'ADN comment se comporter, le raisonnement est circulaire et nous n'avons en rien avancé.

Une façon de sortir de cette circularité est de postuler que le champ contient déjà en lui-même les instructions nécessaires pour la morphogenèse, sans passer par les molécules d'ADN. Dans ce cas, celles-ci se contentent de recevoir des instructions, sans en donner. Cette idée a été développée par le biologiste anglais Rupert Sheldrake. Celui-ci postule que le champ contient déjà les informations sur la forme que doit prendre l'embryon, et s'en sert pour guider son développement. Mais il ajoute en outre l'idée d'une « résonance morphique » qui repose sur l'hypothèse que le champ a une mémoire. Une fois que la Nature a « appris » à développer une forme, elle s'en souvient pour guider par « résonance » la croissance d'autres organismes. Ainsi, si un chien apprend à accomplir une nouvelle tâche, la mémoire du champ morphogénétique aidera les autres chiens à l'apprendre plus facilement. La matière inanimée ne fait pas exception : Sheldrake cite le cas de substances qui n'ont jamais été vues sous forme de cristaux, mais qui, tout à coup, se décident à cristalliser en même temps et en des endroits géographiquement séparés. Ce champ morphogénétique n'agit pas causalement dans l'espace et le temps selon les lois habituelles de la physique. Parce qu'elle invoque des lois physiques nouvelles non encore découvertes, et parce qu'il n'en existe pas encore de preuves expérimentales convaincantes, la théorie de Sheldrake laisse généralement dubitatif et n'est guère acceptée.

La mécanique quantique et la vie

La mécanique quantique constitue un autre domaine que nous avons exploré et où nous avons été forcés d'abandonner l'idée d'une réalité locale. L'« expérience EPR » nous dit que toutes les particules dans l'Univers ont un mystérieux contact les unes avec les autres, et qu'elles font partie d'une même réalité globale. Cette non-localité de la mécanique quantique peut-elle nous aider à résoudre le mystère de la morphogenèse ? Même si les êtres vivants sont des entités macroscopiques, nous sommes faits de molécules d'ADN qui sont soumises *a priori* aux lois de la mécanique quantique. Le physicien Erwin Schrödinger (celui de la fonction d'onde) a d'ailleurs démontré que la mécanique quantique était essentielle pour comprendre la stabilité du code génétique dans les molécules d'ADN[1].

Mais il y a un énorme fossé entre utiliser la mécanique quantique pour étudier le comportement des particules élémentaires et le faire pour des organismes vivants. Comme Niels Bohr l'a justement souligné, il est impossible de déterminer l'état quantique d'une cellule vivante sans la tuer. Et cela parce que la théorie quantique accorde un rôle primordial à l'observateur. C'est celui-ci qui crée la réalité par l'observation. Pour observer une cellule vivante, il faut interagir avec elle, ce qui la perturbera et mettra à mal les mécanismes moléculaires

1. Erwin Schrödinger, *Qu'est-ce que la vie ?*, Christian Bourgois, 1986.

essentiels au maintien de la vie. D'autre part, la mécanique quantique a un caractère statistique qui sied mal aux êtres vivants. Elle décrit la réalité en termes de probabilités, ce qui veut dire qu'elle ne peut être vérifiée que par l'observation du comportement de nombreux systèmes tous identiques. Supposez que vous vouliez déterminer la probabilité qu'une pièce de monnaie lancée en l'air retombe sur pile ou face. Vous ne pouvez pas dire de quel côté elle va retomber au prochain lancer. Vous pouvez seulement dire qu'elle a 50 % de chances de tomber sur face, et autant de chances de tomber sur pile. Mais, pour le vérifier, il vous faut lancer la pièce de nombreuses fois. De même, la mécanique quantique requiert l'observation d'un ensemble d'entités qui ne diffèrent pas d'un iota. Cela ne pose aucun problème pour les particules élémentaires d'un même type, car elles se ressemblent toutes. Mais, quand il s'agit d'êtres vivants, c'est une autre affaire. Ceux-ci sont caractérisés, nous l'avons vu, par leur spécificité. Pas un être vivant n'est exactement semblable à un autre. Il est donc très improbable que la mécanique quantique puisse être appliquée telle quelle au phénomène de la vie.

Pour ce faire, il faudrait très probablement faire appel à de nouveaux principes propres à la biologie, qui viendraient s'ajouter aux lois de la mécanique quantique mais ne les contrediraient pas. Tel fut le point de vue exprimé par les principaux créateurs de la théorie quantique. Niels Bohr disait que, de même que la description d'un électron comme particule est complémentaire de celle qui le considère comme une onde, de même, les lois biologiques sont complémentaires des lois physiques pour décrire la Nature. L'existence de nouvelles lois en biologie n'est pas non plus exclue par Schrödinger qui écrit : « Tout ce que nous avons appris sur la matière vivante nous dit que nous devons être prêts à accepter que son fonctionnement ne puisse être réduit aux lois ordinaires de la physique. » Plus récemment, le physicien Walter Elsasser a avancé l'idée de « lois biotoniques » qui, selon lui, agiraient de manière holistique sur les organismes vivants et posséderaient une structure logique totalement différente de celles qui nous sont familières. Elles viendraient s'ajouter aux lois physiques ordinaires, mais ne pourraient en être déduites. Toutes ces idées restent à démontrer.

Ainsi, la question que nous nous sommes posée au début de notre excursion dans le monde du vivant n'a pas trouvé de réponse. Nous ne savons pas comment les cellules vivantes se sont développées à partir d'embryons informes pour aboutir à la complexité, richesse et diversité des formes vivantes qui nous entourent. La « contradiction épistémologique profonde » de Jacques Monod est encore avec nous. Une conclusion est néanmoins apparente : les êtres vivants ne semblent pas pouvoir être expliqués en termes réductionnistes d'ensembles de particules interagissant localement. Un principe d'organisation de caractère holistique agissant à l'échelle globale de tout l'organisme semble être requis.

L'étincelle de la vie

Les processus qui guident le développement des formes biologiques gardent encore leurs secrets. Mais le plus grand mystère en biologie reste sans nul doute celui de l'origine de la vie. Comment la matière inanimée a-t-elle pu donner naissance à la matière vivante ? Comment l'étincelle de vie a-t-elle pu jaillir d'une collection d'atomes et de molécules inertes ? Une fois la vie déclenchée, on peut imaginer des mécanismes qui la font se développer et proliférer ; mais comment la première cellule de vie a-t-elle surgi ?

Nous avons vu que la vie résulte d'une coopération harmonieuse entre les acides nucléiques comme l'ADN et les protéines. Parce qu'ils vont de pair et possèdent des rôles complémentaires, ces deux agents de la matière vivante doivent entrer en scène simultanément pour que la vie se manifeste. Le drame de la vie ne pourra avoir lieu sans la présence de l'un et de l'autre. Les acides nucléiques, nous l'avons vu, portent le code génétique, mais sont si chimiquement ineptes qu'ils ne peuvent rien accomplir par eux-mêmes. Ce sont les protéines qui font tout le travail chimique grâce à leurs remarquables pouvoirs catalytiques. Mais les protéines sont elles-mêmes assemblées grâce aux instructions portées par les acides nucléiques. Nous nous retrouvons ici face au vieux problème de l'œuf et de la poule : qui vient en premier ? De deux choses l'une : si ce sont les acides nucléiques, ils sont impotents chimiquement et la vie ne peut se déclencher ; si ce sont les protéines, comment s'assembleraient-elles sans le code génétique de l'ADN ?

Les scientifiques qui se sont penchés sur ce problème se sont donc divisés en deux camps.

Le premier camp avance que les acides nucléiques se sont manifestés en premier. Une structure capable de stocker des instructions génétiques et de se répliquer serait d'abord apparue. Ce gène « primordial » ne serait pas nécessairement l'ADN. Il pourrait prendre la forme de l'ARN : au contraire de l'ADN, il ne serait pas impotent chimiquement et pourrait se répliquer sans l'aide de protéines agissant comme enzymes catalyseurs. L'ADN n'apparaîtrait que plus tard dans l'histoire de l'évolution biologique. Pour tester ce scénario, des expériences ont été faites en laboratoire par le biologiste américain Leslie Orgel pour induire l'ARN à se répliquer sans l'aide des protéines, mais, jusqu'ici, sans résultat. Le biologiste allemand Manfred Eigen pense, lui, que l'ARN peut surgir spontanément de l'assemblage de substances chimiques organiques (celles qui contiennent du carbone) complexes, après une série de cycles chimiques interdépendants et hiérarchisés se renforçant les uns les autres, appelés « hypercycles ». Ces idées sont étayées par des expériences faites sur l'ARN viral (les virus sont les organismes vivants les plus élémentaires et ne possèdent qu'un seul type d'acide nucléique) et basées en outre sur des modèles mathématiques très complexes.

Le second camp soutient en revanche que ce sont les protéines qui sont apparues les premières. Ce point de vue est appuyé par les expériences du biologiste américain Sidney Fox qui a montré qu'un mélange d'acides aminés chauffé à haute température peut donner naissance à des molécules ressemblant de manière frappante aux protéines et qu'il appelle « protéinoïdes ». Bien que celles-ci ne se retrouvent pas chez les êtres vivants, elles peuvent former des sphères minuscules qui rappellent étrangement la forme des cellules vivantes. Le biologiste anglais Graham Cairns-Smith pense, lui, que la vie n'a pas surgi de composés organiques faits de carbone, mais de substances argileuses ; cette idée lui est venue du fait que certains cristaux d'argile peuvent se répliquer de façon très approximative. Avec le temps, les premiers organismes argileux se seraient complexifiés et auraient commencé à réagir chimiquement avec les substances organiques. Celles-ci auraient peu à peu pris la relève dans les fonctions de réplication et l'origine argileuse de la vie se serait ainsi estompée.

La soupe terrestre primitive

Nous ne savons donc pas qui, de l'œuf ou de la poule, a surgi le premier. Mais pouvons-nous recréer en laboratoire les conditions physiques qui ont prévalu il y a quelque 3,5 milliards d'années, quand les premiers organismes vivants sont apparus sur Terre, et voir si nous pouvons faire surgir l'étincelle de vie à partir d'atomes inanimés ? En 1952, dans une expérience restée célèbre, les chimistes américains Stanley Miller (1930-2007) et Harold Urey (1893-1981) ont tenté de reproduire dans leurs éprouvettes l'atmosphère primitive de la Terre en mélangeant de l'hydrogène, du méthane et de l'ammoniac (ces gaz constituent aujourd'hui, nous l'avons vu, la grande partie de l'atmosphère des planètes géantes comme Jupiter) avec de l'eau bouillante. Ils ont ensuite soumis le mélange à des décharges électriques pour simuler l'effet des nombreux orages qui grondaient sur la jeune Terre à cette époque. Au bout d'une semaine, un liquide de couleur rouge marron est apparu, contenant des substances organiques essentielles à la vie, en particulier plusieurs acides aminés (fig. 62). Les scientifiques pensent aujourd'hui que l'atmosphère primitive de la Terre était plutôt composée de gaz carbonique, d'azote et de vapeur d'eau émis par les nombreux volcans alors en éruption, le tout mélangé à de l'hydrogène. L'expérience de Miller et Urey a été répétée avec ce nouveau mélange et une grande variété de composés organiques ont à nouveau fait leur apparition.

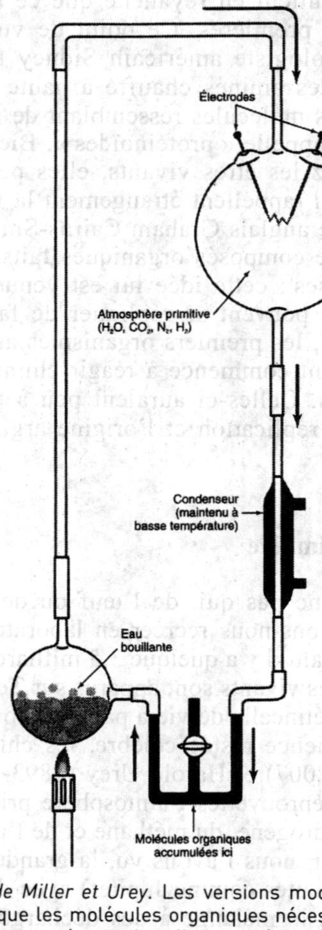

Fig. 62. *L'expérience de Miller et Urey*. Les versions modernes de cette expérience classique démontrent que les molécules organiques nécessaires à la vie peuvent être synthétisées à partir de gaz présents dans l'atmosphère primitive de la Terre comme le gaz carbonique, l'azote, la vapeur d'eau et l'hydrogène, et soumis (pendant une semaine) à des décharges électriques qui simulent les éclairs des orages qui rageaient dans l'atmosphère de la jeune Terre.

Miller, Urey et leurs successeurs étaient sur la bonne voie pour déchiffrer le mystère de la vie. Mais le chemin à parcourir pour parvenir au but est encore très long, car il y a loin des substances organiques et des acides aminés aux hélices enchevêtrées de l'ADN qui savent se répliquer et à la vie. La probabilité qu'un virus se forme spontanément, par hasard, au bout d'un milliard d'années (le temps écoulé entre la naissance de la Terre et l'apparition de la première cellule vivante) à partir du seul jeu des molécules qui s'assemblent et se dissocient de façon aléatoire dans la soupe terrestre primitive, est égale au nombre inimaginablement petit de $10^{-2\,000\,000}$ (le chiffre 1 arrive après 2 millions de zéros) ! La chance que cela arrive est moindre que celle de voir une pièce de monnaie lancée en l'air retomber sur pile 6 millions de fois de suite[1]. Si la chance pour qu'un tel événement survienne est si extraordinairement faible, c'est parce que le nombre de combinaisons chimiques possibles dans la soupe primitive est inimaginablement grand.

Des principes émergents

Les chances pour que la vie surgisse spontanément par le seul jeu de rencontres hasardeuses d'atomes et de molécules dans la soupe primitive sont donc pratiquement nulles, même si la complexité d'une molécule d'ADN est moindre que celle d'un virus. Quelle attitude adopter face à ce constat ? Nous pouvons certes crier au miracle, mais ce n'est pas une attitude très scientifique. D'autres, comme le physicien suédois Svante Arrhenius (1859-1927), ou, plus près de nous, le biologiste anglais Francis Crick et l'astrophysicien britannique Fred Hoyle (1915-2001), ont avancé que, puisque la vie n'a pas eu le temps de se développer sur Terre, c'est qu'elle est venue de l'espace, peut-être sous la forme de micro-organismes arrivés sur Terre grâce aux bons et loyaux services des astéroïdes ou des comètes. C'est ce qu'Arrhenius appelle l'hypothèse de la « panspermie ». Ces micro-organismes venus d'ailleurs auraient disposé de plus de temps pour se développer que le milliard d'années disponibles sur Terre. Tout récemment, l'hypothèse de la vie venue d'ailleurs a pris une nouvelle tournure avec la découverte de morceaux de rocher éjectés de Mars par des astéroïdes et qui sont retombés dans l'Antarctique. Si Mars a hébergé dans son passé des micro-organismes vivants, se peut-il que la vie soit venue sur Terre en transitant par Mars[2] ? Mais, même si la vie

1. Paul Davies, *The Cosmic Blueprint*, New York, Simon and Schuster, 1988, p. 118.

2. L'existence de lits de fleuves desséchés sur la surface de Mars suggère que l'eau y coulait à flots sous une atmosphère beaucoup plus épaisse. L'atmosphère de Mars s'est maintenant volatilisée et est 100 fois moins épaisse que celle terrestre. Toute eau

était venue de l'espace, cela reviendrait à faire remonter la question de son origine à plus tôt, dans un autre endroit de l'Univers, peut-être sous d'autres conditions physiques.

Parce qu'il n'y a pas encore assez de preuves expérimentales d'une vie venue d'ailleurs, nous allons nous contenter d'examiner l'hypothèse où la vie a commencé sur Terre. Si elle ne peut surgir spontanément par hasard, il nous faut postuler l'existence d'un ou plusieurs principes d'organisation qui peuvent guider les molécules de la soupe primitive tout au long de leur parcours de l'état moléculaire jusqu'aux hélices enchevêtrées de l'ADN. Il nous faut supposer que des « lois de complexité » existent, qui permettent à la Nature de progresser. Ces principes d'organisation ne requièrent pas nécessairement la présence de nouvelles forces mystérieuses en sus des quatre forces connues, ou celle d'interactions non encore découvertes. Ils n'exigent pas un ingrédient supplémentaire, comme dans le cas des théories vitalistes. Il n'est pas exclu que de nouvelles forces agissant exclusivement sur la matière vivante soient un jour mises en évidence : l'hypothèse que les matières vivante et inerte sont soumises aux mêmes forces physiques est loin d'être vérifiée avec toute la rigueur voulue. Mais les principes d'organisation dont il s'agit ici ne réclament pas l'existence de nouvelles forces. Leur existence n'est pas non plus en contradiction avec celle des forces connues. Ainsi, la force nucléaire forte continue d'accomplir sa tâche de tenir ensemble protons et neutrons dans les noyaux atomiques, et la force électromagnétique celle de tenir ensemble atomes et molécules. Ces principes ne contredisent pas les forces traditionnelles du fait qu'ils opèrent à un autre niveau. Alors que les forces habituelles opèrent à un niveau local, les principes d'organisation agissent à un niveau global, guidant et canalisant le comportement de l'ensemble des atomes et molécules de manière holistique.

Ces principes d'organisation et les lois de la physique traditionnelle peuvent coexister à des niveaux différents, car ces dernières ont perdu le déterminisme rigide que Newton et Laplace croyaient y voir. Nous avons déjà montré comment le flou quantique a balayé toute notion de déterminisme strict, et qu'un système ouvert en non-équilibre peut bifurquer vers un état organisé (ou chaotique) sans qu'on puisse le prévoir. Les principes d'organisation n'existent pas au niveau le plus simple des particules élémentaires, mais « émergent » dès que le niveau de complexité dépasse un seuil critique. On les appelle des « principes émergents ». Ces principes ne peuvent exister au même niveau conceptuel que celui des particules élémentaires, de même que les concepts de

---

exposée actuellement à la très fine atmosphère martienne bouillirait et s'évaporerait ou se transformerait en glace instantanément. La présence d'eau dans le passé de Mars suggère que la vie a peut-être existé sous forme de micro-organismes enfouis dans le sol martien il y a quelque 3 milliards d'années.

« téléonomie » ou de « projet » n'ont pas de sens au niveau d'un proton ou d'un électron. Ainsi, on peut supposer que les systèmes biologiques possèdent une hiérarchie de niveaux d'organisation et qu'à chaque niveau de cette hiérarchie de nouveaux concepts et comportements émergent, qui ne peuvent être déduits de l'analyse des entités situées aux niveaux inférieurs. Le comportement d'un ensemble complexe et organisé, formé d'une multitude de particules, ne peut être extrapolé de celui d'une seule ou de quelques-unes de ces particules.

La machine et le programme

Ainsi, les propriétés chimiques des sucres et des alcools ne peuvent être directement déduites de celles des atomes de carbone, d'hydrogène et d'oxygène dont ces substances sont faites, même s'il existe des relations causales entre les deux catégories. De même, l'origine de la vie ne peut être déduite de l'étude de particules inanimées. Pour reprendre une image propre à l'informatique, les particules élémentaires, atomes et molécules, relèvent du matériel (*hardware* en anglais) ; par contre, les principes d'organisation ressortissent au logiciel (*software*). La machine sert de support matériel au logiciel. La séquence d'instructions appelée « programme » est stockée dans la mémoire de l'ordinateur, mais opère à un niveau supérieur au niveau matériel. Le programme agit comme un principe d'organisation qui guide le comportement de la machine. Il lui dit comment calculer, comment manipuler des statistiques, voire comment jouer aux échecs. Les électrons qui circulent dans les circuits complexes de l'ordinateur suivent rigoureusement les lois de la physique traditionnelle, mais il serait absurde de dire que les règles du jeu d'échecs peuvent être déduites des lois électromagnétiques et de la mécanique quantique qui gouvernent le comportement des électrons. Électrons et programme d'échecs ressortissent à des niveaux différents.

Quelles formes peuvent prendre ces principes d'organisation ? Nous en avons déjà rencontré un exemple au cours de nos pérégrinations. Nous avons vu que dans des systèmes ouverts en non-équilibre, comme dans le cas de l'horloge chimique, la matière ne se comporte pas de façon aléatoire, mais peut s'auto-organiser dans certaines conditions. Alors que le hasard est lié à l'équilibre, le non-équilibre peut engendrer la complexité et l'organisation. On peut ainsi imaginer que le système des particules dans la soupe terrestre primitive a traversé une série de bifurcations abruptes qui l'ont amené, niveau après niveau, palier par palier, à des états d'auto-organisation de plus en plus complexes, jusqu'à l'émergence d'une structure sachant se répliquer, puis finalement à la vie.

Tout ce qui précède n'est encore que conjecture. En revanche, ce qui est tout à fait probable, c'est que le couple acide nucléique-protéine n'a pas surgi en même temps, en une seule étape, et que la vie nécessite des principes d'organisation émergents qui ne peuvent être déduits du comportement des particules élémentaires.

L'ascension de la vie

C'est l'extraordinaire diversité des espèces vivantes observées de par le globe, en particulier dans les îles Galápagos, lors de sa croisière autour du monde sur le *Beagle*, qui inspira au naturaliste anglais Charles Darwin (1809-1882) sa théorie de l'évolution des espèces. Cette théorie, appelée depuis lors « darwinisme » et exposée dans son œuvre maîtresse publiée en 1859, *De l'origine des espèces par voie de sélection naturelle*, introduisit la dimension du temps dans l'étude du vivant. Les espèces vivantes n'étaient plus faites de toutes pièces depuis le début. Les études paléontologiques nous le disent : leurs formes ont changé et évolué, elles se sont différenciées au cours des ères géologiques pour s'adapter à leur environnement changeant. L'œuvre de Darwin connut un énorme retentissement psychologique, car elle délogeait l'homme de sa place privilégiée au sein du royaume des vivants. Darwin proclama que l'homme, au lieu d'être l'enfant chéri de Dieu et le descendant d'Adam et Ève, avait des origines beaucoup moins nobles et que sa filiation passait, en remontant le temps, par les primates, les mammifères, les oiseaux, les reptiles, les poissons et les insectes, pour aboutir aux cellules primitives. Le choc était d'autant plus rude que le chanoine polonais Nicolas Copernic avait déjà assené, trois siècles plus tôt, un grand coup à la conscience de l'homme en le délogeant de sa place centrale dans le système solaire. Avec sa théorie, Darwin jeta résolument aux oubliettes les derniers vestiges de la pensée aristotélicienne concernant l'évolution des êtres vivants. L'explication téléologique se trouvait rejetée. L'évolution de la vie sur Terre ne se déroulait plus selon un « grand projet », ni ne tendait vers un but prédéterminé. Au contraire, elle se développait au hasard des mutations, poussée par le moteur de la sélection naturelle.

Les extraordinaires progrès accomplis dans les domaines de la paléontologie, de la biologie et de la génétique depuis la publication de l'œuvre de Darwin n'ont fait que confirmer l'idée essentielle du naturaliste : les êtres vivants ont évolué au fil du temps. L'étude des fossiles nous indique que les premiers organismes vivants sont apparus sur Terre il y a quelque 3,5 milliards d'années sous la forme d'organismes monocellulaires extrêmement simples : les bactéries et les algues bleues qui pullulaient dans les océans primitifs. Depuis lors, les formes vivantes n'ont cessé d'évoluer et de subir des mutations. Les progrès de la biologie moléculaire nous permettent de comprendre pourquoi : des mutations surviennent quand des groupes de molécules appelées gènes sont accidentellement réarrangés dans l'ADN d'un organisme vivant, soit de façon spontanée, soit par erreur de réplication du code génétique.

Si l'idée de l'évolution des espèces dans la théorie de Darwin et dans sa version moderne, le « néodarwinisme », est aujourd'hui presque universellement acceptée, les mécanismes de cette évolution proposés par Darwin et ses successeurs – des mutations génétiques qui se font au hasard et la sélection naturelle – le sont beaucoup moins. Certains biologistes se sont révoltés contre le trop grand rôle attribué au hasard comme moteur des mutations génétiques. Comment un organisme vivant aussi extraordinairement complexe qu'un animal ou un être humain, équipé d'organes extrêmement performants et efficaces tels que le nez et l'oreille, fonctionnant tous harmonieusement (que l'un de ces organes vienne à dysfonctionner, et c'est la maladie), peut-il être le résultat du hasard, d'une série d'accidents ? Comment un organe aussi perfectionné que l'œil, avec sa centaine de millions de cellules en forme de cônes et de bâtonnets qui transmettent les messages lumineux de la rétine au cerveau, peut-il avoir surgi fortuitement ? Comment des événements totalement désordonnés peuvent-ils aboutir à des organismes capables de faire face et de s'adapter à des changements environnementaux aussi catastrophiques que l'impact causé jadis sur Terre par un énorme astéroïde qui déclencha, du fait de la poussière projetée dans l'air et de l'écran ainsi opposé à la lumière solaire, un hiver global ? Surtout, comment des mutations génétiques entièrement hasardeuses peuvent-elles être responsables de structures totalement nouvelles et extrêmement performantes, comme notre cerveau, réseau de quelque 100 milliards de neurones capables de générer la pensée, d'éprouver l'amour, d'apprécier la beauté ?

Ces problèmes sont amplifiés quand nous considérons l'évolution de la biosphère dans son ensemble. L'histoire de la vie a souvent été décrite comme une évolution du bas vers le haut, une progression à partir de formes extrêmement rudimentaires et simples vers des organismes d'une complexité et d'une sophistication inimaginables. L'évolution de la vie est comparée à la montée d'une échelle d'organisation ou à l'ascension d'une pyramide de la complexité, l'homme étant juché tout en haut de l'échelle ou de la pyramide. L'idée que nous figurons au sommet de la pyramide de l'évolution est sans doute par trop anthropocentrique. Il n'y a aucune raison pour que nous soyons la destination finale du long voyage de la vie. Néanmoins, il est indéniable – de nombreuses études paléontologiques le disent – que, durant les 3,5 derniers milliards d'années de l'histoire de la Terre, la vie n'a cessé d'évoluer du simple au complexe, qu'elle a progressé du peu organisé au suprêmement sophistiqué. Comment le hasard a-t-il pu être le seul responsable de cette marche incessante vers la complexité ?

Le hasard mène presque toujours au désordre

Nous sentons tous intuitivement – les lois de la thermodynamique nous le confirment – que, laissé à lui-même, le hasard tend à défaire plutôt qu'à construire, à semer le désordre plutôt qu'à instaurer l'ordre. Plus un système est complexe, plus il est sujet à la dégradation, au dysfonctionnement et à l'usure. Un grain de poussière dans votre allée n'a nul besoin d'être entretenu, mais il faut tout le savoir et l'habileté du jardinier pour que les fleurs qui bordent l'allée conservent leurs vives couleurs et vous ravissent les yeux. Une pierre qui gît sur le chemin n'a nul besoin qu'on s'en occupe ; mais les belles cathédrales gothiques faites de pierres de taille tombent en ruine sans un constant travail d'entretien et de restauration. Laissé à la seule action aveugle du hasard, un système complexe se détraquera beaucoup plus facilement qu'une structure simple. Toute erreur introduite par le hasard aura des conséquences plus graves pour un système hautement structuré que pour un système plus simple. Que l'ingénieur commette une bénigne erreur dans le plan d'une brouette, cela n'aura pas de conséquences trop graves. La brouette roulera encore et vous pourrez toujours vous en servir pour votre jardinage. Mais que des erreurs s'introduisent dans le plan d'une automobile, et les suites peuvent être mortelles. Le plus petit défaut dans les plans d'un avion ou d'une navette spatiale peut avoir des conséquences catastrophiques.

Cette propension des systèmes complexes à se détraquer plus facilement a une raison. Il existe beaucoup plus d'états dans lesquels existera un système complexe plutôt qu'un système simple. Parmi tous ces états possibles, il s'en trouve beaucoup plus qui sont désordonnés qu'ordonnés. Vous pouvez vous en rendre compte aisément en manipulant un jeu de cartes. Si vous prenez un jeu dont les cartes sont rangées dans un certain ordre (par exemple par ordre numérique) et que vous les battez, la probabilité que vous retrouviez le jeu avec les cartes dans le même ordre est pratiquement nulle. Les combinaisons dans lesquelles les cartes sont désordonnées sont beaucoup plus nombreuses que celles où elles sont ordonnées. C'est d'ailleurs la raison pour laquelle un joueur prend toujours soin de bien mélanger les cartes avant de les distribuer. Brasser les cartes mène presque toujours de l'ordre au désordre, ou d'un désordre à un autre désordre, rarement du désordre à l'ordre (ce sont les « annonces » ou « séquences » du jeu).

De la même manière, si le hasard seul dicte le réarrangement des gènes responsable des mutations génétiques, nous pouvons nous attendre à un désordre croissant qui dégradera la complexité des organismes vivants plutôt qu'à un ordre croissant qui les rendra de plus en plus structurés et performants. L'étude des mutations chez une espèce de mouches appelées « drosophiles » nous le montre bien : la majorité des mutations ont des effets nocifs plutôt que bénéfiques, et l'organisme vivant tend à régresser plutôt qu'à devenir plus performant.

Nous pouvons aussi formuler le problème en termes de contenu d'informations. L'information nécessaire pour construire un organisme vivant est contenu dans ses gènes. Un organisme qui croît en complexité requiert davantage d'informations. Plus les organismes deviennent sophistiqués, plus il est nécessaire que la molécule d'ADN ait acquis une quantité supérieure d'informations. Où diable a-t-elle pu dénicher ce surcroît d'informations ? La théorie de l'information (mais aussi notre intuition) nous dit que des perturbations aléatoires survenant au hasard (on appelle cela du « bruit ») ont pour effet de réduire le contenu d'informations plutôt que de l'augmenter. Toute personne qui a essayé de parler avec son interlocuteur sur une ligne téléphonique perturbée par des parasites, ou de capter le son à peine distinct d'une station de radio au signal trop faible parce que trop lointain, peut en témoigner : une grande partie des mots, donc de l'information, se trouve perdue dans le bruit des parasites.

La sélection naturelle

Confronté à l'objection que le hasard ne peut être une source continue d'ordre et d'organisation, que des mutations aléatoires ne peuvent conduire à la merveilleuse diversité des êtres vivants autour de nous, le néodarwiniste réplique que des changements dus au hasard, s'ils sont bien responsables la plupart du temps de dégradations, produiront de temps à autre une amélioration et un perfectionnement de l'organisme vivant. Ce perfectionnement sera choisi, préservé et amplifié par le filtre de ce que Darwin appelle la « sélection naturelle », jusqu'à ce que l'organisme modifié devienne la norme. La sélection naturelle est le processus par lequel, dans leur lutte continuelle pour des ressources limitées, les espèces vivantes mal adaptées à leur environnement perdent la compétition et sont éliminées. Celles qui sont le plus adaptées sont les plus aptes à survivre, à se reproduire et à proliférer.

Il n'est pas contestable que la sélection naturelle opère dans la Nature. Les exemples ne sont pas difficiles à trouver. Imaginons une région boisée dans laquelle vit une seule espèce d'animaux. Tous ces animaux ont un pelage de couleur claire qui se distingue bien de celle de la forêt. Un jour, des mutations génétiques font que quelques animaux naissent avec un pelage sombre ; du coup, ces derniers se fondent complètement dans la végétation. L'évolution des deux populations d'animaux aux pelages différents est facile à deviner : avec le temps, l'espèce au pelage clair va être peu à peu décimée par des prédateurs ou des chasseurs dans la mesure où elle est aisément repérable. L'autre espèce va au contraire échapper à l'extinction, prospérer et proliférer. Leurs descendants vont tous avoir des pelages de couleur sombre. L'espèce aura donc évolué du pelage clair au pelage sombre pour s'adapter à la couleur de la forêt.

Le filtrage des gènes par la sélection naturelle, permettant aux espèces vivantes de mieux s'adapter à leur environnement, a donc certainement eu lieu. L'idée centrale de la théorie de la sélection naturelle, selon laquelle « les animaux les mieux équipés pour survivre vont survivre », est presque une tautologie et n'est pas remise en cause. Ce qui est beaucoup plus difficile à comprendre, c'est le caractère systématique de ce filtrage et de cette sélection. L'accumulation des multitudes de mutations génétiques pousse l'évolution à progresser et à aller sans cesse de l'avant, à abandonner sans cesse le simple pour le complexe. L'organisme humain est à l'évidence infiniment plus complexe que les organismes monocellulaires apparus il y a quelque 3,5 milliards d'années. Pourtant, il n'est pas du tout avéré que cette progression systématique du simple au complexe découle de la théorie de Darwin.

Les bactéries sont-elles mieux adaptées que les girafes ?

Une perception commune est que les organismes « inférieurs » sont moins prédisposés à s'adapter à leur environnement que les organismes « supérieurs ». Mais qui nous dit que les organismes monocellulaires ont eu moins de succès que nous dans la lutte pour la vie ? Après tout, ils ont survécu plus de 3 milliards d'années (il existe environ 27 000 espèces différentes d'algues connues), ce qu'on ne peut jurer qu'il adviendra à l'espèce humaine, avec sa propension à jouer avec les armes nucléaires et à perturber et polluer son écosphère. Dans notre lutte contre les virus (il existe environ mille espèces connues de ces organismes très simples sur 1,4 million d'espèces vivantes), nous perdons malheureusement trop souvent la bataille, comme le montre notre rencontre avec celui du sida. Les girafes et les rhinocéros sont sans doute plus intéressants à contempler que les bactéries et les microbes, mais sont-ils vraiment beaucoup mieux adaptés à leur environnement que ces derniers ? Si nous mesurons au nombre de ses rejetons l'aptitude d'une espèce vivante à s'adapter à son environnement, il ne fait aucun doute que les bactéries ont beaucoup mieux réussi que les tigres et les lions.

Cela étant, pourquoi la Nature a-t-elle pris la peine de « bricoler » – pour reprendre le terme du biologiste français François Jacob (1920-2013) – des organismes plus organisés et plus complexes ? Pourquoi n'en est-elle pas restée au stade des organismes monocellulaires ? Pourquoi la Terre n'est-elle pas aujourd'hui peuplée seulement de cellules passant leur temps à se diviser furieusement ? Pourquoi est-elle douée de biodiversité ?

Le darwinisme ne peut offrir aucune explication à cette progression systématique vers la complexité. Tout ce qu'il peut dire, c'est que les premiers organismes vivants étaient extrêmement simples et que l'évolution n'avait d'autre alternative que de les complexifier. Quand on est au bas de l'échelle, on ne peut descendre plus bas. Le choix est de rester là où on est ou de monter. Mais alors, pourquoi la Nature n'a-t-elle pas choisi de rester là où elle était ?

En étudiant en laboratoire les mutations des mouches de vinaigre (les drosophiles), les scientifiques ont bien essayé de quantifier la proportion des mutations nocives par rapport à celles qui sont bénéfiques. Mais cette approche rencontre plusieurs difficultés. D'abord, ce qui nous paraît nocif ou bénéfique ne l'est pas nécessairement pour les mouches. Et puis, comment quantifier l'avantage adaptatif à l'environnement que confèrent un long cou (dans le cas de la girafe), une multitude de pattes (dans le cas du mille-pattes) ou un gros volume (dans le cas de l'éléphant) ? Comment quantifier le nombre de rejetons supplémentaires qu'un animal possède du fait que son cou mesure quelques centimètres de plus ? Plus grave encore : nous ne pourrons jamais posséder une connaissance complète et précise des conditions environnementales (climat, géographie, etc.) qui ont prévalu au cours des 3,5 milliards d'années écoulées, non plus que la morphologie et le comportement exacts des organismes vivants évoluant dans ces environnements d'autrefois.

Ayant constaté que le hasard est incapable d'être le moteur de l'évolution vers la complexité, qu'il ne peut être responsable de la richesse et de la diversité de la biosphère, certains scientifiques et philosophes ont remis sur la table l'idée de l'existence d'un principe guidant l'évolution des espèces vivantes sur Terre vers des niveaux d'organisation de plus en plus élevés. Cette idée n'est pas nouvelle : Aristote parlait déjà d'une évolution tendant vers une cause finale. Selon lui, les composants des organismes vivants se comportent de façon à former un tout cohérent grâce à l'existence d'une « idée » parfaite de l'organisme qui est présente avant même que celui-ci ne soit développé. L'idée d'un principe conducteur est aussi, on l'a vu, à la base des théories vitalistes. Selon Henri Bergson, un « élan vital » pousse les systèmes biologiques à s'organiser et à se développer de façon créative et performante. D'autres penseurs ont ajouté une dimension religieuse à ce principe organisateur. Ainsi, le jésuite français, théologien et paléontologue Pierre Teilhard de Chardin (1881-1955) pensait que l'évolution des espèces vivantes tendait vers un stade final qu'il appelait « point Oméga » et qui représentait à ses yeux la communion avec Dieu.

La biosphère s'auto-organise

Les développements récents dans l'étude des lois d'auto-organisation et de complexité nous disent toutefois qu'invoquer des principes mystiques ou transcendants pour expliquer l'évolution n'est pas absolument nécessaire. Nous avons vu que, qu'ils soient physiques (comme l'eau qui bout) ou chimiques (comme l'horloge chimique), les systèmes ouverts (qui interagissent avec leur environnement) peuvent passer par des « points de bifurcation » qui les projettent de façon abrupte dans des états plus organisés. Il n'est donc pas invraisemblable de supposer que l'évolution biologique s'est déroulée de la même manière. Au lieu d'être poussée par le hasard des mutations génétiques et par la sélection naturelle, elle a peut-être progressé bifurcation après bifurcation, d'auto-organisation en plus d'auto-organisation, pour grimper l'échelle de la complexité.

Ce scénario n'est pas improbable pour plusieurs raisons. D'abord, les organismes vivants sont par excellence des systèmes ouverts. La vie n'existe jamais isolée. Elle échange continuellement de l'énergie avec son environnement, que ce soit pour absorber de la nourriture ou rejeter des déchets. D'autre part, il y a inévitablement des agents de changement, internes ou externes, qui rompent l'équilibre de la biosphère et la mettent en état de non-équilibre. Les changements peuvent être graduels ou soudains. L'enrichissement progressif de l'atmosphère terrestre en oxygène est un exemple de changement graduel. Dans un processus appelé « photosynthèse », les espèces végétales absorbent l'eau du sol par leurs racines et le gaz carbonique par leurs feuilles ; elles se servent de l'énergie solaire pour convertir ces éléments en sucre tout en rejetant de l'oxygène dans l'atmosphère. Si la Terre est l'unique planète du système solaire à contenir de l'oxygène libre dans son atmosphère, c'est parce qu'elle est la seule à héberger des plantes et des fleurs. Autres agents de changements, cette fois soudains : les éruptions solaires qui lancent des particules énergétiques vers la Terre, ou les rayons cosmiques nés dans les supernovae, qui viennent visiter notre planète depuis l'espace et dont les visites peuvent induire des mutations génétiques dans les organismes terrestres. Dans notre évocation des événements contingents qui façonnent le Réel, nous avons déjà parlé de l'énorme et brutal changement causé par l'impact d'un gigantesque astéroïde venu heurter la Terre il y a 65 millions d'années : il fut à l'origine de la disparition des dinosaures et de bon nombre d'autres espèces animales et végétales, mais, de ce fait, a permis l'émergence et le développement des mammifères et, par là, de nos ancêtres.

Qu'ils soient graduels ou soudains, catastrophiques ou bénins, ces changements poussent la biosphère hors de son équilibre dynamique et la propulsent vers des états d'organisation plus complexes. À supposer que les principes d'auto-organisation s'appliquent aussi bien à la matière vivante qu'à la matière inerte, les changements évolutionnaires devraient se produire non pas graduellement, mais par à-coups, tout comme les systèmes physiques et chimiques changent brusquement d'état quand un certain seuil critique est franchi. Les études biologiques modernes semblent montrer que c'est le cas. L'idée, chère à Darwin, que l'évolution procède à petits pas, par degrés insensibles, de manière continue, est remise en question depuis 1972 par les biologistes américains Stephen Jay Gould (1941-2002) et Niles Eldredge. S'appuyant sur la paléontologie, ils démontrent que si l'évolution avait été continue, on devrait trouver beaucoup plus de fossiles représentant toutes les formes intermédiaires entre les grands groupes d'êtres vivants. Darwin réfuta cet argument en soutenant que les archives géologiques étaient très incomplètes, qu'on n'avait pas fouillé chaque recoin de la planète, que toutes les espèces anciennes n'ont pas été conservées sous forme fossile. Mais, selon Gould et Eldredge, s'il y a tant de chaînons manquants, c'est tout bonnement qu'ils n'existent pas ! D'après eux, l'évolution biologique procéderait par une succession d'« équilibres ponctués ». Les espèces vivantes ne se modifieraient pas pendant de très longues périodes, puis subiraient de profonds changements pendant un laps de temps relativement court. Pour reprendre un terme de la physique des atomes, l'évolution procéderait par « sauts quantiques ». C'est probablement à l'occasion de l'un de ces « sauts » que l'étincelle de vie est apparue.

Nous sommes ainsi de nouveau amenés à la conclusion qu'un principe d'organisation global, de nature holistique, qui ne peut être réduit au niveau des particules élémentaires, mais ne contredit pas pour autant les lois qui les régissent, guide l'évolution de la biosphère. Les espèces vivantes ne sont pas le résultat d'une succession d'accidents. La danse métabolique des molécules dans les cellules, les cellules qui s'assemblent dans les organismes vivants, les organismes qui s'intègrent dans une écosphère d'une beauté, d'une variété et d'une complexité éblouissantes, tout cela n'est pas le seul fait d'un « bricolage » du hasard. La sélection naturelle joue certes un rôle, mais elle n'est pas l'unique agent qui a poussé l'évolution dans sa marche vers plus de complexité. Un principe d'auto-organisation en est responsable, qui émerge naturellement et spontanément d'une biosphère poussée hors de son équilibre dynamique par des phénomènes graduels ou brusques, contingents ou pas.

La flèche du temps et la mort de l'Univers

L'évolution biologique donne au temps une direction bien définie. Comme une flèche qui quitte la corde de l'arc pour venir se planter dans la cible, l'évolution va de l'avant, du simple au complexe, du non-structuré au suprêmement élaboré, du désordre à l'ordre. Ce constat semble être en contradiction flagrante avec ce qu'on appelle la « seconde loi de la thermodynamique » (la thermodynamique est la branche de la science qui étudie le comportement de la chaleur). Cette seconde loi dit que, dans un système fermé et isolé, le désordre (mesuré par une quantité que les physiciens appellent « entropie ») doit croître (ou tout au moins ne pas décroître) à mesure que le temps passe. Nous voyons tous les jours des manifestations de cette seconde loi de la thermodynamique ; elle fait que le désordre envahit les choses abandonnées à elles-mêmes : un château tombe en ruine parce qu'on ne l'entretient plus, un parterre de fleurs est envahi par les ronces et les mauvaises herbes parce qu'un jardinier ne s'en occupe plus, etc. Le désordre a presque invariablement le dessus sur l'ordre dans la mesure où, nous l'avons vu, il y a mille fois plus de façons de créer le désordre que d'instaurer l'ordre. Si l'on mélange au hasard un jeu de cartes, il ne faut pas s'attendre à retrouver les cartes ordonnées numériquement. Si l'on jette les pièces d'un puzzle sur une table, on ne les verra pas se disposer spontanément de façon à reconstituer le puzzle. Il y a beaucoup plus de manières de produire un jeu de cartes ou un puzzle en désordre qu'en ordre. Parce que le désordre est beaucoup plus probable, c'est lui qui est censé gagner presque toujours.

D'où le cri de désespoir du physicien allemand Hermann von Helmholtz (1821-1894), en 1854 : « L'Univers court à sa mort ! »

Celui-ci prévoyait un Univers implacablement envahi par le désordre. L'augmentation d'entropie qui accompagne inévitablement tout processus naturel devait mener, selon lui, à l'arrêt de toute activité créatrice au sein de l'Univers. Chaque seconde qui passerait, chaque heure qui s'égrènerait verrait l'Univers dissiper sa réserve d'énergie en chaleur. Cette chaleur, étant de l'énergie dégradée, ne pourrait être réutilisée comme source d'énergie et ne serait d'aucune utilité pour entretenir la bonne marche de l'Univers. Au bout d'un certain temps, toute la réserve d'énergie s'épuiserait et l'Univers sombrerait dans un état d'équilibre thermodynamique stérile d'où toute différence de température serait exclue, toute créativité bannie, et où la déchéance régnerait. L'Univers mourrait baigné dans une vaste quantité d'énergie dégradée qui ne lui serait d'aucune aide. Toute la construction cosmique (planètes, étoiles, galaxies…), toutes les créations du génie humain (les symphonies de Beethoven, les *Tournesols* de Van Gogh…) seraient ensevelies sous les débris d'un Univers irrémédiablement en ruine. Le Soleil qui brille le jour, les étoiles qui scintillent la nuit fournissent des exemples de cette énergie de l'Univers qui se dégrade et devient inutilisable. Le Soleil et les étoiles épuiseront un jour leurs réserves de carburant nucléaire et s'éteindront. Des multitudes de cadavres stellaires, naines noires, étoiles à neutrons, trous noirs, joncheront les terreaux galactiques. L'Univers plongera dans une nuit noire et glaciale et ne pourra plus entretenir la vie[1].

Les étoiles créent du désordre

Mais si la seconde loi de la thermodynamique mène inexorablement à la déchéance et à la mort de l'Univers, si elle remplace l'ordre par le désordre, si elle est associée à une flèche de désespoir, comment expliquer l'organisation et l'harmonie du Cosmos, comment comprendre que nous ne vivons pas dans un univers totalement chaotique ? Les études astronomiques, géologiques, paléontologiques et biologiques nous disent toutes qu'au contraire l'Univers progresse en certains endroits du désordre à l'ordre, du simple au complexe, du non-organisé à l'organisé. À partir d'un vide rempli d'énergie, l'Univers a construit particules élémentaires, galaxies, étoiles et planètes, et, sur l'une de ces planètes, la vie. Il a su développer des états d'énergie et de matière de plus en plus complexes et sophistiqués. Au lieu de suivre la direction d'une flèche qui mène à la stérilité et au désespoir, il a pu, çà et là, en suivre une qui conduit à la créativité et à l'espérance. Cela veut-il dire que la seconde loi de la thermodynamique soit violée en ces endroits-là ? Pas le moins du monde. Ce principe n'interdit nullement que des lieux d'ordre et d'organisation surgissent dans l'Univers dès lors que, pour compenser cet ordre, un plus grand désordre est créé ailleurs. Les étoiles sont les agents qui créent le désordre nécessaire pour compenser l'ordre indispensable à l'organisation cosmique. De même que l'eau chaude se refroidit au contact de l'air froid et communique le désordre de ses molécules à celles de l'air, et, ce faisant, augmente le désordre de l'Univers, de même les étoiles rejettent leur lumière chaude dans leur environnement plus froid et accentuent par là le désordre total de l'Univers.

La somme totale du désordre généré par les étoiles fait plus que compenser le déficit en désordre (appelé « néguentropie » par les physiciens) créé par l'organisation de la matière en structures de plus en plus complexes. Le désordre net de l'Univers augmente à mesure que le temps s'écoule, et la seconde loi de la thermodynamique est respectée. De même, la vie a pu surgir sur la Terre parce que le Soleil, en rayonnant son feu, génère du désordre qui compense l'ordre résultant

1. On peut lire ces chroniques d'une mort annoncée de l'Univers dans mon ouvrage *La Mélodie secrète*, ici, p. 15.

de l'apparition de la vie terrestre. Les particules élémentaires, atomes et molécules, les étoiles et les galaxies, et surtout la vie ont pu s'organiser et échapper au désordre et à la déchéance tant redoutés par Helmholtz parce qu'ils sont des systèmes ouverts qui peuvent constamment exporter du désordre dans leur environnement afin de lutter contre la dégénérescence dont la seconde loi de la thermodynamique les menace en permanence. À l'inverse, l'Univers, lui, est un système fermé. Étant par définition la plus grande entité possible, il n'a pas d'environnement où exporter du désordre et s'épargner une déchéance ultime. Mais l'Univers ne s'est pas contenté de suivre servilement les diktats de la thermodynamique. Il a su se montrer formidablement inventif en créant des coins d'ordre où des systèmes ouverts en non-équilibre peuvent s'auto-organiser. À la flèche du désespoir, il a su opposer une flèche d'espérance. Au vide et à la stérilité, il a su substituer une merveilleuse architecture cosmique où la vie et la conscience ont pu émerger.

VII
LA DÉRAISONNABLE EFFICACITÉ DE LA PENSÉE

Les êtres vivants tendent vers un but

Sans doute le cerveau est-il le système le plus complexe et le plus organisé que la Nature ait créé. Il est capable de guider notre comportement, de nous faire sentir joies et peines, de nous remplir d'émerveillement devant la naissance d'un nouveau-né, mais aussi de nous faire crouler de douleur à la disparition d'un être cher. Il est capable de générer la pensée, de donner naissance à des pièces de musique sublimes ou à des œuvres littéraires immortelles. Il est le siège de notre libre arbitre et se pose des questions sur l'Univers qui l'a engendré. Il adoucit notre sommeil de rêves agréables, mais peut aussi le perturber d'affreux cauchemars. La question se pose à nouveau : une structure aussi performante et organisée peut-elle s'expliquer par les seules lois de la physique et de la chimie ? Notre comportement peut-il être réduit à des circuits neuronaux et à des particules élémentaires ? Ou faut-il derechef faire appel à des lois d'auto-organisation et de complexité, valables à un autre niveau que celui où se situent les lois de la physique des particules ?

Il suffit d'observer le comportement des êtres vivants autour de nous pour comprendre que leurs actions sont dirigées vers un but, qu'ils agissent de manière à accomplir une tâche : un oiseau qui recherche de la nourriture et l'apporte à son nid haut perché dans un arbre pour nourrir sa progéniture, un chien qui joue avec un os (le jeu est dans ce cas le but), un chat qui somnole dans la chaleur du soleil (le but est ici de dormir), mais surtout tous les humains qui vaquent à leurs occupations quotidiennes.

Examinons par exemple le comportement d'un geai bleu qui nourrit ses petits. Son organisme tout entier opère de façon harmonieuse pour accomplir cette tâche : la recherche de la nourriture. Les différentes fonctions du corps de l'oiseau participent de manière intégrée et coordonnée à une stratégie commune. Les yeux cherchent et repèrent la pitance, les ailes portent l'oiseau là où un ver de terre a été aperçu, le bec attrape le ver, les ailes sont de nouveau déployées pour porter l'oiseau jusqu'au nid où l'attendent les oisillons. Tout cela demande une extraordinaire coordination de fonctions extrêmement complexes, toutes dépendantes les unes des autres. Impossible de ne pas conclure que le comportement de l'oiseau a un caractère téléologique, qu'il tend vers un but. Impossible de ne pas penser qu'il a dans son cerveau une représentation mentale de l'objectif qu'il veut atteindre – en la circonstance, celui de nourrir ses petits.

Il est très difficile de rendre compte de ce comportement fortement téléologique de manière purement réductionniste. Dans cette optique, les atomes et molécules présents dans le corps de l'oiseau ne sont censés être influencés que par leurs voisins, par l'intermédiaire de forces locales qui obéissent aux lois de la physique traditionnelle. Comment coordonneraient-ils leurs actions à l'échelle du corps du geai bleu tout entier afin d'accomplir sa « volonté » ? Nous sommes de nouveau face à la « contradiction épistémologique profonde » de Jacques Monod.

Le comportement instinctif

Confronté à cette contradiction, le réductionniste réplique que tous les comportements des êtres vivants ne sont pas volontaires ou conscients, mais que certains relèvent du domaine de l'instinct. Ainsi, il n'est pas évident qu'une araignée qui tisse sa toile ait en tête une stratégie globale, un grand plan qu'elle exécute étape après étape. Selon la biologie classique, elle agit de manière instinctive. Personne n'a appris à l'araignée comment tisser une toile. Cette connaissance est inscrite dans ses gènes, elle est programmée dans ses molécules d'ADN. De même, une colonie de fourmis qui aménage son nid n'est pas « consciente » de la tâche qu'elle accomplit. Il n'existe pas de plan, conçu par des fourmis ingénieurs, que suivraient les fourmis ouvrières. Le plan est inscrit dans leurs gènes, elles l'exécutent aveuglément. De même, leur organisation sociale (une colonie de fourmis est comme un superorganisme composé de fourmis ouvrières besognant autour de la fourmi reine) est dictée par l'instinct.

Mais même un comportement instinctif n'est pas facile à expliquer de manière réductionniste. Comment le simple fait de réarranger quelques molécules dans un gène d'araignée ou de fourmi peut-il déboucher sur une activité aussi structurée et organisée que tisser une toile ou construire un nid ? Le problème est analogue à celui rencontré lors de notre discussion sur la morphogenèse… mais en pis ! Dans le premier cas, il était question d'une organisation spatiale de formes concrètes, alors qu'ici il s'agit d'une activité se déroulant selon un plan abstrait. Se peut-il que les instructions soient inscrites séquentiellement dans les gènes et qu'elles soient « lues » par l'araignée ou la fourmi tout comme un ordinateur « lit » un programme pour jouer aux échecs ?

Cette comparaison ne peut être tout à fait exacte, car le comportement des vivants, même instinctif, montre une étonnante faculté d'adaptation à l'environnement, qu'une machine programmée ne possède pas. Ainsi, si l'araignée rencontre un obstacle en tissant sa toile, elle va le contourner de façon à parvenir à ses fins. De même, une colonie de fourmis marchant à la queue leu leu et rencontrant un barrage en travers de son chemin sera certes momentanément désemparée, mais ajustera vite sa stratégie pour s'accommoder des circonstances nouvelles. À l'évidence, le comportement des araignées et des fourmis n'est pas dicté par la mise en œuvre aveugle et mécanique d'une série d'instructions déterminées à l'avance, comme dans le cas d'un ordinateur. Il doit exister dans leurs organismes des mécanismes compensatoires qui leur permettent de modifier leur conduite pour s'adapter aux conditions changeantes de l'environnement dont elles sont informées par leurs organes sensoriels.

Au contraire d'un ordinateur, une fourmi ne peut être considérée comme un système fermé, complètement isolé. Son comportement individuel s'intègre de façon holistique à celui de toute la colonie. L'instinct de conservation de la colonie est beaucoup plus fort que celui de l'individu. Ainsi, si d'aventure une guêpe pénètre dans un nid de fourmis, elle ne va pas se heurter à la résistance d'une seule fourmi, mais à celle de toutes ses sœurs, unies par l'instinct pour protéger la reine et défendre leur territoire. Cet instinct de conservation de la colonie et de sa structure sociale est si puissant que les fourmis réagissent en vrais kamikazes, n'hésitant pas à périr pour défendre le nid contre toute intrusion ou tout danger qui risquerait de remettre en cause leur société. C'est sans doute cet instinct de préservation sociale qui fait que les fourmis sont si nombreuses sur Terre : elles représentent à elles seules dans la forêt d'Amazonie plus de 10 % de la biomasse de tous les animaux, et près de la moitié de la biomasse de tous les insectes vivant sur Terre. On en recense plus de 20 000 espèces connues sur le globe.

Le ciel étoilé dans l'ADN des oiseaux

Un des exemples les plus spectaculaires du comportement instinctif des animaux concerne les migrations d'oiseaux. Le froid les chasse vers des contrées plus clémentes et hospitalières, puis ils reviennent nous égayer de leurs chants dès que la douceur du printemps se refait sentir. Apparemment aidés par une connaissance du ciel et du champ magnétique de la Terre, les oiseaux sont capables de fantastiques exploits de navigation. Des expériences ont montré que certaines espèces peuvent parcourir des milliers de kilomètres sans jamais dévier d'un pouce d'une trajectoire déterminée. Et cela, bien qu'ils n'aient jamais effectué ce parcours auparavant et que personne ne le leur ait jamais appris. Encore plus extraordinaire : des oiseaux relâchés à des centaines, voire des milliers de kilomètres de leur habitat, en des endroits totalement inconnus, s'en retournent à leurs nids en volant pratiquement en ligne droite.

Le réductionniste convaincu dirait que ces dons extraordinaires d'orientation et de navigation sont programmés dans les molécules d'ADN des oiseaux. Mais, même si c'était le cas, nous n'aurions pas pour autant la moindre idée de la façon dont un organisme vivant traduit un arrangement de gènes en un comportement aussi remarquable, capable de se modifier face à des événements imprévus et non programmés. Pour pousser cette hypothèse jusqu'à l'absurde, on pourrait dire que, si elle était vraie et si nous savions décoder l'information contenue dans l'ADN de l'oiseau, nous pourrions en principe reconstituer toute la carte du ciel ! Encore plus fort : nous pourrions même obtenir le film entier du ciel tel qu'il change tout au cours de l'année ! En effet, l'oiseau, pour se diriger, doit tenir compte des changements de l'apparence du ciel causés par le périple annuel de la Terre autour du Soleil. Les constellations d'été ne sont pas les mêmes que les constellations d'hiver. Un généticien génial pourrait ainsi apprendre l'astronomie sans jamais lever la tête vers le ciel… Cette conclusion absurde nous conduit à penser que de nouveaux principes émergents interviennent pour guider l'oiseau dans son vol. Ces principes n'ont pas de signification au niveau inférieur des particules élémentaires, mais font leur apparition à un niveau supérieur, quand le système dépasse un certain seuil de complexité. À chaque nouveau palier de complexité, de nouvelles lois d'auto-organisation apparaissent, qui ne peuvent être déduites des lois qui régissent les niveaux inférieurs. Encore une fois, une explication purement réductionniste et mécaniste est vouée à l'échec.

« Je pense, donc je suis »

Si les comportements instinctifs sont difficiles à expliquer en termes de particules, le problème est autrement complexe quand ceux-ci sont conscients. Définir la conscience n'est pas chose aisée. Le dictionnaire Larousse nous dit que « c'est la perception, la connaissance plus ou moins claire que chacun peut avoir de son existence et de celle du monde extérieur ». Notre existence se définit par la pensée, mais aussi par la mémoire, la volonté (ce que nous appelons l'« esprit ») et par tous les sentiments et émotions que nous apporte l'interaction avec le monde extérieur : l'amour ou la haine, l'espoir ou le désespoir, la sensation de beauté ou de dégoût, la joie ou la peine, etc. Tout cela fait partie de ce que nous appelons la « condition humaine ».

La quête destinée à comprendre le sens, l'objet et le fonctionnement de l'esprit est aussi vieille que la civilisation elle-même. Le philosophe grec Aristote (384-322 av. J.-C.) pensait que l'esprit était partout dans l'organisme vivant, formant une seule entité avec le corps et lui insufflant la vie. Toutes les formes de vie – l'homme, mais aussi bien les animaux et les plantes – étaient douées d'un esprit ; la pensée aristotélicienne était « animiste ». Mais, curieusement, Aristote n'associa pas l'esprit au cerveau. Pour lui, ce dernier n'avait pour fonction que de réguler la température du corps ! L'organe auquel l'esprit était associé était le cœur. Par contre, le philosophe grec Platon (v. 428-348 av. J.-C.) associait, lui, l'esprit au cerveau. Celui-ci avait la forme d'une sphère, la forme géométrique parfaite, et était donc tout désigné pour héberger l'esprit. Aujourd'hui, nous retrouvons encore dans notre culture des échos de ces deux points de vue. Nous associons – du moins métaphoriquement – nos émotions au cœur. Une histoire d'amour qui tourne mal nous « brise le cœur ». Le sentiment amoureux est souvent représenté par un cœur transpercé d'une flèche lancée par Cupidon. En revanche, dès qu'il s'agit de facultés mentales ou intellectuelles, nous les attribuons au cerveau. « C'est un cerveau », disons-nous admirativement d'un étudiant qui a brillamment réussi un concours difficile.

Aristote et Platon ne faisaient pas de distinction entre l'esprit et le corps. Ce n'est qu'au XVIIe siècle que survint la brisure. Le philosophe français René Descartes (1596-1650) fut le premier à formuler de façon explicite cette division. En 1629, il se réfugia dans une auberge hollandaise pour réfléchir au mystère de l'esprit. Il voulait découvrir un principe qui lui apporterait une certitude sur la réalité de cet esprit. Descartes se rendait compte que la perception de la réalité par nos sens pouvait se révéler fort trompeuse. Après tout, nos sens nous disent que, parce que le Soleil se lève à l'est et se couche à l'ouest, la Terre est immobile au centre du système solaire, et le Soleil et tous les autres objets célestes tournent autour d'elle… Or, Copernic avait démontré dès 1543 que c'était exactement le contraire qui se produisait : c'est le Soleil qui est placé au centre du système solaire et c'est la Terre qui tourne autour du Soleil. Le système de pensée cartésien est basé sur le doute : tout doit être remis en question, car nous ne pouvons nous fier à nos sens qui peuvent nous induire en erreur. Les objets nous apparaissent aussi réels dans un rêve qu'à l'état de veille. Qui nous dit que toute la vie n'est pas qu'un songe ?…

Mais, cette nuit-là, dans sa chambre d'auberge, Descartes eut une soudaine inspiration. Si tout pouvait être mis en doute – la chambre dans laquelle il se trouvait, la chaise sur laquelle il était assis, etc. –, une chose au moins ne pouvait être mise en cause : c'était le fait même qu'il doutait ! Quand il doutait, il devait penser, et parce qu'il pensait, il devait exister en tant qu'être pensant. Le fait de penser précédait les objets du monde extérieur. Descartes exprima cette idée dans sa fameuse formule : *« Cogito, ergo sum »*, « Je pense, donc je suis ».

La double nature de l'homme

Pour Descartes, la réalité a deux formes distinctes : celle de l'esprit (ou de la pensée) et celle du monde matériel. Tel est le « dualisme » cartésien. L'esprit est pure conscience, ne s'étend pas dans l'espace et ne peut être subdivisé. En revanche, la matière est dépourvue de conscience, elle s'étend dans l'espace et peut être subdivisée. L'homme a ainsi une double nature : il pense, mais il est aussi pourvu d'une extension matérielle qui est son corps.

Descartes pensait que ce corps était une machine parfaite, à l'instar des automates dans les jardins royaux de Saint-Germain, à Paris, qui le fascinaient. Dans son *Traité de l'Homme*, publié en 1664, il décrit un visiteur marchant dans les jardins royaux et appuyant sur des dalles pour provoquer l'écoulement, par des tuyaux, de l'eau d'un réservoir qui vient activer les automates. Complètement distinct de l'esprit, le cerveau était pour lui un composant de cette machine parfaite. Il fonctionnait selon des principes similaires à ceux des automates. D'après lui, les organes des sens étaient stimulés par l'environnement, tout comme les automates étaient activés par la pression du visiteur des jardins royaux sur les dalles. Le cerveau possédait lui aussi des tuyaux, des valves et un réservoir de fluide dont l'écoulement était commandé par ces stimuli. L'esprit pensant stationné près du réservoir veillait, tel un ingénieur en chef, à la bonne marche du mécanisme, intervenant occasionnellement pour ouvrir ou fermer lui-même les valves du cerveau. Le contact entre l'esprit et le corps se faisait en un point du cerveau que Descartes appelait la « glande pinéale ». Tout comme un point en mathématiques, cette glande ne possédait pas d'extension spatiale. Par son intermédiaire, l'esprit pouvait répondre aux passions et humeurs du corps, mais il avait aussi la possibilité de se détacher de ses impulsions « basses », comme le désir et la haine, et d'opérer tout à fait indépendamment de celui-ci.

Le dualisme cartésien a exercé une influence considérable sur la pensée occidentale. Par exemple, le cerveau et l'esprit sont encore généralement considérés aujourd'hui comme deux entités distinctes dans la médecine occidentale. Quand nous avons des maux de tête, nous allons consulter un neurologue ; quand nous sommes déprimés, il nous est conseillé d'aller voir un psychiatre. Il est vrai que le fossé se comble et qu'une vue plus holistique du corps et de l'esprit tend à émerger peu à peu dans le cadre d'une médecine nouvelle qui traite les dysfonctionnements du corps en même temps que ceux de l'esprit, rejoignant ainsi la tradition de la médecine orientale.

Le monde n'est-il que mental et l'homme n'est-il que matière ?

Le dualisme cartésien stipule donc qu'esprit et matière sont distincts, mais coexistent. D'autres courants de pensée soutiennent des points de vue beaucoup plus extrêmes : à un bout celui selon lequel seuls les événements mentaux existent, à l'autre bout l'idée que seule la matière a une réalité.

Le premier postulat fut défendu par l'évêque irlandais George Berkeley (1685-1753) qui soutenait que le monde matériel n'a pas d'existence réelle et que les choses qu'il contient ne sont que des images de l'esprit, Dieu étant la source de perception de ces constructions mentales. Cette philosophie, appelée « idéalisme », fut attaquée par l'Anglais Samuel Johnson (1709-1784), pour qui les objets matériels existent indépendamment de la perception que nous en avons. « Il suffit de donner un grand coup de pied à une pierre pour se rendre compte de son existence réelle ! » disait-il.

L'autre position extrême est ce qu'on appelle le « béhaviorisme » (de l'anglais *behavior*, « comportement »). Souhaitant promouvoir la psychologie au rang d'une science objective, ce courant de pensée est né au début du XXe siècle aux États-Unis avec le psychologue américain John Watson (1878-1958) et a été développé plus tard, entre autres, par le psychologue américain Burrhus Skinner (1904-1990). Le béhaviorisme prône l'étude du comportement des êtres vivants par l'observation exclusive de leurs réponses à des stimuli externes, émanant de l'environnement. Parce qu'ils rejettent tout ce qui ne peut être observé directement, les béhavioristes nient l'existence de l'esprit et celle de tout acte mental.

Ainsi, pour déterminer le comportement d'un être vivant, il suffirait de connaître les stimuli qui agissent sur lui. Analogue au comportement du chien du physiologiste russe Ivan Pavlov (1849-1936) qui salive à la simple vue d'un os, celui de l'homme est réduit à une série de réflexes. Tous les actes mentaux qui ne se traduisent pas par des actes observables – ainsi celui de raisonner, de prendre une décision ou de penser – n'existent pas. Le béhaviorisme est totalement déterministe et réducteur.

Les animaux pensent-ils ?

L'homme occupe une place à part dans le schéma cartésien. Lui seul est doué d'un esprit. Descartes pensait que les animaux n'en possédaient pas, qu'ils n'étaient que des automates extrêmement compliqués. D'autres penseurs ont rejeté ce point de vue et proposé de douer toute la matière de l'Univers, vivante ou inanimée, d'une conscience. Ce « panpsychisme » a été défendu, entre autres, par Teilhard de Chardin, ou plus récemment par le physicien anglo-américain Freeman Dyson (1923-2020) qui pensait que l'esprit est présent dans chaque particule de matière.

Que nous dit l'observation du comportement des animaux par rapport à l'existence de l'esprit ? Ils éprouvent des sentiments et des émotions semblables aux nôtres. Qui a vu une lionne materner ses lionceaux ne peut douter de son amour maternel. Qui a entendu les cris stridents d'un oiseau poursuivi par un chat ne peut mettre en doute son effroi. Qui a vu un chien se jeter sur son maître, à son retour, ne peut pas ne pas penser qu'il éprouve de la joie. Mais est-ce que les animaux peuvent penser, c'est-à-dire former des images mentales ? Il semble qu'ils soient capables de reconnaître des propriétés abstraites, comme des formes ou des couleurs. Mais il est beaucoup moins certain qu'ils possèdent une conscience de soi et de l'existence. On n'a jamais vu et on n'est pas près de voir un chimpanzé – l'animal génétiquement le plus proche de nous – peindre *La Joconde* ou écrire *Guerre et Paix*.

L'esprit émerge de la complexité du cerveau

À la lumière de ce que nous avons dit précédemment des principes d'auto-organisation qui émergent dans des systèmes dépassant un certain seuil de complexité, que pouvons-nous avancer sur le problème de l'esprit et du corps ? Après tout, le cerveau est le système le plus complexe que la Nature ait produit. Nous devons donc nous attendre à ce que des phénomènes émergents se manifestent à un niveau supérieur, avec des propriétés différentes de celles des processus neuronaux (comme le flot des électrons dans les neurones) qui sont des phénomènes d'un niveau inférieur. Ces phénomènes émergents peuvent être identifiés à ce que nous appelons l'« esprit ». La conscience « émerge » de l'activité neuronale du cerveau, mais à un niveau plus élevé. Une fois générés, les états mentaux suivent leurs propres lois causales, qui sont différentes et ne peuvent être déduites de celles qui régissent le fonctionnement des neurones au niveau inférieur. Les états mentaux émergents peuvent agir à leur tour sur les neurones qui les ont produits grâce à leur comportement holistique et collectif.

Écoutons l'Américain Marvin Minsky, qui travaille sur l'intelligence artificielle[1] : « Les atomes dans le cerveau sont gouvernés par les mêmes lois qui gouvernent les autres formes de matière. Mais pouvons-nous expliquer le fonctionnement de notre cerveau à partir de ces lois ? La réponse est non. Même si nous comprenons comment chacune des milliards de cellules de notre cerveau fonctionne séparément, cela ne nous dira pas comment le cerveau fonctionne comme entité. Les "lois de la pensée" dépendent non seulement des cellules individuelles du cerveau, mais aussi de la façon dont elles sont connectées. »

Ainsi, la psychologie ne peut se réduire à la physique et à la chimie. C'est en essayant de copier les méthodes de ces sciences dites « objectives » (bien que, nous l'avons vu, la mécanique quantique ait bien entamé cette objectivité en accordant un rôle primordial à l'observateur dans la création de la réalité) que les béhavioristes sont parvenus à leur conception aussi déterministe et réductrice. Mais cela ne veut pas dire non plus que la psychologie doive rejeter les lois de la physique et de la chimie. Celles-ci opèrent à un autre niveau. La psychologie requiert des principes supplémentaires qui agissent à un niveau supérieur d'organisation.

Nous pouvons reprendre ici à nouveau l'exemple d'un ordinateur qui joue aux échecs : le programme donne à l'ordinateur les instructions nécessaires pour déplacer les pions ; mais en aucun cas les règles du jeu d'échecs programmées dans l'ordinateur n'entreront en conflit avec les lois physiques qui règlent la marche des circuits électroniques dans l'ordinateur.

Les machines peuvent-elles nous dépasser en intelligence ?

Ainsi, l'étude des lois de la complexité et de l'auto-organisation éclaire d'un jour nouveau le vieux problème de l'esprit et du corps. Il est probable que tous deux existent à part entière. Des positions extrêmes comme l'idéalisme ou le béhaviorisme ne sont plus de mise. La matière n'est pas qu'une manifestation de l'esprit, et les états mentaux des êtres vivants ne peuvent être réduits à l'étude des particules élémentaires et

1. Marvin Minsky, *La Société de l'esprit*, InterÉditions, 1988.

des réflexes. Mais l'esprit et le corps ne sont pas non plus des entités séparées, comme le soutient le dualisme cartésien. L'esprit peut émerger du corps. Notre « soi », avec sa conscience et son libre arbitre, peut surgir de l'organisation de la matière du cerveau. Il opère à un niveau autre que celui de l'extension matérielle qu'est notre corps. Les lois qui régissent ce niveau supérieur sont nouvelles et ne peuvent être déduites de celles qui régissent le niveau inférieur de la matière. Pour autant, elles ne les contredisent pas.

Une question se pose : si l'esprit peut surgir de la complexité du cerveau, cela veut-il dire que si, avec le temps et les progrès technologiques, les ordinateurs viennent à dépasser un certain seuil de complexité, ils pourraient se mettre à penser ? En viendraient-ils à être conscients de leur existence, transportés par l'amour et dévorés par la haine, envahis par le chagrin et la pitié ? Exulteraient-ils de plaisir, gémiraient-ils de peine ? Se tourmenteraient-ils sur des questions morales ? Se mettraient-ils à créer des œuvres littéraires immortelles, à composer des morceaux de musique inoubliables ? Méditeraient-ils sur des questions philosophiques, se morfondraient-ils sur des disputes théologiques ? Pourraient-ils même nous dépasser en intelligence ?

Le mathématicien anglais Alan Turing (1912-1954) avait proposé en 1950 un test simple pour décider de l'intelligence d'une machine. Supposons, disait-il, que vous conversiez avec deux interlocuteurs cachés dont l'un serait une personne et l'autre un ordinateur. Si, durant la conversation, vous êtes incapable de distinguer entre les deux, vous serez forcé de conclure que l'ordinateur est aussi intelligent que l'être humain. Il prédisait que vers l'an 2000 les ordinateurs parleraient avec tant de sophistication qu'ils en viendraient à abuser un interrogateur « moyen » au moins dans 30 % des cas au bout d'environ 5 minutes de dialogue. Cela peut être le cas. Mais pourraient-ils tromper un interrogateur « intelligent » au terme d'une très longue conversation ?

Je pense que la réponse est non. Notre cerveau est d'une complexité si extrême que la compréhension de son fonctionnement est encore enveloppée d'une brume épaisse, qui est loin de se dissiper. Nous n'avons pas la moindre idée des processus qui nous amènent à créer, sentir et aimer. Malgré les progrès certains de la neurologie moderne, nous ne comprenons pas comment la mémoire fonctionne, comment les informations sont enregistrées, ni comment nous les récupérons. Tant que nous ne comprendrons pas mieux comment notre cerveau opère, nous ne saurons pas construire des ordinateurs capables de rivaliser avec l'esprit humain, encore moins de le dépasser. Cette compréhension du cerveau ne se manifestera sans doute pas avant que nous n'ayons mieux compris le rapport entre observateur et réalité en mécanique quantique. Pourquoi un événement ne se réalise-t-il qu'après qu'un observateur l'a enregistré dans son cerveau, qu'après qu'il en est conscient ? Le mathématicien britannique Roger Penrose a émis l'hypothèse que cette compréhension n'adviendrait qu'avec l'introduction de nouvelles lois physiques allant au-delà de la mécanique quantique.

L'abaque et l'ordinateur

Tant que les ordinateurs ne seront que des circuits compliqués dans lesquels circulent des courants électriques obéissant à des programmes, ils resteront des machines incapables de penser, sentir, aimer ou haïr. Ils se borneront à manipuler aveuglément des chiffres binaires, c'est-à-dire des suites de 1 et de 0, les « 1 » étant représentés par la présence d'impulsions électriques, les « 0 » par leur absence. En d'autres termes, l'ordinateur n'est qu'une version extrêmement sophistiquée d'un ancien instrument de calcul appelé « abaque ». Dans cet instrument, les « 1 » sont représentés par des boules qui glissent sur des tiges métalliques, alors que les « 0 » le sont par des vides le long des mêmes tiges. Au lieu de composants électroniques qui laissent ou ne laissent pas passer les courants électriques selon des instructions programmées, les doigts de la main déplacent les boules et laissent des vides selon certaines règles bien précises. Bien sûr, la puissance de calcul d'un abaque est sévèrement limitée par le petit nombre de boules et de tiges qu'il possède, et par le temps nécessaire pour que les doigts manipulent les boules. Les superordinateurs, eux, peuvent calculer infiniment plus vite qu'un abaque. Leur vitesse de calcul permet de résoudre des problèmes mathématiques qui ne peuvent être abordés à la main à l'échelle de temps d'une vie humaine. Ainsi, aucun esprit humain n'aurait pu calculer aussi facilement qu'un ordinateur le nombre π avec des millions de décimales. Aucun individu n'aurait pu manipuler des nombres aussi gigantesques à une aussi grande vitesse et avec autant de précision et de flexibilité. Mais l'ordinateur reste un abaque géant. Sa manipulation mécanique de « 1 » et de « 0 » ne peut être comparée à la pensée. Prétendre que l'ordinateur « pense » reviendrait à dire que les boules de l'abaque « réfléchissent » dès lors qu'elles sont déplacées pour effectuer une addition…

En 1997, la presse a fait grand bruit autour de la défaite du grand maître Garry Kasparov par un superordinateur surnommé « *Deep Blue* » (Bleu profond) au terme d'une série de parties d'échecs. Certains journalistes ont cru voir là une perte de terrain pour l'humanité. Je ne partage pas du tout cet avis. L'ordinateur a vaincu l'être humain grâce à sa grande capacité à passer en revue tous les mouvements futurs possibles à partir d'une certaine configuration initiale de ces pièces. Un joueur d'échecs humain ne peut en anticiper que quelques-uns. C'est en grande partie l'expérience et l'intuition qui lui permettent d'écarter les mouvements de pièces qui se révéleraient désavantageux. *Deep Blue*, lui, peut passer en revue systématiquement toutes les futures combinaisons possibles pour au moins les dix mouvements à venir. En fait, il peut examiner 200 millions de positions par seconde. C'est cette capacité fantastique qui lui a permis de vaincre Kasparov. L'ordinateur a ainsi passé le test d'intelligence décrit par Turing. S'il n'avait pas connu la nature de son adversaire, Kasparov n'aurait peut-être pas deviné qu'il avait affaire à une machine. Mais cela ne veut nullement dire que *Deep Blue* avait acquis une intelligence comparable à celle d'un être humain. Il a battu Kasparov de manière totalement inconsciente. En fait, il ne savait même pas qu'il jouait aux échecs, pas plus qu'une voiture ne sait qu'elle roule vers Paris. L'ordinateur se souciait comme d'une guigne de gagner ou non la partie. Il se contentait de suivre « bêtement » et strictement les instructions programmées dans ses circuits électroniques par des êtres humains. La volonté de gagner, l'anxiété, la nervosité, la tension, le regret d'avoir fait un mauvais mouvement ou le plaisir d'avoir accompli un coup gagnant, tout cela était inconnu à *Deep Blue*. Peut-être d'ailleurs est-ce parce que Kasparov a éprouvé toutes ces émotions qu'il a perdu la partie ? Mais il y a encore très loin des circuits électroniques de *Deep Blue* au cerveau d'un oiseau qui sait s'orienter en se servant de la position des étoiles, et encore plus loin à l'intelligence et aux émotions d'un être humain. Tant que le mystère du fonctionnement du cerveau humain ne sera pas élucidé, le chemin ne pourra être parcouru jusqu'à la destination finale et l'objectif consistant à rendre les machines intelligentes restera inaccessible.

La conscience collective

L'esprit et la conscience d'un être vivant individuel ne se situent pas encore tout au sommet de la pyramide de l'organisation et de la complexité de la Nature. Il y a plus haut encore. Au-delà de la conscience individuelle vient la conscience collective, celle qui résulte de l'expérience de la société dans son ensemble. La conscience collective est à l'origine de la religion, de la culture, elle façonne les œuvres artistiques, littéraires et scientifiques, les institutions sociales et politiques. Pour employer la terminologie du philosophe anglo-autrichien Karl Popper (1902-1994), ces entités abstraites issues de la conscience collective appartiennent au « monde 3 », alors que les mondes « 1 » et « 2 » sont respectivement ceux des objets matériels et des états mentaux.

De nouveau, les lois qui régissent le « monde 3 » ne sauraient être réduites à celles du « monde 2 », qui ne peuvent être ramenées à celles du « monde 1 ». Elles ont leurs propres structures, leur dynamique, et sont indépendantes de celles qui régissent les deux autres mondes. Par exemple, l'existence d'une organisation sociale (monde 3) n'est pas nécessairement liée à un état conscient (monde 2). Nous avons vu que la société des fourmis est hautement structurée et organisée, bien que le comportement de celles-ci soit de nature instinctive. Il en va de même pour une colonie d'abeilles. Au contraire des organisations animales, la société humaine est façonnée par des décisions conscientes et voulues ; les lois qui régissent la dynamique d'une société humaine, les règles qui gouvernent nos systèmes politiques, économiques ou sociaux, ne peuvent être déduites de l'état mental d'un seul individu, encore moins des lois de la physique.

S'il n'existe pas de causalité vers le haut, c'est-à-dire que si les lois du monde 3 ne peuvent être déduites de celles des mondes 1 et 2, il peut en revanche exister une causalité vers le bas, c'est-à-dire que les événements du monde 3 peuvent influencer ceux des mondes 1 et 2. Par exemple, un changement de gouvernement, assorti d'une nouvelle politique économique et sociale, ou un effondrement de la Bourse, deux événements relevant du monde 3, peuvent avoir des répercussions importantes sur l'état mental des citoyens, relevant du monde 2. Le monde matériel autour d'eux (monde 1) peut en être lui aussi affecté : par exemple, une crise économique peut empêcher la construction d'une autoroute ou l'aménagement d'un stade de football, etc.

Au fil de ces pages, nous avons effectué une longue ascension de la pyramide de l'auto-organisation et de la complexité. Nous sommes partis de la matière inanimée pour arriver jusqu'aux systèmes socio-économiques et politiques, en passant par les êtres vivants doués de conscience. Est-ce là le terme de notre ascension ? Sommes-nous, avec le monde 3, au sommet de la pyramide ?

Probablement pas. Certains pensent qu'il existe encore d'autres niveaux d'organisation supérieurs. Ainsi, les personnes qui croient au destin postulent l'existence d'une loi supérieure qui guide le cours des événements vers une certaine fin. Les gens férus d'astrologie pensent que la destinée de chaque être humain est guidée par un principe cosmique global qui est reflété dans l'harmonie du ciel. La Nature elle-même, avec ses lois et principes, et son réglage d'une précision extrême ayant permis l'émergence de la vie et de la conscience, constitue l'exemple saisissant d'un principe d'organisation supérieur.

Pourquoi l'Univers est-il compréhensible ?

Dans son irrésistible ascension vers la complexité, l'Univers a engendré l'homme, doué de conscience et d'intelligence. Des poussières d'étoiles se sont assemblées pour faire jaillir l'étincelle de vie et faire apparaître un être vivant capable d'appréhender le Cosmos. Les poètes ont chanté sa beauté, les artistes ont dépeint son harmonie mais il revient aux scientifiques de nous dévoiler ses secrets et de nous révéler ce fait tout à fait miraculeux : celui de vivre dans un Univers rationnel régi par des lois bien précises qui peuvent être perçues et analysées par la raison humaine.

Pourquoi l'homme est-il doué du don de comprendre l'Univers ? Après tout, nous aurions très bien pu émerger dans un Univers à l'organisation si complexe qu'elle dépasserait notre entendement et où nous nous contenterions de subir des lois naturelles sans avoir la moindre idée de ce qu'elles sont. « Ce qui est le plus incompréhensible, c'est que l'Univers soit compréhensible », disait Einstein. Le fait que nous réussissions à donner une explication au monde par la méthode scientifique n'est-il que le résultat d'un heureux hasard, ou bien est-il en quelque sorte « programmé » à l'avance ? Notre aptitude à connaître l'Univers est-elle un pur accident, ou bien était-il inévitable que des organismes biologiques émergeant de l'ordre cosmique exaltent cet ordre en le comprenant ? Nos avancées scientifiques spectaculaires ne sont-elles qu'un simple accident de parcours dans la longue histoire de l'Univers, ou bien sont-elles la conséquence d'une intime connexion cosmique entre l'homme et le monde ?

Pour tenter de répondre à ces questions, il nous faut examiner la nature des lois naturelles immuables et intangibles et comment elles s'appliquent à un Univers en perpétuelle évolution, changeant sans cesse.

La permanence et l'impermanence

Quand il tente de comprendre le monde, l'esprit humain se trouve confronté à une dichotomie profonde, celle entre le temporel et l'intemporel, le devenir et l'être, ou, en termes bouddhiques, entre l'impermanence et la permanence. On ne peut nier qu'il y a un élément de permanence dans nos vies. Heureusement pour notre santé d'esprit ! Nous nous reconnaissons dans le miroir quand nous nous levons le matin. Il existe une certaine constance dans la personnalité des êtres qui nous entourent. Les bibelots qui décorent le salon, les tableaux qui agrémentent les murs, les arbres verdoyants qui abritent les oiseaux, les montagnes qui se profilent à l'horizon, la pleine lune qui fait son apparition tous les mois, le printemps fleuri qui revient chaque année, tout arbore un air de quasi-permanence qui confère une stabilité relative à notre vie et nous permet d'assigner à chaque être et objet une identité distincte. Nous nous référons à « Pierre » ou à « Carole », et parlons de la Lune ou d'un tableau de Vermeer (1632-1675). Pourtant, sous cet air de quasi-permanence se cachent une impermanence continue, un flux ininterrompu de changements, un incessant festival de transformations. Les êtres de notre entourage changent non seulement physiologiquement

– ils se cassent un bras, leur peau lisse devient ridée, leurs cheveux blanchissent –, mais aussi psychologiquement. Les bibelots se cassent, les tableaux perdent de leur éclat, les arbres s'étiolent et l'érosion use la montagne ; la Lune ne jettera plus sa douce clarté et le printemps ne refleurira plus quand le Soleil arrivera au bout de son carburant nucléaire, dans quelque 4,5 milliards d'années. L'Univers lui-même est en perpétuelle évolution : il a surgi du vide il y a quelque 15 milliards d'années et mourra un jour, soit dans un brasier infernal, soit dans un refroidissement glacial. Le présent passe et s'estompe dans le passé, cependant que le futur est encore à construire.

Platon fut l'un des premiers à réfléchir sérieusement sur ce paradoxe fondamental de l'existence qu'est la dichotomie entre l'intemporel et le temporel. Du fait de cette dichotomie, il pensait qu'il existait deux niveaux de réalité. D'abord la réalité du monde accessible à nos sens, un monde changeant, éphémère et illusoire. Ce monde sensible et temporel ne serait en fait que le pâle reflet du « vrai » monde, celui des Idées éternelles et immuables où règnent les relations mathématiques et les structures géométriques parfaites. D'après Platon, tous les êtres vivants du monde sensible ne sont que des copies imparfaites de Formes éternelles résidant dans le monde des Idées. Ainsi, les oiseaux d'une même espèce se ressemblent parce qu'ils sont tous des représentations matérielles de la même idée parfaite de l'Oiseau. L'oiseau du monde changeant et éphémère aura beau vieillir, tomber malade et mourir, l'idée de l'Oiseau est éternelle, immuable et intangible. Ce qui fait que la même espèce d'oiseau peut se perpétuer à travers les siècles, parce qu'elle peut se rematérialiser à partir de la même immuable idée d'Oiseau.

L'ombre et la caverne

Pour illustrer la dichotomie entre le monde sensible et celui des Idées, Platon introduisit sa fameuse allégorie de la caverne dans son dialogue *La République*. Imaginez, dit-il, des hommes emprisonnés dans une caverne. Ils ont le dos tourné à l'entrée de la caverne et le visage tourné vers les parois de celle-ci. En dehors de la caverne existe un monde vibrant de lumière, de couleurs et de formes, mais les hommes de la caverne n'en sont pas conscients. Tout ce qu'ils peuvent voir, ce sont les ombres projetées par les objets et les êtres vivants du monde extérieur sur les parois de la caverne. Pour eux, le monde des ombres est la seule réalité qui compte, puisqu'ils n'en connaissent pas d'autre. Ils ne peuvent savoir que les ombres ne constituent qu'un bien pâle reflet de la glorieuse réalité qui existe hors de la caverne. Ils ne peuvent réaliser que, si l'un d'eux venait à s'échapper de ses chaînes et à s'aventurer dans le monde extérieur, il serait ébloui par la clarté et la beauté des êtres et des objets illuminés par l'éclat doré du Soleil. La sombre tristesse et les contours flous des ombres feraient place à l'exubérance de couleurs et à la netteté des formes du monde « réel ». Ce monde serait autrement plus beau et plus parfait que celui des ombres.

Pour Platon, le monde accessible à nos sens est semblable au monde des ombres des hommes de la caverne. Il n'est qu'une manifestation imparfaite d'un monde parfait, celui des Idées, « illuminé par le Soleil de l'intelligible ».

La tragique méprise

L'allégorie platonicienne des ombres dans la caverne me fait penser à une belle légende de mon pays, du côté où le Soleil se lève, qui a aussi pour thème l'illusion qui consiste à prendre le monde des ombres pour le monde réel, méprise qui peut aboutir à des conséquences tragiques. Écoutons l'écrivain vietnamien Pham Duy Khiêm (1908-1974) nous la raconter de sa belle écriture[1] :

« Il était une fois une femme dont le mari avait été envoyé comme soldat dans un poste de frontière, au fond du "pays où l'on va en remontant les fleuves". En ce temps-là, les communications étaient très difficiles et, depuis plus de trois ans qu'il était au loin, elle ne recevait que de rares nouvelles. Un soir, elle cousait à la lampe, près de son enfant qui dormait, quand un orage éclata. Un coup de vent éteignit la lampe, le tonnerre se mit à gronder, et l'enfant s'éveilla. Il prit peur. La mère alluma la petite mèche qui trempait dans l'huile et, montrant sa propre ombre sur le mur, elle dit : "Ne crains rien, mon petit ; père est là, qui veille sur toi." L'enfant regarda et cessa de pleurer. Le lendemain, au moment d'aller au lit, il réclama son père. La mère sourit, heureuse, et se plaça de façon que sa silhouette fût bien visible aux yeux de son fils. Elle lui apprit à joindre les mains avant de s'incliner devant l'ombre pour dire : "Bonsoir, mon père." L'habitude en fut vite prise et, tous les soirs, le rite s'accomplissait…

« Le mari revint enfin. La femme voulut faire des offrandes aux ancêtres pour les remercier d'avoir ramené son mari sain et sauf. Elle alla aux provisions, confiant l'enfant à la garde de son époux. Pendant son absence, celui-ci joua avec son fils et voulut se faire appeler père. À sa grande surprise, l'enfant refusa, expliquant qu'il ne pouvait être son père, puisque lui-même disait bonsoir à ce dernier chaque soir en allant au lit. L'homme, pensant que sa femme avait été infidèle, quitta la maison sans un mot, blessé au fond du cœur. Désespérée, la pauvre

1. Pham Duy Khiêm, *Légendes des terres sereines*, Mercure de France, 1989.

femme mit fin à ses jours en se jetant dans la rivière. En apprenant sa mort, le mari, pris de doutes, revint sur les lieux. Le soir venu, il alluma la lampe qui projeta son ombre sur le mur. À son grand étonnement, il vit son fils joindre les mains et s'incliner devant l'ombre. Il ne comprit que trop tard sa tragique méprise… »

Une âme immortelle

Parce qu'il y a deux niveaux de réalité, l'homme, selon Platon, possède aussi une nature double. Il a un corps matériel, qui change et vieillit au fil du temps, et grâce auquel il évolue et communique avec le monde imparfait et impermanent des sens. Mais il possède aussi une âme immortelle douée de raison qui peut accéder au monde parfait et permanent des Idées. L'âme existe avant le corps, mais, dès qu'elle intègre son enveloppe charnelle, elle oublie qu'elle a été en contact avec le monde des Idées. À mesure qu'elle découvre les formes naturelles du monde des sens – un cyprès, une rose, un cheval, un enfant… –, une mémoire vague et distante du monde des Idées lui revient. L'homme réalise que, quand il voit une fleur, il n'a devant les yeux que la manifestation imparfaite de l'idée d'une fleur parfaite. D'où une nostalgie constante de la perfection, et le désir ardent de l'âme (Platon appelle ce désir « éros ») de s'en retourner dans le monde parfait des Idées, son vrai lieu de résidence. Si, tel le fils dans la légende vietnamienne, nous prenons les ombres pour la réalité et nous en tenons là, nous faisons violence au profond désir de perfection de notre âme immortelle.

La dualité du monde entraîne une dualité de l'Être suprême. Dans le monde des Idées règne le Bien, être éternel et immuable existant hors du temps et de l'espace. Dans le monde des sens, le Démiurge façonne la matière selon les plans du monde des Idées ; son attention est constamment sollicitée, car le monde matériel s'use et se dégrade sans cesse, nécessitant une intervention ininterrompue. En invoquant ainsi deux Êtres suprêmes, Platon ne tente pas de résoudre la profonde dichotomie entre le monde changeant de l'expérience et celui des Formes éternelles. Il se contente de déclarer que le monde changeant des sens est illusoire et que seul compte le monde éternel des Idées.

Le temps et l'éternité

Le philosophe grec Aristote, élève de Platon, ne tente pas, lui non plus, de résoudre le paradoxe du temps et de l'éternité. Lui aussi tranche en faveur d'un seul monde, mais, au contraire de Platon, il opte pour le monde temporel, tout en rejetant le monde platonicien des Idées. Aristote, nous l'avons vu, propose un Univers animiste qui se développe, tel un embryon, vers un but final prédéterminé. Les êtres vivants sont aussi doués d'une âme qui les guide vers le but recherché. Mais, contrairement à ce qu'il en est chez Platon, l'âme n'est pas transcendante au corps, mais lui est immanente. La division ne s'opère plus au niveau du monde des sens et de celui des Idées, mais entre Ciel et Terre. La Terre est le domaine de l'imparfait, de l'usure et de la mort, alors que le Ciel est celui du parfait, de l'éternel et de l'immuable. Les objets célestes y décrivent des orbites circulaires et invariables, le cercle étant la forme géométrique la plus parfaite.

Saint Augustin (354-430), évêque d'Hippone, abandonne l'idée du Démiurge mais reprend l'idée platonicienne d'un Dieu hors du temps. Ce qui n'est pas sans poser des problèmes théologiques par rapport à la doctrine chrétienne. Comment un Dieu hors du temps peut-il souffrir et mourir crucifié, ces événements-là se situant résolument dans le temps ? Le débat faisait encore rage au XIIIe siècle quand saint Thomas d'Aquin (1225-1274), tout en reprenant l'idée d'un Dieu résidant dans une sphère platonicienne au-delà du temps et de l'espace, tenta de démontrer logiquement, à la manière d'une démonstration mathématique, que ce Dieu devait être doué d'un ensemble de qualités comme la perfection, la simplicité, l'intemporalité, l'omnipotence et l'omniscience. Mais de nouveau se posait le problème de concilier un Dieu hors du temps avec un Dieu miséricordieux et attentif à nos prières dans le temps.

Vinrent les XVIe et XVIIe siècles. La science née dans l'Europe médiévale culmine alors avec les travaux du physicien italien Galilée (1564-1642), père de la méthode expérimentale en physique, puis du physicien anglais Isaac Newton (1642-1727), auteur d'une monumentale théorie de la gravitation. Le monde des sens occupa dès lors une place prépondérante. La méthode scientifique reposait sur des observations précises et sur des mesures quantitatives des phénomènes naturels. La Nature était considérée comme rationnelle, obéissant à des lois éternelles et immuables, elles-mêmes reflet de Dieu. Nous retrouvons là des réminiscences du Dieu immuable et éternel évoluant dans le monde des Idées de Platon, et du Dieu hors du temps et de l'espace cher à saint Thomas d'Aquin. La dichotomie entre le temporel et l'intemporel revenait en force. Dieu, qui était intemporel, se manifestait sous la forme d'événements temporels dans la Nature. La physique newtonienne décrit un monde changeant et évoluant en fonction du temps : une pomme qui tombe dans un verger, la Lune qui tourne autour de la Terre, les marées des océans qui vont et viennent. Mais les lois qui les décrivent sont immuables et invariables. Tel est le problème de la « flèche du temps » en physique, qui est encore d'actualité aujourd'hui : comment des lois intemporelles peuvent-elles décrire des événements temporels ?

Pour obtenir des éléments de réponse, il convient d'examiner la nature même des lois physiques.

Des lois dans la Nature

Le *Petit Larousse* nous dit qu'une loi est une « proposition générale constatant des rapports nécessaires et constants entre des faits scientifiques ». Qui dit « rapports nécessaires et constants » dit « régularités ». Nos lointains ancêtres, il y a quelques dizaines de milliers d'années, étaient certainement conscients de ces régularités. Les alignements de dolmens et de menhirs de Stonehenge, en Angleterre, dans la direction des levers et couchers du Soleil à certaines époques de l'année, en témoignent. Nos aïeux réalisaient intuitivement que lancer une pierre d'une certaine façon leur permettait d'atteindre et de tuer le gibier convoité. Mais bien des phénomènes naturels leur paraissaient mystérieux et imprévisibles. L'homme des cavernes les dotait alors d'esprits. Il vivait dans un univers magique dans lequel l'esprit Soleil éclairait l'esprit Terre le jour, pour laisser place à l'esprit Lune la nuit. L'esprit Pluie déversait des trombes d'eau qui alimentaient l'esprit Rivière. Le monde des esprits était le miroir de celui des hommes, mû par les mêmes désirs et pulsions. Il était simple, familier, à dimension humaine.

Cette familiarité et cette innocence disparurent avec l'accumulation du savoir, et, il y a environ 10 000 ans, l'univers magique humain fit place à l'univers mythique surhumain. Les esprits désertèrent les arbres, les fleurs et les rivières pour laisser la place à des dieux aux pouvoirs supérieurs. Tous les phénomènes naturels, y compris la création du monde, étaient désormais des conséquences des agissements, amours et accouplements, haines et déchirements de ces dieux. Pourtant, au beau milieu de cet univers mythique, vers le VIe siècle av. J.-C., survint le miracle grec qui sema les germes de l'univers scientifique tel que nous le connaissons aujourd'hui. Les Grecs eurent l'idée révolutionnaire que les événements naturels n'étaient pas l'apanage des dieux, mais que la raison humaine pouvait aussi les appréhender. Ils jetèrent leur regard curieux et inquisiteur sur des sujets aussi variés et divers que la structure de la matière, les phénomènes biologiques, géologiques et météorologiques, la nature du temps, la géométrie et les mathématiques. Mais le concept de « loi naturelle » tel que nous le comprenons aujourd'hui n'avait pas encore fait son apparition.

Aristote explique le comportement d'un système naturel non par des lois, mais en termes de cause finale. Pour lui, tout comme les êtres vivants, les systèmes naturels se conduisent de manière à réaliser un but. Ils ont un comportement « téléologique ». Aristote échafaude un système élaboré de causalité en distinguant quatre sortes de causes différentes : la cause matérielle, la cause formelle, la cause efficace et la cause finale. Ainsi, à la question : « Pourquoi pleut-il ? », le philosophe grec ne répondra pas simplement que la pluie tombe parce que l'air, en se refroidissant, provoque la condensation de la vapeur d'eau dans l'atmosphère en gouttelettes d'eau qui tombent sur la surface de la Terre, attirées par sa gravité, comme le ferait un météorologue d'aujourd'hui ; il distinguera entre la cause matérielle que constituent les gouttelettes d'eau, la cause efficace qui fait que la vapeur d'eau se condense en gouttes de pluie, et la cause formelle qui fait que les gouttes d'eau tombent sur la surface de la Terre. Mais, au lieu d'invoquer la gravité de la Terre pour expliquer la chute des gouttes d'eau, Aristote fera appel à une cause finale : les gouttes d'eau tombent sur Terre parce que les plantes et les animaux ont besoin d'eau pour vivre et croître.

Le système de causalité aristotélicien peut également être illustré en parlant d'une maison : le matériau utilisé pour la construire (briques, tuiles, ciment, etc.) constituerait la cause matérielle. La cause efficace serait le maçon qui assemble tout ce matériau en élevant une bâtisse. La cause formelle serait la forme et l'arrangement de la demeure. Et la cause finale serait le plan de l'architecte que suit le maçon pour construire la maison. Chaque objet, dans la Nature, se comporterait de façon à réaliser un but déterminé à l'avance. Les mandarines et les oranges mûrissent pour que les hommes les mangent. Il pleut pour que les rivières ne tarissent pas. Il en va de même pour les mouvements des objets matériels : une pierre tombe vers le sol parce que la Terre est le lieu naturel des objets pesants. La fumée s'élève vers le ciel parce que sa place naturelle est dans le domaine éthéré, au-delà du ciel. Les « lois » aristotéliciennes ne sont rien d'autre que des descriptions élaborées de la façon dont la cause finale s'opère. Chaque objet physique a ses caractéristiques propres, et la complexité du monde se traduit en une diversité et une variété sans limites de ces propriétés.

La notion de loi qui nous est familière est apparue avec l'émergence des religions monothéistes telles que le christianisme et l'islam. Dieu devint indépendant, séparé de sa Création. Les lois n'étaient plus inhérentes aux systèmes physiques, mais imposées de l'extérieur par un Être suprême. La Nature devint un domaine gouverné à coups de décrets divins. La cause n'était plus contenue dans l'objet lui-même, mais reliée à l'effet par des lois physiques ayant leur origine en Dieu.

L'acceptation de la notion de loi imposée du dehors par un Dieu souverain ne fut pas sans rencontrer quelque résistance. Aussi tard qu'au XIIIe siècle, saint Thomas d'Aquin se faisait encore le défenseur de la notion aristotélicienne de tendances innées dans les systèmes physiques, attribuées par un Dieu providentiel. Mais ces vues furent fermement condamnées par l'archevêque de Paris en 1277 et l'idée d'un Dieu créateur et dispensateur de lois s'imposa.

Quand la science moderne émergea au sein de l'Europe médiévale, les premiers hommes de science travaillaient encore dans la conviction que l'ordre et les régularités de la Nature reflétaient un vaste plan divin et qu'ils exaltaient la gloire de Dieu en révélant ce plan.

L'astronome allemand et grand mystique Johannes Kepler rechercha ainsi la perfection de Dieu dans les mouvements des planètes. Pour le physicien anglais Isaac Newton, l'Univers était une vaste machine réglée de façon extrêmement précise par un Dieu ingénieur et rationnel. L'Univers fonctionnait comme une horloge à ressort qu'on remontait. Mais les opinions divergeaient sur le rôle dévolu à Dieu, une fois l'horloge remontée : est-ce que la mécanique marchait toute seule, et Dieu, n'ayant plus rien à faire, se retirait-il au loin ? ou, le petit coup de pouce donné à l'Univers à ses débuts n'étant pas suffisant, l'Univers nécessitait-il par la suite une intervention constante ? Newton était plutôt du second avis. Il pensait (à tort, nous le savons aujourd'hui) que, sans une intervention divine continue, la gravité, qui attirait tout, aurait fait s'effondrer l'Univers comme une masse, ce qui n'est nullement observé. Son contemporain, le philosophe et mathématicien allemand Gottfried Leibniz (1646-1716), pensait le contraire ; il souligna combien était absurde l'idée que Dieu aurait été incapable de construire une machinerie à même de marcher toute seule. Pour Leibniz, de même que pour le philosophe et mathématicien français René Descartes, Dieu était source et garant de toute la rationalité dans la Nature, rationalité qui permettait à la raison humaine – elle-même don de Dieu – d'appréhender le Cosmos.

Parce que la machine, une fois remontée, marchait d'elle-même, Dieu s'éloigna de plus en plus. La raison régnait, suprême, reléguant la foi au second plan. Jusqu'au jour où Dieu ne fut plus nécessaire. À la fin du XVIIIe siècle, en réponse à Napoléon Bonaparte qui lui reprochait de n'avoir pas mentionné une seule fois le Grand Architecte dans son ouvrage *La Mécanique céleste*, le marquis Pierre Simon de Laplace s'écria : « Sire, je n'ai pas besoin de cette hypothèse ! » Depuis, science et religion n'ont pas cessé de s'éloigner l'une de l'autre. Aujourd'hui, la majorité des scientifiques étudient les régularités de la Nature, qu'ils appellent « lois », sans se poser – du moins publiquement – la question de leur origine.

Pourquoi la science est-elle née en Occident ?

Imprégnée du concept chrétien d'un Dieu qui se manifeste dans la rationalité de la Nature, imbue de la notion de loi civile dans la vie en société, l'Europe médiévale constituait un terreau particulièrement fertile pour l'émergence de l'idée de lois naturelles et donc pour celle de la science.

On peut se demander pourquoi celle-ci n'a pas vu le jour en Chine qui, pourtant, était dotée d'une culture millénaire, sophistiquée et complexe, et était technologiquement en avance sur l'Occident sur bien des plans (les Chinois avaient par exemple inventé, avant les Européens, la poudre et la boussole). Je pense que la raison gît dans la conception de la Nature des Chinois. Pour eux, le monde naturel ne résultait pas de l'acte d'un Dieu créateur et dispensateur de lois, mais était engendré par l'action réciproque et dynamique de deux forces polaires : le Yin et le Yang. Parce que la notion de lois de la Nature ne s'imposait pas, les Chinois ne se donnèrent pas la peine de les rechercher.

D'autre part, les Chinois avaient une conception holistique de la Nature, où chaque partie interagissait avec chaque autre partie, formant un tout harmonieux qui était plus que la somme des parties individuelles. Ce point de vue holistique ne favorisa pas le développement de l'idée selon laquelle, dans un premier temps, la Nature peut être décomposée en ses parties, et chaque partie être étudiée indépendamment des autres, idée qui est à la base de la méthode réductionniste et qui a permis d'édifier une large part de la science occidentale. Cette dernière ne serait pas possible si nous ne pouvions comprendre une petite fraction de l'Univers sans en comprendre le tout.

Il est évident qu'une approche purement réductionniste ne saurait être le mot de la fin. Nous avons vu que des systèmes considérés dans leur ensemble possèdent des propriétés « émergentes » qui ne peuvent être déduites de l'étude des composantes individuelles. Par exemple, nous ne pouvons déduire la vie à partir de l'étude de particules élémentaires inanimées. Mais l'approche holistique n'exclut pas l'approche réductionniste : elles sont complémentaires et nous aident toutes deux à percer les secrets de la Nature.

Une question demeure pourtant : comment se fait-il que nous puissions comprendre une toute petite partie de la Nature sans en comprendre le tout ?

Pourquoi la méthode réductionniste marche-t-elle ?

Nous aurions pu fort bien vivre dans un Univers où chaque phénomène physique en un lieu donné serait si intimement connecté au reste de l'Univers qu'il serait impossible de l'étudier et de le comprendre sans comprendre l'Univers entier. Tout serait si imbriqué que déduire des lois simples serait infaisable. Notre connaissance de l'Univers serait alors une affaire de tout ou rien. Or, la science nous a permis de saisir des bribes d'informations sans connaître l'histoire tout entière, de percevoir quelques notes de musique sans appréhender la mélodie complète. Le mystère est d'autant plus grand que, d'après les indices que nous possédons, l'Univers forme un tout étroitement connecté. La chute d'une pomme dans un verger est en principe déterminée non seulement par la gravité de la Terre, mais aussi par celle de la Lune, du Soleil et des autres planètes. L'expérience Einstein-Podolsky-Rosen nous a montré que la réalité des particules élémentaires n'est pas locale, mais globale. Deux particules interagissent, puis se séparent. Si vous perturbez l'une, l'autre le sait immédiatement, même si elle se trouve de l'autre côté de l'Univers.

Pourtant, malgré cette globalité et cette interconnexion de l'Univers, malgré la ferme conviction de nombre de physiciens que tous les principes de la physique convergeront un jour en une théorie du Tout, la méthode réductionniste fonctionne. Elle nous permet de progresser pas à pas, d'assembler l'une après l'autre les pièces du puzzle sans avoir à connaître le puzzle reconstitué dans son entier. Bien heureusement pour moi, pour faire de l'astrophysique, je n'ai nul besoin de résoudre en même temps tous les problèmes de l'Univers !

Pourquoi le réductionnisme marche-t-il ? La réponse réside dans deux propriétés de certains systèmes physiques. La première s'appelle « linéarité ». Un système physique est dit « linéaire » quand le tout est exactement égal à la somme des composantes. Ni plus, ni moins. Dans un tel système, la somme des causes produit une somme correspondante d'effets, et il suffit d'étudier séparément les comportements individuels des composantes, puis de les additionner, pour déduire le comportement du tout.

Pour comprendre un comportement linéaire, considérons par exemple le poids d'une éponge qu'on mouille sous un robinet (fig. 63). Au début, le poids de l'éponge imbibée d'eau est proportionnel au nombre de gouttes d'eau qu'elle absorbe. Le poids de l'éponge double quand elle absorbe deux fois plus de gouttes d'eau et triple quand elle recèle trois fois plus de gouttes d'eau. On dit que la relation entre le poids de l'éponge et le nombre de gouttes d'eau est linéaire (le mot vient du fait que si, dans un système de coordonnées, vous portiez le nombre de gouttes d'eau en abscisse et le poids de l'éponge en ordonnée, vous obtiendriez une suite de points qui se situeraient sur une ligne droite). Mais le comportement de l'éponge change quand elle devient trop imbibée d'eau. Sa capacité d'absorption de l'eau diminue graduellement, jusqu'à devenir égale à zéro. Le poids de l'éponge cesse d'augmenter proportionnellement au nombre de gouttes d'eau qui lui tombent dessus. De linéaire, le comportement de l'éponge est devenu non linéaire. Finalement, le poids de l'éponge se stabilise, car elle ne peut plus absorber d'eau supplémentaire. Elle est saturée.

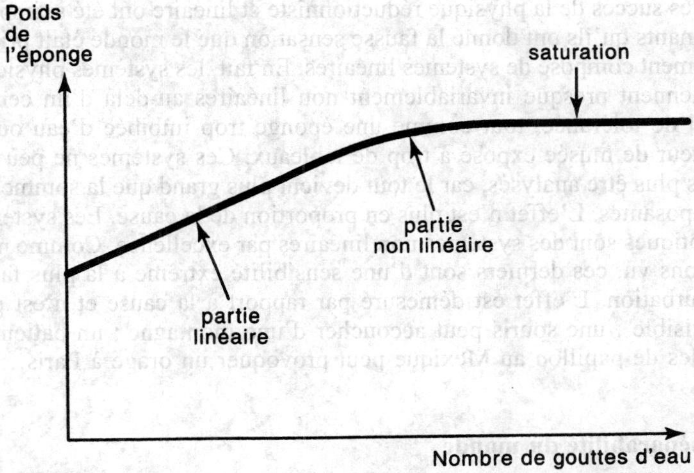

Fig. 63. *L'éponge et les gouttes d'eau*. Initialement, le poids de l'éponge croît en proportion avec le nombre de gouttes d'eau qu'elle absorbe. La relation est dite linéaire car elle est représentée par une ligne droite dans le diagramme ci-dessus. Quand l'éponge commence à saturer, elle n'est plus capable d'absorber toute l'eau qui lui tombe dessus, et la relation devient non linéaire. Les systèmes au comportement non linéaire peuvent exhiber des comportements complexes et imprévisibles, et devenir ainsi chaotiques.

Nous traversons les mêmes étapes quand nous visitons un musée trop riche en œuvres d'art. Au début, le plaisir esthétique ressenti est en proportion du nombre de tableaux admirés. Nous sommes dans le régime linéaire. Mais, à mesure que les tableaux défilent devant nos yeux, le plaisir s'émousse et nous entrons dans un régime non linéaire. Jusqu'au moment où nous n'en pouvons plus : nous sommes alors « saturés » de peinture…

Un Univers intelligible

Les succès spectaculaires remportés par la méthode réductionniste en physique au cours des trois derniers siècles viennent du fait que les physiciens ont su isoler les phénomènes physiques qui ont un comportement linéaire. Tant qu'ils restent dans ce régime, ces systèmes peuvent être « analysés », c'est-à-dire compris dans leur totalité à partir de l'étude de leurs composantes. Par exemple, les champs électriques et magnétiques ont un comportement linéaire. Le champ électrique d'un système de deux électrons est la somme des champs électriques individuels de chacun des deux électrons.

Ces succès de la physique réductionniste et linéaire ont été si impressionnants qu'ils ont donné la fausse sensation que le monde était principalement composé de systèmes linéaires. En fait, les systèmes physiques deviennent presque invariablement non linéaires au-delà d'un certain seuil de tolérance, tout comme une éponge trop imbibée d'eau ou un visiteur de musée exposé à trop de tableaux. Ces systèmes ne peuvent alors plus être analysés, car le tout devient plus grand que la somme des composantes. L'effet n'est plus en proportion de la cause. Les systèmes chaotiques sont des systèmes non linéaires par excellence. Comme nous l'avons vu, ces derniers sont d'une sensibilité extrême à la plus faible perturbation. L'effet est démesuré par rapport à la cause et n'est plus prévisible : une souris peut accoucher d'une montagne ; un battement d'ailes de papillon au Mexique peut provoquer un orage à Paris…

La séparabilité du monde

Aucun système physique n'est exactement linéaire. Même les orbites des planètes, qu'on croyait stables et immuables, peuvent s'emballer. Mais, si c'est le cas, pourquoi le monde n'est-il pas totalement chaotique ? Pourquoi, malgré une profusion de phénomènes non linéaires, parvenons-nous quand même à isoler un vaste éventail de systèmes physiques au comportement linéaire et prévisible, et à faire de la science ?

La raison en est due non seulement au caractère linéaire de certains systèmes dans lesquels l'effet est proportionnel à la cause, mais aussi à une seconde propriété qui les caractérise et qui a pour nom « localité ». Un système physique est dit « local » quand son comportement ne dépend que de forces et influences s'exerçant dans son entourage immédiat. Des influences globales, comme dans le cas des deux particules élémentaires dans l'expérience Einstein-Podolsky-Rosen, sont bannies. C'est aussi le cas quand ces forces et influences ont soit une portée infime, soit une intensité très faible, soit les deux. La portée des forces fondamentales de la Nature est généralement faible. La force nucléaire forte n'agit qu'à l'échelle des noyaux d'atomes (10^{-13} cm), tandis que le champ d'action de la force nucléaire faible est 10 fois plus petit (10^{-14} cm). La portée des forces électromagnétique et gravitationnelle est plus grande, mais leur intensité décroît comme le carré de la distance entre deux charges électriques ou deux masses. Éloignez deux charges électriques ou deux masses de 10 fois, et la force électromagnétique entre les deux charges ou la force gravitationnelle entre les deux masses diminuerait de 100 fois. Cette propriété fait que la localité des forces est préservée. L'influence des forces en un endroit donné vient de l'environnement proche, et non de l'univers lointain. Ainsi l'influence gravitationnelle de la Lune, du

Soleil et autres objets célestes sur la chute d'une pomme dans un verger est infime par rapport à celle de la Terre.

L'intensité des forces dans la Nature dépend d'une quinzaine de nombres appelés « constantes physiques ». Par exemple, l'intensité de la force gravitationnelle dépend de la constante gravitationnelle, qui est très petite (elle est égale à $6{,}67 \times 10^{-8}$ dans le système d'unités basé sur le centimètre comme unité de longueur, sur le gramme comme unité de poids et sur la seconde comme unité de temps). Nous pouvons mesurer ces constantes de façon extrêmement précise dans nos laboratoires, mais ne possédons pour l'instant aucune théorie permettant d'expliquer pourquoi elles ont les valeurs mesurées. Les constantes nous ont été « données » quand l'Univers est né. Elles ont été réglées de façon extrêmement précise pour que l'Univers héberge la vie et la conscience (ce réglage très fin est appelé, nous l'avons vu, « principe anthropique », du grec *anthropos* qui veut dire « homme »), mais aussi de telle façon que l'Univers soit séparable en entités distinctes qui peuvent être étudiées séparément avec la méthode réductionniste.

Une question se pose : comment l'univers macroscopique peut-il échapper au flou quantique et à l'interconnexion globale qui caractérisent le monde subatomique ? Car, après tout, c'est l'infiniment petit qui a accouché de l'infiniment grand. Au début de son histoire, l'Univers, quand il était infinitésimalement petit, obéissait certainement aux lois de la mécanique quantique, avec le flou qui leur est inhérent. Alors, pourquoi l'orbite de la planète Jupiter n'est-elle pas aussi floue que celle d'un électron autour d'un noyau d'atome ? Pourquoi existe-t-il des systèmes macroscopiques avec une réalité locale ? Pourquoi le flou quantique a-t-il fait place au non-flou de tous les jours ? Pourquoi la réalité globale des particules élémentaires s'est-elle transformée en réalité locale des objets macroscopiques ?

Selon les physiciens américains James Hartle (né en 1939) et Murray Gell-Mann (le découvreur des quarks), cette transformation n'a eu lieu que parce que les conditions initiales de l'Univers (par exemple ses densité, température ou taux d'expansion du début) ont été, comme les constantes physiques évoquées, réglées de façon extrêmement précise. Les calculs des deux physiciens montrent que, dans la majorité des cas, un univers subatomique aux conditions initiales quelconques n'aboutirait pas à un monde macroscopique contenant des objets matériels bien localisés dans l'espace et doté d'un temps bien défini. Dans un tel univers, la séparabilité du monde en objets distincts dans le temps et l'espace serait impossible, et ce monde ne nous serait plus intelligible.

Ainsi, la linéarité et la localité de certains systèmes physiques dans l'Univers, et donc l'intelligibilité de celui-ci, dépendent des conditions initiales et des constantes physiques du jeune univers quantique. Le fait que nous puissions progressivement découvrir les lois de la Nature et graduellement approfondir notre compréhension du monde, le fait même, donc, que la méthode scientifique puisse opérer, a été réglé de façon ultraprécise dès les débuts. La déraisonnable efficacité de la pensée à déchiffrer le monde est une conséquence du déraisonnable réglage de l'Univers à ses débuts.

L'esprit des lois

Un ensemble de propriétés généralement admises caractérise les lois naturelles. Ces propriétés rappellent étrangement celles attribuées à Dieu.

Les lois de la Nature sont tout d'abord universelles. Elles s'appliquent partout dans l'espace et le temps. Cette universalité des lois physiques a été vérifiée maintes fois par les observations astronomiques. Parce que la lumière met du temps pour nous parvenir, voir loin, c'est voir tôt. La lumière qui nous parvient maintenant d'une galaxie située à une distance de 12 milliards d'années-lumière nous apporte des nouvelles de l'époque où l'Univers, encore tout jeune, n'était âgé que de 3 milliards d'années. Nous pouvons ainsi remonter le temps avec nos télescopes. Au cours de ces voyages dans le passé, pas une fois nous n'avons découvert de lois physiques différentes de celles qui régissent notre petit coin de Terre. De même, où que nous pointions nos télescopes dans l'espace, les mêmes phénomènes physiques se présentent à nous.

Deuxièmement, les lois naturelles sont absolues. Elles ne dépendent ni de la personne qui les étudie, ni de l'état du système observé. Ainsi, un physicien vietnamien déduira les mêmes lois qu'un physicien français.

Les lois, bien qu'elles relient ensemble des états distincts d'un même système à des époques différentes, ne varient pas en fonction du temps. C'est la troisième propriété des lois : elles sont éternelles et intemporelles, de la même façon que le monde des Idées de Platon était intemporel.

Quatrièmement : elles sont omnipotentes. Rien, dans l'Univers, n'échappe à leur emprise, du plus petit atome au plus grand superamas de galaxies.

Enfin, elles sont omniscientes, en ce sens que les objets matériels dans l'Univers n'ont pas à les « informer » de leurs états particuliers pour que ces lois agissent sur eux. Elles « savent » à l'avance.

Les lois physiques sont-elles découvertes ou inventées ?

S'il règne un certain consensus sur les propriétés des lois naturelles, il n'en va pas de même s'agissant de leur statut : les lois nous révèlent-elles des régularités réelles dans la Nature ou ne sont-elles que de purs produits de l'imagination de l'homme ? La loi newtonienne de la gravitation ou les lois maxwelliennes de l'électromagnétisme traduisent-elles des relations essentielles et objectives dans la Nature, ou bien ne sont-elles que des inventions géniales de Newton et de Maxwell pour décrire des régularités perçues subjectivement par eux ?

Face à cette question, deux camps se sont formés. D'une part, le camp « réaliste », qui pense que les lois existent indépendamment de nous et attendent d'être découvertes ; s'inscrivant dans la lignée de Platon, le réaliste soutient que les lois résident dans le monde des Idées, qui possède une réalité distincte de la réalité sensible. D'autre part, le camp « constructiviste » pour lequel les lois naturelles n'existent que dans l'imagination fertile des physiciens et n'ont d'existence réelle que dans les neurones et synapses des hommes.

Entre ces deux points de vue diamétralement opposés, je me place résolument du côté des réalistes. Je suis convaincu que les régularités que je perçois dans la Nature à travers mon télescope ne sont pas une création de mon esprit. Les étoiles jeunes qui émergent des pouponnières stellaires, les bras délicats qui ornent les galaxies spirales, ont une réalité qui leur est propre. Le constructiviste répliquera que l'esprit humain a souvent tendance à voir des régularités et motifs là où il n'en existe pas. Il citera en exemple les régularités que les Anciens croyaient voir dans les constellations du ciel, régularités qui existaient seulement dans l'esprit des hommes, puisque les formes attribuées à ces constellations (par exemple un ours, un cygne ou une lyre) différaient selon les cultures et les époques[1]. Malgré cette tendance de l'esprit humain à imaginer des régularités, je pense que le constructiviste a tort quand il est question de ces régularités à un niveau plus profond que nous appelons « lois de la Nature ». Ces lois reflètent des régularités réelles qui ne sont pas un produit de notre imagination, mais existent indépendamment de notre existence.

Plusieurs raisons me poussent à adopter cette position. D'abord, l'activité scientifique n'aurait aucun sens si les régularités étaient imaginaires. Ensuite, les lois déduites de régularités déjà perçues apportent de la nouveauté, révèlent des motifs inédits et inattendus dans la Nature. En effet, les grandes théories physiques ne se bornent pas à apporter une simple description des régularités déjà saisies par l'esprit. Elles nous conduisent sur des chemins inconnus, dans des contrées inexplorées, à d'autres harmonies insoupçonnées. Newton édifia sa grande théorie

1. Maintes constellations ont été nommées d'après des personnages mythiques de l'Antiquité. Dans la mythologie grecque, Orion était un chasseur géant tué par la déesse de la chasse, Artémis, qu'il avait offensée. Comme punition, il fut changé en constellation. Si les formes que les hommes croient voir dans les constellations du ciel existent seulement dans leur esprit, les étoiles de la voûte céleste existent bel et bien, et leur réalité est indépendante de l'esprit humain.

de la gravité pour rendre compte des mouvements planétaires ; mais sa théorie lui permit aussi de comprendre le mouvement de va-et-vient des marées des océans. L'astronome anglais Edmund Halley (1656-1742) s'en servit pour prédire que la fameuse comète qui porte maintenant son nom reviendrait visiter l'humanité tous les soixante-seize ans. En énonçant les lois de l'électromagnétisme, Maxwell ne se doutait pas que ses équations allaient lui révéler que les ondes électriques et magnétiques ne sont rien d'autre que de la lumière. En construisant sa théorie de la relativité restreinte, Einstein n'avait pas la moindre idée qu'elle lui dirait que la matière peut se transformer en énergie et que c'est cette équivalence matière-énergie qui fait que le Soleil brille, mais qui fut aussi responsable de la dévastation d'Hiroshima et de Nagasaki. Einstein ne pouvait se douter que sa théorie de la relativité générale mènerait jusqu'à des objets aussi fantastiques et exotiques que les étoiles à neutrons et les trous noirs. Parce que les lois révèlent des connexions insoupçonnées, des régularités qui n'ont jamais effleuré l'esprit humain, elles ne peuvent être un pur produit de notre imagination. Pour reprendre l'image de l'ordinateur, les lois constituent le logiciel (*software* en anglais) de la Nature, tandis que les états physiques en constituent l'armature matérielle (*hardware* en anglais). Le logiciel existe indépendamment des circuits électroniques de l'ordinateur.

Il est une troisième raison qui me fait penser que les lois naturelles ne sont pas de pures constructions de l'esprit. Elles s'expriment toutes dans un langage commun qui est celui des mathématiques. Or, il y a d'excellentes raisons de supposer que les mathématiques ne sont pas une invention de l'homme, mais habitent un monde platonicien des Idées complètement indépendant du monde sensible.

Le paysage des mathématiques

De nouveau les opinions divergent sur la nature des mathématiques. Tout comme pour les lois naturelles, les constructivistes pensent que les entités mathématiques n'existent pas réellement, mais seulement dans la pensée des mathématiciens. Comme le philosophe empiriste écossais David Hume (1711-1776), ils sont d'avis que « toutes nos idées ne sont que des copies de nos impressions », et que seule l'expérience basée sur la réalité sensible est réelle. Par exemple, les formes géométriques n'auraient de réalité que dans les formes de la Nature.

Pour les réalistes, dans le camp desquels je me place, les entités mathématiques constituent un vaste paysage que nous pouvons explorer et découvrir avec notre raison, tout comme nous pouvons explorer la forêt amazonienne ou le désert du Sahara. Les nombres entiers ne naissent pas de notre esprit. Ils sont simplement là, que les êtres humains en soient conscients ou non. Leur réalité est distincte de la réalité sensible. René Descartes, réaliste convaincu, écrivit dans ses *Méditations métaphysiques*[1] à propos des figures géométriques :

« … Lorsque j'imagine un triangle, encore qu'il n'y ait peut-être en aucun lieu du monde hors de ma pensée une telle figure, et qu'il n'y en ait jamais eu, il ne laisse pas néanmoins d'y avoir une certaine nature ou forme, ou essence déterminée de cette figure, laquelle est immuable et éternelle, que je n'ai point inventée et qui ne dépend en aucune façon de mon esprit. »

Plus proche de nous, écoutons la voix du mathématicien britannique Roger Penrose[2] (né en 1931) :

« La vérité mathématique va au-delà du pur formalisme. Les concepts mathématiques semblent posséder une réalité profonde, qui va au-delà des discussions de tel ou tel mathématicien. C'est comme si la pensée humaine était guidée vers une vérité extérieure, une vérité qui a sa réalité propre et qui n'est que partiellement révélée à chacun d'entre nous. »

Un savant qui explore le paysage mathématique dans l'espace mental est tout autant un explorateur de l'inconnu que l'astronaute américain Neil Armstrong (1930-2012) sautillant sur la surface aride de la Lune ou que l'océanographe français Jacques-Yves Cousteau (1910-1997) découvrant les splendeurs du monde sous-marin. Comme de toute exploration, de la nouveauté émerge. L'information qui sort de l'étude de certaines entités mathématiques est beaucoup plus riche que celle dont le mathématicien disposait initialement pour construire ces entités. Le physicien allemand Heinrich Hertz (1857-1894) décrit ainsi cette nouveauté :

« Nous ne pouvons nous empêcher de penser que les formules mathématiques ont une vie propre, qu'elles en savent plus que leurs découvreurs et qu'elles nous donnent plus que nous leur avons donné. »

L'intuition mathématique

La façon dont les mathématiciens travaillent étaie fortement l'idée d'un domaine platonicien des formes mathématiques. Écoutons de nouveau Roger Penrose[3] :

« J'imagine que quand l'esprit perçoit une idée mathématique, il entre en contact avec le monde platonicien des concepts mathématiques… La communication entre mathématiciens est possible, car chacun d'eux a eu un accès direct à la Vérité et a été en contact avec le même monde

1. René Descartes, Gallimard, coll. « Bibliothèque de la Pléiade », 1970, p. 311.

2. Roger Penrose, *L'Esprit, l'Ordinateur et les Lois de la physique*, InterÉditions, 1992.

3. *Ibid.*

des Idées éternelles… Ces vérités éternelles semblent avoir une existence antérieure dans un monde éthéré. »

Le contact magique avec le monde des Idées se traduit de façon soudaine et inattendue par l'intuition mathématique. Les exemples abondent. Voici comment le mathématicien allemand Carl Gauss (1777-1855) décrit sa soudaine inspiration après des années de vaines recherches sur un théorème d'arithmétique :

« Finalement, il y a deux jours, j'ai réussi non à cause de mes pénibles efforts, mais par la grâce de Dieu. Comme en un éclair subit, l'énigme se trouva résolue. Je ne puis dire moi-même de quelle nature a été le fil conducteur reliant ce que je savais déjà à ce qui a rendu mon succès possible. »

Écoutons encore le précurseur de la théorie du chaos, le mathématicien français Henri Poincaré, raconter comment la solution à un problème mathématique qui lui avait échappé depuis des semaines lui apparut tout à coup claire comme le jour, et de façon complètement inattendue, sans préparation apparente, au cours d'une excursion géologique[1] :

« À ce moment, je quittai Caen, que j'habitais alors, pour prendre part à une course géologique entreprise par l'École des mines. Les péripéties du voyage me firent oublier mes travaux mathématiques ; arrivés à Coutances, nous montâmes dans un omnibus pour je ne sais quelle promenade ; au moment même où je mettais le pied sur le marchepied, l'idée me vint, sans que rien dans mes pensées antérieures parût m'y avoir préparé… je ne fis pas la vérification ; je n'en aurais pas eu le temps, puisque, à peine assis dans l'omnibus, je repris la conversation commencée ; mais j'eus tout de suite une entière certitude… De retour à Caen, je vérifiai les résultats à tête reposée pour l'acquit de ma conscience… »

L'inattendu (la solution peut surgir aux endroits les plus imprévus : Poincaré à l'entrée de son omnibus, Archimède [v. 287-212 av. J.-C.] criant « Eurêka ! » dans sa baignoire), la soudaineté, la brièveté et la certitude immédiate sont caractéristiques de l'illumination mathématique. Ce bref contact avec le monde des Idées s'accomplit après un long travail de gestation des processus inconscients. Poincaré l'exprime ainsi :

« Les phénomènes privilégiés, ceux qui sont susceptibles de devenir conscients, ce sont eux qui, directement ou indirectement, affectent le plus profondément notre sensibilité. On peut s'étonner de voir convoquer la sensibilité à propos de démonstrations mathématiques qui, semble-t-il, ne peuvent intéresser que l'intelligence. Ce serait oublier le sens de la beauté mathématique, de l'harmonie des nombres et des formes, de

1. Cité *in* Jacques Hadamard, *Essai sur la psychologie de l'invention dans le domaine mathématique*, Gauthier-Villars, 1975.

l'éloquence géométrique. C'est un véritable sens esthétique que tous les vrais mathématiciens connaissent. Et c'est bien là de la sensibilité. »

Nous retrouvons ici le thème de la beauté et de l'harmonie qui guident l'intuition juste.

L'universalité des mathématiques

Le plaisir esthétique qu'éprouve un mathématicien à faire des mathématiques est étonnamment proche de celui que peut ressentir un artiste pendant la création d'une œuvre d'art. Il reflète le même sentiment exaltant de s'être approché pendant un très bref instant du divin et d'avoir soulevé un modeste pan d'une Vérité éternelle. Mais il y a une différence de taille entre création artistique et œuvre mathématique. Tout comme les lois de la Nature, les mathématiques ont un caractère universel. Elles ne portent pas l'empreinte de leur auteur, alors qu'une œuvre d'art est fortement marquée par le style et les particularités de l'artiste. Ainsi, des mathématiciens de cultures et de traditions différentes, travaillant dans des sociétés diverses et utilisant des méthodes de démonstration qui ne sont pas toujours identiques, arrivent aux mêmes résultats et aboutissent aux mêmes théorèmes. Alors que la *Neuvième Symphonie* est indissolublement liée à Ludwig van Beethoven (1770-1827) et que *Madame Bovary* n'aurait pu sortir que de la plume de Gustave Flaubert (1821-1880)...

Voilà encore une raison de penser que les mathématiques existent indépendamment de notre esprit : elles possèdent un caractère objectif distinct de la personne qui les découvre, alors que les œuvres artistiques et littéraires ont un caractère subjectif qui reflète la personnalité de leur auteur. Ce caractère objectif des mathématiques fait que ces dernières se traitent volontiers en collaboration, alors qu'il est en général plus difficile de travailler à deux ou à plusieurs à un même tableau ou roman.

Ramanujan, mathématicien à l'intuition prodigieuse

Le sentiment que les mathématiques existent hors de notre cerveau, dans un monde platonicien des Idées, est encore accru et renforcé quand nous considérons le cas de mathématiciens hors pair dont le génie ne consiste pas seulement à produire des démonstrations spectaculaires de théorèmes mathématiques, mais aussi et surtout à formuler avec une prodigieuse facilité des résultats mathématiques nouveaux et surprenants, sans aucune démonstration rationnelle et sur la seule base de l'intuition. Il a fallu, souvent, de longues années de travail avant de pouvoir asseoir ces résultats intuitifs sur une base logique plus solide. C'est comme si ces mathématiciens de génie avaient eu un accès direct au monde des Idées, ce qui leur a permis de passer outre le chemin laborieux et tortueux de la pensée rationnelle.

Les exemples abondent.

Dans sa lettre-testament écrite à la veille du duel qui devait mettre un terme à sa vie, le mathématicien français Évariste Galois (1811-1832) parle d'un théorème sur les intégrales qui n'a pu être démontré que vingt-cinq ans après sa mort.

Un autre mathématicien français, Pierre de Fermat (1601-1665), laissa en marge d'une page un théorème griffonné à la hâte dont la première démonstration complète n'a été achevée qu'en 1994, après des centaines de pages de calcul[1] !

Mais c'est peut-être le mathématicien indien Srinivasa Ramanujan (1887-1920) qui a offert l'illustration la plus célèbre et la plus frappante de l'intuition mathématique. Né dans une famille pauvre de Madras, en Inde du Sud, Ramanujan n'a reçu qu'une éducation formelle très limitée. Largement autodidacte, il redécouvre à sa manière et dans une grande solitude intellectuelle de nombreux résultats fameux, et trace seul sa voie. Approchant les mathématiques de manière non conventionnelle, il découvre également, de façon intuitive et sans démonstration rigoureuse, un grand nombre de nouveaux théorèmes. Le mathématicien anglais Godfrey Hardy (1877-1947), ayant pris connaissance des résultats de Ramanujan, fut abasourdi :

« Je n'ai jamais vu quelque chose de la sorte. Ces théorèmes n'ont pu sortir que de l'esprit d'un mathématicien de la plus haute distinction. » Hardy dut faire appel à tout son considérable talent pour démontrer une partie de ces théorèmes. Quant aux théorèmes restants, il s'avoua vaincu, déclarant qu'« ils devaient être vrais, car personne n'aurait eu l'imagination de les inventer ». Et il ajouta : « Au jeu dont il connaît les règles, Ramanujan battrait à plate couture n'importe quel mathématicien. »

En 1914, Hardy invita le jeune homme à venir travailler en Angleterre à l'université de Cambridge. Mais le choc d'une nouvelle culture, sa grande difficulté à s'adapter à un environnement social différent, mais surtout la maladie, arrêtèrent net l'élan de l'Indien. Il n'en continua pas moins à éblouir le mathématicien anglais avec ses prouesses mathématiques. En témoigne l'anecdote suivante.

Un jour, Hardy rendit visite à Ramanujan, déjà malade. Il lui raconta qu'il était venu dans un taxi numéroté 1729, « un nombre très banal », ajouta-t-il. « Pas le moins du monde, lui répliqua son hôte. Ce nombre est au contraire extrêmement intéressant : c'est le plus petit nombre entier

1. Il s'agit du dernier théorème de Fermat, ainsi qu'on l'appelle, selon lequel il n'existe pas de nombre entier n plus grand que 2 pour lequel la relation $A^n + B^n = C^n$ est vraie, où A, B et C sont des nombres entiers. Remarquez que si $n = 2$, la relation est vérifiée pour $A = 3$, $B = 4$, $C = 5$: $3^2 + 4^2 = 5^2$.

qui soit décomposable de deux manières différentes en somme de deux cubes. En effet $1729 = 12^3 + 1^3 = 10^3 + 9^3$… »

La tuberculose emporta Ramanujan à trente-deux ans. Il a laissé derrière lui un vaste trésor de conjectures mathématiques. Aujourd'hui encore, on ne sait par quels moyens il les avait obtenues. Hardy décrivit ainsi sa méthode de travail : « Ses idées sur ce qui constituait une preuve mathématique étaient des plus vagues. Tous ses résultats, qu'ils soient nouveaux ou non, vrais ou faux, reposent sur un mélange d'argumentation, d'intuition et d'induction. »

Coïncidence étonnante : les problèmes que Ramanujan abordait de manière si originale et si intuitive étaient généralement les mêmes que ceux qui préoccupaient les mathématiciens plus traditionnels de son époque. Cette coïncidence constitue un argument de plus en faveur de la thèse d'une existence objective des mathématiques. Voici quelqu'un qui sort d'un milieu culturel et social radicalement différent, qui n'a pas été formé dans le moule académique traditionnel, mais qui retrouve les mêmes idées mathématiques que ses homologues plus conventionnels. Apparemment, Ramanujan a puisé son inspiration dans le même monde platonicien des formes mathématiques que ses collègues. Un accès au monde des Idées que nous ne pouvons nous empêcher d'invoquer quand nous entendons parler de personnes capables de calculs mentaux prodigieux, multipliant sans faute des nombres comportant des centaines de chiffres chacun sans avoir la moindre idée du processus mental qui les conduit au résultat, ou de « savants autistes », handicapés psychologiques, capables de résoudre des problèmes mathématiques devant lesquels la plupart d'entre nous s'avoueraient vaincus.

La Nature est subtile, mais elle n'est pas malicieuse

Les succès époustouflants de la science, rapportés presque journellement à la une de nos quotidiens et au cours des journaux télévisés, nous font oublier que c'est presque un miracle que la science fonctionne. Nous avons vu que c'est parce que la Nature exhibe des régularités que nous appelons « lois ». Mais un deuxième facteur, tout aussi important, réside dans le fait que notre cerveau est capable de percevoir ces régularités. En effet, la Nature nous envoie des notes de musique, mais ne nous fournit pas la mélodie. C'est à nous de la déchiffrer. Si nous observons des régularités, leurs significations ne sont pas toujours immédiatement évidentes. Les levers et couchers du Soleil nous ravissent les yeux de leurs teintes mauves et orangées. Mais il a fallu attendre que le physicien français Léon Foucault (1819-1868) ait suspendu son pendule au plafond du Panthéon, à Paris, et observé que le plan d'oscillation du pendule changeait par rapport au sol au fil des heures, pour comprendre que le Soleil se lève et se couche parce que la Terre effectue une rotation sur elle-même toutes les 24 heures. Tout le génie de Johannes Kepler et d'Isaac Newton fut nécessaire pour percer le secret des mouvements des planètes et pour comprendre qu'elles se déplacent sur des orbites elliptiques avec le Soleil situé à l'un des foyers de l'ellipse.

Le message de la Nature nous parvient codé, et il nous revient de le décoder. Le fait étonnant est que notre cerveau soit en mesure de déchiffrer, du moins partiellement, le code cosmique, et que nous puissions ainsi progresser vers une compréhension de plus en plus complète du monde. Nous aurions fort bien pu vivre dans un univers où les régularités seraient si bien dissimulées, les motifs si bien cachés, la mélodie si secrète que déchiffrer le code cosmique eût requis incomparablement plus de capacités mentales que n'en possède le cerveau humain. Nous aurions pu aussi habiter un univers où les régularités seraient si évidentes et transparentes qu'elles nous sauteraient aux yeux et qu'aucun effort mental ne serait nécessaire pour en comprendre le sens.

Or, première coïncidence : nous ne vivons ni dans l'un ni dans l'autre de ces cas extrêmes, mais dans un univers intermédiaire où la difficulté du code cosmique semble être mystérieusement ajustée à l'aptitude du cerveau humain à le comprendre. La tâche n'est pas aisée, mais elle n'est pas non plus insurmontable. Elle est assez difficile pour nous poser un sérieux défi, sans être si complexe qu'elle nous découragerait et nous obligerait à baisser les bras. « Dieu est subtil, mais Il n'est pas malicieux », disait Einstein. Subtil, parce que le secret de la mélodie ne nous est pas offert sur un plateau. Pas malicieux, car si nous y mettons du nôtre, le code pourra être déchiffré. Nous ne sommes pas réduits à l'état de larves subissant les lois naturelles sans jamais les comprendre.

Une deuxième coïncidence, tout aussi étonnante, concerne la capacité de notre cerveau à absorber des faits concrets et des concepts abstraits, son aptitude à apprendre de la physique, de la chimie, de la biologie, des mathématiques, de l'informatique, etc., pour pouvoir pratiquer la science. Le baccalauréat passé, un apprentissage et une formation d'environ 6 ans sont généralement nécessaires pour qu'un étudiant maîtrise assez ces disciplines et acquière la maturité scientifique indispensable pour pouvoir contribuer à la recherche. Cela le conduit habituellement vers le milieu de la vingtaine ou le début de la trentaine. D'autre part, on observe que, dans les sciences physiques et mathématiques, la période la plus créative d'un chercheur se situe précisément entre environ 25 et 35 ans. C'est dans ce laps de temps que se font les avancées et découvertes majeures. Newton découvrit les lois de la gravitation à 24 ans. Einstein était âgé de 26 ans quand il publia simultanément ses travaux révolutionnaires sur la relativité restreinte, la mécanique statistique et la nature corpusculaire de la lumière. Il avait 36 ans lors de la publication de la relativité générale. Le temps nécessaire pour se former à la science et la période durant laquelle le cerveau humain fonctionne au meilleur de sa créativité se juxtaposent donc de façon surprenante pour donner à l'homme la possibilité de faire de la science dans des conditions optimales. Mais cette concordance n'est pas *a priori* nécessaire. Nous pouvons même imaginer un univers si complexe que nous passerions notre vie entière à apprendre les faits et concepts nécessaires avant de pouvoir pratiquer la science. Mais notre cerveau risquerait fort de s'être alors très dégradé, ou bien la mort nous aurait rattrapés…

La connaissance intellectuelle n'est pas nécessaire à la survie

Quelle attitude adopter face à ces étonnantes coïncidences entre les propriétés du cerveau et celles de la Nature, qui nous permettent de déchiffrer le secret de la mélodie ? Pour le darwiniste convaincu, ces coïncidences n'ont rien de mystérieux. Elles ne sont que le résultat de la sélection naturelle qui a formé et façonné le cerveau de l'homme de sorte que celui-ci soit apte à comprendre la Nature et à mieux s'adapter pour survivre.

Je ne pense pas que ce soit là un bon argument. L'évolution darwinienne a certainement contribué à développer nos capacités mentales à faire face aux changements de l'environnement. Mais ces capacités sont d'ordre concret et pratique. Ainsi, l'homme a appris à se cacher de ses prédateurs, à se protéger contre les intempéries, à lutter contre le froid ou la chaleur, à débusquer de la nourriture ou à esquiver les objets qui lui tombent dessus. Mais il est fort douteux que la lutte pour la survie requière une connaissance des lois de la gravité ou de la propagation de la lumière, une compréhension de la formation des galaxies ou des trous noirs, ou encore un savoir poussé sur la structure des atomes. Cette connaissance purement intellectuelle n'offre *a priori* aucun avantage biologique. On a du mal à voir en quoi faire des mathématiques augmenterait nos chances de survie. Connaître comment et de quoi est fait l'Univers n'est certainement guère utile dans la compétition pour s'arroger les ressources naturelles limitées de la planète.

Le darwiniste convaincu rétorquera que connaître les mystères de l'atome permet de construire un arsenal nucléaire qui peut être utilisé pour s'approprier ces ressources limitées. Mais la science n'est généralement pas faite pour poursuivre des objectifs utilitaires et pratiques. Quand Einstein, grâce à sa théorie de la Relativité restreinte, découvrit que la matière est une forme d'énergie, il était à mille lieues de penser à la fabrication de la bombe atomique. Il n'était pas motivé non plus par des questions de survie et de compétition. C'est la relativité du temps et de l'espace qui l'absorbait. Il est non moins exact qu'une connaissance plus approfondie de la Nature, bien que motivée au départ par des considérations purement esthétiques et intellectuelles, se traduit généralement, en fin de compte, par des applications technologiques dont une bonne part concourt à accroître le bien-être de la société. L'histoire l'a amplement montré : la connaissance des lois de la gravité de Newton permet aux avions de nous transporter d'un coin à l'autre du globe en moins d'une journée, et d'emporter des hommes sur la Lune ; les lois électromagnétiques de Maxwell permettent aux images de la planète entière de faire irruption presque instantanément dans notre salon sur un petit écran, et de converser à volonté avec presque n'importe qui, presque partout sur la planète. Mais, tout comme Einstein, Newton et Maxwell étaient poussés par le désir intellectuel de connaître, non par le besoin de survivre.

La conscience de l'Univers

La connaissance du monde nous parvient de deux manières distinctes : d'une part, la connaissance sensorielle, directe et instinctive ; d'autre part, la connaissance intellectuelle, moins immédiate et plus réfléchie. Si nous regardons une pomme tomber dans le verger, nous pouvons nous contenter d'une connaissance qui ne fait appel qu'à nos sens. Nous pouvons admirer la belle couleur rouge foncé de la pelure de la pomme, suivre sa chute depuis la branche du pommier jusqu'au sol, écouter le bruit sec qu'elle produit au contact de l'herbe, et en rester là. Mais nous pouvons aussi considérer la chute de la pomme à un niveau beaucoup plus abstrait et approfondi. Grâce à la connaissance de la loi de Newton et à celle des mathématiques, nous pouvons calculer précisément la trajectoire suivie dans sa chute par la pomme, le temps qu'elle met à toucher le sol, la vitesse qu'elle aura atteinte au moment de l'impact, et vérifier tout cela par des mesures précises. Il n'y a *a priori* aucune connexion évidente entre ces deux modes de connaissance. Ils sont séparés l'un de l'autre, et la connaissance intellectuelle n'est pas qu'un prolongement plus sophistiqué de la connaissance sensorielle.

Celle-ci répond à une nécessité biologique. Le fait que nous soyons conscients de la chute de la pomme nous permet d'éviter qu'elle ne nous tombe sur la tête et ne nous blesse. En revanche, la connaissance intellectuelle n'a rien à voir avec l'instinct de survie. En fait, les concepts qui émergent dans certains domaines de la science, comme en physique ou en astrophysique, sont parfois si bizarres qu'ils vont à l'encontre du bon sens et ne nous aident en rien dans la vie de tous les jours. Par exemple, l'idée qu'un électron arbore son habit d'onde quand on ne le regarde pas, pour se métamorphoser en particule quand on l'observe, ne fait certainement pas partie des choses qui nous aident à survivre. Savoir que l'espace se recourbe sur lui-même et que le temps se fige aux abords d'un trou noir ne saurait conférer un quelconque avantage sélectif. Survivre dans la « jungle de la vie » ne nécessite pas une connaissance intellectuelle de la Nature, seulement de celle de ses manifestations qui touchent directement nos sens. La survie d'une espèce dépend non pas de la recherche d'un ordre caché ou d'un code dissimulé, mais d'une appréciation directe du monde. Quand nous courons pour éviter qu'un projectile ne nous touche, ou que nous sautons par-dessus une flaque d'eau pour ne pas nous mouiller, nous n'analysons certainement pas la situation en fonction des lois de la mécanique et de la gravitation. Quand un bolide fond sur nous à toute allure, nous ne réfléchissons pas (nous n'en avons pas le temps), nous agissons instinctivement pour l'esquiver. Ce comportement par réflexes est analogue à celui des animaux. Quand un chien s'élance pour attraper en plein vol un os qu'on lui lance, il n'en appelle certainement pas aux lois de Newton ! Un oiseau qui vole bat des ailes instinctivement, sans connaissance aucune des lois de la physique. Cette connaissance intuitive est inscrite dans les gènes du chien ou de l'oiseau, tout comme notre instinct, façonné par les expériences passées de nos ancêtres et par les nôtres, est enregistré dans nos gènes.

Si seule la connaissance sensorielle du monde est indispensable à notre survie, si elle seule relève d'une nécessité biologique, alors pourquoi sommes-nous aussi doués d'une connaissance intellectuelle de notre environnement ? Je pense que notre capacité à comprendre l'Univers n'est pas le résultat d'un heureux hasard. Elle a été « programmée » à l'avance, tout comme l'Univers a été réglé de façon extrêmement précise, dès sa naissance, pour l'apparition de la vie. Nous ne savons pas comment nous pensons et créons, mais je ne serais pas étonné, le jour où nous connaîtrons les mécanismes de la pensée, s'il se révélait que le cerveau humain a été agencé avec une minutieuse précision pour que la pensée émerge. L'existence de l'Univers n'a de sens que s'il contient une conscience capable d'apprécier son organisation, sa beauté et son harmonie. Il était inévitable que la conscience qui a émergé de l'ordre cosmique exalte cet ordre en le comprenant. La capacité de notre cerveau à comprendre les lois naturelles n'est pas un simple accident de parcours, mais un reflet de l'intime connexion cosmique entre l'homme et le monde.

L'efficacité déraisonnable des mathématiques

La conviction que la régularité sous-jacente à la Nature peut être exprimée en termes mathématiques est à la base même de la méthode scientifique. Certains savants ont même décrété de façon outrancière que toute discipline qui ne peut être exprimée en langage mathématique ne saurait être qualifiée de « science ». L'idée que le monde physique n'est que le reflet de l'ordre mathématique a vu le jour, comme tant d'autres, dans la Grèce antique avec le mathématicien grec Pythagore (VIe siècle av. J.-C.) : « Le nombre est le principe et la source de toute chose », disait-il. Le sens de la Nature résidait dans l'harmonie des nombres. Les nombres pairs étaient associés à la féminité et à la Terre mère, alors que les nombres impairs représentaient la masculinité et les cieux. Chaque nombre avait une signification : le nombre 4 symbolisait la justice, tandis que le 5 était associé au mariage. L'idée d'un ordre mathématique du monde prit toute son ampleur dans l'Europe de la Renaissance avec les travaux de Galilée, Newton et Descartes. Ceux-ci exprimèrent les régularités naturelles par des lois mathématiques. « Le livre de la Nature est écrit dans un langage mathématique », proclama Galilée.

Le surprenant succès des mathématiques à décrire la réalité constitue l'un des plus profonds mystères qui soient. En effet, le fait que les mathématiques « marchent » si bien pour décrire le monde physique demande une explication, car il n'est pas du tout évident que tel devrait être le cas. Le physicien hungaro-américain Eugene Wigner (1902-1995) a exprimé son propre étonnement en parlant de « l'efficacité déraisonnable des mathématiques » à décrire la Nature. Pourquoi cette adéquation entre le monde et les mathématiques ? Pourquoi des entités abstraites, sorties de l'esprit des mathématiciens, et qui, en général, ne nous sont d'aucune utilité dans la vie courante, se trouvent-elles au diapason des phénomènes naturels ? Pourquoi la pensée pure rejoint-elle ainsi le concret ?

D'aucuns ont avancé que le succès des mathématiques à décrire le monde n'est qu'un phénomène culturel : c'est parce que l'homme aime les mathématiques qu'il s'en sert pour décrire la Nature. En d'autres termes, la nature mathématique du monde ne lui est pas intrinsèque, mais lui est imposée par l'homme. L'évolution darwinienne a façonné le cerveau de l'homme de manière à lui faire aimer les mathématiques, ce qui pousse ce dernier à ne rechercher que les aspects de la Nature susceptibles d'être décrits par ce langage. Des extra-terrestres, nantis d'une évolution biologique totalement différente et dotés de cerveaux qui ne ressembleraient pas aux nôtres, ne penseraient pas que la Nature est mathématique.

Il est vrai que les scientifiques utilisent de préférence les mathématiques pour étudier la Nature et sélectionnent volontiers, parmi tous les problèmes, ceux qui sont susceptibles d'être résolus mathématiquement. Les aspects de la Nature les moins propres à un traitement mathématique sont souvent délaissés et négligés, comme l'étaient les phénomènes non linéaires chaotiques jusqu'à une période récente. Il est non moins vrai qu'on voit souvent se manifester une tendance non justifiée de certains chercheurs à déclarer « fondamentaux » les seuls aspects de la Nature qui peuvent être traités mathématiquement, ce qui les pousse à conclure de façon tautologique que « les aspects fondamentaux de la Nature sont mathématiques » ! Mais je ne pense pas pour autant que le caractère mathématique du monde soit un phénomène purement culturel et qu'il résulterait seulement de la prédilection des hommes pour les mathématiques. La raison en est la suivante : une grande partie des mathématiques s'est élaborée de façon totalement abstraite, sans aucun souci d'une application pratique dans le monde naturel. Les chercheurs ont étudié les nombres ou les figures géométriques pour leur intérêt mathématique, non comme des outils servant à décrire la Nature. Les physiciens ont toujours été les premiers surpris quand, amenés sur un terrain inconnu par un phénomène physique nouveau, ils découvraient presque invariablement que les mathématiciens y étaient déjà passés, guidés non pas par la Nature, mais par la pensée pure. Cette surprenante et troublante adéquation entre les mathématiques et le réel constitue un argument de plus en faveur de la thèse d'une existence indépendante des mathématiques dans un monde platonicien des Idées. Si les mathématiques étaient de pures inventions de notre esprit, cette adéquation n'aurait pas lieu d'être.

Les exemples de l'« efficacité déraisonnable des mathématiques » ne manquent pas dans l'histoire de la physique. Quand Einstein découvrit dans les années 1920 que la gravité courbait l'espace, il ne pouvait plus utiliser la géométrie euclidienne qui se bornait à décrire un espace plat. Il fut alors tout heureux de trouver les résultats du mathématicien allemand Bernhard Riemann (1826-1866), qui avait déjà découvert et développé au XIXe siècle les géométries non euclidiennes. Einstein ne put assurément pas plaquer les mathématiques non euclidiennes sur la Nature, puisqu'il ne les connaissait pas auparavant ! De même, le jeune Évariste Galois développa la théorie des groupes bien avant que celle-ci ne trouve son domaine d'application dans la physique des particules élémentaires au XXe siècle[1]. Que de fois la pensée pure a devancé le concret ! Au point même que, quand cela ne se produit pas (comme dans le cas de la théorie des « supercordes » qui dit que les particules élémentaires sont analogues à des vibrations de bouts de ficelle, et où les techniques mathématiques restent à développer), les physiciens en sont tout surpris.

Le modèle mathématique n'est pas le seul à avoir été proposé pour décrire la Nature. Aristote pensait qu'elle était un organisme vivant. Pour d'autres, une machine. Mais seul le modèle mathématique a prévalu.

L'arithmétique et la Nature

Une explication possible de cette adéquation si étonnante entre les mathématiques et la Nature est l'existence de systèmes physiques dans le monde naturel qui permettent des opérations arithmétiques telles que l'addition, la soustraction ou la multiplication. Compter, additionner ou

1. Les « groupes » sont des entités mathématiques qui permettent d'exprimer le concept de « symétrie », lequel, nous l'avons vu, est l'un des principes chéris de la Nature pour construire la complexité. Ils permettent d'unifier ensemble des familles de particules.

soustraire nous semblent des opérations si ordinaires et naturelles que nous ne pouvons concevoir un monde où elles ne seraient pas possibles. Pourtant, dans un univers où les lois de la physique seraient totalement différentes et où les objets matériels ne seraient pas séparés en entités distinctes, ces opérations ne pourraient avoir lieu. Ainsi, dans les temps anciens, l'arithmétique était utilisée, par exemple, dans le but bien pratique de compter les moutons des troupeaux ou des pièces de monnaie dans une bourse. Ces opérations mathématiques n'auraient pas été possibles si les moutons et les pièces de monnaie, au lieu de former des entités distinctes et des unités discrètes, avaient constitué des objets non séparés et continus, comme les flots d'un fleuve qui se jette dans la mer. Le fait que nous puissions dire « 9 moutons + 5 moutons = 14 moutons », ou assigner un nombre abstrait à une collection d'objets, est remarquable.

En effet, le fait que le monde physique permette les opérations de l'arithmétique a une conséquence importante : cela veut dire qu'il est calculable. Les ordinateurs peuvent donc calculer des modèles d'univers, de galaxies, d'étoiles. Ils nous permettent de simuler des collisions de galaxies, ou de suivre la formation d'une étoile à partir de l'effondrement d'un nuage de gaz interstellaire. Si l'Univers n'était pas calculable, la connaissance que nous en avons serait bien moindre.

Le défi de Hilbert

Parce qu'il y a adéquation entre mathématiques et réalité, parce que le nombre est l'essence de la Nature, les mathématiques nous ont permis de progresser dans notre déchiffrage du code cosmique. Mais ce sont elles qui nous ont aussi révélé qu'il existe une limite à la pensée rationnelle, que le mystère au bout du chemin ne pourra jamais être résolu par la seule raison, et que le secret de la mélodie ne pourra être percé avec la seule logique. Ces limites à la pensée rationnelle ont été établies grâce au brillant tour de force d'un mathématicien autrichien de génie, Kurt Gödel (1906-1978), en réponse à un défi lancé par le mathématicien allemand David Hilbert (1862-1943).

Dans une conférence fameuse présentée lors du Congrès international des mathématiciens, à Paris, en 1900, celui-ci, pour marquer l'avènement du nouveau siècle, énuméra ce qu'il estimait être les vingt-trois problèmes les plus importants en mathématiques. Sa volonté était de « soulever le voile qui dissimulait le futur, afin de prévoir les avancées mathématiques pendant les siècles à venir ». Ce choix de problèmes montrait une prescience lucide et une vue claire et pénétrante du panorama mathématique de l'époque. Ceux qui ont été résolus depuis lors ont révélé maints aspects nouveaux et fructueux, alors que ceux qui ne le sont pas encore font l'objet de travaux d'équipes entières de chercheurs.

Le problème qui attira l'attention de Gödel était le deuxième dans la liste et était libellé ainsi : « Démontrer la cohérence des axiomes de l'arithmétique ». Le défi lancé par Hilbert à ses collègues consistait à trouver une procédure générale permettant de dire de tout énoncé arithmétique s'il était vrai ou faux, et de mettre ainsi l'arithmétique (et, plus tard, l'ensemble des mathématiques) sur une base logique cohérente. Le but de Hilbert était de « formaliser » les mathématiques, c'est-à-dire de traduire tous leurs énoncés en une série de symboles. Par suite, une démonstration ne consisterait plus qu'en une suite de manipulations de symboles. Si une telle procédure générale pouvait être trouvée, il suffirait de suivre mécaniquement (une machine pourrait le faire) une séquence d'opérations déterminée à l'avance pour arriver au résultat, sans se soucier aucunement du sens des symboles. On démontrerait alors un théorème mathématique comme on suivrait une recette de cuisine pour préparer un plat. Programme réductionniste au sens le plus littéral du terme : les mathématiques étaient réduites à une collection de symboles, les idées et applications donnant une signification à ces symboles étant balayées et évacuées. Les mathématiques se résumaient à un jeu formel de réarrangements de symboles. Elles avaient besoin de cohérence et non de sens. Hilbert pensait que, grâce à une telle procédure, tous les problèmes mathématiques seraient résolus. Il aimait à répéter haut et fort : « Nous devons savoir. Et nous saurons ! » (Devise qu'il fit graver en épitaphe sur sa tombe.)

Ce désir de « formalisme » de Hilbert pouvait se comprendre. Après tout, la plupart d'entre nous pratiquent dans la vie courante les mathématiques de manière formelle. Quand nous faisons des additions ou des soustractions pour vérifier le solde de notre compte en banque, nous suivons des règles simples pour arriver au résultat, sans nous soucier de leur sens. Quand nous écrivons $7 \times 4 = 28$, nous n'avons nul besoin de comprendre ce que les chiffres 7 et 4 et le symbole $\times$ signifient. Il nous suffit de reconnaître les chiffres et les symboles, et de suivre mécaniquement la table de multiplications. Nous associions bien, quand nous étions enfants, les chiffres à des objets (par exemple, les doigts de la main), mais ce besoin se dissipe dès que nous prenons de l'âge et devenons capables de plus d'abstraction. Nous ne rechignons plus quand, à l'école secondaire, on nous fait manipuler dans les cours d'algèbre des quantités abstraites symbolisées par x ou y. Ceux d'entre nous qui vont plus loin dans l'étude des mathématiques manient couramment des entités mathématiques totalement déconnectées de la réalité physique, comme les nombres « complexes » ou les éléments d'un groupe. Le grand rêve de Hilbert était donc bien compréhensible. Mais était-il réalisable ?

Gödel et les limites de la pensée

Le jeune Kurt Gödel (1906-1978) releva brillamment le défi de Hilbert en 1931. Mais pas dans le sens souhaité par ce dernier. Au lieu de trouver une procédure générale pour démontrer la véracité de tout énoncé mathématique, Gödel démontra qu'une telle procédure ne pouvait exister. Il obtint le résultat suivant, qui est peut-être le plus extraordinaire et le plus mystérieux de toutes les mathématiques : un système d'arithmétique cohérent et non contradictoire contient toujours des propositions « indécidables », c'est-à-dire des énoncés mathématiques dont on ne peut jamais dire s'ils sont vrais ou faux ; d'autre part, on ne peut pas démontrer qu'un système est cohérent et non contradictoire sur la seule base des axiomes contenus dans ce système ; pour ce faire, il faut sortir du système et imposer un ou des axiomes supplémentaires qui lui sont extérieurs. En ce sens, le système est incomplet en lui-même. C'est pourquoi le théorème de Gödel est souvent aussi appelé « théorème d'incomplétude ».

Les conséquences de ce coup de tonnerre dans le ciel serein des mathématiques furent immenses. Le fait qu'il existât des propositions indécidables semblait saper la base logique du sujet. Le théorème de Gödel faisait voler en éclats le rêve réductionniste de Hilbert de formaliser toutes les mathématiques. Pour décider de la véracité d'une proposition mathématique, il ne suffit pas de la réduire à une série de symboles dépourvus de sens, ni de manipuler ces symboles. Il faut aussi tenir compte du sens de la proposition entière dans le contexte plus large des idées mathématiques.

Hilbert ne put jamais se faire à l'idée que le théorème de Gödel rendait son grand programme caduc. Il persista dans ses thèses jusqu'à sa mort, en 1943. Quant au théorème de Gödel, il eut des répercussions bien au-delà du domaine des mathématiques. Sa déflagration résonne encore aujourd'hui dans des domaines de la pensée aussi divers que la philosophie ou l'informatique.

Des paradoxes qui sapent la logique

Tout n'était pas clair dans le ciel des mathématiques avant ce coup de tonnerre de Gödel. Il y avait des signes avant-coureurs de gros orages, des nuages noirs qui obscurcissaient l'horizon. En particulier, on savait que des failles logiques se manifestaient dès qu'on abordait le sujet des propositions autoréférentielles, c'est-à-dire celles qui parlent d'elles-mêmes. Considérez par exemple la proposition : « La présente phrase est fausse. » Si la phrase est vraie, elle est fausse ; si elle est fausse, elle est vraie. La logique est bafouée et réduite à quia. Ce genre de paradoxe logique était déjà connu des Anciens. Saint Paul (v. 5-15-v. 62-64) en citait déjà un exemple en parlant du philosophe crétois qui avait déclaré : « Tous les Crétois sont des menteurs. » Si le philosophe dit la vérité, alors il ment, étant lui-même crétois ; par contre, s'il ment, il dit la vérité…

Le mathématicien et philosophe anglais Bertrand Russell (1872-1970) démontra que ce genre de contradictions logiques ne sont pas dues à des difficultés sémantiques associées à un langage particulier, mais qu'elles surgissent dans toute représentation symbolique ou mathématique. Il en donna lui-même maints exemples, comme celui du barbier de Séville : « Un habitant de Séville est rasé par le barbier de Séville si et seulement s'il ne se rase pas lui-même. Alors, est-ce que le barbier de Séville se rase lui-même ? » S'il se rase lui-même, il ne peut être rasé que par le barbier de Séville, donc il ne se rase pas lui-même ; mais, s'il ne se rase pas lui-même, il est rasé par le barbier de Séville, donc il se rase lui-même…

Russell, qui lui aussi rêvait de faire reposer toutes les mathématiques sur une base logique solide, sentait que ces contradictions logiques mettaient à mal son grand projet. Écoutons-le exprimer son profond découragement :

« Je pensai tout d'abord que je pourrais facilement surmonter la contradiction. Peu à peu, il devint clair que ce ne serait pas le cas… Chaque matin, je m'asseyais devant une feuille blanche… Souvent, quand le soir arrivait, elle était encore immaculée… Les deux étés 1903 et 1904 demeurèrent dans mon esprit comme une période d'impasse intellectuelle complète. Il était évident que je ne pouvais continuer sans résoudre les contradictions, et j'étais déterminé à ne laisser aucun obstacle m'empêcher de finir *Principia Mathematica*[1], mais il semblait fort probable que je passerais le reste de ma vie à regarder cette feuille blanche. C'était d'autant plus exaspérant que ces contradictions me paraissaient insignifiantes et que j'avais l'impression de gaspiller mon temps à travailler sur des sujets qui n'en valaient pas la peine. »

C'est en partie pour se débarrasser de ces contradictions logiques exaspérantes que Hilbert lança son programme de formalisation des mathématiques. Il pensait (malgré les travaux de Russell) que ces difficultés étaient d'ordre sémantique et qu'elles disparaîtraient si on ôtait leur sens aux propositions mathématiques en les convertissant en une série de symboles. Gödel montra, nous l'avons vu, que le rêve de Hilbert et Russell d'asseoir les mathématiques sur une base logique relevait de l'utopie. En se penchant sur le rapport entre la description des mathématiques et les mathématiques elles-mêmes, il découvrit que les contradictions logiques qui troublaient les propositions autoréférentielles étaient aussi présentes

1. Son grand ouvrage, publié dans les années 1910-1913 et écrit en collaboration avec le mathématicien Alfred Whitehead (1861-1947), qui tentait de faire de la logique la base des notions et propositions mathématiques.

dans les propositions mathématiques. Tout comme on ne peut décider si tous les Crétois sont ou non menteurs, ou si le barbier de Séville se rase ou non, on ne peut décider si certaines propositions mathématiques sont vraies ou non. Parce qu'il existe des propositions indécidables, un système ne sera jamais en lui-même complet.

Une faute logique dans la Constitution des États-Unis

Gödel émigra aux États-Unis en 1938. Pour cet homme à l'esprit totalement logique, la vie quotidienne se révéla parfois difficile à assumer. En témoigne l'anecdote suivante sur la naturalisation américaine du logicien de génie, en 1948.

Pour l'obtenir, il lui fallait étudier la Constitution américaine et montrer à un juge local qu'il en avait une bonne connaissance générale. Il devait aussi avoir à ses côtés deux témoins qui pourraient se porter garants de sa bonne moralité. Il ne pouvait en choisir de plus prestigieux, puisque l'un d'eux n'était autre qu'Einstein, son ami et collègue à l'Institut des études avancées, à Princeton. L'autre était l'économiste américano-autrichien Oskar Morgenstern (1902-1977). La veille de l'entrevue avec le juge, Morgenstern eut au bout du fil un Gödel tout excité qui lui annonça qu'il avait découvert une faille logique dans la Constitution des États-Unis, faille qui permettrait l'instauration d'un régime dictatorial en Amérique. Morgenstern le calma tant bien que mal, lui assurant que la chose était absurde, et le suppliant de ne mentionner en aucun cas sa « découverte » au juge pendant leur entrevue.

Le lendemain, le juge commença l'entrevue par la remarque : « Vous êtes de nationalité allemande. — Non, autrichienne », le corrigea Gödel. Nullement décontenancé, le juge poursuivit : « En tout cas, vous viviez sous une dictature… Heureusement que cela ne peut pas se produire en Amérique ! » Le mot « dictature » était lâché, Gödel ne put se retenir : « Au contraire, je puis démontrer que cela peut arriver ! » Il fallut les efforts conjugués d'Einstein, de Morgenstern et du juge pour calmer Gödel et l'empêcher de se lancer dans une longue démonstration de la faille logique contenue dans la Constitution américaine. Mais tout fut bien qui finit bien. Le juge n'en voulut pas à Gödel, et celui-ci obtint la nationalité américaine…

La libération de la matière

Nous voici à la fin de nos explorations et il est temps de rassembler nos réflexions. Au cours de nos pérégrinations dans le monde de la science, nous avons été témoins de l'émergence d'une nouvelle vision du monde. Cette vision ne peut être plus différente de celle qui émergea avec Newton au XVIIe siècle et qui a dominé le monde pendant trois cents ans.

Dans le monde newtonien, la matière n'était qu'une substance inerte obéissant servilement et aveuglément à des forces extérieures, et totalement dépourvue de créativité. L'Univers était une mécanique bien huilée, une horloge réglée avec précision et qui, une fois remontée, fonctionnait d'elle-même selon des lois strictement déterministes. La liberté et la fantaisie en étaient bannies. Le comportement du moindre atome était déterminé à l'avance, incitant Laplace à déclarer que si l'état présent de l'Univers pouvait être connu, son futur tout entier serait déterminé. Le temps n'avait plus de place, le futur étant déjà contenu dans le présent et le passé. Le Grand Livre était somme toute déjà écrit, et, pour reprendre les mots du chimiste belge Ilya Prigogine, « Dieu était réduit au simple rôle d'un archiviste tournant les pages du livre cosmique ». D'autre part, l'effet était toujours en proportion de la cause, et le tout était ni plus ni moins égal à la somme de ses parties. Si bien que la Nature pouvait être étudiée en la réduisant à ses plus simples composantes. Cette vue mécanistique, matérialiste et réductionniste du monde déborda en d'autres domaines. En biologie, les êtres vivants devinrent des « machines génétiques », collections de particules soumises à des forces aveugles. Les phénomènes biologiques et mentaux ne furent plus que des processus physiques pouvant s'expliquer en termes de matière ou d'énergie.

L'approche réductionniste et matérialiste a certainement concouru de façon importante à notre compréhension du monde, en nous permettant d'isoler et d'étudier des bribes de réalité sans besoin de comprendre le tout. Mais il est aussi sûr qu'elle a contribué à rompre l'ancienne alliance de l'homme avec l'Univers, à l'aliéner du monde qu'il habite. Démoralisé, dépersonnalisé, dévalorisé et déboussolé, l'homme se sent perdu dans une vaste machinerie implacable et inexorable sur laquelle il n'exerce aucun contrôle. Si cette science matérialiste s'est graduellement éloignée et dissociée du reste de la culture, c'est que la vision morne et désespérante d'un homme-automate dépourvu de volonté et de créativité n'était pas supportable.

J'ai tenté de montrer dans cet ouvrage que le matérialisme est mort. Le XXe siècle a vu naître la mécanique quantique, qui a totalement changé notre conception de la matière. La machine déterministe de Newton a été remplacée au niveau subatomique par un monde fantasmagorique d'ondes et de particules gouverné non plus par les lois rigides de la causalité, mais par celles, libératrices, du hasard. La matière en vient même à perdre sa substance : l'espace vide regorge de particules virtuelles à l'existence fantomatique et éphémère. La théorie des supercordes, qui cherche à unifier les forces fondamentales de la Nature, stipule que les particules de matière ne sont que des vibrations de « bouts de ficelle » infinitésimalement petits dans un Univers à dix dimensions. Le déterminisme de Newton et de Laplace est balayé. Le principe d'incertitude de Heisenberg nous dit que nous ne pouvons jamais connaître à l'avance le comportement d'un électron. Cette imprévisibilité n'est pas une conséquence de notre ignorance, ni de notre incapacité à construire des instruments de mesure plus performants, mais est intrinsèque à la Nature au niveau atomique.

Pourtant d'une certaine façon, des vestiges de déterminisme subsistaient. Si un événement quantique individuel était indéterminé, les probabilités relatives d'un ensemble de possibilités étaient parfaitement déterminées et rendues prévisibles par les lois de la statistique. Ainsi, si l'on ne peut calculer la trajectoire exacte d'un électron, on peut tout à fait calculer la probabilité qu'il soit à tel ou tel endroit. C'est d'ailleurs ce vestige de déterminisme qui permet à votre ordinateur portable ou à votre chaîne hi-fi de fonctionner. Si le comportement d'un électron individuel dans les circuits électroniques de ces engins n'est pas prévisible, l'ensemble des électrons n'a pas un comportement aléatoire, mais bel et bien déterminé par les lois de la probabilité. La mécanique quantique apporte un souffle libérateur à chaque particule individuelle, mais contraint encore les ensembles de particules de manière statistique.

Ce vestige de déterminisme s'est trouvé balayé par l'avènement du chaos. Le chaos est présent quand un changement minime de causes initiales dans un système provoque un changement démesuré des effets. L'effet n'est plus en proportion de la cause. Un battement d'ailes de papillon à la Réunion risque de déclencher un orage sur New York. Cette sensibilité extrême aux conditions initiales fait que le comportement d'un système chaotique n'est plus prévisible, dans la mesure où ces conditions ne pourront jamais être connues avec une précision à toute épreuve. Comme pour l'indéterminisme quantique, cette impossibilité ne résulte pas d'une limitation humaine, mais est intrinsèque à la Nature. Le chaos libère la matière du carcan du déterminisme. Il lui permet de se montrer inventive et créative pour fabriquer de la complexité. La richesse et la beauté du monde résultent d'un subtil mélange de phénomènes chaotiques et d'autres qui ne le sont pas. Bien que nous ne puissions pas prévoir le temps qu'il fera dans un mois, nous pouvons nous attendre, jusque dans un futur lointain, à ce que le Soleil se lève le lendemain et que le printemps revienne chaque année refleurir les arbres et réveiller la Nature. Le chaos vient donc prêter main-forte à l'indéterminisme quantique pour libérer la matière. L'un agit au niveau macroscopique, tandis que l'autre exerce son action dans le monde subatomique.

On peut se demander si le chaos vient prêter son concours à l'indéterminisme quantique pour amplifier l'imprévisibilité de l'Univers au niveau subatomique. Existe-t-il un chaos quantique ? Certains pensent que les effets quantiques exerceraient plutôt un effet modérateur sur le chaos. Au lieu de l'amplifier, ils l'atténueraient. Mais la réponse définitive à cette question n'est pas encore connue.

Le temps retrouvé

Le chaos libère la matière de son inertie. Il permet à la Nature de s'abandonner à un jeu créatif, de produire du nouveau non contenu implicitement dans ses états précédents. Son destin est « ouvert », son futur n'est plus déterminé par son présent ni par son passé. La mélodie n'est plus composée une fois pour toutes. Elle s'élabore au fur et à mesure. Au lieu de suivre une partition de musique classique où chaque note a sa place et ne peut être changée ou supprimée sans que soit détruit l'équilibre délicat du morceau, la Nature joue plutôt du jazz[1]. Comme le jazzman improvise et brode autour d'un thème général pour produire des sons nouveaux au gré de son inspiration et de la réaction du public, la Nature se montre spontanée et ludique en jouant avec les lois naturelles pour créer de la nouveauté. Et elle ne s'en prive pas. Il n'est que de voir l'époustouflante richesse et diversité des espèces animales et végétales qui nous entourent, et cela, dans les endroits les plus inimaginables ou inhospitaliers. Des lieux sous-marins si profonds que la lumière n'y pénètre plus aux déserts les plus hostiles, des geysers les plus brûlants aux glaciers les plus frigorifiques, la Nature explose de créativité. Pour parer aux problèmes, elle invente non pas une solution, mais mille. Le physicien anglo-américain Freeman Dyson a traduit ce foisonnement de créations en un principe qu'il qualifie de « diversité maximale » : les lois physiques et les conditions initiales de l'Univers sont telles qu'elles produisent un monde aussi intéressant et varié que possible[2]. Parce que le futur n'est plus contenu dans le présent ni le passé, le temps recouvre sa place à part entière. Le Grand Livre cosmique reste à écrire, et Dieu n'est plus un archiviste tournant les pages d'un livre déjà terminé.

La matière a perdu son rôle central. Ce sont les principes qui l'organisent et qui lui permettent d'accéder à la complexité qui occupent le devant de la scène. Dans certains systèmes où le tout est plus grand que la somme des composantes, les principes émergents tiennent le premier rôle. Le vocabulaire a changé. Au lieu d'images comme « machine » ou « horloge » reviennent maintenant des mots qui relèvent plus de la biologie que de la physique. Des mots comme « adaptation », « information » ou « organisation ». Cette nouvelle vision du monde a débordé en d'autres domaines de l'activité humaine. Ainsi en économie où, là encore, la matière a perdu son premier rôle. Depuis la révolution industrielle, la matière (les mines de fer, de charbon, etc.) constituait une des richesses principales des nations. Désormais, on pense de plus en plus

1. Hubert Reeves, *Patience dans l'azur*, Le Seuil, 1981.
2. Ce principe repose sur l'intuition et est loin d'être démontré, car nous ne savons comment décrire la « diversité » en termes quantitatifs.

que la prospérité des nations à la fin du XXe siècle et au siècle prochain viendra non plus tellement de l'exploitation de la matière que de la maîtrise des techniques de transfert de l'information (un exemple en est le réseau Internet) et des stratégies d'organisation. Le monde matériel des particules inertes est en train de céder la place à un monde vibrant de jaillissements créatifs issus de l'esprit.

Un monde contingent et un Dieu nécessaire

La créativité dont la matière se trouve nouvellement créditée et sa libération du carcan déterministe nous permettent de réexaminer sous un jour neuf le problème de la dichotomie entre le monde changeant de l'expérience et celui, invariant, des Formes éternelles ; entre un Dieu immuable et éternel, hors du temps et de l'espace, et Sa manifestation dans une Nature changeante et contingente. Platon, nous l'avons vu, était conscient de cette dichotomie, puisqu'il postula deux figures de Dieu, l'une qu'il appelait le « Bien », éternel et immuable, résidant dans le monde des Idées ; l'autre qu'il désignait du nom de « Démiurge », qui façonnait la matière du monde contingent et changeant conformément aux plans du monde des Idées. Mais Platon ne tenta pas de concilier les deux, se contentant de déclarer que seul le Bien était vrai, le Démiurge n'en étant qu'une pâle et illusoire représentation.

La doctrine chrétienne essaya de résoudre le problème en introduisant l'idée d'une création du monde *ex nihilo* par un acte de libre volonté d'un Dieu hors du temps et de l'espace. Parce que Dieu avait eu le choix entre créer ou non l'Univers, ce dernier n'était pas une émanation divine, n'était donc pas « nécessaire », comme Dieu, mais contingent. L'intelligibilité de la Nature demandait toutefois un Dieu rationnel ayant opéré un choix raisonné. Mais des difficultés conceptuelles subsistent, que des générations entières de philosophes et de théologiens n'ont pu résoudre : qu'est-ce qui a motivé le choix de Dieu ? Pourquoi Dieu a-t-il choisi cet Univers plutôt qu'un autre ? A-t-il choisi selon Sa nature ? Que peut-on dire sur la nature de Dieu ? Qu'elle est nécessaire ? Mais, s'Il n'a pas le choix en ce qui concerne Son existence et Ses qualités, en aurait-Il eu pour l'Univers qu'Il a créé ? Oui, seulement si Son choix n'est pas rationnel, mais totalement arbitraire. Mais alors l'Univers serait lui aussi totalement arbitraire. Nous nous retrouvons devant le dilemme : ou bien Dieu est le créateur et la cause du monde contingent, mais alors Il doit être lui aussi contingent et temporel ; ou bien Il est nécessaire, mais alors Sa création est elle aussi nécessaire et donc intemporelle. Un Dieu nécessaire ne peut créer un monde contingent.

Nous avons vu que le caractère statistique des événements atomiques et l'instabilité des systèmes chaotiques sous l'effet de changements infimes, en laissant libre cours à la créativité de l'Univers, lui assurent un futur indéterminé. Cette possibilité laissée à l'Univers d'explorer la nouveauté et de produire de l'inédit peut aboutir à un compromis entre le hasard et la nécessité. Dieu, créateur de lois intemporelles et nécessaires, serait responsable de l'ordre du monde, non par action directe, mais en offrant des potentialités que l'Univers est libre d'actualiser ou non. Il y a du hasard dans le nécessaire, de la liberté dans le déterminisme, et de l'imprévisibilité dans le prévisible. Parce que l'Univers a la liberté de choisir parmi un large éventail de possibilités, parce que la contingence est contenue en lui, Dieu n'a nul besoin d'être dans le temps, Sa nature et Ses desseins (représentés par des lois d'organisation et de complexité hors du temps) étant immuables et invariants.

Un Univers conscient de lui-même

La cosmologie moderne a redécouvert l'ancienne alliance entre l'homme et le Cosmos. L'homme est l'enfant des étoiles, le frère des bêtes sauvages, le cousin des fleurs des champs ; nous ne sommes tous que poussières d'étoiles. L'astrophysique nous révèle que l'apparition de la vie et de la conscience à partir de la soupe primordiale a dépendu d'un réglage extrêmement précis des lois de la Nature et des conditions initiales de l'Univers. Qu'eût varié un tant soit peu l'intensité des forces fondamentales, et nous ne serions pas là pour en parler. Les étoiles ne se seraient pas formées et n'auraient pu exercer leur merveilleuse alchimie nucléaire. Adieu, alors, aux éléments lourds qui constituèrent la base de la vie !

Mais les lois physiques sont spéciales d'un point de vue encore plus subtil. Non seulement elles ont permis à l'homme d'entrer en scène, mais elles lui ont aussi conféré le don de comprendre le monde qui l'héberge. Le fait que l'homme ne subisse pas aveuglément les lois de la Nature sans les comprendre est porteur de signification. La sélection darwinienne a certainement façonné notre cerveau pour nous aider à faire face aux multiples défis de l'existence, mais la compréhension des lois mathématiques qui règlent l'Univers semble être venue de surcroît. Notre capacité à faire de la science et à déchiffrer le code cosmique suggère une connexion intime entre notre monde mental et celui des formes platoniciennes. L'Univers a engendré un homme capable de le comprendre. La boucle est bouclée. Je pense que ce n'est pas par hasard. Nous avons le don de comprendre parce que l'Univers n'est pas qu'une collection de particules de matière inerte. Il est la manifestation d'un principe infiniment plus subtil et élégant. L'Univers a un sens, et c'est l'homme qui, en le comprenant, lui confère ce sens.

Cela veut-il dire que l'homme a repris sa place centrale dans l'Univers ? Pas le moins du monde ! Les processus physiques et chimiques qui se sont déroulés sur Terre pour conduire à la vie et à la conscience ne sont très probablement pas propres à notre planète. Une intelligence extra-terrestre douée de connaissances scientifiques et mathématiques ferait tout aussi bien l'affaire pour donner un sens à l'Univers…

L'Univers ne nous est plus étranger

Hasard ou nécessité ? La science ne peut trancher. Les deux options sont possibles, ainsi que je l'ai montré dans *La Mélodie secrète* : soit l'homme a surgi dans un Univers dépourvu de sens, qui lui est complètement indifférent ; soit sa venue a été programmée dès le début afin qu'il donne un sens à l'Univers en le comprenant.

Dans l'hypothèse du hasard, le réglage extrêmement précis des lois physiques et des conditions initiales afin que la conscience émerge s'explique par l'existence d'une multitude d'univers parallèles. Ces univers parallèles recèleraient toutes les combinaisons possibles de lois physiques et de conditions initiales. La quasi-totalité de ces univers seraient infertiles et n'hébergeraient pas la vie ni la conscience. Sauf le nôtre qui aurait, par hasard, la combinaison gagnante, dont nous serions le gros lot ! La mécanique quantique, on l'a vu, admet l'existence de ces univers parallèles ; chaque fois qu'il y a choix ou décision, l'Univers se divise : dans un univers l'électron ira vers l'est, dans l'autre il ira vers le sud. L'observateur, lui aussi, se divise, même s'il n'est pas du tout évident, comme l'a remarqué le mathématicien anglais Roger Penrose, que de telles divisions de notre corps et de notre esprit puissent se produire sans que nous nous en rendions compte. Un autre scénario d'univers parallèles est avancé par le physicien russe Andreï Linde qui a proposé un modèle du big bang où notre univers ne serait qu'une petite bulle parmi d'innombrables autres bulles au sein d'un méta-univers.

Je rejette personnellement l'hypothèse des univers multiples et le hasard qui en découle. Je n'aime pas cette hypothèse des univers multiples, car elle va à l'encontre du principe d'économie[1] : pourquoi créer une infinité d'univers infertiles juste pour en avoir un qui soit conscient de lui-même ? D'autre part, postuler une infinité d'univers parallèles, tous inaccessibles à nos instruments de mesure et donc invérifiables, n'est pas conforme à la méthode scientifique. La science repose sur l'expérience et sur l'observation. Privée de ces fondements, elle a tôt fait de s'enliser dans la métaphysique.

1. Ce principe d'économie est aussi appelé « rasoir d'Occam », du nom du théologien et philosophe Guillaume d'Occam (fin du XIIIe siècle-1349).

Je rejette l'hypothèse du hasard, car, en dehors même du non-sens et de la désespérance qu'il entraîne, je ne puis concevoir que l'harmonie, la symétrie, l'unité et la beauté que nous percevons dans le monde, des contours délicats d'une fleur à l'architecture majestueuse des galaxies, mais aussi – j'ai essayé de le montrer tout au long de cet ouvrage –, de manière beaucoup plus subtile et élégante, dans les lois de la Nature, soient le seul fait du hasard. Si nous acceptons l'hypothèse d'un seul univers, le nôtre, nous devons postuler l'existence d'une Cause Première qui a réglé d'emblée les lois physiques et les conditions initiales pour que l'Univers prenne conscience de lui-même.

La science ne pourra néanmoins jamais distinguer entre ces deux possibilités. Jamais elle ne pourra aller jusqu'au bout du chemin. Le résultat magique de Gödel nous a montré les limites de la raison. Il nous faut donc faire appel à d'autres modes de connaissance, comme l'intuition mystique ou religieuse, informés et éclairés par les découvertes de la science moderne. Quoi qu'il en soit, une chose est sûre : l'Univers ne nous est plus distant ni étranger, mais intime et familier.

REMERCIEMENTS

Françoise Grandgirard s'est occupée de la frappe du texte. Jeanne Gruson y a aussi contribué. Toutes deux ont lu et commenté certaines parties du texte et m'ont aidé à le rendre plus clair. Je leur exprime ma profonde reconnaissance. Je remercie Claude Durand d'avoir lu le manuscrit de bout en bout et de m'avoir prodigué ses précieux conseils. Jean Staune a lu et commenté le texte et Hélène Guillaume l'a mis en forme. Qu'ils en soient remerciés. Je suis aussi reconnaissant à Chantal Balkowski et Georges Alecian de m'avoir accueilli au département d'astronomie extragalactique et de cosmologie à l'observatoire de Meudon, et à Laurent Vigroux pour son hospitalité au centre d'études de Saclay, pendant que j'apportais les dernières touches à l'ouvrage. Je remercie aussi l'université de Paris VII de m'avoir octroyé un poste de professeur en son sein.

DÉSIR D'INFINI

Des chiffres, des univers et des hommes

Iconographie : Josseline Rivière

À ma femme
et à tous ceux en quête d'infini

Ce n'est pas dans le firmament étoilé, ni dans la splendeur des corolles que se voit dans toute sa perfection la révélation de l'infini dans le fini – motif de toute création – c'est dans l'âme de l'homme.

Rabindranāth Tagore
Sâdhanâ

AVANT-PROPOS

J'ai longtemps voulu écrire un livre sur l'infini. Non seulement c'est le sujet le plus vaste que l'imagination puisse embrasser, mais c'est aussi une notion qui, de tout temps, a fasciné les hommes, qu'ils soient artistes, philosophes ou scientifiques.

L'infini touche chacun d'entre nous au plus profond de notre être. Qui de nous n'a pas en mémoire ce premier choc métaphysique quand nous avons appris à compter et que nous nous sommes rendu compte qu'il n'existe pas un nombre plus grand que tous les autres, qu'il y en aura toujours un plus grand que n'importe lequel surgissant de notre esprit ? Dans la vie de tous les jours, il est souvent des situations qui nous suggèrent l'idée d'infini : un ciel bleu qui s'étend à perte de vue, l'immensité de la voûte étoilée, les multiples réflexions d'un jeu de miroirs, une série de poupées russes emboîtées les unes dans les autres, ou bien le dessin « fractal » des feuilles d'un arbre dont le même motif semble se répéter, sans cesse sur des échelles différentes…

Le premier chapitre de ce livre montre comment les artistes musulmans et d'autres, tel Maurits Escher, ont tenté de représenter ce sentiment d'infini dans leur art. Mais l'infini se manifeste-t-il vraiment dans la réalité physique, ou est-il seulement un concept né de notre imagination ? En d'autres termes, l'infini est-il actuel ou seulement potentiel ? Ces pages racontent le débat entre les deux camps, depuis les philosophes grecs jusqu'aux mathématiciens du XXe siècle en passant par Thomas d'Aquin, Galilée, Pascal et Descartes. Dans la mesure où l'infini présente des paradoxes apparemment insurmontables, comme ceux de Zénon selon lesquels le mouvement s'avérerait impossible – un coureur ne pouvant jamais arriver à destination, et Achille ne pouvant jamais rattraper une tortue –, Aristote campait fermement du côté de l'infini potentiel.

Mais c'est dans le domaine des mathématiques – les séries infinies, un polygone régulier inscrit dans un cercle dont le nombre des côtés peut augmenter indéfiniment – que l'infini va donner toute sa mesure. Dans la seconde moitié du XIXe siècle, le mathématicien Georg Cantor envoie l'infini potentiel aux oubliettes et ancre fermement l'infini actuel dans le paysage des mathématiques ; il démontre de manière magistrale qu'il existe une hiérarchie sans fin d'infinis, avec des différents degrés d'infinité, et cela, en dépit d'une résistance acharnée de la part de certains de ses collègues qui firent tout pour entraver son avancement professionnel, le conduisant à la dépression et à la folie. Le deuxième chapitre montre comment Cantor sut dompter l'infini et nous révéler quelques-unes de ses magiques et étranges propriétés. Il raconte aussi sa lente descente aux enfers pour avoir osé braver l'interdit de l'infini actuel.

S'il est une entité où la notion d'infini revient avec insistance, c'est bien l'univers. La question de sa taille s'est sans cesse posée à travers les âges. Est-il fini ou infini ? Et, s'il est fini, possède-t-il des limites ? S'il possède des limites, qu'y a-t-il au-delà ? Si je lance une pierre franchissant ces limites, reviendra-t-elle ou se perdra-t-elle dans une région inconnue ? Le troisième chapitre décrit les péripéties de cette valse-hésitation de l'univers entre fini et infini. Les fondateurs de l'école atomiste, Leucippe et Démocrite, pensaient que l'univers était composé d'un nombre infini d'atomes évoluant dans un espace infini. Aristote pensait au contraire qu'il était fini, avec un centre bien déterminé ; sa pensée « finitiste » allait supplanter la pensée « infinitiste » des atomistes pendant quelque deux mille ans, jusqu'à ce que Thomas Digges et Giordano Bruno fassent éclater les limites de l'univers. Au XVIIIe siècle, Newton conféra à l'univers infini un statut scientifique, le dotant d'un espace plat et statique décrit par la géométrie euclidienne. Au début du XXe siècle, Einstein libéra l'espace de sa rigidité avec sa théorie de la relativité générale : avec lui, l'espace devient dynamique et courbé par la matière, cette courbure étant décrite par des géométries dites non euclidiennes. La découverte de l'expansion de l'univers par Hubble, en 1929, donne naissance à la théorie du big bang selon laquelle l'univers a eu un début et est en perpétuelle évolution. En fonction de la courbure de l'espace, l'univers peut être fini ou infini.

Cette courbure dépend du contenu en matière et énergie de l'univers. Le quatrième chapitre décrit les vaillants efforts des astronomes pour en dresser l'inventaire. Tâche compliquée, car la majeure partie de ce contenu n'émet aucune sorte de lumière et est donc invisible. Nous vivons dans un univers-iceberg dont la presque totalité du contenu n'est pas directement accessible à nos instruments. La matière lumineuse dans les cent milliards de galaxies de l'univers observable, chacune contenant cent milliards de soleils, ne représente que 0,5 % de ce contenu. Le reste est constitué de matière noire et d'énergie noire, cette dernière étant responsable de l'accélération de l'univers. Au terme d'efforts prodigieux, les chercheurs ont pu déterminer que l'univers possède une courbure nulle, ce qui, malheureusement, n'apporte pas de réponse définitive à la question de sa taille. En effet, tout dépend de sa topologie qui, pour l'instant, nous reste inconnue.

À supposer que l'univers soit infini, nous nous retrouvons face au paradoxe de l'éternel retour, soulevé, entre autres, par Nietzsche : parce qu'il existe un nombre infini de régions semblables à celle où nous habitons, et parce que le nombre de particules élémentaires dans chacune de ces régions est fini, ces particules ne peuvent être arrangées qu'en un nombre fini de combinaisons. Les conditions et le contenu de ces régions doivent donc nécessairement se répéter. En d'autres termes, il existerait pour chacun de nous un nombre infini de sosies dans l'univers. Le paradoxe de l'éternelle répétition est discuté au cinquième chapitre où nous voyons comment il est utilisé par Borges, avec le « théorème du singe savant dactylographe », pour imaginer sa *Bibliothèque de Babel*.

Dans un passé encore récent, le mot « univers » signifiait « l'ensemble de tout ce qui existe ». Mais les avancées opérées en physique au cours des dernières décennies ont graduellement contraint les scientifiques à envisager, en sus de notre univers, des « univers parallèles ». Le mot « infini » prend ici un sens nouveau : il se réfère non seulement à notre univers, mais aussi à une infinité d'autres, le tout formant un vaste et fantastique « multivers ». Le sixième chapitre décrit diverses théories scientifiques ayant mis en avant cette notion. C'est d'abord le cas d'une interprétation toute particulière de la mécanique quantique qui, pour éviter de voir des chats suspendus entre la vie et la mort, stipule que l'univers se divise en deux copies presque semblables chaque fois qu'il y a alternative de choix ou d'action. C'est la théorie « des univers qui bifurquent », pour employer l'heureuse expression de Borges. Vient ensuite le scénario du multivers inflationnaire dans lequel une vertigineuse expansion de l'espace en une minuscule fraction de seconde ne s'est pas produite seulement une seule fois, en un seul endroit, dans l'espace primordial, mais une infinité de fois en une infinité de points. Notre univers ne serait donc qu'une « bulle-univers » parmi une infinité d'autres dans un vaste méta-univers. La théorie des cordes a par ailleurs fait son apparition, qui dit que les particules élémentaires ne sont pas des objets ponctuels, mais résultent de vibrations de cordes incommensurablement petites, de 10^{-33} centimètre. Cette théorie introduit dans le paysage de la physique non seulement la notion d'un vaste multivers d'« univers-branes », mais aussi celle d'univers parallèles holographiques.

Le septième chapitre considère l'extraordinaire et étrange situation dans laquelle se trouve la cosmologie actuelle du fait de ce concept de « multivers ». En effet, celui-ci souffre du plus grave défaut qui puisse se concevoir en science : il ne peut être directement vérifié par l'expérience et l'observation. Or un concept qui n'est ni testable ni falsifiable peut-il être considéré comme scientifique ?

Ce chapitre explore aussi les questions morales, éthiques et théologiques qui se posent inévitablement dans un univers infini. Y aurait-il encore une quelconque motivation à poursuivre le bien dans un univers infini ? Un tel univers ne saperait-il pas les bases de l'éthique ? Quel sens donner au bien et au mal dans un monde où tout ce qui peut arriver arrive ? Et, à supposer que nous puissions vivre infiniment dans le temps, comment fonctionnerait une société d'immortels ? Quelle serait la sociologie de l'immortalité ? Une vie éternelle ici-bas constituerait-elle vraiment la panacée ? N'irait-elle pas à l'encontre de certaines traditions spirituelles ?

Mes remerciements vont à Claude Durand qui a bien voulu relire attentivement le manuscrit et pour ses commentaires toujours judicieux.

Charlottesville, janvier 2013

I

L'INSOUTENABLE ÉTRANGETÉ DE L'INFINI

L'obsession de l'infini

L'infini a hanté l'imaginaire de l'homme dès qu'il a levé les yeux vers le ciel et contemplé la nuit noire. Devant le spectacle magnifique de la voûte céleste parsemée de milliers de points lumineux, nous ressentons instinctivement notre petitesse et notre finitude, et nous avons l'impression que l'univers ne peut avoir de limites, qu'il s'étend à l'infini[1]. « Le silence éternel de ces espaces infinis m'effraie[2] ! » s'exclame Pascal (1623-1662). Ce que le philosophe appelle l'« égarement » et l'« effroi » de l'homme résulte de sa finitude, de sa place entre les deux infinis, l'infiniment grand et l'infiniment petit : « Qu'est-ce que l'homme dans la nature ? Un néant à l'égard de l'infini, un tout à l'égard du néant, un milieu entre rien et tout, infiniment éloigné de comprendre les extrêmes. »

L'idée d'infini ne répond pas à une nécessité évolutionniste. La lutte pour la survie ne requiert pas la considération d'une entité sans fin, mais une décision rapide et une action immédiate. Pourtant, le concept d'infini a surgi dès que l'homme a eu la capacité d'organiser son expérience de la réalité en un ensemble cohérent, dès qu'il a pu concevoir que certains systèmes peuvent s'étendre par la pensée au-delà de toute limite.

L'infini présente de multiples visages. Pour le non-mathématicien, c'est un « nombre » qui est beaucoup plus grand que tous les autres. Quand nous comptons 1, 2, 3…, nous pensons instinctivement qu'il n'existe pas de limite, qu'il n'y a pas de dernier nombre, car il en existe toujours un autre plus grand qui suit. Pour certaines tribus « primitives », l'infini commence au nombre 3, car tout ce qui est plus grand n'est déjà plus concevable.

1. Dans un site sans lumière artificielle, l'œil nu peut discerner environ 3 000 étoiles. Si nous prenons aussi en compte la vue du ciel aux antipodes, environ 6 000 étoiles peuvent être perçues à l'œil nu.

2. Blaise Pascal, *Pensées*, Gallimard, coll. « Folio classique », 1995 ; rééd. 2004.

Pour un photographe, l'infini commence à 10 mètres devant la lentille de sa caméra. Pour un enfant, nous pouvons imaginer qu'un très grand nombre serait par exemple composé du chiffre 1 suivi de 100 zéros (10^{100}). C'est d'ailleurs en vue d'éveiller la curiosité des enfants pour les mathématiques qu'un jour, lors d'une visite à l'école maternelle de son neveu, le mathématicien américain Edward Kasner (1878-1955) inscrivit au tableau noir précisément ce nombre : il aligna 100 zéros après le chiffre 1 ! Un nombre gigantesque qu'il demanda à son neveu de neuf ans de nommer. Celui-ci n'hésita pas : un « googol » ! Quand les fondateurs de la firme Google, qui actionne le plus populaire des moteurs de recherche, lequel nous permet d'accéder comme par magie aux informations les plus diverses sur le Web, ont voulu choisir un nom pour leur entreprise, ils ont pensé à « googol », afin d'évoquer la quantité quasi infinie d'informations qui se trouvent sur la Toile. Mais ils ont mal épelé « googol », qui est devenu « google » – d'où le nom de la célèbre compagnie. Quant à Kasner, il ne s'est pas arrêté en si bon chemin. Il a aussi inventé le « googolplex », qui est un nombre considérablement plus grand qu'un « googol », égal à 10^{googol}, soit $10^{10^{100}}$. Pour vous rendre compte de la grandeur de ce nombre et de sa longueur au cas où vous l'écririez en entier, songez que si vous aligniez après le chiffre 1 un zéro tous les demi-centimètres, la longueur du googolplex serait amplement supérieure au rayon de l'univers observable (qui est de 47 milliards d'années-lumière) ! L'infini de l'astronome, lui, est l'univers tout entier. Quant au symbole de l'infini, une sorte de « 8 » couché, il a été conçu en 1655 par le mathématicien anglais John Wallis (1616-1703), s'inspirant du numéral romain du « très grand nombre » 1 000 (fig. 64).

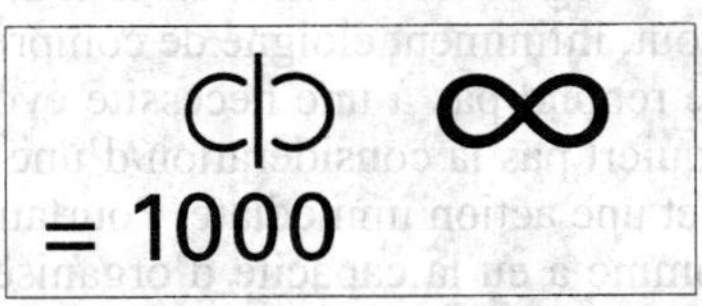

Fig. 64. *Le symbole de l'infini.* Il fut introduit par John Wallis dans son ouvrage *De Sectionibus Conicis* (1655) d'après la représentation romaine du nombre 1 000, utilisée occasionnellement au lieu du M habituel.

Pour l'artiste, l'infini qualifie une imagination sans bornes s'employant à représenter le réel : « Je peins l'infini », lance Vincent Van Gogh (1853-1890). Ce qui pousse Antonin Artaud à écrire[1] : « Et il avait raison, Van Gogh. On peut vivre pour l'infini, ne se satisfaire que d'infini, il y a assez d'infini sur la terre et dans les sphères pour rassasier mille grands génies, et si Van Gogh n'a pu combler son désir d'en irradier sa vie entière, c'est que la société le lui a interdit. » L'amour d'une femme

1. Dans *Van Gogh le suicidé de la société*, Gallimard, 2001.

peut ainsi donner à un homme la sensation de l'infini, comme l'exprime Van Gogh dans une lettre à son frère Théo : « Toute femme à tout âge, si elle est aime et si elle est bonne, peut donner à l'homme non l'infini du moment, mais le moment de l'infini. »

Les miroirs et l'infini

À part l'infini de l'espace, il est d'autres objets, dans la vie quotidienne, qui peuvent nous rapprocher de l'idée d'infini. Les miroirs sont de tels objets. Depuis toujours, ils exercent une fascination sans fin sur l'imaginaire des hommes. Même les animaux sont subjugués par leur reflet dans un miroir, bien qu'il ne soit pas certain qu'ils comprennent qu'il s'agit de leur propre image. Les primatologues étudient d'ailleurs la réaction des primates (des chimpanzés, par exemple) devant un miroir afin de savoir s'ils possèdent une conscience de soi.

Depuis l'aube de l'humanité, les miroirs ont joué un rôle important dans la vie des hommes. Les Égyptiens en plaçaient dans les tombeaux des rois dans l'espoir de préserver la beauté du défunt pour l'éternité. De nos jours, les miroirs sont souvent utilisés dans les appartements, les restaurants et autres magasins pour créer la sensation d'un espace illimité.

Le sentiment d'infini est produit non par un miroir unique, mais par plusieurs miroirs engendrant de multiples réflexions. Les cinéastes ont souvent exploité à bon escient l'effet fantasmagorique et désorientant qui résulte de ces réflexions en chaîne. Vers la fin du film *La Dame de Shanghai*, d'Orson Welles, une des scènes les plus mémorables se passe dans une attraction foraine où se trouve un labyrinthe de miroirs. Une fusillade s'y déroule, et nous voyons s'effondrer à plusieurs reprises des images de personnages avec les bris de glace. Certains miroirs, dans le labyrinthe, n'ont pas une surface plane, mais sont concaves ou convexes. D'où une déformation des images démultipliées des protagonistes – Orson Welles, Rita Hayworth et Everett Sloane –, qui accentue le sentiment de désorientation et sécrète une atmosphère insoutenable, faite de peur et d'angoisse. Des plans identiques seront repris, en hommage à Orson Welles, par Woody Allen à la fin de son film *Meurtre mystérieux à Manhattan*.

Les miroirs servent aussi à décorer les immenses salles des palais royaux en Europe. La sensation d'infinité qu'ils créent et le pouvoir de fascination qu'ils exercent flattaient la vanité des souverains. La plus célèbre chambre des miroirs au monde est sans doute la galerie des Glaces, édifiée au XVIIe siècle par l'architecte Jules Mansart au château de Versailles, destinée à célébrer la gloire du Roi-Soleil et à éblouir ses visiteurs. Elle doit son nom aux 357 miroirs ornant ses 17 arcades faisant face aux fenêtres. L'image d'un visiteur se démultiplie autour de lui, en même temps que celle des parterres et du jardin. C'est sans doute la galerie des Glaces qui a inspiré les labyrinthes de miroirs qu'on trouve dans les fêtes foraines.

À l'aide de miroirs, chacun de nous peut recréer un semblant d'infini en sa demeure. Il suffit d'en prendre deux et de les disposer suivant un certain angle, puis de placer un objet entre les deux miroirs : il aura deux réflexions. Chacune de ces deux réflexions aura deux autres réflexions, qui auront chacune deux autres réflexions, et ainsi de suite… Les images peuvent ainsi se multiplier à l'infini. Mais il arrive que deux images secondaires coïncident, ce qui arrête net le processus. Le nombre d'images dépend en fait de l'angle entre les deux miroirs. Ainsi, par exemple, si cet angle est de 60 degrés, il n'y aura que cinq images. Avec l'objet original, ces images forment trois paires distinctes qui constituent les sommets d'un triangle équilatéral, figure géométrique qui possède un très haut degré de symétrie : vous pouvez réfléchir le triangle équilatéral par rapport à chacune de ses hauteurs, ou lui faire subir une rotation d'un angle de 120, 240 ou 360 degrés, il vous apparaîtra exactement le même.

En fait, créer un motif hautement symétrique à partir des images d'un objet placé entre deux miroirs formant entre eux un certain angle est précisément le principe d'un jouet qui a fait les délices de notre enfance : le kaléidoscope (du grec *kalos*, « beau », *eidos*, « aspect », et *scope*, « regarder »). Inventé par le physicien écossais David Brewster en 1816, le kaléidoscope est un tube cylindrique de miroirs produisant d'infinies combinaisons de jolies images de fragments mobiles de verres colorés. En collant notre œil à son extrémité, nous pouvons admirer ces multiples reflets, engendrant des figures hautement symétriques. Dans un kaléidoscope, l'angle entre les deux miroirs est en général fixé à 60 degrés. Mais si vous variiez cet angle, vous verriez le degré de symétrie diminuer, et le nombre d'images s'accroître. En fait, si l'angle tend vers 0, le nombre d'images devient infini. Mais cet infini n'est pas actuel, il est potentiel : car, avec un angle égal à 0, les deux miroirs sont apposés l'un contre l'autre, et nous ne pouvons ni glisser un objet entre les deux, ni voir ses multiples réflexions. C'est la façon qu'a la nature de nous interdire l'accès à l'infini actuel !

Mais que se passerait-il si les deux miroirs, au lieu de former un angle, étaient parallèles ? C'est le cas à la galerie des Glaces de Versailles et, dans un cadre plus modeste, chez votre coiffeur : vous verrez d'innombrables reflets de vous-même, montrant alternativement votre visage et votre nuque, dans le miroir qui vous fait face et dans celui situé derrière, de l'autre côté de la salle. Mais, dans cette situation aussi, la nature nous interdit l'accès à l'infini actuel : la moindre déviation d'un parallélisme parfait transformerait les miroirs en un kaléidoscope géant avec un nombre fini d'images. Il existe, par ailleurs, deux autres facteurs qui limitent le nombre d'images possibles : d'une part, la réflectivité des miroirs n'est pas parfaite, ce qui rend les images floues ; d'autre part, les rayons lumineux ne se propagent pas dans un vide parfait, mais dans l'atmosphère terrestre, ce qui fait que leurs trajectoires sont déviées. Enfin, la propagation de la lumière n'est pas instantanée : elle se déplace à la vitesse finie de 300 000 kilomètres par seconde. Ainsi, même si les conditions étaient parfaites, un nombre infini de réflexions requerrait un temps infini, ce dont vous ne disposez pas !

L'infini dans l'art

Mais il n'est pas que l'espace et les miroirs qui peuvent nous donner le sentiment de l'infini. L'art peut aussi nous y faire accéder, grâce en particulier au stratagème de la répétition à l'infini d'un même motif. Le vide de l'espace constitue en effet un véritable défi lancé à l'imagination de l'artiste pour le remplir de motifs et de dessins dont la reproduction ne semble jamais devoir s'arrêter. Ainsi, à travers l'histoire, de l'Antiquité jusqu'à nos jours, et dans toutes les cultures, pour dissiper son « horreur du vide », l'homme a constamment cherché à s'entourer d'ornements dont les motifs sont reproduits en d'innombrables copies identiques, dans une ou deux directions spatiales, que ce soit dans la décoration des murs d'une chambre ou dans le pavement des sols d'une demeure.

Cet art de l'ornementation qui permet d'évoquer l'infini a été porté au plus haut degré par les Arabes. L'art islamique est justement célèbre pour sa régularité géométrique, sa répétition périodique, sa rythmique spatiale sans égale. Un même motif, représentant par exemple des fleurs, des arabesques, ou encore des figures géométriques de polygones entrelacés, est répété d'innombrables fois. Parce que leur croyance religieuse leur interdit de représenter Dieu en images, les artistes arabes ont mis toute leur énergie à créer des motifs géométriques d'une beauté sans pareille afin d'évoquer la divinité. Les couleurs ajoutent ici à la magnificence : l'or glorifie Allah, alors que le bleu se rattache à l'infini du ciel. Deux sortes d'infinis entrent ici en ligne de compte : l'infiniment grand, qui se traduit par la répétition régulière d'un même motif, suggère une continuation vers un infini bien au-delà des limites physiques ; et l'infiniment petit se manifeste par un désir quasi obsessionnel de remplir le moindre espace par un détail ornemental. Alors que les Grecs cherchaient à éviter à tout prix l'infini (leur *horror infiniti*), les Arabes l'ont au contraire exalté au plus haut point (leur *amor infiniti*) et, ce faisant, ont magnifié leur art.

Dans le cas des miroirs et des kaléidoscopes, nous avons vu que c'est la symétrie des images qui génère la meilleure impression d'harmonie et de beauté. Nous avons aussi appris que les réflexions réitérées d'un même objet dans deux miroirs faisant entre eux un certain angle peuvent produire des motifs montrant un extraordinaire degré de symétrie, alors que l'objet lui-même peut en être totalement dépourvu. Ce sont les mêmes principes de symétrie qui confèrent leur beauté aux fresques ornementales de l'art islamique, bien que les artistes qui les ont créées n'aient certainement pas été versés dans les mathématiques. Mais ils ont su intuitivement et expérimentalement utiliser les principes de la symétrie pour exalter leur art[1].

Le peintre mathématicien malgré lui

Plus proche de notre époque, il est un artiste qui n'a cessé d'être fasciné par l'infini et l'a exprimé d'innombrables manières dans son œuvre. C'est le peintre hollandais Maurits Escher (1898-1972). Ses œuvres ne sont généralement pas exposées dans les grands musées du monde, et son nom n'est pas souvent mentionné dans les encyclopédies et autres manuels d'histoire de l'art. En fait, de son vivant, il fut presque totalement ignoré de la communauté artistique. En revanche, vous aurez souvent l'occasion d'admirer une ou plusieurs reproductions de ses travaux dans des manuels… de mathématiques ou de physique ! Méconnu de son vivant, son génie ne fut reconnu qu'après sa mort[2].

Escher a commencé sa carrière comme peintre paysagiste. Mais son œuvre prit une direction radicalement nouvelle et différente après une visite qu'il fit durant l'été 1936 à l'Alhambra de Grenade. Fasciné par les motifs géométriques qui décorent ce magnifique palais du XIVe siècle édifié par les Maures en Espagne, Escher délaissa dès lors les paysages pour la géométrie. Bien plus tard, il dira de cette visite décisive à l'Alhambra : « C'est la source d'inspiration la plus riche qui m'ait été donnée, et elle continue encore à nourrir mon œuvre. » Après ce choc esthétique, le travail du peintre va devenir de plus en plus géométrique, et maints concepts mathématiques – en particulier celui d'infini, la notion de symétrie et la relation entre un objet à trois

1. Les mathématiciens ont pu déterminer qu'il existe en tout et pour tout sept types de symétrie pour une seule dimension spatiale (comme celle d'une ligne droite). Parmi ces sept types figurent les transformations de symétrie bien connues de réflexion, de rotation et de translation. Pour deux dimensions spatiales (comme celles d'un plan), le nombre de types de symétrie augmente, mais reste fini : il passe à dix-sept. Il est extraordinaire de constater que les Anciens avaient déjà découvert expérimentalement la totalité de ces types de symétrie. Dans l'art ornemental égyptien, on peut ainsi trouver des exemples de chacun de ces dix-sept types.

2. Voir une discussion originale de l'œuvre d'Escher dans Douglas Hofstadter, *Gödel, Escher, Bach. Les brins d'une guirlande éternelle*, Dunod, 2008.

dimensions et sa représentation sur une surface à deux dimensions – vont accaparer l'attention de l'artiste. Mais, comme les artistes arabes, sa compréhension des principes mathématiques est surtout intuitive, sa formation dans cette discipline n'ayant jamais dépassé le stade du lycée. Comme il le dit lui-même, il ne savait pas qu'il utilisait des principes mathématiques dans son œuvre, pas plus que Monsieur Jourdain ne savait qu'en parlant il pratiquait l'art de la prose :

> Je n'ai jamais obtenu de note décente en mathématiques. La chose amusante est que je me suis servi de théories mathématiques sans me rendre compte que je le faisais. Alors que j'étais un élève bien médiocre à l'école, imaginez que les mathématiciens utilisent aujourd'hui mes lithographies pour illustrer leurs livres ! Pensez que je suis maintenant en compagnie de personnes bien érudites qui me traitent comme leur frère perdu ! Je suppose qu'ils ne se rendent pas compte que je ne connais rien à tout cela… En examinant à la loupe les énigmes qui nous entourent et en considérant et analysant les observations que j'ai faites, je me suis retrouvé sur le territoire des mathématiques. Alors que je ne possède aucune formation en sciences exactes, j'ai souvent plus d'affinités avec les mathématiciens qu'avec mes collègues artistes.

Escher évoque l'infini de trois façons. D'abord, par des cycles sans fin, en jouant avec les lois de la physique et de la perspective, il crée des situations où l'on a l'impression que le mouvement perpétuel, interdit par la physique, prend vie : « Je ne peux m'empêcher de me moquer de nos certitudes les plus inébranlables. Je m'amuse beaucoup à rendre confuses les notions de deux et trois dimensions, de plan et d'espace, et à jouer avec la gravité. »

Ensuite, par la division du plan en motifs qui se répètent de façon régulière sans jamais laisser de vide, leçon qu'il a apprise de l'art islamique lors de sa visite à l'Alhambra. Mais, au contraire des motifs arabes qui l'ont tant inspiré, ceux d'Escher sont très rarement des entités abstraites ; au lieu d'arabesques ou autres figures géométriques entrelacées, il met en scène des motifs invariablement liés à la vie courante. Sont représentés des hommes, des poissons, des oiseaux, des chevaux ou encore des objets inanimés. Il évoque ainsi son aversion pour les figures abstraites : « Les Maures sont passés maîtres dans l'art de remplir une surface avec des figures congruentes… Quel dommage que l'islam interdise la représentation en images ! Ce qui fait qu'ils doivent se limiter à des figures géométriques abstraites… Je trouve cette restriction inacceptable… »

Enfin et surtout, dans la dernière partie de sa vie, soit à partir de 1955, Escher a tenté de représenter l'infini en abandonnant le principe sacro-saint qui présidait à l'œuvre des artistes arabes, selon lequel une figure reproduite indéfiniment devait conserver non seulement sa forme, mais aussi sa taille. En conservant la forme, mais en laissant la taille d'un motif se réduire progressivement du centre vers le bord (ou vice versa), Escher peut ainsi évoquer l'infini. Les lithographies où cette technique est mise en œuvre sont appelées par lui des « lithographies-limites », peut-être pour rappeler les séries mathématiques infinies dont la somme peut tendre vers une limite finie (dans le cas d'une série convergente) ou infinie (dans le cas d'une série divergente).

Les structures fractales et l'infini

Nous avons vu que, à l'*horror infiniti* des Grecs, les Arabes ont substitué l'*horror vacui*. Tout espace vide leur apparaît comme une véritable provocation qu'il faut à tout prix combler. L'art islamique l'a fait en utilisant des principes de symétrie pour répéter à l'identique des motifs à l'infini. Mais il est une autre manière plus subtile de remplir l'espace vide. Comme Escher s'en est rendu compte, les motifs n'ont nul besoin de conserver leur taille en se répétant. Ils peuvent garder leur forme, mais devenir plus petits à chaque répétition. En acquérant une base mathématique, ces constructions ont été baptisées « fractales » (du latin *fractus*, « irrégulier, cassé ») par leur inventeur, le mathématicien franco-américain Benoît Mandelbrot (1924-2010[1]). Un objet fractal offre la même apparence, qu'on le regarde de près ou de loin. Quand vous l'approchez, les menus détails se précisent, mais l'objet présente autant d'irrégularités que quand il est vu en son entier de loin. Il a le même aspect quel que soit son grossissement. Un motif se répète à l'intérieur d'un même motif plus grand, lui-même inclus dans un motif semblable encore plus grand, à l'instar d'une série sans fin de poupées russes emboîtées les unes dans les autres. La même irrégularité se répète à toutes les échelles. Cette répétition sans fin du même motif à des échelles de plus en plus petites nous ouvre aussi la porte donnant sur l'infini.

La nature semble montrer une grande affinité pour les structures fractales. Ainsi, quand nous contemplons les ramifications des branches d'un arbre, la structure des feuilles d'une plante, la forme des nuages dans le ciel, nous avons affaire à des structures fractales. En fait, la nature se sert des fractales chaque fois qu'elle a besoin d'empaqueter la plus grande surface possible dans le plus petit volume possible. En multipliant les bifurcations et autres ramifications, il devient possible d'élargir la surface et d'accroître ainsi son aptitude à se refroidir, à absorber de la nourriture,

1. Voir une description détaillée des fractales dans mon ouvrage *Le Chaos et l'Harmonie*, ici, p. 317.

à interagir avec des structures annexes, sans pour autant augmenter de manière proportionnelle le volume ou le poids.

Les structures fractales se retrouvent dans le corps humain. La structure en ramification des vaisseaux sanguins, de l'aorte aux capillaires, est de nature fractale. Les grosses artères se ramifient en artères moyennes qui se ramifient à leur tour en artérioles. C'est la solution la plus efficace que la nature ait trouvée pour emmagasiner l'énorme surface des vaisseaux sanguins à l'intérieur du volume limité du corps humain. L'empaquetage est des plus efficaces : bien que le réseau sanguin n'occupe qu'environ 5 % du volume du corps humain, sa structure fractale fait que, dans la plupart des tissus, aucune cellule n'est jamais très éloignée d'un vaisseau.

Le réseau sanguin n'est pas le seul, dans le corps humain, à posséder une structure fractale. D'autres parties du corps en sont dotées, toujours afin d'empaqueter la plus grande surface dans le plus petit volume possible. Ainsi, la surface déployée des poumons d'un être humain serait supérieure à celle d'un court de tennis ! Pourtant, toute cette surface tient miraculeusement à l'intérieur de la cage thoracique. À nouveau, le système des ramifications est mis à contribution : les bronches se ramifient en sous-bronches qui se ramifient à leur tour en bronchioles. Le système urinaire, le canal biliaire dans le foie, les fibres qui transmettent les impulsions électriques au muscle cardiaque : autant d'autres systèmes qui, tous, se révèlent avoir une organisation fractale – des structures qui se ramifient en sous-structures qui se ramifient encore en sous-sous-structures, et un même motif qui se répète d'une échelle à l'autre. Des ramifications pulmonaires aux ramifications botaniques, il n'y a qu'un petit pas à franchir : la prochaine fois que vous contemplerez les ramifications des branches d'un arbre, les dessins délicats d'une feuille, ou encore les motifs complexes d'une écorce, dites-vous bien que ces structures fractales vous ouvrent les portes de l'infini. Il faut se rendre compte toutefois qu'une itération infinie n'est pas possible dans la nature : la structure fractale des objets naturels n'est donc qu'approximative.

Étranges événements à l'hôtel *Infinité*

L'infini n'est pas facile à cerner. Il soulève toutes sortes de paradoxes dès qu'on se penche pour l'examiner plus en détail. Afin d'illustrer ces paradoxes qui défient la logique et bafouent le bon sens, le mathématicien allemand David Hilbert (1862-1943) a imaginé l'histoire d'un fameux hôtel nommé *Infinité*. Quelle est la particularité de cet hôtel ? Comme son nom l'indique, il possède non pas un nombre fini de chambres, comme tous les autres hôtels, mais un nombre infini.

Vous partez en week-end et vous vous faites une joie de découvrir cet hôtel dont vous avez tant entendu parler. Mais vous avez oublié de faire votre réservation. Une fois sur place, le réceptionniste vous apprend la mauvaise nouvelle : tout est complet ! Déçu, vous vous apprêtez à partir à la recherche d'un autre hôtel. Mais, à ce moment précis, le gérant arrive et vous retient : « Attendez ! Je pense que je peux quand même vous trouver une chambre, même si l'hôtel est archicomplet ! » Sous vos yeux éberlués, il se met à réveiller tous ses clients et à leur demander de changer de chambre : l'occupant de la chambre 1 va dans la chambre 2, celui de la chambre 2 dans la chambre 3, celui de la chambre 3 dans la chambre 4, et ainsi de suite. De la sorte, vous pouvez emménager en toute tranquillité dans la chambre 1 qui a été libérée ! Mais, avant de tomber dans les bras de Morphée, vous ne pouvez vous empêcher de ressasser cette pensée lancinante : si toutes les chambres étaient occupées, comment le propriétaire a-t-il pu libérer une chambre en se bornant à déplacer les occupants d'une chambre à une autre ? Cela n'a aucun sens !

Mais l'histoire n'est pas finie. Le gérant peut encore faire plus fort. Vous êtes si content de l'accueil qu'on vous a réservé à l'hôtel *Infinité* que vous décidez d'y retourner, cette fois avec un nombre infini de vos amis, pour de grandes retrouvailles. De nouveau, on vous annonce à la réception que l'hôtel affiche complet. De nouveau, le gérant, imperturbable, vous dit qu'il va trouver une solution pour loger tous vos amis et vous-même, même s'il s'agit d'un nombre infini de personnes. Il demande au locataire de la chambre 1 d'aller dans la chambre 2, à celui de la chambre 2 d'aller dans la chambre 4, à celui de la chambre 3 d'aller dans la chambre 6, et ainsi de suite. Une infinité de chambres aux numéros impairs sont ainsi libérées. Bien que l'hôtel ait été de prime abord plein à craquer, le gérant a pu trouver une chambre pour chacun de vos amis, alors même qu'ils sont en nombre infini. Comment cela est-il possible ?

Hilbert, qui était bien conscient de ces paradoxes de l'infini, a exprimé ses sentiments en ces termes éloquents : « L'infini ! Plus qu'aucune autre question, celle de l'infini a tourmenté l'esprit des hommes ; plus qu'aucune autre idée, celle de l'infini a stimulé et fécondé son intellect ; mais, plus qu'aucun autre concept, celui de l'infini demande à être élucidé. » Il savait que la résolution de ces paradoxes de l'infini devait passer par les mathématiques. Il fallut attendre jusqu'au XIXe siècle pour que le génial mathématicien Georg Cantor (1845-1918) mette un peu d'ordre dans le monde de l'infini et que les paradoxes de l'hôtel *Infinité* soient enfin compris !

Les paradoxes de Zénon : l'infini fait que le mouvement est impossible

Comme pour tant d'autres domaines de la pensée, l'infini mathématique est entré dans la conscience des hommes grâce aux Grecs vers le VIe siècle av. J.-C. Bien sûr, la pensée mathématique avait vu le jour bien avant, avec les civilisations indienne, chinoise, babylonienne et égyptienne. Mais ces civilisations antiques utilisaient surtout les mathématiques à des fins pratiques : compter la monnaie, évaluer une surface ou un volume (pour édifier les pyramides, par exemple), peser des objets ou mesurer le temps qui passe. Elles n'avaient que faire d'un concept aussi abstrait que l'infini. Il a fallu attendre que la discipline mathématique passe d'un plan strictement pratique à un plan considérablement plus conceptuel pour que la notion d'infini, avec les innombrables paradoxes qui s'y rattachent, soit enfin explorée et reconnue comme un concept à part entière, central dans le domaine des mathématiques.

Le Grec Zénon d'Élée (495-435 av. J.-C.) fut le premier penseur à mettre en évidence les paradoxes de l'infini. Il était membre de l'école de philosophie fondée par le philosophe Parménide (v. 515-440 av. J.-C.), qui prônait une philosophie de la permanence et rejetait toute notion d'évolution. D'après Parménide, le monde a été, est et sera toujours le même : il ne peut y avoir aucun changement. Tout ce qui est transformation et mouvement n'est donc qu'illusion. En fidèle disciple de son maître, Zénon s'attacha donc à établir cette dernière proposition par une quarantaine de démonstrations, dont deux en particulier ont frappé l'imagination des hommes et ont traversé les siècles.

La grande majorité des écrits de Zénon d'Élée ont été perdus, si bien que nous disposons de très peu d'informations directes sur sa pensée. Ce que nous en savons vient des commentaires de Platon (v. 427-347 av. J.-C.) et d'Aristote (384-322 av. J.-C.). Les arguments du disciple de Parménide – ce que la postérité appellera les « paradoxes de Zénon » – reposent sur les mystères de l'infini. Ils ne furent jamais réfutés de son vivant et frappent toujours autant l'imagination contemporaine.

Dans son premier paradoxe, Zénon se propose de démontrer que le mouvement est impossible. Il imagine un coureur qui va d'un point A à un point B. Il analyse en détail les mouvements du coureur : celui-ci doit d'abord parcourir la moitié de la distance qui sépare les deux points, puis la moitié de la distance restante, puis encore la moitié de la distance restante, et ainsi de suite, *ad infinitum*. Parce que le coureur doit ainsi accomplir un nombre infini d'étapes, Zénon en conclut qu'il ne pourra jamais arriver à destination, et que le mouvement est donc impossible.

Prenons un exemple simple. Supposons que les deux points A et B soient séparés par une distance d'un kilomètre. Le coureur va d'abord franchir 1/2 km, puis (1/2 + 1/4 =) 3/4 km, puis (3/4 + 1/8 =) 7/8 km, etc. Après avoir fait N pas, il aura couvert une distance égale à $1 - (1/2)^N$ km. Zénon en déduit que, même si N devient extrêmement grand, la distance parcourue sera toujours inférieure à un kilomètre, et le coureur ne franchira jamais la ligne d'arrivée (fig. 65) !

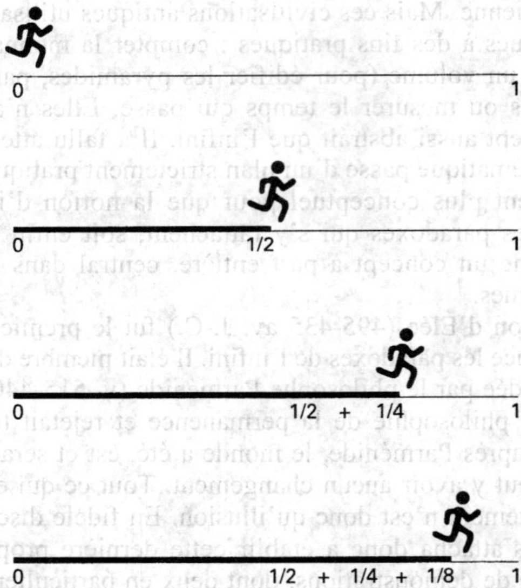

Fig. 65. *Le paradoxe de Zénon concernant le coureur qui n'arrive jamais à son but*. Afin d'aller d'un point à un autre, il doit d'abord parcourir la moitié de la distance entre les deux points, puis la moitié de la distance restante, puis encore la moitié de ce qui reste, et ainsi de suite à l'infini. Parce qu'il lui faudra faire un nombre infini de pas, le coureur ne parviendra jamais à son but !

En usant du même genre de raisonnement, nous conclurons que nous ne pourrons jamais traverser une rue, ou qu'une balle tirée d'un fusil n'atteindra jamais sa cible. À partir d'arguments si simples qu'ils semblent irréfutables, Zénon est parvenu à une conclusion qui ne tient pas debout ! Nous savons bien que le coureur arrivera à destination en un temps fini, que nous traversons une rue quand nous le voulons, et qu'une balle atteint sa cible sans aucun problème. Le mystère des paradoxes de Zénon ne sera résolu qu'avec l'étude des séries infinies, ainsi que nous le verrons plus tard.

L'argumentation présentée dans le deuxième paradoxe de Zénon paraît de prime abord tout aussi convaincante. Aristote l'exprime ainsi :

« Le second argument de Zénon est celui qui a pour titre "Achille et la tortue". Il explique que le plus lent ne sera jamais rattrapé par le plus rapide, car le poursuivant doit d'abord atteindre le lieu que le poursuivi vient de quitter, de sorte que le plus lent a toujours sur l'autre une avance déterminée. » Fasciné par les paradoxes de l'infini, l'écrivain argentin Jorge Luis Borges (1899-1986) décrit l'histoire d'Achille et de la tortue en ces termes : « Achille court dix fois plus vite que la tortue, et il lui accorde une avance de dix mètres. Achille parcourt ces dix mètres, la tortue en parcourt un ; Achille parcourt ce mètre, la tortue un décimètre ; Achille parcourt ce décimètre, la tortue un centimètre ; Achille parcourt ce centimètre, la tortue un millimètre ; Achille aux pieds légers, le millimètre, la tortue un dixième de millimètre ; et ainsi de suite, à l'infini, sans qu'il puisse jamais la rattraper… » À nouveau, des arguments qui semblent inattaquables débouchent sur des conclusions intenables.

Prenons un autre exemple simple. Supposons qu'Achille parte de la borne 0 km, alors que la tortue, qui va à la moitié de la vitesse d'Achille, possède une avance et parte de la borne 1 km. Quand Achille atteint la borne 1 km, la tortue est à la distance de 1 + 1/2 km ; quand Achille atteint cette dernière, la tortue est maintenant à la distance de 1 + 1/2 + 1/4 km, et ainsi de suite. Après N pas, Achille a parcouru la distance de $2 - (1/2)^N$, mais la tortue possède toujours une faible avance, car elle a parcouru une plus grande distance, de $2 - (1/2)^{(N+1)}$. Nous arrivons à cette conclusion absurde : si grand que soit N, Achille ne parvient jamais à dépasser la tortue !

Le poète français Paul Valéry (1871-1945) est lui aussi captivé par l'analyse zénonienne du mouvement d'Achille qui ne parvient jamais à rattraper la tortue, ou, de manière équivalente, de celui d'une flèche tirée qui n'atteint jamais sa cible. Dans *Le Cimetière marin* (1920), il exprime ainsi ses sentiments vis-à-vis de l'homme qui entend démontrer que tout mouvement n'est que non-mouvement :

Zénon ! Cruel Zénon ! Zénon d'Élée !
M'as-tu percé de cette flèche ailée
Qui vibre, vole, et qui ne vole pas !
Le son m'enfante et la flèche me tue !
Ah ! le soleil… Quelle ombre de tortue
Pour l'âme, Achille immobile à grands pas !

Aristote et l'infini potentiel

Les paradoxes de Zénon avaient mis au grand jour les étrangetés de l'infini. Ils semèrent dans l'esprit des Grecs appréhension et méfiance vis-à-vis de celui-ci, ce qui suscita chez eux une certaine répugnance à l'affronter. L'infini était tabou, il dérangeait l'imagination, il fallait coûte que coûte le tenir à distance. Aristote a exprimé de manière succincte, dans son traité de *Physique*, cette répugnance des Grecs à se colleter avec l'infini : « L'existence de l'infini est potentielle… Il n'existe pas en réalité. » D'après le philosophe, l'infini « actuel » n'est pas « réel ». Il ne peut se manifester dans la nature. Seul un infini « potentiel » existe, en puissance dans l'imagination des hommes. Physiciens et mathématiciens s'en servent pour extrapoler par la pensée le déroulement de certaines situations et résoudre certains problèmes mathématiques. Ainsi, quand nous marchons, nous faisons un pas, puis un autre, et encore un autre. Par la pensée, nous savons qu'en principe nous pouvons poursuivre indéfiniment notre marche, nous pouvons toujours aller un peu plus loin en faisant un pas de plus. Mais nous n'allons pas jusqu'au bout de ce parcours infini, nous ne l'effectuons que mentalement : c'est cela, l'essence de l'infini potentiel.

De même, en mathématiques, nous sommes tous familiers de séquences de nombres sans début ni fin. Considérons par exemple la suite des nombres entiers : 1, 2, 3, 4, 5… Il n'existe pas de nombre entier plus grand que tous les autres, car il suffirait d'ajouter 1 à tout nombre pour en obtenir un qui lui soit supérieur. Il n'y a donc pas de fin. De même, la séquence des nombres entiers négatifs n'a pas de début :… –5, –4, –3, –2, –1. Il n'existe pas de nombre entier plus négatif que tous les autres. L'infini « actuel » n'est pas. Il n'est jamais réalisé. Toutefois, les deux séquences de nombres entiers positifs et négatifs sont « potentiellement » infinies, car chacune met en jeu un processus (ajouter ou soustraire 1) qui peut être répété indéfiniment, bien qu'à chaque étape le nombre d'opérations déjà répétées reste toujours fini.

Archimède et le calcul de π

L'infini « potentiel » se manifeste encore sous d'autres formes. Considérons par exemple ce nombre extraordinaire que nous exprimons par le symbole π et qui n'a cessé depuis l'aube des temps d'intriguer aussi bien les mathématiciens que les non-initiés. Nous savons tous que π est le rapport de la circonférence d'un cercle à son diamètre. Par des mesures empiriques de circonférences et de diamètres de figures circulaires, les Anciens savaient que ce rapport était environ égal à 3. Mais les Grecs furent les premiers à proposer une méthode mathématique rigoureuse pour calculer, et non pas simplement mesurer, la valeur de π. Ce faisant, ils se retrouvèrent à nouveau confrontés à l'infini.

Le mathématicien Archimède (287-212 av. J.-C.) de Syracuse, fameux pour ses études des corps flottants (c'est lui qui poussa le cri *Eurêka !* dans sa baignoire quand il découvrit la « poussée » qui porte aujourd'hui son nom et qui fait que tous les corps de densité inférieure à celle de l'eau flottent), fut à l'origine de cette méthode. Prenez un cercle, expliqua-t-il, et imaginez un polygone régulier, inscrit dans le cercle, dont tous les sommets sont sur le cercle et dont tous les côtés et les angles sont égaux. Ce polygone possède un périmètre inférieur à celui du cercle. Mais, au fur et à mesure que vous augmentez le nombre de ses côtés, le polygone va embrasser le cercle de plus en plus étroitement, et son périmètre va tendre vers celui du cercle. Il suffit ensuite de calculer le périmètre du polygone et de diviser par le diamètre du cercle pour obtenir une valeur de π très légèrement inférieure à sa vraie valeur. Répétez maintenant la procédure avec un polygone régulier non plus inscrit dans le cercle, mais qui, à l'inverse, le circonscrit. Le cercle est désormais à l'intérieur du polygone, et ses côtés sont tangents au cercle. De nouveau, augmentez le nombre de côtés du polygone : comme avant, celui-ci embrassera le cercle de façon de plus en plus étroite. Cette fois, quand vous divisez le périmètre du polygone par le diamètre du cercle, vous obtiendrez une valeur de π légèrement supérieure à sa vraie valeur (fig. 66). En utilisant un polygone régulier de 96 côtés dont il savait comment calculer le périmètre, Archimède obtint pour résultat que la vraie valeur de π devait se situer quelque part entre 3,14103 et 3,14271. Approximation remarquable, puisque la valeur de π est, comme on sait, de 3,14159…

Mais il faut bien comprendre que ce qui est nouveau et révolutionnaire n'est pas tant ici le fait qu'Archimède ait pu estimer la valeur de π de façon considérablement plus précise que ses prédécesseurs ; c'est le fait qu'il ait inventé une méthode permettant de calculer ce nombre avec une précision aussi grande que désirée, simplement en tendant à faire coïncider le cercle et des polygones dont le nombre de côtés peut augmenter indéfiniment. En langage mathématique moderne, celui du calcul infinitésimal mis en place au XIXe siècle, π est la limite de la série des périmètres obtenue en faisant tendre le nombre de côtés des polygones vers l'infini. Archimède avait ainsi utilisé le concept d'infini potentiel pour résoudre un problème fondamental, celui du calcul de π.

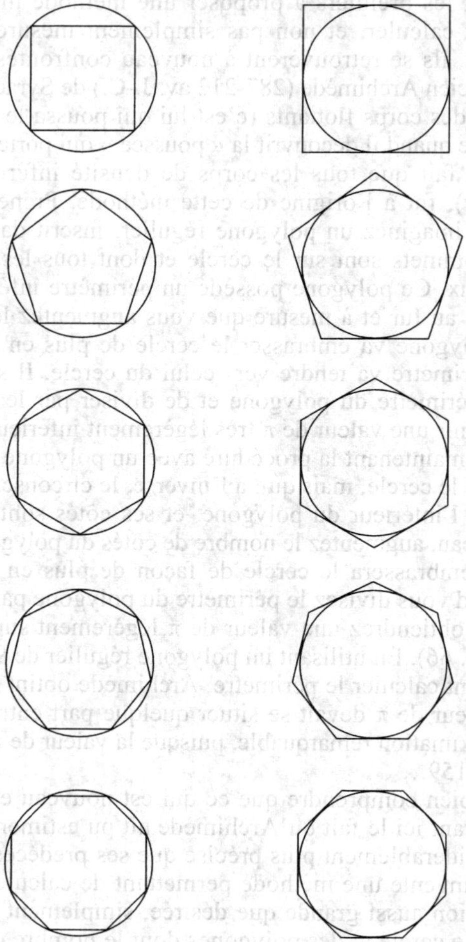

Fig. 66. *Valeur de π.* En augmentant de plus en plus le nombre de côtés des polygones réguliers inscrits dans un cercle (colonne de gauche) et circonscrits à un cercle (colonne de droite), Archimède put encadrer précisément la valeur du nombre irrationnel π.

Dieu et l'infini

Pendant les quelque deux millénaires qui suivirent l'âge d'or de la pensée grecque, il y eut peu de nouvelles découvertes concernant le concept d'infini. Maints événements étaient advenus. La Grèce avait été annexée à l'Empire romain vers la fin du IIe siècle av. J.-C. L'éclat de la pensée grecque déclina au cours de cette période. Les Romains n'étaient guère intéressés par les spéculations abstraites. Les invasions répétées des hordes barbares, Goths et Huns venus de l'est, pendant les Ve et VIe siècles, donnèrent le coup de grâce à l'Empire romain déjà considérablement affaibli par la corruption politique et le chaos économique. Le savoir grec disparut de l'Occident. Parallèlement au déclin et à la chute de l'Empire romain, l'Empire arabe, qui s'étendait de l'Espagne à l'Inde, prit son essor. Le flambeau de la civilisation et des sciences passa aux mains des califes de Bagdad. Dès l'an 1000, l'Espagne était devenue le grand centre intellectuel du monde musulman et, à travers elle, l'Europe chrétienne redécouvrit la pensée grecque. Le concept d'infini refit surface au Moyen Âge, mais dans un nouveau contexte : celui de la religion.

La quête de l'infini est souvent liée à une recherche de transcendance, de quelque chose qui dépasse l'expérience ordinaire, qui est au-delà de ce qui peut être vu et ressenti dans la vie de tous les jours. Cette transcendance est souvent associée à Dieu, et l'Infini est l'un des attributs principaux de Dieu. Une question se pose alors : si Dieu est infini, peut-Il concevoir l'infini actuel ou, comme l'humain, est-Il aussi limité à l'infini potentiel ?

Reprenons la suite des nombres entiers. Parce qu'il n'y a pas de fin à leur processus d'énumération et qu'il n'existe pas de nombre entier plus grand que tous les autres, nous ne pouvons parler d'un nombre total de tous les entiers : à nouveau, l'infini ne peut être que potentiel, et non actuel. Mais qu'en est-il de Dieu ? Peut-Il avoir accès à l'infini actuel, ou existe-t-il également des limites à Sa connaissance ? Saint Augustin (354-430) a apporté une réponse catégorique à ces questions : « Il est certainement vrai qu'il existe une infinité de nombres. Cela signifie-t-il qu'à cause de leur infinité Dieu ne peut pas tous les connaître ?… Personne ne saurait être assez dément pour proclamer une telle contre-vérité… Il ne fait aucun doute que chaque nombre est connu de Lui. Pour Dieu, l'infinité devient finie, car rien n'est au-delà de Sa connaissance. » Pour l'intelligence divine, l'infini devient fini et, pour Dieu, l'infini n'est plus potentiel, mais actuel.

Au Moyen Âge, saint Thomas d'Aquin (1225-1274) utilise l'argument de l'enchaînement des causes pour démontrer l'existence divine : toute chose a une cause, or il ne peut y avoir une chaîne infinie de causes. Cela veut dire que, tôt ou tard, on doit aboutir à une cause première, responsable de tout le contenu de l'univers. Cette cause première est Dieu. Selon saint Thomas d'Aquin, seul un être infini comme Dieu peut penser l'infini actuel. Tout homme qui tenterait d'appréhender l'infini serait coupable d'un abominable péché d'orgueil. Quant au cardinal allemand Nicolas de Cues (1401-1464), qui a étudié les mathématiques antiques, il compare le savoir de Dieu à un cercle, et celui des hommes à un polygone inscrit dans ce cercle. En marchant dans les pas d'Archimède, il forge un argument selon lequel, au fur et à mesure que le savoir humain augmente, le polygone possède de plus en plus de côtés, leur nombre tendant vers l'infini. Mais le savoir des hommes ne pourra jamais égaler celui de Dieu, de même qu'un polygone inscrit dans un cercle ne pourra jamais devenir un cercle, même si le nombre de ses côtés tend vers l'infini. En cosmologie, Nicolas de Cues se fait le défenseur de l'idée d'un univers infini dans son traité *De la docte ignorance* (1440), car Dieu ne saurait être limité dans Ses œuvres : le « principe de plénitude » implique que le monde qu'Il crée ne possède pas de limites.

Les deux infinis de Pascal et son pari

Au XVIIe siècle, le mathématicien et philosophe français Blaise Pascal (1623-1662) a utilisé la notion d'infini à propos de son pari sur l'existence de Dieu. Il table sur le fait qu'une quantité finie, si petite soit-elle, multipliée par l'infini, donne toujours un résultat infini. Pionnier de la théorie moderne des probabilités, Pascal, ardent janséniste, aimait à employer des arguments probabilistes pour convaincre les athées de parier sur l'existence de Dieu. Il raisonnait comme suit : nous avons deux cas de figure possibles : soit Dieu existe, soit Il n'existe pas ; puisque la raison ne peut nous aider à décider, nous devons faire un pari ; deux choix sont alors possibles : soit nous croyons en l'existence de Dieu, soit nous n'y croyons pas. Pascal explique que le meilleur pari à faire est de croire en Dieu, car s'Il existe vraiment, le gain sera infini, alors que s'Il n'existe pas, la perte sera finie et minimale. Le pire choix serait de parier sur l'athéisme, car si Dieu existe, la perte sera infinie, alors que s'Il n'existe pas, le gain ne sera que fini.

Pascal se penche aussi sur les « deux infinis ». Pour lui, l'infini est partout dans le monde, mais il est impossible à l'esprit humain de concevoir une telle notion : « Il existe des propriétés communes à toute chose, qui ouvrent l'esprit aux plus grandes merveilles de la Nature. La principale propriété inclut les deux infinis qui se retrouvent dans toute chose, l'infiniment grand et l'infiniment petit[1]. » Le philosophe pense que l'espace, le temps et le mouvement peuvent augmenter indéfiniment. (En cela, il se trompe. L'espace n'est pas nécessairement infini. Il existe aussi, nous le verrons, des modèles d'univers finis. Quant au mouvement, la théorie de la relativité d'Einstein interdit à tout objet de se déplacer plus vite que la lumière.) Pour lui, l'espace et le temps sont divisibles à l'infini. (De nouveau, les théories physiques modernes suggèrent que ce n'est pas le cas, qu'il existe un intervalle de temps et d'espace minimum,

1. Blaise Pascal, *De l'esprit géométrique*, Flammarion, 1993.

ce qu'on appelle le temps de Planck [10^{-43} seconde] et la longueur de Planck [10^{-33} centimètre].) Comme Aristote, Pascal est d'avis que les deux infinis ne peuvent être appréhendés par la raison humaine, qu'ils sont donc potentiels plutôt qu'actuels. Son contemporain le philosophe et mathématicien René Descartes (1596-1650) professe la même opinion, préconisant lui aussi l'élimination de toute discussion sur l'infini actuel : « Parce que nous sommes finis, il serait absurde de notre part de vouloir discuter de l'infini… Ainsi, nous ne devrions pas essayer de répondre à des questions telles que : la moitié d'une ligne infinie est-elle elle-même infinie, ou un nombre infini est-il pair ou impair, etc. ? Il me semble que personne ne devrait se préoccuper de ces problèmes, à moins que son esprit ne soit lui-même infini[1]. »

Galilée et les paradoxes de l'infini

Toujours au XVIIe siècle, le physicien, astronome et mathématicien Galilée (1564-1642) s'est penché sur la question de l'infini. Parmi ses nombreux apports scientifiques, il faut mentionner en particulier ses contributions astronomiques : il a été le premier à braquer un télescope vers le ciel en l'an 1609. Ce faisant, l'astronome découvrit monts et merveilles, comme les quatre plus gros satellites de Jupiter, aujourd'hui connus sous le nom de « lunes galiléennes ». Il constata aussi que la planète Vénus, à l'instar de la Lune, connaît des phases allant de la pleine Vénus à la nouvelle Vénus en passant par les croissants et les quartiers de Vénus. Toutes ces observations allaient dans le sens de l'univers héliocentrique avancé par le chanoine polonais Nicolas Copernic en 1543 : le Soleil en occupait la place centrale, et non plus la Terre. Celle-ci tournait, comme les autres planètes, autour de notre astre, et non l'inverse. En effet, l'existence des satellites de Jupiter mettait à mal l'idée que la Terre était au centre de l'univers, et que tout tournait autour d'elle. Les phases de Vénus, résultant des variations d'éclairage de la planète par le Soleil, ne pouvaient s'expliquer que si Vénus était en orbite autour du Soleil, et non autour de la Terre. Galilée se fit ainsi le champion de l'univers héliocentrique dans son ouvrage *Dialogue sur les deux grands systèmes du monde*, publié en 1632, dans lequel il démontrait que les défenseurs de l'univers géocentrique, où la Terre occupait la place centrale, étaient des « simples d'esprit » (le personnage défendant ce point de vue s'appelait Simplicio). C'en était trop pour l'Église : traduit devant l'Inquisition, il fut contraint de renier publiquement son soutien au système héliocentrique de Copernic. « Et pourtant elle tourne », est-il réputé avoir dit, à l'issue de son procès, à propos de la révolution de

1. René Descartes, *Principes de la philosophie*, Vrin, 2009.

la Terre autour du Soleil. Ce n'est que trois siècles et demi plus tard, en 1992, que l'Église, en la personne du pape Jean-Paul II, reconnut publiquement ses erreurs dans l'affaire Galilée.

C'est pendant cette période difficile – alors que l'Inquisition mit toute son œuvre à l'Index et le fit placer en résidence surveillée jusqu'à sa mort – que Galilée rédigea son nouvel ouvrage, *Deux Nouvelles Sciences*, dans lequel Salviati, parlant pour Galilée, explique à Simplicio les mystères de l'infini.

La discussion entre Salviati et Simplicio se déroule comme suit : considérons la liste des nombres entiers positifs : 1, 2, 3, 4, 5… Cette liste est infinie, car nous pouvons toujours ajouter 1 au dernier nombre et en obtenir un qui lui est supérieur. Élevons au carré chaque nombre de cette liste. Nous obtenons : 1, 4, 9, 16, 25… De nouveau, cette liste est infinie, car à chaque entier positif est associé son carré (en termes mathématiques, on dit qu'il existe une correspondance biunivoque entre les deux listes). Les deux listes doivent donc posséder le même nombre d'éléments. Or – et c'est là que le bât blesse et que le paradoxe surgit –, chaque élément dans la liste des carrés est aussi inclus dans la liste des entiers positifs. Cette dernière doit donc contenir un plus grand nombre d'éléments que la liste des carrés, puisqu'elle inclut aussi tous les nombres entiers qui ne sont pas des carrés ! Ainsi, le premier raisonnement (celui de la correspondance biunivoque) nous conduit à la conclusion que les deux listes ont le même nombre d'éléments, alors que le second nous dit que la liste infinie des entiers positifs contient plus d'éléments que la liste infinie des carrés. Galilée a ainsi découvert ce fait étrange que, quand il s'agit d'un ensemble infini, un sous-ensemble de celui-ci peut contenir autant d'éléments que l'ensemble tout entier.

Comment expliquer ce bizarre résultat qui bafoue le bon sens ? Galilée ne s'y hasarde pas, se contentant de remarquer : « Quand il s'agit de quantités infinies, il est impossible de dire qu'une quantité est plus grande ou plus petite qu'une autre. »

Galilée a utilisé la liste des carrés pour mettre en évidence les paradoxes de l'infini. Mais il aurait pu tout aussi bien le faire en prenant d'autres exemples. Il aurait pu considérer la liste des nombres pairs obtenus en multipliant par 2 chaque nombre de la liste infinie des nombres entiers positifs. Par cette procédure, une correspondance biunivoque est établie entre chaque nombre entier et un nombre pair : 1 correspond à 2, 2 à 4, 3 à 6, 4 à 8, etc. Ainsi, la liste des nombres pairs devrait être aussi grande que celle des nombres entiers. Or cette dernière contient aussi, en sus des nombres pairs, tous les nombres impairs. Le bon sens nous dit que le nombre total d'éléments dans la liste des nombres pairs devrait être seulement la moitié du nombre d'éléments dans la liste des nombres entiers positifs. Or l'argument de la correspondance biunivoque implique que les deux listes doivent être strictement égales en nombre d'éléments ! À nouveau, nous nous retrouvons dans cette situation paradoxale qui veut que, s'agissant d'un ensemble infini, un de ses sous-ensembles peut contenir autant d'éléments que l'ensemble lui-même ! Le tout n'est pas plus grand que la partie !

Le bon sens nous dit que ce ne peut être le cas. Nous savons bien que, quand nous examinons, par exemple, une liste de couples mariés, le nombre d'hommes est exactement égal à celui des femmes, et que le nombre serait inférieur si nous considérions une sous-liste ! Le tout doit être plus grand que la partie. Cela est certes vrai si les listes sont finies, comme c'est le cas dans la vie courante. Mais ce n'est plus le cas quand il s'agit de listes infinies : les sous-ensembles sont alors aussi « grands » que l'ensemble. Galilée avait soulevé là un sacré lièvre !

Ces paradoxes de l'infini qui défient le bon sens nous remettent à l'esprit l'histoire de l'hôtel *Infinité* du mathématicien David Hilbert. Vous vous souvenez de cet hôtel qui possède un nombre infini de chambres. Toutes les chambres sont occupées à votre arrivée. Pourtant, le gérant, en faisant changer de chambre à tout le monde, parvient toujours à en faire libérer une sans avoir à congédier qui que ce soit. Et il peut le faire non seulement pour vous, mais aussi pour un nombre infini de vos amis ! À l'évidence, il s'agit là du même paradoxe de l'infini perçu par Galilée : non seulement les ensembles infinis semblent pouvoir contenir des sous-ensembles qui sont eux-mêmes infinis, mais ils peuvent aussi inclure, en prime, une infinité d'autres éléments.

Les étonnantes propriétés des séries infinies

De tout temps, les suites de nombres sans fin ont exercé une fascination sans bornes sur l'imagination des mathématiciens. Une suite est définie par un processus qui permet de déterminer à partir d'un élément celui qui suit. Ainsi, chaque nombre dans la suite des nombres entiers positifs est obtenu en ajoutant 1 à celui qui le précède. Ce processus n'ayant pas de fin, la suite est infinie. Les mathématiciens se sont alors posé la question suivante : si l'on fait la somme de tous les nombres d'une suite infinie (cette suite est appelée dans le jargon mathématique une « série »), cette somme est-elle finie ou infinie ? *A priori*, vous pourriez penser qu'une suite infinie de nombres ne pourrait en l'occurrence déboucher que sur un résultat infini. Mais ce serait vous tromper lourdement. En fait, en fonction de la nature des éléments composant la série (par exemple, des nombres positifs ou négatifs, des nombres croissants ou décroissants), cette somme peut être soit infinie (on dit alors que la série est divergente), soit finie (la série est convergente). Ainsi, dans certains cas, le fini peut naître de l'infini, et la série opère une sorte de jonction entre les deux.

Pour mieux nous fixer les idées, examinons quelques séries. Considérons d'abord la série des nombres entiers positifs. Sa somme est à l'évidence infinie, puisque chaque nombre qui suit est plus grand (de 1) que celui qui le précède. Cette série diverge. Vous sentez intuitivement qu'il y a plus de chances pour qu'une série converge si ses éléments successifs, au lieu de croître, comme c'est le cas dans la série des nombres entiers positifs, décroissent. Et vous avez raison ! Ainsi, prenons la série qui se rattache au paradoxe de Zénon sur le coureur qui n'arrive jamais au but. En parcourant d'abord la moitié de la distance qui sépare son point de départ de son point d'arrivée, puis la moitié de la distance restante, et puis encore la moitié de la distance restante, et ainsi de suite, le coureur de Zénon franchit une distance donnée par la somme :

$$1/2 + 1/4 + 1/8 + 1/16 + 1/32 + \ldots$$

La somme infinie ci-dessus possède la remarquable propriété de ne jamais atteindre la valeur 1, quel que soit le nombre de termes que nous y incluions. Mais nous pouvons nous rapprocher le plus possible de cette limite en incluant de plus en plus de termes. Autrement dit, la somme tend vers une limite finie égale à 1 au fur et à mesure que le nombre de termes inclus tend vers l'infini. C'est cette interaction entre le fini et l'infini qui nous donne la clé du paradoxe du coureur de Zénon. En effet, si le coureur conserve une vitesse à peu près constante, les intervalles de temps mis pour parcourir ces distances successives sont aussi décrits par la même série. Ce qui veut dire qu'il accomplira tout son trajet et parviendra à son point d'arrivée en un temps fini, et non infini, comme le pensaient les Grecs. Si les paradoxes de l'infini, tels ceux de Zénon, ont vu le jour, c'est parce que les Grecs n'ont pas envisagé la possibilité que la somme d'un nombre infini de termes puisse avoir une valeur finie. Si nous acceptons le fait que le fini peut découler de l'infini, les paradoxes ne sont plus de mise : nous pouvons traverser la rue en un temps fini, et Achille peut rattraper et dépasser aisément la tortue. Le bon sens est sauf !

Mais il ne faut pas non plus croire que toutes les séries comprenant une suite de fractions de valeur décroissante convergent inéluctablement vers une limite finie. Le fini ne naît pas toujours de l'infini. Considérons par exemple la série suivante, dite harmonique, composée de l'inverse de tous les nombres entiers positifs :

$$1/1 + 1/2 + 1/3 + 1/4 + 1/5 + 1/6 + 1/7 + 1/8 + \ldots$$

Grâce à un raisonnement ingénieux, l'évêque et mathématicien français Nicole Oresme (1325-1382) a pu démontrer que la somme précédente est infinie. Il a raisonné comme suit : dans un premier temps, délaissons les deux premiers termes de la série ; la somme des deux termes suivants (1/3 + 1/4) est supérieure à 1/2, et de même celles des quatre termes suivants (1/5 + 1/6 + 1/7 + 1/8), des huit termes suivants, des seize termes suivants, et ainsi de suite, *ad infinitum*. À chaque étape, le nombre de termes de chaque sous-somme double, donnant une sous-somme toujours supérieure à 1/2. La somme de la série consiste donc en une somme infinie de termes supérieurs à 1/2, et doit par conséquent être infinie. La série harmonique est divergente.

Les séries divergentes possèdent d'étonnantes propriétés. Car, quand il s'agit de l'infini, les choses ne sont jamais ce qu'elles semblent être de prime abord. Ainsi, la somme d'une série infinie peut différer selon la méthode par laquelle elle est calculée ! Considérons par exemple la somme S de la série infinie consistant en des 1 et des –1 alternant successivement[1] :

$$S = 1 - 1 + 1 - 1 + 1 - 1 + 1 - 1 + 1 - 1 + 1 - 1 + 1 - 1 + 1 - 1 \ldots$$

Pour évaluer S, nous pouvons grouper les nombres 1 et –1 en paires :

$$S = (1 - 1) + (1 - 1) + (1 - 1) + (1 - 1) + \ldots = 0 + 0 + 0 + 0 + \ldots$$

La somme de chaque paire étant 0, nous obtenons une série infinie de 0, et donc S = 0.

Mais nous pouvons calculer S en regroupant les termes de façon différente, par exemple en mettant les deuxième et troisième termes ensemble, les quatrième et cinquième termes ensemble, et ainsi de suite :

$$S = 1 + (-1 + 1) + (-1 + 1) + (-1 + 1) + \ldots = 1 + 0 + 0 + 0 + \ldots$$

Cette fois, nous avons S = 1 ! Nous avons donc obtenu le résultat absurde que 0 = 1 !

Mais ce n'est pas terminé. Nous pouvons aussi rassembler les termes de la série S de la façon suivante :

$$S = 1 - (1 - 1 + 1 - 1 + 1 - 1 + 1 - 1 + 1 - 1 \ldots)$$

Mais la série entre les parenthèses n'est autre que S. Nous avons alors :

$$S = 1 - S$$

Ce qui donne S = 1/2 ! C'est à perdre la tête ! Nous venons de démontrer que, selon la façon dont nous rassemblons les termes de la série, S peut être égal soit à 0, soit à 1, soit à 1/2 ! C'est comme si, d'un coup de baguette magique, nous pouvions doubler l'argent figurant sur notre compte en banque simplement en le comptant de

1. Voir John Barrow, *Une brève histoire de l'infini*, Fayard, coll. « Pluriel », 2012.

façon différente ! Plus bizarre encore : nous pouvons démontrer que S peut prendre n'importe quelle valeur voulue. Bien sûr, cette étrange propriété vient du fait que la série est infinie. Si elle était finie et que le nombre de termes était impair, la seule valeur possible de S serait 1. Si le nombre de termes était pair, la seule valeur possible serait 0. Ce n'est que quand vous êtes infiniment riche que les paradoxes de l'infini se manifestent et que le montant de votre fortune dépend de la façon dont vous la comptez !

L'infini continue donc à défier le bon sens. Il n'est pas surprenant que, pendant des siècles, nombre de mathématiciens, même parmi les plus doués, n'aient pas pu souffrir d'entendre parler de l'infini. Ils le reléguèrent dans une sorte de *no man's land* mathématique, avec un avertissement sévère à l'oreille de leurs collègues de ne pas s'y aventurer sous peine de perdre la raison. Pour eux, le concept d'infini, si on le laissait batifoler en toute liberté dans le paysage mathématique, risquait de ruiner toute logique et donc de saper les bases mêmes des mathématiques.

Le mathématicien allemand Carl Friedrich Gauss (1777-1855), l'un des plus créatifs de sa génération, réprimanda en ces termes un de ses collègues qui avait osé parler de l'infini : « Je dois protester contre votre utilisation de l'infini comme si c'était un concept acquis. Une telle utilisation est interdite en mathématiques. L'infini n'est qu'une façon de parler… » S'il arrivait aux mathématiciens d'évoquer l'infini, comme dans le calcul des limites ou des séries infinies, ils se référaient invariablement à un infini potentiel. Pour eux, une quantité pouvait tendre vers l'infini – par exemple, le périmètre d'un polygone inscrit dans un cercle tend vers celui du cercle quand le nombre de ses côtés tend vers l'infini –, mais elle ne pouvait jamais l'atteindre. L'infini actuel était à éviter comme la peste.

Jeter au vent les concepts du tout et de la partie

Malgré ces sévères mises en garde, quelques esprits aventureux prirent leur courage à deux mains et s'attaquèrent à la forteresse de l'infini. Ce fut le cas du philosophe et mathématicien tchèque Bernhard Bolzano (1781-1848) qui, le premier, tenta, au début du XIXe siècle, de donner à l'infini un statut équivalant à celui du fini dans son ouvrage *Les Paradoxes de l'infini*, publié en 1851, après sa mort (il ne s'était penché sur les problèmes de l'infini qu'à l'âge de soixante-sept ans !). On peut dire que Bolzano fut le premier à frayer les voies de l'infini et à faire fleurir sur le sol mathématique la métaphysique de l'infini. Il décida de combler le grand fossé séparant l'infini actuel de l'infini potentiel avec la ferme volonté de considérer « les ensembles infinis comme des totalités achevées, et non plus comme des successions non finies ». Il caressait ainsi l'espoir de rendre l'infini quantitatif et de pouvoir le manier avec le calcul comme on le ferait avec des quantités finies.

Le mathématicien tchèque se pencha d'abord sur les paradoxes de l'infini soulevés par Galilée. Il comprit que, si ces paradoxes surgissent, c'est parce que nous nous obstinons à appliquer à l'infini des concepts qui ne sont valables qu'avec le fini. Ils n'ont plus lieu d'être dès lors que nous sommes disposés, quand il s'agit d'infini, à réviser nos concepts habituels tels que ceux de « tout » ou de « partie ». Bolzano nous adjure ainsi de ne pas confondre, dans le paysage de l'infini, le concept de « est contenu dans » avec celui de « a une taille plus petite que ». Ainsi, comme Galilée l'a remarqué, les nombres carrés sont contenus dans les nombres entiers, mais il ne faut pas en conclure que la taille de l'ensemble A des nombres carrés est inférieure à celle de l'ensemble B des nombres entiers. Cela est vrai si A et B sont finis, mais si A et B sont infinis, A et B peuvent tout à fait posséder la même taille, même si A est contenu dans B. Bolzano est arrivé à cette extraordinaire conclusion par le raisonnement suivant. Considérons, dit-il, un demi-cercle constituant la moitié inférieure d'un cercle. Traçons au-dessous de ce demi-cercle une droite parallèle au diamètre du demi-cercle s'étendant à l'infini dans les deux directions. Si nous joignons le centre du demi-cercle à un point quelconque de la droite infinie par une ligne droite, celle-ci doit obligatoirement couper le demi-cercle en un point. Il existe ainsi une ligne droite qui relie chaque point du demi-cercle à un point unique de la ligne parallèle infinie (fig. 67). En d'autres termes, le demi-cercle doit contenir, comme la droite infinie, un nombre infini de points.

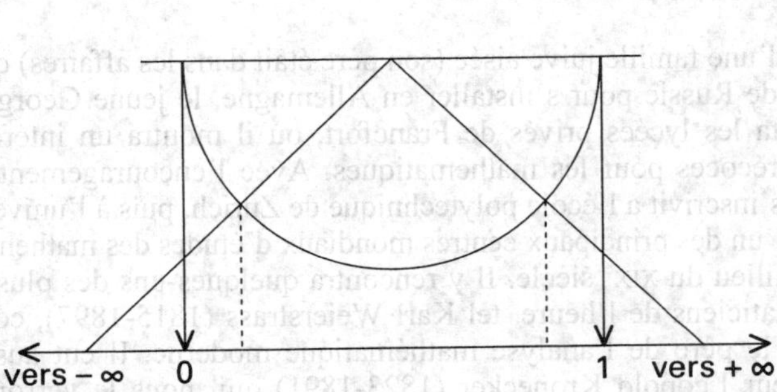

Fig. 67. *Bolzano et l'infini.* Par ce dessin, Bolzano démontre qu'il existe une correspondance biunivoque entre les points d'un demi-cercle et une ligne droite allant de –∞ à +∞. Parce que le nombre de points d'une droite est infini, Bolzano conclut correctement que le nombre des points d'un cercle de rayon quelconque doit l'être aussi. Il postule également que tous les infinis sont égaux, ce qui n'est pas le cas, comme le démontrera plus tard Georg Cantor.

Le même raisonnement peut s'appliquer à n'importe quel demi-cercle de n'importe quel rayon. Bolzano en conclut que toutes les circonférences des cercles contiennent un nombre infini de points, et que ce nombre infini est le même pour tous, puisqu'on peut toujours mettre en correspondance un point quelconque de la circonférence avec un point de la ligne droite infinie. Il estime ainsi que tous les infinis sont égaux, qu'il n'existe pas d'infini plus grand ou plus petit qu'un autre.

Mais, en cela, Bolzano se trompait. Il revint à un autre mathématicien, l'Allemand Georg Cantor (1845-1918), de démontrer que tous les infinis ne sont pas égaux et qu'il existe au contraire une étonnante hiérarchie d'infinités. Ce faisant, Cantor a révélé la richesse et la beauté inouïes du paysage de l'infini et introduit ordre et clarté dans ce qui n'était auparavant que désordre et confusion. Cantor a lutté vaillamment contre l'*establishment* scientifique pour imposer l'infini actuel et, grâce à lui, l'infini est finalement devenu partie intégrante des mathématiques modernes. La peur irraisonnée de l'infini a pu enfin se dissiper. Cantor parvint à ce résultat au prix d'efforts titanesques, travaillant seul et à contre-courant de mathématiciens puissants et influents, jusqu'à en perdre la raison.

II

LA QUÊTE DE L'INFINI MATHÉMATIQUE

Cantor, le dompteur de l'infini

Issu d'une famille juive aisée (son père était dans les affaires) qui avait émigré de Russie pour s'installer en Allemagne, le jeune Georg Cantor fréquenta les lycées privés de Francfort, où il montra un intérêt et un talent précoces pour les mathématiques. Avec l'encouragement de son père, il s'inscrivit à l'école polytechnique de Zurich, puis à l'université de Berlin, l'un des principaux centres mondiaux d'études des mathématiques en ce milieu du XIXe siècle. Il y rencontra quelques-uns des plus grands mathématiciens de l'heure, tel Karl Weierstrass (1815-1897), considéré comme le père de l'analyse mathématique moderne. Il eut aussi pour professeur Leopold Kronecker (1823-1891) qui, nous le verrons, joua plus tard un rôle néfaste dans sa carrière et jusque dans sa vie. Après son doctorat à Berlin en 1867, le jeune mathématicien obtint un poste d'enseignant à l'université de Halle, cité médiévale surtout connue comme lieu de naissance du grand compositeur Georg Friedrich Haendel (1685-1759). Située géographiquement à mi-chemin entre celles de Göttingen et de

Berlin, l'université de Halle n'avait certes pas la renommée ni l'éclat académique de ses voisines. Aussi Cantor considéra-t-il son poste comme un havre provisoire où se poser pour réfléchir aux problèmes de l'infini et asseoir sa réputation de mathématicien, dans l'espoir de se voir proposer plus tard un poste de professeur dans l'une de ces universités plus prestigieuses. Mais l'appel ne vint jamais et, à son grand désespoir, le temporaire devint permanent. Toute la carrière du mathématicien se déroula ainsi dans la relative obscurité du département de mathématiques de Halle. Pourtant, c'est de cette obscurité qu'émergea la lumière sur l'infini.

Comme son prédécesseur Bolzano, Cantor avait la ferme intention de reléguer aux oubliettes l'infini potentiel et d'asseoir l'infini actuel comme entité à part entière dans le paysage des mathématiques. Tous les travaux du mathématicien sur l'infini reposèrent en fin de compte sur deux concepts remarquablement simples. Le premier est le concept d'« ensemble ». Un ensemble n'est autre qu'une collection d'objets, par exemple une collection de tableaux, de timbres ou de nombres entiers. Si les deux premières collections sont des ensembles finis, la dernière est infinie. Le second concept est celui de correspondance biunivoque, que nous avons déjà rencontrée. Si nous considérons deux ensembles finis, nous pouvons dire avec une certitude absolue que ces deux ensembles sont égaux, c'est-à-dire qu'ils contiennent exactement le même nombre d'éléments, dès lors que nous pouvons associer tout élément du premier à un seul élément du second. Prenons, par exemple, un ensemble de quatre filles et un autre de quatre garçons. Nous pouvons associer chaque fille avec un garçon et former quatre couples. La façon précise dont nous les accouplons n'a aucune importance. Parce qu'il existe une correspondance biunivoque entre l'ensemble des garçons et celui des filles, les deux ensembles sont égaux. Jusqu'ici, rien d'étonnant.

Mais les choses se corsent dès qu'il s'agit d'ensembles infinis. Considérons ainsi les deux ensembles infinis mentionnés par Galilée, lors de la discussion de Salviati avec Simplicio sur les mystères de l'infini, dans son ouvrage *Deux Nouvelles Sciences* : l'ensemble des nombres entiers et celui des nombres entiers portés au carré. Chaque carré peut être associé à un nombre entier. Ainsi, les carrés 1, 4, 9, 16, 25… peuvent être respectivement couplés aux nombres entiers positifs 1, 2, 3, 4, 5… *A priori*, les deux ensembles paraissent être égaux, bien qu'il semble y avoir beaucoup plus de nombres entiers que de carrés. En effet, l'ensemble des nombres entiers contient non seulement ceux qui sont des carrés, mais aussi ceux qui ne le sont pas. Mais, alors que Galilée se contente de souligner le paradoxe, Cantor retourne de façon géniale l'argument cul par-dessus tête. Il va se servir de la notion même de correspondance biunivoque pour définir la « taille » (ou le nombre d'éléments) d'un ensemble (les mathématiciens appellent cela le « cardinal » d'un ensemble). Le mathématicien déclare hardiment que quand deux ensembles, qu'ils soient finis ou infinis, peuvent être mis en correspondance biunivoque, ils doivent comporter le même nombre d'éléments. Selon cette règle, il existerait autant de nombres pairs que de nombres impairs, et autant de carrés que de nombres entiers. Cela semble heurter le bon sens qui nous dit que « le tout doit être plus grand que la partie », mais nos expériences sont par nécessité confinées au monde fini. Elles ne sont plus un bon guide dès lors que nous avons affaire à l'infini. Il n'existe aucune raison *a priori* pour que les ensembles infinis obéissent aux mêmes lois que les ensembles finis. Nous avons déjà vu que, pour des séries infinies, les règles habituelles de l'arithmétique ne s'appliquent plus. Cantor a eu le génie de le reconnaître et le courage de déclarer haut et fort que la propriété la plus fondamentale d'un ensemble infini est qu'il peut être mis en correspondance biunivoque avec une partie de lui-même. C'est cette propriété bizarre qui fait que, quand vous vous arrêtez à l'hôtel *Infinité*, vous trouverez toujours une chambre disponible, même si toutes les chambres étaient occupées avant votre arrivée !

La musique et les nombres rationnels

Mettre en correspondance biunivoque les membres d'un ensemble avec l'ensemble des nombres entiers positifs, c'est-à-dire les associer respectivement à 1, 2, 3, 4, 5, 6…, n'est rien faire d'autre que les compter. Cantor nous révèle donc que les ensembles composés des nombres pairs, des nombres impairs ou des carrés sont dénombrables. Pour la première fois dans l'histoire de la pensée mathématique, un homme ose donner une définition stricte et rigoureuse, et non plus vague et mystique, de l'infini. Mais vous pourriez objecter à juste raison que si ces ensembles sont dénombrables, c'est parce qu'il existe de grands « vides » entre leurs composants : des vides d'une unité entre les nombres entiers, de deux unités entre les nombres pairs et impairs, des vides qui ne cessent de s'accroître entre les carrés successifs. Pourtant, disant cela, vous feriez fausse route.

Pour voir en quoi vous vous tromperiez lourdement, examinons un ensemble de nombres qui est considérablement plus « dense », où les vides entre les éléments successifs sont beaucoup moins grands : celui des nombres « rationnels ». Ceux-ci s'écrivent tous sous la forme de fractions a/b, où a et b sont des nombres entiers (b ne doit pas prendre la valeur 0), tels 1/2, 4/5 ou 7/8, mais aussi bien 2 ou 5, car ceux-ci peuvent s'écrire 2/1 ou 5/1 : les nombres entiers forment un sous-ensemble de l'ensemble des nombres rationnels. Les fractions ont été connues de l'homme sitôt qu'il a su compter. En effet, chaque mesure qui ne consiste pas en un nombre entier nécessite leur utilisation. Les Grecs, en particulier Pythagore au VIe siècle av. J.-C., pensaient que tout, dans la nature, pouvait être exprimé en termes de rapports de nombres entiers. Cette pensée a très probablement trouvé son origine dans la musique. Pythagore avait découvert que les notes produites par une corde qui vibre obéissent à des rapports de longueur. Ainsi, de deux notes séparées par une octave, l'une est produite par une corde vibrant sur toute sa longueur, l'autre par une corde vibrant seulement sur la moitié de sa longueur. En d'autres termes, une octave correspond à un rapport de 2 à 1 en longueur. Les nombres rationnels dominèrent la pensée grecque, tout comme la raison domina leur philosophie.

Puisqu'il existe une infinité de nombres entiers, il doit exister une infinité de fractions. Mais avec cette différence fondamentale : les « vides » entre les fractions sont considérablement plus petits qu'entre les nombres entiers. Ainsi, même si deux fractions sont extrêmement rapprochées l'une de l'autre, nous pouvons toujours en trouver une autre qui peut être intercalée entre les deux. Prenons, par exemple, les fractions 1/10 001 et 1/10 000. Elles sont extrêmement rapprochées l'une de l'autre, ne différant que d'un dix millième. Malgré cela, nous pouvons toujours caler entre les deux la fraction 2/20 001. Nous pouvons répéter le processus et caler une autre fraction, par exemple 4/40 001, entre 2/20 001 et 2/20 000, et ainsi de suite. En fait, nous pouvons caler une infinité de fractions entre deux fractions quelconques (fig. 68). Les intervalles séparant deux fractions peuvent être divisés à l'infini. Au contraire de la matière qui n'est pas divisible à l'infini (la théorie « standard » de la matière dit que celle-ci ne possède pas de constituants plus élémentaires que des entités appelées « quarks »), il n'existe pas d'entité mathématique élémentaire.

L'ensemble des nombres rationnels, beaucoup plus dense et comportant des vides beaucoup plus petits, est-il alors indénombrable ? Non, répond Cantor. En 1874, il démontre par une méthode ingénieuse qu'on peut tout aussi bien ranger, ordonner et numéroter la totalité des nombres rationnels. En d'autres termes, l'ensemble des nombres rationnels peut être mis en correspondance biunivoque avec l'ensemble des nombres entiers positifs. Malgré leur grande différence de « densité », les deux ensembles possèdent la même taille. Décidément, notre intuition est un bien pauvre guide, quand il s'agit de l'infini ! Le mathématicien donne à tous les ensembles infinis dénombrables la désignation de $\aleph_0$ (Aleph 0, ℵ étant la première lettre de l'alphabet hébreu et le symbole de l'infini dans la Cabale).

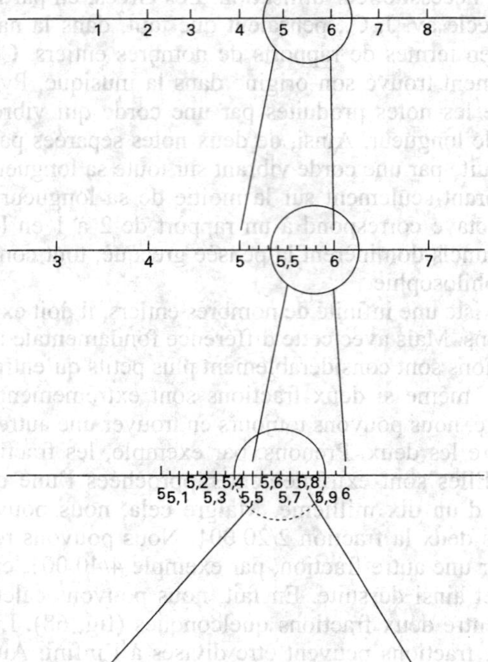

Fig. 68. *La densité des nombres rationnels.* La densité des nombres rationnels (ceux qui peuvent être écrits sous forme de fractions ; par exemple, 5 = 5/1, 5,5 = 55/10 ; 5,55 = 555/100) est très grande. Le dessin montre qu'entre deux nombres rationnels, arbitrairement proches l'un de l'autre, il est toujours possible d'en insérer une infinité d'autres.

Les nombres irrationnels peuvent semer la panique parmi la population

À ce point, vous devez penser, comme Cantor le pensait lui-même au début, que tous les ensembles infinis sont dénombrables. À nouveau, vous faites fausse route ! Nous avons vu que les nombres rationnels forment un vaste ensemble très densément peuplé. Mais cela veut-il dire que tous les vides entre deux nombres quelconques peuvent être comblés par des nombres rationnels ? En d'autres termes, est-ce que chaque point d'une ligne droite continue peut être associé à un nombre rationnel ?

Une nouvelle fois, la réponse est catégoriquement non ! En dépit de leur grande densité, les nombres rationnels sont loin de pouvoir représenter chaque point d'une ligne droite. Il en existera toujours qui ne seront associés à aucun nombre rationnel.

Ces vides n'ont été comblés que par la découverte de ce que les mathématiciens appellent des nombres non rationnels, dits « irrationnels ». C'est l'examen de deux problèmes de géométrie – le calcul de la diagonale d'un carré de côté 1 et celui de la circonférence d'un cercle – qui révéla l'existence de ces nombres bizarres et précipita la première crise grave de l'histoire des mathématiques. La résolution de cette crise ne se fit qu'au prix de l'introduction de nouvelles entités dans le paysage mathématique. La découverte du premier nombre irrationnel, la racine carrée de 2 ($\sqrt{2}$), est attribuée à Pythagore. Selon son fameux théorème – peut-être le plus connu et le plus utilisé de toutes les mathématiques –, l'hypoténuse c d'un triangle isocèle droit de côté 1 (ou, de manière équivalente, la diagonale d'un carré de côté 1) est telle que $c^2 = 1^2 + 1^2 = 2$; ce qui donne $c = \sqrt{2}$ (fig. 69). À leur grande stupéfaction, Pythagore et ses disciples découvrirent que $\sqrt{2}$ ne pouvait être ni un nombre entier ni le rapport de deux nombres entiers. Horrifiés, les pythagoriciens refusèrent même initialement d'accorder à $\sqrt{2}$ le statut de nombre ! La légende dit qu'ils furent si abasourdis par leur découverte qu'ils firent tous le serment de la tenir secrète, de peur de semer une panique générale parmi la population. Néanmoins, l'un d'eux, du nom de Hippase, passa outre et révéla le secret. Il le paya de sa vie : lors d'un voyage en mer, il fut jeté par-dessus bord par ses camarades.

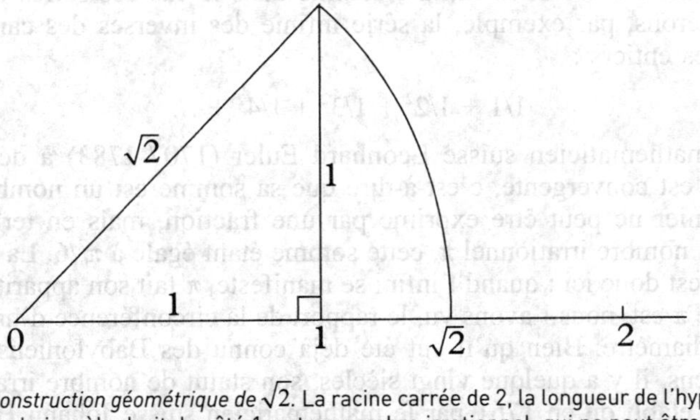

Fig. 69. *Construction géométrique de* $\sqrt{2}$. La racine carrée de 2, la longueur de l'hypoténuse d'un triangle isocèle droit de côté 1, est un nombre irrationnel, qui ne peut être exprimé comme le rapport de deux nombres entiers. Ci-dessus, la construction géométrique de $\sqrt{2}$ avec une règle et un compas.

Les pythagoriciens furent si ahuris par leur découverte qu'ils qualifièrent les nouveaux nombres d'« irrationnels ». Mais il faut être bien conscient qu'il s'agit là d'un abus de langage : il ne faut pas penser que les nombres irrationnels échappent à la raison, qu'ils n'ont aucune signification. Le terme « irrationnels » veut seulement dire qu'ils ne peuvent être exprimés comme le rapport de deux nombres entiers. Si vous demandez à votre calculatrice la valeur de $\sqrt{2}$, elle vous donnera la valeur approximative de 1,41421. Cette valeur ne peut qu'être approximative, car une des propriétés particulières d'un nombre irrationnel est qu'on ne peut l'écrire avec un nombre fini de décimales. Seule une infinité de chiffres après la décimale pourrait exprimer sa « vraie » valeur. Outre $\sqrt{2}$, il existe une cohorte d'autres nombres irrationnels. En fait, la racine carrée de tout nombre premier (un nombre qui n'est divisible que par 1 et par lui-même), comme $\sqrt{3}$, $\sqrt{5}$, $\sqrt{7}$, $\sqrt{11}$, $\sqrt{13}$, etc., est aussi un nombre irrationnel. Et la racine carrée de la plupart des nombres non premiers, comme $\sqrt{6}$, $\sqrt{8}$, etc., l'est aussi.

Deux nombres irrationnels célèbres : π et le nombre d'or

Les nombres irrationnels surgissent aussi en mathématiques dans un autre contexte. Cela a de nouveau à voir avec l'infini : il s'agit des séries infinies, avec lesquelles nous avons déjà fait connaissance. Les règles de l'algèbre nous disent que, quand nous additionnons, soustrayons, multiplions ou divisons deux fractions, le résultat est encore une fraction. Mais c'est seulement vrai quand il s'agit d'une somme ou d'un produit fini de fractions. Ce ne l'est plus quand ces sommes ou ces produits deviennent infinis, comme dans le cas des séries infinies. Considérons, par exemple, la série infinie des inverses des carrés des nombres entiers :

$$1/1 + 1/2^2 + 1/3^2 + 1/4^2 + \ldots$$

Le mathématicien suisse Leonhard Euler (1707-1783) a démontré qu'elle est convergente, c'est-à-dire que sa somme est un nombre fini. Ce dernier ne peut être exprimé par une fraction, mais en termes du fameux nombre irrationnel π, cette somme étant égale à $\pi^2/6$. La leçon à retenir est donc ici : quand l'infini se manifeste, π fait son apparition. Le nombre π est, nous l'avons vu, le rapport de la circonférence d'un cercle à son diamètre. Bien qu'il eût été déjà connu des Babyloniens et des Égyptiens, il y a quelque vingt siècles, son statut de nombre irrationnel n'a été établi qu'en 1761 par le mathématicien suisse Johann Heinrich Lambert (1728-1777). Nous avons vu qu'Archimède fut le premier à calculer sa valeur en inventant la méthode des polygones inscrits dans un cercle ou qui le circonscrivent. Il démontra que π devait se situer quelque part entre 3 10/71 et 3 1/7. Au cours des siècles suivants, les mathématiciens découvrirent des séries infinies remarquables qui leur permirent de calculer de plus en plus précisément la valeur de π[1]. Ainsi, le mathématicien français François Viète (1540-1603) démontra que π pouvait être évalué, en se servant uniquement du chiffre 2, par une succession infinie d'additions, de multiplications, de divisions et de racines carrées, par le produit infini suivant :

$$2/\pi = \sqrt{2}/2 \,.\, (\sqrt{2+\sqrt{2}})/2 \,.\, (\sqrt{2+\sqrt{2+\sqrt{2}}})/2 \ldots$$

Le mathématicien anglais John Wallis (1616-1703), inventeur du symbole ∞ pour désigner l'infini, découvrit en 1650 le produit infini suivant :

$$\pi/2 = (2 \,.\, 2 \,.\, 4 \,.\, 4 \,.\, 6 \,.\, 6 \ldots)/(1 \,.\, 3 \,.\, 3 \,.\, 5 \,.\, 5 \,.\, 7 \ldots)$$

En 1671, c'est au tour du mathématicien écossais James Gregory (1638-1675) de trouver une autre série infinie pour calculer la valeur de π :

$$\pi/4 = 1/1 - 1/3 + 1/5 - 1/7 + \ldots$$

En nous servant de ces séries et produits infinis, et en évaluant la valeur d'un nombre croissant de termes, nous pouvons en principe calculer la valeur de π aussi précisément que nous le désirons, avec autant de décimales après la virgule que nous le voulons. Mais, tout comme dans le cas de $\sqrt{2}$, parce que π est un nombre irrationnel, nous ne pourrons jamais connaître sa valeur « exacte », car il nous est impossible de calculer une infinité de termes. Bien sûr, les ordinateurs modernes peuvent en calculer un très grand nombre à une vitesse qui ne cesse d'augmenter au fil du temps, et les mathématiciens ne se privent pas de les appeler à la rescousse. Jusqu'ici, les ordinateurs ont ainsi pu calculer plus de 10 000 milliards (10^{13}) de décimales (voir p. suiv.). Pour la vaste majorité des applications scientifiques, la connaissance de π à plus de 40 décimales n'est à l'évidence pas nécessaire. La motivation principale pour calculer un nombre croissant de décimales est surtout le désir de l'homme d'aller toujours plus loin et de battre les records déjà établis en vue de satisfaire son ego. Mais il est aussi des motivations plus scientifiques : calculer un très grand nombre de décimales de π permet d'en connaître la répartition statistique et de voir s'il existe des répétitions ou des cycles de chiffres. Jusqu'ici, aucune régularité n'a pu être trouvée. Ces calculs intensifs des décimales de π permettent également de tester le fonctionnement des superordinateurs et de vérifier la précision des algorithmes de multiplication. Quant à nous, pauvres non-mathématiciens, connaître la valeur de π

1. Eli Maor, *To Infinity and Beyond. A Cultural History of the Infinite*, Boston, Birkhaüser, 1987.

à 5 décimales près (3,14159) est plus que suffisant pour toute utilisation que nous désirons en faire dans la vie de tous les jours.

3,141592653589793238462643
3832795028841971693993751
0582097494459230781640628
6208998628034825342117067
9821480865132823066470938
4460955058223172535940812
8481117450284102701938521
1055596446229489549303819
6442881097566593344612847

Le nombre π, comme tous les nombres irrationnels, possède un nombre infini de décimales. Les 224 premières sont ici représentées. D. R.

Un autre nombre irrationnel qui a fasciné l'imagination des hommes, qu'ils soient mathématiciens ou non, est le « nombre d'or », désigné par le symbole φ. Considéré comme le nombre associé à la beauté et à l'harmonie, celui qui sert à définir les canons de l'esthétique, il a joué un rôle important dans l'architecture grecque, notamment dans la construction du Parthénon, dont la façade est inscrite dans un « rectangle d'or » (voir fig. 70). Les Égyptiens l'ont utilisé dans l'édification de certaines de leurs pyramides, comme celle de Khéops (v. 2520 av. J.-C.). Plus près de nous, l'architecte Le Corbusier (1887-1965) l'incorpora dans quelques-unes de ses œuvres. Il se retrouve aussi dans la nature : les feuilles de certaines plantes (comme le tournesol) sont disposées selon le nombre d'or. Ce dernier correspond au partage d'un segment de longueur 1 en sa « juste » proportion, définie de telle façon que le rapport de la plus grande partie (de longueur x) à la plus petite partie (de longueur 1 – x) soit égal au rapport du tout (de longueur 1) à la plus grande partie (de longueur x). Autrement dit, $\varphi = x/(1 - x) = 1/x$. Ce qui donne l'équation $x^2 + x - 1 = 0$, dont la solution positive est $x = (1 + \sqrt{5})/2$ (fig. 70). La valeur approximative du nombre d'or est 1,61803… Comme $\sqrt{2}$, il contient une infinité de décimales dont l'ordre ne se répète jamais.

Les nombres irrationnels tels que $\sqrt{2}$, π ou φ se divisent en deux catégories : ceux qui sont la solution d'une équation algébrique – c'est le cas de $\sqrt{2}$ (l'équation est $x^2 - 2 = 0$) et de φ (l'équation est donnée au paragraphe précédent) – et ceux qui ne le sont pas, comme π. Ces derniers sont appelés nombres irrationnels « transcendants ». De même que la désignation d'« irrationnel » n'implique aucunement l'absence de raison, le mot « transcendant » n'a ici aucune connotation mystique. Il exprime simplement le fait qu'un tel nombre ne peut être calculé à partir d'une équation.

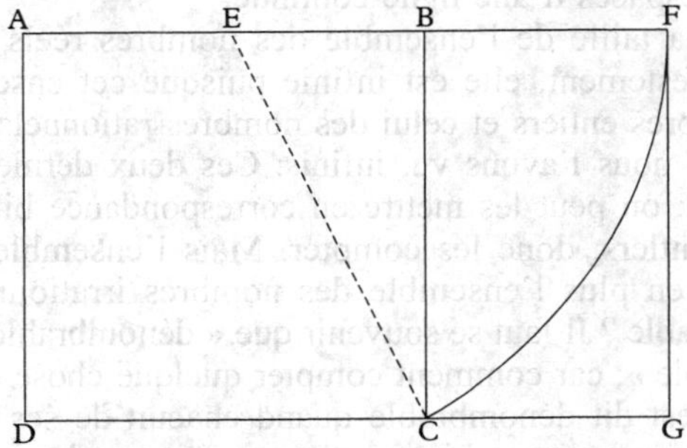

Fig. 70. *Construction géométrique du nombre d'or φ.* Pour construire géométriquement le nombre d'or φ, commencer par dessiner un carré de côté 1. Le point E est équidistant des points A et B. Avec E comme centre, tracer un arc de cercle de rayon EC qui coupe le prolongement de la ligne AB au point F. Le rapport de la longueur à la largeur du rectangle AFGD, appelé « rectangle d'or », est égal au nombre d'or $\varphi = (1+\sqrt{5})/2$.

Au terme de ces réflexions, nous pouvons ainsi dire qu'il y a quelque chose d'infini dans un cercle (se manifestant par π), dans un segment de droite (se manifestant par φ) et, en fait, dans tout nombre irrationnel.

Tous les infinis ne sont pas égaux

Nous l'avons vu, bien que les nombres rationnels constituent un vaste ensemble très densément peuplé, ils sont incapables de combler tous les vides entre deux nombres quelconques. Ils sont incapables de représenter tous les points d'une ligne droite continue. Maintenant que nous avons établi l'existence des nombres irrationnels et qu'ils ne nous font plus peur comme au temps des Grecs, pouvons-nous les utiliser pour combler tous les vides ? La réponse est oui. Si nous assemblons tous les nombres rationnels et irrationnels, nous obtenons ce que les mathématiciens appellent l'ensemble des nombres réels. Mais, derechef, le langage courant est ici trompeur : le qualificatif « réel » ne veut pas dire que ces nombres ont une existence plus authentique que les autres ! Les nombres réels ne sont pas plus « réels » que les nombres entiers ou rationnels.

Tout nombre réel peut être écrit en termes de suites de décimales, par exemple 0,1, ou 0,124124…, ou encore 0,2020020002… Ces suites peuvent être de trois types. Elles sont soit finies (0,1), soit infinies avec des chiffres dont l'ordre se répète (0,124124…), soit infinies avec des chiffres dont l'ordre ne se répète jamais. Les deux premiers types sont associés à des nombres rationnels (ainsi, 0,1 = 1/10), alors que le troisième type l'est à des nombres irrationnels. Les nombres réels remplissent ainsi tous les espaces d'une ligne continue.

Quelle est la taille de l'ensemble des nombres réels ? se demande Cantor. Manifestement, elle est infinie puisque cet ensemble contient celui des nombres entiers et celui des nombres rationnels, lesquels sont l'un et l'autre, nous l'avons vu, infinis. Ces deux derniers infinis sont dénombrables : on peut les mettre en correspondance biunivoque avec les nombres entiers, donc les compter. Mais l'ensemble des nombres réels contient en plus l'ensemble des nombres irrationnels. Est-il lui aussi dénombrable ? Il faut se souvenir que « dénombrable » ne veut pas dire « comptable », car comment compter quelque chose qui est infini ? Un ensemble est dit dénombrable quand chacun de ses éléments peut être mis en correspondance biunivoque avec un nombre entier. Vous ne pourrez jamais arriver à la fin d'un tel processus, mais l'essentiel est ici que ce soit possible. Cantor démontre l'impossibilité de mettre en correspondance biunivoque les nombres réels avec les nombres entiers : l'infini des nombres réels est infiniment plus grand que les infinis dénombrables baptisés $\aleph_0$ par Cantor. Force est ainsi de constater que tous les infinis ne sont pas égaux, que certains infinis sont dénombrables alors que d'autres ne le sont pas !

Une surface ne contient pas plus de points qu'une ligne droite

Ayant démontré l'existence de différents types d'infinités, Cantor s'est penché sur la notion de dimension. Après tout, considérer des ensembles de nombres avec des degrés d'infinité différents revient un peu à considérer des objets de dimensions différentes. La notion de dimension est en effet fondamentale en science. Le mathématicien grec Euclide (v. 330-375 av. J.-C.) disait qu'un point n'a pas de longueur, une ligne pas d'épaisseur, une surface pas de profondeur. Ainsi, la dimension d'un point est 0, celle d'une ligne 1, celle d'une surface 2 et celle d'un volume 3. Einstein nous a appris que nous évoluons dans un espace-temps à quatre dimensions, avec trois dimensions spatiales et une dimension temporelle. La théorie des cordes (celle qui stipule que les particules élémentaires de la matière ne sont pas des points, mais le résultat de vibrations de cordes infinitésimales) avance même que l'espace a dix dimensions (les sept autres étant si bien enroulées sur elles-mêmes qu'elles ne sont pas perceptibles). Cantor s'est posé la question suivante : comment le degré d'infinité d'une entité mathématique varie-t-il avec sa dimension ? Par exemple, le degré d'infinité d'une surface est-il supérieur à celui d'une ligne droite ? Le bon sens nous dit que ce devrait être le cas, puisqu'une surface est bien plus étendue qu'une ligne droite.

Pour répondre à cette question, Cantor se tourne du côté du mathématicien, physicien et philosophe français René Descartes (1596-1650). Celui-ci avait inventé ce qu'on appelle aujourd'hui la « géométrie analytique », exposée dans son ouvrage *La Géométrie*[1], publié en 1637 en annexe à son fameux *Discours de la méthode*. Dans cet ouvrage, Descartes réussit à faire une remarquable synthèse entre l'algèbre et la géométrie. Autrement dit, il a pu établir une relation entre les mathématiques spatiales de la géométrie et les formules de l'algèbre. Descartes ne fut certes pas le premier à se pencher sur le problème. Les Grecs savaient qu'il existait une connexion entre les nombres et les points d'un plan ou de toute autre figure géométrique, mais ils n'étaient jamais parvenus à exploiter cette idée. Le génie de Descartes fit le reste : il proposa de diviser un plan (à deux dimensions) en quatre quadrants, établissant ce que l'on appelle un système de coordonnées X-Y[2]. À l'origine de ce système, X et Y ont tous deux la valeur 0. Aller vers la droite augmente la valeur de X, tandis qu'aller vers la gauche la diminue. De même, aller vers le haut augmente la valeur de Y, tandis qu'aller vers le bas la diminue. En utilisant le système de Descartes, appelé aujourd'hui « système de coordonnées cartésiennes », nous pouvons définir exactement la position de chaque point d'un plan infini en effectuant des mesures le long des axes X et Y, ce qui donne une paire de nombres représentant les coordonnées X et Y de ce point (fig. 71).

Le système de coordonnées cartésiennes s'est révélé si utile et a connu tant d'applications pratiques que nous ne nous rendons même pas compte de son omniprésence dans notre vie quotidienne. Ainsi, les cartes géographiques ne sont rien d'autre que des projections de la surface du globe sur un plan, sauf que X et Y y ont été remplacés par les coordonnées nord-sud et est-ouest. Les pixels de l'écran de votre ordinateur ou de votre appareil photographique sont numérisés selon un système de coordonnées cartésiennes : des électrons sont projetés sur un écran à deux dimensions avec des positions spécifiées par des coordonnées X et Y. Les idées de Descartes concernant un plan à deux dimensions ont été généralisées à

1. René Descartes, *Œuvres complètes*, t. III, Gallimard, coll. « Bibliothèque de la Pléiade », 2009.

2. La convention inventée par Descartes, selon laquelle les quantités connues sont désignées par les premières lettres de l'alphabet, et les inconnues par les dernières, est restée.

des objets à trois dimensions ou plus. Ainsi, pour visualiser grâce à un ordinateur le bâtiment qu'il veut construire, un architecte utilisera un logiciel fondé sur un système de coordonnées à trois dimensions : aux coordonnées X et Y s'ajoutera la coordonnée Z mesurant la profondeur.

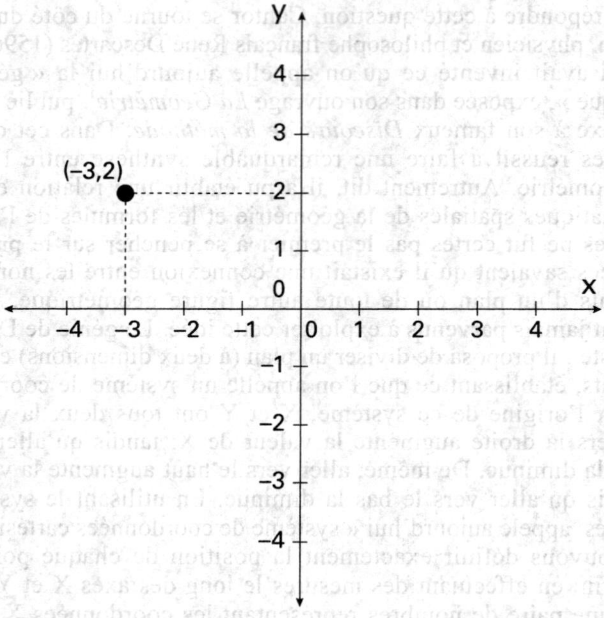

Fig. 71. *Coordonnées cartésiennes d'un point dans un plan.* En coordonnées cartésiennes, la position d'un point dans un plan est donnée par une paire de nombres.

Pour répondre à la question : « Y a-t-il davantage de points dans un plan que sur une ligne droite ? », Cantor fit appel aux coordonnées cartésiennes. Descartes nous apprend que la localisation de chaque point dans un plan peut être déterminée par une paire de nombres X et Y, par exemple la paire 0,4325134 et 0,843632 1 (sans que sa démonstration perde en généralité, Cantor a choisi de se concentrer sur les nombres compris entre 0 et 1). De manière plus générale, ces deux nombres ont la forme $0,a_1a_2a_3\ldots$ et $0,b_1b_2b_3\ldots$, où les chiffres a_n et b_n prennent des valeurs comprises entre 0 et 9. Cantor a découvert une façon ingénieuse de transformer chaque paire de coordonnées en un seul et unique nombre : ce dernier est composé de tous les chiffres des deux nombres originaux, mais de manière telle que les chiffres du premier nombre alternent avec ceux du second : $0,a_1b_1a_2\ b_2a_3b_3\ldots$ Ainsi, la paire de coordonnées ci-dessus sera associée au nombre 0,48342356133241… Cantor a ainsi démontré que chaque point d'un plan (défini par une paire de nombres) correspond à un point unique d'un segment de droite. En d'autres termes, un plan à deux dimensions possède exactement le même nombre de points qu'une ligne droite à une seule dimension !

Par un raisonnement similaire, Cantor démontre que le nombre de points d'un espace tridimensionnel (celui d'un cube, par exemple) ou de n'importe quel espace multidimensionnel est le même que celui d'une ligne droite. Un résultat qui défie le bon sens : « Je le vois, mais je n'arrive pas à y croire ! » écrivit Cantor à l'un de ses amis, le mathématicien Richard Dedekind (1831-1916). Celui-ci le félicita pour son travail, mais lui conseilla de se montrer plus réservé et de ne pas s'attaquer trop brutalement aux idées reçues sur la dimensionnalité, car cela ne pouvait que lui attirer des ennuis du côté de l'*establishment* scientifique. Malheureusement pour Cantor, la suite des événements ne devait donner que trop raison à Dedekind. Certains mathématiciens éminents rejetèrent les résultats sur l'infini de Cantor, car, selon eux, ils remettaient trop en cause la géométrie telle qu'on la connaissait jusque-là. Un rejet qui aura de graves conséquences sur la vie et la carrière de Cantor, et allait l'amener jusqu'à la folie.

C'est Dedekind qui, en fin de compte, montra que la théorie des infinis de Cantor était parfaitement compatible et cohérente avec le reste des mathématiques. Nous l'avons vu et revu : le bon sens est un bien mauvais guide quand il s'agit de l'infini ! Quand nous nous aventurons dans ce domaine, nous ne pouvons pas nous fier à notre intuition ordinaire. Le philosophe français Emmanuel Levinas exprime ainsi cette inadéquation de l'expérience de tous les jours à l'appréhension de l'infini[1] : « Le rapport avec l'infini ne peut certes pas se dire en termes d'expérience – car l'infini déborde la pensée qui le pense. »

Borges et le livre infini

Les résultats de Cantor ont trouvé un écho dans l'œuvre de l'écrivain argentin Jorge Luis Borges (1899-1986), qui est sans doute l'auteur qui a le mieux exprimé la relation obsessionnelle de l'homme avec l'infini. Dans l'un de ses contes fantastiques, *Le Livre de sable*[2], il raconte l'histoire d'un homme qui entre en possession d'un livre fabuleux comportant un nombre infini de pages. Il commence ainsi son récit :

1. Emmanuel Levinas, *Totalité et infini. Essai sur l'extériorité*, Le Livre de poche, 1994.
2. Jorge Luis Borges, *Le Livre de sable*, Gallimard, coll. « Folio », 1983.

> La ligne est composée d'un nombre infini de points ; le plan, d'un nombre infini de lignes ; le volume, d'un nombre infini de plans ; l'hypervolume, d'un nombre infini de volumes… Non, décidément, ce n'est pas là, *more geometrico*, la meilleure façon de commencer mon récit.

Peut-être Borges a-t-il fait allusion ici à l'extraordinaire résultat de Cantor selon lequel l'infini d'une ligne droite est égal à l'infini d'un plan ou de n'importe quel autre espace multidimensionnel.

Le livre contient tout le savoir de l'humanité. Il est infini, ne possédant ni début ni fin. Malgré tous ses efforts pour trouver la première page, en pressant aussi fort que possible le pouce et l'index contre la couverture, l'homme constate qu'il reste invariablement une infinité de feuillets entre la couverture et le pouce. Et, une fois qu'une page est tournée, on ne peut plus jamais la retrouver :

> Il me dit que son livre s'appelait le Livre de sable, parce que ni ce livre ni le sable n'ont de commencement ni de fin.
>
> Il me demanda de chercher la première page.
>
> Je posai ma main gauche sur la couverture et ouvris le volume de mon pouce serré contre l'index. Je m'efforçai en vain : il restait toujours des feuilles entre la couverture et mon pouce. Elles semblaient sourdre du livre.
>
> — Maintenant, cherchez la dernière.
>
> Mes tentatives échouèrent de même ; à peine pus-je balbutier d'une voix qui n'était plus ma voix :
>
> — Cela n'est pas possible.
>
> Toujours à voix basse, le vendeur de bibles me dit :
>
> — Cela n'est pas possible et pourtant cela est. Le nombre de pages de ce livre est exactement infini. Aucune n'est la première, aucune n'est la dernière. Je ne sais pourquoi elles sont numérotées de cette façon arbitraire. Peut-être pour laisser entendre que les composants d'une série infinie peuvent être numérotés de façon absolument quelconque.
>
> Puis, comme s'il pensait à voix haute, il ajouta :
>
> — Si l'espace est infini, nous sommes dans n'importe quel point de l'espace. Si le temps est infini, nous sommes dans n'importe quel point du temps.

À l'évidence, Borges était au courant des propriétés des séries infinies et des résultats de Cantor sur les nombres réels : entre deux nombres réels quelconques, exprimés par un nombre illimité de chiffres après la virgule, il existe une infinité d'autres nombres réels. L'infini des nombres réels est infiniment plus grand que l'infini des nombres entiers ou que celui des nombres rationnels.

L'homme comprit que « ce livre était monstrueux », qu'il était « un objet de cauchemar, une chose obscène qui diffamait et corrompait la réalité ». Il voulut s'en débarrasser, mais même cela posait problème : brûler un livre infini n'entraînerait-il pas des conséquences environnementales infinies pour la planète ? Ne valait-il pas mieux l'« oublier » quelque part sur une des nombreuses étagères de la Bibliothèque nationale où il travaillait ?

Je pensai au feu, mais je craignis que la combustion d'un livre infini ne soit pareillement infinie et n'asphyxie la planète par sa fumée.

Je me souvins d'avoir lu quelque part que le meilleur endroit où cacher une feuille, c'est une forêt. Avant d'avoir pris ma retraite, je travaillais à la Bibliothèque nationale, qui abrite neuf cent mille livres ; je sais qu'à droite du vestibule un escalier en colimaçon descend dans les profondeurs d'un sous-sol où sont gardés les périodiques et les cartes. Je profitai d'un moment d'inattention des employés pour oublier le Livre de sable sur l'un des rayons humides. J'essayai de ne pas regarder à quelle hauteur ni à quelle distance de la porte.

L'infini prend ici des allures de cauchemar…

Une hiérarchie sans fin d'infinis

Cantor a donc démontré que le nombre de points de tout espace multidimensionnel est le même que celui d'une ligne droite, que ce nombre est infini et que cet infini est indénombrable. Mais le mathématicien ne s'est pas arrêté en si bon chemin. Non seulement il a prouvé l'existence d'infinis indénombrables, mais il est arrivé à la conclusion qu'il existe une hiérarchie sans fin d'infinis, et qu'il ne peut exister d'infini plus grand que tous les autres, capable de tous les contenir.

Pour parvenir à cette extraordinaire conclusion, Cantor fit appel cette fois à la théorie des ensembles. Un ensemble est, rappelons-le, une collection de personnes ou d'objets appelés « éléments ». Cantor démontre dans les années 1870 que, pour chaque ensemble, il est possible d'en générer un encore plus grand, composé de l'ensemble des parties ou sous-ensembles de cet ensemble. Prenons par exemple un ensemble de trois personnes : Bob, Alice et Françoise. Sa taille (ou son cardinal) est de 3. Nous pouvons former un total de 8 sous-ensembles différents à partir de cet ensemble : le sous-ensemble vide qui ne contient personne, les trois sous-ensembles contenant chacun une personne, les trois sous-ensembles contenant chacun deux personnes (Bob et Alice, Alice et Françoise, Bob et Françoise), et le sous-ensemble égal à l'ensemble des trois personnes. En d'autres termes, la taille de l'ensemble des parties d'un ensemble de taille 3 est égale à 2 élevé à la puissance 3 ($2^3 = 2 \times 2 \times 2$), soit 8. Plus généralement, Cantor démontre que l'ensemble des parties d'un ensemble (fini ou infini) de taille N est toujours de plus grande taille, et que cette taille est égale à 2^N (2 multiplié N fois par lui-même).

Nous avons vu que l'ensemble des nombres entiers a une taille infinie. Cantor a désigné cet infini par le symbole Aleph zéro ($\aleph_0$), qu'on peut considérer comme le premier niveau d'infini. Se fondant sur la théorie des ensembles et en s'appuyant sur le résultat précédent, Cantor peut ensuite construire une hiérarchie sans fin d'infinis de taille de plus en plus grande. En partant du premier infini $\aleph_0$, celui qui correspond à l'ensemble des nombres entiers (ou des carrés), il considère ensuite l'ensemble P ($\aleph_0$) des parties de l'ensemble des nombres entiers, dont la taille est égale à $2^{\aleph_0}$, et qui est donc beaucoup plus grand que $\aleph_0$. Il répète la procédure pour l'ensemble P ($\aleph_0$), ce qui donne pour l'ensemble de ses parties une taille immensément plus grande égale, à $2^{2^{\aleph_0}}$, et ainsi de suite *ad infinitum*. Cantor obtient ainsi une hiérarchie sans fin d'infinis : $\aleph_0$, $2^{\aleph_0}$, $2^{2^{\aleph_0}}$ …, ouvrant toutes grandes les portes du jardin enchanté des infinis. Tout comme il existe une hiérarchie dans toute organisation sociale, il existe aussi une hiérarchie dans le monde de l'infini, laquelle est sans fin (fig. 72).

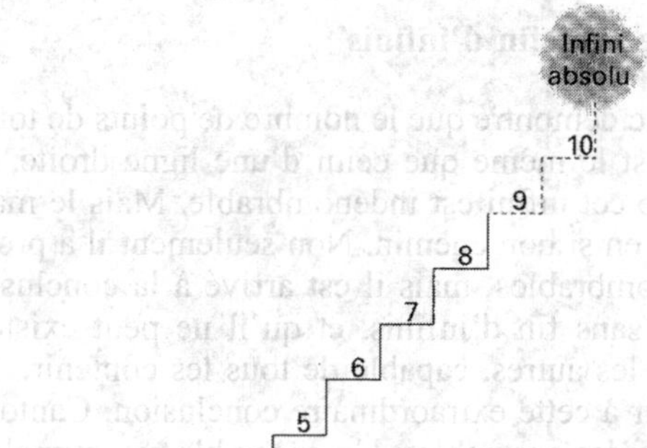

Fig. 72. *La hiérarchie d'infinis sans fin, de Georg Cantor.*

L'hypothèse du continu

Mais le mathématicien ne s'en tint pas là. Bien qu'il eût démontré l'incommensurable richesse des infinis et ouvert tout un nouveau pan des mathématiques, il n'était pas satisfait. Une question le tracassait : son recensement des infinis par la méthode des ensembles de sous-ensembles était-il exhaustif, ou existait-il encore, tapies dans l'ombre, d'autres sortes d'infinis que sa méthode de recensement n'avait pas mis en évidence ? Il avait démontré, nous l'avons vu, que le degré d'infinité des nombres réels est infiniment plus grand que celui des nombres entiers. En fait, il avait pu démontrer que l'ensemble des nombres réels a exactement pour taille $2^{\aleph_0}$. En d'autres termes, l'ensemble de tous les sous-ensembles des nombres entiers possède exactement le même nombre d'éléments que l'ensemble des nombres réels. Se posait donc la question : existe-t-il d'autres ensembles dont le degré d'infinité est intermédiaire entre $\aleph_0$ et $2^{\aleph_0}$?

Pour mieux comprendre le problème, prenons une situation analogue, mais concernant cette fois des ensembles finis, pour lesquels notre intuition est supposée être plus fiable. Considérons, par exemple, un ensemble de deux éléments. Les ensembles des sous-ensembles auront successivement des tailles de $2^2 = 4$, $2^4 = 16$, $2^{16} = 65\,536$, etc. Dans ce cas, nous sommes bien conscients que nous ne pourrons jamais insérer dans une telle séquence des ensembles de 3, 4, 5… éléments. Ils manqueront donc au recensement. À l'évidence, l'ensemble des sous-ensembles se révèle représenter seulement une toute petite fraction de la totalité des ensembles finis. Cantor a d'abord pensé qu'une situation analogue prévalait pour les ensembles infinis, qu'il existait des ensembles de taille intermédiaire entre $\aleph_0$ et $2^{\aleph_0}$. Mais tous ses efforts pour en trouver un demeurèrent vains. Après plusieurs années de labeur sans résultat, il en vint à se raviser et à estimer qu'un tel ensemble infini de taille intermédiaire n'existait pas. En d'autres termes, les ensembles de taille $\aleph_0$ et $2^{\aleph_0}$ se suivent de manière continue et il n'y a ni « vide » ni discontinuité entre les deux. C'est ce que les mathématiciens appellent l'« hypothèse du continu » de Cantor.

Ayant posé cette hypothèse du continu, Cantor s'attacha à la démontrer. Après s'être aventuré si loin dans les contrées de l'infini, on pouvait penser qu'atteindre cet objectif final serait chose facile. Il n'en fut rien. L'entreprise se révéla cauchemardesque. Pendant des années, Cantor oscilla entre euphorie et abattement : euphorie quand, après des semaines d'un labeur intensif, il croyait enfin détenir la preuve insaisissable de son hypothèse du continu ; abattement quand, après vérification de son travail, il trouvait des erreurs fatales à sa démonstration et voyait de nouveau la preuve lui glisser des mains. C'est ce caractère intraitable de l'hypothèse du continu, en même temps que les attaques de plus en plus virulentes d'un de ses collègues influents, qui le firent peu à peu basculer dans la folie.

Quand penser l'impensable conduit à la folie

Cantor avait démontré que les degrés d'infinité augmentent sans limites. Ce résultat n'est pas sans rappeler les débats sur la nature infinie et indéfinissable de Dieu dans certains milieux théologiques ou philosophiques. Il n'est donc pas surprenant que les travaux de Cantor sur l'infini aient été plutôt bien accueillis dans ces cercles. Mais, malheureusement pour lui, il n'en alla pas de même du côté de certains de ses collègues. En particulier se dressa en travers de son chemin un ennemi acharné, son ancien professeur à Berlin, Leopold Kronecker, qui allait tout faire pour empêcher son avancement professionnel.

Pourtant, cet antagonisme n'avait pas toujours été de mise. Avant 1871, leurs relations étaient plutôt bonnes, et c'est grâce à l'aide de Kronecker que le jeune mathématicien avait pu mener à bien ses premiers articles et obtenir son poste à Halle. Mais, dès que Cantor commença à travailler sur l'infini, l'attitude de Kronecker changea. Du jour au lendemain, Cantor était devenu à ses yeux un « corrupteur de la jeunesse ». Kronecker était en effet le champion et le défenseur de ce que l'on appelle le courant « finitiste » en mathématiques : pour ce courant, toute définition et toute démonstration mathématique doivent être établies en un nombre fini d'étapes ; les preuves de l'existence d'une entité mathématique doivent être telles qu'elles permettent de la calculer exactement ; l'infini, ne pouvant être calculé explicitement, devait donc être exclu des mathématiques. Kronecker s'inscrivait par là dans la droite ligne de la pensée d'Aristote : l'infini devait rester potentiel. Or, grâce aux travaux de Cantor, il devenait bien trop « actuel » au goût du professeur berlinois. Voilà quelqu'un qui osait faire des calculs avec l'infini et l'utiliser pour démontrer qu'il existerait toute une hiérarchie d'infinis ! C'en était trop ! Kronecker proclama haut et fort : « Dieu a seulement créé les nombres entiers. Tout le reste n'est que l'œuvre des hommes ! » Par sa farouche opposition à l'infini actuel, il était prêt à nier l'existence des nombres irrationnels tels que $\sqrt{2}$ ou π, c'est-à-dire à rejeter tous les progrès accomplis en mathématiques depuis l'époque de Pythagore ! Les virulentes attaques de Kronecker à l'encontre de Cantor n'étaient probablement pas toutes motivées par des raisons d'ordre académique ; elles étaient très certainement dues aussi à un sentiment de jalousie de la part d'un professeur envers un ancien élève qui l'avait dépassé en notoriété.

Du fait de cette opposition farouche et dans la mesure où l'influence de Kronecker était considérable, l'espoir de Cantor de devenir professeur à l'université de Berlin ou à celle de Göttingen se trouvait réduit à néant. Chaque fois que son nom était cité comme celui d'un possible candidat à un poste de professeur dans l'une ou l'autre de ces prestigieuses universités, Kronecker y faisait barrage. À son vif désappointement, Cantor se vit ainsi bloqué dans une université de second rang, celle de Halle, pendant une carrière professionnelle de quarante-quatre ans, sans aucun espoir d'être promu dans une université plus renommée. Il dut même en appeler au ministre de l'Éducation, comme il le raconte dans une lettre à un ami mathématicien : « Mon devoir est d'attirer l'attention du ministre. Je sais exactement l'effet qu'aura mon action : Kronecker va bondir de colère comme s'il était piqué par un scorpion et, avec ses troupes, il va pousser des hurlements tels que Berlin va se croire transportée au milieu des sables d'Afrique avec leurs lions, leurs tigres et leurs hyènes. »

Mais l'histoire n'est pas terminée : en tant que membre influent des comités de lecture de prestigieuses revues de mathématiques, Kronecker essaya de bloquer ou retarder certaines publications de son ancien élève sur l'infini. Malgré cette opposition acharnée, Cantor réussit à publier ses travaux les plus importants réalisés entre 1874 et 1884. Ses idées sur l'infini se propagèrent comme un feu de forêt dans la communauté mathématique, surtout parmi ses jeunes collègues, non sans soulever parfois des controverses et des débats passionnés. C'est seulement dans les années 1900, longtemps après qu'il eut cessé de faire de la recherche, que leur importance fut enfin reconnue et que des prix de mathématiques et autres récompenses commencèrent à jalonner son parcours. Mais cette reconnaissance vint surtout de l'étranger, incitant Cantor à déplorer, en 1908, que « les mathématiciens allemands semblent m'ignorer alors que j'ai vécu et travaillé parmi eux pendant cinquante-deux ans ! »

Persécuté par Kronecker, frustré par ses échecs successifs à démontrer l'hypothèse du continu, Cantor sombra par intermittences dans la dépression à partir de 1884, au lendemain de son trente-neuvième anniversaire. Les années suivantes, ses crises de dépression devinrent de plus en plus fréquentes, ponctuées de périodes d'hospitalisation de plus en plus longues. Il mit alors fin à son enseignement à l'université de Halle. Dans ses phases de lucidité, il s'adonna à des études d'histoire (il cultivait l'idée saugrenue que le philosophe anglais Francis Bacon était le véritable auteur des pièces de Shakespeare et s'attachait à le démontrer) et de théologie. Cantor pensait que ses recherches mathématiques pouvaient aider l'Église à affiner ses doctrines sur l'infini : « J'ai offert à la philosophie chrétienne la vraie théorie de l'infini... La suprême perfection de Dieu a été la faculté de créer un ensemble infini, et Son immense bonté L'a conduit à le créer », écrivit-il. Il tenta même de se faire muter du département de mathématiques au département de philosophie de l'université de Halle – demande qui lui fut refusée. Pourtant, il n'abandonna jamais le problème du continu, même si y travailler le faisait inévitablement retomber dans la dépression. Le sort continua à s'acharner sur lui : en 1899, il perdit son plus jeune fils, âgé de treize ans. Cantor mourut dans un hôpital psychiatrique en 1918, vingt-sept ans après Kronecker, son tourmenteur.

Personne ne nous chassera du paradis

Cantor est aujourd'hui considéré à juste titre comme le dompteur de l'infini. Ses conceptions ont envahi toutes les branches des mathématiques ; la plupart des mathématiciens sont convaincus de leur richesse et de leur fécondité, et, sans cette présence de l'infini, leur domaine de recherches se trouverait considérablement appauvri. L'ingénieur et peintre Leonardo Sinisgalli (1908-1981) a magnifiquement résumé l'immense contribution de Cantor dans son *Horror vacui*[1] : « C'est le mérite de Georg Cantor de nous avoir fait sentir l'épaisseur, la densité, la puissance du continu, la mesure de l'infini, l'ordre de l'ensemble des nombres. La route qui mène à l'unité, de l'unité au multiple, jusqu'à Dieu, nous pouvons aujourd'hui la parcourir pour la première fois sans risque d'y rencontrer des sauts ou des lacunes. Aucun nombre ne peut plus nous échapper. Cantor a trouvé la place qui convient à chacun. Il a ordonné les points d'un segment, d'une ligne, d'une surface, d'un espace, et il a trouvé par voie de correspondance la mesure, le terme de comparaison de ces infinis. »

Écoutons aussi quelques-uns des plus grands mathématiciens lui rendre postérieurement hommage. L'Anglais Bertrand Russell (1872-1970) déclare que « la résolution des difficultés attachées à l'infini mathématique est probablement le plus grand accomplissement de notre temps », tandis que l'Allemand David Hilbert (1862-1943) lance ce cri du cœur : « Personne ne nous chassera du paradis que Cantor a créé à notre intention ! » Et il renchérit : « Plus qu'aucune autre question, celle de l'infini a depuis toujours tourmenté la sensibilité des hommes ; plus qu'aucune autre idée, celle de l'infini a stimulé et fécondé leur raison ; mais, plus qu'aucun autre concept, celui de l'infini demande à être élucidé. »

Dans une fameuse conférence prononcée lors du Congrès international des mathématiciens réuni à Paris en 1900, Hilbert, pour marquer l'avènement du nouveau siècle et « soulever le voile qui dissimule le futur afin de prévoir les avancées mathématiques pour les siècles à venir », énuméra ce qu'il considérait comme les vingt-trois problèmes les plus importants à se poser en mathématiques. Celui consistant à démontrer si l'hypothèse du continu émise par Cantor était vraie

1. Leonardo Sinisgalli, *Horror vacui*, traduit par Jean-Yves Masson, Arfuyen, 1995.

ou fausse y figurait en première place. Il a persisté à hanter l'esprit des mathématiciens pendant les soixante années suivantes, tel un sombre nuage annonciateur d'orages dans le ciel bleu des mathématiques. La résolution du problème n'est venue qu'en 1963, et fut surprenante. Elle révéla que l'hypothèse du continu ne pouvait être démontrée, car elle était à la fois vraie et fausse selon la façon dont on la formulait. Cette découverte inattendue propagea dans le monde des mathématiques des ondes de choc dont les effets se font encore sentir aujourd'hui.

Gödel et les limites de la pensée

La démonstration que l'hypothèse du continu est indémontrable, ou, de façon plus générale, qu'il existe des limites à la pensée rationnelle et au raisonnement logique, vint d'un autre mathématicien de génie, l'Autrichien Kurt Gödel (1906-1978). Il la fit en réponse à un autre problème soulevé par Hilbert – le deuxième à figurer sur sa liste – lors de son allocution parisienne au début du siècle : démontrer la cohérence des mathématiques. Le défi lancé par Hilbert à ses collègues consistait à trouver une procédure générale permettant de dire de tout énoncé arithmétique s'il était vrai ou faux, et, ce faisant, d'asseoir l'ensemble des mathématiques sur un socle logique cohérent. Tous les problèmes mathématiques seraient ainsi résolus. La devise de Hilbert – qu'il fit graver en épitaphe sur sa tombe – était : « Nous devons savoir ! Et nous saurons ! »

Le jeune Gödel releva le défi de Hilbert de façon magistrale. Mais pas dans le sens souhaité par ce dernier ! Au lieu de trouver une procédure générale pour démontrer la véracité de tout énoncé mathématique, Gödel prouva qu'une telle procédure ne pouvait exister. Il proposa en 1931 un théorème qui est peut-être le plus extraordinaire et le plus magique de toutes les mathématiques, et qui est généralement considéré comme la découverte logique la plus importante du XXe siècle. Il montra qu'un système arithmétique cohérent et non contradictoire contient inévitablement des propositions « indécidables », c'est-à-dire des énoncés mathématiques dont on ne peut dire par le seul raisonnement logique s'ils sont vrais ou faux. D'autre part, il établit qu'on ne peut démontrer qu'un système est cohérent et non contradictoire sur la seule base des axiomes (propositions premières admises sans démonstration) qu'il contient ; pour ce faire, il faut sortir du système et imposer un ou des axiomes supplémentaires qui lui sont extérieurs, ce qui revient à dire que le système est incomplet en soi. Voilà pourquoi le théorème de Gödel est souvent appelé aussi « théorème d'incomplétude ».

Quoique Gödel n'ait abouti à ce résultat que pour un système arithmétique, les conséquences de ce coup de tonnerre dans le ciel serein des mathématiques ont été énormes. Bien au-delà des seules mathématiques, elles portent aujourd'hui encore sur des domaines de la pensée aussi divers que la philosophie ou l'informatique : en philosophie, parce que ce théorème a montré que le pouvoir de la pensée rationnelle n'est pas sans limites ; en informatique, parce qu'il révèle l'existence de problèmes mathématiques qui ne pourront jamais être résolus par un ordinateur.

L'hypothèse du continu n'est pas démontrable

Ayant établi qu'en mathématiques certains résultats ne peuvent jamais être démontrés, Gödel commença à réfléchir au problème qui avait tant préoccupé Cantor et l'avait conduit à la démence : l'hypothèse du continu. Existait-il des infinis de taille intermédiaire entre $\aleph_0$ et $2^{\aleph_0}$? Mais bientôt, comme Cantor quelques décennies auparavant, le mathématicien se mit à montrer des signes de déséquilibre mental. Une fois de plus, la contemplation de l'infini actuel semblait mener sur le chemin de la folie. À la différence de Cantor, toutefois, Gödel n'avait pas d'ennemi puissant comme Kronecker pour le persécuter. Souffrant de maux d'estomac et de difficultés respiratoires (réelles ou psychosomatiques), il développa une paranoïa bizarre, pensant que des ennemis imaginaires cherchaient à l'empoisonner, et refusa d'absorber toute nourriture qui n'eût pas été au préalable contrôlée par sa femme. Ce complexe de persécution ne fit qu'empirer avec les années et Gödel en vint à s'alimenter de moins en moins, au point de crever littéralement de faim près d'un demi-siècle plus tard !

Malgré d'intermittentes périodes de dépression, Gödel put néanmoins accomplir des progrès dans la résolution du problème du continu. Le mathématicien ne parvint pas à démontrer que l'hypothèse du continu était vraie, mais il réussit à prouver en 1937 qu'il était impossible de démontrer sa fausseté. En d'autres termes, si vous supposez que l'hypothèse du continu est vraie, elle ne fera pas violence et n'entrera pas en contradiction avec la théorie des ensembles utilisée par Cantor pour bâtir son hypothèse. Pour compléter le travail de Gödel, un jeune mathématicien américain nommé Paul Cohen, travaillant à l'université de Stanford, prouva en 1963 que démontrer la véracité de l'hypothèse du continu était également une tâche impossible ! La boucle était bouclée : l'hypothèse du continu est une proposition « indécidable » – elle peut être à la fois vraie et fausse, on ne pourra jamais la trancher. Ce qui veut dire qu'elle est totalement indépendante des axiomes de la théorie des ensembles : on peut aussi bien l'admettre que la rejeter sans jamais entrer en contradiction avec cette dernière.

Fuyant les atrocités nazies, Gödel quitta Vienne en 1940 pour les États-Unis, où il passa le reste de sa vie, travaillant à l'Institut des études avancées (Institute for Advanced Study) de Princeton, et se lia d'amitié avec Albert Einstein, avec qui il aimait à discuter science et philosophie au cours de longues promenades. Sa santé mentale continuait à se détériorer. Comme Cantor avant lui, sentant que la résolution du problème du continu lui échappait, il renonça à tout travail sur ce dernier (son dernier article scientifique remonte à 1958, alors qu'il a vécu jusqu'en 1978) et se tourna de manière obsessionnelle vers d'autres problèmes. De même que Cantor passa les dernières années de sa vie à essayer de démontrer, en vain, que Shakespeare n'était pas l'auteur des pièces qui lui ont été attribuées, Gödel se mit dans la tête l'idée saugrenue que le philosophe et mathématicien Gottfried Leibniz (1646-1716) était l'auteur de travaux dont la postérité ne l'avait pas crédité, et qu'il lui appartenait, à lui, de le démontrer et de rétablir la vérité historique. Gödel se pencha en outre sur le problème de la démonstration de l'existence de Dieu, comme Cantor s'était tourné vers les aspects théologiques de l'infini à la fin de sa vie. Il pensait pouvoir démontrer cette existence mathématiquement, par la seule logique. Nul besoin de préciser que ses efforts, en dépit de longues années de labeur, ne le menèrent nulle part. À l'occasion de sa naturalisation américaine, en 1948, il prétendit même avoir découvert une faute logique dans la Constitution des États-Unis, faute qui risquait de favoriser l'instauration d'une dictature dans son pays d'adoption ! Au grand dam d'Einstein, un de ses témoins, il ne se priva pas d'exposer avec force détails cette prétendue faute logique devant le juge qui devait décider de sa naturalisation. Heureusement, celui-ci n'en tint pas rigueur à Gödel, et il obtint malgré tout la nationalité américaine !

À la faveur de ses nombreuses conversations avec Einstein, Gödel montra un intérêt soutenu pour la théorie de la relativité de son ami. Se fondant sur les équations d'Einstein, il publia en 1949 un modèle d'univers statique (c'est-à-dire sans mouvement d'expansion spatiale) et en rotation. Ce modèle présente surtout un intérêt académique, car nous savons aujourd'hui qu'il ne correspond pas à l'univers observé, lequel est au contraire en expansion et non pas en rotation.

Ainsi, des hommes de génie comme Archimède, Galilée et surtout Cantor ont su entrouvrir la porte du paradis de l'infini et y pénétrer. Ils nous ont révélé quelques-unes de ses étranges et magiques propriétés. Mais, parce que Gödel nous a montré qu'il existe des limites au raisonnement rationnel, que le raisonnement logique ne peut à lui seul nous mener au bout du chemin, la nature fondamentale de l'infini nous échappera à jamais. Comme le mathématicien franco-américain André

Weil (1906-1998) l'a formulé : « Dieu existe, parce que la structure des mathématiques est cohérente ; mais le Diable existe aussi, parce que nous ne pouvons le démontrer ! » Cantor nous a conduits dans les jardins de l'infini mathématique. Il nous a convaincus que cet infini n'est plus potentiel, mais actuel. Mais cet infini actuel existe-t-il seulement dans l'esprit des mathématiciens, ou y a-t-il aussi un infini physique ?

Quand nous songeons à l'infini physique, il nous vient tout de suite à l'esprit la plus grande entité de toutes, qui les contient toutes : l'univers. C'est vers lui que nous allons à présent tourner notre regard.

III

LA VALSE-HÉSITATION DE L'UNIVERS ENTRE LE FINI ET L'INFINI

L'angoisse des espaces infinis

Depuis qu'il a levé les yeux vers le ciel nocturne pour contempler la voûte étoilée, piquetée d'innombrables points de lumière, l'homme a ressenti l'immensité de l'univers. Pour dissiper son angoisse face aux espaces infinis, il n'a cessé d'organiser le monde qui l'entoure en schéma cohérent et unifié. En effet, la nature n'est pas muette : elle nous envoie en permanence des fragments de musique, des notes éparses. Mais la mélodie qui les unit fait défaut. Il revient à l'homme de percer les mystères de cette mélodie secrète afin de l'entendre dans toute sa radieuse beauté.

En essayant de reconstituer la mélodie de l'univers, l'homme s'est constamment heurté à la question du fini et de l'infini. La question de la taille de l'univers s'est en effet posée à lui avec insistance : est-il fini ou infini ? possède-t-il des limites, et, dans ce cas, jusqu'où s'étend-il ? ou bien est-il sans limites, s'étendant à l'infini dans toutes les directions ? Chacune de ces deux possibilités soulève d'autres questions qui remettent en cause nos notions habituelles d'espace et de temps. Si l'univers possède une limite, qu'existe-t-il au-delà ? De l'espace vide ? rien ? Elles modifient aussi la vision de notre place dans l'univers. Si l'univers est infini dans l'espace et le temps, la place de l'homme n'y serait-elle pas réduite à néant ? L'univers n'aurait-il que faire de notre présence ? L'homme a-t-il émergé par hasard dans un univers qui lui est totalement indifférent ?

Comme en tant d'autres domaines de la pensée, ce sont les Grecs qui firent les premiers pas. Ce sont eux qui introduisirent l'univers scientifique en cosmologie. Au lieu de s'abandonner aveuglément aux dieux et de se contenter d'observer les événements naturels sans les comprendre, comme faisaient leurs prédécesseurs, les hommes de l'ère mythique, les Grecs eurent l'intuition révolutionnaire que le monde pouvait être décomposé en ses différentes composantes et que la raison humaine était capable d'appréhender les lois régissant le comportement de celles-ci ainsi que leurs interactions. La nature pouvait être ainsi objet de réflexion et de spéculation. La compréhension des lois naturelles, réservée exclusivement aux dieux dans l'univers mythique, était partagée par l'homme dans l'univers scientifique. À partir du VIe siècle av. J.-C., et pendant les sept siècles suivants, maints modèles d'univers (ou cosmologies) furent élaborés, qui acquirent de plus en plus de sophistication. Ils aboutirent finalement à l'univers de Ptolémée (v. 90-168), qui allait prévaloir de manière souveraine durant les quinze siècles à venir, jusqu'à la Renaissance en Europe.

Un monde infini composé d'atomes

Les fondements de la méthode scientifique furent graduellement mis en place. Alors que les premières cosmologies dérivaient de spéculations purement philosophiques, les contraintes imposées par l'observation des mouvements des planètes prirent de plus en plus d'importance dans l'élaboration des théories. Au fil des siècles, la représentation du monde allait osciller entre l'idée d'un univers ouvert et infini, d'une part, et celle d'un monde clos et fini, d'autre part. Les premières cosmologies étaient encore teintées de résonances mythiques et décrivaient un univers infini. Ainsi, pour le mathématicien et philosophe Thalès (v. 625-547 av. J.-C.), l'eau était l'élément primitif qui animait le monde entier. La Terre, monde des phénomènes accessibles à nos sens, était plate et finie. Mais ce monde fini flottait sur un océan primordial surplombé par un ciel de vapeur, tous deux de dimension infinie. Les objets célestes – le Soleil, la Lune, les planètes, les étoiles fixes –, en suspension dans ce ciel, effectuaient un tour de la Terre toutes les vingt-quatre heures. Anaximandre (v. 610-546 av. J.-C.), l'élève de Thalès, rejeta l'idée d'un seul élément primitif. Pour lui, le monde résultait de l'interaction et du mélange des contraires : le chaud et le froid, la lumière et l'ombre, idée très semblable au concept chinois du Yin et du Yang. La Terre prit la forme d'une colonne aplatie flottant au milieu des anneaux de feu successifs qu'étaient le Soleil, la Lune et les planètes. À nouveau, le monde des phénomènes était fini, mais au sein d'un milieu infini.

Un autre courant de pensée, l'atomisme, prôna tout aussi haut et fort l'idée d'un univers infini. Pour Leucippe et Démocrite (v. 460-370 av. J.-C.), fondateurs de l'école atomiste, les « briques » fondamentales de l'univers étaient des atomes (du grec *atomos*, « qui ne peut être divisé »), particules de matière indivisibles et insécables. L'univers était composé d'un nombre infini de ces atomes évoluant dans un espace infini et sans limites. Parce que ces atomes de taille et de forme différentes peuvent se combiner d'une infinité de façons, l'atomisme prédit un nombre infini de mondes correspondant à toutes les combinaisons possibles. Épicure (341-270 av. J.-C.), l'un des grands défenseurs de l'atomisme, décrit ainsi l'infinité du cosmos : « Il existe des mondes infinis, à la fois semblables à notre monde et différents. Car les atomes, étant infinis en nombre, sont entraînés loin dans l'espace. Destinés par leur nature à créer ou à façonner des mondes, ils ne peuvent être épuisés ni sur un seul monde ni sur un nombre limité de mondes… De sorte qu'il n'existe nulle part d'obstacle à un nombre infini de mondes. » Parce que l'univers est infini, il doit exister une infinité d'autres mondes en sus de la Terre.

Cette idée de la pluralité des mondes, avec en prime des réflexions sur les intelligences extra-terrestres, est célébrée magnifiquement, trois siècles plus tard, par le poète latin Lucrèce (v. 98-55 av. J.-C.), grand vulgarisateur de l'atomisme, dans son poème cosmologique *De la nature des choses* : « Tout d'abord, nulle part, en aucun sens, à droite ni à gauche, en haut ni en bas, l'univers n'a de limite ; je te l'ai montré, l'évidence le crie, cela ressort clairement de la nature même du vide. Si donc, de toutes parts, s'étend un libre espace sans limites, si des germes innombrables multipliés à l'infini voltigent de mille façons et de toute éternité, est-il possible de croire que notre globe et notre firmament aient été seuls créés, et qu'au-delà il n'y ait qu'oisiveté pour la multitude des atomes ?… Si la même force subsiste et la même nature existe pour les rassembler en tous lieux et dans le même ordre que les atomes de notre monde, il faut admettre que les autres régions de l'espace connaissent aussi leur globe, leurs races d'hommes et leurs espèces sauvages[1]. » Mais, faute de preuve expérimentale (l'existence des atomes ne fut confirmée que quelque vingt-cinq siècles plus tard), la pensée atomiste ne put s'imposer. Elle fut critiquée notamment par Platon (v. 428-348 av. J.-C.) et Aristote (384-322 av. J.-C.), qui proposèrent un autre modèle d'univers dans lequel les objets célestes étaient fixés sur des sphères concentriques autour d'une Terre immobile. Rejetant l'hypothèse d'un univers infini, Aristote pensait qu'il était au contraire fini, contenant une quantité finie de matière, avec un centre et une symétrie. Pour lui, un univers infini contenant un nombre infini de planètes comme la Terre n'aurait pas eu

1. Lucrèce, *De la nature des choses*, traduit par Henri Clouard, Flammarion, 1964.

l'équilibre d'un univers doté d'un seul centre. La pensée « finitiste » aristotélicienne allait supplanter la pensée « infinitiste » des atomistes pendant quelque deux mille ans.

La sphère extérieure des étoiles et les limites de l'univers

Au VIe siècle av. J.-C., Pythagore (v. 570-480) avait déjà introduit la rigueur mathématique dans la pensée cosmologique. La Terre acquit avec lui la forme mathématique la plus « parfaite », celle d'une sphère. À l'opposé des futurs univers géocentriques où la Terre immobile occupait la place centrale, l'univers pythagoricien plaçait au centre un grand feu invisible autour duquel l'anti-Terre, la Terre, la Lune, le Soleil, les cinq autres planètes connues – Mercure, Vénus, Mars, Jupiter et Saturne – et les étoiles, incrustés sur des sphères cristallines (celles-ci devaient être transparentes pour que les objets célestes soient visibles), décrivaient des cercles parfaits. En totale harmonie musicale, leurs mouvements engendraient la « musique des sphères ». L'existence d'une anti-Terre, protégeant la Terre de la chaleur intense du feu central, devait être postulée pour porter le nombre total d'objets à dix, nombre parfait.

Les univers suivants reprirent certaines des idées pythagoriciennes. Platon proposa au IVe siècle av. J.-C. un univers où la Terre, de forme sphérique, occupait le centre d'une immense sphère extérieure sur laquelle étaient incrustées les planètes et les étoiles. Cette sphère, dotée d'un mouvement de rotation quotidien pour rendre compte du mouvement des objets célestes, délimitait l'univers, lequel avait donc une taille finie. Mais cet univers à deux sphères ne pouvait expliquer le singulier mouvement des planètes par rapport aux étoiles. En effet, quand elles sont visibles, les planètes traversent le ciel d'est en ouest pendant la nuit, comme toutes les étoiles. Mais, nuit après nuit, elles changent de position par rapport aux étoiles, progressant inexorablement d'ouest en est, ce qui leur a d'ailleurs valu leur désignation de « planètes », qui veut dire « vagabonds » en grec. Les étoiles, elles, sont fixes les unes par rapport aux autres. Fait encore plus étrange, de temps à autre, les planètes semblent s'arrêter dans leur trajectoire et rebrousser chemin par rapport aux étoiles ; elles effectuent alors un mouvement dit « rétrograde », d'est en ouest, pendant un certain temps, avant de reprendre leur mouvement habituel d'ouest en est.

Pour reproduire les mouvements des planètes et « sauver les apparences » coûte que coûte, Eudoxe (v. 406-355 av. J.-C.), contemporain de Platon, transforma l'univers à deux sphères de Platon en un univers à multiples sphères. À la Terre immobile au centre, et à la sphère extérieure des étoiles qui bornait l'univers, il ajouta des sphères concentriques pour chacune des planètes. Se fondant ensuite sur le principe que tout mouvement peut être expliqué par la superposition de plusieurs mouvements circulaires et uniformes, Eudoxe, pour rendre compte du mouvement rétrograde des planètes, postula que la rotation des sphères planétaires devait s'accompagner de la rotation de sphères supplémentaires attachées aux sphères planétaires et possédant des axes inclinés. Au total, il fallut trente-trois sphères à Eudoxe pour refléter les observations de son époque.

Le pas suivant fut accompli par Aristote qui, pour reproduire les observations devenues plus précises des mouvements des planètes, porta le nombre total de sphères à cinquante-cinq. L'univers platonicien et aristotélicien atteignit son apogée deux siècles plus tard avec l'astronome Ptolémée, qui fit la synthèse des connaissances acquises au cours des siècles précédents et élabora un univers géocentrique qui allait être accepté sans réserve pendant plus de quinze cents ans. Dans cet univers géocentrique d'Aristote et de Ptolémée, la Lune, Mercure, Vénus, le Soleil, Mars, Jupiter, Saturne (en plus de la Terre, seules cinq autres planètes étaient connues) et les étoiles sont fixés sur des sphères cristallines concentriques en rotation, centrées sur la Terre immobile.

Ptolémée retint donc dans son modèle les trois propriétés principales des univers précédents : la Terre était au centre de tout, les mouvements des planètes étaient circulaires et uniformes, la sphère extérieure des étoiles délimitait l'univers, lequel était donc fini. Quel était le rayon de cette sphère extérieure ? En général, les Grecs ne s'aventurèrent pas à évaluer la taille de l'univers. Les quelques esprits audacieux qui s'essayèrent à l'exercice sous-estimèrent sa vraie taille, et de très loin ! Par exemple, Empédocle (v. 490-430 av. J.-C.) estima le rayon de la sphère extérieure à seulement trois fois la distance Terre-Lune ! Un univers si petit ne pouvait contenir que des objets célestes encore plus petits ! Héraclite (v. 544-v. 480 av. J.-C.) pensait que le disque solaire n'avait qu'une valeur absurde de… 30 centimètres de diamètre ! Plus tard, Aristarque (v. 310-230 av. J.-C.) révisa le diamètre de notre astre en le portant à une valeur éminemment plus raisonnable : environ sept fois le diamètre de la Terre, soit 90 000 kilomètres, mais c'était encore seize fois moins que sa vraie valeur !

Le paradoxe d'un univers fini, ou puis-je lancer un javelot au-delà de la sphère extérieure des étoiles ?

Fixer une limite à l'univers pose problème et soulève des paradoxes : les Grecs de l'école « finitiste » en étaient bien conscients. Au IVe siècle av. J.-C., le philosophe grec Archytas de Tarente (428-347) formule ainsi le paradoxe de l'univers fini : « Supposons que l'univers possède un bord. Si je suis tout près de ce bord, puis-je allonger la main au-delà de ce bord ? Il est absurde de penser que je ne le peux pas. Et, si je le peux, il doit exister un espace au-delà des limites de l'univers. Il doit donc exister un nouvel espace, au-delà de la sphère extérieure des étoiles. Et, s'il existe toujours un nouvel espace au-delà du bord, l'espace doit s'étendre indéfiniment. » L'univers doit donc être infini. Il ne peut être borné sans qu'il y ait paradoxe (fig. 14).

Ce paradoxe fut repris par la suite par maints auteurs remplaçant la main par un javelot ou une pierre qu'on lance depuis le bord de la sphère extérieure des étoiles. Le javelot reviendra-t-il dans l'univers ou ira-t-il se perdre dans l'au-delà ? Ce paradoxe n'a pas été résolu avant le XIXe siècle avec l'avènement des géométries dites non euclidiennes.

Aux fulgurances de la pensée grecque succédèrent quinze siècles fertiles en événements : l'annexion de la Grèce à l'Empire romain au IIe siècle av. J.-C., l'élévation du christianisme au statut de religion officielle de l'Empire vers l'an 300, la chute de l'Empire romain au VIe siècle, la reprise du flambeau de la civilisation et des sciences par le monde arabe islamique, la traduction en arabe des grands textes grecs pendant la période 750-1000, la redécouverte, dès l'an 1000, de la pensée grecque par l'Occident. Dans le monde médiéval, le savoir passa entre les mains de l'Église. Le grand souci de celle-ci était de concilier l'univers grec antique avec l'univers chrétien. Chez Aristote, Dieu n'apparaissait pas de manière explicite. Une fois créées et en mouvement, les planètes tournaient éternellement. Il n'y avait ni début ni fin. Bien que l'univers d'Aristote fût fini du point de vue spatial (vue cohérente avec son horreur de l'infini actuel), il était infini du point de vue temporel. Dans la vision aristotélicienne, le temps, comme le mouvement, n'a ni commencement ni fin. Ce qui n'était pas sans soulever des difficultés théologiques dans l'univers chrétien, où le rôle de Dieu était beaucoup plus explicite : « Dieu créa le Ciel et la Terre. » L'univers avait donc un commencement. Il n'était pas éternel.

Avant l'an 1000, des penseurs arabes tels qu'Al-Kindi (v. 800-870) ou Avicenne (980-1037) s'étaient déjà élevés contre la notion aristotélicienne d'éternité du monde : si l'espace est fini, pourquoi le temps ne le serait-il pas, lui aussi ? Pourquoi n'y aurait-il pas eu un début à l'univers ?

La synthèse des univers aristotélicien et chrétien fut accomplie au XIIIe siècle par le moine dominicain Thomas d'Aquin (1225-1274). La Terre était toujours au centre de tout. La Lune, le Soleil, les planètes et les étoiles continuaient à tourner autour d'elle, incrustés sur des sphères cristallines. Il existait une sphère supplémentaire au-delà de la sphère des étoiles, introduite par les Arabes : la sphère dite primaire, dotée par Dieu d'un mouvement de rotation constant. Dieu était présent en personne et résidait dans l'empyrée, domaine éthéré des feux éternels, au-delà de la sphère primaire. Mais, dans l'univers de saint Thomas d'Aquin, l'empyrée restait à une distance limitée, et le cosmos était fini. Dans cette représentation du monde, le paradoxe du javelot qu'on jette depuis la bordure de l'univers était résolu de la façon suivante : soit le javelot, fait d'éléments terrestres, ne traverse pas la bordure du monde matériel, et il retombe sur Terre, son lieu naturel ; soit il franchit la frontière entre le monde matériel et le monde éthéré, auquel cas il n'est plus matériel et se transforme en élément éthéré.

Si Dieu est infini, pourquoi l'univers ne le serait-il pas aussi ?

Paradoxalement, c'est la réintroduction de la religion dans la cosmologie qui fit progresser l'élément scientifique dans les modèles d'univers qui suivirent. La théologie chrétienne fit voler en éclats les frontières d'un univers fini pour faire à nouveau pencher la balance en faveur d'un univers infini. Les hommes d'Église – en particulier Étienne Tempier, évêque de Paris au XIIIe siècle – qui se penchèrent sur l'univers de Thomas d'Aquin y découvrirent progressivement certains éléments en contradiction directe avec la théologie en vigueur. L'univers de saint Thomas d'Aquin était fini et limité par l'empyrée, lieu de séjour divin. Or le Dieu de la religion, infini et omniprésent, résidait en tout lieu. Le confiner en un seul endroit revenait à douter de Ses pouvoirs illimités. Si Dieu était infini, pourquoi l'univers ne serait-il pas lui-même infini ? D'autre part, n'était-il pas présomptueux, de la part de l'homme, de penser qu'il était, lui, au centre du monde ? Pourquoi Dieu, qui résidait partout, n'occuperait-Il pas aussi la place centrale ?

Mieux encore, le cardinal allemand Nicolas de Cues (1401-1464) avança au XVe siècle l'argument suivant : puisque Dieu est infini, présent en tout lieu, et centre en tout endroit, tout lieu dans l'univers doit en être aussi le centre. Dans son traité *De la docte ignorance*, publié en 1440[1], il écrit : « La fabrique du monde a son centre partout et sa circonférence nulle part. » Mais, puisque tout est centre, rien n'est centre : le firmament étoilé doit apparaître le même quel que soit le lieu d'observation dans l'univers. L'idée qu'aucun lieu dans l'univers n'est particulier, que ses propriétés sont en moyenne les mêmes partout, est connue aujourd'hui sous le nom de « principe cosmologique ». Elle sera utilisée cinq siècles plus tard par Einstein et d'autres cosmologues pour construire des modèles d'univers, et confirmée expérimentalement dans la seconde moitié du XXe siècle par des observations précises du rayonnement fossile qui baigne tout l'univers.

Nicolas de Cues se fit aussi le défenseur de l'infinité de l'univers et de la pluralité des mondes : Dieu ne saurait être limité dans Son action ; le « principe de plénitude » veut que Sa création n'ait pas non plus de limites. Ainsi étaient remises en cause non seulement la place centrale de la Terre, mais aussi l'idée de son immobilité, jusqu'alors sacrée. N'était-il pas sacrilège de croire que Dieu, avec Ses pouvoirs illimités, ne pouvait vaincre l'immobilité de la Terre et la faire tourner ? Après tout, l'évêque français Nicole Oresme (v. 1320-1382) n'avait-il pas remarqué très justement que tout mouvement est relatif ? Les mouvements des astres dans la voûte céleste pouvaient être aussi bien dus à une rotation des objets célestes autour d'une Terre immobile qu'à une rotation de la Terre par rapport à des objets célestes immobiles. Le marin sur un bateau descendant une rivière et qui voit le rivage défiler de part et d'autre aura l'impression trompeuse que c'est le bateau qui est immobile et le rivage qui est en mouvement. Nous serions-nous trompés comme le marin à bord de son bateau ? demanda Nicole Oresme. Et si c'était la Terre qui bougeait, et non les étoiles ?

L'homme qui délogea la Terre de sa place centrale dans l'univers

C'est un autre homme d'Église, le chanoine polonais Nicolas Copernic (1473-1543), qui délogea la Terre de sa place centrale dans l'univers et lui impulsa le mouvement, déclenchant une révolution intellectuelle dont nous ressentons encore les effets aujourd'hui. Dans l'univers héliocentrique de Copernic, certains concepts aristotéliciens persistent. Les planètes continuent à résider sur des « sphères cristallines » poussées par des anges. Elles gardent des orbites d'une parfaite circularité (la « forme parfaite ») et des mouvements parfaitement uniformes (le « mouvement parfait »). Le Soleil occupait le centre du

1. Nicolas de Cues, *De la docte ignorance*, Rivages, 2008.

monde, et la Terre n'était plus qu'une simple planète tournant autour de notre astre comme tous les autres corps planétaires. La Terre étant en mouvement, les mouvements rétrogrades des planètes pouvaient s'expliquer naturellement : ils résultaient du fait que nous observions les planètes d'un endroit, la Terre, lui-même en mouvement. Les mouvements rétrogrades des planètes se produisaient chaque fois que la Terre était dépassée par une autre planète ou en dépassait une. Ces mouvements n'étaient qu'apparents, les planètes ne rebroussant pas vraiment chemin.

Pourtant, Copernic ne pouvait faire table rase de tous les concepts aristotéliciens. Les orbites planétaires continuaient à garder la parfaite circularité si prisée des Grecs, et une parfaite uniformité de mouvement. L'univers héliocentrique assena un coup sévère à la psyché humaine. L'homme avait perdu sa place centrale dans le cosmos et l'univers n'était plus créé pour ses seuls usage et bénéfice. D'autre part, dans le nouvel univers, la Terre était devenue une sphère céleste comme les autres planètes. D'après Aristote, tout ce qui relevait du domaine des sphères célestes devait être parfait, invariant, éternel, par contraste avec les objets terrestres, imparfaits, éphémères et changeants. La confiance en la perfection des cieux se trouva sérieusement ébranlée.

Dernier coup assené à la conscience humaine : l'univers s'était considérablement agrandi, réduisant d'autant l'importance de la Terre par rapport au reste de l'univers. Pourquoi Copernic s'est-il vu contraint d'accroître la taille de l'univers ? Comme Nicole Oresme l'avait pressenti, le mouvement apparent des étoiles était dû non à la rotation des cieux autour de la Terre, mais à la rotation journalière de la Terre sur elle-même. La sphère extérieure des étoiles était, dans l'univers aristotélicien, à peine plus éloignée que la sphère de Saturne. Or, même à cette distance relativement modeste, un problème se posait : le périmètre d'un grand cercle sur la sphère extérieure était déjà si énorme que les étoiles devaient tourner à une vitesse folle pour parcourir toute cette distance en une seule journée. Copernic résolut le problème en accordant à la Terre le mouvement, et aux étoiles l'immobilité. Mais, ce faisant, il fut obligé de repousser la sphère extérieure des étoiles à très grande distance de la Terre, bien au-delà des sphères planétaires. Si les étoiles restaient obstinément fixes les unes par rapport aux autres, malgré la révolution annuelle autour du Soleil dont il avait doté la Terre, c'était parce que les étoiles étaient très éloignées. En effet, si une étoile est relativement proche et qu'elle est observée alors que la Terre occupe deux positions différentes (par exemple, à six mois d'intervalle) dans son périple annuel, elle doit paraître avoir changé de place par rapport aux étoiles plus éloignées (fig. 9), comme le montre la simple expérience que voici : pointez un doigt, bras tendu, et fixez-le d'un œil, puis de l'autre, en clignant rapidement des yeux.

Votre doigt semblera bouger d'un petit angle (appelé « parallaxe ») par rapport aux objets plus éloignés. Ce phénomène est dû au fait que vos yeux sont à une certaine distance l'un de l'autre, tout comme les deux positions de la Terre au moment des deux observations successives ont été elles aussi séparées par une certaine distance (pour un intervalle de temps de six mois, cette distance est égale au diamètre de l'orbite de la Terre autour du Soleil). Cet angle est d'autant plus faible que la distance à l'étoile est plus grande. Les étoiles ayant des parallaxes trop petites pour être mesurées, Copernic en déduisit qu'elles devaient être très éloignées. En élargissant l'univers à une taille d'environ 2 000 fois supérieure à celle de l'univers de Ptolémée, il réduisit le système solaire, qui occupait jusque-là l'univers presque tout entier, à un petit canton de celui-ci. Mais l'univers copernicien n'en restait pas moins toujours fini, limité par la sphère extérieure des étoiles, rigide et qui ne tournait plus.

Les sphères cristallines n'existent que dans l'imagination des hommes

Les grains semés par Copernic commencèrent à germer au cours des années qui suivirent. En repoussant la sphère extérieure des étoiles, il avait accompli un petit pas dans l'élargissement de l'univers, mais celui-ci restait bel et bien fini. L'idée même que les planètes étaient fixées sur des sphères cristallines allait être remise en cause. Un des coups les plus décisifs fut porté à cette idée par l'astronome danois Tycho Brahé (1546-1601). Père de l'astronomie observationnelle moderne, il avait poussé la précision des observations astronomiques aussi loin qu'il était possible antérieurement à l'invention du télescope. Avant lui dominait l'idée platonicienne selon laquelle le monde sensible n'était que le reflet imparfait d'un monde idéal parfait, et que ce monde-là pouvait être compris par la seule raison. Brahé fut le premier scientifique à comprendre que seules des observations célestes d'une extrême précision pouvaient nous révéler la vraie nature de l'univers, et que celle-ci ne pouvait être appréhendée par le pur raisonnement.

Ses observations de la grande comète de 1577 instillèrent des doutes dans son esprit sur l'existence des sphères cristallines. Jusqu'à son époque, les comètes étaient considérées comme des phénomènes atmosphériques terrestres, à l'instar des arcs-en-ciel. Brahé démontra que ce ne pouvait être le cas. La comète changeait de position par rapport aux lointaines étoiles fixes, ce qui la situait beaucoup plus près de la Terre que celles-ci. Mais ce mouvement était tellement plus faible que celui de la Lune que la comète devait être beaucoup plus éloignée de la Terre que cette dernière. Elle évoluait certainement quelque part dans la zone des sphères cristallines planétaires (fig. 73). Brahé put déterminer son orbite : elle était ovale et ne pouvait que traverser les sphères cristallines planétaires, ce qui était impossible si ces dernières existaient vraiment. Le Danois fut forcé d'en conclure qu'elles n'existaient que dans l'imagination des hommes.

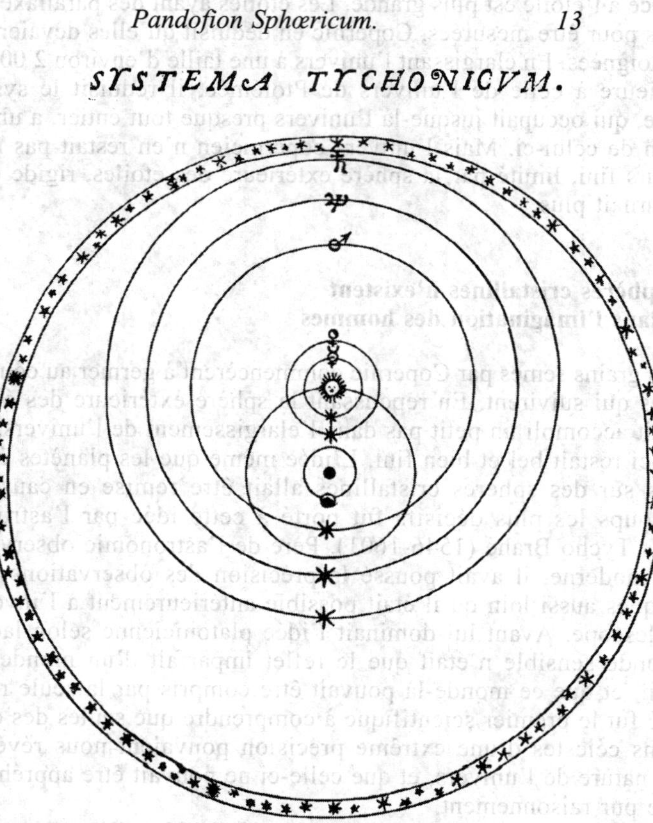

Fig. 73. *Le système tychonique*. L'univers favorisé par Tycho Brahé est un compromis entre l'univers héliocentrique de Copernic et l'univers géocentrique de Ptolémée : les planètes tournent autour du Soleil, mais le Soleil, avec son cortège de planètes, tourne autour de la Terre, tout comme la Lune.

La hantise de l'infini

Deux hommes reprirent à leur compte l'univers déjà très vaste de Copernic et en firent exploser les frontières. En 1576, dans son manifeste *A Perfit Description of the Celestiall Orbes* (« Une description parfaite des orbites célestes »), l'astronome anglais Thomas Digges (1546-1595) conserva le schéma des sphères cristallines planétaires, mais fut le premier à faire table rase de la frontière de la sphère extérieure des étoiles. Il proposa de la supprimer : les étoiles n'étaient plus incrustées à la surface de la plus haute sphère du cosmos, mais essaimées dans l'empyrée, le domaine de Dieu, qui devenait lui-même infini. Cette ivresse face à un univers infini, William Shakespeare (1564-1616), ami de Thomas Digges, au courant de ces débats autour de la taille de l'univers, l'a magnifiquement traduite en faisant dire à Hamlet cette phrase immortelle : « Je pourrais être enfermé dans une coquille de noix et me regarder comme le roi d'un espace infini… »

L'idée d'un univers infini, non limité par la sphère extérieure des étoiles, a aussi été défendue haut et fort par le moine dominicain Giordano Bruno (1548-1600). Celui-ci devait payer de sa vie sa hantise de l'infini. Personnage flamboyant et pittoresque, se décrivant dans son ouvrage *Le Souper des cendres*[1] comme « l'homme qui a franchi les airs, traversé le ciel, parcouru les étoiles, outrepassé les limites du monde, dissipé les murailles imaginaires des sphères […] postulées par de vains calculs mathématiques ou par une aveugle et vulgaire philosophie », Bruno arguait que Dieu, doté de pouvoirs infinis, ne pouvait pas être l'auteur d'un univers fini. « Pourquoi voudrions-nous ou devrions-nous penser que l'efficacité divine soit oisive ? » plaidait-il dans *De l'infini, de l'univers et des mondes*, publié en 1584[2]. Ayant abattu la « muraille imaginaire » de la sphère extérieure des étoiles, il ne s'arrêta pas en si bon chemin, mais peupla cet univers infini d'une infinité de mondes habités par une infinité de formes de vie, toutes célébrant la gloire de Dieu. Pour l'Église, cette dernière proposition fut la goutte qui fit déborder le vase, car l'existence de civilisations extra-terrestres soulevait des questions théologiques épineuses pour la doctrine chrétienne. D'après celle-ci, les humains étaient censés avoir hérité le « péché originel » d'Adam et Ève ; une espèce extra-terrestre qui se serait développée indépendamment sur une autre planète n'aurait pas reçu cet héritage : serait-elle alors exempte de péché ? D'autre part, Dieu avait envoyé Son fils Jésus-Christ sur Terre pour sauver l'espèce

1. Giordano Bruno, *Œuvres complètes*, t. II, Les Belles Lettres, 1994, traduit par Yves Hersant.

2. *Ibid.*, t. III, traduit par Jean-Pierre Cavaillé.

humaine. Y aurait-il eu une multitude de Jésus-Christ extra-terrestres visitant chaque planète hébergeant la vie pour sauver les êtres qui s'y étaient développés ? Questions qui paraissaient absurdes au premier abord, mais auxquelles les théologiens devaient faire face ! proclamait Bruno. C'en était trop pour l'Église, qui l'accusa d'hérésie et le condamna en 1600 à mourir sur le bûcher sur le Campo dei Fiori (la place des Fleurs) à Rome. Sa statue, qui se dresse aujourd'hui au milieu de la place, nous rappelle ce tragique événement.

Le mystère de la nuit noire

Les deux scientifiques à réfléchir ensuite sur la taille de l'univers furent l'Allemand Johannes Kepler (1571-1630) et l'Italien Galilée (1564-1642). Se fondant sur le trésor d'observations, d'une précision inégalée, amassé pendant des dizaines d'années de patient et dur labeur par Tycho Brahé, Kepler put percer le secret des mouvements planétaires. À l'encontre de ses propres convictions métaphysiques (il pensait que Dieu était géomètre et que l'univers était régi par les mathématiques), il fit tomber les derniers bastions aristotéliciens du mouvement « parfait », c'est-à-dire les orbites circulaires et les mouvements uniformes des planètes. Kepler découvrit que celles-ci décrivaient non pas des cercles, mais des orbites elliptiques, avec le Soleil non pas en position centrale, mais à l'un des foyers de l'ellipse. Elles ne se déplaçaient pas à vitesse constante, mais accéléraient quand elles se rapprochaient du Soleil, et décéléraient quand elles s'en éloignaient. En revanche, Kepler se montra on ne peut plus prudent sur la question de l'infinité de l'univers. Il pensait que l'infini ne pouvait se prêter à l'observation. L'infinité de l'univers devait donc rester une notion métaphysique qui ne pouvait être abordée par la science, puisque cette dernière devait reposer sur la vérification expérimentale. Parce qu'il ne pouvait être mesuré, l'infini échappait à l'intellect. Nous voyons là des relents de l'idée aristotélicienne selon laquelle l'infini est potentiel, et non actuel. Pour Kepler, « un corps infini ne peut être compris par la pensée. En effet, les idées de l'infini qu'échafaude l'esprit humain renvoient ou bien à la signification du mot "infini", ou bien à quelque chose qui excède toute mesure numérique, visuelle ou tactile concevable ; c'est-à-dire à quelque chose qui n'est pas infini en acte, étant donné qu'une mesure infinie n'est pas concevable[1] ». Et, pour justifier sa préférence pour un univers fini, l'astronome avança un argument scientifique nouveau : le fait que la nuit soit noire.

Nous trouvons toute naturelle l'alternance du jour et de la nuit, due à la rotation de la Terre sur elle-même, qui rythme notre activité et

1. Johannes Kepler, *De Stella Nova*, 1606.

notre sommeil. Pourtant, le fait que la nuit soit noire pose problème. Si l'univers était infini, raisonnait Kepler, le ciel nocturne, quand le Soleil éclaire l'autre face de la Terre, devrait être aussi brillant que le jour. Nous n'aurions pas d'alternance du jour et de la nuit, car il ferait toujours jour. En effet, un univers infini devrait contenir une infinité d'étoiles aussi brillantes que le Soleil. Si c'était le cas, nous nous retrouverions dans une situation analogue à celle d'un individu au milieu d'une forêt touffue où la vue est inévitablement arrêtée par un tronc d'arbre. De même, depuis notre Terre, où que notre regard se porte vers le ciel, il devrait toujours rencontrer une étoile dans la « forêt stellaire » d'un univers infini, et le ciel nocturne devrait arborer la brillance du plein soleil. Or la nuit est noire. Kepler en déduisit que l'univers n'était pas infini et qu'il ne contenait pas une infinité d'étoiles. Les événements les plus simples sont souvent les plus riches en informations : il suffit de les voir. Le paradoxe de la nuit noire ne fut résolu qu'avec l'avènement de la théorie du big bang.

À l'instar de son contemporain Kepler, Galilée se montra lui aussi très prudent sur la question de l'infinité de l'univers. Nous avons vu que, réfléchissant sur l'infini mathématique, il avait découvert que les listes infinies de nombres (comme l'ensemble des nombres entiers) avaient l'étrange propriété que leurs sous-ensembles (comme la liste des carrés) sont aussi « grands » que l'ensemble. Pour ce qui est de l'infini spatial, dans son *Dialogue sur les deux grands systèmes du monde*[1], Galilée revient sur les deux possibilités d'un univers soit infini, soit fini. Salviati (qui représente le point de vue de Galilée) explique à Simplicio : « Qu'allons-nous faire maintenant, signor Simplicio, des étoiles fixes ? Allons-nous les disperser dans les immenses abîmes de l'univers à différentes distances de n'importe quel point déterminé, ou bien allons-nous les situer sur une même surface sphériquement étendue autour de son centre, toutes étant alors à distance égale de ce centre ? » Comme Kepler, Galilée pense que la question relève de la métaphysique et ne peut être résolue par la science des hommes : « Ne savez-vous pas qu'il est encore non décidé (et je crois que cela le restera toujours pour la science humaine) si l'univers est fini ou infini ? »

La gravitation et l'univers infini de Newton

Si Kepler pouvait décrire les mouvements des planètes en recourant à des lois mathématiques, il n'existait encore aucune théorie physique pour expliquer leur comportement. Maintes questions restaient en suspens

1. Galilée, *Dialogue sur les deux grands systèmes du monde*, Le Seuil, 1992, traduit par René Fréreux.

après la liquidation des sphères cristallines par Tycho Brahé. Si les planètes n'étaient pas attachées à des sphères, qu'est-ce qui les maintenait sur leurs orbites elliptiques ? Pourquoi ne tombaient-elles pas vers le Soleil ? Quelle était la cause de leurs mouvements, s'il n'y avait plus d'anges pour propulser les sphères cristallines, comme l'univers chrétien de saint Thomas d'Aquin le concevait ? Pourquoi accéléraient-elles à proximité du Soleil et décéléraient-elles loin de celui-ci ? C'est l'Anglais Isaac Newton (1642-1727) qui, grâce à sa magistrale théorie de la gravitation universelle, opéra la grande synthèse des connaissances acquises par Kepler et Galilée. Ce faisant, il enterra une fois pour toutes la conception aristotélicienne de l'univers selon laquelle le ciel et la Terre étaient régis par des lois naturelles différentes, les mouvements étant circulaires dans le ciel et rectilinéaires sur Terre. Pour Newton, c'est la même et seule force de gravitation universelle qui est responsable de la chute d'une pomme dans le verger et du mouvement de la Lune autour de la Terre : toutes deux « tombent » vers la Terre.

Mais pourquoi une pomme lancée en l'air s'écrase-t-elle au sol au bout de quelques instants, alors que la Lune continue imperturbablement à tourner autour de la Terre ? C'est parce que la pomme n'a pas reçu de la main une impulsion assez forte au moment du lancer. Si elle était lancée de plus en plus fort, elle resterait de plus en plus longtemps en l'air et atterrirait de plus en plus loin, jusqu'à ce que la distance du point de chute de la pomme soit supérieure au diamètre de la Terre. Comme la Lune, la pomme continuerait alors à tourner indéfiniment autour de la Terre sur une orbite elliptique. Tout comme les planètes, elle n'aurait nul besoin d'être fixée à une sphère cristalline poussée par des anges pour poursuivre son mouvement ! La gravitation universelle fait que tout objet attire tout autre objet avec une force qui est proportionnelle au produit de leurs masses et inversement proportionnelle au carré de la distance qui les sépare. Une planète située près du Soleil est davantage attirée par la force de gravité vers celui-ci, et son mouvement s'accélère. En revanche, quand elle en est éloignée, elle est freinée par l'attraction gravitationnelle du Soleil et décélère. Grâce à sa théorie de la gravitation universelle, Newton a pu ainsi expliciter les lois régissant les mouvements planétaires de Kepler.

L'univers infini, d'ordre philosophique et théologique avec Thomas Digges et Giordano Bruno, acquit un statut scientifique avec Newton. La portée de la force de gravitation étant infinie, l'univers devait l'être lui aussi. Si l'univers possédait des limites, raisonna Newton, il existerait en son sein une position centrale privilégiée. La gravité qui attire tout ferait que toutes les parties de l'univers s'effondreraient vers ce centre, y créant une grande masse centrale, ce qui ne serait pas conforme à l'univers observé. En fait, Newton pensait que les étoiles et les planètes étaient seulement réparties dans une région finie, mais que cette dernière était entourée d'un espace infini vide, dénué de toute matière. En cela, il différait de son contemporain René Descartes, pour qui l'espace ne pouvait exister sans la présence de matière. Le physicien anglais, profondément mystique, croyait que l'Esprit divin, de par ses pouvoirs illimités, pouvait facilement créer un espace, « organe sensible de Dieu », dénué de toute matière. Un problème subsistait néanmoins : puisque la force de gravité est attractive et que tous les corps célestes s'attirent les uns les autres, cette configuration était on ne peut plus instable car tous les corps risquaient de tomber vers un centre unique à la moindre perturbation, au moindre mouvement. Pour qu'elle puisse perdurer dans le temps, il fallait par conséquent que l'espace newtonien soit fixe et rigide.

Avec Newton, le déterminisme a fait son entrée en force. Les mouvements terrestres et célestes étaient déterminés par des lois mathématiques rigoureuses et précises. Une fois déclenchés, les mouvements n'avaient plus besoin d'une intervention, divine ou autre. Tout était déterminé à l'avance.

À la fin du XVIIe siècle, l'homme se voyait perdu dans un univers infini, rempli uniformément d'étoiles et dont il n'était plus le centre. Juché sur une Terre minuscule, il vivait dans un univers déterministe et mécanique peuplé d'objets inertes qui se comportaient au gré de lois rigoureusement déterminées et que sa raison pouvait découvrir. Dieu était toujours présent, mais beaucoup plus distant. Après avoir créé l'univers et remonté son « ressort », Il assistait de loin à son évolution et n'intervenait plus dans les affaires humaines. L'angoisse de l'infini envahit alors certains. Blaise Pascal (1623-1662) poussa son fameux cri du cœur : « Le silence éternel de ces espaces infinis m'effraie ! » L'écrivain argentin Jorge Luis Borges résume ainsi cette évolution de la vision du monde : « L'espace absolu qui inspirait les hexamètres de Lucrèce, qui avait été une libération pour Bruno, fut un labyrinthe et un abîme pour Pascal[1]. » Mais, pour la plupart des gens instruits, l'idée que la raison humaine pouvait percer le secret de Dieu et comprendre les lois régissant l'univers était exaltante.

La géométrie de l'espace et la perspective en art

Ainsi, quelque vingt siècles après qu'Archytas eut soulevé le paradoxe d'un univers fini, Thomas Digges, Giordano Bruno et Newton avaient donné la seule réponse sensée possible. La situation décrite par le philosophe grec ne pouvait exister. L'univers ne pouvait avoir de limites. Il ne pouvait y avoir ni bord cosmique ni au-delà, et tout javelot lancé se

1. Jorge Luis Borges, *Enquêtes*, Gallimard, 1992.

retrouverait nécessairement dans l'univers où son mouvement pourrait être décrit. Mais est-ce qu'un univers sans limites voulait nécessairement dire un univers infini, comme le pensaient Digges, Bruno et Newton ? La question était plus complexe qu'il n'y paraissait de prime abord. Elle fait intervenir ce qu'on appelle la géométrie de l'espace.

La géométrie est l'étude des formes, des relations entre des points, des droites, des surfaces et des volumes. Nous faisons de la géométrie quand nous contemplons des figures, tels un triangle ou un carré, ou des solides, tels un cube ou une sphère. Ces figures et ces solides ont des tailles, des surfaces, des volumes qui sont finis. *A priori*, vous pensez que la géométrie n'a rien à voir avec l'infini ; vous vous trompez lourdement ! Il suffit de considérer la plus simple des figures géométriques : la ligne droite. Celle-ci se prolonge à l'infini dans les deux directions. Vient ensuite le cercle : voilà une figure de taille finie, mais que nous pouvons parcourir à l'envi, toujours en reparcourant le même chemin, sans jamais rencontrer de limites. La notion de « sans limites » n'équivaut pas nécessairement à celle de l'infini.

Qu'en est-il de la géométrie de l'univers ? Newton avait conçu son univers infini dans le cadre de la géométrie euclidienne. Au IIIe siècle av. J.-C., le mathématicien grec Euclide (v. 300) avait rassemblé dans son chef-d'œuvre, les *Éléments*, la totalité du savoir géométrique connu. Cette œuvre monumentale, qui allait dominer la pensée géométrique pendant les vingt siècles à venir, reposait tout entière sur dix postulats (ou axiomes) énoncés au début des *Éléments*. Un postulat est une proposition dont la véracité est considérée comme évidente. Les axiomes furent considérés comme vrais et intouchables pendant deux millénaires. Cela valait en particulier pour le cinquième de ces postulats d'Euclide, dont l'énoncé nous est familier et que nous avons tous appris sur les bancs de l'école : par un point donné, nous pouvons tracer une parallèle, et une seule, à une droite donnée ne passant pas par ce point. Curieusement, c'est un développement intervenu non pas dans les sciences, mais dans les arts, qui va pour la première fois semer le doute dans les esprits quant à la véracité absolue de ce postulat. Il s'agit du problème de la perspective en peinture – autrement dit, de la façon de représenter un espace à trois dimensions sur la surface d'une toile à deux dimensions en tenant compte de l'éloignement et de la position des objets par rapport à l'observateur. Ce problème a obsédé les artistes à toutes les époques.

Il y a quelque quinze mille ans, les magnifiques fresques de la grotte de Lascaux, en Dordogne, attestent déjà un souci de la profondeur. Les animaux sont montrés se recoupant, les taureaux les plus éloignés étant partiellement cachés par les plus proches. La perspective telle que nous la connaissons aujourd'hui est en revanche absente dans l'art égyptien, il y a quelque cinq mille ans. Les artistes de l'Égypte ancienne utilisent des lignes perpendiculaires, verticales et horizontales, pour dessiner un quadrillage et obtenir les proportions voulues. L'art égyptien, caractérisé par la notion d'ordre, se veut avant tout un reflet de la hiérarchie sociale, politique et religieuse. Ainsi, la taille des personnages y est moins déterminée par leurs distances par rapport à l'observateur que par leur rang social : les plus grandes figures ne sont pas nécessairement les plus proches, mais les plus élevées dans la hiérarchie. Le pharaon domine toujours de sa hauteur les autres personnages. Les femmes et les représentants des peuples conquis sont de moindre taille. Les dieux sont plus ou moins imposants selon leur puissance. Chaque personnage (ou chose) n'est pas représenté d'un point de vue particulier et unique, mais de façon à le mettre en valeur et à le rendre le plus reconnaissable possible. Il n'existe ainsi pas d'unité de vue. Malgré ce manque de perspective, l'art égyptien est très réaliste, les artistes montrant un perfectionnisme du détail et une connaissance approfondie de l'anatomie humaine. Les animaux qui symbolisent les divinités sont eux aussi largement représentés.

Au fil des siècles suivants, pendant les périodes grecque et romaine, la technique pour créer l'impression de profondeur n'évolue guère, malgré les apports des Grecs (tel Euclide) à la géométrie. La profondeur continue à être suggérée par une méthode qui demeure essentiellement la même que celle appliquée dans la grotte de Lascaux : plus un objet est loin, plus il est représenté petit[1].

L'absence de point de vue unique dans l'art égyptien se retrouve dans l'art oriental. Les artistes orientaux n'ont jamais développé la sacro-sainte perspective linéaire en vigueur dans l'art occidental. Cela ne veut pas dire pour autant qu'ils n'ont pas conçu un schéma cohérent d'organisation de l'espace. Mais, au lieu de séparer l'observateur subjectif du monde objectif, comme le fait l'art occidental, l'art oriental tient à insérer l'observateur dans la scène observée, à fondre l'homme dans la nature de telle façon que sujet et objet ne forment plus qu'un dans un tout holistique. Au lieu d'instaurer un point de vue extérieur quelque part devant la toile, le point central, dans l'art oriental, se situe à l'intérieur même du paysage observé. Les paysages chinois ou japonais ne comportent pas d'indices destinés à nous signaler l'emplacement de l'observateur, car il n'en est nul besoin. L'artiste comme le contemplateur de l'œuvre sont inclus dans le paysage. Cette intégration de l'observateur à la nature permet à l'artiste de ne plus présenter un seul et unique point de vue (celui du peintre et du spectateur immobiles devant une scène statique), mais plusieurs points de vue à la fois. Ainsi, les peintures chinoises et japonaises combinent souvent une vue de haut des paysages et des

1. La taille angulaire d'un objet décroît comme l'inverse de sa distance à l'observateur. Ainsi, un objet dix fois plus éloigné paraîtra dix fois plus petit.

bâtiments avec une vue latérale des personnages. Cette multiplicité de points de vue offre certains avantages : elle permet, par exemple, de représenter des montagnes dans la partie supérieure d'une peinture sans que celles-ci écrasent de leur présence la partie inférieure.

Des lignes parallèles qui convergent

Si les peintures égyptienne et orientale présentent une multiplicité de points de vue, c'est en revanche le point de vue unique qui est à la base de la perspective « linéaire » ou « centrale » en Occident[1]. Celle-ci fait son apparition à l'époque de la Renaissance. C'est l'architecte, ingénieur et sculpteur florentin Filippo Brunelleschi (1377-1446) qui, le premier, en démontre les principes lors d'une expérience célèbre réalisée en 1415 sur la place San Giovanni, à Florence, devant le baptistère du même nom. Cette expérience a changé le cours de l'histoire de l'art et est à l'origine d'une véritable révolution esthétique dans la figuration occidentale. Elle va aussi contribuer à semer le doute dans les esprits sur la véracité absolue du postulat des parallèles d'Euclide. Debout près de la porte centrale de la cathédrale de Florence, dos à la nef et faisant face au baptistère, l'architecte tient, d'une main, un miroir et, de l'autre, appuie contre son œil une planchette sur le devant de laquelle a été monté un petit dessin du baptistère San Giovanni, reproduit fidèlement selon les lois de la perspective, en se servant d'une ligne d'horizon, d'un point central et de lignes droites convergentes. La planchette est percée d'un petit trou, « pas plus gros qu'une lentille », qui permet à l'architecte de voir l'image du dessin du baptistère réfléchie par le miroir. Brunelleschi démontre que, s'il se tient à un endroit précis, il peut exactement superposer le reflet de son dessin avec le vrai baptistère, créant de la sorte une parfaite illusion de la réalité. La perspective linéaire permet ainsi de créer avec une précision scientifique l'illusion de la profondeur. Elle offre la possibilité de représenter le monde sur une surface plane absolument tel que l'œil le voit. Brunelleschi découvre que, pour obtenir une coïncidence exacte entre le dessin et la réalité, il doit se tenir en un seul et unique endroit, là où le dessin du baptistère a été réalisé. Un seul point de vue est donc possible.

La perspective « linéaire » (ainsi appelée parce qu'elle repose sur le fait que la lumière se propage en ligne droite) ou « centrale » (il y a un point de vue unique) est aussi dite « géométrique ». Elle se fonde en effet sur la géométrisation de l'espace, laquelle admet que des lignes parallèles, dans la réalité, convergent en un point de fuite sur le dessin,

1. Le mot « perspective » vient du latin *perspicere*, « voir au travers ».

et qu'il existe une relation étroite entre ce point de fuite et le point de vue unique et central du spectateur.

Mais Brunelleschi n'est pas versé dans les mathématiques et il revient à un autre architecte florentin, le peintre et humaniste Leon Alberti (1404-1472), de rédiger en 1435 le premier traité de perspective, intitulé *Della pittura*, et d'en exposer les fondements géométriques et mathématiques. Alberti explique que la perspective réduit l'homme à un œil, et l'œil lui-même à un unique point de vue. À partir de ce point de vue se construit une pyramide visuelle dont l'œil constitue le sommet, et la surface plane du tableau où se forme l'image la base. « Le tableau est une intersection plane de la pyramide visuelle », écrit Alberti. L'architecte élabore ce qu'il appelle la *costruzione legittima*, méthode qui consiste à déterminer et à tracer tous les points d'intersection des rayons visuels avec le plan du tableau, ce qui permet une rigoureuse mise en perspective de n'importe quel paysage ou objet.

La perspective linéaire est une conséquence des progrès accomplis dans l'exploration des lois optiques régissant le comportement de la lumière, et d'une vision qui attribue à l'homme la place centrale dans l'univers. L'univers géocentrique règne en maître au XVe siècle et ne sera remplacé par l'univers héliocentrique de Nicolas Copernic qu'en 1543. Avec l'avènement de la perspective, le monde n'est plus considéré comme un simple reflet de la pensée divine, mais comme un monde physique doté d'un espace réel et humain, réglé par les lois rationnelles de l'optique. La perspective apporte la stabilité à l'expérience visuelle ; elle remplace le chaos par l'ordre et la cohérence. Jamais un outil aussi puissant destiné à mettre de l'ordre dans l'expérience de la vision par le moyen d'une illusion n'avait encore été inventé. On dirait presque de la magie : appliquez la méthode de la perspective centrale, et l'illusion de la réalité apparaît sur la toile comme par un coup de baguette magique !

Un espace sans limites n'est pas nécessairement un espace infini

La projection du réel à trois dimensions sur la surface d'une toile à deux dimensions a donc semé le doute dans les esprits sur la véracité du postulat des parallèles d'Euclide : deux lignes qui sont parallèles ne le sont plus dès lors qu'elles sont projetées sur une surface. Dans un croquis, quand nous représentons les deux rails parallèles d'un chemin de fer par deux lignes elles semblent se rejoindre à l'horizon.

Vers la fin du XVIIe siècle, certains mathématiciens commencèrent à penser que le postulat des parallèles était redondant, qu'il pouvait être déduit des neuf autres postulats. Au cours des siècles suivants, maints efforts furent déployés pour vérifier cette hypothèse, mais toujours en vain : le postulat des parallèles ne pouvait être démontré à partir des autres axiomes euclidiens. Cet échec amena le mathématicien Carl Gauss (1777-1855) à subodorer que le postulat des parallèles était indépendant de tous les autres. Mais, si c'était le cas, cela voulait dire qu'on pouvait remplacer le postulat des parallèles par un autre qui lui était contradictoire, et toujours disposer d'une géométrie logiquement cohérente. Étaient semés les germes préludant à la naissance des géométries non euclidiennes.

L'honneur d'élaborer les premières géométries non euclidiennes revint à un triumvirat de hardis pionniers, le Russe Nikolaï Lobatchevski (1793-1856), le Hongrois Janos Bolyai (1802-1860) et l'Allemand Bernhard Riemann (1826-1866). Au lieu du cinquième postulat d'Euclide (« À partir d'un point, on peut tracer une et une seule parallèle à une droite donnée ne passant pas par ce point ») (fig. 15*a*), Lobatchevski et Bolyai postulèrent : « À partir d'un point, on peut tracer une infinité de parallèles à une droite donnée », bâtissant ce qu'on appelle de nos jours la géométrie de Lobatchevski-Bolyai, cependant que Riemann proposait l'axiome suivant : « À partir d'un point, on ne peut tracer aucune parallèle à une droite donnée », pour édifier la géométrie portant aujourd'hui son nom. En particulier, le mathématicien allemand démontra qu'un espace sans limites n'est pas nécessairement infini. Dans ses *Œuvres mathématiques*[1], il écrit : « La propriété de l'espace d'être illimité possède une plus grande certitude empirique qu'aucune autre donnée externe de l'expérience. Mais l'infinitude de l'espace n'en est en aucune manière la conséquence ; au contraire, si on attribue à l'espace une mesure de courbure constante, l'espace serait nécessairement fini dès lors que cette mesure de courbure aurait une valeur positive, si petite qu'elle fût. »

Le mot est enfin lâché : « courbure de l'espace ». C'est avec ce concept que nous pouvons comprendre comment l'espace peut n'avoir aucune frontière, tout en restant parfaitement fini. Si cela vous paraît *a priori* impossible, imaginez-vous en Magellan ou en Phileas Fogg faisant plusieurs fois le tour de la Terre. Vous pourrez en faire autant de tours que vous voudrez, vous ne rencontrerez jamais de limites. Jamais un mur ou une bordure pour vous barrer le chemin ! Et, malgré cela, la surface de la Terre est finie. C'est possible parce que la Terre n'est pas plate, mais courbe. Euclide n'est plus d'aucun secours lorsqu'on a affaire à une surface courbe ; il faut appeler à la rescousse Lobatchevski, Bolyai et Riemann. Sur Terre, des lignes qui semblent être initialement parallèles, tels les méridiens indiquant la longitude, convergent et se rencontrent

1. Bernhard Riemann, *Œuvres mathématiques*, Jacques Gabay, 1990, p. 295.

aux pôles Nord et Sud. Il n'existe donc pas de « vraies » parallèles. La Terre a une courbure dite « positive » ou riemanienne (fig. 15*b*). Cette courbure ne caractérise pas toutes les surfaces. Ainsi, la surface des cols de montagne ou des selles de cheval a une courbure dite « négative ». Sur une telle surface, les lignes parallèles divergent et ne se rencontrent jamais : il y en a une infinité. Sa géométrie est dite de Lobatchevski-Bolyai (fig. 15*c*).

Ces résultats s'appliquent également à l'espace à trois dimensions. L'univers peut être plat ou sans courbure, mais il peut aussi posséder une courbure positive ou négative. En pleine nuit, supposez que vous projetez un faisceau de lumière d'une puissance infinie. Si vous évoluez dans un univers plat, la lumière ira se perdre à l'infini dans le cas d'un univers infini, ou bien elle reviendra vers vous dans le cas d'un univers fini. Si votre univers a une courbure positive, vous la verrez revenir vers vous après avoir fait le tour de l'univers, comme Magellan revient à son point de départ après avoir fait le tour de la Terre ; dans ce cas, l'univers est fini ou « fermé ». Si votre univers est courbé négativement, la lumière se perdra dans l'infini ; dans ce cas, l'univers est infini ou « ouvert ». Dans les trois cas, l'univers est sans limites, le paradoxe du bord n'existe plus, et Archytas peut dormir sur ses deux oreilles.

L'espace dynamique d'Einstein

En tant que mathématiciens, Riemann, Lobatchevski et Bolyai n'étaient pas directement concernés par la question de savoir si les géométries nouvelles qu'ils avaient inventées en modifiant le postulat d'Euclide correspondaient ou non à la réalité physique. Ils voulaient seulement savoir si, avec le nouveau postulat, ils pouvaient bâtir une structure mathématique logique et cohérente incorporant les neuf autres axiomes euclidiens. En d'autres termes, ils étaient à la recherche d'une vérité logique et non pas physique. Mais, comme souvent pour ce qui a trait au comportement de la nature, la pensée mathématique devance la pensée physique. Quand un jeune physicien du nom d'Albert Einstein (1879-1955) découvrit dans les années 1920 que la gravité courbait l'espace, il ne pouvait plus recourir à la géométrie euclidienne, qui se borne à décrire un espace plat. Il fut alors tout heureux de découvrir les géométries non euclidiennes. La surprenante capacité des mathématiques à décrire la réalité constitue l'un des plus profonds mystères qui soient. C'est ce que le physicien hungaro-américain Eugene Wigner a appelé la « déraisonnable efficacité des mathématiques » à décrire le monde.

Dans l'univers de Newton, l'espace n'était pas seulement plat, il était aussi statique et immobile, rigide et éternel. Baigné d'une substance invisible appelée « éther » qui transmettait la force de la gravitation universelle, il n'était qu'une scène de théâtre où se déroulait le drame cosmique avec les acteurs planètes, étoiles et galaxies. Dans l'univers d'Einstein, l'espace abandonne son rôle passif. De spectateur, il se mue en acteur du drame cosmique. De statique, il devient dynamique.

Comment Einstein en est-il arrivé à déclencher cette révolution conceptuelle ? À l'été 1900, il termine ses études universitaires de physique au célèbre Polytechnicum de Zurich, en Suisse, mais ne peut décrocher un poste d'assistant à son ancienne université, où les professeurs n'apprécient pas son non-conformisme. Il vivote grâce à des emplois précaires de répétiteur dans de modestes écoles suisses. « Au seuil de la vie, je me sentais comme un paria tenu à l'écart, mal aimé et abandonné par chacun », écrira-t-il plus tard. En 1902, grâce à l'intervention du père d'un ami, il est embauché comme « expert technique de troisième classe » au Bureau suisse des brevets, à Berne. C'est en travaillant là, hors de tout environnement universitaire, à mille lieues des injonctions à se conformer aux idées reçues et aux théories en vogue dans les milieux académiques pour faire carrière, qu'Einstein, le rebelle et le révolutionnaire, laisse éclater son génie. En 1905, il modifie le visage de l'univers par quatre articles fondamentaux dont chacun aurait suffi à le propulser au panthéon de la physique et au faîte de la gloire. Dans un de ces articles[1], il propose une nouvelle théorie du temps et de l'espace, la théorie de la relativité dite « restreinte », car elle concerne seulement des mouvements uniformes, sans accélération ni décélération. Dans cet article, il sape le dogme newtonien d'un temps et d'un espace universels et absolus qui seraient les mêmes pour toute personne. Le temps et l'espace deviennent élastiques et malléables. Tous deux peuvent se dilater, se contracter, s'étirer, rétrécir à souhait, en fonction du mouvement de l'observateur. Temps et espace ne sont plus dissociables, comme dans l'univers de Newton, mais forment un couple bien uni. L'univers a désormais quatre dimensions : la dimension temporelle s'ajoute aux trois dimensions de l'espace. Pour fournir vos coordonnées dans l'univers, il ne suffit plus d'indiquer votre position, il faut aussi préciser le temps mesuré à cette position.

Après la formulation de sa théorie de la relativité restreinte en 1905, Einstein se rend compte que celle-ci est incomplète sur au moins deux points. D'abord, elle est en contradiction avec la théorie de Newton selon laquelle la gravité est une force qui agit instantanément entre deux objets ; en d'autres termes, cette force serait censée s'exercer à

1. Les autres articles portent sur le mouvement des atomes, la nature quantique de la lumière et l'équivalence entre matière et énergie.

une vitesse infinie, ce qui viole la relativité restreinte, d'après laquelle aucune interaction physique ne peut se propager plus vite que la lumière. Ensuite, la relativité restreinte ne prend en compte que des mouvements uniformes, à vitesse constante. Au cours des dix années suivantes, Einstein va s'attacher à généraliser sa théorie pour aboutir à la relativité générale, qui vaut aussi pour des mouvements accélérés. Dans cette nouvelle théorie, le jeune physicien introduit un nouveau langage géométrique pour décrire le couple espace-temps qui va bouleverser complètement notre conception de la gravité. Pour échafauder sa théorie, il ne tient rien pour acquis et n'hésite pas à repenser les fondements mêmes de la physique. Il entend repartir des principes premiers. « Au début sont les principes ! » professe-t-il. Ce sont eux qui confèrent au monde sa cohérence et son harmonie. Ce sont donc eux qui doivent conduire à la vérité.

Einstein se pose une question qui paraît toute simple au premier abord : comment la gravité fonctionne-t-elle ? Tous les mois, la Lune décrit un tour autour de la Terre à une distance moyenne de 384 000 kilomètres, en étant liée à notre planète par la gravité. Pourtant, il n'existe ni chaîne ni corde reliant les deux corps célestes ! En 1915, Einstein propose une solution révolutionnaire au problème. Il avance l'idée que c'est l'espace lui-même qui permet à la force de gravité d'exercer son influence.

Pour bien comprendre, considérons la trajectoire d'une bille sur une nappe couvrant une table. Si la nappe est bien repassée, il n'y a ni plis ni irrégularités, une chiquenaude fera partir la bille en ligne droite. En revanche, si la nappe est froissée, avec des plis ici, des irrégularités là, la trajectoire de la bille ne sera plus droite, mais telle que la bille puisse contourner les plis et irrégularités. Autrement dit, la trajectoire de la bille est déterminée par la forme de la nappe. Einstein suggère que le même mécanisme vaut pour l'espace. Un espace vide de toute matière aura une géométrie plane, et le plus court chemin entre deux points de cet espace sera une ligne droite. En revanche, dès qu'il existe des objets matériels, ces derniers déforment l'espace, y créant « des plis et des irrégularités » qui modifient la trajectoire des corps. Ainsi, la Terre courbe l'espace autour d'elle, et la Lune suit le plus court chemin dans cet espace courbé qui est une ellipse.

Les points de vue de Newton et d'Einstein sont donc radicalement différents. Selon Newton, la Lune suit sagement son orbite autour de la Terre grâce à la force de gravité qui lie les deux corps ensemble. L'univers newtonien est un monde de forces transmises par une substance mystérieuse appelée éther, qui remplit l'espace passif. Dans le monde einsteinien, ces forces n'ont plus droit de cité, l'éther est envoyé aux oubliettes ; c'est l'espace, devenu actif, qui conduit le bal et dicte les mouvements. La Lune suit son orbite elliptique parce que c'est la trajectoire la plus courte (les physiciens l'appellent géodésique) dans l'espace courbé par la Terre. Einstein libère ainsi l'espace de sa rigidité. L'espace, devenu élastique, peut s'étirer, rétrécir, se déformer, se contorsionner au gré de la gravité. Et c'est la forme finale de cet espace qui dicte les mouvements des objets ou de la lumière qui le traversent. Le physicien américain John Wheeler (1911-2008) a résumé la relativité comme suit : « La matière dicte la courbure de l'espace, et l'espace dicte le mouvement de la matière. »

L'exemple le plus extrême d'un espace courbé est celui d'un trou noir. Celui-ci est le résultat de l'effondrement d'une étoile massive (d'une dizaine de fois la masse du Soleil, voire plus) qui passe d'un rayon de quelques centaines de millions de kilomètres à un rayon final d'une trentaine de kilomètres. Sa gravité est si grande que l'espace se replie sur lui-même, empêchant la lumière de sortir, ce qui fait que le « trou » dans l'espace apparaît noir.

Einstein et votre téléphone portable

La matière courbe l'espace : voilà une prédiction de la relativité générale qui défie le bon sens. Pourtant, elle a été vérifiée dès 1919 au cours d'une expédition dirigée par l'astronome britannique Arthur Eddington (1882-1944) qui avait pour but d'observer une éclipse solaire et qui est restée fameuse dans les annales de la physique. L'idée, proposée par Einstein lui-même, était de profiter de l'absence de lumière solaire, masquée par la Lune, pour photographier les étoiles lointaines dont les positions, projetées dans le ciel, étaient très proches du Soleil. Si l'espace autour du Soleil est courbé par son champ de gravité, la trajectoire de la lumière doit être déviée quand elle passe près de notre astre (fig. 74). Cette déviation doit se traduire par un léger déplacement angulaire de leurs images par rapport aux images des mêmes étoiles prises six mois plus tard, quand la Terre se trouve de l'autre côté du Soleil et que la lumière de ces étoiles ne doit plus traverser le champ de gravité solaire pour nous parvenir. Le déplacement angulaire prédit par Einstein était minuscule (mais néanmoins deux fois plus grand que celui prédit par Newton) : égal à l'angle sous-tendu par votre pouce si celui-ci était à un kilomètre de distance. Mais il put être mesuré et était en accord avec la relativité.

Cette vérification spectaculaire de la théorie d'Einstein fit la une des journaux du monde entier. Un monde meurtri, tout juste sorti d'un conflit mondial dévastateur, las de n'entendre parler que de bolchevisme, de dommages de guerre, de famines, fut subjugué par cette nouvelle scientifique. Einstein se trouva propulsé au faîte de la gloire.

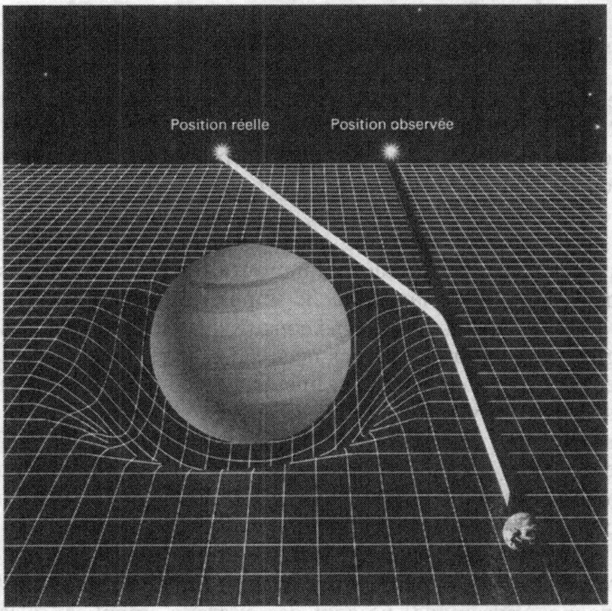

Fig. 74. *L'espace courbé par la gravité.* Parce que la gravité d'un objet massif courbe l'espace autour de lui (la courbure est illustrée par le creux dans l'espace plat) et que la trajectoire de la lumière est déviée par cette courbure, la position observée d'une étoile ou galaxie est légèrement déplacée par rapport à sa position réelle.

Depuis lors, la déviation de la lumière par le Soleil a été mesurée maintes fois, avec toujours plus de précision, et chaque fois la relativité s'est révélée exacte. En 2003, la trajectoire d'ondes radio passant à proximité de notre astre a été mesurée par la sonde *Cassini-Huygens*, et les résultats se sont montrés conformes aux prédictions de la relativité à une précision de 0,002 %. Plus proche de nous, le téléphone portable qui nous relie instantanément au reste du monde ou le GPS qui nous indique la position de notre voiture sur une route quelconque sont venus enrichir (certains diront perturber) notre vie quotidienne. Or, pour que ces engins marchent, il faut que les satellites de communication en orbite autour de la Terre et auxquels votre téléphone portable ou votre GPS sont reliés par des ondes radio tiennent compte de la trajectoire courbe de ces ondes radio, due à la gravité de notre planète. Autrement dit, une théorie révolutionnaire de l'espace-temps proposée au début du XXe siècle est en partie responsable du fonctionnement d'appareils qui tiennent aujourd'hui dans votre poche ou dans la paume de votre main !

Le principe cosmologique

La relativité générale n'a pas seulement bouleversé entièrement notre conception de l'espace-temps, elle a aussi permis à Einstein et à ses collègues physiciens de décrire, pour la première fois dans l'histoire de la pensée humaine, l'évolution de l'univers dans son ensemble en termes d'équations mathématiques, c'est-à-dire de construire ce qu'on appelle des « modèles cosmologiques ». Mais comment peut-on décrire l'univers dans sa totalité grâce à une ou à quelques équations ? Vous devez penser que c'est là une tâche impossible ! Mais tel n'est pas le cas, car l'art des grands physiciens consiste justement à savoir simplifier et à négliger tout ce qui n'est pas nécessaire. Il est bien évident que, en pratique, nous ne pouvons dresser une liste du contenu de *tout* l'univers : des vies entières n'y suffiraient pas. Einstein se rendit compte qu'il lui fallait adopter un principe simplificateur qui lui faciliterait la tâche. En 1543, le chanoine polonais Nicolas Copernic nous avait appris que nous n'occupions pas une place privilégiée dans l'univers : la Terre n'occupe pas la place centrale dans le système solaire. Depuis lors, son fantôme n'a pas cessé de nous hanter. Ni la Terre, ni le Soleil, ni la Voie lactée, ni le groupe local (groupement de galaxies qui inclut la Voie lactée et sa compagne Andromède) ne sont des endroits singuliers. Ces mêmes structures sont reproduites à des milliards d'exemplaires dans l'immensité de l'univers. Notre coin d'univers n'a rien de particulier. Alors, pourquoi ne pas parier que tous les autres coins sont pareils ? Par un coup de génie, Einstein postule ainsi ce que les cosmologues appellent le « principe cosmologique » : l'univers est semblable à lui-même en tout lieu (il est homogène) et dans toutes les directions (il est isotrope).

Une fois postulé le principe cosmologique, l'évolution de l'univers ne dépend plus que de son contenu en matière et énergie, plus précisément de sa densité (ou masse par unité de volume). Les équations de la relativité générale qui décrivent comment cette densité évolue en fonction du temps sont au nombre de dix. Elles sont si imbriquées les unes dans les autres, et de manière si complexe, qu'elles ne peuvent être facilement résolues. C'est comme si nous avions en face de nous un nœud gordien qui ne saurait être défait. Le principe cosmologique est l'épée qui permet de trancher ce nœud. Son introduction fait que les dix équations se réduisent comme par magie à une seule, ce qui permet de la résoudre.

Comment expliquer ce tour de passe-passe ? Imaginons une plage de sable au bord de l'océan. Si je vous demande de décrire la plage dans ses moindres détails, un petit monticule de sable par-ci, une petite dénivellation par-là, vous serez bien en peine de le faire. Mais si je désire seulement connaître les propriétés moyennes de la plage (par exemple sa couleur, la quantité de sable par mètre cube, son étendue, etc.), la tâche est beaucoup plus aisée. De même, parce qu'Einstein voulait connaître seulement les propriétés moyennes de l'univers (et le principe cosmologique dit que l'univers est en moyenne partout le même), il put résoudre ses équations.

À l'époque où le physicien postula son principe cosmologique, il n'existait encore aucune preuve observationnelle de l'uniformité de l'univers. Depuis lors, la découverte en 1965 du rayonnement fossile qui baigne tout l'univers – cette lumière issue de l'instant de sa création – a complètement changé la donne. Les observations des satellites COBE et WMAP et Planck ont montré que la température de ce rayonnement (–270,3 °C) est extrêmement uniforme, ne variant pas de plus de 0,001 % d'un coin du ciel à l'autre, confirmant de manière spectaculaire l'intuition géniale d'Einstein.

Il faut mesurer à quel point l'apport d'Einstein est immense. L'homme s'est posé des questions sur la structure de l'univers depuis des temps immémoriaux. Les descriptions d'univers se sont succédé et ont revêtu des formes multiples à travers les époques. Le premier univers a émergé il y a peut-être quelques centaines de milliers d'années, en même temps que le langage. Les univers magiques et mythiques sont ensuite apparus, souvent sous-tendus par des considérations religieuses, artistiques ou nationalistes. L'univers scientifique est né avec les Grecs il y a quelque vingt siècles. Il s'est ensuite développé au fil du temps, propulsé par des découvertes géniales telles que la théorie de la gravitation universelle de Newton. Mais c'est seulement au XXe siècle qu'Einstein, pour la première fois dans l'histoire de la pensée humaine, nous donne les moyens d'élaborer des modèles mathématiques de la totalité des univers scientifiquement possibles qui soient conformes aux lois de la physique connue, et nous permettent à la fois de reconstituer leurs passés et de prédire leurs futurs.

Une force répulsive dans l'univers

Ayant tranché le nœud gordien des équations de la relativité générale, Einstein avait la voie libre pour construire un modèle cosmologique de l'évolution de l'univers. Ce faisant, le physicien fut confronté à une surprise de taille : le modèle d'univers qu'il obtint n'était pas statique, comme il s'y attendait, mais dynamique. Son modèle lui disait que l'univers doit ou bien être en expansion, ou bien s'effondrer sur lui-même, tout comme un ballon qu'on jette en l'air doit monter ou descendre. Parler d'un univers statique revenait à dire que le ballon peut rester immobilisé, suspendu en l'air. L'espace de l'univers n'est plus passif, mais actif ; il acquiert le mouvement et devient dynamique. Or, tout dans les observations de l'univers à l'époque indiquait un univers statique.

Einstein n'eut pas assez confiance en sa chère théorie de la relativité pour proclamer que les observations devaient être erronées et que l'univers devait être dynamique, et non statique : il se plia à l'opinion générale et modifia ses équations en introduisant, en 1917, un extraterme appelé « constante cosmologique », représentant une sorte de force répulsive censée contrebalancer exactement la force attractive de la matière, ce qui lui permettait de construire un modèle d'univers statique.

Einstein n'a jamais précisé l'origine de cette force répulsive, sauf pour dire qu'elle ne peut être produite ni par la matière, ni par la lumière. L'existence d'une force répulsive n'est pas exclue par les équations de la relativité générale. En effet, dans la théorie d'Einstein, la gravité dépend non seulement de la masse de matière, ou, de manière équivalente, de sa densité (la densité étant égale à la masse de l'univers divisée par son volume), mais aussi de la pression. Or, s'il existait dans l'univers une large pression négative supérieure à la densité de matière, on pourrait aboutir à une situation où la gravité nette serait négative, c'est-à-dire qu'elle repousserait au lieu d'attirer. Mais comment créer cette ample pression négative ? Einstein n'en avait pas la moindre idée. Parce que la constante cosmologique n'avait pas d'explication physique évidente, le physicien fut plus que ravi de la rayer de ses équations, en 1929, quand l'astronome américain Edwin Hubble (1889-1953) fit part de sa découverte de l'expansion de l'univers – une galaxie s'éloigne d'autant plus vite d'une autre qu'elle en est plus distante –, rendant caduc l'univers statique. Einstein alla jusqu'à dire que l'introduction de la constante cosmologique avait été « la plus grosse erreur de sa vie ». Le physicien regretta certainement de n'avoir pas eu assez confiance en sa chère relativité, ce qui lui aurait permis d'ajouter un autre titre de gloire à ceux qu'il avait déjà accumulés : celui de « découvreur » de l'expansion de l'univers. Mais, nous le verrons, l'histoire de la constante cosmologique est loin d'être terminée et connaîtra encore maints rebondissements.

L'univers serait-il parti de rien ?

Si, dans les années qui suivirent la publication de la théorie de la relativité en 1915, Einstein voulait à tout prix construire un modèle d'univers statique, d'autres scientifiques ne se privèrent pas, en revanche, d'utiliser sa théorie afin de construire des modèles d'univers dynamiques dans lesquels l'espace se diluerait ou se contracterait au fil du temps. Le premier à entrer en lice fut le mathématicien et météorologue russe Alexandre Friedmann (1888-1925). Succombant à la magie des équations de la relativité générale, il entreprit d'en chercher les solutions exactes dans le cas où l'univers serait homogène et isotrope. En 1922, il découvrit que les équations d'Einstein permettaient la description d'un univers non statique, en expansion ou en contraction. Dans son ouvrage *Le Monde dans l'espace et le temps*, Friedmann extrapole le comportement de l'univers dans le temps, vers le passé et le futur, en imaginant un univers cyclique, doté d'une série infinie de cycles d'expansion et de contraction. Le physicien russe écrit : « Il existe des cas où le rayon de courbure de l'univers change de manière périodique. L'univers se contracte en un point, puis son rayon augmente à nouveau, puis de nouveau il se contracte, et ainsi de suite. On ne peut s'empêcher de penser à l'univers cyclique de la mythologie hindoue. La possibilité existe aussi que l'univers soit parti de rien. Mais tout cela n'est pour l'heure qu'une curiosité qui ne peut être vérifiée par les observations astronomiques d'aujourd'hui. »

En apprenant les résultats de Friedmann, la première réaction d'Einstein fut de dire que celui-ci s'était trompé dans ses calculs. Mais il admit en 1923 que c'était lui qui était dans l'erreur et que, « outre des modèles d'univers statiques, les équations de la relativité permettaient aussi de construire des modèles d'univers qui évoluaient en fonction du temps ». Emporté à trente-sept ans par la fièvre typhoïde, le fondateur de la cosmologie non statique n'eut jamais le bonheur de voir son travail confirmé de façon spectaculaire par la découverte de l'expansion de l'univers par Edwin Hubble en 1929. De toute manière, l'intérêt de Friedmann pour la cosmologie était plus d'ordre mathématique qu'astronomique : « Ma tâche est de trouver les solutions possibles aux équations d'Einstein. Ensuite, les physiciens en feront ce qu'ils voudront. »

Le chanoine belge et l'atome primitif

Le deuxième bâtisseur d'univers non statiques à entrer en scène fut le chanoine catholique et astrophysicien belge Georges Lemaître (1894-1966). Formé à l'université catholique de Louvain, puis dans les plus grandes universités britanniques (il travailla avec l'astrophysicien Arthur Eddington à Cambridge) et américaines (Harvard et MIT), Lemaître était au courant des travaux d'Einstein sur l'univers statique. Travaillant à l'observatoire de Harvard, le Belge était aussi familier avec les résultats de l'astronome américain Vesto Slipher, qui avait découvert en 1923 un fait étrange : la lumière des quelques galaxies proches étudiées par ce dernier semblait être systématiquement décalée vers le rouge.

Ce rougissement pouvait se comprendre par un mouvement d'éloignement des galaxies, grâce à une découverte du physicien autrichien Johann Christian Doppler (1803-1853) : en 1842, celui-ci avait en effet remarqué que le son émis par un objet en mouvement se faisait plus aigu quand l'objet se rapprochait de l'observateur, et plus grave quand il s'en éloignait. Cet « effet Doppler », nous l'avons tous ressenti quand, debout sur un trottoir, nous prêtons attention au son d'une sirène d'ambulance :

il est aigu quand l'ambulance se rapproche de nous, mais devient plus grave quand elle s'éloigne. Tout comme le son, la lumière subit un « effet Doppler ». Quand un objet lumineux s'éloigne de nous, sa lumière devient plus « grave », elle perd de l'énergie et est décalée vers le rouge, tandis que si l'objet lumineux vient vers nous, sa lumière devient plus « aiguë », elle acquiert de l'énergie et est décalée vers le bleu. Le changement de couleur est d'autant plus grand que la vitesse d'éloignement ou d'approche augmente. Lemaître comprit que le mouvement d'éloignement des galaxies pouvait s'expliquer naturellement par un univers en expansion.

Ordonné prêtre dans l'ordre des jésuites en 1923, Lemaître publia en 1927 un article magistral dans lequel il fut le premier non seulement à présenter des modèles mathématiques d'univers en expansion, conformes aux équations de la relativité générale, ainsi que l'avait déjà fait Friedmann (Lemaître n'était cependant pas au courant des travaux de ce dernier), mais aussi à intégrer les observations astronomiques de Slipher sur le mouvement d'éloignement des galaxies, ce que ni Einstein ni Friedmann n'avaient fait. Son raisonnement était limpide : si l'univers est actuellement en expansion et que son espace se dilue en permanence, il a dû commencer son existence à partir d'un état extrêmement petit, chaud et dense, ce que Lemaître appela l'« atome primitif ». Depuis, par son expansion, l'univers n'a cessé de devenir plus grand, moins chaud, moins dense, jusqu'à être le vaste cosmos que nous contemplons aujourd'hui.

Dans son article, Lemaître fut aussi le premier à décrire le mouvement d'expansion de l'univers. En effet, le physicien belge se rendit compte que si l'univers était parti d'un état très petit, très chaud et très dense, le mouvement d'éloignement des galaxies ne pouvait être aléatoire. Il devait être tel que la vitesse d'éloignement d'une galaxie serait proportionnelle à sa distance. Par exemple, une galaxie vingt fois plus éloignée de la Voie lactée qu'une autre galaxie s'en éloignerait vingt fois plus vite que cette dernière. Conséquence fondamentale de cette proportionnalité entre distance et vitesse : chaque galaxie a mis exactement le même temps pour parvenir de son point d'origine à son emplacement actuel, puisque ce temps est précisément le rapport de la distance à la vitesse. Inversons maintenant le déroulement des événements. Toutes les galaxies se retrouvent au même endroit au même instant : de là découle l'idée d'un état original extrêmement condensé et d'une explosion de l'espace, le fameux big bang qui donna naissance à l'univers et dont l'effet se perpétue aujourd'hui par le mouvement d'expansion qui fait que les galaxies se fuient les unes les autres[1].

1. L'expression « big bang » ne fut inventée que bien plus tard, dans les années 1950, par l'astronome britannique Fred Hoyle (1915-2001), au cours d'une interview radio à la BBC. Auteur d'une théorie cosmologique rivale, la théorie de

Quand Einstein prit connaissance des résultats de Lemaître, l'inventeur de la relativité, qui croyait encore en un univers statique, se montra de nouveau réticent. Lors du cinquième congrès Solvay, réuni en 1927 à Bruxelles (Solvay est le nom de l'industriel belge qui finança ces congrès rassemblant l'élite des physiciens et chimistes du monde entier), Einstein confia à Lemaître : « Vos mathématiques sont superbes, mais votre physique est abominable ! », mots qu'il regretta certainement par la suite, dès l'annonce par Hubble de sa découverte, en 1929, que la vitesse d'éloignement d'une galaxie varie bel et bien en fonction de sa distance par rapport à la Voie lactée[1].

Les chemins d'Einstein et de Lemaître se croisèrent à nouveau, cinq ans après leur premier face-à-face au congrès Solvay. Cette fois, la rencontre se déroula dans la salle de séminaire de l'observatoire du mont Wilson, en Californie, site où Hubble effectua toutes les observations qui menèrent à sa grande découverte. Lemaître exposait sa théorie de l'« atome primitif », et Einstein se trouvait dans le public. À la fin de l'intervention du chanoine belge, le père de la relativité se leva pour déclarer que la théorie de Lemaître était « l'explication de la Création la plus belle et la plus satisfaisante qu'il eût jamais entendue ». Quoique beaucoup moins connu du grand public qu'Einstein, Lemaître se voit aujourd'hui généralement reconnaître par la communauté scientifique la paternité de la théorie du big bang.

Le pape et le big bang

La découverte que l'univers n'est pas statique, mais en expansion, et que cette expansion implique un début dans le temps, ne peut pas ne pas avoir de profondes répercussions philosophiques et théologiques. L'idée d'un commencement du temps n'est pas sans rappeler la Création (« *Fiat lux !* ») telle que décrite dans la Genèse. En tant que chanoine catholique, Lemaître a souvent été accusé de « concordisme », c'est-à-dire d'avoir été influencé par ses convictions religieuses dans l'élaboration de son travail scientifique. Or c'est loin d'avoir été le cas, comme Lemaître lui-même le précise : « Pour autant que je puisse le discerner, la théorie [du big bang] se situe hors de tout questionnement métaphysique ou religieux. » Pour le physicien, la vocation de la cosmologie en particulier

---

l'« univers stationnaire », qui stipule en gros que l'univers ne change pas au fil du temps, l'astronome créa cette expression pour se moquer de l'idée d'une déflagration primordiale. Il ne se doutait pas que cette trouvaille frapperait si bien l'imagination des scientifiques et des foules qu'elle perdurerait !

1. Cette proportionnalité entre la distance d'une galaxie et sa vitesse d'éloignement est appelée aujourd'hui « loi de Hubble-Lemaître ».

et de la science en général n'est pas de confirmer ou d'infirmer ce qui relève des domaines religieux ou philosophique. Elle se contente de proposer un scénario cohérent, obtenu selon une démarche bien établie qu'on appelle « méthode scientifique », qui permet de décrire de façon cohérente l'ensemble des observations de l'univers dont on dispose à un moment donné.

Pourtant, il ne fallut pas attendre très longtemps pour que l'Église mette à profit la théorie cosmologique pour justifier scientifiquement la Genèse. En 1951, bien avant que la théorie du big bang ne soit généralement admise par la communauté scientifique (cette acceptation ne vint qu'en 1965, à la suite de la découverte du rayonnement fossile qui baigne tout l'univers), le pape Pie XII (1876-1958) prononça un discours resté célèbre à l'Académie pontificale des sciences, très explicitement intitulé *Les Preuves de l'existence de Dieu à la lumière de la science actuelle de la nature*. Dans ce discours, le pape fit le point sur les dernières découvertes en astrophysique, en physique nucléaire et en cosmologie : « Il semble, en vérité, que la science d'aujourd'hui, remontant d'un trait des millions de siècles, ait réussi à se faire témoin de ce *Fiat lux* initial, de cet instant où surgit du néant, avec la matière, un océan de lumière et de radiation, tandis que les particules des éléments chimiques se séparaient et s'assemblaient en millions de galaxies. » Et le souverain pontife de conclure sans laisser planer aucune ambiguïté : « Ainsi, Création dans le temps ; et, pour cela, un Créateur ; et, par conséquent, Dieu ! »

Choqué par une telle interprétation de découvertes scientifiques dans lesquelles il était directement impliqué, Lemaître demanda audience à Pie XII pour lui faire part de son point de vue selon lequel science et foi ne devaient pas être mêlées. Apparemment, Pie XII l'écouta, car l'année suivante, dans un discours devant un auditoire d'astronomes, le pape n'évoqua plus la création de l'univers, invitant simplement les savants à « acquérir un perfectionnement plus profond de l'image astronomique de l'univers ».

Je suis tout à fait en accord avec la position de Lemaître. Science et foi relèvent de magistères totalement différents, et il ne faut surtout pas mélanger les genres et faire preuve de « concordisme ». La science fonctionne parfaitement bien et atteint le but qu'elle s'est fixé – la connaissance des phénomènes, la découverte des lois physiques qui régissent leur déroulement – sans aucun besoin d'un support philosophique ou spirituel. Les religions, elles, n'ont nul besoin de la science pour exister et prospérer. Toutefois, je suis d'avis que la science et la religion[1] sont des fenêtres différentes et complémentaires d'où contempler la réalité ultime. Parce que l'une comme l'autre constituent une quête de la vérité,

1. De tradition bouddhiste, je préfère le mot « spiritualité » au mot « religion », car le concept d'un Dieu créateur n'existe pas dans le bouddhisme !

leurs manières d'envisager le réel ne devraient pas déboucher sur une opposition irréductible, mais, au contraire, sur une harmonieuse complémentarité. Comme le physicien allemand Werner Heisenberg (1901-1976) l'a écrit : « Je considère que l'ambition de dépasser les contraires, incluant une synthèse qui embrasse la compréhension rationnelle et l'expérience mystique de l'unité, est le *mythos*, la quête, exprimée ou inexprimée, de notre époque[1]. »

L'univers n'a pas de centre

Avant d'aller plus loin, il nous faut tordre le cou à un mythe persistant à propos de la théorie du big bang. L'expression « big bang » évoque la notion d'une « déflagration » ou d'une « explosion », laquelle est trompeuse : nous songeons à l'éclatement d'une boule de matière très compacte dans un espace préexistant, les galaxies se comportant comme des fragments de matière fuyant le centre de l'explosion, ce qui nous amène inévitablement à nous demander : « Où est le centre de l'univers ? » En fait, la phrase « l'univers est en expansion » ne veut nullement dire qu'il existerait des milliards de galaxies lancées à toute vitesse dans un espace vide, immobile et immuable, qui aurait existé de tout temps et dont la présence aurait précédé le big bang. En effet, il nous faut nous rappeler que, dans l'univers d'Einstein, l'espace n'est plus statique, immobile et passif, comme il l'était dans l'univers de Newton. Il devient dynamique, malléable et actif. Dans l'univers du big bang, ce ne sont pas les galaxies qui sont en mouvement dans un espace immobile, mais un espace en expansion qui entraîne des galaxies au repos avec lui.

Imaginez que vous cuisiez au four un gâteau aux raisins. Au fur et à mesure que la pâte gonfle, la surface du gâteau augmente, et les raisins incrustés dans la pâte s'éloignent les uns des autres. Ou bien soufflez dans un ballon décoré d'étoiles en papier. La surface du ballon qui se gonfle croît, et toutes les étoiles qui y figurent s'éloignent les unes des autres. De la même manière que la surface du gâteau ou du ballon augmente, de l'espace nouveau est constamment créé dans l'univers, et les distances entre les galaxies croissent au fur et à mesure que le temps passe. De la même façon que les raisins sont immobiles dans le gâteau et que les étoiles de papier sont fixes à la surface du ballon, les galaxies sont immobiles dans l'espace. Tout le mouvement vient de la surface du gâteau ou de celle du ballon, tout comme c'est l'espace lui-même qui est en expansion. De même que la vitesse des galaxies augmente proportionnellement à leurs distances les unes par rapport aux autres,

1. Werner Heisenberg, *Across the Frontiers*, New York, Harper and Row, 1974, chap. 3, « Wolfgang Pauli's Philosophical Outlook ».

les raisins ou les étoiles de papier verront leurs homologues s'éloigner d'autant plus vite qu'ils sont plus distants les uns des autres.

Ainsi, les galaxies ne « fuient » pas la Voie lactée. Elles se fuient les unes les autres. Le mouvement d'expansion de l'univers est tel que les habitants de chaque galaxie, s'ils existaient, verraient exactement le même paysage que nous. Eux aussi verraient les galaxies les fuir, et eux aussi auraient l'illusion d'être au centre du monde. Parce que tout est centre, rien n'est centre ! Si le big bang avait vraiment été une concentration de matière ayant explosé depuis un centre, il y aurait des galaxies près du point central, et d'autres situées près du bord. Un habitant vivant dans une des galaxies situées près du bord verrait un ciel radicalement différent selon la direction vers laquelle il pointerait son télescope : en direction du centre il verrait une grande densité de galaxies, et dans la direction opposée un vide total. Or, cela est totalement contraire à l'aspect du ciel : l'univers apparaît le même quelle que soit la direction dans laquelle on regarde. Ainsi, il ne faut plus se demander où, dans l'univers, nous pouvons trouver ce fameux « point » où tout a commencé, l'emplacement de l'explosion originelle. Cette question-là n'a pas de sens.

Le père du roman policier et le paradoxe de la nuit noire

L'avènement de la théorie du big bang fournit aussi la clé d'un paradoxe que nous avons déjà rencontré et qui occupa l'esprit des hommes pendant des siècles : celui de la nuit noire.

Nous avons vu qu'en 1610, c'est parce que la nuit est noire que Kepler avait opté pour un univers fini, et ce, malgré le dérangeant paradoxe que constituait l'idée du « bord » d'un univers fini (les géométries non euclidiennes, avec des espaces courbes permettant de résoudre ce paradoxe, n'avaient pas encore vu le jour). Si l'astronome allemand rejetait l'hypothèse d'un univers infini, c'est qu'il en avait déduit très justement qu'un tel univers aurait contenu une infinité d'étoiles aussi brillantes que le Soleil. Où qu'il se portât dans le ciel, le regard aurait toujours rencontré la surface d'une étoile, comme la vue est inévitablement arrêtée par un tronc d'arbre au beau milieu d'une forêt. Le ciel aurait donc dû être aussi brillant la nuit que le jour. Or il n'en est rien, et l'univers devait donc être fini.

La thèse d'un univers infini refit surface en 1687 avec Newton, qui cherchait à éviter que la gravitation universelle ne fasse s'effondrer tout le contenu de l'univers en une grande masse centrale. Ce qui remit le paradoxe de la nuit noire sur le tapis. Plusieurs explications furent alors avancées pour expliquer le fait que la nuit n'est pas aussi lumineuse que le jour. Entre autres, le médecin et astronome amateur allemand Heinrich Olbers (1758-1840), reprenant une idée du Suisse Jean-Philippe de Cheseaux, suggéra en 1823 que la lumière des étoiles devait être absorbée au cours de sa trajectoire dans l'espace. Le ciel était noir parce que la lumière des étoiles était en somme atténuée. Cette explication ne pouvait être la bonne, car tout ce qui est absorbé doit être réémis ; la lumière ne se perd pas. L'énigme, aujourd'hui connue sous le nom de « paradoxe d'Olbers », demeurait entière.

En 1848, l'écrivain et poète américain Edgar Allan Poe (1809-1849), père du roman policier, a une intuition fulgurante. Dans son poème en prose *Eurêka*[1], il avance une solution radicalement nouvelle au paradoxe de la nuit noire. La nuit n'est pas aussi brillante que le jour non parce que l'univers est limité dans l'espace, comme le pensait Kepler, mais parce qu'il l'est dans le temps. En d'autres termes, il n'est pas éternel et a eu un commencement dans le passé. Et, parce qu'il est limité dans le temps, la lumière des objets célestes les plus lointains n'a pas eu le temps de nous parvenir, et nous ne voyons que de l'espace noir dans leur direction. « La seule manière de rendre compte des vides que trouvent nos télescopes dans d'innombrables directions est de supposer cet arrière-plan invisible placé à une distance si prodigieuse qu'aucun rayon n'ait jamais pu parvenir jusqu'à nous », écrit Poe. Le poète avait compris que la lumière, quoique voyageant à la plus grande vitesse possible dans l'univers – 300 000 kilomètres par seconde –, met du temps pour nous parvenir, et que nous voyons toujours les objets célestes avec retard. Par exemple, la lumière de la galaxie Andromède, compagne de la Voie lactée, qui nous parvient maintenant, en est partie il y a plus de deux millions d'années, quand les premiers hommes arpentaient la brousse africaine. Poe avait ainsi trouvé la clé de l'énigme de la nuit noire. Mais les scientifiques n'ont pas pour habitude de s'inspirer des poètes pour élaborer leurs théories, et la proposition de l'écrivain resta lettre morte.

Il fallut attendre l'avènement de la théorie du big bang en 1965. Celle-ci confère un début à l'univers et étaie l'intuition prémonitoire de Poe par une base scientifique solide. La nuit est noire parce qu'il n'y a pas assez d'étoiles pour remplir le ciel de lumière. Le nombre d'étoiles est limité, non parce que l'univers est limité dans l'espace, mais parce que nous ne voyons pas tout l'univers. Parce que celui-ci a eu un début et parce que la propagation de la lumière n'est pas instantanée, seule nous parvient la lumière des étoiles et galaxies situées à l'intérieur d'une certaine sphère-horizon. Comme le marin à bord de son bateau ne voit plus rien au-delà de l'horizon, l'astronome ne peut plus rien voir au-delà d'une certaine distance. Par ailleurs, le nombre des étoiles est limité, car

1. Edgar Allan Poe, *Eurêka*, dans *Contes, essais, poèmes*, Robert Laffont, coll. « Bouquins », 1989, traduit par Charles Baudelaire.

elles ne vivent pas éternellement. La vie des étoiles lumineuses est courte par rapport à l'âge de l'univers. L'espace de quelques millions d'années, voire de quelques milliards d'années, et les voilà qui s'en vont ! Enfin, l'expansion de l'univers ajoute à cela sa petite contribution : au fur et à mesure que les distances entre les galaxies augmentent, la lumière perd de plus en plus d'énergie pour nous parvenir, rendant les galaxies moins lumineuses. L'énergie lumineuse dans la sphère-horizon diminuant, l'opacité de la nuit s'accroît. Ainsi, nous devons le merveilleux spectacle du firmament étoilé par une belle nuit noire au fait que l'univers a eu un début et que les étoiles lumineuses ne vivent pas éternellement.

Quel est le rayon de la sphère-horizon au-delà de laquelle la lumière n'a plus le temps de nous parvenir ? L'âge de l'univers étant de 13,7 milliards d'années, nous pouvons penser que ce rayon est de 13,7 milliards d'années-lumière. En effet, la distance d'un objet céleste proche, exprimée en années-lumière, est numériquement égale au temps mis par sa lumière pour nous parvenir. Ainsi, la lumière que nous recevons aujourd'hui d'une galaxie située à 20 millions d'années-lumière est partie de cette galaxie il y a 20 millions d'années. Mais cette relation n'est exacte que si l'univers est statique. Elle ne l'est plus si l'univers est en expansion, ce qui est le cas. Pour une galaxie située à 20 millions d'années-lumière, la déviation est très faible, dans la mesure où la distance dont l'a éloignée l'expansion de l'univers est négligeable, le temps de 20 millions d'années étant relativement court par rapport à l'âge de l'univers. Mais, pour des objets éloignés de plus de quelque 200 millions d'années-lumière, la distance supplémentaire due à l'expansion de l'univers doit être prise en compte. Ce qui fait que la lumière d'une galaxie située aujourd'hui à une distance de 47 milliards d'années-lumière de la Terre a été émise alors qu'elle était située à 13,7 milliards d'années-lumière, distance maximale que la lumière a pu parcourir pendant l'existence de l'univers. La lumière d'étoiles et de galaxies plus lointaines n'a pas eu le temps de nous parvenir. Le rayon de l'univers observable est donc de 47 milliards d'années-lumière.

IV

L'INFINITÉ DE L'UNIVERS DÉPEND DE SON CONTENU : MATIÈRE LUMINEUSE, MATIÈRE NOIRE ET ÉNERGIE NOIRE

La courbure de l'univers et son destin

Ayant établi que l'univers a eu un commencement dans le temps, que ce temps est fini et mesurable, en d'autres termes qu'il possède un passé qui n'est pas infini, il est normal que nous nous penchions à présent sur son futur. Ce futur sera-t-il fini ou infini ? L'univers aura-t-il une vie éternelle ou bien une fin ? Et, si fin il y a, de quelle sorte de fin s'agira-t-il ? L'univers mourra-t-il dans un brasier infernal ou dans une froideur de glace ?

Le principe cosmologique a éliminé, nous l'avons vu, toute une variété d'univers possibles, ceux qui ne sont ni homogènes ni isotropes. Malgré cette grande simplification, plusieurs scénarios cosmologiques demeurent néanmoins possibles. Tous sont caractérisés par un univers en expansion parti d'un état extrêmement petit, chaud et dense. Toutefois, ils diffèrent par la courbure de leur espace.

Lors de notre incursion dans le monde des géométries non euclidiennes, nous avons déjà fait connaissance avec les différentes formes que l'espace peut prendre. Rappelons que l'univers peut avoir une courbure positive comme celle de la surface d'une sphère (l'analogie n'est pas rigoureusement exacte, car la surface d'une sphère est à deux dimensions, alors que l'espace est à trois dimensions, mais elle permet de stimuler notre intuition), négative comme celle de la surface d'une selle de cheval, ou nulle comme celle de la surface d'une nappe de table. La réponse à notre question du début – l'univers est-il fini ou infini ? – est simple et directe si l'univers a une courbure positive : un univers courbé positivement (celui décrit par la géométrie riemanienne) est fini, tout comme la surface d'une sphère est finie. En revanche, la réponse pour un univers de courbure négative (celui décrit par la géométrie de Lobatchevski-Bolyai) ou nulle (celui décrit par la géométrie euclidienne) n'est pas si simple. Dans ce cas, les deux réponses sont possibles. Ainsi, un univers de courbure nulle peut être infini, à l'instar d'une nappe qui s'étendrait indéfiniment dans toutes les directions. Mais il peut aussi bien être fini. Pour comprendre, imaginons que nous joignions les deux bouts d'une nappe : celle-ci prend alors la forme d'un cylindre. En procédant à cette opération, nous n'avons en rien changé la courbure de la nappe, nous avons seulement changé sa « topologie », c'est-à-dire que nous l'avons fait passer d'une forme à une autre sans découpage ni déchirure. En fait, la surface d'un cylindre possède elle aussi une géométrie euclidienne, c'est-à-dire qu'elle a une courbure nulle, tout comme une surface plane. Nous pouvons continuer à modifier la forme du cylindre : nous pouvons décider de coller ensemble ses deux extrémités. Nous obtenons alors un objet de la forme d'une bouée ou d'une chambre à air, ce qu'on appelle un « tore », lui aussi de courbure nulle (fig. 75). La surface du tore est finie, mais, pour autant, elle ne possède pas de bord. Une fourmi qui ferait le tour du tore se retrouverait à son point de départ, ce qui veut dire qu'un espace de courbure nulle peut aussi être fini. La leçon à retenir de cet exercice est donc : un univers de courbure négative ou nulle peut être fini ou infini ; tout dépend de sa topologie[1].

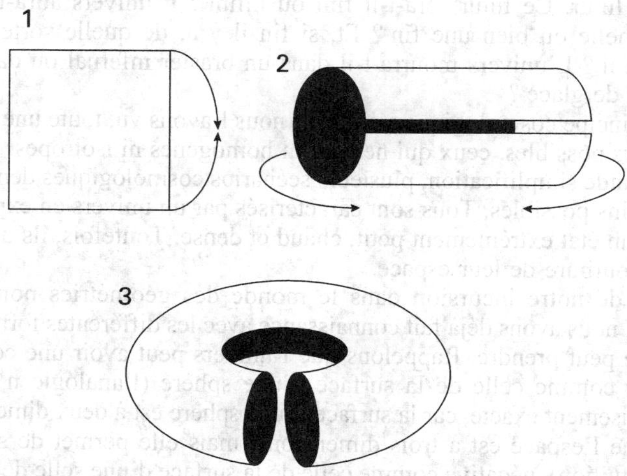

Fig. 75. *La surface finie du tore*. Une feuille de papier plane a une courbure nulle, et sa surface peut s'étendre à l'infini. (1) Collons ensemble les deux bords opposés. (2) Nous obtenons un cylindre, de topologie autre, mais toujours de courbure nulle. (3) Joignons maintenant les deux bouts du cylindre ; nous obtenons un tore, de topologie autre encore, mais toujours de courbure nulle. Bien que n'ayant pas de limites, la surface du tore est finie. De même, un univers de courbure nulle peut être infini comme un plan ou fini comme un tore : tout dépend de sa topologie.

Le destin d'un univers dont le contenu est dominé par la matière ne se lit ni dans les cartes ni dans une boule de cristal. Il est lié à sa courbure.

1. Jean-Pierre Luminet et Marc Lachièze-Rey, *De l'infini… Mystères et limites de l'Univers*, Dunod, 2005.

La relativité générale nous dit sans ambiguïté qu'un univers fermé, de courbure positive, dont la densité est dominée par la matière, aura une expansion qui décélérera de plus en plus dans le futur. Il atteindra un jour un rayon maximum, puis s'effondrera sur lui-même. En se contractant, l'univers deviendra de plus en plus chaud et dense. Les galaxies, au lieu de s'éloigner les unes des autres, se rapprocheront de plus en plus, fusionneront et perdront leur identité. Les étoiles se volatiliseront en gerbes de protons, de neutrons, d'électrons et de photons. L'univers retrouvera presque son visage d'enfant : océan de lumière et de particules, comme jadis, mais parsemé de nombreux trous noirs, cadavres des étoiles d'antan. L'univers mourra dans un brasier infernal, une sorte de big bang à l'envers appelé big crunch (« grand écrasement »).

En revanche, un univers ouvert, de courbure négative, connaîtra une expansion éternelle : il continuera à se diluer et à se refroidir de plus en plus, toutes les étoiles s'éteindront, et il mourra dans des ténèbres glacées. À la fantastique apothéose de lumière et de chaleur et au feu de l'enfer d'un univers fermé se substituera la froideur désolée d'un univers ouvert.

Enfin, un univers plat, de courbure nulle, est intermédiaire entre un univers fermé et un univers ouvert : son expansion décélérera de plus en plus et ne s'arrêtera qu'après un temps infini. Lui aussi mourra dans une froideur de glace.

C'était le paradigme qui régnait en cosmologie jusqu'en 1998, quand un coup de tonnerre vint troubler le ciel de la cosmologie : on découvrit alors que l'expansion de l'univers était en accélération et qu'environ 70 % de son contenu sont constitués non pas de matière, mais d'une mystérieuse « énergie noire » qui n'est ni matière ni lumière, et dont la nature reste totalement inconnue. Je décrirai plus tard comment certaines des conclusions précédentes vont être modifiées par cette extraordinaire découverte.

Dresser l'inventaire de l'univers

Mais, pour l'instant, reprenons le cours de l'histoire. On pensait donc que, pour connaître le destin de l'univers, il nous fallait mesurer la courbure de son espace. Mais comment procéder ? Les équations de la relativité générale viennent ici à la rescousse. Elles nous disent que la courbure de l'espace dépend du contenu total de matière et d'énergie de l'univers. Elles nous révèlent qu'il existe une densité critique de matière et d'énergie égale à environ la masse de cinq atomes d'hydrogène, soit seulement 10^{-23} gramme par mètre cube, qui départage les différents types d'univers. Cette densité critique est extrêmement faible.

Elle est des centaines de milliards de milliards de milliards de fois inférieure à celle de l'eau. Vous obtiendriez cette densité si vous répartissiez la quantité de matière d'une goutte d'eau de manière uniforme dans un volume égal à celui de la Terre ! Ainsi, la relativité nous apprend qu'il suffit qu'un univers contienne en moyenne plus de cinq atomes par mètre cube pour être courbé positivement. Qu'il en contienne moins, et il est courbé négativement. Qu'il ait juste la densité critique, et sa courbure est nulle.

Vous vous dites qu'avec les centaines de milliards de galaxies peuplant l'univers observable, chacune contenant des centaines de milliards de Soleils, l'univers doit certainement posséder en moyenne plus de cinq atomes par mètre cube, qu'il est donc courbé positivement et qu'il est fini. Mais la réponse n'est pas si évidente, car même si la quantité de matière lumineuse que nous détectons avec nos télescopes est énorme, le volume d'espace de l'univers est lui aussi colossal !

Pour en avoir le cœur net, il nous faut donc dresser soigneusement l'inventaire du contenu de l'univers. S'il nous fallait compter étoiles et galaxies une à une, des vies entières n'y suffiraient pas. Heureusement, le principe cosmologique vient à notre secours. Puisque l'univers est uniforme, il nous suffit de faire l'inventaire de la masse et de mesurer la densité moyenne de matière autour de nous. Ni la Terre, ni le Soleil, ni la Voie lactée, ni le groupe local de galaxies (incluant la Voie lactée, Andromède et une quarantaine de galaxies naines) ne constituent des endroits privilégiés ou spéciaux. Ces mêmes structures sont reproduites à des milliards d'exemplaires dans l'immensité de l'univers. Notre canton d'univers n'a rien de particulier. La densité moyenne de matière dans le reste de l'univers doit être la même que celle de notre proche voisinage. Il n'en faut pas moins veiller à répertorier le contenu d'un volume assez représentatif du reste de l'univers, volume qui devrait s'étendre à des centaines de millions d'années-lumière.

Quelque chose d'obscur dans l'univers

Par une belle nuit claire, en rase campagne, loin du bruit et de la fureur des hommes et de la pollution lumineuse des villes, étendez-vous sur le doux lit d'une prairie et levez vos yeux vers le ciel. Vous serez ébloui par la magnificence du spectacle. Des milliers de points lumineux, disséminés sur la voûte céleste d'un noir d'encre, brillent de tous leurs feux. Vous avez l'impression que l'univers doit être rempli de matière lumineuse. Et pourtant, cette impression est bien trompeuse ! C'est en étudiant les mouvements des étoiles et des galaxies que les astrophysiciens ont découvert l'envers de la lumière : les ténèbres. Ils se sont aperçus que la matière lumineuse ne constitue qu'une fraction infime du contenu total, en masse et énergie, de l'univers, et que nous vivons dans un univers dominé par les ténèbres. Ils ont montré que nous vivons dans un « univers-iceberg » dont la partie émergée ne représente qu'une très faible partie du tout.

Commençons notre inventaire du contenu en matière lumineuse de l'univers. Viennent d'abord les étoiles et les galaxies, faites de matière ordinaire, c'est-à-dire de protons, de neutrons et d'électrons, comme vous et moi. Elles sont faciles à recenser, car nous les voyons de nos yeux et grâce à nos télescopes. L'univers observable contient quelque 400 milliards de galaxies, chacune contenant des centaines de milliards de Soleils. Malgré ces chiffres… astronomiques, la matière lumineuse des étoiles et des galaxies ne contribue que pour un minuscule 0,5 % à la densité critique de l'univers (celle qui correspond à un univers de courbure nulle) ! Cela veut-il dire que l'univers est ouvert, qu'il n'existe pas assez de matière pour que la gravité freine son expansion et le fasse s'effondrer sur lui-même ? En fait, la situation n'est pas si simple, car les astrophysiciens ont découvert qu'il existe beaucoup plus de matière que nous n'en voyons !

L'histoire commence en 1933 quand l'astronome américano-suisse Fritz Zwicky (1898-1974), travaillant au California Institute of Technology (CALTECH), se penche sur l'étude des mouvements des galaxies dans l'amas de Coma, ensemble de plus d'un millier de galaxies liées ensemble par la gravité à une distance de 320 millions d'années-lumière de la Terre. Les galaxies se déplacent à une vitesse d'un millier de kilomètres par seconde au sein de cet amas, et Zwicky s'aperçoit que ces mouvements ne tarderaient pas à les faire se disperser dans l'espace intergalactique, et que l'amas aurait tôt fait de se désagréger s'il n'y avait, en dehors de la masse lumineuse des galaxies, une source additionnelle de gravité exercée par une masse noire de nature inconnue, qui n'émet aucune lumière visible, mais aide à retenir les galaxies dans l'amas.

Depuis la découverte de Zwicky, la matière noire n'a cessé de se manifester dans toutes les structures connues de l'univers. On la rencontre aussi bien dans les chétives galaxies naines que dans la Voie lactée ou dans les amas de galaxies. Son omniprésence obsède les astrophysiciens. La raison de sa présence est toujours la même : elle doit exister pour empêcher la dislocation des majestueuses structures de l'univers telles que galaxies ou amas de galaxies. Ainsi, dans les galaxies spirales, les étoiles et le gaz tournent vite (à plus de 200 kilomètres par seconde) dans le plan galactique, et la force centrifuge aurait dû les éjecter, faisant se désagréger la galaxie. Or les galaxies spirales continuent à orner la voûte céleste, nous ravissant par leur splendeur. Il faut donc de la matière noire, qui n'émette aucun rayonnement et se manifeste seulement par sa gravité, pour que la galaxie ait assez de gravité pour retenir ses étoiles.

De même, la présence d'une masse noire est nécessaire pour que les amas de galaxies ne se désagrègent pas. Pour que galaxies et amas ne se disloquent pas, il faut que cette masse noire soit environ cinquante fois plus importante que la masse lumineuse !

Des mirages cosmiques et un univers dominé par la matière noire

Mais la masse noire se limite-t-elle aux galaxies de 100 000 années-lumière de diamètre et aux amas de galaxies d'une dizaine de millions d'années-lumière de diamètre ? Existe-t-elle à de plus grandes échelles ? Les plus vastes structures de matière de l'univers liées par la gravité sont les superamas de galaxies, qui contiennent des dizaines de milliers de galaxies et s'étendent sur des centaines de millions d'années-lumière. La majorité des galaxies se retrouvent dans ces superamas. Ainsi, notre Voie lactée fait partie du superamas de la Vierge, dont le centre se situe à quelque 60 millions d'années-lumière de nous. Comment traquer la masse noire à de telles échelles ? La relativité vient de nouveau à notre secours.

Une des révélations les plus extraordinaires de la théorie d'Einstein est assurément le fait que la matière courbe l'espace. Einstein s'est rendu compte dès 1936 que si la lumière suit les courbures de l'espace, elles-mêmes dictées par le champ de gravité d'objets célestes, comme les étoiles, il doit exister des « mirages gravitationnels » : le physicien démontre que si deux étoiles sont alignées avec la Terre, la lumière de l'étoile la plus éloignée doit, pour nous parvenir, traverser le champ de gravité de l'étoile la plus proche, donc l'espace courbe qui l'entoure ; ce faisant, sa lumière est déviée. Cette déviation entraîne une démultiplication de l'image de l'étoile éloignée : outre son image habituelle de point lumineux, il doit exister une seconde image, en forme d'anneau lumineux, entourant ce point de lumière. Cette seconde image serait une sorte de mirage de la première « vraie » image, tout comme la belle oasis où le voyageur assoiffé espère se désaltérer n'est, à son grand désespoir, que le mirage d'une vraie oasis éloignée de centaines de kilomètres. L'anneau lumineux, en réalité, n'existe pas. Comme le mirage de l'oasis résulte de la déviation de la lumière de la vraie oasis par l'atmosphère surchauffée planant au-dessus du désert, le mirage de l'anneau résulte de la déviation de la lumière de l'étoile éloignée par le champ de gravité de l'étoile plus proche : d'où son nom de « mirage gravitationnel ». L'étoile proche est une « lentille gravitationnelle » : comme les lentilles de vos lunettes, elle dévie et focalise la lumière.

Einstein estima qu'un tel alignement de deux étoiles avec la Terre était par trop improbable, que les mirages gravitationnels n'existaient que dans son imagination fertile et qu'ils resteraient toujours à l'état d'entités théoriques. C'était oublier la merveilleuse inventivité de la nature. En 1937, Fritz Zwicky, encore lui, se rend compte que les galaxies et amas de galaxies constitueraient de bien meilleures lentilles gravitationnelles que les étoiles, et ce, pour deux raisons. D'une part, comme ils sont beaucoup plus étendus, la lumière des objets lointains a davantage de chances d'être interceptée et déviée par ces objets. D'autre part, parce qu'ils sont plus massifs (les galaxies ont une masse de quelque 1 000 milliards de masses solaires, en comptant la masse noire, et les amas de galaxies sont encore environ 1 000 fois plus massifs), leur champ de gravité est autrement plus intense que celui d'une étoile. L'espace est ainsi plus courbé, et la lumière plus déviée.

Zwicky était sur la bonne voie. Aujourd'hui, les astronomes ont répertorié maints mirages cosmiques de divers objets dans l'espace, avec des galaxies ou des amas de galaxies agissant comme lentilles gravitationnelles[1]. L'intuition d'Einstein s'est donc révélée juste. De nos jours, l'étude des lentilles gravitationnelles est devenue un domaine florissant des recherches en astrophysique. Leur découverte a donné un sérieux coup de fouet à la traque de la masse noire sur très grande échelle. La raison en est que la trajectoire de la lumière des astres lointains est influencée non seulement par le champ de gravité de la lentille, mais également par celui de toute matière intergalactique invisible susceptible de s'interposer entre l'astre et la lentille, d'une part, entre la lentille et la Terre, d'autre part. En analysant par des méthodes statistiques la forme de dizaines de milliers de galaxies lointaines, les astrophysiciens ont pu confirmer que la matière visible et invisible de l'univers est répartie en une immense toile cosmique dotée de structures gigantesques en forme de crêpes, de filaments et de murs de galaxies s'étendant sur des centaines de millions d'années-lumière et entourant des espaces vides tout aussi gigantesques. De nouveau, le verdict est sans appel : la matière noire est environ cinquante fois plus abondante que la matière lumineuse. Elle constitue en tout et pour tout 28,5 % de la densité critique, soit la très grande part (environ 98 %) du contenu matériel de l'univers.

Fritz Zwicky avait soulevé là un sacré lièvre ! J'ai connu Zwicky quand je faisais mes études de bachelor (équivalant à la licence française) au CALTECH, à la fin des années 1960. C'était à coup sûr un scientifique de très haut niveau, dont les travaux ont eu un impact considérable en astronomie. Outre la découverte de la masse noire, on lui doit l'annonce en 1933 (avec l'astronome germano-américain Walter Baade) de l'existence

1. L'amas de galaxies Abell 2218, à une distance d'environ 2 milliards d'années-lumière de la Terre, est un exemple d'une lentille gravitationnelle. Les arcs de cercle lumineux entourant certaines galaxies sont des mirages de galaxies lointaines.

des étoiles à neutrons, lesquelles ne furent aperçues sous la forme de pulsars qu'en 1967, ou encore la découverte de nombreuses supernovae (morts explosives d'étoiles massives) et de galaxies (en particulier les galaxies naines bleues compactes qui constituent aujourd'hui mon principal sujet de recherche). C'était aussi un personnage haut en couleur, de caractère pas toujours facile. Il était brusque avec les étudiants, et je l'ai vu démolir en public des collègues par des propos enflammés (il ne se privait pas de les attaquer aussi violemment par écrit), affirmant de manière péremptoire que leurs travaux ne valaient rien, qu'ils ne faisaient que ressasser ou recopier ses propres travaux ! Ce qui ne le faisait guère aimer de ses collègues et des étudiants : il était relégué dans un bureau au dernier sous-sol du bâtiment qui abritait le département d'astronomie au CALTECH, le plus à l'écart possible de tous les autres professeurs. Zwicky le leur rendait bien : il aimait à qualifier ses collègues de « salauds sphériques », ceux-ci restant des « salauds » quel que fût l'angle sous lequel on les considérait !

De la matière noire ordinaire

Nous vivons donc dans un univers-iceberg dont la quasi-totalité de la matière n'est pas directement accessible à nos instruments. Mais il existe une différence fondamentale entre l'iceberg et l'univers : nous savons de quoi est faite la masse immergée de l'iceberg, alors que la nature de la matière noire reste un formidable défi pour l'esprit humain. Le vertige dissipé, nous devons nous ressaisir pour essayer d'en savoir plus long sur cette mystérieuse substance noire.

Cerner la nature de la masse noire n'est certes pas chose aisée. Privé de lumière, l'astronome est littéralement… dans le noir ! Par chance, la nature nous fournit un moyen totalement indépendant pour mesurer le contenu de l'univers en matière ordinaire, celle qui est composée de protons et de neutrons, et qui constitue les hommes, les pétales de rose et les tableaux de Monet. Pendant les trois premières minutes de son existence, l'univers s'est servi des briques de matière que sont les protons et les neutrons pour fabriquer les noyaux atomiques des trois éléments chimiques les plus légers de l'univers : des noyaux d'hydrogène composés d'un seul proton, des noyaux de deutérium composés d'un proton et d'un neutron, des noyaux d'hélium (le gaz qui fait monter les ballons des enfants haut dans le ciel et qui, inhalé, vous donne une voix nasillarde) composés de deux protons et de deux neutrons. Il suffit de mesurer les quantités totales de deutérium et d'hélium par rapport à celle d'hydrogène pour connaître la quantité totale de matière ordinaire que contient l'univers. C'est comme si vous concoctiez une omelette : de la taille de l'omelette (l'abondance des éléments légers, dans notre cas), vous pouvez déduire la quantité d'œufs (ici, la quantité de protons et de neutrons) qui ont été nécessaires à sa fabrication. J'ai passé de longues années de ma vie professionnelle à déterminer l'abondance primordiale de l'hélium. La mesure de l'abondance des éléments légers nés dans les premières minutes de l'univers nous dit que la matière « ordinaire » – celle qui est faite de protons et de neutrons – ne représente en tout et pour tout que 5 % de la densité critique. Or nous avons vu que la matière lumineuse dans les étoiles et les galaxies n'y contribue que pour 0,5 %. Qu'est-ce qui peut constituer les 4,5 % restants ?

Les astrophysiciens ont découvert que l'espace entre les galaxies assemblées en groupes de dizaines ou en amas de milliers de galaxies regorge de gaz (composé en grande partie d'hydrogène et d'hélium) chaud, porté à des températures d'environ un million de degrés, et qui émet de copieuses doses de rayons X. En dehors des groupes et des amas de galaxies, il existe aussi dans l'espace intergalactique de nombreux nuages d'hydrogène et d'hélium, considérablement plus froids, atteignant la température frigorifique de quelque –170 °C. En additionnant tout le gaz chaud présent dans les groupes et les amas, et tout le gaz froid présent dans l'espace intergalactique, nous arrivons bien à un total de l'ordre de 4,5 % de matière noire ordinaire.

De la matière noire exotique

Les abondances en éléments légers nous disent que la matière ordinaire – celle faite de protons et de neutrons – constitue en tout et pour tout 5 % du contenu matériel de l'univers. Ce constat pose problème. En effet, les mouvements des galaxies au sein des amas et les mirages cosmiques nous disent que la matière (visible et invisible) constitue non pas 5 %, mais (0,5 % + 28,5 % =) 29 % du contenu de l'univers ! Comment concilier ces deux observations apparemment contradictoires ? Nous sommes bien obligés de recourir à une solution radicale : il nous faut postuler que 24 % du contenu de l'univers ne sont pas constitués par de la matière ordinaire, celle que nous pouvons détecter grâce à nos instruments actuels, mais par une nouvelle forme de matière – dite « exotique » – qui n'a jamais été détectée à l'aide de ces instruments. Cette matière exotique n'existerait ni en vous, ni en moi, ni dans les pots de fleurs, ni dans le livre que vous tenez entre vos mains, ni dans aucune des choses de la vie. Elle n'entrerait pas dans l'élaboration de l'hydrogène, de l'hélium et du deutérium, et n'affecterait donc pas leurs abondances primordiales.

Nous n'avons pour l'instant aucune idée de la nature précise de cette matière noire exotique. Pourtant, l'astronome n'est pas totalement dépourvu d'informations à son sujet. Il est arrivé malgré tout à cerner certaines des propriétés de cette mystérieuse matière. Et cela en concoctant des univers virtuels grâce à des ordinateurs. L'astronome s'est rendu compte que, afin de reproduire l'architecture cosmique – de grands murs de galaxies qui s'étendent sur des centaines de millions d'années-lumière, bordant des vides tout aussi vastes dans l'espace –, les univers virtuels doivent contenir de la matière exotique sous la forme de particules subatomiques très massives, se déplaçant lentement (on dit que c'est de la matière « froide », la température étant liée au mouvement), interagissant très faiblement avec la matière ordinaire, et aucunement avec la lumière. Les physiciens ont baptisé ces particules hypothétiques de noms plus étranges et poétiques les uns que les autres : axion, squark, photino, neutralino, zino, higgsino, etc. Elles sont désignées sous le terme générique de WIMP, acronyme de *Weakly Interacting Massive Particles*, « particules massives interagissant très faiblement ». D'après certaines théories dites de « grande unification », qui essaient de fondre les quatre forces fondamentales de la nature en une seule, ces particules seraient nées dès les premières fractions de seconde après le big bang. Elles seraient partout dans l'univers, aussi bien dans la pièce où vous lisez ce livre que dans les immenses espaces intergalactiques.

Les physiciens se sont mis fébrilement à traquer ces particules. Ils ont construit des détecteurs qu'ils ont installés profondément sous terre, dans des mines ou des tunnels. Pourquoi sous terre ? Pour filtrer les rayons cosmiques composés de protons et d'électrons provenant du Soleil et d'autres objets célestes, qui viennent bombarder en permanence notre planète et rendent difficile la détection des WIMP. Ces rayons cosmiques sont absorbés par la croûte terrestre, alors que les WIMP, interagissant fort peu avec la matière ordinaire, la traversent allégrement.

Malheureusement, jusqu'ici, ces efforts n'ont pas été récompensés et aucun WIMP n'a jamais été détecté, malgré un travail acharné. Pour l'heure, les WIMP n'existent que dans l'imagination fertile des physiciens. Un espoir subsiste : le plus grand et le plus puissant accélérateur de particules du monde actuel, le Large Hadron Collider (LHC), est entré en action en 2009. Il réside dans un tunnel circulaire de 27 kilomètres de circonférence, à une profondeur moyenne de 100 mètres sous la frontière franco-suisse près de Genève. Au maximum de sa puissance, il peut reproduire la fantastique énergie de l'univers à un millième de milliardième (10^{-12}) de seconde après le big bang, grâce à la collision de ses deux faisceaux de particules composés de centaines de milliards de protons chacun. Ces faisceaux, circulant en sens inverse l'un de l'autre, sont accélérés à une vitesse proche de la lumière et guidés par des milliers d'aimants. Puisqu'une grande énergie équivaut à une grande masse (selon la formule $E = mc^2$ d'Einstein), le LHC pourra peut-être mettre en évidence ces WIMP ultramassifs, s'ils existent, et dissiper le mystère de la matière noire exotique. Pour l'instant (fin 2021) le LHC n'a découvert aucun WIMP.

Au terme de notre inventaire du contenu matériel de l'univers, il convient de faire le point : nous vivons dans un monde où la matière lumineuse des étoiles et des galaxies contribue pour 0,5 % à la densité critique ; la matière noire ordinaire, faite de protons et de neutrons, pour 4,5 % ; et la matière noire exotique, dont la nature nous reste inconnue, pour 24 % supplémentaires. Le total de ces diverses composantes s'élève à 29 %, soit moins d'un tiers de la densité critique. Ce qui semble vouloir dire que la quantité totale de matière dans l'univers serait très loin de suffire à ce que sa gravité renverse le cours de l'expansion universelle. Notre univers devrait donc être ouvert, et il n'y aurait pas de big crunch en perspective. Son expansion serait éternelle, et il serait infini.

Telle était la situation observationnelle qui prévalait au début des années 1990. Les cosmologues semblaient avoir enfin percé le secret du destin de l'univers, et déterminé son infinitude.

Mais est-ce bien le cas ? En fait, la réponse n'est pas aussi certaine qu'on a bien voulu le dire. En effet, comment être sûr que notre inventaire de la matière de l'univers est complet ? Pour dresser notre inventaire de la matière lumineuse et noire, nous nous sommes toujours servis de la lumière des étoiles et des galaxies. Cette lumière nous permet non seulement de décompter leurs populations, et donc de recenser la matière lumineuse, mais aussi de mesurer les mouvements des étoiles et des galaxies, et d'étudier la forme et la brillance des mirages cosmiques, afin de déduire la quantité de matière noire. Mais qu'en serait-il si nous étions bernés par les galaxies ? S'il existait une composante massive, invisible, répartie uniformément dans l'univers, qui ne suivrait pas la distribution des galaxies, qui aurait échappé à toute méthode utilisant le mouvement des galaxies pour mesurer la masse ? Nous nous retrouverions alors dans la situation de l'homme qui, une nuit, perd sa clé quelque part dans la rue, mais s'obstine à ne chercher que sous les réverbères parce que ce sont les seuls endroits éclairés !

Pourquoi l'univers est-il si homogène ?

C'était sans compter que des nuages noirs à l'horizon assombrissaient le ciel de la cosmologie et jetaient l'ombre d'un doute sur la validité de la théorie du big bang.

Le premier nuage noir concerne une propriété remarquable de l'univers : son extrême homogénéité. Cette propriété, nous l'avons vu, est à la base du principe cosmologique. En quelque direction que vous regardiez, en haut ou en bas, à droite ou à gauche, en avant ou en arrière, les propriétés de l'univers, en particulier sa température, sont les mêmes. On le sait parce qu'il existe un rayonnement fossile apparu quand l'univers était encore tout jeune (380 000 ans), et qui baigne l'univers entier. C'est en quelque sorte la chaleur qui reste du feu primordial. Ce rayonnement fossile nous renseigne sur les propriétés de l'univers à ses débuts. Il possède aujourd'hui la température frigorifique de 3 °K[1], soit –270 degrés centigrades. Les observations montrent que cette température est d'une extrême homogénéité. Elle ne varie pas de plus de 0,001 % d'un point du ciel à un autre. Comment expliquer cette extraordinaire uniformité de l'univers à ses premiers instants ?

Afin d'homogénéiser leurs températures, les diverses régions de l'espace ont dû échanger des informations par la lumière, le plus rapide moyen de communication dans l'univers. Mais – c'est là le hic ! – il existe une sphère-horizon au-delà de laquelle une région ne peut plus communiquer avec une autre par la lumière, tout comme un marin debout sur le pont du navire ne peut voir au-delà de l'horizon sur l'océan. Le rayon de cette sphère-horizon est égal à la distance que la lumière a eu le temps de parcourir depuis qu'elle a été émise. En d'autres termes, au moment de la naissance du rayonnement fossile, en l'an 380000, seules des régions séparées de moins de 380 000 années-lumière ont pu échanger des informations et homogénéiser leurs températures. Mais – c'est là le problème – il y avait à cet instant-là des régions de l'espace séparées par bien plus que 380 000 années-lumière, et leurs températures restent toujours les mêmes ! Comment diable des régions si éloignées les unes des autres ont-elles pu coordonner leurs températures sans aucun échange de signaux lumineux ? La théorie du big bang dans sa version première n'offre aucune explication possible. C'est ce qu'on appelle le problème de l'homogénéité de l'univers, ou de l'horizon cosmique.

Pourquoi l'univers est-il si « plat » ?

Le deuxième nuage noir à envahir le ciel de la cosmologie concerne la géométrie de l'univers. Notre inventaire du contenu matériel de l'univers nous a montré qu'en additionnant toute la matière lumineuse, la matière noire ordinaire et la matière noire exotique, nous arrivons à un grand total de 29 % de la densité critique. En d'autres termes, il suffirait que l'univers contienne environ 3,5 fois plus de matière pour qu'il possède une géométrie plate. C'est ce facteur 3,5 qui pose problème : il n'est ni tout petit ni démesurément grand, mais assez proche de 1. L'univers aurait pu avoir une densité des millions ou des milliards de fois plus petite ou plus grande que la densité critique. Mais non ! Il appert que

1. Sa valeur exacte est 2,725 °K.

sa densité est plutôt proche de la densité critique. Nous vivons dans un univers qui est « presque » plat.

Pourquoi cela pose-t-il problème ? C'est que la relativité générale nous dit que si la densité de matière de l'univers à ses débuts est exactement égale à la densité critique, cette égalité parfaite sera maintenue tout au long de l'expansion de l'univers, les deux densités diminuant très précisément au même rythme. En revanche, s'il existe une différence, si minime soit-elle, elle se trouvera amplifiée en un rien de temps par l'expansion de l'univers dans d'énormes proportions. Un univers qui n'est pas absolument plat devient de moins en moins plat au fur et à mesure de son expansion.

Illustrons cela par un exemple : si la densité de l'univers à ses débuts est très légèrement inférieure à la densité critique, par exemple si elle en représente 99,99 %, la différence entre les deux densités croît si vite que la densité de l'univers ne sera plus que de 0,000000001 % (10^{-11}) de la densité critique après une seconde d'expansion. Au contraire, si elle est très légèrement supérieure à la densité critique, l'expansion va l'amplifier et la portera en un rien de temps à des milliards de fois la valeur de la densité critique. L'équilibre est donc extrêmement délicat, pareil à celui d'un funambule sur une corde raide. Que son corps penche un peu plus d'un côté ou de l'autre, et c'est la chute !

Comment l'univers a-t-il pu accomplir cette prouesse d'équilibriste ? Comment a-t-il pu ajuster si précisément sa densité initiale pour que sa densité actuelle soit si proche de la densité critique ? À nouveau, la théorie standard du big bang n'offre aucune explication. L'astrophysicien lève les bras au ciel en avouant son ignorance. C'est ce qu'on appelle le problème de la platitude de l'univers.

Pourquoi l'univers est-il si structuré ?

Le troisième nuage noir à assombrir le ciel des scientifiques constitue en quelque sorte le pendant du problème de l'homogénéité de l'univers. Au lieu de se demander pourquoi l'univers est si régulier, l'astrophysicien se demande pourquoi il est si structuré. Tout comme une immense toile pointilliste de Georges Seurat, l'univers nous apparaît différemment suivant la distance à laquelle nous nous plaçons. De loin, nous voyons l'ensemble du tableau de Seurat avec ses couleurs, ses thèmes, ses motifs – les baigneurs à Asnières, les promeneurs du dimanche sur l'île de la Grande-Jatte. C'est seulement en nous rapprochant que nous voyons les personnages et le paysage se décomposer en une multitude de points multicolores. De même, à très grande échelle, sur des zones de l'espace s'étendant sur des milliards d'années-lumière, l'univers nous apparaît comme extraordinairement uniforme, tel que les observations du rayonnement fossile nous l'indiquent. Tous les détails sont abolis. C'est seulement en scrutant l'univers à des échelles moindres que nous voyons apparaître une variété de structures. Heureusement pour nous, car un univers parfaitement uniforme et homogène serait stérile, incapable d'héberger la vie et la conscience, et nous ne serions pas là pour en parler !

Comme pour la toile de Seurat, en nous rapprochant de plus en plus, nous voyons le paysage cosmique se décomposer successivement en détails de plus en plus fins. Tout d'abord surgit une immense tapisserie cosmique faite de murs de galaxies s'étendant sur des centaines de millions d'années-lumière et délimitant des espaces vides tout aussi vastes. Les murs de galaxies se décomposent ensuite en amas de galaxies de dizaines de millions d'années-lumière, lesquels se décomposent en milliers de galaxies d'une centaine de milliers d'années-lumière de diamètre. Celles-ci se décomposent à leur tour en centaines de milliards d'étoiles de plusieurs millions de kilomètres de diamètre. Chaque étoile trône elle-même au milieu d'un système planétaire d'une dizaine de milliards de kilomètres de diamètre.

Comment l'univers a-t-il pu développer une structure si riche à petite échelle, à partir d'un état initial si uniforme à grande échelle ? Comment la complexité a-t-elle pu émerger de la simplicité ? À nouveau, la théorie du big bang dans sa version la plus sommaire se révèle impuissante à apporter une réponse. C'est ce qu'on appelle le « problème des structures » de l'univers.

Une vertigineuse inflation de l'univers

Ainsi, au début des années 1970, acculée dans ses derniers retranchements, la version standard de la théorie du big bang a commencé à révéler des failles qui menaçaient de faire s'écrouler tout l'édifice. Une solution fut trouvée en 1981 grâce à l'inspiration brillante d'un jeune physicien américain travaillant à l'université de Stanford, Alan Guth (né en 1947). Celui-ci comprit que les problèmes dont pâtissait la théorie du big bang pouvaient être résolus si l'univers avait subi dès les premières fractions de seconde de son existence une expansion vertigineuse qu'il appela « inflation ». Tout comme l'inflation économique d'un pays entraîne la perte de valeur de sa monnaie et une hausse effrénée des prix en un temps limité, l'inflation de l'univers entraîne une formidable dilatation de son volume en un temps incommensurablement court. Selon Guth, au cours de la période inflationnaire qui dure une minuscule fraction de seconde – de 10^{-34} à 10^{-32} seconde –, l'univers va doubler de dimension chaque 10^{-34} seconde. Comme il y a cent intervalles de 10^{-34} seconde dans 10^{-32} seconde, chaque région de l'univers va doubler de taille cent fois de suite. Multipliez 2 × 2 × 2... cent fois, et vous obtiendrez comme résultat que l'univers a vu sa taille croître du facteur inimaginablement élevé d'environ 10^{30} (et son volume, qui est proportionnel au cube du rayon, d'environ un facteur 10^{90} ; les chiffres exacts dépendent des valeurs précises des conditions initiales, lesquelles ne sont pas très bien connues).

Autrement dit, la taille de l'univers croît de façon exponentielle avec le temps. En une minuscule fraction de seconde (1.1×10^{-32} seconde), l'univers passe d'une taille infinitésimalement petite (10^{20} fois inférieure à celle d'un proton) à celle d'une sphère d'environ 10 centimètres de diamètre. Durant cette phase inflationnaire, la vitesse d'expansion de l'univers dépasse allégrement celle de la lumière, ce qui semble *a priori* violer la relativité qui stipule que rien ne peut aller plus vite que la lumière. En fait, la théorie d'Einstein dit que rien ne peut voyager *à travers l'espace* plus vite que la lumière, mais, dans un univers en expansion, nous l'avons vu, c'est l'espace lui-même qui est en mouvement, et rien, dans la relativité, n'interdit à l'espace d'avoir une vitesse d'expansion plus rapide que celle de la lumière. En se diluant, cet espace entraîne les galaxies, au repos par rapport à lui, en les faisant s'éloigner les unes des autres.

L'inflation dissipe les nuages noirs du big bang

D'un coup de baguette magique, l'inflation va dissiper tous les nuages noirs qui assombrissaient le paysage du big bang, et lui redonner son lustre. Voyons comment.

Pourquoi l'univers est-il si uniforme ? Au début de la phase inflationnaire, à 10^{-34} seconde, l'univers était infinitésimalement petit, de l'ordre de 10^{-33} centimètre, soit des dizaines de millions de milliards de milliards de fois plus petit qu'un atome. Toutes les régions pouvaient communiquer facilement entre elles par la lumière, et coordonner leurs propriétés de manière à être exactement identiques. Cela était possible parce que la sphère-horizon avait à cet instant un rayon égal à 3×10^{-24} centimètre[1], considérablement plus grand que la taille de l'univers. À la fin de la phase inflationnaire, quand l'horloge cosmique sonne 1.1×10^{-32} seconde, l'univers a enflé d'un facteur de 10^{34} pour atteindre la taille de 10 centimètres. De 10^{-35} seconde à 1.1×10^{-32} seconde, l'univers a vieilli d'un facteur 1 100, ce qui veut dire que le rayon de la sphère-horizon a lui aussi augmenté de 1 100 fois, à 3.3×10^{-21} centimètres. Ce rayon est considérablement (des milliers de milliards de milliards [10^{21}] de fois) plus petit que la taille de l'univers à 1.1×10^{-32} seconde. Les différentes

1. Ce rayon s'obtient en multipliant la vitesse de la lumière (3×10^{10} centimètre par seconde) par l'âge de l'univers (10^{-34} seconde).

régions de l'univers ne sont plus en contact les unes avec les autres et ne peuvent donc plus coordonner leurs propriétés. Mais elles l'ont fait avant, et s'en souviennent !

Pourquoi l'univers est-il si plat ? Comment le cosmos a-t-il réussi cet exploit d'équilibriste si délicat : n'être courbé ni positivement ni négativement, mais posséder une courbure proche de zéro ? À nouveau, l'inflation l'aide à accomplir ce tour de passe-passe. Pour comprendre comment, reprenons l'analogie de l'univers à trois dimensions avec la surface d'un ballon à deux dimensions. Tout comme une petite région de la surface du ballon s'aplatit quand ce dernier est gonflé, la géométrie de l'espace s'aplatit pendant l'inflation. La courbure d'une sphère – la forme du ballon – est d'autant plus faible que son rayon est plus grand (fig. 76). Nous percevons la courbure d'un ballon de football parce que son rayon est petit (seulement une dizaine de centimètres). Mais elle est beaucoup moins évidente pour de très grandes sphères comme notre planète, dont le rayon est de 6 378 kilomètres à l'équateur : localement, sur de petites distances, le sol nous apparaît plat. C'est pourquoi l'humanité a très longtemps pensé qu'elle vivait sur une Terre plate, jusqu'à ce que le philosophe et physicien grec Ératosthène (276-194) démontre que ce ne pouvait être le cas. De même, en multipliant les dimensions de l'univers par le facteur fantastique de 10^{30}, voire plus, l'inflation lui confère une géométrie plate. Quelle que soit sa courbure initiale, la courbure finale de l'univers devrait être nulle. L'inflation doit nécessairement déboucher sur un univers plat.

Fig. 76. *La fourmi sur le ballon*. À mesure que le ballon gonfle, sa surface apparaît deplus en plus plate pour une fourmi sur le ballon. De même, l'inflation de l'univers, en agrandissant son volume de manière démesurée, lui confère une géométrie plate.

Qu'en est-il du dernier nuage noir à planer sur le paysage du big bang ? Pourquoi l'univers est-il si structuré ? Là aussi, l'inflation va comme par magie nous fournir une clé permettant de comprendre pourquoi l'univers n'est pas parfaitement uniforme, mais héberge des structures de moindre échelle : galaxies, étoiles et autres planètes. Elle nous explique pourquoi, semblable à une toile pointilliste, l'univers se décompose en d'innombrables points de lumière quand on le regarde de plus près. Pour produire un univers à la fois uniforme à très grande échelle et structuré à très petite échelle, l'inflation va devoir travailler de concert avec un allié de choix : le principe d'incertitude du physicien allemand Werner Heisenberg (1901-1976). Ce principe régit le domaine quantique, le monde de l'infiniment petit. Il nous dit en substance qu'il existe une limite fondamentale à notre connaissance du monde physique atomique et subatomique, et qu'il nous faut renoncer au vieux rêve humain du savoir absolu. Ainsi, nous ne pouvons jamais mesurer avec précision à la fois la position d'une particule élémentaire et sa vitesse. Nous devons toujours exercer un choix : soit nous déterminons exactement la position de la particule, et nous renonçons à connaître sa vitesse de manière précise ; soit nous mesurons précisément sa vitesse, et nous renonçons à connaître sa position avec exactitude. C'est ce qu'on appelle le « flou quantique ».

Non seulement le flou quantique nous empêche de connaître simultanément la position et la vitesse d'une particule élémentaire, mais il rend également floue son énergie, et ce flou dépend de la durée de vie de la particule : plus sa durée de vie est courte, plus son énergie est incertaine. Ce flou de l'énergie permet au monde atomique et subatomique de faire des entorses au principe de la conservation d'énergie qui prévaut dans le monde macroscopique. « Rien n'est gratuit dans la vie, tout se paie », ou « On n'a rien sans rien » : ainsi pourrait-on résumer ce principe. Dans le monde quantique, grâce au flou de l'énergie, la nature peut en revanche créer des particules là où il n'y en avait pas. Elle peut prêter de l'énergie sans rien demander en retour, et cette énergie gratuite engendre une particule élémentaire (d'après la fameuse formule d'Einstein : $E = mc^2$, exprimant l'équivalence entre la masse et l'énergie). Mais les opérations de la « banque Nature » sont strictement régulées par le principe d'incertitude. Tous les prêts d'énergie doivent être tôt ou tard remboursés, et plus la somme d'énergie empruntée est grande, plus le remboursement doit s'effectuer rapidement. Quand celui-ci se fait, la « banque Nature » récupère son énergie, équilibre ses comptes, et la particule disparaît. Les particules ainsi nées du flou de l'énergie ont des existences fantomatiques. Une brève et furtive apparition, et elles s'en vont. On les appelle « particules virtuelles ».

L'espace n'est donc pas vide, inerte et lisse, mais une sorte de mousse quantique y fluctue en permanence. Dans l'espace de la pièce où vous lisez ce livre, d'innombrables particules virtuelles apparaissent et disparaissent au gré de cycles de vie et de mort incommensurablement courts (de l'ordre de 10^{-43} seconde). Seulement, vous n'en êtes pas conscients, car cette activité fébrile se déroule à des échelles infiniment petites, de l'ordre de 10^{-33} centimètre.

Or c'est justement là que l'inflation a eu son rôle à jouer. En gonflant l'espace du facteur fantastiquement élevé de 10^{34}, elle a agrandi les minuscules fluctuations quantiques de 10^{-33} centimètre de l'espace jusqu'à leur faire atteindre des tailles de l'ordre de 10 centimètres. Ce faisant, elle a permis aux fluctuations quantiques de quitter le monde subatomique pour entrer dans le monde macroscopique. Ces fluctuations dans le tissu de l'espace, amplifiées par l'inflation, ont été détectées grâce à l'observation du rayonnement fossile – la lumière résiduelle de l'univers primordial émise en l'an 380 000 après le big bang – par deux satellites de la NASA : COBE (Cosmic Background Explorer, « Explorateur du rayonnement fossile »), lancé en 1990, et WMAP (Wilkinson Microwave Anisotropy Probe, « Sonde de l'anisotropie du rayonnement fossile micro-onde », nommée ainsi en l'honneur du physicien américain David Wilkinson), mis en orbite en 2001, sans oublier la sonde *Planck*, mise en orbite en 2009 par l'ESA (European Spatial Agency, Agence spatiale européenne). Ces fluctuations se manifestent par d'infimes fluctuations de température du rayonnement fossile, de l'ordre de quelques centièmes de millième (10^{-5}) de degré Kelvin. Ces fluctuations ont joué un rôle extrêmement important dans l'histoire cosmique : elles ont servi de semences de galaxies. Au cours des centaines de millions d'années qui suivent, ces semences, en attirant la matière environnante par la gravité, vont s'accroître en masse et « germer » pour donner naissance aux centaines de milliards de galaxies de l'univers observable, majestueux écosystèmes de centaines de milliards de soleils, liés ensemble par la gravité, qui ornent aujourd'hui la voûte céleste.

La prochaine fois que vous tomberez en admiration devant la structure spirale d'une belle galaxie, songez qu'elle est née d'une microscopique fluctuation quantique de l'espace de l'univers à ses débuts. Sachez qu'elle est l'enfant issu du mariage de l'infiniment petit et de l'infiniment grand, le fruit de l'union du flou quantique et de l'inflation. C'est parce que ces fluctuations quantiques ont existé que les galaxies et les étoiles ont pu voir le jour, et que ces dernières ont pu accomplir leur alchimie nucléaire et fabriquer les éléments chimiques lourds dont la vie et la conscience ont eu besoin pour apparaître. En d'autres termes, nous ne sommes pas seulement les enfants des étoiles, mais aussi les descendants de fluctuations quantiques primordiales !

L'énergie du vide

L'inflation accomplit donc des merveilles, et toute théorie cosmologique moderne s'est fait un devoir de l'intégrer, sous peine de voir à nouveau de gros nuages noirs assombrir le paysage du big bang. Mais d'où vient au juste ce remède magique ? Quelle est l'origine de cette inflation vertigineuse ?

Il faut savoir que, à ses débuts, l'univers est vide. Matière et lumière n'ont pas encore fait leur apparition. Planètes, étoiles et galaxies sont encore très éloignées dans le futur. Mais ce n'est pas un vide calme et tranquille, dépourvu de toute substance et exempt de toute activité, tel que nous l'avons tous à l'esprit ; c'est un vide quantique vivant, effervescent, bouillonnant d'énergie. L'univers est baigné dans un champ d'énergie que les physiciens appellent « champ de Higgs », du nom d'un des chercheurs à l'origine de ce concept, l'Écossais Peter Higgs (né en 1929). Aux températures inimaginables des débuts (10^{32} °K), le champ subit de violentes fluctuations, tout comme la surface de l'eau qui bout ondule intensément, parcourue de mouvements chaotiques et turbulents. Mais, pendant son expansion, alors que l'univers s'agrandit et se refroidit, les ondulations du champ de Higgs diminuent d'intensité, tout comme la surface de l'eau bouillante devient plus calme et plus lisse au fur et à mesure que la température décroît. Au cours du refroidissement de l'univers, l'énergie moyenne du champ d'énergie tend vers zéro, valeur que nous associons intuitivement à la notion de « vide », moyennant de petites fluctuations de part et d'autre du zéro.

Si, pendant le refroidissement de l'univers consécutif au big bang, le champ de Higgs avait évolué de façon continue vers l'énergie zéro, rien d'extraordinaire ne se serait passé. L'univers aurait continué tranquillement son petit bonhomme de chemin, poursuivant une expansion calme et sereine. Mais l'inventeur de l'inflation, Alan Guth, a eu une soudaine illumination. Le physicien a pris conscience que si, au cours de ce refroidissement, le champ de Higgs s'était trouvé bloqué pendant un très bref instant à une énergie légèrement positive, les conséquences auraient été considérables pour l'évolution ultérieure de l'univers. La situation est analogue à celle d'un rocher, au faîte d'une montagne, qui, au lieu de dévaler la pente d'une traite jusqu'en bas, où son énergie serait zéro, est temporairement bloqué pendant sa descente sur une sorte de plateau où son énergie est positive. Les physiciens appellent cet état temporaire d'énergie positive de l'univers un « faux vide » (fig. 77).

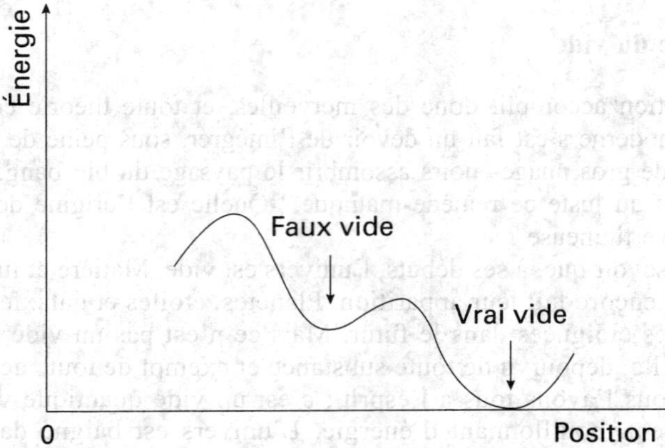

Fig. 77. *Le « faux vide » et le « vrai vide ».* L'énergie de l'univers primordial (appelée « champ de Higgs ») peut rester bloquée dans un « faux vide », avec une énergie positive pendant un instant infinitésimal. Une fluctuation quantique va déloger l'univers de cet état de faux vide pour le faire évoluer vers le « vrai vide », caractérisé par une énergie nulle. Ce faisant, une énergie fantastique est libérée, qui est responsable de l'inflation de l'univers.

Que se serait-il passé si l'univers avait été bloqué dans un état de faux vide ? se demande Guth. Le flou quantique fait que l'énergie du champ de Higgs ne cesse de fluctuer. Une fluctuation un peu plus grande que les autres aurait délogé, au bout de quelque 10^{-35} seconde, le champ de Higgs du « faux vide » où il était bloqué, et lui aurait fait dévaler la pente vers l'énergie zéro qui caractérise le « vrai vide ». L'énergie du « faux vide » aurait donc été libérée durant un laps de temps infinitésimalement court, de l'ordre de 10^{-32} seconde (un flash photographique durerait des centaines de milliers de milliards de milliards de milliards de fois plus longtemps). C'est cette énergie libérée par le faux vide qui a été responsable de la folle expansion de l'univers pendant la période inflationnaire. Quand l'énergie du champ de Higgs devient zéro, à 10^{-32} seconde, la fantastique emballée de l'univers s'arrête net pour donner lieu à une expansion plus mesurée. L'expansion frénétique des débuts de l'univers fait place à la « langueur monotone » de l'expansion actuelle : alors que l'univers a accru sa taille d'un facteur 10^{30} pendant l'ère inflationnaire, entre 10^{-34} et 10^{-32} seconde, il ne s'est agrandi que d'un facteur 1 000 pendant les 13,7 derniers milliards d'années de son histoire[1].

1. Au lieu d'enfler de façon exponentielle au fil du temps comme à ses débuts, l'univers se dilate proportionnellement à la racine carrée du temps pendant ses 380 000

L'univers qui a résulté de cette folle période inflationnaire et de l'époque plus calme qui a suivi est si vaste que, même si nous disposions des télescopes les plus puissants, sur Terre et dans l'espace, nous ne pourrions jamais en embrasser qu'une infime partie. Son rayon actuel est de 10^{53} centimètres, mais une grande partie de cet univers nous est encore inaccessible. En effet, le rayon de l'univers observable – la partie de l'univers à l'intérieur de laquelle la lumière des objets célestes a eu le temps de nous parvenir pendant les 13,7 milliards d'années d'existence de l'univers, et qui est donc accessible à nos télescopes – n'est que, nous l'avons vu, de 47 milliards d'années-lumière, soit environ $4{,}7 \times 10^{28}$ centimètres. Autrement dit, l'univers observable a un rayon qui est deux millions de milliards de milliards de fois (2×10^{24}) inférieur au rayon de l'univers entier. Si ce dernier était ramené à la taille de la Terre, la partie observable serait 200 fois plus petite que la taille d'un proton ! La plus grande partie de l'univers nous échappe.

La particule de Higgs

Le processus inflationnaire de l'univers dépend, nous l'avons vu, de l'existence d'un champ d'énergie appelé « champ de Higgs ». Ce champ de Higgs joue un autre rôle fondamental : il est responsable des masses des particules élémentaires. En effet, les masses des particules subatomiques dont sont composés les objets de l'univers, des majestueuses galaxies aux délicats pétales de rose, sont d'une variété époustouflante. Les protons sont environ 2 000 fois plus massifs que les électrons, lesquels sont beaucoup plus massifs que les neutrinos. Le photon, lui, n'a aucune masse. Dans la théorie standard des particules élémentaires, le champ de Higgs, qui baigne l'univers entier, se comporte comme une sorte de mélasse cosmique qui interagit avec les diverses particules de l'univers. Cette interaction confère à chaque particule une masse, les particules les plus massives ayant une grande interaction, le photon n'en ayant aucune.

Existe-t-il une preuve expérimentale quelconque de l'existence de ce champ de Higgs, ou n'est-il que le produit de l'imagination échevelée des physiciens des particules ? Il faut savoir que tout champ d'énergie est associé à une particule. Par exemple, le champ des ondes lumineuses (ou électromagnétiques) est associé au photon, la particule de lumière. De même, le champ de Higgs devrait être associé à une particule que le physicien américain Leon Lederman a appelée de façon peut-être un peu

---

premières années, puis à la puissance 2/3 du temps. Voir la note quantitative n° 5 dans *La Mélodie secrète*, ici, p. 310.

trop emphatique la « particule-Dieu », car cette dernière est responsable des masses des étoiles, des planètes, des personnes, des fleurs et de tout autre objet présent dans l'univers, donc de la beauté et de la complexité du monde. Les physiciens traquent la particule de Higgs depuis plus de quarante-cinq ans. Elle est probablement très massive. Or, qui dit « grande masse » dit « grande énergie ». Ce qui signifie que nous devons disposer d'un accélérateur de particules ultrapuissant, pouvant atteindre des énergies colossales, pour être à même d'espérer détecter la particule de Higgs. Le grand accélérateur circulaire de 27 kilomètres de circonférence construit à 100 mètres sous terre à la frontière franco-suisse, le Large Hadron Collider (LHC ou Grand Collisionneur de hadrons), mis en action en 2009 par le CERN (Centre européen pour la recherche nucléaire) à Genève, a répondu à l'appel. En faisant entrer en collision frontale deux faisceaux de particules subatomiques de la famille des « hadrons » (des protons), le LHC pourra recréer, quand il sera pleinement opérationnel, l'énergie fantastique qui exista juste un millième de milliardième (10^{-12}) de seconde après le big bang. Les premiers résultats annoncés en fanfare en juillet 2012 semblent confirmer l'existence d'une particule ayant les propriétés prédites par la théorie standard pour la particule de Higgs, avec une masse de l'ordre de 130 fois celle du proton, soit une énergie de l'ordre de 125 milliards d'électrons-volts. Voilà qui paraît assurer un grand triomphe à la théorie standard des particules élémentaires. Mais il convient de rester prudent : des études complémentaires sont encore nécessaires pour déterminer si cette particule possède bien l'ensemble des caractéristiques prévues pour la particule de Higgs. Il faudra poursuivre l'expérience pendant encore plusieurs années avant de pouvoir en avoir le cœur net.

Mes sentiments, devant cette découverte fantastique, sont partagés. D'un côté, je suis en admiration devant la magnifique collaboration internationale de milliers de chercheurs, issus de nombreux pays, qui a permis la construction d'un tel accélérateur, et la vérification expérimentale de la théorie standard de la physique des particules, conçue dès les années 1960 et améliorée sans relâche depuis lors. Si la particule de Higgs n'avait pas été trouvée, la théorie ne pouvait tenir debout, et tout était à refaire. La découverte de son existence est donc essentielle, et je rends hommage à l'imagination créatrice et au travail acharné des physiciens qui ont permis de construire cet édifice théorique qui épouse si bien les contours sinueux de la nature. Mais, d'un autre côté, je me dis que si toute prédiction se voit vérifiée, s'il n'y a aucune surprise, si l'on ne découvre aucun fait ne cadrant pas avec la théorie existante, la science ne pourra pas progresser. Je souhaite donc que l'exploration des propriétés de la particule de Higgs nous apporte des surprises qui pourront propulser la physique des particules au-delà du modèle standard, et paver ainsi la voie à une nouvelle physique.

La lumière de la nuit des temps

Nous avons vu que la « potion magique » de l'inflation, déclenchée par un champ de Higgs, guérissait la majorité des maux affectant la théorie du big bang. Nous avons également vu que, au début des années 1990, les cosmologues, en procédant à l'inventaire de son contenu, pensaient que notre univers était ouvert : la densité totale de matière n'était que moins du tiers de la densité critique. Il n'y aurait donc pas assez de matière pour que sa gravité freine l'expansion de l'univers. Celle-ci serait éternelle, il n'y aurait pas de big crunch, et l'univers serait infini. Tout semblait aller pour le mieux dans le meilleur des mondes.

Mais est-ce vraiment le cas ? En fait, il y avait là une contradiction flagrante entre les deux approches. Rappelons que l'inflation doit nécessairement déboucher sur un univers plat à courbure nulle, c'est-à-dire un univers avec exactement la densité critique de cinq atomes d'hydrogène par mètre cube. Or voilà qui pose problème ! En effet, l'inventaire du contenu matériel de notre univers – la matière lumineuse, la matière noire ordinaire et la matière noire exotique – ne donne en tout et pour tout que 29 % de la densité critique. Où sont donc passés les 71 % restants ? Malgré les éclatants titres de gloire de la théorie de l'inflation, ce désaccord avec le recensement de la matière a semé des doutes sur sa validité. La situation en était restée là quand de nouvelles observations astronomiques sont venues changer radicalement la donne.

Ces observations concernent la lumière fossile de l'univers, ce rayonnement qui nous vient de la nuit des temps, quand l'univers n'avait que 380 000 ans, et qui le baigne tout entier. Avec l'expansion de l'univers, la lumière fossile constitue l'une des deux pierres angulaires de la théorie du big bang. C'est sa découverte qui a rallié la majorité des scientifiques à l'idée d'une explosion primordiale de l'univers à partir d'un état extrêmement petit, chaud et dense. C'est aussi l'écueil sur lequel achoppent la plupart des théories cosmologiques rivales. Le rayonnement fossile de l'univers est la lumière la plus reculée dans le temps que nous puissions capter avec nos télescopes. Ceux-ci sont en effet de vraies machines à remonter le temps : ils permettent de voir faible, donc de voir loin. Or voir loin, c'est voir tôt, car la lumière met du temps à nous parvenir. Bien que sa vitesse soit la plus grande possible dans l'univers (elle franchit 300 000 kilomètres à la seconde), nous voyons toujours l'univers avec un certain retard. Ce retard est d'autant plus grand que l'objet céleste est plus éloigné. Ainsi, la lumière de la Lune nous parvient au bout d'un peu plus d'une seconde ; celle du Soleil, au bout de huit minutes ; la plus proche étoile, Proxima du Centaure, après 4,3 années ; la plus proche galaxie semblable à la Voie lactée, Andromède, après 2,3 millions d'années, et ainsi de suite. Suffit-il alors de construire des télescopes assez puissants pour remonter le temps jusqu'au big bang afin d'assister en direct à la naissance de l'univers ? Non ! Car devant nous se dresse un écran opaque qui nous empêche de remonter le temps jusqu'à l'instant initial. Pourquoi cet écran opaque ?

C'est que, avant l'an 380000, l'univers était trop chaud pour que les atomes puissent exister. La lumière ambiante, née dans les premières fractions de seconde de l'univers, était si chargée d'énergie qu'elle cassait, sitôt formés, les atomes d'hydrogène et d'hélium (les seuls atomes à pouvoir se former dans le big bang en compagnie d'une pincée d'atomes de deutérium et de lithium), libérant protons et neutrons – les constituants des noyaux atomiques – et électrons. L'univers des débuts n'était donc qu'une immense soupe de particules élémentaires. Les électrons libres formaient une brousse compacte à travers laquelle la lumière ne pouvait se propager, ce qui rendait l'univers opaque, comme plongé dans un de ces épais brouillards où plus rien n'est visible. Pour que l'univers devienne transparent, il a fallu que les électrons soient emprisonnés dans des atomes et cessent d'entraver la libre circulation des particules de lumière. Comment faire pour les emprisonner ? Il suffit de prendre son mal en patience et d'attendre. En effet, du fait de son expansion, l'univers se dilue et se refroidit constamment. Quand l'horloge cosmique sonne la 380 000e année, l'univers s'est suffisamment refroidi (à environ 3 000 °K, soit un peu moins que la température régnant à la surface du Soleil) pour que les photons ne possèdent plus assez d'énergie pour casser les atomes. Mus par la force électromagnétique, les électrons se combinent avec les noyaux atomiques pour former des atomes d'hydrogène et d'hélium, et ceux-ci peuvent enfin apparaître de façon durable sur la scène cosmique. Parce que les électrons se retrouvent confinés dans des atomes-prisons, rien n'entrave plus la libre circulation des photons : le brouillard se dissipe et l'univers devient transparent. La lumière et la matière, jusque-là si intimement mêlées, vont se découpler et mener dorénavant des existences séparées. Les photons qui nous parviennent directement des premières fractions de seconde de l'univers, dont la dernière interaction avec la matière remonte à l'an 380000, constituent ce fameux « rayonnement fossile » découvert par les radioastronomes américains Arno Penzias (né en 1933) et Robert Wilson (né en 1936) en 1965. De même que les fossiles permettent aux paléontologues de remonter le temps et de reconstituer l'histoire de la vie sur Terre, de même la lumière fossile permet aux astronomes de reconstituer l'histoire de l'univers à ses débuts.

La carte du rayonnement fossile est donc la plus vieille image que nous puissions obtenir de l'univers : elle nous permet de le contempler alors qu'il était encore dans sa prime jeunesse. Au fil du temps, la lumière fossile, très énergétique à l'origine, s'est progressivement affaiblie du fait de l'expansion de l'univers et de son refroidissement. Quittant la forme des rayons gamma à l'origine, elle s'est muée en rayons X, en rayons ultraviolets, puis en lumière visible en l'an 380000. Aujourd'hui, après une expansion de quelque 13,7 milliards d'années, la lumière fossile s'est refroidie à la température frigorifique de 3 °K, soit –270 degrés centigrades[1], et elle est de même nature que celle qu'émet votre four à micro-ondes. Elle est redevenue invisible à nos yeux et ne peut plus être détectée que par des instruments capables de capter des ondes radio, comme les radiotélescopes ou… votre téléviseur. Pour capter des photons appartenant à la lumière fossile, allumez votre poste après la fin de la diffusion des programmes : vous voyez des points blancs sautiller sur l'écran. Environ 1 % de ces parasites sont causés par le rayonnement fossile ! Vous pouvez ainsi voir sur votre écran de télévision la manifestation des plus vieilles particules de lumière que nous puissions capter sur Terre. En les observant, vous faites un bond en arrière dans le temps de quelque 13,7 milliards d'années !

Le rayonnement fossile inaugure l'ère de la précision en cosmologie

La NASA ne s'y est d'ailleurs pas trompée : pour étudier dans toute sa gloire la lumière des premiers instants, elle a construit et envoyé des radiotélescopes dans l'espace, car l'atmosphère terrestre absorbe une grande partie de la lumière fossile. Des observations préliminaires ont été effectuées avec des télescopes juchés à bord de ballons, mais il a fallu patienter vingt-cinq ans après la découverte de Penzias et Wilson, jusqu'en 1990, pour que le satellite COBE (Cosmic Background Explorer), portant à son bord un radiotélescope à micro-ondes, établisse une cartographie détaillée et exhaustive de cette lumière qui nous vient des premiers temps.

Les observations de COBE, rendues publiques en 1992, nous révèlent que la répartition en énergie du rayonnement fossile est exactement celle d'un univers qui, à l'origine, était extrêmement chaud et dense. Où que l'on regarde, sa température de 2,7 °K est d'une extraordinaire

1. Pour convertir la température de degrés Kelvin en degrés centigrades, soustraire 273.

uniformité. Chaque mètre cube d'espace contient environ 400 millions de ces particules de lumière primordiales. Le rayonnement fossile possède (en convertissant l'énergie en masse par la formule $E = mc^2$ d'Einstein) une énergie totale de 5×10^{-31} kilogramme par mètre cube. C'est la plus grande source d'énergie lumineuse présente dans l'univers. Quoique les photons du rayonnement fossile aient été considérablement épuisés par l'expansion de l'univers, et que leur énergie d'antan ait bien diminué, l'énergie totale du rayonnement fossile est encore aujourd'hui quelque dix fois supérieure à l'énergie totale de la lumière émise par l'ensemble des étoiles et des galaxies de l'univers observable ! La raison en est que le rayonnement fossile baigne l'univers entier, alors qu'étoiles et galaxies n'occupent qu'une toute petite portion de l'espace. Les photons dominent aussi par leur nombre la population des particules présentes dans l'espace. Pour chaque proton présent dans l'univers, il existe un milliard de photons de rayonnement fossile.

Le rayonnement fossile est d'une extrême homogénéité, mais celle-ci, nous l'avons vu, n'est pas parfaite. Heureusement pour nous, car si l'univers était parfaitement homogène, nous ne serions pas là pour en parler ! Un univers sans structure, c'est comme un désert sans oasis : la vie ne peut s'y développer. Un univers d'une parfaite homogénéité serait stérile. Dans cet univers, il n'y aurait ni chant du rossignol, ni parfum de la rose. Les sourires d'enfants en seraient absents. Pour le plus grand bonheur des astrophysiciens, COBE découvrit d'infimes fluctuations de température du rayonnement fossile – nous savons aujourd'hui qu'elles sont de l'ordre de quelques centièmes de millième de degré Kelvin – d'une partie du ciel à l'autre. Ces fluctuations de température correspondent à des fluctuations de densité de la matière constituée de protons, de neutrons et autres particules massives invisibles. Aux endroits légèrement plus denses, la gravité est un peu plus forte, les photons du rayonnement fossile perdent un peu plus d'énergie pour échapper à cette gravité, et la température est un peu plus faible. En revanche, aux endroits un peu moins denses, la gravité est moindre, les photons perdent un peu moins de leur énergie pour s'échapper, et la température est légèrement supérieure. Ces fluctuations de densité vont se comporter comme des semences qui, par l'action du jardinier Gravité, vont grandir avec le temps et germer en de belles galaxies, étoiles et planètes, dont une au moins va héberger la vie. On pense, nous l'avons vu, que ces semences de galaxies résultent de minuscules fluctuations quantiques de l'univers primordial, amplifiées par des processus physiques durant les premières fractions de seconde de son existence, en l'occurrence l'inflation.

Les observations de COBE ont marqué un tournant décisif dans la recherche en cosmologie. Avant, les observations de l'univers primordial se comptaient sur les doigts d'une main et étaient des plus imprécises.

Les théoriciens avaient beau jeu de faire travailler leur imagination fertile et de proposer une impressionnante variété de scénarios cosmologiques (généralement dans le cadre de la théorie du big bang). Mais, faute d'observations, ces diverses théories ne pouvaient être mises à l'épreuve, et les physiciens n'avaient pas la possibilité de trier le bon grain de l'ivraie. Mais COBE (et tous les ballons et satellites qui lui ont succédé) a bouleversé la donne. En nous dispensant une vue plus claire et précise de l'univers primordial, il a mis la barre très haut et inauguré une ère nouvelle où la cosmologie est devenue une véritable science, et où les divers scénarios peuvent être testés avec un très haut degré de précision. Les responsables des équipes de COBE ont été récompensés par le prix Nobel de physique en 2006.

Le rayonnement fossile et la courbure de l'univers

Mais la NASA ne s'en est pas tenue là. En 2001, elle a mis en orbite le successeur de COBE, appelé WMAP (Wilkinson Microwave Anisotropy Probe), capable d'étudier les fluctuations de température du rayonnement fossile avec environ quarante fois plus de précision et de sensibilité que son prédécesseur. Sa mission est de mesurer avec le plus de précision possible la dimension angulaire des régions froides et chaudes de la lumière primordiale. En effet, c'est en établissant la répartition de ces tailles que les astrophysiciens seront à même de déterminer la courbure de l'univers, et donc son destin. Voyons comment.

Il faut savoir que le rayonnement fossile porte en lui l'empreinte du temps. Puisqu'il date de l'an 380000 et qu'Einstein nous dit qu'aucune information ne peut voyager à travers l'espace plus vite que la lumière, aucun signal n'a pu, à cette lointaine époque, parcourir une distance supérieure à 380 000 années-lumière. En d'autres termes, un agrégat de matière d'une taille inférieure à 380 000 années-lumière a pu commencer à s'effondrer en l'an 380000 sous l'effet de la gravité. En revanche, un agrégat de taille supérieure ne l'a pas pu, car il n'aurait pas « su » le faire : des points situés à deux extrémités de cet agrégat n'auraient pas encore eu le temps de communiquer et de coordonner leurs mouvements. Il ne se « déciderait » à s'effondrer sous l'effet de la gravité que quand l'univers serait assez âgé pour que toutes ses parties puissent communiquer entre elles par la lumière. Ainsi, en l'an 380000, les plus grands agrégats de matière, c'est-à-dire les plus grandes irrégularités observées dans la carte du rayonnement fossile, à avoir commencé à s'effondrer sous l'action de la gravité possédaient une taille de 380 000 années-lumière. Pour un observateur terrestre, cette taille correspond dans le ciel à un angle d'environ un degré (soit environ deux fois la dimension angulaire de la pleine lune). Que cet angle soit d'un degré, ou plus, ou moins, dépend de la courbure de l'univers. En effet, rappelons que la lumière voyage en suivant la courbure de l'univers. Dans un univers plat, à courbure nulle, sa trajectoire est une ligne droite, et l'angle sous-tendu par les plus grandes irrégularités est d'environ un degré. En revanche, dans un univers ouvert à courbure négative, les trajectoires des rayons lumineux divergent en remontant le temps, et l'angle sous-tendu par les plus grandes structures apparaît inférieur à un degré. *A contrario*, dans un univers fermé à courbure positive, les trajets lumineux convergent en remontant le temps, et la dimension angulaire des plus grandes structures apparaît supérieure à un degré (fig. 78). Autrement dit, il suffit de mesurer la taille angulaire des plus grandes irrégularités dans la carte du rayonnement fossile, et le tour est joué ! La courbure et donc la géométrie de l'univers nous sont révélées !

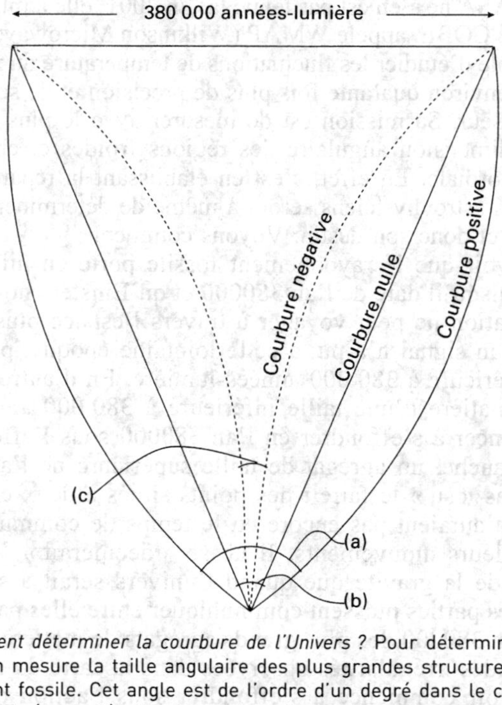

Fig. 78. *Comment déterminer la courbure de l'Univers ?* Pour déterminer la courbure de l'univers, on mesure la taille angulaire des plus grandes structures dans la carte du rayonnement fossile. Cet angle est de l'ordre d'un degré dans le cas d'un univers de courbure nulle (angle b), plus grand dans le cas d'un univers à courbure positive (angle a) ou plus petit dans le cas d'un univers à courbure négative (angle c). L'analyse de la carte de WMAP révèle que les plus grandes structures ont une taille angulaire de l'ordre d'un degré, ce qui implique que l'univers est plat, avec une courbure nulle.

Les astrophysiciens se sont donc mis à analyser avec passion la carte du rayonnement fossile obtenue par WMAP. Le verdict est sans appel : la taille des plus grandes structures dans cette carte est de l'ordre d'un degré. Ce qui veut dire que nous vivons dans un univers plat : un univers qui a dû passer par une phase inflationnaire, puisque l'inflation produit très précisément un univers plat. L'ESA s'est aussi mise de la partie. En 2009, elle a mis en orbite le satellite Planck (nommé d'après le physicien allemand Max Planck, l'un des pères fondateurs de la mécanique quantique), afin de cartographier le rayonnement fossile avec encore plus de précision. Grâce à une sensibilité de plus de trois fois supérieure à WMAP, Planck est capable de détecter des fluctuations de température du rayonnement fossile aussi petites qu'un millionième de degré Kelvin. La carte du rayonnement fossile produite par Planck est considérablement plus détaillée que celles obtenues auparavant par COBE et WMAP. Elle montre également que l'univers, à ses débuts, est passé par une phase inflationnaire et que sa géométrie est plate. Mais, si c'est le cas, il doit posséder exactement la densité critique de matière, égale à cinq atomes par mètre cube. Or – et c'est là que le bât blesse –, dans notre inventaire de la matière lumineuse et noire, nous avons seulement pu recenser un total de 29 % de la quantité de matière nécessaire pour que l'univers puisse atteindre une densité critique. Où sont donc passés les 71 % restants ? Comment résoudre les mesures contradictoires de la géométrie de l'univers obtenues d'une part en mesurant les masses des galaxies et des amas de galaxies, de l'autre en mesurant la courbure de l'univers par observation des fluctuations de température dans le rayonnement fossile ? La solution au puzzle n'est venue qu'en 1998, grâce à une découverte extraordinaire et tout à fait inattendue : celle de l'accélération de l'univers.

Des phares cosmiques pour mesurer la décélération de l'univers

Dans les années 1990, deux équipes internationales d'astronomes – l'une conduite par le physicien américain Saul Perlmutter (né en 1959) du Lawrence Berkeley National Laboratory de Californie, l'autre par l'astronome australien Brian Schmidt (né en 1967), travaillant à l'Australian National University de Canberra, Australie, et l'astronome américain Adam Riess (né en 1969), du Space Telescope Science Institute de Baltimore, dans le Maryland – ont entrepris de mesurer la décélération de l'expansion de l'univers. Le raisonnement était le suivant : l'évolution de l'univers dépend en principe de l'issue du combat titanesque entre la force d'expansion primordiale et la force de gravité exercée par tout son contenu matériel. Parce que cette dernière est attractive, elle est censée ralentir l'expansion de l'univers. En d'autres termes, l'univers doit décélérer. Plus la masse (ou la densité) de l'univers est élevée, plus la gravité qu'elle exerce est grande, et plus la décélération sera importante. Une mesure précise du taux de décélération de l'univers nous aiderait donc à cerner son contenu matériel total, que cette matière soit lumineuse et visible ou non. Cela nous permettrait de vérifier ou de réfuter le résultat obtenu en additionnant les masses des galaxies et des amas de galaxies. C'était là un problème qui avait absorbé les astronomes depuis des décennies. J'y ai moi-même travaillé pendant mes études postdoctorales au CALTECH, au milieu des années 1970[1].

Mais comment s'y prendre ? Si nous voulons mesurer la décélération de notre voiture quand nous appuyons sur le frein, il nous suffit de mesurer sa vitesse à deux instants distincts. La décélération est obtenue en divisant la différence des vitesses par l'intervalle de temps séparant ces deux instants. De même, pour mesurer la décélération de l'univers, l'astrophysicien doit mesurer la vitesse d'expansion universelle à diverses époques. Bien sûr, les cent ans d'une vie humaine, les dizaines de milliers d'années de la civilisation humaine, voire les quatre ou cinq millions d'années écoulées depuis l'apparition de l'homme en Afrique, sont des laps de temps beaucoup trop courts pour que la décélération de l'univers lui soit perceptible et mesurable. Il nous faut donc observer la décroissance de la vitesse d'expansion de l'univers sur un intervalle de temps qui s'étende au moins sur plusieurs milliards d'années. Cela veut dire que nous devons regarder très loin dans le passé. Est-ce possible ? Oui, car nous avons recours aux machines à remonter le temps que sont les télescopes, et nous appliquons le principe selon lequel « voir loin dans l'espace, c'est voir tôt dans le temps ». Pour obtenir la vitesse d'expansion de l'univers à différents instants de son existence, il nous suffit de mesurer la vitesse de fuite d'objets célestes situés à des distances différentes de la Terre. La vitesse de fuite d'objets éloignés nous donne la vitesse d'expansion de l'univers dans sa jeunesse, tandis que celle d'objets proches nous renseigne sur sa vitesse d'expansion actuelle. Si l'univers est en décélération, la seconde doit être inférieure à la première.

Quels objets célestes choisir pour nous servir de balises et mesurer l'évolution de la vitesse d'expansion de l'univers au fil du temps ? Pour remplir son rôle de balise, un objet doit nous fournir deux informations : sa vitesse de fuite et sa distance. La première quantité, la vitesse de fuite, n'est autre que la vitesse d'expansion de l'univers. Elle est relativement aisée à obtenir : l'effet Doppler fait que la lumière d'un objet qui s'éloigne de nous vire vers le rouge en proportion de

1. Voir Trinh Xuan Thuan, *Le Cosmos et le Lotus*, Albin Michel, 2011.

sa vitesse de fuite. Il suffit donc de décomposer la lumière de l'objet en ses différentes composantes colorées grâce à un spectroscope, et de mesurer son déplacement vers le rouge pour déduire sa vitesse de fuite. Pour ce qui est de la seconde quantité, la distance de l'objet, c'est une autre paire de manches ! Elle est pourtant essentielle, car une simple division de cette distance par la vitesse de la lumière nous donnera le laps de temps que nous avons pu remonter dans le passé de l'univers, et donc l'âge de l'univers correspondant à la vitesse d'expansion mesurée.

La mesure de l'éloignement des balises n'est pas des plus faciles. Tous les objets célestes sont en effet projetés pêle-mêle sur la voûte céleste, qui nous apparaît en deux dimensions. Celle-ci ressemble à un vaste tableau où le peintre aurait oublié de respecter toute loi de la perspective. Il revient à l'astronome de rétablir la troisième dimension : la profondeur cosmique. Pour déterminer la distance des balises, l'astronome va procéder comme le navigateur qui, pour jauger la distance de son navire au rivage, compare la brillance apparente du phare à sa vraie brillance (ou brillance « intrinsèque »), celle qu'il percevrait s'il était sur place (la brillance apparente varie comme la brillance intrinsèque divisée par le carré de la distance ; la connaissance des brillances apparente et intrinsèque permet donc de calculer la distance). De même, pour connaître la distance d'un objet céleste, l'astronome doit connaître sa brillance intrinsèque ; la mesure de sa brillance apparente lui permettra ensuite de déduire sa distance. La stratégie consiste donc à isoler une classe d'objets dont la brillance intrinsèque ne varie ni dans le temps, ni dans l'espace (dans le jargon astronomique, on les appelle des « bougies standard »). Trouver une telle classe de phares cosmiques dont la brillance intrinsèque reste constante n'est pas chose aisée, car la plupart des objets astronomiques ont fâcheusement tendance à évoluer, donc à varier un tant soit peu en éclat au cours de leur vie. Néanmoins, à force d'acharnement, les astronomes ont pu isoler certaines classes d'objets dont la brillance intrinsèque varie relativement peu. Les phares cosmiques qui sont les plus en vogue à l'heure actuelle sont appelés « supernovae de type “Ia” ». Ces dernières sont des explosions de cadavres d'étoiles – des naines blanches – qui se détruisent en de gigantesques événements thermonucléaires. Ces explosions sont provoquées par l'accumulation à la surface des naines blanches et le réchauffement (à une température de 600 millions de degrés) de la matière provenant des étoiles en paire avec les naines blanches.

L'univers en accélération et l'énergie noire

Les deux groupes d'astronomes se sont donc mis à traquer fébrilement des supernovae de type « Ia » et à les utiliser comme phares cosmiques pour mesurer le taux de décélération de l'univers. En 1998, ils parvinrent, indépendamment l'un de l'autre, à une conclusion qui prit tout le monde (ou presque) de court : l'univers a bien été en décélération, mais seulement pendant les sept premiers milliards d'années de son existence ; ensuite, l'expansion de l'univers, au lieu de continuer à décélérer, s'est mise au contraire à accélérer, accélération qui se poursuit de nos jours ! Cette découverte extraordinaire fut récompensée par le prix Nobel de physique en 2011.

Comment l'univers a-t-il pu passer ainsi d'une décélération à une accélération ? S'il contenait exclusivement de la matière, qu'elle soit lumineuse ou noire, celle-ci exercerait inévitablement une gravité attractive, et il devrait toujours décélérer. Pour rendre compte de son accélération, force est donc de postuler l'existence dans l'univers de quelque chose d'autre que la matière ou la lumière, qui exercerait une force répulsive supérieure à la force attractive de la matière.

Dans nos pérégrinations précédentes, nous avons déjà rencontré le concept de force répulsive. Souvenez-vous : il a été introduit la première fois en 1917 par Einstein sous le nom de « constante cosmologique » pour construire un modèle d'univers statique, sans expansion, grâce à ses équations de la relativité générale, modèle favorisé par les observations astronomiques de l'époque. Mais, en 1929, dès l'annonce par Edwin Hubble de sa découverte de l'expansion de l'univers, Einstein supprima la constante cosmologique de ses équations. Cependant, la découverte de l'accélération de l'univers a ressuscité cette fameuse constante, et les cosmologues l'ont exhumée du cimetière des concepts morts plus de quatre-vingts ans après sa naissance ! La force de répulsion ou « énergie noire » (ainsi appelée parce que, comme la masse noire exotique, sa nature nous est totalement inconnue), associée à la constante cosmologique ressuscitée, doit bien sûr être de loin supérieure à celle calculée par Einstein. En effet, il ne s'agit plus, cette fois, de construire un univers statique, mais un univers qui soit en expansion accélérée. Les observations des supernovae de type « Ia » montrent que, pour reproduire l'accélération universelle observée à partir de sept milliards d'années après le big bang, l'énergie noire doit contribuer pour environ… 71 % au contenu en masse et énergie de l'univers : exactement la quantité qui manquait dans notre précédent inventaire pour que l'univers ait une densité critique et une géométrie plate ! La boucle est bouclée…

Une question se pose pourtant : pourquoi l'accélération universelle ne s'est-elle manifestée qu'environ sept milliards d'années après le big bang ? Pourquoi l'énergie noire n'a-t-elle pas fait sentir plus tôt sa présence ? En fait, la force répulsive due à l'énergie noire a toujours été présente, tapie dans l'ombre, mais, pendant les sept premiers milliards d'années après le big bang, elle a été trop faible pour lutter contre la fantastique force de gravité attractive exercée par le contenu en matière (ordinaire et exotique) et énergie de l'univers. C'est la force attractive qui mène alors le bal, et elle décélère l'expansion de l'univers. Le temps joue néanmoins en faveur de la force répulsive. Au fur et à mesure que s'égrènent les milliards d'années, l'univers se dilue, les distances entre les galaxies augmentent et la force attractive, qui varie comme l'inverse du carré de la distance entre les galaxies, diminue d'intensité. En revanche, l'intensité de la force répulsive demeure constante. Au fil du temps, cette force répulsive prend de plus en plus d'importance par rapport à la force attractive. La passation des pouvoirs a lieu quand l'horloge cosmique sonne sept milliards d'années. La force répulsive est alors la plus forte, elle prend les choses en main et va dorénavant relancer, en l'accélérant, l'expansion universelle.

Comment la présence de cette mystérieuse énergie noire va-t-elle modifier le destin de l'univers ? Revenons sur les trois cas de figure possibles : l'univers peut être fermé, ouvert ou plat. Un univers fermé, avec une courbure positive et une densité de matière et d'énergie supérieure à la densité critique, ne terminera pas nécessairement son existence dans un big crunch. En fait, si la quantité d'énergie noire qu'il contient est assez grande, l'accélération de l'expansion universelle pourra se poursuivre pour l'éternité. L'univers, au lieu de terminer son existence dans un brasier infernal, continuera à se diluer et à se refroidir de plus en plus, et il mourra dans une obscurité glaciale. Quant à un univers ouvert, avec une courbure négative et une densité inférieure à la densité critique, l'accélération de l'expansion entraînera une dilution encore plus rapide, et lui aussi mourra dans une froidure désolée. Il se peut aussi que l'accélération de l'univers causée par l'énergie noire devienne si grande que les forces gravitationnelle, électromagnétique et nucléaire forte, qui sont attractives – elles lient les galaxies, les étoiles, les planètes et les hommes, et leur donnent une structure –, ne puissent plus résister à l'énorme force répulsive créée par l'expansion accélérée. Toutes les structures vont se « déchirer ». Alors, même les atomes ne pourront pas survivre, car la force de répulsion sera plus grande que la force électromagnétique qui lie les électrons au noyau atomique et la force nucléaire forte qui lie les protons et les neutrons dans le noyau. Seules subsisteront des particules élémentaires, emportées par l'expansion universelle, séparées par des distances sans cesse croissantes. C'est le « grand déchirement » ou le « grand éclatement » (*big rip* en anglais) (fig. 79). Ce sera la fin de toute structure et de toute vie. Qu'en est-il de l'univers plat, avec une courbure nulle et une densité égale à la densité critique, qui semble être favorisé par les observations ? Sans énergie noire, il connaîtra, nous l'avons vu, une expansion éternelle avec une décélération continue, avec une vitesse d'expansion qui s'approche asymptotiquement de zéro. Mais, avec la présence d'une énergie noire, après une période de décélération pendant les sept premiers milliards d'années, l'univers accélère, se diluant et se refroidissant de plus en plus. Son destin ultime sera similaire à celui d'un univers ouvert.

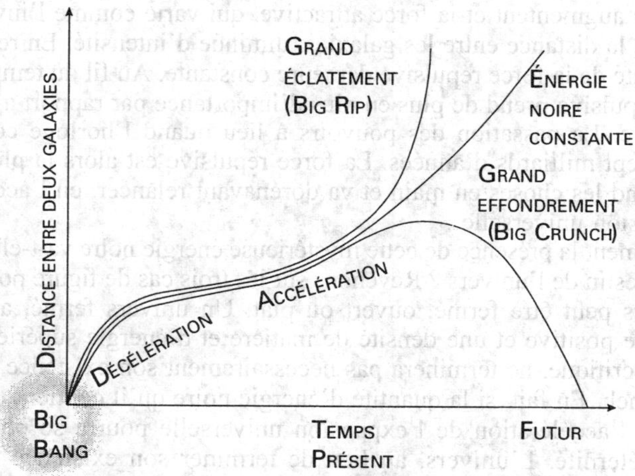

Fig. 79. *Le « grand éclatement » (*big rip*)*. L'univers est parti d'un état extrêmement petit, chaud et dense. Depuis le big bang, sa taille n'a cessé de s'accroître. Son mouvement d'expansion a décéléré pendant les 7 premiers milliards d'années, puis s'est accéléré depuis, propulsé par l'énergie noire. Quel sera son destin ? Il ne terminera pas sa vie dans la chaleur infernale d'un big crunch (grand effondrement). Mais de deux choses l'une : dans le cas d'une énergie noire constante, il se diluera éternellement, finissant sa vie dans une obscurité et froideur glaciale. Si la quantité d'énergie noire n'est pas constante, mais croît avec le temps, toutes les galaxies, étoiles et planètes vont se « déchirer » : ce sera le grand éclatement (*big rip*).

Étrange et merveilleux univers

Ainsi, trois voies d'investigation totalement différentes – l'inflation, le rayonnement fossile, l'accélération de l'univers – nous ont amenés à la même conclusion : notre univers possède exactement la densité critique, sa géométrie est plate, et sa courbure nulle. Cette remarquable convergence ne saurait être le fait du hasard.

Je me souviens qu'en 1981, quand Guth avait proposé sa théorie de l'inflation, je n'y croyais pas trop ; en effet, l'inventaire de la matière lumineuse et noire de l'univers disait obstinément qu'il n'y en avait pas suffisamment pour que l'univers puisse atteindre la densité critique d'un univers plat. Ce qui entrait en contradiction flagrante avec l'inflation, car celle-ci doit nécessairement produire un univers plat à courbure nulle. De même, lors de l'annonce de la découverte de l'accélération de l'univers en 1998, j'étais resté, en même temps que nombre de mes collègues, plutôt sceptique. J'avais des doutes quant à la fiabilité des supernovae de type « Ia » comme balises du passé de l'univers : il pouvait y avoir de la poussière intergalactique et galactique qui absorbe la lumière des supernovae de type « Ia », ce qui rendrait suspecte la mesure de leurs distances. C'est la confirmation aussi inespérée qu'inattendue d'un univers plat par le satellite WMAP, grâce à sa cartographie minutieuse du rayonnement fossile, qui m'a fait accepter l'idée d'un univers ayant subi une phase inflationnaire à ses tout premiers débuts et se trouvant aujourd'hui en accélération.

À l'aube du XXIe siècle, voilà donc ce que nous pouvons dire à propos de notre étrange et merveilleux univers : tout ce que nous voyons briller dans le ciel – la matière lumineuse dans les cent milliards de galaxies de l'univers observable, contenant chacune cent milliards de Soleils – ne représente qu'une minuscule fraction (0,5 %) du contenu total de l'univers. La matière « ordinaire », faite d'atomes, ne représente que 5 %, dont 0,5 % de matière lumineuse et 4,5 % de matière noire, probablement de l'hydrogène froid dans l'espace intergalactique et de l'hydrogène chaud dans les amas de galaxies. Le reste n'émet aucune sorte de lumière et est constitué de matière noire « exotique » (24 %), de nature encore inconnue, et principalement d'énergie noire (71 %) dont l'identité est tout aussi mystérieuse. Les physiciens font l'hypothèse que la matière noire exotique est composée de particules massives nées dès les premières fractions de seconde du big bang. Peut-être le LHC, l'immense accélérateur de particules à Genève, en découvrira-t-il quelques-unes. Quoi qu'il en soit, nous n'avons pour l'instant aucune idée sur ce que sont 95 % du contenu de l'univers ! Le renard de Saint-Exupéry ne croyait pas si bien dire quand il confiait au Petit Prince : « L'essentiel est invisible pour les yeux. »

À cause de la force répulsive de l'énergie noire, l'univers connaîtra une expansion éternelle. L'humanité future – si tant est qu'elle puisse perdurer des milliards d'années, ce qui n'est pas le plus probable – échappera au sentiment de claustrophobie qu'engendrerait un univers fermé qui se contracterait sous son propre poids et se rétrécirait de plus en plus. Nos descendants ne verront pas les galaxies et les étoiles se rapprocher les unes des autres, fusionner, perdre leur identité et se volatiliser en lumière et en particules dans un fracas de déflagrations nucléaires. Ils ne verront pas disparaître la nuit, remplacée par la lumière aveuglante d'un univers trop chaud et trop dense. Ils ne périront pas dans un brasier infernal… En revanche, l'univers sera de plus en plus dilué par l'accélération cosmique. L'espace s'agrandira si vite que plus aucune particule ne pourra s'assembler à d'autres, ni aucune structure se former. Quand l'horloge cosmique sonnera quelques dizaines de milliards d'années (rappelons que l'univers actuel est âgé de 13,7 milliards d'années), la Voie lactée ne sera plus qu'un îlot perdu dans l'immensité du cosmos. Les centaines de milliards de galaxies maintenant accessibles à nos télescopes se seront tellement éloignées que nous ne pourrons plus les voir. Seules resteront visibles les centaines de galaxies appartenant au superamas de la Vierge, dont la Voie lactée fait partie. Et les études astronomiques que nos lointains descendants pourront alors entreprendre seront extrêmement limitées, car il y aura très peu d'objets à observer dans le ciel. Je m'estime chanceux de vivre à une époque où l'expansion de l'univers n'a pas encore éloigné la majorité des galaxies, où tant de mystères subsistent encore, et, surtout, d'avoir accès à des instruments sophistiqués et performants qui permettent de nous y attaquer !

Un univers fini ou infini ?

Revenons à notre question du début : l'univers est-il fini ou infini ? En dépit de tous nos efforts, nous ne le savons toujours pas. Il se fait que l'univers a une courbure nulle. Ce qui veut dire que, selon sa topologie, il peut être aussi bien infini (comme dans le cas d'une nappe) que fini (comme dans le cas d'un « tore »). Les deux possibilités sont compatibles avec notre connaissance de l'univers. Les équations de la relativité ne nous disent rien sur la topologie de l'univers. Einstein a évoqué ainsi, de façon humoristique, notre ignorance de la taille de l'univers : « Deux choses sont infinies : l'univers et la stupidité humaine ; et je ne suis pas sûr de l'infinitude de l'univers. »

Saurons-nous jamais ? En principe, si l'univers était fini, la lumière de certaines étoiles et galaxies aurait fait plusieurs fois le tour de l'univers avant de parvenir jusqu'à nos télescopes. Nous devrions alors voir des images d'objets célestes qui se répètent. Or les astronomes n'ont jamais vu de telles images doublonnées (à part les mirages cosmiques créés par les lentilles gravitationnelles, phénomène tout à fait différent). Mais, même si nous n'observons pas d'images qui se répètent, nous ne pouvons pour autant en conclure que l'univers est infini. En effet, un univers fini pourrait être si vaste que, pendant les 13,7 milliards d'années de son existence, la lumière n'aurait pas eu le temps d'en faire le tour. Dans ce cas, il ressemblerait à s'y méprendre à un univers infini !

Nous ne pouvons donc pas faire le partage entre un univers fini et un univers infini par la seule absence d'images répliquées. À ce point, vous devez vous dire que la question de l'étendue de l'univers est une question bien académique. Après tout, l'espace est si immense, et nous n'avons accès qu'à une infime partie de lui par nos télescopes ; pourquoi devrions-nous nous échiner à savoir si l'univers s'étend à l'infini ou non, au-delà de notre horizon cosmologique ?

Si c'est nécessaire, c'est parce que le fait que l'univers soit fini ou infini détermine, nous allons le voir, la nature même du réel.

V

L'INFINI ET L'ÉTERNEL RETOUR

L'éternelle répétition

Bien que nous ne sachions pas, pour l'instant, si l'univers est fini ou infini, nous allons nous pencher ici sur le cas d'un univers infini. Cela, parce que cette hypothèse va nous amener à examiner une réalité aussi bizarre que fantastique, concernant ce qu'on appelle le « paradoxe de l'éternel retour » ou « paradoxe de l'éternelle répétition ».

Pour comprendre le paradoxe de l'éternelle répétition, imaginons la situation suivante qui met en scène la couturière Coco Chanel. Créatrice de mode et arbitre de l'élégance féminine, Mlle Chanel possède une garde-robe extrêmement fournie, composée de mille robes et de mille paires de chaussures. D'une sophistication extrême, elle se refuse à porter le même assortiment de robe et de chaussures plus d'une fois dans sa vie. Par conséquent, elle en change tous les jours. Avec sa garde-robe, le nombre total de combinaisons possibles est de 1 000 × 1 000 = un million. Coco Chanel a donc la possibilité de porter des combinaisons différentes de robes et de chaussures pendant un million de jours, soit 2 740 ans. Les combinaisons ne se répéteront que si elle vit plus de 2 740 ans, ce qui est peu probable ! Mais supposons que Coco Chanel ait découvert le secret de l'immortalité et vive éternellement. Au bout de 2 740 ans, elle devrait commencer à recycler chaque combinaison possible, et ce, pour une infinité de fois. La leçon à retenir de cet exemple est donc : un nombre infini d'événements (ici, le port de vêtements par Coco Chanel) associé à un nombre fini de combinaisons d'objets (ici, les robes et les chaussures de la couturière) débouche nécessairement sur une éternelle répétition.

Appliquons la leçon à l'univers. Supposons qu'il soit infini. Nous avons déjà vu que nous ne pouvons regarder au-delà d'un horizon cosmique de 47 milliards d'années-lumière, la lumière de ces régions lointaines n'ayant pas eu le temps de nous parvenir. Réciproquement, la lumière de notre canton d'univers n'a pas eu le temps de parvenir à ces lointaines contrées. Nous pouvons ainsi nous représenter l'immensité de notre univers comme divisée en une infinité de sphères indépendantes, limitées chacune par leur horizon, et si éloignées les unes des autres qu'elles n'ont aucun contact entre elles (fig. 80). Chacune de ces sphères contient des particules de matière qui peuvent être arrangées en diverses combinaisons pour former des galaxies, des étoiles et des planètes. Mais, comme le nombre de robes et de chaussures de Coco Chanel, ces particules ne sont pas en nombre infini, mais fini. Et c'est par là que nous rejoignons l'histoire de Coco Chanel : ces particules en nombre fini ne peuvent être arrangées qu'en un nombre fini de combinaisons. Et parce qu'il existe un nombre infini de régions de l'espace semblables à celle que nous habitons, parce que le nombre de combinaisons des particules est fini, les conditions et le contenu de ces régions doivent nécessairement se répéter comme se répètent les combinaisons de robes et de chaussures portées par Coco Chanel, elle-même vivant et s'habillant pendant un temps infini alors que le nombre de ces combinaisons est fini. La juxtaposition de l'infini et du fini débouche invariablement sur l'éternelle répétition.

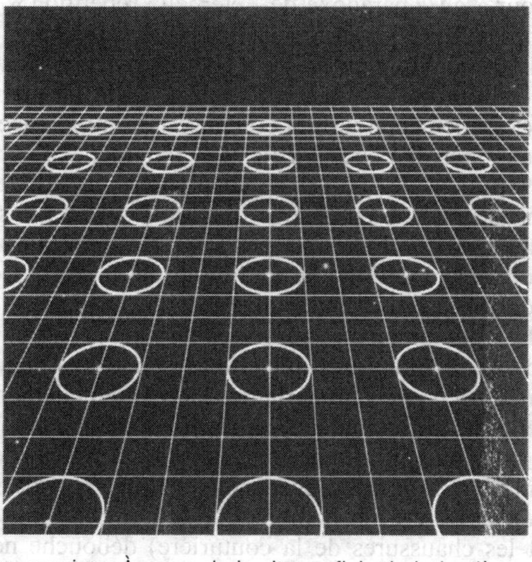

Fig. 80. *L'horizon cosmique.* À cause de la vitesse finie de la lumière, un observateur au centre d'une région quelconque de l'univers ne peut pas entrer en contact avec d'autres régions de l'univers situées au-delà de son horizon cosmique (délimité par un cercle sur une surface plane). Ces régions sans contact évoluent indépendamment les unes des autres.

Vous pouvez vous demander pourquoi le nombre de particules élémentaires – protons, neutrons, électrons, photons et autres représentants de la faune des constituants de la matière et de l'énergie – doit être fini. Pourquoi ne pouvons-nous pas entasser autant de particules que nous en voulons dans un quelconque volume d'espace ? Après tout, si les particules n'ont pas d'extension spatiale, on pourrait penser qu'il serait loisible d'en mettre une infinité dans tout volume, tout comme nous pouvons aligner une infinité de points sans extension spatiale sur une ligne droite. Mais c'est loin d'être le cas : en effet, il ne faut pas oublier que chaque particule est un concentré d'énergie de par sa masse (Einstein nous a appris que masse et énergie sont des notions équivalentes) et son mouvement. Ce qui fait que nous ne pouvons arbitrairement bourrer autant d'énergie que nous le voulons dans un volume d'espace donné, car cette région d'espace s'effondrerait sous sa propre gravité et deviendrait un trou noir. Et si nous persistions à accumuler encore plus de matière et d'énergie dans le gouffre béant du trou noir après sa formation, la masse et donc le rayon du trou noir continueraient à augmenter (le rayon du trou noir croît en proportion de sa masse) jusqu'à engouffrer toute la région d'espace environnante. Il existe donc une limite bien finie à la quantité de matière et d'énergie que nous pouvons entasser dans une région d'espace donnée avant que celle-ci ne s'effondre pour devenir un trou noir. Ainsi, dans le cas de notre univers observable, avec son horizon cosmique de 47 milliards d'années-lumière, la masse qui y est contenue est de 10^{56} grammes. Ce nombre est fantastiquement élevé. Mais ce qui importe ici pour notre argumentation, ce n'est pas tant le nombre exact, si énorme soit-il, que le fait qu'il existe bel et bien une limite maximale à la quantité de matière et d'énergie que notre univers peut contenir sous peine de devenir un trou noir.

Le flou quantique ne permet pas à une particule une infinité de positions et de vitesses

Puisque le nombre de particules est limité, existe-t-il d'autres sources d'infinitude dans l'univers ? En effet, si nous réussissions à débusquer au moins une autre de ces sources, le paradoxe de l'éternelle répétition dans un univers infini pourrait être évité. Par exemple, pouvons-nous varier à l'infini les propriétés de chaque particule élémentaire dans l'univers ?

Considérons la position et la vitesse de chaque particule. Nous pouvons penser qu'il existe une infinité de valeurs que chacune de ces deux quantités peut prendre, puisqu'il existe – nous l'avons vu lors de nos pérégrinations dans le monde des mathématiques – une infinité de nombres réels. Mais la mécanique quantique interdit cette infinité-là. Le physicien allemand Werner Heisenberg a découvert, nous l'avons vu, que la nature suit un « principe d'incertitude » à l'échelle atomique et subatomique : l'information que nous pourrons recueillir d'une particule élémentaire ne pourra jamais être complète. Soit nous mesurons la position d'un électron avec une grande précision et renonçons à connaître exactement sa vitesse, soit nous observons sa vitesse et acceptons que sa position demeure imprécise, mais nous ne pouvons jamais connaître avec exactitude à la fois sa vitesse et sa position. Cette indétermination ne vient pas de ce que nous manquons d'imagination dans nos calculs, ou de ce que nos appareils de mesure ne sont pas assez sophistiqués : c'est une propriété fondamentale de la nature.

La raison de cette indétermination vient de l'acte d'observation lui-même. Pour observer une particule élémentaire, par exemple un électron, je dois l'éclairer, c'est-à-dire lui envoyer des particules de lumière ou photons. Or, chaque photon possède une certaine quantité d'énergie qui est liée à sa longueur d'onde. Cette longueur d'onde détermine le degré de précision avec lequel la lumière peut cerner la réalité et localiser l'électron. Plus l'énergie est faible, plus la longueur d'onde est grande, et plus la réalité devient floue. Si l'énergie augmente, la longueur d'onde diminue et les contours se précisent. Vous objecterez que ce n'est pas un problème, qu'il suffit d'éclairer l'électron avec une lumière très énergétique pour le localiser avec autant de précision que souhaité. Mais, pour une parfaite localisation, il faut une lumière dotée d'une énergie infinie, ce qui est impossible. Ainsi, à cause du flou quantique, la position et la vitesse d'une particule élémentaire ne peuvent être connues avec une précision infinie. Ce qui veut dire que le nombre de positions et de vitesses distinctes que peut avoir toute particule est fini. Nous nous trouvons derechef confrontés à un nombre fini de possibilités. Cette finitude, combinée à l'infinité de l'univers, débouche inévitablement sur une répétition sans fin.

De combien de façons différentes pouvons-nous combiner le nombre fini de particules dans l'univers observable (limité par notre horizon cosmologique), dont les valeurs distinctes de position et de vitesse sont elles aussi en nombre fini ? La réponse est, bien sûr, un nombre astronomique[1]. Mais, de nouveau, l'essentiel n'est pas que ce chiffre passe notre imagination, c'est qu'il soit fini ! Parce que le nombre de combinaisons

1. Ce nombre est égal à $10^{10^{122}}$, plus grand que le « googolplex » défini au chapitre I du présent ouvrage. Si vous l'écriviez en entier, sa longueur serait plus grande que le rayon de l'univers observable ! Voir Brian Greene, *La Réalité cachée : les univers parallèles et les lois du cosmos*, Robert Laffont, 2011.

de particules est fini et que l'univers, lui, est infiniment vaste, il y aurait une infinité de répétitions de vous et de moi, comme de tout autre objet présent dans cet univers.

L'homme devient éternel par le biais du nombre illimité de ses sosies

La première discussion du paradoxe de la duplication des êtres est en général attribuée au philosophe allemand Friedrich Nietzsche (1844-1900), qui écrit dans *La Volonté de puissance*[1] : « L'univers doit posséder un nombre calculable de combinaisons dans le grand jeu du hasard qui est à la base de son existence… Dans l'infinité, à un moment ou à un autre, chaque combinaison possible a dû être réalisée ; et non seulement une fois, mais une infinité de fois. » Nietzsche raconte qu'il a lui-même lu une discussion de ce paradoxe dans un essai du poète et essayiste allemand Heinrich Heine (1797-1856), fondé non pas sur l'infinitude de l'espace, mais sur celle du temps : « Le temps est infini, mais les corps concrets qui existent dans le temps sont finis… Quelle que soit la durée du temps qui passe, selon les lois éternelles qui gouvernent les combinaisons de ce jeu éternel de répétitions, toutes les configurations qui ont existé précédemment sur Terre doivent se rencontrer, s'attirer, se repousser ou s'embrasser… Ce qui fait qu'un jour un homme va naître qui me sera en tout point identique. »

L'homme politique français Louis Auguste Blanqui (1805-1881), surtout connu pour son rôle dans la Commune et ses idées socialistes qui inspirèrent le syndicalisme révolutionnaire à la fin du XIXe siècle, a lui aussi formulé de façon percutante ce « paradoxe de la duplication des êtres ». En 1871, pendant l'un de ses nombreux séjours en prison (il passa trente-six ans derrière les barreaux à cause de ses activités politiques), il rédigea l'ouvrage intitulé *L'Éternité par les astres : hypothèse astronomique*, dans lequel il livre ses réflexions philosophiques sur les conséquences d'un univers infini. Il note qu'il n'existe qu'un nombre fini d'éléments chimiques dans la nature – quatre-vingt-douze en tout et pour tout –, à partir desquels tout objet matériel est constitué. Malgré la quantité astronomique de leurs combinaisons possibles, le résultat final est forcément un nombre fini. Dès lors, pour remplir l'étendue infinie de l'univers, toute combinaison originale doit nécessairement se répéter à l'infini. Blanqui décrit avec éloquence l'éternité qui rejoue sans cesse les mêmes thèmes, et l'homme qui devient infini et éternel à travers le nombre illimité de ses sosies :

1. Friedrich Nietzsche, *La Volonté de puissance*, Gallimard, coll. « Tel », 1995.

> Les corps célestes sont ainsi classés par originaux et par copies… Le nombre des types originaux est borné ; celui des copies ou répétitions, infini. Chaque type a derrière lui une armée de sosies dont le nombre est sans limites… Il s'ensuit que chaque terre, contenant une de ces collectivités humaines particulières, résultat de modifications incessantes, doit se répéter des milliards de fois pour faire face aux nécessités de l'infini. De là des milliards de terres absolument sosies, personnel et matériel, où pas un fétu ne varie soit en temps, soit en lieu, ni d'un millième de seconde, ni d'un fil d'araignée… Ainsi, par la grâce de sa planète, chaque homme possède dans l'étendue un nombre sans fin de doublures qui vivent sa vie absolument telle qu'il la vit lui-même. Il est infini et éternel dans la personne d'autres lui-même, non seulement de son âge actuel, mais de tous ses âges. Il a simultanément, par milliards, à chaque seconde présente, des sosies qui naissent, d'autres qui meurent, d'autres dont l'âge s'échelonne de seconde en seconde, depuis sa naissance jusqu'à sa mort.

Ainsi, si l'univers est infini, il existerait, au moment où j'écris ces lignes, un nombre infini de mes sosies dans cet univers, faisant exactement la même chose à cet instant précis : rédiger un livre. Mais il existerait aussi un nombre infini de mes copies identiques vaquant à d'autres occupations : les uns allant au cinéma, d'autres jouant au tennis, d'autres encore en train de dormir. Les variations seraient infinies. Il en irait de même pour vous. Il existerait une infinité de copies de vous, certaines en train de lire, d'autres de marcher, d'autres encore de jardiner, etc. En fait, il existerait une infinité de chacun de nous s'adonnant à toutes les activités possibles. Mais une question se pose : en admettant que vous vouliez rencontrer un de vos sosies, quelle distance devriez-vous couvrir pour aller lui serrer la main ? À supposer que les combinaisons des particules composant chacun de vos sosies et vous-même varient de manière aléatoire, selon les règles de la probabilité, d'un canton de l'univers à l'autre, il vous faudrait parcourir une distance de 10^N mètres où $N = 10^{27}$ (1 suivi de 27 zéros) avant de pouvoir rencontrer l'un de vos clones. C'est une distance fantastiquement élevée. Par comparaison, N = 7 pour la taille de la Terre, N = 16 pour parvenir jusqu'à la prochaine étoile (une distance de 4,3 années-lumière), N = 19 pour atteindre le bord de la Voie lactée, et N = 27 pour aller jusqu'à la limite de l'univers observable (celui-ci possède, nous l'avons vu, un rayon de 47 milliards d'années-lumière). La distance que vous devriez parcourir serait d'autant plus grande que le nombre de particules impliquées serait plus grand. Ainsi, pour rencontrer une parfaite copie de la Terre (qui nécessite 1 023 fois plus de particules qu'une personne), $N = 10^{50}$. Quant à pouvoir contempler une reproduction de tout notre univers observable quelque part dans l'univers entier, il vous faudrait parcourir une distance de 10^N mètres où $N = 10^{120}$. En d'autres termes, dans chaque région d'espace de diamètre 10^N mètres où $N = 10^{120}$, il existe une exacte réplication de notre univers observable, avec les mêmes galaxies, les mêmes étoiles, les mêmes planètes, les mêmes vous et moi, et tout ce qui se trouve dans la région bordée par notre horizon cosmique[1].

Il existerait ainsi une infinité de copies de notre canton d'univers et de nous-mêmes disséminées dans l'infinité de l'univers entier. Dans cet ensemble d'univers semblables au nôtre, toutes les décisions, toutes les options possibles seront retenues. Dans cet univers-ci, je suis astrophysicien, mais dans un univers parallèle je serais philosophe ou neurobiologiste. Tous les rêves irréalisés, brisés dans cet univers-ci, se concrétiseront dans un autre univers. Mais la grande majorité des univers parallèles – ceux qui ne sont pas des univers sosies du nôtre – ne recèleront pas la nécessaire combinaison des constantes physiques et des conditions initiales pour que la vie et la conscience puissent s'y développer. Ils seront vides et stériles. Au fur et à mesure que le temps passe, l'horizon cosmique de chaque univers parallèle va par ailleurs s'accroître, et certains, qui étaient isolés et déconnectés les uns des autres, vont se chevaucher et entrer en contact avec leurs sosies : ils ne seront plus parallèles. Cela dit, si l'univers est infini, il continuera d'exister d'autres univers parallèles, de plus grande taille et plus éloignés, certes, mais qui resteront déconnectés et dont certains seront l'exacte duplication de notre univers observable, contenant donc des clones de vous et de moi.

Une vue matérialiste et réductionniste du monde

La situation décrite précédemment est bien sombre. Dans cet univers, rien ne serait nouveau ni original. Il n'existerait pas de création nouvelle : tout n'y serait que copie, réduplication. Rien n'y serait fait pour la première fois, de même que rien n'y serait accompli pour la dernière fois. Rien n'y serait unique, tout ne serait que redite. Dans un univers infini par la taille et le contenu matériel, toute chose qui possède une probabilité non nulle de venir au monde et d'exister se doit de survenir une infinité de fois. Dans un univers infini où la probabilité que la vie se développe est non nulle, il est inéluctable que je possède un nombre illimité de copies de moi-même.

Une question philosophique se pose alors : un sosie constitué des mêmes particules que moi, agencées précisément selon le même arrangement, est-il exactement la même personne que moi ? D'après la mécanique quantique, les propriétés de chaque particule élémentaire sont identiques à celles de toute autre particule élémentaire. Un électron a la

1. Les chiffres précédents sont tirés de John Barrow, *Une brève histoire de l'infini*, Fayard, coll. « Pluriel », 2012.

même masse, la même charge électrique, le même spin[1] total, etc., que tout autre électron. Ces propriétés définissent globalement la particule, et il n'en existe pas d'autres. Ce qui peut différer, entre deux particules de même espèce, c'est leur état quantique : elles peuvent, par exemple, avoir différentes probabilités de se trouver en tel ou tel endroit, d'être animées par telle ou telle vitesse, d'avoir leur spin pointé dans telle ou telle direction. La nature reproduisant à l'identique non seulement les particules, mais aussi leurs états quantiques au détail près, cela suffit-il à dire que mes sosies sont exactement les mêmes que moi ? Nous savons après tout que, dans le cours de notre existence, les cellules qui nous composent sont remplacées en permanence par de nouvelles cellules. Or, nous ne perdons pas pour autant notre personnalité. Si je troque tous mes atomes de carbone et d'oxygène contre d'autres atomes de carbone et d'oxygène, je suis encore moi. En définitive, ce qui importe, ce ne sont pas tant les atomes en eux-mêmes que la façon dont ils sont agencés. En d'autres termes, ce qui compte c'est moins le support matériel que les principes organisateurs. Serais-je la même personne si je troquais la totalité de mes atomes contre d'autres ? Mon sosie aurait la même taille, le même poids, la même couleur d'yeux et de cheveux, son corps dégagerait la même odeur naturelle, mais ses pensées, ses convictions religieuses, ses orientations philosophiques, son goût pour certains types de femmes, ses préférences gastronomiques, bref, tous ces attributs qui définissent ma personnalité seraient-ils encore les mêmes que les miens ?

Si la réponse est oui, cela signifie que l'« esprit », c'est-à-dire l'âme, la conscience, le sentiment de transcendance, les émotions, les jugements moraux et esthétiques sont de nature exclusivement matérielle, et que l'amour ou la haine, la compassion ou la jalousie ne sont qu'affaire d'atomes et de molécules, de flux chimiques et d'impulsions électriques. Bien que cela puisse être le cas, cette conception purement matérialiste et réductionniste de l'esprit, qui conduit à la conclusion que mes sosies, constitués des mêmes particules et des mêmes états quantiques que moi, sont exactement moi, est pour l'heure fort loin d'avoir été démontrée par la biologie moderne. Certains neurobiologistes pensent que l'esprit peut émerger de la matière une fois que les réseaux de neurones du cerveau des êtres vivants ont dépassé un certain seuil de complexité. Le concept d'émergence serait ainsi lié à la notion de complexité : quand l'organisation de la matière devient suffisamment complexe, des propriétés nouvelles émergeraient au niveau supérieur de l'organisme, qui n'étaient pas présentes au niveau inférieur des

1. Le spin est la propriété quantique d'une particule élémentaire décrivant le mouvement de rotation sur elle-même. Il ne peut prendre que des valeurs entières (0, 1,…) ou demi-entières (1/2, 3/2,…).

particules élémentaires. En d'autres termes, le tout est ici plus grand que la somme des parties. De ce point de vue, la vie aurait émergé de poussières d'étoiles inanimées quand l'organisation des cellules est devenue assez complexe, et la conscience aurait surgi du cortex quand les connexions neuronales ont franchi un certain cap de complexité. Dans cette optique, la conscience, comme la vie elle-même, est issue de la matière inanimée. Elle n'est que le résultat de courants électro-chimiques circulant dans les circuits neuronaux. Cette position matérialiste est bien résumée par le fameux aphorisme du médecin français Pierre Cabanis au XVIIIe siècle : « Le cerveau sécrète la pensée comme le foie sécrète la bile. »

L'esprit n'est-il que matière ?

Je préfère de loin la position bouddhiste selon laquelle l'esprit est distinct de la matière et n'en est pas issu. Cette position ne rejoint pas pour autant le dualisme corps-esprit cher à Descartes. Pour le philosophe français, la réalité épouse deux formes distinctes : celle de l'esprit, qui est pure conscience, ne s'étend pas dans l'espace et ne peut être subdivisée ; celle de la matière, dépourvue de conscience, possède une étendue et peut être divisée. Pour le bouddhisme, l'esprit et la matière ne diffèrent que dans la « vérité conventionnelle », car, dans la « vérité ultime », ni l'un ni l'autre n'ont d'existence propre, tous deux étant interdépendants et participant de la même globalité. Je m'insurge personnellement contre une description purement matérialiste de l'esprit, car si l'homme n'est qu'un « paquet de neurones », pour reprendre l'expression du biologiste Francis Crick[1], si la conscience n'est que le résultat d'événements neuronaux, qu'en est-il de mon libre arbitre ?

Le modèle de l'« homme neuronal[2] » implique que l'impression que j'ai de pouvoir choisir et décider – ce que nous appelons « libre arbitre » ou « responsabilité » – n'est que pure illusion. Prendre une décision n'est alors que le résultat du travail des neurones dans le cerveau, qui leur permet de définir la meilleure stratégie en tenant compte des stimuli extérieurs, de notre bagage génétique et de l'apprentissage acquis au fil de la vie. Quand les divers circuits neuronaux se synchronisent, j'ai l'impression d'avoir pris une décision et j'en éprouve un vif sentiment de soulagement et de plaisir. Selon ce schéma, je ne décide pas plus d'aller au cinéma, de sauver une personne en détresse ou de tuer quelqu'un que je ne contrôle les battements de mon cœur. La théorie de

1. Francis Crick, *The Astonishing Hypothesis: The Scientific Search for the Soul*, New York, Scribner, 1994.

2. Jean-Pierre Changeux, *L'Homme neuronal*, Fayard, 1983.

l'évolution et de la sélection naturelle de Charles Darwin est appelée à la rescousse pour expliquer cet étrange état de fait : si j'ai le sentiment d'être maître à bord, de prendre des décisions et de disposer d'un libre arbitre, c'est que l'impression d'être aux commandes joue un rôle favorable dans l'adaptation de notre espèce au cours de son évolution. Cette thèse revient à dire que je ne suis qu'un automate qui se prend pour un être pensant, un robot auquel l'évolution aurait donné l'illusion du libre arbitre. Cette conscience dont je suis si fier ne serait qu'une simple fonction témoin, un voyant qui s'allume au bout d'une longue chaîne de processus électrochimiques à l'intérieur de mon cerveau. En somme, le libre arbitre n'existerait pas.

En poussant ce genre de raisonnement jusqu'à sa conclusion logique – ce que les partisans de cette thèse ne font pas –, on pourrait dire que si le libre arbitre n'existe pas, les concepts de valeurs, de responsabilité, de morale, de justice et d'éthique, qui sont à la base des sociétés humaines et de la civilisation, n'ont pas davantage lieu d'exister. Ceux qui nient l'existence du libre arbitre se contredisent chaque fois qu'ils prétendent se conduire et s'exprimer en êtres indépendants. Le fait même que j'essaie de démontrer la réalité du libre arbitre n'est-il pas un argument en faveur de son existence ? Car comment quelque chose qui n'existe pas pourrait-il désirer prouver qu'il existe ? Comment des neurobiologistes et des philosophes sans libre arbitre seraient-ils amenés à nier l'existence de ce même libre arbitre ?

Il est évident que la science est encore bien loin de comprendre comment nous pensons, aimons et créons. Pour ma part, j'ai le plus grand mal à croire que nous ne soyons que des « machines à propager des gènes », pour reprendre l'expression du biologiste anglais Richard Dawkins[1] ; que l'amour qui transfigure deux amants et enflamme leurs cœurs, que ce sentiment fulgurant qui a été chanté par les troubadours, qui a inspiré les plus grands poètes et les musiciens les plus sublimes, qui a été magnifié par les peintres les plus talentueux, qui a suscité les plus grands sacrifices comme les actes les plus héroïques, mais qui a aussi déclenché les guerres les plus meurtrières, soit le résultat de courants électrochimiques circulant dans des circuits neuronaux ! J'ai tout autant de mal à accepter que la tendresse d'une mère pour son enfant, la complicité qui unit un vieux couple au soir de sa vie, le sentiment de transcendance qui illumine l'existence humaine, l'extase face à la beauté, la répulsion devant la laideur, la joie et la tristesse, le chagrin et la pitié – que tout cela ne soit que le résultat de connexions neuronales dictées par les forces aveugles de l'évolution et de la sélection naturelles.

1. Richard Dawkins, *Le Gène égoïste*, Armand Colin, 1990, traduit par Laura Ovion.

Alors, l'esprit n'est-il que matière ? Je me rendrais bien sûr à un verdict irréfutable des neurobiologistes, mais, en l'état actuel de nos connaissances, je préfère de loin répondre « non ». Quoi qu'il en soit, le paradoxe de la duplication des êtres n'a lieu d'être que si l'esprit n'est qu'un produit de la matière et si nous ne sommes que des machines à propager des gènes et des paquets de neurones !

Borges et les avatars de l'infini

Le paradoxe de l'éternelle réplication a été source de fascination non seulement pour les scientifiques et les philosophes, mais aussi pour les écrivains. L'écrivain argentin Jorge Luis Borges est peut-être celui qui a le mieux exprimé l'indicible tension et le permanent effroi qu'inspirent les rapports du fini avec l'infini. Il s'est aussi penché sur le paradoxe de l'éternelle réplication, qu'il appelle la « doctrine des cycles », ou, en suivant Nietzsche, la « doctrine de l'éternel retour ». Il écrit dans son *Histoire de l'éternité*[1] : « Le nombre des atomes qui composent le monde est, bien que démesuré, limité et susceptible, en tant que tel, d'un nombre limité (bien que démesuré lui aussi) de combinaisons. En un temps infini, le nombre des combinaisons possibles doit être atteint et l'univers doit forcément se répéter. À nouveau tu naîtras d'un ventre, à nouveau ton squelette grandira, à nouveau cette même page arrivera entre tes mains identiques, à nouveau tu vivras toutes les heures jusqu'à celle de ta mort impensable. »

Borges s'est servi de ce paradoxe de l'éternel retour pour bâtir la trame de plusieurs de ses contes fantastiques. Ainsi, dans *La Bibliothèque de Babel*[2], l'Argentin imagine un vaste bâtiment avec un dédale de couloirs qui bifurquent sans cesse, menant à des chambres identiques d'où partent d'autres couloirs semblables menant à d'autres chambres identiques, le tout produisant d'infinies duplications, enfermant le bibliothécaire aveugle (Borges se réfère ici à lui-même, car il était frappé de cécité) et le lecteur dans un immense labyrinthe sans issue. La Bibliothèque est ici identifiée à l'univers :

> L'univers (que d'autres appellent la Bibliothèque) se compose d'un nombre indéfini, et peut-être infini, de galeries hexagonales, avec au centre de vastes puits d'aération bordés par des balustrades basses. De chacun de ces hexagones, on aperçoit les étages inférieurs et supérieurs, interminablement. La distribution des galeries est invariable. Vingt longues étagères, à raison de cinq par côté, couvrent tous les murs, moins deux ; leur hauteur, qui est celle des étages eux-mêmes, ne dépasse guère la taille

1. Jorge Luis Borges, *Histoire de l'éternité*, Union générale d'éditions, 1994.
2. Jorge Luis Borges, *Fictions*, Gallimard, coll. « Folio », 1974.

d'un bibliothécaire normalement constitué. Chacun des pans libres donne sur un couloir étroit, lequel débouche sur une autre galerie identique à la première et à toutes…

Pour Borges, le thème de l'éternel retour, dans lequel des enchaînements de causes et d'effets se subdivisent et se ramifient sans cesse, est étroitement lié à celui du labyrinthe où, malgré ses efforts, et si loin qu'il s'aventure, l'homme demeure toujours aussi éloigné de la sortie. Comme l'écrit Roger Caillois, l'éditeur et traducteur de Borges, dans son « avertissement » à *L'Aleph*[1] :

> Ces couloirs qui bifurquent et qui ne mènent à rien qu'à des salles identiques aux premières et d'où rayonnent ces couloirs homologues, ces répétitions oiseuses, ces duplications épuisantes enferment l'auteur dans un labyrinthe qu'il identifie volontiers avec l'univers. Où que l'homme se tienne, lui semble-t-il, il se trouve toujours au centre d'indiscernables reflets, d'inextricables correspondances… Dans un labyrinthe, tout se répète ou paraît se répéter : corridors, carrefours et chambres. L'esprit supérieur qui le conçoit – philosophe ou mathématicien – le connaît fini. Mais l'errant qui en cherche inutilement la sortie l'éprouve infini, comme le temps, l'espace, la causalité. Au moins lui est-il impossible de trancher dans un sens ou dans l'autre. Une expérience trop courte lui fait supposer unique ce qui est infiniment répété, ou tenir pour infiniment répété ce qui ne saurait exister deux fois absolument semblable à soi-même.

Comme l'univers, la Bibliothèque a un centre qui est partout (de manière équivalente, on peut aussi dire qu'elle n'a pas de centre) et une circonférence qui n'est nulle part (c'est-à-dire qu'elle n'a pas de limites) :

> Car j'affirme que la Bibliothèque est interminable. Pour les idéalistes, les salles hexagonales sont une forme nécessaire de l'espace absolu, ou du moins de notre intuition de l'espace ; ils estiment qu'une salle triangulaire ou pentagonale serait inconcevable. Quant aux mystiques, ils prétendent que l'extase leur révèle une chambre circulaire avec un grand livre également circulaire à dos continu, qui fait le tour complet des murs ; mais leur témoignage est suspect, leurs paroles obscures : ce livre cyclique, c'est Dieu… Qu'il me suffise pour le moment de redire la sentence classique : la Bibliothèque est une sphère dont le centre véritable est un hexagone quelconque, et dont la circonférence est inaccessible.

La Bibliothèque est infinie non seulement dans l'espace, mais aussi dans le temps : « La Bibliothèque existe *ab æterno*. De cette vérité dont le corollaire immédiat est l'éternité future du monde, aucun esprit raisonnable ne peut douter. »

1. Jorge Luis Borges, *L'Aleph*, Gallimard, 1967.

La Bibliothèque contient des livres dont un bibliothécaire de génie a découvert la loi fondamentale il y a environ cinq cents ans :

> Ce penseur observa que tous les livres, quelque divers qu'ils soient, comportent des éléments égaux : l'espace, le point, la virgule, les vingt-deux lettres de l'alphabet. Il fit également état d'un fait que tous les voyageurs ont confirmé : il n'y a pas, dans la vaste Bibliothèque, deux livres identiques. De ces prémisses incontroversables, il déduisit que la Bibliothèque est totale et que ses étagères consignent toutes les combinaisons possibles des vingt et quelques symboles orthographiques (nombre, quoique très vaste, non infini), c'est-à-dire tout ce qu'il est possible d'exprimer dans toutes les langues. Tout : l'histoire minutieuse de l'avenir, les autobiographies des archanges, le catalogue fidèle de la Bibliothèque, des milliers et des milliers de catalogues mensongers, la démonstration de la fausseté de ces catalogues, la démonstration de la fausseté du catalogue véritable, l'évangile gnostique de Basilide, le commentaire de cet évangile, le commentaire du commentaire de cet évangile, le fait véridique de ta mort, la traduction de chaque livre en toutes les langues, les interpolations de chaque livre dans tous les livres… Chacun des murs de chaque hexagone porte cinq étagères ; chaque étagère comprend trente-deux livres, tous de même format ; chaque livre a quatre cent dix pages ; chaque page, quarante lignes, et chaque ligne, environ quatre-vingts caractères noirs.

Cette Bibliothèque universelle, qui se confond avec l'univers lui-même, est complète, contenant tous les livres possibles (dans le cadre de certaines limites, comme l'exclusion des alphabets étrangers). Chaque livre compte le même nombre de pages et de signes agencés au hasard, résultant de toutes les combinaisons et permutations possibles de vingt-cinq caractères (l'espace, le point, la virgule et les vingt-deux lettres de l'alphabet[1]). Bien sûr, la très grande majorité de ces livres sont incohérents, sans aucun contenu lisible. Ils n'ont aucun sens, car ils sont faits d'une succession de lettres qui ne forment aucun mot dans aucune langue. Borges décrit comme suit ces livres de la Bibliothèque universelle :

> … la nature informe et chaotique de presque tous les livres. L'un de ceux-ci […] comprenait les seules lettres M C V perversement répétées de la première à la dernière ligne. Un autre […] est un pur labyrinthe de lettres, mais, à l'avant-dernière page, on trouve cette phrase : *Ô temps, tes pyramides*. Il n'est plus permis de l'ignorer : pour une ligne raisonnable, pour un renseignement exact, il y a des lieues et des lieues de cacophonies insensées, de galimatias et d'incohérences.

À partir de leur description, nous pouvons calculer le nombre total de livres dans la Bibliothèque universelle de Borges. Puisque chaque livre contient 410 pages, chaque page 40 lignes, et chaque ligne 80 caractères,

1. Dans son conte, Borges parle d'un alphabet de vingt-deux lettres, différent de l'alphabet latin de vingt-six lettres couramment utilisé.

le nombre total de caractères par livre est de (410 × 40 × 80 =) 1 312 000. Pour un seul caractère, il existe vingt-cinq possibilités (le point, la virgule et les vingt-deux lettres de l'alphabet) ; pour une combinaison de deux caractères, il en existe 25 × 25 ; pour une combinaison de trois caractères, il en existe 25 × 25 × 25, et ainsi de suite. Pour une combinaison de 1 312 000 caractères, il y aurait $25^{1\,312\,000}$ possibilités, ou environ $10^{1\,836\,800}$ livres. Un nombre à couper le souffle ! Comparez-le, par exemple, au nombre total d'atomes de l'univers observable, qui est « seulement » de 10^{80}. Il vous faudrait aligner près de deux millions de zéros de plus pour exprimer le nombre de livres potentiels contenus dans la Bibliothèque universelle ! Mais ce qui importe à nouveau ici, ce n'est pas tant le nombre exact de livres dans la Bibliothèque que le fait qu'il est bel et bien fini, et non pas infini.

La Bibliothèque universelle contient tous les livres possibles (il suffit qu'un ouvrage soit concevable pour qu'il s'y trouve), tous les chefs-d'œuvre potentiels de la littérature, et dans quelques-uns de ces livres résident les réponses à tous les secrets et mystères du monde. Dans le texte de Borges, cette pensée souleva au début un immense espoir chez les hommes. Mais ils se rendirent vite compte que ces quelques livres précieux entre tous étaient inaccessibles, car ils étaient introuvables, perdus parmi les innombrables livres qui n'avaient aucun sens et constituaient la majeure partie de la Bibliothèque. À la formidable espérance succéda alors le désespoir. Certains tentèrent d'éliminer les ouvrages inutiles, mais sans grand effet, car le nombre total des livres était gigantesque :

> Quand on proclama que la Bibliothèque comprenait tous les livres, la première réaction fut un bonheur extravagant. Tous les hommes se sentirent maîtres d'un essor intact et secret. Il n'y avait pas de problème personnel ou mondial dont l'éloquente solution n'existât quelque part… L'univers se trouvait justifié, l'univers avait brusquement conquis les dimensions illimitées de l'espérance… On espérait aussi, vers la même époque, l'élucidation des mystères fondamentaux de l'humanité : l'origine de la Bibliothèque et du Temps… À l'espoir éperdu succéda, comme il est naturel, une dépression excessive. La certitude que quelque étagère de quelque hexagone renfermait des livres précieux, et que ces livres précieux étaient inaccessibles, sembla presque intolérable.
>
> D'autres, en revanche, estimèrent que l'essentiel était d'éliminer les œuvres inutiles. Ils envahissaient les hexagones, exhibant des permis quelquefois authentiques, feuilletaient avec ennui un volume et condamnaient des étagères entières : c'est à leur fureur hygiénique, ascétique, que l'on doit la perte insensée de millions de volumes. Leur nom est explicablement exécré, mais ceux qui pleurent sur les « trésors » anéantis par leur frénésie négligent deux faits notoires. En premier lieu, la Bibliothèque est si énorme que toute mutilation d'origine humaine ne saurait qu'être infinitésimale. En second lieu, si chaque

exemplaire est unique et irremplaçable, il y a toujours, la Bibliothèque étant totale, plusieurs centaines de milliers de fac-similés presque parfaits qui ne diffèrent du livre correct que par une lettre ou une virgule.

Le singe dactylographe et Shakespeare

Pour créer sa Bibliothèque universelle, Borges se sert ici de ce qui est connu comme le « théorème du singe savant dactylographe » : un chimpanzé qui tape au hasard sur le clavier d'un ordinateur pourra, s'il dispose d'un temps infini, recréer toutes les pièces de Shakespeare. L'épithète « savant » est ici ironique : le singe n'a aucune idée du livre qu'il est en train d'écrire. L'immense majorité des textes ainsi produits n'auront bien sûr aucun sens. Ce sont de ces livres qui constituent l'essentiel de la Bibliothèque universelle. Mais, disposant d'un temps infini, le singe peut recréer fortuitement toutes les séquences de lettres possibles, et, tôt ou tard, il finira par reproduire toutes celles correspondant aux chefs-d'œuvre de la littérature mondiale, parmi lesquels les œuvres du *Barde immortel*. Certes, la probabilité qu'un singe puisse reproduire mot pour mot *Hamlet* ou *Roméo et Juliette* est extrêmement faible, même si l'animal dispose d'un temps des milliards de milliards de milliards… de fois plus long que l'âge de l'univers, mais elle est non nulle. Ce qui est probable devient certitude quand le temps devient infini.

Le théorème du singe savant – en d'autres termes, la thèse selon laquelle on peut créer au petit bonheur des textes cohérents, des chefs-d'œuvre immortels, pourvu que l'on dispose d'un temps infini – a souvent été utilisé en littérature. Ainsi, dans *Les Voyages de Gulliver* (1726), Jonathan Swift (1667-1745) raconte l'histoire du professeur de la grande académie de Lagado qui tente de produire toute la connaissance scientifique du monde en demandant à chacun de ses étudiants de taper au hasard sur une machine à écrire. Les singes dactylographes ont fait pour la première fois leur apparition en 1909 dans les *Éléments de la théorie des probabilités* du mathématicien français Émile Borel (1871-1956). Celui-ci estima que ceux-ci, tapant au hasard sur des machines à écrire, finiraient par reproduire chaque volume de la Bibliothèque nationale. Cette métaphore des singes dactylographes fut reprise par maints auteurs, chacun l'adaptant à ses propres situation et culture. L'astrophysicien britannique Arthur Eddington (1882-1944) écrit ainsi dans *La Nature du monde physique* (1928) : « Si je laisse mes doigts errer au hasard sur les touches d'une machine à écrire, il se peut que, par accident, je produise une phrase qui soit intelligible. Si une armée de singes tapaient sur des machines à écrire, ils pourraient écrire tous les livres de la British Library. » La métaphore du singe dactylographe ne nécessite en principe qu'un seul singe immortel disposant d'un temps infini pour écrire ses livres. Mais nombre d'auteurs l'ont élargie à un nombre infini de singes tapant sur une infinité de machines à écrire pendant un temps infini, reproduisant ainsi l'ensemble de l'œuvre de Shakespeare.

La métaphore du singe dactylographe a également frappé l'imagination populaire et plusieurs tentatives ont été faites pour vérifier dans la pratique le théorème du singe savant et réaliser de manière concrète ce qui était pour l'essentiel une figure théorique. Il existe sur Internet un site où l'internaute a pris l'initiative de programmer un ordinateur afin de tester si, vraiment, une armée de singes dactylographes peut reproduire l'œuvre de Shakespeare. Le programme simule l'action de millions de singes tapant au hasard des combinaisons de neuf lettres, et vérifie ensuite si les combinaisons ainsi obtenues correspondent à des passages des textes du *Barde*. Quand une combinaison de neuf lettres reproduit une suite de lettres écrites par le dramaturge anglais, ce passage est considéré comme acquis et décompté de ce qui reste à faire. Et ainsi de suite. Au bout de quelques mois, tous les passages d'une œuvre telle que *La Tempête* peuvent être en effet reproduits. Mais cela démontre-t-il que les singes ont vraiment recréé l'œuvre de Shakespeare ? Non, car, pour dupliquer vraiment *La Tempête*, l'ordinateur (ou les singes) devrait reproduire non pas des combinaisons de neuf lettres (le nombre maximum à avoir été essayé est d'une vingtaine) venant selon un ordre aléatoire, mais tout le texte dans l'ordre qui est le sien dans la pièce de théâtre, du début à la fin et d'une seule traite, ce qui est une tout autre paire de manches !

En 2003, le Comité des arts d'Angleterre a financé un test réel du théorème avec six singes et un clavier d'ordinateur. Au bout de quelques semaines, ceux-ci produisirent cinq pages de texte composées en grande partie de la lettre S (les singes ne sont assurément pas aussi bons que les ordinateurs pour produire des textes aléatoires), et pas un traître mot qui ressemblât à de l'anglais ! De surcroît, ils détruisirent le clavier et l'utilisèrent comme urinoir ! L'expérience fut abandonnée au bout d'un mois.

Certains se sont même servis du théorème du singe dactylographe pour se moquer de la stupidité humaine : « Nous avons appris qu'un million de singes tapant sur un million de claviers d'ordinateurs pouvaient recréer les œuvres complètes de Shakespeare. Aujourd'hui, grâce à Internet, nous savons que ce ne peut être le cas ! »

Le paradoxe de l'éternelle réplication peut-il être contourné ?

La possibilité qu'il existe un nombre infini de vous et de moi disséminés de par le vaste univers, avec des actes et des pensées qui se répètent sans fin, est si bizarre qu'il est naturel de nous demander s'il existe un moyen d'éviter le paradoxe de l'éternel retour. En fait, ce paradoxe n'a plus cours si l'univers, au lieu d'être infini, est fini. Par ailleurs, il existe des traits de finitude jusque dans un univers infini. Ainsi, nous pouvons dire que, même si l'univers est infini, le fait que la vitesse de la lumière soit limitée (300 000 kilomètres par seconde) et que l'âge de l'univers le soit lui aussi (13,7 milliards d'années) aboutit à ce que nous ne puissions observer qu'une partie finie de cet univers infini. L'horizon cosmologique, nous l'avons vu, est de 47 milliards d'années-lumière, soit 10^{27} mètres. Nous avons vu également que, dans un univers infini au contenu semblable au nôtre, la distance par rapport à notre prochain sosie est au moins égale à 10^N mètres, où N est fantastiquement grand, avec une valeur qui n'est pas que de 27, mais de 10^{27} ! Pour entrer en contact par la lumière avec ce sosie le plus proche, il faut s'armer de patience : en effet, au fur et à mesure que l'univers vieillit, nous en voyons une partie de plus en plus grande dans la mesure où l'horizon cosmologique recule et que la lumière des objets célestes dispose de plus de temps pour nous parvenir. Mais ce temps d'attente n'en est pas moins extraordinairement long (environ 10^N années, où $N = 10^{27}$) et, à moins que nous ne soyons doués d'immortalité, nous aurons tous disparu bien avant que le moment fatidique arrive ! Toutes les étoiles se seront éteintes depuis belle lurette (cela se produit à 10^{12} ans), ce qui rendra le maintien de toute vie dans l'univers terriblement difficile[1]. Le problème se corse encore davantage si nous voulons communiquer non plus avec un de nos sosies, mais avec un univers qui est la réplique identique du nôtre. La distance sera alors de 10^N mètres où N n'est plus égal à 10^{27}, comme précédemment, mais à un nombre encore fantastiquement plus élevé, celui de 10^{120} ! Ainsi, la probabilité que nous puissions entrer en contact par la lumière avec l'un de nos sosies dans l'infinité de l'univers est quasi nulle. Par conséquent, le paradoxe de l'éternel retour n'a aucune incidence pratique. La conclusion originale qu'un univers infini contenant une quantité finie de matière doit posséder un nombre infini de nos sosies n'en subsiste pas moins. Que nous soyons dans l'impossibilité d'entrer en contact avec eux ne change rien à l'affaire !

Une autre façon d'esquiver le paradoxe de l'éternelle réplication consiste à postuler que la probabilité que la vie émerge ailleurs que

1. Voir à ce sujet mon ouvrage *La Mélodie secrète*, ici, p. 264.

sur Terre est strictement nulle. Mais, étant donné l'universalité des lois physiques – et, en principe, des lois biologiques –, pourquoi la vie ne serait-elle possible que sur notre planète ? Affirmer que la vie serait seulement apparue sur Terre, malgré une probabilité nulle qu'elle apparaisse ailleurs, équivaudrait à dire que la vie terrestre n'est pas soumise aux lois naturelles, qu'elle possède donc une origine supranaturelle, ou encore, en d'autres termes, qu'elle relève du miracle. C'est ce que le mouvement dit « créationniste » désigne du nom d'« *intelligent design* », ou « dessein intelligent ». Cette position est anticopernicienne et ne repose sur aucune preuve scientifique.

Une autre façon encore d'échapper au paradoxe de l'éternelle réplication consiste à invoquer une infinité de formes de vie différentes dans l'univers. Si tel est le cas, la forme de vie existant sur Terre ne sera jamais dupliquée en un autre endroit de l'univers, et il n'y aura donc pas une infinité de sosies pensant et accomplissant les mêmes actes que nous une infinité de fois. Or cette hypothèse ne tient pas la route, car la vie est fondée sur des molécules chimiques (des chaînes d'ADN[1] dans le cas de la vie terrestre), et il n'existe dans l'univers qu'un nombre fini d'éléments chimiques : les quatre-vingt-douze éléments stables de la table de Mendeleïev. Or les observations astronomiques nous disent que les galaxies, les étoiles et les planètes, et donc, en bonne logique, toute vie extraterrestre dans l'univers, sont faites des mêmes éléments chimiques que nous. D'autre part, pour être stables, les molécules de la vie ne peuvent dépasser une taille maximale. Ce qui veut dire que les configurations moléculaires sur lesquelles seraient fondées d'autres formes de vie ne peuvent varier à l'infini. Le nombre de formes de vie dans l'univers doit donc être limité[2]. Si ce raisonnement est correct, la juxtaposition de l'infini avec le fini demeure, et le paradoxe de l'éternelle réplication avec elle.

En conclusion, si l'univers est infini, nous ne pouvons pas, jusqu'à nouvel ordre, échapper au paradoxe de l'éternel retour, à moins de prêter des causes supranaturelles à l'émergence de la vie sur Terre.

---

1. La molécule d'ADN est composée d'une double hélice d'atomes reliée par quatre types de molécules appelées « bases ». C'est la séquence précise de ces bases qui définit le code génétique.

2. Voir George Ellis et Geoff Brundrit, *Quarterly Journal of the Royal Astronomical Society*, nº 20, 1979, p. 37-41.

VI
L'INFINI DES MULTIVERS

L'infini n'est plus ce qu'il était

Il est temps de faire le point. Le paradoxe de la réplication des êtres surgit dès qu'il y a interaction entre l'infini et le fini. Ainsi, un univers infini qui contiendrait un nombre fini de particules élémentaires y serait soumis. Nous avons également appris que, l'univers observable étant plat, avec une courbure nulle, nous ne pouvons savoir s'il est fini ou infini à partir de la seule connaissance de sa courbure. Nous avons déjà abordé le cas d'un univers infini. Que se passerait-il s'il était fini ? Échapperions-nous au paradoxe de l'éternel retour ? Étrangement, la réponse est : pas nécessairement.

En effet, notre univers aurait beau posséder une taille finie, l'univers en son entier pourrait être infini – avec tout ce que cela implique en ce qui concerne l'éternelle réplication et l'éternel retour – s'il était composé d'une infinité d'univers « parallèles ». Curieusement, cette notion d'univers parallèles, qui peut paraître bizarre et non intuitive de prime abord, s'est manifestée de plus en plus souvent au cours des dernières décennies à la faveur des nouveaux développements de la physique fondamentale. Elle n'a cessé de pointer sa tête dans les contextes les plus divers. Qu'il s'agisse de la mécanique quantique (la théorie qui décrit l'infiniment petit), de la relativité (celle qui décrit l'infiniment grand), des théories qui tentent d'unifier les deux, ou des théories cosmologiques qui décrivent l'évolution de l'univers, toutes, à un point ou à un autre, nous ont amenés à considérer la notion d'univers parallèles. Le mot « infini » revêt ici un sens nouveau. Il se rapporte non seulement à notre univers, qui s'étend à perte de vue à la fois dans l'espace et dans le temps, mais aussi à une infinité d'univers « parallèles » au nôtre, formant un vaste et fantastique « multivers ». Selon ces théories, notre univers ne constitue qu'une toute petite partie de ce multivers. Ces univers parallèles peuvent être très variés, leur diversité ne semblant être limitée que par l'imagination des hommes : d'aucuns seront très semblables au nôtre, n'en différant que par la position ou la vitesse d'un proton ou d'un électron, et seront régis par les mêmes constantes et lois physiques que le nôtre ; d'autres en différeront considérablement et seront régis par des lois totalement autres ; certains seront séparés du nôtre par d'inconcevables étendues d'espace et de temps, tandis que d'autres se trouveront à proximité, distants d'à peine quelques millimètres. L'immense majorité de ces univers parallèles ne réuniraient pas les conditions propres à héberger la vie et la conscience.

Dans un passé récent, quand nous utilisions le mot « univers », nous entendions par là « le monde entier, l'ensemble de tout ce qui existe ». C'est la définition que vous trouverez dans votre *Petit Larousse*. L'idée qu'il puisse exister plusieurs univers, plusieurs « tout ce qui existe », semble entrer en contradiction avec le sens même du terme. Pourtant, les progrès en physique ont peu à peu contraint les scientifiques à préciser ce qu'ils entendaient par « univers », ce dernier mot ayant acquis d'autres significations au fil des avancées théoriques. Parfois, il désigne l'ensemble de tout, comme par le passé ; pour le démarquer de ses autres sens, je l'écrirai « Univers » avec un « U » majuscule. Dans d'autres situations, il se réfère uniquement aux parties de l'univers auxquelles nous pouvons avoir accès par nos instruments ; j'utiliserai alors l'expression « univers observable ». Enfin, il peut renvoyer à des univers qui nous sont inaccessibles soit en partie, soit en totalité, soit de manière temporaire, soit pour l'éternité ; je les nommerai alors « univers » avec un « u » minuscule.

La mécanique quantique et les univers parallèles

La notion d'univers parallèles a fait sa première apparition en physique dans les années 1950, alors que les physiciens tentaient de comprendre les bizarreries de la mécanique quantique, théorie qui régit le comportement des atomes et des particules subatomiques. En effet, avec l'avènement de la mécanique quantique, nous avons assisté, au XXe siècle, à un véritable bouleversement dans notre façon de concevoir le monde. Après avoir dominé la pensée occidentale pendant quelque trois cents ans, la vision newtonienne d'un univers déterministe, où tout est décidé à l'avance, a fait place à celle d'un monde indéterministe, exubérant de créativité. Pour Newton, l'univers n'était qu'une immense machine composée de particules matérielles inertes obéissant servilement et aveuglément à des forces extérieures, totalement dépourvue de créativité. L'univers était une mécanique bien huilée, une horloge réglée avec précision et qui, une fois remontée, fonctionnait d'elle-même conformément à des lois strictement déterministes. Toute liberté, toute fantaisie en étaient bannies. À partir d'un petit nombre de lois physiques, l'histoire d'un système pouvait être entièrement expliquée et prédite pourvu qu'on la caractérisât parfaitement à un instant donné. Le physicien français Pierre Simon de Laplace (1749-1827) se fit le chantre de ce déterminisme triomphant dans sa fameuse déclaration[1] :

1. Pierre Simon de Laplace, *Essai philosophique sur les probabilités*, Courcier, 1814.

> Une intelligence qui, pour un instant donné, connaîtrait toutes les forces dont la nature est animée, et la situation respective des êtres qui la composent, si d'ailleurs elle était assez vaste pour soumettre ces données à l'analyse, embrasserait dans la même formule les mouvements des plus grands corps de l'univers et ceux du plus léger atome ; rien ne serait incertain pour elle, et l'avenir comme le passé seraient présents à ses yeux.

L'horloge cosmique était si bien huilée qu'elle marchait toute seule. Une intervention divine n'était plus nécessaire. D'où la célèbre réplique de Laplace à Napoléon, quand celui-ci lui reprocha de n'avoir pas une seule fois mentionné le Grand Architecte dans son *Traité de mécanique céleste* : « Sire, je n'ai pas besoin de l'hypothèse de Dieu ! » Le temps n'avait plus droit de cité, le futur étant déjà contenu dans le présent et le passé. Le Grand Livre était somme toute déjà écrit et, pour reprendre les mots du chimiste belge Ilya Prigogine : « Dieu était réduit au simple rôle d'un archiviste tournant les pages du Livre cosmique. » L'univers était enfermé dans un carcan qui lui ôtait toute créativité et lui interdisait toute innovation. Tout était irrémédiablement fixé à l'avance, aucune surprise n'était permise. D'où la fameuse phrase de Friedrich Hegel (1770-1831) : « Il n'y a jamais rien de nouveau dans la nature ! »

La mécanique quantique fit souffler un vent libérateur sur le monde des atomes. À l'ennuyeuse certitude déterministe se substitua la stimulante incertitude du flou quantique. Le physicien allemand Werner Heisenberg découvre, nous l'avons vu, que la nature obéit à un « principe d'incertitude » à l'échelle atomique et subatomique : nous ne pourrons jamais préciser tout à la fois la vitesse et la position d'une particule élémentaire. Parce qu'une particule ne pourra jamais nous livrer simultanément le secret de sa position et celui de son mouvement, jamais nous ne pourrons parler d'une trajectoire d'une particule comme nous parlons de l'orbite de la Lune autour de la Terre. Cette absence de localisation précise est appelée « flou quantique ».

Dans un atome, un électron ne se contente pas de parcourir sagement une seule orbite, mais peut être partout à la fois. Comment l'électron peut-il accomplir ce prodige ? En revêtant son autre visage, car l'électron, le photon ou toute autre particule possèdent une double personnalité. Ils sont à la fois particule et onde. La particule, quand elle est onde, peut se propager et occuper en entier l'espace vide de l'atome, tout comme des ondes circulaires provoquées par une pierre qu'on y lance se propagent et occupent toute la surface de l'étang. L'onde de la particule, telles les vagues de l'océan, présente une très grande amplitude à ses crêtes, et une amplitude bien moindre à ses creux. Elle peut être considérée comme une onde de probabilité : j'ai beaucoup plus de chances de rencontrer l'électron aux crêtes qu'aux creux, mais, même aux crêtes, je ne serai jamais certain que l'électron sera au rendez-vous. Peut-être qu'une fois sur trois (probabilité de 33 %), ou quatre fois sur cinq (probabilité de

80 %), l'électron sera là. Mais la probabilité n'atteindra jamais 100 %. La certitude est expulsée du monde atomique et subatomique, et le hasard y entre en force.

Tant que je n'utilise pas mon appareil de mesure pour observer l'électron, je ne pourrai décrire sa réalité que par des probabilités. Mais, dès que j'active mon appareil de mesure pour faire une observation en un endroit quelconque de l'atome, disons à la crête d'une onde, l'électron abandonne son habit d'onde pour se muer en particule et apparaît – ou non – à l'endroit observé. Si je le localise à cet endroit, je peux me demander s'il était là avant que l'observation ne l'y capte. En cas de réponse positive, je me heurte à un grave problème conceptuel : si l'électron était là et nulle part ailleurs, sa probabilité d'être en tout autre endroit de l'atome devait être nulle. Or l'électron, sous son aspect d'onde, avait, selon la mécanique quantique, une probabilité non nulle d'être à tous les autres endroits. La mécanique quantique serait-elle fautive ?

Le chat mi-mort, mi-vivant de Schrödinger

C'était l'opinion de certains physiciens, dont deux des plus illustres pères fondateurs de la mécanique quantique, Albert Einstein et l'Autrichien Erwin Schrödinger (1887-1961). Ni l'un ni l'autre ne pouvaient accepter l'interprétation probabiliste de la réalité inhérente à cette théorie défendue par le physicien danois Niels Bohr (1885-1962) et ses collègues. Déterministe invétéré, Einstein déclara haut et fort : « Dieu ne joue pas aux dés » (tant et si bien que Bohr lui répondit un jour avec exaspération : « Arrêtez de dire à Dieu ce qu'il a à faire ! »). Selon l'auteur de la relativité, un électron est soit ici, soit là, mais ne peut avoir une probabilité d'être partout à la fois. Quant à Schrödinger, il est, par une sublime ironie du sort, l'auteur même de l'équation d'onde qui décrit le comportement de l'électron, entre autres particules. Mais Schrödinger ne la concevait pas comme une onde de probabilité. C'est pourquoi il se rebiffa quand le physicien allemand Max Born (1882-1970) donna une interprétation probabiliste à sa chère équation (selon Born, la probabilité de localiser une particule est proportionnelle au carré de l'amplitude de l'onde de Schrödinger) : « Je n'aime pas cette interprétation, et j'aurais voulu ne jamais être mêlé à cette affaire ! »

Pour faire valoir leur vision antiprobabiliste de la réalité, Einstein et Schrödinger rivalisèrent d'ingéniosité pour concocter des « expériences de pensée », c'est-à-dire des situations hypothétiques où la mécanique quantique serait prise en défaut. Ces expériences de pensée sont irréfutables sur le plan conceptuel, même si elles ne sont généralement pas menées dans la réalité physique. Elles sont souvent utilisées en science pour mettre en évidence des résultats paradoxaux dans l'interprétation de certaines situations physiques.

Schrödinger imagina ainsi une situation où les paradoxes de la mécanique quantique dans le monde atomique et subatomique envahiraient notre monde de tous les jours. Considérons, dit-il, un chat enfermé dans une chambre avec une fiole de cyanure. Au-dessus du flacon de poison est suspendu, telle l'épée de Damoclès, un marteau contrôlé par une substance radioactive, c'est-à-dire une substance dont les noyaux atomiques se désintègrent au bout d'un certain temps. Lors de la première désintégration, le marteau tombe sur la fiole et la brise, libérant son contenu qui va empoisonner le chat. Jusqu'ici, rien de bien extraordinaire. Mais les problèmes surgissent dès qu'il s'agit de prédire le destin du chat. La vie de ce dernier dépend de la première désintégration. Or celle-ci ne peut être décrite qu'en termes de probabilités : il y a 50 chances sur 100 pour qu'un noyau se désintègre (ou ne se désintègre pas) au bout d'une heure. Tant que nous ne pénétrons pas dans la chambre pour vérifier si le chat est mort ou vivant, tant que nous n'intervenons pas comme observateur, nous pouvons seulement dire qu'au bout d'une heure le félin est une combinaison de 50 % de chat mort et de 50 % de chat vivant (fig. 42). L'indéterminisme du monde subatomique a gagné le monde macroscopique par le biais de la substance radioactive. Schrödinger, lui, ne peut accepter cette description de la réalité : pour lui, le chat est soit mort, soit vivant. Parler d'un chat suspendu entre la vie et la mort, et qui ne se décide à vivre ou à mourir pour de bon qu'après l'entrée d'un observateur dans la pièce, lui semble être d'une absurdité totale.

Les difficultés conceptuelles ne s'arrêtent cependant pas là : même si nous acceptons le rôle souverain de l'observateur, même si nous admettons que ce dernier a le pouvoir de dissiper le flou des électrons et du destin des chats, que se passerait-il si l'objet observé était l'Univers entier ? Par définition, l'Univers englobe tout. Il ne peut y avoir d'observateur hors de l'Univers (à moins d'un Être suprême à l'image de celui de la religion judéo-chrétienne). Cela signifie-t-il que l'Univers, faute d'observateur extérieur, n'est que probabilités, qu'il n'est pas fait d'une seule réalité, mais de la combinaison d'une multitude de réalités tout aussi valables les unes que les autres ? Cette supposition ne saurait être la bonne, car elle ne cadre pas avec notre expérience du réel : les choses qui nous entourent ont bien une réalité unique et concrète. Le flou des atomes ne se manifeste pas dans la vie courante.

Borges et les univers qui bifurquent

C'est pour résoudre ces difficultés conceptuelles et éviter les chats suspendus entre la vie et la mort que le physicien américain Hugh Everett (1930-1982) proposa en 1957 l'hypothèse radicale des univers parallèles. Selon lui, l'univers se divise en deux copies presque semblables chaque fois qu'il y a alternative pour l'action, le choix ou la décision. Il y aurait un univers où le chat serait vivant, et un autre où il serait mort (fig. 81). Les deux univers parallèles seraient aussi réels l'un que l'autre, ils contiendraient tous deux des observateurs identiques qui se seraient dédoublés. Ces univers seraient totalement déconnectés l'un de l'autre : les observateurs d'un univers ne pourraient jamais examiner ce qui se passe dans l'autre. De même, pour un électron, la notion d'univers parallèles place sur un pied d'égalité la position observée de cette particule et toutes les autres positions où la probabilité (donnée par le carré de l'amplitude de l'onde) est non nulle. L'électron occupe toutes les positions observées ou non, mais chaque position se trouve dans un univers parallèle différent. Parmi cette infinité d'univers, l'observateur sélectionne un univers particulier avec une position bien précise de l'électron. Chaque univers étant aussi réel que son voisin, la présence d'un observateur extérieur, nécessaire pour dissiper le flou quantique, n'a plus de raison d'être.

L'univers se diviserait en autant d'exemplaires quasi identiques qu'il existe de positions possibles pour l'électron. Au lieu d'avoir un électron qui serait ici, ailleurs et partout dans un univers probabiliste unique, il y aurait un univers dans lequel l'électron serait ici, un autre dans lequel il serait là, un troisième dans lequel il serait en un autre endroit, et ainsi de suite. Par ce constant processus de division, une variété infinie d'univers naîtrait. Certains univers ne se distingueraient du nôtre que par la position d'un seul électron dans un seul atome ; d'autres différeraient davantage. Il y en aurait un où vous seriez allé faire du sport au lieu de rester ici à lire cet ouvrage. Il existerait d'autres univers où Judas n'aurait pas trahi le Christ, où la Révolution française n'aurait pas eu lieu, où Napoléon aurait remporté la victoire à Waterloo, où le président Kennedy n'aurait pas été assassiné, où la guerre du Viêtnam n'aurait pas été déclenchée, où l'homme n'aurait pas marché sur la Lune, où le Tibet n'aurait pas été envahi par la Chine, etc. D'autres encore différeraient de façon plus fondamentale : ils auraient des constantes physiques, des conditions initiales et des lois physiques différentes. Certains seraient stériles et n'hébergeraient ni vie ni conscience. Tout ce qui peut advenir advient dans ce vaste ensemble d'univers. À chaque dédoublement de l'univers, nous nous dédoublerions. Mais en aucun cas ces univers parallèles, qu'ils diffèrent d'un seul électron ou qu'ils obéissent à de tout autres lois physiques, ne seraient accessibles à notre expérience. Ces univers parallèles seraient déconnectés les uns des autres de sorte qu'il n'y aurait aucune communication possible entre eux. Aussi réels que le nôtre, ils nous seraient interdits à tout jamais.

Fig. 81. *Les univers parallèles de Hugh Everett.* Dans la théorie des univers parallèles d'Everett, l'univers se diviserait en deux chaque fois qu'il y a choix ou alternative : il y aurait un univers où le chat serait mort et un autre où il serait vivant. D. R.

Ces univers parallèles qui ne cessent de se dédoubler me rappellent le conte fantastique de Borges intitulé *Le Jardin aux sentiers qui bifurquent*[1]. Celui-ci fut publié en 1941, donc bien avant le travail de Hugh Everett qui date de 1957. L'écrivain argentin revient ici sur le thème de l'infini déjà abordé dans *La Bibliothèque de Babel*. Mais, dans ce conte, ce n'est plus la bibliothèque qui est infinie, c'est un livre particulier. L'auteur de ce livre est, précise Borges, « Ts'ui Pên, ancien gouverneur du Yunnan qui renonça au pouvoir temporel pour écrire un roman et construire un labyrinthe dans lequel tous les hommes se perdraient… Tout le monde imagina qu'il y avait deux ouvrages. Personne ne pensa que le livre et le labyrinthe étaient un seul et même objet ». Le livre est en effet un labyrinthe infini, parce qu'il raconte une histoire qui bifurque à l'infini, comme les univers parallèles d'Everett. Le personnage principal explique qu'il pensait d'abord que l'infinitude du livre venait de ce qu'il était circulaire, la dernière page reprenant la première et ainsi de suite, à l'infini :

> Avant d'avoir exhumé cette lettre, je m'étais demandé comment un livre pouvait être infini. Je n'avais pas conjecturé d'autre procédé que celui d'un

1. Jorge Luis Borges, *Fictions, op. cit.*

volume cyclique, circulaire. Un volume dont la dernière page fût identique à la première, avec la possibilité de continuer indéfiniment. Je me rappelai aussi cette nuit qui se trouve au milieu des *Mille et Une Nuits*, quand la reine Shéhérazade (par une distraction magique du copiste) se met à raconter textuellement l'histoire des *Mille et Une Nuits*, au risque d'arriver de nouveau à la nuit pendant laquelle elle la raconte, et ainsi à l'infini. J'avais aussi imaginé un ouvrage platonique, héréditaire, transmis de père en fils, dans lequel chaque individu nouveau eût ajouté un chapitre ou corrigé avec un soin pieux la page de ses aînés.

Mais le personnage se rend compte qu'il fait fausse route et que l'infinitude du livre (qu'il appelle « roman chaotique ») vient de ce que le récit bifurque sans fin, pareil à un jardin dont les allées se dédoublent sans cesse, à l'infini :

> Ces conjectures m'ont distrait ; mais aucune ne semblait correspondre, même de loin, aux chapitres contradictoires de Ts'ui Pên. Dans cette perplexité, je reçus d'Oxford le manuscrit… Naturellement, je m'arrêtai à la phrase : « Je laisse aux nombreux avenirs (non à tous) mon jardin aux sentiers qui bifurquent. » Je compris presque sur-le-champ : le jardin aux sentiers qui bifurquent était le roman chaotique ; l'expression « nombreux avenirs (non à tous) » me suggéra l'image de la bifurcation dans le temps, non dans l'espace. Une nouvelle lecture générale de l'ouvrage confirma cette théorie. Dans toutes les fictions, chaque fois que diverses possibilités se présentent, l'homme en adopte une et élimine les autres ; dans la fiction quasi inextricable de Ts'ui Pên, il les adopte toutes simultanément. Il crée ainsi divers avenirs, divers temps qui prolifèrent aussi et bifurquent. De là les contradictions du roman. Fang, disons, détient un secret ; un inconnu frappe à sa porte ; Fang décide de le tuer. Naturellement, il y a plusieurs dénouements possibles : Fang peut tuer l'intrus, l'intrus peut tuer Fang, tous deux peuvent être saufs, tous deux peuvent mourir, *et cœtera*. Dans l'ouvrage de Ts'ui Pên, tous les dénouements se produisent ; chacun est le point de départ d'autres bifurcations. Parfois, les sentiers de ce labyrinthe convergent : par exemple, vous arrivez chez moi, mais, dans l'un des passés possibles, vous êtes mon ennemi ; dans un autre, mon ami…

Ces mots de Borges décrivent presque exactement le concept d'univers parallèles d'Everett. Je trouve stupéfiant que la physique ait ainsi donné quelque seize ans après une justification scientifique possible à un récit issu de l'imagination créatrice de l'écrivain.

Les univers parallèles et le libre arbitre

Vous objecterez à juste titre que cette notion d'univers qui bifurquent est bien étrange. Votre bon sens se rebiffe à l'idée que les caprices d'un seul électron soient à même de subdiviser l'univers en d'innombrables copies quasi identiques, où votre conscience et votre personnalité sont également reproduites à l'infini. Chaque fois qu'une pensée surgit dans notre esprit ou qu'une particule subatomique bouge dans notre cerveau, notre conscience se scinderait en deux. Chacune de nos décisions, de nos pensées aurait la faculté de créer un univers entier. Il y aurait un univers dans lequel j'aurais décidé d'aller tout droit, et un autre dans lequel j'aurais décidé d'obliquer à gauche. Autrement dit, la seule idée « J'aurais pu tourner à droite » pourrait elle aussi générer un autre univers. Vous vous dites qu'il n'est pas du tout évident que de telles divisions de notre corps et de notre esprit puissent se produire sans que nous en soyons conscients. Mais le bon sens peut-il servir de guide dans le monde insolite de la mécanique quantique ?

C'est oublier que la notion de « libre arbitre » n'a plus de sens dans un monde d'univers parallèles où tout ce qui peut arriver arrive. Supposons que, le vendredi soir, j'aie le choix d'aller au théâtre ou de rester à la maison en compagnie d'un bon livre. La théorie des univers qui bifurquent dira que je vais faire les deux à la fois. L'univers et moi nous dédoublerons. Dans un univers, j'irai au théâtre ; dans l'autre, je resterai à la maison. Tous les choix étant « obligés », il n'y a plus de choix. Je n'ai plus de pouvoir de décision. Le libre arbitre m'est refusé. Cette absence de libre arbitre a de graves conséquences éthiques et morales. La notion de responsabilité morale n'a plus lieu d'être. Dans ce monde d'univers qui bifurquent, un criminel n'est plus responsable de ses actes. Il aura beau jeu pour plaider la clémence du jury devant le tribunal : les lois de la mécanique quantique l'auront contraint à commettre son crime. Et même s'il a perpétré un crime dans cet univers, un de ses doubles ne l'aura pas commis dans un univers parallèle.

Malgré sa bizarrerie, il faut souligner que la notion d'univers qui bifurquent ne contredit aucune expérience en laboratoire. Les prédictions de la mécanique quantique ont toujours été confirmées expérimentalement. C'est le fait qu'elle soit efficiente qui permet à votre téléphone portable ou à votre GPS de fonctionner !

La conscience est-elle nécessaire pour choisir un seul et unique univers ?

Mais, en dehors des questions morales et éthiques qu'elle pose, que pensent les scientifiques de la théorie des univers qui bifurquent ? Il faut dire qu'elle demeure controversée et n'a pas reçu l'adhésion de la majorité des physiciens. Pour comprendre pourquoi, il nous faut examiner l'interprétation de la mécanique quantique qui est généralement admise : celle défendue par les plus illustres pères fondateurs de la physique quantique, Niels Bohr, Werner Heisenberg et Wolfgang Pauli, et connue comme l'« interprétation de l'école de Copenhague » (l'institut de physique que dirigeait Bohr, et où Heisenberg et Pauli faisaient de fréquentes visites, est situé à Copenhague). Pour Bohr et ses collègues, l'acte de mesurer joue un rôle primordial. Avant l'acte de mesurer, la position d'une particule élémentaire est décrite par une onde de probabilité (celle découverte par Schrödinger). Elle a une probabilité non nulle d'être partout à la fois. Mais, dès qu'on la mesure, une particule apparaît, localisée en un endroit et un seul. Une seule des possibilités représentées par la fonction d'onde se concrétise. On parle alors de « réduction » de l'onde de probabilité. En d'autres termes, pour Bohr et l'école de Copenhague, il n'existe qu'un seul et unique univers, celui où nous résidons. L'acte de mesurer fait disparaître toutes les autres possibilités.

Une question se pose alors : toute mesure, qu'elle soit automatisée ou déclenchée volontairement, requiert une préparation du matériel. Peut-on en conclure que, directement ou indirectement, la réduction d'onde – la sélection d'un seul et unique univers – nécessite une intervention consciente ? Il y a bien évidemment, dans l'univers, d'innombrables formes d'interactions qui ne nécessitent aucune intervention consciente. Par exemple, les protons qui fusionnent au cœur du Soleil pour l'alimenter en énergie et le faire briller, ou un aimant qui attire un clou par la force électromagnétique. En quoi un appareil de mesure diffère-t-il d'un autre objet macroscopique ? Pourquoi le premier déclenche-t-il une réduction de l'onde aboutissant à un seul choix parmi une multitude de possibilités, alors que, dans le cas d'un objet macroscopique quelconque, on aboutit à une fonction d'onde plus complexe qui prend en compte l'ensemble des possibilités de chacun des systèmes qui ont interagi ?

Ceux qui ont cherché à comprendre plus en profondeur le processus de réduction de la fonction d'onde se divisent *grosso modo* en deux camps.

D'un côté, il y a le camp des « idéalistes », aussi appelés « subjectivistes ». Selon eux, c'est la présence d'un esprit conscient qui fait que la fonction d'onde est réduite à une seule et unique possibilité. Un des plus ardents défenseurs de ce point de vue est le physicien hungaro-américain Eugene Wigner (1902-1995). Pour lui, « il est impossible de donner une description des phénomènes atomiques sans faire intervenir la conscience. C'est l'entrée d'une impression dans notre conscience qui altère la fonction d'onde ». Mais attribuer un rôle prédominant à la conscience pose un problème majeur. Un certain laps de temps s'écoule entre le moment où l'appareil enregistre la mesure d'une particule et celui où l'observateur prend conscience de cette mesure : le temps nécessaire pour que la lumière voyage de l'appareil de mesure jusqu'à l'œil, et que l'information soit transmise par le nerf optique et traitée par les neurones du cerveau. Cela ne prend certes qu'une fraction de seconde, mais le processus n'est pas instantané. Si la réduction de la fonction d'onde ne se produit qu'au moment de la prise de conscience, les idéalistes doivent postuler l'émission d'un signal par la conscience de l'observateur, signal qui remonterait le temps et dirait à l'instrument ce qu'il doit indiquer au moment précis de l'interaction de la particule avec le dispositif. Scénario pour le moins bizarre ! Cette bizarrerie est poussée jusqu'à l'absurde quand l'observateur est remplacé par un dispositif automatique d'enregistrement dont les bandes magnétiques ne sont analysées que plusieurs mois après l'expérience. C'est seulement à ce moment-là qu'elles pénètrent dans la conscience d'un esprit humain. Comment supposer que le signal émis par cet esprit conscient puisse déclencher les phénomènes mesurés des mois avant qu'il en prenne connaissance ?

De l'autre côté, il y a le camp des « matérialistes ». Au contraire des idéalistes, ils affirment que la conscience ne joue aucun rôle, que le monde ne dépend en rien de la présence d'un observateur et qu'il existe tel qu'il est, indépendamment de tout acte d'observation. Le rôle primordial est en revanche attribué à l'instrument de mesure. Pour expliquer la réduction de la fonction d'onde, les matérialistes avancent que, lors d'une mesure, la fonction d'onde de l'ensemble « particule et appareil de mesure » évolue si rapidement qu'une seule des possibilités peut se concrétiser, cette évolution rapide étant due à la nature macroscopique de l'appareil de mesure. Cette explication n'est pas très convaincante, car elle ne s'appuie pour l'instant sur aucune démonstration rigoureuse.

Il faut mentionner également la théorie de la « décohérence », développée notamment par le physicien américain Wojciech Zurek (né en 1951). D'après cette théorie, ce sont les petites interactions entre un système physique et son environnement (par exemple, la présence d'un photon ou d'une particule de gaz dans l'atmosphère rejaillissant sur ce système) qui provoquent la réduction de la fonction d'onde. C'est comme si l'environnement agissait comme un observateur.

La théorie de la décohérence est en général la plus admise. Je penche pour ma part du côté des « idéalistes ». La nature ne se mesure pas elle-même. Dès qu'on avance la notion de mesure, on doit prendre en compte, directement ou indirectement, la conscience qui a envisagé cette mesure, que celle-ci soit immédiatement perçue ou non. Une personne consciente doit pénétrer dans la pièce, ou visionner la scène que filme la caméra, pour savoir si le chat de Schrödinger est mort ou vivant. La conscience fait donc irrévocablement partie du phénomène interdépendant qui est étudié.

Les scientifiques et les univers qui bifurquent

Qu'ils soient idéalistes ou matérialistes, la majorité des scientifiques ont donc adopté l'interprétation de Bohr et de l'école de Copenhague : le processus de « réduction d'onde » sélectionne un seul et unique univers – l'univers dans lequel nous effectuons la mesure – parmi une infinité d'univers possibles. Existe-t-il d'autres arguments allant à l'encontre de la théorie des univers qui bifurquent ?

Il y a d'abord un argument d'ordre esthétique et philosophique : la théorie n'est pas conforme à un principe d'économie souvent allégué en science, connu sous le nom de « rasoir d'Occam », du nom du théologien et philosophe Guillaume d'Occam qui vécut au XIVe siècle. Selon ce principe, une explication simple d'un phénomène a plus de chances d'être vraie qu'une explication compliquée. L'histoire de la physique nous a appris que les théories les plus simples et les plus élégantes, celles qui décrivent le maximum de faits observés à l'aide d'un minimum d'hypothèses, sont en général les plus performantes, celles qui décrivent le mieux la réalité[1]. Or, postuler une infinité d'univers parallèles pour expliquer qu'un chat est mort ou vivant, ou la position d'un quelconque électron, n'est pas exactement faire montre d'économie.

Mais, en dehors du « rasoir d'Occam », il est des raisons d'ordre scientifique qui font que la théorie d'Everett n'est pas majoritairement acceptée. Elle est en partie rejetée parce qu'elle présente une interprétation bizarre et non économique de la réalité, mais surtout parce qu'elle remet totalement en cause la notion même de probabilité. Dans la vie quotidienne, nous faisons appel à cette notion de probabilité quand nous ne disposons pas d'assez d'informations pour prédire le résultat d'une action ou d'un événement quelconque. Ainsi, si nous lançons une pièce de monnaie en l'air, nous ne pouvons pas tenir pour sûr qu'elle va retomber sur pile ou sur face. Nous pouvons seulement dire qu'il existe une chance égale (ou une probabilité de 50 %) que ce soit une de ces deux possibilités. Si nous voyons un ciel couvert de nuages noirs menaçants, nous disons qu'il y a de fortes chances qu'il pleuve dans les heures à venir, tandis que si nous voyons un ciel bleu, nous disons qu'il existe une très faible probabilité qu'un orage éclate. Nous évoluons dans une réalité où le concept de probabilité a un sens, car les événements improbables (par exemple, que votre billet de loterie gagne le gros lot) arrivent très rarement, alors que ceux qui sont probables surviennent souvent (par exemple, que votre billet de loterie ne corresponde à aucun des numéros

1. Voir la discussion sur la beauté d'une théorie dans mon ouvrage *Le Cosmos et le Lotus*, *op. cit.*, p. 169.

gagnants). Mais le concept de probabilité a-t-il encore un sens dans une réalité où tout ce qui peut arriver arrive ?

Or, l'interprétation de la mécanique quantique en termes de probabilités s'est révélée jusqu'ici sans faille. Celles calculées avec l'équation d'onde de Schrödinger ont toujours été vérifiées par les expériences. Parce qu'elle n'est pas compatible avec le concept de probabilité, certains physiciens ont donc décidé de reléguer la théorie des univers qui bifurquent au cimetière des théories mortes.

En revanche, d'autres ont essayé de réintroduire ce concept – sous une autre forme – pour tenter de le sauver. Ainsi, certains chercheurs ont assigné différents degrés d'importance aux différents univers parallèles. Pour bien comprendre, prenons un exemple : supposons que l'onde de probabilité de Schrödinger prédise qu'un électron a une probabilité de 40 % d'être au point A, et de 60 % d'être au point B. Les partisans de la théorie des univers qui bifurquent diront que l'univers qui contient l'électron au point B est (60/40 =) 1,5 fois « plus réel » que l'univers qui contient l'électron au point A. Mais c'est entrer en contradiction avec la théorie originelle d'Everett, qui préconise que tous les univers parallèles sont aussi réels les uns que les autres. Alors, « réduction d'onde » ou univers parallèles qui bifurquent sans fin ? Après plus d'un demi-siècle de recherches sur la nature profonde de la réalité décrite par la mécanique quantique, le débat se poursuit, moyennant – je l'ai déjà dit – un net avantage pour la première hypothèse.

En vérité, peu de physiciens se sont penchés sérieusement sur les fondements philosophiques de la mécanique quantique. Pour la très grande majorité des chercheurs, c'est simplement une théorie physique qui « marche » extrêmement bien. Elle rend compte avec une précision inégalée du comportement de la matière au niveau subatomique et de son interaction avec la lumière. La mécanique quantique est donc considérée comme un outil efficace permettant de fabriquer des transistors, des lasers, des puces et des ordinateurs, des téléphones portables et autres instruments plus extraordinaires les uns que les autres, qui ont considérablement modifié et amélioré nos modes de vie. La plupart des chercheurs ne vont pas plus loin. Je ne partage pas cette attitude. Pour moi, la beauté de la physique est bien plus que le fait qu'elle « marche », qu'elle explique le comportement de la nature et nous permette de fabriquer des appareils sophistiqués. Elle doit aussi nous donner accès à la réalité profonde du monde.

Le multivers inflationnaire

La réalité des univers qui bifurquent en mécanique quantique est ainsi loin d'être établie. Mais ce n'est pas pour autant que nous devons jeter aux oubliettes la notion d'univers parallèles. Celle-ci ne cesse de pointer la tête dans les contextes les plus inattendus ! Ainsi, la théorie de l'inflation de l'univers nous offre une autre possibilité d'univers parallèles formant ce que nous pouvons appeler un « multivers inflationnaire ». Rappelons que la théorie de l'inflation a été proposée par le physicien américain Alan Guth en 1981 pour rendre compte de l'extraordinaire homogénéité de l'univers sur une large échelle (la température du rayonnement fossile qui baigne l'univers entier ne varie pas plus de 0,001 % d'un point du ciel à l'autre), de sa platitude (sa courbure est nulle, et sa densité de matière et d'énergie est exactement égale à la densité critique de cinq atomes d'hydrogène, soit 10^{-23} gramme par mètre cube), et du fait qu'il contient des structures comme les galaxies et les étoiles. Au tout début de son existence, pendant une phase dite « inflationnaire » de 10^{-34} à 10^{-32} seconde, la taille de l'univers a augmenté de façon exponentielle avec le temps, passant de la taille d'une région d'espace des dizaines de millions de milliards de milliards de fois plus petite qu'un atome à celle d'une région d'environ dix centimètres. Pendant les trois décennies qui ont suivi la découverte de Guth, l'idée d'une phase inflationnaire de l'univers à ses débuts s'est solidement ancrée dans la conscience des cosmologues, et toute théorie cosmologique digne de ce nom l'a intégrée.

Cependant, parce que les conditions physiques de l'univers à ses débuts ne sont pas très bien connues, il n'existe pas une seule et unique version de la théorie de l'inflation : on en dénombre une multitude. Dans la grande majorité de ces versions, en particulier dans celles développées par les physiciens Alexander Vilenkin (né en 1949) et Andreï Linde (né en 1948), cette vertigineuse expansion de l'espace en une minuscule fraction de seconde, suivie d'une expansion considérablement plus lente, ne s'est pas produite une seule fois en un seul endroit, mais s'est répétée d'innombrables fois en une infinité d'endroits disséminés dans le cosmos. Chaque inflation en un point de l'espace a donné ainsi naissance à une « bulle-univers ». Dans ce schéma, notre univers ne serait plus unique, mais deviendrait une bulle-univers parmi une infinité d'autres dans un immense méta-univers. Ces bulles-univers seraient séparées les unes des autres par de vastes régions d'espace vide. Dans ce type de scénarios, l'inflation est un processus qui s'autoalimente. Plus elle agrandit l'espace, plus elle génère d'autres endroits susceptibles de donner naissance à d'autres bulles-univers. L'inflation est ainsi comme un virus qui se propage sans limites, ou comme un incendie de forêt qui gagne de plus en plus de terrain sans jamais pouvoir être éteint. Elle est éternelle (fig. 82).

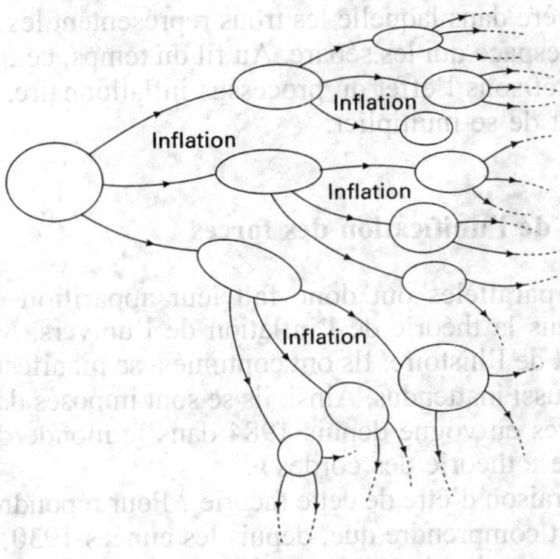

Fig. 82. *Le multivers inflationnaire*. Il est composé d'une infinité de bulles-univers dans un vaste méta-univers. L'inflation est un processus éternel qui s'autonourrit : plus une bulle-univers grandit, et plus il existe d'autres endroits susceptibles de donner naissance à d'autres bulles-univers.

Nous l'avons déjà vu : les physiciens estiment que la fantastique expansion de l'espace est due à un champ d'énergie, appelé « champ de Higgs », qui baigne tout l'univers. Dans ce méta-univers que nous appellerons « multivers inflationnaire », les bulles-univers correspondent à des régions d'espace où l'énergie du champ de Higgs est égale à zéro. En effet, dans ces bulles-univers, les fluctuations quantiques ont délogé le champ de Higgs du « faux vide », où l'énergie était légèrement positive, pour le faire évoluer vers un état d'énergie zéro qui caractérise le « vrai vide », libérant ainsi une fantastique énergie à l'origine de la soudaine, brève et spectaculaire expansion de l'espace de chaque bulle-univers. C'est cette énergie libérée qui va être convertie en une soupe de particules élémentaires qui, dans chaque bulle-univers, vont s'assembler plus tard en planètes, étoiles et galaxies. Au sein de certaines bulles-univers comme la nôtre, la vie et la conscience vont émerger. Quant aux vastes régions d'espace qui séparent les bulles-univers les unes des autres, elles sont caractérisées par une énergie positive du champ de Higgs, les fluctuations quantiques n'ayant pas encore réussi à déloger le fameux champ du « faux vide » pour le faire évoluer vers le « vrai vide ». Avec le temps, au fur et à mesure que les fluctuations quantiques délogent le champ de Higgs du faux vide en un nombre croissant d'endroits, de nouvelles bulles-univers apparaissent, disséminées aléatoirement dans l'immense méta-univers. Pour prendre une métaphore culinaire, nous pouvons imaginer le multivers inflationnaire comme une gigantesque tranche de gruyère dans laquelle les trous représentent les bulles-univers et le fromage l'espace qui les sépare. Au fil du temps, ce qui est fromage grandit sans arrêt sous l'effet du processus inflationnaire, tandis que les trous ne cessent de se multiplier.

Le grand rêve de l'unification des forces

Les univers parallèles ont donc fait leur apparition en mécanique quantique et dans la théorie de l'inflation de l'univers. Mais c'est loin d'être le fin mot de l'histoire. Ils ont continué à se manifester en d'autres contextes tout aussi inattendus. Ainsi, ils se sont imposés dans le contexte d'une théorie très en vogue depuis 1984 dans le monde de la physique et qu'on appelle « théorie des cordes ».

Quelle est la raison d'être de cette théorie ? Pour répondre à cette question, il nous faut comprendre que, depuis les années 1930, deux grandes théories font figure de pierres angulaires de la physique. La première est la mécanique quantique, qui rend compte du monde de l'infiniment petit, où les deux forces atomiques (forte et faible) et la force électromagnétique occupent le devant de la scène et où la gravité ne joue pas un rôle dominant (rappelons qu'il existe en tout quatre forces fondamentales dans la nature). La deuxième est la relativité d'Einstein, qui rend compte des propriétés de l'univers à grande échelle : celles des galaxies, des étoiles et des planètes ; la gravité mène le bal parmi ces objets en raison de leurs très grandes masses, alors que les forces atomiques et électromagnétique y jouent un rôle secondaire. Ces deux grandes théories, vérifiées à maintes reprises par de nombreuses mesures et observations, fonctionnent admirablement bien tant qu'elles demeurent séparées, cantonnées à leurs domaines respectifs. Mais la physique s'essouffle et perd ses moyens dès que la gravité se trouve sur un pied d'égalité avec les trois autres forces. C'est le cas chaque fois qu'une entité extrêmement massive est comprimée dans un très petit volume. Or – c'est là que le bât blesse – c'est exactement la situation qui prévalait dans l'univers primordial, quand l'infiniment petit a accouché de l'infiniment grand[1].

Nous ne savons pas encore raconter l'histoire de l'univers à ses débuts, lors de la création du temps et de l'espace, car devant nous se dresse un mur qui nous interdit l'accès à la connaissance de son origine. On l'appelle « mur de Planck », d'après le nom du physicien allemand Max Planck (1858-1947) qui, le premier, s'est penché sur ce problème. La physique actuelle perd pied quand les quatre forces se sont trouvées sur

1. Le trou noir est un autre exemple d'une entité très massive et très compacte. À ce jour, la physique est aussi impuissante à décrire la « singularité » à l'intérieur d'un trou noir.

un pied d'égalité, c'est-à-dire quand l'âge de l'univers était inférieur au « temps de Planck », soit 10^{-43} seconde (soit un dixième de millionième de milliardième de milliardième de milliardième de milliardième de la durée d'un flash photographique d'une seconde), et quand toute la masse de l'univers était contenue dans une sphère d'un rayon inférieur à la « longueur de Planck », soit 10^{-33} centimètre (un dixième de millionième de milliardième de milliardième de la taille d'un atome). Afin de franchir ce mur de la connaissance, les physiciens travaillent d'arrache-pied pour unifier la mécanique quantique avec la relativité en une seule théorie dite de « gravité quantique ». Cette « théorie du Tout », comme certains l'ont appelée avec peut-être un peu trop d'emphase, constitue le Graal de la physique contemporaine.

Comme pour bien d'autres domaines de la physique, le grand rêve d'unification a commencé avec Einstein. Le père de la relativité nourrissait le grand projet de marier la force de gravité, décrite par sa chère théorie, avec la force électromagnétique. Mais, à cause de son opposition à la mécanique quantique, qu'il estimait incomplète, il n'avait pas inclus dans sa théorie d'unification les deux autres forces, les forces atomiques forte et faible, pourtant déjà connues de son vivant, si bien que ses efforts furent irrémédiablement voués à l'échec, bien qu'il eût consacré à ce problème les vingt-cinq dernières années de sa vie. La légende veut que le physicien y ait travaillé encore à la veille de sa mort, sur un lit de l'hôpital de la ville de Princeton, dans l'ultime espoir de trouver enfin la solution du problème.

Après la disparition d'Einstein en 1955, le rêve d'unification s'estompa pendant plus d'une décennie. Les physiciens étaient bien trop occupés à comprendre les propriétés de la pléthore de particules élémentaires qui proliférèrent à vue d'œil, dans les années 1950 et 1960, dans les accélérateurs de particules, et à instaurer ordre et harmonie dans le monde subatomique. Il en fut ainsi jusqu'à la fin des années 1960, quand, après avoir mis de l'ordre dans le bestiaire des particules, les physiciens se réattelèrent au projet de bâtir une grande théorie unificatrice où les quatre forces fondamentales seraient unifiées en une seule et unique « superforce ». Construire une théorie du Tout redevint l'objectif de la physique moderne.

Cette tâche n'était pas des plus aisées, car il existe une incompatibilité fondamentale entre la mécanique quantique et la relativité générale pour ce qui concerne la nature même de l'espace. Selon la relativité, l'espace à grande échelle, où se déploient les galaxies et les étoiles, est calme et lisse, exempt de toute fluctuation ou rugosité. En revanche, l'espace à l'échelle subatomique de la mécanique quantique est tout sauf lisse : à cause du flou de l'énergie, il se manifeste comme une sorte de mousse quantique aux formes perpétuellement changeantes, remplie d'ondulations et d'irrégularités qui apparaissent et disparaissent çà et là au gré de cycles infiniment courts (de la durée du temps de Planck). La courbure et la topologie de cette mousse quantique sont on ne peut plus chaotiques et ne peuvent plus être décrites qu'en termes de probabilités. Comme dans une toile pointilliste qui se décompose en milliers de petits points multicolores quand on l'examine de près, l'espace se disperse en d'innombrables fluctuations et n'obéit plus aux lois déterministes quand on le scrute à l'échelle subatomique.

Les physiciens ont franchi des étapes importantes dans leur effort pour bâtir une théorie d'unification des forces. Les Américains Steven Weinberg (né en 1933) et Sheldon Glashow (né en 1932) ainsi que le Pakistanais Abdus Salām (1926-1996) sont parvenus en 1967 à unifier les forces électromagnétique et atomique faible en une force électrofaible. Les particules messagères W et Z, prévues par leur théorie d'unification pour transmettre cette force électrofaible, ont été détectées dans l'accélérateur de particules du CERN, et les trois physiciens ont été récompensés par le prix Nobel de physique en 1979. L'étape suivante dans la voie de l'unification a elle aussi été franchie : les physiciens ont su élaborer des théories de « grande unification » pour unifier la force atomique forte avec la force électrofaible. Sur les quatre forces fondamentales, trois se sont donc pliées au moule de l'unification. Mais la force de gravité a très longtemps résisté à toute proposition d'union avec les autres forces. Combiner les équations de la relativité générale avec celles de la mécanique quantique donnait invariablement des résultats absurdes. Ainsi, les calculs prédisaient obstinément que la probabilité que tel ou tel événement se produise (par exemple, l'interaction de deux électrons) était infinie, alors même que nous savons pertinemment que la valeur d'une probabilité doit être comprise entre 0 et 100 % ! Les mathématiques perdaient pied, elles ne donnaient plus de résultats sensés. C'est seulement avec l'avènement de la théorie des cordes, en 1984, que la gravité a paru se laisser amadouer.

La théorie des cordes

Cette théorie a été ainsi nommée parce que, selon elle, les particules élémentaires qui composent l'univers ne sont pas des objets ponctuels ne possédant ni extension spatiale ni structure interne, comme le supposaient les théories précédentes, mais résultent de vibrations de cordes incommensurablement petites, de 10^{-33} centimètre, la longueur de Planck (fig. 83). D'après cette théorie, les particules de matière et de lumière qui transmettent les forces (par exemple, le photon qui transmet la force électromagnétique), qui relient les éléments du monde et font que celui-ci change et évolue, ne seraient que les diverses manifestations des vibrations de ces cordes.

Examinez de près n'importe quelle particule élémentaire, et vous découvrirez une corde en train de vibrer. Celles qui vibrent avec le plus d'énergie donneront lieu à des particules plus massives à cause de l'équivalence entre masse et énergie découverte par Einstein. Par exemple, puisque le proton est environ 2 000 fois plus massif que l'électron, la corde du proton vibre avec environ 2 000 fois plus d'énergie que celle de l'électron. Tout comme les vibrations des cordes d'un violon produisent des sons variés, avec leurs harmoniques, les sons et harmoniques des « cordes » apparaissent dans la nature et pour nos instruments sous forme de photons, de protons, d'électrons, etc. Ainsi, ces « cordes » chantent et vibrent tout autour de nous, et le monde n'est en somme qu'une vaste symphonie.

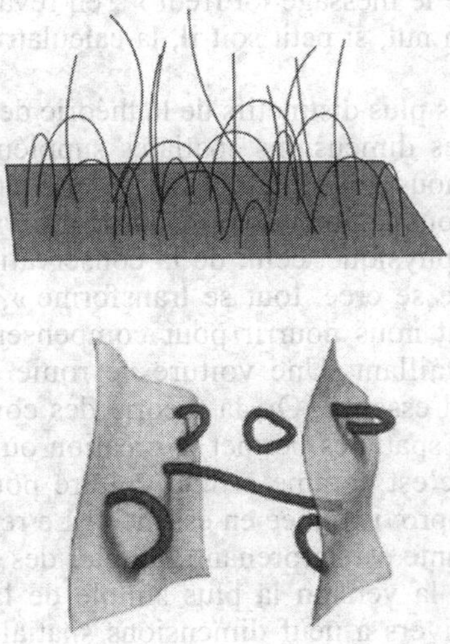

Fig. 83. *Les univers-branes et la théorie des cordes.* Selon la théorie des cordes, les particules élémentaires qui composent le monde matériel ne sont pas des objets ponctuels mais des bouts de corde infinitésimalement petits de 10^{-33} centimètre, attachés à des surfaces planes appelées « branes », qui vibrent (en haut). Le graviton est une particule hypothétique résultant des vibrations non pas d'une seule corde, mais de deux, formant une boucle. Les boucles, n'ayant pas d'extrémités libres qui les attachent aux branes, peuvent quitter leurs surfaces (en bas).

Fait extraordinaire, parmi les nombreux modes de vibration possibles des cordes, il en existe un dont les propriétés correspondent exactement à celles requises pour le graviton, particule hypothétique (elle n'a jamais été détectée) censée transmettre la force de gravité. Le graviton est, comme le photon, sans masse et sans charge, mais il tourne deux fois plus vite sur lui-même que le photon (en termes techniques, il possède un *spin* de 2 au lieu de 1 pour le photon). Cette particule, désespérément absente des précédentes théories d'unification, apparaît comme par miracle dans la théorie des cordes. L'unification de la force gravitationnelle avec les trois autres forces se révèle par conséquent possible dans le cadre de cette théorie. Elle se présente comme la théorie de la « gravité quantique » tant recherchée.

Conférer une extension spatiale aux particules élémentaires, si faible soit-elle, semble redonner de la cohérence aux mathématiques qui décrivent l'union de la mécanique quantique et de la relativité générale. Les quantités infinies disparaissent comme par un coup de baguette magique, et les mathématiques ne perdent plus pied. Situation analogue à celle où vous utilisez une calculatrice pour diviser un nombre par un autre : si vous divisez par zéro, le résultat est infini, la calculatrice ne sait que faire et affiche le message « Erreur » ; en revanche, si vous divisez par un nombre non nul, si petit soit-il, la calculatrice vous fournira une réponse.

Un des signes les plus distinctifs de la théorie des cordes est la nécessité de postuler des dimensions spatiales supplémentaires dans l'univers. En effet, si nous nous cantonnons à l'univers à trois dimensions spatiales tel que nous le connaissons, la théorie viole un des principes sacro-saints de la physique, celui de la conservation d'énergie. « Rien ne se perd, rien ne se crée, tout se transforme », pourrait se résumer ce principe. Il faut nous nourrir pour compenser l'énergie que nous dépensons en travaillant. Une voiture ne roule que parce que nous faisons son plein d'essence. Or, la théorie des cordes dans un univers à trois dimensions spatiales permet la création ou la destruction spontanée d'énergie : c'est comme si une voiture pouvait rouler sans fin sans jamais être approvisionnée en essence ! Le remède miracle à cette situation extravagante est surprenant : ajouter des dimensions spatiales à l'univers ! Dans la version la plus simple de la théorie, les cordes habiteraient un univers à neuf dimensions spatiales, comportant donc six dimensions spatiales supplémentaires. Mais, si tel est le cas, pourquoi diable ne sommes-nous pas conscients de ces extra-dimensions ? Nous pouvons aller vers l'avant ou vers l'arrière, en haut ou en bas, à droite ou à gauche : voilà qui fait trois dimensions, mais certainement pas neuf ! Les théoriciens des cordes répondent que ces dimensions supplémentaires sont invisibles, parce qu'elles sont si bien « enroulées » sur elles-mêmes qu'elles possèdent une taille infinitésimalement petite et deviennent imperceptibles. La situation rappelle celle d'un fil reliant deux poteaux électriques : de loin, le fil électrique apparaît comme une ligne droite à une seule dimension, mais, vu de près, il a une forme cylindrique à deux dimensions. Supposons que le rayon de sa tranche circulaire soit infinitésimalement petit, de l'ordre de la longueur de Planck, soit 10^{-33} centimètre ; nous ne serons sûrement pas capables de percevoir cette dimension supplémentaire, et cette tranche circulaire nous apparaîtra alors comme un point (fig. 84).

Les théoriciens des cordes nous disent donc que l'univers a en réalité neuf dimensions spatiales, mais le processus inflationnaire à l'œuvre au tout début de son existence n'en a « enflé » et porté que trois à des dimensions perceptibles, en sus de la dimension temporelle, créant l'univers qui nous est familier. Les six autres dimensions spatiales sont restées si infimes qu'elles ne peuvent être détectées.

Cette idée de dimensions spatiales supplémentaires n'est pas nouvelle. Elle fut d'abord avancée en 1919 par le physicien polonais Theodor Kaluza (1885-1954) afin d'unifier les forces gravitationnelle et électromagnétique. Il démontra que si l'univers possédait une dimension spatiale supplémentaire, les deux forces pouvaient être unifiées. L'idée de dimensions spatiales si bien « enroulées » sur elles-mêmes qu'elles ne sont plus perceptibles fut ensuite émise en 1926 par le physicien suédois Oskar Klein (1894-1977). Ces théories qui postulent des dimensions spatiales supplémentaires sont aujourd'hui appelées « théories de type Kaluza-Klein[1] ».

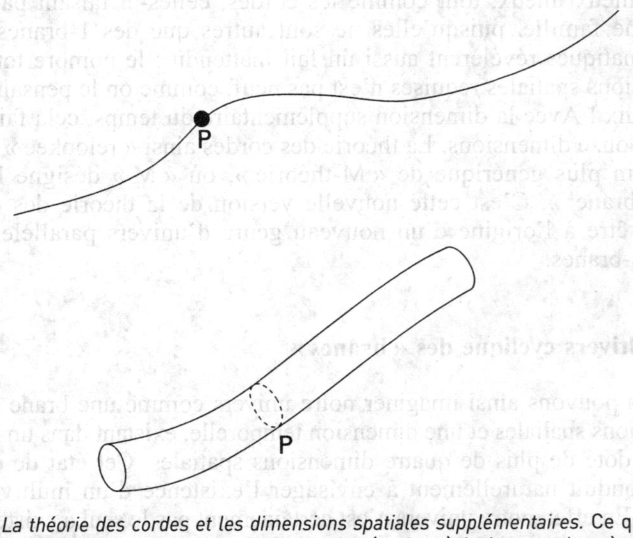

Fig. 84. *La théorie des cordes et les dimensions spatiales supplémentaires.* Ce qui, vu de loin, apparaît comme une ligne à une dimension (en haut) devient, vu de près, un tube cylindrique à deux dimensions (en bas) : chaque point sur la ligne est en réalité un cercle minuscule à la surface du tube. De la même façon, la théorie des cordes postule des dimensions spatiales supplémentaires cachées.

1. Pour plus de détails, voir mon ouvrage *Le Chaos et l'Harmonie*, ici, p. 317.

Avec une telle profusion de dimensions spatiales supplémentaires, nous pouvons nous demander pourquoi la théorie se borne à invoquer des cordes à une seule dimension. Pourquoi n'introduit-elle pas des surfaces planes à deux dimensions, des volumes à trois dimensions ou, mieux encore, des hypersurfaces à plus de trois dimensions ? Jusqu'au milieu des années 1990, la réponse était que seules des cordes à une seule dimension pouvaient empêcher les mathématiques de s'emballer, et donner des résultats sensés. En fait, cet état de choses était la conséquence de limitations propres non pas à la nature, mais aux physiciens eux-mêmes : ceux-ci n'étaient pas encore parvenus à trouver les techniques mathématiques nécessaires pour aller au-delà des cordes à une seule dimension. Vers la fin des années 1990, les difficultés mathématiques furent enfin surmontées et les obstacles franchis, et une nouvelle catégorie d'objets à deux dimensions, ayant la forme de nappes de table ou de tapis, firent leur apparition dans la théorie, appelés « membranes » ou 2-branes (« branes » étant la contraction du mot « membranes », et le chiffre 2 indiquant sa bidimensionnalité). Mais ce n'était pas fini : les mathématiques révélèrent aussi des 3-branes, des 4-branes, et ainsi de suite, jusqu'aux 9-branes. Tout ce petit monde vibre et se tortille à qui mieux mieux, tout comme les cordes, celles-ci faisant partie de la même famille, puisqu'elles ne sont autres que des 1-branes ! Les mathématiques révélèrent aussi un fait inattendu : le nombre total des dimensions spatiales requises n'est pas neuf, comme on le pensait, mais plutôt dix ! Avec la dimension supplémentaire du temps, cela fait donc en tout onze dimensions. La théorie des cordes ainsi « relookée » acquit son nom plus générique de « M-théorie », où « M » désigne le mot « membrane[1] ». C'est cette nouvelle version de la théorie des cordes qui va être à l'origine d'un nouveau genre d'univers parallèles : les univers-branes.

Le multivers cyclique des « branes »

Nous pouvons ainsi imaginer notre univers comme une brane à trois dimensions spatiales et une dimension temporelle, existant dans un hyperespace doté de plus de quatre dimensions spatiales. Cet état de choses nous conduit naturellement à envisager l'existence d'un multivers de branes. En effet, notre univers n'est certainement pas le seul à exister dans cet hyperespace : il doit y avoir une infinité d'autres univers parallèles eux aussi en forme de branes, et non plus seulement des 3-branes comme

1. Certains physiciens ont même suggéré avec humour que « M » devrait plutôt signifier « miracle » ou « mirage », selon les succès ou échecs de la théorie des branes dans le futur.

le nôtre, mais des univers dotés de toutes les dimensionnalités possibles comprises entre 1 et 9. Comme nous évoluons dans un espace à trois dimensions, il ne nous est pas facile de visualiser une pareille situation. Pour stimuler notre intuition, examinons des analogies comportant une dimension en moins. Notre univers serait, dans ce cas, une brane à deux dimensions. Ainsi, nous pouvons nous représenter notre univers comme la mince couche d'eau à deux dimensions qui recouvre un océan à trois dimensions. Ou encore nous pouvons nous le représenter comme une nappe qui s'étendrait à l'infini dans deux directions, au sein de notre espace à trois dimensions. Il y aurait d'autres univers parallèles eux aussi en forme de nappes, mais également d'autres univers dotés d'un nombre supérieur de dimensions et de formes plus bizarres et tourmentées les unes que les autres, que nous sommes à peine capables d'imaginer. Certains de ces univers parallèles ne seront séparés du nôtre que de la longueur de Planck de 10^{-33} centimètre ; d'autres en seront considérablement plus éloignés. Ainsi, comme le multivers des univers qui bifurquent et le multivers inflationnaire, le multivers des branes est lui aussi infini dans l'espace : non seulement chacun des univers-branes s'étend à l'infini, mais il en existe une infinité.

Mais ce qui fait la particularité du multivers des branes par rapport aux autres, c'est qu'il s'étend aussi infiniment dans le temps. Chaque univers-brane évolue en effet de manière cyclique : il ne possède ni début ni fin. Pourquoi ? D'après les physiciens américains Paul Steinhardt et Neil Turok[1], les branes ne restent pas figées dans l'hyperespace qu'elles habitent, mais sont en perpétuel mouvement. Leurs déplacements aléatoires se traduisent inévitablement par des collisions titanesques, surtout si ces univers-branes sont rapprochés, à l'instar du choc de deux immenses cymbales dans un orchestre. L'énorme énergie dégagée par une collision entre deux univers-branes est instantanément convertie en particules élémentaires et en rayonnement, engendrant un milieu d'une densité et d'une température inimaginables. Toute structure contenue dans ces univers (comme les galaxies, les étoiles, les planètes ou les êtres conscients) sera irrémédiablement réduite à néant. Cette fantastique énergie va aussi lancer l'univers dans un rapide mouvement d'expansion (différent de celui à l'œuvre dans la théorie de l'inflation). Ce paysage n'est pas sans rappeler les conditions physiques qu'a connues notre univers lors du big bang. Après le grand choc de leur collision, les deux branes ne restent pas collées l'une à l'autre, mais rebondissent et se séparent de nouveau. Mais la force de gravité qu'elles exercent l'une sur l'autre ralentit et inverse leur mouvement de dissociation, les faisant retomber l'une vers l'autre et produisant à nouveau un gigantesque choc,

1. Paul Steinhardt et Neil Turok, *Endless Universe: Beyond the Big Bang*, Doubleday, 2007.

avec tous les événements violents qui s'ensuivent. En d'autres termes, un nouveau big bang a lieu.

Dans ce scénario, le big bang qui s'est produit dans notre univers il y a quelque 14 milliards d'années ne serait qu'une étape dans un cycle infini de collisions entre notre univers et un univers parallèle. Dans ce schéma cyclique, le multivers de branes est infini à la fois dans l'espace et dans le temps. Steinhardt et Turok estiment qu'un cycle entier, d'un big bang au suivant, dure quelque 1 000 milliards d'années, soit environ 100 fois l'âge actuel de notre univers. Si nous vivons dans un tel multivers cyclique, les autres univers parallèles peuvent partager non seulement notre présent, mais aussi notre passé et notre futur.

Les univers cycliques à travers l'histoire

Ce n'est pas la première fois que l'idée d'un multivers cyclique, constitué d'univers qui se succèdent dans le temps, est apparue dans la conscience des hommes. La cosmologie mythique hindouiste postulait déjà un univers cyclique avec une infinité de dilatations et de contractions successives. Le créateur de l'univers est Brahmā, l'un des principaux dieux du panthéon hindou. Souvent représenté avec quatre bras et quatre têtes[1], pour symboliser son omniscience et son omniprésence, il est le premier créé et le créateur de toute chose. Brahmā dort et rêve, créant ainsi le monde. Chaque cycle du cosmos correspond à une respiration de Brahmā, l'univers se dilatant quand il expire et se contractant quand il inspire. Chaque cycle dure environ 8,6 milliards d'années, chiffre qui cadre étrangement avec les durées caractéristiques de la cosmologie moderne, puisque c'est environ le double de l'âge du système solaire (4,55 milliards) et environ la moitié de l'âge de l'univers (13,7 milliards d'années). Le cosmos se dissout après cent cycles, quand le rêve de Brahmā se termine. Au bout de 86 milliards d'années, Brahmā se met à rêver de nouveau le grand rêve cosmique, et l'univers repart dans une nouvelle phase de cent cycles. Cela rappelle étonnamment le concept moderne d'un univers cyclique avec une suite sans début ni fin de big bangs et de big crunches (grands effondrements).

L'univers mythique indien contient aussi l'idée d'une autre sorte d'infinité : l'univers n'est plus seulement infini dans le temps, mais aussi dans l'espace. Il existe également une infinité d'univers parallèles dans l'espace, chacun étant le produit du rêve d'un dieu différent. Dans le panthéon hindouiste, non seulement les dieux sont multiples, mais ils peuvent aussi prendre diverses formes. Ainsi certains bronzes indiens du

1. Les quatre têtes symbolisent les quatre modes de fonctionnement de la pensée : l'esprit, l'intelligence, l'ego et la conscience.

xe siècle représentent-ils le créateur du monde non pas comme Brahmā, mais comme le dieu Shiva, celui qui crée le monde en dansant.

L'idée d'une nature cyclique du mouvement de l'univers et de sa transformation incessante au fil du temps est aussi présente dans la cosmologie chinoise. Comme les hindous, les Chinois pensent qu'il existe, au-delà des phénomènes observables, une réalité ultime qu'ils appellent Tao – ce qui signifie la Voie cosmique. Ils croient que, chaque fois qu'un phénomène ou une situation se développe jusqu'à son extrême, il subit un mouvement inverse qui le transforme en son contraire. Ainsi, tous les développements de la nature – que ce soit l'évolution de l'univers, les mouvements du Soleil et de la Lune, le changement des saisons, la succession du jour et de la nuit – suivent des mouvements cycliques d'expansion et de contraction, ou de va-et-vient. Ces mouvements cycliques valent non seulement pour les phénomènes naturels, mais aussi pour les choses de la vie. Selon le philosophe chinois Lao-tseu (VIe-Ve siècle av. J.-C.) (fig. 85), « le retour est le mouvement du Tao, et l'éloignement implique le retour ». Cette croyance donne espoir, courage et persévérance dans les moments difficiles, car ceux-ci ne peuvent que laisser place à des temps meilleurs, mais elle suggère aussi modestie et prudence dans les périodes fastes, car le déclin n'est jamais loin. Elle a donné naissance à la doctrine du juste milieu : on ne doit jamais s'abandonner aux excès, à la prodigalité ni à la complaisance.

Fig. 85. *Lao-tseu, fondateur du taoïsme.* Lao-tseu (ici sur son buffle) est considéré comme le père fondateur du taoïsme, philosophie chinoise selon laquelle tout dans la nature (et dans le monde des humains) est en constante évolution. Tout est transitoire et dynamique, suivant des mouvements cycliques de va-et-vient. D. R.

Pour illustrer la notion de mouvement cyclique du Tao, la notion des pôles opposés, le Yin et le Yang, fut introduite (fig. 86). Parce que le concept d'un Dieu créateur est absent de la cosmologie chinoise, le monde est conçu comme engendré par l'action dynamique et réciproque de ces deux forces polaires. Le ciel est associé au Yang, pouvoir masculin, fort et créateur, tandis que la Terre est représentée par le Yin, élément féminin, maternel et intuitif. L'univers obéit à un mouvement cyclique perpétuel, le Yang parvenant à son maximum pour céder sa place au Yin. Le Soleil, sec et lumineux, est le Yang. La Lune, moite et sombre, est le Yin. Le jour qui suit la nuit, l'été brillant et chaud qui succède à l'hiver sombre et froid : autant d'exemples de l'interaction harmonieuse du couple Yin-Yang.

Fig. 86. *Le Yin et le Yang.* Dans la philosophie taoïste, tout dans l'univers (et dans la vie) résulte de l'action dynamique et réciproque de deux forces polaires, le Yin (en noir) et le Yang (en blanc). Les cercles de couleur opposée (un cercle noir sur fond blanc et vice versa) rappellent que ces deux forces sont étroitement liées, l'une contenant l'autre en germe, et se succèdent de manière cyclique.

Quand l'univers scientifique émergea avec la pensée grecque, vers le VIe siècle av. J.-C., le philosophe Héraclite (v. 544-v. 480 av. J.-C.), reprenant la notion babylonienne de l'éternel retour, fit sienne l'idée d'un univers cyclique : « À un moment donné, le monde s'embrase et, à un autre moment, il se reconstitue de nouveau lui-même à partir du feu, selon certaines périodes de temps dans lesquelles il s'allume en mesure et s'éteint en mesure. » Selon le philosophe grec, la durée d'un cycle ne serait que de 10 800 années, considérablement plus brève que l'âge de l'univers (13,7 milliards d'années). L'idée de l'éternel retour est inspirée par la répétition des mouvements des objets célestes :

> Lorsque chacun des astres errants [planètes] revient exactement, en longitude et en latitude, au point du ciel où il se trouvait au commencement, alors que le monde fut constitué pour la première fois, ces astres errants produisent,

au bout de périodes de temps bien déterminées, l'embrasement et la destruction de tous les êtres. Puis, lorsque ces astres recommencent de nouveau la même marche, le monde se trouve reconstitué ; les astres décrivant derechef le chemin qu'ils ont déjà parcouru, chaque chose qui s'était produite en la précédente période s'accomplit, une seconde fois, d'une manière entièrement semblable. Socrate existera de nouveau, ainsi que Platon, ainsi que chacun des hommes avec ses amis et ses concitoyens ; chacun d'eux souffrira les mêmes choses, maniera les mêmes choses ; toute cité, toute bourgade, tout champ seront restaurés. Cette reconstitution [apocatastase] de l'univers se produira non pas une fois, mais un grand nombre de fois ; ou plutôt les mêmes choses se reproduiront indéfiniment et sans cesse[1].

Plus près de nous, et moyennant une description mathématique notablement plus rigoureuse de l'évolution de l'univers, nous avons vu que le physicien russe Alexandre Friedmann, utilisant les équations de la relativité générale d'Einstein, a construit dès 1923 un modèle d'univers cyclique avec une suite infinie d'expansions et de contractions, malgré l'opposition farouche d'Einstein qui défendait à l'origine l'idée d'un univers statique. Après la découverte de l'expansion de l'univers par l'astronome américain Edwin Hubble, en 1929, Einstein lui-même travailla, grâce à sa chère théorie, à produire des modèles d'univers cycliques. Tâche qui fut poursuivie dans les années 1930 par le physicien américain Richard Tolman (1881-1948), lequel allait découvrir un fait inattendu concernant les cycles de l'univers…

Des cycles qui se suivent, mais ne se ressemblent pas

Par des considérations issues de la thermodynamique, science qui étudie les propriétés de la chaleur, Tolman découvrit que les cycles d'un univers cyclique peuvent se suivre, mais ne pas se ressembler. En effet, il existe un principe, connu sous le nom de « seconde loi de la thermodynamique », qui dit qu'au fur et à mesure que le temps passe, dans tout système isolé et fermé, le désordre (mesuré par une quantité nommée « entropie » par les physiciens) doit augmenter, ou du moins ne pas diminuer. Les manifestations de cette loi abondent dans la vie de tous les jours, que nous considérions un château non entretenu qui tombe en ruine, une tasse de thé qui refroidit, ou un glaçon qui fond : dans toutes ces situations, le désordre croît avec le temps. L'organisation du château au temps de sa splendeur est bien supérieure à celle du monceau de pierres informe qu'il est devenu ; la tasse de thé a communiqué sa chaleur à l'air ambiant, y augmentant le mouvement désordonné des molécules ; le glaçon est de loin plus ordonné

1. Némésius d'Émèse, *De la nature de l'homme*, BnF, 2016, traduit par M. J. B. Thibault.

que la flaque d'eau qui en résulte. Ce passage de l'ordre au désordre est à sens unique et définit la direction du temps : du passé au futur en passant par le présent. Nous ne verrons jamais un tas de pierres s'assembler tout seul en un château flambant neuf, ni une tasse de thé se réchauffer d'elle-même ni la flaque d'eau reconstituer spontanément un glaçon.

De même, dans un univers cyclique, la deuxième loi de la thermodynamique dit que le désordre total de l'univers doit augmenter à chaque cycle. En effet, chaque nouveau cycle va amener une nouvelle moisson de trous noirs, cadavres d'étoiles massives, et sa part de désordre. Les univers successifs deviendront de plus en plus désordonnés, et leur entropie ne cessera de croître. Plus d'entropie signifie plus de particules aux mouvements désordonnés, entassées dans un volume restreint lors de la phase de contraction d'un cycle, ce qui provoque un rebond plus accentué, une expansion plus importante de l'espace, donc un cycle qui va durer plus longtemps. Les cycles vont donc s'allonger au fil du temps (fig. 87). Cette constatation a une conséquence de poids : si nous remontons le temps, les cycles se raccourciront de plus en plus, tant et si bien que, à un moment donné du passé, la durée deviendra nulle et il n'y aura plus de cycle. Du fait de la deuxième loi de la thermodynamique, l'univers cyclique ne peut être infini dans le passé : il a un commencement dans le temps.

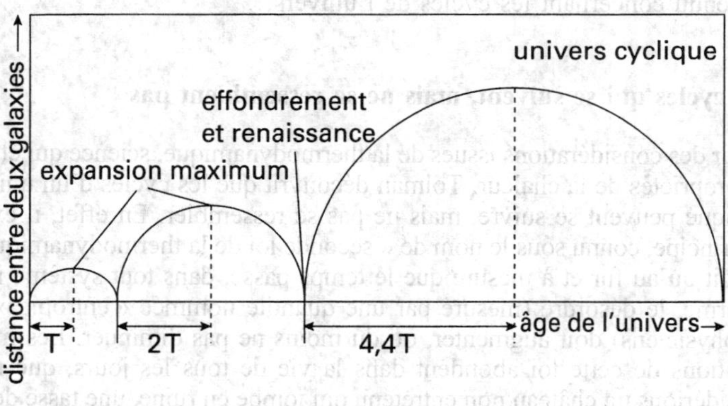

Fig. 87. *Univers cyclique.* Parce que la quantité de désordre dans l'univers doit toujours augmenter (ou du moins rester constante) au cours du temps, chaque cycle successif d'un univers cyclique durera plus longtemps, et la taille maximale de l'univers deviendra de plus en plus grande.

Le fait que le désordre de l'univers augmente de cycle en cycle a une autre conséquence liée au fait que notre univers est d'une si extraordinaire homogénéité à ses débuts. Nous avons vu que la température du rayonnement fossile, lors de sa 380000ᵉ année, ne varie pas de plus d'un centième de millième de degré d'un coin du ciel à l'autre. Autrement dit, son ordre est très élevé, son désordre (ou entropie) très faible. Si l'on suppose que l'univers est cyclique, de deux choses l'une : ou bien nous sommes dans l'un de ses tout premiers cycles, et l'entropie n'a pas pu encore augmenter trop ; ou bien l'univers, à des époques antérieures au temps de Planck de 10^{-43} seconde, a su gommer toutes les « rugosités » dues aux trous noirs produits dans les cycles précédents et remettre de l'ordre dans le désordre. Le premier cas de figure soulève un problème : il supposerait que nous vivions à un instant privilégié de l'histoire de l'univers cyclique, ce qui violerait le « principe copernicien » selon lequel l'homme ne devrait pas occuper une place singulière dans l'univers, ni dans l'espace ni dans le temps. Mais qu'en est-il de la seconde hypothèse ?

Les auteurs de la thèse du multivers cyclique des branes pensent que leur modèle peut non seulement résoudre le problème des cycles qui raccourcissent de plus en plus par le passé jusqu'à ne plus exister, mais aussi « gommer » tout désordre produit dans le cycle précédent. En effet, dans le modèle de Steinhardt et Turok, les cycles successifs ne sont plus le fait d'un seul univers subissant une série d'expansions et de contractions, comme dans le modèle cyclique standard ; ils résultent plutôt de la séparation croissante et décroissante au fil du temps entre deux branes, se traduisant par des collisions périodiques. Outre leur mouvement de séparation, ces branes sont aussi en perpétuelle expansion. L'entropie croît bien de cycle en cycle, conformément à la seconde loi de la thermodynamique, mais, parce que l'espace des branes ne cesse de se diluer, son volume ne cesse d'augmenter, si bien que la densité de l'entropie (c'est-à-dire l'entropie par unité de volume) décroît au lieu de croître, comme dans le modèle standard. L'entropie tend donc vers une valeur proche de zéro à la fin de chaque cycle. C'est comme si le compteur était remis à zéro au début de chaque nouveau cycle, ce qui expliquerait la valeur relativement faible de l'entropie de notre univers. Cette remise à zéro de l'entropie à chaque nouveau cycle fait aussi que les rebonds de l'univers ne sont plus aussi prononcés au fur et à mesure que défilent les cycles. Cela revient à dire que les cycles ne s'allongent plus dans le futur ni ne rétrécissent dans le passé. Ils peuvent donc continuer indéfiniment et dans le passé et dans le futur. À l'inverse du modèle cyclique standard, le multivers cyclique des branes n'a ainsi pas de commencement dans le temps.

Un non-début de l'univers ?

La notion de début – ou de non-début – a été une préoccupation essentielle non seulement de la science, mais aussi des religions et traditions spirituelles. Selon la théorie standard du big bang, l'univers est né il y a 13,7 milliards d'années lors d'une explosion fulgurante, à partir d'un état inimaginablement petit, chaud et dense, qui aurait également donné naissance à l'espace et au temps. Depuis lors, l'univers serait en expansion et se serait continûment dilué et refroidi.

La théorie du big bang a eu du mal à s'imposer au début, malgré les efforts de quelques scientifiques défendant l'idée d'une origine. Le chanoine belge Georges Lemaître parlait, nous l'avons vu, de l'« atome primitif ». Le physicien américano-russe George Gamow (1904-1968) et ses collègues Ralph Alpher (1921-2007) et Robert Herman (1914-1997) calculèrent que, pendant les 380 000 premières années de l'univers, sa température et sa densité étaient si extrêmes qu'aucune des structures actuelles (galaxies, étoiles, vie) ne pouvait exister, et qu'il ne contenait que des particules élémentaires et de la lumière. Selon ces trois chercheurs, cette lumière originelle, chaude et énergétique, était censée nous parvenir encore aujourd'hui, mais considérablement refroidie à cause de l'énergie qu'elle avait dû dépenser pendant 14 milliards d'années pour rattraper notre galaxie emportée par l'expansion de l'univers. Ce rayonnement fossile serait en quelque sorte la chaleur résiduelle du feu de la « création ».

Mais personne ne s'est donné la peine de rechercher ce rayonnement fossile jusqu'en 1965, quand il a été découvert, nous l'avons vu, par le plus grand des hasards par deux radioastronomes américains, Arno Penzias et Robert Wilson. Ce retard avait deux raisons. D'une part, le big bang mettait les astrophysiciens mal à l'aise à cause de ses connotations théologiques. Malaise accentué quand, en 1951, le pape Pie XII identifia le big bang au *Fiat lux* de la Bible. D'autre part, il existait une théorie cosmologique qui permettait d'évacuer la notion de création : la théorie de l'« univers stationnaire » (*steady state*), en vogue à la fin des années 1950 et due à trois astronomes britanniques, Fred Hoyle (1915-2001), Hermann Bondi (1919-2005) et Thomas Gold (1920-2004). Selon cette théorie, l'univers, en dépit de son expansion, n'aurait ni commencement ni fin ; il serait en moyenne toujours semblable à lui-même dans l'espace et le temps : au fur et à mesure qu'il se dilate, de la nouvelle matière serait continuellement créée pour compenser exactement le vide généré par l'expansion. Nous pouvons objecter que cette théorie ne peut qu'être fausse, puisque nous ne voyons pas de la matière surgir spontanément au coin de la rue. Mais le taux nécessaire pour approvisionner l'univers en matière afin de compenser l'expansion est si faible (il suffirait d'ajouter tous les milliards d'années un atome d'hydrogène à chaque volume d'espace d'un litre) qu'il ne peut être détecté.

Les astrophysiciens furent tout heureux qu'une théorie leur offrît sur un plateau un univers sans début. Cela leur permettait de reléguer aux oubliettes le problème de l'origine, tout en gardant bonne conscience. Malheureusement, les observations astronomiques sont rapidement venues mettre à mal cette théorie. Le début des années 1960 a vu la découverte des quasars (astres situés aux confins de l'univers et émettant une énergie fabuleuse dans un volume extrêmement compact) et des radiogalaxies (qui émettent la plus grande partie de leur énergie en ondes radio). Or le nombre de ces quasars et de ces radiogalaxies semblait diminuer au fur et à mesure que l'univers avançait en âge. Une telle évolution contredisait l'hypothèse d'un univers stationnaire, ne changeant pas au fil du temps. Mais le coup de grâce fut assené en 1965 par la découverte du rayonnement fossile : la théorie de l'univers stationnaire de Hoyle et de ses collègues écartait en effet la possibilité d'un début chaud et dense, et ne pouvait expliquer la présence d'un rayonnement résiduel de la chaleur originelle baignant l'univers entier.

Le bouddhisme aborde la question du commencement de l'univers d'une tout autre manière que la tradition chrétienne. Il n'admet pas l'idée d'un Dieu « horloger » créant l'univers *ex nihilo*. Du fait du principe d'interdépendance – un des piliers de la tradition bouddhiste –, une entité qui ne dépendrait de rien ne pourrait passer de la non-existence à l'existence. Le concept d'interdépendance exprime l'idée que toute chose ou tout être ne peut exister de façon autonome ni être sa propre cause. Toute entité ne peut être définie qu'en termes d'autres entités, et n'exister qu'en relation avec elles. Une entité qui serait indépendante de toutes les autres ne pourrait agir sur rien, et rien ne pourrait agir sur elle. Dans le bouddhisme, la notion d'un Créateur existant indépendamment de tout n'est donc pas possible. Mais, s'il n'y a pas de Créateur, l'univers ne peut être créé. Dans l'optique bouddhique, rien ne peut se manifester sans cause ni condition ; autrement dit, rien ne peut commencer à exister ni cesser d'exister. Ainsi le big bang ne serait-il plus une explosion primordiale, mais seulement le commencement d'un cycle particulier dans la succession sans début ni fin d'un nombre incalculable de cycles. Le seul univers scientifique compatible avec cette optique dans la théorie standard du big bang serait donc un univers cyclique composé d'une série sans fin de big bangs et de big crunches.

Cependant, nous l'avons vu, les observations astronomiques montrent que la quantité totale de matière lumineuse et noire dans l'univers n'est pas suffisante pour que sa gravité inverse l'expansion universelle et mène à un big crunch. Au contraire, une mystérieuse force répulsive due à une « énergie noire » va continuer à diluer l'univers pour un temps infini, ce qui exclurait un univers cyclique dans la théorie standard du big bang. Toutefois, la théorie du multivers des branes selon laquelle le big bang ne serait qu'une étape dans un cycle infini de collisions titanesques entre notre univers-brane et un univers-brane parallèle offre une alternative qui est tout à fait en accord avec la notion bouddhiste de non-début du monde.

Le paysage cosmique des univers-branes

La théorie de l'univers cyclique des branes ne se borne pas à nous offrir un monde sans début, c'est-à-dire infini dans le temps ; elle nous offre aussi un paysage riche d'une énorme profusion d'univers parallèles dans l'espace. Pourquoi ? Nous avons vu qu'une des caractéristiques principales de la théorie des cordes est la nécessité de dimensions spatiales supplémentaires enroulées de façon extrêmement compacte sur elles-mêmes. Dans sa version la plus simple, elle en requiert sept de plus, s'ajoutant aux trois qui nous sont familières. Selon cette théorie, ces dimensions supplémentaires ne peuvent épouser une forme géométrique comme bon leur semble, mais revêtir seulement celles, d'un type très particulier, dites de Calabi-Yau, du nom des mathématiciens Eugenio Calabi (né en 1923) et Shing-Tung Yau (né en 1949) qui ont étudié ces formes mathématiques bien avant que la théorie des cordes n'ait vu le jour. Connaître la forme et la géométrie précises de ces dimensions supplémentaires est crucial, car ce sont elles qui déterminent le mode de vibration des cordes, et donc les propriétés des particules de matière et de lumière – telles leur masse ou leur charge électrique – qui composent le monde.

Quand la théorie des cordes surgit sur la scène de la physique, elle était porteuse d'un immense espoir : celui de pouvoir enfin déterminer toutes les propriétés du monde à partir d'une théorie unique. Il fallait pour cela que les dimensions supplémentaires n'aient qu'une seule forme possible. Tout serait ainsi déterminé, et il n'y aurait plus aucun paramètre libre. Les physiciens disposeraient alors enfin d'une « théorie du Tout » avec laquelle ils pourraient calculer l'ensemble des caractéristiques des particules. Cette théorie constituerait un grand pas en avant par rapport à la théorie existante, la « théorie quantique des champs », où les propriétés des particules ne peuvent être calculées et où elles sont introduites dans la théorie comme des paramètres libres déterminés par l'observation.

Mais cet espoir a été vite déçu. Les physiciens des cordes se sont vite rendu compte que la forme (ou « topologie ») Calabi-Yau que pouvaient prendre les dimensions spatiales supplémentaires était loin d'être unique. Au contraire, les formes possibles semblaient proliférer à vue d'œil, manifestant une variété ahurissante. Alors que les formes Calabi-Yau connues dans les années 1980 se comptaient sur les doigts des deux mains (une sphère, un tore, etc.), le nombre de formes possibles connues aujourd'hui dépasse notre imagination ! La prise de conscience, grâce à des techniques mathématiques récemment développées, que la théorie des cordes doit prendre en compte non seulement des bouts de ficelle à une seule dimension, mais aussi une multitude de branes de dimensions supérieures, a multiplié à volonté le nombre de formes possibles pour les dimensions supplémentaires. On estime aujourd'hui que ce nombre est de l'ordre de 10^{500} (1 suivi de 500 zéros). Par comparaison, le nombre total de particules dans l'univers observable n'est que de 10^{80} ! Comme il existe une grande variété d'instruments de musique, chacun produisant des sons différents, il existe une foule de formes possibles pour les dimensions supplémentaires, chacune vibrant de façon particulière et générant des particules dotées de propriétés diverses. Ce qui veut dire que, pour l'instant, la théorie des cordes n'a pas réussi à mieux faire que la théorie quantique des champs : elle non plus ne possède aucun pouvoir prédictif en ce qui concerne les propriétés des particules élémentaires. Au lieu de se rapprocher, le rêve de prédire toutes les propriétés du monde grâce à une « théorie du Tout » s'éloigne de plus en plus.

Quoi qu'il en soit, la théorie des branes offre à notre imagination étonnée le paysage cosmique d'un fantastique multivers d'univers-branes parallèles dotés de dimensions spatiales supplémentaires, épousant des formes géométriques d'une exubérante richesse.

La confrontation de la théorie des cordes avec le réel

La science résulte de la confrontation de l'homme avec le réel. Elle se nourrit sans cesse d'observations et d'informations tirées de la nature par des moyens divers, des expériences de laboratoire aux instruments d'observation les plus perfectionnés. Le test fondamental de la validité d'une théorie est qu'elle soit conforme à la nature et coïncide avec la vérité. En d'autres termes, elle doit décrire des propriétés du monde qui puissent être vérifiées par l'expérience ou l'observation. La théorie des cordes (et celle qui constitue son extension, la théorie des univers-branes) répond-elle à ces critères de vérification expérimentale ?

Malheureusement, pour l'instant, la réponse est non. Malgré le travail acharné mené par une armée de physiciens pendant plus d'une vingtaine d'années, la théorie des cordes reste enveloppée d'un épais voile mathématique, et aucune expérience ou observation n'est encore venue la rattacher au monde réel. Elle souffre donc du plus grave défaut qui soit en science : elle n'a jamais été vérifiée expérimentalement. Et, tant qu'une théorie scientifique n'est pas corroborée par l'observation, nous ne pouvons pas savoir si elle est vraie et conforme à la nature, ou si elle n'est qu'un produit de l'imagination fertile des physiciens, sans rapport aucun avec la réalité.

Sans vérification expérimentale, la physique a tôt fait de s'enliser dans la métaphysique

L'entrée en action du LHC (Large Hadron Collider) au CERN, à Genève, en 2009, a suscité de grands espoirs. Pourra-t-il voir des cordes en direct ? Certainement pas, car, rappelons-le, la longueur d'une corde est infinitésimalement petite, de l'ordre de la longueur de Planck, soit 10^{-33} centimètre. En lançant des faisceaux de protons l'un contre l'autre à une énergie équivalant à 10 000 milliards de l'énergie de masse d'un proton, le LHC pourra examiner des dimensions aussi infimes que 10^{-19} centimètre, soit un millionième de la taille d'un noyau d'atome, ou un milliardième de milliardième de l'épaisseur d'un cheveu. Mais, pour examiner des dimensions aussi infinitésimales que la longueur de Planck, des centaines de milliers de milliards de fois encore plus réduites, il faudrait construire un accélérateur de 100 000 années-lumière de diamètre, aussi grand que la Voie lactée, ce qui n'est pas près d'être réalisé ! Avec l'énergie dont il est capable, le LHC verra une corde comme un point sans aucune extension spatiale. Il nous faut donc tester la théorie des cordes de manière moins directe.

Certains phénomènes prédits par cette théorie peuvent en principe être vérifiés indirectement par le LHC ou par d'autres types d'expériences. Par exemple, si des dimensions spatiales supplémentaires étaient présentes, les débris résultant de la fantastique collision entre les deux faisceaux de protons du LHC pourraient être éjectés à partir des trois dimensions qui nous sont familières parmi ces dimensions supplémentaires. Ces débris emporteraient avec eux de l'énergie, ce qui se traduirait par un déficit d'énergie après la collision. Une énergie manquante signalerait peut-être la présence de dimensions spatiales supplémentaires. Autre possibilité : la gravité dans les dimensions supplémentaires enroulées sur elles-mêmes serait extrêmement forte, ce qui faciliterait la formation de minitrous noirs (avec une masse de quelques dizaines de microgrammes) lors de la collision des faisceaux de protons. Ces minitrous noirs se désintégreraient en un rien de temps, donnant un jaillissement de particules élémentaires qui pourraient être détectées. Cette intense gravité pourrait aussi se manifester si nous parvenions à la sonder à des échelles extrêmement réduites. À ce jour, les mesures de la gravité à des dimensions aussi petites qu'un micron (10^{-6} mètre) n'ont révélé aucun excès. Peut-être que, en ayant la faculté d'explorer des dimensions plus faibles, le LHC pourrait mettre en évidence un léger excès.

Un monde supersymétrique

Autre prédiction extraordinaire de la théorie des cordes : la population des particules dans l'univers devrait être doublée. En effet, la théorie des cordes repose sur l'idée de supersymétrie (SUSY, en abrégé). SUSY a été conçue dans les années 1970 aux fins d'unifier la matière et la lumière. Elle est fondée sur un principe de symétrie reliant ensemble deux types de particules : les particules de matière de spin demi-entier (1/2, 3/2…), tels les quarks et les électrons, désignées sous le nom générique de « fermions », et les particules de spin entier (0, 1…), telles les particules de lumière (les photons) et les particules messagères qui transmettent les forces comme les gluons, désignées sous le nom générique de « bosons ». Dans un univers où SUSY peut se manifester à plein, chaque boson est associé à un « superpartenaire » fermionique, et chaque fermion l'est à un superpartenaire bosonique. Comme par un coup de baguette magique, la population des particules dans l'univers se trouve ainsi multipliée par deux. Le superpartenaire est identique à tous égards à la particule ordinaire (même masse, même charge électrique, etc.), sauf pour ce qui est du spin, qui doit toujours différer d'une valeur 1/2. Ainsi, le superpartenaire de l'électron de spin 1/2, le « sélectron » (les superpartenaires des fermions ont été désignés par leurs noms usuels, mais greffés du préfixe « s- »), possède un spin 0, alors que le superpartenaire du photon de spin 1, le « photino » (pour les superpartenaires des bosons, on a simplement ajouté le suffixe « -ino », qui veut dire « plus petit » en italien, bien que certaines des particules concernées ne soient pas aussi légères que le suggère ce suffixe), a un spin de 1/2.

Mais l'univers ne semble pas se conformer à ce schéma. Bien que nous disposions d'accélérateurs de particules assez énergétiques pour détecter de telles masses, nous n'avons jamais vu de sélectron doté d'une masse aussi légère qu'un électron. Pour sauver SUSY du cimetière des idées mortes, les physiciens ont dû postuler que la symétrie entre les particules et leurs superpartenaires n'était pas parfaite pour ce qui concernait leurs masses. On dit qu'il y a « brisure de symétrie ». Ainsi, les particules et leurs superpartenaires peuvent posséder des masses différentes, les secondes étant considérablement plus massives (fig. 88). Les chercheurs pensent que les masses des particules superpartenaires peuvent être des millions de fois supérieures à celle de l'électron. Or une grande masse correspond à une grande énergie, selon la fameuse formule d'Einstein : $E = mc^2$. Le LHC va pouvoir atteindre les très grandes énergies correspondant aux masses envisagées pour certaines de ces particules superpartenaires. Celles-ci seront-elles finalement détectées par le LHC ? Affaire à suivre…

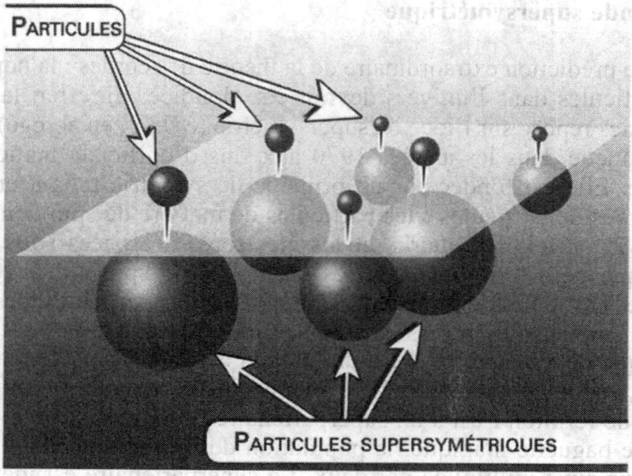

Fig. 88. *Particules « supersymétriques » dans la théorie des cordes.* La théorie des cordes prédit que pour chaque particule, il existe une particule dite « supersymétrique » dont le spin diffère de 1/2 et dont la masse est considérablement plus grande. Pour l'instant, aucune particule supersymétrique n'a jamais été détectée.

Les univers-branes et le réel

Qu'en est-il de la M-théorie, la théorie des branes qui constitue l'extension nécessaire de la théorie des cordes ? Y a-t-il un espoir de rattacher un jour les branes à la réalité ? *A priori*, cela paraît une tâche impossible. D'après la théorie, les branes sont les lieux de résidence obligée des cordes : celles-ci ne peuvent aller où bon leur semble, mais sont confinées à la surface des branes auxquelles elles sont retenues par leurs extrémités. Or, puisque ce sont les cordes (ou plutôt leurs vibrations) qui sont responsables des particules élémentaires transmettant les forces fondamentales – tel le photon, la particule de lumière qui est le messager de la force électromagnétique –, ces particules (à l'exception, nous le verrons, du graviton qui transmet la force gravitationnelle) sont aussi confinées dans les branes. Interdiction leur est faite de s'aventurer au-dehors. Si bien que, même s'il existait des univers-branes parallèles séparés de notre univers par seulement une fraction de millimètre, nous ne le saurions jamais, car nous ne pourrions jamais communiquer avec eux par des particules de lumière. Ils seraient à tout jamais hors de notre portée.

La situation est tout autre pour la force de gravité transmise par une particule hypothétique appelée « graviton ». À la différence des autres particules (comme le photon) qui résultent de vibrations de cordes et possèdent un spin 1, le graviton a un spin 2. Tel est le cas si ce dernier résulte des vibrations non pas d'une seule corde, mais de deux formant une boucle. Or une boucle, n'ayant pas d'extrémité libre, ne peut être attachée à la surface d'une brane. Elle ne peut donc être retenue dans ses mouvements et est libre d'aller où bon lui semble, d'une brane à une autre. La gravité est donc en principe la seule force qui nous permette de quitter la surface des branes et de sonder des mondes au-delà de notre espace à trois dimensions. Si les dimensions supplémentaires existent vraiment, et si elles sont considérablement plus grandes pour les branes que pour les cordes[1], il y a peut-être une chance de pouvoir détecter une légère augmentation de la force de gravité à des échelles inférieures à 10^{-4} centimètre. Ce qui permettrait d'envisager la possibilité non seulement qu'il existe des dimensions supplémentaires, mais aussi que nous vivions sur une brane !

Le multivers des branes et le principe anthropique

Si nous acceptons le scénario d'un immense multivers de branes, deux questions se posent : parmi les 10^{500} univers-branes possibles du multivers, comment se fait-il que nous vivions dans un univers doté d'une configuration géométrique et d'une énergie du vide si particulières ? Et qu'en est-il de toutes les autres configurations ? Pour répondre à ces questions, le physicien américain Steven Weinberg a évoqué un argument dit de type « anthropique ». Selon ce principe anthropique, les propriétés de l'univers doivent être compatibles avec notre existence. De même que la vie humaine n'a pu surgir à la surface brûlante de Mercure ou de Vénus, ni sur celle, gazeuse, de Jupiter ou de Saturne, elle n'aurait pu émerger dans un univers doté d'une énergie du vide trop positive. Son énorme gravité répulsive aurait causé une expansion si violente qu'aucune matière n'aurait pu s'assembler pour former les étoiles, responsables des éléments lourds nécessaires à l'apparition de la vie et de la conscience. De même, celles-ci n'auraient pu apparaître dans un univers doté d'une énergie du vide trop négative. Son énorme gravité attractive aurait provoqué, au bout d'une période relativement courte, l'effondrement de l'univers en un big crunch, empêchant de nouveau la formation d'étoiles, d'éléments lourds, donc de la vie et de la conscience. L'univers ne peut héberger la vie et la conscience que si l'énergie du vide est juste au-dessus de zéro. Parmi les 10^{500} univers possibles, seul notre univers possède les

1. Les dimensions supplémentaires des branes peuvent atteindre la taille d'un dix-millième (10^{-4}) de centimètre ; voir Brian Greene, *La Réalité cachée : les univers parallèles et les lois du Cosmos*, *op. cit.*

conditions requises, et c'est pourquoi nous sommes ici à nous poser des questions sur cet univers. Tous les autres univers sont stériles, dépourvus de vie et de conscience.

La théorie des cordes et les univers parallèles holographiques

La théorie des cordes va encore plus loin pour ce qui concerne les univers parallèles : non seulement elle introduit dans notre esprit la notion d'un immense multivers de branes, mais elle fait aussi entrer dans le paysage de la physique le concept d'univers parallèles holographiques.

Pour comprendre ce concept, il nous faut savoir ce qu'est un hologramme. Si l'on veut saisir son principe, il convient de le comparer à une image photographique. Pour cette dernière, une lentille – celle de votre appareil photographique – est nécessaire afin de faire converger les rayons lumineux sur un détecteur électronique et y former une image. Chaque point de l'objet photographié correspond à un point unique de l'image, et vice versa. Pour une photographie normale, seules les informations sur la couleur de l'objet et l'intensité de la lumière en chaque point de cet objet sont enregistrées. L'information relative aux phases des ondes lumineuses est perdue. Ce qui veut dire que si une partie du détecteur se révèle déficiente, la partie correspondante de l'image de l'objet est irrémédiablement perdue. La situation est radicalement différente dans le cas d'une image holographique. Celle-ci est produite à partir d'un faisceau laser divisé en deux parties : la première partie, le « faisceau objet », est dirigée vers l'objet à photographier et est réfléchie par ce dernier vers le détecteur ; l'autre partie, le « faisceau de référence », est réfléchie par un miroir et va directement sur le détecteur, sans jamais rencontrer l'objet. En interagissant, les deux faisceaux laser produisent des franges d'interférence qui sont enregistrées par le détecteur. Le dessin des interférences ne ressemble en rien à l'objet originel. Il évoque plutôt la surface d'un étang dans lequel on a jeté une poignée de cailloux, avec une multitude d'ondes circulaires concentriques qui se recoupent les unes les autres. Ce dessin en apparence sans queue ni tête contient pourtant toute l'information des phases des ondes lumineuses nécessaire à la reproduction de l'objet en trois dimensions. Il joue en quelque sorte le rôle du « négatif » d'une photographie ordinaire. Quand le dessin d'interférences est illuminé par un faisceau laser, l'objet apparaît en trois dimensions, suspendu en l'air comme par magie. L'image holographique présente un aspect étrangement réel : vous pouvez même la contourner et découvrir des parties de l'objet qui n'étaient pas évidentes, vues de face, comme dans le cas d'un objet réel. C'est seulement quand vous essayez de toucher l'objet et que votre main traverse l'hologramme, comme si de rien n'était, que vous vous rendez compte qu'elle ne recèle aucune matérialité, et n'est qu'une image.

Plus étrange encore que leur nature immatérielle, les images holographiques possèdent une autre propriété tout à fait extraordinaire : chaque partie d'un hologramme contient l'information de l'hologramme tout entier. Ce qui n'est pas du tout le cas pour une image ordinaire. Ainsi, si une partie du détecteur électronique se révèle déficiente – par exemple, la partie qui enregistre l'image de votre bras –, la photo qui en résultera vous montrera manchot. En revanche, si une personne vient à ôter une partie du dessin des interférences qui constitue le « négatif » holographique, et si vous éclairez la partie restante par un faisceau laser, vous obtiendrez non pas une partie de l'hologramme, mais celui-ci tout entier, quoique d'une brillance moindre et avec des perspectives plus limitées. Cela s'explique par le fait que, dans le cas d'un hologramme, il n'existe plus de relation unique, comme dans un négatif ordinaire, entre une partie de la scène photographiée et une partie du négatif. La scène entière est enregistrée en tous points du négatif holographique. En d'autres termes, chaque partie de l'hologramme contient le tout.

L'idée que l'univers obéit à un principe holographique a d'abord été avancée en 1993 par le physicien hollandais Gerard 't Hooft (né en 1946). L'inspiration en est venue de la découverte par le physicien anglais Stephen Hawking (né en 1942) et le physicien israélien Jacob Bekenstein (né en 1947) que la capacité de stockage de l'information (mesurée par une quantité appelée « entropie ») d'un trou noir est déterminée non par le volume à trois dimensions de son intérieur, mais par sa surface à deux dimensions. De même, dit 't Hooft, l'information nécessaire pour faire fonctionner le monde à trois dimensions spatiales au sein duquel nous vivons serait inscrite sur une surface à deux dimensions englobant ce monde. En d'autres termes, l'univers ne serait qu'une projection holographique de processus physiques se déroulant sur une lointaine surface à deux dimensions englobant tout l'univers (fig. 89). La situation serait analogue à celle d'un dessin d'interférences à deux dimensions contenant toutes les informations nécessaires en vue de construire un hologramme à trois dimensions. Toutes les expériences dans notre univers – aller au cinéma, savourer un repas gastronomique, résoudre des équations mathématiques ou contempler le ciel – seraient ainsi étroitement liées à des expériences équivalentes qui se dérouleraient dans un univers parallèle de moindre dimension spatiale. La réalité qui nous est familière aurait son exact pendant dans un autre monde.

L'idée a été accueillie avec scepticisme jusqu'en 1998. Cette année-là, le physicien argentin Juan Maldacena (né en 1968), appliquant la théorie des cordes à un univers de forme particulière – différente de celle du nôtre, mais dont les propriétés sont plus faciles à calculer –, a découvert mathématiquement qu'il existait en effet un principe holographique reliant l'intérieur de cet univers à sa bordure, cette dernière étant une surface impénétrable englobant cet intérieur. Comme tout point du « négatif » d'un hologramme (le dessin des interférences) contient la totalité de l'information permettant de reconstituer l'image entière, tous les processus se déroulant à l'intérieur de l'univers étudié par Maldacena sont réglés par des lois physiques régnant à sa surface. En d'autres termes, le physicien a découvert un lien explicite entre les phénomènes physiques qui ont lieu dans une région multidimensionnelle et ceux, de moindre dimension spatiale, qui ont lieu à sa bordure.

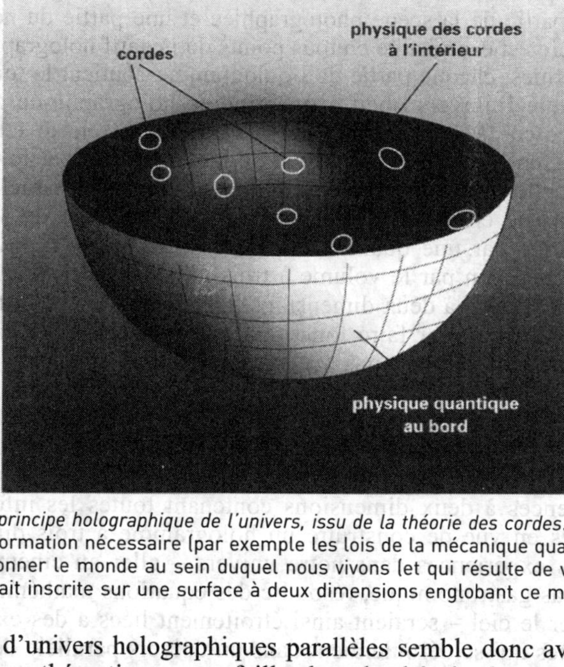

Fig. 89. *Le principe holographique de l'univers, issu de la théorie des cordes*. Ce principe dit que l'information nécessaire (par exemple les lois de la mécanique quantique) pour faire fonctionner le monde au sein duquel nous vivons (et qui résulte de vibrations de cordes) serait inscrite sur une surface à deux dimensions englobant ce monde.

L'idée d'univers holographiques parallèles semble donc avoir trouvé une base mathématique sans faille dans la théorie des cordes. Mais pouvons-nous être absolument certains qu'opère le principe holographique selon lequel tous les phénomènes qui se manifestent dans la nature ont un pendant exact sur une lointaine surface bordant l'univers ? Nombre de questions demeurent sans réponse. Parce que les mathématiques sont ici d'une extrême difficulté, l'argumentation n'est pas aussi solide qu'on le voudrait. Par exemple, l'univers traité par Maldacena ayant une forme différente du nôtre, il faudrait arriver à démontrer que le principe holographique opère aussi bien pour la forme de notre univers. Par ailleurs, nous n'avons pas la moindre idée du mécanisme de stockage de l'information sur l'hypothétique surface lointaine. Le chemin à parcourir avant de pouvoir développer une théorie holographique de l'univers est encore très long !

Au fil de nos pérégrinations dans le paysage de la physique contemporaine, nous n'avons pas cessé de voir des univers parallèles, parfois en nombre infini, surgir de tous côtés. Ces univers parallèles ont-ils quelque chose à voir avec la réalité du monde ?

VII

VIVRE AVEC LE MULTIVERS ET L'INFINI

Le multivers n'est pas directement accessible à l'observation

Des théories physiques existent donc qui nous disent que notre univers n'est pas unique, qu'il ne serait qu'un parmi un grand nombre ou une infinité d'autres univers dotés chacun de propriétés différentes, avec leurs propres combinaisons de conditions initiales et de constantes physiques, capables ou non d'héberger la vie et la conscience. L'ensemble de ces univers parallèles forme ce qu'on appelle un « multivers ».

Le premier multivers que nous ayons rencontré en chemin est né d'une interprétation très particulière et étrange de la mécanique quantique. Le but était d'élaborer une version de la mécanique quantique qui lui ôterait le caractère probabiliste dont l'a paré l'école de Copenhague (laquelle avait pour chef de file Niels Bohr) et d'éviter des situations aussi bizarroïdes que celle de chats suspendus entre la vie et la mort. Hugh Everett, l'auteur de cette version alternative, voulait insuffler à la mécanique quantique un caractère réaliste et déterministe. C'est la théorie dite des « univers qui bifurquent » : l'univers se subdiviserait en autant d'exemplaires qu'il existe de choix et de possibilités. Nous-mêmes, nous nous dédoublerions à chaque dédoublement de l'univers.

Le deuxième multivers à s'être dressé sur notre route est le multivers inflationnaire. Dans ce scénario, un processus de dilution vertigineuse de l'espace aurait produit non seulement notre « univers-bulle », mais aussi une infinité d'autres univers-bulles disséminés dans un immense méta-univers.

Enfin, un troisième multivers a surgi devant nous : celui des branes. La théorie des cordes – et son extension, celle des branes –, qui tente d'unifier la force de gravité avec les autres forces fondamentales en une seule superforce, suggère que nous vivons à la surface d'une brane. Dans cette théorie, le big bang ne serait qu'une étape dans un cycle sans fin de collisions titanesques entre notre univers-brane et d'autres univers-branes parallèles. Fait encore plus extraordinaire, à cause de la quasi-infinité des formes que peuvent revêtir les dimensions spatiales supplémentaires nécessitées par la théorie, notre univers non seulement n'aurait ni début ni fin, mais ferait partie d'un énorme multivers contenant quelque 10^{500} autres univers ! Pour corser les choses, la théorie des cordes suggère encore qu'un principe holographique serait aussi à l'œuvre, tant et si bien que tous les phénomènes qui se déroulent dans un univers ne seraient que le reflet de phénomènes se déroulant sur la surface qui le borde, doublant du même coup le nombre d'univers parallèles dans le multivers des branes !

Que penser du concept de « multivers » ? Il a suscité un débat passionnant et passionné qui a divisé la communauté scientifique. En effet, ce concept souffre du plus grave défaut qui soit en science : il ne peut être directement vérifié, du moins en l'état actuel de nos connaissances. Avec nos télescopes, nous ne pouvons observer que notre univers. L'accès direct à d'autres univers parallèles nous est impossible. Ils seront à jamais hors de la portée directe de nos instruments d'observation. Nos télescopes peuvent voir dans une sphère-horizon de 47 milliards d'années-lumière – ce qu'on appelle l'« univers observable » –, pas au-delà. Pourquoi une telle limite ? Elle n'est certes pas due à une limitation de la technologie – nous pouvons en principe construire des télescopes toujours plus grands, regardant toujours « plus faible », donc à la fois toujours plus loin et plus tôt (du moins jusqu'à l'an 380000 après le big bang, car avant cela l'univers était opaque et la lumière ne pouvait se propager) –, mais au fait que la lumière des galaxies au-delà de cette sphère-horizon n'a pas eu le temps de nous parvenir pendant les 13,7 milliards d'années d'existence de l'univers. Les univers qui bifurquent, les bulles-univers du multivers inflationnaire et le paysage des branes resteront à jamais inaccessibles à l'observation directe.

Si c'est le cas, avons-nous le droit de qualifier de scientifique le concept de multivers ? Si nous ne pouvons jamais vérifier qu'il est conforme à la nature, s'il ne peut être soumis à l'observation directe, ne relève-t-il pas plutôt de la métaphysique ? Là-dessus, les scientifiques se sont divisés en plusieurs camps. Certains pensent que croire en un multivers est comme entrer en religion : c'est un acte de foi qui ne pourra jamais être étayé par aucune preuve expérimentale. D'autres adoptent une position médiane : ils sont d'avis que le multivers est un concept utile qui, bien que non vérifiable, permet de nous rapprocher de la vérité ultime. D'autres encore estiment que le concept de multivers, suggéré indépendamment par plusieurs théories, est si évident qu'ils sont tout étonnés que la totalité de la communauté scientifique ne s'y soit pas déjà ralliée. Le concept de multivers, disent-ils, a la faculté de nous aider à formuler de façon autre les graves questions qui ont hanté les scientifiques depuis des décennies. Or, en science, poser les bonnes questions est souvent aussi important que de vérifier les réponses proposées.

Une théorie scientifique n'a nul besoin d'être vérifiée jusque dans ses moindres recoins

Nous pouvons cependant nous demander : si le multivers n'est pas accessible à l'observation directe, peut-être existe-t-il des moyens indirects de déduire son existence ? Après tout, pour valider une théorie, la méthode scientifique ne requiert pas que le moindre de ses aspects soit vérifiable. Au fur et à mesure que la science a progressé, que l'homme a su suppléer à ses yeux par des instruments de plus en plus sophistiqués pour explorer l'infiniment grand et l'infiniment petit, la physique s'est éloignée des choses tangibles de la vie, directement accessibles à nos sens. Ce qui rend la vérification par l'observation et l'expérience de plus en plus ardue. La théorie de la gravitation universelle d'Isaac Newton, au XVIIe siècle, parlait de concepts concrets et d'objets de tous les jours. Avec elle, nous pouvons prédire et vérifier par l'observation directe les positions et les vitesses d'objets familiers tels qu'une pomme tombant d'un arbre, un ballon lancé en l'air, un obus tiré d'un canon, ou des astres proches comme la Lune et les planètes. Pourtant, au fil du temps, la physique s'est progressivement éloignée du quotidien pour devenir considérablement plus abstraite. Un des premiers pas vers l'abstraction fut la démonstration, au XIXe siècle, par James Maxwell, que la lumière n'est rien d'autre qu'une onde électromagnétique qui se propage dans l'espace, produisant des « champs électromagnétiques ». Bien que nos yeux soient sensibles à la lumière visible, nous ne pouvons pas dire que nous percevons ces « champs »-là. Mais parce que nous sommes capables de fabriquer des instruments sophistiqués qui les détectent, et parce que nous constatons que les innombrables appareils électroniques autour de nous – postes de radio ou de télévision, téléphones portables, etc. – dont le fonctionnement repose sur ce concept de champ électromagnétique « marchent », nous avons confiance en la théorie de Maxwell. Nous pensons qu'elle est conforme à la nature et que nous baignons effectivement dans un océan d'ondes électromagnétiques.

Au XXe siècle, la théorie de la relativité générale d'Einstein nous fait franchir un pas de plus dans l'abstraction. Elle unifie l'espace et le temps, que Newton pensait être des entités totalement séparées. À nouveau, nous ne pouvons certes pas dire que nous nous « sentons » évoluer dans un continuum d'espace-temps à quatre dimensions, mais nous nous fions à ce concept, car la théorie de la relativité prédit certains comportements du temps qui peuvent être et ont été vérifiés. Par exemple, la relativité restreinte dit que, à des vitesses proches de celle de la lumière, le temps ralentit. Ce ralentissement est d'autant plus prononcé que la vitesse est plus grande. Une seconde peut prendre des allures d'éternité si vous allez assez vite. Ainsi, accélérez jusqu'à 99,99 % de la vitesse de la lumière, et la seconde devient 1,18 minute ! Allez à une vitesse de 99,9999999 % de celle de la lumière, et la seconde se mue en 6,2 heures. Vous vous dites que tout cela est bien beau, mais que ces vitesses proches de la lumière doivent être inatteignables, rendant illusoire toute vérification expérimentale. Eh bien, vous vous trompez ! La dilatation du temps a été maintes fois vérifiée, par exemple dans le comportement des « rayons cosmiques ». Ceux-ci sont des flux de particules très énergétiques qui viennent de l'espace et bombardent en permanence la Terre. Elles résultent de la mort d'étoiles massives (de plusieurs dizaines de masses solaires) dans la Voie lactée, qui, dans leurs agonies explosives, appelées supernovae, les ont expulsées à très grande vitesse à travers l'espace. Certaines de ces particules extrêmement énergétiques parviennent jusqu'à la Terre, entrant en collision avec les noyaux des atomes dans la couche supérieure de l'atmosphère terrestre. Ces derniers se brisent alors en mille morceaux, provoquant une pluie de débris subatomiques qui se déversent sur la Terre. La plupart de ces débris ont une vie extraordinairement brève et se désintègrent bien avant d'atterrir sur notre planète. Des particules appelées « muons » survivent pourtant assez longtemps pour venir nous rendre visite à la surface du globe et faire grésiller les compteurs Geiger. Un problème se pose cependant : le muon est réputé très instable, ayant une demi-vie de seulement 2 microsecondes[1]. La population muonique diminue ainsi très vite et se trouve réduite à 0 en un rien de temps. Or, en 2 microsecondes, la lumière ne franchit qu'une distance de 600 mètres. Les muons, qui voyagent moins vite que la lumière, parcourent une distance encore moins grande. Dès lors, comment peuvent-ils vivre assez longtemps pour traverser les quelque 20 kilomètres d'épaisseur de l'atmosphère terrestre afin de venir jusqu'à nous ? Il faut nous rendre à l'évidence : parce que les muons se déplacent à une vitesse proche de celle de la lumière, leur temps de vie mesuré par les horloges terrestres se dilate considérablement – d'environ 1 000 fois –, ce qui leur confère assez de longévité pour venir faire « chanter » les compteurs Geiger à la surface de la Terre.

1. Cela veut dire que la population des muons diminue de moitié toutes les 2 microsecondes !

Les muons ne sont pas les seules particules à voir leur vie s'allonger. Les particules élémentaires lancées à toute vitesse dans les entrailles du LHC, l'accélérateur au CERN, voient aussi leur temps de vie s'allonger, et ce, toujours dans les proportions prévues par la théorie de la relativité d'Einstein.

Vous demeurez sceptique : à vos yeux, tout cela reste bien abstrait ! Les physiciens ont beau parler de la dilatation du temps pour des particules élémentaires inaccessibles directement à nos sens, vous ne serez convaincu que si vous pouvez voir le temps d'objets plus proches de notre expérience quotidienne – celui des horloges, par exemple – s'étirer quand ils sont en mouvement. Or, cette expérience a justement été réalisée en 1971 par deux physiciens américains. Ces derniers ont emporté à bord de jets commerciaux des horloges atomiques marquant le temps avec une extrême précision. Quatre de ces horloges atomiques ont été placées à bord d'un jet volant vers l'est, quatre autres dans un jet volant vers l'ouest. À l'issue du voyage, le temps des horloges ayant volé est comparé à celui d'horloges restées au sol. Comme annoncé par Einstein, on observe des différences de temps : parce que les avions de ligne volent en général à moins d'un millionième de la vitesse de la lumière, ces différences sont extrêmement faibles, de l'ordre d'un millionième de seconde par jour de vol. Ces minuscules différences de temps sont imperceptibles sur le cadran de nos montres ordinaires, mais peuvent tout à fait être détectées par des horloges atomiques – c'est d'ailleurs ce qui fait leur utilité. On constate que les horloges qui ont voyagé vers l'est ont 59 milliardièmes de seconde de retard par rapport à celles restées au sol, alors que celles qui sont parties vers l'ouest ont pris 273 milliardièmes de seconde d'avance. La différence numérique entre les deux groupes d'horloges est due à la rotation d'ouest en est de la Terre. Cette dernière produit en effet une dilatation du temps. Mais, lorsqu'on tient compte de cette dilatation, on s'aperçoit que le temps des horloges voyageuses s'est ralenti exactement dans la proportion prévue par Einstein. Cette mesure directe de la dilatation du temps nous conduit à accorder notre confiance à la relativité (restreinte). Si nous acceptons ses postulats de base (comme celui selon lequel la vitesse de la lumière est constante quel que soit le mouvement de l'observateur), les mathématiques nous prédisent des phénomènes qui peuvent être vérifiés par l'observation, et nous sommes ainsi persuadés qu'elle est correcte.

Fait encore plus surprenant, les équations de la relativité générale nous prédisent l'existence d'objets dont la gravité est si grande que la lumière ne peut plus en ressortir : les trous noirs. Même Einstein le révolutionnaire n'était pas disposé à accepter une conséquence aussi saugrenue de sa chère relativité. Il pensait que ses équations perdaient pied quand la gravité devenait infinie. Pour lui, la nature devait être assez ingénieuse pour nous épargner l'existence de créatures aussi bizarres. Mais, en cela, il se trompait. Les trous noirs existent bel et bien. Les astronomes les ont débusqués comme autant de cadavres stellaires résultant de la mort d'étoiles massives dans la Voie lactée ou gisant au cœur des galaxies. Ainsi, un trou noir supermassif de 4 millions de masses solaires trône au centre de notre galaxie à quelque 26 000 années-lumière de la Terre. Si vous tombiez dans un trou noir et franchissiez le rayon de non-retour, vous ne pourriez plus jamais en ressortir. Le voyage est à sens unique ! Vous ne pourriez plus jamais communiquer avec le monde extérieur, car même les ondes lumineuses radio ne pourraient regagner ce dernier : le trou noir exerce une sorte de censure cosmique. Mais, même si nous ne pouvons procéder à aucune observation directe de l'intérieur d'un trou noir, ce n'est pas pour autant que nous pouvons dire que cet intérieur n'existe pas. Nous pensons au contraire qu'il existe bel et bien, et qu'il est décrit de manière précise par les équations de la relativité générale en lesquelles nous avons pleine confiance[1], parce qu'elles ont été soumises à la vérification expérimentale dans de nombreux autres contextes. L'observation directe pose encore plus problème quand il s'agit de la mécanique quantique, la physique qui décrit le monde atomique et subatomique. Une des bizarreries de cette théorie, propre à défier le bon sens, est que matière et lumière ont une nature duale : elles peuvent être tour à tour onde et particule. Ainsi, avant l'acte de mesurer, la position d'un électron ne peut être décrite que par une onde de probabilité. Par exemple, l'électron a une probabilité de 80 % d'être ici, et de 20 % d'être là. Il a une apparence d'onde. C'est seulement après l'acte de mesurer qu'il prend son visage de particule. En d'autres termes, l'observation modifie la réalité et en crée une nouvelle. Parler d'une réalité « objective » pour l'électron, d'une réalité qui existe sans qu'on l'observe, a peu de sens puisqu'on ne peut jamais l'appréhender. Toute tentative de capture de la réalité objective se solde par un cuisant échec. Celle-ci est irrémédiablement modifiée et se transforme en une réalité « subjective » qui dépend de l'observateur et de son instrument de mesure. Les atomes forment ainsi un monde de potentialités ou d'hypothèses plutôt que de choses et de faits. La physique quantique s'éloigne ainsi radicalement du réalisme matérialiste. La réalité « objective » du monde atomique nous est à jamais interdite. Pourtant, malgré cette situation des plus inconfortables, nous avons confiance en la mécanique quantique : c'est une théorie qui est conforme à la nature, car elle décrit des phénomènes indirects qui ont été vérifiés par l'expérience. Ainsi, votre poste de télévision ou votre chaîne

---

1. Sauf à la « singularité gravitationnelle » (région de l'espace-temps autour de laquelle certaines quantités décrivant le champ gravitationnel deviennent infinies) où les équations de la relativité générale perdent pied.

stéréo peuvent fonctionner dans la mesure où la mécanique quantique sur laquelle repose leur conception est une théorie qui « marche ».

La physique a ainsi glissé progressivement du concret vers l'abstrait, de l'accessible vers l'inaccessible. Pour des théories comme la relativité ou la mécanique quantique, ce n'est plus tant l'observation directe qui justifie leur architecture, que leur capacité à rendre compte de certains phénomènes indirects liés à la théorie. Dans ces cas, notre conviction que la théorie est juste n'a pas requis que chacun de ses moindres aspects soit vérifiable. Il a suffi que certains aspects variés et diversifiés de la théorie puissent être testés.

Pouvons-nous dès lors appliquer le même raisonnement au multivers ? Même si nous ne pouvons pas l'observer directement, existe-t-il des phénomènes indirects liés à ce concept qui puissent être vérifiés par l'observation ?

Un concept qui n'est ni testable ni falsifiable peut-il être scientifique ?

Pour tenter d'y voir clair, passons en revue les divers scénarios qui suggèrent l'existence d'un multivers. Nous avons vu que la théorie des cordes prédit un riche paysage d'univers parallèles, et cela, à cause de l'hypothèse de dimensions spatiales supplémentaires (au moins sept) qui lui est nécessaire. Ces dimensions supplémentaires peuvent se traduire par une énergie manquante qui peut en principe être détectée. La détection d'une telle énergie manquante pourra valider l'existence de dimensions supplémentaires, et donc la théorie des cordes et la possible existence d'un multivers.

Une autre prédiction de la théorie des cordes est l'existence de particules supersymétriques. Le LHC pourra peut-être mettre en évidence certaines de ces particules.

Quant aux univers-branes, ces mondes parallèles qui apparaissent dans la théorie, ils pourraient peut-être se manifester par une gravité plus intense, à supposer que nous puissions explorer des dimensions spatiales inférieures à environ un micron.

La théorie des cordes est aussi associée à l'idée d'un principe holographique opérant dans l'univers, avec pour conséquence l'existence d'un multivers composé d'univers holographiques parallèles. Utilisant ce principe holographique, les physiciens ont pu calculer les propriétés de ce qu'on appelle « un plasma de quarks et de gluons », c'est-à-dire de la matière surchauffée à une température de quelques milliers de milliards (10^{12}) de degrés, soit 200 000 fois plus élevée que la température au cœur du Soleil. Ces calculs semblent être en accord avec les mesures faites dans les entrailles des accélérateurs de particules.

Qu'en est-il maintenant des univers-bulles du multivers inflationnaire ? Y a-t-il des moyens indirects de les détecter ? Il est des scénarios dans lesquels la dilatation des univers-bulles est supérieure à celle de l'espace qui les sépare, c'est-à-dire qu'ils grandissent plus vite qu'ils ne s'éloignent les uns des autres, ce qui peut engendrer entre ces univers-bulles de violentes collisions détruisant leur structure interne. Ce genre d'événements pourrait évidemment être fort dommageable pour notre santé si, d'aventure, nous nous trouvions dans un de ces univers-bulles ! Mais la possibilité existe aussi de collisions plus douces, aux conséquences moins graves. Se crée alors une onde de choc qui se propage dans notre univers-bulle. Si elle n'entraîne pas notre destruction, elle est susceptible de laisser des empreintes dans le rayonnement fossile sous forme de fluctuations de température que les astronomes pourront peut-être détecter.

Et en ce qui concerne le multivers des univers qui bifurquent en mécanique quantique ? Sa vérification expérimentale est, on s'en doute, beaucoup plus ardue : comment tester l'idée que l'univers se divise en deux chaque fois qu'il y a choix ou décision ? Comment vérifier que nous nous dédoublons, que notre corps et notre esprit se dupliquent en ces instants sans que nous en soyons conscients ?

Même en admettant que nous puissions détecter expérimentalement quelques-uns des phénomènes précédemment décrits, aurions-nous la certitude qu'un multivers existe bel et bien ? Pourrions-nous tenir pour acquis que l'existence d'univers parallèles a été démontrée ? J'en doute fort. Et cela parce que, fort malheureusement, l'explication de chacun de ces phénomènes observables est loin d'être unique. D'autres explications tout aussi plausibles sont possibles, qui n'ont rien à voir avec la théorie du multivers, quel que soit le scénario envisagé. Par exemple, si nous détectons des fluctuations de température anormales du rayonnement fossile, comment pouvons-nous être sûrs qu'elles sont dues à des collisions d'univers-bulles plutôt qu'à d'autres événements violents survenus dans l'univers ? Quant aux univers qui bifurquent, nous avons vu qu'ils sont nés de l'idée que « Dieu ne joue pas aux dés », selon l'expression d'Einstein. Or, nous avons pu constater que la version probabiliste de la mécanique quantique « marche » parfaitement bien : elle peut rendre compte du monde atomique et subatomique à un très haut degré de précision sans jamais avoir recours à des univers qui bifurquent ! La possibilité que le même ensemble de faits et d'observations puisse être expliqué par plusieurs théories scientifiques différentes a été décrite ainsi par Einstein[1] :

1. Albert Einstein et Léopold Infeld, *L'Évolution des idées en physique*, Flammarion, 2009, traduit par Maurice Solovine.

Les concepts physiques sont de libres créations de l'esprit humain, même s'ils ont l'air d'être déterminés uniquement par le monde extérieur. Nos efforts pour appréhender la réalité ressemblent à ceux de quelqu'un qui cherche à comprendre le mécanisme d'une montre fermée. Il voit le cadran et les aiguilles qui bougent, il entend même le tic-tac, mais il n'a aucun moyen d'ouvrir le boîtier. S'il est ingénieux, il se forme l'image d'un mécanisme qui serait responsable de tout ce qu'il observe, mais il ne pourra jamais être certain que son image soit la seule capable d'expliquer ses observations. Il ne pourra jamais comparer son modèle avec le mécanisme réel, et ne peut même pas imaginer la possibilité que cette comparaison ait un sens.

Lorsque plusieurs théories plausibles mais incompatibles sont avancées à propos d'un même phénomène, le choix entre ces théories dépend souvent de préférences métaphysiques. Ainsi, en raison de son attachement au réalisme, Einstein n'a jamais pu accepter la description probabiliste de la réalité atomique et subatomique qu'offre la mécanique quantique. Ces préjugés métaphysiques, ou, autrement dit, l'absence de l'objectivité inhérente à la méthode scientifique, ne sont pas nécessairement une mauvaise chose. Ils peuvent même être une importante source d'inspiration pour le travail du scientifique. En effet, sans opinion préconçue – en l'absence de tout « paradigme », pour employer le terme du philosophe des sciences Thomas Kuhn[1] –, comment le savant pourrait-il choisir, parmi la multitude d'informations que la nature lui fournit, celles qui sont le plus chargées de sens et les plus susceptibles de révéler des lois et des principes nouveaux ? Le tri de la réalité constitue une étape cruciale de la démarche scientifique. Les plus grands scientifiques sont ceux qui ont su le mieux exercer cet art pour aller à l'essentiel tout en négligeant l'insignifiant.

Mais les préjugés métaphysiques ne signifient pas pour autant que la science dans son ensemble soit fondamentalement défectueuse. Elle est protégée par un solide garde-fou grâce auquel elle finit toujours par revenir dans le droit chemin, même si elle s'égare de temps à autre et se retrouve parfois dans des culs-de-sac. Ce garde-fou est l'interaction constante entre la théorie et l'observation. Il y a deux possibilités : soit les nouvelles observations ou les résultats des expériences récentes sont en accord avec la théorie du moment, et cette dernière est renforcée ; soit il y a désaccord, et la théorie doit être modifiée ou écartée au profit d'une autre qui prévoit elle aussi des phénomènes expérimentalement vérifiables. Le scientifique s'en retourne alors à son télescope ou à son accélérateur de particules. La nouvelle théorie ne sera acceptée que si ses prévisions sont confirmées.

---

1. Thomas Kuhn, *La Structure des révolutions scientifiques*, Flammarion, 2008, traduit par Laure Meyer.

Il faut également que les observations et les mesures qui la corroborent soient reproductibles et confirmées indépendamment par d'autres chercheurs et d'autres techniques. Cette démarche est fondamentale, surtout quand il s'agit de découvertes qui remettent en cause les théories généralement admises et font changer de paradigme.

La méthode expérimentale consiste donc en un incessant va-et-vient entre l'observation et la théorie, qui permet de se rapprocher peu à peu d'une description exacte des phénomènes, tout en courant le risque de s'engager sur de fausses pistes, de commettre des erreurs, voire de revenir à la case départ. La science progresse non pas en ligne droite, comme on le croit trop souvent de manière simpliste, mais en zigzag.

La théorie du multivers échappe à cette description de la méthode scientifique, car le va-et-vient constant entre théorie et observation ne peut ici avoir lieu. Il ne peut y avoir que des observations très indirectes dans certains scénarios. Et même, à supposer que nous acceptions les observations indirectes de ces phénomènes comme preuves de cette théorie, comment être sûr qu'elles débouchent nécessairement sur l'existence d'un multivers, étant donné que d'autres explications sont possibles ? Selon le philosophe austro-britannique Karl Popper (1902-1994), ce concept n'est pas « réfutable », il est donc non scientifique, car aucune expérience ou observation ne peut venir le contredire. L'impossibilité d'observations directes du concept de multivers constitue bel et bien son talon d'Achille.

Un univers gros de la vie et de la conscience

En 1543, le chanoine polonais Nicolas Copernic a délogé l'homme de la place centrale qu'il croyait occuper dans le système solaire. Depuis lors, son fantôme n'a cessé de nous hanter et de causer d'autres ravages. Après que la Terre eut perdu sa place centrale, le Soleil a à son tour été ramené au rang de simple étoile parmi les centaines de milliards que compte la Voie lactée, et relégué dans une lointaine banlieue de cette dernière. La Voie lactée s'est elle-même vite retrouvée perdue parmi les centaines de milliards de galaxies de l'univers observable. Le scénario du multivers restreint davantage encore la place de l'homme : l'univers qui l'héberge se perd à son tour parmi une infinité d'univers parallèles. L'homme est réduit à l'insignifiance face à l'immensité de l'espace. Cette réduction au néant de la conscience humaine en a plongé certains dans un profond désespoir. Bien avant la découverte des galaxies et de la véritable immensité de l'univers, Pascal poussa déjà, au XVIIe siècle, son cri d'angoisse à propos du « silence éternel des espaces infinis », auquel firent écho, trois siècles plus tard, le prix Nobel de biologie Jacques

Monod[1] (1910-1976) : « L'homme est perdu dans l'immensité indifférente de l'univers d'où il a émergé par hasard », et le prix Nobel de physique Steven Weinberg[2] : « Plus on comprend l'univers, plus il nous apparaît vide de sens. »

Je ne partage pas cette vision désespérante de la place de l'homme dans l'univers. Je suis plutôt d'avis que la cosmologie moderne a réenchanté le monde. Je ne pense pas que l'homme ait émergé par hasard dans un univers qui lui est totalement indifférent. Au contraire, l'un et l'autre sont en étroite symbiose : si l'univers est si vaste, c'est pour permettre notre présence ; si l'univers est tel qu'il est, c'est parce que l'homme est là pour l'observer et s'interroger sur lui. La cosmologie moderne a découvert que l'existence de l'être humain est inscrite dans les propriétés de chaque atome, de chaque étoile, de chaque galaxie de l'univers, et dans chacune des lois physiques qui régissent le cosmos. Que des propriétés et des lois de l'univers viennent un tant soit peu à différer, et nous ne serons plus là pour en parler. L'univers semble être parfaitement réglé pour l'apparition d'un observateur intelligent, capable d'apprécier son organisation et son harmonie. D'où les mots du physicien anglo-américain Freeman Dyson[3] (1923-2020) : « L'univers savait quelque part que l'homme allait venir. » Cette extraordinaire symbiose entre l'homme et l'univers est connue sous le nom de « principe anthropique » (du grec *anthropos*, « homme »), que nous avons déjà rencontré lors de notre discussion sur les univers-branes.

Comment les astrophysiciens se sont-ils rendu compte de cette étroite symbiose entre l'homme et le cosmos ? Il faut savoir que toutes les propriétés de l'univers dépendent de deux types de paramètres. Il y a d'abord les propriétés dont les « fées » l'ont doté à sa naissance, les « conditions initiales » : ce sont, par exemple, son contenu en matière (lumineuse ou noire) et en énergie, son taux d'expansion initial, ou encore la quantité initiale d'énergie noire responsable de son accélération. Viennent ensuite une quinzaine de nombres présents dans la nature, dits « constantes physiques », telles la constante de gravitation qui détermine l'intensité de la force gravitationnelle, la constante de Planck qui détermine la taille des atomes, la masse des particules élémentaires, ou encore la vitesse de la lumière. Ces nombres, comme leur nom l'indique, sont véritablement constants : ils ne varient ni dans l'espace ni dans le temps. Nous avons pu mesurer expérimentalement la valeur de ces constantes avec une très grande précision, mais nous ne disposons d'aucune théorie physique

---

1. Jacques Monod, *Le Hasard et la Nécessité*, Le Seuil, 1973.
2. Steven Weinberg, *Les Trois Premières Minutes de l'univers*, Le Seuil, 1978, traduit par Jean-Benoît Yelnik.
3. Freeman Dyson, *Les Dérangeurs de l'univers*, Payot, 1987, traduit par Odile Laversanne.

expliquant pourquoi ces constantes ont la valeur qu'elles ont plutôt qu'une autre. Ainsi, nous ne savons pas pourquoi la lumière voyage à 300 000 kilomètres par seconde au lieu, par exemple, de 3 mètres par seconde.

Ces nombres présents dans la nature et ces conditions initiales jouent un rôle fondamental dans la fabrication du réel : ils font que le monde est tel qu'il est au lieu d'être autre. Ce qui semble être ici une lapalissade reflète l'éventail infini des masses et des tailles dont dispose la nature pour bâtir le contenu de l'univers. Ainsi les planètes, au lieu d'être des boules sphériques de quelques milliers de kilomètres, auraient pu avoir la taille de minuscules grains de poussière. La plus haute montagne sur Terre aurait pu ne pas dépasser quelques centimètres, et les êtres humains auraient pu ne pas être plus gros que des microbes. Ces constantes déterminent non seulement la masse et la taille de la Terre, mais aussi celles des étoiles et des galaxies, et de tout autre objet dans l'univers : la hauteur des arbres, les contours délicats d'un pétale de rose, les formes d'une sculpture de Rodin, les longs cous des girafes, ou encore le sourire d'un nouveau-né.

Les astrophysiciens ont découvert l'intime connexion entre l'homme et l'univers en voulant jouer aux dieux créateurs et en fabriquant des univers fictifs. Ils ont appelé leurs ordinateurs à la rescousse. Avec ceux-ci, ils se sont mis à bricoler fébrilement une multitude d'univers fictifs, chacun avec sa propre combinaison de constantes physiques et de conditions initiales. Dans l'un, la constante de gravité sera moins grande ; dans l'autre, la quantité de matière sera plus importante ; dans un troisième, la masse de l'électron sera dix fois plus élevée, etc. La question qu'ils se sont posée pour chaque modèle d'univers est : héberge-t-il la vie et la conscience après une évolution de 13,7 milliards d'années ? La réponse est des plus surprenantes : la quasi-totalité des univers possèdent une combinaison perdante et se retrouvent dépourvus de vie et de conscience – sauf le nôtre, où la combinaison est gagnante et dont nous constituons en quelque sorte le gros lot. La plupart des univers sont stériles, parce qu'incapables de fabriquer des étoiles massives. Sans celles-ci, les éléments lourds comme le carbone, brique de la vie, ne pourraient exister. Parce que nous sommes tous poussières d'étoiles, sans nos ancêtres les étoiles, nous n'existerions pas.

La précision du réglage de certaines constantes fondamentales et de certaines conditions initiales est proprement époustouflante. Prenons, par exemple, la densité initiale de matière dans l'univers. La matière exerce une force gravitationnelle attractive qui freine l'expansion universelle. Si la densité initiale avait été trop élevée, l'univers aurait cessé de se diluer et inversé son mouvement. En fonction de la valeur exacte de cette densité, il se serait effondré sur lui-même au bout d'un million d'années, d'un siècle ou même d'une année. Ce laps de temps aurait été trop court pour que les étoiles naissent et se livrent à leur alchimie nucléaire. Sans éléments lourds, la vie n'aurait pas été possible. À l'inverse, si la densité initiale avait été trop faible, la force de gravité aurait été insuffisante pour faire s'effondrer les nuages d'hydrogène et d'hélium issus du big bang et former des étoiles. Sans étoiles, on aurait pu dire adieu aux éléments lourds, donc à la vie et à la conscience ! Tout s'est joué en fonction d'un équilibre extrêmement délicat. En fait, le réglage de la densité initiale de l'univers a dû être d'une précision stupéfiante, comparable à celle dont devrait faire preuve un archer pour ficher une flèche dans une cible carrée d'un centimètre de côté placée aux confins de l'univers !

Même si la précision du réglage n'est pas aussi spectaculaire pour les autres conditions initiales et constantes physiques, la conclusion reste la même : un infime changement aurait entraîné la stérilité de l'univers. Celui-ci a été réglé de façon extrêmement précise pour que les étoiles apparaissent et procèdent à leur alchimie nucléaire, que la vie et la conscience émergent, et que surgisse un observateur capable d'appréhender sa beauté et son harmonie. L'univers était gros de la vie et de la conscience dès ses débuts.

Hasard ou nécessité ?

Quelle attitude adopter devant un réglage d'une précision aussi stupéfiante ? Selon moi, nous avons le choix entre hasard et nécessité. Dans la théorie du « multivers », le hasard joue le rôle principal. Par exemple, dans l'hypothèse du multivers inflationnaire, notre monde ne serait qu'une petite bulle parmi une infinité d'autres bulles dans un méta-univers. Chacun de ces univers-bulles contiendrait sa propre combinaison de constantes physiques et de conditions initiales ; parmi eux, nul n'abriterait de vie consciente – car ils ne détiendraient pas la bonne combinaison –, hormis le nôtre qui, par hasard, possédait la combinaison gagnante, et nous sommes là pour en parler. C'est comme si nous avions acheté tous les billets de loterie : un des billets portait nécessairement le numéro gagnant. Le hasard va donc de pair avec le multivers.

De leur côté, les partisans de la nécessité soutiennent qu'il n'y a pas lieu de postuler une infinité d'univers parallèles, que le nôtre est unique et que son réglage si précis aboutissant à l'apparition d'un observateur ne peut être le seul fait du hasard, mais est l'expression d'un principe organisateur subtil qui se manifeste dans les lois de la nature. La nécessité est ainsi couplée à l'idée d'un univers unique.

Pour l'heure, la science n'a pas les moyens de trancher entre ces deux options métaphysiques. Toutes deux sont compatibles avec ce que nous savons de l'univers. Il nous faut donc nous jeter à l'eau et parier, comme Pascal. Je parie pour ma part sur la nécessité, et ce, pour plusieurs raisons.

Nous avons vu que, jusqu'à nouvel ordre, le multivers ne peut être vérifié par l'observation. À l'aide de nos télescopes, nous ne pouvons observer que notre univers. Postuler l'existence totalement invérifiable d'une infinité d'univers parallèles fait violence à ma sensibilité d'observateur du cosmos. Sans vérification expérimentale, la science a tôt fait de s'enliser dans la métaphysique. De surcroît, je souscris au principe d'économie appelé « rasoir d'Occam », énoncé au XIVe siècle par le théologien et philosophe Guillaume d'Occam, qui consiste à éliminer systématiquement toute hypothèse qui n'est pas nécessaire à l'explication d'un fait. Or, c'est aller à l'encontre du principe d'économie que de postuler une infinité d'univers aussi infertiles qu'invérifiables, juste pour en obtenir un qui soit conscient de lui-même…

Autre raison pour laquelle je m'insurge contre l'hypothèse du hasard : je ne puis concevoir que toute la beauté, l'harmonie et l'unité du monde soient le seul fait de la contingence, que la merveilleuse organisation du cosmos que je contemple grâce à mes télescopes n'ait aucun sens. L'univers est beau : des pouponnières stellaires aux galaxies spirales, des cimes enneigées aux plaines verdoyantes, des couchers de soleil aux nuits étoilées, du ciel bleu aux aurores boréales, l'univers nous touche au plus profond de l'âme. Il est harmonieux parce que les lois physiques qui le régissent semblent ne varier ni dans l'espace, ni dans le temps. Les lois qui dictent le comportement des phénomènes physiques sur Terre, ce grain de sable dans l'océan cosmique, sont les mêmes que celles qui régissent les galaxies les plus lointaines. Nous le savons parce que les télescopes, on l'a dit, sont des appareils à remonter le temps : voir loin, c'est voir tôt.

Enfin, il existe une profonde unité de l'univers. Au fur et à mesure que la physique a progressé, des phénomènes que l'on croyait totalement distincts ont pu être unifiés. Au XVIIe siècle, Newton unifie le ciel et la Terre : la même force de gravité universelle dicte aussi bien la chute d'une pomme dans le verger que le mouvement des planètes autour du Soleil. Au XIXe siècle, Maxwell montre que l'électricité et le magnétisme ne sont que deux faces d'un même phénomène : en prouvant que les ondes électromagnétiques ne sont rien d'autre que des ondes lumineuses, il unifie l'électromagnétisme avec l'optique. Au début du XXe siècle, Einstein unifie le temps et l'espace, la masse et l'énergie. À l'aube du XXIe siècle, les physiciens travaillent d'arrache-pied à unifier les quatre forces fondamentales de la nature (la force de gravité, la force électromagnétique et les deux forces atomiques forte et faible) en une seule superforce. L'univers tend vers l'Un.

Je parie donc sur un seul univers et sur l'existence d'un principe créateur responsable du réglage extrêmement précis de l'univers. Mais attention : pour moi, ce principe ne se représente pas par un Dieu barbu ; il s'agit d'un principe panthéiste qui se manifeste dans les lois de la nature. Ce principe s'apparente à celui décrit par Spinoza et qu'Einstein a caractérisé ainsi : « Il est certain que la conviction, apparentée au sentiment religieux, que le monde est rationnel, ou à tout le moins intelligible, est à la base de tout travail scientifique un peu élaboré. Cette conviction constitue ma conception de Dieu. C'est celle de Spinoza. » Cela dit, il faut admettre qu'il est surprenant, et même troublant, que plusieurs théories physiques nous aient conduits à envisager l'idée d'un multivers sans un effort concerté et conscient de la part de physiciens travaillant dans des domaines différents. Si un jour des observations viennent sans ambiguïté étayer ce concept, je serai prêt à réviser mon pari métaphysique.

L'éthique dans un univers infini

La possibilité existe donc que l'univers, sous la forme d'un multivers ou non, soit infini dans le temps ou dans l'espace, voire dans les deux à la fois. Si tel est le cas, que penser d'une telle situation ? Comment vivre avec l'infini ? L'infini bouleverse toutes nos idées habituelles en de nombreux domaines, en particulier dans celui de l'éthique. Jorge Luis Borges, grand scrutateur de l'infini, a remarqué : « C'est un concept qui corrompt et dérègle tous les autres. Je ne me réfère pas au Mal, dont l'empire est circonscrit à l'éthique ; je parle de l'infini[1]. »

Imaginez-vous dans un univers infini. Le montant total du bien (ou du mal) dans cet univers serait infini. Ce qui veut dire que rien de ce que nous pouvons faire de bien (comme sauver des vies) ou de mal (comme tuer) ne ferait la différence, car ajouter ou soustraire quelque chose à une quantité infinie donne toujours un résultat infini. Alors, à quoi bon agir si nous ne pouvons aucunement modifier le cours des choses ? Et c'est bien cela, le premier dilemme éthique d'un univers infini : si notre impératif moral est par exemple de soulager les souffrances de l'humanité, notre action n'aura aucun sens dans un univers infini, car elle n'infléchira nullement le cours des événements. Il nous faudra trouver d'autres motivations. Un univers infini sape les bases de l'éthique. Pourquoi un criminel se retiendrait-il de tuer quelqu'un s'il existe une infinité de copies de sa victime qui continueront à vivre ? Il pourra se dire que son acte n'aura aucune incidence. Il aura beau jeu d'implorer la clémence du jury devant le tribunal : s'il n'avait pas commis son crime, un de ses doubles l'aurait sans doute commis. Dans un univers infini, l'éthique doit mettre l'accent moral non sur le résultat des actes, mais sur leur signification même.

1. Jorge Luis Borges, *Les Avatars de la tortue*, dans *Œuvres complètes*, Gallimard, coll. « Bibliothèque de la Pléiade », 1993, p. 254.

D'autres problèmes éthiques découlent directement du paradoxe de la réplication infinie. Dans un univers infini, rien n'est jamais original. Rien n'est nouveau, aucun acte n'est jamais accompli pour la première ou la dernière fois. S'il y a une chance qu'un événement survienne, alors il est en train de survenir une infinité de fois, quelque part dans l'univers, à l'instant même où vous lisez cette phrase. Disséminées dans l'univers, une infinité de copies de chacun de nous sont en train de faire les choix et de prendre les décisions qui auraient pu aussi être les nôtres.

À nouveau surgit ici le problème du bien et du mal. Pourquoi nous donnerions-nous la peine de bien agir si une infinité de nos copies optent pour le mal ? Quoi que nous fassions, il y aura une infinité d'autres endroits de l'univers où le mal l'emportera, où d'innombrables copies de Hitler, de Staline ou de Pol Pot exerceront leurs méfaits. Voilà qui sera source de découragement. Mais, en contrepartie, il existera aussi une infinité de mondes où le bien l'emportera. Le philosophe allemand Friedrich Nietzsche estimait que savoir que chacun de nous est condamné à renaître éternellement, répétant les mêmes actes avec les mêmes conséquences heureuses ou malheureuses, devrait nous inciter à bien agir, car mal agir pour l'éternité susciterait en nous un sentiment de honte.

Dans certaines traditions spirituelles, le paradoxe de l'éternelle réplication entraîne des conséquences qui sont inacceptables. Ainsi, dans la religion chrétienne, le Christ est venu sur Terre pour la rédemption du mal commis par les hommes ; c'est ce qu'on appelle la doctrine de l'Incarnation. Dans un univers infini, il y aurait une infinité de mondes qui auraient aussi besoin d'un Christ sauveur et rédempteur. Saint Augustin pensait que ces autres mondes ne pouvaient exister, car « le Christ est mort une seule fois pour sauver les hommes ». Il rejetait donc l'hypothèse d'une infinité de mondes où le mal sévissait et où la présence d'un Christ rédempteur était nécessaire. Si nous acceptons l'hypothèse d'une seule et unique Incarnation, de deux choses l'une : soit l'univers est fini, et le paradoxe de l'éternelle réplication n'a plus de raison d'être ; soit il est infini, et nous nous retrouvons dans l'étrange scénario où seule la Terre connaît le mal et où tous les autres mondes hébergent des extra-terrestres moralement parfaits, donc n'ayant pas besoin d'un Christ rédempteur. Du point de vue moral, la Terre serait comme un paria dans l'univers. Mais peut-être un monde extra-terrestre exempt de mal est-il logiquement impossible, compte tenu de la présence d'êtres conscients dotés du libre arbitre. Dans la mesure où tout acte engendre une chaîne infinie de conséquences, il est sans doute impossible de n'avoir que des actes entraînant de bonnes conséquences.

Le paradoxe de l'éternelle réplication soulève aussi des problèmes dans la tradition bouddhiste, notamment pour ce qui concerne le concept d'esprit. Selon le bouddhisme, l'esprit est considéré comme un « continuum (ou flot) de conscience », distinct de la matière et n'en étant pas issu, ce qui diffère tout à fait de la position de certains neurobiologistes. Ceux-ci pensent en effet qu'il n'est nul besoin d'un continuum de conscience coexistant avec la matière, que la première peut émerger de la seconde une fois que les réseaux de neurones du cerveau des êtres vivants ont dépassé un certain seuil de complexité. Dans cette optique matérialiste, la conscience n'est que le résultat de courants électrochimiques circulant dans les circuits neuronaux. Selon la position bouddhiste, que je préfère de loin, les flux de conscience se propagent d'un support matériel à un autre au gré de nombreux cycles de naissance, de vie et de mort. L'idée de « retour » est ici aussi présente, mais celui-ci n'est pas éternel. Le cycle des renaissances prend fin quand l'Éveil (ou le nirvana) – qui signifie l'accès à la connaissance suprême – est atteint. Dans le bouddhisme, des assemblages identiques d'atomes de matière ne donnent pas nécessairement des êtres identiques, car l'esprit n'est pas issu de la matière. Et parce que le paradoxe de la réplication infinie est fondé sur la répétition à l'infini du même assemblage de matière, mais n'a rien à dire sur les flux de conscience, ce paradoxe n'a plus lieu d'être. Dans l'optique bouddhiste, les flux de conscience évoluent en fonction de ce qu'on appelle le *karma* : l'ensemble des pensées, des paroles et des actes des vies antérieures. Ce karma constitue un lien de cause à effet entre les vies passées, présentes et futures, et diffère d'une personne à l'autre. L'idée d'êtres identiques doués du même karma se répétant à l'infini, avec des flux de conscience rigoureusement identiques s'incarnant dans des copies matérielles qui soient exactement les mêmes, est incompatible avec l'optique bouddhiste.

Toutes ces conséquences éthiques insolites ont conduit certains penseurs à rejeter l'idée d'un univers infini comme moralement répugnant. Quel sens donner au bien et au mal dans un monde où tout ce qui peut arriver arrive ? Pour ceux qui pensent que l'univers a un sens, l'idée d'un monde fini, et donc dépourvu du paradoxe de l'éternelle réplication, est beaucoup plus désirable. C'est l'attitude adoptée par saint Augustin, nous l'avons vu.

D'autres discernent une autre échappatoire. Pour eux, la possibilité existe que, même dans un univers infini, tout ne puisse pas arriver, car il y aurait dans les lois physiques et biologiques des contraintes régissant l'évolution de l'univers. Ces contraintes permettraient seulement l'existence d'un nombre fini, et non plus infini, de scénarios possibles. Ces scénarios favoriseraient uniquement l'existence de mondes où l'émergence de la vie et de la conscience s'accompagnerait de l'apparition de la morale et de l'éthique.

La vie éternelle et la sociologie de l'immortalité

Nous avons exploré les singularités de l'éthique d'un univers infini où nous serions dupliqués à l'infini en différents endroits du cosmos. Qu'en est-il si, au lieu d'un univers infini dans l'espace, nous sommes confrontés à l'infini dans le temps ? En d'autres termes, que se passerait-il si nous avions une vie éternelle ? L'immortalité est un vieux rêve humain. Comme Woody Allen l'a dit avec son humour inimitable : « Je ne veux pas accéder à l'immortalité par mon œuvre. Je veux l'obtenir en ne mourant pas. Je veux continuer à vivre non pas dans le cœur de mes compatriotes, mais dans mon appartement ! » Il n'y a de fait aucun doute que, en moyenne, nous vivons plus longtemps. Aux États-Unis, par exemple, depuis 1900, l'espérance de vie a presque doublé en un siècle, passant de 47 ans à environ 80 ans. Et cette courbe ne va pas s'interrompre. Les Nations unies estiment qu'au siècle prochain l'espérance de vie moyenne des femmes approchera les 100 ans dans le monde développé, et dépassera allégrement les 90 ans dans les pays en voie de développement (avec 3 ou 4 ans de moins pour les hommes). Alors que, par le passé, la mort a surtout été associée à la guerre, à la famine et aux maladies, une cause croissante de mortalité est la vieillesse. Ce prolongement de la vie a des causes multiples : non seulement l'amélioration des conditions d'hygiène et de l'alimentation, mais aussi les progrès spectaculaires de la médecine : découverte de nouveaux antibiotiques et autres médicaments, de nouvelles méthodes chirurgicales et thérapeutiques. Ces progrès médicaux ne sont pas liés directement à la recherche de moyens visant à stopper la vieillesse (comme modifier le génome humain pour créer des cellules immortelles, ou fabriquer des clones humains qui pourraient servir de banques d'organes), qui demeure un sujet de controverse dans les milieux médicaux[1], mais sont une conséquence de la lutte contre les maladies liées à la vieillesse, tels les affections du cœur ou les diabètes.

Vivre éternellement serait-il vraiment la panacée ? Je ne le crois pas. Pour le bouddhiste que je suis, le but ultime est au contraire d'atteindre l'Éveil et de ne plus renaître, d'échapper au cycle des renaissances et à son lot de souffrances. La brièveté d'une vie humaine devrait nous inciter à utiliser sagement le laps de temps relativement court qui nous est imparti sur Terre pour penser et agir le plus justement possible. Si la mort n'était pas au bout de la vie, il n'y aurait aucun sentiment d'urgence et de complétude.

D'autre part, la mort est nécessaire à la vie. La mort est ici définie comme la mort par causes naturelles, et n'inclut pas la mort due à la

1. Voir mon ouvrage *Origines*, Gallimard, coll. « Folio », 2003.

dégradation environnementale (comme le réchauffement global), au péril nucléaire, au suicide, au crime, aux causes accidentelles (comme les accidents de la route) ou aux catastrophes naturelles (inondations, tremblements de terre, tsunamis, collisions d'un astéroïde, etc.). Les espèces évoluent et se perfectionnent parce qu'elles doivent lutter pour survivre et que la mort les attend au bout du chemin. La mort permet à la vie de progresser. Elle fait partie intégrante de la vie. Elle est dans l'ordre des choses. Presque toujours, face à la mort et à la menace d'extinction, la vie a montré une remarquable résilience et rebondi en faisant preuve d'une créativité nouvelle pour trouver des solutions aux problèmes rencontrés. La mort permet à une espèce de se diversifier. Si une espèce vit éternellement et s'il n'y a plus de naissances, les gènes ne pourront plus se modifier, et la vie perdra ses facultés d'évolution et d'adaptation. Une espèce dont les gènes ne se renouvelleraient plus se verrait désavantagée par rapport à d'autres espèces dont les gènes continueraient à se diversifier. La situation est radicalement différente pour la matière inanimée : si les particules élémentaires et les atomes n'évoluent pas, c'est parce qu'ils n'ont nul besoin de lutter pour survivre, qu'ils ne sont pas menacés d'extinction et ne sont pas soumis à la sélection naturelle. Une particule de lumière créée 380 000 années après le big bang avait exactement les mêmes propriétés que son homologue née aujourd'hui, 13,7 milliards d'années après l'explosion primordiale.

Qu'en serait-il des religions qui promettent la vie éternelle, tel le christianisme ? Si les fidèles la possèdent déjà ici-bas, que pourront-elles leur proposer d'autre ? En fait, pour nombre de traditions spirituelles, la vie ici-bas n'est pas la vraie vie. Ainsi, pour la tradition chrétienne, bénéficier d'une vie éternelle dans notre monde reviendrait à être condamné pour toujours à attendre dans l'antichambre de la vraie vie, à être enfermé pour un temps illimité dans une prison dont on voudrait à tout prix s'échapper !

Sans compter qu'il y a des problèmes environnementaux insurmontables : les ressources de notre planète étant finies, pourrait-elle héberger une population humaine qui non seulement ne cesserait de croître du fait des naissances, mais surtout ne mourrait plus ?

La criminologie d'un monde où la mort n'existerait pas serait des plus bizarres. Peut-être l'éternité inciterait-elle à plus d'honnêteté et à moins de crimes, car, dans un monde où personne ne mourrait, les malfaiteurs auraient conscience que leurs chances de n'être pas arrêtés et punis pour leurs crimes seraient nulles, si la police disposait de l'éternité pour trouver les coupables. Les criminels récidivistes auraient le plus grand intérêt à s'armer de patience et à laisser beaucoup d'eau couler sous les ponts avant de perpétrer un nouveau crime, car plus le temps passerait, plus la police aurait du mal à faire le lien entre les crimes commis par un même individu. Une fois le criminel arrêté, des questions se poseraient du point de vue de la justice. Peut-on condamner à perpétuité si la vie n'a pas de fin ? Pour des condamnations à durée limitée, quelle serait la durée raisonnable ? Dans la plupart des pays, le juge inflige, pour les crimes graves, une peine de vingt à trente ans, soit environ le tiers d'une vie humaine. Mais, étant donné que toute fraction de l'infini est encore une quantité infinie, que choisir ? En fait, tout nombre fini ne représente qu'une fraction nulle de l'infini. Et qu'en serait-il des compensations financières ? En général, le juge ou le jury décide d'allouer au plaignant ou à sa famille une somme proportionnelle au manque à gagner ou au préjudice causé à cette personne. Mais que faire si ce dol est infini ?

La sociologie d'une société où personne ne mourrait serait elle aussi des plus étranges. S'il existait un strict contrôle des naissances pour limiter la croissance de la population globale, il n'y aurait plus de renouvellement des générations. La société deviendrait-elle alors de plus en plus conservatrice, tournée qu'elle serait vers le passé et l'ancien plutôt que vers le futur et le nouveau ? Ou, au contraire, s'adonnerait-elle à toutes sortes d'expériences sociétales, les hommes se disant qu'ils auront toujours le temps de faire marche arrière et de corriger le cours des événements si l'expérience est ratée ? On verrait peut-être alors la société se diviser en deux types extrêmes : d'une part, les « hyperactifs », qui veulent tout faire et tout expérimenter sur l'instant, sans jamais attendre, même s'ils disposent d'un temps infini ; d'autre part, les « indolents », ceux qui ne veulent rien entreprendre pour le présent, remettant toujours à plus tard, arguant qu'ils auront toujours le loisir et le temps d'agir[1] ! Les hyperactifs connaîtront un nombre infini de carrières : ils seront tour à tour astrophysiciens, banquiers, peintres, médecins, politiciens ou musiciens. Ils ne cesseront de voyager, d'apprendre de nouvelles langues, de s'immerger dans de nouvelles cultures. Ils ne pourront s'arrêter de lire, de philosopher, de goûter à la plénitude de la vie, de réfléchir sur son sens. En revanche, les indolents ne verront aucune raison de se presser pour aller à l'université, apprendre de nouvelles choses, lire Rimbaud ou Einstein, commencer une carrière ou fonder une famille. Ils auront toujours le loisir de le faire ultérieurement. Puisque le temps est infini, tout peut être remis à plus tard. Pour l'heure, on préfère musarder dans les cafés, discutailler, faire la cour aux filles, flâner dans les rues, entrer dans une librairie pour lire une ou deux pages, sans plus, d'un livre à la couverture alléchante. L'instant présent est à savourer. Tout peut être remis au lendemain.

La structure familiale sera elle aussi bouleversée de fond en comble. En particulier, l'institution du mariage sera totalement chamboulée. Il est

1. Alan Lightman, *Einstein's Dreams*, New York, Pantheon, 1993.

difficile de concevoir qu'une personne pourrait rester mariée à une autre pour l'éternité. Quand le temps est illimité, il est beaucoup plus probable que l'évolution des personnalités des deux conjoints diverge plutôt qu'elle ne converge. Tout secret de famille, toute trahison sentimentale ne pourront être éternellement dissimulés. Leur révélation débouchera inéluctablement sur une dissolution du couple. La polygamie deviendra-t-elle la norme ? Les inévitables chicanes entre membres d'une famille au fil du temps distendront-elles les liens familiaux ? Le concept de « famille élargie » prendra son vrai sens, car elle inclura désormais les membres d'un nombre infini de générations ! Avec une vie infinie viendront un nombre infini de membres de la famille, car ni les parents, ni les grands-parents, ni les arrière-grands-parents, ni les arrière-arrière-grands-parents… ne mourront jamais. La vie deviendra un véritable enfer, car chacun des membres de la famille voudra prodiguer ses conseils, donner son avis sur le moindre aspect de votre existence. Chaque fois que vous entreprendrez quelque chose, vous vous sentirez obligé de consulter vos parents, grands-parents, arrière-grands-parents, et ainsi de suite, à l'infini. La pression exercée sur vous sera forte pour vous conformer aux us, aux rituels, aux conventions. La nouveauté et l'innovation deviendront rares. Une grande partie de nos actes et de nos idées ne seront jamais totalement nouveaux. Une large majorité des événements donneront une pénible impression de déjà-vu, engendrant un écrasant sentiment d'ennui. Les enfants n'émergeront jamais de l'ombre de leurs parents. Il sera très difficile de forger sa propre vie et de faire progresser la société. Dans une communauté où des millions de centenaires seront encore en activité, trustant les postes de décideurs, nos enfants et petits-enfants n'auront plus accès aux emplois et aux postes de responsabilité qui leur échoient nécessairement à chaque renouvellement de génération.

Qu'en sera-t-il enfin de la connaissance ? Toute activité intellectuelle cessera-t-elle du fait que nous saurons et découvrirons tout, si nous disposons d'un temps infini ? La mélodie de l'univers révélera-t-elle tous ses secrets ? Je ne le pense pas. Nous ignorons si les lois de la nature sont en nombre infini. Si c'est le cas, nous ne pourrons jamais tout savoir. Nous savons que nous pouvons créer un nombre infini d'entités mathématiques à partir de celles que nous connaissons. En arithmétique au moins, Gödel a démontré qu'il existera toujours des propositions « indécidables », dont on ne pourra jamais démontrer par la pure logique si elles sont vraies ou fausses, quand bien même on disposerait des ordinateurs les plus puissants et d'un temps infini.

Vous l'avez bien compris : l'immortalité serait invivable, et je n'y tiens pas ! Comme Jacques Lacan l'a laconiquement remarqué : « Nous ne pouvons vivre que parce que notre existence va avoir un terme. » En 1955, sur son lit de mort, dans un hôpital de Princeton, New Jersey, Albert Einstein, agonisant d'un anévrisme abdominal, refusa l'intervention chirurgicale que ses médecins lui proposaient : « C'est de mauvais goût que de vouloir prolonger artificiellement sa vie. J'ai vécu la mienne, et il est temps de partir. Je le ferai avec élégance. »

Je ne puis être plus d'accord.

L'infini accepté

Nous voici au terme de notre long et mouvementé voyage dans le domaine de l'infini. Nous avons vu comment l'idée d'infini s'est graduellement imposée comme un concept non plus effrayant, mais nécessaire à une vision plus riche et plus complète du monde. À partir de l'horreur inspirée aux Grecs par l'infini, du rejet de l'infini actuel au bénéfice de l'infini potentiel par Aristote, les avancées mathématiques et cosmologiques des XIXe et XXe siècles nous ont conduits à une conception considérablement plus sereine et démystifiée de l'infini. Et cela, grâce aux efforts héroïques de quelques hommes remarquables qui ont payé de leur vie ou de leur santé mentale leur obsession de l'infini. Le moine Giordano Bruno périt sur le bûcher pour avoir osé imaginer un univers infini. Mais l'homme qui a le mieux appréhendé l'infini est sans doute le mathématicien Georg Cantor. Nous avons été les témoins de ses gigantesques efforts, malgré la farouche opposition de certains de ses collègues qui va le précipiter dans la dépression et la folie, pour démontrer que l'infini est une notion dont nous ne devrions pas avoir peur, mais que nous devons au contraire embrasser, qu'il ne doit pas être rejeté comme un paria, mais accueilli comme une entité à part entière dans le monde des mathématiques. Le génie de Cantor nous a montré comment résoudre les paradoxes de l'infini mis en évidence par Galilée quelque trois siècles auparavant, et qui défient le bon sens : pourquoi une collection infinie d'objets reste-t-elle infinie quand on lui en ôte une partie ? Y a-t-il plusieurs sortes d'infini ? Un infini est-il plus grand qu'un autre ? Existe-t-il une hiérarchie illimitée d'infinis, ou y en a-t-il un qui soit plus grand que tous les autres ?

Les cosmologues ont été eux aussi dans l'obligation de se confronter à l'infini. En effet, l'univers est par excellence le lieu des infinis : il peut être infini dans le temps (un univers sans début ni fin, par exemple), mais aussi dans l'espace (un univers avec une expansion éternelle, par exemple). Il est le royaume de quantités infinies liées à ce qu'on appelle la « singularité initiale ». Ainsi, la théorie du big bang dit que l'univers a commencé d'exister à partir d'un état extrêmement petit, chaud et dense. En extrapolant la physique connue à l'instant zéro, la température et la densité deviennent infinies. L'apparition de ces quantités infinies montre que la physique connue perd pied dans ces conditions extrêmes. C'est comme si une sorte de mur se dressait devant nous pour nous barrer l'accès à l'origine de l'univers. On l'appelle « mur de Planck ». Pour franchir ce mur, il nous faut marier gravité et quantum en une théorie de la gravité quantique, entreprise qui est devenue le Graal de la physique moderne. La théorie des cordes est une telle théorie. Mais, pour l'heure, elle n'a jamais été vérifiée expérimentalement, et reste une théorie mathématique.

En procédant au recensement du contenu de l'univers (0,5 % de matière lumineuse, 4,5 % de matière noire ordinaire, 24 % de matière noire exotique et 71 % d'énergie noire), les astrophysiciens se sont aperçus que l'univers a juste la densité critique, que sa géométrie est plate et sa courbure nulle. Ce qui signifie que l'univers peut être aussi bien fini qu'infini. Tout dépend de sa topologie. S'il est infini, et comme il existe seulement un nombre fini de particules de matière dans l'univers pour constituer le monde, nous nous retrouvons face à l'étrange paradoxe de l'éternelle réplication : du fait du nombre fini des particules de matière, leurs combinaisons doivent tôt ou tard se répéter dans un univers infini. Il existerait alors un nombre infini de sosies de vous et de moi disséminés dans l'univers.

Mais ce n'est pas tout. Ce que nous entendons par l'infini de l'univers a pris un sens encore plus extraordinaire avec l'introduction du concept de multivers. Le multivers est l'ensemble de tous les univers, incluant le nôtre, mais aussi une multitude d'univers parallèles au nôtre. Il n'a cessé de se dresser en travers de notre chemin au cours de notre exploration de diverses théories physiques. Nous avons fait connaissance avec le multivers des univers qui bifurquent en mécanique quantique, mais aussi avec le multivers inflationnaire qui contient une infinité d'univers-bulles gonflés par l'inflation, avec le multivers des univers-branes, et avec celui des univers holographiques prévus par la théorie des cordes et son extension, la théorie des branes. Mais le multivers souffre du plus grave défaut qui soit en science : il n'est pas directement vérifiable. Nous serons à jamais dans l'impossibilité d'observer des univers parallèles ou de communiquer avec eux. Or, sans vérification expérimentale, la science a tôt fait de s'enliser dans la métaphysique.

Mais l'infini n'est pas la chasse gardée des mathématiciens et des cosmologues. Il est même loin d'être l'apanage des seuls scientifiques. L'art islamique a tenté d'exprimer le sentiment d'infini par la répétition périodique, sans fin, du même motif dans l'espace. Escher a représenté l'infini en jouant avec les lois de la physique et de la géométrie, et avec celles de la perspective, pour créer un subtil mélange de réalité et d'illusion. L'infini concerne aussi au plus haut point théologiens et philosophes. Avoir un nombre infini de sosies ou vivre éternellement pose des problèmes moraux et éthiques. La sociologie d'une communauté où personne ne mourrait serait des plus bizarres. Une vie éternelle ici-bas est-elle vraiment la panacée ? N'irait-elle pas à l'encontre de certaines traditions spirituelles ? L'infini prend des visages multiples et divers. Il revient à chacun de nous de choisir celui qui lui convient. Comme Georg Cantor l'a justement remarqué : « Si bornée soit en vérité la nature humaine, elle porte pourtant en elle – cela lui est inhérent – une très grande part d'infini. »

L'INFINI DANS LA PAUME DE LA MAIN

Du big bang à l'Éveil
avec Matthieu Ricard

À nos mères

INTRODUCTION

par Matthieu Ricard

Comment mener mon existence ? Comment vivre en société ? Que puis-je connaître ? Telles sont sans doute les trois questions qui reflètent nos principales préoccupations. Idéalement, la conduite de notre existence devrait nous amener à un sentiment de plénitude qui inspire chaque instant et nous laisse sans regret à l'heure de la mort ; vivre en société avec les autres devrait engendrer le sens de la responsabilité universelle ; la connaissance devrait nous révéler la nature du monde qui nous entoure et celle de notre esprit.

Ces questions ont donné naissance à la science, la philosophie, la politique, l'art, l'action sociale et la spiritualité. Toutefois, une compartimentation artificielle de ces activités ne peut que déboucher sur un dessèchement graduel de l'existence humaine : sans sagesse nourrie d'altruisme, la science et la politique sont des armes à double tranchant, l'éthique est aveugle, l'art futile, les émotions sauvages et la spiritualité illusoire. Sans connaissance, la sagesse s'étiole ; sans éthique, toutes ces activités sont dangereuses, et sans transformation spirituelle elles sont vides de sens.

Pour la majorité des hommes, du XVIIe siècle à nos jours, la science est de plus en plus devenue synonyme de savoir ; par ailleurs, la croissance exponentielle de l'accumulation des informations n'est pas près de ralentir. Parallèlement, la pratique religieuse a décliné dans les sociétés laïques et démocratiques et s'est souvent radicalisée dans les sociétés régies par des religions d'État. Ce qui devrait normalement constituer l'essence de la religion – l'amour et la compassion – a connu des déviations tragiques, liées aux aléas de l'histoire.

Dogmatiques ou expérimentales, les grandes traditions spirituelles offraient, outre leurs conceptions métaphysiques, des règles d'éthique qui fournissaient des points de repère, parfois éclairants, parfois contraignants. De nos jours, ces repères s'étant peu à peu estompés, la plupart des hommes ne fondent plus ni leurs pensées ni leurs actes sur des préceptes religieux, même si, par tradition, ils adhèrent à une religion. Ils font plus volontiers confiance aux « lumières » de la science et à l'efficacité de la technologie qui permettra, espèrent-ils, de résoudre tous les problèmes futurs.

Certains considèrent pourtant que la prétention de la science à tout connaître sur tout est illusoire : la science est fondamentalement limitée par le domaine d'étude qu'elle a elle-même défini. Et si la technologie a apporté d'immenses bienfaits, elle a engendré des ravages au moins aussi importants. De plus, la science n'a rien à dire sur la manière de conduire sa vie.

En soi, la science est un instrument qui n'est ni bon ni mauvais. La porter aux nues ou la sataniser n'a pas plus de sens que de faire l'éloge ou la critique de la force. La force d'un bras peut aussi bien tuer que sauver une vie. Les scientifiques ne sont ni meilleurs ni pires que la moyenne des êtres et se heurtent comme tout le monde aux problèmes éthiques induits par leurs propres découvertes.

La science n'engendre pas la sagesse. Elle a montré qu'elle pouvait agir sur le monde mais ne saurait le maîtriser. De même nous échappe-t-elle : ses applications, à la manière d'un phénomène plus puissant que la simple addition de ses constituants, ont acquis un élan qui leur est propre. Face à cela, seules les qualités humaines peuvent guider notre utilisation du monde. Or ces qualités ne peuvent naître que d'une « science de l'esprit ». L'approche spirituelle n'est pas un luxe, mais une nécessité.

S'adonner pendant des siècles à l'étude et à la recherche ne nous fait pas progresser d'un pouce vers une meilleure qualité d'être, à moins que nous ne décidions de porter spécifiquement nos efforts en ce sens. La spiritualité doit procéder avec la rigueur de la science, mais la science ne porte pas en elle les germes de la spiritualité.

De nos jours, on constate un renouveau d'intérêt pour les formes de spiritualité qui mettent l'accent sur les aspects pragmatiques de l'expérience contemplative, dégagée d'un dogmatisme pesant. L'intérêt que l'Occident manifeste pour le bouddhisme a éveillé la curiosité des médias et suscité des études qui ont tenté d'analyser les causes de cet engouement et ses développements possibles. Citons notamment les deux ouvrages de Frédéric Lenoir, *La Rencontre du bouddhisme et de l'Occident* et *Le Bouddhisme en France*[1], ainsi que les entretiens que j'ai eus avec mon père, le philosophe Jean-François Revel[2].

Parallèlement, au cours des vingt dernières années, un dialogue s'est instauré entre la science et le bouddhisme, à l'instigation du dalaï-lama et

1. Frédéric Lenoir, *La Rencontre du bouddhisme et de l'Occident* et *Le Bouddhisme en France*, Fayard, 1999.

2. Jean-François Revel et Matthieu Ricard, *Le Moine et le Philosophe*, NiL, 1997.

d'autres penseurs bouddhistes. À partir de 1987, sous l'impulsion d'Adam Engle et de Francisco Varela, des rencontres ont été régulièrement organisées entre le dalaï-lama et d'éminents scientifiques (neurologues, biologistes, psychiatres, physiciens et philosophes[1]). De ces rencontres, intitulées *Mind and Life* (L'esprit et la vie), sont nés plusieurs ouvrages, dont certains ont été traduits en français : *Passerelles, Quand l'esprit dialogue avec le corps* et *Dormir, rêver, mourir*[2], ainsi que des développements plus exhaustifs comme *Science et bouddhisme* d'Alan Wallace[3]. Ces échanges n'ont pas été conçus comme un moyen de concilier de façon complaisante deux points de vue qui se situent finalement sur des plans différents ni comme une tribune d'où réaffirmer une intransigeance métaphysique. Ils constituent un élément de la continuité du savoir, de la connaissance de la nature des phénomènes et de la conscience. C'est dans cet esprit de dialogue que se situent les entretiens qui vont suivre.

La différence majeure entre la science et le bouddhisme réside dans leur finalité. Pour le bouddhisme, l'acquisition des connaissances se fait avant tout dans un but *thérapeutique*. Il s'agit de se libérer de la souffrance dont la cause est une forme particulière de l'ignorance : une conception erronée de la réalité extérieure et du « moi » que nous imaginons être le centre de notre être.

Le bouddhisme est prêt à réviser ses conceptions si on lui prouve qu'il a tort. Non qu'il doute de la vérité profonde de ses découvertes ou qu'il s'attende à une soudaine invalidation de résultats acquis au fil de deux mille cinq cents ans de science contemplative, mais parce que l'enseignement du Bouddha ne constitue pas un dogme. Il se présente plutôt comme un carnet de route permettant de marcher sur les traces d'un guide. Cet enseignement est entièrement fondé sur l'expérience et non pas sur une révélation. Comme le dit le dalaï-lama, « prendre connaissance des découvertes de la science n'est pas une remise en question mais une

---

1. Parmi les nombreux participants à ces séminaires, citons Richard J. Davidson, Anne Harrington, Jerome Engel, Paul Ekman, Robert Livingstone, Elliott Sober et Francisco J. Varela pour les sciences cognitives et la biologie ; David Finkelstein, Arthur Zajonc et Anton Zeilinger pour la physique ; Owen Flannagan, Daniel Goleman, Charles Taylor et Lee Yearley pour la philosophie.

2. *Passerelles*, Albin Michel, 1995. *Quand l'esprit dialogue avec le corps*, Daniel Goleman (éd.), Trédaniel, 1997. *Dormir, rêver, mourir. Explorer la conscience avec le dalaï-lama*, Francisco J. Varela (dir.), NiL, 1999. D'autres ouvrages sont parus en langue anglaise, tels *Consciousness at the Crossroads. Conversation with the Dalaï Lama on Brain Science and Buddhism*, Zara Houshmand, Robert B. Livingston et Bruce Alan Wallace, Snow Lion, 1999, traduction française : *Le Pouvoir de l'esprit. Entretiens avec des scientifiques*, Fayard, 2000 ; *MindScience: An East-West Dialogue, the Dalaï Lama and Participants in the Harvard Mind Science Symposium*, Daniel Goleman et Robert A.F. Thurman (éd.), Boston, Wisdom Publications, 1991.

3. Bruce Alan Wallace, *Science et bouddhisme*, Calmann-Lévy, 1998.

remise à jour[1] ». Dans sa quête de la connaissance, le bouddhisme ne fuit pas la contradiction, mais s'en nourrit. Les nombreux débats métaphysiques auxquels il a participé durant des siècles avec les philosophes hindous, et les dialogues qu'il continue d'entretenir avec la science et les religions lui ont permis d'affiner, de préciser et d'élargir ses vues philosophiques, sa logique et sa compréhension du monde.

L'attitude ouverte du bouddhisme ne relève pas d'un opportunisme bon marché. La somme philosophique qu'il propose est imposante, les traités sur la vie contemplative profonds et inspirants, et la pratique spirituelle exige une persévérance indomptable. « N'espère pas une réalisation rapide, mais médite jusqu'à ton dernier souffle », disait le grand ermite tibétain Milarepa.

La transformation intérieure qui mène à l'Éveil est d'un tout autre ordre que le travail de recherche philosophique ou l'investigation des sciences descriptives. Le bouddhisme est essentiellement une science de l'Éveil et, de ce point de vue, que la Terre soit ronde ou plate ne change rien à l'affaire.

Les entretiens qui suivent n'ont pas pour objet d'imprimer à la science des allures de mysticisme ni d'étayer le bouddhisme par les découvertes de la science. Il ne s'agit pas de mettre en évidence des ressemblances plus ou moins superficielles entre l'approche contemplative bouddhiste et les théories scientifiques qui sont nécessairement vouées au changement, mais de situer la place de la science dans une conception plus vaste de la vie. Il s'agit également de montrer que le bouddhisme est capable de résoudre l'opposition entre le réalisme (le point de vue ordinaire selon lequel les phénomènes existent d'une manière aussi solide et réelle qu'ils en ont l'air) et les découvertes de la science moderne qui vont à l'encontre de cet attachement tenace à la réalité intrinsèque des choses. Il peut, par là même, offrir un cadre de pensée et d'action cohérent pour notre temps.

Werner Heisenberg, l'un des pères de la physique quantique, écrit : « Je considère que l'ambition de dépasser les contraires, incluant une synthèse qui embrasse la compréhension rationnelle et l'expérience mystique de l'unité, est le *mythos*, la quête, exprimée ou inexprimée, de notre époque[2]. »

Cet ouvrage reflète aussi deux tranches de vie : celle d'un astrophysicien né bouddhiste qui souhaite confronter ses connaissances scientifiques avec ses sources philosophiques, et celle d'un scientifique occidental qui

---

1. Thupten Jinpa, « Science As an Ally or a Rival Philosophy ? Tibetan Buddhist Thinkers' Engagement with Modern Science », dans Bruce A. Wallace, *Buddhism & Science*, Cambridge, International Society for Science and Religion, 2007.

2. Werner Heisenberg, *Across the Frontiers*, New York, Harper and Row, 1974, chap. 3, « Wolfgang Pauli's Philosophical Outlook ».

est devenu moine bouddhiste et dont l'expérience personnelle l'a conduit à comparer deux approches de la réalité.

Trinh Xuan Thuan se trouve au confluent de trois cultures : vietnamienne, française et américaine. Né à Hanoi en 1948, en pleine guerre coloniale, six ans avant la défaite des troupes françaises à Diên Biên Phù, il fait ses études dans les écoles et lycées français de Saigon. Profondément marqué par la culture française, il décide en 1966 de partir pour la France afin d'y apprendre la physique, car, lui semble-t-il, cette science peut apporter des éléments de réponse aux questions qu'il se pose sur la nature du monde. Mais, en préconisant le retrait immédiat des troupes américaines du Sud-Est asiatique, le fameux discours du général de Gaulle prononcé la même année à Phnom Penh bouleverse ses plans. Le gouvernement vietnamien rompt ses liens avec la France et les Vietnamiens perdent la possibilité d'aller y faire leurs études. Après une année en Suisse, à l'école polytechnique de l'université de Lausanne, Thuan part pour les États-Unis où ses pas le mènent au CALTECH (California Institute of Technology), la Mecque des astrophysiciens. Le CALTECH possédait en particulier le télescope de cinq mètres de diamètre du mont Palomar, le plus grand au monde en 1967. L'ombre d'Edwin Hubble, qui a découvert les galaxies et l'expansion de l'univers, planait sur le campus. Le temps des études de Thuan a coïncidé avec une période exaltante en astrophysique, puisqu'elle a vu la découverte de nombre de phénomènes célestes nouveaux. Comme il le dit lui-même : « Au milieu de ce ferment intellectuel, il était inévitable que je devienne astrophysicien. » Depuis, il n'a cessé d'observer l'univers et il est devenu l'un des grands spécialistes de l'étude de la formation des galaxies. Auteur de plusieurs ouvrages de vulgarisation fort appréciés[1], il enseigne actuellement à l'université de Virginie.

Quant à moi, j'ai entrepris des études scientifiques ; j'ai fait plusieurs années de recherche à l'Institut Pasteur, dans le service de génétique cellulaire du Pr François Jacob, prix Nobel de médecine, où régnait une effervescence intellectuelle extrêmement stimulante. En 1967, je suis parti en Inde pour rencontrer de grands maîtres tibétains. Je suis devenu le disciple de l'un d'entre eux, Kangyour Rinpoché. Plusieurs années de suite, chaque été, je me retrempais dans l'atmosphère inspirante de l'ermitage-monastère de ce sage, à Darjeeling, tout en poursuivant mes recherches scientifiques. Mais, en 1972, après avoir achevé ma thèse de doctorat, j'ai décidé de m'établir dans l'Himalaya. J'ai vécu en Inde, puis au Bhoutan et au Népal où j'ai passé douze ans auprès de mon

1. Trinh Xuan Thuan, *La Mélodie secrète*, Fayard, 1988, édition de poche, Gallimard, coll. « Folio essais », 1991, ici, p. 15 ; *Le Chaos et l'Harmonie*, Fayard, 1998, ici, p. 317 ; *Un astrophysicien*, Flammarion, coll. « Champs », 1995 ; *Le Destin de l'univers*, Gallimard, coll. « Découvertes », 1992.

second maître, Khyentsé Rinpoché. J'ai pu l'accompagner plusieurs fois au Tibet, malgré la situation tragique qui continue d'y régner à la suite de l'occupation chinoise. À présent, je réside au monastère de Shéchèn, près de Katmandou.

J'ai rencontré Thuan pour la première fois lors de l'université d'été à Andorre, en 1997, et nous avons eu de passionnantes discussions au cours de longues randonnées dans le décor grandiose des montagnes pyrénéennes. De ces échanges amicaux qui nous ont parfois réunis et parfois opposés est né ce livre.

I

À LA CROISÉE DES CHEMINS

Un dialogue entre la science et le bouddhisme a-t-il une raison d'être ? Pour le savoir, il faut définir les domaines d'investigation respectifs de ces deux voies de connaissance et examiner si le bouddhisme (et la spiritualité en général) peut apporter une contribution valable là où les limitations de la science laissent un vide à combler. Ce vide se situe surtout au niveau de l'éthique, de la transformation personnelle, de la connaissance de notre esprit et de l'atteinte d'une réalisation spirituelle authentique. L'intérêt que porte depuis toujours le bouddhisme à nombre de questions qui se rapprochent des problèmes fondamentaux de la physique moderne a-t-il une signification pour la science ? Celle-ci est-elle en mesure de fournir des éléments au bouddhisme dans son exploration de la réalité ?

THUAN : Mon travail m'amène constamment à m'interroger sur les notions de réel, de matière, de temps et d'espace. Chaque fois que je suis confronté à ces notions, je ne peux m'empêcher de me demander comment le bouddhisme envisage ces mêmes concepts, comment le réel appréhendé par une démarche rationnelle peut correspondre au réel perçu par le contemplatif. Ces deux points de vue se rejoignent-ils ou s'opposent-ils, ou n'ont-ils simplement rien de commun ? Faute d'avoir étudié les textes bouddhiques, je ne possède pas les éléments nécessaires à cette réflexion.

Les années 1960 ont été l'âge d'or de l'astrophysique. Le rayonnement fossile (la chaleur résiduelle du big bang) et les quasars (astres d'une brillance fabuleuse situés aux confins de l'univers et qui émettent l'énergie d'une galaxie entière dans un volume à peine plus grand que celui du système solaire) venaient d'être découverts. À mon arrivée aux États-Unis, l'exploration du système solaire par les satellites spatiaux battait son plein. Je me souviens encore de l'émerveillement ressenti quand les premières images de la surface martienne transmises par la sonde spatiale *Mariner* se sont formées sur l'écran de notre salle de classe. Les images du désert martien aride et stérile disaient à l'humanité qu'il n'y avait pas de vie intelligente sur Mars : les canaux que les astronomes du XIXe siècle avaient cru y voir n'étaient que des illusions optiques créées par des tempêtes de sable. Au milieu de cette fermentation intellectuelle, il était inévitable que je devienne astrophysicien. Depuis, je n'ai cessé d'observer l'univers grâce aux télescopes les plus performants, sur Terre et en orbite dans l'espace, et de réfléchir à sa nature, son origine, son évolution et sa destinée.

Qu'est-ce qui ne te satisfaisait pas dans ta carrière de scientifique ? Quitter un laboratoire de biologie à Paris pour un monastère tibétain au Népal est pour le moins un cheminement inhabituel !

MATTHIEU : Pour moi, cette évolution s'est déroulée dans une continuité naturelle, au cours d'une recherche toujours plus enthousiasmante du sens de l'existence. Je n'ai fait que sauter de pierre en pierre, passer d'une vallée à une autre, plus belle encore, suivant à chaque instant ce qui me passionnait le plus, en essayant de mon mieux de ne pas gaspiller un seul instant de cette précieuse vie humaine. J'ai eu la chance immense de vivre pendant des années auprès d'êtres remarquables. Ce fut une expérience à la fois simple et directe, profonde bien sûr, que je me suis souvent trouvé impuissant à décrire. On peut reconnaître la perfection humaine et spirituelle quand on la voit, mais ce n'est guère lui rendre justice que de la limiter aux mots qui viennent ordinairement à l'esprit : sagesse, connaissance, bonté, noblesse, simplicité, rigueur, honnêteté…

Je crois que le plus important pour chacun, c'est de se consacrer, sans trop tarder, à ce qu'on a vraiment envie de faire dans l'existence. Pour intéressante que soit la recherche scientifique, j'avais l'impression de n'apporter qu'une petite tache de couleur dans un tableau pointilliste, sans être sûr de la composition finale. Est-ce que cela valait la peine que j'y consacre le trésor d'opportunités si unique qu'offre une existence humaine ? Dans la voie bouddhiste, en revanche, le point de départ, le but à atteindre, les moyens à mettre en œuvre et les obstacles à surmonter sont on ne peut plus clairs : il suffit d'analyser son esprit, de voir qu'il est le plus souvent sous l'emprise de l'égoïsme, et que cet égoïsme prend sa source dans l'ignorance fondamentale de notre véritable nature et de celle du monde. Cet état de fait n'ayant qu'une issue certaine, la souffrance de soi-même et des autres, la tâche la plus urgente d'un être humain est d'y mettre un terme. La méthode pour y parvenir consiste à développer l'amour et la compassion, et à extirper l'ignorance en suivant la voie de l'Éveil. On se rend compte qu'au fil des jours et des années un changement s'opère, qui engendre une joie rare, libre d'espoir et de crainte, et dont la qualité n'a cessé de nourrir mon enthousiasme.

T. – Pourquoi alors dialoguer avec un scientifique ?

M. – Explorer la nature de la réalité est l'une des tâches premières du philosophe bouddhiste. Cela dit, je ne prétends être ni un scientifique qualifié ni un interprète habilité à parler au nom du bouddhisme dans son ensemble. Je ne peux que partager de mon mieux des idées qui m'ont passionné.

T. – Les astrophysiciens pensent maintenant pouvoir retracer l'histoire de l'univers depuis son origine, ou presque. Son évolution est décrite par deux grandes théories physiques qui ont vu le jour au début du XXe siècle. L'infiniment petit est décrit par la mécanique quantique, une discipline qui est née dans les années 1920-1930 et nous a fait découvrir des aspects non intuitifs et très étranges du comportement de la matière à l'échelle atomique et subatomique. L'infiniment grand, la structure même de l'univers, est expliqué par la théorie de la relativité générale[1], conçue par Einstein en 1915, qui a remis en cause nos notions traditionnelles d'espace et de temps.

Cependant, un fait m'a toujours déçu dans le monde de la science. Comme tu le sais, à l'âge de dix-neuf ans je suis allé au CALTECH, qui était alors la Mecque de la science mondiale. On y rencontrait les plus grandes sommités scientifiques, prix Nobel et autres membres de l'Académie des sciences. Naïvement, je pensais que leurs compétences et leur créativité faisaient d'eux des êtres supérieurs au niveau des autres aspects de la vie et des relations humaines. J'ai été amèrement déçu. On peut être un très grand scientifique, un génie dans sa spécialité, tout en restant le pire des individus dans la vie courante. Cette disparité m'a beaucoup choqué. Je pense que le bouddhisme ou d'autres formes de spiritualité peuvent compléter la science en allant là où elle n'a plus rien à dire, en particulier sur le terrain de l'éthique.

M. – Accumuler simplement des connaissances ne suffit pas. Mon maître, Khyentsé Rinpoché, disait : « Si nous nous efforçons de glaner des connaissances intellectuelles à la seule fin de devenir influents ou célèbres, nous sommes dans le même état d'esprit qu'un chanteur qui ne chante que pour recevoir des aumônes. Ce savoir ne sera d'aucune utilité, ni pour nous-mêmes ni pour les autres. Comme dit le proverbe : "À grand savoir, grand orgueil." Comment peut-on aider les autres avant d'avoir extirpé les tendances négatives qui sont ancrées en nous ? Nourrir une telle prétention n'est qu'une plaisanterie, comme celle du mendiant qui convie tout le village à un banquet[2]. »

---

1. Cette théorie de la relativité qui décrit les effets d'un champ de gravité sur les mouvements, le temps et l'espace est qualifiée de « générale » pour la distinguer de la théorie de la relativité « restreinte » conçue par Einstein dix ans plus tôt, en 1905, qui ne prend pas en compte les effets de la gravité.

2. Dilgo Khyentsé, *Le Trésor du cœur des êtres éveillés*, Le Seuil, coll. « Points Sagesses », 1996.

Les signes de succès de la vie contemplative sont nombreux, mais le plus important est qu'au bout de quelques mois ou de quelques années notre égoïsme doit avoir diminué et notre altruisme s'être développé. Si l'attachement, la haine, l'orgueil et la jalousie restent aussi forts qu'avant, on a perdu son temps, on s'est fourvoyé et on a dupé les autres. Par contre, le savoir obtenu par les sciences naturelles permet d'agir sur le monde, de façon constructive ou destructive, mais a relativement peu d'effet sur nous-mêmes. Il est clair que la connaissance scientifique, n'étant pas par nature liée à la bonté ou à l'altruisme, n'est pas en soi porteuse de valeurs morales.

T. – L'histoire des sciences abonde en exemples de grands esprits scientifiques dont le comportement s'est avéré beaucoup moins édifiant dans le domaine des relations humaines. C'est le cas de Newton qui est sans doute, avec Einstein, le plus grand physicien qui ait jamais vécu. Il a régné en despote sur la Société royale de Londres, a accusé à tort Leibniz de lui avoir volé son invention du calcul infinitésimal, alors que celui-ci l'avait conçu de manière indépendante, et il a traité de façon éhontée son rival, l'astronome royal John Flamsteed. Plus triste encore : les physiciens allemands Philipp Lenard et Johannes Stark, tous deux prix Nobel de physique, ont soutenu avec passion le nazisme et sa politique antisémite, proclamant la supériorité de la « science allemande » sur la « science juive ».

De temps en temps, trop rarement malheureusement, une personne allie le génie scientifique à un sens aigu de la morale et de l'éthique. C'est le cas d'Einstein, que le magazine américain *Time* a désigné comme la personnalité la plus remarquable du XXe siècle. Pendant la Première Guerre mondiale, Einstein n'a pas hésité à braver la colère du kaiser en signant une pétition contre la guerre. Face à la montée du nazisme en Allemagne, il est devenu un ardent sioniste tout en soulevant le problème des droits des Arabes dans la conception de l'État juif. Émigré aux États-Unis, en dépit de convictions profondément pacifistes, il a prôné une action militaire contre Hitler. Ce fut sa lettre au président Roosevelt qui a été à l'origine du projet Manhattan consacré à la fabrication de la première bombe atomique : il fallait battre Hitler de vitesse. Après la dévastation d'Hiroshima et de Nagasaki, Einstein a milité avec vigueur pour l'interdiction des armements nucléaires. Il s'est élevé contre le maccarthysme et a utilisé son immense prestige pour attaquer toute forme de fanatisme et de racisme. Mais il y a également des zones d'ombre dans la vie personnelle d'Einstein : père de famille indifférent et mari parfois volage, il a divorcé de sa première femme avec laquelle il avait eu une fille handicapée qu'il a délaissée. On observe une sorte de cassure sur le plan personnel, comme il le décrit lui-même : « Pour un homme dans mon genre, il se produit un tournant décisif dans son évolution lorsqu'il cesse graduellement de s'intéresser exclusivement à ce qui n'est que personnel et momentané pour consacrer tous ses efforts à l'appréhension intellectuelle des choses. »

M. – L'important n'est pas de condamner tel scientifique et de faire la louange de tel autre, c'est l'absence de corrélation entre génie scientifique et valeurs humaines qui est en cause. Cette constatation permet de remettre la science à sa juste place, de la situer dans une perspective plus vaste de la vie et pose d'une façon encore plus aiguë la question de son utilisation. La spiritualité, qui pour moi est un processus de transformation personnelle, n'est pas un simple complément de la science, mais une nécessité première de l'existence.

C'est bien là le problème du monde scientifique. La transformation personnelle n'est pas chose facile pour celui qui y consacre toute son énergie, *a fortiori* si l'on n'accorde à cette transformation qu'une importance secondaire ; on a alors peu de chances de la réaliser. Or, reléguer à l'arrière-plan et au domaine du facultatif ce qui devrait être au cœur de l'existence jette une ombre sur l'ensemble de la démarche scientifique. Les intentions ne sont pas claires, les moyens souvent mal évalués, et les résultats ambivalents. Sans une motivation fondamentalement positive et éclairée, la fascination qu'exerce l'exploration des limites du possible l'emporte sur l'examen de ce qui est souhaitable ou indispensable.

Nombre de scientifiques estiment que leur travail consiste à explorer et découvrir, et que l'utilisation de leurs découvertes n'est plus du domaine de leur responsabilité. Une telle position relève de l'illusion, voire de l'aveuglement ou, pis, de la mauvaise foi. Le savoir confère du pouvoir et le pouvoir exige le sens des responsabilités, le sentiment d'être comptable des conséquences directes ou indirectes de nos actes. On voit couramment des recherches scientifiques menées avec d'excellentes intentions (bien que cela ne soit pas toujours le cas) tomber entre les mains de politiciens, de militaires et d'hommes d'affaires qui les utilisent à des fins douteuses. On ne peut ignorer cette interpénétration de la science, du pouvoir et de l'économie. Toutefois, peu de savants mettent en doute le bien-fondé de certaines recherches dont les « détournements » sont pourtant prévisibles. Souvent, ce n'est qu'une fois le mal accompli qu'ils sont pris de doutes comme ce fut le cas pour les pères de la bombe atomique. D'autres ne se retranchent même pas derrière la neutralité présumée de la recherche fondamentale et collaborent sciemment à la mise au point d'armes bactériologiques et autres instruments de souffrance.

T. – Il est inexcusable qu'un scientifique travaille en toute connaissance de cause au développement d'instruments de mort et de destruction massive. Pendant la guerre du Viêtnam, j'ai été très choqué d'apprendre que plusieurs grands scientifiques américains, comptant parmi eux des lauréats du prix Nobel, avaient participé aux travaux de la « division Jason », un comité constitué par le Pentagone dans le but de développer de nouvelles armes. J'étais révolté à l'idée que ces grands cerveaux puissent se rassembler chaque mois afin de concevoir des armements capables de tuer le plus grand nombre de gens possible.

M. – Entre 1936 et 1976, le gouvernement suédois a fait stériliser soixante mille personnes jugées « inférieures ». Entre 1932 et 1972, à la seule fin d'étudier l'évolution à long terme de la syphilis, quatre cents citoyens américains de l'État d'Alabama, tous pauvres et de race noire, ont été utilisés à leur insu comme cobayes par le Public Health Service (Service de santé publique). On avait promis aux patients des soins médicaux gratuits et d'autres avantages mineurs (dont cinq mille dollars pour leurs frais d'enterrement) afin qu'ils se rendent régulièrement dans les services de santé pour y subir des examens. En fait, aucun traitement ne leur a jamais été administré. Il s'agissait simplement d'une étude de l'évolution de la syphilis non traitée, conduite par des médecins et des scientifiques respectables qui publiaient les résultats de leur recherche dans des journaux médicaux non moins respectables. Vingt-huit patients sont morts de la maladie, cent de complications secondaires, quarante épouses et dix-neuf bébés furent contaminés. L'étude a été soudainement interrompue lorsque les faits ont été révélés au grand public par une journaliste, Jean Heller. Aucun des membres du Service de santé publique impliqués dans cette étude n'a exprimé le moindre regret. Il ne s'agissait cependant pas de médecins nazis, mais de fonctionnaires et de chercheurs, citoyens d'un pays libre. Seule une maigre compensation a finalement été accordée aux victimes ; aucun médecin n'a été poursuivi en justice. Ce n'est qu'en 1997 que le président Clinton a présenté ses excuses au nom du peuple américain.

En 1978, le Dr Hisato Yoshimura a reçu la plus haute distinction japonaise pour récompenser ses travaux sur la « science de l'adaptation à l'environnement ». Durant la Seconde Guerre mondiale, le Dr Yoshimura était directeur de l'unité 731 qui se livrait à des expériences sur des prisonniers alliés et chinois. Ses études sur l'adaptation à l'environnement consistaient notamment à les plonger dans de l'eau glacée, puis à les frapper avec un marteau pour déterminer le moment où leurs membres commençaient à geler. D'autres expériences consistaient à distribuer à des enfants chinois du chocolat contaminé par le bacille de l'anthrax pour voir en combien de temps ils mourraient. Ces exemples constituent l'exception par rapport aux efforts immenses que la science déploie pour améliorer le sort de l'humanité, mais ils montrent que la science n'a d'autre éthique que celle qu'on lui donne.

T. – Je suis convaincu que le scientifique ne peut pas rester indifférent aux conséquences de ses recherches. Il doit en assumer la responsabilité, surtout si des militaires, des politiques et des hommes d'affaires se servent de ses recherches pour faire la guerre, renforcer leur pouvoir et gagner plus d'argent en exploitant les pauvres ou en détruisant l'environnement.

M. – Le commerce des armes est d'ailleurs l'une des formes les plus exaspérantes de l'hypocrisie des pays riches : 95 % des armes mondiales sont fabriquées et vendues par les cinq membres permanents du Conseil de sécurité des Nations unies ! Là encore, échec total de l'éthique et du sens des responsabilités.

Il en est de même en ce qui concerne le gaspillage des ressources dans les pays riches. Six milliards de dollars américains suffiraient pour assurer une éducation de base dans le monde entier, or, tous les ans, douze milliards de dollars sont dépensés pour l'achat de parfums en Europe et aux États-Unis, quatre cents milliards de dollars pour la consommation de stupéfiants dans le monde et sept cents milliards pour des dépenses militaires[1].

T. – Cependant, on ne peut pas condamner la recherche fondamentale pour ces aberrations, pas plus qu'on ne peut blâmer l'intelligence humaine. Toutes deux ne sont que des outils.

M. – Certes, l'utilisation pernicieuse ou futile des résultats de la recherche n'est finalement qu'un reflet de la faiblesse de l'éthique. Mais ce n'est pas une excuse. Bien que certaines applications de la recherche scientifique aient suscité des réactions passionnées du public, comme ce fut le cas de la génétique et de l'énergie atomique, l'éthique n'est pourtant pas la préoccupation dominante de chacun. Elle fait l'objet de comités de réflexion, mais l'impact de leurs conclusions sur la vie quotidienne reste faible au regard de l'opportunisme politique, et plus encore des sacro-saints impératifs des marchés commerciaux.

Un exemple bien actuel est celui de la compagnie pharmaceutique américaine Glaxo qui a menacé de poursuivre en justice les gouvernements d'Afrique du Sud et de Thaïlande s'ils produisaient eux-mêmes les médicaments qui composent la trithérapie du sida afin de les commercialiser à des prix abordables. Glaxo veut ainsi priver des millions de malades de la possibilité de vivre quelques années de plus. On constate là un rejet flagrant et scandaleux de l'altruisme. Pourtant, la recherche sur le sida n'est pas à court de financement dans les pays riches, et laisser les pays pauvres produire en masse ces médicaments ne changerait rien au chiffre d'affaires de ladite compagnie, puisque, de toute façon, les malades d'Afrique et d'Asie n'ont pas les moyens d'acheter les produits américains. Au Népal, où je vis, selon des estimations officieuses, entre 5 % et 10 % de la population est infectée par le virus, or *personne* n'est soigné par la trithérapie. Ces remèdes ne sont même pas importés. Le traitement, dont Glaxo a le monopole, coûte 3 500 francs par mois, alors que le salaire mensuel moyen d'un employé est de 350 francs. J'imagine le dégoût d'un scientifique honnête face à des stratégies commerciales

1. Chiffres extraits du rapport *Programme des Nations unies pour le développement*, sur l'état du monde en 1998.

aussi écœurantes. Il s'agit tout simplement de non-assistance à personnes en danger.

Un autre exemple frappant est la totale impuissance des gouvernements à limiter l'émission des gaz polluants dans l'atmosphère, bien qu'il soit parfaitement clair que les conditions de vie de l'humanité en seront gravement affectées. Seule une réaction globale fondée sur la détermination de chacun peut enrayer ce phénomène. C'est peut-être en ce sens qu'une démarche spirituelle non dogmatique comme celle du bouddhisme pourrait offrir une contribution valable.

T. – De quelle manière ?

M. – Par démarche « non dogmatique », j'entends une démarche qui ne consiste ni à condamner la course au « progrès » au nom d'un retour naïf à un mode de vie révolu, ni à épouser avec crédulité l'idée que le progrès, évalué en termes de croissance économique annuelle et de prouesses technologiques, est indispensable à notre bien-être. Si notre but est d'être profondément satisfaits de notre existence, il y a des choses indispensables et d'autres dont nous pouvons certainement nous passer. Le regard que porte le bouddhisme sur le monde nous permet d'établir une hiérarchie dans nos buts et nos activités et de prendre notre vie en main. Son analyse des mécanismes du bonheur et de la souffrance nous montre clairement où mènent l'égoïsme et l'altruisme.

T. – Mais comment cela débouche-t-il sur une éthique ?

M. – En fait, les fondements de l'éthique sont très simples. Il n'y a pas de bien et de mal en soi, il n'y a de bien et de mal qu'en termes de bonheur et de souffrance à autrui et à soi-même. Si nous savons faire naître en nous une attitude altruiste telle que nous soyons viscéralement concernés par le bien des autres, cet altruisme devient le plus sûr guide de notre jugement. Confrontés à la vie de tous les jours, nous aurons alors beaucoup plus de facilité à évaluer quels sont les actes qui créeront davantage de bonheur et soulageront davantage de souffrances. Il s'agit d'une expérience directe plutôt que de théories morales ou de règles préétablies. Cette expérience exige une attention constante aux pensées qui nous motivent. L'esprit est comparé à un cristal qui prend la couleur de l'endroit où on le pose. Il est neutre, et ce sont nos intentions qui déterminent le caractère véritable de nos actes, quelle que soit l'apparence de ces derniers.

Il ne s'agit ni de condamner ceux qui agissent sous l'emprise de la haine, de l'avidité, de l'orgueil ou de la jalousie ni de tolérer ces émotions destructrices comme des composantes inéluctables de l'existence, mais de les traiter comme des symptômes de maux dont on peut se débarrasser, lorsqu'on en prend la peine. La démarche du bouddhisme, en bref, est très pragmatique. La recherche scientifique nous apporte des informations, mais elle ne débouche sur aucun changement intérieur. L'effort spirituel ou contemplatif doit, au contraire, aboutir à une transformation profonde de notre manière de percevoir le monde et d'agir sur lui. Il ne suffit pas de *savoir*, comme dans la physique quantique, que notre conscience ne peut être isolée de la réalité globale du monde des phénomènes, il faut reconnaître *par l'expérience* personnelle qu'elle fait partie de cette globalité. Passer ainsi d'une connaissance théorique, qui risque de n'avoir que des effets virtuels, à l'expérience directe est la clé du problème de l'éthique. Lorsque l'éthique est le reflet de nos qualités intérieures et guide notre comportement, elle s'exprime naturellement dans nos pensées, nos paroles et nos actes, et devient source d'inspiration pour les autres.

T. – Il s'agit donc d'une adéquation entre la théorie et le vécu.

M. – Oui, et c'est là que la force de l'expérience prend toute sa valeur. Il ne suffit pas de découvrir scientifiquement que les phénomènes sont interdépendants[1] : notre esprit doit assimiler les implications de cette découverte, et notre vie doit s'en trouver transformée. Le pratiquant accompli du bouddhisme sait que la réalisation vécue de l'interdépendance se traduit par une compassion irrésistible envers tous les êtres et modifie son existence jusque dans sa fibre la plus intime. Ceux qui ont rencontré le dalaï-lama, par exemple, savent que quelques instants passés en sa compagnie en disent plus que des centaines de discours sur l'amour et la compassion.

Quant à la méthode proprement dite, elle est en générale graduelle. Elle commence par l'écoute et l'étude, se poursuit par la réflexion intellectuelle et culmine dans l'intégration en notre être, grâce à la méditation, d'une nouvelle perception des choses et d'un nouveau comportement. Méditer veut dire, en l'occurrence, *se familiariser* avec cette nouvelle perception du monde. De la compréhension naît la méditation, laquelle s'exprime en actes. On passe ainsi sans discontinuité de la connaissance à la réalisation intérieure, puis à l'éthique vécue.

Notre société produit fort peu de sages. Elle crée des comités d'éthique constitués de grands penseurs. Dans la société tibétaine où je vis, il serait impensable d'inclure dans de tels comités des gens qui ne posséderaient pas des qualités humaines indiscutables *à tous points de vue*. On n'imaginerait pas que des maîtres spirituels excellent dans l'enseignement de la spiritualité mais soient égoïstes, coléreux, vaniteux ou mauvais pères de famille. Personne n'aurait l'idée d'aller les consulter.

T. – En Occident, les critères de sélection des membres des « comités de sages » reposent surtout sur leurs réalisations professionnelles. Les qualités humaines entrent moins en ligne de compte. Or il est clair qu'un « vrai » sage doit posséder au plus haut point les qualités de l'esprit et du cœur.

1. Concernant la notion d'interdépendance dans le bouddhisme, voir chap. 4.

Plus important encore, l'approche spirituelle peut nous fournir une ligne de conduite dans la vie. Dans mon domaine, la science est confrontée à de nombreux problèmes d'ordre éthique qui prendront encore plus d'ampleur au XXIe siècle : la prolifération nucléaire, la destruction de l'environnement, le clonage, les manipulations génétiques et peut-être la sélection de certains types d'êtres humains. Faut-il contrôler la recherche ? La réponse nécessite une réflexion approfondie, car il faut aussi préserver la liberté de créer et de chercher. L'imagination doit pouvoir s'exprimer sans entraves, sinon elle meurt. On a vu les effets désastreux que des régimes totalitaires, en Chine ou dans l'ex-Union soviétique notamment, peuvent avoir sur les activités scientifiques. L'affaire Lyssenko dans l'ex-Union soviétique en est un exemple frappant. Parce qu'il pouvait, avec le soutien de Staline et du Parti communiste, museler toute opposition, Trofim Lyssenko a pu imposer de 1932 à 1964, sans aucune preuve expérimentale, l'idée que les gènes n'existaient pas, retardant ainsi les progrès de la biologie et de la génétique soviétiques de plusieurs décennies.

D'autre part, la société doit être consciente que certains types de recherches peuvent déraper. Le « bricolage » génétique pourrait faire resurgir les thèses eugénistes, qui visent à préserver des races dites « supérieures » et à éliminer les individus « déviants » ou « inférieurs ». William Shockley, qui a reçu le prix Nobel de physique pour l'invention du transistor, a passé les dernières années de sa vie à promouvoir un programme de stérilisation basé sur le quotient intellectuel.

Selon moi, le scientifique ne doit pas s'engager dans certaines recherches sans avoir mûrement pesé leurs implications morales. Quels seraient alors les critères de décision ? Je pense comme toi que ce doit être l'altruisme et le sens de la responsabilité universelle dont parle le bouddhisme : le scientifique devra orienter ses recherches de manière à ne pas causer de souffrances à autrui. Malheureusement, c'est plus vite dit que fait, car il est très difficile pour un scientifique d'évaluer les répercussions de ses recherches. Pour prendre un exemple connu, quand Einstein a découvert l'équivalence de la matière et de l'énergie en travaillant sur la théorie de la relativité restreinte, il était très loin d'imaginer que cette découverte mènerait à la bombe atomique et à l'extermination des populations d'Hiroshima et de Nagasaki.

M. – Autre exemple : le tollé quelque peu irréfléchi qui a accueilli le clonage de la brebis Dolly. Le problème n'est pas la génétique ou la physique atomique en elles-mêmes, mais l'utilisation qu'on peut en faire. En 1952, le vice-président des États-Unis d'Amérique, Adlai Stevenson, disait dans un discours : « La Nature est neutre. L'homme a arraché à la Nature le pouvoir de faire du monde un désert ou de faire fleurir les déserts. Le Mal n'est pas dans l'atome, mais dans l'esprit des hommes. » La science peut à la fois protéger la vie et inventer les armes pour la détruire. Le but n'est pas de museler la recherche scientifique, ce qui serait indésirable et très probablement impossible, mais d'accorder plus d'importance aux qualités humaines qui devraient inspirer les chercheurs, les dirigeants et les décideurs. Cela est d'ailleurs vrai de l'intelligence, de la richesse, de la force physique, de la beauté et du pouvoir, qui sont tous des instruments, neutres en eux-mêmes, mais qui sont susceptibles d'être utilisés à des fins bonnes ou mauvaises. C'est pourquoi l'un des aspects essentiels de la pratique du bouddhisme est l'accent mis sur le développement de l'altruisme.

T. – La science en elle-même n'est donc pas porteuse de valeurs. Ce sont les applications qu'on en fait qui sont bonnes ou mauvaises. Le clonage n'est pas mauvais en soi. Il peut permettre de soulager de grandes souffrances, en offrant, par exemple, la possibilité de développer des cellules nouvelles pour remplacer celles de la peau des grands brûlés, celles du cerveau chez les gens atteints des maladies d'Alzheimer ou de Parkinson, ou celles de la moelle des os détruite par la chimiothérapie chez les malades du cancer.

Cela dit, l'attitude libérale du bouddhisme vis-à-vis du clonage n'est-elle pas due au fait qu'il n'envisage pas la notion d'un Créateur ? Le clonage est unanimement condamné par les autres grandes religions : le catholicisme, le protestantisme, l'islam et le judaïsme, car elles voient dans cet acte une tentation prométhéenne de se substituer à Dieu. Ce sacrilège n'existe plus, dès lors que la notion de Créateur est absente.

M. – Je ne pense pas que l'attitude du bouddhisme à l'égard du clonage puisse être qualifiée de libérale, mais elle n'est pas dogmatique. Le problème du clonage relève du respect des droits fondamentaux des êtres vivants, humains ou animaux, à éviter la souffrance et à vivre heureux. Les clones ne sont rien d'autre que des vrais jumeaux qui n'ont pas le même âge. Créer des clones dans un but utilitaire serait donc aussi barbare que de procréer dans le but d'utiliser les enfants comme banques d'organes. L'idée de vouloir être cloné pour perpétuer sa personne n'est qu'une manifestation ridicule d'un ego exacerbé. Vouloir cloner un sportif d'élite, une vedette de cinéma ou son chien pour l'avoir perpétuellement à ses côtés relève d'un attachement puéril qui n'a rien à voir avec l'amour et la bonté. Nous devons apprendre à apprécier à sa juste valeur le potentiel extraordinaire de l'existence humaine. Le monde est par nature éphémère et vouloir s'accrocher désespérément à l'illusion d'une permanence des choses, à un rêve d'éternité, ne peut qu'être source de frustrations inutiles. En revanche, je suis d'accord sur le fait que la recherche sur le clonage pourrait aboutir à de nouvelles techniques de culture de tissus, voire d'organes susceptibles de soulager bien des souffrances. Pourquoi ne remplacerait-on pas le foie malade de quelqu'un par un foie sain développé à partir d'une de ses cellules ? Ce ne sont donc pas tant les progrès de la génétique ou d'autres branches de la science qui sont effrayants que les motivations confuses et irresponsables qui déterminent leur utilisation.

T. – J'ai souvent pensé que le Bouddha enseignait avant tout une philosophie pratique : le principal but de l'homme est de s'améliorer au fil de sa vie quotidienne, sans se soucier de l'origine de l'univers ou de la constitution de la matière.

M. – Lorsque quelqu'un, par simple curiosité, demandait au Bouddha quelle était l'origine de l'univers et l'assaillait d'autres questions qui n'avaient aucune incidence sur le progrès spirituel, il gardait le silence. Le bouddhisme étant avant tout un chemin vers l'Éveil, il établit naturellement une hiérarchie entre les connaissances qui concourent à ce but et celles qui, bien que fort respectables, n'ont qu'un effet négligeable par rapport à cette finalité.

T. – Qu'est-ce que le bouddhisme entend par Éveil ?

M. – La fin de toute méprise, associée à une compassion sans limites. Une connaissance qui n'est pas, comme dans la science, une accumulation de données, mais une compréhension des modes d'existence relatif (la façon dont les choses nous apparaissent) et ultime (leur véritable nature) de notre esprit et du monde. Cette connaissance est l'antidote fondamental de l'ignorance. Par ignorance on n'entend donc pas ici un simple manque d'information, mais une vision fausse de la réalité qui nous fait croire que les choses sont permanentes et solides, et que notre moi existe vraiment, et à cause de laquelle nous confondons le plaisir passager ou le soulagement d'une souffrance avec le bonheur durable. C'est cette ignorance qui nous pousse également à construire le bonheur sur la souffrance des autres. Nous nous attachons à ce qui peut satisfaire notre moi et nous éprouvons de la répulsion pour ce qui paraît lui nuire. De fil en aiguille, les événements mentaux s'enchaînent, engendrent de plus en plus de confusion dans notre esprit et aboutissent à un comportement totalement égocentrique. L'ignorance se perpétue et notre paix intérieure est détruite. La connaissance dont parle le bouddhisme est l'antidote ultime de la souffrance. Dans cette perspective, on est forcé d'admettre que connaître la luminosité des étoiles ou la distance qui les sépare n'est pas d'une utilité absolue et ne nous apprend pas même comment devenir de meilleurs êtres humains.

T. – C'est bien ce constat qui m'avait amené à penser que le bouddhisme délaisse toute connaissance qui n'influe pas directement sur notre progrès moral et spirituel et sur notre comportement dans la vie de tous les jours : en quoi la connaissance de l'origine de l'univers et de son destin, ou celle de la nature du temps et de l'espace peuvent-elles nous aider à atteindre le nirvana ?

M. – On cite le cas d'un homme qui interrogea le Bouddha sur certains points de cosmologie. Ce dernier prit une poignée de feuilles et demanda au visiteur : « Y a-t-il plus de feuilles dans mes mains, ou dans la forêt ?

— Il y en a certes bien plus dans la forêt », répondit l'homme. Le Bouddha poursuivit : « Eh bien, les feuilles que je tiens dans ma main représentent les connaissances qui conduisent à la cessation de la souffrance. » Le Bouddha montrait ainsi l'inutilité de certaines interrogations. Le monde offre un champ d'études illimitées, aussi nombreuses que les feuilles de la forêt. Si ce que l'on désire par-dessus tout dans cette vie est d'atteindre l'Éveil, il est préférable de s'y consacrer entièrement en rassemblant dans ses mains les seules connaissances qui concourent à la réalisation de ce souhait.

Il ressort de l'expérience que, pour dissiper l'ignorance, il est indispensable de comprendre de façon juste la *nature* du monde extérieur et du moi, ce que nous appelons la « réalité ». C'est pourquoi le Bouddha fit de cette compréhension le thème central de son enseignement. De même, il réfuta à maintes reprises l'idée d'une cause première et unique du monde phénoménal. Il insista également sur la différence entre la façon dont nous percevons les phénomènes et leur nature véritable et sur les effets néfastes de cette perception erronée. Prendre, dans la pénombre, une corde pour un serpent engendre des peurs inutiles, mais dès qu'on éclaire cette corde et que l'on reconnaît sa véritable nature, notre frayeur n'a plus lieu d'être. Or, l'investigation bouddhiste conduit à la constatation que le moi et les phénomènes extérieurs n'existent pas de façon autonome, que la distinction entre « moi » et les « autres » n'est qu'une étiquette illusoire. C'est ce que le bouddhisme appelle « vacuité[1] », ou absence d'existence propre. D'autre part, vouloir à tout prix trouver une cause première aux phénomènes reflète simplement la tendance de notre esprit à vouloir réifier tout ce que nous percevons ; à leur attribuer une existence intrinsèque, une réalité solide qui correspond à notre perception habituelle des choses. Cette notion de « cause première » a dominé la pensée religieuse, philosophique et scientifique occidentale pendant plus de deux millénaires.

T. – Jusqu'au XIXe siècle, la science classique concevait en effet les choses comme douées d'une réalité intrinsèque et régies par des lois rigides de cause à effet. On l'enseignait sous la forme de « leçons de choses ». La mécanique quantique, née au début du XXe siècle, a considérablement ébranlé l'idée d'une réalité intrinsèque des constituants élémentaires de la matière et a remis en question certaines notions de causalité. Mais ce concept bouddhiste de vacuité ne fait-il pas penser à un néant, une absence de tout ? Comment les choses pourraient-elles fonctionner si elles sont « vides » ?

M. – Lorsque le bouddhisme enseigne que la vacuité est la nature ultime des choses, il veut dire que les phénomènes et les fonctions qu'ils remplissent sont dénués d'existence autonome et permanente. La vacuité

1. Sur le concept de vacuité dans le bouddhisme, voir *Comprendre la vacuité*, Saint-Léon-sur-Vézère, Padmakara, 1993, et Patrick Carré, *Nostalgie de la vacuité*, Pauvert, 2000.

n'est donc pas une sorte d'entité indépendante. C'est le mode d'être des choses tel qu'il est révélé par l'analyse. Il ne s'agit en aucun cas du néant, de l'absence de tout phénomène comme les premiers commentateurs occidentaux du bouddhisme l'avaient cru[1]. La notion de vacuité, à son tour, ne doit pas servir de support à l'élaboration de nouvelles fixations conceptuelles. C'est pourquoi le Bouddha prend la précaution de parler de « vacuité de la vacuité ». En effet, les concepts d'existence et de non-existence n'ont de sens que l'un par rapport à l'autre. Si on ne peut pas parler d'existence réelle, parler de non-existence devient absurde. Le *Traité fondamental de la perfection de la sagesse* dit : « Ceux qui s'attachent à la vacuité sont dits incurables[2]. » Pourquoi incurables ? Parce que la méditation sur la vacuité est le remède qui permet de se libérer des concepts erronés sur la nature des choses, de l'attachement à une réalité solide. Or si ce remède devient lui-même une source d'attachement à une « vacuité », il n'y a plus de cure possible. Le même traité conclut : « Par conséquent, le sage ne demeurera ni dans l'être ni dans le non-être. »

C'est dans ce contexte que la philosophie bouddhiste s'est attachée à analyser l'existence, ou la non-existence, de particules indivisibles de matière et d'instants ponctuels de conscience. Selon le bouddhisme, cette analyse de l'irréalité des choses fait partie intégrante du chemin spirituel, car elle permet de dissiper notre croyance en l'existence intrinsèque des phénomènes.

T. – Le but de la connaissance du monde phénoménal est-il la connaissance de soi ?

M. – Les deux sont liées, car il s'agit d'une approche globale dans laquelle la dualité entre soi et le monde s'efface dans la non-réalité des phénomènes. La connaissance de la nature de notre esprit et celle de la nature des phénomènes s'éclairent et se renforcent mutuellement, et leur but ultime est de dissiper la souffrance.

T. – N'est-ce pas cela qui explique l'intérêt croissant porté au bouddhisme en Occident ?

M. – Les méthodes d'analyse et de contemplation du bouddhisme ne se donnent jamais pour objet de construire des systèmes philosophiques nébuleux ni de se lancer dans des spéculations gratuites. Elles visent essentiellement à nous délivrer de la confusion mentale qui est source de souffrance. Cette connaissance est éminemment pragmatique et entraîne des changements intérieurs indéniables.

La curiosité dont la philosophie bouddhiste est l'objet depuis quelques années me semble naturelle. C'est un peu comme si on découvrait un

---

1. En ce qui concerne l'histoire de cette méprise, voir Roger-Pol Droit, *Le Culte du néant*, Le Seuil, 1997.

2. Cité dans Gampopa, *Le Précieux Ornement de la libération*, Saint-Léon-sur-Vézère, Padmakara, 1999, p. 257.

coffre renfermant les écrits, jusqu'alors ignorés, des grands philosophes grecs. Je ne pense pas que cet intérêt soit seulement l'effet d'une mode, mais plutôt d'une quête légitime de savoir. Trop longtemps, comme l'a montré Roger-Pol Droit dans *L'Oubli de l'Inde. Une amnésie philosophique*[1], le bouddhisme et les autres philosophies orientales ont été ignorés des penseurs occidentaux. Ils tenaient pour acquis qu'il n'y a jamais eu de philosophie sérieuse qu'en Europe. Pourquoi les autres philosophies ne sont-elles pas enseignées dans nos écoles au même titre que la philosophie grecque, à laquelle elles n'ont rien à envier ? Existe-t-il une réalité solide derrière les apparences ? Quelle est l'origine du monde phénoménal ? Quels sont les rapports entre l'animé et l'inanimé ? Le temps, l'espace et les lois de la nature existent-ils réellement ? Depuis deux mille cinq cents ans, les métaphysiciens bouddhistes n'ont cessé d'examiner ces questions. La littérature bouddhiste abonde de traités de logique, de théories de la perception, d'analyses de la réalité du monde phénoménal à différents niveaux, et de traités de psychologie qui se penchent dans le plus grand détail sur les différents types d'« événements mentaux » et autres aspects de notre esprit. On est loin de l'image de l'illuminé rêvassant sous un manguier !

T. – Tu présentes le bouddhisme comme une science de l'esprit ? Serait-ce une science dans la même acception qu'une science naturelle basée sur l'observation et la mesure et dont le langage est mathématique ?

M. – L'authenticité d'une science ne dépend pas nécessairement de mesures physiques ni d'équations mathématiques complexes. Une hypothèse peut être vérifiée par l'expérience intérieure sans pour autant manquer de rigueur. La méthode bouddhiste commence par l'analyse et fait souvent appel à des « expériences de pensée » qui sont irréfutables sur le plan conceptuel, même si elles ne peuvent être menées dans la réalité physique. C'est une façon de procéder qui a été largement utilisée par la science.

T. – Les expériences conduites simplement par la pensée sont en effet très utiles en physique. Elles ont souvent été mises en œuvre par Einstein, et d'autres grands physiciens, non seulement pour démontrer des principes physiques, mais aussi pour mettre en évidence des résultats paradoxaux dans l'interprétation de certaines situations physiques. Ainsi, pour étudier la nature du temps et de l'espace, Einstein s'est imaginé chevauchant une particule de lumière. Pour réfléchir sur la gravité, il s'est représenté dans un ascenseur en chute libre dans le vide.

Je conçois que la physique moderne, au fil des découvertes et d'inévitables interrogations métaphysiques, retrouve dans le bouddhisme (ou dans d'autres religions ou philosophies) des échos inattendus. Mais pourquoi le bouddhisme s'intéresse-t-il à la science moderne, en particulier à la

1. Roger-Pol Droit, *L'Oubli de l'Inde. Une amnésie philosophique*, PUF, 1989.

physique et à l'astrophysique, alors qu'il n'a guère de penchant pour la technologie ?

M. – La préoccupation majeure du bouddhisme n'est pas, bien sûr, la science moderne, mais il s'y intéresse parce que dans son analyse de la réalité il s'est posé depuis longtemps des questions similaires à celles que soulève la physique contemporaine : des particules autonomes indivisibles peuvent-elles constituer les « briques » servant à construire le monde macroscopique ? Ont-elles une réalité ultime, ou se réduisent-elles à des étiquettes mentales ? Les lois physiques existent-elles en elles-mêmes à la manière des Idées platoniciennes ? Le bouddhisme considère l'interdépendance des phénomènes comme la description la plus adéquate de la réalité apparente. Or, le concept de globalité (l'interdépendance des phénomènes entre eux et l'interdépendance entre les phénomènes et le sujet auquel ils apparaissent) qui s'est imposé depuis Niels Bohr et Heisenberg, les pères de la physique quantique, a été vérifié expérimentalement au cours des vingt dernières années[1]. Cette notion représente donc l'une des découvertes les plus fondamentales de la physique moderne. Sans tomber dans le piège des ressemblances superficielles, l'exploration de ces deux approches peut nous aider à approfondir des aspects essentiels de notre vision du monde.

Le bouddhisme étant avant tout une recherche fondée sur l'expérience directe, il n'est pas figé dans des dogmes dont il ne saurait s'écarter sous peine de remettre en question ses fondements mêmes. Il est prêt à accepter toute vision de la réalité possédant les critères de la vérité authentique. Le Bouddha incitait ses disciples à redécouvrir, par leur propre expérience, l'interdépendance de la conscience et du monde, afin de transformer leur vision de la réalité. Il les mettait souvent en garde contre le danger d'une foi aveugle et dogmatique : « Examinez, disait-il, la validité de mes enseignements comme vous examineriez la pureté d'une pépite d'or, en la frottant contre une pierre, en la martelant ou en la faisant fondre. N'acceptez pas ce que je dis par simple respect pour moi. » Il ne s'agit donc pas de croire, mais de *savoir*. L'expérience personnelle, fondée sur l'analyse introspective, nous amène notamment à comprendre que le moi n'est que la réification sans fondement d'un ensemble d'interconnexions dynamiques, transitoires et insaisissables.

T. – L'absence de dogmatisme dans le bouddhisme a toujours suscité mon admiration. C'est d'ailleurs cet esprit de tolérance et d'ouverture qui a permis au bouddhisme de coexister en paix avec d'autres croyances dans les sociétés où il s'est implanté. Trouve-t-on les analyses que tu viens de décrire dans les textes bouddhiques tibétains ?

M. – Elles figurent dans la centaine de volumes des paroles du Bouddha, qui furent recueillies par ses disciples, ainsi que dans les commentaires indiens traduits du sanskrit en tibétain (deux cent treize volumes) à

1. Il s'agit de l'expérience EPR décrite au chapitre 4.

partir du IXe siècle. Elles sont également exposées dans les milliers de volumes des commentateurs tibétains[1]. Le Bouddha vécut cinq siècles avant Jésus-Christ[2]. Le bouddhisme a commencé à décliner en Inde à partir du VIIe siècle et a disparu de ce pays vers le XIIe siècle. De nombreux pays d'Asie ont alors pris la relève. Ce transfert a donné naissance au Tibet à une tradition scolastique et contemplative très riche. Après les littératures (classiques) sanskrite et chinoise, la littérature tibétaine est la plus riche en Orient. Aux commentaires s'ajoutent les débats métaphysiques entre le bouddhisme et l'hindouisme. Ils traitent notamment de l'existence ou de l'inexistence d'un Créateur, d'une âme éternelle, d'entités générales équivalentes aux Idées platoniciennes, etc. Ces joutes, qui se poursuivent aujourd'hui encore dans les monastères, ont permis de clarifier la position du bouddhisme sur nombre de questions dont nous allons débattre. Mais je ne saurais trop insister sur le fait que sans un état d'esprit altruiste, déterminé à dissiper les causes de la souffrance à leur racine même, toutes ces spéculations ne sont que lettre morte.

II

L'ÊTRE ET LE NON-ÊTRE

L'univers a-t-il un début ?

La notion de début est à l'évidence une préoccupation essentielle de toutes les religions et de la science. La théorie du big bang, selon laquelle l'univers a été créé il y a environ quinze milliards d'années, simultanément avec le temps et l'espace, est celle qui explique au mieux l'univers observé. Le bouddhisme aborde ce problème d'une façon très

1. Les aspects du bouddhisme et les citations que nous présentons dans ce dialogue ne sont pas spécifiques du bouddhisme tibétain. Ils reflètent les vues philosophiques du bouddhisme indien qui sont fondées sur les paroles du bouddha Śākyamuni (569-489 ? av. J.-C.) et des grands commentateurs indiens, principalement ceux qui exposent la philosophie la Voie du Milieu (*Mādhyamaka*). Parmi eux, Nāgārjuna (IIe siècle apr. J.-C., mais selon d'autres sources il pourrait être né en 212 av.-J.-C.), Chandrakirti (VIIe siècle apr. J.-C.) et Shantideva (685-763 ?).

2. Les dates du Bouddha ne sont pas établies avec certitude. Selon les calculs fondés sur les registres du Vinaya conservés à Sri Lanka, le Bouddha aurait vécu de 483 à 403 av. J.-C. Mais si on situe le règne de l'empereur Ashoka (268-231) deux siècles après la mort du Bouddha, les dates de ce dernier seraient 569 à 489. D'autres études proposent des dates différentes.

différente. Il se demande en effet s'il est vraiment nécessaire qu'il y ait un début, et s'interroge sur la réalité de ce qui serait ainsi venu à existence. Le big bang de la physique est-il une explosion primordiale, ou le commencement d'un cycle particulier dans une succession sans début ni fin d'un nombre incalculable d'univers ? Nos concepts ordinaires nous permettent-ils d'appréhender la notion d'origine, ou d'absence d'origine ? Cette notion ne reflète-t-elle pas notre tendance à réifier les phénomènes, c'est-à-dire à les considérer comme des « choses » douées de réalité intrinsèque ?

THUAN : Abordons maintenant la connaissance du réel. Je voudrais que nous parlions tout d'abord de l'infiniment grand. Dans l'état actuel de nos connaissances, la théorie qui décrit le mieux l'origine de l'univers est celle du big bang. On pense que l'univers est né il y a environ quinze milliards d'années dans une explosion fulgurante à partir d'un état inimaginablement petit, chaud et dense, qui aurait également donné naissance à l'espace et au temps. Depuis, l'univers est en expansion et s'est continuellement dilué et refroidi.

On en est arrivé à cette théorie après que l'astronome américain Edwin Hubble eut observé, en 1929, que la vaste majorité des galaxies fuyaient la nôtre, la Voie lactée, comme si elle avait la peste ! Plus curieux encore, elles la fuyaient d'autant plus vite qu'elles étaient plus éloignées : une galaxie dix fois plus distante s'éloignait dix fois plus rapidement. On en a déduit que toutes les galaxies ont mis exactement le même temps pour parvenir de leur point d'origine à leur position actuelle. Imaginons une inversion du cours des événements : en reprenant leur trajectoire en sens inverse toutes les galaxies se rencontreraient en un même point de l'espace, au même instant. D'où l'idée d'une grande explosion, le big bang, à partir d'un état extrêmement compact, suivie d'une expansion continuelle de l'univers. C'est ainsi que la notion de début a été introduite en science : le big bang s'est substitué en quelque sorte à la notion religieuse de Création.

Le big bang a eu du mal à s'imposer. Néanmoins, quelques scientifiques avaient pris au sérieux l'idée d'une explosion primordiale ; le chanoine belge Georges Lemaître parlait de l'« atome primitif ». Le physicien américano-russe George Gamow se rendit compte que pendant les trois cent mille premières années de l'univers, sa température et sa densité étaient si extrêmes qu'aucune des structures actuelles (galaxies, étoiles, vie) ne pouvait se former et qu'il ne contenait que particules élémentaires et lumière. Selon Gamow, cette lumière originelle, chaude et énergétique, devait encore nous parvenir aujourd'hui, mais considérablement refroidie à cause de l'énergie qu'elle avait dû dépenser pendant quinze milliards d'années pour rattraper notre galaxie emportée par l'expansion de l'univers.

MATTHIEU : C'est ce qu'on appelle le rayonnement fossile ?

T. – C'est effectivement la chaleur résiduelle du feu de la « création ». Mais personne ne s'était donné la peine de rechercher ce rayonnement fossile jusqu'en 1965, quand il a été découvert par hasard. Ce retard a eu deux raisons : d'une part le big bang mettait les astrophysiciens mal à l'aise à cause de ses connotations théologiques (en 1951, le pape Pie XII identifia le big bang au *fiat lux* de la Bible).

M. – C'est amusant, car un ami érudit tibétain à qui je parlais du big bang s'est exclamé : « L'univers, le temps et l'espace qui commencent dans un grand "boum", *ex nihilo*, sans cause ? Mais cela revient à postuler l'existence d'un Créateur qui est sa propre cause ! »

T. – L'autre raison de ce retard venait de l'existence d'une théorie cosmologique en vogue, due à trois astronomes britanniques, Hermann Bondi, Thomas Gold et Fred Hoyle, qui permettait d'éviter la notion de création. C'était la théorie de l'« univers stationnaire » (*steady state*), lequel n'aurait ni commencement ni fin et serait en moyenne toujours semblable à lui-même dans l'espace et dans le temps.

Les observations ont rapidement mis à mal cette théorie. Le début des années 1960 a vu la découverte des quasars (astres situés aux confins de l'univers et émettant une énergie fabuleuse dans un volume très compact) et des radiogalaxies (qui émettent la plus grande partie de leur énergie en ondes radio). Or le nombre de ces quasars et radio-galaxies semblait diminuer à mesure que l'univers avançait en âge. Une telle évolution contredisait l'hypothèse d'un univers stationnaire. Mais le coup de grâce a été donné en 1965 par la découverte du rayonnement fossile. La théorie de Hoyle et de ses collègues écartait en effet la possibilité d'un début chaud et dense et ne pouvait expliquer la présence d'un rayonnement résiduel de la chaleur originelle, qui baigne l'univers entier. La théorie du big bang est donc devenue la nouvelle représentation des débuts du monde, car elle seule permet d'expliquer des observations en apparence aussi disparates que la fuite des galaxies, le rayonnement fossile et la composition chimique des étoiles.

M. – Cette théorie, aussi convaincante soit-elle en ce qui concerne l'évolution de l'univers, ne résout pas la question de la causalité du big bang. Selon le bouddhisme, le temps et l'espace ne sont que des concepts liés à notre appréhension du monde des phénomènes, ils n'ont pas d'existence propre. Donc, rien, même le début *apparent* du temps et de l'espace, ne peut se manifester sans causes ni conditions, autrement dit rien ne peut passer de la non-existence à l'existence ou vice versa. Le big bang ne peut donc être qu'un épisode au sein d'un continuum sans début ni fin.

T. – Tu soulèves la question de ce qui s'est passé « avant » le big bang. Je mets « avant » entre guillemets, car si le temps apparaît avec le big bang, ce concept n'est pas défini.

M. – Même s'il n'est pas défini, il ne peut apparaître sans cause.

T. – La science nous permet-elle de remonter jusqu'à l'instant de la création ? La réponse est non. Pour l'instant, il existe un mur de la connaissance qu'on appelle le mur de Planck, du nom du physicien allemand qui, le premier, s'est penché sur ce problème. Ce mur survient au temps infinitésimal de 10^{-43} seconde, appelé « temps de Planck ». Le chiffre 1 n'arrive qu'après quarante-trois zéros. L'univers était alors dix millions de milliards de milliards de fois plus petit qu'un atome d'hydrogène. Son diamètre était égal à la longueur de Planck, soit 10^{-33} centimètre.

M. – Pourquoi cette dimension particulière ? Constituerait-elle une limite ou un point d'inflexion ? De telles « limites » ont-elles une valeur absolue ? On a l'impression d'avoir affaire là à un « mur » solide doué d'une existence intrinsèque.

T. – Le temps et la longueur de Planck ne constituent pas des limites intrinsèques, mais surviennent à cause de notre ignorance. Nous ne savons pas pour l'instant comment unifier les deux grandes théories physiques du XXe siècle, la mécanique quantique et la relativité. La première décrit l'infiniment petit et rend compte du comportement des atomes et de la lumière quand la gravité ne joue pas un rôle dominant. La seconde décrit l'infiniment grand et nous permet de comprendre l'univers et ses structures à l'échelle cosmique quand les deux forces nucléaires et la force électromagnétique ne mènent pas le bal. Or, et c'est là que le bât blesse, nous ne savons pas encore décrire le comportement de la matière et de la lumière quand les quatre forces fondamentales de la Nature[1] sont sur un pied d'égalité, situation qui se produit au temps de Planck, 10^{-43} seconde après l'explosion primordiale[2].

M. – Pourquoi devrait-il y avoir une différence essentielle entre la nature fondamentale du microcosme et celle du macrocosme, puisque le second n'est qu'une extension du premier ? Il ne devrait s'agir que d'une question de perspective.

T. – C'est bien ce que je disais. Le mur de Planck ne constitue pas une limite fondamentale à la connaissance. Il n'est que le signe de notre incapacité à rendre compatibles la mécanique quantique et la relativité.

1. Les deux forces nucléaires forte et faible, la force électromagnétique et la force de gravité. Tout phénomène physique peut s'expliquer par l'interaction de ces quatre forces fondamentales.

2. Au temps de Planck, l'univers est si comprimé et sa densité si grande que la gravité, d'ordinaire négligeable à l'échelle subatomique, devient aussi importante que les forces nucléaires forte et faible, et que la force électromagnétique.

Derrière le mur de Planck se cache une réalité encore inconnue aux physiciens. Certains pensent que le couple espace-temps, si solidement soudé dans notre monde actuel, se brise. Le temps cesse d'exister. Les concepts d'avant, de maintenant et d'après perdent toute signification. Séparé de son partenaire temps, l'espace n'est plus qu'une mousse quantique informe. Sa courbure et sa topologie deviennent chaotiques et ne peuvent plus être décrites qu'en termes de probabilités. Tout est aléatoire.

D'autres physiciens, qui travaillent sur la théorie des supercordes, affirment que la mousse quantique n'existe pas. Selon cette théorie, les particules élémentaires de la matière résultent de la vibration de minuscules « bouts de ficelle » dont la taille est égale à la longueur de Planck. Rien ne pouvant être plus petit que ces supercordes, le problème des fluctuations de l'espace en dessous de cette longueur ne se pose plus. Cette théorie paraît offrir une voie prometteuse permettant d'unifier la mécanique quantique et la relativité, mais elle reste enveloppée dans un voile mathématique épais et n'a pas été vérifiée expérimentalement[1]. Quoi qu'il en soit, peut-être est-ce l'une de ces formes mouvantes dans la mousse quantique qui a donné naissance à l'univers et à son espace-temps il y a environ quinze milliards d'années. Avant cela, on ne peut pas dire que l'espace a passé tant de temps sous telle ou telle forme, puisque le temps n'existait pas. Une durée infinie peut même se cacher derrière le mur de Planck.

M. – Quand tu parles d'une durée infinie, cela veut bien dire « sans commencement » ?

T. – Toutes les hypothèses sont permises. Le temps de 10^{-43} seconde n'est que le résultat de l'extrapolation de nos lois physiques connues vers le temps zéro. Mais ces lois perdent pied derrière ce mur de la connaissance. La physique connue commence donc à 10^{-43} seconde après le big bang[2]. Les physiciens nous disent que l'univers est né du vide. Mais il ne s'agit pas du vide calme et tranquille, dépourvu de toute substance et d'activité, que nous pourrions imaginer : le vide quantique est bouillonnant d'énergie, même s'il est complètement dépourvu de matière. L'espace que nous pensons être vide est constamment traversé de champs d'énergie qui peuvent être décrits en termes d'ondes[3].

1. Pour une description claire et détaillée de la théorie des supercordes voir l'ouvrage de Brian Greene, *L'Univers élégant*, Robert Laffont, 2000.

2. Les lois de la physique n'ont été vérifiées expérimentalement que pour des temps supérieurs à environ un millionième de millionième (10^{-12}) de seconde après le big bang. Avant cela, l'énergie des particules élémentaires dans l'univers était trop importante pour pouvoir être reproduite par nos plus grands accélérateurs de particules de manière à permettre l'étude de la physique dans ces conditions extrêmes.

3. Un vrai kaléidoscope d'ondes accompagne à tout instant notre existence. Les ondes radio sont les moins énergétiques. Il suffit d'un petit tour de bouton pour qu'elles soient converties par le miracle de l'électronique moderne en une symphonie

L'énergie du vide primordial va alors lancer l'univers dans une folle expansion que les astrophysiciens appellent « inflation ». Celle-ci va entraîner un accroissement vertigineux du volume de chacune de ses parties en un temps infinitésimal. Entre 10^{-35} et 10^{-32} seconde après le big bang, de dix millions de milliards de milliards de fois plus petit que la taille d'un atome d'hydrogène, l'univers va grandir de façon exponentielle jusqu'à celle d'une orange.

Dans le même temps, l'univers se dilue et se refroidit considérablement, ce qui lui permet d'accéder à la complexité. L'histoire de l'univers représente une longue ascension vers la complexité. Au début, il était plus chaud que tous les enfers imaginés par Dante, et aucune structure ne pouvait se former. C'est à cause du refroidissement de l'univers que des structures peuvent apparaître. L'énergie du vide intervient de nouveau : elle donne naissance à la matière. Einstein nous a donné la clé de ce mécanisme par sa formule, sans doute la plus célèbre de l'histoire des sciences : $E = mc^2$. Une quantité d'énergie peut être convertie en une particule de matière (dont la masse m est égale à la quantité d'énergie E divisée par le carré de la vitesse de la lumière c).

Des particules élémentaires (des quarks et des électrons, par exemple) surgissent du vide initial et se combinent pour former des atomes, des molécules et finalement des étoiles. Les étoiles s'assemblent par centaines de milliards en galaxies, et les centaines de milliards de galaxies de l'univers observable se regroupent pour tisser une immense tapisserie dans le cosmos. L'infiniment petit a accouché de l'infiniment grand.

Dans au moins une de ces galaxies, la Voie lactée, près d'une étoile nommée Soleil, sur la planète Terre, des molécules s'assemblent en chaînes d'ADN qui vont mener à la vie, à la conscience et à des hommes capables de s'interroger sur le monde qui les entoure et sur l'univers qui les a engendrés. Voilà donc, très brièvement, l'histoire de l'univers telle qu'un astrophysicien la conçoit actuellement[1]. Le bouddhisme, quant à lui, a-t-il une pensée cosmologique ?

M. – Pour lui, les phénomènes ne sont pas véritablement « nés », au sens où ils seraient passés de l'inexistence à l'existence. Ils existent selon notre « vérité relative », mais sont dépourvus de réalité ultime. La vérité relative, ou conventionnelle, correspond à notre expérience empirique du monde, à la façon ordinaire dont nous l'appréhendons, c'est-à-dire en

---

de Beethoven ou en un feuilleton sur l'écran du poste de télévision. Mêlées aux ondes radio, les ondes de la lumière visible provenant du Soleil et filtrant par la fenêtre ricochent partout sur la surface des objets qui nous entourent, puis pénètrent dans nos yeux, ce qui nous permet de voir ces objets. Les ondes ultraviolettes du Soleil et les ondes X en provenance de l'espace viennent s'ajouter au tout.

1. Pour plus de détails sur l'histoire de l'univers, voir *La Mélodie secrète*, ici, p. 15.

attribuant aux choses une réalité objective. Pour le bouddhisme, cette perception est trompeuse. En ultime analyse, les phénomènes sont dénués d'existence intrinsèque (c'est la « vérité absolue »). Dans ce cas, le problème de la Création est un faux problème, tout au moins ne se pose-t-il pas en termes aussi aigus que dans le cas d'une création *ex nihilo* d'un univers doué d'existence propre. La Création devient un problème lorsqu'on *réifie* les phénomènes. Cette position n'exclut cependant pas le déploiement du monde des phénomènes. Il est évident que les phénomènes ne sont pas non existants, mais, si l'on examine la *façon* dont ils existent, on s'aperçoit qu'on ne peut pas les considérer comme une collection d'entités autonomes existant par elles-mêmes. Les phénomènes existent donc à la manière d'un rêve, d'une illusion ou d'un mirage, à la fois apparents et dépourvus d'existence propre. Tout comme les images dans un miroir, ils apparaissent clairement mais sont dénués de réalité autonome. Le grand philosophe indien du IIe siècle, Nāgārjuna, disait : « Les phénomènes tirent leur nature d'une mutuelle dépendance et ne sont rien en eux-mêmes. » Leur évolution n'est ni arbitraire ni déterminée par une instance divine, mais suit les lois de cause à effet au sein d'une interdépendance globale, d'une causalité réciproque.

Le problème de l'« origine » repose donc sur la croyance en la réalité des phénomènes et de l'existence réelle du temps et de l'espace, alors que du point de vue de la vérité absolue, il n'y a ni création, ni durée, ni cessation. Ce paradoxe montre bien le caractère illusoire du monde des phénomènes. Ce dernier peut se manifester d'infinies façons pour la bonne raison que sa nature ultime est vacuité. Du point de vue de la vérité relative des apparences, on dit que le monde conditionné, le *samsara*, est « sans commencement », puisque chaque état doit nécessairement être causé par un état précédent. Alors dis-moi, la théorie du big bang s'apparente-t-elle à une création *ex nihilo* ou à l'expression d'une potentialité ? Est-elle considérée comme un véritable début, ou comme une étape de l'évolution de l'univers ?

T. – Comme nous l'avons déjà dit, la physique que nous connaissons perd pied en deçà du mur de Planck. Avant le big bang, il pourrait donc tout aussi bien y avoir eu un temps infini, ou une simple absence de temps. Ou encore, dans le cas d'un univers cyclique, le big bang ne serait que le commencement d'un nouveau cycle parmi une infinité de cycles. Dans ces deux cas, la question de la création d'univers *ex nihilo*, à partir d'un temps zéro, ne se pose pas. C'est aussi une façon d'éliminer le problème de la Création. Mais tout cela n'est encore que pure spéculation et ne repose sur aucune observation ou expérience.

M. – On peut concevoir un big bang comme une apparition du monde des phénomènes surgissant d'une potentialité infinie mais non manifestée, ce que le bouddhisme appelle de façon imagée les « particules d'espace ». Ce terme ne désigne pas des entités concrètes, mais une potentialité de l'« espace », que l'on pourrait peut-être rapprocher du vide des physiciens, à condition de ne pas réifier ce vide. Mais il ne peut y avoir de création *ex nihilo*. Shantideva écrivait au VIIe siècle :

> Si l'être n'est pas au temps du non-être, quand existera-t-il ?
> Car le non-être ne disparaîtra pas tant que l'être ne sera pas né,
> Et celui-ci ne peut se produire tant que le non-être n'a pas disparu.
> De même, l'être ne peut passer au non-être, car une même chose
> posséderait alors cette double nature[1].

La raison pour laquelle « rien » ne peut pas devenir « quelque chose » est que ce rien ne peut pas se transformer sans abandonner son état de néant, et il ne le peut pas davantage en l'abandonnant.

T. – La physique dit que ce potentiel de manifestation est fourni par l'énergie du vide.

M. – Il s'agirait donc d'une concrétisation apparente de cette énergie.

T. – La question est donc : comment ce vide a-t-il été créé ? Est-ce qu'il y eut un néant, puis une brusque discontinuité et l'apparition d'un vide plein d'énergie et, simultanément, du temps et de l'espace ?

M. – Une discontinuité sans cause qui prend place dans quelque chose qui n'existait pas ? Voilà une bien étrange manière de commencer !

Le big bang ou tout autre « début » d'un univers particulier ne peut survenir sans causes ni conditions. Cela ne signifie pas que le monde des phénomènes doive avoir une cause première et unique, mais qu'il ne peut naître du néant. D'autre part, et c'est là un point essentiel du bouddhisme, les phénomènes et le temps ne peuvent véritablement « commencer », pas plus qu'ils ne peuvent « cesser », en tant qu'entités distinctes, car ils ne possèdent aucune réalité propre. Lorsque nous parlons d'une origine, notre esprit pense aussitôt à l'origine de « quelque chose ». Les notions de début et de fin de l'univers appartiennent à la vérité relative. Du point de vue de la vérité absolue, elles n'ont aucun sens. Quand on voit, par exemple, un incendie au cinéma, la question de savoir qui a vraiment allumé le feu ne se pose pas. Seul le bon sauvage, qui n'a aucune idée de ce qu'est un film, aura envie de jeter de l'eau sur l'écran. Toutes les religions et les philosophies ont buté sur ce problème de la Création. La science s'en est débarrassée en éliminant la notion de Dieu créateur dont elle n'a pas besoin et le bouddhisme en éliminant la notion même d'un début.

T. – Tu te rappelles la fameuse anecdote concernant le grand mathématicien et physicien du XVIIIe siècle, Pierre Simon de Laplace ? Quand celui-ci offrit un exemplaire de son *Traité de mécanique céleste* à Napoléon, l'empereur lui reprocha de n'avoir pas mentionné une seule fois

1. Shantideva, *Bodhicharyāvatāra* ; traduction française : *La Marche vers l'Éveil*, Saint-Léon-sur-Vézère, Padmakara, 1991, chap. 9, p. 147-148.

le Grand Architecte. Laplace lui répliqua : « Sire, je n'ai pas besoin de cette hypothèse. » Mais une question demeure : pourquoi y a-t-il un univers ? Pourquoi existe-t-il des lois ? Pourquoi y a-t-il eu un big bang ? C'est la fameuse question de Leibniz : « Pourquoi y a-t-il quelque chose plutôt que rien ? Car le rien est plus simple et plus facile que quelque chose. De plus, à supposer que des choses doivent exister, il faut qu'on puisse rendre compte du pourquoi elles doivent exister ainsi et non autrement. »

M. – On pourrait répondre par cette phrase célèbre de Nāgārjuna : « Parce que tout est vacuité, tout peut être. » La *Perfection de la sagesse* précise : « Apparaissant, les choses sont vides ; vides, elles apparaissent. » Selon le bouddhisme, la vacuité n'est pas seulement la nature ultime des phénomènes, mais le potentiel qui permet à ces phénomènes de se déployer à l'infini. Pour donner une image simplifiée, les continents, les arbres, les forêts peuvent se manifester parce que l'espace permet leur déploiement. Si le ciel était de pierre, il ne se passerait pas grand-chose. De même, si la réalité était immuable, permanente, et si ses propriétés l'étaient également, il ne pourrait pas y avoir le moindre changement ; les phénomènes ne pourraient pas apparaître. C'est parce que les choses sont dépourvues de réalité intrinsèque qu'elles peuvent se manifester à l'infini. En comprenant que tout est vide en soi, il est possible de comprendre d'autant mieux le fonctionnement de la vérité relative, ou conventionnelle. Ce processus n'est pas arbitraire et les lois de causalité impliquent une harmonie de nature entre causes et effets. Telle est la vacuité bouddhiste. Ce n'est pas le néant, mais l'absence d'existence permanente et autonome des phénomènes.

T. – Nombre de gens associent en effet la notion de vacuité au néant et, au XIXe siècle, on accusait le bouddhisme de nihilisme.

M. – C'est une grave méprise. On considère qu'il existe deux points de vue tout aussi extrêmes qu'erronés : le nihilisme et le réalisme matérialiste. Ce dernier, que le bouddhisme appelle « éternalisme », est un point de vue réificateur qui postule l'existence d'une matière immuable et de constituants solides de cette matière. D'autre part, lorsque Leibniz se demande « pourquoi il y a quelque chose plutôt que rien », sa question présuppose qu'il y *a* vraiment *quelque chose*. Il faudrait donc commencer par s'interroger sur l'existence d'une réalité objective. Selon la Voie médiane du bouddhisme, il n'y a ni *rien* (le nihilisme) ni *quelque chose* (le réalisme matérialiste). On pourrait donc demander en retour à Leibniz : « Pourquoi n'y aurait-il rien, puisque les phénomènes sont possibles ? » La nature des phénomènes interdépendants, apparents mais dénués d'existence propre, défie le sens commun car on ne peut l'appeler ni existante ni non existante. L'intellect a ses limites et ne peut embrasser la nature de la réalité par de simples concepts. Seule une connaissance directe qui transcende la pensée discursive peut appréhender la nature du monde des phénomènes sur un mode non duel, dans lequel les notions de sujet et d'objet n'ont plus aucune signification.

T. – Nous reviendrons sur cette question fondamentale quand nous discuterons des implications philosophiques de la mécanique quantique. Après que j'ai évoqué la vision scientifique de l'histoire de l'univers, peux-tu me décrire la vision cosmique du Bouddha ?

M. – À l'époque où naquit le bouddha Śākyamuni, l'hindouisme offrait une vision mythique et symbolique du cosmos. Lorsque le Bouddha atteignit l'Éveil, en 528 av. J.-C., il vit, à la lumière de son expérience contemplative, que le monde se caractérise par l'interdépendance et que sa nature est vide de réalité autonome et permanente. Cette interdépendance inclut naturellement la conscience. Comprendre cela a d'immenses répercussions sur notre conception de l'existence, sur notre bonheur et sur notre souffrance. Concevoir les interactions éphémères des phénomènes comme des entités permanentes est la cause même de notre croyance invétérée à la notion d'un « moi » et au fait que les choses possèdent des propriétés intrinsèques. Cette solidification justifie les myriades d'impulsions d'attraction et de rejet qui sont à la source de nos tourments. Il se crée une disparité entre la façon dont les choses nous apparaissent et la façon dont elles sont véritablement. Ainsi, la conception du « moi » n'est qu'une déviation momentanée de l'esprit. Mais si l'on sait que les phénomènes n'existent que sur un mode éphémère et interdépendant, on ne s'y attache plus de la même manière. On se libère de l'erreur. C'est pourquoi la connaissance est *libératrice*. Ce qu'on appelle « nirvana » n'est rien d'autre que l'épuisement des pensées de l'intellect fourvoyé, comme on peut le lire dans l'*Ornement des soutras* : « La délivrance est donc l'épuisement de l'erreur. »

T. – La science du XXe siècle a aussi découvert cette notion d'interdépendance. Mais je voudrais revenir à ma question originale : le bouddhisme décrit-il la formation de notre univers ?

M. – Oui, sans que cette description soit présentée comme un dogme. Certains de ses aspects descriptifs sont maintenant dépassés, mais ils ont également une signification symbolique liée à la pratique méditative. Extérieurement, ils correspondent aux idées de l'époque qui furent adoptées par le bouddhisme, mais n'ont pas été enseignées par le Bouddha lui-même. Cette cosmologie ne remet pas en cause l'analyse bouddhique de la notion de « réel ». Le concept de formation de l'univers appartient à la vérité relative, au domaine des apparences. En termes de vérité relative, le bouddhisme parle donc de « particules d'espace » qui ne représentent pas des objets, mais un potentiel de manifestation. On parle ensuite de l'expression de ce « vide plein » sous la forme de cinq « souffles » ou énergies – *prana* en sanskrit. Ces énergies se manifestent sous la forme de lumières de cinq couleurs qui se matérialisent peu à peu en cinq éléments – air, eau, terre, feu et espace. Leur combinaison engendre une « soupe », un océan d'éléments dont le barattage, sous l'effet de l'énergie initiale, produit les corps célestes, les continents et les montagnes, et finalement les êtres vivants. Voilà donc comment se forme un univers parmi l'infinité de ceux qui existent. On n'envisage pas de création première, car l'idée d'une cause unique est indéfendable.

T. – En dépit du langage imagé, cette description du commencement du monde a des résonances étonnantes avec les idées modernes de la naissance de l'univers. Nous sommes loin de la conception du monde comme résultat des amours et des haines des dieux. Je suis particulièrement intrigué par la similarité de la notion de « vide plein » en science et dans le bouddhisme.

M. – Certes, mais attention : il y a une différence majeure. La science parle d'un univers-objet. Pour le bouddhisme, nous le verrons, l'univers n'est pas indépendant de la conscience, et sans tomber pour autant dans l'idéalisme (selon lequel le monde ne serait qu'une projection de la conscience), on dira que le sujet et l'objet se façonnent mutuellement. Sur le plan descriptif, le bouddhisme envisage un univers cyclique (mais ni circulaire ni répétitif comme l'univers des stoïciens). Un cycle particulier est composé de quatre périodes correspondant à la formation, la continuité, la destruction et l'état « non manifesté » (le vide intermédiaire entre deux univers). Les particules d'espace assurent la continuité d'un univers à l'autre. La succession des cycles est sans début ni fin.

T. – Ce point de vue ne s'inspire-t-il pas de l'hindouisme qui dit que l'univers « respire », le mouvement d'expansion correspondant à une expiration et celui de contraction correspondant à une inhalation ?

M. – L'image est poétique, mais certaines écoles de l'hindouisme envisagent, outre un univers cyclique, une ou plusieurs entités immuables et créatrices, ce qui, pour le bouddhisme, est inutile et illogique.

T. – Le concept d'univers cyclique apparaît aussi en cosmologie moderne. Si notre univers contient assez de matière, la force de gravité attractive de cette matière pourra, à un moment donné, arrêter le processus d'expansion et inverser le mouvement de fuite des galaxies. On aura alors un big bang à l'envers, un big crunch, ou « grand écrasement ». Les étoiles s'évaporeront dans une intense chaleur et la matière se désintégrera en particules élémentaires. L'univers finira sa vie dans une fantastique apothéose de lumière, dans un état extrêmement petit, chaud et dense. Le temps et l'espace perdront à nouveau toute signification. Un univers qui s'effondre sur lui-même peut-il renaître de ses cendres, tel un phénix, pour commencer un nouveau cycle avec, peut-être, de nouvelles lois physiques ? Nul ne le sait, car, comme nous l'avons dit plus haut, la physique actuelle, on l'a vu, perd pied au temps de Planck, lorsqu'elle aborde des températures et des densités extrêmes.

M. – Selon la vision du bouddhisme, la fin d'un cycle se manifesterait par une déflagration finale (on parle de sept brasiers successifs, de plus en plus intenses, qui consumeraient l'univers visible) suivie d'une résorption de l'univers dans le vide, à partir duquel un nouveau cycle peut émerger.

T. – Selon la cosmologie moderne, si l'univers repart dans un nouveau cycle, les cycles se suivront, mais ne se ressembleront pas. L'univers accumulera de plus en plus d'énergie, ce qui aura pour effet que chaque cycle durera plus longtemps que le précédent et que la taille maximale de l'univers deviendra de plus en plus grande. C'est similaire à la notion d'univers cyclique non répétitif dont tu parlais. Mais si notre univers ne contient pas assez de matière pour que la force de gravité arrête son expansion, il se diluera jusqu'à la fin des temps et ne sera donc pas cyclique. À terme, les étoiles consommeront tout leur carburant nucléaire et s'éteindront. Elles n'illumineront plus le firmament. Le monde sera plongé dans une longue nuit noire et glaciale, d'où la chaleur s'évanouira peu à peu, la température se rapprochant toujours plus du zéro absolu, sans jamais l'atteindre. Faute d'énergie pour l'entretenir, la vie telle que nous la connaissons ne pourra plus exister. Dans un futur très lointain, l'univers ne sera qu'un immense océan de rayonnements et de particules élémentaires. Le physicien anglo-américain Freeman Dyson a spéculé que des nuées d'électrons et d'antiélectrons pourraient alors servir de support matériel à une conscience. Aux dernières nouvelles, il faudrait environ cinq fois plus de matière qu'on n'en connaît actuellement pour que le mouvement d'expansion s'inverse. Mais le recensement de toute la matière de l'univers n'est pas aisé, car il existe une grande quantité de « matière sombre » (90 % du total ou plus) qui n'émet aucun rayonnement et ne se manifeste que par un effet gravitationnel sur son environnement. Privé de lumière, l'astronome est littéralement… dans le noir.

Des observations récentes de supernovae (des explosions d'étoiles) dans des galaxies lointaines semblent indiquer que l'expansion de l'univers, au lieu de décélérer, comme cela serait le cas si seule la force de gravité entrait en jeu, serait en accélération, ce qui impliquerait la présence d'une force « antigravité » dans l'univers. Si cette conclusion est correcte, l'univers sera éternellement en expansion, à moins qu'un nouveau big bang puisse se produire d'une autre façon, en l'absence de big crunch. Mais les propriétés des supernovae lointaines sont encore très mal connues, et cette conclusion est pour le moment très discutée.

M. – L'univers considéré comme une succession de métamorphoses sans commencement n'est pas seulement celui de la matière. La conscience, elle non plus, n'a pas de début. Selon le bouddhisme, la dualité matière-conscience est un faux problème, puisque ni la matière ni la conscience n'ont de réalité indépendante. Le problème de l'absence d'origine première des phénomènes et de la conscience relève de ce que le bouddhisme appelle l'« inconcevable », ce qui ne fait pas référence à une incompréhension muette et résignée devant un mystère qui nous dépasse, mais à ce qui ne peut être appréhendé par nos concepts ordinaires. Cette notion de début est « inconcevable » non pas à cause de l'éloignement dans le temps ou dans l'espace, mais parce que l'esprit conceptuel participe de l'apparition causale, émerge de celle-ci et l'alimente. Il ne peut donc pas se placer « au-dehors » de la chaîne de causalité pour déterminer sa propre origine.

T. – Cela sonne étrangement comme le théorème d'incomplétude de Gödel, selon lequel il n'est pas possible de démontrer qu'un système est cohérent en restant à l'intérieur de ce système. Pour ce faire, il faut en sortir. La science actuelle ne peut en tout cas rien dire sur ce postulat de la coexistence de la conscience avec la matière depuis l'origine des temps.

M. – Ce caractère inconcevable est lié à la nature ultime des phénomènes, la vacuité, ou interdépendance, et dissipe l'illusion « réificatrice » qui nous fait percevoir ces phénomènes comme des entités autonomes. Étant au-delà de tout concept, cette nature ultime peut donc être qualifiée d'inconcevable, sans que cette notion soit synonyme d'ignorance. Bien au contraire, ce mode de connaissance direct, non duel, au-delà des concepts, est une caractéristique de l'Éveil.

Selon certains enseignements du bouddhisme (les tantras) qui offrent une analyse de la manifestation des phénomènes à un niveau contemplatif plus intérieur, la nature primordiale des phénomènes est au-delà de la notion de sujet et d'objet, de temps et d'espace. Toutefois lorsque le monde des phénomènes émerge de la nature primordiale, l'esprit perd de vue cette unité et établit une distinction factice entre la conscience et le monde. Il solidifie ensuite cette séparation entre soi et non-soi, et c'est ainsi que naît le monde de l'ignorance, le samsara. Cette naissance du samsara ne remonte pas à une époque particulière, mais reflète, à chaque instant et à chacune de nos pensées, la manifestation de l'ignorance qui réifie le monde.

III

À LA RECHERCHE DU GRAND HORLOGER

Existe-t-il un principe organisateur ?

Il est tentant d'imaginer un principe créateur qui aurait parfaitement réglé le déroulement de la Création et de l'évolution qui a suivi. Sa toute-puissance expliquerait tout et il nous serait inutile de nous interroger sur l'apparition de l'incroyable complexité de l'univers, de l'animé et de leur étonnante harmonie. La question de nos origines et de notre destin s'en trouverait résolue. Le fait de postuler ou non l'existence d'un Dieu créateur engendre une distinction fondamentale entre les grandes traditions spirituelles du monde. Pour le bouddhisme, le postulat d'une cause première n'a pas de sens. En science, le réglage très précis d'une quinzaine de constantes physiques et des conditions initiales de l'univers est interprété par certains comme le fruit du pur hasard et par d'autres comme l'œuvre d'un principe organisateur. Mais une telle notion résiste-t-elle à l'analyse ? Est-elle nécessaire et logique ?

THUAN : Depuis le XVIe siècle, l'homme n'a cessé de rapetisser dans l'espace. En 1543, le chanoine polonais Nicolas Copernic déloge la Terre de sa place centrale et la relègue au rang de simple planète tournant autour du Soleil. Depuis, le fantôme de Copernic n'a cessé de faire des ravages. Si notre planète n'occupait pas le centre du monde, notre astre devait sûrement l'occuper. Mais voilà que l'astronome américain Harlow Shapley découvre que le Soleil n'est qu'une simple étoile de banlieue parmi la centaine de milliards d'autres qui composent notre galaxie. La Voie lactée n'est elle-même, on le sait maintenant, qu'une parmi les quelque cent milliards de galaxies de l'univers observable, dont le rayon s'étend à quelque quinze milliards d'années-lumière. L'homme n'est qu'un grain de sable sur la vaste plage cosmique. L'homme a aussi rapetissé dans le temps. Dans un calendrier où les quinze milliards d'années de l'univers compteraient pour une année, l'homme civilisé ne ferait son entrée que le 31 décembre à 23 h 59.

Cette réduction de l'homme à l'insignifiant conduisit au cri d'angoisse de Pascal[1] au XVIIe siècle, « Le silence éternel des espaces infinis m'effraie », auquel firent écho, trois siècles plus tard, le biologiste français Jacques Monod[2], « L'homme est perdu dans l'immensité indifférente de l'univers où il a émergé par hasard », et le physicien américain Steven Weinberg[3] : « Plus on comprend l'univers, plus il nous apparaît vide de sens. »

Pour moi, l'homme n'a pas émergé par hasard dans un univers indifférent. Au contraire, tous deux sont en étroite symbiose : si l'univers est si grand, c'est pour permettre notre présence.

MATTHIEU : Méfie-toi, cela ressemble un peu à ce que disait Bernardin de Saint-Pierre : « Les citrouilles sont divisées en tranches parce qu'elles sont faites pour être mangées en famille ! »

T. – Il faut certes se méfier des arguments finalistes. La science elle-même est née du rejet systématique et catégorique de l'explication des

1. Blaise Pascal, *Pensées*, Hachette, 1921.
2. Jacques Monod, *Le Hasard et la Nécessité*, Le Seuil, 1970.
3. Steven Weinberg, *Les Trois Premières Minutes de l'univers*, Le Seuil, 1978.

phénomènes en termes de « causes finales » ou de « projet », notions qui sont plutôt propres aux doctrines religieuses. Toutefois, la cosmologie moderne a découvert que l'existence de l'être humain semble être inscrite dans les propriétés de chaque atome, étoile et galaxie de l'univers et dans chaque loi physique qui régit le cosmos. Il aurait suffi que les propriétés et les lois de l'univers aient été tant soit peu différentes, et nous ne serions pas là pour en parler. L'univers aurait contenu en germe, dès le début, les conditions requises pour l'émergence d'un observateur. Selon le physicien anglo-américain Freeman Dyson : « L'univers savait quelque part que l'homme allait venir[1]. »

M. – Qu'il y ait un reflet de notre existence dans chaque élément de l'univers révèle leur compatibilité mutuelle. De là à introduire une notion de finalité, il y a une sacrée différence !

T. – Pourtant, l'univers semble être parfaitement réglé pour l'apparition des êtres vivants. Comment s'en est-on aperçu ? Bien sûr, on ne peut recréer le big bang dans un laboratoire, mais les astrophysiciens savent jouer au Créateur en utilisant leurs ordinateurs et leurs équations pour construire des modèles d'univers, des « univers-jouets ». Il faut savoir que l'évolution de notre univers, ou de tout autre système physique, est déterminée par ce qu'on appelle des « conditions initiales » et par une quinzaine de nombres dits « constantes physiques ».

La courbe tracée par une balle dans l'espace avant de retomber sur le sol peut être décrite très précisément. Pour ce faire, un physicien utilisera la loi de la gravitation de Newton et sa connaissance des conditions initiales, c'est-à-dire la localisation et la vitesse de la balle à l'instant où elle a quitté ta main. La loi de Newton dépend à son tour d'un nombre appelé « constante de gravitation », qui dicte l'intensité de la force de gravité. De même, il y a trois autres nombres qui contrôlent l'intensité des forces nucléaires forte et faible et de la force électromagnétique. Il y a ensuite la vitesse de la lumière et la constante de Planck qui détermine la taille des atomes. Viennent ensuite les nombres qui caractérisent la masse des particules élémentaires : celle du proton, celle de l'électron, etc. Ces constantes, comme leur nom l'indique, ne varient ni dans l'espace ni dans le temps. Nous avons pu le vérifier avec une grande précision en observant des galaxies très lointaines, mais nous ne disposons pour l'instant d'aucune théorie physique expliquant pourquoi ces constantes ont la valeur qu'elles ont plutôt qu'une autre. Ces nombres nous sont donnés, et il faut vivre avec.

M. – N'y a-t-il vraiment aucune explication ?

T. – En dehors du pur hasard, dont nous reparlerons, il y a certes la théorie des supercordes, selon laquelle les particules élémentaires sont des vibrations de bouts de ficelle infiniment petits. La masse ou la charge de

1. Freeman J. Dyson, *Les Dérangeurs de l'univers*, Payot, 1987.

telle ou telle particule serait alors déterminée par le mode de vibration des cordes. Mais c'est seulement remplacer un problème par un autre, car la théorie n'explique pas pourquoi les vibrations des cordes ont une telle valeur plutôt qu'une autre[1].

M. – Ces constantes physiques pourraient être différentes dans d'autres univers ?

T. – Dans le contexte de la physique actuelle, il n'y a aucune raison qui interdirait leur variation d'un univers à un autre. Ces constantes jouent un rôle décisif dans l'évolution de l'univers, car ce sont elles qui déterminent non seulement la masse et la taille des galaxies, des étoiles et de notre Terre, mais aussi celles des êtres vivants : la hauteur des arbres, la forme d'un pétale de rose, le poids et la taille des fourmis, des girafes et des hommes. La réalité autour de nous serait tout autre si ces constantes avaient des valeurs différentes. Quant aux conditions initiales de l'univers, elles concernent entre autres la quantité de matière qu'il contient ou encore son taux d'expansion initial. Or, les astrophysiciens se sont aperçus, en construisant une multitude d'univers-jouets, que si l'on changeait tant soit peu ces constantes physiques et ces conditions initiales, l'univers serait dépourvu de vie.

M. – De combien devraient-elles changer ?

T. – Le chiffre exact dépend de la constante ou de la condition initiale dont on parle. Mais, dans tous les cas, un changement infime entraînerait la stérilité de l'univers. Considérons par exemple la densité initiale de matière dans l'univers. La matière exerce une force gravitationnelle attractive qui s'oppose à l'impulsion de l'explosion primordiale et ralentit l'expansion universelle. Si la densité initiale était trop élevée, l'univers s'effondrerait sur lui-même au bout d'un million d'années, d'un siècle ou même d'un an. Ce laps de temps serait trop court pour que l'alchimie nucléaire des étoiles produise les éléments lourds, comme le carbone, nécessaires à la vie. Par contre, si la densité initiale de matière était insuffisante, la force de gravité serait trop faible pour que les étoiles se forment. Sans étoiles, adieu aux éléments lourds et à la vie ! Tout se joue donc sur un équilibre très délicat.

L'exemple le plus frappant est celui de la densité de l'univers à son commencement (au temps de Planck) : elle doit être réglée avec une

1. Selon le spécialiste des supercordes Brian Greene, interrogé par Matthieu au cours d'une conversation : « La réponse se trouve dans la cosmologie. Aux premiers instants de l'univers, son énergie se manifeste sous la forme de vibrations des cordes. Pourquoi alors un certain nombre de cordes se mettent-elles à vibrer d'une certaine façon et un autre groupe de cordes d'une autre façon ? Nous pensons qu'il y a une compétition entre l'entropie (la quantité physique qui mesure le désordre : l'univers "recherche" un désordre maximal) et l'énergie (l'univers recherche des états d'énergie de plus en plus bas, comme une balle qui roule sur la pente d'une colline), ce qui détermine combien de cordes vont vibrer selon chaque mode possible. »

précision de l'ordre de 10^{-60}. Autrement dit, *si l'on changeait un chiffre après soixante zéros*, l'univers serait stérile : il n'y aurait ni vie ni conscience, et ni toi ni moi ne serions là pour en débattre. La précision stupéfiante du réglage de la densité initiale de l'univers est comparable à celle dont devrait être capable un archer pour planter une flèche dans une cible carrée d'un centimètre de côté qui serait placée aux confins de l'univers, à une distance de quinze milliards d'années-lumière ! Même si la précision du réglage n'est pas aussi spectaculaire pour les autres constantes physiques et conditions initiales, la conclusion reste la même : celles-ci doivent être réglées de façon très précise pour permettre la vie et la conscience.

Ainsi, l'homme (ou toute autre conscience dans l'univers) semble reprendre la première place. Non pas la place centrale dans le système solaire qu'il occupait avant Copernic, mais dans les desseins de l'univers. Il ne doit plus craindre l'immensité des espaces infinis, car c'est elle qui lui permet d'exister. L'univers est vaste (on estime qu'il a un rayon d'environ quinze milliards d'années-lumière) parce qu'il n'a cessé de s'agrandir au cours du temps. Son âge est nécessaire pour donner aux étoiles le temps de procéder à leur alchimie nucléaire et de fabriquer les éléments chimiques indispensables à la vie, et lui permettre de gravir les échelons de la complexité menant à l'homme (plusieurs milliards d'années sont, au minimum, impératives).

L'univers semble donc réglé de façon extrêmement précise pour qu'il puisse héberger la vie et la conscience et afin que surgisse un observateur capable d'apprécier son harmonie. C'est ce qu'on appelle le « principe anthropique », du grec *anthropos* qui veut dire « homme ». Ce que j'expose ici est la version dite « forte » du principe anthropique. Il existe aussi une version « faible » qui ne suppose pas une intention dans la Nature ; c'est presque une tautologie : « Les propriétés de l'univers doivent être compatibles avec l'existence de l'homme[1]. » Le qualificatif « anthropique » est en fait mal choisi. Il sous-entend que l'univers tend vers l'homme exclusivement. En réalité, les arguments ci-dessus s'appliquent à toute forme d'intelligence dans l'univers. La cosmologie moderne redécouvre ainsi la profonde connexion entre l'homme et l'univers. Le message d'espoir de Paul Claudel répond au cri d'angoisse de Pascal et témoigne de ce réenchantement du monde : « Le silence éternel des espaces infinis ne m'effraie plus. Je m'y promène avec une confiance familière. Nous n'habitons pas un coin perdu d'un désert farouche et impraticable. Tout dans le monde nous est fraternel et familier. »

1. Les énoncés des versions forte et faible du principe anthropique sont dus à Brandon Carter dans *Confrontation of Cosmological Theories with Observational Data*, Malcolm S. Longair (éd.), Dordrecht, Reidel, 1974, p. 291.

M. – Pour le bouddhisme, le principe anthropique n'a pas grand sens. Il est inutile d'invoquer l'intervention d'un principe organisateur ou d'une finalité quelconque qui aurait réglé l'univers avec une précision parfaite pour que la conscience apparaisse. La compatibilité entre le monde inanimé et la conscience est simplement due au fait qu'ils coexistent depuis toujours dans un univers sans début. Je ne veux pas dire par là que l'univers est stationnaire, mais que ce qui semble être un début, le big bang par exemple, n'est qu'un épisode dans un processus ininterrompu. Les conditions de notre univers actuel sont en harmonie avec celles des univers précédents et futurs, car l'enchaînement des événements implique une continuité et une concordance de nature entre causes et effets.

L'univers n'est pas réglé par un grand horloger (ou une grande horlogère) *pour que* la conscience apparaisse : ils coexistent depuis des temps sans début et ne peuvent donc pas s'exclure mutuellement. Leur ajustement mutuel est la condition même de leur coexistence. Le problème du principe anthropique et de toute théorie finaliste est de vouloir mettre l'un avant l'autre et d'affirmer que l'un existe pour que l'autre puisse exister. Si l'on considère la globalité de l'univers et l'interdépendance qui est au cœur des phénomènes, il s'agit plus d'une question d'unité que de finalité. Il n'y a donc rien d'étonnant à ce que les conditions observées dans l'univers soient compatibles avec celles qui permettent l'existence de la vie et de la conscience. Le principe anthropique, conçu de cette façon, revient à dire, en contemplant les deux moitiés d'une même noix : « C'est incroyable, on dirait que la première coquille a été créée pour permettre à la deuxième de s'emboîter parfaitement avec elle. »

T. – Je comprends qu'avec l'hypothèse d'une coexistence sans début de la conscience et de la matière, le bouddhisme n'a pas besoin d'un principe anthropique pour expliquer la vie et la conscience. Mais supposons que cette hypothèse ne soit pas valide, et qu'on doive expliquer ce réglage extrêmement précis des constantes physiques et des conditions initiales de l'univers. On peut se demander si ce réglage est accidentel ou nécessaire, s'il est dû au hasard ou à la nécessité, pour reprendre la formule de Monod.

Considérons d'abord l'hypothèse du hasard. Pour expliquer ce réglage, il faudrait postuler l'existence d'une multitude d'autres univers avec toutes les combinaisons possibles de constantes physiques et de conditions initiales. Elles seraient toutes perdantes, à l'exception de la nôtre qui serait gagnante. Si tu joues à la loterie une infinité de fois, tu finiras par décrocher le gros lot.

M. – Ces autres univers sont ce que les physiciens appellent des univers parallèles ?

T. – Oui. L'étrange notion d'« univers parallèles » a surgi à plusieurs occasions en physique. Une interprétation possible de la mécanique quantique, dérivée des travaux du physicien américain Hugh Everett, dit en effet que l'univers se divise en deux exemplaires presque identiques chaque fois que s'offre une alternative ou un choix. Certains univers ne se distingueraient du nôtre que par la position d'un seul électron dans un seul atome. D'autres différeraient davantage. Il y en aurait un où tu serais parti te promener au lieu de rester ici à parler avec moi. D'autres univers existeraient où le Tibet n'aurait pas été envahi par la Chine et où l'homme n'aurait pas marché sur la Lune. D'autres encore différeraient de façon plus fondamentale : ils auraient des constantes physiques, des conditions initiales et des lois physiques différentes. À chaque dédoublement de l'univers, toi et moi nous nous dédoublerions. Ces univers parallèles seraient déconnectés les uns des autres, de sorte qu'il n'y aurait aucune communication possible entre eux.

M. – Dans le cas des êtres conscients, cette hypothèse impliquerait que notre flux de conscience se divise en deux à chaque fois qu'une pensée surgit dans notre esprit ou qu'un atome bouge dans notre cerveau. La notion de flux individuel de conscience n'aurait plus de sens.

T. – C'est un argument intéressant contre les univers parallèles ! Moi-même, je trouve très bizarre l'idée que l'univers se divise en deux chaque fois qu'il y a choix ou décision. Il n'est pas du tout évident que de telles divisions de notre corps et de notre esprit puissent se produire sans que nous en soyons conscients.

M. – Chacune de nos décisions, de nos pensées, aurait effectivement la faculté de créer un univers entier. Il y aurait un univers dans lequel j'aurais décidé d'aller à droite, ce que j'ai fait dans « mon » univers, et un autre univers dans lequel j'aurais décidé d'aller à gauche, ce qui, pour moi, n'est pas le cas. Cela reviendrait à dire que l'idée virtuelle « j'aurais pu tourner à gauche » pourrait sécréter un autre univers. Ce dernier n'est-il pas aussi irréel que le fils d'une femme stérile ?

Le bouddhisme conçoit une pluralité de mondes ou d'états d'existence, mais il n'est pas d'accord sur la notion d'univers parallèles avec lesquels il n'y aurait aucune communication possible, parce que ces fractures vont à l'encontre de l'interdépendance globale des phénomènes. Si, à chaque instant, il se créait autant d'univers que de particules dans l'univers (ces particules changeant continuellement d'état, à chaque changement devraient correspondre au moins deux univers), ce processus détruirait toute notion de causalité. En effet, les mêmes causes et les mêmes conditions initiales pourraient conduire *simultanément* à deux résultats opposés.

T. – C'est bien le cas en mécanique quantique. Les univers parallèles expriment ce qu'on appelle le « hasard vrai », c'est-à-dire l'absence supposée de cause[1]. Tous les choix devant se réaliser, il n'y aurait plus de véritable choix. La notion de responsabilité morale n'aurait plus lieu

1. Toutefois, le hasard vrai n'est pas démontrable, car les conséquences de l'indéterminisme et d'un chaos déterministe sont indistinguables.

d'être. Ainsi, un criminel dans ce monde d'univers parallèles aurait beau jeu pour plaider la clémence du jury : même s'il a commis un crime dans cet univers, un de ses doubles ne l'aurait pas commis dans un univers parallèle.

M. – Cette théorie implique également que ces univers multiples ne puissent pas communiquer entre eux, car, s'ils le pouvaient, des informations incompatibles coexisteraient : je pourrais être au même instant vivant dans un univers et mort dans l'autre. Cette incommunicabilité diviserait irréversiblement la globalité de l'univers. Or la globalité des phénomènes mise en évidence par la physique quantique (par le théorème de Bell et l'expérience EPR sur lesquels nous reviendrons), de même que par la philosophie bouddhique de l'interdépendance globale vont à l'encontre d'une telle fragmentation. Qu'est-ce qui pourrait « sortir » de l'infinité des phénomènes reliés entre eux depuis toujours et pour toujours ? Si les phénomènes n'existent que sur le mode de l'interdépendance, il est impossible de les séparer sans les faire disparaître. Des univers incompatibles ne peuvent cohabiter au sein de cette globalité infinie et le fait que, selon le bouddhisme, le monde des phénomènes soit dépourvu de réalité ultime ne permet pas pour autant la coexistence de phénomènes mutuellement exclusifs.

La réalisation simultanée de tous les possibles, postulée par la théorie des univers parallèles, implique donc le hasard vrai. Si les phénomènes pouvaient ainsi se manifester en l'absence de cause, tout pourrait naître de n'importe quoi. S'il n'y a pas de hasard vrai et que les phénomènes sont régis par l'interdépendance globale (ce qui est différent du déterminisme absolu, puisque le nombre des causes et des conditions est illimité), toutes les alternatives ne peuvent pas se réaliser.

T. – Je suis d'accord avec toi ; je ne trouve pas cette notion d'univers parallèles très plausible. Comment notre conscience et notre individualité pourraient-elles se diviser en de multiples copies sans que nous nous en rendions compte ? Mais la notion d'univers multiples surgit dans d'autres contextes. J'ai déjà mentionné l'idée d'univers cycliques, ceux qui ont la faveur du bouddhisme, dans lequel un big bang serait suivi d'un big crunch, qui serait suivi d'un autre big bang, et ainsi de suite.

Ces univers existeraient non pas parallèlement dans le temps, mais en succession (en admettant que le temps possède une continuité à travers les multiples big bang et big crunch). Chaque fois que l'univers renaîtrait de ses cendres, il repartirait avec une nouvelle combinaison de constantes physiques et de conditions initiales. La quasi-totalité des cycles produirait des univers infertiles, c'est-à-dire incompatibles avec l'apparition de la vie et de la conscience, sauf un de temps à autre, qui, comme le nôtre, posséderait par hasard une combinaison gagnante. Mais pour l'instant, les observations astronomiques semblent indiquer que l'univers ne possède pas la quantité de matière nécessaire pour que sa gravité renverse le mouvement de fuite des galaxies et mène à un big crunch. Jusqu'à nouvel ordre, l'expansion de l'univers est éternelle.

Mais les physiciens, jamais à court d'imagination, ont proposé un scénario où un nouveau big bang peut surgir sans big crunch. L'Américain Lee Smolin, inspiré par le fait que le big bang et le centre d'un trou noir[1] sont tous deux caractérisés par une extrême densité de matière, a spéculé qu'un nouvel univers peut surgir des entrailles d'un trou noir, dans une fantastique explosion créant un nouveau domaine de temps et d'espace à la manière de notre big bang. Ce nouvel univers serait totalement déconnecté du nôtre, car aucune information ne peut sortir du cœur du trou noir pour rentrer dans notre univers. Pour l'instant, ce scénario n'a aucun support expérimental et relève de la science-fiction plutôt que de la science.

M. – Ce nouvel univers serait peut-être déconnecté du nôtre du point de vue de la *transmission d'informations*, mais pas du point de vue causal, puisque le trou noir provient bien de notre univers. Il y aurait donc bien une continuité.

T. – La théorie du big bang permet également de concevoir une variante de la théorie des univers parallèles : le physicien russe Andreï Linde a décrit un scénario dans lequel chacune des fluctuations infinies de la mousse quantique originelle donne naissance à un univers, si bien que notre monde ne serait qu'une petite bulle dans un méta-univers composé d'une infinité d'autres bulles qui n'abriteraient pas de vie consciente, la combinaison de leurs constantes et de leurs lois physiques ne le permettant pas.

Voilà pour l'hypothèse du pur hasard. Personnellement, je trouve l'idée des univers parallèles difficile à accepter. Qu'ils soient inaccessibles à l'observation, et donc invérifiables, fait violence à ma sensibilité d'observateur de l'univers. Sans vérification expérimentale, la science a tôt fait de s'enliser dans la métaphysique.

M. – Et pourtant les thèses métaphysiques ne cessent de jouer un rôle dans la pratique des scientifiques ! Lorsque plusieurs hypothèses incompatibles entre elles mais également aptes à rendre compte de faits expérimentaux se présentent, ce sont bien souvent des préférences d'ordre métaphysique qui font pencher le physicien d'un côté ou de l'autre. Déclarer que tout ce qui est inaccessible à l'observation n'existe pas est, par exemple, une position métaphysique. Encore faudrait-il prouver cette inexistence.

T. – Je t'accorde que c'est un parti pris métaphysique de ma part. Mais, en science, c'est toujours l'observation qui a, en fin de compte, décidé

1. Un trou noir est une singularité dans l'espace résultant de l'effondrement gravitationnel d'une étoile massive à la fin de sa vie. Le trou est « noir » car la gravité y est si grande que la lumière ne peut pas s'en échapper.

du sort des théories. Par exemple, la théorie de la gravité d'Einstein a remplacé celle de Newton parce que la relativité expliquait des observations que la théorie de Newton était incapable de décrire. Aussi belle et harmonieuse soit la théorie de la relativité, elle ne se serait pas imposée sans vérifications expérimentales. C'est en quelque sorte mon pari pascalien, pari qui est en partie motivé par le principe d'économie qu'on appelle aussi « rasoir d'Occam », du nom du théologien et philosophe Guillaume d'Occam qui vécut au XIVe siècle. Ce principe consiste à éliminer systématiquement toutes les hypothèses qui ne sont pas nécessaires à l'explication d'un fait et considère qu'une explication simple d'un phénomène a plus de chances d'être vraie qu'une explication compliquée. Pourquoi, dans ce cas, créer une infinité d'univers infertiles juste pour en avoir un qui soit conscient de lui-même ?

M. – Tu parles comme si un Créateur avait fait un certain nombre de ratés avant de produire le bon univers, celui qui nous abrite. Cela supposerait à nouveau que la création de la vie et celle de la conscience constituent un but. Mais le but de qui ? D'un être conscient ? D'où vient-il ? D'un Créateur de Créateur ? Sinon, n'a-t-il d'autre cause que lui-même ? A-t-il toujours été, étant lui-même sans cause ? Mais si la cause n'a pas de commencement, comment l'effet en aurait-il un ? La seule solution à ces impasses est non pas d'imaginer une volonté première, mais d'envisager la coexistence, depuis des temps sans commencement, de phénomènes animés et inanimés qui, de ce fait, ne peuvent jamais être fondamentalement incompatibles.

T. – Tu soulèves des questions qui ont préoccupé théologiens et philosophes de tout bord et de tout temps, et pour lesquelles je n'ai évidemment pas de réponses. C'est un pari métaphysique. Une autre raison pour laquelle je m'insurge contre l'hypothèse du hasard est que je ne puis concevoir que toute la beauté, toute l'harmonie et toute l'unité du monde soient le seul fait de la chance. L'univers est beau : les couchers de soleil rougeoyants, les délicats contours d'un pétale de rose, les images somptueuses des pouponnières stellaires ou les tracés élégants des bras spiraux d'une galaxie nous touchent au plus profond de l'âme. L'univers est harmonieux parce que les lois qui le régissent ne varient ni dans le temps ni dans l'espace.

M. – L'argument de la beauté ne tient pas debout ! La notion de beauté est entièrement relative. Le pétale de rose est beau pour le poète, nourriture pour l'insecte, et rien du tout pour la baleine. Les spirales galactiques n'étaient belles pour personne jusqu'à ce qu'une minorité d'êtres humains aient pu les contempler au XXe siècle. Si l'univers avait été réglé pour que surgisse un observateur capable d'apprécier sa beauté et son harmonie, il suffirait que cette beauté s'étale devant les yeux des quelques êtres intelligents dispersés ici et là dans l'univers. À quoi peut servir la beauté des planètes inhabitées ou inhabitables, des galaxies que personne ne contemplera jamais et qui se languiraient dans l'attente d'admirateurs ?

T. – C'est vrai qu'au premier abord, cela semble aller à l'encontre du « rasoir d'Occam ». Mais, en principe, ces planètes et galaxies peuvent un jour être observées par nous ou par une intelligence extra-terrestre.

M. – Cette notion de finalité semble bien artificielle.

T. – Dernier argument pour mon pari contre le hasard : il existe une profonde unité dans l'univers. À mesure que la physique a progressé, des phénomènes que l'on croyait totalement distincts ont pu être unifiés. Au XVIIe siècle, Newton unifie le ciel et la Terre : c'est la même force universelle, la gravitation, qui dicte la chute d'une pomme dans le verger et le mouvement de la Lune autour de la Terre. Au XIXe siècle, Maxwell montre que l'électricité et le magnétisme ne sont que deux aspects différents d'un même phénomène. Il comprend ensuite que les ondes électromagnétiques sont des ondes de lumière. Au début du XXe siècle, Einstein unifie le temps et l'espace, et, à l'aube du XXIe siècle, les physiciens travaillent avec acharnement pour unifier les quatre forces fondamentales de la Nature en une seule superforce. L'univers tend vers l'Un.

M. – L'absence de finalité n'exclut pas l'harmonie et n'implique pas que « l'homme soit perdu dans l'immensité indifférente de l'univers », ou que l'univers soit vide de sens. L'interdépendance du monde et de la conscience permet d'utiliser cette conscience pour progresser vers la connaissance et donne, pour sûr, une signification à l'ensemble.

T. – Je dois te préciser que je ne pense pas que l'homme soit la finalité de l'univers. L'univers va continuer à évoluer, et l'homme avec. La vie n'a certainement pas terminé son ascension vers la complexité. Néanmoins, il reste bien difficile pour moi de penser que toute l'évolution cosmique menant à l'homme n'a été qu'une succession d'heureuses coïncidences, de coups de dés chanceux qui auraient tout aussi bien pu ne jamais se produire. Le hasard dont je parle est différent de celui qu'évoquait Jacques Monod. Quand le biochimiste parlait de hasard, il pensait aux rencontres de hasard entre les quarks pour former les noyaux d'atomes, entre les atomes au cœur des étoiles pour alimenter leurs feux, entre les atomes, produits de la combustion stellaire, pour former les molécules interstellaires et les planètes, entre les molécules organiques de l'océan primitif pour engendrer les hélices enchevêtrées de l'ADN. Pour moi, le vrai hasard réside dans le choix des constantes physiques et des conditions initiales, et non dans les rencontres de particules et de molécules. Une fois les constantes fixées, la matière contient déjà en elle les germes de l'éclosion de la conscience et la gestation cosmique mène inexorablement jusqu'à nous.

Ce disant, je ne prône nullement un univers complètement déterministe comme celui de Newton et de Laplace. Il serait absurde de penser que le fait que nous soyons là en train de discuter ait été déterminé dès les premiers instants de l'univers. Je dis seulement qu'une fois les lois physiques fixées, celles-ci fournissent une trame sur laquelle la Nature peut broder. Le flou quantique dans le monde des atomes, le chaos dans le monde macroscopique et les phénomènes contingents (comme l'astéroïde qui est venu frapper la Terre il y a soixante-cinq millions d'années et a tué les dinosaures, permettant ainsi l'émergence de nos ancêtres les mammifères) ont libéré la Nature de son carcan déterministe et lui permettent de se montrer inventive en fabriquant la complexité. Comme le jazzman brode autour d'un thème général pour improviser de nouvelles phrases mélodiques au gré de son inspiration et de la réaction du public, la Nature se montre spontanée et ludique en jouant avec les lois physiques fixées dès le début de l'univers, et en créant la nouveauté[1].

En fin de compte, si on écarte le hasard et la théorie des univers parallèles et si on postule qu'il y a un seul univers, le nôtre, je pense qu'il faut parier, comme Pascal, sur l'existence d'un principe créateur.

M. – Fort bien. Examinons ce principe. Tout d'abord, suppose-t-il une volonté de créer ?

T. – Il aurait réglé les constantes et les conditions initiales pour qu'elles aboutissent à un univers conscient de lui-même. Libre à nous de l'appeler Dieu ou non. Pour moi, ce n'est pas un Dieu personnifié, mais un principe panthéiste omniprésent dans la Nature. Einstein l'a décrit ainsi : « Il est certain que la conviction, apparentée au sentiment religieux, que le monde est rationnel, ou au moins intelligible, est à la base de tout travail scientifique un peu élaboré. Cette conviction constitue ma conception de Dieu. C'est celle de Spinoza. »

La science moderne a d'ailleurs éclairé d'un jour nouveau certains arguments utilisés par les philosophes et les théologiens occidentaux du passé pour démontrer l'existence d'un Dieu « classique ». L'argument de la complexité, tout d'abord, affirme que seul un Créateur peut être responsable d'un univers si complexe et structuré : une montre ne peut être que l'œuvre d'un horloger, elle ne s'assemble pas toute seule. Un livre ne peut être écrit en jetant sur une table un encrier, une plume et des feuilles de papier. Mais cet argument est mis à mal par la science contemporaine qui montre que des systèmes très complexes peuvent résulter d'une évolution tout à fait naturelle selon des lois physiques et biologiques connues, et que nul n'a besoin de faire appel à un Dieu horloger.

Vient ensuite l'argument « cosmologique » utilisé par Platon, Aristote, saint Thomas d'Aquin et Kant : tout a une cause. Or il ne peut y avoir une chaîne infinie de causes contingentes. Celle-ci doit nécessairement s'arrêter à une cause première, qui est Dieu.

1. Voir Trinh Xuan Thuan, *Le Chaos et l'Harmonie*, chap. 2 à 6, ici, p. 317.

M. – Voilà un argument bien curieux. Pour quelle raison la chaîne des causes ne serait-elle pas infinie dans le temps et la complexité ? Cela contredit-il quelque loi de la nature ? À quel nombre de causes devrions-nous nous arrêter pour dire : « Ça suffit, je ne vais pas continuer à remonter dans le temps *ad infinitum*, passons à un créateur sans cause » ?

T. – L'argument cosmologique repose certes sur un concept linéaire du temps. D'autres ont invoqué un temps circulaire pour évacuer le problème d'une cause première. Ainsi, au lieu du schéma linéaire où un événement A se produit, qui cause B, provoquant à son tour C, et ainsi de suite, on aura le schéma cyclique de certaines philosophies où A cause B qui provoque C, qui à son tour est responsable de A. Le serpent se mord la queue et la boucle se referme sur elle-même. Il n'y a plus besoin de cause première.

M. – Autre idée bizarre ! Tout comme la notion d'une cause première, celle d'un cercle fermé n'est qu'une échappatoire pour ceux qui ne supportent pas l'idée de l'infini.

T. – En physique, l'avènement de la mécanique quantique a remis en question l'affirmation que « toute chose a une cause ». Avec son fameux « principe d'incertitude », Werner Heisenberg démontra en 1927 que l'incertitude et le flou sont inhérents au monde subatomique. Ce flou nous empêche de connaître simultanément l'énergie et la durée de vie d'une particule. Pour une particule de très courte durée de vie (dite « virtuelle »), l'incertitude liée à sa quantité d'énergie est immense, ce qui lui permet d'emprunter de l'énergie à la banque Nature et de se matérialiser spontanément et de façon imprévisible, sans avoir besoin d'aucune cause.

M. – Là encore, dire qu'une particule se matérialise sans cause, c'est se limiter au schéma simplifié de la causalité linéaire : A donne B. Il se peut fort bien que le A de B soit insaisissable parce qu'il ne se limite pas à un nombre de facteurs aisément analysables. Aucun phénomène ne peut être totalement disjoint de l'ensemble des autres. Si, par le jeu de l'interdépendance des phénomènes, B résulte de la présence de l'univers tout entier – d'une infinité de causes et de relations fluctuantes –, on ne saurait dire qu'il a surgi spontanément et simplement parce qu'on ne peut épingler une cause précise.

T. – En tout cas, au moment même où je parle, l'espace qui nous entoure regorge de particules virtuelles à l'existence fantomatique et éphémère. De même qu'une particule, l'univers peut théoriquement surgir spontanément du vide, sans cause première, par la grâce d'une fluctuation quantique. La notion même de cause à effet perd son sens habituel quand il s'agit de l'univers. Cette notion présuppose l'existence du temps : la cause précède l'effet. Or le temps et l'espace sont apparus en même temps que l'univers. Que veut dire : « Et Dieu créa l'univers » si le temps n'existait pas ? L'acte de création de l'univers n'a de sens que dans le temps. Dieu est-il dans le temps ou en dehors du temps ?

Le temps n'est pas absolu comme nous l'a dit Einstein. Il est élastique. Un Dieu dans le temps ne serait plus tout-puissant, car il serait soumis aux variations du temps causées par des mouvements d'accélération ou par des champs de gravité intenses comme ceux qui existent aux abords des trous noirs. Un Dieu en dehors du temps serait omnipotent mais ne serait plus à même de nous secourir, car nos actions se situent dans le temps. Si Dieu transcende le temps, il connaît déjà le futur. Pourquoi se préoccuperait-il du progrès de la lutte des hommes contre le mal, puisque tout lui est connu d'avance ?

M. – Soit Dieu est immuable, et alors il ne peut créer, soit il est dans le temps, et il n'est pas immuable. C'est bien là l'une des contradictions auxquelles conduit la notion de cause première.

T. – Le principe créateur à la Spinoza dont je parle est donc assez différent du Dieu « classique ». Je parle d'un principe créateur qui règle l'univers à son début, non d'un Dieu personnifié.

M. – Si l'on parle de principe créateur, on ne peut pas le laisser dans un vague total. Il faut pouvoir en dire quelque chose.

T. – Je le répète, c'est un pari métaphysique. La science n'a rien à dire sur ce sujet. Elle ne peut pas nous aider à choisir entre le hasard et la nécessité.

M. – Mais on ne peut pas postuler l'existence de quelque chose sans rien avoir à en dire. Si le principe créateur n'a aucune caractéristique, qu'il existe ou non ne fait aucune différence, on peut aussi bien s'en passer, l'éliminer à l'aide du rasoir d'Occam. Ce principe créateur est-il né de lui-même ? résulte-t-il de causes ? est-il permanent ? tout-puissant ?

T. – Tu viens d'énumérer les qualités d'un Dieu : l'omniscience, l'omnipotence, etc. C'est vrai qu'on est amené à identifier ce principe organisateur à un Dieu créateur. En fait, les physiciens ne parlent pas de Dieu, mais plutôt de lois physiques. Et ces lois possèdent des propriétés qui rappellent étrangement celles généralement attribuées à Dieu. Elles sont universelles et s'appliquent partout dans le temps et l'espace, de notre petite Terre jusqu'aux immenses galaxies. Elles sont absolues, car elles ne dépendent pas de celui qui les découvre. Un Vietnamien ou un Américain découvriront exactement les mêmes lois. Elles sont intemporelles : bien qu'elles décrivent un monde soumis au temps et des phénomènes constamment changeants, elles-mêmes ne changent pas avec le temps. Nous vivons dans un univers temporel qui est décrit par des lois intemporelles. Elles sont omnipotentes, car elles s'appliquent à tout et partout. Enfin, elles sont omniscientes, car elles agissent sur les objets matériels sans que ceux-ci aient à les « informer » de leurs états particuliers. Elles « savent » à l'avance. Par conséquent, les caractéristiques des lois physiques sont celles de Dieu.

M. – Je ne vois pas en quoi ces lois indiquent ou exigent l'existence d'un principe créateur ou organisateur. D'ailleurs il n'y a aucune raison pour qu'elles aient une finalité quelconque. Elles reflètent simplement la nature de l'interdépendance.

T. – J'admets que le concept d'interdépendance peut expliquer le réglage extrêmement précis des lois physiques et des conditions initiales qui permet à l'univers d'héberger la vie et la conscience. Mais je ne vois pas comment il répond à la question : pourquoi y a-t-il quelque chose plutôt que rien ?

M. – Postuler l'existence d'un principe créateur ne change rien à ce problème. Pourquoi y aurait-il un principe créateur plutôt que rien ? Et qu'entends-tu par principe organisateur ? S'agit-il d'une entité qui a conçu cet ensemble pour qu'il fonctionne ?

T. – L'important est que ce principe ait voulu créer un univers qui possède un observateur.

M. – Voulu ? Un principe créateur devrait donc contenir tout le pouvoir en lui-même.

T. – Je le pense.

M. – Il n'est donc soumis à aucun autre pouvoir que lui-même ?

T. – S'il était soumis à un autre pouvoir, il ne serait plus omnipotent.

M. – Dans ce cas, décide-t-il ou non de créer ?

T. – Disons qu'il le décide.

M. – S'il décide de créer, il n'est pas tout-puissant, car il est influencé par le désir de créer. De plus, il a changé et perd ainsi son immuabilité : avant, il n'avait pas le désir de créer, et maintenant il l'a. S'il crée sans décider de créer, il n'est pas non plus omnipotent, car il ne jouit pas de la liberté de créer ou de ne pas créer. Son omnipotence est ainsi réfutée. Deuxièmement, un tel principe est-il né sans cause, ou est-il sa propre cause ?

T. – Selon moi, il est sa propre cause. Mais, de nouveau, nous sortons de la science.

M. – S'il est sa propre cause, il est forcément immuable. Une entité existant d'elle-même n'a aucune raison de changer. Ne peut changer que ce qui a été produit par autre chose. Mais, s'il est immuable, il ne peut pas créer. Pourquoi ? Parce que quelque chose de permanent ne peut pas produire quelque chose d'éphémère. De plus, s'il crée, il n'est plus immuable, car la création implique le changement : il y a un acte créateur. Après avoir créé, il ne serait plus le même : avant, il n'était pas créateur, après il l'est devenu. Il perd donc son immuabilité. La notion de permanence rend impossible toute succession d'événements et de conditions variés : un créateur immuable ne peut avoir deux états. Enfin, s'il crée, il doit être modifié en retour par sa création, car toute action implique une interaction. Aucune cause ne pouvant être unidirectionnelle, la causalité est nécessairement réciproque. Là encore, le créateur perd son immuabilité, et, du même coup, son éternité. Rien ne peut modifier quelque chose d'immuable, tout comme une teinture ne pourrait colorer l'espace. Bref, ce qui n'a pas d'autre cause que soi-même ne peut interagir avec quoi que ce soit.

T. – Il faut donc une cause à chaque événement, mais alors on régresse à l'infini…

M. – Cette infinité va certes à l'encontre des croyances métaphysiques de l'Occident, religieuses aussi bien que scientifiques, qui veulent à tout prix assigner un « début » aux choses. Ce désir de trouver un début est fondé sur la conviction que toutes les choses existent aussi réellement et solidement que notre esprit ordinaire les perçoit.

T. – J'ai expliqué auparavant que la mécanique quantique permet de contourner la notion d'une cause première de l'univers. Le « début » des choses n'est plus absolument nécessaire.

M. – Si le début n'est pas nécessaire – et je suis d'accord là-dessus –, le principe organisateur ne l'est pas non plus. Comment pourrait-il organiser des phénomènes sans début ? Il ne pourrait tout au plus qu'en modifier le cours au fur et à mesure.

Troisième argument : si ce principe créateur organise la totalité du monde des phénomènes, il doit contenir en lui toutes les causes de ce monde. Sinon, il existerait quelque chose en dehors de sa création.

T. – C'est logique.

M. – Or, le fondement de la loi de causalité est que, si un événement ne se produit pas, c'est parce que certaines causes ou conditions font défaut. Si une graine ne germe pas, c'est parce qu'elle est défectueuse ou qu'elle manque d'humidité, de chaleur, etc. Tant que toutes les causes et les conditions ne sont pas réunies, il est impossible qu'un effet se produise. À l'inverse, quand *toutes* les causes et les conditions sont présentes, l'effet *doit* nécessairement être produit[1]. S'il ne se produisait pas, cela voudrait dire qu'il manque encore quelque chose. Donc, si un principe créateur portait en lui toutes les causes et les conditions de l'univers, il devrait sans cesse créer la totalité de l'univers. Un big bang permanent, en quelque sorte.

T. – Il ne pourrait pas s'arrêter un seul instant.

M. – Exactement : s'il s'arrêtait, cela signifierait qu'il cesserait de contenir dans son essence toutes les causes de la création. Il lui faudrait donc l'aide soit d'un autre principe qui détiendrait une partie des causes et dont il serait dépendant, soit d'un principe régulateur qui mettrait un frein à la création. Dans tous les cas, il perdrait sa toute-puissance. Il n'y a donc que deux possibilités : ou bien il ne détient pas toutes les causes et les conditions, et il ne peut jamais créer ; ou bien il les possède toutes, et il crée tout continuellement.

T. – Ce qui est également absurde.

1. Dans son *Pramanavarttika karika. Commentaire complet de la connaissance authentique*, Dharmakirti écrit : « Qui empêcherait l'effet d'une cause complète ? »

M. – Cet argument peut se résumer ainsi : « Causes et circonstances réunies au complet, quand bien même le créateur ne voudrait pas créer, il ne pourrait l'empêcher : impuissant à ne pas créer, il créerait. Sans la totalité de ces causes et circonstances, voudrait-il créer qu'il n'en aurait pas le pouvoir et ne créerait rien[1]. [...] Si, sans le vouloir, le créateur produit des effets comme les souffrances infernales, il n'est plus libre, mais dépendant ; et même s'il le veut, il dépend de son vouloir et son indépendance sera ébranlée. Quand bien même le créateur créerait toutes ces souffrances, en quoi serait-il un dieu saint, puisque plonger autrui dans la souffrance, ce n'est guère l'œuvre d'un saint[2] ? »

Certains disent que le créateur pourrait créer le monde progressivement. Ici encore, cela impliquerait que les causes de l'univers soient multiples et que le créateur ne dispose pas de toutes ces causes au début de la création. Mais d'où tiendrait-il ces causes par la suite ?

D'autres encore soutiennent que l'acte du créateur est intemporel, qu'il crée le monde maintenant, tout autant qu'il l'a créé et le créera. Nous nous représenterions la création sous l'aspect d'une succession d'événements qui sont en fait simultanés du point de vue du créateur. Cette position n'échappe pas à la réfutation d'un principe créateur qui porterait en lui toutes les causes de l'univers et devrait par conséquent créer continuellement la totalité de cet univers. De plus, si tous les événements de l'univers, passés, présents et futurs, étaient simultanés du point de vue du créateur, cela entraînerait un déterminisme absolu. Ce point de vue rendrait vaine toute quête de transformation personnelle visant à dissiper l'ignorance et à atteindre l'Éveil.

À l'inverse, l'apparition des phénomènes par le jeu de relations interdépendantes sans début ni fin échappe au déterminisme absolu, car les causes et les conditions qui participent de ces relations sont en nombre illimité et ne peuvent être ramenées à une cause première et unique.

T. – Les phénomènes chaotiques ou contingents, ainsi que le flou quantique, réfutent, il est vrai, l'idée d'un univers totalement déterministe.

M. – Enfin, si non seulement toutes les causes, mais tous leurs effets étaient présents chez le créateur, on ne pourrait même plus parler de création, puisque tout serait déjà là. De plus, tous les arguments précédents s'appliqueraient ici au processus d'actualisation ou de manifestation de ces effets dans notre monde.

Certains philosophes hindous disaient qu'à chaque étape de la création le créateur devient la cause correspondante, tout en conservant immuablement son identité, comme un danseur qui exécute diverses chorégraphies, vêtu de costumes différents, tout en restant la même personne. Cela

1. Minyak Kunzang Seunam, commentaire sur le neuvième chapitre du *Bodhicharyavatara*, dans *Comprendre la vacuité*, *op. cit.*, p. 201.

2. *Ibid.*, p. 202.

contredit l'idée que le créateur est la cause unique de l'univers, car une cause unique ne peut donner des résultats divers. D'autre part, une unité aux aspects changeants ne peut être considérée ni comme une véritable unité, ni comme immuable. Si l'effet est intermittent, il est impossible que sa cause soit éternelle.

En résumé, selon le bouddhisme, du point de vue du monde des apparences, chaque instant est une cessation et un commencement perpétuels en raison de l'impermanence fondamentale des phénomènes qui s'enchaînent suivant les lois de cause à effet. Du point de vue de la vérité absolue, tous les événements passés, présents et futurs sont identiques dans la mesure où ils sont dénués d'existence propre. Ils sont donc sans début ni fin véritables. Si rien ne s'est véritablement « produit », il n'y a pas lieu de s'interroger sur la réalité de la cessation. Il n'est donc pas nécessaire de faire intervenir la notion d'un principe créateur qui ferait tout et ne serait lui-même fait par rien.

T. – Le bouddhisme nie donc catégoriquement la notion d'un Dieu créateur, ce qui va à l'encontre des religions monothéistes. N'est-ce pas incompatible avec l'image de tolérance que le bouddhisme projette habituellement ? Comment concilier cette position avec le respect des autres croyances ?

M. – La tolérance, aussi grande soit-elle, n'implique pas une adhésion à des points de vue métaphysiques qu'on ne partage pas, mais le respect des voies de transformation personnelle qui correspondent aux natures et aux dispositions diverses des êtres. Tout dépend également de la conception qu'on se fait de Dieu. Citons le dalaï-lama : « Si on envisage Dieu moins en termes de divinité personnelle qu'en tant que fondement de l'être, des qualités telles que la compassion peuvent aussi être attribuées à ce fondement divin de l'être. Si on doit donc comprendre Dieu en ces termes, il devient possible d'établir des rapprochements avec certains éléments de la pensée et de la pratique bouddhistes[1]. » Mais il ne s'agit pas non plus de faire un amalgame de toutes les religions, spiritualités, sciences, de tous les humanismes et agnosticismes existant sur la planète ! Ce n'est pas le but de la tolérance. « Je ne suis pas favorable à la recherche d'une religion universelle. Je ne pense pas que cela soit judicieux. Et si nous poussons trop loin la recherche des parallèles en ignorant les différences, c'est exactement ce à quoi nous allons aboutir[2] ! » poursuit le dalaï-lama.

Les positions métaphysiques doivent être clairement exprimées ; il n'y a aucune raison de cultiver l'ambiguïté à leur sujet. Si elles sont erronées, qu'on le prouve, et le bouddhisme sera prêt à accepter ses propres erreurs. L'intolérance consiste à être tellement convaincu d'une vérité qu'on veut l'imposer à tous, de gré ou – hélas – de force. Il faut avoir

1. *Le dalaï-lama parle de Jésus*, Brepols, 1996, p. 79.
2. *Ibid.*

l'esprit suffisamment ouvert pour comprendre que ce qui nous convient ne convient pas nécessairement à tout le monde. « On ne peut pas, parce qu'on s'est régalé d'un plat, dire "puisque c'est délicieux pour moi, tout le monde doit en manger". Chacun doit se nourrir de ce qui lui apportera la meilleure santé physique en fonction de sa propre constitution[1]. »

Sur le plan de la pratique spirituelle, la croyance en Dieu peut donner à certains un sentiment d'intimité avec leur créateur et les encourager à cultiver l'amour et l'altruisme, pour exprimer leur gratitude et pour participer à l'amour de Dieu envers tous les êtres. Pour d'autres, la compréhension profonde de l'interdépendance et des lois de cause à effet, ainsi que la volonté d'atteindre l'Éveil pour devenir capable de mieux aider les autres sont des sources d'inspiration plus puissantes pour développer l'amour et la compassion. En conclusion : « Quand on s'engage sur une voie spirituelle, il est important que la pratique soit celle qui convienne le mieux à son développement mental, ses dispositions et ses penchants spirituels. [...] Grâce à cela, il parviendra à la transformation intérieure, à la tranquillité intérieure qui fera de lui un être spirituellement mature et une personne bonne, bienveillante, unifiée, et au cœur épanoui. Tel est le critère à considérer quand on cherche une nourriture spirituelle[2]. »

IV

L'UNIVERS DANS UN GRAIN DE SABLE

Interdépendance et globalité des phénomènes

Le concept d'interdépendance va au cœur de la réalité et ses implications sont immenses. La question est simple et fondamentale : une « chose » – mieux vaudrait dire un « phénomène » – peut-elle exister de façon autonome ? Si tel n'est pas le cas, de quelle manière et jusqu'à quel point les phénomènes de l'univers sont-ils interconnectés ? En physique, le phénomène EPR et l'expérience du pendule de Foucault suggèrent que la globalité constitue l'essence même de la réalité. Si les choses n'existent pas « en elles-mêmes », quelles conclusions pouvons-nous en tirer au niveau du vécu ? Pour le bouddhisme, la réponse se trouve dans la notion d'interdépendance qui inclut la conscience, la déconstruction

1. *Ibid.*
2. *Ibid.*, p. 79-80.

du « moi » et la dissolution de notre attachement à la réalité solide du monde qui nous entoure.

THUAN : Le bouddhisme n'admet donc pas l'idée d'un principe créateur et rejette la notion d'univers parallèles. Il explique le réglage si précis des constantes physiques et des conditions initiales qui permettent à l'univers d'héberger la vie et la conscience par ce qu'il appelle l'« interdépendance des phénomènes ». Pourrais-tu préciser cette notion ?

MATTHIEU : Selon le bouddhisme, la perception que nous avons du monde comme étant composé de phénomènes distincts issus de causes et de conditions isolées est appelée « vérité relative » ou « vérité trompeuse ». L'expérience du quotidien nous porte à croire que les choses ont une réalité objective indépendante, comme si elles existaient de leur propre chef et possédaient une identité intrinsèque. Mais ce mode d'appréhension des phénomènes, cet accord intersubjectif au niveau des perceptions ordinaires des êtres pensants, est une simple construction de notre esprit qui, même entérinée par le sens commun, ne résiste pas à l'analyse.

Le bouddhisme réfute l'existence d'entités indépendantes pour arriver à la notion de relation et de causalité réciproques : c'est uniquement en relation et en dépendance avec d'autres facteurs qu'un événement peut survenir[1]. Cette notion d'interdépendance est synonyme de vacuité, terme qui n'indique pas une négation du monde des phénomènes, mais l'absence d'entités autonomes en tant que composantes de la réalité. On peut très bien faire l'expérience d'un phénomène sans lui allouer pour autant une existence propre. Le bouddhisme ne tombe pas dans le nihilisme, mais envisage le monde comme un vaste flux d'événements reliés les uns aux autres et participant tous les uns des autres. Notre mode d'appréhension de ce flux cristallise certains aspects de cette globalité de manière purement illusoire et nous fait croire qu'il s'agit d'entités autonomes dont nous sommes entièrement séparés.

T. – Cette notion de « flux d'événements » rejoint la vision de la cosmologie moderne : du plus petit atome à l'univers entier, en passant par les galaxies, les étoiles et les hommes, tout bouge et évolue, rien n'est immuable. Grâce à la théorie du big bang, l'univers a acquis une histoire.

M. – Non seulement les choses bougent, mais nous les percevons comme des « choses » parce que nous regardons les phénomènes sous un certain angle. Il faut donc se garder d'attribuer au monde des propriétés qui ne sont que des apparences résultant de la relation entre la globalité

1. Pour un développement détaillé sur la notion d'interdépendance et de causalité réciproque, voir Joanna Macy, *Mutual Causality in Buddhism and General Systems Theory*, Albany, State University of New York Press, 1991.

de l'univers et la conscience qui, elle-même, n'est rien d'autre qu'une partie de cette globalité. Les phénomènes sont de simples événements qui se manifestent en fonction des circonstances. Le bouddhisme ne nie pas la vérité conventionnelle, celle que l'homme ordinaire perçoit ou que le savant détecte. Il ne conteste pas les lois de cause à effet, ni les lois physiques ou mathématiques. Il affirme simplement que, si on va au fond des choses, il y a une différence entre la façon dont le monde nous apparaît et sa nature ultime, qui est dénuée d'existence intrinsèque.

T. – Comment cette nature ultime des choses est-elle reliée à l'interdépendance ?

M. – Le mot interdépendance est une traduction du mot sanskrit *pratityasamutpāda* qui signifie « être par coémergence » et peut s'interpréter de deux façons complémentaires : « *Ceci* surgit parce que *cela* est », ce qui revient à dire que rien n'existe en soi, et « *ceci*, ayant été produit, produit *cela* », ce qui signifie que rien ne peut être sa propre cause. Lorsqu'on dit qu'un phénomène « surgit en dépendance de... », on élimine ainsi les deux extrêmes conceptuels que sont le nihilisme et le réalisme matérialiste. En effet, puisque les phénomènes surgissent, ils ne sont pas non existants, et puisqu'ils surgissent « en dépendance », ils ne recouvrent pas une réalité douée d'existence autonome. Il faut donc comprendre que la production en interdépendance n'implique aucun des extrêmes que désignent les mots éternité, néant, venue au monde, disparition, existence et inexistence de quelque chose qui existerait en soi.

Une chose ne peut surgir que si elle est reliée, conditionnée et conditionnante, coprésente et coopérante, et en transformation continuelle. L'interdépendance est intimement liée à l'impermanence des phénomènes et fournit un modèle de transformation qui n'implique pas l'intervention d'une entité organisatrice. Une rivière ne peut pas être faite d'une seule goutte, une charpente d'une seule poutre. Tout dépend d'une infinité d'autres éléments. C'est aussi le sens du mot « tantra », qui indique une notion de continuité et « le fait que tout soit lié en un ensemble, tel que rien ne puisse venir séparément[1] ». En bref, il est impossible qu'une chose existe ou naisse par elle-même. Pour ce faire, elle devrait surgir du néant, mais, comme disent les textes : « Un milliard de causes ne pourraient faire exister ce qui n'existe pas[2]. » Le néant ne sera jamais le substrat de quoi que ce soit.

Considérons la notion d'une entité qui existerait indépendamment de toutes les autres. Cela impliquerait qu'elle n'ait pas de cause extérieure. Elle devrait soit exister depuis toujours, soit ne pas exister du tout. Immuable et autonome, cette entité ne pourrait agir sur rien et rien ne pourrait agir sur elle. L'interdépendance est nécessaire à la manifestation

1. Fabrice Midal, *Mythes et dieux tibétains*, Le Seuil, 2000.
2. Shantideva, *La Marche vers l'Éveil*, *op. cit.*, p. 145-146.

des phénomènes. Cet argument réfute tout aussi bien la notion de particules autonomes qui construiraient la réalité, que celle d'une entité créatrice toute-puissante et permanente qui n'aurait aucune autre cause qu'elle-même. De plus, cette interdépendance inclut naturellement la conscience : un objet dépend également d'un sujet pour être objet. Schrödinger avait remarqué ce problème lorsqu'il écrivait : « Sans en être conscients, nous excluons le Sujet de la Connaissance du domaine de la nature que nous entreprenons de comprendre. Entraînant la personne que nous sommes avec nous, nous reculons d'un pas pour endosser le rôle d'un spectateur n'appartenant pas au monde, lequel par là même devient un monde objectif[1]. »

T. – Le bouddhisme dirait donc que la vie et la conscience ont surgi dans notre univers à cause de l'interdépendance de tous les phénomènes. Nul besoin d'un principe anthropique ?

M. – Le principe anthropique est une manière orientée et finaliste d'énoncer l'interdépendance non orientée et non finalisée. La version faible du principe anthropique selon laquelle « l'univers est ce qu'il est parce que nous sommes là[2] » ne suppose pas de finalité et se rapprocherait déjà plus de la notion d'interdépendance selon laquelle les phénomènes « extérieurs » et la conscience existent « en participation » mutuelle, pour reprendre un terme d'Alan Wallace[3]. La succession des univers n'a, pour le bouddhisme, ni début ni fin, et il en est de même des périodes successives d'apparition de la vie. Il y a donc depuis toujours compatibilité entre l'univers et la vie, et, par conséquent, entre l'univers et la conscience. Même l'évolution de l'univers ne permet pas l'éclosion de la vie à tout moment, en tout lieu et en tout temps. Le fait que la vie soit apparue dans notre univers à un moment de notre histoire n'exclut en rien la possibilité qu'elle soit apparue dans des univers antérieurs au nôtre. Des étapes aussi spectaculaires et dramatiques que le big bang ne sont pas incompatibles avec l'existence d'un continuum. L'harmonie qui existe nécessairement entre les causes et leurs effets assure la continuité d'un cycle à l'autre et permet l'émergence de la complexité au sein du chaos sans faire appel à une entité qui tirerait les ficelles derrière le rideau.

L'interdépendance, c'est aussi celle des phénomènes (« notre » monde) et du sujet (la conscience) à qui ils apparaissent ; c'est encore celle des relations entre les parties et le tout : les parties participent du tout, et le tout est présent dans les parties…

T. – C'est cette relation des parties avec le tout qui est à l'origine de la beauté et de l'harmonie de l'univers…

1. Erwin Schrödinger, *L'Esprit et la Matière*, Le Seuil, 1980.

2. Edward Robert Harrison, *Cosmology: The Science of the Universe*, New York, Cambridge University Press, 1981, p. 2.

3. Bruce Alan Wallace, *Science et bouddhisme*, *op. cit.*, chap. 14 et 15.

M. – Enfin, l'aspect le plus subtil de l'interdépendance est celui de la dépendance entre la « base de désignation » et la « désignation » d'un phénomène. La localisation, la forme, la dimension, la couleur ou toute autre caractéristique apparente d'un phénomène ne sont que des bases de désignation, leur ensemble ne constitue pas une « entité » ou un objet autonome. Cette désignation est une construction mentale qui attribue une réalité en soi au phénomène. Dans notre expérience de tous les jours, quand un objet se présente à nous, ce n'est guère son existence nominale qui nous apparaît, mais son existence en soi[1]. Mais lorsqu'on analyse cet « objet » issu de causes et de conditions multiples, on est incapable d'isoler une identité autonome. On ne peut pas dire que le phénomène n'existe pas, puisque nous en faisons l'expérience, mais on ne peut pas dire non plus qu'il correspond à une réalité en soi. La conclusion est que l'objet existe (on ne tombe pas dans une vision nihiliste des choses), mais que son mode d'existence est purement nominal, conventionnel (on évite ainsi l'autre extrême, celui d'entités autonomes, donc éternelles). Un phénomène qui n'a pas d'existence autonome mais qui n'est pas non plus purement inexistant peut avoir une action, une fonction obéissant à la causalité et conduisant à des effets positifs ou négatifs. Il est donc possible d'anticiper les résultats de nos actes et donc d'organiser notre relation avec le monde. Un verset tibétain explique :

La vacuité ne signifie pas absence de fonctionnalité.
C'est l'absence de réalité, d'existence absolue.
La production en dépendance n'implique pas une réalité intrinsèque
Mais un monde semblable à une illusion.
Lorsqu'on comprend le sens de la vacuité et de la production dépendante,
Sur cette unique base, on est capable de poser simultanément,
Et sans contradiction, les idées d'apparence et de vacuité.

T. – Tout ce que tu dis sur l'interdépendance a de fortes résonances pour moi, car la science, elle aussi, a découvert par des techniques qui lui sont propres que la réalité est globale et interdépendante, à la fois dans le monde subatomique et dans le monde macroscopique. L'évidence que les phénomènes subatomiques sont interdépendants repose sur la célèbre expérience de pensée qu'Einstein et deux de ses collaborateurs à Princeton, Boris Podolsky et Nathan Rosen, proposèrent en 1935. On appelle cette expérience le paradoxe EPR d'après les initiales de ses trois auteurs. Elle n'est paradoxale que parce qu'Einstein concevait la réalité comme morcelée et assise sur les particules, et non pas comme interconnectée. Le paradoxe disparaît dès qu'on interprète la réalité comme étant globale. Pour comprendre cette expérience, il faut savoir

1. On peut rapprocher cela de Kant qui appelait « objective » l'existence conventionnelle et « en soi » l'existence autonome.

que la lumière, de même que la matière, possède une nature duelle, c'est-à-dire que, dans le monde physique interdépendant, ce qu'on appelle « photon », « électron », « matière » manifeste, comme Janus, tantôt un visage de particule, tantôt un visage d'onde. Tant que je n'utilise pas d'appareil de mesure, le phénomène que j'appelle « photon » échappe à la rigidité du monde déterministe et aux trajectoires bien définies, et montre son aspect d'onde. Cette onde se propage dans toutes les directions de l'espace, comme les ondes circulaires créées par une pierre qu'on jette dans un étang se propagent jusqu'à en couvrir toute la surface. On peut donc dire que le photon est partout à la fois dans l'espace. La mécanique quantique dit que, sans faire d'observation, je ne pourrai jamais prédire où sera le photon à un moment déterminé. Tout au plus pourrai-je évaluer la probabilité qu'il soit à tel ou tel endroit. Comme les vagues d'un océan, l'onde de probabilité associée au photon (calculée en 1926 par le physicien autrichien Erwin Schrödinger) possède des amplitudes variées à différents endroits. Les chances de rencontrer le photon sont maximales aux fortes amplitudes, et minimales aux faibles. Mais, même aux fortes amplitudes, on n'est jamais certain que le photon sera au rendez-vous. Il pourra y être par exemple trois fois sur quatre, ou neuf fois sur dix. La probabilité ne sera jamais de 100 %. Avant l'acte d'observation, la réalité du monde subatomique n'est donc que probabilités. Déterministe convaincu, Einstein ne pouvait accepter le rôle primordial que la mécanique quantique attribuait au hasard. « Dieu ne joue pas aux dés », disait-il aussi. Il n'eut de cesse de trouver une faille dans la théorie de la mécanique quantique et dans l'interprétation probabiliste qu'elle donnait de la réalité. C'est à cette fin qu'il conçut l'expérience EPR.

Considérons, disaient les trois auteurs de cette expérience, une particule qui se divise en deux grains de lumière A et B. Pour des raisons de symétrie, ces derniers partent toujours dans des directions opposées. Installons nos instruments de mesure et vérifions. Si A part vers le nord, nous détectons B au sud. Jusque-là, apparemment, rien d'extraordinaire. Mais c'est oublier les bizarreries de la mécanique quantique : avant d'être capturé par le détecteur, A ne présentait pas un aspect de particule, mais celui d'une onde. Cette onde n'étant pas localisée, il existe une certaine probabilité pour que A se trouve dans n'importe quelle direction. C'est seulement quand il est capté que A se métamorphose en particule et « apprend » qu'il se dirige vers le nord. Mais si, avant d'être capturé, A ne « savait » pas à l'avance quelle direction il allait prendre, comment B aurait-il pu « deviner » le comportement de A et régler le sien de façon à être capté au même instant dans la direction opposée ? Cela n'avait aucun sens, à moins d'admettre que A pouvait informer instantanément B de la direction qu'il avait prise. Or, la théorie de la relativité, si chère à Einstein, implique qu'aucun signal ne peut voyager plus vite que la lumière. « Dieu n'envoie pas de signaux télépathiques », disait-il. Il conclut donc que la mécanique quantique ne donnait pas une description complète de la réalité. Selon lui, A devait savoir quelle direction il allait prendre, et communiquer cette information à B avant de s'en séparer. Les propriétés de A devaient donc avoir une réalité objective indépendante de l'acte d'observation. L'interprétation probabiliste de la mécanique quantique, selon laquelle A pourrait se trouver dans n'importe quelle direction, devait être erronée. Sous le couvert de l'incertitude quantique devait se cacher une réalité intrinsèque et déterministe. Selon Einstein, la vitesse et la position qui définissent la trajectoire d'une particule sont bien *localisées* sur la particule, indépendamment de l'acte d'observation. Il souscrivait à ce qu'on appelle le « réalisme local ». La mécanique quantique ne pouvait rendre compte d'une trajectoire définie de la particule, car elle ne prenait pas en considération des paramètres supplémentaires appelés « variables cachées ». Elle était donc incomplète.

Pourtant, Einstein avait tort. Depuis qu'elle a été conçue, la mécanique quantique – et son interprétation probabiliste de la réalité – n'a jamais révélé la moindre faille. Les expériences lui ont invariablement donné raison et, jusqu'à nouvel ordre, elle demeure la meilleure théorie permettant de rendre compte du comportement du monde atomique et subatomique.

M. – À l'époque d'Einstein, l'effet EPR n'était pas vérifié expérimentalement.

T. – Pendant longtemps, le schéma EPR resta à l'état d'expérience de pensée. On ne savait pas comment la réaliser pratiquement. En 1964, John Bell, un physicien irlandais du CERN, conçut un théorème mathématique connu sous le nom d'« inégalité de Bell » qui aurait dû être vérifié par les mesures expérimentales s'il existait des variables cachées, localisées sur les particules, comme le pensait Einstein. Ce théorème permettait enfin d'amener le débat du plan métaphysique à celui de l'expérience concrète. En 1982, à l'université d'Orsay, le Français Alain Aspect et son équipe effectuèrent une série d'expériences sur des paires de photons afin de tester l'effet EPR. Ils trouvèrent que l'inégalité de Bell était systématiquement violée. Einstein s'était trompé, et la mécanique quantique avait raison. Dans l'expérience d'Aspect, les photons A et B étaient séparés par douze mètres, et pourtant B « savait » toujours *instantanément* ce que faisait A.

M. – Comment sait-on que ce phénomène est instantané et qu'un signal lumineux transportant des informations de A à B n'a pas eu le temps de couvrir cette distance ?

T. – Des horloges atomiques, associées aux détecteurs qui captent A et B, permettent de mesurer très précisément le moment d'arrivée de chaque photon. La différence entre les deux temps d'arrivée est inférieure à quelques dixièmes de milliardième de seconde (elle est probablement nulle, mais la précision des horloges atomiques actuelles ne permet pas de mesurer des temps inférieurs à 10^{-10} seconde). Or, en 10^{-10} seconde, la lumière ne peut franchir qu'une distance de trois centimètres, bien inférieure aux douze mètres qui séparent A de B. De plus, le résultat reste le même lorsqu'on augmente la distance qui sépare les deux photons. Bien qu'il soit certain que la lumière ne peut pas avoir eu le temps de parcourir cette distance pour transmettre une information, les comportements de A et de B sont toujours corrélés instantanément[1].

Dans la dernière expérience en date réalisée en 1998 par le Suisse Nicolas Gisin et ses collaborateurs à Genève, on commence par fabriquer une paire de photons. Puis on en envoie un par une fibre optique vers le nord de Genève, et l'autre vers le sud. Dix kilomètres séparent les appareils de mesure. Arrivé au bout des fibres optiques, chacun des photons doit choisir au hasard entre deux itinéraires possibles, l'un court et l'autre long. Or, on a observé que, dans tous les cas, les photons faisaient exactement le même choix. Ils choisissaient, en moyenne, une fois sur deux l'itinéraire long, et une fois sur deux le court, mais leurs choix étaient toujours identiques. Les physiciens suisses étaient certains que les deux photons ne pouvaient pas communiquer par la lumière, car la différence entre leurs temps de réponse était inférieure à trois dixièmes de milliardième de seconde. Pendant ce laps de temps infinitésimal, la lumière n'aurait pu parcourir que neuf centimètres sur les dix kilomètres qui séparaient les deux photons.

La physique classique nous dit que les choix de A et de B devraient être totalement indépendants parce qu'ils ne peuvent pas communiquer. Or ce n'est pas le cas. La corrélation est toujours parfaite. Comment expliquer le fait que B « sait » toujours instantanément ce que fait A ? Le paradoxe n'en est un que si nous supposons, comme Einstein, que la réalité est morcelée et localisée sur chacun des photons. Il est résolu si nous admettons que A et B font partie d'une réalité globale, quelle que soit la distance qui les sépare. A n'a pas besoin d'envoyer un signal à B, car les deux grains de lumière (ou tout au moins les phénomènes que l'appareil de mesure perçoit comme des grains de lumière) restent constamment en relation par une interaction mystérieuse. Où qu'elle soit, la deuxième particule continue à faire partie de la même réalité que la première.

M. – Même si les deux particules se trouvaient à deux bouts de l'univers…

T. – Oui. Ainsi la mécanique quantique élimine toute idée de localisation. Elle confère un caractère holistique à l'espace. Les notions d'« ici » et de « là » n'ont plus de sens, car « ici » est identique à « là ». Les physiciens appellent cela la « non-séparabilité ».

1. Ou, plus précisément, afin de ne pas nous lier à une ontologie de particules qui est critiquée plus bas : « les propriétés des phénomènes A et B sont corrélées ».

M. – Cette constatation devrait avoir des conséquences immenses sur la compréhension qu'ont les physiciens de la réalité et de notre perception ordinaire du monde.

T. – C'est exact. Certains physiciens ont eu du mal à accepter cette notion d'une réalité non séparable et ont tenté de trouver une faille dans les expériences ou dans le théorème de Bell. Jusqu'ici, ils ont échoué. La mécanique quantique n'a jamais été prise en défaut et le phénomène EPR nous suggère que la réalité est globale[1].

M. – Dans l'un de ses sermons, le Bouddha décrit la réalité comme un entrelacs de perles : dans chacune des perles, toutes les autres sont reflétées, ainsi que le palais dont elles ornent la façade et l'univers tout entier. Ce qui revient à dire que dans chaque élément de la réalité, tous les autres sont présents. Cette image illustre bien la notion d'interdépendance selon laquelle il ne peut exister, où que ce soit dans l'univers, une seule entité dissociée de l'ensemble.

Mais il faut se garder d'employer un langage trop réaliste. La corrélation EPR est attribuée à des « particules » – une notion qui continue de refléter notre attachement à la réalité des choses – alors qu'elle ne concerne que des *phénomènes* corrélés résultant de l'interaction entre le monde microphysique, nos appareils et nos concepts. On voit que, même lorsqu'ils parlent de globalité, les physiciens ne peuvent s'empêcher de revenir à une vision réificatrice qui réconforte sans doute la perception solide qu'ils en ont en tant qu'êtres ordinaires.

T. – Si, à l'échelle subatomique, les phénomènes semblent donc bien « interdépendants », pour reprendre le terme bouddhique, je voudrais te parler également de l'expérience du pendule de Foucault qui montre que l'interdépendance ne se limite pas au monde des particules, mais s'étend à l'univers tout entier, au macrocosme comme au microcosme.

Le physicien français Léon Foucault voulait démontrer que la Terre tournait sur elle-même. En 1851, dans une expérience restée célèbre et qui est maintenant reproduite dans nombre de musées des sciences du monde, il attacha un pendule à la voûte du Panthéon, à Paris. Une fois lancé, le pendule a un comportement remarquable : son plan d'oscillation pivote au fil des heures. Si on le lance dans la direction nord-sud, au bout de quelques heures il oscillera dans la direction est-ouest, et si nous étions aux pôles, le pendule ferait un tour complet en exactement vingt-quatre

1. Selon une conversation que nous avons eue avec Michel Bitbol, la mécanique quantique ne nous dit rien sur la réalité : au premier degré, elle se contente de prédire les phénomènes. C'est nous qui, ensuite, essayons d'interpréter ces prédictions par des images métaphysiques. Nous avons présenté ici le point de vue de la majorité des physiciens. Quelques physiciens isolés, comme l'Américain David Bohm, ont proposé d'autres interprétations de la mécanique quantique qui conduisent à d'autres lectures des corrélations EPR.

heures. À Paris, à cause d'un effet de latitude, le pendule n'accomplit qu'une fraction de tour en une journée.

Pourquoi le plan d'oscillation du pendule pivote-t-il ? Foucault répondit que ce mouvement n'était qu'apparent : le plan d'oscillation du pendule reste fixe et c'est la Terre qui tourne. Ayant mis en évidence la rotation de la Terre, il s'en contenta. Mais la réponse de Foucault était incomplète, car un mouvement ne peut être décrit que par rapport à un repère fixe : le mouvement absolu n'existe pas. Galilée avait déjà compris que : « Le mouvement est comme rien. » Le mouvement n'existe pas en soi, mais relativement à autre chose. La Terre doit « tourner » par rapport à quelque chose qui ne tourne pas. Mais comment trouver ce quelque chose ? Afin de tester l'immobilité d'un point de repère, un astre, par exemple, il suffit de lancer le pendule dans sa direction. Si l'astre est immobile, il restera dans le plan d'oscillation du pendule, dont on sait qu'il est fixe. Si l'astre bouge, il dérivera lentement en dehors du plan.

Essayons des objets astronomiques connus, des plus proches aux plus lointains. Si nous orientons le plan de notre pendule vers le Soleil, ce dernier sort perceptiblement du plan d'oscillation après quelques semaines. Les étoiles les plus proches, situées à quelques années-lumière, font de même après quelques années. La galaxie Andromède, située à deux millions d'années-lumière, dérive moins, mais finit par sortir du plan. Le temps passé dans le plan s'allonge et la dérive tend graduellement vers zéro au fur et à mesure que les objets testés sont plus éloignés. Seuls les amas de galaxies les plus lointains, situés à des milliards d'années-lumière, aux confins de l'univers connu, ne dérivent pas par rapport au plan d'oscillation initial du pendule.

M. – Pourquoi y aurait-il un plan privilégié ?

T. – Il n'y a pas de plan privilégié. Toutes les directions sont équivalentes. Quelle que soit la direction dans laquelle on a lancé le pendule au début, son plan d'oscillation reste fixe non pas par rapport aux objets célestes proches, mais par rapport aux amas de galaxies les plus lointains que l'on puisse détecter dans cette direction. La conclusion à tirer de ces expériences est extraordinaire : le pendule de Foucault ajuste son comportement non pas en fonction de son environnement local, mais en fonction des galaxies les plus éloignées, c'est-à-dire de l'univers tout entier, puisque la quasi-totalité de la masse visible de l'univers se trouve non pas dans les étoiles proches, mais dans ces galaxies lointaines. En d'autres termes, ce qui se trame chez nous se décide dans l'immensité cosmique : ce qui se passe sur notre minuscule planète dépend de la totalité des structures de l'univers.

Pourquoi le pendule de Foucault se comporte-t-il ainsi ? On ne connaît pas la réponse pour l'instant. Le philosophe et physicien autrichien Ernst Mach (qui a donné son nom à l'unité de mesure des vitesses supersoniques) y voyait une sorte d'omniprésence de la matière et de son influence. Selon lui, la masse d'un objet – la quantité qui mesure son inertie, c'est-à-dire sa résistance au mouvement – est le résultat de l'influence de l'univers tout entier sur cet objet. C'est ce qu'on appelle le principe de Mach. Lorsqu'on peine à pousser une voiture, la résistance qu'elle exerce au mouvement émane de la totalité de l'univers. Mach n'a jamais formulé en détail cette influence universelle mystérieuse, qui est distincte de la gravité, et personne n'a su le faire depuis. Tout comme l'expérience EPR l'a établi pour le monde subatomique, celle du pendule de Foucault nous force à admettre qu'il existe dans le monde macroscopique une interaction d'une tout autre nature que celles décrites par la physique que nous connaissons : une interaction qui ne fait intervenir ni force ni échange d'énergie, mais qui relie l'univers tout entier. Chaque partie porte en elle la totalité, et de chaque partie dépend tout le reste.

M. – Pour le bouddhisme, c'est la définition même de l'interdépendance, qui n'est ni le fait de la proximité dans l'espace ou dans le temps, ni celui de la vitesse de communication ou de forces physiques dont l'influence diminue avec la distance : les phénomènes sont interdépendants parce qu'ils *coexistent* au sein d'une réalité globale, laquelle fonctionne sur le mode de la causalité réciproque. Nous revenons au « *ceci* ne peut être que si *cela* est, *ceci* ne peut changer que si *cela* change ». Ainsi, de proche en proche, on s'aperçoit que, d'une manière ou d'une autre, tout est nécessairement relié à tout. Ce sont ces relations qui constituent notre réalité et qui déterminent les conditions de notre existence, des particules et des galaxies.

T. – Cette vision de l'interdépendance est certainement en accord avec les résultats des expériences que j'ai décrites précédemment. Ni l'expérience EPR, ni le pendule de Foucault, ni l'inertie de Mach ne peuvent s'expliquer en termes des quatre forces fondamentales connues en physique. Pour les physiciens, c'est très troublant.

M. – Je crois qu'on trouve ici un exemple révélateur de la différence entre l'approche scientifique et l'approche bouddhiste. Pour nombre de scientifiques, même si, comme tu le dis, la mise en évidence de la globalité des phénomènes est troublante, ce n'est finalement qu'une information de plus qui, aussi stimulante soit-elle intellectuellement, a peu de répercussions sur le cours de leur existence. Pour le bouddhiste, en revanche, l'interdépendance des phénomènes a des répercussions beaucoup plus vastes. Elle le pousse à remettre fondamentalement en cause sa perception du monde et à avoir continuellement recours à cette nouvelle perception pour réduire ses attachements, ses peurs et ses aversions. La compréhension de l'interdépendance doit mettre à bas le mur illusoire que notre esprit a dressé entre « moi » et « autrui ». Elle rend absurdes l'orgueil, la jalousie, l'avidité, la malveillance. Si non seulement toutes les choses inertes, mais tous les êtres sont reliés, nous devons nous sentir intimement concernés par le bonheur et la souffrance des autres. Vouloir construire son bonheur sur la souffrance d'autrui est non seulement amoral, mais irréaliste. Les sentiments d'amour universel (défini dans le bouddhisme comme le désir que tous les êtres connaissent le bonheur et les causes du bonheur) et de compassion (le désir que tous les êtres soient délivrés de la souffrance et des causes de la souffrance) sont des conséquences directes de l'interdépendance. Prendre conscience de l'interdépendance engendre ainsi un processus de transformation intérieure qui se poursuivra tout au long du chemin de l'Éveil spirituel. Sinon, ne pas mettre nos connaissances en pratique, c'est ressembler à un musicien sourd ou au nageur qui meurt de soif par crainte de se noyer en buvant.

T. – Interdépendance des phénomènes = responsabilité universelle. Quelle belle équation ! Elle fait écho à ces paroles d'Einstein : « L'être humain est une partie du tout que nous appelons univers, une partie limitée par le temps et l'espace. Il fait l'expérience de lui-même, de ses pensées et de ses sentiments comme des événements séparés du reste, c'est là une sorte d'illusion d'optique de sa conscience. Cette illusion est une forme de prison pour nous, car elle nous restreint à nos désirs personnels et nous contraint à réserver notre affection aux quelques personnes qui sont les plus proches de nous. Notre tâche devrait consister à nous libérer de cette prison en élargissant notre cercle de compassion de manière à y inclure toutes les créatures vivantes et toute la nature dans sa beauté. »

En vérité, le langage de la physique ne sait pas encore comment exprimer le caractère global et holistique de la réalité. Certains parlent même d'une autre réalité, d'un « réel voilé », dans les termes du physicien français Bernard d'Espagnat[1].

M. – À condition de ne pas penser que ce « réel voilé » serait enfin la réalité solide qui se cache derrière les apparences, ce qui équivaudrait à réifier à nouveau le monde des phénomènes. En revanche, si « voilé » est synonyme d'« illusoire » ou d'« inaccessible aux concepts », le bouddhisme est d'accord.

T. – Je ne pense pas que d'Espagnat qualifierait son « réel voilé » d'illusoire. Pour lui, c'est un réel qui échappe à notre perception et à nos instruments de mesure. Que l'interdépendance soit la loi fondamentale, je ne peux qu'être d'accord. Mais la science ne sait pas encore la décrire.

M. – L'interdépendance n'exige ni force ni transmission, mais la simple coexistence des phénomènes. Elle n'est pas non plus une simple interaction entre les phénomènes, mais la condition même de leur manifestation. À l'opposé, la notion d'entités substantielles localisées, qui n'ont rien en commun, conduit à envisager un processus de causalité dans lequel ces substances en modifient d'autres par l'influence de propriétés

1. Bernard d'Espagnat, *Le Réel voilé*, Fayard, 1994.

qui leur appartiennent en propre, ce qui est incompatible avec la notion de globalité.

T. – Heisenberg rejoint cette notion lorsqu'il écrit : « Le monde apparaît donc comme un tissu complexe d'événements, dans lequel des relations de diverses sortes alternent, se superposent ou se combinent, déterminant par là la trame de l'ensemble[1]. » J'ajouterai que la science a découvert un autre aspect de cette connexion cosmique : nous sommes tous faits des produits du big bang. Les atomes d'hydrogène et d'hélium qui constituent 98 % de la masse totale de la matière ordinaire dans l'univers ont été fabriqués pendant les trois premières minutes de son existence. Les atomes d'hydrogène de l'eau des océans ou de notre corps proviennent tous de cette soupe primordiale. Nous partageons donc tous la même généalogie. Quant aux éléments lourds qui sont essentiels à la complexité et à l'émergence de la vie et constituent les 2 % restants de la matière de l'univers, ils sont le produit de l'alchimie nucléaire au cœur des étoiles, et de l'explosion des supernovae. Nous sommes tous faits de poussière d'étoiles. Frères des bêtes sauvages et cousins des fleurs des champs, nous portons tous en nous l'histoire cosmique. Le simple acte de respirer nous relie à tous les êtres qui ont vécu sur le globe. Par exemple, nous inhalons encore aujourd'hui des millions de noyaux d'atomes partis en fumée lors du supplice de Jeanne d'Arc en 1431, et quelques molécules provenant du dernier souffle de Jules César.

M. – Pour le bouddhisme, ce n'est pas tant nos liens moléculaires qui importent – car finalement ceux-ci n'influent guère sur notre bonheur ou notre souffrance –, mais le fait que les êtres, dont nous sommes à ce point proches, éprouvent le même désir que nous d'être heureux et d'échapper à la souffrance.

Mais, pour revenir à l'effet EPR, puisque toutes les « particules » – quelle que soit leur signification – ont été intimement connectées dans la singularité du big bang (et peut-être à l'occasion d'autres big bangs), elles doivent l'être encore. La globalité est donc depuis toujours et à jamais la condition naturelle des phénomènes.

T. – C'est une interprétation intéressante de l'effet EPR. Ce qui est sûr, c'est que nous sommes tous liés les uns aux autres génétiquement. Nous descendons tous de l'*Homo habilis* apparu en Afrique il y a environ un million huit cent mille ans, quelles que soient notre race ou notre couleur de peau. Enfant des étoiles, l'homme moderne a peut-être ressenti le plus intensément sa filiation cosmique quand il a vu, pour la première fois, les images émouvantes de notre planète bleue flottant dans l'immensité noire de l'espace, si belle et pourtant si fragile. Cette globalité fait que nous sommes tous responsables de notre Terre et devons la préserver

---

1. Werner Heisenberg, *Physique et philosophie*, Albin Michel, 1961 et 1971, p. 107.

de la dévastation écologique que nous lui infligeons. William Blake a exprimé magnifiquement la globalité cosmique par ces vers :

> Voir un univers dans un grain de sable,
> Et un paradis dans une fleur sauvage,
> Tenir l'infini dans la paume de la main,
> Et l'éternité dans une heure[1].

L'univers tout entier est effectivement contenu dans un grain de sable, car l'explication des phénomènes les plus simples fait intervenir l'histoire entière de l'univers.

M. – En entendant ces vers de Blake, je ne peux m'empêcher de penser au quatrain d'un soutra du Bouddha :

> Voir dans un atome,
> Et dans chaque atome,
> La totalité des mondes,
> Tel est l'inconcevable[2].

Les écritures bouddhiques disent aussi que le Bouddha connaît à chaque instant la nature et la multiplicité de tous les phénomènes de l'univers, dans l'espace et dans le temps, aussi clairement que s'il les tenait dans le creux de sa main ; et qu'il peut transformer un instant en une éternité et une éternité en un instant. C'est à se demander si William Blake a lu ces textes ou si leur inspiration a traversé les âges ! Si on réfléchit bien au sens de ces phrases, on peut assimiler l'omniscience du Bouddha à une perception parfaite de la globalité. On n'a nul besoin de concevoir le Bouddha comme un Dieu. Il suffit de comprendre que l'Éveil embrasse la globalité et connaît à chaque instant l'ensemble des choses ainsi que leur nature. C'est cette globalité même qui rend possible l'omniscience. Le philosophe et poète bouddhiste indien Ashvaghosha écrivait : « Dans la contemplation parfaite, on atteint la clairvoyance qui permet de percevoir l'unité absolue de l'univers[3]. » À l'opposé, l'ignorance fondamentale se manifeste par une fragmentation, et donc une limitation, de la connaissance. Nous n'appréhendons plus que certains aspects de la réalité, et nous perdons de vue sa nature ultime.

T. – L'infinité des mondes m'amène à penser aux autres formes d'intelligence qui existent probablement dans le cosmos. L'univers observable contient cent milliards de galaxies contenant chacune cent milliards d'étoiles. Si la plupart de ces étoiles possèdent, comme notre Soleil, un

1. William Blake, *Auguries of Innocence*, dans *Complete Writings of William Blake*, Geoffrey Keynes (éd.), New York, Oxford University Press, 1985.
2. *Avatamsaka Sutra : The Flower Ornament Scripture*, traduction Thomas Cleary, Boston – Londres, Shambhala Publications, 1993, p. 959.
3. Ashvaghosha, *The Awakening of Faith*, Hakeda (trad.), New York, Columbia University Press, p. 55.

cortège d'une dizaine de planètes, la population totale des planètes dans l'univers est de cent mille milliards de milliards de planètes. Il paraît inconcevable que, parmi un si grand nombre de planètes, la nôtre soit la seule à héberger la vie et la conscience. L'existence de civilisations extraterrestres soulèverait des questions théologiques fort intéressantes. Par exemple, du point de vue de la religion chrétienne, Dieu a envoyé son Fils Jésus-Christ sur Terre pour sauver les hommes. Y aurait-il une multitude de Jésus-Christ visitant chaque planète où se trouvent la vie et la conscience pour sauver les vivants qui s'y sont développés ?

M. – Le bouddhisme parle de milliards de mondes où évoluent différentes formes d'êtres. Dans la plupart de ces mondes se trouve, dit-on, un Bouddha qui enseigne aux êtres comment atteindre l'Éveil. Un Bouddha ne sauve pas les êtres comme on lancerait un caillou vers le sommet d'une montagne, mais il leur donne les moyens d'identifier les causes de la souffrance et de s'en délivrer.

T. – Le philosophe italien Giordano Bruno avait déjà soulevé ces questions à la fin du XVIe siècle lorsqu'il avançait l'idée d'un univers infini contenant une infinité de mondes habités par une infinité de formes de vie. Il paya de sa vie cette témérité, car l'Église le condamna à mourir sur le bûcher il y a exactement quatre siècles. Il est intéressant de voir que le bouddhisme a soulevé ce genre de questions il y a plus de deux mille ans…

M. – On dit encore que sur chaque brin d'herbe et chaque grain de poussière, dans chaque atome et dans chaque pore de la peau de chacun des Bouddhas, il y a une infinité de mondes, sans qu'il soit nécessaire que ces mondes rapetissent ni que les pores de la peau s'agrandissent. Autrement dit, par l'interdépendance, chaque élément inclut tous les autres sans que, pour cela, il ait à changer de dimension.

T. – C'est une image étonnante. Au cours de nos entretiens, j'ai admiré l'aptitude du bouddhisme à utiliser des images poétiques pour exprimer des concepts difficiles qui vont parfois à l'encontre du sens commun et ne rentrent pas dans le cadre du langage familier.

Selon le bouddhisme, le monde existe-t-il lorsqu'il n'est pas perçu par une conscience ?

M. – Certes, le monde qui nous entoure ne disparaît pas lorsque nous n'en sommes pas conscients. Toutefois, c'est une fausse question puisque, d'une part, la conscience existe et fait partie de l'interdépendance, et, d'autre part, on ne peut concevoir ou décrire ce que serait la réalité en l'absence de la conscience. S'interroger sur ce qu'elle pourrait être est voué à l'échec, car dès l'instant où la conscience se penche sur cette nature, elle fait déjà partie de l'interdépendance, du conditionnement mutuel : la réalité devient à nouveau *notre* réalité. Cette position n'est donc pas nihiliste ou idéaliste, puisqu'elle ne nie pas la réalité conventionnelle, celle que nous percevons, et elle n'est pas non plus réaliste ou matérialiste, puisqu'une réalité existant par elle-même n'a pour nous aucun sens. C'est ce que le bouddhisme appelle la Voie médiane. Comme l'explique un commentateur tibétain :

> Ainsi, comme le feu né du frottement de deux morceaux de bois les consume, le feu de la connaissance transcendante, dont le discernement atteint l'irréalité de toutes choses, consume sans reste l'épaisse forêt de toutes les références conceptuelles tant de réalité que d'irréalité. Alors, quand toutes les constructions du concept trouvent leur fin dans la sagesse, il s'agit de la grande Voie médiane, libre de toutes propositions[1].

Ce que Nāgārjuna résume dans ce verset de son ouvrage majeur, le *Traité de la Voie médiane*[2] :

> Être ou éternalisme,
> Néant ou nihilisme :
> Le Sage ne se tient donc
> Ni dans l'être ni dans le néant.

Le *Soutra requis par Sagara*[3] rapporte ces paroles du Bouddha :

> Le sage connaît directement la production interdépendante
> Et ne prend plus appui sur aucune vue extrême.
> Il sait que les choses ont des causes,
> Dépendent de circonstances,
> Et que rien n'existe sans causes ni circonstances.

Et Nāgārjuna poursuit :

> Ce qui apparaît en fonction d'autre chose
> N'est en rien cette chose
> Mais n'en est pas non plus différent.
> Ainsi cela n'est-il ni éternel ni néant.

Selon le Bouddha, la nature ultime des phénomènes est donc l'union des apparences et de la vacuité :

> Comme dans un miroir
> Parfaitement pur
> Apparaissent d'insubstantiels reflets,
> Sache qu'il en est ainsi pour toute chose.

---

1. *Comprendre la vacuité*, *op. cit.*, p. 86.
2. *Madhyamaka Prajnamula*, de Nāgārjuna.
3. *Soutra requis par Sagara* (*Saganagaraja-paripriccha Sutra*, catalogue Tohoku, t. 152).

V

LES MIRAGES DU RÉEL

De l'existence des particules élémentaires

Pourquoi le bouddhisme s'intéresse-t-il aux particules élémentaires, alors que leur analyse ne semble pas avoir une grande incidence sur notre vie quotidienne ? Pourtant, si l'on s'interroge sur la réalité, ou l'irréalité, du monde qui nous entoure, il importe d'élucider la nature de ce qui en constituerait les « briques fondamentales ». Le bouddhisme n'est pas le seul à remettre en question la vision « réaliste » des phénomènes. L'interprétation de la physique quantique selon l'école de Copenhague nous conduit également à penser que les atomes ne sont pas des « choses » mais des « phénomènes observables ». Débat passionnant entre tous, puisqu'il nous place d'emblée au cœur de ce que l'on nomme la matière : si sa « solidité » est remise en question, bien d'autres barrières conceptuelles peuvent et doivent à leur tour tomber.

MATTHIEU : La notion de globalité des phénomènes contredit celle d'entités séparées possédant des propriétés intrinsèques et se définissant par elles-mêmes. Prenons l'exemple de la lumière. Elle se manifeste parfois comme une onde, parfois comme une particule : deux aspects aussi différents que peuvent l'être une pierre et les ondes circulaires qu'elle crée lorsqu'elle tombe à la surface d'un lac.

THUAN : Effectivement, cette découverte de la nature duelle de la lumière a été une grande surprise pour les physiciens. Plus étonnant encore, la matière partage cette dualité. Ce que nous appelons électron, ou toute autre particule élémentaire, peut également prendre l'aspect d'une onde.

M. – Dans le monde ordinaire, la lumière est ce qui nous permet de voir les formes et les couleurs ; pour celui qui s'assied au soleil, les yeux fermés, la lumière est perçue comme de la chaleur ; pour le physicien qui la capte avec ses instruments, la lumière est une fonction mathématique, un ensemble de nombres et d'équations. Autant d'approches, autant de descriptions différentes. Où se trouve la réalité ? N'est-il pas plus juste de dire qu'on a simplement affaire à un ensemble d'interactions qui engendrent des phénomènes transitoires et que, derrière ce flux de transformations incessantes, nous n'avons aucune raison de postuler l'existence d'une réalité intrinsèque qui se définisse par elle-même ?

T. – Les aspects divers de la lumière peuvent s'expliquer si on accepte qu'elle manifeste deux aspects complémentaires : l'onde et la particule. Niels Bohr a appelé ce concept le « principe de complémentarité ». Il voyait dans la complémentarité une conséquence de l'inévitable interaction entre un phénomène et l'appareil qui le mesure. Pour lui, ce n'est donc pas la « réalité » qui est duelle, mais les résultats d'interactions expérimentales[1]. On peut alors dire que la lumière ne possède pas de réalité intrinsèque parce qu'elle n'est exclusivement ni onde ni particule, mais qu'elle prend l'apparence de l'une ou de l'autre selon les circonstances.

Reprenant les exemples que tu as cités, on peut expliquer les couleurs en invoquant l'aspect particulaire de la lumière. Ta robe de moine est teintée des couleurs rouge et jaune parce que les atomes qui la constituent absorbent le bleu et le vert et reflètent le jaune et le rouge. Les photons réfléchis par ta robe pénètrent donc dans nos yeux avec une énergie et une fréquence qui nous donnent la vision du jaune et du rouge. Si ta robe ne faisait que réfléchir la lumière solaire sans la modifier, elle devrait avoir la couleur blanche du Soleil.

En ce qui concerne la chaleur du Soleil, elle peut aussi s'expliquer en termes de grains de lumière. Chaque grain de lumière est caractérisé par une énergie et, lors d'une journée ensoleillée, d'innombrables grains de lumière viennent frapper notre peau et lui communiquent leur énergie qui est convertie en chaleur.

Quant au physicien dépendant de son appareil de mesure, il voit la lumière soit comme une onde, soit comme une particule. Si la lumière se manifeste comme une onde, on peut la caractériser par sa longueur d'onde (la distance entre deux crêtes ou deux creux de l'onde) et par sa fréquence (le nombre de passages de crêtes de l'onde à un endroit donné de l'espace par seconde). Si elle se montre comme une particule, on peut la caractériser par son énergie.

M. – On ne fait ainsi que décrire un certain nombre de propriétés observables[2] qui, de plus, ne peuvent coexister à un moment donné. Le photon n'est *jamais* à la fois onde et particule. Shantideva écrivait il y a

1. Si l'on veut comprendre le concept bohrien de complémentarité, il ne faut pas oublier l'idée-force de Bohr : « L'impossibilité de toute séparation nette entre le comportement des objets atomiques et leur interaction avec les instruments de mesure servant à définir les conditions sous lesquelles le phénomène se manifeste » (*Physique atomique et connaissance humaine*, Gallimard, 1991, p. 207).

2. Sir James Jeans écrivait : « Nous ne pouvons jamais comprendre ce que sont les événements, mais devons nous limiter à décrire des schémas d'événements en termes mathématiques ; aucun autre but n'est possible. Les physiciens qui essaient de comprendre la nature travaillent dans différents domaines à l'aide de diverses méthodes. On peut labourer, semer et récolter, mais le résultat sera toujours une feuille de formules mathématiques qui ne décriront jamais la nature elle-même. […] Ainsi,

près de mille trois cents ans : « Ce qui apparaît par le concours d'autres éléments et qui disparaît s'ils sont absents, ce phénomène artificiel, pareil à un reflet, comment aurait-il le caractère de la réalité[1] ? » Il faut donc répondre à la question de la réalité intrinsèque de ces particules. Peut-on dire que l'on connaît la nature même de la lumière ? Une telle nature existe-t-elle ? Les « caractéristiques » de la particule ne se réduisent-elles pas à des modes d'appréhension d'un phénomène impermanent ? L'électron est-il sa charge, son spin (un mouvement de rotation), sa masse ? L'ensemble des propriétés se confond-il avec l'électron ? Celui-ci existe-t-il en dehors de ses propriétés ? S'il *n'est* ni l'une ni l'autre de ses propriétés, que reste-t-il de l'électron ? En bref, ces propriétés sont-elles constitutives de l'électron ou n'apparaissent-elles qu'en dépendance avec le reste du monde, y compris nous-mêmes[2] ?

L'une des questions classiques du bouddhisme est : « Est-ce qu'une particule possède ses propriétés comme un fermier possède une vache ou comme quelqu'un possède son propre corps ? » Dans le premier cas, cela voudrait dire que l'électron et ses propriétés sont des entités distinctes ; dans le deuxième cas, que les propriétés font partie de l'électron : prétendre qu'il les possède reviendrait à dire que quelqu'un aurait deux corps, le corps qu'il est et le corps qu'il possède. Si l'électron est chacune de ses propriétés, il y aurait autant d'électrons que de propriétés. Dans ce cas, l'entité électron devient multiple.

En résumé, pour transposer un raisonnement de Chandrakirti[3], l'électron n'existe pas réellement parce que 1) l'électron n'est pas ses propriétés,

---

nos études ne peuvent jamais nous mettre en contact avec la réalité » (*Physics and Philosophy*, Cambridge, Cambridge University Press, 1931, p. 15-17).

1. Shantideva, *La Marche vers l'Éveil*, *op. cit.*, p. 144.

2. En contrepoint de cette analyse bouddhiste et de la physique quantique, Laurent Nottale écrit : « Le concept de particule ne concernerait alors plus un objet qui "posséderait" une masse, un spin ou une charge, mais s'identifierait aux géodésiques fractales d'un espace-temps non différentiable, géodésiques dont masse, spin et charge seraient des propriétés géométriques communes » (*La Relativité dans tous ses états*, Hachette, 1998, p. 238).

3. Ce raisonnement de Chandrakirti (VIIIe siècle), le grand commentateur indien de Nāgārjuna, est classiquement appliqué à la notion de chariot. Les sept raisons pour lesquelles un « chariot » n'a pas d'existence propre peuvent être résumées comme suit :

1) Le chariot *ne fait pas intrinsèquement un* avec ses parties (les roues, les axes, etc.), car celles-ci étant multiples, l'entité chariot deviendrait elle aussi multiple. Si on persiste à dire que l'entité chariot est vraiment « une », alors toutes ses parties devraient être une seule et même entité. De ce fait, l'agent (le chariot en mouvement) et ce qu'il emmène dans sa course (ses parties) ne feraient absurdement qu'un.

2) Le chariot *n'est pas intrinsèquement autre* que ses parties, car s'il en était ainsi, ce serait une entité totalement distincte desdites parties. Or des phénomènes ontologiquement indépendants et simultanés ne peuvent agir les uns sur les autres et ne peuvent donc être reliés par un lien causal. Le chariot devrait alors pouvoir être appréhendé séparément de ses parties, ce qui n'est pas le cas.

2) il n'est pas autre chose que ses propriétés, 3) il n'est pas le fondement de ses propriétés, 4) ses propriétés ne constituent pas son fondement, 5) il n'est pas le propriétaire réel de ses propriétés, 6) il n'est pas le simple ensemble de ses propriétés et 7) il n'est pas la forme de ses propriétés. S'il ne se confond pas avec ses propriétés et s'il n'est pas non plus séparé d'elles, alors celles-ci ne sont autres que des étiquettes mentales, et leur existence est de nature conventionnelle. Alan Wallace écrit : « Elles n'ont aucune existence intrinsèque, ce qui ne veut pas dire qu'elles n'existent pas du tout. Les entités que nous identifions existent par rapport à nous et elles accomplissent les fonctions que nous leur attribuons. Mais, telle que nous la définissons, leur existence dépend des désignations verbales et conceptuelles que nous leur apposons[1]. »

T. – Pour parler de la charge, du spin ou de la masse d'un électron, il faut mesurer ces caractéristiques. Or, en l'absence de mesure, l'électron prend l'apparence d'une onde et ne peut être décrit en termes de particule. On ne peut donc lui attribuer une masse ou une charge.

M. – Il est donc imprudent d'affirmer que le résultat de cette observation reflète sans équivoque des propriétés intrinsèques d'un « objet », lequel serait mis en évidence par notre observation.

T. – Selon mon appareil de mesure, l'électron apparaîtra soit comme une particule, qui a une charge, un spin et une masse, soit comme une onde pour laquelle ces notions n'ont pas de sens. L'acte d'observation est également responsable du flou quantique dont j'ai parlé et qui est exprimé par le principe d'incertitude de Heisenberg, c'est-à-dire de l'impossibilité de définir précisément à la fois la position et la vitesse d'un électron. Pour localiser ce qu'on suppose être un électron, il faut l'éclairer. L'énergie de

---

3) Les parties d'un chariot *ne dépendent pas intrinsèquement* de l'entité chariot, car si c'était le cas, les parties et le chariot devraient être intrinsèquement « autres », ce qui revient au cas précédent.

4) Pour les mêmes raisons, le chariot *ne dépend pas intrinsèquement* de ses parties.

5) Le chariot *ne possède pas* ses parties comme un fermier possède une vache ou un homme son propre corps. Pour ce faire, le chariot devrait être soit intrinsèquement distinct, soit indistinguable de ses parties, deux possibilités qui ont été réfutées.

6) L'entité chariot n'est pas *simplement un composé* de ses parties : *a)* la forme des parties ne peut être un chariot, *b)* la forme du composé constitué par les parties ne peut être un chariot, car les formes de ces parties ne sont un chariot ni avant ni après leur assemblage, ces formes restant inchangées.

7) La *forme du composé* n'est pas un chariot, car le composé des parties n'est pas une entité douée d'existence propre. Il n'y a pas de composé des parties autre que les parties elles-mêmes, sinon on pourrait appréhender ce composé sans appréhender les parties. Comme nous l'avons vu, le composé ne peut pas non plus être identique à ses parties, car s'il l'était, soit l'entité « composé » serait multiple, soit les parties ne feraient qu'un. En résumé, la forme du composé n'existe que par le jeu d'une *imputation conceptuelle*.

1. Alan Wallace, *Science et bouddhisme*, *op. cit.*, p. 232.

la lumière dépend de sa longueur d'onde, et cette dernière détermine le degré de précision avec lequel on peut localiser cet électron. Si l'énergie de la lumière augmente, sa longueur d'onde diminue et les contours de l'électron se précisent. Mais les photons de cette lumière communiquent leur énergie à l'électron et perturbent d'autant plus son mouvement que cette énergie grandit. Nous nous trouvons ainsi face à un dilemme : plus nous réduisons le flou de la position de l'électron en l'éclairant avec des photons à haute énergie, plus nous le perturbons et augmentons le flou de son mouvement. À l'opposé, si nous l'éclairons avec une lumière moins énergétique, nous perturbons moins son mouvement mais augmentons le flou de sa position. L'acte même de déterminer engendre l'indétermination. Parler d'une réalité « objective » qui existerait en l'absence de toute observation n'a donc pas de sens, car on ne peut jamais l'appréhender. On ne peut percevoir qu'une réalité subjective de l'électron qui dépend de l'observateur et de ses instruments de mesure. La forme que prend cette réalité est inextricablement liée à notre présence. Nous ne sommes plus des spectateurs passifs devant le drame tumultueux du monde des atomes, mais des acteurs à part entière.

M. – Le fait qu'on puisse décrire la lumière comme une onde ou une particule montre donc bien que ni l'une ni l'autre de ces caractéristiques mutuellement exclusives n'est inhérente à un événement qu'on imagine être un photon. Rien ne peut être à la fois le caillou et l'onde, un objet localisé et un phénomène diffus dans l'espace.

T. – Ou, plus précisément, pour reprendre les mots de Heisenberg, « ces deux images s'excluent naturellement l'une l'autre, car une chose donnée ne peut être en même temps une particule (c'est-à-dire une substance enfermée sous un très petit volume) et une onde (c'est-à-dire un champ qui s'étend sur un grand espace), mais les deux sont *complémentaires*[1] ».

M. – Cela ne nous renseigne pas sur la nature ultime de cette particule, si tant est qu'une telle réalité existe. Ni la particule ni l'onde ni aucune autre entité de l'univers n'existent en soi. On ne peut affirmer, n'est-ce pas, que la particule était présente avant l'observation ?

T. – Avant l'acte de mesure, on ne peut parler que d'une onde de probabilité.

M. – Si on entend par particule quelque chose qui pourrait avoir une réalité intrinsèque, voire permanente, et si elle n'existait pas avant l'observation, rien ne pourrait l'amener à exister. Comment une entité qui contient en elle-même toutes les qualités réelles qu'on attribue généralement à une particule pourrait-elle passer soudain du néant de l'inexistence à l'existence ? Lorsqu'une particule apparaît, soit elle n'a pas d'existence propre, soit il y a création *ex nihilo*.

1. Werner Heisenberg, *Physique et philosophie*, *op. cit.*, p. 42.

T. – Pourtant, il y avait bien une onde. Il y avait quelque chose. Ce n'était pas le vide complet !

M. – Le bouddhisme ne parle pas de vide complet – ce serait adopter un point de vue nihiliste – mais de « vide d'existence propre ». C'est pour cela que, selon les circonstances, selon le contexte expérimental, un phénomène irréel peut apparaître tantôt comme une particule, tantôt comme une onde.

T. – Notre débat est en fait celui que menait Einstein contre l'interprétation de l'école de Copenhague de la physique quantique. Cette interprétation, proposée par Niels Bohr, Werner Heisenberg et Wolfgang Pauli, est ainsi appelée car l'institut de physique que dirigeait Bohr, et où Heisenberg et Pauli étaient de fréquents visiteurs, était situé à Copenhague. Elle dit en substance que « les atomes forment un monde de potentialités ou de possibilités, plutôt que de choses et de faits ». Elle s'éloigne ainsi profondément du réalisme dogmatique d'Einstein.

Heisenberg résume ainsi les critiques d'Einstein :

« Cette interprétation ne nous décrit pas ce qui se passe en fait, indépendamment des observations, ou pendant l'intervalle entre elles. Mais il faut bien qu'il se passe quelque chose, nous ne pouvons en douter ; [...]. Le physicien doit postuler qu'il étudie un monde qu'il n'a pas fabriqué lui-même et qui serait présent, essentiellement inchangé, si le scientifique en était lui-même absent. »

Ce à quoi Heisenberg répond :

« L'on voit facilement que ce qu'exige cette critique, c'est encore une fois la vieille ontologie matérialiste. Mais quelle peut être la réponse du point de vue de l'interprétation de Copenhague ? [...] Demander que l'on "décrive ce qui se passe" dans le processus quantique entre deux observations successives est une contradiction *in adjecto*, puisque le mot "décrire" se réfère à l'emploi des concepts classiques, alors que ces concepts ne peuvent être appliqués dans l'intervalle séparant deux observations. [...] L'ontologie du matérialisme reposait sur l'illusion que le genre d'existence, la "réalité" directe du Monde qui nous entoure, pouvait s'extrapoler jusqu'à l'ordre de grandeur de l'atome. Or cette extrapolation est impossible[1]. »

M. – Un philosophe bouddhiste ne peut qu'être d'accord avec cette dernière interprétation.

T. – J'adhère moi-même au point de vue de Heisenberg. Je l'ai déjà dit, les expériences ont toujours donné raison à la mécanique quantique et elle n'a jamais été prise en défaut. Einstein faisait fausse route, et son réalisme matérialiste est intenable. D'après Bohr et Heisenberg, quand nous parlons d'atomes ou d'électrons, nous ne devons pas imaginer des entités réelles existant par elles-mêmes, avec des propriétés bien définies

1. *Ibid.*, p. 186.

comme la position ou la vitesse, et traçant des trajectoires elles aussi définies. Le concept d'« atome » n'est qu'un moyen commode pour relier en un schéma logique et cohérent diverses observations. Bohr parlait ainsi de l'impossibilité d'aller au-delà des faits et résultats des expériences et mesures : « Notre description de la nature n'a pas pour but de révéler l'essence réelle des phénomènes, mais simplement de découvrir autant que possible les relations entre les nombreux aspects de notre existence[1]. »

M. – Il rejoint François Jacob, celui-ci affirme : « Il paraît donc clair que la description de l'atome donnée par le physicien n'est pas le reflet exact et immuable d'une réalité dévoilée. C'est un modèle, une abstraction, le résultat de siècles d'efforts de physiciens qui se sont concentrés sur un petit groupe de phénomènes pour construire une représentation cohérente du monde. La description de l'atome paraît être autant une création qu'une découverte[2]. » Cela n'empêche pas la plupart des gens de s'imaginer les atomes comme des petites boules qu'ils pourraient saisir s'ils disposaient d'instruments suffisamment petits.

T. – Schrödinger nous met en garde contre une telle matérialisation de l'atome et de ses constituants : « Il vaut mieux ne pas regarder une particule comme une entité permanente, mais plutôt comme un événement instantané. Parfois ces événements forment des chaînes qui donnent l'illusion d'être des objets permanents[3]. »

M. – Le cercle de feu créé devant nos yeux par la rotation rapide d'une torche n'est pas un « objet ». Le monde des phénomènes est constitué d'événements qui ne peuvent demeurer identiques à eux-mêmes pendant deux instants consécutifs, faute de quoi ils seraient figés pour toujours. Ces instants, étant ponctuels, n'ont pas de durée, et ces événements ne peuvent donc avoir d'existence propre. Rien ne permet donc d'affirmer qu'on connaîtra un jour l'ensemble des caractéristiques de l'« événement particule », car celui-ci nous apparaît de telle ou telle façon par le jeu de l'interdépendance, synonyme de « vide d'existence propre ».

T. – Interdépendance par l'acte d'observation ?

M. – Interdépendance entre les phénomènes et le sujet à qui ils apparaissent, et interdépendance entre tous les phénomènes de l'univers. Le point important, ici, est que les caractéristiques apparentes des phénomènes ne leur appartiennent pas en propre. Lorsqu'on dit, par exemple, que la masse équivaut à l'énergie et peut se transformer en elle, cela revient bien à exprimer que la masse n'est pas une propriété indissociable de l'événement particule.

1. Niels Bohr, *Atomic Theory and the Description of Nature*, Woodbridge, Ox Bow Press, 1987, p. 18.

2. François Jacob, *La Souris, la Mouche et l'Homme*, Odile Jacob, 1997, p. 216.

3. Erwin Schrödinger, « Science et humanisme », dans *Physique quantique et représentation du monde*, Le Seuil, 1992, p. 47.

T. – Oui, la nature de la matière, comme celle de la lumière, n'est pas immuable. L'énergie peut être convertie en matière, comme cela se produit constamment dans les accélérateurs de particules. Cette énergie peut provenir d'une masse (d'après la fameuse formule d'Einstein $E = mc^2$) ou d'un mouvement. Dans le dernier cas, cela veut dire que la propriété d'un objet peut être convertie en objet. Inversement, la matière peut être convertie en énergie : c'est par exemple ce qui fait que le Soleil brille. C'est en convertissant une toute petite fraction de sa masse d'hydrogène (0,7 %) en lumière (des photons) que notre astre alimente et nourrit la vie sur terre.

M. – Il ressort de tout cela que ni l'une ni l'autre de ces propriétés mutuellement exclusives ne constituent fondamentalement le phénomène qu'on appelle photon ou particule. Si c'était le cas, ces propriétés devraient *toujours* être présentes. Que penser de la réalité d'un animal qui serait un chat quand on le regarde d'un côté, un chien quand on le regarde de l'autre, et une onde quand on cesse de le regarder ?

T. – Vu sous cet angle, c'est vrai !

M. – La réalité ne correspond donc pas aux concepts solides que nous attachons aux choses. Pour qu'un phénomène se manifeste, il n'est pas nécessaire qu'il émane d'une réalité sous-jacente douée d'existence propre. Nous devons transcender les limitations conceptuelles qui nous font penser que quelque chose doit être soit intrinsèquement existant, soit totalement non existant. Il y a une voie médiane, symbolisée par l'image du mirage et du rêve. Le fait d'être illusoire n'empêche pas un phénomène de fonctionner. Un reflet dans un miroir peut apparaître et disparaître, se transformer de diverses façons et transmettre des informations variées, même si rien n'est vraiment « venu à l'existence » dans le miroir.

T. – Un platonicien te répondra que le monde du miroir n'est que le reflet d'un monde réel. Il n'en reste pas moins vrai que l'aspect particule n'est pas plus fondamental que l'aspect onde. Dans ce sens, on peut dire que ni la lumière ni la matière ne possèdent des propriétés intrinsèques et immuables. Ces propriétés dépendent de l'observateur et de son appareil de mesure et, dans ce sens, peuvent être considérées comme « illusoires », car impermanentes.

M. – La physique serait-elle prête à dire que l'électron n'est qu'un jeu de relations, et qu'il ne possède *aucun* aspect fondamental ?

T. – Si, par relations, tu parles de l'interaction entre l'observateur et l'objet observé, des interactions et transformations entre particules élémentaires (par exemple, un proton et un électron s'assemblent pour donner un neutron et un neutrino) et de l'interaction entre la matière et la lumière, je suis d'accord.

M. – Par relations, j'entends non pas des relations entre objets distincts et intrinsèquement existants, mais un réseau de relations infinies et mutuellement conditionnées dans lequel les propriétés apparentes d'un phénomène particulier découlent de l'ensemble des phénomènes, y compris la conscience.

T. – Cela me rappelle ces mots de Heisenberg : « Le monde apparaît donc comme un tissu complexe d'événements dans lequel des relations de diverses sortes alternent, se superposent ou se combinent, déterminant par là la trame de l'ensemble[1]. »

M. – Il parle bien *d'événements*, non d'entités objectives. Une particule semble isolée de la globalité des phénomènes uniquement parce que nous l'étudions et tentons de la cerner par un protocole expérimental, mais aucune des propriétés d'une partie quelconque de cette globalité n'est fondamentale, parce que rien ne la caractérise…

T. – Rien ne la caractérise intrinsèquement, indépendamment de toute mesure. Les phénomènes sont inséparables de leurs conditions d'attestation. Selon l'interprétation de Copenhague de la mécanique quantique, parler d'une « réalité objective » n'a aucun sens.

M. – C'est la définition même de la vacuité. Il y a une phrase célèbre et essentielle dans le bouddhisme : « La forme est le vide et le vide est la forme[2]. » Par « vide » on entend ici les phénomènes eux-mêmes. La nature des phénomènes manifestés est vacuité, et c'est grâce à cette vacuité, à cette absence d'existence autonome qu'ils peuvent se manifester et se transformer. Vois-tu là une contradiction avec ce que dit la physique moderne ?

T. – Non, les deux points de vue sont compatibles, bien que la formulation soit différente. Tes remarques me font venir à l'esprit une théorie qui était en vogue dans les années 1960 et qui proclamait qu'il n'y avait *pas* de particules élémentaires. Chaque particule serait composée de toutes les autres et il y aurait un peu de toutes les particules dans chaque particule : A est composé de B et C, B de A et C, et C de A et B. Henry Stapp, par exemple, écrivait : « Une particule élémentaire n'est pas une entité analysable douée d'une existence indépendante. C'est, en essence, un jeu de relations qui s'étend à d'autres choses[3]. » Cette théorie, dite du Bootstrap, n'a plus le vent en poupe, faute de preuve expérimentale. Le schéma d'une hiérarchie de particules de plus en plus élémentaires – molécules, atomes, électrons et noyaux d'atome, protons et neutrons, quarks – semble mieux décrire nos observations des phénomènes atomiques et subatomiques.

M. – Pourtant, certains philosophes des sciences comme Bernard d'Espagnat et Michel Bitbol dénoncent ce schéma comme une généralisation abusive de nos perceptions grossières, associée à une tendance à

1. Werner Heisenberg, *Physique et philosophie*, *op. cit.*, p. 107.
2. *Prajnaparamita* (la perfection transcendante de la sagesse).
3. Henry Stapp, « S-Matrix Interpretation of Quantum Theory », Lawrence Berkeley Laboratory preprint, 22 juin 1970 (édition revue, *Physical Review*, D3, 1971, 1303).

réifier les phénomènes. Le second affirme que les phénomènes quantiques peuvent être expliqués « au moins aussi bien en se servant d'un modèle de substitution qui ne suppose *aucun* élément de type corpusculaire[1] ». Faisant écho à Schrödinger, qui disait que « la théorie atomique moderne a été précipitée dans une crise sans précédent[2] », Bitbol poursuit : « Ni les impacts sur les écrans ni les traces dans les chambres à bulles ni, je l'ajoute, les images si évocatrices fournies par le microscope à effet tunnel ne prouvent ce qu'ils paraissent prouver. [...] Nous ne devons pas oublier qu'en physique quantique au sens large, la possibilité d'individualiser des objets d'échelle atomique est restreinte à certaines situations expérimentales bien particulières, et qu'elle fait complètement défaut à partir du moment où ces conditions ne sont plus remplies. Dans certaines situations, la charge d'une particule, par exemple, *ne peut* être décrite comme si elle était localisée en un seul point[3]. » Il cite également Quine qui se demande si les théories quantiques n'ont pas imposé à la physique une volte-face assez complète pour « menacer non seulement une ontologie tendrement aimée de particules élémentaires, mais encore le sens même de la question ontologique, la question "qu'y a-t-il ?"[4] ».

Quant au physicien Laurent Nottale, il remarque : « Certains philosophes sont allés plus loin, concluant à l'inexistence en soi de toutes choses, de la matière comme de l'esprit. Si nous avons pu faire remonter l'histoire de la relativité à Copernic pour ce qui concerne la pensée occidentale et les sciences de la matière, son premier énoncé dans la pensée orientale semble remonter à Siddhārta Gautama, il y a plus de deux mille cinq cents ans. On trouve dans la philosophie bouddhiste une authentique réflexion relativiste sur la vacuité de toutes choses, conséquence de leur non-être en soi, leur existence n'étant que dans les rapports entre elles. On ne peut qu'admirer une telle intuition, qu'on pourrait considérer comme une vision intérieure du but lointain, peut-être inaccessible, que se proposerait une science fondée sur le principe de la relativité. Il n'y a là aucun nihilisme, aucune négation de la réalité ni de l'existence, mais plutôt une vue profonde de la nature même de l'existence. Si les choses n'existent pas de manière absolue, mais existent néanmoins, leur nature est à rechercher dans les relations qui les unissent. Seuls existent les rapports entre les objets, non les objets par eux-mêmes. Ceux-ci sont donc vides en soi, et doivent se réduire à l'ensemble de leurs rapports

1. Michel Bitbol, *L'Aveuglante Proximité du réel*, Flammarion, p. 218.

2. Erwin Schrödinger, *La Nature et les Grecs*, précédé de M. Bitbol, *La Clôture de la représentation*, Le Seuil, 1992, p. 197.

3. Michel Bitbol, *L'Aveuglante Proximité du réel*, *op. cit.*, p. 211.

4. Willard Van Quine, *La Poursuite de la vérité*, Maurice Clavelin (trad. fr.), Le Seuil, 1993, p. 62, cité par M. Bitbol, dans *Physique et philosophie de l'esprit*, Flammarion, 2000, p. 14.

avec le reste du monde. Ils sont ces rapports. […] La physique du futur réussira-t-elle à mettre en équation ce qui relève actuellement d'une pure vision philosophique[1] ? »

T. – On ne peut nier que la méthode réductionniste qui vise à expliquer tous les phénomènes du monde en termes de particules élémentaires ait remporté maints succès, et certains physiciens comme Steven Weinberg défendent passionnément le réductionnisme[2]. Mais cette méthode a des limites certaines, notamment en ce qui concerne les propriétés émergentes de certains systèmes dont les qualités ne peuvent être expliquées par la simple addition de leurs composantes. D'autres façons d'appréhender le réel, comme celles que tu viens de mentionner, sont nécessaires.

Pour revenir à l'absence d'une réalité objective, il faut préciser qu'elle se fait surtout sentir expérimentalement dans le monde des particules. Si la réalité est décrite par des probabilités dans le monde atomique et subatomique, nous ne sentons pas cette indétermination à l'échelle des choses de la vie. Après tout, les objets macroscopiques tels que cette table ou ce livre sont faits de particules qui sont soumises au flou quantique. Pourquoi alors le livre ne quitte-t-il pas soudainement la table pour se retrouver dans un coin du jardin ? Les lois de la mécanique quantique disent qu'en principe un tel événement peut survenir, mais que sa probabilité est si faible qu'il ne pourrait se produire que si l'on disposait d'une éternité. Pourquoi une si faible probabilité ? Parce que les objets macroscopiques sont faits d'un nombre d'atomes tellement grand (un livre en contient environ 10^{+25}, et la terre environ 10^{+50}) que les effets du hasard se neutralisent. La probabilité que je trouve le livre dans le jardin est infiniment petite, car un grand nombre d'atomes implique une masse importante, et donc une grande inertie. Les objets ordinaires sont peu perturbés quand on les éclaire pour les observer, car l'impulsion donnée par la lumière est négligeable. Ce qui fait que la vitesse de ces objets peut être mesurée aussi précisément que possible en même temps que leur position. Le flou quantique s'estompe. Où se situe la frontière entre le monde microscopique où règne le flou quantique et le monde macroscopique où l'incertitude perd ses droits ? À l'heure actuelle, les physiciens sont encore incapables de définir cette frontière, bien qu'ils tentent de repousser les limites du monde quantique chaque jour. La molécule du fullerène composée de soixante atomes de carbone est l'objet le plus lourd et le plus complexe qui ait jusqu'à maintenant révélé un comportement ondulatoire[3].

1. Laurent Nottale, *La Relativité dans tous ses états*, *op. cit.*, p. 111.
2. Voir Steven Weinberg, *Le Rêve d'une théorie ultime*, Odile Jacob, 1997.
3. Markus Arndt, Olaf Nairz, Julian Voss-Andreae, Claudia Keller, Gerbrand Van der Zouw, Anton Zeilinger, « Wave-particle duality of C60 molecules », *Nature*, vol. 401, n° 6754, 1999, p. 680-682.

M. – Peut-être parce que cette frontière n'existe pas. L'incertitude ne disparaît pas, elle devient simplement imperceptible dans nos conditions macroscopiques. De la même façon, dans la vie courante, nous ne percevons pas les effets de la relativité de l'espace-temps parce que nous nous déplaçons les uns par rapport aux autres à des vitesses très inférieures à celle de la lumière, mais cette relativité ne cesse pas d'exister pour autant : notre bicyclette diminue de taille quand nous commençons à rouler, mais ce changement est trop infime pour qu'une personne immobile le remarque.

La possibilité, même infime, que ce livre disparaisse soudainement de la table montre bien qu'il n'y a pas de différence *fondamentale* entre le macrocosme et le microcosme. Même si, à notre échelle, nous sommes dans une situation particulière où l'incertitude est imperceptible pour nos sens, cela ne remet pas en cause la nature quantique du monde. Henry Stapp, le théoricien de la physique quantique dont tu parlais, a écrit : « Le point important du théorème de Bell est qu'il étend clairement au monde macroscopique le dilemme posé par le phénomène quantique. [...] Cela montre que les idées ordinaires que nous avons du monde sont profondément déficientes, même au niveau macroscopique[1]. »

Le problème majeur des réalistes est de concilier les découvertes de la physique quantique avec la réalité quotidienne du monde macroscopique. Les physiciens ne cessent d'osciller de l'un à l'autre, parlant tantôt de particules et d'objets réels, tantôt de complémentarité et de non-localisation, alors qu'il leur suffirait de tirer les conclusions de la mécanique quantique pour transformer leur vision personnelle du monde.

Pourquoi existerait-il une différence ontologique entre le macrocosme et le microcosme dont il est formé, l'un n'étant qu'une extension de l'autre ? Qu'est-ce qui émerge lorsque le microcosme devient le macrocosme ? Une structure, c'est-à-dire un ensemble de relations dont résultent des *fonctions* douées d'une certaine *continuité* et capables de *transformer* les phénomènes. Pourtant, ces fonctions ne confèrent pas une réalité supplémentaire à cette structure ni à ses éléments. Si les particules ne sont pas des « choses », la réalité grossière n'est pas non plus une « chose », quelles que soient son apparence et sa quantité.

T. – Dans ce cas, on peut se demander pourquoi et comment le macrocosme fonctionne. Nous sommes entourés d'objets macroscopiques avec des positions et des vitesses bien définies, qui ne sont pas soumises au principe d'incertitude de Heisenberg et ne possèdent pas la dualité onde-particule présente dans le monde atomique et subatomique. Le hasard est neutralisé au niveau macroscopique. Les objets macroscopiques ne peuvent pas être partout à la fois comme une onde. Comme je l'ai

1. Henry Stapp, « S-Matrix Interpretation of Quantum Theory », art. cit.

remarqué, je ne risque pas de retrouver ta montre dans ma poche (à moins de jouer au pickpocket !) ou de voir la Lune aller se balader du côté de Mars.

M. – Leur solidité n'est qu'un trompe-l'œil : une question d'échelle dans le temps et l'espace. Selon le bouddhisme, il ne s'agit que de la stabilisation momentanée d'un système de relations. Un rêve qui dure cent ans n'a pas plus de réalité qu'un rêve qui dure une minute.

Notre façon de décrire le monde est conditionnée par le fait que notre expérience quotidienne ne nous permet de l'observer qu'à l'échelle macroscopique, laquelle jouit d'une plus grande stabilité. Il est fort probable que si nous avions constamment le monde microscopique sous les yeux, nous n'attribuerions aucune solidité au monde extérieur. La perception que nous avons de ce monde dépend entièrement du point de vue selon lequel on se place. Selon certains physiciens comme Laurent Nottale, l'apparente incompatibilité entre la mécanique classique et les phénomènes quantiques n'est qu'une question de « relativité d'échelle[1] ».

Prenons un exemple utilisé dans l'analyse bouddhiste : celui d'une tente. Si l'on démantèle la tente en séparant la toile, les poteaux et les cordes, il n'y a plus de tente. Mais les matériaux sont toujours présents. Lacérons la toile. Il reste les fils qu'on peut ensuite décomposer en fibres, puis en molécules, lesquelles peuvent être divisées en atomes et en particules dont la masse est finalement équivalente à de l'énergie intangible décrite par des formules mathématiques qui confèrent à cette énergie une existence nominale. Là encore, on se trouve à mi-chemin entre l'existence et la non-existence, et l'intellect perd pied. Dès lors que le discernement conclut à l'irréalité de toutes choses, il n'a plus de support, ni d'objet. Quand l'analyse n'a plus d'objet ni de support où se fixer, elle ne se manifeste plus et toutes les constructions mentales s'apaisent, comme les vagues sur l'eau.

Cette transition, de la tente à l'irréalité des particules ou, en sens inverse, des particules à la tente, ne présente aucune discontinuité qui justifierait l'établissement d'une distinction essentielle entre le microcosme et le macrocosme. Pourquoi alors percevons-nous la tente comme étant douée d'un plus grand degré de réalité ? Par suite d'une approximation et d'un simple manque d'investigation. Comme le disent les textes bouddhiques : « Faute d'examiner avec un esprit critique, nous

---

1. Selon ce point de vue, l'espace-temps est de nature fractale à l'échelle microscopique et la transition entre comportement fractal et non fractal (aux plus grandes échelles) s'identifie à la transition entre la mécanique quantique et la mécanique classique (voir Nottale, *La Relativité dans tous ses états*, *op. cit.*, p. 177). Les lois de la nature doivent être valides dans tous les systèmes de coordonnées, quel que soit leur état d'échelle (p. 219).

acceptons allégrement les choses telles qu'elles nous apparaissent[1]. » Le nombre ne fait rien à l'affaire, et un milliard de particules n'a pas plus de réalité propre qu'une seule d'entre elles. La non-réalité des particules est une preuve suffisante de la non-réalité des phénomènes macroscopiques. Lorsque quelqu'un est mort, il n'est pas nécessaire de le tuer une seconde fois.

Nāgārjuna déclare dans le *Ratnamala* : « Plus nous sommes loin du monde, plus il nous paraît réel. Plus nous nous en rapprochons, moins il est saisissable, comme un mirage dénué de réalité tangible. » La solidité des phénomènes nous semble évidente aussi longtemps qu'on ne la regarde pas en face, mais elle s'efface dès qu'on l'analyse. Si une particule élémentaire n'est ni toile, ni piquet, ni chaleur, ni couleur, elle n'est ni « moi » ni « autre ». Elle échappe ainsi au mental qui cause notre inadéquation au monde et, en le réifiant, notre souffrance. C'est ce qu'exprime Shantideva en parlant de la connaissance qui transcende la pensée discursive : « Quand ni la réalité ni la non-réalité ne se présentent plus à l'esprit, alors, en l'absence de toute autre démarche possible, l'esprit libéré des concepts s'apaise[2]. »

T. – Je ne vois donc pas de contradiction fondamentale entre les vues de la science et celles du bouddhisme concernant la réalité des particules élémentaires. Nous devons les considérer comme des potentialités qui ne se matérialisent que par le jeu de l'interaction avec un instrument de mesure ou avec la conscience de l'observateur. On n'arrive pas à détacher du processus d'observation une réalité complètement indépendante ou une détermination qui appartiendrait en propre à l'objet. La réalité ne peut donc pas être scindée en sujet et objet. Telle est la vue de l'école de Copenhague qui est adoptée par la majorité des physiciens.

La notion de particule élémentaire se rattache bien sûr à celle de l'atome. Le bouddhisme n'a-t-il pas aussi envisagé cette notion d'atome ?

M. – Plusieurs siècles avant l'ère chrétienne, à l'époque des philosophes grecs, le bouddhisme s'est livré à une analyse logique de cette notion d'atome, c'est-à-dire, étymologiquement, de « particule insécable ». Mais tu pourrais peut-être nous rappeler les idées de Leucippe et de Démocrite, les premiers Grecs à avoir formulé cette notion.

T. – Ce concept d'atome est l'un des fondamentaux de l'histoire de la science. Le physicien américain Richard Feynman a même proclamé que si toute la connaissance scientifique venait à disparaître dans un cataclysme, le concept unique qu'on devrait préserver pour les générations futures serait : « Toute chose est faite d'atomes, petites particules animées d'un mouvement incessant. »

---

1. Shantarakshita, *Madhyamaka-alankara* (tib. *dbu ma rgyen*, « l'ornement de la Voie du milieu »).

2. Shantideva, *La Marche vers l'Éveil*, *op. cit.*, p. 34.

Ce concept date environ du VIe siècle av. J.-C., quand les philosophes grecs Leucippe et Démocrite ont introduit l'idée révolutionnaire que toute matière est composée de particules insécables et éternelles qu'ils ont appelées atomes (du grec *atomos*, « qu'on ne peut diviser »). Faute de vérification expérimentale, cette idée est restée à l'état de proposition philosophique pendant vingt et un siècles et a été éclipsée par la fameuse quaternité élémentaire d'Aristote : l'eau, l'air, la terre et le feu. C'est seulement vers les années 1600 que l'idée d'atome a refait surface. En 1869, le Russe Dmitri Mendeleïev a eu l'intuition géniale d'ordonner les éléments chimiques selon leur poids atomique. Comme par magie, les éléments dotés des mêmes propriétés chimiques sont venus s'aligner par groupes de sept dans les mêmes colonnes, constituant ce qu'on appelle maintenant la table périodique des éléments. Un tel alignement ne peut se comprendre que si chaque élément chimique est fait d'un seul type d'atomes. Quand Mendeleïev a établi sa table, seuls soixante-trois éléments sur les quatre-vingt-douze actuellement répertoriés étaient connus. Mendeleïev avait une telle confiance en la justesse de sa table qu'il n'a pas hésité à laisser des cases vides. L'histoire lui a donné raison : ces cases vides furent remplies au fur et à mesure de la découverte de nouveaux éléments.

M. – La notion de particules indivisibles et permanentes qui seraient les constituants ultimes de la matière devait déjà exister en Inde à l'époque des premiers philosophes grecs, puisque les penseurs bouddhistes se sont attachés à la réfuter. Pour être indivisible, se sont-ils dit, une particule doit se réduire à un point sans dimension.

T. – Cela devait être une image, car ils ne connaissaient sans doute pas le concept de points mathématiques.

M. – Ce concept est sous-entendu dans leur analyse qui est la suivante : admettons que des particules indivisibles servent à construire la matière. Pour ce faire, disent-ils, il faut que ces particules s'associent. Deux particules supposées indivisibles peuvent-elles entrer en contact ? Il faut ici garder à l'esprit qu'il s'agit d'une expérience de pensée.

Imaginons donc que deux particules indivisibles entrent en contact. Est-ce que toutes les parties entrent en contact simultanément ou graduellement ? Dans ce dernier cas, le côté ouest d'une particule, par exemple, touchera tout d'abord le côté est d'une autre. Mais si ces particules ont un côté ouest et un côté est, elles ont des parties et on ne peut plus parler d'indivisibilité. Si l'on répond qu'elles n'ont ni côtés ni parties, il en découle qu'elles n'ont pas de dimensions. Dans ce cas, le seul moyen pour ces particules d'entrer en contact est de fusionner. Si deux particules peuvent fusionner, pourquoi pas trois ? Une montagne et l'univers tout entier pourraient fusionner avec une seule particule. La réalité grossière ne pourrait alors ni s'agréger ni se déployer. Ce raisonnement par l'absurde a conduit les philosophes bouddhistes à dire que des particules ponctuelles et indivisibles ne peuvent pas construire l'univers.

T. – On répondra que des particules n'ont pas besoin d'entrer en contact pour former de la matière.

M. – Dans ce cas, poursuivent ces philosophes, il y a un espace vide entre deux particules et, du fait qu'elles n'ont pas de dimension, une infinité de particules et finalement l'univers tout entier pourraient se loger entre deux particules. Réfuter ainsi la notion de particule indivisible brise dans notre esprit l'idée que des particules insécables, permanentes, indépendantes et n'ayant d'autre cause qu'elles-mêmes pourraient former la réalité.

T. – Les concepts sophistiqués que tu viens d'exposer sont d'autant plus étonnants qu'ils ont, semble-t-il, été développés indépendamment des Grecs. Avant ou après eux ?

M. – À peu près à la même époque, au VIe siècle av. J.-C. Ce point de vue a été ensuite élaboré jusqu'au VIIe siècle apr. J.-C. dans de nombreux traités philosophiques au cours de débats entre bouddhistes et hindous, ainsi qu'entre différentes écoles du bouddhisme. Le Bouddha a en effet enseigné en fonction de la diversité des facultés de compréhension et des natures d'esprit de son auditoire. À certains il a dit que la matière existait, à d'autres qu'elle était « irréelle bien qu'apparente ». Comme toujours, on en revient immédiatement à l'aspect thérapeutique de cette investigation qui vise à nous libérer des souffrances causées par notre attachement à la réalité et constitue donc une étape du chemin vers l'Éveil.

T. – En termes scientifiques, nous l'avons vu, la matière peut être qualifiée d'« irréelle » dans le sens qu'elle ne possède pas une réalité permanente et peut notamment être convertie en énergie.

Si l'idée d'atome a surgi à peu près à la même époque en Grèce et en Inde, sait-on s'il y a eu des contacts ou une influence entre les deux courants de pensée ? Qui sont les Leucippe et Démocrite de l'Inde ?

M. – Le Bouddha lui-même, il y a environ deux mille cinq cents ans, puis ses principaux exégètes, Nāgārjuna et Aryadeva (IIe siècle), Vasubandhu (IVe) et Chandrakirti (VIIIe), discutèrent ces questions. Avant eux, l'hindouisme disait que la matière était composée d'éléments microscopiques disposés de façon contiguë. D'autres, dont certains bouddhistes plus matérialistes que ceux que je viens de citer, pensaient que les atomes étaient disposés comme les grains dans un tas de blé et n'avaient que quelques points de contact. Pour eux, le fait que la matière nous paraisse continue tenait simplement à ce qu'on ne pouvait pas l'examiner avec suffisamment de finesse, tout comme, vue de loin, une prairie apparaît comme une grande étendue verte alors qu'elle est constituée d'une multitude de brins d'herbe distincts.

T. – Ce concept d'atomes contigus constituant la matière n'est pas si éloigné de ce que dit la physique moderne. Nous savons maintenant que l'atome n'est presque que du vide. Le noyau compte pour 99,9 % de la masse de l'atome mais n'occupe que le millionième de milliardième de son volume. Le reste est occupé seulement par une nuée virevoltante d'électrons. La matière nous paraît continue parce que nos yeux ne peuvent rien voir à l'échelle atomique du centième de millionième de centimètre.

M. – Pour ce qui est des échanges entre philosophes bouddhistes et grecs, il y en a certainement eu, comme en témoignent les discussions tenues de 163 à 115 av. J.-C. entre Ménandre, roi de Bactriane qui était de culture grecque, et le moine bouddhiste Nagasena[1]. Mais il est difficile de préciser la nature et l'importance des influences réciproques. On remarquera toutefois que la conception de l'atome chez Démocrite est plus rudimentaire. Il parle notamment d'« atomes crochus » qui s'assemblent selon leurs affinités respectives. Le grand logicien bouddhiste du Ve siècle, Dignaga, objecterait sans doute que s'ils ont des crochets, ils ont des parties et ne sont donc plus indivisibles !

T. – L'idée philosophique d'atome est donc devenue peu à peu un concept scientifique. Mais, vers le milieu du XIXe siècle, la science n'avait pas encore résolu le postulat fondamental de Leucippe et Démocrite, selon lequel les atomes sont les corpuscules élémentaires et insécables de la matière. En vérité, les travaux de Mendeleïev suggéraient le contraire : le fait même que les éléments chimiques puissent s'ordonner dans la table périodique selon leur poids atomique laissait penser que ces atomes possédaient divers degrés de complexité, les plus lourds étant les plus complexes. Dans ce cas, l'atome devait posséder une structure interne composée de particules encore plus élémentaires. Les expériences qui suivirent confirmèrent ce point de vue. En étudiant les décharges électriques dans les gaz, l'Anglais Joseph Thomson découvrit en 1897 que l'atome contenait des particules ponctuelles qui portaient chacune une charge électrique négative et dont le nombre, dans chaque atome, était égal à son poids atomique. La nouvelle particule fut appelée « électron », qui signifie « ambre » en grec, les Grecs ayant découvert que l'ambre avait un mystérieux pouvoir d'attraction quand on le frottait avec de la laine.

Mais le plus étonnant fut le résultat obtenu par un autre physicien anglais, Ernest Rutherford, en 1910. En bombardant de minces feuilles d'or avec des particules très énergétiques, il s'aperçut que la grande majorité des particules traversaient la feuille d'or comme si de rien n'était, mais qu'une très petite fraction (0,01 %) d'entre elles étaient réfléchies et revenaient à leur point de départ. C'était comme si une balle de fusil était renvoyée par une feuille de papier ! Avant l'expérience de Rutherford, les physiciens pensaient que les atomes occupaient presque tout l'espace d'un

1. Louis Finot, *Milinda-Pañha. Les Questions de Milinda*, traduit du pali, Gallimard, coll. « Connaissances de l'Orient », 1992.

objet solide, à la manière des pommes entassées dans un cageot qui ne laissent entre elles que de petits interstices. Si c'était le cas, aucune des particules lancées vers la feuille d'or de Rutherford n'aurait dû être renvoyée. Il devait donc exister dans l'atome un noyau dur et dense capable de réfléchir les particules. Ce noyau devait occuper un volume minuscule par rapport au volume total de l'atome, puisque la majorité des projectiles le rataient et passaient sans encombre. Nous savons aujourd'hui que le noyau, par rapport au volume de l'atome, occupe le même espace qu'un grain de riz dans un stade de football. Ainsi, toute la matière qui nous entoure, ce divan, cette chaise, ces murs, n'est quasiment que du vide. La seule raison pour laquelle nous ne pouvons pas traverser ces murs presque vides comme le passe-muraille de Marcel Aymé tient au fait que les atomes sont liés entre eux par la force électromagnétique.

Le concept de vide surgit donc de nouveau, non pas le vide primordial dont nous avons parlé, le vide qui aurait donné naissance à l'univers et à son contenu matériel, mais le vide des atomes. Le plus surprenant, c'est que Leucippe et Démocrite ont eux aussi parlé du vide en introduisant la notion d'atome.

M. – Mais ce vide est très différent du vide plein d'énergie de la physique moderne et de la vacuité dont parle le bouddhisme, qui n'est pas une absence de « quelque chose », mais une absence de « nature propre ».

T. – En effet, si la théorie atomique est généralement conçue comme ne décrivant qu'une seule réalité, celle des atomes, Démocrite et Leucippe l'ont toujours présentée dans un rapport de dualité : les corpuscules et le vide dénué de matière sont réunis complémentairement et indissociablement dans une même réalité. L'historien grec Simplicius décrit leur vision par cette formule : « Leucippe et Démocrite soutiennent que les mondes, en nombre illimité et résidant dans le vide illimité, sont formés à partir d'un nombre illimité d'atomes[1]. » Les philosophes grecs pensaient que le vide entourait les atomes, alors que Rutherford a découvert que le vide résidait à l'intérieur même des atomes.

M. – En fait, cela revient presque au même : il suffit de remplacer le mot « atome » par celui de « noyau ». Mais le noyau atomique lui-même n'est pas une entité indivisible.

T. – Non. Nous savons maintenant que les noyaux atomiques sont faits de protons et de neutrons liés ensemble par la force nucléaire forte. Le proton et le neutron sont des particules très semblables, à l'exception de leurs charges électriques. Le proton porte une charge électrique positive, égale et opposée à celle de l'électron. Comme son nom l'indique, le neutron n'a pas de charge électrique. Leurs masses sont presque identiques : environ deux mille fois celle de l'électron. Le neutron confère

1. Cité par Bernard Pullman, dans *L'Atome dans l'histoire de la pensée humaine*, Fayard, 1995.

une stabilité à la matière et fait que les choses de la vie ne sont pas constamment en train de se désintégrer sous nos yeux. Si les noyaux atomiques étaient composés exclusivement de protons, ils éclateraient, car des particules de même charge se repoussent. Les livres sur les étagères derrière toi, la tasse de thé sur la table et les roses dans le jardin se décomposeraient immédiatement.

Pour en revenir à la réfutation de l'existence de particules insécables par le bouddhisme, elle rejoint certaines notions ou découvertes de la physique subatomique, mais elle en contredit d'autres. La « théorie standard », celle qui explique le mieux pour l'instant les propriétés des particules du monde subatomique, affirme l'existence de particules indivisibles[1] appelées « quarks », qui constitueraient les briques élémentaires des particules elles-mêmes. Leur inventeur, le physicien américain Murray Gell-Mann, les a baptisées ainsi en 1963 parce qu'il aimait la sonorité de la phrase *Three quarks for Muster Mark* de *Finnegans Wake*, le roman de James Joyce. Comme pour « Muster Mark », trois est le nombre de quarks nécessaires pour former un proton ou un neutron. Les charges électriques des quarks sont fractionnaires (± 1/3 ou ± 2/3) puisque leur somme doit égaler la charge du proton (+1) ou du neutron (0).

La théorie des quarks est généralement acceptée, car elle rend compte avec succès des propriétés des centaines de particules connues. La vaste majorité de ces particules ne vivent qu'une infime fraction de seconde. Elles n'apparaissent pas dans la matière qui nous entoure, mais naissent lors des collisions de particules dans des accélérateurs. Tout comme Mendeleïev a mis de l'ordre dans les éléments chimiques avec sa table périodique, Gell-Mann a pu, avec sa théorie des quarks, expliquer le « zoo » de particules qui proliférait à vue d'œil dans les années 1960.

M. – Tout cela semble revenir à une vision réificatrice des particules, en dépit de la complémentarité onde-particule et de l'interprétation de Copenhague de la mécanique quantique.

T. – Reste en effet à savoir si les quarks existent vraiment ou s'ils ne sont que des entités théoriques inventées pour mettre de l'ordre dans le monde des particules. La chasse aux quarks battait son plein dans les années 1960, mais on n'a jamais pu mettre en évidence des particules possédant des charges fractionnaires. En 1968, des physiciens ont utilisé l'accélérateur linéaire de trois mille deux cents mètres de long de l'université de Stanford pour lancer des faisceaux de particules extrêmement énergétiques vers les protons, dans l'espoir de les faire éclater et de libérer ainsi les quarks. Mais sans aucun succès. Pourtant, la façon dont les particules ricochent sur les protons semble montrer que ceux-ci ont une structure et sont composés de trois entités ponctuelles.

1. Il s'agit ici d'une indivisibilité physique et non mathématique.

Pourquoi est-il impossible d'observer des quarks à l'état libre ? Nous pouvons imaginer les trois quarks comme reliés ensemble dans le proton par des ficelles représentant la force nucléaire forte. Notre intuition nous dit que si nous tirons de plus en plus fort sur une des ficelles, celle-ci se cassera et un des quarks sera libéré. Mais c'est oublier qu'en tirant nous mettons dans la ficelle de l'énergie qui est libérée quand cette dernière se casse. En raison de l'équivalence entre l'énergie et la matière, l'énergie dégagée donne naissance à une paire quark-antiquark (l'antiquark possède les mêmes propriétés que le quark, excepté pour sa charge électrique qui est de signe opposé). Il se passe alors deux choses : 1) le nouveau quark ainsi produit remplace celui qui s'est détaché pour reformer immédiatement le proton, et 2) l'antiquark se combine avec le quark qui s'est détaché pour former une nouvelle particule appelée « méson ». En fin de compte, nous n'avons pas réussi à libérer un quark, mais seulement à créer un méson. Les quarks ne pourront jamais être libres. Nous ne les verrons jamais. Tenter d'extraire des quarks d'un proton, c'est comme essayer d'isoler l'un des pôles d'un aimant : si on coupe l'aimant en deux, on se retrouve non pas avec un pôle nord et un pôle sud isolés, mais avec deux aimants dotés chacun d'un pôle nord et d'un pôle sud.

M. – Si un quark peut interagir avec un antiquark pour former un méson, il perd son identité. Peut-on alors continuer à le considérer comme le constituant fondamental de la matière ?

T. – C'est bien ce que Gell-Mann postule, parce qu'il n'est pas nécessaire d'envisager l'hypothèse que les quarks sont composés d'entités encore plus petites pour comprendre les propriétés des protons, des neutrons et de centaines d'autres particules et pour organiser le monde des particules suivant un schéma logique. C'est encore le « rasoir d'Occam ». La méthodologie scientifique consiste à expliquer le plus grand nombre de faits avec le minimum d'hypothèses. Une nouvelle hypothèse ne doit être introduite que s'il reste des phénomènes inexpliqués.

M. – Ne pas avoir besoin pour le moment de postuler que les quarks sont composés d'entités plus petites est une chose ; déclarer qu'ils sont les « briques » fondamentales de la matière et intrinsèquement indivisibles en est une autre. La classification périodique de Mendeleïev a permis d'expliquer suivant un schéma simple et logique les propriétés des éléments chimiques, mais cela ne signifiait pas pour autant que les atomes de ces éléments étaient indivisibles. Il semble que tout ce qu'on peut dire, c'est que le quark ne peut être fragmenté par l'énergie des bombardements que nous sommes capables d'effectuer pour le moment. Mais cela implique-t-il que le quark soit, par nature, indivisible ? A-t-il une dimension ?

T. – Du fait qu'ils ne pourront jamais être vus, on n'a aucune idée de leur dimension, mis à part qu'un quark doit être bien sûr plus petit qu'un proton, qui a une taille d'un dix millième de milliardième (10^{-13})

de centimètre. Quant à leur indivisibilité, c'est bien sûr un postulat de la théorie.

M. – Cette description de l'atome a sans doute un aspect très rassurant pour les tenants du « réalisme », et elle fournit des représentations commodes pour décrire la réalité à l'image de notre perception des phénomènes macroscopiques, mais il ne faut pas oublier que les quarks sont eux aussi soumis à la complémentarité onde-corpuscule. Nous en revenons donc à notre discussion première sur la réalité de ces particules.

L'attitude réificatrice, liée à nos perceptions ordinaires et au sens commun, qui selon le bouddhisme est à la source de l'inadéquation entre la nature des phénomènes et la manière dont nous les percevons, a été soulignée par nombre de scientifiques et de philosophes des sciences. Les mises en garde contre une représentation trop simpliste ou une généralisation absolutiste de l'atomisme abondent dans leurs écrits. Heisenberg disait que « les atomes ne sont pas des choses », et que « l'ontologie du matérialisme reposait sur l'illusion que ce genre d'existence, la "réalité" directe du monde qui nous entoure, pouvait s'extrapoler jusqu'à l'ordre de grandeur de l'atome. Or cette extrapolation est impossible[1]. »

Bitbol écrit quant à lui que « l'atomisme n'est pas le terme d'une procédure de remontée des phénomènes vers leur explication optimale ; il consiste en une grille de lecture anticipant sur les phénomènes et guidant l'activité expérimentale qui participe à leur définition[2] », et « l'atomisme est au fond un cas particulier d'une tendance plus vaste à vouloir fonder l'apparaître sur un univers de formes[3] ».

Je cite ces écrits afin de rappeler que, même si elle n'est pas majoritaire, la critique du réalisme est un courant de pensée significatif dans la science moderne, comme il l'a toujours été dans la philosophie bouddhiste. Il est clair que nombre de nos contemporains ont du mal à tirer toutes les conséquences de l'interprétation de l'école de Copenhague concernant la physique quantique et de la globalité des phénomènes démontrée par les expériences portant sur l'effet EPR. Si telle est la nature des phénomènes, sa compréhension devrait modifier profondément notre conception de la réalité grossière – nous-mêmes et le monde qui nous entoure.

C'est là une démarche fondamentale du bouddhisme, pas seulement en tant qu'élément du savoir, mais également en tant que pratique de transformation personnelle. L'analyse qui conduit à la compréhension de la vacuité peut sembler à première vue très intellectuelle, mais la réalisation directe qui en découle nous libère de nos attachements et entraîne donc de profondes répercussions sur la manière dont nous menons notre existence.

1. Werner Heisenberg, *Physique et philosophie*, *op. cit.*, p. 188.
2. Michel Bitbol, *L'Aveuglante Proximité du réel*, *op. cit.*, p. 188.
3. *Ibid.*, p. 195.

VI
COMME UN ÉCLAIR DANS UN NUAGE D'ÉTÉ

L'impermanence au cœur de la réalité

L'impermanence des phénomènes n'est pas seulement un sujet de méditation qui doit nous inciter à faire bon usage du temps qui nous reste à vivre ; c'est un point essentiel de notre compréhension de la réalité. C'est d'elle que dépendent et notre vision de la nature intime du monde et notre comportement. Existe-t-il ou non dans l'univers des entités permanentes ? Si rien n'est permanent, comment ce que nous appelons les « choses » pourraient-elles avoir une existence intrinsèque ? Cette analyse doit naturellement commencer par celle des particules élémentaires qui sont censées constituer les briques de la matière. Elle doit continuer ensuite jusqu'à l'univers tout entier qui, avec la théorie du big bang ou la théorie bouddhique d'une succession d'univers sans début ni fin, a acquis un caractère évolutif et perpétuellement changeant.

MATTHIEU : Pour le bouddhisme, l'interdépendance est intimement liée à l'impermanence des phénomènes. On distingue l'impermanence grossière – le changement des saisons, l'érosion des montagnes, le passage de la jeunesse à la vieillesse, les fluctuations de nos émotions – et l'impermanence subtile, qui se produit au niveau de la plus petite unité de temps concevable. À chaque moment infinitésimal, tout ce qui semble exister se transforme. Reconnaître l'omniprésence et l'inévitabilité du changement nous amène à comprendre que l'univers n'est pas fait d'entités solides et distinctes, mais de flux dynamiques en constantes interactions. Nous avons vu que ce que nous appelons « matière » doit être envisagé sous des aspects multiples – onde, particule ou masse, énergie – qui ne peuvent coexister à un même moment donné. Cela semble impliquer qu'aucun élément de la réalité ne peut être qualifié d'entité permanente. Que dit la science de la pérennité des particules, des quarks, par exemple ?

THUAN : Pour expliquer la variété ahurissante des particules, les physiciens ont dû envisager plusieurs types de quarks, chacun caractérisé par deux propriétés appelées poétiquement « saveur » et « couleur ». Ces deux mots désignent des qualités abstraites qui n'ont rien à voir avec la saveur d'un potage ou la couleur bleue du ciel. On aurait aussi bien pu les appeler « courage » ou « harmonie ». Il existe trois familles de quarks, et chacune d'elles peut avoir deux saveurs et trois couleurs, ce qui donne en tout dix-huit sortes de quarks. La matière ordinaire, celle des protons et neutrons des noyaux atomiques, celle qui compose nos corps ou les fleurs, est faite seulement de deux saveurs de quarks, dites *up* (haut) et *down* (bas). Les autres types de quarks n'apparaissent que dans des accélérateurs de particules à haute énergie. Pour répondre à ta question, les quarks d'une même famille peuvent effectivement changer de saveur. Un quark *up*, par exemple, peut se muer en quark *down* et vice versa. Les quarks peuvent aussi changer de famille, mais seulement s'ils changent également de charge électrique.

M. – Le quark peut donc se transformer.

T. – Oui. Et cela entraîne des changements dans les protons et les neutrons qu'ils constituent. Ainsi, lorsqu'un quark *up* se mue en un quark *down*, le proton se transforme en neutron[1], avec émission d'un positon (antiparticule de l'électron) et d'un neutrino (particule de masse nulle ou négligeable qui interagit très peu avec la matière ordinaire. Au moment où je parle, des centaines de milliards de ces neutrinos issus des premiers instants de l'univers traversent notre corps de part en part à chaque seconde).

M. – Le quark n'est donc ni immuable de par sa nature, ni éternel de par son existence. On s'éloigne déjà considérablement de la notion de « particule ultime ». Les physiciens pensent cependant que certaines particules seraient éternelles si on les abandonnait à elles-mêmes, une situation qui est d'ailleurs purement théorique et irréalisable dans la nature.

T. – Tu soulèves la question de l'immortalité de la matière. En fait, parmi les centaines de particules dont on connaît l'existence, celles qui seraient vraiment immortelles se comptent sur les doigts de la main. Laissés à eux-mêmes, c'est-à-dire sans être bombardés par d'autres particules, seuls l'électron, le photon et le neutrino seraient éternels.

M. – Comment prouver cette éternité ?

T. – On ne peut certes mesurer l'éternité, mais on peut établir expérimentalement des bornes d'âge si longues que cela représenterait quasiment l'éternité. Connue parmi les physiciens sous la désignation de « théorie standard », la théorie physique qui décrit actuellement le mieux le monde des particules n'a pas besoin de l'hypothèse d'une mortalité de l'électron, du photon et du neutrino. Quant au proton, des théories récentes lui prédisent une durée de vie estimée à des centaines de milliards de milliards de fois l'âge de l'univers. Pour vérifier cela, les physiciens ne peuvent pas, bien sûr, attendre 10^{+30} ans avant de voir un proton mourir. Mais la mécanique quantique dit que les protons peuvent se désintégrer à n'importe quel moment. Si la durée de vie du proton

1. Le proton est fait de deux quarks *up* et d'un quark *down* et le neutron d'un quark *up* et de deux quarks *down*.

est de 10^{+30} ans, il suffirait de rassembler 10^{+30} protons dans un même endroit pour en voir mourir un par an. Mieux encore, si on rassemble 10^{+33} protons dans une même enceinte, on devrait voir plusieurs d'entre eux se désintégrer chaque jour. Pour ce faire, des physiciens américains et japonais ont rempli une vaste cuve de cinq mille tonnes d'eau (l'eau est une excellente source de protons) pour observer la désintégration des protons. Mais, jusqu'ici, personne n'a encore vu un proton mourir. Cela signifie qu'il vit plus longtemps que la théorie ne le prédit. Comparé à une vie humaine, plus de 10^{+30} ans, c'est presque l'éternité.

M. – Il n'en reste pas moins qu'il ne s'agit pas d'une véritable éternité.

T. – L'autre composant des noyaux d'atome, le neutron, s'il est à l'état libre, ne vit qu'une quinzaine de minutes avant de se transformer spontanément en proton tout en émettant un électron et un antineutrino. Mais, tant qu'il reste emprisonné dans des noyaux d'atome, il est lui aussi presque immortel. Heureusement pour notre santé, car, sinon, notre corps se désintégrerait en un quart d'heure ! Quant aux centaines d'autres particules qui font leur apparition dans les accélérateurs, elles sont instables et ne vivent pas même le temps d'un clin d'œil : un millionième de seconde ou moins.

M. – Même si l'électron et le neutrino sont théoriquement immortels et ne se désintègrent pas spontanément, cela ne les empêche pas de se transformer. De plus, il suffit de les bombarder avec d'autres particules possédant suffisamment d'énergie pour qu'ils changent de nature.

T. – C'est vrai. Jusqu'ici, j'ai parlé de la mort spontanée des particules. Mais on peut les faire disparaître en les bombardant et en les faisant interagir avec d'autres particules. Un proton interagissant avec un électron devient un neutron avec émission d'un neutrino. Imaginons un photon solaire : en interagissant avec la matière, le bois de cette table par exemple, il peut perdre une partie de son énergie (transformée en chaleur). Sa nature est alors modifiée. Il peut même perdre la totalité de son énergie et disparaître tandis que la table est réchauffée.

M. – Il disparaît ? Son immortalité en prend un coup ! Il est donc clair que toutes les particules sont impermanentes et disparaissent tôt ou tard.

T. – On peut le dire de cette façon. Soit les particules de matière sont instables et se désintègrent spontanément, soit elles sont stables, mais l'interaction avec d'autres particules change leur nature ou les fait disparaître. Toutefois, je le répète, la matière stable laissée à elle-même ne change pas. Tu ne verras pas ce pot de fleurs s'évanouir d'un coup sous tes yeux.

M. – Ce n'est qu'une question de temps et de finesse de perception. La matière que tu dis stable change à chaque instant de manière imperceptible, sans quoi elle ne vieillirait pas.

T. – En effet, toute chose abandonnée à elle-même s'use et se dégrade avec le temps : le vernis d'un meuble perd de son lustre, un château non entretenu tombe en ruine. C'est la fameuse seconde loi de la thermodynamique selon laquelle la quantité *totale* de désordre dans l'univers doit toujours augmenter, ou tout au moins ne jamais diminuer.

M. – Sans cette impermanence subtile, les choses ne pourraient changer ni maintenant ni dans le futur. Si une chose pouvait demeurer identique à elle-même, ne serait-ce que pour un court instant, elle serait figée dans son état présent pour toujours. Rien ne pourrait se produire. La cause de la destruction d'une chose est son apparition même. L'impermanence est donc au cœur du processus de causalité. Ce qui compte, c'est le fait que *rien*, aucune particule ni aucune autre entité dans l'ensemble de l'univers, n'a de permanence *absolue*. Cela est un point essentiel pour élucider la nature des phénomènes. Car la vraie question, c'est de savoir si la réalité est ou non faite d'éléments immuables qui existeraient par eux-mêmes. Si le quark, que tu considères comme l'élément fondamental de la matière – quoiqu'il en existe déjà dix-huit espèces –, était permanent, il n'aurait besoin d'aucune cause autre que lui-même pour exister. Mais, comme le remarque Nāgārjuna : « Si les phénomènes étaient indépendants, ils ne pourraient *pas* dépendre de causes et de conditions. S'ils ne dépendaient pas de causes et de conditions, la loi de causalité ne pourrait *pas* fonctionner[1]. » Quelque chose ne peut être sa propre cause, et ce qui résulte d'une cause extérieure est nécessairement impermanent. Le bouddhisme conclut que la réalité est en perpétuel changement, non seulement sur le plan du monde visible, mais aussi au niveau de l'infiniment petit, dans l'espace et dans le temps. Le caractère de « briques fondamentales immuables » de la matière qu'on attribue aux quarks n'est donc qu'une construction mentale, les quarks étant tout aussi impermanents que les agrégats qu'ils sont supposés constituer.

T. – J'irai même jusqu'à dire que les quarks peuvent être considérés comme des constructions de l'esprit afin d'expliquer le comportement des particules subatomiques.

M. – Par conséquent, la réalité n'a pas la solidité qu'on lui attribue.

T. – Tout à fait, et ce dans plusieurs sens. D'abord la matière est presque vide. Cette table apparaît comme pleine et solide à nos yeux ; pourtant, elle n'est pratiquement faite que de vide.

M. – On trouve dans le bouddhisme une expérience mentale tirée justement de l'idée d'une table. Mais, ici, on ne parle pas du vide *à l'intérieur* de l'atome, mais du vide d'existence propre de *tous les phénomènes*, le noyau de l'atome y compris. Je traduis ci-dessous des propos de mon maître, Khyentsé Rinpoché (1910-1991), qui, cela mérite d'être mentionné, ne parlait que le tibétain et n'avait jamais lu une ligne concernant la science moderne : « Quand nous regardons cette

1. Dharmakirti, *Pramanavarttika karika, Commentaire complet de la connaissance authentique*, dans *Le Précieux Ornement de la libération*, *op. cit.*, p. 249.

table, nous la percevons comme une entité solide et bien définie. Mais cette entité est-elle autre chose qu'une simple étiquette, une désignation mentale ? Prenons la table et brisons-la avec le marteau de la pensée. Réduisons-la d'abord à une planche et quatre pieds, puis à de la sciure de bois, et enfin à des atomes. Ces atomes, l'analyse (évoquée au chapitre précédent) montre qu'ils ne peuvent exister en tant qu'entités autonomes et permanentes. Où la réalité de cette table est-elle partie ? Si les atomes n'ont pas de réalité intrinsèque, comment un grand nombre d'entre eux en auraient-ils davantage ? On doit conclure que la notion de table n'est qu'un concept qui ne recouvre aucune entité existant en soi. La table apparaît à nos yeux, mais en fin de compte elle n'a pas de réalité. »

Quelles sont les conséquences de cet exercice du « marteau mental » ? Le but du bouddhisme est différent de celui de la physique. Il est de dissiper notre attachement à la réalité de ce qui apparaît devant nous : les êtres, les événements, les choses, nous-mêmes. Car à partir du moment où nous nous attachons aux choses comme permanentes et solides, nous pensons qu'elles ont par elles-mêmes la faculté de nous causer du plaisir ou de la souffrance. C'est ainsi que nous attribuons aux objets et aux êtres des caractéristiques – à moi ou à autrui, beau ou laid, plaisant ou déplaisant – qui ne sont que des étiquettes conceptuelles. Comme l'explique Dharmakirti[1] :

> Quand il y a soi il y a conscience de l'autre.
> Du soi et de l'autre naissent attachement et répulsion,
> Et de la combinaison des deux
> Proviennent tous les maux.

Dans ce contexte, la démarche bouddhiste ne vise pas à déterminer la masse et la charge des particules, mais à briser la notion de solidité et de permanence des choses, afin que nous ne soyons plus pris dans l'engrenage des illusions qui causent nos souffrances.

T. – Pour revenir aux briques élémentaires de la matière, je voudrais mentionner une théorie récente qui a pour ambition d'unifier les deux grands monuments scientifiques du XXe siècle : la relativité générale, qui décrit l'infiniment grand, et la mécanique quantique, qui décrit l'infiniment petit, deux théories dont l'incompatibilité apparente est l'un des principaux obstacles à notre compréhension de l'univers. On détiendrait ainsi une théorie de la gravité quantique qui permettrait d'unifier les quatre forces fondamentales de la nature (la force électromagnétique, les deux forces nucléaires forte et faible et la force de gravité) en une superforce. Cette théorie ultime qui permettrait de décrire tous les phénomènes de l'univers est celle des « supercordes ».

1. Voir Brian Greene, *L'Univers élégant*, *op. cit.*

Selon cette théorie, les particules ne sont pas des éléments fondamentaux, mais les vibrations de bouts de corde infiniment petits, d'une longueur minuscule de 10^{-33} centimètre qui n'est autre que la longueur de Planck. La longueur d'une corde, par rapport à la taille d'un atome, est comparable à la taille d'un arbre par rapport à celle de l'univers. Les particules de matière et de lumière qui transmettent les forces relient les éléments du monde (le photon, par exemple, transmet la force électromagnétique, tandis que le graviton transmet la force de gravité) et font que ce monde change : tout cela ne représenterait que les diverses manifestations de ces cordes. Tout comme les vibrations des cordes d'un violon produisent des sons variés et leurs harmoniques, les sons et harmoniques des cordes apparaissent dans la nature et pour nos instruments de mesure sous la forme de protons, de neutrons, d'électrons, etc.

L'énergie de la vibration détermine la masse de la particule. Plus la vibration est énergétique, plus la masse est grande. De même, la charge électrique et les forces nucléaires faible et forte d'une particule sont déterminées par la façon dont la corde vibre. Les cordes sont toutes fondamentalement identiques et seules leurs vibrations diffèrent. Ainsi le proton n'est qu'un trio de cordes qui vibrent, chacune correspondant à un quark. Comme des musiciens nous enchantent en interprétant un morceau de Brahms, les vibrations conjuguées des trois cordes produisent la musique du proton et, quand cette musique est captée par nos instruments de mesure, cela se traduit par une masse, une charge électrique positive et un spin. L'atome, qui est une combinaison de protons, de neutrons et d'électrons, dispose, pour créer sa musique, de plus de musiciens dans son orchestre. Ainsi, les cordes chantent et vibrent tout autour de nous, et le monde n'est qu'une vaste symphonie.

M. – Ces changements indiquent clairement que les cordes ne sont en elles-mêmes ni protons ni neutrons ni électrons. Cela rejoint la conclusion du bouddhisme à propos de la matière : les caractéristiques des objets ne leur appartiennent pas en propre. Il n'y a rien d'autre qu'un flux en constante transformation qui se manifeste de diverses façons.

T. – Oui. Les particules n'auraient plus d'existence propre, car une même corde peut nous montrer plusieurs visages selon qu'elle vibre à différentes fréquences. En vibrant d'une certaine façon, elle nous apparaît comme un photon. Qu'elle change son mode de vibration, et la voilà qui revêt l'habit d'un graviton.

M. – Si les particules ne sont que les vibrations de cordes, est-ce que les cordes elles-mêmes ont une existence permanente ? Il ne semble pas que les cordes doivent échapper à la complémentarité onde-particule.

T. – Les cordes remplacent les quarks comme entités fondamentales mais, selon les conditions expérimentales, elles devraient présenter tantôt un aspect d'onde, tantôt un aspect de corde. Au lieu d'être de simples points mathématiques sans dimension, elles ont la forme de cordes infiniment minces se déployant dans une seule dimension apparente, un peu comme des spaghettis extrêmement fins. Elles sont tellement petites qu'elles apparaissent comme des points à nos instruments de mesure les plus performants. Mais elles ont aussi des dimensions « cachées ». Selon une version de la théorie, les cordes habitent un univers à dix dimensions, avec neuf dimensions spatiales et une dimension temporelle. Dans une autre version, l'univers possède vingt-six dimensions avec vingt-cinq dimensions spatiales et une dimension temporelle. Puisque nous ne percevons que trois dimensions spatiales, il faut supposer que les six ou vingt-deux dimensions supplémentaires sont enroulées sur elles-mêmes jusqu'à atteindre une taille si petite (10^{-33} centimètre) qu'elles ne sont plus perceptibles.

M. – Quelle serait alors la nature de ces cordes qui vibrent ?

T. – On peut considérer qu'une corde est caractérisée par son énergie (sa fréquence) et sa tension (comme la tension d'une corde d'un violon). Deux cordes qui *vibrent* de la même façon donnent lieu à des particules différentes si leurs tensions sont différentes, car leurs énergies ne sont plus les mêmes.

M. – Ces cordes sont-elles indivisibles, ou peuvent-elles se couper et se raccorder ?

T. – Les cordes ne vivent pas des vies placides et isolées. Elles bougent, interagissent, se connectent ou se subdivisent, mais leur longueur ne peut être inférieure à 10^{-33} centimètre, la longueur de Planck. Les deux bouts d'une corde peuvent rester libres ou se connecter pour former une boucle. Deux cordes peuvent aussi se combiner pour former une seule boucle.

M. – Peut-il y avoir une fin à cette analyse ? Selon le bouddhisme, en fin de compte, l'objet s'évanouit nécessairement dans la non-réalité des entités isolées. Pourtant, la théorie des cordes continue à refléter l'idée de la localisation d'une réalité tangible, existant en soi, séparée.

T. – C'est vrai. Alors que les particules perdent leur substance intrinsèque, c'est au tour des cordes de l'acquérir.

M. – N'accorde-t-on pas là, par désir de réification des phénomènes, une valeur substantielle aux outils mathématiques de la théorie des cordes ?

T. – N'oublions pas que la théorie des supercordes n'a pour l'instant que très peu de chances d'être vérifiée expérimentalement, car il faudrait pour cela mobiliser des énergies beaucoup plus grandes que celles que nous pouvons produire avec les accélérateurs de particules les plus puissants. D'autre part, elle est enveloppée d'un voile mathématique qui s'épaissit de jour en jour, si bien qu'elle s'éloigne de plus en plus de la réalité. Or, tant que la physique n'est pas ancrée dans l'expérience, elle n'est que métaphysique.

M. – J'ai eu l'occasion de converser avec Brian Greene[1], un spécialiste de la théorie des « cordes », et de lui demander si une corde pouvait exister par elle-même sans être liée à l'ensemble de l'univers. Selon lui, « il n'y a sans doute aucune notion de séparation entre les cordes et l'univers qu'elles habitent, le deuxième étant un reflet des premières ».

T. – Si la théorie est exacte, on ne peut en effet concevoir un univers sans cordes.

M. – On peut également se demander pourquoi les cordes vibrent.

T. – Selon l'incertitude quantique, une corde ne peut jamais être au repos complet, sinon on pourrait connaître avec une précision parfaite à la fois sa position et sa vitesse, ce qui est impossible.

M. – Comment se fait-il alors que le mode de vibration des cordes puisse changer ? La façon dont elles vibrent étant leur seule caractéristique, il semblerait donc qu'elles ne possèdent aucune propriété immuable ? Toujours selon Brian Greene, « les cordes peuvent agir les unes sur les autres, et ces interactions affectent leur mode vibratoire ». Les propriétés d'une particule (charge, masse, spin) dépendent uniquement du mode de vibration de la corde et ne sont donc pas inhérentes à la particule. Mais il semble que ces propriétés ne puissent pas non plus être inhérentes à la corde, puisque sa vibration peut changer. À cela Brian répondit : « Peut-être que tu as raison. La corde est comme un caméléon. Elle peut prendre l'apparence de n'importe quelle particule, puisque cette particule n'est autre que le mode de vibration de sa corde interne. »

Une réalité constituée d'éléments qui n'ont d'autre cause qu'eux-mêmes, qu'il s'agisse de cordes ou de particules, impliquerait l'existence d'entités immuables. Mais il apparaît que si les cordes simplifient la situation en éliminant la notion de propriétés intrinsèques attribuables aux diverses particules, ces cordes ne sont pas des entités principielles incapables d'être autre chose. Elles ont certes la longueur de Planck, mais, selon Greene, il n'y a aucune raison que la longueur de Planck ne puisse pas être différente dans un autre univers.

Il me semble que la réfutation bouddhiste d'une réalité séparée, localisée et fragmentaire, s'applique aussi bien aux cordes qu'aux particules indivisibles ponctuelles, et met en valeur l'échec de toute tentative pour trouver un « roc ultime » de la réalité.

T. – Ce concept d'une réalité localisée et fragmentée, en contraste avec l'approche holistique qui repose sur la notion d'interdépendance globale, a donné naissance au réductionnisme, et ce réductionnisme a exercé une profonde influence sur la pensée scientifique occidentale[2].

1. Voir chapitre 11.
2. Pour combler les vides laissés par l'expansion, cette théorie suppose une création continue de matière et de galaxies. Au lieu du big bang, l'univers stationnaire connaît une série de *little bang*.

Le réductionnisme consiste ici à réduire le comportement de l'univers à celui de particules de base, dont on assume l'existence, en espérant, par la compréhension de leurs propriétés, comprendre les propriétés de tout ce qui est composé de ces particules. Bien qu'elle ait remporté maints succès et soit à l'origine de progrès fulgurants de la science, cette approche a ses limites, comme nous l'avons constaté lors de la discussion de l'expérience EPR.

Je voudrais revenir sur la notion d'impermanence. Jusqu'ici, nous avons surtout discuté de l'aspect « absence d'existence intrinsèque » de la matière. L'impermanence, c'est aussi la caractéristique d'un univers en évolution constante, d'un monde constitué non pas d'objets statiques, mais de flux dynamiques qui interagissent continuellement. Cette notion de changement perpétuel se retrouve dans toute la cosmologie moderne.

Pourtant l'idée d'évolution qui est inhérente à la théorie du big bang ne s'est vraiment imposée qu'à partir de 1965, après la découverte du rayonnement fossile. Dans les années 1950, la théorie de l'univers stationnaire qui prétendait qu'en moyenne l'univers était immuable, ne changeant ni dans l'espace ni dans le temps, avait le vent en poupe[1]. Cette opposition entre l'idée d'un monde immuable et celle d'un monde changeant et impermanent vit le jour au ve siècle av. J.-C., dans la Grèce antique, avec Héraclite qui maintenait que l'univers est en perpétuel devenir et que tout n'est que mouvement et écoulement sans commencement ni fin, et Parménide qui soutenait que le changement est incompatible avec l'Être qui lui est Un, continu et éternel.

M. – Pour Parménide, si quoi que ce soit changeait, l'apparition de quelque chose qui n'existait pas auparavant deviendrait possible. Or rien de ce qui n'existe pas ne peut commencer à exister. Le changement est donc impossible. Ce point de vue est typique d'une pensée qui s'attache à l'existence véritable des choses. Selon ce raisonnement, tous les effets devraient préexister dans leurs causes, puisque rien de neuf ne peut surgir. La réponse du bouddhisme (telle qu'elle fut adressée aux philosophes hindous défendant un point de vue semblable à celui de Parménide) est : « Si les effets préexistent dans les causes, pourquoi ne pas se vêtir de graines de coton ? »

T. – Aristote incorpore à la fois les idées de changement et de non-changement dans son système cosmogonique. Selon lui, le changement est associé à la Terre et à la Lune où règnent l'imperfection, la vie, l'usure et la mort, et le non-changement au monde des autres planètes, du Soleil et des étoiles, un monde parfait, immuable et éternel. Au XVIIe siècle, Newton fait table rase de la distinction aristotélicienne entre ciel et Terre en introduisant sa théorie de la gravitation universelle : la même loi de gravité dicte aussi bien le mouvement de chute d'une pomme dans le

1. Connue par les physiciens sous le nom de « constante cosmologique ».

verger que le mouvement des planètes autour du Soleil. Le ciel est aussi changeant que la Terre.

M. – Ce qui n'a pas empêché Newton d'écrire dans son *Optique* : « Il me semble probable que Dieu, au commencement, a formé la matière à l'aide de particules solides, massives, dures, impénétrables, mobiles, dotées de formes et de tailles et d'autres propriétés [...] si dures qu'elles ne peuvent jamais être usées ou cassées ; aucun pouvoir ordinaire n'étant capable de diviser ce que Dieu lui-même a fait unique dans la création initiale[1]. » Il maintenait donc bien l'idée de permanence au cœur même de la réalité.

T. – Il est vrai que les initiateurs de la science occidentale, de Galilée à Newton en passant par Kepler, étaient imprégnés de l'idée d'un Dieu créateur responsable d'un univers parfait, immuable et éternel. Ils durent parfois aller à l'encontre de leurs croyances métaphysiques pour accepter certains résultats scientifiques. En 1915, Einstein découvre que les équations de sa théorie de la relativité lui imposent un univers dynamique : celui-ci doit soit être en expansion, soit s'effondrer sur lui-même, comme la pierre qu'on jette en l'air doit monter ou descendre. Parler d'un univers statique revient à dire que la pierre peut rester suspendue en l'air. Or, les observations de l'époque tendent à montrer que l'univers est statique. Fort de cette idée, Einstein introduit dans sa théorie une force antigravité pour neutraliser l'effet de gravité de l'univers responsable du mouvement de l'espace, une démarche qu'il qualifia de « plus grosse erreur de sa vie » quand Hubble découvrit l'expansion de l'univers en 1929.

À mesure qu'elle a progressé, la science nous a révélé que l'univers était en perpétuel changement et que l'idée d'un univers immuable n'avait plus droit de cité. Avec le big bang, on peut parler d'une histoire de l'univers, avec un commencement et une fin, un passé, un présent et un futur.

M. – On ne peut parler de début qu'en ce qui concerne notre univers. Mais dans l'hypothèse d'une succession d'univers, ces univers peuvent avoir une histoire sans que celle-ci ait un début.

T. – L'univers cyclique est en effet possible. Dans tous les cas de figure, l'univers newtonien statique et immuable est maintenant ravalé au rang des théories obsolètes. Les étoiles naissent, vivent leur vie en brûlant leur carburant d'hydrogène et d'hélium, puis meurent en expulsant dans le milieu interstellaire leur gaz enrichi en éléments chimiques provenant de leur alchimie nucléaire. Ce gaz s'effondre sous l'effet de la gravité pour donner naissance à une nouvelle génération d'étoiles, et ainsi de suite. Ce sont des cycles de vie et de mort qui se succèdent sur des millions, voire des milliards d'années. Le Soleil qui est apparu il y a quatre milliards et demi d'années, soit onze milliards et demi

1. Isaac Newton, *Questions*, dans *Optique*, n° 23, 1706.

d'années après le big bang, est déjà un astre de la troisième génération. Les galaxies, qui sont des groupes de centaines de milliards d'étoiles en évolution, doivent donc aussi changer au cours du temps.

De plus, rien n'est immobile dans l'espace. La gravité fait que toutes les structures de l'univers, étoiles et galaxies, s'attirent et « tombent » les unes vers les autres. Ces mouvements de chute s'ajoutent au mouvement de l'expansion de l'univers. La Terre, de fait, participe à un fantastique ballet cosmique. Elle nous entraîne d'abord à travers l'espace à trente kilomètres par seconde dans son voyage annuel autour du Soleil. Celui-ci emmène à son tour la Terre dans son périple autour de la Voie lactée à deux cent trente kilomètres par seconde. La Voie lactée tombe à quatre-vingt-dix kilomètres par seconde vers sa compagne Andromède. Et ce n'est pas fini. Le groupe local qui contient notre galaxie et Andromède tombe à quelque six cents kilomètres par seconde vers l'amas de la Vierge, ce dernier tombant lui-même vers une grande agglomération de galaxies appelée le « Grand Attracteur ». Le ciel statique et immuable d'Aristote est bien mort. Tout n'est qu'impermanence, changement, transformation.

Nous avons vu que le monde subatomique n'échappe pas à cette règle. Malgré l'apparence placide et immobile de la matière qui nous entoure, des nuées d'électrons tourbillonnent dans le vide des atomes. L'espace, qui nous environne et que nous croyons vide et dépourvu d'activité, est peuplé d'un nombre inimaginable de particules « virtuelles » qui apparaissent et disparaissent à un rythme effréné (leur durée de vie est de 10^{-43} seconde, le temps de Planck). Au moment même où je parle, il y a mille milliards de milliards de milliards d'électrons virtuels dans un centimètre cube d'espace. Il n'y a pas de doute : l'impermanence est omniprésente.

M. – L'étape suivante consiste donc, dans le bouddhisme, à intégrer cette notion d'impermanence dans notre manière de voir les choses. Le Bouddha disait : « De même que les empreintes de l'éléphant sont les plus remarquables, l'impermanence est l'idée la plus importante sur laquelle un bouddhiste puisse méditer. » L'impermanence du monde macroscopique est évidente aux yeux de tous, mais la réflexion sur l'impermanence subtile a des conséquences encore plus profondes. Les phénomènes portent naturellement en eux-mêmes le ferment de leur propre transformation et aucune entité immuable ne peut exister dans l'univers. C'est d'ailleurs cette malléabilité des phénomènes et de la conscience qui permet le processus de transformation qui, finalement, mène à l'Éveil.

VII

À CHACUN SA RÉALITÉ : QUAND FOND LA NEIGE DU SAVOIR

Il est aisé de comprendre que nous puissions voir une même chose de différentes façons. Mais quelle est la nature de la « chose » qui se cache derrière le voile des apparences ? Nous est-elle accessible ? Quelle est sa réalité ? Pour les physiciens réalistes, il y a bien une réalité « pure et dure », descriptible en termes de particules élémentaires ou de supercordes, que l'on finira par connaître ; pour d'autres, il s'agit d'un réel voilé à jamais ; pour le bouddhisme, de simples apparences, ni réelles ni non existantes, se manifestent et sont perçues de diverses façons par différents êtres en raison de tendances accumulées dans le passé.

MATTHIEU : Si les particules élémentaires ne sont pas des « choses », comment leur somme pourrait-elle être davantage réelle ? En fait, la « réalité » du physicien résulte d'une relation indissociable entre ce qu'il cherche à explorer et les moyens de son exploration, c'est-à-dire ses instruments et sa pensée. On ne peut en aucun cas affirmer que les phénomènes sont une simple fenêtre ouverte sur une réalité indépendante, aux caractéristiques intrinsèques préexistantes. Comment une telle constatation modifie-t-elle la perception que vous, les physiciens, avez du monde macroscopique ?

THUAN : Peu de physiciens se sont penchés sérieusement sur les conséquences philosophiques de la mécanique quantique. Pour la vaste majorité des chercheurs, la mécanique quantique est simplement une théorie physique qui marche extrêmement bien. Elle rend compte avec une précision inégalée du comportement de la matière au niveau subatomique et de son interaction avec la lumière. La mécanique quantique est donc considérée comme un outil efficace permettant de construire des transistors, des lasers, des puces et des ordinateurs, et d'autres instruments plus extraordinaires les uns que les autres qui ont considérablement modifié nos modes de vie. La plupart des chercheurs ne vont pas plus loin et ne se préoccupent pas des fondements philosophiques de leur science.

M. – J'ai récemment noté des commentaires du physicien Jean-Marc Lévy-Leblond, qui vont dans le même sens : « Le large accord qui existe aujourd'hui entre les physiciens sur la plupart de leurs théories, qu'il s'agisse de cosmologie, de physique des particules ou de mécanique statistique, ne doit pas faire illusion. Il concerne avant tout la machinerie théorique, c'est-à-dire l'ensemble des formalismes mathématiques utilisés pour rendre compte de notre expérience du monde, et les procédures de calcul qui permettent d'en déduire les explications ou les prédictions concernant nos observations. […] Mais ce consensus laisse ouvertes bien des questions sur l'interprétation de ces théories et la signification de leurs concepts. […] Derrière l'unité de façade de la communauté scientifique on trouve de sérieuses divergences intellectuelles, d'autant plus profondes d'ailleurs qu'elles sont rarement explicitées. […] Cette multiplicité de conceptions reste le plus souvent masquée par l'indifférence ou la prudence dont font montre la plupart des chercheurs en dehors du champ de leurs travaux spécialisés[1]. »

T. – Cette situation n'est certes pas très saine. Alors que la mécanique quantique est extrêmement avancée sur le plan du calcul des phénomènes, elle n'a pas beaucoup progressé au niveau de son fondement philosophique. Cela dit, une poignée de physiciens se sont penchés sur la question, parmi lesquels les Français Bernard d'Espagnat et Michel Bitbol. Afin d'expliquer certaines bizarreries de la mécanique quantique comme la notion de « non-séparabilité », que nous avons abordée lors de la discussion du phénomène EPR, d'Espagnat parle, ainsi que je l'ai déjà mentionné, d'un « réel voilé[2] ». Selon lui, la science décrit bien la réalité empirique, mais elle ne nous donne que des aperçus d'une réalité indépendante qui ne s'inscrit pas dans l'espace-temps ordinaire. Ce réel voilé est indescriptible par la physique que nous connaissons et échappe à tous les cadres conceptuels que nous pouvons élaborer. La non-séparabilité condamne toute tentative pour décrire la réalité indépendante en termes d'objets localisés, et jette un doute sérieux sur l'idée de l'existence « en soi » de notre espace-temps.

M. – Cette notion d'un substrat réel qui existe par lui-même derrière le voile de nos perceptions est un sujet sur lequel la philosophie bouddhiste a beaucoup débattu. Elle conclut que nos concepts ne peuvent appréhender la réalité, car le fait que cette dernière ne soit ni non existante ni douée d'existence propre échappe nécessairement à l'intellect ordinaire. Nous supposons toujours qu'il existe bien « quelque chose » – nos perceptions concordantes du monde phénoménal en sont des quasi-preuves – et que les différentes expérimentations auxquelles se livrent les scientifiques sont autant d'étapes qui nous permettront de découvrir les caractéristiques propres de ce « quelque chose ». De là à conclure qu'il existe une réalité solide, du fait qu'on observe de façon répétitive telle ou telle de leurs propriétés, il n'y a qu'un pas.

1. « Le temps, des équations aux mots », *Les Espaces*, décembre 1999.
2. Bernard d'Espagnat, *Le Réel voilé*, *op. cit.*

T. – En fait, la neurobiologie a montré que la « réalité » n'apparaît la même qu'aux êtres de la même espèce, dotés du même système neuronal. D'autres espèces perçoivent le monde de façon différente. Par exemple, des recherches sur les poissons, les oiseaux et les insectes ont montré que ces êtres voient les couleurs et les formes des choses d'une tout autre manière que les humains. La réalité est inévitablement modifiée par le système neuronal qui la perçoit.

M. – Si on analyse l'un quelconque de ces modes de perception, celui des humains par exemple, on constate simplement que, dans certaines conditions, on observe et mesure certains phénomènes de manière reproductible. Mais ce faisant, la réalité de la « chose » n'a pas dépassé son statut initial d'étiquette mentale. Ce processus expérimental n'a jamais montré que ce qu'on observe existe en soi et possède des caractéristiques intrinsèques. Nous pouvons voir mille fois deux Lunes en appuyant mille fois les doigts sur nos globes oculaires, sans que cette vision confère la moindre parcelle d'existence à cette double Lune !

T. – Bernard d'Espagnat compare cette réalité à un arc-en-ciel que verraient les habitants d'une île située au milieu d'une rivière. Cette arche multicolore leur semble aussi réelle que toutes les choses qu'elle surplombe. À l'une des extrémités de l'arche se trouve un peuplier, à l'autre le toit d'une ferme. Les habitants de l'îlot ne doutent pas de la réalité de l'arc-en-ciel : ils croient qu'il serait là, exactement au même endroit, même s'ils fermaient les yeux ou venaient à disparaître. Pourtant, s'ils pouvaient quitter leur îlot et circuler en voiture sans quitter l'arc-en-ciel des yeux, ils s'apercevraient que la position de ce dernier n'est pas fixe, et que ses deux extrémités ne se situent pas toujours aux emplacements du peuplier et de la ferme : la position de l'arc dépend de celle de l'observateur. Cette comparaison illustre le fait que même les objets macroscopiques ne possèdent pas d'existence propre et que l'observateur joue un rôle primordial dans la façon dont ils nous apparaissent. Nous avons vu que dans le monde subatomique, c'est l'observateur qui détermine qu'un même phénomène apparaisse soit sous l'aspect d'une onde, soit sous l'aspect d'une particule. La réalité sur laquelle nous agissons est de nature empirique. La réalité indépendante de l'observateur est voilée, elle nous échappe.

M. – Il est vrai qu'aucune théorie ne peut rendre compte d'une réalité qui existerait de façon totalement indépendante de la pensée. Il n'empêche que postuler l'existence d'une *vraie* réalité relève de la pure métaphysique. À jamais inaccessible à la pensée, son existence est aussi irréelle qu'une figure géométrique qui serait simultanément un cercle et un carré.

L'exemple de l'arc-en-ciel est souvent utilisé dans le bouddhisme. On dit que les êtres ordinaires qui s'attachent à l'existence solide de la réalité sont comparables à des enfants qui courent après un arc-en-ciel dans l'espoir de l'attraper pour s'en vêtir. L'arc-en-ciel, lumineux mais intangible, symbolise aussi l'union de la vacuité et des phénomènes, ainsi que l'interdépendance : il résulte de la coïncidence entre un rideau de pluie et les rayons du soleil, sans que rien ne vienne réellement à l'existence. Il disparaît dès que l'un de ces éléments vient à manquer, sans que rien n'ait véritablement cessé d'être. Les conditions d'apparition d'un arc-en-ciel ne nécessitent pas le support d'un « réel voilé » pour apparaître. Mon maître, Khyentsé Rinpoché, reliait cette compréhension de la nature des phénomènes à la pratique contemplative de la manière suivante : « Tous les phénomènes sont semblables à un arc-en-ciel : exempts de toute réalité tangible. Une fois réalisée la vraie nature du réel, qui est d'être vide et pourtant de se manifester sous la forme du monde des phénomènes, l'esprit se libère de l'emprise de l'illusion. Quand vous saurez laisser vos pensées se dissoudre par elles-mêmes à mesure qu'elles surgissent, elles traverseront votre esprit de la même façon qu'un oiseau parcourt le ciel : sans laisser de trace. »

La « réalité » est-elle à jamais soustraite à notre connaissance ? Oui, si nous persistons à vouloir faire émerger du monde phénoménal des « choses » qui existent en elles-mêmes. Non, si nous nous attachons à connaître leur nature ultime, leur défaut d'existence propre.

T. – Un fait me dérange : s'il n'y a aucune réalité derrière le monde phénoménal, comment expliquer que nous percevions tous plus ou moins la même chose ? Si les propriétés des objets macroscopiques – comme la position de l'arc-en-ciel dans l'espace – sont en partie une construction de notre esprit, comment comprendre que les diverses expérimentations auxquelles nous procédons tous paraissent coïncider et que nous sommes d'accord sur leur nature ? Si la position dans l'espace est partiellement un reflet de notre subjectivité, l'espace et le temps doivent l'être également, puisque Einstein nous a appris qu'ils sont intimement liés. Comment rendre compte de l'accord subjectif de différentes personnes sur le fait qu'un objet dans le monde de tous les jours a une position bien déterminée, position qui est la même aux yeux de tous ?

M. – Ta question comporte deux aspects : la nature ultime des phénomènes et la façon dont nous percevons ces phénomènes. Cette nature ultime, quelle que soit la façon dont nous la percevons, est l'absence d'existence propre – ou interdépendance. Elle n'est pas du ressort de la subjectivité. L'expérience montre que les choses ne sont pas totalement non existantes. C'est la façon dont elles existent que nous devons examiner plus attentivement. À ce stade, l'intellect atteint ses limites, car il ne peut pas appréhender conceptuellement cette nature ultime, à la fois existante et non existante. Du point de vue intellectuel, la nature de la réalité est donc « indécidable ». Parce qu'elle transcende tout concept, l'expérience de l'Éveil peut appréhender la réalité directement, de façon non duelle et non conceptuelle. Dans *La Connaissance transcendante*, on lit : « Les phénomènes ne naissent ni ne cessent, ne sont ni existants ni non existants, ne vont ni ne viennent, ne sont ni un ni multiples : ils sont au-delà de toute définition conceptuelle. »

Deuxièmement, la façon dont nous percevons les phénomènes fait intervenir la conscience, puisque celle-ci fait partie de l'interdépendance générale. Pourquoi des êtres faisant partie d'une même espèce perçoivent-ils les phénomènes de manière quasiment identique ? Lorsqu'on se dit : « Chaque fois que je regarde telle chose, je la vois de la même façon et tout le monde la voit de cette façon », cela ne prouve en rien que les propriétés perceptibles de cette chose fassent partie intégrante de sa nature. L'apparente stabilité d'une perception résulte d'une interaction continue de la conscience et d'un groupe de phénomènes particuliers. Selon le bouddhisme, la façon dont *nous* percevons le monde est très spécifique. Le fait que les humains perçoivent tous le monde de façon à peu près identique est dû au fait que leur conscience et leur corps ont, pour ainsi dire, une configuration similaire. Le monde d'un être humain diffère considérablement de celui d'un insecte, lequel diffère de celui d'un oiseau.

T. – Les neurobiologistes te diront effectivement que le monde est perçu différemment par les diverses espèces animales. Par exemple, leurs yeux sont sensibles à des lumières de couleur différente ou à des rayonnements invisibles aux humains. Ainsi un chien peut voir dans l'obscurité, car ses yeux sont plus sensibles à la lumière infrarouge que ceux des humains. Un pigeon peut appréhender des rayons ultraviolets que nous ne percevons pas. Les chauves-souris ne se repèrent pas par la vue, mais en écoutant l'écho des ultrasons qu'elles émettent. Leur représentation du monde est donc certainement très différente de la nôtre. Les biologistes pensent que ces différences résultent de la sélection naturelle : chaque espèce a développé les modes de perception les plus adaptés à son environnement, et les plus utiles à sa survie, sa reproduction et sa prolifération[1].

M. – Tu parlais de voir plus ou moins le même objet à la même place. Mais les concepts mêmes d'« objet » et de « place » sont certainement très différents selon le type d'être qui les perçoit. La relative similarité de fonctionnement des sens et des consciences des êtres donne lieu à des perceptions du monde qui sont parfois semblables, parfois très différentes, sans qu'aucune de ces perceptions ne puisse être considérée comme ultime. Dans le *Samadhiraja Sutra*, le Bouddha dit :

1. Voir « Ways of Coloring: Comparative Color Vision as a Case Study for Cognitive Science », Evan Thompson, Adrian Palacios et Francisco J. Varela, dans *Behavioral and Brain Sciences*, vol. 15, 1992, p. 1-74.

Les yeux, les oreilles et le nez ne sont pas des moyens de connaissance [valides,
Pas plus que la langue et le corps.
Si les facultés sensorielles pouvaient nous fournir une connaissance authentique,
Que pourrait apporter la sublime Voie ?

On donne dans les textes bouddhiques l'exemple d'un verre d'eau. Nous le percevons comme une boisson ou un liquide servant à nous laver, alors qu'il sera un objet de frayeur intense pour un malade atteint de la rage, un ensemble de molécules pour un physicien utilisant un microscope électronique, un habitat pour le poisson.

T. – Un matérialiste convaincu pourrait te rétorquer qu'il existe un substrat commun derrière ces diverses perceptions, que le verre d'eau a une réalité propre.

M. – Il est naturel de penser qu'il doit exister une réalité qui se définit par elle-même. Mais est-ce le cas ? Il n'est pas question de nier la réalité observable telle que nous la voyons, ou d'affirmer qu'elle n'est qu'une projection de l'esprit. Ce que nous voulons dire, c'est simplement qu'il n'y a pas de réalité « en soi ». Les phénomènes existent uniquement en dépendance avec d'autres phénomènes qui sont eux-mêmes interdépendants. Cela est vrai des particules atomiques comme de la conscience.

Qu'est-ce que l'eau pour une chauve-souris ? Une « surface » acoustique parfois plane, parfois ondulante ? Comme le fait remarquer Thomas Nagel[1], en dépit de certaines tentatives de reconstitution du monde tel que le perçoivent les animaux, l'être humain doit tout simplement renoncer à se faire une idée de ce que peut être, par exemple, le monde d'une chauve-souris, même s'il est capable de décrire le fonctionnement de son système de perception dans ses moindres détails. La compréhension théorique de la façon dont la chauve-souris navigue aux ultrasons ne nous donne pas plus d'informations sur son expérience que la description des couleurs par un physicien ne peut en faire partager l'expérience à un aveugle.

Du point de vue d'un plongeur immobile dans l'obscurité des profondeurs marines, l'eau est-elle autre chose qu'un espace vide semblable à celui dans lequel évolue en apesanteur un astronaute sorti de son vaisseau spatial ? Dans ce cas, l'eau n'a plus aucune caractéristique.

Pour un être éveillé, un Bouddha, l'eau est perçue comme l'union de la vacuité et des apparences. Seule cette dernière vision est considérée comme correcte, car aucune autre ne résiste à l'analyse. En effet, toute autre perception de l'eau résulte de nos tendances habituelles, accumulées

1. Thomas Nagel, *Quel effet cela fait d'être une chauve-souris ?*, PUF, 1984.

durant de nombreuses vies. Ces tendances relèvent de l'ignorance et de la confusion. Lorsque cette confusion est dissipée, on reconnaît que les aspects infiniment variés des phénomènes sont dénués d'existence propre et que leur nature ultime est la vacuité. Cela n'empêche nullement le monde d'apparaître, mais il est alors perçu comme le déploiement de la pureté infinie des phénomènes. On parle de « pureté infinie », car les distinctions habituelles qu'établit l'esprit entre le beau et le laid, le pur et l'impur, disparaissent dans la connaissance non duelle de la nature ultime des phénomènes. Le monde habituel, dit « impur », n'est que le produit d'une méprise et ne possède pas le moindre atome de vérité comme l'eau miroitante d'un mirage. L'ignorance elle-même est un simple voile transitoire et irréel. Lorsque l'on prend conscience de cette situation, toute perception « impure » disparaît.

T. – La question reste : quelle est la base de ces perceptions variées ?

M. – Selon le bouddhisme, ni un objet doué d'existence intrinsèque ni la seule vacuité ne peuvent constituer une base permettant aux phénomènes d'apparaître.

Considérons le premier cas, celui d'une base douée d'existence réelle. Écartons tout d'abord la possibilité absurde que deux perceptions différentes de l'eau correspondent à deux objets autonomes distincts. Si c'était le cas, ces perceptions n'auraient aucun fondement commun et aucun rapport entre elles – pas plus que notre perception d'un vase n'a de rapport avec celle d'un pilier.

Une propriété de l'eau, sa fluidité par exemple, pourrait-elle constituer cette base ? Si l'eau pouvait se définir par elle-même, ses propriétés devraient s'imposer à tous de la même façon, indépendamment des facultés cognitives et – dirait le bouddhisme – des tendances karmiques de chacun. (La réciproque n'est pas vraie, car même si nous percevons tous une chose de la même façon, cela n'implique pas qu'elle existe par elle-même.) Selon le bouddhisme, dans des états méditatifs profonds, la conscience peut faire l'expérience d'un monde « sans forme », où elle ne perçoit que l'espace ou la conscience elle-même. Dans un tel monde, la notion de fluidité n'a évidemment aucun sens.

L'eau ne peut pas non plus être la simple projection d'un esprit doué d'existence propre, car le sujet est défini en relation avec l'objet, et si le sujet (l'esprit) existait réellement, l'objet illusoire qu'il projette devrait exister lui aussi. Ils doivent être soit tous les deux réels, soit tous les deux irréels.

Dans le deuxième cas, si la base de nos perceptions était totalement vide, ces perceptions seraient dépourvues de cause, et n'importe quoi, y compris l'espace vide, pourrait se manifester de n'importe quelle façon. Rien n'empêcherait une fleur d'apparaître au milieu du ciel.

Donc, ni un objet doué d'existence propre ni une pure vacuité ne peuvent servir de base à l'apparition des phénomènes. Seule une « simple apparence », ne se limitant ni à l'objet extérieur ni à la conscience intérieure, représente une base irréfutable par l'analyse[1]. Nous en revenons ainsi à l'union indissociable des apparences et de la vacuité, qui transcende les extrêmes conceptuels de l'existence réelle et du néant. L'inséparabilité des deux vérités – la vérité relative des phénomènes et la vérité ultime de leur vacuité – est la seule réalité possible, celle que perçoit tout être possédant la connaissance parfaite d'un Bouddha.

Il est indiscutable que l'objet extérieur perçu dans le moment présent n'est pas une pure fabrication de l'esprit. Cependant, l'ensemble de notre « paysage », c'est-à-dire notre représentation du monde, est le résultat de l'actualisation de tendances accumulées par la conscience depuis des temps immémoriaux. Du fait de cette actualisation, les êtres appartenant à une même espèce perçoivent un ensemble de phénomènes plus ou moins semblable.

Du fait que rien n'existe en soi, ces phénomènes disparates ne sont pas incompatibles et peuvent coexister sans s'exclure. Les différentes espèces d'êtres vivent donc en parallèle différentes « irréalités » qui induisent divers modes de perception de ce que nous appelons un « même verre d'eau ». Il faut comprendre toutefois que « même » ne veut pas dire qu'il y a un « vrai » verre d'eau posé derrière l'écran semi-transparent de nos sens. « Même » signifie ici que le fonctionnement des diverses consciences au cours de nombreuses existences passées a entraîné des cristallisations semblables, mais non identiques, de phénomènes interdépendants. Bien que dénuées d'existence propre, ces cristallisations, qui reflètent un processus de fixation des conceptualisations issues des perceptions, se ressemblent plus ou moins selon la manière dont ces consciences ont fonctionné depuis un passé très lointain. Cela va certes à l'encontre du sens commun qui s'accroche à l'idée d'un monde dont l'existence serait totalement extérieure à nous.

T. – Tu ne veux pas dire que si nous n'étions pas là, le monde n'existerait pas ?

M. – Non, bien sûr ! Même si l'école bouddhiste idéaliste dénommée « l'Esprit seul » (*Cittamātra*) soutient que seul l'esprit a une réalité ultime et que les phénomènes ne sont que des projections mentales, sa position a été réfutée par la philosophie de la Voie médiane (*Madhyamaka*), considérée comme la plus profonde. Selon l'école du Madhyamaka, la vision correcte de la réalité est celle de l'interdépendance des phénomènes conscients et inconscients, tous deux dépourvus d'existence absolue. Il est certain que le monde en général ne disparaît pas quand on s'endort

1. Ce thème a été développé en détail dans un ouvrage tibétain de Lama Mipham (1846-1912) appelé *La Torche de la certitude* et dans les commentaires du même texte composés par divers auteurs. Voir la traduction anglaise de John W. Pettit, *Mipham's Beacon of Certainty*, Boston, Wisdom Publications, 1999.

ou quand on s'évanouit. Pourtant l'interaction de notre conscience et des phénomènes « extérieurs » définit un réseau de relations particulières qui constituent « notre » monde. Or ce monde particulier s'évanouit lorsqu'un élément, la conscience notamment, vient à manquer.

En bref, la branche d'arbre se casse bien lorsque nous ne sommes pas là pour la regarder. Mais le monde des phénomènes doit être conçu dans une perspective plus vaste. Il est le produit d'une longue maturation dû à la coexistence de la conscience des êtres et du potentiel infini de manifestation des phénomènes qui est inhérent à leur vacuité. Comme le disait mon maître Khyentsé Rinpoché :

« Lorsqu'un reflet apparaît dans un miroir, on ne peut pas dire qu'il fait partie du miroir ni qu'il se trouve ailleurs. De même, les perceptions des phénomènes extérieurs ne se trouvent ni dans l'esprit, ni en dehors de lui. Les phénomènes ne sont en vérité ni existants ni non existants. La réalisation de la nature ultime des choses se situe donc au-delà des concepts d'être et de non-être[1]. »

C'est pourquoi Nāgārjuna prenait la précaution de dire : « Puisque je ne postule aucun concept, personne ne peut réfuter mon point de vue. » Ne rien affirmer n'est pas une dérobade de la raison, mais la reconnaissance du fait que la nature ultime des phénomènes ne peut pas être fixée par des concepts, limitée par des définitions, enfermée dans les catégories de la réalité solide ou du néant.

T. – Le bouddhisme dit donc qu'il n'existe pas de réalité *indépendante*, même voilée. Cette affirmation concorde avec les propos de Bohr affirmant que les objets atomiques et subatomiques ne possèdent aucun attribut qui leur soit propre. Quand ils ne sont pas observés, il est impossible, même par la pensée, de leur attribuer une vitesse déterminée et une trajectoire le long de laquelle ils occuperaient à chaque instant un lieu précis. Nous n'avons donc pas le droit de considérer les objets quantiques comme étant constamment doués de propriétés mesurables. Selon Heisenberg, « en mécanique quantique, la notion de trajectoire n'existe même pas[2] ». Ainsi, la mécanique quantique relativise radicalement la notion d'objet en la subordonnant à celle d'événement, celui-ci étant la mesure faite par l'instrument. Les objets atomiques et subatomiques forment donc avec les instruments d'observation un tout indivisible. Le but de la physique n'est plus la description de la réalité en soi, mais la description de l'« expérience humaine communicable », c'est-à-dire celle des observations et mesures.

M. – Alors même que la mécanique quantique proclame le contraire, les scientifiques réalistes, sans doute à cause d'influences culturelles qui

1. Dilgo Khyentsé Rinpoché, *Les Cent Conseils de Padampa Sangyé aux gens de Tingri*, M. Ricard et le Comité de traduction Padmakara (trad.), Saint-Léon-sur-Vézère, Padmakara, 2000.

2. Werner Heisenberg, *La Partie et le Tout*, Albin Michel, 1972, p. 112.

ne peuvent manquer de conditionner leur paysage intellectuel, reviennent inlassablement à l'idée qu'il y a bien une « vraie » réalité quelque part, ce qui constitue une différence importante avec le bouddhisme. Beaucoup de paradoxes, que l'on attribue habituellement à la mécanique quantique, sont simplement dus au fait que nous essayons coûte que coûte de plaquer sur cette mécanique quantique des concepts de notre philosophie occidentale. Comme l'a écrit W. H. Zurek : « Le seul échec de la mécanique quantique est de ne pas avoir fourni de cadre pour la mise en œuvre de nos préjugés[1]. » La vision du monde selon le bouddhisme adopte une voie médiane entre réalité et néant. Cette conception du monde qui éclaire les rapports entre vérité relative et vérité ultime est apte à résoudre cette opposition à faire disparaître bien des paradoxes typiques de la physique contemporaine, et donc à offrir un cadre de vie, de pensée et d'action cohérent pour notre temps.

T. – Le scientifique accomplit ses recherches dans un certain contexte social et culturel. Même s'il s'en défend, il ne peut s'empêcher de partager, de manière consciente ou inconsciente, les préjugés métaphysiques de la société dont il fait partie. La science étant née en Occident, il était inévitable qu'elle soit dominée par le parti pris métaphysique d'une réalité solide réifiée à tout prix. Je ne pense pas que ce soit par accident que les fondateurs de la physique quantique, tels Bohr et Schrödinger, aient plaidé pour une unité de pensée entre la science occidentale et la pensée philosophique de l'Orient. Ils percevaient dans la pensée orientale une issue possible permettant de sortir des nombreux paradoxes inhérents à la mécanique quantique appréhendée selon un schéma occidental. Pour Heisenberg, « l'importante contribution du Japon à la théorie de la physique depuis la dernière guerre indique peut-être une certaine parenté entre les idées philosophiques traditionnelles de l'Extrême-Orient et la substance philosophique de la théorie quantique[2] », tandis que pour Bohr, « parallèlement aux leçons de la théorie atomique [...] nous devons nous tourner vers les problèmes épistémologiques auxquels des penseurs comme le Bouddha et Lao-tseu ont été déjà confrontés, en essayant d'harmoniser notre situation de spectateurs et acteurs dans le grand drame de l'existence[3]. »

M. – La perception que le poisson a de l'eau est « sa » réalité de l'eau. Imagine maintenant deux perceptions : l'une d'un être dont le champ visuel serait de la taille de notre fameux quark, et l'autre d'un esprit pour qui la plus petite chose visible serait une galaxie. Leurs descriptions du monde et de sa réalité seraient diamétralement différentes. Derrière ces

1. Wojciech Hubert Zurek, « Decoherence and the Transition from Quantum to Classical », *Physics Today*, 1991, vol. 44, p. 36-44.
2. Werner Heisenberg, *Physique et philosophie*, *op. cit.*, p. 202.
3. Niels Bohr, *Physique atomique et connaissance humaine*, *op. cit.*, p. 20.

visions diverses, il n'y a ni le néant, ni une réalité de référence possédant une existence objective.

T. – Pourtant, quand j'observe l'univers, les galaxies et les étoiles avec mon télescope, je vois et mesure la même réalité, les mêmes propriétés de la lumière, la même valeur de la vitesse de fuite des galaxies, la même brillance et la même couleur des étoiles que tout autre observateur de l'univers. Les constantes physiques ne changent ni dans l'espace ni dans le temps. Parce que les télescopes sont également des machines à remonter le temps, je peux m'assurer que la masse et la charge des électrons dans les galaxies que j'observe aujourd'hui ont exactement les mêmes valeurs que celles mesurées ici sur notre petit coin de Terre, alors que leur lumière a commencé son voyage intergalactique il y a dix milliards d'années.

M. – C'est exactement ce que le bouddhisme appelle la « vérité relative admise par consensus ». Le monde n'est certainement pas livré au hasard ni à l'arbitraire. Même si les phénomènes n'ont pas une réalité autonome, ils existent sous la forme de « simples apparences » qui peuvent faire l'objet de désignations diverses et, n'étant pas pur néant, peuvent exercer une action obéissant aux lois de causalité. Ces lois expliquent les nombres, constantes et propriétés qui sont révélés par nos mesures et nos calculs. Dans ce contexte, il est certain que la masse du phénomène que nous définissons comme un électron est invariable. Il est donc normal que les êtres humains la mesurent de la même façon. Par contre, ce qui est loin d'être certain, c'est que les caractéristiques qu'on attribue à l'électron soient des propriétés intrinsèques qui seraient perçues de manière identique par des êtres très différents de nous.

Tout ce qu'on peut dire des phénomènes, c'est qu'ils apparaissent et remplissent certaines fonctions. Rien d'autre que cette « simple apparence » ne résiste à l'analyse. Si cent personnes voient le même film, elles peuvent théoriquement le décrire dans les moindres détails avec une parfaite concordance. On peut aussi faire des milliers de copies de ce film. Il n'y a aucune raison de contester ce que ces personnes ont vu, ni l'existence du film. Mais, pour autant, cela ne confère pas une plus grande réalité aux événements que le film raconte.

On rejoint ici les notions de vérité relative et de vérité absolue. La vérité relative correspond à la manière dont les phénomènes nous apparaissent, avec des caractéristiques identifiables. La vérité absolue correspond à l'absence d'existence propre de ces caractéristiques, ce qui implique que la nature ultime des phénomènes, la vacuité, est au-delà de toute description et de tout concept. La *Prajnaparamita* dit :

> Comprendre parfaitement que les choses n'ont pas d'être en soi,
> C'est la pratique de la suprême connaissance transcendante.

T. – C'est la similarité de la perception de la réalité phénoménale, l'accord entre diverses personnes qui rendent possible la méthode expérimentale en science. Les observations et les expériences doivent pouvoir être répétées et confirmées par différentes équipes de chercheurs à l'aide d'instruments et de techniques variés. C'est seulement alors que les résultats sont considérés comme valables.

M. – Cette manière de procéder, par accord entre différentes personnes, permet d'ailleurs de remettre la science à sa juste place, celle d'une simple entreprise d'évaluation et d'organisation des *rapports* qui constituent les phénomènes au niveau conventionnel, et de création d'ouverture de possibilités d'action croissantes sur ces phénomènes. Le bouddhisme considère les phénomènes comme des « événements ». *Samskara*, le mot sanskrit qui désigne les « choses » ou « agrégats », signifie dans son sens premier « événement » ou « acte ».

T. – Cette étymologie va tout à fait dans le sens de ce que j'ai dit auparavant à propos de l'interprétation de la mécanique quantique selon Bohr : la notion d'« objet » est subordonnée à celle de « mesure », donc d'événement.

M. – C'est l'opinion du bouddhisme qui affirme que la réalité est toujours déterminée par l'interaction de l'observateur et de l'observé. La complémentarité entre le tout et les parties fait que c'est parfois l'aspect « partie » qui se révèle, parfois l'aspect global. L'observateur ne fait qu'isoler un certain spectre d'aspects qui n'ont d'autre réalité que celle d'une interaction particulière entre l'observation et la globalité, c'est-à-dire entre une conscience et l'ensemble dont elle fait partie. Ce que nous appelons réalité n'est donc qu'un certain « regard » de la conscience.

Pour un esprit ordinaire, il y a une différence entre la façon dont les choses apparaissent et leur nature véritable, ce qui se traduit du point de vue de notre expérience personnelle par un mélange de souffrance et de bonheur. Au terme du chemin de la connaissance, on perçoit directement la nature ultime des phénomènes, ce qui conduit à la sagesse immuable dans laquelle toute disparité entre apparences et réalité a disparu. De cette sagesse surgit spontanément une compassion illimitée pour les êtres que l'ignorance plonge dans des souffrances sans fin.

VIII
LES ACTES QUI NOUS ENFANTENT

Destin individuel et destin collectif

La notion de karma a-t-elle un sens ? Quelle est sa relation avec les lois de causalité et avec l'idée d'un destin déterministe ? Si, selon le bouddhisme, l'ego et la personne sont illusoires, qu'est-ce qui pourrait transmigrer d'existence en existence ?

THUAN : Je voudrais te demander comment le destin individuel des êtres s'intègre dans la vision bouddhiste de la causalité ? Ce destin n'est-il pas déterminé par ce qu'on appelle le « karma » ?

MATTHIEU : Étymologiquement, *karma* veut dire « action ». Ce que nous faisons, disons et pensons n'a pas seulement une importance morale, c'est aussi ce qui nous façonne et modèle notre monde. Notre représentation du monde résulte de la totalité des expériences vécues par notre conscience depuis des temps immémoriaux. Réciproquement, cette conscience est conditionnée par notre conformation physique, celle de notre cerveau et de notre système nerveux. Ici encore, on retrouve la notion de causalité réciproque. Ainsi que nous l'avons dit, la perception qu'ont les humains de l'univers est certainement très différente de celles des abeilles ou des chauves-souris. La façon dont fonctionne notre conscience est donc étroitement liée à ce que nous appelons « notre » univers. Des expériences similaires, vécues dans de nombreuses existences passées, font que des groupes d'êtres particuliers partagent la même perception du monde. On distingue un karma collectif et un karma individuel. Le premier définit notre perception générale du monde, en tant qu'être humain, et le deuxième nos expériences personnelles.

T. – Des êtres qui vivraient sur d'autres planètes de l'univers, qui n'auraient pas eu la même expérience passée que les humains, auraient alors une perception du monde phénoménal légèrement différente de la nôtre ? Je dis « légèrement » car, dans les grandes lignes, nous partageons tous la même histoire cosmique : le big bang, la formation des galaxies, des étoiles et des planètes, ainsi que l'émergence de la vie, si tant est qu'elle existe ailleurs que sur Terre. Nous sommes tous faits d'éléments chimiques fabriqués au cours du big bang et dans les creusets stellaires. Nous sommes des poussières d'étoile. Ceux que nous appelons extraterrestres, en admettant qu'ils existent, ont eu une autre étoile pour source d'énergie et habitent une planète différente. L'évolution biologique y a peut-être emprunté une autre voie, mais, tout compte fait, ce sont des différences de détail. La même remarque s'applique aussi au million d'autres espèces vivant sur Terre : elles partagent la même histoire cosmique, leur degré de conscience est simplement moins élevé[1].

M. – Nous sommes tellement attachés à notre perception du monde qu'il nous semble évident que toute forme d'intelligence avancée *doit* automatiquement le percevoir de la même façon que nous. Je pense que les façons dont une fourmi et un être humain perçoivent le monde doivent être considérablement différentes. Quelle est la signification du big bang pour une chauve-souris ? Des formes d'intelligence autres que la nôtre pourraient avoir des perceptions du monde totalement incompréhensibles pour nous. Nous avons déjà du mal à comprendre le temps comme quatrième dimension, et voilà que les physiciens des supercordes nous parlent de dix ou onze dimensions ! Imagine comment une conscience qui percevrait les choses à l'échelle atomique verrait le monde…

Un Bouddha, qui n'attache aucune solidité aux phénomènes, voit le monde de façon totalement différente de la nôtre. Comme je l'ai mentionné, celui qui est parvenu au stade ultime de la voie contemplative perçoit les phénomènes comme le déploiement de la « pureté infinie », ce qui veut dire qu'il est libre de tout attachement illusoire à leur réalité propre, et comme une « égalité parfaite ». Ici, égalité signifie que tous les phénomènes sont également dénués d'existence propre. Cette perception est fondamentalement différente de notre perception ordinaire du monde. Au regard de cette différence, l'accord sur les distances entre les étoiles et leur composition chimique est d'une importance secondaire. Si tu rêves que tu es roi, la vraie question est de savoir si ton rêve est ou non réalité ; le style et les couleurs de ton habit royal, la forme de ses boutons sont des questions anecdotiques.

Les textes bouddhistes parlent d'une infinité de mondes où évoluent différentes formes de vie, et ils les décrivent de façon très imagée. Quelle que puisse être leur réalité physique, on ne peut manquer de faire des rapprochements amusants : certains de ces mondes ont la forme d'une roue en constante giration (les galaxies spirales ?) ou ressemblent à des gueules de lion (les trous noirs ?) ; il y a des mondes plats (à deux dimensions ?), des mondes semblables à des volcans crachant du feu (les novae ?), des mondes en forme de tourbillon, de nuage de flammes, de draperie de lumière, de spirale, d'arborescence, d'ellipse, de faisceau

---

1. Voir « La diversité de la vie », dans *Le Chaos et l'Harmonie*, ici, p. 586. Voir Edward Osborne Wilson, *The Diversity of Life*, Cambridge, Harvard University Press, 1992.

lumineux, d'entrelacs de joyaux, de pure lumière, de rivière et de disque, chacun d'entre eux contenant de nombreux autres mondes.

T. – La perception du monde varie non seulement selon les différentes espèces vivant sur Terre ou dans le cosmos, mais elle change aussi en fonction du temps, à mesure que de nouvelles données apparaissent. Les modèles d'univers (je dis « univers » pour être plus court) se sont succédé à travers les cultures et les époques. Chaque univers fournit un langage commun aux membres de la société qui l'ont conçu, et contribue à la cohérence de cette société en fournissant une croyance en une origine et une évolution collectives. Nous sommes ce que nous savons. Un univers est comme un être humain : il naît, atteint son apogée, entame son déclin et disparaît, remplacé par un autre. Bien souvent, le déclin et la disparition sont provoqués par le contact avec une autre culture plus dynamique, de nouvelles idées ou observations qui ne cadrent plus avec l'ancien univers. Ainsi, l'humanité a connu l'univers mythique, l'univers géocentrique, l'univers héliocentrique, et maintenant l'univers du big bang, qui ne sera certainement pas le dernier. Il serait bien étonnant que nous ayons le mot de la fin. Les images de l'univers bouddhique sont certes étonnantes. Le Bouddha pensait-il déjà à des formes non humaines, n'évoluant pas de la même façon que nous dans un environnement totalement différent ?

M. – Dans la cosmologie classique du bouddhisme, on mentionne six classes d'êtres, dont deux seulement nous sont perceptibles : les humains et les animaux. Les quatre autres n'ont rien à voir avec les formes de vie que nous connaissons. Il y a aussi des états « sans forme ». Nombre de ces descriptions ne correspondent, pour nous, à aucune réalité physique.

T. – Ces êtres voient-ils le même monde phénoménal que nous ? En d'autres termes, partagent-ils le karma collectif des espèces vivant sur Terre ?

M. – Tout est une question de degré. Le monde « sans forme » ne doit évidemment pas avoir grand-chose en commun avec le nôtre, puisqu'il correspond à des états de conscience qui, selon le cas, n'ont pour objet qu'un vaste espace, la conscience elle-même, ou qui n'ont simplement pas d'objet. Comment imaginer les perceptions d'êtres faisant l'expérience d'états d'existence aussi éloignés du nôtre ?

T. – Puisque le karma collectif et le karma individuel sont *tous deux* définis par des événements passés, n'en revient-on pas à une certaine forme de déterminisme ?

M. – Non. Le karma n'est pas une fatalité, mais le reflet de la causalité, laquelle implique non seulement nos actes, mais aussi les intentions qui les animent. Lorsqu'un certain nombre de causes et de conditions sont réunies, bien que leur résultat ne soit pas aléatoire, le libre arbitre nous permet d'intervenir sur le cours des choses. Nous ne sommes donc jamais prisonniers d'un déterminisme absolu dans lequel passé et futur ne formeraient qu'un seul bloc. Ce libre arbitre permet à la créativité d'être constamment présente dans notre expérience de la vie. L'*Anguttara Nikaya* rapporte ces paroles du Bouddha :

> Mes actes sont ma possession,
> Mes actes sont mon héritage,
> Mes actes sont la matrice qui m'enfante,
> Mes actes sont mon refuge.

Le karma ressemble plus à un potentiel, à une lettre de crédit ou à une dette qu'à une nécessité. On pourrait le considérer comme une loi naturelle faisant intervenir la conscience. Selon cette loi, une pensée ou un acte positif conduit au bonheur, et une pensée ou un acte négatif au malheur. Une pierre tombe sous l'influence de la gravité, à moins que l'on exerce sur elle une nouvelle force, par exemple en l'attrapant au vol pour la relancer vers le haut. De la même façon, on peut transformer le processus karmique avant qu'un acte ait produit ses effets plaisants ou douloureux. On peut, avant que les émotions négatives n'aient porté leurs fruits, réparer un tort commis envers les autres, contrecarrer la haine par la patience, remédier à l'avidité par le détachement, à la jalousie par la joie de voir quelqu'un heureux. La loi du karma ne signifie pas que notre sort soit scellé depuis toujours et à jamais et que nous fonctionnions comme des automates qui s'ignorent. À chaque instant nous faisons l'expérience de l'interaction de notre passé avec le présent et nous sommes libres de construire le futur, de laisser s'exprimer l'amour ou la haine.

Nous sommes le résultat d'un grand nombre de décisions prises librement, même s'il est parfois difficile de s'émanciper de l'influence de nos tendances karmiques. Cette émancipation est au cœur du travail intérieur. Ce que nous deviendrons dépend donc de l'usage que nous faisons de cette liberté. Il n'y a pas d'acte fortuit ; chaque acte est sous-tendu par une intention. La notion de responsabilité morale est donc facile à comprendre : ainsi que je l'ai mentionné au début de nos entretiens, il n'y a pas de Bien ni de Mal, mais seulement le bien et le mal que nos pensées et nos actes engendrent. Nous sommes responsables de nos vies comme l'architecte (*l'intention*) et le maçon (*l'acte*) répondent de la qualité d'une maison.

T. – Il n'est donc pas nécessaire d'envisager un principe organisateur qui rétribue le bien et le mal par le bonheur ou la souffrance.

M. – Personne ne tient le compte de nos actes, mais tous nos actes comptent. Le bonheur et la souffrance sont le résultat de l'ensemble de nos pensées, de nos paroles et de nos actes, qu'ils soient accomplis dans cet univers, dans cette vie ou dans les précédentes. C'est un ensemble infiniment complexe de facteurs interdépendants dont, grâce à notre libre arbitre, nous pouvons modifier le cours à chaque instant. Ce que la loi du karma affirme, c'est que, si nous n'intervenons pas, nos actes, une fois accomplis, produiront immanquablement leurs effets. Si tu sèmes au vent une poignée de graines composées pour moitié d'herbes vénéneuses et pour moitié de fleurs et de plantes bénéfiques, et que tu n'interviens plus après que les graines ont quitté ta main, tu récolteras pour moitié de l'aconit, de la ciguë et autres plantes toxiques, et pour moitié des myosotis, des roses et des plantes médicinales. Une phrase souvent citée dans le bouddhisme dit : « Si vous voulez savoir ce que vous avez fait, regardez ce que vous êtes ; si vous voulez savoir ce que vous deviendrez, regardez ce que vous faites à présent. »

T. – Ainsi, ce qui nous arrive dans cette vie est la conséquence directe de nos actions et pensées au cours de nos vies antérieures. Car n'est-il pas vrai que le concept de karma est nécessairement lié à celui de renaissance au cours de vies qui se succèdent ? Pour moi, cette croyance en de nombreuses vies apaise l'angoisse de la mort. Le concept de karma offre une explication plausible à l'existence d'enfants prodiges. Mozart, pianiste accompli et compositeur prolifique à cinq ans, n'aurait-il pas acquis sa virtuosité dans ses vies antérieures ? Elle permet aussi de comprendre pourquoi certains enfants sont, dès leur plus jeune âge, en proie à de terribles souffrances ou à des maladies graves : ne serait-ce pas parce qu'ils récoltent ce qu'ils ont semé dans des vies antérieures ?

M. – Ce genre d'opinion soulève des tollés d'indignation en Occident. Comment peut-on ainsi accuser des enfants innocents de forfaits dont ils n'ont pas la moindre idée, auxquels ils semblent complètement étrangers ? Cette indignation est parfaitement justifiée si on ne croit pas aux existences passées. Mais même pour le bouddhiste, il ne s'agit pas de blâmer des innocents, mais de manifester encore plus d'amour envers ceux qui souffrent. On ne blâme pas un amnésique qui ne se souvient pas qu'il s'est brûlé en mettant la main dans le feu : on le soigne, on essaie de comprendre ce qui s'est passé et on lui montre comment éviter de se brûler à nouveau. Les notions de condamnation et, *a fortiori*, de châtiment sont étrangères au bouddhisme. Celui qui agit sous l'emprise de la haine, de la jalousie ou de la passion est semblable à un malade mental. S'il est dangereux, il faut l'empêcher de nuire. Ensuite, il faut le soigner. Notre but doit être simplement d'éviter les souffrances. Il ne sert à rien d'être déprimé ou paralysé par un sentiment de culpabilité, mais il est utile de regretter nos méfaits pour éviter de retomber dans les mêmes souffrances.

T. – Tu dis souvent que, selon le bouddhisme, l'ego est une « imposture ». Si cet ego n'existe pas, qui fait alors l'expérience du bonheur et de la souffrance ?

M. – Il y a une continuité qui permet de dire que « je » fais l'expérience des conséquences de mes actes, mais il ne s'agit nullement de la continuité d'une entité réelle et immuable. Cette continuité est assurée par le flux même de mes actes qui s'enchaînent naturellement les uns aux autres, ainsi que par le continuum de ma conscience. Qui dit flux dit changement perpétuel, ce qui exclut toute idée d'un invariant qui résiderait au sein de cette mouvance. Imaginer un tel invariant est semblable à l'illusion d'une personne qui regarde une rivière de loin et ne voit pas qu'elle coule. On trouve une explication analogue dans les questions que posa Milinda, roi de Bactriane, au moine bouddhiste Nagasena, un siècle environ avant l'ère chrétienne. Voici un extrait de leur dialogue :

— Nagasena, celui qui renaît est-il le même ou un autre ?
— Ni le même ni un autre.
— Donne-moi une comparaison.
— Si on allume un flambeau, peut-il brûler toute la nuit ?
— Assurément.
— La flamme de la dernière veille est-elle la même que la flamme de la seconde, et celle-ci la même que celle de la première veille ?
— Non.
— Y a-t-il donc un flambeau différent à chacune des trois veilles ?
— Non. C'est le même flambeau qui a brûlé toute la nuit.
— De même, Mahâraja, l'enchaînement des phénomènes est continu : l'un se montre en même temps que l'autre disparaît. […] Par suite, ce n'est ni le même ni un autre qui recueille le dernier acte de conscience[1].

La notion d'un « moi », d'un être ou d'une conscience qui fait l'expérience du résultat des actes passés et des naissances successives n'est donc qu'une illusion.

T. – Comment se fait-il alors que l'effet du karma ne soit pas « perdu » dans ce processus ?

M. – Le moi, la personne qui vit le karma, bien qu'il n'ait pas d'existence absolue, a néanmoins une existence relative qu'on ne peut dénier. Le karma correspond à un flux de phénomènes qui maintiennent des connexions particulières pendant un certain temps et sont capables de remplir une fonction. Pourtant, chaque phénomène de ce flux est totalement impermanent, et il est impossible d'associer la notion d'un moi à un événement éphémère (une particule fugitive, par exemple). Tout comme celle du moi de la personne, l'existence du karma est purement conventionnelle, elle n'est jamais objective. L'un des pères de la cybernétique, Norbert Wiener, exprime poétiquement une notion tout à fait similaire : « Nous ne sommes que des tourbillons dans une rivière qui coule sans fin. Nous ne sommes pas une substance qui demeure, mais des tracés qui se perpétuent[2]. »

---

1. Louis Finot, *Milinda-Pañha. Les Questions de Milinda*, *op. cit.*
2. Norbert Wiener, *The Human Use of Human Beings, Cybernetics and Society*, New York, Avon Books, 1967.

IX
QUESTIONS DE TEMPS

La physique moderne est passée du temps absolu et universel de Newton au temps relatif et malléable d'Einstein qui peut ralentir ou accélérer selon le mouvement de l'observateur ou l'intensité du champ de gravité dans lequel il se trouve. Le temps n'est plus universel : le passé de l'un peut être le futur de l'autre. Quelle est la différence entre ce temps physique et le temps psychologique dont nous faisons l'expérience ? Comment le bouddhisme réfute-t-il la notion de temps absolu et se sert-il du temps psychologique comme d'un aiguillon pour stimuler la pratique spirituelle ? Absente au niveau des atomes, omniprésente au niveau du cosmos, la « flèche » du temps n'est-elle qu'une étiquette mentale ?

THUAN : « La méditation du temps est la tâche préliminaire à toute métaphysique », disait Gaston Bachelard. Le temps n'est certes pas une notion facile à cerner, comme le constatait saint Augustin au IVe siècle : « Qu'est-ce que le temps ? Si personne ne me le demande, je le sais. Mais qu'on m'interroge là-dessus et que je veuille l'expliquer, et je ne sais plus[1]. » Le temps joue un rôle important non seulement en métaphysique, mais aussi en physique. Au cours de leurs études de la nature, les physiciens sont sans cesse confrontés à la question du temps. Cela peut paraître paradoxal à première vue, car le temps mesure l'éphémère alors que les physiciens sont à la recherche de lois, c'est-à-dire de rapports invariants et immuables qui échappent au changement. Pourtant, la notion de temps revient sans cesse en physique. Galilée fut le premier, au XVIe siècle, à introduire le temps comme une dimension physique fondamentale afin d'ordonner et de relier mathématiquement ses mesures du mouvement des objets. Mais c'est Newton qui avec ses lois de la mécanique donna, au XVIIe siècle, une définition explicite du temps. Il définit le mouvement des corps dans l'espace en précisant leurs positions et leurs vitesses à des instants successifs. Le temps newtonien était unique, absolu et universel. Il s'écoulait de la même façon pour chacun, et chaque observateur dans l'univers partageait le même passé, le même présent et le même futur. L'espace et le temps étaient rigoureusement distincts : le temps s'écoulait sans subir aucune interaction avec l'espace.

1. Saint Augustin, *Confessions*, chap. 9, Garnier-Flammarion, 1964, p. 264.

En 1905, ce concept d'un temps absolu fut remis en question par Einstein avec la publication de sa théorie de la relativité restreinte. Avec Einstein, le temps perd la rigidité et le caractère universel que lui avait attribués Newton. Il n'est plus indifférent à l'univers dans lequel il est censé s'écouler invariablement, mais devient élastique quand il se révèle tributaire du mouvement de l'observateur. Plus on va vite et plus le temps ralentit. Ainsi, une personne qui se déplacerait à bord d'un vaisseau spatial à 87 % de la vitesse de la lumière verrait son temps ralentir de moitié. Il vieillirait deux fois moins vite que son jumeau resté sur Terre. Cette différence d'âge serait bien réelle. Le jumeau aurait plus de rides et de cheveux blancs. Son cœur aurait battu davantage et il aurait mangé plus de repas, bu plus de vin et lu plus de livres. C'est le paradoxe des jumeaux de Langevin (d'après le nom du physicien français qui l'a exposé). Ce n'est un paradoxe que pour notre bon sens souvent trompeur. La théorie de la relativité rend parfaitement compte de ce ralentissement du temps : plus la vitesse augmente, plus le temps ralentit. Imperceptible quand il s'agit des vitesses pratiquées dans la vie quotidienne, ce ralentissement devient important à des vitesses proches de celles de la lumière (trois cent mille kilomètres par seconde). À 99 % de la vitesse de la lumière, le temps ralentit de 7 fois. À 99,9 % de la vitesse de la lumière, il ralentit de 22,4 fois.

Autre révolution : le temps et l'espace ne vivent plus des vies séparées. Einstein en fait un couple uni. L'espace lui aussi devient élastique. Les comportements des deux membres du couple sont toujours complémentaires. Quand le temps s'étire et passe plus lentement, l'espace se rétrécit. Si l'un des deux jumeaux fonce à bord de son vaisseau spatial à 87 % de la vitesse de la lumière, non seulement il vieillit deux fois moins vite, mais son espace se contracte : son vaisseau spatial apparaît comme raccourci de moitié au jumeau resté sur Terre. Les déformations concertées du temps et de l'espace peuvent être considérées comme une transmutation de l'espace en temps, et vice versa. L'espace qui se rétrécit se transforme en un temps qui s'allonge. L'univers a désormais quatre dimensions. Pour préciser les coordonnées d'un objet dans l'univers, il faut donner non seulement les trois coordonnées spatiales de sa position, mais aussi le temps mesuré à cette position.

Le temps est ralenti non seulement par la vitesse mais aussi par la gravité. C'est ce qu'Einstein a annoncé en 1915 dans sa théorie de la relativité générale. Au voisinage d'un trou noir, dont la gravité est colossale, l'horloge d'un astronaute ralentira par rapport à celle d'un observateur resté sur Terre. Ce ralentissement du temps n'est pas un jeu de l'esprit. Il a notamment été observé dans le cas de particules lancées à de très grandes vitesses dans des accélérateurs : elles vivent plus longtemps (avant de se désintégrer) que lorsqu'elles sont au repos, et ce, toujours dans la proportion prévue par Einstein.

Le caractère élastique du temps a une conséquence fondamentale : le temps perd son universalité, il n'est plus le même pour chacun. Mon présent peut être le passé de quelqu'un d'autre et le futur d'une tierce personne, s'ils sont tous deux en mouvement par rapport à moi. Puisque le concept de simultanéité perd son sens, le mot « maintenant » devient ambigu. Et si, pour quelqu'un d'autre, le futur existe déjà et le passé est encore présent, tous les instants se valent. Il n'existe plus de moment privilégié. Pour Einstein, que Popper appelait le « nouveau Parménide », le passage du temps n'est qu'illusion. Il exprima cette opinion, comme pour alléger son chagrin, dans une lettre écrite en 1955 après la mort de son ami Michele Besso : « Pour nous autres physiciens convaincus, la distinction entre passé, présent et futur n'est qu'une illusion, même si elle est tenace. » Pour le physicien moderne, le temps ne s'écoule plus : il est simplement là, immobile, comme une ligne droite s'étendant à l'infini dans les deux directions.

MATTHIEU : Selon l'analyse classique du bouddhisme, le temps *physique* et *absolu* n'est qu'un concept. Il n'existe pas en soi. Le passage du temps est insaisissable dans l'instant présent qui ne s'écoule pas et il n'a pas l'épaisseur nécessaire pour avoir ni début ni fin. Au regard de ce présent, le passé est mort et le futur n'est pas encore né. Comment le présent pourrait-il alors exister, suspendu entre ce qui n'est plus et ce qui n'est pas encore ? Le temps appartient à la vérité relative du monde des phénomènes, au domaine du vécu, et n'est qu'un concept lié à une transformation perçue par un observateur.

Le temps physique n'a pas d'existence propre, puisqu'on ne peut concevoir un temps distinct des instants qui le composent. Il est impossible de l'identifier au début, pendant, ou à la fin d'une période donnée. Si on définit une période de temps comme l'ensemble constitué par son début, son milieu et sa fin, il est clair que cet *ensemble* n'existe dans aucune de ces trois parties. La période n'existe pas non plus en dehors de son début, de son milieu et de sa fin, et par conséquent la notion même de période de temps est purement conventionnelle. Le temps, comme l'espace, n'existe que par rapport à notre expérience et à des systèmes de référence particuliers. Bref, le temps est un mode d'appréhension des phénomènes. En l'absence de ces derniers, il ne saurait exister.

T. – Il faut bien distinguer le temps subjectif ou psychologique du temps physique qui est censé être objectif, s'écoule uniformément et ne dépend pas de notre conscience. Le temps physique est le temps des horloges. On le mesure grâce à un mouvement régulier : la vibration d'un atome[1] ou encore le mouvement de rotation de la Terre sur elle-même. C'est pourquoi parler de temps (ou d'espace) avant la naissance

1. La seconde est définie aujourd'hui comme la durée de 9 192 631 770 vibrations d'un atome de césium 133 entre deux niveaux d'énergie.

de l'univers n'a pas de signification, parce qu'aucun mouvement ne peut être mesuré. Dans la théorie du big bang, le temps et l'espace sont nés simultanément avec l'univers. Saint Augustin avait lui aussi conçu l'idée que le temps faisait son apparition avec le monde. Il trouvait ridicule l'idée d'un Dieu qui attend un temps infini avant de se décider à créer le monde. Pour lui, le monde et le temps apparaissaient ensemble. Le monde est créé non pas dans le temps, mais avec le temps. Ce concept était une anticipation remarquable des idées de la cosmologie moderne.

Par contre, le temps vécu, celui que nous sentons dans notre for intérieur, est subjectif et ne s'écoule pas de manière uniforme. Il est notoirement élastique. Ainsi le même spectacle peut durer une éternité pour une personne qui trouve la pièce de théâtre ennuyeuse, alors que son voisin captivé ne voit pas le temps passer. Une minute d'ennui ou d'effroi prend des allures de siècle, tandis qu'un moment de bonheur semble passer en un clin d'œil. D'autre part, nous constatons tous que plus nous vieillissons, plus le temps semble passer vite. Cette accélération du temps avec l'âge a pu être vérifiée par des études sur la croissance des plantes et des animaux : plus l'âge est élevé, plus la durée « physiologique » est petite.

Cette antinomie du temps vécu et du temps physique a été constamment présente dans l'histoire de la pensée. Pour les philosophes présocratiques, le temps était identifié au mouvement, comme le temps physique. Ainsi Héraclite disait que « Le temps est un enfant qui joue au trictrac » (le temps est rythmé par le déplacement des pions sur la table de jeu). Pour Aristote, le temps était « le nombre du mouvement », mais il se demandait déjà : « La question est embarrassante de savoir si, sans l'âme, le temps existerait ou non. » Au IVe siècle, saint Augustin récuse les thèses d'Aristote : « Le temps n'est pas le mouvement d'un corps », et affirme la dimension existentielle (ou psychologique) du temps : le temps ne s'écoule que dans l'âme, étant donné que l'objet de l'attente (le futur) devient celui de l'attention (le présent) qui se transforme en celui de la mémoire (le passé). C'est cette position qu'adopta le philosophe allemand Husserl au XXe siècle.

M. – Kant disait également que les concepts d'espace et de temps relèvent de nos rapports avec la nature, et ne sont pas propres à la nature elle-même : « Le temps n'est qu'une condition subjective de notre intuition, et il n'est rien en dehors du sujet. » Une idée équivalente a été proposée par les philosophes bouddhistes qui affirment que le temps est dénué de réalité ultime et n'a aucune existence en dehors des phénomènes et de leurs observateurs. Se représenter le temps comme une « flèche » reflète simplement notre attachement à la réalité des choses.

Parler de « commencement » du temps révèle bien sa nature purement illusoire. En effet, une fois établie l'idée d'un commencement du temps, on peut naturellement se demander ce qu'il y avait « avant » son commencement. Cette question qui n'a aucun sens montre bien que nous n'avons pas affaire au commencement d'une réalité mais à une construction mentale. Au lieu de dire, comme Einstein, que le temps physique est *toujours* là, pareil à une dimension immobile, on dira qu'il n'est *jamais* là, ce qui revient presque au même du point de vue du mouvement illusoire du temps.

T. – Saint Augustin disait aussi qu'il n'y a d'autre temps que le temps vécu. En dehors des états psychologiques de la mémoire, de l'attention présente et de l'attente, le temps n'est que néant. Or, puisque tout est dans le temps, rien n'existe. Autrement dit, tout n'est qu'apparence.

Le temps psychologique, que nous ressentons tous, est très différent du temps physique. Nous pensons qu'il possède un mouvement. Pour nous, « le temps passe, il s'écoule », comme le flot d'un fleuve. Sur notre navire immobile ancré dans le présent, nous regardons la rivière du temps qui éloigne les flux du passé et apporte les vagues du futur. Nous accordons une dimension spatiale au temps, et c'est cette représentation du mouvement du temps dans l'espace qui nous donne la sensation du passé, du présent et du futur. Le présent est incompressible, car sa durée non nulle est liée à nos processus mentaux et à la physiologie de nos perceptions[1]. Le passé est meublé de souvenirs et le futur d'attentes.

Pourtant, cette notion du passage du temps par rapport à notre conscience immobile s'adapte mal au langage de la physique moderne. Si le temps a un mouvement, quelle est sa vitesse ? Question évidemment absurde. Remplaçons le flux du temps psychologique par l'inertie tranquille du temps physique, et la question ne se pose plus. Pourquoi cette différence entre les deux temps ?

M. – Ce n'est un mystère que si l'on suppose que nous sommes totalement séparés du monde. Le concept de temps physique n'est-il pas simplement une abstraction du temps psychologique qui naît de la distinction que nous faisons entre ce qui a été accompli et ce qui est attendu ? Les physiciens n'inversent-ils pas les priorités en voulant expliquer ce que nous vivons par la physique, et en réifiant notre conception illusoire du temps pour en faire une réalité ?

T. – C'est probablement notre activité cérébrale qui nous fait sentir le temps qui passe. Les données du monde extérieur sont transmises par nos organes des sens à notre cerveau qui les intègre en une représentation mentale. Cet acte cérébral est caractérisé par l'entrée en action simultanée de plusieurs régions séparées du cerveau ayant des fonctions différentes. Selon le neurobiologiste Francisco Varela[2], c'est la complexité de la tâche qui consiste à relier et intégrer ces différentes composantes du cerveau qui nous donne la sensation du temps. De l'action conjuguée

1. Cette durée est de l'ordre de cent millisecondes, voir Francisco J. Varela, *Annals of the New York Academy of Sciences*, vol. 879, 1999, p. 143.
2. *Ibid.*

et synchrone de grands ensembles non contigus de neurones, parmi les centaines de milliards qu'en compte le cerveau de l'homme, résulte un état biologique « émergent », c'est-à-dire un état qui est plus que la simple somme de ses composants. Parce que cette action dure de quelques dizaines à quelques centaines de millièmes de seconde, nous avons la sensation du « maintenant », d'un présent qui a une épaisseur. Mais la synchronisation des neurones est instable et ne dure pas, ce qui provoque l'entrée en action d'autres ensembles de neurones synchrones produisant des états émergents en succession ; ce sont ces derniers qui nous donnent la sensation du temps qui passe. Chaque état émergent bifurque à partir du précédent, si bien que celui qui précède est encore présent dans celui qui suit, produisant l'impression de la continuité du temps.

Il y a aussi la question de la direction (on dit encore la « flèche ») du temps. Le temps psychologique va toujours dans le même sens et nous conduit de la naissance à la mort. Comme une flèche qui va tout droit devant elle après avoir quitté la corde de l'arc, le temps psychologique ne revient jamais en arrière. C'est cette irréversibilité du temps psychologique qui est responsable de notre hantise de la mort. Tout être humain sait qu'il va du berceau à la tombe. Le philosophe français Henri Bergson ne pouvait accepter le concept d'Einstein selon lequel le temps n'est qu'illusion, sans réalité ni durée. Selon lui, le temps doit posséder une « épaisseur ». Seule cette épaisseur du temps serait compatible avec la vie intérieure. Seule sa durée permet la liberté et la création, le progrès et la nouveauté, l'invention et le jaillissement de l'esprit. Le philosophe allemand Edmund Husserl a aussi parlé d'un « temps incompressible », que confirme la neurobiologie moderne. Le temps physique d'Einstein n'est-il pas trop déterministe et déshumanisant ? Si tout ce qui va arriver est déjà écrit, que deviennent le libre arbitre et l'espoir ?

M. – L'idée même que « tout ce qui va arriver est déjà inscrit » est illogique. Comme nous l'avons vu en examinant la notion de créateur, si tout était écrit, toutes les causes et les conditions du futur devraient être déjà présentes. Dans ce cas rien ne pourrait les empêcher de s'exprimer instantanément. Si elles ne sont pas toutes présentes, il reste encore quelque chose à écrire.

Le bouddhisme utilise la notion de temps psychologique afin de maîtriser l'angoisse de la mort et de renforcer l'assiduité de la pratique. Un pratiquant bouddhiste ne vivra pas dans la hantise de la mort, car en la méditant sans cesse, il se prépare à l'accueillir avec sérénité le moment venu. Gampopa, sage tibétain du XIe siècle, écrivait : « Au départ, il faut être poursuivi par la peur de la naissance et de la mort comme un cerf qui s'échappe d'un piège. À mi-chemin, il ne faut rien avoir à regretter, même si l'on meurt, comme le paysan qui a travaillé son champ avec soin. À la fin, il faut être heureux comme quelqu'un qui a terminé une grande tâche. »

Un ermite retourne sa tasse (on fait ce geste au Tibet lorsque quelqu'un meurt) tous les soirs avant de s'endormir, au cas où il ne se réveillerait pas. Il pense que chaque instant le rapproche de la mort. Après chaque expiration, il s'estime heureux d'inspirer à nouveau. Nāgārjuna écrit dans sa *Lettre à un ami* :

> Si cette vie que bat le vent de mille maux
> Est plus précaire encore qu'une bulle sur l'eau,
> Il est miraculeux, après avoir dormi,
> Inspirant, expirant, de s'éveiller dispos[1].

Dans les *Chapitres dits intentionnellement*[2], le Bouddha énonce :

> Tout ce qu'on accumule à la fin se disperse,
> Et ce qu'on construit finit par s'effondrer,
> Ce qui est assemblé pour finir se sépare,
> Et ce qui est vivant disparaît dans la mort.

Ainsi, la prise de conscience de la fuite irréversible du temps est comme un éperon stimulant notre diligence. Padmasambhava, le maître qui introduisit le bouddhisme au Tibet, disait :

> Comme le torrent qui court vers la mer,
> Comme le soleil et la lune qui glissent vers les monts du couchant,
> Comme les jours et les nuits, les heures, les instants qui s'enfuient,
> La vie humaine s'écoule inexorablement.

Le Bouddha utilise aussi l'image d'un athlète qui attraperait au vol quatre flèches lancées en même temps par quatre archers dans quatre directions différentes. « Pourtant, dit-il, plus rapide encore est la fuite du temps et l'approche de la mort. » Pour un pratiquant bouddhiste, le temps est donc le bien le plus précieux qui soit, et aucun de ses instants ne doit être gaspillé avec l'indifférence de celui qui oublierait l'imminence de la mort. Mais le bouddhisme ajoute que cette flèche du temps est illusoire, car passé et futur n'ont aucune réalité, et le présent est insaisissable.

Pour en revenir au temps *physique*, l'instant n'ayant pas de durée, la somme de plusieurs instants ne peut en avoir. Le temps n'est donc qu'une étiquette que nous apposons sur notre perception du changement. Si le temps physique existait de manière absolue, il faudrait qu'il ait une continuité, ce qui impliquerait un point de contact entre passé et présent, et entre présent et futur.

T. – C'est logique.

1. Nāgārjuna, *Srulekha*, traduction française tirée de Gampopa, *Le Précieux Ornement de la libération*, *op. cit.*

2. *Chapitres dits intentionnellement*, *Udānavarga*.

M. – L'instant serait le point sans durée où se rencontrent le présent et le futur. Mais comment le moment qui vient de s'écouler et le moment présent pourraient-ils avoir quoi que ce soit en commun ? Si c'était le cas, soit l'instant présent deviendrait passé, soit l'instant passé deviendrait présent. De même, si le présent pouvait avoir un point de contact avec l'instant futur, soit l'instant présent deviendrait futur, soit l'instant futur deviendrait présent. Dès lors, de proche en proche, une infinité d'instants écoulés et à venir pourraient se confondre avec l'instant présent.

T. – On trouve un raisonnement similaire chez Aristote, dans sa *Physique*[1] : « Si l'avant et l'après étaient tous deux dans un seul et même Instant, qu'en serait-il alors si ce qui était il y a dix mille ans était simultané avec ce qui se passe aujourd'hui ? »

Mais je te rappelle que, pour des neurobiologistes comme Varela, l'instant, ou le maintenant, n'est pas sans durée. Sa durée ne peut être inférieure à quelques dixièmes de milliseconde, le temps minimal nécessaire pour que les neurones accomplissent leurs fonctions.

M. – Le raisonnement que j'ai cité ne concerne pas le temps physiologique et subjectif, mais il brise l'attachement à la notion d'un temps considéré comme une « réalité en mouvement ». Si le passage du temps ne peut être saisi dans l'instant présent qui est au-delà de la notion de mouvement, comment, sur le plan de la vérité relative, passe-t-on du présent au futur ? Vasubandhu écrit dans son *Abhidharmakosha* : « À cause de la destruction immédiate de l'instant, il n'y a pas de mouvement réel, mais la production des instants est ininterrompue. »

T. – Cette notion de temps serait-elle semblable à la conception einsteinienne d'un temps qui ne s'écoule pas ? Dans la théorie de la relativité, le temps physique est simplement là, immobile et statique. L'espace-temps est là dans sa totalité, contenant tous les événements depuis la naissance de l'univers jusqu'à sa fin.

M. – Non, le temps n'est pas là, immobile et statique, puisqu'il n'a pas de réalité ! L'espace-temps d'Einstein ne peut être considéré comme absolu. Ce n'est à nouveau qu'une convention. La nature absolue du temps est sa vacuité, son absence d'existence propre. On appelle cela le « quatrième aspect du temps qui transcende les trois autres » (passé, présent et futur). Ce quatrième temps est parfois assimilé à l'instant présent qui, par nature, est au-delà de la notion de durée. D'un point de vue contemplatif, demeurer intérieurement dans la « fraîcheur de l'instant présent » aide à reconnaître la nature vide et lumineuse de l'esprit et la transparence du monde des phénomènes. Cette nature est immuable, non pas au sens où elle serait une sorte d'entité permanente, mais parce qu'elle

1. Aristote, *Physique*, IV, 10, 218a.

est le véritable mode d'être de l'esprit et des phénomènes, au-delà des concepts d'aller et de venir, d'être et de non-être, d'un et de multiple, de début et de cessation.

T. – On retrouve un écho de cette notion dans les paroles de Boèce : « Le maintenant qui passe fait le temps, le maintenant qui demeure fait l'éternité[1]. »

Pour Kant, le temps ne peut être dissocié du mouvement de la pensée qui le perçoit. Il pensait que le temps permet la succession des événements, alors que l'espace en rend la simultanéité possible. Mais il considérait le temps et l'espace comme distincts et séparés, tout comme Newton. Ce qui est incompatible avec l'interconnexion du temps et de l'espace découverte par Einstein. Je pense que le bouddhisme considère aussi le temps et l'espace comme des entités distinctes ?

M. – Pas vraiment, puisqu'il réfute aussi la conception de l'espace comme entité réelle. L'espace, comme le temps, est relatif à l'expérience que nous en avons dans des cadres de référence physiques précis. Si l'on considère une région de l'espace, quelle que soit son étendue, cet espace est-il autre chose qu'un concept ? L'espace ne peut pas être réduit à l'une de ses parties ni être considéré indépendamment de ses parties. Si l'entité « espace » correspond à l'ensemble de ses parties (s'il a une étendue, il doit avoir des parties ou régions), il faudrait, pour pénétrer cette entité, pouvoir pénétrer toutes ses parties simultanément, ce qui est impossible. L'entité « espace » n'est donc, elle aussi, qu'une étiquette mentale, dénuée d'existence propre.

T. – Pour revenir à la « flèche du temps », je dois préciser qu'à l'échelle subatomique le temps n'est plus unidirectionnel. Dans le monde des particules, la flèche du temps disparaît et le temps peut s'écouler dans les deux directions. Deux électrons convergents entrent en collision et repartent. Inversons la séquence des événements dans le temps, et nous aurons encore deux électrons qui convergent, entrent en collision et repartent. Les deux séquences sont identiques. Les lois physiques qui décrivent ces événements ne portent pas en elles l'empreinte d'une direction de temps particulière. Les films du monde des particules peuvent être projetés dans les deux sens[2].

M. – Si, au niveau des particules, le temps n'a pas de sens absolu, comment pourrait-il, au niveau macroscopique, se mettre à « exister » ailleurs que dans notre esprit ?

---

1. *Nunc fluens facit tempus, nunc stans facit aeternitatem*, Boèce, *De Consolatione philosophiae*, chap. 5, p. 6.

2. La seule exception à cette règle concerne une particule subatomique appelée « kaon », mais cette petite flèche n'est pas importante car le kaon n'est présent ni dans la matière qui nous compose, ni dans celle des étoiles ou des galaxies, mais seulement dans les accélérateurs de particules.

T. – Comme je l'ai déjà dit, Einstein pensait que le temps n'est qu'une illusion. En démolissant le concept d'universalité du temps, il avait aboli la distinction entre passé, présent et futur. Il espérait éliminer ainsi la notion d'irréversibilité en physique. Mais la flèche du temps continue à resurgir dans d'autres contextes, même dans le monde subatomique de la mécanique quantique[1], et fait son entrée en force dans le monde macroscopique. Tout comme il y a une flèche psychologique qui va de l'avant, il existe une flèche thermodynamique qui ne va que dans une seule direction. Elle est fondée sur la seconde loi de la thermodynamique, la science de la chaleur, qui dit que tout tend vers le désordre. L'entropie, qui est une mesure du désordre dans l'univers, ne peut jamais diminuer. Nous voyons des manifestations de l'augmentation de ce désordre quand nous observons un morceau de glace qui fond sous la chaleur du soleil, ou les pierres d'un vieux château en ruine. Dans ces deux situations, l'état initial est plus organisé que l'état final. Le morceau de glace avec sa structure cristalline est plus ordonné que la nappe d'eau qui en résulte après que la glace a fondu. L'organisation du château au temps de sa splendeur dépasse de loin celle du tas de pierres informe qu'il est devenu. De même que le passage du passé au futur définit la direction du temps psychologique, le passage de l'ordre au désordre définit la direction du temps thermodynamique. Le bouddhisme parle d'impermanence, mais envisage-t-il une direction à ce changement ?

M. – Le bouddhisme est certes conscient de cette direction du temps conventionnel. L'impermanence subtile des phénomènes correspond approximativement à la notion d'entropie : si une maison vieillit et finit par tomber en ruine, lit-on dans les textes, c'est parce qu'aucun phénomène, fût-ce la plus infime particule, ne demeure jamais identique à lui-même, mais porte en lui le germe de sa destruction.

T. – Sur le plan de la physique, cette flèche thermodynamique provoqua, en 1854, le cri de désespoir du physicien allemand Hermann von

1. Si on n'observe pas le phénomène que nous appelons une particule, il se manifeste comme une onde qui peut être partout à la fois. La fonction d'onde de Schrödinger qui permet de calculer la probabilité de trouver une particule à un point donné dans l'espace est réversible dans le temps. Donc, *a priori*, il n'y a pas de flèche du temps. Mais cela ne reste vrai que tant qu'aucune mesure n'est faite. Dès qu'il y a une opération de mesure, tout se passe comme si la fonction d'onde se réduisait à une seule position, et qu'il s'imprimait une marque irréversible sur le système. Pour comprendre comment cette irréversibilité se produit, faisons l'expérience de pensée qui consiste à inverser la fonction d'onde de Schrödinger dans le temps. Tout est réversible jusqu'à l'instant d'une mesure. Dès que cette mesure est effectuée, la particule doit choisir parmi plusieurs passés possibles, tout comme il y avait plusieurs futurs possibles avant l'acte de mesure, lorsque le temps se déroulait dans le sens contraire. Il n'y a rien qui contraigne la particule à choisir un passé qui corresponde à son « vrai » passé. Il y a donc irréversibilité et par conséquent une sorte de flèche quantique du temps.

Helmholtz : « L'univers court à sa mort ! » Selon lui, l'entropie croissante qui accompagne inévitablement tout processus naturel devrait conduire à l'arrêt de toute activité créatrice au sein de l'univers. La construction cosmique (planètes, étoiles, galaxies, etc.), les créations du génie humain (les opéras de Mozart, les *Nymphéas* de Monet…) seront ensevelies sous les débris d'un univers irrémédiablement en ruine.

Si la seconde loi de la thermodynamique mène inexorablement à la déchéance et à la mort de l'univers, comment comprendre que nous ne vivions pas dans un univers entièrement chaotique ? Comment expliquer l'organisation et l'harmonie du cosmos ? Comment l'univers a-t-il pu gravir la pyramide de la complexité ? Comment, à partir d'un vide plein d'énergie, a-t-il pu engendrer les particules élémentaires, les galaxies, les étoiles et les planètes, ainsi que la vie et la conscience ? La seconde loi de la thermodynamique serait-elle violée en certains endroits de l'univers ? La réponse à la dernière question est non. La thermodynamique n'interdit pas que des régions d'ordre et d'organisation surgissent dans l'univers, à condition que cet accroissement d'ordre local aille de pair avec la création, ailleurs, d'un désordre plus important. Revenons à l'exemple du château en ruine. Une armée d'ouvriers pourra le reconstruire, mais pour mener à bien ce travail, ils devront se nourrir et, ce faisant, convertiront l'énergie ordonnée que sont les aliments en l'énergie désordonnée de la chaleur dissipée par leurs corps. Au bout du compte, le désordre créé par les ouvriers est supérieur à l'ordre résultant de la restauration du château. La seconde loi de la thermodynamique est respectée.

La flèche du temps thermodynamique est liée à la flèche du temps cosmologique fondée sur l'expansion de l'univers. À mesure que le temps passe et que les galaxies s'éloignent les unes des autres, l'univers refroidit, s'étend et perd en densité. À la troisième minute de l'univers, sa température atteignait des millions de degrés. Après quinze milliards d'années d'évolution, elle est tombée au niveau frigorifique de –270 degrés centigrades, température du rayonnement résiduel du big bang. Au sein de cette froideur extrême, les étoiles constituent des sources de chaleur et d'énergie grâce aux réactions nucléaires qui prennent place dans leurs cœurs chauffés à des dizaines de millions de degrés. La diminution de désordre engendrée par l'émergence de structures complexes comme les galaxies, les étoiles et les planètes est largement compensée par le désordre résultant de la chaleur que les étoiles rejettent dans l'espace. La seconde loi de la thermodynamique est là encore respectée. Les flèches cosmologique et thermodynamique sont donc étroitement liées.

Les questions concernant la direction du temps sont loin d'êtres résolues et restent enveloppées d'un épais brouillard. Si un jour l'univers atteint un rayon maximal et s'effondre sur lui-même, la direction du temps thermodynamique qui est liée à l'expansion de l'univers s'inversera-t-elle dans un univers en contraction ? Le tas de pierres informe se transformera-t-il spontanément en superbe château ? Le temps psychologique s'écoulera-t-il en sens inverse ? En fait, si la dernière proposition devenait vraie, les habitants d'un univers en contraction se croiraient dans un univers en expansion, car leurs processus cérébraux seraient eux aussi inversés. La question de l'inversion du temps ne se pose donc pas vraiment pour nous, si ce n'est comme un jeu de l'esprit…

X

LE CHAOS ET L'HARMONIE

De la cause à l'effet

L'incertitude quantique, les systèmes chaotiques et l'intangibilité du temps nous forcent à réexaminer le mécanisme des lois de cause à effet. La conception réaliste de la causalité est étroitement liée à la notion d'entités distinctes modifiant les propriétés intrinsèques d'autres entités. Un tel système de causalité peut-il vraiment fonctionner ? Qu'en est-il d'une causalité réciproque, fondée sur l'interdépendance et la globalité, telle que la prône le bouddhisme ? En fin de compte, « quelque chose » est-il vraiment venu à l'existence ? Au-delà des formulations logiques, quelle expérience intérieure peut-on tirer d'une telle réflexion ?

THUAN : La théorie de la relativité, en supprimant le temps absolu et en détruisant le concept de simultanéité, permet dans certaines situations de réarranger l'ordre des événements selon le mouvement de l'observateur. On peut donc se demander si cette réorganisation temporelle remet en question le principe de causalité. Pour que deux événements soient causalement reliés, il faut en effet que des informations soient communiquées de l'un à l'autre. Parce que rien ne peut aller plus vite que la lumière, celle-ci est le moyen de communication le plus rapide dans l'univers. Ainsi deux phénomènes sont causalement reliés quand la lumière a le temps de voyager du premier au second pendant l'intervalle de temps qui les sépare. Cela explique le lien entre les phénomènes de cause à effet, d'une part, et la vitesse de la lumière, d'autre part.

Comment l'ordre des événements peut-il être modifié par le mouvement ? Reprenons une expérience de pensée proposée par Einstein. Imaginons un train qui traverse une gare à grande vitesse. La foudre frappe les deux extrémités d'un wagon. Trois personnes se tiennent au niveau du milieu du wagon. A est sur le quai, B est dans le train en marche, et C est dans un deuxième train roulant en sens inverse. Ces trois personnes ne verront pas le même ordre des événements. A, debout immobile sur le quai, voit la foudre frapper en même temps l'avant et l'arrière du wagon. B, assis au milieu du wagon, voit la foudre frapper d'abord l'avant puis, une fraction de seconde après, l'arrière. La raison de cette différence est simple : le train étant en mouvement, la lumière de l'éclair qui a frappé l'avant du train a moins de distance à parcourir pour parvenir à B (qui vient à sa rencontre) que la lumière venant de l'arrière (qui doit rattraper B). La vitesse de la lumière étant constante, la lumière venue de l'avant met moins de temps que celle venue de l'arrière. B voit donc en premier l'éclair qui frappe l'avant du train. C'est l'inverse qui se produit pour C qui se trouve dans le train allant en sens contraire. Il voit la foudre frapper d'abord l'arrière du wagon, puis l'avant. Qui a raison ? Tout le monde, car tous les points de vue sont valides. La succession temporelle des événements peut ainsi être modifiée par le mouvement. Ces différences, infimes dans le cas du train, deviendraient considérables dans le cas d'un vaisseau spatial volant à une vitesse proche de celle de la lumière.

En réarrangeant l'ordre des événements selon le mouvement, la théorie de la relativité remet-elle en cause le principe de causalité qui veut que la cause précède toujours l'effet ? Le résultat peut-il précéder la cause ? L'omelette peut-elle exister avant que l'œuf soit cassé ? Puis-je venir au monde avant ma mère ?

MATTHIEU : Si l'on souscrit à l'idée d'Einstein pour qui le passé, le présent et le futur ne forment qu'un bloc, le fait de remonter dans le temps n'implique pas nécessairement que nous puissions modifier les événements passés. Remonter dans le temps pourrait simplement revenir à rembobiner la bande, pas à l'enregistrer à nouveau de façon différente ; ou encore à déplacer un doigt sur la carte du temps : la carte elle-même ne change pas.

T. – D'après Einstein, selon son mouvement, chaque personne enregistre un film contenant des scènes identiques qui peuvent être arrangées différemment. Malgré cela, la relativité ne remet pas en cause le processus de la causalité, car l'ordre de deux événements ne peut être modifié que s'ils sont suffisamment éloignés dans l'espace ou rapprochés dans le temps pour que la lumière ne puisse pas voyager d'un événement à l'autre pendant l'intervalle temporel qui les sépare. Dans ces deux cas, ils ne peuvent être la cause l'un de l'autre. En d'autres termes, pour que le passé, le présent et le futur de ces deux événements perdent leur identité, il faut qu'ils n'aient pas le temps d'être reliés *causalement* par des informations transportées par la lumière. Werner Heisenberg l'exprime ainsi : « Selon la théorie de la relativité restreinte […] deux phénomènes qui se déroulent en des points éloignés ne peuvent avoir aucun lien causal direct s'ils se produisent à des instants tels qu'un signal lumineux, partant au moment où se produit le phénomène en un point, n'atteint l'autre point *qu'après* l'instant où s'y produit l'autre phénomène, et vice versa. Dans ce cas, l'on peut dire que les deux phénomènes sont simultanés. Étant donné qu'aucune action d'aucun genre, partant d'un phénomène en un point, ne peut atteindre l'autre phénomène à l'autre point, les deux phénomènes ne sont liés par aucune action causale directe. C'est pourquoi toute action à distance, du type des forces de gravitation de la mécanique newtonienne par exemple, qui suppose une action directe et instantanée entre des phénomènes simultanés, est incompatible avec la théorie de la relativité restreinte. Par conséquent, la structure d'espace-temps exprimée par la théorie de la relativité restreinte implique une limite d'une netteté ultime entre la région de simultanéité, dans laquelle aucune action ne peut se transmettre, et les autres régions où peut se produire une action directe de phénomène à phénomène[1]. »

Dans l'exemple de la foudre et du wagon, la lumière n'a pas le temps d'aller d'un éclair à l'autre, puisque la personne A voit la foudre frapper simultanément les deux extrémités du wagon. Les deux éclairs ne peuvent donc pas être reliés causalement. *Dans ce cas*, l'ordre des événements peut être modifié par le mouvement.

Par contre, si un événement A est précédé par un événement B d'une durée de temps telle que la lumière a le temps d'aller de A à B, alors A précède *toujours* B, pour *tous* les observateurs. La lumière a amplement le temps d'aller de l'œuf à l'omelette, et personne ne verra jamais l'omelette se faire avant que l'œuf n'ait été cassé. Je ne naîtrai pas avant ma mère. Heureusement, car si le principe de causalité n'était pas respecté, nous nous retrouverions devant des situations qui défieraient la logique : je pourrais théoriquement empêcher mes parents de se rencontrer, rendant ainsi impossible ma venue au monde, ce qui serait absurde. Cette situation est appelée le « paradoxe de la mère » (ou du père). Selon la relativité restreinte, la zone de causalité est donc définie très précisément par la vitesse de la lumière.

M. – Heisenberg considère que, selon la théorie de la relativité restreinte, l'existence d'une frontière abrupte entre le passé et le futur, liée à la vitesse de la lumière, s'accommode mal de la globalité des phénomènes physiques révélée par la théorie quantique ou le pendule de Foucault.

T. – L'existence d'une zone de causalité liée à la vitesse de la lumière n'est pas incompatible avec la globalité du monde révélée par l'effet EPR et le pendule de Foucault (chap. 4), car dans ces deux expériences, il n'y a aucune information transmise : un photon est instantanément corrélé avec son compagnon, et le pendule de Foucault ajuste son comportement

1. Werner Heisenberg, *Physique et philosophie*, *op. cit.*, p. 212.

en fonction des galaxies les plus lointaines sans qu'aucune action ne soit exercée par celles-ci.

M. – Les physiciens envisagent aussi une inversion de la direction de la causalité dans le cas, hypothétique, où des informations franchiraient le « mur » de la vitesse de la lumière.

T. – La relativité n'interdit pas, contrairement à ce qu'on croit souvent, l'existence de particules ou de phénomènes voyageant plus vite que la lumière. Ce qu'elle interdit, c'est le *passage* de ce mur. En effet si un objet (ou une information) pouvait passer d'une vitesse inférieure à une vitesse supérieure à celle de la lumière, il pourrait rattraper un rayon lumineux qui s'enfuit devant lui et le dépasser. La vitesse apparente de la lumière observée par quelqu'un qui voyagerait avec cet objet commencerait par décroître, puis deviendrait nulle et finirait par augmenter dans l'autre sens, ce qui contredirait le fait qu'un observateur mesure toujours la même vitesse de la lumière (trois cent mille kilomètres par seconde), quel que soit son mouvement. Cette invariabilité de la vitesse de la lumière est d'ailleurs le postulat fondamental de la relativité restreinte. De même, aucun objet matériel ne pourrait franchir le mur dans l'autre sens, en passant d'une vitesse supérieure à une vitesse inférieure à celle de la lumière[1].

Les particules hypothétiques qui voyagent plus vite que la lumière sont appelées tachyons, du mot grec *takhos* qui signifie « rapide ». Bien que leur existence soit permise par la théorie de la relativité, elles n'ont jamais été observées dans la nature, fort heureusement pour notre santé mentale, car leur présence causerait bien des paradoxes en physique ! Dans notre monde, voyager plus vite que la lumière nous permettrait de remonter le temps, ce qui nous ramènerait au paradoxe de la mère.

M. – Les tachyons ne pourraient exister que dans un monde théorique où les relations de cause à effet seraient inversées par rapport au nôtre.

1. Il faut préciser que l'interdiction de franchir le mur de la vitesse de la lumière s'applique seulement aux phénomènes qui sont porteurs d'information. Les phénomènes qui ne transmettent pas d'information peuvent en principe se propager plus vite que la lumière. Prenons par exemple le cas d'un faisceau laser produit sur la Terre qu'on promène très rapidement sur la surface de la Lune. Bien qu'au sein du faisceau laser les photons ne voyagent pas plus vite que la lumière, la zone de lumière projetée sur la surface de la Lune (ou la limite ombre/lumière) peut paraître se déplacer à six cent mille kilomètres par seconde (deux fois la vitesse de la lumière) en raison de l'angle de rotation imposé au faisceau depuis la Terre et de la grande distance qui sépare la Terre de la Lune. Les astronomes ont observé ce phénomène dans certaines radiogalaxies (des astres qui émettent la plus grande partie de leur énergie en ondes radio). Des mouvements dits « superlumineux », c'est-à-dire ayant une vitesse plus grande que celle de la lumière, y ont été détectés. Mais ces phénomènes ne peuvent transmettre aucune information et ne peuvent donc pas participer à un effet de causalité.

T. – Exactement. On ne pourrait pas passer de notre univers à un univers contenant des tachyons. Dans le monde des tachyons, la logique telle que nous la connaissons n'aurait plus de sens. L'effet viendrait avant la cause, le clou serait enfoncé avant d'être frappé par le marteau. Einstein était bien conscient des conséquences de l'existence de tachyons et avait déclaré catégoriquement dans son article de 1905 (dans lequel il exposa sa théorie de la relativité restreinte) que des vitesses supérieures à celle de la lumière n'étaient pas permises. Mais, dans sa théorie, il n'y a pas de clause mathématique qui en interdise l'existence.

M. – Affirmer que la loi de causalité dépend de la vitesse de la lumière revient, me semble-t-il, à limiter la causalité au monde de la forme, à celui des particules et des photons, et à n'envisager qu'un mode linéaire de causalité.

T. – Qu'entends-tu par « mode linéaire » ?

M. – Cela reviendrait à dire : « Telle entité existant réellement en modifie telle autre », ou encore « A donne B, et B donne C », sans tenir compte du fait que tous les phénomènes de l'univers sont inextricablement liés les uns aux autres. La causalité considérée comme manifestation d'une interdépendance globale des phénomènes ne devrait pas, *a priori*, être limitée par la vitesse de la lumière. L'expérience du pendule de Foucault et le phénomène EPR montrent bien que deux phénomènes peuvent être corrélés instantanément, sans que la lumière ait eu le temps de transmettre une information. Dans le cas du phénomène EPR, l'acte d'observation interagit avec un phénomène global. En l'absence de notre décision de capter une particule, ni l'une ni l'autre n'apparaissent. Est-il permis de parler d'un « effet à distance » ?

T. – Je ne pense pas que l'on puisse parler d'effet à distance, car cela supposerait que la réalité soit fragmentée et localisée, alors qu'elle est globale et holistique : les deux particules n'ont pas besoin de transmettre des informations, car elles appartiennent à une même réalité. Les expériences d'Alain Aspect ont montré sans ambiguïté que deux systèmes quantiques (des photons, par exemple) qui ont interagi sont décrits par une fonction d'onde unique, même s'ils se trouvent à deux bouts de l'univers, et cela jusqu'à ce que l'un des deux fasse l'objet d'une mesure.

M. – On retrouve la définition qu'a donnée le Bouddha de l'interdépendance : « Ceci surgit [l'observation et le comportement d'une particule au nord] parce que cela est [l'observation de l'autre particule au sud se comportant de façon identique]. » Une telle relation n'implique ni modifications de propriétés intrinsèques, ni transmission d'information. La coexistence des phénomènes et l'indissociabilité de leur interdépendance apparaissent donc clairement au cœur de la causalité.

T. – Oui, il y a une seule et même réalité globale. C'est bien l'interprétation que l'on donne de l'expérience EPR. L'intervention de l'observateur joue certainement un rôle primordial dans la théorie quantique.

Avant l'acte de mesure, nous n'avons qu'une onde qui est partout à la fois (son amplitude à tel ou tel endroit étant donnée par la fonction d'onde de Schrödinger). Dès qu'on fait une mesure, le phénomène onde apparaît comme une particule localisée en un endroit et un seul. Une seule des possibilités représentées par la fonction d'onde se concrétise. On parle de « réduction » de l'onde[1].

M. – Toute mesure, qu'elle soit automatisée ou déclenchée volontairement, requiert une préparation du matériel. Peut-on en conclure que, directement ou indirectement, la réduction d'onde nécessite une intervention consciente ?

T. – Il y a bien évidemment dans l'univers d'innombrables formes d'interactions qui ne nécessitent aucune intervention consciente. Par exemple, les protons qui fusionnent au cœur du Soleil pour l'alimenter en énergie, ou un aimant qui attire un clou par la force électromagnétique.

Mais la réponse de la mécanique quantique est sans équivoque : quand deux systèmes quantiques, décrits chacun par leur fonction d'onde, interagissent, ils forment un nouveau système décrit par une nouvelle fonction d'onde qui contient l'ensemble des possibilités des deux systèmes. En fait, au lieu d'une réduction, on aboutit à une complexification de l'onde. Et si les deux systèmes se séparent à nouveau, les expériences d'Aspect montrent qu'ils ne peuvent plus être décrits par deux fonctions d'onde indépendantes, mais seulement par une fonction d'onde globale.

En quoi un appareil de mesure diffère-t-il d'un autre objet macroscopique ? Pourquoi le premier déclenche-t-il une réduction de l'onde aboutissant à un seul choix parmi une multitude de possibilités alors que, dans le cas d'un objet macroscopique quelconque, on aboutit à une fonction d'onde plus complexe qui prend en compte l'ensemble des possibilités de chacun des systèmes qui ont interagi ? La question n'est pas résolue.

M. – N'est-il pas plus simple de dire que la globalité subsiste, mais que la spécificité de l'acte d'observation jette un éclairage particulier sur cette globalité et individualise certaines des relations infinies qui modèlent les phénomènes, sans pour autant conférer aux propriétés qui apparaissent une existence objective ?

T. – Pour la majorité des physiciens, il suffit de savoir que la mécanique quantique est une théorie qui « marche » et qui rend bien compte du comportement des atomes et des particules. On peut l'utiliser pour calculer divers phénomènes et renoncer pour l'instant à se demander pourquoi elle fonctionne si bien. C'est une attitude strictement empiriste

1. Selon Roland Omnès, la réduction de la fonction d'onde ne doit pas nécessairement être considérée comme un phénomène mais seulement un artifice de calcul. Pour plus de détails, voir Roland Omnès, *The Interpretation of Quantum Mechanics*, Princeton, Princeton University Press, 1994, p. 339-340.

et pragmatique. Mais une poignée de physiciens n'ont pas voulu s'en tenir là. Ceux qui ont souhaité comprendre plus en profondeur le processus de la réduction de la fonction d'onde se divisent en deux camps principaux.

D'une part, il y a le camp des « idéalistes », aussi appelés « subjectivistes », auquel est attaché le nom du physicien hongro-américain Eugene Wigner. Selon eux, c'est la présence d'un esprit conscient qui fait que la fonction d'onde est réduite à une seule possibilité. Écoutons Wigner : « Il est impossible de donner une description des phénomènes atomiques sans faire intervenir la conscience. C'est l'entrée d'une impression dans notre conscience qui altère la fonction d'onde. » Mais attribuer un rôle prédominant à la conscience pose un problème majeur. Un certain laps de temps s'écoule entre le moment où l'appareil enregistre la mesure d'une particule et celui où l'observateur prend conscience de cette mesure : le temps nécessaire pour que la lumière voyage de l'appareil de mesure jusqu'à l'œil, et que l'information soit transmise par le nerf optique et traitée par les neurones du cerveau. Cela ne prend qu'une fraction de seconde, mais le processus n'est pas instantané. Si la réduction de la fonction d'onde ne se produit qu'au moment de la prise de conscience, les idéalistes doivent postuler l'émission d'un signal par la conscience de l'observateur, signal qui remonterait le temps et dirait à l'instrument ce qu'il doit indiquer au moment précis de l'interaction de la particule avec le dispositif. Un scénario pour le moins bizarre. Cette bizarrerie est magnifiée jusqu'à l'absurde quand l'observateur est remplacé par un dispositif automatique d'enregistrement. Au cours d'une expérience de collisions de particules dans l'accélérateur du CERN, les résultats qui ont été enregistrés sur des bandes magnétiques ne sont analysés que plusieurs mois après l'expérience. C'est seulement à ce moment qu'ils pénètrent dans la conscience d'un esprit humain. Comment supposer que le signal émis par cet esprit conscient puisse déclencher les phénomènes mesurés des mois avant qu'il en prenne connaissance ? C'est tout à fait invraisemblable.

M. – Cette interprétation, qui mélange l'idéalisme ou subjectivisme (« la conscience intervient ») et le matérialisme ou objectivisme (« tout se fait par l'intermédiaire de particules solides qui interviennent dans le phénomène lui-même, sa mesure et sa perception »), semble certes inconcevable. Mais si l'on prend le phénomène EPR au pied de la lettre, la simple présence de l'appareil de mesure et de la conscience qui l'a conçu suffit pour qu'ils participent à ce que tu appelais la fonction d'onde globale : il pourrait y avoir une corrélation instantanée sans qu'une information ait besoin d'être échangée. Bien des problèmes viennent de notre tendance invétérée à tout ramener à la perception macroscopique et réductionniste que nous avons des phénomènes. Nous acceptons en théorie la globalité démontrée par le phénomène EPR, sans en tirer les conséquences qui s'imposent au niveau de notre vision du monde.

T. – Dans ta proposition, je vois moins bien la nécessité d'une conscience pour faire la mesure et réduire la fonction d'onde. On pourrait interpréter alors la fonction d'onde globale comme un catalogue de toutes les possibilités, incluant d'emblée l'observation par une conscience. Dans ce cas, il suffirait d'un instrument de mesure. La conscience n'interviendrait que pour construire l'instrument et pour interpréter les résultats.

M. – Cela suffit pour que cette conscience participe au phénomène global, ou tout du moins pour qu'on ne puisse pas l'en dissocier.

T. – Le rôle primordial attribué à l'instrument de mesure traduit d'ailleurs le point de vue de l'autre camp, celui des matérialistes. Ils affirment que la conscience ne joue aucun rôle, que le monde ne dépend en rien de la présence d'un observateur, et qu'il existe tel qu'il est, indépendamment de tout acte d'observation. Pour expliquer la réduction de la fonction d'onde, les matérialistes avancent que lors d'une mesure, la fonction d'onde de l'ensemble « particule et appareil de mesure » évolue si rapidement qu'une seule des possibilités peut se concrétiser, cette évolution rapide étant due à la nature macroscopique de l'appareil de mesure. Cette explication n'est pas très convaincante, car elle ne s'appuie pas, pour l'instant, sur une démonstration rigoureuse[1].

Ainsi, le problème de la réduction de la fonction d'onde reste enveloppé de mystère. D'où la position empiriste de la plupart des physiciens : la théorie quantique marche, pourquoi demander plus ? Le bouddhisme ne semble-t-il pas pencher plutôt du côté des idéalistes qui donnent un rôle primordial à la conscience ?

M. – Prenons les choses simplement. La nature ne se mesure pas elle-même. Il ne suffit pas qu'une règle tombe près d'une planche pour qu'une mesure soit faite. Dès le moment où la notion de mesure intervient, que cette mesure soit immédiatement enregistrée par la conscience ou non, on introduit, directement ou indirectement, la conscience qui a envisagé cette mesure. Cette conscience est donc soumise aux lois de l'interdépendance au sein de laquelle le phénomène apparaît. Selon une perspective globale des choses, on ne peut pas dire qu'un élément quelconque de la globalité – que ce soit la conscience de l'observateur, le phénomène observé ou l'appareil de mesure – joue un rôle central, car chaque élément participe du tout. De *notre* point de vue, en revanche, il va de soi que la conscience joue un rôle essentiel.

1. Dans ce contexte, il faudrait mentionner aussi les théories dites « de la décohérence », un terme qui exprime le fait que, parmi toutes les possibilités incluses dans la fonction d'onde globale, l'appareil de mesure n'en choisit qu'une. D'après le physicien Wojciech Zurek, ce choix est dicté par le fait que le déroulement des événements dans le monde s'opère de façon continue et corrélée et non de façon discontinue et imprévisible.

Une chose m'a frappé lorsque tu expliquais que, selon Einstein, le passé, le présent et le futur étaient déjà là : cela semble conduire à une vision totalement déterministe. Il suffirait de lire la carte du temps pour connaître le passé et le futur et il serait vain d'essayer de transformer quoi que ce soit, y compris soi-même, puisque les dés sont jetés et que ni Dieu ni l'incertitude quantique ne jouent avec ces dés.

T. – Tu as tout à fait raison. Je n'adhère pas non plus à cette vision déterministe. Sur ce point, Einstein est l'héritier intellectuel de Newton et de Laplace. Selon Newton, l'univers n'est qu'une immense machine composée de particules matérielles inertes, soumises à des forces aveugles. À partir d'un petit nombre de lois physiques, l'histoire d'un système *peut* être entièrement expliquée et prédite, pourvu qu'on la caractérise parfaitement à un instant donné. Laplace résuma ce déterminisme triomphant dans sa fameuse déclaration : « Une intelligence qui, pour un instant donné, connaîtrait toutes les forces dont la nature est animée, et la situation respective des êtres qui la composent, si d'ailleurs elle était assez vaste pour soumettre ces données à l'analyse, embrasserait dans la même formule les mouvements des plus grands corps de l'univers et ceux du plus léger atome ; rien ne serait incertain pour elle, et l'avenir comme le passé seraient présents à ses yeux[1]. »

Le temps était en quelque sorte aboli. Ce qui provoqua la célèbre phrase de Friedrich Hegel : « Il n'y a jamais rien de nouveau dans la nature. » Ce déterminisme contraignant et stérilisant, rigide et déshumanisant, prévalut jusqu'à la fin du XIXe siècle. Au XXe siècle, il fut balayé par la vision libératrice de la physique quantique. La contingence fit son entrée dans des domaines aussi variés que la cosmologie, l'astrophysique, la géologie, la biologie et les sciences cognitives. Notre monde est aussi modelé par une suite d'événements historiques comme celui du bolide qui, en percutant la Terre, provoqua la disparition des dinosaures et favorisa ainsi la prolifération de nos ancêtres les mammifères.

M. – Laplace inclurait certainement ces phénomènes contingents dans son déterminisme universel.

T. – Au credo déterministe de Laplace, le mathématicien français Henri Poincaré, l'un des pionniers de la théorie du chaos, opposa : « Une cause très petite, qui nous échappe, détermine un effet considérable que nous ne pouvons pas ne pas voir ; nous disons alors que cet effet est dû au hasard. Si nous connaissions exactement les lois de la Nature et la situation de l'univers à l'instant initial, nous pourrions prédire exactement la situation de ce même univers à un instant ultérieur. Mais, lors même que les lois naturelles n'auraient plus de secret pour nous, nous ne pourrions

1. Pierre Simon Laplace, *Essai philosophique sur les probabilités*, Courcier, 1814.

connaître la situation initiale qu'approximativement. Si cela nous permet de prévoir la situation ultérieure avec la même approximation, c'est tout ce qu'il nous faut. Nous disons que le phénomène a été prévu, qu'il est régi par des lois. Mais il n'en est pas toujours ainsi, il peut arriver que de petites différences dans les conditions initiales en engendrent de très grandes dans les phénomènes finaux ; une petite erreur sur les premières produirait une erreur énorme sur les derniers. La prédiction devient impossible[1]. »

Ainsi Poincaré réfutait le postulat qui constitue la base même de l'argument de Laplace, à savoir qu'il est possible de connaître parfaitement les conditions initiales de n'importe quel phénomène dans l'univers. À cause d'une imprécision plus ou moins grande, mais inévitable, des conditions initiales, et de l'extrême sensibilité du comportement de certains systèmes à ces conditions initiales, toute prédiction concernant l'évolution ultérieure de ces systèmes est vouée à l'échec. Selon la théorie du chaos, le hasard et l'indétermination concernent non seulement la vie de tous les jours, mais aussi le domaine des planètes, des étoiles et des galaxies. Une conception simpliste des lois de cause à effet n'est plus de mise.

Le chaos tel que le scientifique le conçoit ne signifie pas absence d'ordre dans l'usage courant du mot. Il se rattache plutôt à une notion d'imprévisibilité à long terme. Par exemple, prévoir le temps qu'il fera dans une semaine est impossible, car les modèles météorologiques dépendent de manière très sensible des conditions initiales. Cette limite de la connaissance est incontournable. Les germes de l'ignorance sont enfouis dans le fonctionnement même de la Nature. On aurait beau, pour comprendre ses humeurs, couvrir la terre de stations météo contiguës, il y aurait toujours des fluctuations atmosphériques trop infimes pour être détectées. En s'amplifiant, ces fluctuations donnent naissance à des tempêtes dévastatrices ou à un beau ciel bleu. C'est pourquoi le chaos est souvent illustré par ce que les physiciens appellent l'« effet papillon » : le battement d'ailes d'un papillon en Guyane peut faire pleuvoir à Paris. Le rêve déterministe de Newton et de Laplace vole en éclats[2].

M. – Sur le plan des événements mentaux, l'effet papillon est encore plus évident. Une simple pensée peut engendrer des bouleversements planétaires : d'un sentiment de haine ou d'ambition peut naître une guerre mondiale. D'infimes différences dans les motivations qui provoquent nos actes conduisent à des situations radicalement différentes à mesure que les événements évoluent.

1. Henri Poincaré, *Science et méthode*, Flammarion, 1908.
2. Pour plus de détails sur les phénomènes non linéaires et chaotiques, voir *Le Chaos et l'Harmonie*, chap. 3, ici, p. 380.

T. – Certainement. Le chaos se manifeste à chaque instant dans la vie quotidienne. Tu as dû vivre des situations dans lesquelles des faits d'apparence anodine se sont révélés lourds de conséquences. Parce que son réveil n'a pas sonné, un homme rate son rendez-vous et l'emploi qu'il convoitait. Parce qu'une poussière dans l'essence fait tomber sa voiture en panne, une femme rate son avion et échappe à la mort lorsque cet avion s'écrase dans l'océan quelques heures plus tard. Les événements les plus insignifiants et des circonstances imperceptiblement différentes peuvent ainsi changer le cours d'une vie.

M. – Les déterministes pourraient rétorquer que s'il était possible de connaître les conditions initiales, aussi subtiles soient-elles, avec une précision parfaite, et si nous possédions la puissance de calcul nécessaire, nous pourrions prédire l'évolution du système.

T. – C'est bien de notre incapacité à connaître *parfaitement* les conditions initiales d'un système que résulte notre impuissance à prévoir son futur.

M. – La précision absolue semble en effet impossible à cause de l'impermanence subtile des phénomènes qui fait qu'aucune mesure ne peut être instantanée.

T. – À propos de l'énergie et du temps, le principe d'incertitude dit en effet que, puisque toute mesure implique un échange d'énergie, le temps que prend cette mesure ne peut être nul. Plus ce temps est court, plus l'énergie nécessaire à cette mesure augmente. Une mesure instantanée demanderait une énergie infinie, ce qui est irréalisable. Le rêve de connaître toutes ces conditions avec une précision totale est donc chimérique. Dans le monde atomique, cette même incertitude quantique interdit de connaître simultanément et avec une précision absolue la position et la vitesse des particules, et anéantit tout espoir de décrire leurs trajectoires. Dans le monde macroscopique, les phénomènes chaotiques dépendent de manière tellement sensible de leurs conditions initiales, et les phénomènes contingents de tant de conditions aléatoires que toute prédiction devient impossible. Débarrassée de son carcan déterministe, la nature peut donner libre cours à sa créativité. Les lois intemporelles de la physique lui fournissent des thèmes généraux autour desquels elle peut broder et improviser. Elle se montre spontanée et ludique en jouant avec les lois naturelles pour créer la nouveauté.

M. – La théorie quantique a certes détruit le déterminisme absolu en introduisant la notion de probabilité dans les lois de cause à effet. Cependant, lorsqu'on ne trouve pas de cause immédiate à un événement, la désintégration de particules instables ou d'éléments radioactifs par exemple, dire que cet événement s'est produit « par hasard » ne reflète qu'une interprétation possible de la mécanique quantique. En passant de la nécessité au hasard, la physique considère que la créativité a fait sa réapparition dans l'univers. Mais ce faisant, on saute d'un extrême à l'autre. Cet événement est-il vraiment sans cause ? L'incertitude n'est-elle pas appelée ainsi parce que le sort des particules ne suit pas un mode de causalité linéaire, ce qui est à première vue déconcertant, et que les facteurs qui entrent en ligne de compte sont innombrables ? On introduit alors une notion de hasard ontologique et de probabilité là où il suffirait d'envisager une interdépendance riche d'un potentiel de manifestation infini. De plus, ces notions de créativité et de spontanéité de la nature glissent à nouveau vers le concept d'un principe organisateur qui, ludique ou sérieux, ne me semble pas résister aux arguments dont je me suis fait l'écho précédemment.

T. – Quand je parle d'une nature ludique et créatrice, il y a, sous-entendu, le concept d'un principe organisateur tel que Spinoza et Einstein le concevaient. Cela étant, il ne faut pas croire que tout n'est que pur hasard dans la théorie quantique. Des vestiges de déterminisme y subsistent. Si un événement quantique individuel est indéterminé, les probabilités relatives d'un ensemble de possibilités sont, elles, parfaitement prévisibles par les lois de la statistique. Ainsi, si l'on ne peut calculer la trajectoire exacte d'un électron, on peut calculer la probabilité qu'il soit à tel ou tel endroit. C'est d'ailleurs ce vestige de déterminisme qui permet à nos ordinateurs ou à nos chaînes haute-fidélité de fonctionner. Si tout était aléatoire dans les circuits électroniques de ces engins, rien ne pourrait marcher.

On peut se demander pourquoi le chaos échappa à Newton. L'incertitude rôdait pourtant au cœur de ses équations. L'imprévisibilité était en gestation dans sa théorie de la gravitation, puisque Henri Poincaré, en se servant de cette théorie pour étudier le mouvement de la Lune, y débusqua le chaos. Récemment, on a montré qu'un léger changement dans la position ou dans la vitesse initiale d'une planète comme Pluton pouvait la faire basculer d'une orbite stable à une orbite chaotique. Le système solaire, qui était considéré comme une machinerie cosmique bien huilée, gouvernée par des lois déterministes rigides, est lui aussi chaotique. Le chaos est tissé dans la régularité, et l'imprévisible n'est jamais loin du prévisible. Le mouvement des planètes devient imprévisible passé quelques dizaines de millions d'années, soit moins de 1 % de l'âge du système solaire. Cela étant, les planètes ont poursuivi tranquillement leur ronde autour du Soleil pendant les derniers quatre milliards et demi d'années, car bien que la probabilité pour que leurs orbites deviennent chaotiques ne soit pas nulle, elle très faible. Que l'incertitude ait échappé à Newton n'ôte rien à son génie. Au contraire, il a fallu toute sa fulgurance intellectuelle pour sélectionner et isoler les situations qui, dans la nature, évoluaient de façon linéaire et non chaotique et que la raison humaine pouvait maîtriser. Le bouddhisme envisage-t-il cette notion d'imprévisibilité ou entretient-il une vision déterministe semblable à celle de Newton et de Laplace ?

M. – Pour le bouddhisme, ni le hasard ni la nécessité ne sont satisfaisants. Ce sont deux extrêmes qui ne résistent ni l'un ni l'autre à l'analyse. Aucun effet ne peut survenir sans cause, mais les causes et leurs possibilités d'interactions sont si nombreuses qu'il est impossible de concevoir une causalité linéaire, donc déterministe, selon laquelle il devrait être théoriquement possible de remonter à une cause première. Dans ce cas, toute créativité serait exclue. En effet, le déterminisme strict ne peut exister que si les facteurs impliqués dans une relation de cause à effet sont en nombre fini. Or, dans un système global, le nombre d'éléments qui entrent en jeu est indéfini ; un tel système échappe donc par nature au déterminisme absolu et dépasse l'entendement de la pensée discursive.

T. – C'est étonnamment proche du concept de chaos en science : l'impossibilité de connaître parfaitement toutes les conditions initiales d'un système non linéaire fait que son comportement est imprévisible. Cette approche rejoint également ce que Heisenberg exprime dans *Physique et Philosophie*. « Dans le cas de l'émission d'une particule alpha par un atome de radium, par exemple, phénomène qui se produit en moyenne tous les deux mille ans, selon la théorie quantique on peut dire que l'on connaît le phénomène précédent, mais pas avec une précision parfaite ; nous savons quelles sont les forces dans le noyau atomique qui sont responsables de l'émission de la particule alpha, mais cette connaissance comprend l'incertitude introduite par *l'interaction entre le noyau et le reste du monde*. Pour savoir pourquoi la particule a été émise à cet instant particulier, il nous faudrait connaître la structure microscopique du monde entier, y compris nous-mêmes, et cela est impossible. »

Tout interagit avec tout. Ce que Heisenberg exprime pour le noyau d'atome, Mach l'a exprimé, nous en avons parlé, pour les objets macroscopiques, et l'expérience du pendule de Foucault montre qu'il ajuste son comportement en fonction de l'univers tout entier. Ce qui se trame chez nous se décide dans l'immensité cosmique.

M. – L'interdépendance implique des interactions fluctuantes et dynamiques. La nouveauté peut donc émerger de la synergie de l'ensemble sans être attribuée à un nombre limité de causes, ni faire appel au hasard vrai, c'est-à-dire à l'absence de cause.

T. – Nous faisons appel à la notion de hasard parce que cette infinité nous échappe. Le chaos, tel que le physicien le comprend, ne signifie pas « absence d'ordre », mais se rattache à une notion d'impossibilité de prédiction à long terme. Appeler cela « hasard » n'est qu'une commodité de langage qui est source d'ambiguïté.

Quant à ta remarque concernant la nouveauté qui peut émerger de la synergie de différents phénomènes, on retrouve ici le concept de « principes émergents » qui est essentiel en physique et en biologie. Ainsi l'un des grands mystères de la science contemporaine concerne la manière dont la vie a surgi de la matière, dont l'inanimé a pu engendrer l'animé et dont l'animé peut réciproquement agir sur l'inanimé. Une des thèses avancées est que les systèmes biologiques possèdent une hiérarchie de niveaux d'organisation et qu'à chaque niveau de nouveaux comportements émergent. On peut imaginer que grâce à ces phénomènes d'émergence, le système des particules élémentaires dans la soupe terrestre primitive ait accédé, palier par palier, à des états d'auto-organisation de plus en plus complexes, jusqu'à l'apparition d'une structure capable de se répliquer, puis finalement jusqu'à la vie. Ces principes d'organisation ne nécessitent pas l'intervention de nouvelles forces ni d'interactions mystérieuses. Indécelables au niveau des particules élémentaires, ils « émergeraient » dès que le niveau de complexité dépasse un seuil critique. Ainsi, à chaque niveau d'organisation, de nouvelles qualités apparaissent sans que l'on puisse les déduire de l'analyse des entités situées aux niveaux inférieurs. Le comportement d'un ensemble complexe et organisé, celui d'un être humain par exemple, ne peut être expliqué de manière réductionniste à partir du comportement des particules qui le composent. On peut résumer simplement le concept d'émergence en une seule phrase : le tout est plus que la somme de ses parties.

M. – La disparité apparente entre les qualités des phénomènes émergents et la simple addition de leurs composantes immédiates pourrait tenir au fait que nous n'identifions que ses composantes locales. Or, le principe d'interdépendance implique qu'un nombre infini de facteurs, y compris notre conscience, contribuent à des degrés divers aux propriétés apparentes des phénomènes. De plus, dans le cas de la conscience, par exemple, ce qui semble être un phénomène émergent pourrait également impliquer une interaction avec des composantes d'une autre nature.

La causalité n'opère jamais à sens unique. Si on peut appeler « causalité vers le haut » le fait que des éléments appartenant à des niveaux inférieurs d'organisation se combinent pour engendrer quelque chose situé à un niveau supérieur, on peut qualifier de « causalité vers le bas » le fait qu'un élément situé à un niveau supérieur puisse influer sur des éléments aux niveaux inférieurs. Ainsi la vie influe sur la planète, les phénomènes sociaux sur les individus, et la conscience sur le corps et sur « notre » monde. La causalité n'est donc pas seulement ascendante, mais aussi descendante. Elle est toujours mutuelle. Le bouddhisme préférera donc parler de coémergence et de causalité réciproque, car la conscience façonne la réalité comme elle est façonnée par elle, à la manière de deux lames de couteau qui s'aiguisent l'une l'autre. Une compréhension correcte de l'interdépendance implique donc une transcendance du dualisme conventionnel entre soi et le monde, entre la conscience et l'inanimé.

T. – Mais, à trop invoquer le principe d'interdépendance, ne risques-tu pas d'ignorer l'indéterminisme quantique ou les phénomènes chaotiques ? Celui qui connaîtrait l'interaction de la particule avec tout le reste de l'univers pourrait-il dire exactement l'heure à laquelle elle va se désintégrer ?

On ne pourrait plus parler alors de probabilités. Ne risques-tu pas de retomber dans la vision déterministe de Laplace ?

M. – L'onde de probabilité correspond à notre réalité conventionnelle, car aucun esprit ordinaire ni aucun ordinateur ne pourrait prendre en considération l'ensemble des phénomènes interdépendants de l'univers.

T. – C'est effectivement la réponse que donne Heisenberg concernant l'indéterminisme quantique, et Poincaré concernant le chaos.

M. – On peut concevoir que quelqu'un doué d'omniscience – qualité que l'on prête à ceux qui ont atteint l'état de Bouddha – puisse clairement voir les tenants et aboutissants de chaque situation. Les textes disent que seul un esprit omniscient – et on peut rattacher ce concept d'omniscience à la perception parfaite de la globalité – peut appréhender l'ensemble des causes et des conditions qui ont fait apparaître les couleurs d'une plume de paon ou la rondeur d'un pois. Mais cette omniscience n'implique nullement un déterminisme semblable à celui qui découle d'un principe créateur ou d'une cause unique de laquelle tout pourrait découler. Dans le domaine de la matière, l'interdépendance est créatrice, puisque les causes et les conditions sont en nombre illimité. Dans le domaine de la conscience, la notion de libre arbitre est fondamentale, car à chaque instant nous nous trouvons à une croisée de chemins.

T. – Quand je parlais de la nature créatrice et libérée de son carcan déterministe grâce à la contingence et au flou quantique, je ne faisais pas nécessairement référence à une conscience. La nature innove et acquiert des propriétés émergentes selon des lois d'organisation et des principes de complexité.

M. – Il n'y a pas de conscience dans les atomes, mais le libre arbitre existe au niveau de la conscience, et cette liberté de la conscience est incluse dans le réseau illimité des causes et conditions. C'est l'une des raisons qui nous permettent d'éviter de tomber dans le superdéterminisme.

Cela rejoint d'ailleurs un argument de logique de Karl Popper qui montre que nous sommes dans l'incapacité de prévoir nos propres actions[1]. En effet, la prédiction elle-même intervient parmi les causes déterminantes de ces actions. Si je prévois que je vais me heurter à un arbre situé à tel endroit dans dix minutes, cette éventualité me pousse à éviter l'endroit où se trouve cet arbre, et finalement la prédiction n'est pas vérifiée. Pour être vérifiée, elle devrait en effet tenir compte d'elle-même,

---

1. « Nous avons démontré que l'autoprédiction est impossible, et ce même au cas où l'on parviendrait à construire un prédicteur réunissant toutes les capacités d'une intelligence laplacienne […], c'est-à-dire un prédicteur qui représenterait un système physique dont le caractère déterministe serait universellement reconnu. […] Si l'autoprédiction est impossible, il s'ensuit qu'un prédicteur ne peut prédire les effets de ses agissements sur son propre milieu » (Karl Popper, *L'Univers irrésolu*, Hermann, 1984, p. 66).

ce qui est impossible tant qu'elle n'a pas été faite. Si, de plus, certains événements du monde sont inextricablement liés à nos actions, puisque nous ne pouvons prévoir nos propres actes, nous ne pouvons non plus prévoir ces événements.

« Autrement dit, commente Michel Bitbol, lorsque celui qui prédit est inextricablement impliqué dans la production des phénomènes à prédire, il ne *peut en aucun cas* les prédire de façon stricte (non probabiliste), que les lois de la nature soient supposées déterministes ou non. Le fait qu'il y ait une *relation de codépendance* étroite entre celui qui prédit et le phénomène à prédire peut donc expliquer que la prédiction stricte des phénomènes soit impossible, et qu'il soit de surcroît impossible de trancher entre la thèse du "hasard vrai" et la thèse des liens causaux, puisque l'impossibilité de prédire vaut indépendamment du type de loi supposé[1]. »

T. – Cela étant, du point de vue bouddhiste de l'interdépendance, comment passe-t-on de la cause à l'effet ?

M. – Le bouddhisme commence par éliminer la possibilité que quelque chose apparaisse sans cause : si un résultat pouvait se produire sans cause, n'importe quoi pourrait survenir de n'importe quoi, car ce qui n'a pas de cause ne dépend de rien. L'apparition d'un effet résulte donc de causes et de conditions. Mais les choses se compliquent lorsqu'on tente de mettre en évidence une cause qui serait « quelque chose » existant objectivement. La façon réductionniste d'envisager les liens de causalité suppose qu'une entité existant par elle-même et douée de propriétés intrinsèques agisse sur d'autres entités en modifiant leurs propriétés. La logique bouddhiste met en évidence les difficultés insurmontables qu'on rencontre dès que l'on considère les phénomènes comme des entités concrètes et indépendantes. On se trouve alors devant quatre schémas de causalité, ou modes de production. Une chose pourrait naître : 1) d'elle-même, 2) d'une autre chose, 3) d'elle-même et d'autre chose ou 4) ni d'elle-même ni d'autre chose.

Une chose ne peut naître d'elle-même, car si elle contenait ses propres causes, elle se multiplierait indéfiniment sans que rien ne puisse l'arrêter. Lorsque toutes les causes nécessaires sont réunies, un événement ne peut pas ne pas se produire. De plus, si une chose naissait d'elle-même, cela voudrait dire qu'elle existe déjà ; sa production serait donc inutile. Si ce qui est déjà né devait naître à nouveau, cela n'en finirait jamais.

T. – Venons-en au deuxième cas de figure, celui qui se rapproche le plus de notre conception ordinaire de la causalité, qui est aussi celle de la science : une chose peut-elle être produite par une « autre » chose ?

M. – C'est le type de causalité accepté par le bouddhisme sur le plan de la vérité relative. Toutefois, d'un point de vue absolu, il affirme

1. Michel Bitbol, communication personnelle.

que si la cause et l'effet étaient des entités intrinsèquement distinctes, le processus de causalité ne pourrait pas fonctionner. Le raisonnement est le suivant : au moment où la cause est sur le point de disparaître et l'effet sur le point de surgir, la cause et l'effet, considérés comme des entités séparées et existant réellement, ont-ils un « point de contact », ne serait-ce que pour un très court instant ?

Si oui, la cause et l'effet existent simultanément lors de ce contact. L'effet n'a donc pas besoin d'être produit, puisqu'il existe déjà et la cause est inutile. De plus, deux entités simultanées ne peuvent entrer en relation de cause à effet, car elles ne peuvent agir l'une sur l'autre dans l'instant présent. (Cela rejoint ce que disait Heisenberg : « Deux phénomènes simultanés ne sont liés par aucune action causale directe. »)

Si la cause et l'effet n'ont aucun point de contact et ne sont reliés d'aucune façon, la causalité ne peut fonctionner, car deux entités n'ayant rien à voir l'une avec l'autre ne peuvent pas établir une relation de cause à effet. De plus, si la cause n'a rien à voir avec son produit, tout pourrait naître de n'importe quoi. Comme le dit Chandrakirti :

> Si quelque chose pouvait être produit par une chose qui soit intrinsèquement [« autre »,
> Alors l'obscurité pourrait naître de la flamme
> Et tout pourrait naître de tout.

Tout pourrait naître de tout, car si l'entité « cause » est « autre » par rapport à l'entité « effet », tous les phénomènes sont équivalents dans le sens qu'ils sont tous « autres » par rapport à cet effet : n'importe quel phénomène pourrait alors lui servir de cause.

Si la cause a déjà disparu au moment où l'effet apparaît, cela revient à dire que cet effet s'est produit sans cause, par une création *ex nihilo*. En d'autres termes, si la cause disparaît avant le résultat, ce dernier ne se produira jamais. La graine ne peut disparaître avant de donner naissance à la pousse. La cause ne peut pas non plus demeurer identique à elle-même au moment du résultat, tout comme la graine ne peut donner naissance à la pousse sans disparaître elle-même[1].

Bref, une entité concrète et autonome ne peut en produire une autre. Si l'entité « résultat » existe déjà au moment de l'entité « cause », soit elle n'a pas besoin d'être produite, soit elle participe à sa propre formation,

1. Bien que le contexte philosophique soit très différent, on retrouve des résonances à la formulation de cette analyse bouddhiste chez Hermès Trismégiste quand il dit : « Toutes choses sont atteintes par la destruction ; car sans destruction il ne peut y avoir de génération. Les choses qui naissent ont besoin pour surgir de celles qui sont détruites, et celles qui naissent doivent être détruites pour que la génération (ou le "devenir") se poursuive. […] Il est impossible aux mêmes choses de devenir une seconde fois ; et comment ce qui n'est pas ce qu'il était auparavant peut-il être réel ? »

ce qui n'a pas de sens. Si elle n'existe pas, sa production est impossible, car un milliard de causes ne peuvent faire surgir quelque chose du néant.

Nāgārjuna résume cet argument dans ce quatrain :

> Si l'entité du résultat existe déjà,
> Qu'est-ce qu'une cause a besoin de produire ?
> Si l'entité du résultat n'existe pas,
> Comment une cause pourrait-elle la produire[1] ?

Et Atisha renchérit dans le *Flambeau de la voie de l'Éveil* :

> Ce qui existe déjà ne peut logiquement naître,
> Tout comme ce qui n'existe pas non plus, telle une fleur dans le ciel.

Conclusion du bouddhisme : ce qui nous apparaît comme une relation de cause à effet n'est possible que parce que *ni la cause ni l'effet* n'ont d'existence indépendante et permanente. Nous en revenons à la phrase : « Parce que tout est vacuité, tout peut être. » La non-réalité des phénomènes est la condition même de leur apparition. Ces « simples apparences » évoluent alors selon la loi de la causalité qui met en relation des phénomènes interdépendants et dénués d'existence propre. Toujours selon Nāgārjuna :

> Il n'y a pas le moindre phénomène
> Qui ne soit inclus dans la production interdépendante ;
> C'est pour cela qu'il n'y a pas le moindre phénomène
> Qui ne soit pure vacuité.

Les modifications de ces interactions produisent le jeu des causes et des effets, sans qu'il soit nécessaire de postuler l'existence d'entités séparées possédant toutes leurs propriétés en elles-mêmes – ce que les physiciens appellent des propriétés « locales ».

T. – Oui, c'est ce qu'Einstein, qui rejetait l'idée d'une réalité globale et interdépendante, appelait des « variables locales cachées ». Mais ces variables locales n'existent pas, comme l'ont bien montré les expériences sur le phénomène EPR.

M. – Examinons les deux dernières possibilités : une chose ne peut pas naître à la fois d'elle-même et d'une autre, car les arguments que nous venons de citer s'appliquent également à ce cas. Une chose pourrait-elle alors naître ni d'elle-même ni d'autre chose ? Non, car si elle pouvait ainsi naître sans cause, tout pourrait naître n'importe quand, n'importe où et n'importe comment.

T. – Et alors, que reste-t-il ?

M. – La seule solution est l'interdépendance, la coproduction, dans laquelle les phénomènes se conditionnent mutuellement les uns les autres

1. Nāgārjuna, *Traité racine de la Voie du milieu*, Mūlamadhyamakārikā.

dans un réseau infini de causalité dynamique, impermanente, indéchiffrable sur un mode linéaire, novatrice sans être arbitraire, et qui échappe aux extrêmes du hasard et du déterminisme.

En résumé, une chose existant par soi ne peut avoir de cause ni dépendre de quoi que ce soit d'autre. Si tout existait sur ce mode-là, rien ne se produirait, la causalité ne fonctionnerait pas et le monde phénoménal serait figé à jamais. Le fait que, dans le monde des apparences, celui de la vérité relative, une chose semble se produire, n'est possible que parce que la cause et l'effet sont tous deux dénués d'existence intrinsèque. Dans la *Connaissance transcendante*[1], on lit :

Sans fin et sans naissance,
Ni néant ni éternité,
Cela ne vient ni ne s'en va
Et n'est ni Un ni multiple.

Une compréhension correcte de la vacuité évite donc de tomber dans le réalisme ou dans le nihilisme. La méditation sur la vacuité dissipe la croyance à l'existence réelle des choses, mais il ne faudrait pas pour autant s'attacher à la vacuité pour en faire une croyance, faute de quoi on sombrerait dans le néant. Dans la *Guirlande de joyaux*, Nāgārjuna écrit : « Quand on ne trouve rien de réel, comment pourrait-on trouver quelque chose d'irréel ? », et dans le *Traité fondamental de la perfection de la sagesse*, il conclut :

La croyance néfaste à la vacuité
Conduit les ignorants au désastre.
[…]
Par conséquent, le sage ne demeurera
Ni dans l'être ni dans le non-être.

Selon le bouddhisme, l'union de la vacuité et des apparences est le secret de la compréhension de la réalité. Vides, les choses apparaissent ; apparaissant, elles sont vides. Au-delà des limitations inhérentes à la simple rationalité théorique, une appréhension véritable de cette affirmation ne peut passer que par l'expérience contemplative directe. Comme il est dit dans la *Connaissance transcendante* :

Nous voyons le ciel, disent les gens.
Mais comment voit-on le ciel ? Pensez-y.
C'est ainsi que le Bouddha nous a appris à voir la nature des choses.

1. *Prajnaparamita*.

XI

LA FRONTIÈRE VIRTUELLE

Une dualité corps-esprit ?

La conscience n'est-elle qu'un reflet de processus physiques ? Résulte-t-elle de la complexification de la matière ou en est-elle distincte ? La notion même de la dualité matière-esprit a-t-elle un sens ? De quelle manière le bouddhisme propose-t-il de résoudre cette dichotomie ? Comment passer alors de l'inanimé à l'animé ? Si la conscience émerge de l'inanimé, peut-elle agir sur lui ? Peut-on avancer des arguments en faveur de l'existence d'un continuum de conscience qui ne soit pas dépendant du corps en toutes circonstances ?

THUAN : Quelles sont, selon le bouddhisme, la nature et l'origine de la conscience ? Sa conception correspond-elle aux thèses de certains biologistes contemporains qui considèrent que la conscience est issue de l'organisation de plus en plus complexe des particules inanimées, c'est-à-dire qu'elle est une propriété émergente de la matière[1] ?

MATTHIEU : À l'exception de la notion de « début », le bouddhisme ne rejette pas le point de vue de la science sur l'histoire et l'évolution de l'univers, mais il porte un regard différent sur la nature de la conscience.

T. – Considère-t-il que la conscience est fondamentalement différente de la matière et qu'elle ne peut en être issue ?

M. – Selon le bouddhisme, la conscience n'est qu'une fonction efficace, une « simple apparence » dénuée de réalité intrinsèque. Cela dit, même si la notion de conscience n'est qu'une étiquette, il y a sur le plan du relatif une différence entre une « irréalité » consciente (l'esprit, considéré comme un flux d'instants de conscience) et une irréalité inconsciente (le monde matériel qu'il appréhende).

On distingue plusieurs niveaux de conscience : grossier, subtil et extrêmement subtil. Le premier correspond au fonctionnement du cerveau. Le deuxième, à ce que nous appelons intuitivement la conscience, c'est-à-dire, entre autres, la faculté que possède la conscience de s'examiner elle-même, de s'interroger sur sa propre nature et d'exercer son libre arbitre. Elle inclut également l'expression des diverses tendances accumulées dans le passé. Le troisième niveau, le plus essentiel, est appelé

1. Voir Jean-Pierre Changeux, *L'Homme neuronal*, Fayard, 1983.

« luminosité fondamentale de l'esprit ». Il correspond à une connaissance pure qui ne fonctionne pas sur le mode duel sujet-objet et ne connaît pas de pensées discursives.

Ces trois aspects ne correspondent pas à des flux de conscience séparés, mais à des niveaux de plus en plus profonds et fondamentaux. Le niveau grossier et le niveau subtil procèdent tous deux du niveau fondamental que l'on pourrait aussi appeler « très subtil ». Le niveau grossier a pour cause première le niveau fondamental, tandis que le cerveau, le corps et l'environnement lui fournissent les facteurs auxiliaires. Cela signifie que ce niveau grossier est modifié par le cerveau et peut modifier ce dernier par le jeu de la causalité réciproque. Son activité est corrélée avec celle du cerveau et ne se manifeste pas en l'absence du corps.

Selon les tantras, le point de vue le plus profond du bouddhisme, la conscience fondamentale est appelée « présence éveillée » (*rigpa*). Non duelle et totalement libre de confusion, elle est au-delà des concepts discursifs et donc des pensées positives et négatives, de l'erreur qu'est le samsara et de l'élimination de l'erreur qu'est le nirvana. Elle est aussi dénommée « continuité primordiale de l'esprit », « luminosité naturelle », « nature ultime de l'esprit », « essence de la bouddhéité », « état naturel de la conscience », « unique simplicité essentielle », « pureté primordiale », « présence spontanée » et « espace absolu ».

Cette présence éveillée, que l'on peut assimiler à la conscience très subtile, possède un potentiel de manifestation, une « créativité » (*tsél*), qui prend la forme de diverses pensées formant le « jeu (*rolpa*) de la présence éveillée ». Si nous les reconnaissons pour telles, les pensées sont alors des « ornements » (*guién*) qui rendent encore plus évidente cette présence éveillée. Si, au contraire, nous les prenons pour réelles et autonomes, nous sombrons dans la dualité du sujet et de l'objet et nous sommes emportés par le flot de la confusion. Dans ce cas, seuls les aspects subtil et grossier de la conscience sont perceptibles, l'aspect fondamental étant temporairement obscurci par le voile adventice de l'ignorance, comme le soleil est momentanément caché par les nuages.

T. – D'où naissent les phénomènes conscients ? Faut-il une « étincelle » pour démarrer la vie et la conscience à partir d'atomes inanimés ?

M. – La notion d'étincelle a une implication très problématique : la conscience pourrait avoir un début. Si tel est le cas, soit elle est créée *ex nihilo* (sans cause ou par le travail d'un Créateur – nous avons expliqué comment le bouddhisme réfute ces deux possibilités), soit elle naît graduellement de l'inanimé, comme le pensent la plupart des biologistes et des physiciens. Parmi ces derniers, Brian Greene m'a écrit ceci : « Je pense que la conscience *est* un reflet des processus microphysiques qui sont d'une complexité et d'une rapidité stupéfiantes. Bien que les aspects qualitatifs de la conscience diffèrent dramatiquement des propriétés des constituants physiques sur lesquels elle est fondée, je ne pense pas que cela indique l'existence de quelque chose *d'autre* que la structure physique qui la sous-tend. »

Le bouddhisme répond que la cause et l'effet doivent avoir une communauté de nature. Un instant de conscience ne peut être causé que par un autre instant de conscience immédiatement précédent. Si une chose pouvait naître d'une autre chose de nature totalement différente, alors tout pourrait naître de n'importe quoi. L'aspect fondamental de la conscience ne peut donc naître de la matière inanimée et ne dépend pas nécessairement ni en toutes circonstances de la présence d'un support physique.

Le dalaï-lama l'explique en ces termes : « Il est parfaitement clair que la conscience [grossière] dépend du fonctionnement du cerveau, donc il y a bel et bien relation causale entre fonction cérébrale et émergence de la conscience grossière. Mais voici la question que je persiste à considérer : de quelle sorte de connexion causale s'agit-il ? Le bouddhisme parle de deux sortes de causes. La première est la *cause substantielle*, où le matériau de la cause devient celui de l'effet[1]. La seconde est un *facteur auxiliaire*, où un événement en produit un autre sans toutefois qu'il y ait transformation de l'un en l'autre. [...] Quelles sont la cause originelle de la conscience et sa relation avec la fonction cérébrale ? De quelle sorte de causalité s'agit-il ? Expérimentalement, on a deux types de phénomènes qui semblent être qualitativement différents : le physique et le mental. Les phénomènes physiques peuvent se situer dans l'espace, se laissent mesurer quantitativement, et ont encore d'autres qualités. Par contraste, les phénomènes mentaux ne se localisent pas dans l'espace, pas plus qu'ils ne se prêtent à des mesures quantitatives ; ils sont de la nature de la simple expérience. Il semble qu'il s'agisse de deux sortes de phénomènes très différents. Dans ce cas, si un phénomène physique devait agir en tant que cause substantielle d'un phénomène mental, il semblerait y avoir un manque de concordance entre les deux[2]. »

Afin d'illustrer la démonstration du dalaï-lama, nous pouvons utiliser l'image suivante : la graine est la cause substantielle du germe, tandis que le soleil et l'humidité en sont les facteurs auxiliaires.

T. – La position matérialiste « moniste » consiste à dire que l'homme n'est qu'un paquet de neurones et que la conscience n'est que le résultat de courants électriques circulant dans les circuits neuronaux. Comme le

---

1. Cet exposé est présenté sur le plan de la « vérité relative », celui du monde illusoire des phénomènes tels qu'ils nous apparaissent. Le dalaï-lama ne suppose pas ici que la cause et l'effet soient doués d'existence propre et ne remet pas en question ce qui a été expliqué précédemment : la réfutation présentée au chapitre 10 concerne l'impossibilité de passer d'une cause à un effet si l'un et l'autre sont considérés comme des entités existant par elles-mêmes.

2. *Dormir, rêver, mourir. Explorer la conscience avec le dalaï-lama*, Francisco J. Varela (dir.), *op. cit.*, p. 159-160.

disait le médecin Pierre Cabanis au XVIIIe siècle : « Le cerveau sécrète la pensée comme le foie sécrète la bile. »

Certains neurobiologistes pensent que le sens du monde et des choses émerge de l'activité permanente du corps inséré dans un environnement particulier. Le cerveau existe dans un corps qui interagit avec le monde autour de lui. C'est de cette constante interaction de l'organisme avec le monde extérieur que naît la conscience[1]. De ce point de vue, la conscience émerge de la matière inanimée. Il n'est nul besoin d'un ingrédient supplémentaire.

En niant cette position, le bouddhisme ne rejoint-il pas le dualisme corps-esprit de Descartes pour qui la réalité a deux formes distinctes, celle de l'esprit (ou de la pensée) et celle du monde matériel ? Selon Descartes, l'esprit est pure conscience, ne s'étend pas dans l'espace et ne peut être subdivisé. Par contre, la matière est dépourvue de conscience, possède une étendue et peut être divisée. L'homme a ainsi une double nature : il pense, mais il est aussi doté d'une extension matérielle qui est son corps.

M. – Il y a plusieurs façons de résoudre ce dualisme. Selon le matérialisme « réductionniste », la conscience n'existe pas vraiment au sens où nous l'entendons ordinairement. Elle n'a aucune propriété particulière en dehors de celles des composants complexes de notre système nerveux. Selon l'opinion de Francis Crick, par exemple, elle n'est rien d'autre qu'un phénomène corrélatif de certaines activités polyneuronales.

T. – La position réductionniste se heurte, entre autres, à une difficulté majeure : si notre comportement est entièrement déterminé par les événements neuronaux du cerveau, on ne peut plus envisager le libre arbitre. Ceux qui nient l'existence de la conscience se contredisent dès qu'ils prétendent se conduire et s'exprimer en hommes libres.

M. – Le bouddhisme répond à ce problème d'une façon radicalement différente : la matière et la conscience ne diffèrent que conventionnellement car, de façon ultime, ni l'une ni l'autre n'ont d'existence propre. Le monde perd ainsi la réalité qu'on lui prête ordinairement. Il y a donc une différence essentielle avec le dualisme cartésien : ce dernier associe deux entités antinomiques, la matière considérée comme une réalité concrète et la conscience immatérielle. Le bouddhisme, nous l'avons vu, réfute la réalité ultime des phénomènes, mais il réfute également l'hypothèse d'une conscience autonome et dotée d'une existence inhérente. L'un des arguments qu'il utilise pour cela concerne la faculté qu'a la conscience de se connaître elle-même. Une conscience réellement existante ne pourrait pas plus se prendre pour objet de connaissance qu'un sabre ne peut se couper lui-même. Si on rétorque que la conscience peut s'éclairer

1. C'est le concept de la « cognition incarnée » (en anglais, *embodied cognition*). Voir, par exemple, Francisco J. Varela, Evan Thompson et Eleanor Rosch, *L'Inscription corporelle de l'esprit*, Le Seuil, 1993.

elle-même comme le fait une flamme, le bouddhisme répond que la nature de la flamme est de briller et qu'elle n'a pas besoin de s'éclairer. Si une flamme pouvait s'éclairer elle-même, les ténèbres pourraient générer leur propre obscurité.

Lorsque nous réalisons que nous pensons à quelque chose, une fleur par exemple, notre conscience n'a pas conscience d'elle-même, mais de l'image mentale formée à la suite de la perception de la fleur. En revanche, l'aspect primordial de la conscience, considérée non pas comme une entité distincte mais comme un continuum, ce que nous avons appelé sa « luminosité fondamentale », contient naturellement une qualité autoconsciente qui est au-delà de la dualité sujet-objet. Il n'est dès lors plus nécessaire d'avoir recours au schéma interminable de l'observateur qui examine l'observateur, qui examine l'observateur… L'une des qualités de l'Éveil est justement de pouvoir demeurer dans cet état de « présence éveillée » non duelle, qui se manifeste par une connaissance directe de la nature « lumineuse » de la conscience, et n'implique pas la formation d'images mentales.

Ce flux de conscience et le monde des phénomènes extérieurs sont intimement liés par l'interdépendance et leur ensemble constitue « notre » monde, celui de l'expérience vécue. Le dualisme de Descartes fait surgir des problèmes sans fin : comment, par exemple, une conscience immatérielle pourrait-elle avoir une interface avec le monde matériel si l'un et l'autre étaient des entités à la fois antinomiques et douées d'existence propre ?

T. – Selon Descartes, cette interface se ferait en un point du cerveau, sans étendue (comme un point mathématique), qu'il appelait « glande pinéale ». Par l'intermédiaire de cette glande, l'esprit réagirait aux passions et aux humeurs du corps, tout en conservant la possibilité de se détacher de ses impulsions « basses », tels le désir et la haine, et de fonctionner indépendamment du corps. Quant au corps, Descartes le concevait comme une machine parfaite, entièrement régie par les lois de la physique, à l'instar des automates des jardins royaux de Saint-Germain-en-Laye, à Paris, qui le fascinaient. Inutile de dire que l'idée que la glande pinéale puisse être le siège de la conscience a été démentie depuis bien longtemps par la science. Le problème fondamental du dualisme cartésien était d'identifier cet esprit. Ce « fantôme dans la machine », comme le désignaient par dérision ceux qui étaient opposés à ce dualisme, qui contemple de l'intérieur le théâtre de la réalité extérieure.

Bien que certains aient suggéré que l'incertitude quantique pourrait permettre à une conscience immatérielle d'interagir avec le monde physique, on pense aujourd'hui que le dualisme, qui suppose qu'une entité immatérielle puisse modifier le comportement d'un système matériel, est incompatible avec le principe de conservation de l'énergie (rien ne se crée ni ne se perd), l'un des principes sacro-saints de la physique.

M. – La physique nous dit que la masse est équivalente à de l'énergie, et le bouddhisme que « le vide est forme et la forme est vide ». L'antinomie matériel-immatériel perd donc son sens ontologique, et même s'il existe des différences qualitatives entre l'animé et l'inanimé, aucune incompatibilité fondamentale n'interdit une action réciproque entre les phénomènes extérieurs et la conscience. L'interface est assurée par l'interdépendance, car tout ce qui coexiste interagit.

On évite ainsi de tomber dans les pièges des deux extrêmes que sont le matérialisme et l'idéalisme. Un dualisme cartésien irréductible ne permettrait pas l'existence d'une interface entre l'animé et l'inanimé, car ces derniers n'auraient rien en commun. La conscience serait incapable de connaître la réalité extérieure, car pour appréhender le monde et être influencée par lui, elle doit nécessairement entretenir avec ce dernier une relation dynamique. Bref, la raison pour laquelle cette dualité n'est pas irréductible est que ni l'esprit ni la matière n'ont de réalité intrinsèque, et que tous deux participent de la même globalité.

T. – La thèse de l'« immatérialité » des phénomènes surgit aussi dans plusieurs contextes en physique moderne : dans celui de la complémentarité onde-particule, ainsi que dans la théorie de la relativité générale d'Einstein, selon laquelle la gravité produite par une masse n'existe pas en soi, mais dépend du contexte dans lequel on se trouve. Ainsi, nous sentons tous les effets de la gravité sur Terre. C'est elle qui fait que nous avons du poids. Mais quand un parachutiste se jette d'un avion dans le vide, avant d'ouvrir son parachute il tombe en chute libre et ne sent plus son poids, tout comme un astronaute en « apesanteur » dans son vaisseau spatial. C'est comme si le champ de gravité terrestre n'existait plus.

En somme, le bouddhisme dit que la division entre le monde intérieur de la pensée et celui de la réalité physique extérieure est factice. L'antithèse entre réalités interne et externe n'est que pure illusion. Il n'y a qu'une seule réalité.

M. – Ou plutôt qu'une seule irréalité ! De ce point de vue, la dichotomie esprit/matière relève d'un attachement à la solidité des choses et n'est qu'un concept. Mais, ici encore, il ne faut pas confondre le point de la vérité ultime, selon lequel ni la conscience ni les phénomènes extérieurs n'ont d'existence intrinsèque, et le point de vue de la vérité relative ou conventionnelle, celle des apparences, selon lequel il existe une différence *qualitative* entre l'animé et l'inanimé. Même en rêve, un caillou est différent d'un être pensant. Toutefois, cette différence ne relève pas d'un dualisme fondamental, lequel n'est concevable que si l'on s'attache à la réalité des phénomènes.

T. – La dualité cartésienne entre l'observateur et l'acteur, entre le « moi » et la réalité externe, entre les mondes intérieur et extérieur, est également basée sur l'illusion que le monde extérieur n'a pas de composante subjective. Or, nous savons que la réalité ne peut être totalement objective. Dans certains cas, en physique macroscopique, on peut approximativement conduire une expérience comme s'il y avait une séparation entre observateur et objet, mais au niveau atomique et subatomique, la mécanique quantique nous a appris que ce n'est pas possible : l'observateur participe à la réalité de façon évidente et fait partie d'un réseau d'interdépendance d'où émerge, pour lui, un phénomène. Quand tu parles de complémentarité entre le cerveau et la conscience, je ne peux m'empêcher de penser au fameux principe de complémentarité énoncé par Niels Bohr. Pour moi, l'esprit est complémentaire de la matière, tout comme l'aspect « particule » de la matière est complémentaire de son aspect « onde ».

M. – En outre, c'est la dichotomie entre soi et le monde qui est la cause de notre inadéquation aux phénomènes, faussement conçus comme nous étant irrémédiablement extérieurs. C'est le fossé imaginaire que nous creusons entre l'intérieur et l'extérieur, la conscience et la matière, soi et autrui, qui donne naissance à la notion d'ego. Puisque celui-ci n'est qu'une fiction, il est normal qu'il soit impossible de satisfaire toutes ses exigences. En tentant de le faire, on se trouve constamment en porte-à-faux avec la réalité. Chandrakirti a résumé la frustration qui en découle :

> En premier lieu, nous concevons le « moi », et nous nous attachons à l'ego.
> Puis, nous concevons le « mien », et nous nous attachons au monde matériel.
> Comme l'eau captive de la roue du moulin, nous tournons en rond,
> [impuissants.
> Je me prosterne devant la compassion qui embrasse tous les êtres.

T. – Cette division factice entre soi et le monde a d'ailleurs été soulignée par les fondateurs de la physique quantique, comme Schrödinger qui écrit : « Le sujet et l'objet ne sont qu'un. On ne peut dire que la barrière qui les sépare ait été brisée à la suite de l'expérience récente en sciences physiques, car cette barrière n'existe pas[1]. »

Un nombre croissant de biologistes et de physiciens invoquent des principes d'émergence et d'auto-organisation pour tenter d'expliquer le passage de l'inanimé à l'animé sans avoir recours à un continuum de conscience. Ils basent leurs arguments sur l'observation de certains systèmes physiques ou chimiques dits « ouverts », c'est-à-dire qui interagissent avec leur environnement. Cette interaction les fait passer par des « points de bifurcation » qui les projettent de façon abrupte dans des états plus organisés. Il en est ainsi de l'eau qui passe au point d'ébullition. Initialement homogène et sans structure, elle s'organise spontanément en cellules de convection dans un flux ordonné et stable dès qu'on la chauffe au-dessus d'une température critique. L'eau a bifurqué d'un état

1. Erwin Schrödinger, *L'Esprit et la Matière*, *op. cit.*, p. 195.

non organisé à un état organisé, car le fait de la chauffer l'a sortie de son état d'équilibre. Il n'est donc pas invraisemblable que l'évolution biologique se soit déroulée de la même manière : elle a peut-être progressé de bifurcation en bifurcation, s'auto-organisant de façon croissante et discontinue pour gravir l'échelle de la complexité et passer de l'inanimé à l'animé. Tout cela parce que certains événements ont poussé la biosphère hors de son équilibre dynamique. Car si le désordre est lié à l'équilibre, le non-équilibre peut engendrer l'organisation.

Ce scénario est plausible pour plusieurs raisons. D'abord, les organismes vivants sont des systèmes ouverts par excellence. La vie ne peut exister isolée. Elle échange constamment de l'énergie avec son environnement, que ce soit pour se nourrir ou pour rejeter des déchets. D'autre part, il y a inévitablement des agents de changement, internes ou externes, qui rompent l'équilibre de la biosphère et la mettent en état de non-équilibre. Les changements peuvent être graduels ou soudains. L'enrichissement progressif de l'atmosphère terrestre en oxygène par les espèces végétales est un exemple de changement graduel. Quant aux changements soudains, on peut mentionner les éruptions solaires qui projettent des particules énergétiques vers la Terre, ou l'impact du gigantesque astéroïde venu percuter notre planète il y a soixante-cinq millions d'années et qui fut, comme nous l'avons déjà évoqué, à l'origine de la disparition des dinosaures et des trois quarts des espèces animales et végétales de l'époque.

Les principes « émergents » qui guident l'auto-organisation ne requièrent pas l'introduction de nouvelles forces en sus des quatre forces physiques connues (comme c'est le cas des théories vitalistes[1]). Ils émergent dès que le niveau de complexité dépasse un seuil critique.

D'après cette théorie, les changements évolutifs devraient se produire non pas graduellement, mais par à-coups, à chaque fois que des seuils critiques sont dépassés. Les études paléontologiques modernes semblent plaider davantage en faveur de cette théorie que l'idée, chère à Darwin, selon laquelle l'évolution procéderait à petits pas. Si l'évolution avait été continue, on devrait trouver des fossiles représentant toutes les formes intermédiaires entre les grands groupes d'espèces vivantes. Or ce n'est pas le cas. Selon certains biologistes comme les Américains Stephen Jay Gould et Niles Eldredge, l'évolution biologique procéderait par une succession d'« équilibres ponctués ». Les espèces vivantes ne se modifieraient pas pendant de très longues périodes, puis, durant un laps de temps relativement court, elles subiraient de profonds changements. À l'image des « sauts quantiques » de la physique des atomes, l'évolution procéderait par « sauts évolutifs ». On peut imaginer que c'est à l'occasion

1. Henri Bergson, par exemple, pensait qu'un « élan vital » poussait les systèmes biologiques à s'organiser et à se développer de façon créative et performante.

de l'un de ces sauts que les étincelles de la vie, puis de la conscience, seraient apparues[1].

M. – Si l'on envisage l'émergence sous deux aspects : une causalité ascendante et une causalité descendante, on peut alors l'interpréter dans le cadre d'une vision bouddhiste de l'interface entre le corps inanimé et la conscience animée. L'aspect ascendant permet au corps non pas de produire la conscience mais d'influencer les événements mentaux.

L'aspect descendant permet à la conscience non seulement d'influer sur le corps (on a pu montrer, par exemple, que *l'expression* de certains gènes était désactivée chez de jeunes enfants qui souffraient d'un manque d'affection[2]) mais de modeler ce qui constitue « notre » monde, c'est-à-dire le monde qui est perçu par chaque type de conscience en fonction des tendances accumulées au cours d'existences innombrables. Ce monde n'est pas une projection inexistante d'un esprit existant (comme le voudraient les idéalistes), mais a été façonné par lui comme un vase par un potier. Ce façonnement correspond au karma collectif qui fait que nous vivons le monde de façon similaire, tandis que nos expériences particulières au sein de cet univers commun correspondent au karma individuel.

T. – La causalité peut en effet s'exercer dans les deux sens. Quand elle s'exerce vers le haut, l'interaction des niveaux inférieurs donne naissance à un niveau supérieur, et les principes émergents qui opèrent à ce niveau supérieur ne peuvent être déduits des lois qui régissent les niveaux inférieurs. Ainsi la vie et la conscience ne peuvent être déduites de la seule étude de particules inanimées. Quand la causalité s'exerce vers le bas, elle permet aux niveaux supérieurs d'influencer les niveaux inférieurs. Ainsi la conscience peut agir sur le corps. La conscience individuelle ne figure d'ailleurs pas au sommet de la pyramide de l'organisation. À un niveau plus élevé se situe la conscience collective, qui émerge de l'expérience de la société dans son ensemble et qui est à l'origine de la culture et de la religion. C'est ce que nous appelons le « social-culturel-historique » qui façonne les œuvres littéraires, artistiques et scientifiques, les institutions sociales et politiques. De nouveau, il existe alors une causalité vers le bas : un changement de gouvernement, accompagné d'une nouvelle politique économique et sociale, peut affecter l'état mental des citoyens.

M. – En résumé, pour le bouddhisme, les propriétés émergentes de la matière fournissent les conditions coopérant au fonctionnement de la conscience grossière, mais la cause première de cette conscience grossière

1. La théorie des « équilibres ponctués » n'est pas universellement acceptée. Elle a été critiquée par des biologistes comme Richard Dawkins, entre autres.

2. Voir Michael J. Meany *et al.*, « Early Environmental Regulation of Forebrain Glucocorticoid Receptor Gene Expression: Implications for Adrenocortical Responses to Stress », *Developmental Neuroscience*, 18, 1996, p. 49-72.

ne peut être qu'un continuum de conscience très subtil, résultant lui-même d'une succession d'instants de conscience sans début.

T. – Comment, selon le bouddhisme, s'effectue cette transition entre la conscience et la matière ?

M. – Les cinq éléments extérieurs – terre, eau, feu, vent et espace – correspondent dans le corps à cinq éléments intérieurs – os et chair, sang et humeur, chaleur vitale, souffle et cavités. Ces derniers sont liés à cinq énergies, elles-mêmes associées à la conscience grossière comme un cheval à son cavalier. Ces cinq énergies procèdent de cinq aspects lumineux de l'esprit symbolisés par cinq couleurs – jaune, blanc, rouge, vert et bleu –, lesquels sont la radiance, au niveau de la conscience très subtile, de cinq aspects de l'Éveil. Ces cinq connaissances se manifestent lorsque sont dissipés les deux voiles qui empêchent l'actualisation de l'Éveil : le voile des émotions perturbatrices et le voile qui masque la connaissance de la nature ultime des phénomènes.

T. – Si je comprends bien, afin d'éviter d'introduire une notion de discontinuité entre l'inanimé et l'animé, le bouddhisme envisage donc la notion d'un continuum de conscience s'associant à différents supports matériels.

M. – Chaque support est ce qu'on pourrait appeler une « inscription corporelle de l'esprit », pour employer une expression de Francisco Varela[1]. Mais il n'est pas indispensable que la conscience ait un tel support. Selon le bouddhisme, elle peut faire pendant un certain temps l'expérience d'un monde appelé « sans forme », dans lequel il n'y a ni support physique ni perception du monde des formes. C'est un peu comme l'état intermédiaire entre la mort et la renaissance, qu'on appelle *bardo*, où il y a perception de formes et d'un corps mental, mais pas de support physique. Cette possibilité, qui constitue la différence principale entre le bouddhisme et les sciences naturelles, est inacceptable par la plupart des biologistes.

T. – En admettant qu'il puisse y avoir une conscience privée de support physique, quel rapport entretiendrait-elle avec la matière ?

M. – Ces rapports relèvent de la globalité de l'interdépendance : même sans support matériel, la conscience n'est pas pour autant « déconnectée » de l'ensemble du monde des phénomènes.

T. – Quel genre d'arguments le bouddhisme présente-t-il à l'appui de sa thèse ?

M. – Ils sont de deux sortes. Les premiers relèvent du témoignage de ceux qui ont fait l'expérience de l'état intermédiaire entre la mort et la renaissance – le *bardo*. En Occident, les expériences qu'on appelle « aux confins de la mort » (NDE, de l'anglais *Near Death Experience*) sont

1. Francisco J. Varela, Evan Thompson et Eleanor Rosch, *L'Inscription corporelle de l'esprit*, *op. cit.*

bien connues médicalement et ont été abondamment illustrées[1]. Il s'agit de témoignages de personnes qui sont mortes cliniquement pendant un temps plus ou moins bref, puis qui ont été réanimées. Elles décrivent le plus souvent des états d'intense félicité, d'amour universel, de voyage vers une lumière éblouissante au bout d'un tunnel obscur, et d'un point de non-retour où elles doivent choisir entre continuer ou revenir à la vie. Les sujets font le plus souvent part de leur réticence à réintégrer leur corps physique. Parfois, ils témoignent d'expériences effrayantes correspondant à l'image qu'on pourrait se faire d'états infernaux. Les personnes qui ont vécu ces expériences en reviennent le plus souvent transformées et décident de vivre le reste de leur vie d'une façon nouvelle. Quel que soit l'intérêt de ces témoignages, un matérialiste pourra rétorquer qu'ils ne sont que le résidu d'une activité cérébrale moribonde. Selon le bouddhisme, on considère que ceux qui ont vécu une NDE n'ont pas encore véritablement franchi le seuil de la mort. En revanche, d'autres personnes (appelées *délok* en tibétain), le plus souvent des méditants avancés, ou des êtres ordinaires qui ont vécu de telles expériences de manière prolongée, décrivent avec un luxe de détails les diverses étapes de la mort et de l'état intermédiaire, ou *bardo*, entre mort et renaissance.

T. – J'ai lu quelques ouvrages sur les NDE. Ce qui m'a frappé, c'est la grande similarité des descriptions de cet état intermédiaire entre la vie et la mort par différents sujets : un profond sentiment de paix, de compassion, une lumière intense, etc. Un fait très troublant est que certains malades, à leur réveil, ont raconté des événements qui se passaient dans la salle d'hôpital. Ils affirmaient que leur esprit « sorti » de leur corps les avait observés alors qu'ils n'auraient pas dû en être conscients, puisqu'ils étaient cliniquement morts.

M. – Le deuxième type d'argument concerne la mémoire des existences antérieures. Les témoignages en ce sens abondent mais, faute d'avoir été vérifiés par un nombre suffisant de scientifiques, ils ne sont généralement pas acceptés. Il y a cependant quelques exceptions, des exemples célèbres pour lesquels la supercherie et la pure coïncidence semblent raisonnablement exclues. C'est notamment le cas de Shanti Dévi.

Shanti Dévi naît en Inde, à Delhi, en 1926. Vers l'âge de quatre ans elle commence à tenir à ses parents des propos étranges. Elle leur dit que sa vraie maison est dans la ville de Mathura où vit son mari. D'abord amusés, les parents ne tardent pas à s'inquiéter de sa santé mentale. Shanti Dévi est pourtant intelligente et d'un caractère aimable. Pendant

1. Raymond Moody, *La Vie après la vie*, Robert Laffont, 1977 ; Michael Sabom, *Recollections of Death*, New York, Harper and Row, 1982 ; et Kenneth Ring, *Heading toward Omega*, New York, Quill Morrow, 1984. Voir les comptes rendus de ces études dans *Dormir, rêver, mourir*, *op. cit.*, et *Le Livre tibétain de la vie et de la mort*, de Sogyal Rinpoché, La Table ronde, 1993.

deux ans elle maintient ses affirmations, ce qui les agace de plus en plus. À l'âge de six ans elle s'échappe et tente en vain de gagner à pied Mathura, qui se trouve à cent cinquante kilomètres de Delhi. Un jour, elle explique à l'une de ses compagnes de classe qu'elle ne s'appelle pas Shanti Dévi, mais Lugdi Dévi, qu'elle est mariée, qu'elle a même eu un enfant dont elle n'a pu s'occuper, car elle est morte dix jours après son accouchement. Toute l'école se moque d'elle. Elle fond en larmes et s'enfuit. Désespérée, elle erre longtemps et finit par arriver près d'un temple. Là, elle raconte toute son histoire à une femme qui essaie de la consoler. Chez elle, c'est l'affolement. Son père part à sa recherche et finit par la trouver. Cette fois, il semble ébranlé par la détermination de la fillette. Pourtant, pendant les deux années suivantes, il ne se passe rien. Shanti Dévi se replie sur elle-même. Finalement, intrigués par tout ce qu'on raconte sur cette enfant par ailleurs sage et studieuse, son professeur et le directeur de son école rendent visite à ses parents pour tenter de tirer l'affaire au clair. Ils interrogent longuement la fillette qui répond posément et avec assurance à leurs questions. Elle décrit la vie qu'elle menait à Mathura avec son mari commerçant, et affirme qu'elle pourra reconnaître sans difficulté les personnes et les lieux. Dans sa conversation, elle emploie constamment des mots du dialecte de Mathura que personne ne parle, ni dans sa famille, ni à l'école. Les professeurs insistent pour connaître le nom de son mari. Il est indécent pour une femme indienne de prononcer le nom de son époux. Honteuse, Shanti Dévi hésite, se cache le visage dans les mains et finit par murmurer : « Kédar Nath. » Malgré les réticences des parents qui préféreraient que l'on oublie tout cela, le directeur fait faire une enquête à Mathura. On trouve effectivement un commerçant du nom de Kédar Nath. Le directeur de l'école lui écrit, et quelques semaines après, il reçoit une réponse. Interloqué, le négociant confirme que, neuf ans plus tôt, sa femme est morte dix jours après avoir mis leur fils au monde. Il désire bien sûr en savoir plus, mais, quelque peu méfiant, commence par envoyer un cousin à Delhi. La petite fille reconnaît immédiatement cet homme qu'elle n'a jamais vu, l'accueille chaleureusement, lui dit qu'il a grossi, s'attriste de le voir toujours célibataire et lui pose toutes sortes de questions. Arrivé avec la conviction qu'il allait démasquer une imposture, le cousin, stupéfait, transpire à grosses gouttes. Il se met aussi à questionner la fillette, mais la supplie bientôt de se taire, car elle commence à raconter avec précision comment, en l'absence de son mari, il lui a un jour fait la cour. « Lugdi Dévi était la femme la plus merveilleuse du monde, c'était une sainte femme ! » s'exclame alors le cousin. Elle lui demande ensuite des nouvelles de son fils.

Quand on lui rapporte ces événements, Kédar Nath manque de s'évanouir. Il décide de se rendre à Delhi avec son fils, mais aussi son frère pour lequel il veut se faire passer. Peine perdue ; à peine a-t-il décliné sa fausse identité que Shanti Dévi s'exclame : « Tu n'es pas mon *jeth* [beau-frère en dialecte de Mathura], tu es mon mari, Kédar Nath », et elle se blottit en pleurant dans ses bras. Lorsque le fils, qui a presque l'âge de la fillette, pénètre dans la pièce, elle l'embrasse comme une mère. Tous les témoins qui observent cette scène sont médusés. La discussion continue, de plus en plus précise. Shanti Dévi demande à Kédar Nath s'il a respecté la promesse qu'il lui avait faite sur son lit de mort de ne pas se remarier. Elle lui pardonne quand il lui avoue avoir pris une autre femme. Kédar Nath reste plusieurs jours à Delhi et pose mille questions à Shanti Dévi qui y répond avec les détails les plus déconcertants. Il repart persuadé que Shanti Dévi est bien la réincarnation de sa femme.

Les choses n'en restent pas là. La rumeur se répand et, un jour, à la stupéfaction émue de tous, Gandhi lui-même vient rendre visite à la fillette. Il est passionné par son cas. Shanti Dévi lui confie, entre autres choses, que Lugdi Dévi était très religieuse. En lui caressant paternellement les cheveux, Gandhi dit à l'enfant : « J'espère en savoir plus long quand tu seras à Mathura. Mes pensées bienveillantes t'accompagneront. Ce dont tu as besoin, c'est de la vérité. Ne t'éloigne jamais du chemin de la vérité, quoi qu'il t'en coûte. » Il envoie l'enfant à Mathura, accompagnée de ses parents, de trois notables respectés, d'avocats, de journalistes et d'hommes d'affaires de haute réputation intellectuelle. Le 15 novembre 1935, le groupe arrive en gare de Mathura. Une foule s'est massée sur le quai pour les attendre. Immédiatement, l'enfant émerveille tout le monde en reconnaissant les membres de son « ex-famille ». Elle se précipite vers un vieillard en s'écriant : « Grand-père ! » et lui demande des nouvelles de son basilic sacré. Le vieil homme n'en revient pas : avant de mourir, Lugdi Dévi lui avait bien confié son basilic sacré. Puis elle conduit le cortège directement à sa maison. Pendant plusieurs jours, elle va reconnaître des dizaines de lieux et de personnes. Elle rencontre ses anciens parents qui sont bouleversés. Ses parents actuels sont très inquiets à l'idée qu'elle puisse ne pas rester avec eux. Déchirée, elle décide pourtant de repartir à Delhi. Au fur et à mesure qu'elle questionne son mari, elle découvre qu'il n'a tenu aucune des promesses qu'il lui avait faites sur son lit de mort. Il n'a même pas offert à Krishna, pour le salut de son âme, les cent cinquante roupies d'économie qu'elle avait dissimulées sous une lame de plancher. Cette cachette, seuls Lugdi Dévi et son mari la connaissaient. Shanti Dévi pardonne à Kédar Nath tous ses manquements, grandissant toujours davantage dans l'estime de ceux qui l'écoutent.

La commission d'enquête des notables fit un travail sérieux, multipliant les recoupements et accumulant les faits. Elle décida que Shanti Dévi était bien la réincarnation de Lugdi Dévi.

Shanti Dévi vécut ensuite une vie modeste et resta célibataire, car elle avait promis à son mari de ne pas se remarier dans une vie future.

Elle n'essaya jamais de tirer le moindre profit de sa célébrité et, après des études de lettres et de philosophie, se consacra à la prière et à la méditation. À la fin des années 1950, elle accepta de raconter à nouveau son histoire[1].

T. – C'est une histoire étonnante et troublante, en effet.

M. – Ce cas, bien qu'exceptionnel, n'est pas isolé. Ian Stevenson, professeur à l'université de Virginie, a étudié les témoignages de centaines de personnes qui prétendaient avoir de telles réminiscences. Il a retenu une vingtaine de cas qu'il semble difficile d'expliquer autrement que par un phénomène de mémoire[2]. Il s'agissait toujours d'enfants ordinaires. Au Tibet, par contre, il s'agit la plupart du temps d'enfants qui dans leur vie passée étaient des êtres exceptionnels par leur maturité spirituelle et la maîtrise de leur esprit.

T. – Stevenson enseigne dans la même université que moi, et j'ai eu l'occasion de lui parler de ses études sur la mémoire des vies passées. Il reconnaît que ce sont des études très difficiles, et qu'un grand nombre de cas relèvent de la supercherie. Toutefois, s'il est ainsi possible de se remémorer ses existences passées, pourquoi est-ce que cela n'arrive qu'à si peu de personnes ?

M. – Lorsqu'on se réveille au beau milieu de la nuit, ou au sortir d'une anesthésie générale, ou après un évanouissement, on est plongé dans un état de confusion et, pendant quelques instants, on ne sait plus très bien où l'on se trouve. L'obscurcissement passager de nos facultés mentales causé par ces traumatismes mineurs comporte des similitudes avec celui qui survient à la mort, mais n'a pas la même ampleur. On comprend donc que, lorsqu'on meurt, le traumatisme est beaucoup plus important et l'oubli plus profond. Cependant, lorsque la mort survient dans des circonstances où l'on jouit d'une grande clarté d'esprit, ou à un âge relativement précoce, il peut arriver que des souvenirs resurgissent dans la vie suivante. Ce phénomène se manifeste au cours de la petite enfance, car au fur et à mesure que les impressions de la nouvelle vie s'imposent à la conscience, celles de la vie précédente s'estompent. L'obscurcissement dû au processus de la mort est moindre chez ceux qui ont atteint, dans leur vie précédente, une grande maîtrise contemplative et savent traverser l'état intermédiaire entre la mort et la renaissance avec lucidité. C'est pourquoi, pense-t-on au Tibet, les cas de réminiscences sont plus nombreux chez les jeunes enfants qui sont la réincarnation de sages défunts.

---

1. Voir Sture Lönnestrand, *Shanti Dévi. L'enfant réincarné*, Pocket, 1999, et L. D. Gupta, N.R. Sharma, T. C. Mathur (les trois notables envoyés par Gandhi), *An Inquiry into the Case of Shanti Devi*, Delhi, International Aryan League, 1936, ainsi que l'article de Patrice Van Eersel (*Clés*, nº 22, été 1999) que nous avons ici résumé.

2. Ian Stevenson, *20 Cas suggérant le phénomène de réincarnation*, Sand, 1985.

T. – Cette explication convient, par exemple, dans le cas des incarnations successives des dalaï-lamas qui ont généralement été choisis sur la base de réminiscences de certains jeunes enfants. Elle s'applique moins bien à la vingtaine d'enfants cités par Stevenson, dont aucun, semble-t-il, n'a été un sage ayant atteint une grande clarté d'esprit dans une vie précédente. Dans *Le Moine et le Philosophe* – le dialogue avec ton père –, tu cites la réincarnation de ton maître, Khyentsé Rinpoché[1].

M. – Effectivement, je me suis permis de décrire son cas, car c'est le seul dont j'aie été le témoin direct. Je rappellerai ici un événement parmi d'autres : un maître tibétain qui vit dans la montagne, au Népal, identifia l'enfant à la suite de visions et de rêves, puis décida de faire une cérémonie de longévité pour la jeune incarnation. Une centaine de disciples de Khyentsé Rinpoché se réunirent à cette occasion dans un lieu sacré de l'est du Népal. Le dernier jour, il y eut un rituel particulier au cours duquel le maître officiant distribua aux participants une substance consacrée. Or, l'enfant, lorsqu'il vit le maître commencer, décida de faire la distribution lui-même – il n'avait alors que deux ans et demi. Très calmement il fit venir sa mère, lui donna une goutte de cette substance, puis il appela de même le petit-fils de Khyentsé Rinpoché et une vingtaine d'autres personnes. Après qu'il eut ainsi béni ceux qui se tenaient à proximité, un moine lui demanda : « Bon, maintenant… c'est fini ? » Il répondit : « Non, non » et désigna du doigt quelqu'un plus loin dans la foule. Parmi la centaine de personnes rassemblées se tenait un groupe de Bhoutanais qui venaient d'arriver de la frontière népalaise, après trois jours de marche – dont un vieux serviteur du défunt Khyentsé Rinpoché. Un autre moine se déplaça pour désigner différentes personnes dans la direction qu'indiquait l'enfant – « celui-là ? celle-ci ? celle-là ? » –, jusqu'à ce qu'il parvienne auprès du vieux serviteur bouthanais de Khyentsé Rinpoché, et que l'enfant s'exclame : « Oui ! Lui ! » On fit donc approcher le vieil homme qui fondit en larmes pendant que l'enfant lui donnait sa bénédiction. Cet événement a pour moi une importance particulière, car j'en ai été moi-même le témoin. Depuis, l'enfant a reconnu de façon totalement inattendue d'autres personnes qui avaient été proches de Khyentsé Rinpoché.

Le dalaï-lama, dont on connaît la simplicité et la modestie, dit qu'il ne se souvient pas de ses vies passées, mais il raconte néanmoins que, lorsqu'il entra pour la première fois dans la chambre du treizième dalaï-lama, il désigna une table de chevet et demanda qu'on lui donne ses dents. Or, dans le tiroir se trouvait le dentier de son prédécesseur ! Les exemples de ce genre abondent au Tibet, en des lieux et à des époques

1. Jean-François Revel et Matthieu Ricard, *Le Moine et le Philosophe*, *op. cit.* Sur la vie de Khyentsé Rinpoché, voir Matthieu Ricard, *L'Esprit du Tibet*, Le Seuil, 1997.

variés, et il semble improbable qu'ils relèvent tous de la coïncidence ou de la supercherie.

Une théorie peut être totalement invalidée par une seule exception. La théorie qui affirmerait, par exemple, que « tous les cygnes sont blancs » peut être basée sur l'observation de milliers de cygnes sans que cela lui confère une valeur absolue. Elle peut être détruite par l'apparition d'un seul cygne noir. La négation des existences passées et futures est donc fondamentalement différente, notamment, de la réfutation de l'existence d'entités permanentes et autonomes dans le monde des phénomènes qui, elle, est fondée sur une logique solide. Si l'on voulait nier avec certitude l'existence de vies successives, il faudrait non seulement pouvoir réfuter tous les témoignages dont on dispose, mais également démontrer l'impossibilité de la renaissance.

Dans le contexte d'une culture occidentale si étrangère à l'idée qu'on puisse renaître de multiples fois, le fait d'évoquer ce genre de témoignages relève de la provocation et suscite fréquemment un rejet indigné. Mais ce rejet procède davantage de l'inertie, de la répugnance instinctive à remettre en cause des positions métaphysiques implicites, que du désir de clarifier une question qui reste fortement influencée par le contexte culturel. Personnellement, je n'ai aucun désir d'imposer ces témoignages comme des faits, mais je souhaiterais que cette question soit examinée avec plus de rigueur et moins de passion.

T. – Nul doute que l'environnement culturel exerce une grande influence sur notre vision du monde. Ce facteur explique pourquoi les témoignages de réminiscence des vies antérieures proviennent principalement de pays où les gens croient en la possibilité de renaissances. Les faits dont tu parles, s'ils survenaient en Occident, seraient écartés comme de simples enfantillages, ou comme des signes de dérangement mental. Il serait donc important d'étudier ce problème avec toute la rigueur scientifique nécessaire. Je dois dire qu'une certaine mémoire des vies antérieures serait bien utile pour progresser dans notre vie actuelle ! Nous pourrions tirer profit de la somme des expériences acquises dans les vies antérieures pour nous développer plus harmonieusement. Notre sens du bien et du mal en serait renforcé.

M. – C'est précisément l'un des buts de la transformation spirituelle. Si nous avons acquis une certaine maturité dans cette vie, même si nous ne nous en souvenons pas clairement dans la suivante, nous ne repartirons pas complètement de zéro et nous franchirons avec plus de facilité les étapes d'une réalisation spirituelle déjà ébauchée dans notre vie précédente. Un musicien qui s'est arrêté de jouer pendant des années aura les doigts gourds lorsqu'il s'assiéra devant un piano, mais retrouvera rapidement sa virtuosité.

T. – L'existence de vies antérieures permet aussi d'expliquer le génie précoce, comme celui de Mozart, et les dons en général. L'intuition prodigieuse d'Einstein en physique résulte-t-elle d'une longue maturation de sa pensée dans des vies passées ? Plus généralement, toute intuition est-elle une mémoire de faits antérieurs ? Cela rendrait aussi compte du sentiment de « déjà-vu » qu'il nous arrive d'éprouver dans un endroit où nous sommes certains de n'être jamais allés, ou face à une personne que nous n'avons jamais rencontrée. D'ailleurs, le bouddhisme ne dit-il pas que les personnes qui jouent un rôle important dans notre vie actuelle (en bien ou en mal) ont eu des interactions avec nous dans nos vies antérieures ? Leur karma n'est-il pas relié au nôtre ?

M. – Selon le bouddhisme, tous les êtres ont été liés à nous à un moment ou à un autre, depuis des temps sans commencement. Ils ont tous été nos pères, nos mères, nos amis et nos ennemis. Il y a bien sûr des êtres avec lesquels nous avons forgé des liens plus étroits, capables de se perpétuer de vie en vie.

T. – Pour revenir à la conscience, comment la concevoir sans aucun support matériel ? Serait-ce quelque chose qui imprègne tout l'univers, ou un méta-univers dans lequel notre univers n'occuperait qu'une petite place ?

M. – Il ne s'agit pas d'une conscience globale commune à tous les êtres et présente dans tous les phénomènes, mais de continuums individuels de conscience qui passent d'un état d'existence à un autre. Ce sont des flux que l'on pourrait peut-être comparer à des ondes, en se rappelant que pour le bouddhisme la conscience n'est qu'une fonction dénuée de réalité intrinsèque.

T. – Une onde peut être détectée.

M. – Une chose est sûre : nous détectons la conscience dans la mesure où nous sommes conscients. Ce mode de détection, après tout, en vaut un autre. La conscience implique un grand nombre de relations dont on peut envisager qu'elles engendrent un « champ », donc une onde, même si elle n'est pas « physique ». On peut décrire la conscience comme un flux, une fonction qui se perpétue sans pour autant transporter une entité distincte. Quelque chose passe sans qu'une entité transmigre. On peut comparer cette continuité à la transmission du savoir : lors d'un enseignement, il y a bien transmission, mais pas d'une « chose ». On peut la comparer aussi au transfert qui s'opère lors d'un moulage : on reproduit une forme sans qu'il y ait transfert de substance. Quand on regarde la houle du grand large, on pourrait s'imaginer que de grandes masses d'eau se déplacent. Or, il n'en est rien. Les particules d'eau décrivent des cercles quand la houle passe, mais ne voyagent pas avec elle.

T. – C'est pourquoi une bouteille à la mer n'est pas emportée par une vague quand cette dernière passe. Elle n'accomplit qu'un mouvement vertical du creux à la crête de la vague. Une onde se propage, mais aucune matière n'est transportée.

M. – De même, la succession d'états dont la conscience fait l'expérience – disons d'emblée que les mots « réincarnation » ou « renaissance » ne sont que des approximations de ce vécu – ressemble, toutes proportions gardées, à celle d'une onde dans laquelle il y a propagation d'une fonction et d'informations, sans transport de matière ou d'entités concrètes. Le devenir d'un être correspondrait aux transformations de cette onde, la nature de nos actes et de nos pensées déterminant les états d'être associés à notre conscience. Une onde physique peut être destructrice, comme le rayonnement radioactif, ou source de bien-être, comme les rayons du soleil qui réchauffent le voyageur transi. Une onde radio peut appeler à la guerre ou à la paix. Pareillement, les modifications que nous apportons à l'onde de conscience par nos pensées et par les motifs altruistes ou malveillants qui inspirent nos paroles et nos actes se traduisent par du bonheur ou de la souffrance.

Cette onde est caractérisée par la somme de toutes nos expériences de cette vie et des vies passées, par un réseau infiniment complexe d'éléments positifs et négatifs, de moments de lucidité et de confusion. La conscience peut être purifiée ou obscurcie. Toutefois, nos tendances acquises nous empêchent de la rendre parfaitement malléable : la conscience peut avoir pris de « mauvais plis », d'où la nécessité de l'entraînement spirituel pour dissoudre ces conditionnements. L'état de purification ultime est l'Éveil, la bouddhéité, auquel aspire tout pratiquant de la voie bouddhiste.

T. – Il existerait donc une onde associée à chaque personne ?

M. – De même que chaque onde ordinaire est différente d'une autre, on peut concevoir qu'il y ait une personne, une conscience individuelle, sans pour autant qu'il soit nécessaire de postuler l'existence d'un « moi » qui voyage avec cette onde.

T. – S'il n'y a pas de « moi » associé à ce flux de conscience, comment une mémoire peut-elle s'y attacher ? Le concept du « moi » n'est-il pas indissociable de la notion de mémoire ? Notre conception de nous-mêmes est en grande partie basée sur la mémoire des expériences passées. C'est surtout grâce à elle que nous acquérons le sens d'une identité personnelle.

M. – Si la mémoire était dépendante du « moi », alors ceux qui se sont libérés de cette illusion deviendraient amnésiques ! Il ne faut pas confondre la notion artificielle de « moi » avec le flux de la conscience individuelle. Nous appelons « moi » les caractéristiques de l'onde de conscience et nous imaginons, à tort, l'existence d'une entité au sein de ce flux en incessante transformation. L'absence d'un « moi » n'empêche pas le processus de la mémoire qui est inscrit dans le système cérébral et modifie les caractéristiques de la conscience grossière qui lui correspond. Il n'est pas nécessaire d'imaginer un « moi » trônant au milieu de cette transmission de savoir, d'images, etc. Le « moi » est une étiquette attachée à nos agrégats psychosomatiques, tout comme on appelle « Petit Robert » l'ensemble des informations contenues dans le dictionnaire du même nom, sans qu'on puisse raisonnablement penser qu'il existe une entité « Petit Robert » intrinsèquement présente dans l'ensemble de ces informations !

T. – Comment concilier cette conception de la mémoire avec les expériences neurophysiologiques sur les conditions cérébrales de la mémoire ?

M. – Tant que la conscience est inscrite corporellement, il existe une relation intime entre le fonctionnement du cerveau et l'aspect grossier de la conscience, d'où l'influence déterminante que peut avoir le fonctionnement normal ou pathologique du cerveau sur cet aspect de la conscience. La conscience grossière n'étant qu'une manifestation de la conscience subtile qui, elle, se perpétue, on peut envisager que le continuum de cette conscience subtile puisse être porteur de mémoire, tout comme une onde peut transmettre une information sans pour autant véhiculer des objets. Quel crédit pouvons-nous accorder à ces différents niveaux de conscience ? Pour un contemplatif aguerri, c'est un fait d'expérience. À ce sujet, Francisco Varela écrit : « Ces niveaux subtils de conscience apparaissent au regard occidental comme une forme de dualisme et sont rapidement évacués […]. Il importe de relever que ces degrés de l'esprit subtil ne sont pas théoriques ; en fait, ils sont assez précisément délimités sur la base de l'expérience réelle, et méritent l'attention respectueuse de quiconque prétend se fonder sur la méthode scientifique empirique. […] La compréhension de ces niveaux de l'esprit subtil requiert une pratique méditative bien informée, soutenue et disciplinée. En un sens, ces phénomènes sont ouverts uniquement à ceux qui sont désireux de réaliser eux-mêmes les expériences telles quelles. Qu'un entraînement spécial soit nécessaire pour les expériences de première main dans de nouveaux domaines de phénomènes n'a pas de quoi surprendre. […] Dans la tradition scientifique, cependant, ces phénomènes demeurent à l'écart dans la mesure où la plupart des chercheurs répugnent encore à toute étude disciplinée de leur propre expérience, que ce soit par la méditation ou par d'autres méthodes d'introspection. Heureusement, le discours contemporain sur la science de la conscience se fonde de plus en plus sur la preuve expérimentale, et certains chercheurs commencent à se montrer plus souples quant à l'investigation de première main de la conscience[1]. »

1. *Dormir, rêver, mourir. Explorer la conscience avec le dalaï-lama*, *op. cit.*, p. 280.

XII
DES ROBOTS QUI PENSENT QU'ILS PENSENT ?

Le cerveau fonctionne-t-il comme un ordinateur ? La faculté de donner un sens au monde qui nous entoure peut-elle émerger chez des robots dotés d'une intelligence artificielle ? Le fait que l'être humain soit capable de s'interroger sur la nature même de sa conscience indique-t-il l'existence d'une conscience distincte des mécanismes physiologiques ?

THUAN : Venons-en maintenant à la nature même de la conscience. Comme nous l'avons vu, certains biologistes affirment qu'il suffit que l'organisation de la matière devienne plus complexe pour qu'émergent la conscience, la pensée, l'amour et toutes les émotions qui font que la vie vaut la peine d'être vécue. Pour eux, rien n'empêche l'apparition naturelle et spontanée de la conscience lorsque l'évolution permet de dépasser un certain seuil d'organisation et de complexité. Le cerveau ne serait qu'une machine pensante, une somme de composants formant une sorte de société neuronale. Les relations à l'intérieur de cette société constitueraient ce qu'on appelle communément l'« esprit[1] ». Cette approche dite « computationnelle » a été critiquée par d'autres chercheurs, comme Francisco Varela, car elle ne prend pas suffisamment en compte l'interaction du cerveau avec le monde extérieur. Selon lui, l'interaction permanente avec un environnement particulier joue un rôle primordial, et l'esprit correspondrait à l'expérience vécue de cette interaction selon un processus de causalité réciproque que Varela appelle « énaction ». Cette expérience permet au « sens du monde » d'émerger[2].

Le modèle computationnel de la conscience compare le système neuronal au matériel (*hardware* en anglais) et l'esprit au logiciel (*software*) d'un ordinateur. Le système neuronal servirait de support matériel à la conscience comme les circuits électroniques de l'ordinateur fournissent un support matériel pour le logiciel qui guide le comportement de la machine. Accepter cette conception purement réductionniste de la conscience revient à dire que si les machines devenaient assez complexes,

1. Voir l'ouvrage de Marvin Minsky, un expert de l'intelligence artificielle, *La Société de l'esprit*, InterÉditions, 1988.
2. Voir l'interview de Francisco J. Varela dans *La Recherche*, n° 308, avril 1998, p. 109.

elles pourraient un jour penser et sentir[1]. Certains chercheurs dans le domaine de l'intelligence artificielle estiment qu'il est théoriquement possible de construire un jour des ordinateurs robotiques qui auront du cœur, connaîtront l'amour et la haine, le chagrin et la pitié. Rien n'empêcherait qu'ils se mettent à créer, à écrire *Guerre et Paix* ou à composer la *Neuvième Symphonie*.

MATTHIEU : Dans le cas d'un ordinateur qui n'effectue que des *calculs*, la complexité croissante de la machine et sa faculté de mimer de mieux en mieux la conscience ne change pas grand-chose à sa nature : une telle machine ne pourra jamais que traiter des informations qui n'ont aucun sens pour elle. La raison en est toute simple : elle n'a pas de conscience. La perception d'un sens du monde et la capacité de réfléchir sur ce sens sont en effet l'une des caractéristiques de la conscience. Même si la machine était intelligemment programmée pour « créer » une nouvelle symphonie, elle ne pourrait le faire qu'à partir des règles d'harmonie choisies en fonction des goûts esthétiques des programmateurs. Non seulement la machine se moquerait totalement de la beauté de la musique, mais elle ignorerait qu'il s'agit de musique. Elle fait des calculs, mais ignore ce qu'est le calcul. Pour être simple, la différence n'en est pas moins colossale.

T. – En 1997, la presse a fait beaucoup de bruit autour de la défaite du champion du monde d'échecs Garry Kasparov devant le superordinateur « Deep Blue ». Certains journalistes ont cru voir là une défaite pour l'humanité. En vérité, Deep Blue a vaincu Kasparov grâce à sa capacité d'examiner deux cents millions de positions par seconde, ce qui lui permet de passer en revue toutes les combinaisons possibles pour au moins les dix coups suivants. Un joueur humain ne peut anticiper que quelques combinaisons, et c'est surtout l'intuition, aiguisée par la mémoire des parties passées et par l'expérience accumulée, qui lui permet d'écarter les mouvements désavantageux. C'est donc simplement la formidable capacité de calcul de Deep Blue qui a vaincu Kasparov. Deep Blue ne savait pas plus qu'il jouait aux échecs qu'un avion ne sait qu'il vole vers New York, et il se souciait comme d'une guigne de gagner ou de perdre la partie. Il se contentait de suivre aveuglément les instructions qu'une équipe d'informaticiens avait programmées dans ses circuits électroniques. La volonté de gagner, l'anxiété, la nervosité, la tension, le regret d'avoir fait un mauvais coup ou le plaisir d'avoir imaginé un coup gagnant : tout cela était totalement étranger à Deep Blue. Peut-être d'ailleurs est-ce parce que Kasparov a éprouvé toutes ces émotions bien humaines qu'il a perdu la partie ?

1. Selon Francisco J. Varela (communication personnelle), si l'on considère la conscience comme étant inséparable de la base dynamique qui la conditionne (le corps et l'expérience vécue), la distinction entre le logiciel et la machine perd son sens.

M. – Sans même parler de Deep Blue, une simple calculette nous bat à plate couture pour la moindre multiplication à trois chiffres ! Tout cela n'a rien à voir avec la conscience. Nous nous inquiétons des ordinateurs, mais ils ne s'inquiètent pas de nous et il y a peu de chances qu'ils se demandent un jour si l'homme est ou non doué de conscience !

T. – Tant que les ordinateurs ne seront que des circuits compliqués dans lesquels circulent des courants électriques obéissant à des programmes, ils resteront des machines incapables de penser, sentir, aimer ou haïr. Ils se borneront à manipuler aveuglément des suites de 1 et de 0. L'ordinateur n'est en fait qu'une version très sophistiquée d'un antique instrument de calcul nommé « abaque », encore utilisé par les Chinois et les Iraniens. Dans cet instrument, les 1 sont représentés par des boules qui glissent sur des tiges métalliques, alors que les 0 le sont par des vides. Au lieu de composants électroniques, ce sont les doigts de la main qui déplacent les boules en laissant des vides entre elles selon des règles précises. L'ordinateur calcule beaucoup plus vite qu'un abaque, mais il n'en est pas plus conscient pour autant. Prétendre qu'il l'est reviendrait à dire que les boules de l'abaque sont conscientes de l'addition qu'elles effectuent.

M. – La plupart des neurobiologistes se défendent toutefois d'adopter une image si simpliste. Selon eux, le cerveau, dont la faculté d'apprendre est quasiment illimitée, ne fonctionne pas en utilisant un langage binaire, comme nos ordinateurs, mais d'une manière interactive beaucoup plus complexe. À une vision strictement « computationnelle », ces neurobiologistes opposent en effet une vision « dynamique ». Selon cette dernière approche, l'interdépendance et l'interaction des composants biologiques du cerveau font émerger des états globaux qui peuvent être identifiés à la conscience.

T. – C'est vrai que l'analogie entre le cerveau et l'ordinateur repose sur l'image très superficielle d'un cerveau qui reçoit des informations du monde extérieur par les cinq sens, tout comme un ordinateur reçoit des instructions d'un programme qui les code, les traite et répond selon le résultat de ses calculs et de l'analyse de ces codes et symboles. Si l'on regarde plus en profondeur, il y a des différences de taille. La mémoire du cerveau n'est pas du tout semblable à celle d'un ordinateur. Cette dernière stocke de l'information représentée par des suites de 1 et de 0, les 1 correspondant à la présence d'impulsions électriques, et les 0 à leur absence. C'est ce qu'on appelle le langage binaire. Or, dans le cerveau, personne n'a jamais mis en évidence des neurones qui se comportent de façon binaire et stockent de l'information avec des positions ouvertes (correspondant aux 1) et fermées (correspondant aux 0). De plus, l'ordinateur a une mémoire autonome avec « entrées » et « sorties » indépendantes, tandis que, dans le cerveau, la zone de la mémoire est la même que celle de la pensée.

Il y a d'autres différences importantes : le cerveau est un système autoprogrammé tandis que l'ordinateur possède un programme établi par une intelligence extérieure qui détermine son comportement. Une fois établi, le câblage d'un ordinateur ne change plus. Qu'un seul fil se casse ou qu'un transistor cesse de fonctionner, et c'est la panne. Par contre, le réseau de neurones qui constitue le cerveau peut se régénérer et fait preuve d'une grande faculté d'adaptation. Il évolue constamment au cours de la vie, et rapidement lors de la petite enfance. Des cellules naissent, d'autres meurent ; des connexions s'établissent, d'autres disparaissent. Le cerveau laisse mourir les connexions dont il ne se sert pas : on observe ainsi une sorte de sélection naturelle au niveau des neurones.

La vitesse de transfert de l'information est elle aussi très différente. Dans le cerveau, l'influx nerveux se propage au mieux à cent mètres à la seconde, tandis que dans un ordinateur, les informations circulent à plusieurs milliers de kilomètres par seconde. C'est d'ailleurs la raison pour laquelle l'ordinateur accomplit certaines tâches beaucoup plus rapidement que nous : la manipulation des nombres, par exemple. Par contre, le cerveau humain est bien plus performant quand il s'agit d'exercices de synthèse comme la reconnaissance d'un visage.

Un neurobiologiste défendant la thèse de l'« homme neuronal », pour reprendre l'expression du neurobiologiste Jean-Pierre Changeux[1], pourrait certes objecter que si les ordinateurs actuels ne possèdent pas de conscience, c'est peut-être parce qu'on ne sait pas encore construire des ordinateurs aussi complexes que notre système neuronal. Peut-être qu'un jour nous saurons concevoir des ordinateurs qui aimeront, ressentiront la joie et la souffrance. Après tout, le cerveau humain est le produit de plus d'un milliard d'années d'évolution, alors que les premiers ordinateurs ne datent que des années 1950.

À cette époque, le mathématicien anglais Alan Turing avait proposé un test simple pour décider de l'intelligence d'une machine[2]. Supposons, disait-il, qu'on converse avec deux interlocuteurs cachés, dont l'un serait une personne et l'autre un ordinateur. Si, durant la conversation, on est incapable de distinguer entre les deux, on sera forcé de conclure que l'ordinateur est aussi intelligent que l'être humain. Mais, en 1980, le philosophe américain John Searle a contesté la signification du test de Turing. Searle propose l'expérience imaginaire de la « chambre chinoise[3] » : au lieu de l'ordinateur qui est censé répondre aux questions de l'être humain, je m'installe dans une chambre séparée et on me passe par une fente du

1. Jean-Pierre Changeux, *L'Homme neuronal*, *op. cit.*
2. Alan Turing, « Computing Machinery and Intelligence », *Mind*, nº 59, 1950, p. 433-460.
3. John R. Searle, « Minds, Brains and Programs », *Behavioural Science*, 1980.

mur des questions, écrites en idéogrammes chinois, auxquelles je dois répondre bien que je ne comprenne pas un mot de cette langue. Pour ce faire, je dispose d'une liste de réponses toutes faites et d'un mode d'emploi qui me permet d'associer une réponse à chaque question. Je fais passer la réponse par la fente du mur à l'interrogateur qui, lui, comprend le chinois. Toute une conversation peut ainsi avoir lieu. Toutefois, même si mes réponses sont correctes, je ne peux évidemment pas prétendre que je comprends le chinois, ni que j'ai pensé mes réponses comme l'aurait fait quelqu'un qui maîtrise cette langue. Je me suis contenté de suivre un mode d'emploi, tout comme un ordinateur suit mécaniquement les instructions programmées. La conclusion est qu'un ordinateur, qui peut fournir les mêmes réponses que moi pourvu qu'on le programme de façon adéquate, ne pense pas. Bien que le débat entre Searle et les partisans du test de Turing pour démontrer l'intelligence des machines ne soit pas clos, je pense pour ma part que les arguments du philosophe sont assez convaincants.

Turing prédisait que, vers l'an 2000, les ordinateurs pourraient leurrer un interrogateur pendant cinq minutes de dialogue. Il était trop optimiste et nous sommes encore loin de fabriquer des ordinateurs capables de tenir une conversation attribuable à un être humain, surtout quand on les amène à réfléchir sur eux-mêmes.

M. – Si tu poses à un être humain une question déroutante, troublante, qui remet en cause les principes fondamentaux de sa façon d'être ou de penser le monde, il ne te donnera pas une réponse absurde et hors contexte, comme le fait généralement un ordinateur qui ne trouve pas la bonne réponse dans son programme. L'être conscient va réfléchir profondément, d'une façon qui peut déboucher sur une nouvelle vision de l'existence. Pour un ordinateur, le mot « existence » n'est rien de plus que la définition donnée par le dictionnaire installé dans sa mémoire.

T. – Les ordinateurs sont capables de lire une écriture, de comprendre des instructions vocales, de traduire très approximativement une langue dans une autre, ou de résoudre des problèmes de calcul qui ont défié des générations de mathématiciens. Malgré cela, leurs capacités sensorielles sont encore très limitées. Les machines intelligentes ne « voient » pas très bien et reconnaissent difficilement leurs interlocuteurs, elles ne comprennent que quelques milliers de mots – encore faut-il leur parler distinctement et lentement – et elles répondent d'une voix bien pâteuse !

M. – Il ne s'agit là que de problèmes techniques auxquels on pourra éventuellement remédier. Mais il y a des différences qualitatives bien plus conséquentes. Si l'on réduit la conscience au fonctionnement des neurones, et le fonctionnement des neurones aux propriétés de leurs atomes, les différences entre un ordinateur de chair et un ordinateur de fer ne sont pas fondamentales. Un ordinateur de métal n'est pas plus conscient de son existence qu'un sac de clous. Comment expliquer le fait que surgisse dans notre esprit les questions : « Quelle est la nature de mon esprit ? Qui suis-je ? Quel est le sens de l'existence ? Que m'arrivera-t-il après la mort ? » Un système d'intelligence artificielle n'a aucune raison de s'interroger sur sa propre nature ni de passer des heures à élucider la nature de l'esprit, comme le font les contemplatifs. Un ordinateur ne se demande pas ce qui va lui arriver quand on coupera l'électricité.

Certains systèmes d'intelligence artificielle sont capables d'apprendre et de s'auto-organiser, mais pourquoi s'inquiéteraient-ils de ce qu'il va leur arriver dans le futur ou se réjouiraient-ils de leur bon fonctionnement présent ? À cette question, Francisco Varela me répondit : « Pour les mêmes raisons que le vivant l'a fait. » D'où vient alors l'émergence du sens ?

T. – Selon lui, quand l'organisation des neurones dans le cerveau dépasse un certain seuil de complexité, le sens du monde peut émerger. La définition même d'un principe émergent est qu'il manifeste des qualités différentes et supérieures à la somme de ses composantes. D'après Varela, l'émergence de ce sens n'est possible que si l'organisme est inséré dans un environnement particulier avec une configuration donnée, c'est-à-dire dans des conditions écologiques bien situées : « Le cerveau existe dans un corps, le corps existe dans le monde, et l'organisme bouge, agit, se reproduit, rêve, imagine. Et c'est de cette activité permanente qu'émerge le sens de son monde et des choses[1]. »

Le sens du monde doit pouvoir également émerger de systèmes robotiques s'ils sont capables d'apprendre en fonction de leur environnement, d'une façon semblable à l'émergence du sens lors de l'évolution du vivant. Telle est l'hypothèse de Rodney Brooks au MIT, et d'autres chercheurs qui s'occupent d'intelligence artificielle[2].

Pour Brooks et son équipe, si on arrive à construire une machine qui ne sait rien de son environnement mais qui est dotée d'une boucle sensorimotrice efficace, elle se baladera partout, comme une fourmi explorant son environnement, allant dans la pièce voisine, faisant le tour du jardin, contournant les arbres, évitant de tomber dans des trous, et, graduellement, sa boucle réaction-action deviendra tellement efficace que la machine pourra se débrouiller dans n'importe quel environnement. En d'autres

1. *La Recherche*, *op. cit.*

2. Rodney A. Brooks, « Intelligence without Reason », dans *Proceedings of the 1991 International Joint Conference on Artificial Intelligence*, 1991, p. 569-595 ; « Intelligence without Representation », *Artificial Intelligence Journal*, n° 47, 1991, p. 139-160 ; Rodney A. Brooks *et al.*, « Alternative Essences of Intelligence », *Proceedings of American Association of Artificial Intelligence*, 1998.

termes, bien qu'au départ la machine ne possède pas de représentation préalable du monde, celle-ci émerge au fur et à mesure que la machine agit. Le cerveau est apparu chez le vivant pour faciliter cette boucle réaction-action avec l'environnement. Ainsi, le système neuronal n'est pas apparu chez les plantes, champignons ou bactéries, mais chez les animaux, car, pour se nourrir, ceux-ci avaient besoin de poursuivre leurs proies[1]. Il leur fallait donc une boucle perception-action reliant les organes de sens aux muscles, et ce sont ces liaisons qui ont formé le cerveau.

M. – Nous sommes toujours dans le domaine des mécanismes. L'exemple de la chambre chinoise montre que des mécanismes dépourvus de conscience peuvent mimer la conscience.

T. – La faculté d'abstraction et la pensée réflexive sont venues beaucoup plus tard. L'évolution du système neuronal a pris un milliard et demi d'années et, pendant les trois premiers quarts de ce temps, les animaux n'étaient capables que des fonctions de survie les plus élémentaires : courir, chasser, se nourrir, etc. C'est seulement il y a environ un million d'années que le langage et l'intelligence symbolique, ainsi que les capacités d'interaction sociale, sont apparus chez les primates. Pour Varela, « l'apparition de l'esprit n'est pas un saut catastrophique, mais la continuité nécessaire de l'incarnation dans l'évolution[2] ».

Si l'évolution biologique est responsable de l'apparition de la conscience chez l'homme, on peut se demander si les robots, qui n'évoluent pas dans un substrat biologique, pourront jamais acquérir des capacités d'abstraction. Les chercheurs en intelligence artificielle ont suivi deux types de méthodes pour répondre à cette question. La première consiste à réaliser un contexte évolutif artificiel : on construit des milliers de petits robots-bestioles qui diffèrent légèrement les uns des autres. On les lâche dans la nature et on sélectionne les plus résistants. Dans la seconde méthode, celle adoptée par Brooks par exemple, on fait le travail de l'évolution en incorporant dans les robots des capacités imitées de celles du cerveau, comme la mémoire ou la reconnaissance des traits d'un visage, ou encore des capacités d'interactions sociales.

M. – Tout cela n'indique toujours pas la présence d'une conscience.

T. – Il faut maintenant distinguer la conscience réflexive de la conscience primaire qui est liée à l'expérience. L'expérience d'un chat, par exemple, c'est sa mémoire, ses émotions ou son tempérament. Chacune de ces manifestations est associée à un sous-circuit cérébral qui est relié et intégré à tous les autres sous-circuits. Cette intégration provoque dans le cerveau du chat une suite d'émergences qui apparaissent et

1. Les plantes bougent pour capter le soleil ou leurs proies, mais ce sont des mouvements inconscients. Pour le bouddhisme également, les plantes sont dénuées de conscience.

2. *La Recherche*, *op. cit.*

disparaissent pour réapparaître de nouveau, lui donnant une perspective particulière sur le monde qu'on appelle son expérience. Dans notre vie quotidienne, 90 % de notre expérience est primaire : marcher, prendre le bus ou préparer un repas ne sont pas des actes nécessairement associés à une réflexion.

Quant à la capacité réflexive, c'est l'expérience de retournement sur soi-même. Elle semble être liée au langage. C'est cette intime connexion avec le langage qui donne à la conscience réflexive son statut uniquement humain. De toutes les espèces vivantes, seul l'homme possède un langage élaboré. « S'il n'y avait que de l'expérience, je serais plutôt gorille », note Varela[1]. Un gorille ne peut pas accomplir cet acte de retournement sur soi, car sa capacité de langage n'est qu'à l'état d'ébauche. Cela semble être une affaire de tout ou rien.

La question est donc : est-ce que les robots deviendront capables d'une conscience réflexive ? Des travaux récents[2] sur la « nouvelle intelligence artificielle » ont montré qu'une collection de petits robots peuvent s'organiser en interagissant et se comporter d'une manière qui semblerait impliquer qu'ils sont conscients. Ils acceptent par exemple l'introduction de robots supplémentaires, si ceux-ci leur permettent de mieux fonctionner, mais ils les éliminent s'ils entravent ce fonctionnement. Les robots actuels ont peut-être le niveau de conscience d'un insecte et approchent à grands pas vers celui d'un chien. Toutefois, cette conscience relève de l'expérience et elle est primaire. Le processus de « rejet » par les robots décrit précédemment se situe au niveau instinctif du chien de Pavlov. On est bien loin du langage élaboré et de la conscience réflexive de l'homme.

M. – Pourtant, même si les conditions permettant l'inscription corporelle de la conscience peuvent être créées par le perfectionnement graduel d'un support physique, selon le bouddhisme, ce support, qu'il soit un ensemble de neurones ou un robot, ne peut être la cause première de la conscience, pour les raisons que j'ai mentionnées précédemment. Si un robot pouvait « fabriquer » une conscience, alors on aurait vraiment un « fantôme dans la machine ».

Seule la conscience subtile a intrinsèquement la faculté d'être consciente d'elle-même sur un mode non duel qui n'implique pas de séparation entre le sujet et l'objet. On qualifie cette faculté de « lumineuse », car elle peut s'éclairer elle-même et éclairer les phénomènes, c'est-à-dire les connaître.

---

1. *Ibid.*
2. Voir Luc Steels, « The Artificial Life Roots of Artificial Intelligence », *Artificial Life Journal*, vol. I, 1, Cambridge, MIT Press, 1994 ; « The Homo Cyber Sapiens, the Robot Homonidus Intelligens, and the Artificial Life Approach to Artificial Intelligence », Munich, Burda Symposium on Brain-Computer Interfaces, 1995.

On pourrait certes imaginer que cette conscience subtile puisse s'associer aussi bien à un robot qu'à un être vivant. Lorsqu'on posa cette question au dalaï-lama, il répondit que cela était concevable, mais qu'il ne voyait pas très bien pourquoi une conscience choisirait de s'associer à une machine, ni quel genre de karma pourrait l'y conduire. Et je persiste à me demander pour quelle raison le robot se demanderait ce qu'il est !

T. – La conscience réflexive, qui diffère donc de la simple conscience d'exister, d'« être là » (la conscience primaire) mais porte un regard sur sa propre existence en s'interrogeant sur sa destinée, semble s'être manifestée il y a environ cent mille ans (l'ère de l'homme de Cro-Magnon), quand l'homme a commencé à enterrer ses semblables. La conscience humaine, c'est aussi la réalisation que chaque être est unique, qu'il est irremplaçable et que sa disparition est un drame sans retour.

M. – La disparition d'un être cher est source de grande tristesse, mais la mort est dans la nature des choses et tout attachement excessif n'est qu'une cause de souffrances inutiles. Ce drame est-il sans retour ? Selon le bouddhisme, que nous le voulions ou non, nous continuerons à errer d'existence en existence dans la ronde du samsara, tant que nous ne nous serons pas libérés de l'ignorance. À la lumière d'une compréhension profonde de la nature de l'existence, le propre de l'être humain est aussi de faire preuve de détachement.

La conscience réflexive n'est donc pas seulement cet attachement à la notion de personne que tu décris. C'est aussi la conscience qui peut s'interroger sur sa propre nature et remonter à la source des pensées pour finalement appréhender la conscience subtile et sa luminosité primordiale.

T. – C'est également le regard qu'on porte non seulement sur soi, mais aussi sur les autres, sur son environnement et sur le temps qui passe. C'est la capacité d'imaginer un monde après la mort et d'en préparer le voyage par des rites de passage. C'est aussi la capacité d'accomplir des actes gratuits en exprimant, par exemple, le sens de la transcendance par des dessins sur les parois des cavernes. Les peintures paléolithiques exécutées il y a quelque quarante mille ans dans les grottes de Chauvet et de Lascaux me semblent être une des premières manifestations de la conscience humaine.

M. – Un autre problème que les neurobiologistes réductionnistes ont du mal à résoudre est celui du libre arbitre. Le modèle de l'homme neuronal affirme que l'impression que nous avons de réfléchir et de décider n'est qu'un reflet des calculs qui permettent au système neuronal de définir la meilleure action à accomplir en fonction des stimuli extérieurs, de notre héritage génétique et de l'apprentissage que nous avons effectué au cours de notre vie. Un moment de doute, par exemple, tient au fait que le système neuronal met du temps à déterminer le meilleur choix possible. Lorsque les divers circuits de ce réseau se synchronisent, nous avons l'impression d'avoir pris une décision et nous éprouvons un sentiment de soulagement. Selon David Potter : « On est conduits à se demander si des décisions sont jamais prises dans la conscience, ou si cette conscience dont nous sommes si fiers n'est pas qu'une simple fonction témoin dans le cerveau[1]. »

Certains en sont arrivés à la conclusion que le libre arbitre n'est qu'une illusion : nous avons *l'impression* d'être libres et de prendre des décisions parce que, en nous laissant croire que nous sommes aux commandes, elle joue un rôle favorable dans l'adaptation de notre espèce au cours de son évolution[2]. Cette thèse revient à considérer les humains comme des robots qui se prennent pour des êtres pensants. On est contraint d'en venir à ce genre d'explication dans un modèle où la conscience n'est qu'un voyant qui s'allume au bout de la chaîne des réactions neurochimiques. On se demande d'ailleurs bien pourquoi ce voyant existerait. Si toutes les décisions sont calculées par les neurones, à quoi bon en avoir conscience ? La conscience n'aurait aucune action sur le cerveau et ne serait qu'un témoin passif et inutile, un figurant impuissant qui se prend pour un empereur.

Ce faisant, on oublie la causalité réciproque : aucune action ne peut être unidirectionnelle. Si la conscience n'agissait pas sur le cerveau, nous pourrions tranquillement continuer à fonctionner, en ayant l'illusion d'être au poste de contrôle, sans avoir en fait aucun libre arbitre. Mais, en concevant le désir de prouver mon libre arbitre, j'introduis un facteur nouveau : ce désir peut induire des situations qui autrement ne se produiraient jamais. Je peux, par exemple, retarder indéfiniment le moment de me lever d'une chaise, tout au moins jusqu'à ce que je m'endorme ou que je perde connaissance. Cela ira à l'encontre de toutes mes impulsions – soif, faim, besoins naturels, etc. Ce veto mental n'a pas d'autre sens que de prouver mon libre arbitre. On ne peut donc pas affirmer raisonnablement qu'il soit le produit de computations inconscientes du cerveau. Un malade mental pourrait rester ainsi prostré sur sa chaise, mais une personne saine d'esprit n'aurait aucune raison de le faire sans l'avoir au préalable décidé librement.

D'où naîtrait d'ailleurs l'idée de prouver que la conscience existe ? Comment quelque chose qui n'existe pas pourrait-il désirer prouver qu'il existe ? Par quel moyen des savants sans conscience en seraient-ils arrivés à créer une science qui les amène à nier l'existence de la conscience ? N'y aurait-il pas là un défaut de logique ? Est-il même nécessaire de

---

1. *MindScience*: *An East-West Dialogue, the Dalaï Lama and Participants in the Harvard Mind Science Symposium*, *op. cit.*

2. Voir Stevan Harnad, « Consciousness: an Afterthought », *Cognition and Brain Theory*, chap. 5, 1982, p. 29-47.

s'interroger sur l'existence de la conscience ? Notre expérience vécue à la première personne nous dit qu'elle existe. Or, quel autre monde y a-t-il en dehors de notre vécu ? La réalité d'un monde qui ne nous concerne pas a-t-elle un sens quelconque ? Nier l'existence de la conscience semble donc relever davantage d'un choix métaphysique que d'une preuve scientifique.

T. – En tout cas, la science ne sait pas encore comment nous pensons et créons, comment nous éprouvons les sentiments d'amour ou de haine, de beauté ou de laideur, de joie ou de tristesse. Et tant que cela n'est pas compris, il est difficile d'aborder la question de l'origine de la conscience.

M. – Autre point : ni un ordinateur ni un système de neurones ne possèdent une malléabilité absolue, alors que rien ne s'oppose à ce qu'un flux de conscience opère un revirement complet et instantané dans son appréciation du monde. Il faut toute une vie pour que s'établissent les connexions des milliards de neurones du cerveau, par le biais de la sélection naturelle qui s'opère entre ces neurones. Ainsi que tu l'as mentionné, certains dégénèrent, d'autres établissent des connexions stables, celles qui sont les plus favorables à l'adaptation au milieu extérieur, aux relations avec autrui, à la survie de l'espèce, à notre bonheur, etc. Tout cela prend du temps, depuis la formation du cerveau chez le fœtus jusqu'à l'âge adulte. Le cerveau peut certes faire preuve d'une remarquable plasticité, comme le prouvent les remaniements importants des connexions neuronales qui commencent quelques minutes après l'amputation d'un doigt ou d'une jambe. Cependant, on ne voit pas très bien comment, à un moment donné de notre existence, une prise de conscience pourrait nous amener à bouleverser en quelques instants notre façon de penser et de vivre.

On connaît, par exemple, le cas de criminels qui ont vécu pendant des années sous l'emprise de la haine et qui continuaient à s'entre-tuer à l'intérieur même de leur prison. Puis, à la suite d'un événement ou d'une prise de conscience, ils se sont brusquement rendu compte de l'inhumanité de leurs actes et ont commencé à envisager le monde sous un jour totalement différent. En un laps de temps très court, ils ont fonctionné sur un mode entièrement opposé, celui de l'amour et de l'altruisme. Un tel revirement devrait théoriquement impliquer un réarrangement important des connexions neuronales, lequel, en dépit de la plasticité du cerveau, ne peut se faire instantanément. La conscience subtile, elle, libre de ces contraintes physiques, peut aisément changer du tout au tout.

T. – Ce revirement complet et presque instantané de comportement s'observe aussi chez ceux qui sont soudainement touchés par la foi : certaines personnes qui étaient totalement indifférentes aux questions métaphysiques se retrouvent pénétrées d'un sentiment religieux ardent qui change complètement leur mode de vie et de pensée. C'est la « grâce » ou l'« illumination » si bien décrites par Paul Claudel et Julien Green.

M. – En bref, selon le bouddhisme, l'expérience que nous avons de notre propre conscience, la faculté de comprendre sa nature fondamentale par une méthode introspective et de la maîtriser en la prenant directement comme objet de notre investigation intérieure semblent indiquer la présence d'un continuum de conscience qui ne se réduit pas à son support physique.

Mais tout ce dont nous venons de parler relève de la vérité relative. Les événements mentaux, les pensées discursives, l'espoir et le doute, les impulsions et les raisonnements qui nous amènent à décider telle ou telle chose relèvent du domaine de l'ignorance et de l'illusion. Nous nous égarons dans des flots de pensées que nous prenons pour des réalités. Au-delà de la confusion, la seule connaissance indéniable est la présence éveillée, dénuée de concepts, de fabrications et de représentations. C'est la simplicité primordiale de cette présence éveillée, le point culminant de l'expérience directe, indicible et inimaginable, qui n'a pas besoin d'autre preuve qu'elle-même. Quelle que soit la manière dont on envisage le continuum de cette présence éveillée, rien ne peut le réfuter, pas plus que le néant ne peut réfuter l'existence. Les concepts sont impuissants devant la nature ultime de l'esprit. Cette nature les consume, comme le feu brûle les plumes d'oiseau, sans laisser de cendres.

XIII

COMME LES VAGUES DE L'OCÉAN

Le continuum de conscience

Du point de vue du bouddhisme, comment la notion d'un continuum de conscience s'intègre-t-elle à notre vision de l'univers ? Quels changements d'état ce continuum peut-il connaître ? Comment l'amener à l'Éveil – l'état de Bouddha – et quels sont les facteurs mentaux qui font obstacle à la réalisation de cet Éveil ?

THUAN : Selon le bouddhisme, la conscience aurait-elle existé dès les premières fractions de seconde du big bang dans la soupe primordiale des particules élémentaires ?

MATTHIEU : Sur un plan ultime, ni l'univers ni la conscience n'ont d'existence propre, et donc de début, mais, sur le plan de la vérité relative, ils coexistent depuis toujours. La conscience n'est pas inscrite physiquement dans le brasier du big bang et, comme je l'ai mentionné, il n'est pas indispensable qu'elle ait à tout moment un support physique. Le fait que, pendant des milliards d'années, notre univers ait été dénué de vie ne signifie pas que le continuum de conscience ait été interrompu. Selon le bouddhisme, la conscience peut se manifester sur d'autres plans et dans d'autres univers. Du point de vue de la science, ce postulat peut sembler aussi arbitraire que celui d'un principe créateur, mais il paraît plus économique d'envisager l'existence d'un continuum de conscience parallèlement au continuum de la masse-énergie que de faire intervenir une entité créatrice dont on ne voit pas très bien d'où elle viendrait, ni quels seraient son rôle et ses qualités, ou encore d'imaginer que la conscience puisse naître de l'inconscient.

T. – C'est donc radicalement différent des théories de la biologie contemporaine, puisque, selon elles, on passe de l'inanimé à la vie, puis de la vie à la conscience.

M. – Le bouddhisme n'a rien contre la théorie de l'évolution. Pour lui, la complexité croissante du monde du vivant concerne les supports qui permettent l'inscription corporelle de la conscience. On passe ainsi de supports très primitifs, qui ne manifestent qu'une simple perception, aux animaux qui ont une intelligence limitée, puis aux humains, qui possèdent une intelligence hautement développée et une conscience réflexive, laquelle continuera sans doute à se développer. Quel que soit le degré d'évolution de ces formes de vies, elles ont toutes en commun, selon le bouddhisme, d'être pourvues d'un continuum de conscience qui se poursuit d'existence en existence.

Assigner un début à la conscience reviendrait également à dire que la nature de Bouddha, l'aspect le plus fondamental de la conscience, pourrait, elle aussi, naître de l'inanimé. Or, selon le bouddhisme, non seulement cette nature de Bouddha ne peut pas naître de l'inanimé, mais elle ne peut pas non plus être fabriquée par les pensées discursives obscurcies par l'ignorance. La nature de Bouddha n'est pas une entité, mais la nature ultime de la conscience primordiale, totalement libre des voiles de l'ignorance. Ces derniers peuvent la masquer temporairement, mais ils ne l'affectent pas plus que les nuages n'affectent le soleil lui-même, et ne lui appartiennent pas. L'ignorance est donc un phénomène adventice qui ne corrompt pas la nature ultime de l'esprit ; elle la dérobe simplement à notre compréhension.

T. – Pour le bouddhisme, les humains sont-ils au sommet de la pyramide de l'intelligence ? Y a-t-il des êtres encore plus évolués ?

M. – Il y en a, et les Bouddhas en sont des exemples. Il n'y a également aucune raison pour qu'il n'existe pas d'êtres plus intelligents que nous dans d'autres mondes. Dans le nôtre, outre les différences d'intelligence que nous avons l'habitude de constater, il existe également des différences considérables de réalisation spirituelle entre les individus. Les facultés intellectuelles d'un Bouddha, sa compréhension de la nature de l'esprit et sa pénétration des mécanismes du bonheur et de la souffrance sont incomparablement plus affinées que celles des êtres qui n'ont pas purifié leur continuum de conscience.

T. – La vision du monde et sa compréhension dépendent donc du degré d'évolution de la conscience et des différents plans sur lesquels elle peut se manifester.

M. – La conscience peut s'inscrire corporellement de différentes façons, pas seulement sous une forme humaine, ni même sur notre planète ou dans notre univers. On parle de trois types de mondes. Il y a le « monde du désir », auquel les humains appartiennent. Ce monde tire son nom du fait que l'esprit des êtres est constamment le jouet de puissantes émotions. Il y a aussi le « monde de la forme », dans lequel la conscience est plus subtile et moins sujette aux impulsions émotionnelles. Et enfin le « monde sans forme », où la conscience n'est pas associée à une forme corporelle, ce qui n'empêche pas cet état d'existence d'appartenir encore au monde conditionné par l'ignorance.

T. – Dans ce dernier cas, peut-on parler de renaissances ?

M. – Il vaudrait mieux parler d'états d'existence successifs. La conscience demeure un certain temps dans cet état sans forme avant de reprendre, sous l'influence des tendances latentes, une inscription corporelle.

T. – Quels sont les facteurs qui détermineront dans quelles conditions ma conscience va renaître ?

M. – Le libre arbitre permet, tout au long de notre existence, de transformer le flux de notre conscience par nos pensées, ainsi que par les paroles et les actes qui découlent de ces pensées et à leur tour les conditionnent. On peut dissiper les voiles mentaux formés par la haine, l'orgueil, l'avidité, ou au contraire les renforcer. Ces états sont dits « obscurcis », car ils nous empêchent de voir la véritable nature de la conscience et des choses que nous percevons ; ils nous privent de notre faculté de jugement et détruisent la sérénité naturelle de notre esprit.

Pour un bouddhiste, la véritable transformation spirituelle est celle du flux de la conscience. De même qu'on peut polluer l'eau d'un fleuve en y versant des déchets ou la purifier en la filtrant, de même nous pouvons, au cours de notre vie, rendre plus clair ou plus obscur le continuum de notre conscience. Si ce continuum est purifié, notre prochaine existence, c'est-à-dire le prochain support de cette conscience, sera celle d'un être doué d'intelligence, grâce à laquelle nous pourrons poursuivre le processus de transformation entamé en cette vie. Si, au contraire, nous avons davantage obscurci ce continuum, nous ferons l'expérience de la condition animale ou d'un autre état dans lequel l'intelligence est beaucoup plus limitée et la faculté de se transformer quasiment nulle.

T. – Le bouddhisme admet-il l'existence d'une conscience chez les animaux ? Un ver de terre ou un moustique sont-ils conscients de leur condition ? L'observation du comportement de certains animaux nous montre qu'ils éprouvent des sentiments et des émotions semblables aux nôtres. Qui a vu une chienne nourrir ses chiots ne peut douter de son amour maternel. Qui a entendu les cris stridents d'un oiseau poursuivi par un chat ne peut mettre en doute son effroi. Qui a vu un chien se jeter sur son maître, à son retour, ne peut nier qu'il éprouve de la joie et de l'affection. Il semble que certains animaux, surtout les plus proches de nous génétiquement, comme les chimpanzés (dont 99,5 % du génome est identique au nôtre), puissent former des images mentales et soient capables de reconnaître des concepts abstraits, comme des formes ou des couleurs. Certains sont même sensibles à la beauté. On a vu des bandes de chimpanzés rester pantois devant un coucher de soleil. Les spécialistes du comportement animal ont trouvé qu'il n'existe pas de différence radicale entre certaines activités psychiques d'animaux comme le dauphin ou les primates et celles de l'homme. Les animaux semblent donc posséder une conscience primaire, mais, à la différence de l'homme, il est douteux qu'ils possèdent cette conscience de soi et de leur existence qu'on appelle la conscience réflexive. On n'est pas près de voir un chimpanzé raconter sa vie ou écrire *À la recherche du temps perdu*.

M. – C'est pourquoi le bouddhisme considère que les animaux n'ont pas la possibilité de s'engager sur le chemin de la libération spirituelle. Cependant, lorsque les conditions qui les ont conduits à faire l'expérience de l'état animal seront épuisées, ils pourront de nouveau profiter des opportunités offertes par l'existence humaine. L'intelligence de l'homme peut être utilisée à des fins destructrices, mais elle est la seule qui permette également de développer un altruisme vaste et impartial, inconnu chez les animaux par exemple. La valeur unique de la condition humaine tient aussi au fait que les souffrances qu'elle comporte sont suffisamment grandes pour nous inciter à nous libérer de notre condition, mais pas écrasantes au point de rendre impossible la pratique d'un chemin spirituel.

Le fait que la conscience peut réfléchir sur elle-même n'est qu'un aspect particulier du principe de conscience. Le fait de rechercher le bien-être et de fuir la souffrance constitue – outre la simple conscience d'« être là » – un aspect plus fondamental. En tibétain, l'un des mots qui servent à désigner les êtres animés est *drowa* (littéralement « celui qui va »). Il se réfère au mouvement dans une direction qui est déterminée par une certaine prise de conscience. Ce mouvement peut aller du simple tropisme d'une amibe au voyage vers l'Éveil d'un ermite, en passant par la course d'une biche ou le travail accompli par une main humaine. Il y a bien sûr des exceptions, comme les animaux fixes (coraux, mollusques, etc.), mais, en gros, c'est ce mouvement motivé qui distingue les êtres animés des plantes (que le bouddhisme ne considère pas comme des êtres animés). Dans ce sens, on peut considérer que les animaux sont doués d'un principe de conscience, qu'il soit réflexif ou pas, et que leur désir d'éviter la souffrance et d'être heureux est aussi légitime que le nôtre. Utiliser les animaux à notre profit en faisant fi de leurs souffrances revient simplement à imposer la loi du plus fort, ce qui est une façon d'agir inacceptable sur le plan de l'éthique. Il existe des lois protégeant les animaux, mais selon les termes de ces lois, ces animaux ne sont que des objets ou des « produits agricoles » (termes utilisés notamment par la Commission européenne). Aucun concept de « droit » des animaux n'apparaît nulle part, pas même celui de droit à la vie.

T. – Y a-t-il une hiérarchie des états d'existence ? L'état sans forme est-il supérieur ?

M. – Relativement, puisqu'il n'est pas libéré de l'ignorance. Or, tant que l'ignorance n'est pas éradiquée, tant que subsiste l'attachement au moi et à la réalité des phénomènes, on retombe toujours dans les souffrances du monde conditionné. L'état ultime que l'on recherche est celui de la connaissance parfaite, sans voiles d'aucune sorte.

T. – Connaissance qui permet d'échapper au cycle des renaissances ?

M. – Celui qui a atteint l'Éveil a purifié toute tendance et tout karma pouvant le faire renaître dans le cercle vicieux du monde conditionné. Il est libre de ne pas renaître. Mais, par compassion, il renaîtra. Tant que des êtres souffrent, entraînés dans le cycle des renaissances, celui qui a atteint l'Éveil continuera, par amour des autres, à s'incarner afin de les guider sur le chemin de la libération.

T. – C'est ce qu'on appelle un bodhisattva ?

M. – La voie bouddhiste enseigne trois attitudes possibles vis-à-vis des êtres : l'attitude dite « du roi », qui assure son pouvoir avant de prendre soin de ses sujets ; celle « du passeur », qui atteint l'autre rive en même temps que ses passagers ; et celle « du berger », qui marche derrière le troupeau et met tous ses moutons à l'abri dans l'enclos avant de prendre soin de lui-même. Le vrai bodhisattva ressemble au berger. Il est prêt à renoncer à atteindre le nirvana, l'état de Bouddha, afin de demeurer dans le samsara pour aider les êtres. Mais ce renoncement n'est qu'une image illustrant le courage altruiste. En vérité, le bodhisattva n'a pas besoin d'attendre que tous les êtres soient libérés pour atteindre lui-même l'Éveil et, d'autre part, un parfait bouddha accomplit le bien des êtres avec infiniment plus de puissance qu'un bodhisattva. Il le fait spontanément, à l'image du soleil qui rayonne sans effort particulier. Lorsqu'on atteint le parfait Éveil, on ne peut s'empêcher d'éprouver pour l'ensemble des êtres une compassion infinie. On dit aussi que, de même que la lune se reflète instantanément et sans effort sur toutes les pièces d'eau, de même, tant qu'il y aura des êtres qui souffrent, la compassion des bouddhas se manifestera sous la forme d'incarnations multiples. Dans le poème de la *Marche vers l'Éveil*, Shantideva écrit :

Aussi longtemps que durera l'espace,
Aussi longtemps qu'il y aura des êtres,
Puissé-je, moi aussi, demeurer
Pour dissiper la douleur du monde[1].

T. – Le bouddhisme dirait-il que l'univers est la conscience elle-même ?

M. – Non, l'univers n'est pas la conscience, mais il coexiste avec elle. Il y a un continuum de conscience qui se juxtapose à celui de la matière.

T. – Autre question : puisque la population de la Terre croît sans cesse et que chaque flux de conscience est associé à une personne, y aurait-il dans l'univers un réservoir inépuisable de flux de conscience qui alimente cette démographie galopante ? Un réservoir qui aurait existé de tout temps, depuis la création de l'univers ? Cela signifie-t-il également qu'il existerait d'innombrables flux de conscience qui ne se sont jamais associés à un support matériel depuis le big bang ?

M. – L'un des postulats essentiels de la physique est que la somme totale de la masse et de l'énergie de l'univers ne change pas. De même, si les flux de conscience sont sans début ni fin, il n'y a aucune raison pour qu'il s'en crée de nouveaux, qui surgiraient du néant. Mais cela n'implique pas pour autant qu'il existe une limite à leur nombre. Le nombre de ces flux de conscience augmente ou diminue dans tel ou tel univers selon les supports qui s'y trouvent. Si un flux de conscience ne peut ni apparaître ni disparaître, il peut en revanche se transformer, comme je l'ai dit, par un processus d'obscurcissement générateur de souffrance, ou de libération culminant dans l'Éveil.

T. – Le postulat de l'existence de ces flux de conscience a bien sûr des conséquences métaphysiques sur notre conception de l'univers, en particulier sur le principe anthropique dont nous avons déjà parlé.

M. – D'un point de vue métaphysique, s'il existe des flux de conscience qui n'entretiennent pas un rapport de dualité irréductible avec la matière, le réglage de l'univers devient compréhensible par le simple jeu de l'interdépendance qui implique une harmonie primordiale entre ses éléments. Il suffit de prendre en considération la coexistence de la conscience et des phénomènes inanimés pour comprendre leur concordance. Après tout, quand on aborde le problème des origines, il est impossible de ne pas passer au plan métaphysique, car quelles que puissent être les découvertes concernant le big bang, l'avant-big bang, ou d'autres formes de commencement de l'univers, seule la métaphysique peut poser la question suivante : « Y a-t-il jamais eu un début ? » ou : « Pourquoi un début ? » Cette opinion est d'ailleurs partagée par nombre de scientifiques. François

1. Shantideva, *La Marche vers l'Éveil*, *op. cit.*

Jacob écrit : « Un domaine entier est totalement exclu de toute enquête scientifique, celui qui concerne l'origine du monde, la signification de la condition humaine, la "destinée" de la vie humaine. Non que ces questions soient futiles. Chacun de nous, tôt ou tard, se les pose. Ces questions, que Karl Popper appelle finales (*ultimate*), relèvent de la religion, de la métaphysique, voire de la poésie[1]. »

T. – La science ne peut répondre à la question finale d'un principe créateur. C'est en dehors de son domaine d'investigation, elle ne peut rien dire à ce sujet. Il faut se jeter à l'eau et « parier » comme l'a fait Pascal.

M. – À quoi bon faire un tel pari, si la notion d'un principe organisateur ne résiste pas à l'analyse logique ? Il y a certainement des hypothèses qui peuvent être éliminées.

T. – Il est vrai que le concept bouddhiste de l'interdépendance explique le réglage de l'univers sans qu'il soit nécessaire d'avoir recours à un principe anthropique.

M. – Oui, et si je peux me permettre une petite digression, ce n'est pas une théorie que le Bouddha aurait inventée en laissant libre cours à son imagination. Le Bouddha est parvenu à la connaissance directe de l'interdépendance qui englobe l'univers et la conscience au terme d'une *expérience* contemplative qu'il nous est difficile de concevoir de prime abord, mais qui nous est néanmoins accessible si nous nous en donnons la peine. Nous savons qu'il est possible de changer, sinon nous n'aurions aucune raison d'étudier ou de nous entraîner à quelque discipline que ce soit. Nous savons qu'il est possible de passer de l'irritation au calme, de la jalousie à la sympathie, de la confusion à la clarté intellectuelle. Nous pouvons faire bien mieux encore et transformer radicalement tous les aspects de notre être. Mais on ne peut atteindre ce résultat sans effort, en laissant simplement les choses telles quelles. C'est pour cette raison qu'il est si important de maîtriser notre esprit, de ne pas le laisser fonctionner de façon habituelle en invoquant le « naturel » et la « spontanéité ».

En examinant la nature de la pensée et des phénomènes, il est possible de parvenir graduellement à ce qu'on appelle l'Éveil, c'est-à-dire à une connaissance claire et lucide qui exclut toute confusion quant à la nature du monde. Bien qu'il ne puisse être exprimé par des mots adéquats, cet Éveil a permis au Bouddha d'enseigner aux autres « voyageurs » la voie qu'il a lui-même parcourue. Cette voie, c'est ce que j'appelle une science de l'esprit, qui apprend à distinguer les mécanismes de l'illusion de ceux de la connaissance, et surtout à mettre cette compréhension en pratique. À notre tour de faire de cette voie une expérience directe. Comme je l'ai dit plus haut, le Bouddha a souligné à maintes reprises qu'il ne fallait pas croire à ses enseignements par simple respect pour lui, mais les vérifier par soi-même. Or, pour le Bouddha, l'existence du continuum

1. François Jacob, *La Souris, la Mouche et l'Homme*, *op. cit.*

de la conscience est un fait d'expérience, le résultat d'une connaissance profonde, non d'une construction intellectuelle gratuite.

T. – Certes, mais c'est une chose difficile à comprendre et à admettre pour l'homme ordinaire. Je dois aussi rappeler qu'il n'est pas du tout établi scientifiquement, à l'heure actuelle, que l'univers soit sans début. Et on est très loin de pouvoir soumettre le postulat de « flux de conscience existant depuis des temps sans début » à la vérification expérimentale !

M. – Il y a beaucoup de choses qui sont difficiles à admettre pour l'homme ordinaire… à commencer par la majeure partie des résultats scientifiques ! La notion d'espace-temps, ou celle d'incertitude quantique, par exemple. Ce qui compte, ce n'est pas tant que tout le monde puisse vérifier ici et maintenant la validité d'une découverte, mais que tous ceux qui ont fait les démarches nécessaires, si longues et ardues fussent-elles, arrivent au même résultat. Dans le bouddhisme, on parle de trois types de preuves valides. La première est la preuve par l'expérience directe : lorsqu'on voit un feu par exemple, on est certain de son existence. La deuxième est la preuve par inférence : lorsqu'on voit de la fumée, on en déduit qu'il y a un feu ; si l'on se rend sur place, on se rend compte que c'est vrai. La troisième est la preuve apportée par un témoignage authentique : elle concerne des faits que nous ne pouvons pas constater par nous-mêmes en l'état actuel de nos connaissances. Lorsque l'homme ordinaire croit à l'existence des électrons, c'est parce qu'un grand nombre de savants respectables ont conclu à leur existence. Il est convaincu que, s'il passait quelques années à apprendre la physique, il arriverait à la même conclusion. Et si maintenant l'homme ordinaire est peut-être moins sûr de l'existence des électrons en tant qu'entités réelles, c'est aussi parce que nombre de savants tout aussi respectables ont déduit de la physique quantique que l'électron n'était qu'un « observable » qui pouvait se manifester par ailleurs comme une onde.

Dans le cas de la science contemplative, le témoignage authentique est celui d'un grand nombre de contemplatifs – le Bouddha en premier lieu – qui sont arrivés, au terme de longues années de transformation intérieure, à des conclusions concordantes. Ces êtres présentent par ailleurs des qualités remarquables de rigueur et de probité.

Il arrive – rarement, fort heureusement – qu'un scientifique falsifie ses résultats dans le but de prétendre qu'il a fait une importante découverte. Mais, lorsque d'autres chercheurs auront tenté en vain de vérifier ces résultats, le fraudeur sera répudié par l'ensemble de la communauté scientifique. De la même façon, le prétendu « sage » qui cherche à duper autrui pourra donner le change aux esprits crédules pendant quelque temps, mais son expérience spirituelle et sa conduite incohérente se trouveront bientôt en contradiction avec la perfection des contemplatifs authentiques ; il ne sera pas difficile de faire le tri.

T. – Revenons à la conscience : Bouddha dit-il qu'elle est plus importante que la matière ?

M. – Ce n'est pas une question capitale, puisque les deux sont interdépendantes. Bien sûr, c'est la conscience qui peut atteindre l'Éveil, et c'est elle qui donne un sens à l'ensemble. De ce point de vue, de *notre* point de vue, nous pouvons dire que la conscience est plus importante.

T. – Mais qu'arrive-t-il aux flux de conscience qui sont parvenus au stade de l'Éveil ? Continuent-ils à coexister avec les autres flux de conscience qui n'y sont pas encore arrivés ? Ont-ils toujours besoin d'un support matériel ?

M. – L'Éveil signifie que la conscience s'est éveillée du sommeil de l'ignorance. Elle est alors totalement libérée des voiles qui l'obscurcissent dans son état ordinaire. Lorsqu'il atteint l'Éveil, un Bouddha ne disparaît pas de l'univers comme par enchantement. Bien au contraire, la connaissance parfaite inhérente à l'Éveil se manifeste spontanément par une compassion sans limites et lui permet d'exprimer cet Éveil en enseignant aux êtres à suivre le même chemin. Après qu'un Bouddha a quitté son corps au moment de sa mort, sa conscience peut demeurer dans le plan de la nature ultime de l'esprit, ce qu'on appelle le « corps absolu », puisqu'elle n'a aucune raison de se réincarner sous l'influence de facteurs mentaux obscurcissants (désir, haine, confusion, etc.). Cependant, pour reprendre l'exemple de la lune qui se reflète sur l'eau sans pour autant quitter le ciel, la conscience éveillée d'un Bouddha se manifestera sous de multiples formes tant que les êtres souffriront dans le samsara.

T. – Quelle est la place de l'inconscient dans le bouddhisme ? Y a-t-il des notions équivalentes à celles de refoulement et de libido, introduites par Freud et Jung ? Pour Freud, ce courant d'énergie fondamentale, c'est la sexualité.

M. – On utilise plutôt le terme de « tendance » ou « imprégnation ». Au fil de nos existences passées, nous n'avons cessé d'accumuler des habitudes de toutes sortes qui demeurent latentes dans le continuum de notre conscience et influent considérablement sur notre façon de penser et d'agir. La tendance la plus ancrée en nous est l'égocentrisme, c'est-à-dire la croyance à l'existence d'un moi qui trône au centre de notre monde. Parmi la multitude de pulsions d'attraction et de répulsion que fait naître l'attachement au moi, le désir sexuel est certainement l'une des plus puissantes, car il fait intervenir les cinq sens à la fois. Il est impossible de se débarrasser rapidement des tendances par la seule réflexion intellectuelle. On distingue trois méthodes générales. La première consiste à neutraliser ces tendances en cultivant des tendances opposées qui servent d'antidotes. L'altruisme, la tolérance, le non-attachement ou la réflexion sur les aspects repoussants des objets de nos désirs agissent non seulement comme remèdes à l'égoïsme, à la colère et à l'attachement, mais contribuent également à éliminer les tendances inconscientes accumulées dans une sorte de réservoir d'où elles sont toujours prêtes à surgir. Il s'agit là d'un long processus de familiarisation, car notre continuum de conscience a pris de nombreux « plis » qu'il faut défaire un par un.

La deuxième manière de procéder consiste à méditer sur la vacuité d'existence propre de nos tendances, de nos impulsions et de nos pensées en général. Cette méditation a pour effet une libération plus rapide et plus complète, car elle s'attaque au *support* même de ces atavismes et permet donc de les dissiper en une seule opération.

La troisième méthode consiste, pour ceux qui en sont capables, à utiliser ces tendances elles-mêmes comme des catalyseurs pour accomplir une transformation encore plus efficace et rapide.

T. – Et quel est le rôle du rêve ? On sait que le sommeil est essentiel à l'homme. Sans sommeil, on meurt. Quand un être vivant dort, son organisme en profite pour éliminer les toxines créées par cette immense usine chimique que constitue le cerveau. Le sommeil est divisé en périodes de vrai sommeil où le cerveau fonctionne au ralenti, et de faux sommeil – le « sommeil paradoxal » – durant lequel le cerveau fonctionne comme en état de veille, et rêve. Certains neurobiologistes disent que, pendant la période du rêve, le cerveau forme de façon autonome une série d'objets mentaux qu'il assemble en une histoire plus ou moins cohérente.

M. – Une comparaison détaillée entre le point de vue bouddhique et celui de la science sur ce sujet a été discutée en détail lors d'une rencontre « Esprit et Vie » et a fait l'objet d'un livre intitulé *Dormir, rêver, mourir*[1]. Le bouddhisme distingue quatre étapes entre l'état de veille et le sommeil profond, le rêve n'étant que la deuxième. On dit que le sommeil profond est une répétition générale de la mort, tandis que l'état de rêve est une répétition de l'état intermédiaire entre la mort et la renaissance, le *bardo*, dans lequel toutes sortes de projections de notre esprit se manifestent sous la forme d'hallucinations qui nous semblent très réelles.

Il existe des techniques qui permettent dans un premier temps d'être conscient que l'on rêve, puis de transformer le rêve, et finalement de créer des rêves à sa guise en décidant de leur thème et de leur déroulement. Certains méditants s'y entraînent pendant des mois. Le but de cette pratique est de se rendre compte que tous les phénomènes sont comme un rêve et une illusion, et donc de ne plus s'attacher à eux avec autant de force qu'auparavant. Du côté scientifique, le phénomène du rêve lucide a été abondamment traité par les sciences cognitives[2].

T. – Le bouddhisme parle d'un niveau plus élevé de conscience, d'un état de conscience non ordinaire auquel on peut accéder par la méditation. Qu'est-ce que l'état méditatif ? Ne donne-t-il pas un avant-goût de l'Éveil ? Est-ce un état où l'intellect est réduit au silence, où l'intuition

1. *Dormir, rêver, mourir. Explorer la conscience avec le dalaï-lama, op. cit.*
2. *Ibid.*

prend le contrôle, où la conscience habituelle du temps et de l'espace est dépassée et où on fait l'expérience de l'unité de soi et du monde ?

M. – Le bouddhisme et sa science contemplative sont décrits comme une voie parce qu'il s'agit d'une transformation graduelle de la façon dont notre esprit fonctionne, d'une purification de notre flux de conscience qui le mène de la confusion à l'Éveil. Au cours de ce cheminement, on passe par différentes étapes qui, en bref, correspondent à la stabilisation des pensées discursives, à une lucidité et à une sérénité croissantes, à une vision sans cesse plus fine de la nature des phénomènes extérieurs et de la conscience, et surtout à un affranchissement de plus en plus complet des facteurs mentaux qui obscurcissent habituellement notre esprit. On découvre alors la véritable nature de l'esprit, qui est félicité et compassion, vide et lumineuse, dénuée de toute fixation mentale. L'attachement au *moi* n'ayant plus de raison d'être, les notions de mien et de tien s'effondrent elles aussi. On voit que seul l'esprit peut parcourir ce chemin et arriver à se connaître lui-même.

XIV

LA GRAMMAIRE DE L'UNIVERS

Les lois physiques

Les lois physiques régissent-elles le monde ou organisent-elles une lecture des phénomènes, une manière de les relier entre eux et de prédire leur comportement ? Ont-elles une valeur absolue ? Appartiennent-elles à un monde platonicien des Idées ou dépendent-elles étroitement de nos conceptions métaphysiques et de notre manière d'appréhender la Nature ? Peut-on comprendre le monde par la seule analyse de ses composants, comme le propose la méthode réductionniste ? N'est-il pas indispensable d'en avoir une vision globale et de pousser jusqu'au bout l'analyse de sa réalité ou de son irréalité ?

THUAN : Il conviendrait maintenant de définir la notion de lois physiques. La science occidentale a en effet pris son essor grâce au concept de lois qui règlent le comportement de la Nature.

MATTHIEU : Qu'est-ce qu'une loi, en science ?

T. – Une loi est une proposition générale qui constate des rapports constants et des régularités entre des phénomènes *a priori* déconnectés.

M. – On a l'impression que les lois physiques sont souvent considérées non seulement comme la mise en évidence de relations et de mécanismes, mais comme des entités immanentes douées d'une existence intrinsèque. Cette tendance est renforcée dans les cultures modelées par des religions qui affirment l'existence d'une entité créatrice, laquelle aurait établi ces lois pour *régler* l'harmonie de l'univers. Ne suffirait-il pas de dire que ces lois *décrivent* le comportement de la nature et nous permettent de mettre en ordre les phénomènes au niveau conventionnel ? Quand cette notion de loi scientifique est-elle apparue en Occident ?

T. – Il y a quelques dizaines de milliers d'années, nos ancêtres étaient déjà conscients de certaines régularités dans la nature. Les alignements de menhirs et de dolmens, en Bretagne ou à Stonehenge, qui marquent le lever ou le coucher du soleil à certaines époques de l'année en sont une preuve parmi d'autres. Mais bien des phénomènes naturels leur paraissaient mystérieux. On pense que l'homme des cavernes vivait dans un univers magique où chaque objet était associé à un esprit. L'esprit Soleil éclairait l'esprit Terre et les esprits Arbres, Fleurs et Rivières pendant le jour. L'esprit Lune illuminait la nuit. Ce monde des esprits était le miroir de celui des hommes. Tout y était simple, familier, à l'échelle humaine.

M. – Je me demande si on peut si facilement imaginer ce que pensaient nos ancêtres il y a dix ou vingt mille ans ! Il suffit de voir comment les philosophes occidentaux dénaturent parfois d'autres formes de pensées, même lorsqu'elles sont encore vivantes et accessibles. Quoi qu'il en soit, il faut distinguer les métaphysiques anciennes du culte des esprits.

T. – Plus que d'un culte, il s'agissait d'une vision animiste de la Nature. Avec l'accumulation du savoir, l'homme a perdu son innocence et a perçu de plus en plus son insignifiance face à l'immensité du cosmos. L'univers magique humain s'est mué en un univers mythique régi par des dieux aux pouvoirs surhumains. Tous les phénomènes naturels, y compris l'origine de l'univers, résultaient des amours et des haines de ces dieux. Ainsi, dans l'univers mythique égyptien, l'être primaire Atoum contenait en lui la somme de toute existence. Il engendrait le monde et quelque huit cents dieux et déesses. Le ciel était représenté par le corps de la belle déesse Nout, parée de bijoux étincelants qui n'étaient autres que les planètes et les étoiles. Le dieu-Soleil Râ parcourait le corps de la déesse pendant le jour et rebroussait chemin à travers les eaux souterraines pendant la nuit. Ce sont sans doute les mythes qui ont donné naissance aux religions. La communication avec des dieux surhumains ne pouvait plus s'effectuer directement mais par l'intermédiaire d'individus privilégiés, les prêtres.

M. – Il convient ici de distinguer les religions qui associent à leurs rites une symbolique et une métaphysique profondes et celles qui n'en ont jamais eu ou les ont perdues. D'autre part, si j'en juge par la façon dont on interprète souvent de manière simpliste le symbolisme du panthéon tibétain, on ne peut écarter la possibilité d'une lecture plus profonde des mythes égyptiens, qui serait peut-être transmise par la tradition orale. Dans le cas de la cosmologie bouddhique, par exemple, on parle d'une montagne centrale, le mont Meru, qui serait l'axe du monde, entourée de quatre continents, et autour de laquelle tourneraient le Soleil et la Lune. On peut certes rejeter cette description comme étant désuète, mais on passerait alors à côté de sa signification intérieure, selon laquelle le mont Meru symbolise notre colonne vertébrale ; les quatre continents, nos quatre membres ; le Soleil et la Lune, nos deux yeux, et ainsi de suite. Ce niveau d'interprétation sert à montrer la correspondance entre notre corps et l'univers, et dépasse le cadre d'une simple cosmologie pour fournir un outil de méditation.

T. – Les mythes possèdent presque invariablement une composante métaphysique. Les contes et légendes constituent eux aussi une façon pour l'homme de donner un sens à l'univers et à la condition humaine. Vers le VIe siècle av. J.-C., les Grecs ont introduit une notion nouvelle : la Nature pouvait être un sujet de réflexion et de spéculation ; elle était régie par des lois que la raison humaine était capable d'appréhender et qui n'étaient plus l'apanage exclusif des dieux. Les Grecs ont ainsi conçu l'univers scientifique qui est le nôtre aujourd'hui.

Pendant longtemps, la pensée aristotélicienne a prévalu. Aristote expliquait le comportement d'un système naturel en termes de cause finale. D'après lui, les systèmes naturels, tout comme les êtres vivants, se conduisaient de manière à atteindre un but. C'est ce qu'on appelle un comportement téléologique, ou finaliste. Aristote a construit un système de causalité élaboré fondé sur quatre types de causes : la cause matérielle, la cause formelle, la cause efficace et la cause finale. Ainsi, à la question « Pourquoi pleut-il ? », il répondait en distinguant la cause matérielle constituée par les gouttelettes d'eau, la cause efficace qui fait que la vapeur d'eau se condense en gouttes de pluie, et la cause formelle qui fait que les gouttes d'eau tombent sur Terre. Mais, au lieu d'invoquer la gravité de la Terre pour expliquer la chute des gouttes, comme le ferait un physicien moderne, Aristote faisait appel à une cause finale : les gouttes d'eau tombent sur Terre parce que les plantes et les êtres vivants ont besoin d'eau pour vivre et croître.

M. – Ce point de vue implique que les objets inanimés sont doués d'une intention, ou qu'un principe organisateur orchestre l'ensemble. Nous avons vu comment le bouddhisme réfute ces possibilités.

T. – Curieusement, la notion de loi naturelle qui nous est familière était déjà présente chez Épicure, Lucrèce et Archimède quelques siècles av. J.-C. Mais elle ne s'est imposée qu'avec l'émergence des religions monothéistes, comme le christianisme et l'islam. Celles-ci ont introduit l'idée d'un Dieu indépendant de sa Création gouvernant la Nature à coups de décret divin. Les lois n'étaient plus inhérentes aux systèmes physiques, mais imposées par un être suprême.

M. – On retrouve de nouveau l'idée d'une « cause première », ce trait omniprésent des religions occidentales et qui a certainement conditionné le contexte métaphysique dans lequel la science occidentale s'est développée.

T. – En effet, quand la science moderne a émergé dans l'Europe de la Renaissance, au XVIe siècle, les premiers chercheurs comme Kepler et plus tard Newton partageaient encore la conviction que l'ordre et les régularités de la Nature reflétaient un vaste plan divin, et qu'eux-mêmes exaltaient la gloire de Dieu en révélant ce plan. C'est donc bien cette idée de lois imposées par un Créateur qui a engendré la science occidentale. Imprégnée du concept d'un Dieu qui se manifeste dans la rationalité de la Nature, imbue de la notion de loi civile dans la vie en société, l'Europe de la Renaissance constituait un terreau particulièrement fertile pour l'émergence de la science. Y a-t-il dans le bouddhisme une notion équivalente à celle de ces lois scientifiques que j'ai tenté de définir ?

M. – Le bouddhisme analyse la réalité à deux niveaux : celui de la vérité relative (ou conventionnelle) et celui de la vérité ultime. Au premier niveau, il reconnaît la possibilité d'exprimer par des lois notre manière d'appréhender le mode d'existence apparent des phénomènes et de leurs transformations selon les lois de cause à effet. Ceci inclut le monde phénoménal dans son ensemble, l'animé comme l'inanimé, dont les lois reflètent l'harmonie qui règne nécessairement entre les parties coexistantes d'un tout interdépendant. Ces lois sont toutefois dépourvues d'existence propre. Sinon, cela impliquerait qu'elles puissent exister en l'absence de phénomènes[1].

Du point de vue de la vérité conventionnelle, le bouddhisme accepte tout ce que la logique et une connaissance juste considèrent comme démontré. Par « connaissance juste » ou « valide », on entend ce qui peut être perçu directement ou déduit par inférence, et ce qui peut être conclu sur la base de témoignages fiables. Les lois de la vérité relative ne sont ni arbitraires, ni dictées par une instance suprême, ni dirigées par un principe téléologique : ce sont les lois inéluctables de cause à effet. Aux

1. Selon une communication personnelle de Michel Bitbol, on pourrait presque dire que l'expression « réalité objective » telle que l'emploie un philosophe kantien est synonyme de l'expression bouddhiste « réalité conventionnelle, ou relative ». Chez Kant, qui fournit une bonne part de l'outillage conceptuel de la philosophie des sciences, l'existence intrinsèque est celle de la « chose en soi », qui est inconnaissable, et l'existence objective est celle des séquences de phénomènes liés les uns aux autres par le biais des catégories de l'entendement pur : principe de permanence (associé à la catégorie de substance), principe de consécution selon une règle (associé à la catégorie de causalité), etc.

lois physiques, le bouddhisme ajoute les lois du karma, qui décrivent les conséquences de nos actes positifs ou négatifs en termes de bonheur et de souffrance. Mais ce karma n'est qu'un aspect des lois de causalité et ne fait intervenir aucune instance suprême qui jugerait nos actes.

Au niveau de la vérité absolue, le bouddhisme ne se contente pas d'accepter les choses telles qu'elles apparaissent ; il s'interroge sur leur mode d'être ultime. Cette analyse l'amène à considérer les phénomènes comme de simples apparences dont les propriétés et les caractéristiques ne leur appartiennent pas de façon intrinsèque. C'est pourquoi, employant un langage poétique, le Bouddha comparait les phénomènes à des rêves et à des illusions :

> Comme l'étoile filante, le mirage, la flamme,
> L'illusion magique, la goutte de rosée, la bulle sur l'eau,
> Comme le rêve, l'éclair ou le nuage :
> Considère ainsi toutes choses.

T. – Cette approche explique peut-être pourquoi la science n'a pas pris son essor en Orient, en Chine par exemple, pays qui était cependant doté d'une culture millénaire, sophistiquée et complexe, technologiquement en avance sur l'Occident dans bien des domaines. La poudre et la boussole, entre autres, y ont été inventées. Selon la conception que se faisaient les Chinois de la Nature, le monde ne résultait pas de l'acte d'un Dieu créateur et dispensateur de lois ; il était engendré par l'action réciproque et dynamique de deux forces polaires, le Yin et le Yang. La notion de lois ne s'imposant pas, les Chinois ne se donnèrent pas la peine de les rechercher !

M. – Peut-être ne s'agit-il pas tant d'une incapacité à analyser les phénomènes que de degrés de priorité accordés aux divers domaines du savoir. Qu'est-ce qui est le plus important : connaître la masse et la charge électrique d'un électron et analyser les détails du monde qui nous entoure, ou consacrer son temps à développer un art de vivre, à approfondir les questions les plus brûlantes de la vie : l'éthique, le bonheur, la mort… et à analyser la nature ultime de la réalité ? Au Tibet, ceux qui choisissaient de délaisser le monde pour se retirer dans des ermitages et approfondir leur recherche contemplative ne s'engageaient pas dans cette voie parce qu'ils n'avaient rien trouvé de mieux à faire : ils comptaient souvent parmi les membres les plus brillants de la société. Ils n'essayaient pas de « fuir » le monde, mais de profiter de leur tranquillité pour consacrer chaque instant de leur existence à développer les qualités humaines et spirituelles qui leur permettraient de mieux aider les autres par la suite.

Il y a deux raisons pour lesquelles on ne découvre pas ces lois physiques : soit on en est incapable, soit on consacre son énergie à autre chose.

T. – Je dirai qu'il y en a une troisième : on se fait une conception philosophique du monde qui est différente. Je pense que l'une des raisons majeures pour lesquelles la science n'est pas née en Chine est la vision holistique qui y prévalait ; chaque partie de la Nature interagissait avec chaque autre, formant un tout harmonieux. Ce point de vue ne favorisait pas le développement de l'idée selon laquelle la Nature peut être décomposée en parties, et chaque partie étudiée indépendamment des autres. Or cette idée est le principe de base de la méthode réductionniste qui constitue le fondement de la science occidentale et lui a permis de prendre son essor. S'il était impossible de comprendre une petite partie de l'univers sans en appréhender le tout, la science ne pourrait pas avancer. Je serais incapable d'exercer mon métier d'astrophysicien si, pour comprendre pourquoi la Terre tourne autour du Soleil, je devais étudier les orbites de toutes les étoiles et galaxies de l'univers. Pour progresser en astrophysique, je n'ai nul besoin de résoudre d'un seul coup tous les problèmes du cosmos !

M. – Un adage bouddhiste dit : « Il n'est pas de grande tâche difficile qui ne puisse être décomposée en petites tâches faciles. » Cela dit, une notion bouddhiste aussi fondamentale que l'interdépendance des phénomènes implique nécessairement une vision globale de la réalité. Le monde n'est pas une collection d'objets séparés dont l'assemblage formerait un immense mécanisme, comme les rouages d'une horloge. C'est aussi l'avis de certains physiciens comme Heisenberg qui écrivait : « Il doit être souligné qu'on ne peut rationnellement entretenir l'espoir de comprendre l'univers entier à partir d'une petite partie[1]. »

T. – En fait, les Chinois avaient raison. La science moderne nous dit que l'univers a des propriétés holistiques, qu'il forme un tout étroitement connecté. Pourtant, malgré la globalité et l'interconnexion de l'univers, la méthode réductionniste fonctionne. Nous pourrions imaginer un univers où chaque phénomène physique en un endroit donné serait si intimement connecté à l'ensemble des phénomènes qu'il serait vain de l'étudier avant d'avoir compris l'univers entier et qu'il serait impossible de formuler des lois simples. La connaissance de l'univers serait une affaire de tout ou rien. Pourtant, la science nous a permis de saisir des bribes d'informations sans connaître le scénario entier, d'entendre quelques notes de musique sans percevoir la mélodie complète. La méthode réductionniste nous permet de progresser pas à pas, d'assembler l'une après l'autre les pièces du puzzle, sans voir son dessin final.

M. – Cela est vrai si le but cherché est d'accumuler une somme d'informations sur les phénomènes observables, puis de les relier pour en déduire des lois qui permettent de prédire leur fonctionnement, sans

1. Werner Heisenberg, *Philosophical Problems of Quantum Physics*, Woodbridge, Ox Bow Press, 1979, p. 23.

nécessairement élucider leur véritable nature. Mais si l'on s'interroge sur la nature même de la réalité, sur son mode d'être ultime, examiner un atome ou l'univers entier ne fait guère de différence. Boire une goutte de l'océan permet de déduire que l'océan entier est salé. Dans ses *Quatre Cents Stances*[1], Aryadeva écrit :

> Celui qui voit la nature ultime d'une seule chose
> Voit la nature de toutes choses.

La méthode réductionniste correspond donc à un choix : celui d'entreprendre une investigation exhaustive des phénomènes naturels et leur mise en ordre selon une vision inévitablement influencée par les facteurs culturels et des préférences métaphysiques, par exemple celles qui présupposent que les phénomènes existent en soi. Ce faisant, submergé par le nombre de données quantitatives et descriptives, on risque d'oublier de s'interroger sur l'essence même des choses et de remettre en question la vision « réaliste » du monde.

T. – Oui, à force de se concentrer sur les détails, on risque de ne plus voir le schéma global. La spécialisation à outrance est l'une des tendances que je déplore dans la science moderne. Un physicien peut tout connaître dans son petit champ d'investigation, et rester complètement ignorant des autres domaines de la physique. Il arrive fréquemment que des articles portant sur des recherches ayant nécessité des années de labeur ne soient compris que par une poignée d'experts travaillant dans le même domaine. Je regrette les temps révolus où Léonard de Vinci, Descartes ou Pascal pouvaient maîtriser une grande partie des connaissances de leur époque.

Il n'empêche que la méthode réductionniste a permis à la science de faire des progrès extraordinaires en raison de deux propriétés communes à de nombreux systèmes physiques : la linéarité et la localité.

Un système est dit linéaire quand le tout est exactement égal à la somme des parties, ni plus ni moins. Dans un tel système, la somme des causes produit une somme correspondante d'effets. Il suffit alors d'étudier séparément les comportements individuels des composantes, puis de les additionner, pour déduire le comportement du tout. Une bande élastique, par exemple, augmentera d'une certaine longueur si tu l'étires avec une certaine force. Double la force et la longueur doublera. On dit que son comportement est linéaire parce qu'en portant sur un graphique l'étirement de l'élastique en ordonnée et la force appliquée en abscisse, on obtient une ligne droite. C'est également la linéarité des sons qui te permet de distinguer le violon du piano quand tu écoutes un concerto de Tchaïkovski : les sonorités se mélangent sans perdre leurs identités respectives. De même, la linéarité de la lumière te permet de voir en plein

1. Aryadeva, *Quatre Cents Stances, Chatuhshakara* (tib. *bzhi brgya pa*).

jour la faible lueur d'un feu rouge qui se mêle à la luminosité intense du soleil sans être submergée.

Les succès spectaculaires remportés par la méthode réductionniste en physique au cours des trois derniers siècles viennent du fait que des physiciens de génie comme Newton ont su isoler les phénomènes physiques qui manifestent un comportement linéaire. Ces phénomènes peuvent être analysés et compris dans leur totalité à partir de l'étude de leurs composantes.

M. – On retrouve donc toujours cette idée que la réalité est faite d'une série d'objets dotés d'existence autonome. Cette idée a dominé la science occidentale jusqu'à la mécanique quantique et continue d'empêcher nombre de scientifiques de renoncer à leur vision réificatrice des phénomènes. La linéarité n'est cependant qu'un cas particulier et ne s'applique pas à tous les phénomènes.

T. – Assurément, mais le succès de la physique réductionniste a été si grand qu'il a laissé croire, jusqu'à la fin du XIXe siècle, que le monde ne contenait que des systèmes linéaires. En fait, c'est loin d'être le cas : les systèmes physiques deviennent presque tous non linéaires au-delà d'un certain seuil. Si tu continues à tirer sur l'élastique, il ne s'allongera plus mais se cassera. Maintes situations non linéaires surviennent dans la vie courante. Le cerveau notamment ne fonctionne certainement pas de façon linéaire. Pour reprendre l'exemple de l'orchestre, le plaisir que procure l'écoute de l'ensemble des instruments exécutant une symphonie de Beethoven est supérieur à la somme des plaisirs éprouvés en écoutant chaque instrument séparément, et le plaisir d'écouter une phrase mélodique est supérieur à celui que procure chaque note individuelle. Dans certains systèmes, quand des composantes distinctes sont assemblées, des propriétés dites « émergentes » apparaissent, qui font que le tout est plus que la somme des parties.

M. – Le pouvoir d'une communauté est plus grand que la somme des facultés individuelles de ses membres. Cette constatation est illustrée dans le bouddhisme par une image prosaïque mais parlante : on essaierait en vain de balayer la poussière avec cent brins d'herbe séparés, mais cette tâche devient facile dès qu'on les assemble pour faire un balai.

La linéarité des phénomènes ne peut donc être qu'une approximation, un cas de figure théorique qui s'appliquerait à une « Idée » platonicienne de ton élastique. Celui-ci vieillit, ses propriétés se transforment à chaque fraction de seconde. Son élongation ne peut jamais demeurer exactement proportionnelle à la force d'étirement croissante qui lui est appliquée. Pour le bouddhisme, aucun système ne peut être vraiment linéaire ; cela impliquerait une vision artificielle d'un monde dans lequel seraient à l'œuvre des forces parfaitement constantes, exercées par des entités immuables. Or, aucune entité permanente ne peut exister dans un flux d'événements interdépendants en transformation continuelle.

T. – Pour un physicien, le vieillissement de l'élastique (ou de toute chose) est imperceptible à l'échelle de temps sur laquelle se déroulent les mesures. La description de l'élastique comme système linéaire reste donc une excellente approximation.

Quant aux systèmes non linéaires, ils correspondent à ce que la science appelle des systèmes chaotiques. Ces derniers – nous en avons amplement parlé – se distinguent par une propriété très importante : les plus infimes modifications de leurs conditions initiales engendrent des résultats totalement différents de ceux qu'on attendrait d'un système linéaire. Cette sensibilité est telle qu'elle rend impossible la prévision de l'état final. On dit alors que le système est chaotique.

La deuxième propriété importante commune à de nombreux systèmes physiques est la « localité ». Un système physique est dit *local* quand son comportement dépend principalement de forces et influences qui s'exercent dans son entourage immédiat.

M. – N'est-ce pas là encore une situation purement théorique ?

T. – Non, on peut considérer que la situation est locale lorsque les forces et les influences connues ont soit une portée infime, soit une intensité très faible, soit les deux. Tous les phénomènes physiques dans la Nature peuvent s'expliquer par l'action de quatre forces fondamentales : les deux forces nucléaires forte et faible, la force électromagnétique et la force gravitationnelle.

Dans la perspective « réaliste » qui, en première approximation, fournit une grille de lecture pratique des résultats expérimentaux (et selon laquelle on considère les particules comme des entités distinctes), la force nucléaire forte est responsable de la cohésion des noyaux atomiques. Elle est la colle qui lie ensemble les protons et les neutrons constituant ces noyaux, ainsi que les quarks dont ces particules sont elles-mêmes formées. Sa portée est infime : elle n'agit qu'à l'échelle des noyaux d'atome, soit un dix millième de milliardième de centimètre.

La force nucléaire faible est responsable de la radioactivité, c'est-à-dire de la transmutation de noyaux d'atome qui perdent spontanément une partie de leur masse en émettant des particules ou des rayonnements électromagnétiques. Le champ d'action de la force nucléaire faible est encore plus restreint : il n'est que le dixième de celui de la force forte.

La force électromagnétique tient ensemble les atomes, les molécules et les doubles hélices de l'ADN. Son domaine d'action est celui des choses de la vie, et c'est elle qui est responsable de la forme d'un pétale de rose ou des contours d'une statue de Rodin. Elle confère de la solidité aux choses et nous empêche de traverser les murs ou de passer la main à travers les pages de ce livre.

Enfin vient la force de gravité qui nous colle à la Terre, nous empêche de flotter dans l'air et nous fait tomber quand nous trébuchons. Son domaine d'action s'étend à l'univers entier. C'est elle qui est responsable de son architecture. Elle fait tourner les planètes autour du Soleil et lie ce dernier à une centaine de milliards d'autres Soleils pour former notre galaxie, la Voie lactée. Elle assemble des milliers de galaxies en amas, et des dizaines d'amas en superamas.

Les portées des forces électromagnétique et gravitationnelle sont en principe infinies, mais l'intensité de la force électromagnétique décroît en fonction du carré de la distance entre deux charges électriques, et celle de la force gravitationnelle en fonction du carré de la distance entre deux masses. Leur influence en un endroit donné est donc due à l'environnement local, non à l'univers lointain, car les forces entre deux charges électriques ou deux masses très éloignées sont presque nulles. Ainsi la chute d'une pomme dans un verger est principalement causée par l'influence gravitationnelle de la Terre. L'influence de la Lune, du Soleil et autres objets célestes sur le mouvement de la pomme est négligeable.

M. – Certes, mais elle n'est pas inexistante. Aucun objet de l'univers n'est soumis à des influences *exclusivement* locales. C'est important d'un point de vue ontologique, car un objet qui existerait indépendamment du reste de l'univers ne pourrait avoir aucune interaction avec les autres composantes de cet univers et, en quelque sorte, *ne lui appartiendrait plus*, ce qui revient à dire que, pour nous, il n'existerait pas. S'il existait tout seul, il serait soit sans cause, soit sa propre cause, ce qui est absurde.

T. – Il existe certes des influences non locales. Nous avons vu lors de notre discussion sur l'interdépendance et la globalité des phénomènes, sur le phénomène EPR, le pendule de Foucault et le principe de Mach, qu'en dehors des forces connues il existe dans l'univers de mystérieuses interactions immanentes et omniprésentes qui ne font intervenir ni force ni échange d'énergie, et que la physique ne sait pas encore décrire.

Revenons aux quatre forces connues : les interactions avec les objets lointains par l'intermédiaire de ces forces existent bien, mais elles sont si faibles qu'on peut les négliger dans nos calculs. On n'a besoin de prendre en compte que les interactions avec les objets locaux : d'où le terme de « localité ». Cette approximation facilite grandement l'étude de certains phénomènes. Ainsi, pour calculer les orbites des sondes planétaires qu'elle lance, la NASA n'a besoin de prendre en compte que l'influence gravitationnelle du Soleil et de son cortège de neuf planètes. La gravité des cent milliards d'étoiles de la Voie lactée peut être négligée. Comment, sans recourir au réductionnisme, le bouddhisme peut-il acquérir une connaissance des choses ? Préconise-t-il qu'on ne peut comprendre une petite partie de la Nature sans en comprendre le tout ?

M. – Il ne rejette pas la méthode réductionniste, par exemple lorsqu'elle analyse les aspects les plus subtils des lois de cause à effet. Mais son approche fondamentale est d'une autre nature : il est davantage concerné par les effets qu'une perception erronée du mode d'existence des phénomènes peut avoir sur notre existence en termes de bonheur et de souffrance. Dans ce sens, il s'inquiétera d'une approche *réificatrice* et non du réductionnisme en tant que tel. Réifier les phénomènes, nous l'avons dit, c'est attribuer une existence intrinsèque à leurs propriétés et caractéristiques telles qu'elles sont acceptées par le sens commun. Ce processus conduit également à faire de la conscience une chose concrète et à fragmenter notre monde. C'est ce que font, sans bien s'en rendre compte, la quasi-totalité des êtres dans leurs perceptions ordinaires des choses. C'est aussi l'attitude qui domine en science, en dépit du fait que cette approche n'est plus compatible avec les développements récents de la science elle-même. Cette disparité oblige nombre de scientifiques à se livrer à des acrobaties sans fin pour concilier les résultats de la mécanique quantique avec leur vision solide du macrocosme.

Le bouddhisme préfère donc donner la priorité à la compréhension de l'irréalité des phénomènes et à l'intégration de cette compréhension dans notre expérience vécue, plutôt qu'à la description de la multiplicité de leurs propriétés apparentes. Il est vrai qu'il commence par chercher à comprendre le tout – l'interdépendance des phénomènes et leur vacuité d'existence propre –, puis il fonde son analyse sur cette notion d'interdépendance de la causalité et des mécanismes du bonheur et de la souffrance. La Voie médiane que le bouddhisme adopte en réfutant tout à la fois le néant et le réalisme permet ainsi de résoudre sans heurts bien des paradoxes sur lesquels butent les scientifiques.

XV

LE MYSTÈRE DES MATHÉMATIQUES

Les mathématiques forment-elles la trame invisible de la réalité, ou sont-elles seulement les produits de notre intellect ? Existent-elles par elles-mêmes, à la manière des Idées platoniciennes ? L'accord entre les mathématiques et le monde ne fait-il, au contraire, que refléter la façon dont notre conscience fonctionne et appréhende ce monde ?

THUAN : Les modes d'acquisition de la connaissance en science et dans le bouddhisme sont-ils comparables ? La connaissance scientifique dérive de l'intellect et de la raison dont la fonction est de distinguer, diviser, catégoriser et analyser. Cette manière d'opérer est à la base même de la méthode réductionniste. Le scientifique isole des parcelles de réalité, puis classifie, mesure et quantifie. Son cerveau transforme le monde des phénomènes extérieurs en un système de concepts et de symboles abstraits. Il cherche des régularités et décrit la Nature par des lois dont le langage commun est celui des mathématiques, le plus abstrait qui soit.

La conviction que la régularité sous-jacente de la Nature peut être exprimée en termes mathématiques est le fondement de la méthode scientifique. Certains scientifiques ont même décrété – affirmation excessive, à mon sens – qu'une discipline qui ne peut être exprimée en langage mathématique ne saurait être qualifiée de science.

MATTHIEU : Galilée écrivait que tout ce qui ne relevait pas de l'étude des propriétés mesurables et quantifiables des corps matériels (formes, nombres et mouvements) n'était pas de la science. Une telle prise de position restreint considérablement le domaine d'investigation de ce qu'on appelle « science ». N'oublions pas que ce mot vient de la racine latine *scire*, qui signifie « savoir ». Restreindre le savoir à ce qui peut être traduit en équations mathématiques semble absurde. Cela exclut d'emblée l'expérience vécue. Comprendre que la bonté réchauffe les cœurs et que la haine les afflige est un savoir, un élément de science. On peut constater ce phénomène de façon répétée, analyser son mécanisme et comprendre ses causes. Partons, par exemple, de l'hypothèse que la nature profonde de l'esprit est paisible et que l'animosité ou la jalousie ne sont que des perturbations temporaires qui voilent cette nature. Soumettons ensuite cette hypothèse à la vérification de l'expérience contemplative. Quel rôle les mathématiques ont-elles à jouer dans tout cela ? Tout savoir vérifié par l'expérience et acquis avec méthode et rigueur peut être considéré comme une science, qu'il soit d'ordre qualitatif ou quantitatif, exprimé en langage mathématique, descriptif, imagé, symbolique ou subjectif. La notion de « science exacte » ne doit pas seulement faire référence à la description de faits quantifiables avec une précision de dix chiffres après la virgule. Une science est exacte dans la mesure où elle appréhende correctement la vraie nature des choses.

T. – La proposition que tout savoir scientifique doit pouvoir être exprimé en termes mathématiques est en effet absurde. Néanmoins, le succès étonnant des mathématiques dans la description de la réalité constitue l'un des plus profonds mystères qui soient. L'idée que le monde physique n'est que le reflet de l'ordre mathématique a vu le jour dans la Grèce antique, comme tant d'autres idées qui ont modelé la civilisation occidentale. « Le nombre est le principe et la source de toute chose », proclamait Pythagore au VIe siècle av. J.-C. « Le livre de la Nature est écrit dans un langage mathématique », reprit en écho Galilée vingt-deux siècles plus tard, et, depuis lors, cet écho n'a cessé de s'amplifier. Au XXe siècle, le physicien Eugene Wigner s'étonne de « la déraisonnable efficacité des mathématiques à décrire le monde du réel ».

Les exemples de cette adéquation entre les mathématiques et la Nature ne manquent pas dans l'histoire des sciences. Dans presque tous les cas où la découverte d'un phénomène physique nouveau a mené les physiciens en terrain inconnu, ils ont découvert que les mathématiciens les y avaient précédés, guidés non par la Nature, mais par la pensée pure. Ainsi, lorsque Einstein a découvert dans les années 1920 que la gravité courbe l'espace, il n'a plus pu utiliser la géométrie d'Euclide qui ne décrit que les espaces plats. Il a donc été enchanté de trouver les travaux du mathématicien Bernhard Riemann qui avait développé la théorie des géométries courbes dès le XIXe siècle[1]. Dans les années 1970, le mathématicien Benoît Mandelbrot était à la recherche d'un concept nouveau pour décrire la géométrie de l'irrégulier. La géométrie euclidienne fonctionne parfaitement quand il s'agit de décrire des lignes droites, des cubes ou des sphères, mais elle perd pied dès que l'on considère des objets irréguliers, tordus, disloqués, discontinus ou rugueux. Or c'est l'irrégulier qui domine dans le monde réel. Les concepts euclidiens, comme la ligne droite ou le cercle, sont de puissantes abstractions de la réalité qui nous ont permis de faire progresser considérablement l'étude de la Nature, mais ils ont leurs limites. « Les nuages ne sont pas des sphères, les montagnes ne sont pas des cônes, et les éclairs ne sont pas des lignes droites », se plaît à souligner Mandelbrot. Pour décrire la géométrie de l'irrégulier, il dut avoir recours au concept de « dimension fractionnaire » : la dimension d'un objet irrégulier n'est plus représentée par un nombre entier comme 1, 2 ou 3, mais par une fraction. Ce sont les « objets fractals ». Là encore, Mandelbrot s'aperçut que l'idée de dimensions fractionnaires avait été proposée dès 1919 par le mathématicien Felix Hausdorff[2].

Pourquoi des entités abstraites qui ne sont en général d'aucune utilité dans la vie courante et sortent de l'esprit de mathématiciens se trouvent-elles en accord avec des phénomènes naturels ? Lorsqu'une théorie

1. Comment un espace plat se différencie-t-il d'un espace courbe ? On peut expliquer la différence en comparant l'espace plat à une surface plane. L'analogie n'est pas parfaite car l'espace a trois dimensions alors qu'un plan n'en a que deux, mais elle est utile pour guider notre intuition. Nous avons tous appris sur les bancs de l'école que, sur une surface plane, on ne peut tracer qu'une seule et unique parallèle à une droite par un point donné, et que la somme des angles d'un triangle sur un plan est de 180 degrés. C'est la géométrie euclidienne. Prenons maintenant une surface courbe. Elle peut être à courbure positive comme la surface d'une sphère, ou à courbure négative comme la surface d'une selle de cheval. Sur une surface à courbure positive, telle la surface de la Terre, les lignes de longitude qui apparaissent parallèles au niveau de l'équateur convergent aux pôles. Aucune parallèle à une droite ne peut être ainsi tracée sur la sphère. De plus, la somme des angles d'un triangle sur la sphère est supérieure à 180 degrés. Par contre, sur une surface à courbure négative, on peut tracer par un point donné une multitude de parallèles à une droite (une parallèle étant définie comme une ligne qui ne rencontre jamais la droite) et la somme des angles d'un triangle est inférieure à 180 degrés.

2. Pour plus de détails sur les objets fractals, voir Trinh Xuan Thuan, *Le Chaos et l'Harmonie*, ici, p. 423-424.

physique nouvelle, celle des supercordes par exemple, ne possède pas d'emblée l'outillage mathématique requis, les physiciens en sont tout surpris.

M. – Pourquoi cette adéquation entre le monde concret du réel et le monde abstrait des mathématiques te semble-t-elle si étrange ? Le fait que ce que *nous* concevons soit en accord avec la réalité que *nous* percevons n'a rien d'étonnant. Notre manière d'explorer puis d'ordonner nos perceptions du monde est nécessairement en accord avec nos concepts mathématiques, parce que tous deux sont des produits de notre esprit. Penser que le monde physique n'est qu'un reflet de l'ordre mathématique c'est, me semble-t-il, prendre les choses à l'envers. Le bouddhisme dirait plutôt que les mathématiques ne sont que des concepts humains appliqués à l'ordre de la nature, un ordre qui est lui-même un reflet de l'interdépendance et des lois de causalité auxquelles appartient la conscience. Le fait que des propositions mathématiques cohérentes *suivent* ou *précèdent* la mise en évidence de leurs équivalents naturels ne change pas grand-chose et ne confère pas à ces propositions un statut particulier ou un mode d'existence fondamentalement différent. Faut-il s'étonner que l'arithmétique s'applique au dénombrement des cailloux sur un chemin, que la notion de dimensions fractionnaires s'applique à des objets fractals ? L'arithmétique et la géométrie n'existent « en elles-mêmes » ni dans notre esprit ni dans le monde extérieur.

La conscience qui conçoit les mathématiques n'est pas extérieure à la Nature ; la façon dont nous percevons le monde est intimement liée au fonctionnement de notre esprit, au point que certaines écoles bouddhistes ont été jusqu'à définir le monde extérieur comme une « image de notre pensée ». Bien sûr, certains neurobiologistes affirment au contraire que notre structure mentale n'est qu'une « empreinte » du monde extérieur sur notre système neuronal. En fait, en vertu de l'interdépendance, l'influence est mutuelle, et les mathématiques ne sont qu'un reflet parmi d'autres de cette interdépendance.

T. – Pourtant, je ne pense pas que l'efficacité « déraisonnable » des mathématiques à décrire le monde découle pour autant de l'interaction de notre conscience avec le monde extérieur et de l'ensemble de nos expériences vécues, car une grande partie des mathématiques s'est élaborée de façon totalement abstraite.

M. – En étudiant les mathématiques, les mathématiciens ne font qu'étudier la façon dont leur cerveau fonctionne, dont notre pensée élabore peu à peu une grille de lecture des phénomènes. Cette grille est naturellement *prête* à être appliquée à tout phénomène nouveau qui se présente, car c'est sa raison d'être. Il n'est donc pas surprenant que cet outil mental polyvalent soit parfois en avance sur nos observations et puisse être utilisé à des fins que nous n'avions pas imaginées. Les mathématiques peuvent envisager toutes sortes de possibilités logiques qui n'ont pas encore trouvé ou ne trouveront jamais d'équivalents dans la Nature, sans que cela confère pour autant une existence autonome à ces idées.

Pour le bouddhisme, la « pensée pure » n'est pas l'intelligence, mathématique ou autre, mais la présence éveillée qui constitue la faculté fondamentale de l'esprit d'être conscient. Cet aspect « lumineux » de l'esprit s'oppose à l'absence de conscience qui caractérise le caillou, par exemple. Notre intelligence est intimement conditionnée par son support physique, notre corps, et par l'expérience acquise par notre conscience, expérience qui ne se limite pas à notre vie présente. L'étonnement des physiciens quand ils trouvent des outils mathématiques n'est donc pas différent de la surprise de celui qui découvre soudainement que deux personnes qu'il connaissait fort bien sont de proches parents, ce qu'il ignorait complètement.

T. – Autrement dit, parce que notre conscience coexiste avec le monde phénoménal, tout ce qu'elle conçoit devrait être conforme à ce monde.

M. – N'en concluons pas pour autant que toutes les fantaisies imaginées par l'esprit ont leurs équivalents dans le monde ! Tout système conceptuel cohérent, qu'il soit d'ordre logique ou mathématique, est nécessairement un reflet de l'interaction entre notre conscience et le monde pour la simple raison que nous ne pouvons les séparer l'un de l'autre sans les faire disparaître.

T. – Personnellement, pour rendre compte de cette concordance si mystérieuse, j'invoquerai Platon qui pensait qu'il y avait deux niveaux de réalité : la réalité du monde physique accessible à nos sens et à nos instruments de mesure – un monde impermanent, changeant, éphémère et illusoire – et celle du vrai monde des Idées éternelles et immuables. Le monde sensible et temporel ne serait que le pâle reflet du monde des Idées. Tu connais la fameuse allégorie des hommes de la caverne que Platon introduisit dans son dialogue intitulé *La République* pour illustrer la dichotomie entre les deux mondes. Il existe au-dehors de la caverne un monde vibrant de couleurs, de formes et de lumière que les hommes ne peuvent pas voir et auquel ils n'ont pas accès. Tout ce qu'ils perçoivent, ce sont les ombres projetées par les objets et les êtres vivants du monde extérieur sur les parois de la caverne. Au lieu de l'exubérance des couleurs et de la netteté des formes de la glorieuse réalité, ils n'ont droit qu'à la sombre tristesse et aux contours flous des ombres. Pour Platon, semblable au monde des ombres, le monde accessible à nos sens n'est qu'un appauvrissement du monde des Idées. Or le monde des Idées, illuminé par le Soleil de l'intelligence, est aussi celui où règnent des relations mathématiques et des structures géométriques parfaites. Ainsi, puisque le monde physique n'est que le reflet du monde platonicien des formes mathématiques, il n'est pas étonnant qu'il y ait adéquation entre mathématiques et monde sensible.

M. – La position du bouddhisme est claire à ce propos. Bien qu'il ne se soit pas livré à des débats avec les philosophes grecs, il s'est confronté avec des philosophes hindous dont les positions sur ce sujet semblent proches de celles de Platon. Le bouddhisme a réfuté cette notion d'Idée par la simple logique. Certains pensaient en Inde que l'Idée « arbre », par exemple, était le principe essentiel de tous les arbres de la nature, lesquels n'étaient que des manifestations grossières ou des « cas particuliers » de cette Idée.

T. – C'est presque mot pour mot l'argument de Platon.

M. – Si ce principe « arbre » n'existait pas, dit le philosophe hindou, nous ne pourrions concevoir la notion abstraite d'arbre ; elle est à la fois indépendante de tout arbre en particulier et applicable à tous les arbres. Les bouddhistes répondirent qu'il fallait choisir : ou cette Idée « arbre » avait un lien existentiel avec les arbres de la nature, ou elle n'en avait pas.

Si elle en avait un, ce lien devait se traduire par certains phénomènes corroborés par l'expérience. Or ce n'est pas le cas. Si l'Idée « arbre » était intrinsèquement liée à tous les arbres, ils devraient tous pousser quand un arbre pousse, et tous mourir quand un arbre meurt.

Si cette Idée n'a aucun lien avec les arbres de la nature, elle ne sert à rien. Elle est aussi imaginaire que les poils d'une tortue ou les cornes d'un lièvre. On peut donc s'en passer. De plus, comment une Idée *immuable* pourrait-elle avoir une interface avec ce qui est *transitoire* ? Cette Idée est donc une étiquette mentale, rien de plus.

T. – Platon dit exactement le contraire. Il distingue l'Idée parfaite d'un arbre de toutes ses manifestations imparfaites dans le monde. Il postule deux figures de Dieu, l'une appelée le Bien, éternel et immuable, réside dans le monde des Idées ; l'autre, le Démiurge, façonne la matière du monde contingent et changeant des arbres, dans ce cas, conformément aux formes parfaites du monde des Idées.

M. – Y a-t-il une connexion entre l'Idée d'un arbre et sa manifestation ? S'il n'y en a aucune, l'Idée est inutile. À quoi bon alors l'envisager ?

T. – Il s'agit de caractéristiques générales et idéales, dirait Platon.

M. – Ce n'est qu'une construction mentale, aussi utile soit-elle pour classer certaines plantes parmi la famille des « arbres ». Envisager ou non cette Idée n'a aucune influence sur l'existence de l'arbre. Et si l'Idée a une interface avec la réalité grossière, elle ne peut être immuable.

T. – Tu as mis le doigt sur le problème. Il y a une dichotomie fondamentale entre le monde changeant de l'expérience et celui, immuable, des Idées. Platon n'essaya pas de concilier les deux, se contentant de postuler deux figures de Dieu et de déclarer que seul le Bien était vrai, le Démiurge n'en étant qu'une pâle et illusoire représentation.

En tentant de résoudre le problème par l'introduction de l'idée d'une création du monde *ex nihilo* par un Dieu hors du temps et de l'espace, la doctrine chrétienne se retrouve face au même dilemme : ou bien Dieu est le créateur et la cause du monde changeant, mais alors il est aussi contingent et temporel, ou bien il est immuable et sa création est elle aussi immuable. Un Dieu invariant ne peut créer un monde changeant.

Grâce aux découvertes de la science moderne, j'entrevois une solution possible qui est la suivante : Dieu est en dehors du temps, et sa nature et ses desseins sont représentés par des lois d'organisation et de complexité hors du temps qui sont elles aussi immuables et invariantes. Mais malgré cela, le monde n'est pas immuable. Il peut changer car, grâce au flou quantique et au chaos, l'univers peut donner libre cours à sa créativité en brodant à partir de ces lois. En choisissant parmi un large éventail de possibilités, l'univers peut être changeant et contingent.

M. – Bravo ! Un invariant immuable qui s'occupe du changement. Un invariant qui a des « desseins » ? Pour le futur ? Fini, l'immuable ! Des lois hors du temps ? Pourquoi pas hors des phénomènes ? Dans ce cas, à quoi s'appliquent-elles ? Et puis nous voilà avec un Univers qui « choisit » parmi des possibilités : cela fait beaucoup de monde pour s'occuper de simples lois de cause à effet ! Quelque chose d'immuable qui est hors du temps y reste, il ne crée pas un univers.

T. – J'admets qu'en ce qui concerne la création de l'univers, ma proposition ne peut résoudre la dichotomie entre un Dieu immuable et l'acte de créer qui implique une violation de cette immuabilité. Mais une fois l'univers créé, Dieu n'a plus besoin d'être dans le temps. Il se détourne de la création et n'a plus besoin, pour reprendre tes termes, de s'occuper du changement. C'est l'univers qui s'en charge.

M. – Il perd alors sa toute-puissance.

T. – Revenons à la nature des mathématiques. On trouve deux points de vue opposés. Pour les *constructivistes*, les mathématiques n'existent pas réellement. Selon le philosophe David Hume, « toutes nos idées ne sont que des copies de nos impressions ». Les formes géométriques n'ont de réalité que dans les formes de la Nature. Dans le camp opposé se trouvent les *réalistes* pour qui les mathématiques possèdent une « réalité » distincte de notre pensée. Elles constituent un vaste ensemble que nous pouvons explorer et découvrir avec notre raison, tout comme un explorateur découvre la forêt amazonienne. Que nous en soyons conscients ou non, les mathématiques sont *là*.

M. – Sans causes ni conditions ? Encore un invariant immuable !

T. – Leur existence est distincte de la réalité sensible. Les plus grands mathématiciens se sont ralliés à ce point de vue. Écoutons Descartes parler des figures géométriques : « Lorsque j'imagine un triangle, encore qu'il n'y ait peut-être en aucun lieu du monde hors de ma pensée une telle figure, et qu'il n'y en ait jamais eu, il ne laisse pas néanmoins d'y avoir une certaine nature ou forme, ou essence déterminée de cette figure, laquelle est immuable et éternelle, que je n'ai point inventée et qui ne dépend en aucune façon de mon esprit[1]. »

M. – S'il ne l'a pas inventée, je me demande qui d'autre l'a fait pour lui. Si elle ne dépendait pas de son esprit, il aurait bien du mal à y penser !

T. – Plus proche de nous, le mathématicien anglais Roger Penrose écrit : « Les concepts mathématiques semblent posséder une réalité profonde, qui va au-delà des discussions de tel ou tel mathématicien. C'est comme si la pensée humaine était guidée vers une vérité qui a sa réalité propre et qui n'est que partiellement révélée à chacun d'entre nous[2]. »

Ce sentiment d'une réalité mathématique indépendante de notre esprit est d'autant plus fort que les mathématiques semblent posséder une vie qui est indépendante de leur créateur, comme si elles entraînaient irrésistiblement le chercheur vers la Vérité : « Nous ne pouvons nous empêcher de penser que les formules mathématiques ont une vie propre, qu'elles en savent plus que leurs découvreurs et qu'elles nous donnent plus que nous leur avons donné », remarquait le physicien allemand Heinrich Hertz.

M. – C'est sans doute la fée Mathématique ! Avec le Dieu platonicien, les lois d'organisation et de complexité hors du temps et le triangle de Descartes, cela fait beaucoup de monde dans le ciel de l'immuable ! Sans doute y retrouvent-ils les cornes de lièvre et les fleurs de l'espace ?

Excuse-moi de plaisanter, mais, du point de vue bouddhiste, ça ne tient pas debout. Une entité qui existe « en soi » est seule, reste seule, et n'a rien à voir avec notre univers. Il faut choisir entre elle et nous. Pourquoi vouloir toujours geler par de tels concepts le jeu de la vraie magie : celle du déploiement irréel de l'infinité des phénomènes ? Pourquoi les abstractions auraient-elles une réalité ontologique ? N'est-ce pas l'essence même d'une abstraction que d'être une construction mentale ?

T. – Pourtant, la façon dont l'intuition mathématique jaillit, soudaine et inattendue, de façon complètement spontanée et sans préparation apparente – l'inspiration poétique pourrait être décrite de la même manière – était fortement l'idée d'un contact de l'esprit avec le domaine platonicien des formes mathématiques. Roger Penrose est sans équivoque là-dessus : « J'imagine que quand l'esprit perçoit une idée mathématique, il entre en contact avec le monde platonicien des concepts mathématiques. La communication entre mathématiciens est possible, car chacun d'eux a eu un accès direct à la Vérité et a été en contact avec le même monde des Idées éternelles. Ces vérités éternelles semblent avoir une existence antérieure dans un monde éthéré[3]. »

1. René Descartes, *Méditations métaphysiques*, Gallimard, coll. « Bibliothèque de la Pléiade », 1970, p. 311.

2. Roger Penrose, *L'Esprit, l'Ordinateur et les Lois de la physique*, InterÉditions, 1992, p. 101.

3. *Ibid.*, p. 466.

M. – C'est un peu comme quelqu'un qui se voit dans un miroir sans se reconnaître. Les mathématiciens communiquent avec le monde éthéré de leur cerveau et communiquent fort heureusement entre eux parce que leurs cerveaux se ressemblent. Je serais curieux de savoir avec quel monde éthéré communique une chauve-souris !

T. – Ce contact fulgurant avec le monde des Idées mathématiques peut surgir aux endroits les plus inattendus, comme Archimède criant *eurêka !* dans sa baignoire. Henri Poincaré raconte comment la solution à un problème mathématique qui lui échappait depuis des semaines lui apparut soudainement avec une aveuglante clarté, sans préparation apparente, et au moment où il s'y attendait le moins[1] : « À ce moment, je quittai Caen, que j'habitais alors, pour prendre part à une course géologique entreprise par l'École des mines. Les péripéties du voyage me firent oublier mes travaux mathématiques ; arrivés à Coutances, nous montâmes dans un omnibus pour je ne sais quelle promenade ; au moment même où je mettais le pied sur le marchepied, l'idée me vint, sans que rien dans mes pensées antérieures parût m'y avoir préparé – je ne fis pas la vérification ; je n'en aurais pas eu le temps, puisque, à peine assis dans l'omnibus, je repris la conversation commencée ; mais j'eus tout de suite une entière certitude. De retour à Caen, je vérifiai les résultats à tête reposée pour l'acquit de ma conscience. »

La soudaineté, la brièveté et la certitude immédiate caractérisent donc l'intuition mathématique.

M. – Franchement, je pense qu'il y a des explications plus simples à l'intuition. Sinon, il faudrait également envisager une Idée « poésie » avec laquelle Baudelaire, Tagore et bien d'autres seraient soudainement entrés en contact, une Idée « décision » pour les indécis qui soudain se décident, et ainsi de suite. Nul n'est besoin d'envisager de tels archétypes existant par eux-mêmes. Le fait que les mathématiques s'appliquent au monde et que nous puissions les comprendre montre simplement qu'elles dépendent à la fois du monde et de notre conscience. *Rien*, aucune entité, aucun objet ni concept, ne peut exister en soi et par soi. Les Idées de Platon ne font que refléter la croyance en des causes premières, immuables, qui agissent à sens unique. Elles excluent le conditionnement mutuel. Or, il ne peut y avoir d'agent causal qui ne soit affecté en retour. Une entité immuable est incapable d'agir sur le monde.

T. – Je parle d'entités totalement abstraites qui sont issues de l'esprit, mais qui néanmoins correspondent exactement à la nature. Je reviens à mon exemple de la géométrie de l'espace courbe que nous ne pouvons pas percevoir directement. Comment pouvons-nous alors la concevoir ?

M. – Tu dis bien qu'elles sont issues de l'esprit. Si la conscience était totalement indépendante des phénomènes, elle ne pourrait ni les concevoir

1. Henri Poincaré, dans *Bulletin de l'Institut général de psychologie*, 8e année, n° 3.

ni les percevoir. Pour elle, ils n'existeraient même pas. L'interdépendance transcende la fragmentation entre « extérieur » et « intérieur ». L'intuition que certaines personnes peuvent avoir des mathématiques est un reflet de l'interpénétration naturelle de la conscience et du monde phénoménal. En fait, le point sur lequel il faudrait s'interroger, c'est comment, à partir de cet état de complète interpénétration, on voit surgir l'illusion de la séparation. Pour le bouddhisme, la dichotomie entre « moi » et le « monde » est la première manifestation de l'ignorance, c'est en quelque sorte le « péché originel » du bouddhisme, qui n'a d'ailleurs d'originel que le nom, car nous le commettons à chaque instant de notre existence.

T. – Pourtant, tous les êtres n'ont pas vu ce que Riemann ou Srinivasa Ramanujan ont perçu. Ramanujan était un mathématicien de génie dont le parcours illustre remarquablement cette idée d'intuition mathématique. Né dans une famille pauvre de Madras, en Inde, il n'avait reçu qu'une éducation très sommaire. En majeure partie autodidacte, il redécouvrit à sa manière et dans une grande solitude intellectuelle de nombreux résultats mathématiques célèbres. Bien plus, il trouva, d'une façon intuitive et sans démonstration rigoureuse, des centaines de théorèmes qui continuent aujourd'hui, plus de cinquante années après sa mort, à nous échapper. Or les problèmes que Ramanujan abordait de manière si originale et si intuitive étaient bien souvent les mêmes qui préoccupaient les mathématiciens traditionnels de son époque.

Voilà donc un homme qui, issu d'un milieu culturel radicalement différent, n'a pas reçu de formation académique mais retrouve cependant les mêmes idées mathématiques que ses homologues couverts de diplômes. Je ne peux m'empêcher de penser qu'il a puisé son inspiration dans le même monde platonicien des Idées mathématiques que ses collègues. De même, quand j'entends parler de personnes capables de calculs mentaux prodigieux, ou de « savants autistes » qui, en dépit de leur handicap, résolvent des problèmes mathématiques très complexes, j'évoque naturellement cet accès au monde des Idées.

M. – La biologie a récemment mis en évidence, chez les mathématiciens et calculateurs prodiges, des différences dans les aires du cerveau correspondant à la vision et au langage, ce qui leur permettrait de percevoir de manière presque visuelle des relations mathématiques qui nous échappent habituellement. Einstein disait qu'il avait parfois l'impression de « voir » la solution d'un problème. Il existe d'autres cas tout aussi étonnants que celui de Ramanujan, notamment celui des jumeaux qui, après cinq minutes de réflexion, étaient tous les deux capables de fournir la liste des nombres premiers à vingt-cinq chiffres[1]. Le psychologue qui a étudié leur cas – ils n'avaient par ailleurs qu'un quotient intellectuel très

1. Les nombres premiers sont ceux qui ne peuvent être divisés que par 1 ou par eux-mêmes, comme, par exemple, 1, 2, 3, 5, 7, 11, 13, etc. D'autres prodiges font

faible – raconte qu'un jour, il fit tomber par terre une boîte d'allumettes. D'une même voix, les jumeaux s'exclamèrent : « 111 ! », le nombre exact des allumettes qu'ils voyaient aussi clairement que nous sommes capable de voir qu'il y a quatre verres sur une table.

Les biologistes avancent donc l'hypothèse que les mathématiques sont étroitement liées au fonctionnement de notre cerveau[1]. Cette idée rejoint celle du bouddhisme, selon laquelle les mathématiques ne sont qu'une façon de lire les phénomènes et n'impliquent nullement l'existence d'entités douées d'existence propre.

Selon notre degré d'intelligence, les concepts mathématiques mettent en évidence certains aspects de l'interdépendance des phénomènes. Le poète interprétera les correspondances entre notre esprit et les phénomènes (qui sont le corollaire de leur interdépendance) en termes de beauté, alors que le physicien les exprimera par une formule mathématique. L'univers n'est pas « trop compliqué » pour notre conscience, car c'est *notre* conscience qui détermine *notre* univers. Le degré de complexité des lois physiques reflète le degré d'intelligence des mathématiciens qui les ont formulées. Ce serait donc une erreur que de considérer les mathématiques et les lois physiques comme plus « malignes » que l'esprit qui les conçoit. Pour un individu qui n'est pas rompu aux mathématiques, les équations de la physique ne décrivent pas l'univers : elles n'ont aucun sens. De même, des lois plus complexes que celles qui leur sont intelligibles n'existent pas non plus pour les mathématiciens, car ils sont incapables de les concevoir.

Les importantes différences entre les facultés cognitives des individus se retrouvent dans d'autres domaines. Prenons les contemplatifs : la compréhension intellectuelle de la vacuité qu'a un débutant est à peine comparable à la connaissance née de l'expérience directe qui caractérise l'Éveil d'un Bouddha. On dit que ces deux compréhensions diffèrent comme le dessin d'une lampe et la lampe elle-même. On peut développer, entraîner, purifier et transformer son esprit de façon considérable. On peut passer graduellement de la confusion totale dominée par la haine et les autres poisons mentaux à un état intermédiaire de sérénité, de joie altruiste et de maîtrise de soi, et l'on parvient finalement à l'Éveil qui permet une vision authentique de la nature ultime des phénomènes. À ce stade, la connaissance s'accompagne d'une certitude immédiate qui transcende toute forme de pensée discursive.

T. – Pour expliquer les différences entre ceux qui sont doués pour les mathématiques et ceux qui le sont moins, tu évoques à la fois la neurobiologie et l'entraînement de l'esprit. En neurobiologie, les dernières

---

preuve d'une ahurissante capacité à mémoriser les chiffres, comme ce Japonais qui pouvait réciter les quarante mille premiers chiffres du nombre *pi*.

1. Voir l'article de synthèse, « La biologie des maths », dans *Science et vie*, n° 984, septembre 1999, p. 46.

recherches concernant l'activité mathématique dans le cerveau – elles n'en sont encore qu'à leurs balbutiements – disent en effet que cette activité paraît être le résultat de la collaboration étroite entre deux aires du cerveau, celle associée à la vision (les deux lobes pariétaux inférieurs et la scissure interpariétale) qui jouerait le rôle de moteur de l'intuition mathématique, et celle associée au langage (le lobe frontal inférieur gauche) qui traduirait l'intuition en formules symboliques. En 1999, une équipe de neurologues canadiens a annoncé que les deux lobes pariétaux du cerveau d'Einstein, respectivement associés à la vision et à l'intuition mathématique, étaient de 15 % plus volumineux que la moyenne, ce qui expliquerait peut-être le génie du physicien. L'intuition joue en effet un rôle primordial en science, et les grands chercheurs l'ont toujours largement mise en œuvre. La formulation mathématique (qui fait intervenir l'aire du langage) vient plus tard, pour étayer l'intuition. Dans l'histoire racontée plus haut, Poincaré avait eu la certitude immédiate que le résultat entrevu en un éclair lors de son voyage était juste. Il ne le vérifia, dans un langage mathématique rigoureux, qu'à son retour, par acquit de conscience. La démonstration mathématique n'a donc fait que corroborer un résultat déjà obtenu par l'intuition. Cela dit, la neurobiologie est encore loin de savoir exactement comment nous pensons ou créons.

M. – Quoi qu'il en soit, la faculté de percevoir l'harmonie de l'univers est inhérente à notre esprit. La formulation de lois en termes d'équations, de nombres, de relations, de correspondances et de structures est un produit de la pensée conceptuelle, mais notre conceptualisation de ce qui n'est qu'interdépendance n'a aucune existence en elle-même.

XVI

LA RAISON ET LA CONTEMPLATION

Comment connaître le monde ?

L'accumulation de concepts et d'informations permet-elle d'atteindre la connaissance ultime ? Quelles sont les limites de la logique et de la raison discursive ? Le bouddhisme fait une distinction entre logique conventionnelle et connaissance ultime, méditation analytique et contemplation directe de la nature de l'esprit qui transcende les concepts. Le théorème d'incomplétude de Gödel montre les limites de la logique et des théories scientifiques. Peut-on comparer les méthodes d'acquisition de la connaissance propres à la science à celles de l'approche contemplative ? Comment vérifier la validité d'une science contemplative qui repose sur l'introspection et l'expérience subjective ? En quoi la contemplation vécue comme un engagement ayant pour but la transformation intérieure diffère-t-elle des théories non engagées des sciences naturelles ?

THUAN : La connaissance rationnelle dérive d'un processus intellectuel qui construit un système élaboré de concepts et de symboles abstraits, exprimé le plus souvent dans le langage hautement structuré des mathématiques. Par contre, la connaissance subjective ne semble pas être nécessairement l'objet d'un raisonnement logique. Peux-tu me dire si le mot « connaissance » a la même signification pour un bouddhiste que pour un scientifique ? La connaissance non intellectuelle de la réalité qui apparaît pendant une méditation est-elle de même nature qu'une connaissance rationnelle ? Le contemplatif ne doit-il pas délaisser le processus analytique de la connaissance scientifique et purifier son esprit de toute forme de pensée et de concept ? Ne doit-il pas réduire la pensée au silence afin d'arriver à une saisie immédiate de la réalité ?

MATTHIEU : Selon les traités bouddhiques, le mot « logique » (*pramana* en sanskrit) signifie « moyen de connaissance correcte ». Cette logique s'impose dans presque tous les aspects de la connaissance, scientifiques ou contemplatifs. On distingue toutefois une connaissance valide dite « conventionnelle », et une connaissance valide ultime ou absolue. La première nous renseigne sur l'apparence des choses (et nous permet de faire la distinction entre un plan d'eau et un mirage, entre une corde et un serpent), mais seule la seconde nous permet d'appréhender la nature ultime des phénomènes (la vacuité, l'absence d'existence propre). Toutes les deux sont valides dans leur registre respectif.

La logique et la raison sont également les outils utilisés par la méditation analytique quand elle observe le fonctionnement des pensées et met en évidence les mécanismes du bonheur et de la souffrance. Il s'agit alors de reconnaître la façon dont fonctionne notre esprit : comment procède-t-il pour percevoir quelque chose et en élaborer une image mentale ? Quelle sorte d'événements mentaux favorisent notre paix intérieure et ouvrent notre esprit aux autres ? Quels processus vont par contre avoir un effet destructeur ? Cette analyse nous amène à comprendre comment les pensées s'enchaînent pour finalement *nous* enchaîner.

Lorsque la méditation tend à développer en nous des qualités fondamentales comme la bonté et la compassion, le raisonnement, allié à l'expérience, nous ouvre les yeux sur les conséquences néfastes de la haine et sur les avantages de la patience dans la vie quotidienne. Cette prise de conscience va graduellement transformer le flux de nos pensées. L'amour et la patience ne sont pas des états d'esprit positifs par définition ou par décret divin, mais parce qu'ils sont les causes vérifiables de notre bonheur et de celui d'autrui.

T. – L'Éveil représente-t-il un niveau de connaissance encore plus élevé ?

M. – Il y a plusieurs différences entre l'Éveil et la connaissance ordinaire. Tout d'abord, l'Éveil n'est pas une connaissance de la multiplicité des phénomènes extérieurs et des événements mentaux, mais de leur nature essentielle. Son mode de connaissance lui aussi diffère : la dualité sujet-objet disparaît et l'intellect raisonnant fait place à une conscience directe, claire et éveillée qui se mêle à la nature ultime des choses jusqu'à ne plus faire qu'un avec elle. Loin d'être illogique, ce mode de connaissance relève d'une logique absolue, elle-même fondée sur la compréhension de la vacuité, et transcende la logique conventionnelle issue de la pensée linéaire.

T. – Une connaissance « intuitive » ? ou bien « mystique » ?

M. – Les termes « intuitif » et « mystique » prêtent à confusion. Si l'on entend par « intuition » une forme de connaissance directe et immédiate, nous ne sommes pas loin du compte. Mais si nous assimilons cette intuition à un vague pressentiment de l'invérifiable, une impression floue surgie du subconscient, elle n'est plus alors que le reflet de nos tendances et de notre confusion habituelles. En revanche, si l'on entend par « mystique » une union intime, non duelle, avec la nature de l'esprit, qui est claire, lumineuse et libre de concepts, ce terme s'applique bien à la contemplation bouddhique.

Pourtant, il faut se méfier du mysticisme associé aux expériences passagères qui surgissent au cours de la méditation. Ces expériences égarent plus qu'elles n'éclairent, car elles n'améliorent pas la compréhension de la nature ultime de l'esprit. Plutôt que de guetter l'extase ou de s'abîmer dans une quiétude passive, mieux vaut mener la méditation analytique jusqu'à son point extrême, puis laisser l'esprit reposer, au-delà des concepts, dans un état de simplicité lumineuse. Alors la réalisation de la nature ultime de l'esprit se fait vaste, profonde et immuable comme le ciel. On remonte à la source même des pensées et on observe ce qui reste quand elles disparaissent, état qui est, par nature, indescriptible. Indescriptible ne signifie pas que cet état est trop obscur pour être décrit. Bien que les mots soient aussi impuissants à le définir qu'à décrire la couleur à un aveugle, pour un méditant accompli, rien n'est plus clair et évident que la présence éveillée de l'esprit affranchi du processus conceptuel.

T. – Puisque au sens où tu l'entends la connaissance intuitive n'utilise pas le langage précis des mathématiques, peut-elle être exprimée convenablement par le langage de tous les jours ? À cause des limites inhérentes au langage, le bouddhisme n'énonce-t-il pas les vérités sous forme de métaphores ou d'allégories ? Face à une réalité paradoxale qui dépasse le langage ordinaire, ne tente-t-il pas, à l'aide de propositions déconcertantes semblables aux *koan*[1] du bouddhisme zen, de faire exploser la logique, de suspendre le raisonnement et d'abandonner les sentiers battus ?

M. – Quand il s'agit d'exprimer les différents degrés de réalisation de la nature de l'esprit et de la vacuité des phénomènes, on se trouve souvent à court de mots. On ne va pas à l'encontre du raisonnement logique, celui-ci est simplement insuffisant. On dit qu'il est aussi difficile au méditant d'énoncer sous forme de mots la réalisation de la nature de l'esprit qu'au muet de décrire la saveur du miel. C'est pourquoi on a souvent recours à des images qui ne sont jamais parfaites, mais qui montrent certains aspects de la réalisation spirituelle à la manière d'un doigt pointé vers la lune : mais c'est la lune qu'il faut regarder, pas le doigt !

Dans le cadre d'une telle approche, un maître spirituel qui veut briser nos habitudes conceptuelles et nous faire découvrir la fraîcheur naturelle de l'esprit libéré des constructions mentales peut parfois utiliser des moyens inattendus. Par une claire nuit d'automne, sur les pentes montagneuses qui dominent le monastère de Dzogchen, dans le Tibet oriental, lieu grandiose où j'ai eu la chance de séjourner, Patrul Rinpoché (un ermite tibétain du XIXe siècle) dormait à la belle étoile avec l'un de ses disciples. Il l'interpella soudain :

« Ne m'as-tu pas dit que tu ignorais toujours ce qu'est la véritable nature de l'esprit ?

— C'est vrai.

— Ce n'est pourtant pas difficile. »

Il l'invita à venir s'étendre à ses côtés. Le disciple, qui s'appelait Loungtok, s'étendit sur le dos et contempla le ciel. Patrul Rinpoché reprit :

« Tu entends les chiens du monastère aboyer ?

— Oui.

— Tu vois les étoiles briller ?

— Oui.

— Eh bien, c'est ça la méditation ! »

À cet instant précis, Loungtok réalisa spontanément la nature de l'esprit. L'effet cumulé d'années de méditation, de la présence du maître et d'un moment privilégié avait permis l'épanouissement de cette réalisation intérieure…

Par essence la connaissance ultime – l'Éveil – est au-delà des concepts. Les autres moyens de connaissance sont tous incomplets. Une théorie

1. Dans le bouddhisme zen, un *koan* – par exemple la question d'un maître qui, après avoir frappé des mains, demande : « Quel est le son d'une seule main ? » – a pour but de briser momentanément chez le disciple l'enchaînement des pensées discursives afin qu'il puisse, dans l'intervalle entre deux pensées, avoir un aperçu de la nature de l'esprit qui est au-delà des élaborations mentales.

ne peut décrire qu'un aspect de la réalité, car elle utilise des propositions limitées par la nature même de la pensée conceptuelle. Une telle affirmation n'évoque-t-elle pas, sur un autre plan, le fameux théorème d'incomplétude de Gödel ?

T. – Le théorème de Gödel implique en effet qu'il existe, en mathématiques tout au moins, des limites au raisonnement rationnel. Ce théorème est généralement considéré comme la découverte logique la plus importante du XXe siècle. En 1900, l'Allemand David Hilbert avait lancé le défi d'asseoir toutes les mathématiques sur une base logique solide. Kurt Gödel, mathématicien autrichien de génie, releva le défi, mais pas dans le sens où Hilbert l'entendait. Il proposa en 1931 un théorème qui est peut-être le plus extraordinaire et le plus mystérieux de toutes les mathématiques. Il montra qu'un système d'arithmétique cohérent et non contradictoire contient inévitablement des propositions « indécidables », c'est-à-dire des énoncés mathématiques dont on ne peut pas dire par la logique s'ils sont vrais ou faux. D'autre part, il est impossible de démontrer qu'un système est cohérent et non contradictoire sur la seule base des axiomes (des propositions premières admises sans démonstration) contenus dans ce système. Il faut au contraire « sortir du système » et imposer des axiomes supplémentaires qui lui sont extérieurs. En ce sens, le système ne peut être qu'incomplet en lui-même. C'est pourquoi le théorème de Gödel est aussi souvent appelé « théorème d'incomplétude ».

Ce théorème fit l'effet d'un coup de tonnerre dans le monde des mathématiques. Gödel avait démontré que la logique avait des limites et que le rêve de Hilbert – à savoir démontrer de façon rigoureuse la cohérence de toutes les mathématiques – était une chimère. Il eut aussi d'immenses répercussions dans d'autres domaines de la pensée comme la philosophie ou l'informatique[1].

M. – La pensée linéaire et la logique discursive ont des limites. Pour avoir une compréhension réelle de la nature de l'esprit, il faut briser le carcan des constructions mentales. L'Éveil du Bouddha transcende la pensée discursive qui fonctionne dans le cadre de la dualité sujet-objet.

---

1. La démonstration de Gödel repose sur le concept des propositions autoréférentielles, c'est-à-dire de celles qui parlent d'elles-mêmes. Les Anciens étaient déjà familiers avec les paradoxes de la logique qui surviennent avec les propositions autoréférentielles. Considérons par exemple la proposition : « La présente phrase est fausse. » Si elle est vraie, elle est fausse ; si elle est fausse, elle est vraie. Ou encore : « Je suis un menteur. » Si je suis un menteur, je dis la vérité ; si je dis la vérité, je suis un menteur. La logique est réduite à quia. De même, le problème suivant, dû au mathématicien anglais Bertrand Russell, n'admet pas de réponse : « Un habitant de Séville est rasé par le barbier de Séville si et seulement si il ne se rase pas lui-même. Alors, est-ce que le barbier de Séville se rase lui-même ? » S'il se rase lui-même, il ne peut être rasé par le barbier de Séville, donc il ne se rase pas lui-même ; mais s'il ne se rase pas lui-même, il est rasé par le barbier de Séville, donc il se rase lui-même.

T. – En termes gödeliens, il faut sortir du système, car il est incomplet en soi. Faut-il transcender la raison elle-même ?

M. – L'Éveil ne contredit pas la raison, il en dépasse les limites. C'est une connaissance globale qui perçoit la nature ultime de l'esprit et des phénomènes sur un mode non duel, comme lorsqu'on verse de l'eau dans de l'eau. On peut décrire à l'infini les caractéristiques des choses, mais la compréhension directe et intégrale de leur nature véritable n'est pas la simple addition *ad infinitum* de connaissances descriptives ou de propositions mathématiques. Tant que nous restons prisonniers d'un mode de pensée linéaire, il est impossible à notre esprit de saisir sa propre nature, et notre compréhension demeure incomplète. Il faut faire éclater cette gangue pour atteindre une connaissance directe de l'essence des choses, compréhension qui n'est plus fragmentée par l'analyse ni limitée par notre incapacité à percevoir les caractéristiques de l'univers dans son ensemble. Cette connaissance fonctionne sur un mode différent.

T. – Le résultat étonnant de Gödel a montré que les théories scientifiques en elles-mêmes ne pourront jamais aller jusqu'au bout de leur chemin. Il me semble qu'il faudra faire appel à d'autres modes de connaissance, tels que ceux que tu décris.

M. – C'est un point important, car nos contemporains se font une image presque mystique de la science ; ils la conçoivent comme une discipline qui pourra un jour répondre à toutes nos questions. Or c'est loin d'être le cas. Sans même parler d'Éveil ou de connaissance spirituelle, la majeure partie du vécu échappe à ce que nous appelons communément la science.

T. – Comparons donc les diverses méthodes d'acquisition de la connaissance. Le scientifique procède par la méthode expérimentale, dont le premier pas consiste à rassembler des observations et des faits. Pour capter la lumière du cosmos, l'astrophysicien que je suis utilise un puissant télescope situé dans l'un des rares endroits sur terre où le ciel est presque toujours clair, à l'écart de toute lumière artificielle produite par les hommes. Cette lumière du cosmos est enregistrée par des détecteurs électroniques qui me permettent, de retour à mon université, de visionner les images des objets célestes sur un écran. Grâce à des ordinateurs performants je peux analyser les signaux lumineux venus du ciel. Je recueille ainsi des informations sur la brillance des étoiles, la forme des galaxies ou encore la composition chimique de l'univers.

M. – Comme disait le philosophe chinois Tchouang-tseu : « Si tu commences à compter et à nommer, tu ne t'arrêteras jamais », mais restons-en à notre analyse de la méthode scientifique !

T. – Le travail de l'astrophysicien ne se réduit bien sûr pas à compter et à nommer – cela ne serait plus alors qu'un simple travail de taxinomie –, mais à découvrir et comprendre les lois de la Nature. Si, au lieu d'explorer le monde de l'infiniment grand, le physicien veut explorer l'infiniment petit, il peut se rendre au CERN[1] où se trouve un gigantesque accélérateur de particules. Cet anneau de plus d'une dizaine de kilomètres de diamètre produit des faisceaux de particules très énergétiques propulsés à une vitesse proche de celle de la lumière. Les faisceaux sont lancés contre des cibles qu'ils réduisent en miettes, ce qui permet d'étudier la structure interne de la matière. Les particules élémentaires issues de ces collisions à haute énergie sont envoyées dans une chambre remplie de liquide où elles interagissent avec les atomes du liquide et laissent sur leur passage un chapelet de petites bulles gazeuses, d'où le nom de « chambre à bulles ». Ces bulles vont grossir, ce qui permet de photographier leurs trajectoires et d'identifier les particules élémentaires.

M. – Nous avons vu que si l'on examine objectivement ces résultats, ce qu'on appelle « particule » n'est qu'un phénomène expérimental reproductible résultant de l'interaction entre le monde microphysique et nos appareils. Nous n'avons donc pas le droit de donner à ces résultats une interprétation « réificatrice ». Les particules ne sont en fin de compte que des « observables ». Passer de ces « observables » à la notion d'objet montre à quel point l'interprétation est conditionnée non seulement par les particularités de l'appareillage, mais aussi par la formation intellectuelle du chercheur et par sa vision de l'existence. Le physicien David Bohm disait : « La réalité est ce que nous tenons pour vrai. Ce que nous tenons pour vrai est ce que nous croyons. Ce que nous croyons prend appui sur nos perceptions. Ce que nous percevons est lié à ce que nous cherchons. Ce que nous cherchons dépend de ce que nous pensons[2]. »

T. – Effectivement, le scientifique ne peut observer la nature de manière totalement objective. Il existe une interaction constante entre son monde intérieur et le monde extérieur. Son monde intérieur, quand il est projeté à l'extérieur, ne permet plus à l'homme de science de voir des faits « nus », exempts de toute interprétation. Inversement, le contact avec le monde extérieur transforme inévitablement son monde intérieur. Le scientifique travaille au sein d'une société et d'une culture. Consciemment ou non, il est influencé par leurs vues métaphysiques. La réification de la réalité par la science occidentale – sa conviction que le monde entier peut être défini en termes de particules élémentaires douées d'existence intrinsèque – est un exemple de cette influence métaphysique. La plupart des physiciens qui travaillent en Occident ne se rendent même pas compte qu'il s'agit là d'un parti pris métaphysique, puisqu'ils ne connaissent aucune autre vision du monde.

Ce sont non seulement ses conceptions philosophiques, mais aussi sa formation professionnelle – l'apprentissage avec les maîtres, les

1. CERN, Conseil européen pour la recherche nucléaire, situé sur la frontière franco-suisse.

2. David Bohm, conférence donnée à Berkeley en 1977.

interactions avec les collègues, la lecture des travaux publiés – qui influencent l'interprétation que fait le scientifique du monde extérieur. Ainsi, une fois réalisées, les observations et les expériences sont analysées et interprétées dans le contexte de concepts et de théories inhérents à ce monde intérieur. Par exemple, l'astrophysicien fera appel à une théorie de la formation des galaxies, tandis que son collègue physicien invoquera une théorie des forces nucléaires. L'adhésion à une théorie plutôt qu'à une autre n'est pas non plus dépourvue de préjugés. Le chercheur sera influencé par les vues de ses maîtres ou de ses collègues proches (ce qu'on appelle une « école » scientifique), ou, pire encore, par des phénomènes de mode. Or, en science comme dans tous les autres domaines, il faut se méfier des modes. Une théorie qui rallie la majorité des voix n'est pas nécessairement la bonne. La plupart de ceux qui l'adoptent le font non pas après un examen critique, mais par conformisme et inertie intellectuelle, ou encore parce que cette théorie est défendue par quelques chefs de file particulièrement éloquents ou influents.

Cela veut-il dire que la science risque de ne jamais approcher la vérité ? Je ne le pense pas. La science est protégée par un garde-fou solide grâce auquel elle finit toujours par revenir sur le droit chemin, même si elle s'égare de temps à autre et se retrouve parfois dans des culs-de-sac. Ce garde-fou est l'interaction constante entre la théorie et l'observation. Il y a deux possibilités : soit les nouvelles observations ou les résultats des expériences récentes sont en accord avec la théorie du moment, et cette dernière est renforcée ; soit il y a désaccord, et la théorie doit être modifiée ou écartée au profit d'une autre qui prévoit elle aussi des phénomènes vérifiables expérimentalement. Le scientifique retourne à son télescope ou à son accélérateur de particules. La nouvelle théorie ne sera acceptée que si ses prévisions sont confirmées. La méthode expérimentale consiste donc en un incessant va-et-vient entre l'observation et la théorie, qui permet de se rapprocher lentement d'une description exacte des phénomènes, au risque de s'engager dans des fausses pistes, de commettre des erreurs et de revenir à la case départ. La science progresse non pas en ligne droite, comme on se le représente trop souvent de manière simpliste, mais en zigzag.

M. – Le va-et-vient entre la théorie et l'expérience permet de vérifier qu'une théorie explique et prédit correctement certains faits sans pour autant remettre en cause les préjugés métaphysiques des chercheurs. Un chercheur peut parfaitement prouver à un autre qu'il s'est trompé sur la durée de vie ou sur la masse d'une particule, sans que cela les empêche d'être tous deux convaincus que la particule existe réellement. À chaque nouvelle révolution scientifique, les chercheurs croient avoir enfin accédé à une vision définitive de la réalité. La fausse certitude qui accompagne cette illusion est, elle aussi, un préjugé philosophique. En 1939 Alfred North Whitehead écrivait : « Il y a cinquante-sept ans, j'étais étudiant à Cambridge, j'apprenais la science et les mathématiques sous la férule d'hommes brillants. Depuis le début du siècle, j'ai vu tous leurs postulats de base s'effondrer. Face à cette situation, pourtant, les découvreurs de nouvelles hypothèses scientifiques déclarent : nous tenons enfin une certitude[1]. »

T. – La suffisance intellectuelle de certains scientifiques les a conduits à annoncer en grande pompe la fin de la science : on a tout compris, il ne reste plus rien à découvrir ! L'histoire des sciences leur a, jusqu'ici, toujours donné tort. À la fin du XIXe siècle, Lord Kelvin, physicien spécialisé en thermodynamique, avait proclamé avec éclat que l'étude de la physique était complète et que tout ce qu'il restait à faire aux physiciens des générations futures, c'était d'affiner les mesures et de combler les décimales. Il ne pouvait se tromper plus lourdement : quelques années plus tard, la relativité et la mécanique quantique bouleversaient la physique. Pour ma part, je pense que nous ne pourrons jamais connaître toute la vérité en nous limitant à la voie de la science. Nous ne cesserons pas d'approcher du but, mais nous ne le toucherons jamais. Le théorème de Gödel nous a montré les limites de la raison. La mélodie restera toujours secrète.

M. – Cette conception d'une approche asymptotique de la vérité (c'est-à-dire que la science s'en rapproche toujours plus sans jamais l'atteindre) est-elle encore soutenable ? Il faudrait s'entendre sur le but dont tu parles. S'agit-il de s'acharner en vain à cerner une réalité hypothétique qui, la physique quantique le montre, se dérobe dès qu'on l'approche de trop près, ou bien d'atteindre à une connaissance ultime comme l'Éveil décrit par le bouddhisme ?

T. – Personnellement, je ne suis pas tout à fait d'accord avec le philosophe des sciences Thomas Kuhn[2] qui rejette la notion d'un « but » vers lequel la science tendrait de manière asymptotique. Je pense qu'il y a un but, celui d'une connaissance complète et détaillée des phénomènes de l'inanimé et du vivant. La science tend vers ce but et son progrès est certain : notre connaissance du monde est infiniment plus riche que celle qui prévalait à la Renaissance. Seulement, cette progression ne suit pas une courbe asymptotique parfaite ; elle comporte de nombreux détours et retours en arrière. En revanche, la science n'a pas les moyens d'atteindre la connaissance ultime dont parle le bouddhisme.

Revenons à notre discussion sur la méthode scientifique. Il ne suffit pas d'être persuadé du bien-fondé d'une théorie : il faut que les observations et les mesures qui la corroborent soient reproductibles et confirmées

1. Alfred North Whitehead, *Dialogues of Alfred North Whitehead, as Recorded by Lucien Price*, New York, New American Library, 1956, p. 109. Cité par B. Alan Wallace, *Science et bouddhisme*, *op. cit.*, p. 15.

2. Thomas Kuhn, *La Structure des révolutions scientifiques*, Flammarion, 1982.

indépendamment par d'autres chercheurs et d'autres techniques. Cette démarche est fondamentale, surtout quand il s'agit de découvertes qui remettent en cause les théories généralement acceptées et, pour employer les termes de Kuhn, « font changer de paradigme ». Les chercheurs sont conservateurs par nature. Ils n'aiment pas que d'un jour à l'autre des théories nouvelles viennent chambouler des connaissances acquises au prix de tant d'efforts. Heureusement pour la bonne marche de la science, car il ne suffit pas de détruire, il faut aussi rebâtir. Or, il est très ardu de reconstruire sur des ruines.

Pour nous résumer, la méthodologie des sciences naturelles procède en trois étapes : hypothèse, expérience et vérification.

Tu parles souvent du bouddhisme comme d'une science contemplative. Dans quel sens emploies-tu le mot « science » ? Peux-tu appliquer à la contemplation la méthode que je viens de décrire ?

M. – J'entends par « science » un savoir rigoureux, cohérent et vérifiable qui inclut non seulement l'étude des phénomènes physiques, mais l'ensemble du vécu. Pourquoi limiter la définition de la « science » à ce qui peut être vérifié par des instruments ou des équations ? Une science doit pouvoir être mise à l'épreuve, confirmée par l'expérience et accessible à tout expérimentateur. Ce dernier point ne signifie pas que le premier venu doive avoir accès à la science aussi facilement qu'il allume son poste de télévision. Ce n'est le cas ni des sciences naturelles, ni des sciences contemplatives. Il faut au physicien des années de formation avant de pouvoir comprendre les équations de l'univers, et des années au contemplatif avant d'acquérir une connaissance correcte et une maîtrise durable de son esprit. Il serait donc injuste d'arguer : « Vous, les contemplatifs, vous prétendez détenir une compréhension intime de la conscience, mais qu'est-ce que cela me fait, à moi qui ne peux accéder à cette connaissance pour la vérifier ? » La plupart de ceux qui tiennent ce discours seraient bien incapables d'expliquer sur quelles bases ils acceptent le résultat de l'équation de Schrödinger[1] ou la valeur de la vitesse de la lumière. Qu'il s'agisse de science ou de contemplation, la vérification directe implique une formation par le raisonnement et par l'expérience. L'important n'est pas d'obtenir des résultats immédiats, mais de pouvoir y accéder par des moyens adéquats et vérifiables.

La validité d'une science repose donc sur les résultats obtenus par des chercheurs qui ont consacré suffisamment de temps et d'énergie à la confirmation de leurs hypothèses. S'ils tombent d'accord, on peut raisonnablement leur faire crédit et appeler « science » leur savoir. Au contraire, la science contemplative est essentiellement fondée sur

1. L'équation de Schrödinger permet de calculer la probabilité qu'une particule élémentaire soit trouvée ici ou là.

l'expérience personnelle, et celui-là seul qui s'est consacré à vivre une telle expérience peut véritablement la partager.

T. – Il faut distinguer un savoir intersubjectif, comme celui de la tradition contemplative bouddhiste, d'un savoir objectif (au moins originellement), comme celui des sciences de la nature. Le premier cas revient à dire : « Placez-vous là où je suis et vous verrez ce que je vois », et le second : « Quel que soit l'endroit où on se place, si on regarde vers ce repère, on voit la même chose. » On peut prendre l'exemple de l'illusion d'optique créée par les deux flèches suivantes, dites de Müller-Lyer :

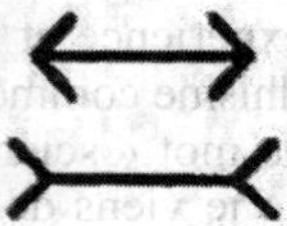

Le savoir objectif résulte ici de l'emploi d'une règle : n'importe qui constate, en lisant les graduations de la règle mise en coïncidence avec les extrémités des traits, que les deux traits ont la même longueur. Le savoir intersubjectif résulte de l'interrogation de témoins sur leur appréciation de la différence de longueur entre les deux traits. On s'aperçoit qu'ils s'accordent pour estimer qu'il y a une différence de longueur, de 5 % par exemple, entre les deux flèches, la première étant plus courte que la deuxième. L'accord est aussi massif dans un cas et dans l'autre, mais l'un s'effectue par la médiation d'un objet commun (la règle), et l'autre directement par confrontation d'expériences vécues.

M. – En ce qui concerne les expériences vécues, le bouddhisme établit une différence entre une vérité relative erronée et une vérité relative correcte. La première consiste à prendre un mirage pour de l'eau, la deuxième à reconnaître un lac pour de l'eau. Du point de vue de la vérité absolue, ces deux vérités relatives sont également dénuées d'existence propre, et la seule vérité parfaitement correcte est l'union des apparences et de la vacuité.

Dans notre parallèle entre les sciences naturelles et la science contemplative bouddhiste, nous devons définir le but respectif de ces démarches. Qu'est-ce que le scientifique cherche à connaître ?

T. – Dans les sciences naturelles, on veut découvrir la formation, l'évolution et la nature des choses : la formation et l'histoire de l'univers, la composition chimique des galaxies, le mécanisme de reproduction d'une cellule vivante, etc.

M. – Ce but détermine déjà le domaine d'action et fixe les limites des connaissances qu'on peut acquérir. Si tu étudies le mesurable, tu ignores ce qui ne peut être mesuré ; si tu te penches sur l'objectif, tu négliges le subjectif ; si tu étudies le visible, tu ne te soucies pas de l'invisible…

T. – La « réalité » dépend effectivement des questions qu'on se pose et des instruments de mesure qu'on utilise pour y répondre. Et quand on circonscrit un domaine d'étude, on ne voit plus le reste.

M. – Il ne s'agit pas seulement d'instruments de mesure différents. Si on définit, par exemple, l'objet des sciences naturelles comme le domaine de ce qui peut être étudié physiquement, mesuré ou calculé, on exclut dès le départ tout phénomène vécu à la première personne, et tout phénomène immatériel. Si on oublie cette limitation, on en vient rapidement à affirmer que l'univers, c'est *tout* ce qui est objectifiable à la troisième personne, et *uniquement* ce qui est matériel. Consciemment ou non, on prend alors une position métaphysique.

T. – C'est très fâcheux. On risque ainsi de passer à côté de découvertes importantes. Mais, cette exclusion de tout ce qui est immatériel a sans doute été nécessaire au développement des sciences naturelles. Dans le cas de la science contemplative bouddhiste, quel est l'objet de son étude ? Ce n'est certainement pas le fonctionnement des phénomènes de la nature, ou la brillance des étoiles.

M. – Le but de la science contemplative bouddhiste est tout d'abord de diagnostiquer notre façon erronée de percevoir la réalité et ensuite de découvrir la nature de l'esprit et des phénomènes, pour répondre au désir de tout être vivant qui est de mettre un terme à la souffrance et de trouver le bonheur véritable. Ce bonheur-là n'est pas une simple sensation, mais un sentiment durable de plénitude engendré, dans un premier temps, par la conviction que notre vie a un sens et qu'au moment de la mort nous n'aurons aucun regret.

T. – C'est certainement un but élevé. Mais peut-il être atteint par les êtres humains qui luttent quotidiennement pour trouver de quoi manger ? Il faut un minimum de disponibilité d'esprit et de confort matériel pour avoir le loisir d'analyser ses actes et ses pensées afin de faire le bien. Il en va de même de la recherche scientifique : seules les nations riches comme les États-Unis, les pays européens ou le Japon peuvent s'adonner en toute quiétude à des recherches fondamentales qui, telle l'astrophysique, n'ont pas un impact immédiat sur la vie de tous les jours. Difficile quand on a le ventre creux d'épiloguer sur la formation des galaxies !

M. – Pour la majorité de l'humanité, le travail de transformation intérieure est sûrement loin d'être prioritaire. Je ne suis pas certain que cela dépende de notre niveau d'opulence ou de pauvreté. C'est souvent dans des conditions difficiles – persécutions, famines et autres tragédies comme le génocide qui a suivi l'invasion du Tibet par la Chine communiste – que la spiritualité s'ancre le plus profondément dans l'esprit des gens. Il y a tellement de manières de vivre les mêmes difficultés ! Quelles que soient les circonstances, il est essentiel d'apprendre à maîtriser l'esprit et à analyser la façon dont il perçoit le monde. Tel est le champ d'investigation du contemplatif.

T. – Quelles sont alors les hypothèses du chercheur bouddhiste ?

M. – Elles se fondent sur un certain nombre d'observations préliminaires. On commence par examiner l'esprit afin de comprendre ce qui engendre en lui un état de satisfaction profonde et ce qui, au contraire, détruit sa sérénité. On s'aperçoit que des sentiments comme la malveillance, la jalousie, le désir et l'envie ne procurent aucun contentement durable. Nés d'une pulsion égocentrique, ils excitent notre convoitise pour tout ce qui semble agréable, et nous incitent à rejeter tout ce qui paraît déplaisant. Ils nous projettent dans la recherche illusoire du bonheur qui n'engendre que des souffrances. Prendre conscience de cette méprise nous montre que nous avons besoin de transformer les facteurs mentaux négatifs qui obscurcissent notre jugement. L'hypothèse de travail sera la suivante : la souffrance naît des pensées négatives qui elles-mêmes sont engendrées par l'attachement au moi. En démasquant l'imposture de cet attachement, nous nous libérerons peu à peu de la cause première de la souffrance.

T. – Passons au stade de l'expérience.

M. – Au stade de l'expérience, on analyse les caractéristiques du moi jusqu'à comprendre que ce moi n'est qu'une étiquette mentale. On constate alors ce qui se passe lorsqu'on dissout toute forme d'attachement à la notion même de moi. L'expérience consiste aussi à observer les effets bénéfiques de certains facteurs mentaux comme la générosité, la patience ou l'amour et les effets néfastes de leurs contraires. Ce qui conduit à identifier peu à peu les lois qui les régissent. On examine également les différentes méthodes propres à libérer l'esprit de ces poisons mentaux et, surtout, on les met en pratique.

T. – Ces propositions sont-elles vraiment des lois au sens où nous les avons définies précédemment, c'est-à-dire des constats de rapports nécessaires et constants entre différents phénomènes ?

M. – Elles fonctionnent de manière cohérente. La haine, par exemple, n'apporte *jamais* de bonheur à long terme. Certains peuvent trouver une satisfaction sadique dans un accès de haine, mais tout le monde sait qu'on ne peut pas vivre en paix avec ce genre de sentiment. Ses mécanismes sont soumis à la loi de causalité. La colère et la jalousie détruisent inéluctablement toute joie, alors que l'amour et la compassion l'engendrent. Nous avons beau essayer de nous cacher cette vérité, nous ne pouvons pas échapper à ses conséquences. Il ne s'agit pas d'une démarche abstraite, mais d'une investigation expérimentale associée à une profonde réflexion, aussi longue, méthodique et rigoureuse que celle du savant qui analyse des données physiques et mathématiques. Cette réflexion ne se traduit pas par des équations, mais les mois et les années passés à observer le fonctionnement de l'esprit rendent ce dernier limpide, stable et serein.

T. – Au départ, les premières données viennent de l'observation des autres. Ensuite, on se retourne vers soi et on s'observe soi-même ?

M. – Les deux vont de pair. Si l'observation des autres peut nous ouvrir les yeux, le plus important est de tourner notre regard vers l'intérieur et d'observer notre propre esprit. Même si nous parvenons à donner le change aux autres, nous avons plus de mal à nous cacher la vérité à nous-mêmes. C'est pourquoi nous devons constamment regarder dans le miroir de notre esprit. L'expérience contemplative détruit les idées préconçues sur le monde et sur nous-mêmes et nous met en face de la véritable nature des choses. Elle nous montre avec évidence que le moi n'est qu'une construction mentale. Cette découverte a de profondes répercussions sur la façon de voir le monde et sur notre manière d'être.

T. – Venons-en à l'étape finale de la vérification. En science, l'observation et l'expérimentation sont de nature objective, c'est-à-dire que leurs résultats ne dépendent pas du scientifique qui les effectue. Un physicien vietnamien ou américain obtiendra les mêmes mesures que son collègue français, si celles-ci sont correctement faites. Cette objectivité est à la base de la méthode expérimentale. Un résultat scientifique, surtout s'il sort de l'ordinaire, n'est accepté par la communauté scientifique que s'il a été vérifié indépendamment par des équipes utilisant des instruments et des méthodes différents. Par contre, l'acquisition de la connaissance par le bouddhiste repose sur la méditation et l'introspection qui sont *a priori* personnelles et subjectives. Une telle connaissance peut-elle être universelle ?

M. – La science introspective a longtemps souffert d'un préjugé défavorable en Occident parce qu'on ne savait pas trop comment l'aborder. On disait que l'esprit n'est pas un outil fiable et que les expériences qu'il pouvait tenter à son propre sujet n'étaient pas reproductibles. Cette attitude tenait simplement au fait que ceux qui s'étaient intéressés à l'introspection n'avaient, d'une part, pas accordé suffisamment de valeur à l'expérience vécue à la première personne ; et que, d'autre part, ils ne bénéficiaient pas encore de l'immense expérience accumulée par les contemplatifs orientaux.

L'expérience intérieure a une valeur indéniable pour celui qui la fait, et ses résultats à long terme peuvent être jugés objectivement. Notre manière d'être, de parler et d'agir est transformée, elle tend vers l'altruisme, la sérénité, la tolérance, la force d'âme, qui sont les principaux critères de succès de cette expérience. En outre, s'il est vrai qu'un observateur extérieur ne peut pas vérifier l'effet de telle ou telle pratique bouddhiste sur mon esprit, en revanche, il pourra vérifier la validité du résultat sur son propre esprit, s'il se donne la peine d'en faire lui-même l'expérience.

T. – Quelle est la procédure utilisée ?

M. – Tu parlais de l'utilisation, en physique et en astrophysique, d'instruments de plus en plus puissants. Dans la méthode contemplative, l'instrument est toujours l'esprit. Au début, il est mal ajusté, capricieux, inconstant et désorienté. Il est aussi difficile à calmer qu'un animal sauvage pris dans un filet. Il faut donc le régler et agrandir son champ de vision, comme on agrandit le diamètre du télescope. Cet entraînement n'est pas un but en soi, mais il est nécessaire pour affiner l'outil de l'introspection. Grâce à un effort soutenu, l'esprit devient plus stable, calme et maniable. On élimine les vagues des émotions grossières, puis la houle de l'agitation mentale et des pensées discursives. On identifie les mécanismes fondamentaux de l'attirance, de la répulsion, de l'obscurcissement ou de la clarification de l'esprit, de l'asservissement ou de la liberté intérieure.

T. – Je voudrais savoir s'il est nécessaire de dépasser la méditation purement analytique, et comment on y parvient. D'autre part, identifier les pensées perturbatrices signifie-t-il les neutraliser ?

M. – Il ne faut pas vouloir les bloquer, mais remonter à leur source et regarder leur nature première. On s'aperçoit alors que les pensées n'ont pas le pouvoir d'aliénation qu'on leur prête. Si on les examine, on découvre qu'elles n'ont ni forme, ni couleur, ni localisation, et qu'elles s'évanouissent au fur et à mesure qu'on les scrute. Elles ne viennent de nulle part et n'ont nulle part où aller lorsqu'elles disparaissent. Leur apparente solidité se dissipe comme la gelée matinale fond sous les rayons du soleil. Ensuite, on peut demeurer dans la simplicité primordiale de l'esprit, la clarté naturelle de l'instant présent, la sérénité immuable de la transparence ultime de l'esprit, sans évoquer le passé ni imaginer l'avenir, sans espoir ni crainte. Cet exercice n'aurait aucun intérêt en soi si, maintes fois répété, il ne conduisait à reconnaître le caractère insaisissable des pensées. Cette reconnaissance de leur vacuité nous libère de leur empire. Les pensées perturbatrices perdent peu à peu leur pouvoir de soulever en nous des tempêtes intérieures et de nous rendre négatifs envers les autres. Au fil du temps, on devient expert dans ce processus de libération et, lorsque les pensées surviennent, on les regarde aller et venir comme un vieil homme tranquille regarde des enfants jouer.

T. – Pour le commun des mortels, combien de temps faudrait-il pour parvenir à ce stade ? Toute une vie ?

M. – Cela dépend des facultés et de la persévérance de chacun. Dans un premier temps, reconnaître les pensées au moment où elles naissent, c'est comme repérer dans une foule quelqu'un que l'on connaît bien. À un stade plus avancé les pensées se libèrent d'elles-mêmes, comme le serpent qui dénoue sans aide extérieure un nœud fait avec son propre corps. Cette « libération » n'a bien sûr rien à voir avec le fait de donner libre cours à tous nos caprices. Libération veut dire ici que les pensées cessent de s'enchaîner et donc de plonger notre esprit dans la confusion. Enfin, à la troisième étape, on maîtrise parfaitement la libération des pensées qui ne peuvent donc plus nous causer aucun tort. On dit qu'elles sont comme un voleur dans une maison vide : le voleur n'a rien à gagner et le propriétaire n'a rien à perdre. Les pensées naissent et se dissolvent sans laisser de traces, comme lorsqu'on fait un dessin avec le doigt sur la surface de l'eau.

T. – Mais cette expérience ne varie-t-elle pas considérablement d'un individu à l'autre, au contraire d'une expérience scientifique qui, elle, doit être reproductible ?

M. – L'expérience contemplative personnelle n'est pas directement observable par un tiers, comme le sont les expériences scientifiques ordinaires, et ne présente pas d'évidences objectives. Le contemplatif risque parfois de mal évaluer la valeur de son expérience. Cependant, comme je l'ai mentionné, les résultats sont une transformation durable de la personne, conséquence qui, elle, a un caractère objectif.

De plus, dans le domaine de l'introspection, les buts atteints témoignent d'une remarquable cohérence – la paix intérieure, le non-attachement, la compassion, la force d'âme, etc. – et cela malgré la diversité des individus. Les moyens, les techniques dont disposent les pratiquants sont d'une grande similarité. Les textes décrivent très en détail les étapes de ce cheminement. Certes, nous sommes tous diversement doués pour suivre ce genre de discipline et nous parvenons à une maîtrise plus ou moins grande de notre esprit – on pourrait dire que certains construisent des « télescopes mentaux » d'un mètre de diamètre, et d'autres de dix mètres –, mais tous ceux qui s'engagent sur ce chemin observent *grosso modo* les mêmes effets.

T. – Les descriptions d'auteurs différents concordent-elles ?

M. – Il faut rappeler ici la distinction entre objectivité et intersubjectivité. Conduite correctement, l'approche contemplative aboutit à un accord intersubjectif remarquable, au fil des siècles et des générations de pratiquants. Les descriptions n'utilisent pas nécessairement les mêmes images, mais les étapes de la progression et les résultats concordent. Par exemple certains auteurs disent que la pensée se comporte d'abord comme une cascade bouillonnante, puis comme une rivière avec d'occasionnels tourbillons, puis comme un grand fleuve paisible dont la surface est parcourue de quelques risées, enfin comme un océan dont les profondeurs ne sont jamais troublées. Il existe de très nombreux volumes où l'on trouve des descriptions plus techniques et de nombreux détails que l'on peut vérifier, pourvu, encore une fois, qu'on s'en donne la peine. Ces textes décrivent aussi les étapes de la méditation non conceptuelle, de la contemplation pure de la nature de l'esprit, au terme de laquelle on parvient à l'Éveil, l'état ultime de la connaissance intérieure.

T. – Celui du Bouddha ?

M. – Du Bouddha et de ceux qui ont suivi ses traces. Il y a certes des niveaux intermédiaires de réalisation spirituelle dont l'atteinte suffit largement à conférer une sérénité appréciable. L'Éveil du Bouddha est plus vaste que celui d'un débutant sur la voie, de la même façon, dit-on, que l'immensité du ciel par rapport à ce qu'on en voit à travers le chas d'une aiguille. Dans les deux cas, ce qu'on voit, c'est tout de même le ciel. Sans être parvenu à l'Éveil ultime, on peut déjà en découvrir certaines qualités. D'une façon générale, on peut dire que la science contemplative est essentiellement qualitative, alors que la science physique est essentiellement quantitative.

T. – Si, par « science quantitative », tu veux dire une science qui compte et mesure précisément, je suis d'accord. Mais il ne faut pas prendre le mot « quantité » dans le sens de « grand nombre ». Le vrai but de la science n'est pas d'accumuler une multiplicité de connaissances sans aucun lien entre elles. Au contraire, c'est de les unifier dans un schéma global. S'il est vrai que la plupart des chercheurs n'ont qu'une vue fragmentée de la Nature parce qu'ils n'en étudient qu'une facette et ne se préoccupent plus, éventuellement, que de quelques arbres au sein de la forêt, les scientifiques de grande envergure ont toujours su regarder cette forêt dans sa globalité. Ils ont su voir le Tout et appréhender l'Unité. Au XIXe siècle, l'Écossais James Clerk Maxwell unifie l'électricité et le magnétisme. En montrant que les ondes électromagnétiques ne sont autres que des ondes lumineuses, il unifie l'optique et l'électromagnétisme. Au début du XXe siècle, Einstein unifie le temps et l'espace. Actuellement, les physiciens travaillent d'arrache-pied à unifier les quatre forces fondamentales de la Nature[1] en une seule superforce. Donc la physique tend aussi vers l'Un plutôt que vers le multiple.

M. – Ce sont certes ces aspects fondamentaux des investigations qui devraient inciter les physiciens à s'interroger sur les répercussions métaphysiques de leurs découvertes, et à remettre en question leur vision de la réalité.

T. – Soit, mais pour revenir à l'Éveil, le Bouddha n'est-il pas le seul à l'avoir atteint ? Chacun de nous peut-il y accéder ?

M. – Fort de son expérience, le Bouddha affirme que tous ceux qui suivront correctement la voie qu'il a tracée parviendront au même résultat que lui. N'a-t-il pas dit : « Je vous ai montré le chemin, il vous incombe de le parcourir » ? Chaque être a le potentiel nécessaire pour atteindre la connaissance parfaite de la nature de l'esprit. C'est en quelque sorte la « bonté originelle » de l'être selon le bouddhisme. Celui qui se libère de tous les facteurs mentaux négatifs qui obscurcissent son esprit connaîtra une paix et une compassion indestructibles. L'Éveil n'est ni un anéantissement dans l'indifférence et l'apathie, ni l'extinction des sensations et de tout ce qui fait la richesse de l'être. C'est au contraire une libération s'accompagnant des qualités les plus positives – amour, compassion, joie devant le bonheur des autres, équanimité envers tous – qui deviennent alors les dispositions naturelles de notre esprit. Nous cessons d'être les

1. Les deux forces nucléaires forte et faible, la force électromagnétique et la force de gravité, voir chap. 14, p. 1083.

esclaves de notre ego et le jouet d'émotions vaines et contradictoires devant le plaisir ou la peine, le gain ou la perte, la louange ou la critique, la célébrité ou l'anonymat.

T. – Mais comment savoir si l'on se trompe ? Dans les sciences naturelles, on confronte les prédictions d'une théorie – l'orbite d'une planète, par exemple – avec l'observation. S'il y a concordance, la théorie passe l'épreuve la tête haute. S'il n'y en a pas, la théorie doit être revue ou rejetée. L'univers héliocentrique de Copernic a remplacé l'univers géocentrique de Ptolémée parce que ce dernier n'arrivait pas à expliquer correctement le mouvement des planètes.

M. – Si les informations scientifiques ressemblent à une carte géographique, les enseignements du Bouddha ressemblent à un guide de voyage. Au fur et à mesure qu'on progresse, la voie devient de plus en plus claire. On constate que si l'on s'écarte des instructions du guide, on se trouve confronté à des obstacles qui rendent la progression plus lente. Ces obstacles peuvent engendrer le découragement, le doute, la confusion ou l'aversion, mais ils peuvent aussi, si on sait les utiliser, se transformer à leur tour en facteurs de rapides progrès. Tous ces cas de figure se trouvent analysés de façon très précise dans de nombreux traités.

T. – Cela ressemble donc au va-et-vient entre la théorie et l'expérience des sciences naturelles. La théorie, c'est la supposition que l'attachement au moi est à la source de tous nos troubles ; la méthode est l'analyse de ce moi et de ses effets ; l'expérience est l'application de cette méthode par l'introspection et la contemplation ; et le résultat est l'élimination de l'attachement et des émotions obscurcissantes qui en découlent. Si on bute sur des obstacles, d'autres outils contemplatifs sont mis en œuvre pour les surmonter. On va et vient entre ces diverses méthodes pour se débarrasser de l'ego, jusqu'à déterminer celle qui s'avère la plus appropriée et la plus efficace pour telle ou telle personne. Je comprends mieux maintenant pourquoi tu emploies les termes de « science contemplative ». Par leur esprit, les méthodes du bouddhisme pour parvenir à l'Éveil sont proches de la méthode scientifique. Ce qui me surprend surtout, c'est que l'introspection soit reproductible.

M. – Les recherches de la psychologie dans le domaine de l'introspection ont le plus souvent avorté par manque de persévérance et faute d'avoir tenu compte de l'expérience de traditions millénaires. On a hâtivement conclu que les résultats n'étaient pas reproductibles. L'introspection exige de la persévérance et pour aller jusqu'au bout de l'analyse, faute de quoi on se lasse rapidement. L'introspection est également restée suspecte aux yeux des sciences naturelles, parce qu'elle a consisté, jusqu'à récemment, en une démarche essentiellement qualitative. Quand on aborde un domaine d'étude nouveau en sciences naturelles, la première chose dont on veut disposer, c'est de données, de graphiques, d'images.

T. – Les neurologues tentent bien de développer des méthodes quantitatives pour déceler la conscience.

M. – Certes, les techniques de l'imagerie mentale ont accompli d'immenses progrès. On peut par exemple distinguer les zones du cerveau qui sont actives lorsqu'on fait un geste de celles qui le sont lorsqu'on ne fait que penser à ce geste. De même, les zones actives ne sont pas les mêmes lorsqu'on entend un mot abstrait ou un mot concret. Récemment, Francisco Varela avec son équipe a mis en évidence le phénomène qui relie les différentes parties du cerveau lors de la reconnaissance d'un objet[1]. Il aimerait développer un programme d'étude sur la neurologie de la méditation. Mais l'introspection pure, l'observation de la nature ultime de l'esprit, qui est indispensable au contemplatif, pourra-t-elle être décrite un jour sur le plan neurologique ? Dans le meilleur des cas, on décèlera des différences d'activité cérébrale qui ne nous renseigneront guère sur la *qualité vécue* de la méditation, de la même façon que la reconnaissance d'activités cérébrales distinctes correspondant à la vision du rouge et du bleu ne nous apprend rien sur l'expérience vécue des couleurs.

T. – Il faut dire qu'on est encore très loin de comprendre comment le cerveau fonctionne lorsque nous aimons, haïssons, créons ou ressentons de la joie ou de la peine. Prenons garde que l'imitation systématique des méthodes quantitatives des sciences naturelles dans les sciences cognitives ne mène à des excès, comme ce fut le cas au début de ce siècle avec le béhaviorisme qui, pour promouvoir la psychologie au rang de science « objective », prônait l'étude du comportement des êtres vivants par l'observation exclusive de leurs réponses à des stimuli externes. Parce qu'ils rejetaient tout ce qui ne peut être observé directement, les béhavioristes niaient l'existence même de l'esprit, ce qui est absurde.

M. – Même si on ne décelait aucun effet mesurable chez des sujets engagés dans la pratique contemplative, cela ne remettrait pas en cause la validité de l'expérience intérieure et son pouvoir de transformation. En revanche, le scientifique peut avoir toutes les qualités et les défauts imaginables, cela ne changera rien à l'expérience de chimie ou à la mesure qu'il effectue de la longueur d'onde d'une lumière stellaire.

Le but primordial en matière de science contemplative est de devenir un être humain meilleur. La manière de vivre qu'implique cette démarche peut paraître décourageante. Trouver en soi l'énergie nécessaire pour se débarrasser de ses défauts n'est pas de tout repos. L'idée de nous attaquer à notre moi nous répugne. Nous nous réfugions

1. Eugenio Rodriguez, Nathalie George, Jean-Philippe Lachaux, Jacques Martinerie, Francisco J. Varela et Bernard Renault, « Perception's Shadow: Long-Distance Synchronization of Human Brain Activity », *Nature*, 1999, vol. 397, p. 340-343.

dans une inertie qui constitue l'un des principaux obstacles à la vie spirituelle.

T. – La psychologie et les sciences cognitives en Occident étudient-elles les mêmes sujets ?

M. – La psychologie se penche sur les sentiments, les comportements, les souvenirs, bref tous les mécanismes qui conditionnent nos états de conscience. Les sciences cognitives élucident les processus mentaux liés à la perception, à la mémoire, à l'apprentissage… Mais, quel que soit l'intérêt grandissant de ces recherches, elles ne visent pas *principalement* à engendrer une transformation de l'individu.

T. – La psychologie ainsi que la psychanalyse ne peuvent-elles pas nous aider à atteindre ce but ?

M. – Théoriquement, la psychologie le pourrait, mais sans doute devrait-elle élargir son champ d'action en faisant appel à certaines techniques méditatives. Dans le cas de la psychanalyse, le but est différent. La psychanalyse vise à instaurer un compromis, une stabilisation, un *statu quo* acceptable pour l'ego, à revenir à un état « normal », c'est-à-dire ordinaire. Il s'agit de retrouver une adéquation entre les forces pulsionnelles dont le moi est le théâtre et les exigences de la société. Tandis que la science contemplative vise à dissiper l'illusion du moi. Dans le premier cas le moi devient la préoccupation première ; on le renforce même, et on se trouve englué dans l'illusion de ce moi que l'on manipule de toutes les façons imaginables comme un bout de papier collant que l'on passe d'un doigt à l'autre sans pouvoir s'en débarrasser. Dans le deuxième cas, on brûle cette illusion comme des plumes qui ne laissent aucune cendre. Le but poursuivi se situe donc bien au-delà d'une stabilisation et d'un rééquilibrage de notre état ordinaire. L'Éveil n'est pas la normalisation de nos émotions perturbatrices, encore moins la reconstruction de l'ego, il implique une totale libération de leur emprise. Il comporte également une dimension de joie intérieure et de plénitude immuable qui semble totalement absente de la psychanalyse. La science contemplative a un aspect complémentaire : elle permet non seulement d'appréhender la nature de l'esprit mais aussi d'affiner notre compréhension de la nature du monde phénoménal grâce à l'interdépendance entre la conscience et le monde qu'elle perçoit.

T. – Pour un scientifique, le bonheur intellectuel né de la découverte, lorsqu'un petit pan du voile cachant les secrets de la nature se lève et que des aspects jusque-là inconnus de l'univers se révèlent, est très stimulant. Mais cela ne suffit pas à remplir une vie humaine. Ces instants où la vérité se dévoile sont fulgurants, mais très brefs. Depuis la naissance de la science moderne au XVIe siècle, notre connaissance a connu une croissance exponentielle, mais elle ne nous a pas rendus plus sages. La science contemplative peut nous aider à acquérir cette sagesse. La situation est d'autant plus urgente que l'homme a maintenant le pouvoir de perturber l'équilibre écologique de la planète entière et même de s'autodétruire, que les problèmes éthiques se posent de façon de plus en plus aiguë, tandis que l'écart entre pauvres et nantis ne cesse de s'accentuer…

XVII

DES REFLETS DANS UN MIROIR

L'observateur et le monde

À quel point les préjugés métaphysiques influencent-ils la vision du scientifique ? Est-il vraiment possible d'appréhender le « réel » ? Toute observation aboutit inévitablement à la conscience qui, elle, l'interprète à sa manière. Dans ces conditions, peut-il y avoir une connaissance absolue ?

THUAN : Nous avons dit que ce qui distingue une science naturelle d'une science contemplative, c'est que, dans la première, le regard de l'observateur est tourné vers l'extérieur, alors que dans la seconde l'esprit s'observe lui-même ou analyse la réalité des phénomènes par un processus intérieur. Mais cette orientation ne rend pas pour autant les sciences naturelles plus « objectives » que la science contemplative. Il faut reconnaître qu'il y a en elles une grande part de subjectivité. En tant qu'être pensant, le scientifique ne peut pas observer la Nature de manière parfaitement objective. Einstein disait : « Les concepts physiques sont de libres créations de l'esprit humain, même s'ils ont l'air d'être déterminés uniquement par le monde extérieur. Nos efforts pour appréhender la réalité ressemblent à ceux de quelqu'un qui cherche à comprendre le mécanisme d'une montre fermée. Il voit le cadran et les aiguilles qui bougent, il entend même le tic-tac, mais il n'a aucun moyen d'ouvrir le boîtier. S'il est ingénieux, il se forme l'image d'un mécanisme qui serait responsable de tout ce qu'il observe, mais il ne pourra jamais être certain que son image soit la seule capable d'expliquer ses observations. Il ne pourra jamais comparer son modèle avec le mécanisme réel, et ne peut même pas imaginer la possibilité que cette comparaison ait un sens[1]. »

1. Albert Einstein et Léopold Infeld, *The Evolution of Physics*, New York, Simon and Shuster, 1938.

Lorsque plusieurs théories plausibles mais incompatibles sont avancées à propos d'un même phénomène, le choix entre ces théories résulte souvent de préférences métaphysiques.

Ainsi, en raison de son attachement au réalisme, Einstein n'a jamais pu accepter la description probabiliste de la réalité atomique et subatomique qu'offre la mécanique quantique. Il a passé de longues années à tenter de trouver des failles dans la théorie, sans jamais y parvenir. Ce qui l'a conduit à s'éloigner de la physique des particules et à manifester un intérêt limité pour les grandes découvertes qui ont révolutionné ce domaine dans les années 1950.

MATTHIEU : Les théories scientifiques sont plus souvent influencées par des choix métaphysiques qu'on ne pourrait le penser. Le chercheur occidental a tendance à supposer *a priori* qu'il existe un réel pur et dur derrière le voile des apparences et à chercher une cause première à l'univers. Le chercheur qui a baigné dans une culture orientale remettra plus facilement en cause la solidité du réel. Il sera plus ouvert à l'idée d'une interdépendance des phénomènes dans un monde sans véritable début. En grandissant dans un milieu culturel particulier, le scientifique acquiert donc une manière de penser qui définit le cadre métaphysique dans lequel il va concevoir ses théories.

Alan Wallace, philosophe des sciences et traducteur de textes bouddhiques, remarque : « Devant des théories disparates qui toutes rendent également compte d'un même ensemble de données expérimentales et conduisent à des prédictions identiques, le chercheur risque de se décourager et de passer à autre chose. Il peut aussi faire l'hypothèse qu'une et une seule de ces théories (ou une théorie qui reste à énoncer) décrit la réalité physique […]. Croire à une réalité physique susceptible en dernier ressort d'être représentée par une théorie et une seule participe d'une hypothèse métaphysique défendue de nos jours par bien des scientifiques […]. S'il n'est pas exceptionnel de rencontrer en physique des théories incompatibles à propos des mêmes phénomènes, qu'est-ce que cette discipline a donc à nous apprendre sur la nature de l'Univers objectif ? Il semble en tout état de cause que la physique en tant que telle a pour mission de présenter un éventail de possibilités ; à chacun de choisir celle qui lui paraît la plus réaliste en fonction de ses préférences métaphysiques ! […] Peut-on limiter le nombre de théories possibles censées rendre compte d'un même ensemble de preuves ? Mais qui saurait fixer la limite de la créativité de l'imagination humaine, ou des théories qui excèdent notre imagination ? […] Si c'est en fin de compte pour des raisons métaphysiques que nous choisissons de retenir telle explication de l'Univers plutôt que telle autre, pourquoi limiter l'éventail de nos choix à ceux que nous propose la science[1] ? »

1. Alan Wallace, *Science et bouddhisme*, *op. cit.*, p. 31-32.

Au cours de nos entretiens, nous nous sommes posé cette question à propos des univers parallèles, dont il semble à jamais impossible de prouver l'existence, et de ce qui aurait pu se passer avant le big bang, ou du moins avant le mur de Planck puisqu'il représente le tout premier instant concevable par la science dans son état actuel.

T. – Le chercheur le plus objectif a donc des préjugés qui sont d'ailleurs le moteur même de la démarche scientifique. En effet, sans opinion préconçue, en l'absence de tout paradigme, comment le scientifique pourrait-il choisir, parmi la multitude d'informations que la Nature lui envoie, celles qui sont les plus chargées de sens et les plus susceptibles de révéler des lois et des principes nouveaux ? Le tri de la réalité constitue une étape essentielle de la démarche scientifique. Les plus grands scientifiques sont ceux qui ont su le mieux exercer cet art, pour aller à l'essentiel en négligeant l'insignifiant. Nous avons vu comment Newton a su choisir des systèmes linéaires et non chaotiques pour construire sa théorie de la gravitation universelle. La réalité est donc inévitablement transformée par le monde intérieur. Et le scientifique ne voit que ce qu'il peut ou veut bien voir.

M. – Einstein disait encore : « Par principe, il est tout à fait incorrect d'essayer d'asseoir une théorie uniquement sur les magnitudes observables. En réalité, ce qui se produit est exactement l'inverse. C'est la théorie qui décide de ce que nous pouvons observer[1]. »

T. – Le père de la théorie de l'évolution, Charles Darwin, racontait à ce propos une anecdote révélatrice. Au cours d'un voyage, il passa toute une journée au bord d'une rivière et n'y vit que des cailloux et de l'eau. Onze ans plus tard, il revint sur les lieux pour rechercher les traces d'un glacier. L'évidence lui sautait aux yeux. Un volcan éteint n'aurait pas pu laisser plus de traces de son activité passée que cet ancien glacier. Darwin avait découvert ce qu'il cherchait dès qu'il avait su où regarder. On peut multiplier les exemples similaires.

M. – Les scientifiques également ont systématiquement tendance à placer les faits nouveaux dans un cadre conceptuel déjà établi et répugnent à remettre en cause le cadre métaphysique dans lequel ils ont l'habitude d'opérer.

T. – Les révolutions scientifiques peuvent être provoquées par l'accumulation de faits nouveaux qui, n'entrant plus dans l'ancien schéma, nous forcent à réviser notre cadre conceptuel et, plus encore, quand des hommes géniaux entrevoient des connexions nouvelles entre des phénomènes *a priori* séparés. Selon l'historien des sciences Norwood Russell Hanson : « L'observateur modèle n'est pas celui qui voit et rapporte ce qu'ont vu et rapporté tous les observateurs normaux, mais

1. Remarque faite à Heisenberg, citée par Werner Heisenberg dans *Physics and Beyond. Encounters and Conversations*, New York, Harper and Row, 1971, p. 63.

celui qui voit dans des objets familiers ce que personne d'autre n'y a encore vu[1]. » Newton a découvert la gravitation universelle quand il a compris la relation entre la chute d'une pomme et le mouvement de la Lune autour de la Terre. La relativité s'est imposée à Einstein dès qu'il a entrevu l'interconnexion entre le temps et l'espace. Ces exploits de créativité et d'imagination ne sont pas le fait du hasard mais le fruit d'une intense maturation intérieure qui, nourrie de concepts, restitue, transformés et unifiés, des éléments extérieurs apparemment dissociés. La méthode expérimentale et le perfectionnement des instruments ont permis à l'homme d'observer les phénomènes puis de déduire, à l'aide de la raison, les lois qui rendent compte de la réalité. Un esprit éveillé suffisait-il au Bouddha pour appréhender cette réalité sans l'aide d'une instrumentation complexe ?

M. – Il faudrait d'abord préciser ce que le bouddhisme entend par « réalité ». Ce n'est pas la réalité de l'être ordinaire croyant à la solidité des phénomènes, mais la vacuité, l'interdépendance. L'ignorance est essentiellement une inadéquation entre le mode d'être des choses et la façon dont elles nous apparaissent. Sans faire appel au moindre instrument autre que son propre esprit, le Bouddha comprend le monde en réalisant pleinement, par l'analyse et l'expérience contemplative, que ni l'ego ni les caractéristiques que nous attribuons aux phénomènes n'ont de réalité autre que nominale. On dit que l'Éveil du Bouddha s'accompagne d'omniscience, car la connaissance de la nature ultime des choses embrasse naturellement la multiplicité infinie des phénomènes.

T. – Nous est-il possible de capter la réalité à l'état brut ? Je prendrai comme base de discussion les différentes étapes qu'il faut, dans mon domaine d'étude, franchir pour avoir accès au réel. En astronomie, la communication avec l'univers s'opère principalement grâce à la lumière qui nous apporte les messages du lointain cosmos. Avant d'être capté par nos télescopes et d'autres instruments de mesure qui le convertissent en image, le message lumineux doit accomplir un long voyage intergalactique. Cette image est enfin captée par notre œil qui la transmet à notre cerveau, lequel l'interprète de diverses façons. Ce n'est qu'à cette dernière étape que le réel est perçu.

M. – Selon le bouddhisme, la conscience n'appréhende jamais le réel, ou plus exactement ce que nous appelons le réel, faute de l'avoir correctement examiné. Au premier instant d'une perception, le système sensoriel capte un objet. Au deuxième instant, il crée une image mentale non conceptuelle d'une forme, d'un son, d'une saveur, d'une odeur ou d'une chose touchée. À partir du troisième instant, les mécanismes mentaux s'enclenchent, se mêlent à la mémoire et aux tendances acquises, et une

1. Norwood Russell Hanson, *Patterns of Discovery. An Inquiry into the Conceptual Foundations of Science*, Cambridge, Cambridge University Press, 1968.

multitude d'instants de conscience consécutifs identifient l'image de l'objet comme étant ceci ou cela ; ils l'interprètent et éprouvent à son égard des sentiments positifs, négatifs ou neutres. Entre-temps, l'objet, qui est tributaire de l'impermanence, a déjà changé. La conscience conceptuelle ordinaire ne perçoit donc *jamais* une réalité qui lui est simultanée, elle ne perçoit que les images mentales de phénomènes disparus. De plus, l'image mentale, celle d'une fleur par exemple, est trompeuse, car en percevant la fleur nous ne pensons généralement pas qu'elle est impermanente et dénuée d'existence intrinsèque. Le bouddhisme parle alors de « perception incorrecte ». Il est cependant possible de la remplacer par une perception correcte qui appréhende le mode d'être véritable de la fleur (la vacuité) et n'est pas influencée par les concepts ordinaires. L'une des caractéristiques de celui qui a atteint l'Éveil est, dit-on, qu'il peut distinguer la perception pure, non conceptuelle, de l'image mentale[1].

T. – Ainsi, deux mille ans avant Kant et les sciences cognitives, le bouddhisme avait compris que le monde que nous percevons est une reconstruction mentale de la réalité extérieure, avec en plus l'idée que la « réalité » elle-même n'est jamais totalement indépendante de la conscience. Le phénomène de décalage dans le temps entre la réalité et l'image mentale est magnifié à l'extrême en astronomie à cause des distances énormes qui séparent les objets astronomiques de la Terre, et parce que leur lumière met du temps à nous parvenir. Bien que la lumière possède la plus grande vitesse possible dans l'univers (trois cent mille kilomètres par seconde, soit sept fois et demie le tour de la Terre, le temps d'un battement de cils), sa propagation n'est pas instantanée. À l'échelle de l'univers, elle avance à pas de tortue. Nous observons la Lune telle qu'elle était il y a un peu plus d'une seconde, le Soleil il y a huit minutes, et la plus proche étoile il y a quatre ans. La lumière qui nous parvient actuellement d'Andromède, la galaxie la plus proche, a commencé son voyage quand le premier homme apparaissait sur Terre, il y a deux millions d'années. En astronomie, voir loin, c'est voir dans le passé. Les télescopes sont donc de véritables machines à remonter le temps. Les plus grands d'entre eux nous permettent de remonter d'une douzaine de milliards d'années dans le passé, soit deux ou trois milliards d'années après le big bang. Certaines étoiles que nous voyons ont pu mourir et disparaître de la scène depuis longtemps, mais la nouvelle de leur disparition nous parviendra seulement dans des millions, voire

1. Celui qui a atteint le premier niveau (*bhumi*) des bodhisattvas, et qui a dissipé l'attachement à la notion d'ego et de réalité des phénomènes, est capable d'une perception pure, libre d'images mentales. Pour une analyse de la théorie de la perception selon le bouddhisme, voir Georges B. J. Dreyfus, *Recognizing Reality. Dharmakīrti's Philosophy and Its Tibetan Interpretations*, Albany, State University of New York Press, 1997.

des milliards, d'années. C'est ce décalage qui permet à l'astronome, tel l'explorateur qui remonte jusqu'aux sources du Nil, de remonter dans le temps jusqu'aux premiers instants de l'univers et de reconstituer son histoire.

Reprenons l'exemple de la lumière des astres : avant qu'elle n'atteigne notre œil, ses propriétés sont modifiées de multiples façons pendant son voyage interstellaire et intergalactique. Suivons le parcours de la lumière d'une galaxie lointaine. Cette lumière est la somme des rayonnements des centaines de milliards d'étoiles contenues dans la galaxie. La lumière doit d'abord sortir du cœur chaud des étoiles où elle est produite par des réactions nucléaires. En traversant l'atmosphère des étoiles, elle est absorbée par les éléments chimiques qui la composent[1]. Elle doit ensuite traverser l'espace interstellaire de la galaxie où elle rencontre des nuages de poussière qui absorbent le bleu plus que le rouge, si bien que la lumière en sort rougie[2]. Puis, pendant quelques milliards d'années, elle traverse de vastes contrées intergalactiques où elle rencontre des nuages d'hydrogène qui l'absorbent un peu plus. Elle pénètre dans notre galaxie, la Voie lactée, où elle est à nouveau rougie par les poussières interstellaires et interplanétaires. Elle traverse enfin l'atmosphère terrestre et interagit avec les atomes de l'air dont les mouvements, en déviant sa trajectoire, occasionnent une perte de netteté des images observées[3]. Ces multiples interactions font que la lumière qui nous parvient est fort différente de ce qu'elle était à l'origine. En retraçant son parcours, on peut reconstituer de façon statistique (car on ne connaît pas le nombre exact de nuages de gaz et de poussière qu'elle a traversés) ses caractéristiques de départ.

M. – Une fois la lumière cosmique arrivée sur Terre, l'astronome doit la capter, l'enregistrer et l'interpréter.

T. – Avec sa pupille de 2,5 centimètres de diamètre, notre œil est un très petit récepteur de lumière, même s'il est suffisamment efficace pour percevoir une étoile vingt-cinq millions de fois moins lumineuse que la pleine lune. Pour l'astronome, l'œil ne suffit pas. Les télescopes sont venus à son secours de deux façons : d'abord ils agrandissent les images, ce qui permet une vue plus détaillée ; ensuite, ils captent davantage de lumière, nous permettant de voir des objets moins lumineux, donc plus distants. Le premier télescope, celui qu'a utilisé Galilée en 1609, avait une

1. C'est d'ailleurs en étudiant cette absorption à divers niveaux d'énergie que l'astrophysicien parvient à mesurer à distance la composition chimique des étoiles et galaxies.

2. C'est aussi à cause des poussières que nous avons droit à des couchers de soleil rougeoyants, car, lorsque le soleil est bas sur l'horizon, sa lumière rencontre un plus grand nombre de grains de poussière avant de nous parvenir.

3. D'où l'avantage de mettre les observatoires spatiaux en orbite, comme le télescope spatial Hubble qui navigue au-dessus de l'atmosphère terrestre et ne reçoit pas d'images floues.

lentille d'une dizaine de centimètres de diamètre. À la fin du XXe siècle, le télescope Keck, haut perché sur le volcan éteint Mauna Kea de l'île d'Hawaii, a une lentille de dix mètres de diamètre. Pour moi, les télescopes sont les cathédrales des temps modernes. Comme les flèches des cathédrales qui s'élancent vers le ciel, ils se tournent chaque nuit claire vers le firmament pour recueillir la lumière du cosmos.

L'astronome a aussi inventé des télescopes qui peuvent capter des lumières invisibles à l'œil. Il a mis en orbite, au-dessus de l'atmosphère terrestre, des télescopes sensibles aux rayons ultraviolets, X ou gamma, qui permettent de contempler dans l'univers des phénomènes d'une énergie et d'une violence inouïes. Le télescope spatial Hubble, par exemple, tourne autour de la Terre à quelques centaines de kilomètres d'altitude. Tu te doutes bien que ce n'est pas moi qui manipule directement le satellite depuis la Terre, comme je le ferais avec un télescope au sol : je prépare mon programme d'observations sur ordinateur et l'envoie par Internet au centre du télescope spatial de Baltimore qui se charge de commander le télescope et d'effectuer les observations. Ces observations sont enregistrées et converties en chiffres. Enfin, je reçois par courrier une bande magnétique contenant les images prises par le satellite. Je les visionne dans le calme de mon bureau, sur l'écran de mon ordinateur qui reconstitue les images à partir des chiffres et me montre les galaxies dans toute leur splendeur, bariolées de (fausses) couleurs.

Plus ses instruments deviennent complexes et sophistiqués, plus l'astronome s'éloigne de la réalité brute, car celle-ci est filtrée à travers des circuits électroniques d'une complexité cauchemardesque, manipulée, numérisée et reconstituée par de puissants ordinateurs et des traitements mathématiques élaborés.

À l'époque, Galilée avait eu un mal fou à convaincre ses collègues que les merveilles qu'il découvrait grâce à sa lunette astronomique correspondaient à la réalité. Car ils pensaient que les satellites de Jupiter et les montagnes lunaires n'étaient que des illusions d'optique créées par la lentille de sa lunette ! En astronomie moderne, ce problème de la véracité des images est considérablement amplifié. Les étapes entre les signaux et l'image finale sont si nombreuses et diverses qu'il est légitime de se demander quelle est la part de réalité objective dans la représentation obtenue. L'astronome moderne doit donc redoubler de vigilance pour s'assurer que les signaux qu'il reçoit proviennent bien du cosmos et ne sont pas des signaux parasites créés par l'homme ou par les circuits électroniques de ses propres instruments d'observation. En dépit de toutes les précautions prises, il arrive parfois que des découvertes annoncées à grand bruit se révèlent n'être que le résultat d'artefacts !

M. – Cela donne du piment à la recherche ! Poursuivons notre voyage en compagnie de la lumière, nous en étions donc arrivés à l'œil…

T. – La rétine de l'œil est constituée de plus de cent millions de cellules. Ces cellules sont de deux types : cinq millions de cônes sensibles aux fortes intensités lumineuses qui sont responsables de la vision en couleur le jour, et cent millions de bâtonnets qui ne fonctionnent qu'aux faibles intensités lumineuses et qui sont responsables de la vision monochrome la nuit. Chaque cône et chaque bâtonnet contient des pigments. Les molécules des pigments enregistrent la lumière en dansant un étrange ballet. Au repos, quand elle n'est pas activée par la lumière, la molécule du pigment est rattachée à une protéine, ce qui la recroqueville. Mais dès qu'une particule de lumière la frappe, cette molécule se sépare de la protéine et se redresse. Un certain temps passe, et elle se recroqueville de nouveau jusqu'à l'arrivée de la particule de lumière suivante. Cette inactivité momentanée implique que l'image formée contienne des zones de lumière (correspondant aux molécules de pigment actives) entrecoupées de zones d'ombre (correspondant aux molécules de pigment inactives). Or, les images que nous percevons mentalement ne sont pas tachées de points d'ombre, car les cônes et les bâtonnets sont interconnectés de telle façon que les signaux qu'ils envoient au cerveau nous donnent l'impression d'une continuité lumineuse. Ainsi, au niveau visuel, la réalité est de nouveau déformée. Les altérations subies par le message lumineux dans son parcours de l'étoile jusqu'à l'œil peuvent en principe être minimisées, mais ce qui est incontournable, c'est l'homme et son cerveau. Or le processus cérébral associé à la vision est extrêmement complexe. Les signaux lumineux sont traités par le cerveau en fonction de notre mémoire et de ce vers quoi notre attention est dirigée. L'image de synthèse qui surgit dans notre conscience est donc subjective.

M. – À la fin du voyage, on arrive donc bien à la conscience. Qu'un phénomène se produise sous nos yeux ou qu'il remonte à dix milliards d'années, c'est toujours la conscience qui tient les commandes. Il faut donc s'interroger sur la nature de la conscience et du réel qu'elle appréhende. La conscience passée n'existe plus, la conscience future n'existe pas encore, et quant à la conscience présente, si nous l'examinons attentivement, on ne peut y déceler une réalité solide. Elle ressemble plus à une fonction, à une continuité dynamique de relations, qu'à une entité distincte. Quant au réel qu'elle est censée appréhender, nous avons vu qu'on ne peut pas le considérer comme doué d'existence propre.

Quelle que soit la complexité de l'instrumentation, la sophistication des théories et la subtilité des calculs utilisés, c'est donc la conscience, et elle seule, qui interprète les observations. Elle le fait selon ses connaissances et ses conceptions de l'événement qu'elle perçoit. On ne peut séparer le mode de fonctionnement de la conscience des conclusions qu'elle tire de son observation. Les différents aspects que nous distinguons dans les phénomènes sont déterminés non seulement par les moyens d'observation, mais aussi par les concepts que nous projetons sur ces phénomènes.

Nous tenons pour acquis, par exemple, que la dimension ou la brillance sont des propriétés intrinsèques d'une étoile, alors qu'il ne s'agit que de désignations conceptuelles.

Lorsque ces désignations deviennent de plus en plus précises et nombreuses, lorsqu'elles sont reproductibles et indifférentes à l'ordre de détection, au lieu, au temps et à l'individu, nous en venons à penser que leur ensemble correspond à une réalité indépendante de nous.

Revenons au cheminement de la lumière dont tu as décrit les péripéties. En admettant que l'on puisse reconstituer la lumière d'origine, quelle est sa réalité ? La lumière est-elle un photon, une longueur d'onde mesurée par un appareil, un nombre résultant de calculs mathématiques, une couleur perçue par l'œil, une chaleur ressentie par la peau, un crépitement entendu dans un détecteur ? Ses propriétés ne se révèlent qu'en dépendance d'autres facteurs tels que les méthodes d'observation et l'observateur lui-même. On ne peut raisonnablement considérer aucune de ces propriétés comme décrivant la réalité ultime de la lumière, mais seulement la connaissance que, selon divers protocoles expérimentaux, nous avons de ce phénomène.

De plus, une réalité indépendante de nos sens et de nos concepts n'aurait aucune signification pour nous. Quelle théorie pourrait représenter une réalité qui existerait de façon totalement étrangère à notre intellect ? Comment les caractéristiques de cette réalité pourraient-elles nous apparaître sans être affectées par l'acte même de les chercher ? Ce point de vue se retrouve chez Henri Poincaré qui écrivait : « Une réalité complètement indépendante de l'esprit qui la conçoit, la voit ou la sent est une impossibilité. Même s'il existait, un monde aussi extérieur nous serait à jamais inaccessible[1]. »

Alan Wallace résume bien ce problème : « Pour souscrire en toute connaissance de cause au réalisme scientifique, il faut en effet accepter plusieurs prémisses, à savoir : 1) le monde de la matière existe indépendamment de l'expérience humaine ; 2) il est accessible aux concepts humains (mathématiques ou autres) ; 3) parmi le nombre potentiellement infini de systèmes conceptuels susceptibles de rendre compte des phénomènes observés, un seul et unique est vrai en réalité ; 4) la science devrait bientôt découvrir cette unique théorie tenue pour vraie ; 5) les scientifiques ne manqueront pas de la reconnaître pour telle[2]. »

Les descriptions que fournissent les sciences naturelles relient les observations effectuées, les organisent et prédisent leur évolution, mais n'établissent pas la présence d'un réel autonome. Il est donc légitime de se demander s'il existe vraiment une réalité qui se définisse par elle-même. On ne peut pas dire qu'il n'y a « rien », puisque les phénomènes

---

1. Henri Poincaré, *La Valeur de la science*, Flammarion, 1990.
2. Alan Wallace, *Science et bouddhisme*, *op. cit.*, p. 187.

apparaissent et que nous ne pouvons pas nier la réalité observable. On ne peut pas dire non plus que les phénomènes ont une réalité immuable, ni qu'ils existent uniquement dans notre esprit.

T. – À l'évêque George Berkeley qui soutenait que le monde matériel n'a pas d'existence réelle et que les choses qu'il contient ne sont que des images de l'esprit, l'extravagant – mais sensé – médecin et lexicographe anglais Samuel Johnson, connu pour ses bons mots, a répliqué : « Il suffit de donner un grand coup de pied à une pierre pour se rendre compte de sa réalité ! »

M. – Ce faisant, Johnson dissipe l'extrême de l'idéalisme sans pour autant valider l'autre extrême, le réalisme. Pour fonder le réalisme, il ne suffit pas de donner un coup de pied. Il faut analyser la réalité jusqu'à ses constituants premiers. Nous avons vu que, selon le bouddhisme, ces constituants ne peuvent être doués d'existence propre et que notre perception de la solidité du monde macroscopique n'est que le résultat de tendances accumulées au cours de nombreuses existences. Les phénomènes sont un jeu de relations fluctuantes qui se manifestent uniquement en dépendance avec d'autres phénomènes. Bref, les phénomènes sont davantage des « relations » particularisées par le regard de notre conscience que des entités autonomes ayant une nature propre. Le fait que ces relations présentent une certaine continuité dans le temps ne leur procure pas pour autant une existence réelle. La durée d'une illusion ne change rien à sa nature. Peut-on alors encore parler d'un réel ?

T. – Ma position sur cette question est platonicienne. Tout comme les mathématiques existent dans le monde des Idées de manière indépendante du cerveau de l'homme, je pense qu'il existe une réalité indépendante du scientifique et de ses instruments de mesure et à laquelle l'homme n'a pas nécessairement accès. Pour reprendre la fameuse allégorie de la caverne de Platon, déjà évoquée plus haut, nous sommes comme ces hommes emprisonnés dans une caverne qui ne peuvent voir que les ombres projetées par les objets du monde extérieur sur les parois de la caverne. Ce monde des ombres est, pour eux, la seule réalité qui compte. De même, je pense qu'il y a une réalité ultime, mais que ce réel est « voilé », pour reprendre l'expression du physicien français Bernard d'Espagnat. Nos sens et nos instruments de mesure n'y ont pas directement accès.

M. – Cette réalité ultime conçue comme douée d'une existence indépendante est une chimère. La réalité accessible à nos sens et à nos instruments de mesure est une réalité « conventionnelle » qui participe de l'esprit de l'observateur et se trouve étroitement liée à la façon dont cet esprit fonctionne. On ne peut donc pas dire que les propriétés que l'on observe soient inhérentes à la nature de l'objet. On ne peut pas les séparer de l'élaboration conceptuelle. C'est ce qu'exprime le bouddhisme quand il dit que les caractéristiques que nous attribuons aux choses n'ont pas de réalité ultime. Il n'existe pas d'objets qui s'autodéfinissent.

T. – Il n'y aurait donc pas de connaissance absolue ?

M. – Pas dans le domaine de notre perception du monde phénoménal. Si un objet se définissait de lui-même, ses caractéristiques s'imposeraient à nos sens et tout le monde devrait le percevoir de la même façon. Cette perception ne dépendrait pas de notre intelligence, de notre apprentissage, de notre langue ni de notre forme de pensée. Les caractéristiques des choses que nous percevons n'ont aucune réalité absolue, car on peut voir les phénomènes sous mille facettes différentes, et aucune de ces facettes n'est véritablement leur réalité. Quelle que soit la forme d'intelligence qui perçoit les phénomènes, elle leur appose toujours des étiquettes conceptuelles.

Cependant, il est possible de connaître la réalité absolue, la nature ultime des phénomènes, dont un des aspects est l'interdépendance, qui est synonyme de vacuité ou d'absence de caractéristiques intrinsèques. Les phénomènes sont dépourvus de déterminants autonomes. La réalité ultime est au-delà des caractéristiques telles que forme, taille, masse, charge électrique, etc.

T. – Cette distinction me semble très similaire à celle que Platon établit entre le monde des ombres et celui des Idées. Le monde des ombres serait le monde perceptible des phénomènes. Le monde des Idées serait le monde « voilé », où la nature ultime de la réalité est la vacuité.

M. – Non ! Car pour Platon, les Idées possèdent une existence autonome, ce qui est l'opposé de la vacuité. Nous avons vu précédemment comment le bouddhisme réfutait les Idées platoniciennes. Si on entendait par « monde voilé » la vacuité qui échappe à l'esprit ordinaire, le bouddhisme pourrait l'accepter, mais je ne pense pas que les Idées de Platon ou le « réel voilé » de d'Espagnat soient conçus comme ayant une nature vide.

Le bouddhisme dit également que l'observateur et l'objet observé sont fondamentalement inséparables. Ils agissent l'un sur l'autre au sein de la globalité, et se façonnent comme deux couteaux qui s'aiguisent mutuellement. Nous sommes structurés par notre environnement tout autant que nous façonnons notre monde par nos projections, nos concepts et nos tendances. Toute entreprise visant à les dissocier et à concevoir ou décrire un monde totalement indépendant de nous est vouée à l'échec. On trouve ces paroles attribuées au Bouddha dans l'*Avatamsaka sutra* :

> Il n'y a ni tableau dans l'esprit
> Ni esprit dans le tableau,
> Et pourtant, peut-on trouver un tableau
> En dehors de l'esprit ?

XVIII
LA BEAUTÉ EST DANS L'ŒIL QUI LA CONTEMPLE

Existe-t-il une notion de beauté dans l'investigation scientifique et les théories qui la guident ? Qu'est-ce que la beauté pour le bouddhisme ?

THUAN : Bien souvent, les théories qui décrivent le mieux la nature et sont les plus conformes aux expériences sont aussi les plus belles. Je vais essayer de dire quelques mots de cette notion paradoxale de beauté en science. Je dis paradoxale car, en général, l'activité scientifique est considérée comme rationnelle, froide, dépourvue de toute émotion esthétique. Mais les scientifiques ont toujours parlé de beauté.

Il y a d'abord la beauté intrinsèque des phénomènes naturels, celle des roses et des couchers de soleil, des étoiles et des galaxies. Je ne puis m'empêcher d'être émerveillé quand l'image d'une pouponnière stellaire ou le dessin exquis des bras spiraux d'une galaxie éloignée de millions d'années-lumière s'esquisse sur l'écran qui me transmet les observations du télescope.

Mais, au-delà de la beauté physique, il y a une beauté plus subtile et abstraite, celle des théories. Une théorie est « belle » quand elle a un caractère inévitable, nécessaire, et qu'une fois élaborée elle s'impose comme une évidence. Face à une belle théorie, un physicien se dira : « Elle est tellement belle qu'elle doit être vraie. Pourquoi ne l'ai-je pas vue auparavant ? » Ainsi, la théorie de la relativité d'Einstein est belle comme une fugue de Bach à laquelle on ne peut changer une note sans que toute l'harmonie ne s'écroule, ou parfaite comme le sourire de *La Joconde* auquel on ne peut changer le moindre trait sans en détruire l'équilibre. La première caractéristique d'une belle théorie est donc son apparente inévitabilité.

Sa deuxième qualité, c'est sa simplicité. Il ne s'agit pas nécessairement de la simplicité des équations, mais des idées qui sous-tendent la théorie. L'univers héliocentrique de Copernic, où toutes les planètes tournent autour du Soleil, est plus simple que l'univers géocentrique de Ptolémée selon lequel la Terre occupe la place centrale, tandis que les planètes se déplacent sur des cercles dont les centres se déplacent eux-mêmes sur d'autres cercles (que l'on appelle épicycles). Le modèle copernicien est beau parce qu'il a besoin de moins d'hypothèses pour rendre compte du mouvement des planètes. De même, on peut aussi comparer la théorie d'Einstein à celle de Newton. Pour Newton, l'espace et le temps n'ont aucun lien entre eux alors que, pour Einstein, ils sont intimement connectés. Newton est obligé d'invoquer des forces gravitationnelles agissant instantanément sur tous les objets dans l'univers. Einstein fait table rase de ces forces : la Lune tourne autour de la Terre parce que la Terre, à cause de sa masse, courbe l'espace autour d'elle. La Lune suit tout simplement la trajectoire la plus courte sur une surface courbe, qui est une ellipse. Une belle théorie ne s'embarrasse pas de fioritures inutiles. Elle satisfait aux exigences du rasoir d'Occam : « Tout ce qui n'est pas nécessaire est inutile. »

Enfin, la dernière qualité d'une belle théorie, la plus indispensable bien sûr, c'est sa vérité, son critère ultime de validité étant sa conformité avec la Nature et le fait qu'elle révèle des connexions jusque-là insoupçonnées.

Matthieu : Peut-être faudrait-il nuancer ce propos. De quelle « vérité » s'agit-il ? Lorsque tu parles de conformité avec la Nature, cela revient en fait à une adéquation empirique. L'expérimentation scientifique ne nous permet pas de dire que nous avons révélé la nature ultime des phénomènes.

T. – Je parle ici de la vérité révélée par nos instruments de mesure, ou, en termes bouddhiques, de la « vérité conventionnelle ». Considérons par exemple la théorie de la relativité générale d'Einstein. De l'avis général des physiciens, c'est la théorie la plus belle et l'édifice intellectuel le plus harmonieux que l'esprit scientifique ait jamais conçu. Non seulement elle a relié et unifié des concepts fondamentaux de la physique qui étaient jusque-là totalement distincts – l'espace et le temps, la matière, l'énergie et le mouvement, l'accélération et la gravité –, mais elle a également révélé des phénomènes extraordinaires et complètement inconnus. La relativité générale n'a pas cessé de nous étonner par ses richesses imprévues. En 1915, année de sa publication, on pensait que l'univers était statique. En fait, les équations d'Einstein montraient que l'univers devait être dynamique, soit en expansion, soit en contraction. Einstein n'avait pas suffisamment confiance dans sa propre théorie, sinon il aurait pu établir, quatorze ans avant la découverte de Hubble, que l'univers était en expansion.

Les « trous noirs » sont un autre exemple de phénomène prévu par la relativité. De nouveau, Einstein n'y a pas cru. Il disait que la Nature abhorrait ces singularités dans l'espace-temps que sont les trous noirs, et que la relativité ne pouvait les décrire. Là encore, il aurait dû faire confiance à sa théorie, car, depuis, des trous noirs ont bel et bien été détectés dans la Voie lactée et dans d'autres galaxies.

Le troisième exemple est celui des lentilles gravitationnelles. La relativité nous dit qu'il existe des endroits où des galaxies massives courbent l'espace et dévient la lumière d'objets lointains, créant ainsi des « mirages cosmiques ». Ces galaxies sont appelées « lentilles gravitationnelles » car, comme les lentilles de nos lunettes, elles dévient et focalisent la lumière qui passe près d'elles. Elles ont été découvertes en 1979.

Inévitable, simple et conforme au vrai : voilà les traits d'une belle théorie !

M. – Je crois que l'adéquation au vrai correspond assez bien à la notion bouddhiste de la beauté. Mais ce qu'on appelle vrai, dans ce cas, c'est plutôt l'adéquation à la nature profonde de l'être humain.

La définition la plus simple consiste à dire que la beauté est ce qui nous procure un sentiment de plénitude qui, selon les circonstances, peut être ressenti comme du plaisir ou du bonheur. Cela nous permet d'envisager divers niveaux de beauté associés à divers degrés de plénitude. On pourra qualifier de beauté relative ce qui nous procure une satisfaction momentanée, et de beauté absolue ce qui conduit à une plénitude durable, voire irréversible.

La beauté spirituelle, celle du visage d'un Bouddha par exemple, est particulièrement féconde, parce qu'elle nous fait ressentir l'existence de l'Éveil et la possibilité de l'atteindre. Tout dépend donc du plaisir que procurent les formes, les couleurs, les sentiments et les idées. De ce fait, la beauté peut être perçue de façon très différente selon les individus et les sociétés.

T. – La beauté obéit à des critères qui dépendent du contexte culturel, social, psychologique ou même biologique. Le modèle de la beauté féminine au temps du peintre Renoir était une femme aux formes plantureuses. Dans les années 1960, c'était plutôt la silhouette longiligne du top model Twiggy. Alors que le peintre Vincent Van Gogh est mort dans la misère, désespéré de n'avoir pu vendre ses toiles, un demi-siècle plus tard, elles s'arrachent à prix d'or. L'appréciation de la beauté d'une théorie scientifique est nettement moins dépendante du contexte culturel : un physicien vietnamien percevra la beauté de la relativité générale aussi bien que son collègue français ou américain.

M. – Parce que ce sont des personnes possédant une formation analogue. Je doute qu'un membre d'une tribu primitive puisse jamais percevoir la beauté de cette théorie !

On peut également considérer la beauté comme l'harmonie des parties avec le tout. Dans l'art bouddhiste, il existe une iconographie très précise définissant les proportions idéales pour dessiner le Bouddha. On utilise une grille sur laquelle se placent très exactement la courbe des yeux, l'ovale du visage et les différentes parties du corps. Ces traits correspondent à une harmonie parfaite et sont les reflets extérieurs de l'harmonie intérieure de l'Éveil.

T. – J'ai toujours été frappé par le fait que toutes les représentations de Bouddha, qu'il s'agisse d'un dessin ou d'une sculpture, communiquent invariablement par leur équilibre et leur beauté un profond sentiment de sérénité.

M. – De l'accessoire à l'essentiel, la beauté varie donc en fonction de la manière dont chacun conçoit le plaisir esthétique. On trouve, chez tous les êtres pensants, certaines constantes dans leur conception fondamentale du bonheur et de la plénitude. L'amour et l'altruisme sont beaux, tandis que la haine ou la jalousie sont laides. Regarde comment les premiers peuvent embellir un visage, et les autres le défigurer. La vraie beauté devient une adéquation avec la nature profonde de l'être humain. Pour le bouddhisme, cette nature est une perfection intrinsèque qui, toute d'amour et de connaissance, est absolument belle. Plus nous sommes en accord avec notre nature profonde, plus nous découvrons la beauté intérieure qui est en chacun de nous. La beauté ultime est l'accord parfait avec la nature de Bouddha, la connaissance suprême, l'Éveil. À la vue d'un être très noble, un sage, un maître spirituel rayonnant, on sait intuitivement que l'on est en présence d'une grande beauté spirituelle : sur ce visage rayonne l'harmonie redécouverte.

Loin d'appartenir à l'objet lui-même, les caractéristiques de la beauté relative sont intimement liées à l'observateur. Il est évident que le même objet peut être perçu comme beau par certains et laid par d'autres. Un objet est perçu comme beau quand il correspond à ce qu'on espérait. Un mathématicien s'émerveille de la beauté d'une équation élégante, et un ingénieur de la beauté d'une machine. Celui qui aspire au calme écoute avec délice un prélude de Bach. L'ermite qui contemple la transparence ultime de l'esprit n'éprouve pas un tel besoin. Son harmonie avec la nature de l'esprit et des phénomènes se situe sur un autre plan. Pour lui, toutes les formes sont perçues comme la manifestation de la pureté primordiale, tous les sons comme l'écho de la vacuité et toutes les pensées comme le jeu de la connaissance. Il ne fait plus de distinction entre l'harmonieux et le discordant, le beau et le laid. La beauté est devenue omniprésente et la plénitude immuable. Il est dit : « Sur une île d'or on chercherait en vain des cailloux ordinaires. »

XIX

DE LA MÉDITATION À L'ACTION

Se transformer soi-même afin de transformer le monde : ce pourrait être la devise d'un pratiquant bouddhiste. Mais comment agir sur le monde et à quel niveau ? Pour le contemplatif la question est de savoir jusqu'à quel point et pendant combien de temps il doit poursuivre ce processus de transformation intérieure avant de pouvoir agir sur le monde.

Ne ferait-il pas mieux de se consacrer immédiatement à soulager la souffrance des autres ? Les efforts déployés par le bouddhisme dans le domaine de l'action humanitaire sont-ils suffisants ?

THUAN : Le bouddhisme préconise-t-il une action sur le monde ? Cette action devrait jouer un rôle aussi important dans notre vie que notre développement spirituel ; il serait en effet trop égoïste de trouver la paix et le bonheur uniquement pour soi, alors que nous sommes entourés de souffrance. Les informations ne parlent que de guerre, de misère, d'épidémies ou de mort. Quel sens aurait un îlot de plénitude au milieu d'un océan de malheurs ? Certains Occidentaux ont cru voir dans le bouddhisme une philosophie passive et défaitiste qui prône le retrait du monde et l'acceptation de toutes les circonstances, car on ne peut pas « lutter » contre son karma. Que penser de cette interprétation ? Le bouddhisme ne place-t-il pas, au contraire, la compassion au cœur de ses préoccupations ?

MATTHIEU : À première vue, contemplation et action semblent être deux pôles de vie totalement opposés. D'un côté, les contemplatifs, dont la seule action sur le monde semble être la méditation et la prière. De l'autre, les individus aux occupations incessantes, parfois couronnées de succès, parfois sources d'amères déceptions, mais se succédant sans trêve comme les ondulations de la houle en haute mer. Faute d'être fondée sur une recherche authentique de transformation personnelle, que l'on peut appeler au sens large « spiritualité », cette frénésie est souvent peu efficace. Ce manque de points de repère et d'assise intérieure prive l'action de justesse, et les bienfaits potentiels qu'elle pourrait apporter à la société ne sont pas à la mesure des efforts entrepris.

Jeter un pont entre la vie contemplative et la vie active me semble donc être une nécessité. De plus, l'expérience prouve qu'une attitude égocentrique rend impossible la véritable transformation intérieure qui doit se traduire par l'altruisme. On ne peut trouver cette plénitude ni en s'enfermant en soi-même ni en se contentant d'une pratique purement extérieure.

La compassion sans action est hypocrite. Elle apporte une bien maigre consolation à ceux qui souffrent. Il faut donc agir chaque fois que l'occasion se présente et, mieux encore, tenter d'aller au-devant de la souffrance. Notre bonheur lui-même est intimement lié au bonheur des autres : la plupart de nos difficultés viennent de ce que nous ne prenons guère en considération l'intérêt d'autrui. Le bonheur individuel que l'on construit en ignorant le malheur des autres, ou pire, qu'on bâtit sur ce malheur, ne sera jamais qu'une pâle imitation du vrai bonheur. Comme le dit Shantideva :

Tout le bonheur du monde
Vient d'un cœur altruiste
Et tout son malheur
De l'amour de soi.

À quoi bon tant de paroles ?
Le sot est attaché à son propre intérêt
Et le Bouddha se dévoue à l'intérêt d'autrui :
Vois par toi-même la différence[1] !

Mais il faut également distinguer les remèdes à court terme et l'action à long terme. Khyentsé Rinpoché, mon maître, disait : « Quand on pense à tous les êtres qui souffrent sans être secourus, on ne peut qu'être soulevé par une immense compassion qui doit s'étendre à chacun d'eux, amis comme ennemis. Cette compassion ne suffit bien sûr pas : les êtres ont besoin d'aide. Cependant, l'aide immédiate que nous pouvons leur apporter en leur offrant de la nourriture, des vêtements, de l'argent ou de l'affection, si vitale soit-elle, ne peut, dans le meilleur des cas, que soulager temporairement leurs souffrances. Si l'on veut apporter aux autres un bien-être durable, il faut d'abord se transformer soi-même. »

Vouloir agir tout de suite, sans d'abord se préparer, c'est comme vouloir opérer sur-le-champ des malades dans la rue, sans prendre le temps de construire des hôpitaux. Il est vrai que les innombrables travaux nécessaires à la construction d'un hôpital par eux-mêmes ne guérissent personne, mais une fois terminés ils permettent de soigner les malades avec infiniment plus d'efficacité.

À l'exception des catastrophes naturelles, la majorité des souffrances humaines sont dues à la malveillance, l'avidité, la jalousie, l'indifférence, bref à l'attitude égocentrique qui nous empêche de penser au bonheur d'autrui. L'une des pratiques de base du bouddhisme consiste d'abord à considérer autrui comme aussi important que soi-même, puis à se mettre à sa place et, finalement, à lui donner plus d'importance qu'à soi-même[2]. Remédier en profondeur à son propre égocentrisme est un puissant moyen d'alléger la souffrance des autres. Dans tous les traités sur la vie contemplative bouddhiste, on souligne que celui qui se retire dans un ermitage de montagne uniquement pour échapper aux tracas de la vie ordinaire ne diffère en rien des bêtes et des oiseaux sauvages qui passent toute leur vie dans ces lieux retirés. Un tel renonçant ne progressera pas d'un pouce vers l'Éveil. Le vrai contemplatif constate qu'il est impuissant à soulager durablement la souffrance autour de lui et comprend que, pour en être capable, il doit d'abord se maîtriser lui-même et connaître parfaitement

1. Shantideva, *La Marche vers l'Éveil*, *op. cit.*

2. Ce thème est magnifiquement développé dans le huitième chapitre de *La Marche vers l'Éveil*, *op. cit.*

les mécanismes du bonheur et de la souffrance. Ce n'est qu'après avoir acquis une force intérieure suffisante qu'on peut être vraiment utile aux autres, en soulageant directement leurs souffrances ou en inspirant des changements dans la société où l'on vit.

T. – Il est clair qu'atteindre l'Éveil pour soi-même est insuffisant, et qu'il faut acquérir un sens de la responsabilité universelle envers les êtres vivants, hommes et animaux, comme envers la planète Terre qui est notre berceau à tous.

M. – S'efforcer de parvenir à l'Éveil sans penser aux autres est d'autre part une aberration en soi. Dans le bouddhisme, la compassion est indispensable pour progresser sur la voie de la réalisation intérieure. On lit même dans *Le soutra qui résume authentiquement le dharma*[1] :

> Que celui qui veut atteindre la bouddhéité ne s'exerce pas à de nombreuses méthodes mais à une seule. Laquelle ? La grande compassion.
>
> Celui qui ressent la grande compassion connaîtra tous les enseignements du Bouddha comme s'ils se tenaient dans le creux de sa main.

D'autre part, celui qui parvient à l'Éveil ne peut s'empêcher de ressentir envers tous les êtres une immense compassion. C'est donc la compassion qui, du début à la fin de la voie bouddhiste, permet de venir à bout de la haine, de l'avidité, de la jalousie et des autres poisons mentaux, et de mettre fin au cycle infernal de la souffrance, pour soi-même et pour autrui.

T. – Le mal doit évidemment être combattu à la racine. Mais cette vision n'est-elle pas trop idéaliste ? Peut-on s'attendre à une transformation personnelle chez des criminels aussi monstrueux que Hitler, Staline ou Pol Pot ? Ne faut-il pas intervenir avec des moyens adaptés pour mettre un terme au mal qu'ils font ?

M. – Il ne serait pas très raisonnable de proposer la transformation personnelle comme remède immédiat dans le cas de criminels dont les tendances destructrices semblent imperméables à tout sentiment humain. Passé un certain stade, la folie meurtrière échappe à la raison et exige l'utilisation de moyens plus radicaux. Mais cela ne diminue en rien la valeur des remèdes à long terme. Négliger leur importance témoignerait d'une autre forme d'étroitesse d'esprit, semblable à celle d'un médecin qui ne prescrirait que des analgésiques, sans traitement de fond. Au cours de l'histoire, on a vu comment, dans certaines occasions malheureusement trop rares, le souci de transformation personnelle peut changer toute une société. Je pense au cas du Tibet.

T. – La position politique du dalaï-lama est celle de la non-violence, et j'admire le fait qu'il s'y tienne malgré toutes les vicissitudes que traverse son pays. Il faut certainement une grande force d'esprit pour

1. *Le soutra qui résume authentiquement le dharma, dharma-samgiti-sutra* (t. 238).

ne pas céder à la tentation de répondre à la violence par la violence. Je sais que cette attitude suscite une sympathie croissante de par le monde. Mais, malheureusement, et c'est là le hic, nous sommes entourés d'autres sociétés qui n'adhèrent pas à ce point de vue pacifiste, et on ne peut donc pas éviter la guerre et l'oppression. Faut-il tout subir sans riposter, au risque de perdre son pays, sa culture ou sa vie ? Certains Tibétains ont publiquement mis en doute la politique de non-violence du dalaï-lama, parce que l'oppression chinoise continue sans répit, qu'un génocide a décimé la population tibétaine et que l'éradication systématique de la culture bouddhique se poursuit de nos jours.

M. – Choisir la violence pour se libérer le plus vite possible d'une oppression injuste – un moindre mal pour s'affranchir d'un plus grand mal – est un pari risqué, car dans la plupart des cas la violence engendre la haine, qui a son tour entraîne davantage de violence. Le pacifiste risque aussi de se trouver en contradiction avec lui-même et d'en venir à déclarer, comme le fit récemment un commandant en chef de l'armée colombienne : « Nous voulons la paix, mais la seule façon d'avoir la paix, c'est de détruire ceux qui ne la veulent pas[1] », ce qui fait tristement écho à la devise de la Terreur pendant la Révolution française : « Pas de liberté pour les ennemis de la liberté. »

Par contre, si on adhère avec constance aux principes de la non-violence, lorsqu'on parvient finalement à un accord, la paix qui s'ensuit a toutes les chances d'être durable. La non-violence n'est pas une démarche passive. Ne pas agresser celui qui nous agresse n'empêche pas d'employer tous les moyens possibles – le dialogue, la volonté politique, la fermeté économique – afin de remédier au mal et de diminuer globalement la souffrance. C'est par la force de la non-violence que Gandhi a fait bouger toute une nation. Il est donc crucial d'évaluer dans son ensemble la souffrance qui découle de chaque situation. Le recours à la force n'est justifié que lorsqu'il limite la souffrance, jamais lorsqu'il la multiplie.

En fait, c'est plutôt la naïveté et la complaisance des chefs d'État occidentaux à l'égard des despotes en général – et des dirigeants chinois dans le cas du Tibet – qui m'apparaissent comme une caricature de la non-violence, car elles stigmatisent une attitude laxiste et crédule qui ne repose sur aucun principe défendable, qu'il s'agisse du respect des droits de l'homme ou du droit international. C'est une faiblesse semblable qui a conduit les gouvernements européens à fermer les yeux sur la montée du nazisme dans les années 1930, et les intellectuels occidentaux à frayer avec le communisme après la guerre.

Sans doute l'histoire jugera-t-elle de la même manière ceux qui tolèrent aujourd'hui encore l'existence des *laogaï*, les goulags chinois. De ces milliers de camps de travaux forcés proviennent une bonne partie des

1. Général José Bonett, cité dans une émission de la BBC en 1998.

produits manufacturés que nous achetons sans nous en rendre compte, et des jouets que nous offrons aux enfants pour Noël. Mais sans doute les dirigeants des pays libres sont-ils beaucoup moins effrayés par le jugement futur de l'histoire que par un acte courageux présent.

T. – Je ne pense pas qu'il s'agisse de naïveté de la part des dirigeants occidentaux, mais plutôt d'une conséquence perverse de la mondialisation dont on parle tant. Les économies étant irréversiblement liées les unes aux autres, les chefs d'État occidentaux n'osent pas tenir tête à la Chine à propos du Tibet, de peur de perdre l'immense marché que représente de plus en plus sa population d'un milliard et demi d'habitants. Il ne faut pas oublier qu'un individu sur quatre est chinois. Que cette attitude des dirigeants occidentaux relève de la Realpolitik ne la justifie pas pour autant.

M. – Pour en revenir à l'action sur le monde, il faut, comme nous l'avons dit, commencer par acquérir la *capacité* d'agir sur ce monde. La première constatation de celui qui s'engage sur un tel chemin, c'est celle de sa propre impuissance. Il ne peut s'aider lui-même, car il n'a pas élucidé les mécanismes du bonheur et de la souffrance ; il est d'autant moins en mesure de secourir les autres. Le contemplatif ressemble à un cerf blessé qui se cache dans un endroit retiré sur une montagne pour guérir ses blessures et retrouver ses forces. Mais ses maux à lui sont l'ignorance, la haine, l'avidité, l'orgueil, la jalousie, et toutes les émotions négatives qui détruisent le calme intérieur et celui des autres.

La paix intérieure, en reléguant nos tourments égoïstes à l'arrière-plan, nous rend naturellement plus sensible à la souffrance des autres. Comprendre peu à peu l'interdépendance globale des êtres nous amène à regarder le monde autrement et à agir de manière plus juste. Un être qui s'est mis au service des autres fait rayonner l'harmonie autour de lui. Il suffit de constater comment le simple fait de rester un instant auprès du dalaï-lama fait ressortir ce qu'il y a de meilleur en nous-mêmes. J'ai vu nombre de journalistes, de politiciens blasés ou de célébrités imbues d'elles-mêmes transformés par une demi-heure passée en sa compagnie. Ce contact avec un être qui déborde à chaque instant d'amour et se sent intimement concerné par le sort de chacun les avait bouleversés et inspirés.

T. – De fait, j'ai eu moi-même le bonheur de rencontrer le dalaï-lama. Sa personne irradie une telle force, une telle sérénité, une telle « volonté tranquille » qu'on ne peut s'empêcher d'être bouleversé au plus profond de soi. C'est donc ainsi que tu définis l'action bouddhiste : faire rayonner l'harmonie qu'on a trouvée soi-même ?

M. – Oui, et, de toute façon, il n'y a guère d'autres moyens. On peut de l'extérieur imposer une discipline au corps et à la parole des autres, mais seul leur esprit peut adhérer de plein gré à cette discipline. On a vu, au cours de l'histoire, de grands esprits parvenir à propager un message altruiste, à éveiller chez un grand nombre le sens de la responsabilité envers les autres. Mahatma Gandhi, Martin Luther King, le dalaï-lama, mère Teresa (qui recueillait sans aucune discrimination tous les mourants qu'elle trouvait sur les trottoirs de Calcutta) en sont des exemples inspirants.

T. – Il faut rappeler que Gandhi et Martin Luther King sont tous deux tombés sous les balles d'assassins. La violence des hommes a malheureusement fini par les rattraper. Mais il est certain que leur message de non-violence a fait davantage avancer leur cause que n'aurait pu le faire la violence, et la conscience de l'humanité en a été profondément marquée. Dis-moi : les sociétés bouddhistes s'engagent-elles aussi activement dans l'action humanitaire que les chrétiens, par exemple ?

M. – Il reste beaucoup à faire en ce domaine. Regarde la communauté tibétaine en exil. Maintenant qu'elle a surmonté les épreuves de l'exode, le dalaï-lama lui rappelle sans cesse qu'elle doit se consacrer à des œuvres humanitaires. Il préconise la construction d'écoles et de cliniques pour aider les populations déshéritées des pays qui ont accueilli et continuent d'accueillir les réfugiés tibétains. Les bouddhistes, dit-il, devraient suivre l'exemple de leurs frères et sœurs chrétiens qui vont au-devant de la souffrance avec un dévouement et une détermination infatigables.

En Inde, le docteur Ambedkar, allié de Gandhi et principal rédacteur de la Constitution indienne, lui-même issu de la caste des intouchables, s'est converti au bouddhisme. Non seulement il a fait renaître le bouddhisme en Inde, sa terre d'origine, mais dans cet esprit il a consacré sa vie à améliorer le sort des intouchables. En Thaïlande, les monastères bouddhistes sont les plus grands centres d'accueil des malades du sida et de réhabilitation des toxicomanes. En 1991, l'abbé Prajak Kutajitto a lutté farouchement avec les villageois du petit bourg de Pakham pour protéger une vaste forêt menacée par les intérêts de grandes sociétés financières. Pour cela il a enduré des représailles et l'emprisonnement. En Birmanie, Aung San Suu Kyi, prix Nobel de la paix, n'a cessé de mener un combat non violent contre la junte militaire au pouvoir depuis 1988. À New York, Bernard Glassmann a créé un réseau bouddhiste mondial d'entraide aux sans-abri[1] et de protection de l'environnement. Il considère que le travail social et la pratique spirituelle ne font qu'un. Dans le monastère où je vis, nous allons inaugurer en octobre prochain une clinique ouverte à tous. La notion d'entraide est donc très vivante dans les sociétés bouddhistes, jusqu'au niveau des gouvernants. Mais il ne faut jamais perdre de vue la nécessité d'acquérir une discipline intérieure. On sous-estime trop facilement son importance parce qu'elle n'engendre pas de progrès matériels aussi spectaculaires et rapides que la technologie dérivée de la science. La science fascine au point de mobiliser toutes les

1. The Peacemaker Order ; consulter le site Internet *peacemaker@zpo.org*

énergies, et cette fascination peut conduire à penser que la vie intérieure n'est qu'une option facultative, voire un luxe.

T. – On estime très souvent que la spiritualité équivaut à une religion, à une simple croyance, ou, pis, à un culte superstitieux.

M. – Comme le fait remarquer le dalaï-lama, plus de la moitié de l'humanité n'est pas croyante. Beaucoup se déclarent catholiques, protestants, hindous ou musulmans parce qu'ils ont été élevés dans cette tradition. Mais lorsqu'ils sont confrontés aux aléas quotidiens ou aux grandes décisions de l'existence, ils ne tiennent pas vraiment compte des enseignements de leur religion. Ceux qui pensent et agissent en harmonie avec leur foi constituent aujourd'hui une minorité.

Il convient donc de distinguer la spiritualité au sens large, celle qui a pour objet de faire de nous des êtres humains meilleurs, et la religion. L'adhésion à une religion reste une option facultative, tandis que devenir meilleur est une nécessité. C'est pourquoi le dalaï-lama parle de « spiritualité laïque », au risque de choquer parfois les autres représentants religieux. Pour lui, il est clair qu'on ne peut pas écarter de la spiritualité plus de la moitié de l'humanité sous prétexte qu'elle n'est pas croyante. De la naissance à la mort, nous avons besoin de tendresse et d'altruisme, qu'il s'agisse de les recevoir ou de les prodiguer. Lorsqu'elles sont pratiquées de manière authentique, les grandes religions et traditions spirituelles permettent de développer l'amour, la compassion, la patience et la tolérance. Mais ceux qui sont dépourvus d'inclination religieuse ne doivent pas pour autant se sentir étrangers à cette démarche.

T. – Comment verrais-tu se développer dans la société occidentale cette possibilité d'une spiritualité laïque ?

M. – Il faudrait que notre formation personnelle et l'éducation en général revalorisent les valeurs humaines et éthiques qui favorisent la transformation intérieure. Les parents et les enseignants, qui, dans ce domaine, sont souvent tout aussi désemparés que les enfants, pensent que la spiritualité est une affaire personnelle et ne doit pas être incluse dans l'éducation. Or, il me semble que l'on devrait offrir dans les écoles la possibilité de connaître toutes les grandes traditions spirituelles du monde, et pas seulement leur histoire, mais l'essence de leur enseignement et de leur éthique. Concevoir la laïcité comme une absence totale d'éducation spirituelle est à mon sens un appauvrissement et une limitation de la liberté intellectuelle. Faute d'avoir été en contact avec des idées qui auraient pu les inspirer, nombre de jeunes pensent que la vie n'a aucun sens.

T. – Cela justifie-t-il pour autant de transformer l'école en « self-service » des croyances ? Il y a certes le danger de la perte des repères, mais il y a aussi le très réel danger du réveil des intégrismes. Et là, la laïcité traditionnelle, neutre par l'abstention, a sans doute du bon. Car, attention, vouloir mêler éducation et religion, c'est s'aventurer en terrain miné ! Cette voie peut mener à de redoutables excès, déraper vers un endoctrinement des enfants, comme ce fut le cas pour le mouvement « créationniste » aux États-Unis.

M. – C'est-à-dire ?

T. – En 1999, à l'orée du XXIe siècle, l'État du Kansas, aux États-Unis, a banni du programme scolaire la théorie de l'évolution de Darwin et celle du big bang sous prétexte qu'elles contredisaient les enseignements de la Bible !

M. – Il ne s'agit certes pas de mettre différents dogmes en compétition pour essayer de récolter un maximum d'adeptes ! Au contraire, libre de tout esprit partisan, cette approche permettrait d'offrir aux jeunes un éventail complet de ce que les grands courants spirituels ont à offrir, de mettre en évidence leurs convergences et leurs divergences, tout en faisant la part égale à tous les points de vue, agnosticisme y compris. Le problème actuel est que nous manquons de points de repère.

T. – Ce concept de spiritualité laïque me semble bien répondre aux interrogations de nos sociétés occidentales. Personnellement, il me convient parfaitement. J'essaie de vivre selon certains principes que j'ai appris dans la tradition bouddhiste tout en faisant mon métier d'astrophysicien. Par contre, ton exemple est extrême. Tu as quitté la société occidentale et la recherche scientifique pour te faire moine dans un monastère tibétain au Népal. Il est évident que tout le monde ne peut pas suivre ton cheminement spirituel.

M. – C'est bien ce que je cherchais à exprimer en disant que la spiritualité est destinée aussi bien à ceux qui vivent dans le monde qu'à ceux qui ont choisi une vie contemplative. Si la spiritualité était réservée aux moines et aux nonnes, ce n'est plus la moitié, mais 99,99 % de l'humanité qui en serait exclue ! La spiritualité commence par un travail sur l'esprit dont nous sommes tous capables. Toutefois, se contenter de connaissances théoriques, aussi complètes soient-elles, risque de faire de nous un de ces êtres qui ne se trompent sur rien, sauf sur l'essentiel !

CONCLUSION DU SCIENTIFIQUE

Au terme de ces entretiens, je dois dire mon admiration accrue pour la manière dont la pensée bouddhique analyse le monde des phénomènes. J'avoue que j'étais pourtant plein d'appréhension au début de notre entreprise. Je connaissais et appréciais surtout l'aspect pratique du bouddhisme qui aide à acquérir la connaissance de soi, à progresser spirituellement, à devenir un être humain meilleur. En d'autres termes, pour moi le bouddhisme était avant tout une voie de l'Éveil, une voie contemplative au regard principalement tourné vers l'intérieur. De plus, la science et le bouddhisme utilisent des méthodes d'investigation du réel totalement différentes. En science, ce sont l'intellect et la raison qui tiennent le rôle principal. Divisant, catégorisant, analysant, comparant et mesurant, le scientifique exprime les lois de la nature dans le langage hautement élaboré des mathématiques. L'intuition n'est pas absente en science, mais elle n'est utile que si elle peut être formulée dans une structure mathématique cohérente. Par contre, l'intuition – l'expérience intérieure – joue le premier rôle dans la démarche contemplative. Elle n'essaie pas de fragmenter la réalité, mais tente de l'appréhender dans sa totalité. Le bouddhisme ne fait pas appel aux instruments de mesure et aux observations sophistiquées qui fournissent la base expérimentale de la science. Ses énoncés sont de nature plus qualitative que quantitative. Je n'étais donc pas du tout sûr qu'une démarche consistant à confronter la science et le bouddhisme puisse avoir un sens. Je redoutais que le bouddhisme n'ait que peu à dire sur la nature du monde phénoménal, car ce n'est pas sa préoccupation principale, alors que c'est fondamentalement celle de la science. Si cela avait été le cas, nous aurions couru le risque de tenir deux discours parallèles, sans jamais nous rencontrer sur un terrain commun.

À mesure que nos conversations se sont poursuivies, je me suis rendu compte que mes craintes n'étaient pas fondées : non seulement le bouddhisme a réfléchi sur la nature du monde, mais il l'a fait de façon profonde et originale. Il l'a fait non pas pour la connaissance du monde phénoménal en soi, ce qui est le propos de la démarche scientifique, mais parce qu'en comprenant la vraie nature du monde physique – la vacuité, l'interdépendance – il peut dissiper les brumes de l'ignorance et ouvrir le chemin vers l'Éveil. Notre discussion a été mutuellement enrichissante. Elle a suscité de nouvelles interrogations, des points de vue inédits, des synthèses inattendues qui demandaient et demandent encore approfondissement et clarification.

Ces entretiens s'inscrivent dans la lignée des dialogues précédents entre la science et le bouddhisme. L'enseignement principal que j'en ai retiré est qu'il existe une convergence et une résonance certaines entre les deux visions, bouddhiste et scientifique, du réel. Certains énoncés du bouddhisme à propos du monde des phénomènes évoquent de manière étonnante telles ou telles idées sous-jacentes de la physique moderne, en particulier des deux grandes théories qui en constituent les piliers : la mécanique quantique – physique de l'infiniment petit –, et la relativité – physique de l'infiniment grand. Bien que radicalement différentes, les manières respectives d'envisager le réel dans le bouddhisme et dans la science n'ont pas débouché sur une opposition irréductible, mais, au contraire, sur une harmonieuse complémentarité. Et cela, parce qu'ils représentent l'un comme l'autre une quête de la vérité, dont les critères sont l'authenticité, la rigueur et la logique.

Examinons d'abord le concept d'« interdépendance des phénomènes », idée fondamentale du bouddhisme. Rien n'existe en soi ni n'est sa propre cause. Une chose ne peut être définie que par rapport à d'autres. L'interdépendance est nécessaire à la manifestation des phénomènes. Sans elle, le monde ne pourrait pas fonctionner. Un phénomène quel qu'il soit ne peut donc survenir que s'il est relié et connecté aux autres. La réalité ne peut pas être localisée et fragmentée, mais doit être considérée comme holistique et globale.

Cette globalité du réel, plusieurs expériences en physique nous l'imposent. Dans le monde atomique et subatomique, les expériences de type EPR nous disent que la réalité est « non séparable », que deux grains de lumière qui ont interagi continuent à faire partie d'une seule et même réalité. Quelle que soit la distance qui les sépare, leurs comportements sont instantanément corrélés, sans aucune transmission d'information. Quant au monde macroscopique, sa globalité nous est démontrée par le pendule de Foucault dont le comportement s'accorde non pas à son environnement local, mais à l'univers tout entier. Ce qui se trame sur notre minuscule Terre se décide dans l'immensité cosmique.

Le concept d'interdépendance dit que les choses ne peuvent se définir de manière absolue, mais seulement relativement à d'autres. C'est, en substance, la même idée qui définit le principe de la relativité du mouvement en physique, énoncé pour la première fois par Galilée, puis repris et développé au plus haut point par Einstein. « Le mouvement est comme rien », disait Galilée. Il voulait dire par là que le mouvement d'un objet ne peut être défini de façon absolue, mais seulement par rapport au mouvement d'un autre objet. Aucune expérience ou mesure faite par un passager dans un wagon de chemin de fer qui se déplace à une vitesse constante et dont toutes les fenêtres sont fermées ne lui permettra de dire si le wagon est immobile ou en mouvement. C'est seulement en ouvrant une fenêtre et en regardant le paysage défiler que le passager s'en rendra compte. Tant qu'aucune référence n'est faite à l'extérieur, le mouvement est équivalent au non-mouvement. Les choses n'ont pas d'existence en elles-mêmes, mais seulement par rapport à d'autres événements, dit le bouddhisme. Le mouvement n'a de réalité que par rapport au paysage qui passe, dit le principe de la relativité.

Le temps et l'espace ont aussi perdu le caractère absolu que leur avait conféré Newton. Einstein nous dit qu'ils ne peuvent se définir que relativement au mouvement de l'observateur et à l'intensité du champ de gravité dans lequel il se trouve. Aux abords d'un « trou noir », singularité dans l'espace où la gravité est si intense que même la lumière ne peut plus en sortir, une seconde peut prendre des airs d'éternité. Comme le bouddhisme, la relativité dit que le passage du temps, avec un passé déjà révolu et un futur encore à venir, n'est qu'illusion, car mon futur peut être le passé d'un autre et le présent d'un troisième : tout dépend de nos mouvements relatifs. Le temps ne passe pas, il est simplement là.

Découlant directement de la notion d'interdépendance il y a celle de la vacuité qui ne signifie pas le néant, mais l'absence d'existence propre. Puisque tout est interdépendant, rien ne peut se définir et exister par soi-même. La notion de propriétés intrinsèques existant en elles-mêmes et par elles-mêmes n'est plus de mise. De nouveau la physique quantique nous tient un langage étonnamment similaire. D'après Bohr et Heisenberg, nous ne pouvons plus parler d'atomes ou d'électrons en termes d'entités réelles possédant des propriétés bien définies, comme la vitesse ou la position. Nous devons les considérer comme formant un monde non plus de choses et de faits, mais de potentialités. La nature même de la matière et de la lumière devient un jeu de relations interdépendantes : elle n'est plus intrinsèque, mais peut changer par l'interaction entre l'observateur et l'objet observé. Cette nature n'est plus unique, mais duelle et complémentaire. Le phénomène que nous appelons « particule » prend la forme d'ondes quand on ne l'observe pas. Dès qu'il y a mesure ou observation, il reprend son habit de particule. Parler d'une réalité intrinsèque pour une particule, d'une réalité existant sans qu'on l'observe, n'a pas de sens car on ne peut jamais l'appréhender. Rejoignant le concept bouddhique de *samskara*, qui veut dire « événement », la mécanique quantique relativise radicalement la notion d'objet en la subordonnant à celle de mesure, c'est-à-dire à celle d'un événement. De plus, le flou quantique impose une limite fondamentale à la précision de la mesure de cette réalité. Il existera toujours une certaine incertitude soit dans la position, soit dans la vitesse d'une particule. La matière a perdu sa substance.

La notion bouddhique d'interdépendance est synonyme de vacuité qui, à son tour, est synonyme d'impermanence. Le monde est comme un vaste flux d'événements et de courants dynamiques tous connectés les uns aux autres et interagissant continuellement. Ce concept de changement perpétuel et omniprésent rejoint ce que dit la cosmologie moderne. L'immuabilité aristotélicienne des cieux et l'univers statique de Newton ne sont plus. Tout bouge, tout change, tout est impermanent, du plus petit atome à l'univers entier en passant par les galaxies, les étoiles et les hommes.

Propulsé par une explosion primordiale, l'univers se dilate. Cette nature dynamique est contenue dans les équations de la relativité. Avec la théorie du big bang, l'univers acquiert une histoire. Il a un commencement, un passé, un présent et un futur. Il mourra un jour dans un brasier infernal ou dans un froid glacial. Toutes les structures de l'univers – planètes, étoiles, galaxies ou amas de galaxies – sont en mouvement perpétuel et participent à un immense ballet cosmique : mouvement de rotation autour d'elles-mêmes, de révolution, d'éloignement ou d'approche les unes par rapport aux autres. Elles ont aussi une histoire : elles naissent, évoluent et meurent. Les étoiles suivent des cycles de vie et de mort qui se mesurent en millions, voire en milliards d'années.

Le monde atomique et subatomique n'est pas en reste. Là aussi, tout est impermanence. Les particules peuvent changer de nature : un quark peut changer de famille ou de « saveur », un proton peut devenir un neutron avec émission d'un positon et d'un neutrino. Dans des processus d'annihilation avec l'antimatière, la matière peut se muer en pure énergie. Le mouvement d'une particule peut se transformer en particule, ou vice versa. En d'autres termes, la propriété d'un objet peut se muer en objet. Grâce au flou quantique de l'énergie, l'espace qui nous entoure est peuplé d'un nombre inimaginable de particules dites « virtuelles », à l'existence fantomatique et éphémère. Apparaissant et disparaissant dans des cycles de vie et de mort d'une durée infinitésimale, elles exemplifient l'impermanence au plus haut degré.

Le réel peut donc être perçu de diverses façons, et des chemins différents, l'un issu du monde intérieur, l'autre du monde extérieur, peuvent mener à la même vérité. Le bouddhisme ne s'étonnera sans doute pas de cette concordance. Puisque le monde phénoménal est inévitablement observé à travers le filtre de la conscience, et du fait que cette dernière est interdépendante du monde extérieur, la nature fondamentale des phénomènes ne peut être étrangère à l'esprit éveillé du Bouddha.

J'ai toutefois une réserve à formuler sur l'approche bouddhique du « principe anthropique » selon lequel il y a eu un réglage extrêmement précis des constantes physiques et des conditions initiales de l'univers pour que celui-ci héberge la vie et la conscience. Pour rendre compte de ce réglage, j'ai fait le pari pascalien de l'existence d'un principe créateur. Ce principe – je le conçois dans le sens de Spinoza et d'Einstein – se manifeste dans les lois de la Nature et fait que le monde est rationnel et intelligible. Cette position va à l'encontre de celle du bouddhisme qui n'admet pas l'idée d'un principe créateur (ou d'un Dieu horloger). Selon lui, l'univers n'a nul besoin d'être réglé pour que la conscience apparaisse : les deux coexistant fondamentalement, ils ne peuvent s'exclure. De nouveau, le concept d'interdépendance offre une explication. J'admets que cela puisse justifier le réglage de l'univers. Mais il est moins évident que ce concept puisse répondre à la question existentielle de Leibniz : « Pourquoi y a-t-il quelque chose plutôt que rien ? » J'ajouterai : « Pourquoi les lois physiques sont-elles ce qu'elles sont et non autres ? » Ainsi nous pourrions très bien imaginer vivre dans un univers décrit seulement par les lois de Newton. Or ce n'est pas le cas. Ce sont les lois de la mécanique quantique et de la relativité qui rendent compte de l'univers connu.

L'optique bouddhique soulève d'autres points d'interrogation. S'il n'y a pas de créateur, l'univers ne peut être créé. Il n'a donc ni commencement ni fin. Le seul univers compatible avec le point de vue bouddhiste est donc un univers cyclique, avec une série sans fin de big bang et de big crunch. Scientifiquement, le fait que l'univers va un jour s'effondrer sur lui-même, donnant lieu à un big crunch, est néanmoins loin d'être établi. Cela dépend de la quantité totale de matière invisible dans l'univers, or cette quantité n'est pas connue. Selon les dernières observations astronomiques, l'univers paraît ne pas contenir assez de matière invisible pour arrêter et inverser son mouvement de dilatation, ce qui semblerait, en l'état actuel de notre connaissance du cosmos, exclure un univers cyclique. Quant au concept de flots de conscience coexistant avec l'univers matériel dès les premières fractions de seconde du big bang, la science est encore très loin de pouvoir le vérifier. Certains neurobiologistes pensent qu'il n'est nul besoin d'un continuum de conscience coexistant avec la matière, que le premier peut émerger de la deuxième, une fois passé un certain seuil de complexité.

Poussières d'étoiles, nous partageons la même histoire cosmique avec les lions des savanes et les fleurs de lavande. Connectés à travers l'espace et le temps, nous sommes tous interdépendants. Le simple fait de respirer nous relie à toute l'espèce humaine : les milliards de molécules d'oxygène que nous inhalons avec chaque bouffée d'air ont été un jour ou l'autre dans les poumons de chacun des cinquante milliards d'individus à avoir vécu sur Terre. Cette perspective cosmique et planétaire souligne non seulement notre interdépendance, mais aussi la vulnérabilité de notre planète et notre isolement parmi les étoiles. Les problèmes de l'environnement qui menacent notre havre dans l'immensité cosmique transcendent les barrières de race, de culture et de religion. Les poisons industriels, les déchets radioactifs et les gaz responsables de l'effet de serre qui réchauffe notre planète ne connaissent pas les frontières nationales. Ces problèmes et les autres – la pauvreté, les guerres, la famine – qui menacent l'humanité peuvent être résolus si nous prenons conscience de notre interdépendance et du fait que notre intérêt et notre bonheur sont inextricablement liés à ceux des autres, en d'autres termes, si nous nous laissons guider par la compassion pour développer notre sens de ce que le dalaï-lama a si justement appelé « responsabilité universelle ».

La science se doit de reprendre sa place dans le giron de la culture humaine. Elle s'en est quelque peu éloignée par le passé à cause d'une vision trop fragmentée, mécaniste et réductionniste. Ce n'est plus le cas aujourd'hui, comme ces entretiens le montrent amplement. Il n'y a aucun doute que la science va continuer à exercer un impact toujours croissant sur nos vies. Face aux problèmes éthiques et moraux qui, dans certains domaines comme la génétique, se font de plus en plus urgents et aigus, la science doit avoir comme compagne de route la spiritualité, pour que nous n'oubliions pas notre humanité. La science a pour but la compréhension du monde des phénomènes. Ses applications techniques peuvent, selon les cas, améliorer ou desservir notre bien-être extérieur. La spiritualité vise à améliorer notre bien-être intérieur afin que nous soyons capables d'améliorer le bien-être de tous. Certains, comme le prix Nobel de physique Steven Weinberg, n'ont que faire de la spiritualité. Weinberg pense que les religions sont à l'origine de nombre de maux dans le monde. Il écrit de manière résolument provocante : « Avec ou sans religion, les êtres bons se conduiront bien et ceux qui sont mauvais mal. Mais seule la religion peut pousser des êtres bons à faire le mal. Un des grands accomplissements de la science a été, sinon de rendre impossible pour les gens intelligents le fait d'être croyants, tout au moins de leur permettre de ne pas être croyants[1]. » Et Weinberg de citer certaines influences néfastes de la religion : les croisades, les pogromes, les djihads et autres guerres de Religion, et même l'esclavage. Je pense qu'il a tort. Tout d'abord, il oublie de mentionner tout le mal que la science, incorrectement appliquée, a pu causer à l'humanité et à son écosphère. Hiroshima et Nagasaki, la Terre qui s'échauffe, le trou d'ozone qui s'agrandit, les « recherches » des médecins nazis, etc. : les exemples ne manquent pas ! Ensuite, la religion dont il parle (je préfère parler de spiritualité) n'est pas la « vraie », mais une de ses versions déformées.

1. *The New York Review of Books*, 21 octobre 1999, p. 46-48.

Les gens qui participaient aux guerres de Religion ne pouvaient être mus par le sentiment de compassion envers les autres qui est à la base de toute religion. Aux propos antireligieux de Weinberg, je préfère de loin la vision cosmique d'Einstein avec laquelle je me sens beaucoup plus en accord : « La religion du futur sera une religion cosmique. Elle devra transcender l'idée d'un Dieu existant en personne et éviter le dogme et la théologie. Couvrant aussi bien le naturel que le spirituel, elle devra se baser sur un sens religieux né de l'expérience de toutes les choses, naturelles et spirituelles, considérées comme un ensemble sensé. » Ces propos vont dans le sens de toute notre discussion. Et Einstein précise en plus : « Le bouddhisme répond à cette description. [...] S'il existe une religion qui pourrait être en accord avec les impératifs de la science moderne, c'est le bouddhisme[1]. » Cela ne peut être mieux exprimé. La science peut fonctionner sans la spiritualité. La spiritualité peut exister sans la science. Mais l'homme, pour être complet, a besoin des deux.

1. Cité par Thinley Norbu, in *Welcoming Flowers, from Across the Cleansed Threshold of Hope, an Answer to Pope John Paul II's Criticism of Buddhism*, New York, Jewel Publishing House, 1997.

CONCLUSION DU MOINE

Nombreux sont ceux qui pensent que toute tentative de rapprochement entre la science et la spiritualité est vouée à l'échec. Certains considèrent la spiritualité comme une mystification, d'autres que la science est trop matérialiste, d'autres encore que science et spiritualité sont deux domaines inconciliables. Refuser ainsi de leur trouver des points communs revient à entériner l'existence de frontières infranchissables entre le savoir et le vécu, le sujet et l'objet, la matière et la conscience. Ce dualisme a la vie dure et crée des barrières injustifiées, alors que l'approche contemplative n'exige pas de se frayer un chemin à contre-courant de la science, mais simplement d'établir une hiérarchie entre les domaines de la connaissance et les moyens qui permettent d'y accéder.

La science étudie des « observables » et les théories physiques se révèlent plus ou moins aptes à l'interprétation des phénomènes observés. « Le but de la science est d'augmenter et d'ordonner notre expérience[1] », écrivait Niels Bohr. « Elle n'a pas pour but de révéler l'essence réelle des phénomènes[2]. » L'espoir des sciences fondamentales de comprendre la nature de la réalité semble donc chimérique. Les méthodes de la science ne conduisent généralement qu'à une grille de lecture des phénomènes permettant de décrire et de prédire leur comportement expérimental. La science finit donc par se heurter à des obstacles qui montrent que la nature de la réalité est différente de ce qu'elle avait envisagé. Ce sont précisément ces obstacles, mis en évidence par la mécanique quantique et la relativité, qui peuvent pousser la science à ouvrir un dialogue avec le bouddhisme. En s'interrogeant sur la réalité ultime des phénomènes et de la conscience comme étape nécessaire à l'Éveil, le bouddhisme peut résoudre le dilemme du scientifique pris entre la réalité apparente

---

1. Niels Bohr, *Physique atomique et connaissance humaine*, *op. cit.*, p. 283.
2. Niels Bohr, *Atomic Theory and the Description of Nature*, *op. cit.*, p. 18.

du macrocosme et l'effondrement de la réalité solide dès qu'on pénètre dans le monde des particules. Mais il va plus loin, puisqu'il traduit ses conclusions dans une attitude pragmatique face à l'existence.

La technologie, quant à elle, conçoit la science comme un moyen de se servir du monde et de poursuivre son rêve de le maîtriser. Bref, la science fondamentale est connaissance théorique, la technologie connaissance utilitaire, et la science contemplative connaissance libératrice. Elles devraient donc se compléter sans s'opposer.

C'est après avoir renoncé au projet d'établir une connaissance universelle susceptible d'expliquer tout sur tout que la science a connu ses plus grands succès. En se concentrant sur l'étude des phénomènes naturels, elle a mis au point des méthodes efficaces pour les découvrir, les mesurer, les décrire, puis agir sur eux. La somme de savoir issue de cet effort est si vaste qu'elle fait parfois oublier l'incapacité de la science à offrir des réponses aux questions fondamentales de l'existence. Cette inaptitude n'est pas un échec, puisque la science, qui délimite clairement le champ de son investigation et de ses possibilités, n'a jamais eu pour but de nous aider à trouver le bonheur ni de faire régner la paix autour de nous.

Ce qui nous importe le plus dans l'existence n'est pas la somme d'informations que nous pouvons accumuler, mais les réponses à des questions telles que : pourquoi vivons-nous ? pourquoi mourons-nous ? pourquoi souffrons-nous ? pourquoi sommes-nous heureux ? pourquoi aimons-nous ? pourquoi haïssons-nous ? Cela nous mène à vérifier si l'objet de nos recherches répond à ces questions, et s'il vaut bien tout le temps qu'on lui consacre.

Dans le domaine scientifique, cet examen concerne deux domaines : la science fondamentale et ses applications. Comme nous l'avons défini plus haut, la recherche fondamentale se donne pour but de décrire et d'expliquer la Nature. Bien que cette intention soit fort louable, la curiosité que l'on peut manifester pour l'étude de la chimie des étoiles ou la classification des insectes n'en reste pas moins secondaire au regard des questions fondamentales de l'existence. Si on considère les moments qui ont le plus de sens dans notre vie, on évoquera l'amour, l'amitié, la tendresse, la joie de vivre, la beauté d'une scène naturelle d'un paysage, la paix intérieure, l'altruisme. En général la science n'a pas grand-chose à y voir.

Quant aux applications de cette science, elles concernent principalement notre santé, notre durée de vie, notre liberté d'action et notre confort. L'espérance de vie a considérablement augmenté. La qualité globale des soins médicaux s'améliore sans cesse, malgré des disparités choquantes (2 765 dollars par an de dépenses publiques et privées de santé pour un Américain et 3 dollars pour un Vietnamien). Si notre liberté matérielle, notre confort quotidien et notre pouvoir d'action sur le monde ne cessent de croître, en revanche plusieurs aspects de notre existence se sont dégradés. Nous avons pollué à peu près tout ce qui pouvait l'être et de nouveaux fléaux ravagent la planète et ses habitants. On peut se demander à quel point il est gratifiant de vivre dans une ville polluée par les gaz toxiques, le plastique, le stress, la surpopulation, et autres aléas de la vie moderne. Le dogme du développement technologique et économique à tout prix mérite-t-il vraiment le piédestal sur lequel on l'a installé ? Cette question souligne la confusion que ce dogme fait naître entre le possible et le désirable.

Pourtant, la science est neutre. Elle n'a pas de pensée propre. Ce que nous en faisons dépend de nos motivations, de l'orientation que nous souhaitons imprimer à notre existence et de la hiérarchie que nous établissons entre la maîtrise des conditions extérieures et le développement d'un sentiment de plénitude qui, au moment de la mort, nous laissera sans regret.

Pour moi, les aspects les plus fascinants de la rencontre entre les sciences naturelles et le bouddhisme résident dans l'analyse de la réalité ultime des choses. Nos entretiens m'ont beaucoup appris. Ils m'ont confronté à de nouvelles questions à propos de ces deux disciplines, notamment sur la nature de la conscience et l'interdépendance des phénomènes, qui est à la fois au cœur de la physique moderne et des enseignements du bouddhisme. La nature de la conscience reste une question captivante. Est-elle entièrement réductible au cerveau ? Est-elle un phénomène émergent de la matière ? Peut-elle – comme le pense le bouddhisme – se poursuivre indépendamment d'un support physique ? Les contemplatifs bouddhistes font état de différents niveaux de conscience qu'ils définissent sur la base d'une expérience introspective réelle. Leur méthode mérite toute l'attention des chercheurs qui fondent leurs travaux sur la méthode scientifique empirique. On pourrait donc imaginer une ligne de recherche passionnante rassemblant neurobiologistes et contemplatifs.

Que dire du pari de Thuan en faveur d'un principe organisateur de l'univers ? Il est certain que le problème des origines appelle une prise de position métaphysique. Rappelons la phrase de François Jacob : « Un domaine entier est totalement exclu de toute enquête scientifique, celui qui concerne l'origine du monde[1]. » Mais une position métaphysique n'équivaut pas systématiquement à un pari, dont le bouddhisme ne voit aucunement la nécessité. Pour le bouddhisme, quand on envisage la question d'un début, la seule position métaphysique qui résiste à l'analyse est celle de l'absence de début. Toute autre possibilité ramène inévitablement à l'idée d'une cause sans cause, d'un immuable qui se transforme ou d'un néant qui devient quelque chose. Pour s'en tenir au pari finaliste, il faudrait d'abord pouvoir résoudre ce genre de contradictions.

---

1. François Jacob, *La Souris, la Mouche et l'Homme*, *op. cit.*

Quant à la question de Leibniz – « Pourquoi y a-t-il quelque chose plutôt que rien ? » – sur laquelle Thuan revient, elle n'a de sens que d'un point de vue réaliste matérialiste. Elle présuppose que les phénomènes aient une réalité propre. Avancer la présence d'un principe organisateur ne résout rien. La question devient alors : « Pourquoi y a-t-il un principe organisateur plutôt que rien ? » Selon le bouddhisme, elle pourrait être reformulée de deux façons. La première : « Pourquoi y a-t-il une manifestation des phénomènes plutôt que rien ? » Réponse : « C'est parce que tout est vide que tout peut apparaître. » La deuxième : « Pourquoi devrait-il y avoir rien, alors que quelque chose est possible ? » Réponse : « Ni existant ni non existant, ce rien n'est pas intrinsèquement différent de quelque chose de possible. » Pour le bouddhisme, il n'y a jamais eu de réalité solide douée d'existence intrinsèque. L'Éveil consiste simplement à se réveiller du rêve de l'ignorance qui attribue aux choses cette existence intrinsèque.

Comme le dit Thuan : « Selon les dernières observations astronomiques, il semble que l'univers ne contienne pas assez de matière invisible pour arrêter et inverser son mouvement de dilatation, ce qui semblerait, en l'état actuel de notre connaissance du cosmos, exclure un univers cyclique. » Cette question est encore loin d'être résolue. Les scientifiques bouillonnent d'idées nouvelles à ce sujet. Le magazine français de vulgarisation scientifique *Science et Vie* a consacré son numéro de janvier 2000 à « l'avant-big bang ». D'éminents scientifiques y présentent leurs visions révolutionnaires de l'univers et de la cosmologie. Andreï Linde parle d'univers en cascade et de big bang se produisant à chaque instant. Martin Rees évoque un « multivers » constitué d'univers multiples qui se régénéreraient sans cesse et ne connaîtraient pas de fin. Pour Gabriele Veneziano, le big bang ne serait pas le début de l'univers, mais un simple tournant de son histoire. La diversité, le caractère contradictoire et l'incompatibilité parfois de ces scénarios (qui ne seront certainement pas les derniers) reflètent la précarité de toute théorie cosmologique envisageant le début de l'univers.

Au regard du bouddhisme, l'accent mis par la pensée occidentale – qu'elle soit religieuse, philosophique ou scientifique – sur la notion de début est lié à sa croyance invétérée en la réalité des phénomènes : les choses « existent » bel et bien comme nous les voyons, il faut donc qu'il y ait eu un commencement. Ce parti pris a obligé les scientifiques à se livrer à toutes sortes d'acrobaties pour réconcilier les découvertes de la physique quantique avec une vision rassurante du monde qui éviterait de remettre en cause notre perception ordinaire des choses. Les efforts que font les physiciens pour maintenir certaines représentations classiques (par exemple celle de corps matériels existant en soi et ayant des propriétés intrinsèques) se heurtent naturellement à des difficultés lorsqu'ils doivent les confronter aux phénomènes mis en évidence par leurs propres découvertes. Ces difficultés ne proviennent pas seulement de l'inertie inhérente au fait d'appartenir à une école scientifique particulière. Elles sont dues à une résistance beaucoup plus profonde dès qu'il s'agit de remettre en question la réalité des phénomènes et du sujet qui les observe. Selon Michel Bitbol, le débat philosophique sur la physique moderne semble régi par la maxime suivante : « Chaque fois qu'une interprétation réaliste est disponible en physique théorique, adoptez-la quoi qu'il advienne[1]. » Il suffirait pourtant que les physiciens tirent les conclusions de la mécanique quantique pour transformer leur vision du monde.

Quand Steven Weinberg, prix Nobel de physique, déclare : « Seule la religion peut pousser des êtres bons à faire le mal », on pourrait lui répondre de façon tout aussi dogmatique : « Seule la spiritualité peut pousser des êtres mauvais à faire le bien. » Face aux atrocités parfois commises au nom de la science (dont nous avons parlé au premier chapitre de ces entretiens), on pourrait ajouter que seule la science peut donner une excuse à des gens normaux pour faire le mal sous couvert de respectabilité. Mais ce serait adopter une attitude aussi extrême que celle de Weinberg. Il est plus juste de dire que la valeur de toute activité, même celles qui endossent le respectable habit de la science et de la religion, dépend entièrement de nos motivations.

Je ne pense pas que ce que j'appelle la « science contemplative » relève principalement de l'intuition. Ce terme évoque une expérience beaucoup trop vague pour s'appliquer à l'expérience directe de la méditation qui, si elle n'était pas fondée sur la raison et la logique, n'aurait aucune valeur. À un certain niveau de la contemplation, la raison doit être transcendée, mais cela ne signifie pas qu'au-delà de ce stade la méditation aille à l'encontre de la raison : elle en dépasse simplement les limites, processus que Thuan a rapproché du théorème d'incomplétude de Gödel. La philosophie et la contemplation bouddhiques n'ont pas pour but de construire un édifice théorique grandiose, ni de prétendre tout expliquer. Elles exigent des résultats tangibles en termes de transformation intérieure. À ce sujet, Khyentsé Rinpoché conseillait :

« Le signe de la sagesse est le contrôle de soi, et le signe que l'on a mûri dans son expérience spirituelle est l'absence d'émotions conflictuelles. Cela veut dire que lorsqu'on est devenu sage et savant, on doit, dans la même proportion, être devenu serein, paisible et discipliné – et non pas négligent, arrogant et bouffi d'orgueil. Vérifiez constamment que vous réussissez à utiliser la pratique spirituelle pour dompter vos émotions négatives. Si une pratique quelconque donne un résultat contraire, si elle accroît votre égoïsme, votre confusion et vos pensées

1. Michel Bitbol, « A Cure of Metaphysical Illusions. Kant, Quantum Mechanics and the Madhyamaka », dans Bruce A. Wallace, *Buddhism and Science*, *op. cit.*

négatives, vous feriez mieux de l'abandonner, elle n'est pas faite pour vous. »

S'il est nécessaire de se fier aux instructions que nous prodiguent des maîtres accomplis, dont l'expérience est supérieure à la nôtre – comme on écoute en mer les conseils d'un marin chevronné –, il importe de ne pas accepter une vérité simplement parce qu'elle est énoncée par quelqu'un que l'on respecte. La valeur des paroles du Bouddha réside dans la possibilité donnée à chacun d'en vérifier l'exactitude.

Comme l'écrit François Jacob : « Le danger pour le scientifique [j'ajouterais : et pour le contemplatif] c'est de ne pas mesurer les limites de sa science, donc de sa connaissance. C'est de mêler ce qu'il croit et ce qu'il sait. Et surtout, c'est la certitude d'avoir raison[1]. »

Dans le domaine des sciences naturelles, les révolutions successives de la connaissance montrent que la notion de « certitude définitive » restera à jamais précaire. Oserai-je dire qu'à propos de la nature ultime de l'esprit, des mécanismes du bonheur et de la souffrance, et de la réalité des phénomènes, l'Éveil intérieur apporte une certitude d'une autre nature ? Cette certitude découle d'une découverte intérieure qui se vérifie à chaque instant par l'expérience. Elle apparaît comme une compréhension immuable de la nature véritable des choses et se traduit par des qualités humaines que nous souhaitons tous posséder.

Car, en fin de compte, sans ces qualités, à quoi bon échafauder d'interminables constructions intellectuelles pareilles à un château bâti sur un lac gelé ? De même que ce dernier disparaîtra sous l'eau dès le printemps venu, la méditation purement conceptuelle qui ne se traduit pas par des changements profonds de notre être ne résistera pas aux épreuves de l'existence.

Selon le bouddhisme, la compréhension de la vacuité s'exprime par un amour et une compassion sans limites. L'ermite tibétain Shabkar écrivait[2] :

> Qui a la compassion détient tous les enseignements ;
> Qui ne l'a pas n'en détient aucun.
> Même celui qui médite la vacuité
> A besoin de la compassion, car elle en est le cœur.

Pour reprendre une métaphore utilisée dans les textes bouddhiques, seule la chaleur de cette compassion unie à la sagesse peut faire fondre le minerai de notre esprit, afin d'en libérer l'or qui est notre nature profonde.

1. François Jacob, *La Souris, la Mouche et l'Homme*, *op. cit.*
2. *Shabkar, autobiographie d'un yogi tibétain*, Matthieu Ricard et Carisse Busquet (trad. du tibétain), Albin Michel, 1999.

GLOSSAIRE DES TERMES BOUDDHISTES

Actes négatifs et positifs : un acte est dit « positif » quand il aide autrui, il est dit « négatif » quand il nuit aux autres et à soi-même. Chaque acte physique, mental ou verbal est comme une graine qui donnera un fruit – un résultat qui sera vécu ultérieurement, souvent même dans une existence future.

Apparences : les mondes des phénomènes extérieurs. Bien que ces phénomènes nous paraissent doués d'existence réelle, leur véritable nature est la vacuité. La transformation progressive de notre manière de percevoir et de comprendre ces apparences correspond aux diverses étapes de la voie vers l'Éveil.

Attachement : ses deux aspects principaux sont l'attachement à la réalité du moi et l'attachement à la réalité des phénomènes extérieurs.

Bardo : mot tibétain signifiant « état intermédiaire ». On distingue plusieurs *bardos* parmi lesquels celui du rêve, de l'état éveillé, de l'instant de la mort, etc., mais la plupart du temps, *bardo* désigne l'état intermédiaire entre la mort et la renaissance.

Bodhisattva : celui qui s'est engagé dans la voie de la compassion. Il a fait le vœu d'atteindre l'Éveil afin de devenir capable de délivrer tous les êtres du cercle des existences, le samsara.

Bouddha : celui qui a dissipé les deux voiles, le voile des émotions obscurcissantes et le voile masquant la connaissance, et qui a développé les deux connaissances, la connaissance de la nature ultime de toute chose et la connaissance de la multiplicité des phénomènes.

Compassion : la volonté de libérer tous les êtres de la souffrance et des causes de la souffrance (les actes négatifs et l'ignorance). Complément de *l'amour* (le souhait que tous les êtres connaissent le bonheur et les causes du bonheur), de la *joie altruiste* (qui se réjouit des qualités d'autrui) et de l'*équanimité* qui étend les trois sentiments précédents à tous les êtres sans distinction, amis comme ennemis.

Connaissance (cinq) : cinq aspects de l'Éveil : la connaissance « toute égalisante », la connaissance « semblable à un miroir », la connaissance « toute distinguante », la connaissance « toute accomplissante » et la connaissance « de l'espace absolu ». Ces cinq connaissances se manifestent lorsque sont dissipés les deux voiles qui empêchent l'actualisation de l'Éveil : le voile des émotions perturbatrices et le voile qui masque la connaissance de la nature ultime des phénomènes.

Conscience : le bouddhisme distingue plusieurs niveaux de conscience : grossier, subtil et extrêmement subtil. Le premier correspond au fonctionnement du cerveau. Le deuxième, à ce que nous appelons intuitivement la conscience, c'est-à-dire, entre autres, la faculté que possède la conscience de s'interroger sur sa propre nature et d'exercer son libre arbitre. Le troisième niveau, le plus essentiel, est appelé « luminosité fondamentale de l'esprit ».

Dharma : ce mot a de nombreux sens. Au sens large, il signifie tout le connaissable. Le plus souvent, il désigne l'ensemble des enseignements des Bouddhas et des maîtres accomplis. Il en existe deux aspects : le dharma des écritures qui est le support de ces enseignements, et le dharma de la réalisation qui est le résultat de la pratique spirituelle.

Dualité/dualisme : terme désignant, dans le bouddhisme, la distinction entre le sujet (la conscience) et l'objet (les images mentales et le monde extérieur), entre soi et autrui. La disparition de la dualité est une des caractéristiques de l'Éveil.

Émotion négative (ou **obscurcissante**) (sanskrit : *klesha*) : tout événement mental, né de l'attachement à l'ego, qui trouble notre esprit, l'obscurcit et nous en fait perdre le contrôle. Ce sont principalement le désir, la haine, l'ignorance, l'orgueil et la jalousie. Ils forment les causes de la souffrance.

Esprit (voir également *Conscience*) : pour le bouddhisme, sous sa forme ordinaire, l'esprit est caractérisé par l'illusion. Une succession d'instants de conscience lui donne une apparence de continuité. Sous sa forme absolue, l'esprit est défini par trois caractères : la vacuité, la clarté (faculté de tout connaître) et la compassion spontanée.

Éveil : synonyme de bouddhéité, l'Éveil est l'accomplissement ultime de l'entraînement spirituel, la connaissance intérieure par excellence, alliée à une compassion infinie. Une compréhension parfaite des modes d'existence relatif (la façon dont les choses nous apparaissent) et ultime (leur véritable nature), de notre esprit et du monde des phénomènes. Cette connaissance est l'antidote fondamental de l'ignorance et par conséquent de la souffrance.

Existence propre, intrinsèque : propriété attribuée aux phénomènes selon laquelle ils pourraient être des objets indépendants, existant par eux-mêmes, et doués de propriétés locales leur appartenant en propre.

Idéalisme : ensemble d'idées selon lequel le monde des phénomènes n'est qu'une projection de l'esprit.

Ignorance : manière erronée de concevoir les êtres et les choses, en leur attribuant une existence réelle, indépendante, solide, intrinsèque.

Illusion : toutes les perceptions ordinaires, déformées par l'ignorance.

Impermanence : elle est de deux sortes – grossière ou subtile. L'impermanence grossière correspond aux changements visibles. L'impermanence subtile est le fait que rien ne demeure identique à soi-même, ne serait-ce que pendant le plus petit espace de temps concevable.

Karma : mot sanskrit qui signifie « action », et qui est généralement traduit par « causalité des actes ». Selon les enseignements du Bouddha, ni la destinée des êtres, ni leur joie, ni leur souffrance, ni leur perception de l'univers ne sont dues ni au hasard ni à la volonté d'une entité toute-puissante. Elles sont le résultat de leurs actes passés. De même, leur futur est déterminé par la qualité, positive ou négative, de leurs actes présents. On distingue un karma collectif, qui définit notre perception générale du monde, et un karma individuel qui détermine nos expériences personnelles.

Libération : le fait de se libérer de la souffrance et du cycle des existences. Ce n'est pas encore l'accomplissement ultime de la bouddhéité.

Logique : moyen de connaissance correcte (*pramana* en sanskrit, *tséma* en tibétain). On distingue une connaissance valide dite « conventionnelle » et une connaissance valide absolue. La première nous renseigne sur l'apparence des choses et la seconde nous permet d'appréhender la nature ultime des phénomènes. Toutes les deux sont valides dans leur registre respectif. Leur domaine recouvre tout ce qui peut être perçu directement ou déduit par inférence, et ce qui peut être conclu sur la base de témoignages fiables.

Méditation : processus de familiarisation avec une nouvelle perception des choses. On distingue la méditation analytique et la méditation contemplative. La première peut avoir pour sujet un objet de réflexion (la notion d'impermanence, par exemple), ou une qualité que l'on souhaite développer (comme l'amour et la compassion). La deuxième nous permet de reconnaître la nature ultime de l'esprit et de demeurer dans cette nature, au-delà de la pensée conceptuelle.

Moi, ego : en dépit du fait que nous sommes un flux en constante transformation, interdépendant avec les autres êtres vivants et le monde, nous imaginons qu'il existe en nous une entité qui ne change pas et que nous devons protéger et satisfaire. L'analyse de cet ego révèle qu'il s'agit d'une entité fictive.

Nature de Bouddha : la nature de Bouddha n'est pas une « entité », mais la nature ultime de la conscience fondamentale, totalement libre des voiles de l'ignorance. Chaque être a le potentiel d'atteindre un état de connaissance parfaite de la nature de l'esprit. C'est en quelque sorte la « bonté originelle » de l'être selon le bouddhisme.

Nirvana : la fin de l'ignorance ou de l'illusion, et, par conséquent, de la souffrance. On distingue plusieurs niveaux de nirvana, suivant que l'on se place du point de vue du Petit Véhicule ou du Grand Véhicule.

Pensée discursive (ou **linéaire**) : enchaînement habituel des pensées conditionnées par la réalité relative.

Phénomènes : ce qui apparaît à la conscience à travers les sens et l'esprit.

Présence éveillée : nature de l'esprit non duelle et totalement libre de confusion.

Réalisme, réification : voir *Existence propre*.

Renaissance, réincarnation : les états successifs dont le flux de conscience fait l'expérience, états qui sont ponctués par la mort, le *bardo* (voir ce terme) et la naissance.

Samsara : le cycle des existences, où règnent la souffrance et la frustration engendrées par l'ignorance et les émotions conflictuelles qui en résultent. Ce n'est qu'après avoir réalisé la vacuité et donc dissipé toutes les émotions négatives que l'on peut reconnaître la nature de l'esprit et se libérer du samsara.

Souffrance : la première des « quatre nobles vérités », qui sont : 1) la vérité de la souffrance, dont on doit reconnaître l'omniprésence dans le cycle des existences conditionnées ; 2) la vérité de l'origine de la souffrance – les émotions négatives que l'on doit éliminer ; 3) la vérité de la voie (l'entraînement spirituel) que l'on doit parcourir pour atteindre la libération ; et 4) la vérité de la cessation de la souffrance, le fruit de l'entraînement, ou état de Bouddha.

Soutra : les paroles du Bouddha transcrites par ses disciples.

Univers cyclique : univers régi par des cycles dont chacun comporte quatre phases. La première correspond à la formation de l'univers, la deuxième à son évolution et la troisième à sa destruction. La quatrième correspond à une période de vide séparant deux univers. La continuité entre deux univers est assurée par un potentiel de manifestation, appelé « particules d'espace ». Les cycles se suivent mais ne sont nullement répétitifs.

Vacuité : la non-réalité des phénomènes animés et inanimés, leur nature véritable, en aucun cas le néant. La claire connaissance de la vacuité et l'émergence de la compassion à l'égard de tous les êtres sans distinction sont simultanées.

Vérité relative/absolue : la vérité relative, ou conventionnelle, correspond à notre expérience empirique du monde et la vérité absolue au résultat de l'analyse ultime selon laquelle les phénomènes sont dénués d'existence intrinsèque.

Voie : l'entraînement spirituel qui permet de se libérer du cycle des existences, puis d'atteindre l'état de Bouddha.

Voie médiane, ou du milieu (*madhyamaka*) : philosophie la plus élevée du bouddhisme, ainsi nommée car elle évite les deux extrêmes : celui du nihilisme et celui de la croyance à la réalité des phénomènes.

Voiles (deux) : ce qui obscurcit l'esprit dualiste. Le voile émotionnel, obstacle à la libération, est l'effet des trois poisons – ignorance, désir et haine – ; le voile cognitif, obstacle à l'omniscience, est l'ignorance de la réalité ultime des phénomènes.

Vue, méditation, action : la vue est la compréhension directe, non conceptuelle, de la vacuité de toute chose. La méditation est l'accoutumance à cette vacuité, son intégration à notre esprit. L'action est le comportement altruiste qui en résulte.

REMERCIEMENTS

Nous tenons à exprimer notre reconnaissance à ceux qui ont inspiré ce livre : Maria-Angels Vilana qui nous a conviés à participer à l'université d'été d'Andorre et fut ainsi la cause première de notre rencontre et de la genèse de notre dialogue, et nos éditeurs Nicole Lattès et Claude Durand, qui nous ont encouragés à entreprendre ce livre et aidés à maintes reprises à l'orienter pour le rendre plus profitable à nos lecteurs.

Nous exprimons aussi notre profonde gratitude à Christian Bruyat (qui a transcrit les enregistrements de nos entretiens et édité leur contenu), Carisse Busquet et Dominique G. Marchal (qui ont relu et amélioré diverses moutures de notre manuscrit). Ils ont été, avec Sophie Landowski, Gérard Godet, Yahne Le Toumelin et Hubert Decleer, nos correcteurs attentifs.

Notre reconnaissance est grande également à l'égard de nos proches et de nos amis qui ont eu la bonté d'accorder suffisamment d'intérêt à notre projet pour nous offrir des suggestions et critiques essentielles sur son contenu : Michel Bitbol, Francisco Varela, Jean-François Revel, Wulstan Fletcher, Abel Gerschenfeld et Miguel Benasayag. L'assistance informatique de Nguyen Tan Nam nous a été de même précieuse.

Que soient remerciés enfin ceux qui ont répondu à nos questions et nous ont aidés à rechercher des éléments de connaissance, ceux qui ont participé à la fabrication et à la promotion de ce livre et ceux qui nous ont encouragés : Brian Greene, Laurent Nottale, Catherine Bourgey, Anne Favier, Christine Morin, Susanna Lea, Vivian Kurz, Mark Tracy, Françoise Grandgirard, Jeanne Gruson, Hélène Boullet, Laurence et Bruno Bardèche, Raphaële Demandre, Jean Staune et René Dubois.

Le scientifique remercie en particulier Georges Alecian, Chantal Balkowski et François Hammer de leur hospitalité au département d'astronomie extragalactique et de cosmologie à l'observatoire de Paris-Meudon, ainsi que Bernard Fort et Bruno Guiderdoni pour l'avoir accueilli à l'Institut d'astrophysique de Paris pendant son année sabbatique.

GLOSSAIRE DES TERMES ET NOTIONS SCIENTIFIQUES

Accélérateur : machine utilisant des champs électriques et magnétiques pour accélérer des particules électriquement chargées (comme des électrons, protons ou leurs antiparticules) et leur communiquer des énergies élevées. Les accélérateurs linéaires devant avoir une longueur très importante pour atteindre de hautes énergies, la plupart des accélérateurs sont circulaires et utilisent des aimants pour incurver la trajectoire des particules. Celles-ci reçoivent une nouvelle impulsion d'énergie à chaque nouveau tour de cercle.

Accélération de l'univers. *Voir* « Univers en accélération ».

Acides aminés : les molécules dont sont formées les protéines, bases de la vie.

ADN, molécule d' : la molécule d'ADN est composée d'une double hélice d'atomes reliée par quatre types de molécules appelées « bases ». C'est la séquence précise de ces bases qui définit le code génétique.

Amas de galaxies : groupement dense de quelques milliers de galaxies liées par la gravité d'une taille moyenne de 60 millions d'années-lumière et une masse moyenne de quelques millions de milliards de masses solaires.

Amas galactique : groupement de forme irrégulière d'une centaine d'étoiles jeunes. Les étoiles ne sont pas liées par la gravité mais réunies parce qu'elles sont nées de l'effondrement et de la fragmentation d'un même nuage interstellaire. L'amas galactique se dispersera au bout de quelques centaines de millions d'années.

Amas globulaire : ensemble sphérique d'environ 100 000 étoiles vieilles liées par la gravité. La densité des étoiles augmente graduellement vers le centre de l'amas.

Andromède : galaxie jumelle de la Voie lactée, également connue sous le nom de Messier 31, à 2,3 millions d'années-lumière. À elles deux, ces galaxies dominent la masse du groupe local.

Animisme : philosophie qui attribue une âme aux phénomènes et objets naturels.

Année-lumière : distance parcourue par la lumière (qui se déplace à 300 000 km/s) en une année et égale à 9 460 milliards de km. De même, 1 jour-lumière = 26 milliards de km ; 1 heure-lumière = 1,1 milliard de km ; 1 minute-lumière = 18 millions de km et 1 seconde-lumière = 300 000 km.

Anthropique, principe : vient du grec *anthropos* signifiant « homme ». Idée selon laquelle l'univers a été réglé très précisément pour l'émergence de la vie et de la conscience.

Antimatière : matière composée d'antiparticules telles que l'antiproton, l'anti-électron (ou positon) et l'antineutron.

Antiparticule : particule élémentaire constituant l'antimatière et possédant presque les mêmes propriétés que celle qui constitue la matière. Une des principales différences est la charge, qui est de signe opposé. L'antiparticule de l'électron est le positon, celle du proton est l'antiproton, etc. Les particules neutres comme le photon sont leurs propres antiparticules. En entrant en contact, les particules et les antiparticules s'annihilent pour devenir lumière. Nous vivons dans un univers de matière. L'antimatière est extrêmement rare : on ne la voit que dans les rayons cosmiques ou dans les accélérateurs de particules à haute énergie.

Astéroïde : corps céleste rocailleux à la forme irrégulière et dépourvu d'atmosphère en orbite autour du Soleil. L'astéroïde le plus gros est Cérès. Le nombre des astéroïdes croît rapidement quand leur taille décroît. Il y a environ un millier d'astéroïdes avec un diamètre supérieur à un km. *Voir* « Cérès ».

Atome : particule la plus petite d'un élément qui possède les propriétés de cet élément.

Attracteur étrange : sous-ensemble d'états, de structure fractale, vers lequel évolue un système dynamique chaotique, indépendamment des conditions initiales de ce dernier.

Baryon : particule élémentaire qui subit l'influence de la force nucléaire forte. Le proton et le neutron sont des baryons.

Béhaviorisme : vient de l'américain *behavior* qui signifie « comportement ». Mouvement de la psychologie qui se donne le comportement comme objet d'étude et l'observation comme méthode, et qui exclut de son champ tout ce qui n'est pas directement observable, comme la pensée.

Bifurcation : modification abrupte dans le comportement d'un système dynamique quand un paramètre du système dépasse une valeur critique. Le système alterne alors entre deux états différents.

Big bang : théorie cosmologique selon laquelle l'univers primordial, extrêmement chaud et dense, aurait commencé son existence par une énorme explosion qui se serait produite en tout point de l'espace, il y a environ 14 milliards d'années. Cette explosion aurait marqué le début de l'expansion qui continue encore.

Big bang, base observationnelle du : le big bang repose essentiellement sur trois piliers : deux d'ordre observationnel et un d'ordre théorique. La première observation concerne le décalage vers le rouge de la lumière des galaxies, interprété comme dû à leur vitesse de fuite. L'astronome américain Edwin Hubble découvrit en 1929 que cette vitesse de fuite était d'autant plus grande que la galaxie était plus éloignée. Cette loi, appelée loi de Hubble-Lemaître, est généralement considérée comme la preuve la plus convaincante de l'expansion de l'univers.

La deuxième observation est celle du rayonnement fossile à 3 degrés qui baigne l'univers tout entier. Ce rayonnement a été émis lorsque l'univers n'avait que 380 000 ans, quand il était très chaud et très dense. Les radioastronomes américains Arno Penzias et Robert Wilson découvrirent en 1965 le rayonnement fossile à l'aide d'un télescope relativement petit comparé aux plus grands radiotélescopes et situé au New Jersey (États-Unis) dans les laboratoires de recherche de la compagnie de téléphones Bell. L'observation d'un rayonnement diffus qui est partout ne nécessite pas un grand télescope, seulement un détecteur d'une extrême sensibilité et précision. Or, justement, un tel détecteur a été développé par Penzias et Wilson pour capter les signaux de Telstar, le premier satellite de communication : les téléphones ont ainsi fourni au big bang sa deuxième pierre angulaire.

La plupart des théories ont des difficultés à expliquer de façon naturelle les deux observations précédentes. Seule la relativité générale proposée en 1915 par Albert Einstein passe les deux tests la tête haute. Unissant l'espace avec le temps, elle sert de pilier théorique au big bang.

Big crunch : étape finale de l'effondrement de l'univers sur lui-même sous l'effet de sa gravité. On ne sait pas encore si l'univers contient assez de matière pour que la gravité renverse son mouvement d'expansion actuel.

Binaire : paire d'étoiles ou de galaxies liées ensemble par la gravité, et orbitant l'une autour de l'autre.

Boson : les bosons composent l'une des deux classes de particules élémentaires (l'autre étant composée de fermions). Des exemples de bosons sont le photon, le gluon et le boson de Higgs découvert au CERN en 2012.

Brane. *Voir* « Univers-branes ».

Cannibalisme galactique : processus selon lequel le mouvement d'une galaxie est freiné par les forces gravitationnelles exercées par une galaxie plus massive, et qui tombe en spirale vers cette dernière qui la dévore. La galaxie engloutie perd son identité, ses étoiles se mélangeant à celles de la galaxie cannibale.

Causalité : notion selon laquelle l'effet suit la cause.

Ceinture d'astéroïdes : région du système solaire entre les orbites de Mars et Jupiter et s'étendant de 2,2 à 3,3 fois la distance Terre-Soleil où sont localisés la majorité des astéroïdes.

Céphéides : étoiles variables dont la lumière fluctue épisodiquement de façon très particulière : le temps écoulé entre deux maximums (ou minimums) de brillance, et appelé période, dépend de la brillance intrinsèque. Plus l'étoile céphéide est brillante, plus la période (qui peut durer de quelques jours à un mois) est longue. Les astronomes se servent de cette propriété pour utiliser les céphéides comme indicateurs de distance. Il suffit de repérer ces dernières dans une galaxie proche et d'observer leurs variations de brillance pour obtenir leur période et donc leur brillance intrinsèque. Celle-ci, combinée avec la brillance apparente observée, indique la distance. Edwin Hubble s'est servi des céphéides pour démontrer l'existence d'autres galaxies situées bien au-delà de la Voie lactée. Malheureusement, les céphéides ne sont plus assez lumineuses pour être vues du sol au-delà de 13 millions d'années-lumière (voir fig. 11).

Cérès : le plus gros astéroïde connu et le premier à être découvert. Son diamètre est de 900 km et sa masse est égale à 30 % de la masse de tous les autres astéroïdes combinés.

Champ : ensemble des valeurs que prend une grandeur physique en tous les points d'un espace déterminé. Les ondes représentent des variations périodiques de ce champ.

Champ magnétique : champ de force créé par des charges électriques en mouvement, qui agit à son tour sur les orbites des particules avec des charges électriques.

Chaos : propriété qui caractérise un système dynamique dont le comportement dans l'espace des phases dépend de manière extrêmement sensible des conditions initiales.

Comète : petit corps composé de glace et de poussières avec un noyau rocailleux. Originaire de contrées lointaines bien au-delà du système solaire (le nuage de comètes de Oort), ou plus proches (la ceinture de Kuiper), la comète est lancée dans une orbite hyperbolique ou parabolique autour du Soleil par la chiquenaude gravitationnelle d'une étoile proche. À mesure que la comète s'approche du Soleil, la glace fond et s'évapore, et la matière gazeuse (surtout de la vapeur d'eau avec un faible pourcentage de gaz carbonique et de monoxyde de carbone), mélangée avec des grains de poussière, est repoussée par le vent de la lumière et des particules solaires, créant les magnifiques tête et queue cométaires qui font notre ravissement. La comète se développe davantage et est d'autant plus brillante qu'elle s'approche du Soleil. En fait, une comète développe deux queues : une queue fine et rectiligne composée d'atomes ionisés (ceux qui ont perdu quelques électrons et sont chargés positivement), et une queue plus difficile qui s'infléchit légèrement, composée surtout d'atomes neutres de gaz entremêlés avec des grains de poussière.

Avant que leur nature ne soit comprise, les comètes suscitaient souvent effroi et superstition dans l'humanité, qui les considérait comme annonciatrices de grands événements ou de destruction.

Complémentarité, principe de : énoncé par le physicien danois Niels Bohr, selon lequel la matière et le rayonnement peuvent être à la fois onde et particule, ces deux descriptions de la Nature étant complémentaires l'une de l'autre. Il constitue une des pierres angulaires de la mécanique quantique.

Conditions initiales : état d'un système dynamique au début de son évolution.

Constellation : une des 88 régions en lesquelles les astronomes ont divisé le ciel. La région est souvent nommée d'après la configuration des étoiles les plus brillantes qui s'y trouvent, et qui peut représenter un objet, un animal, une personne, ou un héros mythique de la Grèce antique.

Convergence, point de : point dans le ciel vers lequel les étoiles d'un amas galactique semblent converger. Le point de convergence sert à déterminer la distance de l'amas (voir fig. 10).

Corde cosmique : fêlure du tissu de l'espace de l'univers, de forme mince (10^{-28} cm) et allongée, qui se produit lors du refroidissement de l'univers pendant ses premières fractions de seconde, d'après les théories d'unification des forces. Les cordes cosmiques n'ont jamais été directement observées, bien que certains astronomes pensent qu'elles sont à l'origine des structures filamentaires tracées par les galaxies dans le ciel (voir fig. 28). Elles n'ont plus le vent en poupe depuis les observations du rayonnement fossile par le satellite COBE : elles auraient produit des fluctuations de température plus grandes que celles observées par COBE.

Cordes, théorie des : elle préconise que les particules de l'univers (tels les électrons, les protons et les neutrons) ne sont plus les composantes élémentaires et ponctuelles de l'univers, mais résultent de vibrations d'autres entités élémentaires appelées « cordes ». Ces cordes possèdent une extension spatiale infinitésimalement petite de 10^{-33} cm, la longueur de Planck. Selon les théoriciens des cordes, l'univers a neuf dimensions spatiales mais seules trois d'entre elles sont perceptibles (bas et haut ; avant et arrière ; droite et gauche) – les six autres sont si bien « enroulées » sur elles-mêmes qu'elles ne peuvent être détectées. Dans les années 1990, on découvrit une dixième puis une onzième dimensions supplémentaires qui donneront une nouvelle version de la théorie des cordes (M-théorie) à l'origine d'un nouveau genre d'univers : les univers-branes.

Cosminos : particules élémentaires possédant une masse, mais n'interagissant pas avec la force nucléaire forte. Leur existence est prévue par les théories d'unification des forces, mais aucune n'a été observée, excepté le neutrino.

Cosmologie : étude des grandes structures de l'univers et de son évolution.

Cosmologique, paramètre : nombre, dans une théorie cosmologique, qui détermine le destin de l'univers, son passé, son présent et son futur.

Cosmologique, principe : hypothèse selon laquelle l'univers est semblable à lui-même en tout lieu (il est homogène) et dans toute direction (il est isotrope). Ce principe a été confirmé de façon spectaculaire par l'observation du rayonnement fossile.

Cosmologique parfait, principe : généralisation du principe cosmologique de l'espace au temps : l'univers est semblable à lui-même en tout lieu, dans toute direction, et en tout temps. Il n'y a d'évolution ni dans l'espace ni dans le temps. Ce principe sert de fondement à la théorie cosmologique de l'univers stationnaire.

Cratère : vient du mot grec *kratêr* pour « vase ». Dépression circulaire à la surface d'un corps solide (planète, lune, astéroïde) résultant généralement de l'impact d'un astéroïde.

Cygnus X-1 : objet massif dans la Voie lactée qui est très probablement un trou noir. Le gaz chaud, provenant de l'atmosphère de l'étoile voisine, qui tombe vers l'objet émet de copieuses quantités de rayons X.

Décalage vers le rouge : changement de couleur de la lumière dû au mouvement d'éloignement de la source lumineuse (effet Doppler). Ce changement est proportionnel à la vitesse d'éloignement. Le décalage vers le rouge d'une galaxie varie en proportion de sa distance (loi de Hubble-Lemaître).

Décélération, paramètre de : nombre qui mesure le ralentissement du taux d'expansion de l'univers (voir la Note quantitative n° 5, p. 310).

Démiurge : Être suprême selon Platon existant dans l'espace et le temps et façonnant le monde matériel selon les plans du monde des Idées où règne le Bien.

Densité critique : densité de matière qui produirait un univers plat, dénué de toute courbure, et égale à trois atomes d'hydrogène par mètre cube. Un univers ayant une densité critique n'arrêterait sa dilatation qu'après un temps infini. Un univers ayant une densité supérieure à la densité critique aurait une courbure positive et s'effondrerait sur lui-même dans le futur (on dit qu'il est fermé). Un univers ayant une densité inférieure à la densité critique aurait une courbure négative et une expansion éternelle (on dit qu'il est ouvert). Les observations semblent favoriser un univers ouvert (voir la Note quantitative n° 5, p. 310).

Déterminisme : conception philosophique selon laquelle il existe des rapports de cause à effet entre les phénomènes physiques, ce qui permet de prévoir le comportement de ces derniers à l'avance si on connaît leurs conditions initiales.

Déterministe, système : système dynamique dont l'évolution ultérieure est complètement fixée par des lois bien établies.

Deutérium : élément chimique dont le noyau est formé d'un proton et d'un neutron, fabriqué en grande partie dans les trois premières minutes de l'univers. *Voir* « Nucléosynthèse ».

Différentielle, équation : équation mathématique décrivant le changement d'une propriété locale (et non globale) d'un système en fonction du temps.

Disque d'accrétion : disque de gaz autour d'un objet massif (tel un trou noir), et dont la matière tombe en spirale vers l'objet central.

Disque d'une galaxie : plan central où est située la plus grande partie de la matière visible d'une galaxie. Les étoiles et le gaz interstellaire tournent autour du centre galactique dans ce disque.

Disque galactique : ensemble d'étoiles, de gaz et de poussière dans une galaxie spirale, en forme de crêpe aplatie. Le disque a environ 90 000 années-lumière de diamètre et 300 années-lumière d'épaisseur. Dans la Voie lactée, les étoiles accomplissent un tour autour du centre galactique tous les 250 millions d'années à 230 km/s (voir fig. 12).

Doppler, effet : variation en énergie et en couleur de la lumière (ou du son) due au mouvement relatif d'une source lumineuse (ou sonore) par rapport à un observateur. Si la source s'éloigne, l'énergie diminue et la lumière est décalée vers le rouge (le son devient plus grave). Si la source approche, l'énergie augmente et la lumière est décalée vers le bleu (le son devient plus aigu). *Voir* « Décalage vers le rouge ».

Dualité onde-particule : le fait que la lumière ou la matière se comportent parfois comme des particules et parfois comme des ondes.

Écliptique, plan de l' : vient du mot « éclipse », car les éclipses du Soleil ou de la Lune n'ont lieu que lorsque la Lune traverse ce plan. C'est le plan de l'orbite de la Terre autour du Soleil. Le plan de l'orbite de la Lune autour de la Terre est incliné très légèrement (de 5 degrés) par rapport au plan de l'écliptique.

Écosphère : environnement de terre, eau et air dans lequel évoluent les êtres vivants sur Terre.

Électron : particule élémentaire stable la moins massive (9×10^{-28} gramme). Elle porte une charge négative, et est un constituant de l'atome, avec les protons et neutrons. Avec le neutrino, l'électron appartient à la famille des leptons.

Éléments lourds : ensemble des éléments chimiques dont le noyau est plus lourd que celui de l'hélium. Encore appelés « métaux », ces éléments lourds sont fabriqués par les étoiles et dans les supernovae.

Éléments primordiaux : éléments chimiques fabriqués dans le big bang, pendant les trois premières minutes de l'univers. Ce sont surtout l'hydrogène (qui constitue les trois quarts de la masse de l'univers) et l'hélium (qui constitue le quart de la masse de l'univers), plus des traces de deutérium et de lithium. *Voir* « Nucléosynthèse ».

Émergente, propriété : se dit d'une propriété d'un système complexe, qui ne peut être définie ou expliquée en termes des propriétés de ses composantes. Autrement dit, le tout est plus grand que la somme des composantes.

Énergie sombre. *Voir* « Univers en accélération ».

Entropie : fonction définissant l'état de désordre d'un système. L'entropie totale d'un système isolé doit toujours augmenter, son désordre doit toujours croître (deuxième principe de la thermodynamique, science de la chaleur).

Épicycle : trajectoire d'une planète en forme de cercle dont le centre se déplace lui-même sur un plus grand cercle centré sur la Terre. L'épicyle a été inventé pour rendre compte des mouvements des planètes dans un univers géocentrique (voir fig. 3).

Équivalence, principe d' : principe à la base de la théorie de la relativité générale d'Einstein qui dit que, localement, dans l'espace-temps, le mouvement d'un objet dans un champ de gravité ne se différencie pas de celui engendré par une accélération uniforme.

Ère de la matière : période de l'histoire de l'univers qui suit l'ère du rayonnement, environ depuis la trois cent millième année jusqu'au lointain futur, où la densité de la matière est supérieure à celle du rayonnement et contrôle l'évolution de l'univers.

Ère du rayonnement : période de l'histoire de l'univers qui suit l'ère leptonique, environ depuis une seconde après le big bang jusqu'à la trois cent millième année. Pendant cette période, la densité du rayonnement (celle des photons) est supérieure à celle de la matière et contrôle l'évolution de l'univers. Atomes, planètes, étoiles et galaxies n'ont pas encore fait leur apparition.

Ère hadronique : période de l'histoire de l'univers depuis un millionième de seconde jusqu'à un dix-millième de seconde, où le contenu de l'univers est dominé par les hadrons (protons, neutrons et leurs antiparticules), en équilibre avec les photons. L'ère hadronique se termine quand les photons affaiblis par l'expansion de l'univers ne peuvent plus se convertir en paires hadron-antihadron.

Ère leptonique : période de l'histoire de l'univers qui suit l'ère hadronique, où le contenu de l'univers est dominé par les leptons (électrons et neutrinos), en équilibre avec les photons. Elle s'étend depuis un dix-millième de seconde jusqu'à environ une seconde, quand les photons affaiblis par l'expansion de l'univers ne peuvent plus se convertir en paires électron-positon.

Espace-temps : structure à quatre dimensions qui résulte de l'unification du temps avec l'espace.

Éther : fluide hypothétique, impondérable et élastique que l'on considérait au XIXe siècle comme l'agent de transmission de la lumière et de l'électricité. L'expérience de Michelson et Morley qui a démontré l'invariance de la vitesse de la lumière a invalidé le concept de l'éther.

Étoile : sphère de gaz composée à 98 % d'hydrogène et d'hélium, et à 2 % d'éléments lourds, s'équilibrant sous l'action de deux forces égales et opposées : la force de gravité, qui la comprime, et la force du rayonnement produite par les réactions nucléaires en son sein qui tentent de la faire éclater. Le Soleil a une masse de 2×10^{33} grammes et les masses des étoiles peuvent varier entre 0,1 et 100 fois la masse du Soleil.

Étoile à neutrons : objet céleste très compact (le rayon est de 10 km) et dense (10^{14} g/cm^3), résultant de l'effondrement d'une étoile dont la masse est entre 1,4 et 5 fois la masse du Soleil et qui a épuisé son combustible. Formé presque exclusivement de neutrons, il est en rotation rapide et émet deux faisceaux de lumière radio dont l'un balaie la Terre à chaque tour. Ce balayage se traduit par une succession de signaux séparés par des intervalles réguliers, d'où l'autre nom de « pulsar » (voir fig. 31).

Exclusion, principe d' : énoncé par le physicien allemand Wolfgang Pauli selon lequel deux particules semblables d'un certain type (comme les électrons et les neutrons) ne peuvent être dans des états identiques, c'est-à-dire posséder les mêmes position et vitesse. Ce principe permet de comprendre pourquoi les naines blanches et les étoiles à neutrons ne s'effondrent pas sous l'effet de leur gravité : les électrons dans la naine blanche et les neutrons dans l'étoile à neutrons ne peuvent être trop comprimés (sinon ils posséderaient les mêmes position et vitesse) et résistent à leur compression par la gravité.

Fermion : particule de spin demi-entier (1/2, 3/2…), en contraste avec le boson qui possède un spin entier (0, 1…). Les quarks et les leptons sont des fermions.

Flou quantique. *Voir* « Incertitude, principe d' ».

Fluctuation adiabatique : fluctuation de densité où la matière et le rayonnement varient de concert, de façon qu'il y ait toujours partout 1 milliard de photons pour 1 baryon (voir fig. 26).

Fluctuation isotherme : fluctuation de densité où seule la matière varie et où le rayonnement reste uniforme (voir fig. 26).

Fluctuation quantique : on pense que l'espace primordial, au temps de Planck de 10^{-43} seconde, n'était pas vide et lisse, mais constitué de fluctuations quantiques de densité de matière et d'énergie qui y évoluent en permanence, à des échelles infinitésimalement petites, de l'ordre de 10^{-33} cm, la longueur de Planck. L'inflation de l'univers, en gonflant l'espace d'un facteur fantastiquement élevé, a permis à ces fluctuations quantiques de quitter le monde subatomique pour entrer dans le monde macroscopique et d'être détectées grâce à l'observation du rayonnement fossile.

Fluctuations de densité : irrégularités spatiales dans la densité de l'univers servant de germes de galaxies. Ces irrégularités se traduisent par des fluctuations de températures minuscules du rayonnement fossile. Ces dernières ont été observées par le satellite COBE et sont de l'ordre de trente millionièmes de degré (voir fig. 26).

Force électrofaible : force résultant de l'union de la force électromagnétique avec la force nucléaire faible.

Force électromagnétique : force transmise par le photon (particule de lumière) qui n'agit que sur les particules chargées. Elle fait que les particules de charge opposée s'attirent et que les particules de charge semblable se repoussent. C'est elle qui lie ensemble les atomes et les molécules.

Force électronucléaire : force résultant de l'unification de la force électromagnétique et des forces nucléaires forte et faible.

Force gravitationnelle : force qui attire un objet vers un autre, et qui est proportionnelle au produit des masses de ces objets et inversement proportionnelle au carré de la distance les séparant. La plus faible de toutes les forces, elle possède aussi la plus grande portée.

Force nucléaire faible : force de faible portée (10^{-14} cm) responsable de la radioactivité. Elle transforme une particule en une autre. Ainsi elle est responsable de la désintégration du neutron libre en proton après environ 15 min.

Force nucléaire forte : la plus vigoureuse des quatre forces fondamentales de la Nature, elle lie ensemble les quarks pour former protons et neutrons, et les protons et neutrons pour former des noyaux d'atomes. Son rayon d'influence est de 10^{-13} cm, la taille du noyau d'atome. Quand les particules sont éloignées, la force forte attire, mais repousse quand celles-ci sont trop proches l'une de l'autre. La force forte n'agit ni sur les photons ni sur les électrons.

Forces de la Nature : les vigueurs des quatre forces qui régissent la Nature (les forces gravitationnelle, nucléaires forte et faible, électromagnétique) sont bien différentes les unes des autres dans l'Univers d'aujourd'hui. Mais cette vigueur dépend de la température de l'Univers. Les physiciens pensent que ces quatre forces avaient la même vigueur, et donc étaient unifiées en une seule et même force dans le passé, quand l'Univers venait de naître et n'était âgé que de 10^{-43} seconde, et qu'il avait la température inimaginablement chaude de 10^{32} °K. L'union de la force électromagnétique avec la force nucléaire faible, résultant en la force électrofaible, s'accomplit à une température de 10^{15} °K, à 10^{-12} seconde après le big bang, et a été démontrée expérimentalement. La théorie de « grande unification » dit que la force électrofaible se fusionne avec la force nucléaire forte en une force électronucléaire à 10^{-35} seconde après le big bang, quand l'Univers était chaud de 10^{27} °K. Quant à la gravité, elle se montre pour l'instant encore réfractaire aux tentatives d'unification des physiciens. Ceux-ci n'ont pas encore réussi à construire une théorie quantique de la gravité qui décrirait l'union de la force de gravité avec la force électronucléaire. Une théorie qui va dans ce sens est celle des « supercordes » qui dit que les particules élémentaires sont des vibrations de bouts de cordes infinitésimalement petits dans un espace-temps à dix dimensions.

Fractal, objet : objet dont la dimension n'est pas un nombre entier. Un objet fractal présente le même aspect quel que soit son grossissement. Un motif se répète à l'intérieur d'un même motif plus grand, lui-même inclus dans un motif semblable encore plus grand.

Galaxie : ensemble de 10 millions (pour une galaxie naine) à 10 mille milliards (pour une galaxie géante) d'étoiles liées ensemble par la gravité, la galaxie est l'unité fondamentale des structures de l'univers. Une galaxie moyenne (comme la Voie lactée) contient 100 milliards de Soleils.

Galaxie à noyau actif : galaxie dont la plus grande partie de la lumière et de l'énergie provient d'une région centrale, appelée « noyau », de très petite dimension (de quelques heures-lumière à quelques mois-lumière, des milliards de fois plus petite que la galaxie entière). Cette énergie peut résulter de l'activité d'un trou noir de quelques dizaines de millions de masses solaires situé au centre de la galaxie, lequel dévore les étoiles passant à proximité.

Galaxie elliptique : galaxie dont la forme projetée sur le ciel est celle d'une ellipse. Elle contient en général des étoiles vieilles et peu, ou pas, de gaz et de poussière.

Galaxie irrégulière : galaxie souvent naine qui n'est ni spirale ni elliptique. Elle contient un grand nombre d'étoiles jeunes, et beaucoup de gaz et de poussière. *Voir* « Magellan, nuages de ».

Galaxie naine : galaxie de petite taille et de masse réduite. La taille moyenne est de 15 000 années-lumière, soit 6 fois plus petite qu'une galaxie normale. La masse varie entre 100 millions et 1 milliard de masses solaires, soit 1 000 à 10 000 fois moins que la masse d'une galaxie normale. Les galaxies naines peuvent être de type elliptique ou irrégulier, mais les galaxies spirales naines ne semblent pas exister. *Voir* « Magellan, nuages de ».

Galaxie spirale : galaxie avec un ensemble sphérique d'étoiles (appelé bulbe) au milieu d'un disque aplati d'étoiles contenant aussi du gaz et de la poussière interstellaires. Les étoiles jeunes, massives et lumineuses tracent de jolis bras en forme de spirales dans le disque (voir fig. 12).

Géante rouge : étoile ayant épuisé son carburant d'hydrogène et brûlant de l'hélium. L'injection d'énergie due à la combustion de l'hélium gonfle l'enveloppe de l'étoile jusqu'à une taille des dizaines de fois supérieure à sa taille originale, d'où la qualification de géante. En même temps, l'étoile se refroidit à sa surface, ce qui rougit sa lumière.

Gluon : particule élémentaire qui agit comme la « colle » des quarks, les rassemblant ensemble trois par trois pour former des protons et des neutrons. Son rayon d'action est de 10^{-13} cm, la taille du noyau atomique.

Grain interstellaire : petite particule de poussière d'un millionième de centimètre, née dans les enveloppes des géantes rouges. Elle absorbe la lumière bleue des étoiles, les rendant moins lumineuses et plus rouges.

Grand Attracteur : groupement de galaxies avec une masse de 100 millions de milliards de masses solaires, qui attire gravitationnellement le superamas local et vers lequel ce dernier tombe (voir fig. 19).

Grande Tache Rouge : grand tourbillon de gaz de couleur rouge brique dans l'hémisphère Sud de l'atmosphère de Jupiter. La couleur de la Tache est due à des impuretés dans les cristaux de glace d'ammoniac. La Grande Tache Rouge a duré au moins trois siècles et est la conséquence de phénomènes chaotiques dans l'atmosphère jovienne.

Grande unification, théories de la : théories physiques qui tentent de décrire les trois forces électromagnétique, nucléaires forte et faible comme des manifestations différentes d'une seule force, la force électronucléaire.

Gravité : attraction mutuelle de corps matériels ou de particules.

Gravité quantique, théorie de la : théorie (encore à faire) qui unifierait les deux piliers de la physique moderne : la mécanique quantique et la relativité générale. Une telle théorie permettrait de franchir le mur de Planck qui constitue actuellement une barrière à notre connaissance. Elle permettrait de décrire des phénomènes physiques à des dimensions de la longueur de Planck (10^{-33} cm) et du temps de Planck (10^{-43} seconde).

Gravitino : particule hypothétique de spin 3/2 prédite par la théorie de la supergravité.

Graviton : particule hypothétique de spin 2 qui transmet la force de gravité.

Groupe de galaxies : ensemble d'une vingtaine de galaxies liées par la gravité, d'une taille de 6 millions d'années-lumière environ, dont la masse moyenne varie de 1 000 à 10 000 milliards de Soleils.

Groupe local : groupe de galaxies auquel appartiennent la Voie lactée et Andromède. Avec chacune une masse de 1 000 milliards de Soleils, ces dernières dominent la masse du groupe local. Les autres membres du groupe local sont des galaxies naines de 10 millions à 10 milliards de masses solaires.

Hadron : nom collectif pour toutes les particules sensibles à la force nucléaire forte. Les baryons et les mésons sont des hadrons.

Halo galactique : ensemble d'étoiles vieilles et d'amas globulaires, de forme sphérique, qui entoure une galaxie spirale. Les observations suggèrent la présence d'un halo invisible entourant le halo visible, environ 10 fois plus massif et plus grand (voir fig. 36).

Hélium : élément chimique dont le noyau est fait de deux protons et de deux neutrons (hélium 4). Il existe aussi une autre variété plus rare d'hélium dont le noyau est fait de deux protons et d'un neutron (hélium 3). L'hélium, fabriqué dans les trois premières minutes de l'univers, en constitue le quart de la masse. *Voir* « Nucléosynthèse ».

Holisme : concept philosophique opposé au réductionnisme. Alors que le réductionniste préconise que le tout peut être décomposé et analysé en termes de ses composantes considérées comme fondamentales, le holiste pense que c'est le tout qui est fondamental et que celui-ci ne peut être déduit de l'étude de ses composantes, le tout étant souvent plus grand que la somme des composantes.

Homogénéité : propriété de l'univers d'être semblable à lui-même en tout lieu. Ainsi, le nombre de galaxies par unité de volume sera en moyenne le même où que l'on compte. *Voir* « Cosmologique, principe », « Rayonnement fossile ».

Horizon cosmologique : délimite la région observable de l'univers. La distance à l'horizon est égale à la distance parcourue par la lumière depuis le big bang. L'univers observable s'agrandit au fur et à mesure qu'il vieillit et que la lumière dispose de plus de temps pour nous parvenir.

Hubble-Lemaître, loi de : loi découverte en 1929 par l'astronome américain Edwin Hubble, selon laquelle la distance des galaxies varie en proportion de leur décalage vers le rouge, et donc, par effet Doppler, de leur vitesse de fuite. L'idée d'un univers en expansion est fondée sur cette loi. La loi de Hubble-Lemaître (ce dernier a justifié de manière théorique son existence) constitue, avec l'observation du rayonnement fossile, les deux pierres angulaires de la théorie du big bang (voir fig. 13). *Voir* « Big bang, base observationnelle du », « Hubble, paramètre de ».

Hubble, paramètre de : constante de proportionnalité entre la vitesse de fuite d'une galaxie et sa distance dans la loi de Hubble-Lemaître. L'inverse du paramètre de Hubble serait égal à l'âge de l'univers si celui-ci ne ralentissait pas au cours de son expansion. À cause de la décélération, l'inverse du paramètre de Hubble constitue une limite supérieure à l'âge de l'univers. La mesure du paramètre de Hubble attribue à l'univers un âge entre 10 et 20 milliards d'années (voir la Note quantitative n° 5, p. 310).

Hyades, amas des : amas galactique d'étoiles dans la Voie lactée, jouant un rôle fondamental dans la détermination de l'échelle des distances dans l'univers.

Hydrogène : le plus léger des éléments chimiques. Les atomes d'hydrogène, formés d'un proton et d'un électron, constituent les trois quarts de la masse de l'univers. *Voir* « Nucléosynthèse ».

Hyperespace : espace plat hypothétique dans lequel est greffé l'espace courbe de notre univers.

Idéalisme : courant philosophique qui subordonne à la pensée tout phénomène extérieur à l'homme.

Idées, monde des (ou monde des Formes) : selon Platon, le monde des sens, changeant, éphémère et illusoire, n'est que le pâle reflet du monde des Idées, éternel, immuable et vrai.

Incertitude, principe d' : énoncé par le physicien allemand Werner Heisenberg, selon lequel la vitesse et la position d'une particule ne peuvent être mesurées simultanément avec précision, aussi perfectionné l'instrument de mesure soit-il : c'est le flou quantique. Ce principe d'incertitude s'applique aussi à l'énergie d'une particule élémentaire de très courte durée de vie. Le flou de l'énergie permet l'existence de particules et d'antiparticules virtuelles dans le vide quantique (voir la Note quantitative n° 4, p. 309).

Incomplétude, théorème d' : théorème du mathématicien austro-américain Kurt Gödel selon lequel tout système d'arithmétique contient des propositions indécidables, c'est-à-dire ni démontrables ni réfutables avec les axiomes contenus dans ce système.

Inflation : période de 10^{-35} seconde à 10^{-32} seconde après le big bang, pendant laquelle l'univers se dilate de façon exponentielle, triplant de taille toutes les 10^{-34} seconde. Cette inflation, prédite par les théories d'unification des forces, est due à l'injection d'énergie résultant de la décomposition de la force électronucléaire en force électrofaible et force nucléaire forte.

Interféromètre : instrument basé sur l'interférence d'ondes.

Interstellaire, milieu : espace entre les étoiles d'une galaxie. Le milieu interstellaire contient du gaz atomique (surtout de l'hydrogène), du gaz moléculaire (du monoxyde de carbone, de l'hydrogène moléculaire, de l'eau, etc. ; on peut dénombrer près d'une centaine de molécules) et de la poussière (les grains interstellaires).

Ion : atome qui a perdu une partie de ses électrons et qui donc possède une charge électrique nette positive.

Isotope : forme différente d'un même élément chimique, dont les atomes possèdent le même nombre de protons, mais un nombre différent de neutrons.

Isotropie : propriété de l'univers d'être semblable à lui-même dans toutes les directions. *Voir* « Cosmologique, principe ».

Kaluza-Klein, théorie de : théorie qui introduit de nouvelles dimensions de l'espace qui sont enroulées de manière tellement compacte sur elles-mêmes qu'elles ne sont pas évidentes.

Kelvin, degré : unité de température qui mesure les mouvements des atomes. Dans l'échelle de température Kelvin (K), le zéro correspond au zéro absolu, la plus basse température possible caractérisant l'état idéal où tout mouvement atomique s'arrête. Pour convertir à l'échelle centigrade (C), il faut soustraire 273 : T(C) = T(K) – 273. Ainsi, le zéro absolu (0 °K) correspond à –273 °C. L'eau se transforme en glace à 0 °C ou 273 °K. Elle bout à 100 °C ou 373 °K.

Kuiper, ceinture de : réservoir de matériel cométaire juste au-delà de l'orbite de Pluton.

Laser : acronyme anglais de Light Amplification by Stimulated Emission of Radiation. Instrument qui amplifie l'intensité d'un rayon lumineux à une fréquence particulière.

Lentille gravitationnelle : astre (étoile, galaxie, quasar ou amas de galaxies) aligné avec la Terre et un autre astre plus distant, situé à une distance intermédiaire entre les deux, et dont le champ de gravité dévie la lumière de l'astre plus lointain pour créer des mirages cosmiques : l'image de l'astre éloigné est déformée (magnifiée ou réduite), transformée ou multipliée. Des images mirages apparaissent à proximité de la vraie image. Ces mirages gravitationnels résultent de l'interaction de la lumière de l'astre lointain avec non seulement le champ de gravité de la lentille gravitationnelle, mais aussi avec tout champ de gravité que cette lumière doit traverser pour parvenir jusqu'à la Terre. L'étude des mirages cosmiques nous renseigne donc sur la quantité totale de matière (visible et invisible) responsable de cette gravité et sur sa répartition spatiale dans la lentille et dans l'espace intergalactique.

Lepton : particule élémentaire de spin 1/2 sur laquelle la force nucléaire forte n'a pas d'influence. L'électron et le neutrino sont des leptons.

Linéaire, système : système dans lequel des modifications de l'état initial entraînent des modifications proportionnelles dans l'état final.

Longueur d'onde : distance qui sépare deux crêtes (ou deux creux) successives d'une onde de lumière (ou de matière, comme dans le cas des vagues d'un océan) (voir la Note quantitative n° 1, p. 301).

Lumière fatiguée, théorie de la : théorie cosmologique selon laquelle le décalage vers le rouge de la lumière des galaxies n'est pas dû à l'expansion de l'univers, mais à une perte d'énergie de cause inconnue subie par la lumière pendant son voyage intergalactique et interstellaire.

Mach, principe de : hypothèse par le physicien autrichien Ernst Mach selon laquelle la masse d'un objet – qui mesure son « inertie », sa résistance au mouvement – est déterminée par la distribution de toute la matière dans l'univers.

Magellan, nuages de : deux galaxies naines irrégulières satellites de la Voie lactée, situées à environ 150 000 années-lumière. Le Petit Nuage, à une distance d'environ 200 000 années-lumière, contient quelque 100 millions de Soleils et le Grand Nuage, à une distance d'environ 160 000 années-lumière, en contient environ 10 milliards. Découvertes par le navigateur Magellan, les deux galaxies ne peuvent être vues que de l'hémisphère Sud, les deux nuages ont déjà été mentionnées dans les mythologies des aborigènes australiens et des insulaires du Pacifique Sud. Les nuages de Magellan ont joué un rôle primordial dans l'histoire de la découverte des galaxies. C'est en étudiant les variations de brillance des étoiles céphéides dans les nuages de Magellan que l'astronome américaine Henrietta Leavitt découvrit la relation qui permit de mesurer les distances aux galaxies. Le 23 février 1987, le Grand Nuage de Magellan a de nouveau occupé le devant de la scène astronomique : il y eut l'explosion d'une étoile supernova, ce qui permit aux astronomes d'examiner de très près la mort d'une étoile.

Marée, force de : force différentielle due à l'attraction gravitationnelle d'un corps sur un autre. Sur Terre, le va-et-vient des marées est dû à la déformation de la surface des océans par les forces de gravité différentielles exercées par la Lune et le Soleil.

Matérialisme : doctrine philosophique qui affirme que rien n'existe en dehors de la matière, et que l'esprit lui-même est entièrement matériel.

Matière « chaude » : matière composée de particules élémentaires de faible masse et se déplaçant à grande vitesse (la température mesure l'énergie de mouvement, le terme « chaud » dénote une forte température et donc une énergie de mouvement très grande). Le neutrino est un exemple de matière « chaude ».

Matière « froide » : matière composée de particules élémentaires de masse relativement grande et dont la vitesse de propagation est relativement faible (le terme « froid » dénote une faible température et donc une énergie de mouvement peu importante). L'axion et le photino sont des exemples de matière « froide ».

Matière invisible ou sombre (encore appelée matière noire, masse invisible ou masse noire) : matière de nature inconnue n'émettant aucun rayonnement, mais dont la présence est révélée par les effets gravitationnels qu'elle exerce sur les mouvements des étoiles et des galaxies.

Matière lumineuse : l'univers observable contient quelque 400 milliards de galaxies, chacune contenant des centaines de milliards de Soleils. Cette matière lumineuse ne constitue qu'une infime fraction du contenu total, en masse et énergie, de l'univers. Elle ne représente que 0,5 % de la densité critique de l'univers. Nous vivons dans un « univers-iceberg » dominé par les ténèbres.

Matière non baryonique : matière composée de particules élémentaires ne subissant pas l'influence de la force forte. Le neutrino est un exemple de matière non baryonique.

Mécanique céleste : branche de l'astronomie qui étudie les mouvements et les interactions gravitationnelles des corps célestes dans le système solaire.

Mécanique quantique : théorie physique développée au milieu du XXᵉ siècle qui décrit la structure et le comportement des atomes et leurs interactions avec la lumière. Selon elle, la matière et la lumière peuvent être à la fois onde et particule. Elles ne peuvent être décrites qu'en termes de probabilités. L'énergie et d'autres propriétés des particules ne peuvent varier que de façon discontinue, par quantités distinctes et multiples d'une valeur élémentaire. Quelques-uns des phénomènes que la mécanique quantique prédit sont le flou quantique, la dualité particule-onde, les fluctuations quantiques et les particules virtuelles. La particule de lumière est aussi appelée « quantum d'énergie », d'où le nom de la théorie. *Voir* « Complémentarité, principe de », « Exclusion, principe d' » et « Incertitude, principe d' ».

Méson : particule de spin égal à un nombre entier (0, 1…), sensible à la force nucléaire forte, et composée d'un quark et d'un antiquark.

Météore : appelé communément « étoile filante », c'est la trace de feu produite par un petit astéroïde qui entre dans l'atmosphère terrestre et brûle à cause du frottement intense contre cette dernière. Si l'astéroïde ne se désintègre pas complètement, il se retrouve sur le sol terrestre sous forme d'une pierre calcinée qui est appelée météorite.

Météorite : fragment d'un petit astéroïde qui ne s'est pas complètement vaporisé pendant le passage dans l'atmosphère terrestre.

Molécule : combinaison de deux ou plusieurs atomes liés par la force électromagnétique.

Morphogenèse : développement de l'embryon façonnant la forme du corps.

Mousse quantique : structure de l'espace à des dimensions comparables à la longueur de Planck (10^{-33} cm) et qui ne peut être décrite qu'en termes de probabilités.

Multivers : ensemble des univers parallèles prévus par une version de la mécanique quantique et par plusieurs théories du big bang (comme celle de l'inflation et celle des branes).

Muon : particule élémentaire de charge négative avec une masse de 207 fois celle de l'électron. Le muon a une durée de vie d'environ 1 millionième de seconde. Il est le produit de la désintégration de rayons cosmiques entrant dans l'atmosphère terrestre.

Naine blanche : petit objet céleste compact (d'où le nom de naine : son diamètre est d'environ 10 000 km, c'est-à-dire celui de la Terre) et dense (de 10^5 à 10^8 g/cm^3). Il résulte de l'effondrement d'une étoile de moins de 1,4 masse solaire ayant épuisé son carburant nucléaire. Les électrons de la naine blanche, selon le principe d'exclusion, ne peuvent être trop serrés et exercent une pression qui s'oppose à la gravité, empêchant l'étoile de s'effondrer sur elle-même. Le mouvement des électrons chauffe la naine qui diffuse sa lumière blanche dans l'espace.

Naine brune : étoile avortée, de masse inférieure à un centième de la masse du Soleil. Telle une planète, la naine brune n'est pas assez massive, chaude et dense pour déclencher des réactions nucléaires génératrices d'énergie en son cœur.

Naine noire : naine blanche ayant diffusé toute l'énergie de mouvement de ses électrons dans l'espace. Elle devient un cadavre stellaire invisible.

Nébuleuse : objet céleste d'apparence diffuse. Il peut s'agir d'une galaxie ou d'un nuage de gaz et de poussière dans la Voie lactée.

Nébuleuse planétaire : enveloppe de gaz éjectée lors de l'effondrement d'une étoile de moins de 1,4 masse solaire en une naine blanche, et illuminée par le rayonnement de cette dernière.

Neutrino : particule neutre sujette uniquement à la force nucléaire faible et, si elle possède une masse, à la force gravitationnelle. Produits en grand nombre dans les premiers moments de l'univers et en moindre nombre au cœur des étoiles et dans les supernovæ, les neutrinos peuvent contribuer de manière importante à la masse de l'univers. La masse du neutrino est infime, plus de cinq cent mille fois inférieure à celle de l'électron.

Neutron : particule neutre faite de 3 quarks, et composante des noyaux d'atomes avec le proton. Le neutron est 1 838 fois plus massif que l'électron, mais a presque la même masse que le proton (1 836 fois la masse de l'électron). Le neutron libre a une durée de vie d'environ 15 minutes. Il se désintègre en un proton, un électron et un antineutrino. Mais lorsqu'il est dans un noyau atomique, il ne se désintègre plus et est aussi stable que le proton.

Nombre complexe : nombre de la forme a + ib (où a et b sont des nombres réels) composé de 2 parties : la partie « réelle » a et la partie « imaginaire » ib où i est l'unité de la partie imaginaire et est égale à la racine carrée de –1.

Non linéaire, système : système dans lequel des modifications de l'état initial entraînent des modifications non proportionnelles dans l'état final.

Noyau atomique : partie la plus massive de l'atome, composée de protons et de neutrons liés par la force nucléaire forte, de taille égale à 10^{-13} cm, autour de laquelle virevoltent les électrons. Sa charge électrique, égale à la somme des charges des protons, est positive. Le noyau est 100 000 fois plus petit que l'atome, et n'occupe que le millionième de milliardième du volume total de l'atome si bien que la matière est presque entièrement du vide.

Nucléon : composante du noyau d'atome, qui peut être soit un neutron soit un proton.

Nucléosynthèse : formation de noyaux d'atomes par des réactions nucléaires soit dans le big bang (la nucléosyntèse dite primordiale, responsable des éléments légers tels que l'hydrogène et l'hélium), soit au cœur des étoiles (les éléments plus lourds que l'hélium, mais moins lourds que le fer, y sont fabriqués), soit dans les supernovae (les éléments plus lourds que le fer y sont fabriqués).

Occam, rasoir d' : la notion qu'une explication simple d'un phénomène a plus de chance d'être vraie qu'une explication plus compliquée. Le terme « rasoir » se réfère au « rasage », c'est-à-dire à l'élimination de toute hypothèse superflue. Le principe d'Occam est séduisant car il fait appel au sens de la beauté et de l'élégance du scientifique.

Olbers, paradoxe d' : question posée par l'astronome allemand Heinrich Olbers : pourquoi la nuit est-elle noire ? Nous savons aujourd'hui que la nuit est noire parce que l'univers a eu un début et qu'il ne contient pas un nombre infini d'étoiles qui l'empliraient de lumière.

Onde d'interférence : résultante de deux ondes qui se renforcent quand leurs crêtes et leurs creux sont en phase, mais qui s'annulent quand ceux-ci sont déphasés.

Onde gravitationnelle : ride dans le tissu de l'espace-temps, produite par exemple par l'effondrement d'une étoile en étoile à neutrons ou en trou noir ou par la coalescence de deux trous noirs. Elle se propage à la vitesse de la lumière (300 000 km/s).

Onde gravitationnelle et fusion de trous noirs : tout comme la Lune est responsable des marées sur Terre, le passage d'ondes gravitationnelles résultant de la fusion de deux trous noirs affecte aussi le niveau des océans terrestres. Il existe trois différences fondamentales entre les deux situations. Premièrement, les ondes gravitationnelles se propagent dans l'espace à la vitesse de la lumière, tout comme les ondes de lumière visible ou radio. En revanche, les forces de marée exercées par la Lune sont constantes et inchangeantes. Deuxièmement, alors que les forces de marée lunaires peuvent s'exercer dans toutes les directions spatiales, à la fois dans la direction Terre-Lune (une direction dite longitudinale) et dans celle qui lui est perpendiculaire (une direction dite transverse), les ondes gravitationnelles ne peuvent agir que dans le plan qui est perpendiculaire à leur direction de propagation. L'étirement et la compression du niveau des océans oscillent de façon périodique lors du passage d'une onde gravitationnelle. Lorsqu'une crête passe, l'étirement se fait dans la direction haut-bas, et la compression se fait dans la direction avant-arrière. Quand le creux arrive, c'est l'inverse qui se produit : un étirement avant-arrière et une compression haut-bas. La troisième différence vient de l'amplitude des deux effets. Alors que la Lune peut soulever ou diminuer le niveau des océans de plusieurs mètres, les ondes gravitationnelles résultant de la fusion de deux trous noirs ne changeraient le niveau des océans que de 10^{-12} cm, soit 10 000 fois moins que la taille d'un atome.

Oort, nuage de comètes de : large région sphérique centrée autour du Soleil, à une distance d'environ 50 000 fois la distance Terre-Soleil, servant de réservoir de comètes et alimentant le système solaire en nouvelles comètes.

Papillon, effet : phénomène tel qu'un très petit changement de l'état initial d'un système dynamique peut complètement modifier son évolution ultérieure.

Parallaxe : angle correspondant au mouvement apparent d'un objet céleste par rapport aux étoiles lointaines, observé de deux positions différentes – par exemple, de deux positions diamétralement opposées de la Terre dans son orbite autour du Soleil (voir fig. 9).

Particule élémentaire : composante fondamentale de matière et du rayonnement. Ce qui est considéré comme « élémentaire » évolue avec le temps, au fur et à mesure que les connaissances progressent. Ainsi, le proton et le neutron, que l'on croyait élémentaires, sont maintenant considérés comme étant formés de trois quarks. L'électron, le neutrino et le photon sont des exemples de particules élémentaires.

Particule virtuelle : particule élémentaire fantôme qui peuple le vide quantique et qui doit son existence au principe d'incertitude et au flou quantique de l'énergie. Sa durée de vie est si courte qu'elle ne peut être observée directement. Elle devient une « vraie » particule quand il y a injection d'énergie, comme aux premiers moments de l'univers. Une particule virtuelle apparaît toujours en compagnie de son antiparticule virtuelle (la charge totale doit être conservée : elle était nulle avant, elle doit le rester après).

Phases, espace des : espace abstrait possédant autant de dimensions que de paramètres nécessaires pour caractériser l'état dynamique (position et vitesse de chaque corps dans le système) d'un système. Un point dans l'espace des phases caractérise l'état du système à un instant donné. À mesure que le système évolue, le point décrit une trajectoire plus ou moins compliquée dans l'espace des phases.

Photon : particule élémentaire associée à la lumière, sans masse ni charge, qui se déplace toujours à la vitesse de la lumière, à 300 000 km/s. Selon l'énergie qu'elle porte, la particule peut être, par ordre d'énergie décroissante, un photon gamma, X, ultraviolet, visible, infrarouge ou radio (voir la Note quantitative n° 1, p. 301).

Piézoélectrique, cristal : cristal qui produit un voltage électrique quand il est soumis à des compressions ou des étirements.

Planck, longueur de : égale à 10^{-33} cm, cette longueur indique les limites des connaissances actuelles de la physique, quand la gravité commencerait à produire des effets quantiques et appellerait ainsi une théorie quantique de la gravité pour la décrire.

Planck, temps de : égal à 10^{-43} seconde, c'est l'intervalle de temps le plus court qui puisse exister. Ce temps indique le moment où la physique actuelle perd pied, où les limites des connaissances actuelles sont atteintes. Pour dépasser le temps de Planck, il faudrait une théorie quantique de la gravité où la force gravitationnelle serait unie avec les autres forces, théorie qui reste encore à construire.

Planète : corps d'un système solaire orbitant autour d'une étoile. À la différence des étoiles, les planètes ne possèdent pas de source d'énergie interne générée par des réactions nucléaires. Leur rayonnement vient de la réflexion de la lumière de l'étoile.

Planète inférieure : planète du système solaire située entre le Soleil et la Terre. Mercure et Vénus sont des planètes inférieures.

Planète jovienne : une des quatre planètes géantes gazeuses du système solaire : Jupiter, Saturne, Uranus ou Neptune.

Planète supérieure : planète du système solaire plus éloignée du Soleil que la Terre. Mars, Jupiter, Saturne, Uranus et Neptune sont des planètes supérieures.

Planète tellurique : une des quatre petites planètes du système solaire possédant une croûte solide : Mercure, Vénus, Terre et Mars.

Planétésimal : corps solide de taille variant entre quelques millimètres et quelques kilomètres, présent à l'époque de la formation du système solaire, il y a 4,5 milliards d'années. Il résulte de l'agglomération de grains de poussière interstellaires. Les planètes naissent ensuite de l'agglomération des planétésimaux.

Platitude : géométrie d'un univers dépourvu de courbure globale, dont la densité de matière et d'énergie est égale à la densité critique (trois atomes d'hydrogène par mètre cube). D'après les observations, l'univers actuel a une densité exactement égale à la densité critique.

Poincaré, plan de : plan vertical dans l'espace des phases coupant la trajectoire du point représentant l'état d'un système dynamique. Les dessins tracés par les intersections de la trajectoire avec le plan de Poincaré permettent d'étudier l'évolution du système, et de voir si elle est chaotique ou non.

Positon (ou positron) : antiparticule de l'électron, de charge électrique positive.

Précession (de la Terre) : mouvement lent (sa période est de 26 000 ans) de l'axe de rotation de la Terre décrivant un cône et causé par l'interaction gravitationnelle de la Lune et du Soleil avec le renflement équatorial de la Terre.

Proton : particule de charge positive, faite de 3 quarks. Composante des noyaux d'atomes avec le neutron, le proton est 1 836 fois plus massif que l'électron.

Pulsar. *Voir* « Étoile à neutrons ».

Quark : particule hypothétique supposée être la plus élémentaire, possédant une charge électrique fractionnelle positive ou négative, et égale à 1/3 ou 2/3 de la charge de l'électron. Le quark n'a jamais été vu à l'état libre : il vient en combinaison par trois, tenus ensemble par la force nucléaire forte pour former un proton ou un neutron, ou lié à un antiquark pour former un méson. Il y a six espèces de quarks différents (*up*, *down*, étrange, charmé, *bottom*, *top*) chacune venant en trois couleurs (jaune, rouge, bleu).

Quasar : objet céleste ayant l'apparence d'une étoile (le nom vient de la contraction du mot américain *quasi-star*), mais avec une lumière très décalée vers le rouge, ce qui implique une très grande distance, selon la loi de Hubble. Les quasars sont les objets les plus éloignés et les plus lumineux de l'univers. Leur énorme énergie vient probablement d'un trou noir de plusieurs milliards de masses solaires en leur sein, déchiquetant et dévorant les étoiles de la galaxie sous-jacente.

Radioactivité : processus par lequel certains types de noyaux atomiques se désintègrent sous l'action de la force nucléaire faible, avec émission de particules subatomiques et de rayons gamma nuisibles à la santé.

Rayon de non-retour : rayon découvert par l'astronome allemand Karl Schwarzschild (il est aussi appelé « rayon de Schwarzschild ») qui définit l'horizon d'un trou noir. Une fois ce rayon franchi, ni particule de matière ni lumière ne peuvent faire demi-tour et sortir du trou noir.

Rayon gamma : la plus énergétique des particules de lumière.

Rayon X : la plus énergétique des particules de lumière après les rayons gamma.

Rayonnement fossile : rayonnement radio isotrope (le même dans toutes les directions) et homogène (le même en tout point) qui baigne l'univers tout entier et qui date de l'époque où l'Univers n'avait que 300 000 ans. C'est en quelque sorte la chaleur qui reste du feu du big bang. Il s'est considérablement refroidi à cause de l'expansion de l'univers. Sa température est de 2,7 °K (ou –270,3 degrés centigrades). *Voir* « Big bang, base observationnelle du ».

Rayons cosmiques : particules (surtout des protons et des électrons) accélérées à de très hautes énergies par les supernovæ et par les champs magnétiques du milieu interstellaire.

Réductionnisme : méthode d'étude d'un système physique qui consiste à le décomposer en ses constituants les plus élémentaires considérés comme fondamentaux. Bien qu'elle se soit avérée extrêmement féconde en science, elle a ses limites et doit être complétée par une approche holistique et unificatrice.

Relativité générale : théorie énoncée par Albert Einstein en 1915, qui relie un mouvement accéléré à la gravité et à la géométrie de l'espace-temps. Cette théorie, plus précise que celle de Newton, diffère de cette dernière surtout dans les situations où les champs de gravité sont très intenses, tels ceux qui entourent un pulsar ou un trou noir. La relativité générale sert de fondement théorique à la théorie du big bang.

Relativité restreinte : théorie géométrique d'Einstein énoncée en 1905 concernant les mouvements relatifs et qui établit l'intime connexion entre le temps et l'espace. Ces derniers ne sont plus universels, mais dépendent du mouvement de l'observateur. De même, la masse varie en fonction du mouvement. Dans cette théorie la vitesse de la lumière est la même (300 000 km/s) pour tous les observateurs. La théorie établit aussi l'équivalence entre l'énergie et la matière.

Résonance : se produit quand un objet est soumis à des perturbations gravitationnelles périodiques causées par un autre objet. Par exemple, une résonance s'établit entre deux objets qui orbitent autour d'un troisième avec des périodes de révolution qui sont des multiples ou des fractions l'une de l'autre.

Rétrograde, mouvement : mouvement apparent des planètes par rapport aux étoiles en sens inverse du sens habituel.

Seconde loi de la thermodynamique : loi qui dit que l'entropie totale d'un système doit toujours augmenter, ou du moins ne jamais diminuer.

Série convergente : série de nombres dont la somme est un nombre fini.

Singularité : point mathématique sans volume et de densité infinie. La physique connue perd pied en ce point. Selon la théorie de la relativité générale, l'univers est parti d'une telle singularité, et tout objet qui s'effondre en trou noir doit aussi aboutir à une singularité.

Spectre électromagnétique : ensemble de tous les types de rayonnements, du rayonnement radio (rayonnement le moins énergétique) au rayon gamma (rayonnement le plus énergétique).

Spectroscope : instrument qui décompose la lumière en ses différentes composantes.

Spin : mouvement de rotation d'une particule subatomique.

Standard, modèle : théorie féconde, acceptée par la majorité des physiciens, décrivant les quarks, les leptons et leurs interactions.

Superamas de galaxies : ensemble de dizaines de milliers de galaxies assemblées en groupes et en amas, et liées par la gravité. Ayant une forme de crêpes aplaties et une taille moyenne de 90 millions d'années-lumière, les superamas ont une masse de 10 millions de milliards (10^{16}) de masses solaires.

Superamas local : superamas auquel appartient la Voie lactée (d'où le qualificatif de « local »). Le groupe local contenant la Voie lactée est situé au bord du disque en forme de crêpe aplatie du superamas, au centre duquel se trouve l'amas de galaxies dit de la Vierge (le superamas local est encore connu sous le nom de « superamas de la Vierge ») (voir fig. 22).

Superconductivité : état de matière où le courant électrique ne rencontre plus aucune résistance.

Supercordes, théorie des : théorie qui dit que les particules élémentaires de la matière ne sont pas des points mais des vibrations de bouts de corde infinitésimalement petits (10^{-33} cm).

Superfluide : fluide qui s'écoule sans aucune résistance. Alors que les atomes ou molécules d'un fluide normal ont des mouvements aléatoires qui dissipent l'énergie de mouvement en chaleur, ceux d'un superfluide se comportent de façon ordonnée et cohérente, ce qui supprime toute dissipation d'énergie.

Supergravité, théorie de la : théorie du Tout qui tente d'unifier la théorie de la supersymétrie avec la gravité.

Supernova : mort explosive d'une étoile massive (de plus de 1,4 masse solaire) ayant épuisé son carburant. L'explosion peut atteindre la brillance de 100 millions de Soleils. L'enveloppe de l'étoile est projetée vers l'extérieur tandis que le cœur s'effondre pour former une étoile à neutrons (dans le cas d'un cœur ayant une masse entre 1,4 et 2 masses solaires) ou un trou noir (dans le cas d'un cœur de masse supérieure à 2 masses solaires). De nombreuses particules (protons et électrons), appelées rayons cosmiques, sont expulsées dans l'espace avec une très grande énergie.

Supersymétrie, théorie de la (SUSY) : la théorie des cordes repose sur l'idée de supersymétrie (SUSY en abrégé) qui relie ensemble des particules de matière de spin demi-entier (1/2, 3/2…) – appelées fermions – à des particules dites « supersymétriques » de spin entier (0, 1…) – appelées bosons – et dont la masse serait beaucoup plus grande. Dans cette théorie, toute particule possède un superpartenaire : ainsi le superpartenaire de l'électron est le sélectron, celui d'un lepton est un slepton, etc. SUSY prédit donc que la population des particules dans l'univers se trouverait ainsi multipliée par deux. Pour l'instant, le LHC au CERN n'a encore découvert aucune particule supersymétrique.

Symétrie : situation dans laquelle certaines propriétés d'un objet, d'une particule subatomique ou d'une force sont équivalentes.

Système solaire : les planètes dans le système solaire exhibent des régularités que toute théorie de la formation du système solaire doit prendre en compte. Toutes les planètes tournent dans la même direction autour du Soleil, dans le même sens que la rotation du Soleil (c'est-à-dire d'ouest en est), et sont toutes dans le même plan (appelé le plan de l'écliptique). Excepté pour Vénus et Uranus, les planètes tournent toutes sur elles-mêmes d'ouest en est. Ce mouvement général de rotation d'ouest en est est dû à la rotation initiale de la nébuleuse solaire qui a donné naissance au Soleil et aux planètes.
Les planètes se divisent en deux catégories. Près du Soleil se trouvent les planètes telluriques (Mercure, Vénus, Terre et Mars) : peu massives, avec un sol rocailleux composé d'éléments lourds, elles ont peu ou pas d'atmosphère. Beaucoup plus loin se trouvent les planètes géantes (Jupiter, Saturne, Uranus et Neptune) : massives, sans surface solide, leur atmosphère épaisse est faite surtout d'éléments légers comme l'hydrogène et l'hélium.

Table périodique : liste d'éléments chimiques en ordre croissant de leurs numéros atomiques et groupés en colonnes selon leurs propriétés réactionnelles, établie par le chimiste russe Dmitri Mendeleïev.

Tachyon : particule hypothétique qui voyage plus vite que la lumière.

Téléologie : vient du grec *telos* qui signifie « fin ». Concept selon lequel les choses tendent vers une cause finale.

Téléonomie : caractère de la matière vivante qui lui fait matérialiser un projet, une finalité.

Titius-Bode, loi de : séquence numérique qui donne approximativement les distances des planètes et de la ceinture d'astéroïdes au Soleil. Ne donne pas la réponse correcte pour Neptune.

Tout, théorie du : théorie physique qui tente de décrire les quatre forces fondamentales de la Nature (électromagnétique, nucléaires forte et faible, et gravitationnelle) comme des manifestations différentes d'une seule et unique force.

3 corps, problème des : problème de l'orbite de 3 corps massifs interagissant gravitationnellement. C'est en s'attaquant à ce problème que Henri Poincaré découvrit les orbites chaotiques.

Trou de ver : « tunnel » hypothétique résultant de la topologie de l'espace, résidant dans l'hyperespace et reliant deux endroits distincts d'un même univers ou deux univers différents.

Trou noir : résultat de l'effondrement de la matière (par exemple d'une étoile de plus de 5 masses solaires) créant un champ de gravité si intense et un espace tellement courbé que la matière et la lumière ne peuvent plus sortir. *Voir* « Rayon de non-retour ».

Trou noir glouton : au début, il y a eu deux étoiles orbitant l'une autour de l'autre dans un système binaire. Les deux étoiles n'avaient pas la même masse. L'étoile la plus massive (d'une dizaine de masses solaires) a consommé plus vite son carburant nucléaire et est morte, s'effondrant sur elle-même pour former un trou noir. Ce trou noir continue à orbiter autour de l'autre étoile moins massive, qui dispose encore de carburant nucléaire et continue à rayonner. Un vent stellaire de gaz se déverse de l'étoile vers le trou noir, attiré par la gravité de ce dernier. Le gaz se dispose dans un disque d'accrétion autour du trou noir, avant de tomber dans sa bouche béante. Les atomes de gaz, en tombant dans le trou noir, s'entrechoquent et s'échauffent à des millions de degrés, si bien que le bord intérieur du disque d'accrétion émet de copieuses quantités de rayonnement X. Dans la constellation du Cygne, il existe une source intense de rayonnement X, provenant d'un objet invisible qui orbite autour d'une étoile. Les astronomes pensent que cet objet invisible est un trou noir et l'ont baptisé Cygnus X-l.

Trou noir primordial (ou minitrou noir) : trou noir dont la masse est très petite par rapport à celle du Soleil. Selon l'astrophysicien Stephen Hawking, les minitrous noirs ont pu se former au début de l'univers, au temps de Planck (10^{-43} seconde), quand la densité est extrême. Ces trous noirs primordiaux auraient une masse de 20 microgrammes et un rayon de non-retour de 10^{-33} centimètre. Ils restent des entités théoriques, n'ayant jamais été observés.

Turbulence : mouvement désordonné des éléments d'un liquide ou d'un gaz.

Turing, test de : test proposé par le mathématicien anglais Alan Turing pour déterminer si une machine est douée d'intelligence ou non.

Unification des quatre forces fondamentales. *Voir* « Forces de la Nature ».

Univers-brane : reposant sur la théorie des cordes et de sa version la plus simple, la M-théorie, l'idée centrale d'un univers-brane est celle d'un univers observable à 3 dimensions spatiales restreint à une brane (contraction de « membrane »), incluse dans un espace avec de nombreuses dimensions spatiales supplémentaires (au minimum un total de 6 extras). La théorie prédit que le nombre total de ces univers-branes parallèles peut atteindre 10^{500} !

Univers cyclique : univers sans début ni fin, qui passe par une série de dilatations et de contractions (big bang et big crunch).

Univers en accélération : un univers qui contient une force répulsive, appelée « énergie noire » ou « énergie sombre », qui cause une accélération de l'expansion de l'univers avec le temps. Ses galaxies s'éloigneront les unes des autres avec une vitesse toujours plus grande.

Univers fermé : univers dont la densité de matière est supérieure à la densité critique et qui s'effondrera sur lui-même dans le futur.

Univers géocentrique : modèle d'univers où la Terre occupe la place centrale, avec le Soleil, les planètes et les étoiles en orbite autour de la Terre.

Univers héliocentrique : modèle d'univers où le Soleil occupe la place centrale.

Univers-jouet : à défaut de pouvoir faire des expériences en laboratoire, l'astrophysicien fait des expériences numériques avec un puissant ordinateur pour simuler et étudier l'évolution des structures dans l'univers. Pour construire ces univers-jouets – appelés ainsi car ils sont modélisés –, il fournit à l'ordinateur des données initiales : la densité totale de matière, les diverses composantes de cette matière – protons, neutrons, électrons, neutrinos, etc. – et des semences de galaxies (adiabatiques ou isothermes, voir la fig. 26). Il laisse ensuite à l'ordinateur le soin de calculer l'évolution de la matière selon les lois de la physique. Celui-ci analyse les mouvements de 30 000 à plusieurs millions de particules de matière. Au terme d'une évolution de 15 milliards d'années (âge de l'univers), c'est-à-dire quand la distance entre deux points quelconques de l'univers-jouet a augmenté de 1 000 fois, l'univers-jouet calculé est comparé avec l'univers observé.

Univers observable : partie de l'univers dont la lumière a eu assez de temps pour nous parvenir et qui est limitée par l'horizon cosmologique. Le rayon de l'univers observable est de 47 milliards d'années-lumière.

Univers ouvert : univers dont la densité de matière est inférieure à la densité critique et dont l'expansion est éternelle.

Univers parallèles (ou multiples), théories des : univers existant en parallèle, mais complètement déconnectés du nôtre, et donc non accessibles à l'observation. Une version de la mécanique quantique et certaines théories du big bang (théorie de l'inflation et celle des branes) prévoient l'existence de ces univers parallèles qui forment un vaste multivers.

Univers plat : univers dont la densité de matière et d'énergie est exactement égale à la densité critique. Sa courbure est nulle et son expansion sera éternelle.

Univers stationnaire, théorie de l' : théorie cosmologique selon laquelle l'univers est de tout temps et en tout lieu semblable à lui-même. Pour compenser le vide qui se crée entre les galaxies du fait de l'expansion de l'univers, la théorie doit postuler une création continue de matière. La découverte du rayonnement fossile en 1965 donna le coup de grâce à cette théorie.

Vide (ou trou) de l'univers : partie de l'univers qui s'étend sur plusieurs dizaines de millions d'années-lumière et qui est dépourvue de galaxies.

Vide quantique : espace rempli de particules et d'antiparticules virtuelles apparaissant et disparaissant dans des cycles de vie et de mort de très courte durée, grâce au principe d'incertitude.

Vitalisme : idée selon laquelle les systèmes biologiques ne peuvent être réduits à une collection de molécules et leurs interactions, mais possèdent un principe vital distinct à la fois de l'âme et de l'organisme.

Virtuelle, particule : particule créée grâce à l'emprunt d'énergie à une région adjacente de l'espace. L'emprunt d'énergie se fait grâce au flou quantique de l'énergie (*voir* « Incertitude, principe d' »). Cet emprunt doit être remboursé presque instantanément, si bien qu'une particule virtuelle disparaît en très peu de temps et ne peut être capturée par nos détecteurs. Une particule virtuelle apparaît toujours en compagnie de son antiparticule virtuelle.

Voie lactée : nom imagé de notre galaxie.

Voie octale : méthode mathématique dans la théorie des quarks grâce à laquelle les mésons et baryons peuvent être arrangés en groupes de 8 (ou de 10).

W : particule chargée électriquement qui transmet la force nucléaire faible.

Wino : partenaire supersymétrique hypothétique du boson W.

Z : particule neutre qui transmet la force nucléaire faible.

Zéro absolu : zéro de l'échelle de température de Kelvin, égal à –273 °C, et correspondant à l'absence totale de mouvement de toute particule ; c'est la température la plus basse possible.

TABLE DES ILLUSTRATIONS

BIBLIOGRAPHIE

Ces listes ne sont pas exhaustives, mais constituent un point de départ pour ceux qui veulent en savoir plus.

Pour plus de détails sur les ouvrages de Trinh Xuan Thuan, consulter le site Web www.trinhxuanthuan.fr

La Mélodie secrète

AUDOUZE Jean, CARRIÈRE Jean-Claude et CASSÉ Michel, *Conversations sur l'invisible*, Belfond, 1988.

BARROW John D. et TIPLER Frank J., *The Anthropic Cosmological Principle*, New York, Oxford University Press, 1986.

COHEN-TANNOUDJI Gilles et SPIRO Michel, *La Matière-Espace-Temps*, Fayard, 1986.

DAVIES Paul W., *God and the New Physics*, New York, Simon & Schuster, 1983.

—, *Superforce*, Payot, 1987.

DYSON Freeman J., *Les Dérangeurs de l'univers*, Payot, 1987.

HARRISON Edward R., *Masks of the Universe*, New York, Macmillan Publishing Co, 1985.

ISLAM Jamal N., *Le Destin ultime de l'univers*, Belfond, 1984.

JACOB François, *Le Jeu des possibles*, Fayard, 1981.

KUHN Thomas S., *La Structure des révolutions scientifiques*, Flammarion, 1983.

LUMINET Jean-Pierre, *Les Trous noirs*, Belfond, 1988.

MINSKY Marvin, *La Société de l'esprit*, InterÉditions, 1988.

MONOD Jacques, *Le Hasard et la Nécessité*, Le Seuil, 1970.

MONTMERLE Thierry et PRANTZOS Nicolas, *Les Supernovae*, Presses du CNRS et du CEA, 1988.

POPPER Karl, *The Logic of Scientific Discovery*, New York, Harper and Row, 1965.

REEVES Hubert, *L'Heure de s'enivrer*, Le Seuil, 1986.

—, *Patience dans l'azur*, Le Seuil, coll. « Points », 1988.

TRINH XUAN THUAN, *Les Voies de la lumière*, Fayard, 2007 ; rééd. Gallimard, coll. « Folio/Essais », n° 507, 2008 ; grand prix Moron 2007 de l'Académie française.
—, *Voyage au cœur de la lumière*, Gallimard, coll. « Découvertes », n° 527, 2008.
— , *Dictionnaire amoureux du ciel et des étoiles*, Plon-Fayard, 2009 ; rééd. Pocket, 2014.
—, *La Plénitude du vide*, Albin Michel, 2016 ; rééd. Le Livre de poche, 2018.
— , *Une nuit*, L'Iconoclaste, 2017 ; prix Ciel & Espace du livre d'astronomie 2018 ; rééd. Le Livre de poche, 2020.
—, *Dictionnaire amoureux illustré du ciel et des étoiles*, Plon-Gründ, 2018.
—, *Vertige du cosmos*, Flammarion, 2019 ; rééd. Flammarion, coll. « Champs », 2021.
— , *Mondes d'ailleurs*, Flammarion, 2021.
WEINBERG Steven, *Les Trois Premières Minutes de l'univers*, Le Seuil, 1978.

Le Chaos et l'Harmonie

BARROW John D., *Pi in the Sky*, New York, Oxford University Press, 1992.
DAVIES Paul W., *The Cosmic Blueprint*, New York, Simon & Schuster, 1987.
—, *The Mind of God*, New York, Simon & Schuster, 1992.
— et GRIBBIN John, *The Matter Myth*, New York, Simon & Schuster, 1992.
GLEICK James, *La Théorie du chaos*, Flammarion, coll. « Champs », 1991.
KANE Gordon L., *Le Jardin des particules*, Masson, 1996.
MANDELBROT Benoît, *Les Objets fractals*, Flammarion, 1989.
MONOD Jacques, *Le Hasard et la Nécessité*, Le Seuil, 1970.
PENROSE Roger, *L'Esprit, l'Ordinateur et les Lois de la physique*, InterÉditions, 1992.
PETERSON Ivars, *Newton's Clock: Chaos in the Solar System*, New York, W. H. Freeman, 1993.
POINCARÉ Henri, *La Science et l'Hypothèse*, Flammarion, coll. « Champs », 1968.
PRIGOGINE Ilya, *La Fin des certitudes*, Odile Jacob, 1996.
PULLMAN Bernard, *L'Atome dans l'histoire de la pensée humaine*, Fayard, 1995.
RUELLE David, *Hasard et chaos*, Odile Jacob, 1991.
SCHRÖDINGER Erwin, *Qu'est-ce que la vie ?*, Christian Bourgois, 1986.
STEWART Ian, *Dieu joue-t-il aux dés ?*, Flammarion, coll. « Champs », 1992.
THORNE Kip S., *Trous noirs et distorsions du temps*, Flammarion, 1997.
TRINH XUAN THUAN, *La Mélodie secrète*, Fayard, 1988 ; rééd. Gallimard, coll. « Folio Essais », n° 160.
WEINBERG Steven, *Le Monde des particules. De l'électron aux quarks*, Pour la science, coll. « L'Univers des sciences », 1985.
ZEE Anthony, *Fearful Symmetry*, New York, Macmillan, 1986.

Désir d'infini

ARTAUD Antonin, *Van Gogh, le suicidé de la société*, Gallimard, 2001.
BARROW John, *Une brève histoire de l'infini*, Fayard, coll. « Pluriel », 2012.
BORGES Jorge Luis, *Œuvres complètes*, Jean-Pierre Bernés (éd.), Gallimard, coll. « Bibliothèque de la Pléiade », 1993.

BRUNO Giordano, *Œuvres complètes*, Giovanni Aquilecchia (éd.), Les Belles Lettres, 2003-2016.

CRICK Francis, *The Astonishing Hypothesis: The Scientific Search for the Soul*, New York, Scribner, 1994.

CUES Nicolas DE, *De la docte ignorance*, Rivages, 2008.

DAWKINS Richard, *Le Gène égoïste*, Laura Ovion (trad.), Armand Colin, 1990.

DESCARTES René, *Œuvres complètes*, Gallimard, coll. « Bibliothèque de la Pléiade », 2009.

DYSON Freeman J., *Les Dérangeurs de l'univers*, Odile Laversanne (trad.), Payot, 1987.

EINSTEIN Albert et INFELD Léopold, *L'Évolution des idées en physique*, Maurice Solovine (trad.), Flammarion, 2009.

ELLIS George et BRUNDRIT Geoff, *Quarterly Journal of the Royal Astronomical Society*, 20, 1979.

GALILÉE, *Dialogue sur les deux grands systèmes du monde*, René Fréreux (trad.), Le Seuil, 1992.

GREENE Brian, *La Réalité cachée : les univers parallèles et les lois du Cosmos*, Robert Laffont, 2012.

HEISENBERG Werner, *Across the Frontiers*, New York, Harper and Row, 1974.

HOFSTADTER Douglas, *Gödel, Escher, Bach. Les brins d'une guirlande éternelle*, Dunod, 2008.

KEPLER Johannes, *De stella nova*, 1606.

KUHN Thomas, *La Structure des révolutions scientifiques*, Laure Meyer (trad.), Flammarion, 2008.

LAPLACE Pierre-Simon de, *Essai philosophique sur les probabilités*, Courcier, 1814.

LEVINAS Emmanuel, *Totalité et infini. Essai sur l'extériorité*, Le Livre de poche, 1994.

LIGHTMAN Alan, *Einstein's Dreams*, New York, Pantheon, 1993.

LUCRÈCE, *De la nature*, Henri Clouard (trad.), Garnier-Flammarion, 1964.

LUMINET Jean-Pierre et LACHIÈZE-REY Marc, *De l'infini... Mystères et limites de l'univers*, Dunod, 2005.

MAOR Eli, *To Infinity and Beyond: a Cultural History of the Infinite*, Boston, Birkhaüser, 1987.

MONOD Jacques, *Le Hasard et la Nécessité*, Le Seuil, 1973.

NÉMÉSIUS D'ÉMÈSE, *De la nature de l'homme*, J.-B. Thibault (trad.), BnF, 2016.

NIETZSCHE Friedrich, *La Volonté de puissance*, Gallimard, coll. « Tel », 1995.

PASCAL Blaise, *Pensées*, Gallimard, coll. « Folio classique », 1995 ; rééd. 2004.

—, *De l'esprit géométrique*, Flammarion, 1993.

POE Edgard Allan, *Eurêka*, dans *Contes, essais, poèmes*, Charles Baudelaire (trad.), Robert Laffont, coll. « Bouquins », 1989.

RIEMANN Bernhard, *Œuvres mathématiques*, Sceaux, Jacques Gabay, 1990.

SINISGALLI Leonardo, *Horror vacui*, 1946, Jean-Yves Masson (trad.), Arfuyen, 1995.

STEINHARDT Paul J. et TUROK Neil, *Endless Universe: Beyond the Big Bang*, New York, Doubleday, 2007.

TRINH XUAN THUAN, *Le Cosmos et le Lotus. Confessions d'un astrophysicien*, Albin Michel, 2011.
—, *Origines. La nostalgie des commencements*, Gallimard, coll. « Folio », 2003.
WEINBERG Steven, *Les Trois Premières Minutes de l'univers*, Jean-Benoît Yelnik (trad.), Le Seuil, 1978.

L'Infini dans la paume de la main

ASHVAGHOSHA, *The Awakening of Faith*, Hakeda (trad.), New York, Columbia University Press, 1967.
Avatamsaka Sutra: The Flower Ornament Scripture, Thomas Cleary (trad.), Boston-Londres, Shambhala Publications, 1993.
BITBOL Michel, *L'Aveuglante Proximité du réel*, Flammarion, 1998.
—, *Physique et philosophie de l'esprit*, Flammarion, 2000.
BOHR Niels, *Physique atomique et connaissance humaine*, Gallimard, 1991.
—, *Atomic Theory and the Description of Nature*, Woodbridge, Ox Bow Press, 1987.
BROOKS Rodney A., *Intelligence without Reason*, actes de la Conférence internationale conjointe de 1991 sur l'intelligence artificielle, 1991.
—, *Flesh and Machines: How Robots will Change Us*, New York, Vintage Books, 2003.
CARRÉ Patrick, *Nostalgie de la vacuité*, Pauvert, 2000.
CARTER Brandon, *Confrontation of Cosmological Theories with Observational Data*, M. S. Longair (éd.), Dordrecht, D. Reidel, 1974.
CHANGEUX Jean-Pierre, *L'Homme neuronal*, Fayard, 1983.
Comprendre la vacuité, contient *Bodhicharyavatara* de Shantideva, suivi de *L'Ambroisie des paroles de Mañjushrî* de Khenchen Kunzang Palden et *Le Flambeau étincelant* de Minyak Kunzang Seunam, Saint-Léon-sur-Vézère, Padmakara, 1993.
DALAÏ-LAMA, *Le Pouvoir de l'esprit. Entretiens avec des scientifiques*, Zara Houshmand, Robert B. Livingstone et B. Alan Wallace (éd.), Fayard, 2000.
DHARMAKIRTI, *Pramanavarttika Karika. Commentaire complet de la connaissance authentique*, dans Gampopa, *Le Précieux Ornement de la libération*, Padmakara, 1999.
DILGO KHYENTSÉ RINPOCHÉ, *Le Trésor du cœur des êtres éveillés*, Le Seuil, coll. « Points Sagesses », 1996.
Dormir, rêver, mourir. Explorer la conscience avec le dalaï-lama, Francisco Varela (dir.), NiL, 1999
DREYFUS Georges B. J., *Recognizing Reality, Dharmakirti's Philosophy and Its Tibetan Interpretations*, New York, State Univeristy of New York, 1997.
DROIT Roger-Pol, *Le Culte du néant*, Le Seuil, 1997.
ESPAGNAT Bernard d', *Le Réel voilé*, Fayard, 1994.
FINOT Louis, *Milinda-Pañha. Les questions de Milinda*, Louis Finot (trad. du pali), Gallimard, coll. « Connaissance de l'Orient », 1992.
GAMPOPA, *Le Précieux Ornement de la libération*, Saint-Léon-sur-Vézère, Padmakara, 1999.

GREENE Brian, *L'Univers élégant*, Robert Laffont, 2000.
HADAMARD Jacques, *Essai sur la psychologie de l'invention dans le domaine mathématique*, Gauthier-Villars, 1975.
HARRISON Edward R., *Cosmology: The Science of the Universe*, New York, Cambridge University Press, 1981.
HEISENBERG Werner, *Physique et philosophie*, Albin Michel, 1961 et 1971.
—, *La Partie et le Tout*, Albin Michel, 1972.
JACOB François, *La Souris, la Mouche et l'Homme*, Odile Jacob, 1997.
JEANS James, *Physics and Philosophy*, Cambridge, Cambridge University Press, 1931.
LAPLACE Pierre-Simon, *Essai philosophique sur les probabilités*, Courcier, 1814.
Le dalaï-lama parle de Jésus, Brepols, 1996.
LENOIR Frédéric, *La Rencontre du bouddhisme et de l'Occident*, Fayard, 1999.
—, *Le Bouddhisme en France*, Fayard, 1999.
MACY Joanna, *Mutual Causality in Buddhism and General Systems Theory*, Albany, State University of New York Press, 1991.
MIDAL Fabrice, *Mythes et dieux tibétains*, Le Seuil, 2000.
MindScience: An East-West Dialogue, le dalaï-lama et les participants au Harvard Mind Science Symposium, Daniel Goleman et Robert A. F. Thurman (éd.), Boston, Wisdom Publications, 1991.
MINSKY Marvin, *La Société de l'esprit*, InterÉditions, 1988.
NAGEL Thomas, *Quel effet ça fait d'être une chauve-souris ?*, PUF, 1984.
NOTTALE Laurent, *La Relativité dans tous ses états*, Hachette, 1998.
OMNÈS Roland, *The Interpretation of Quantum Mechanics*, Princeton, Princeton University Press, 1994.
Passerelles. Entretiens avec le dalaï-lama sur les sciences de l'esprit, Albin Michel, 1995.
POINCARÉ Henri, *Science et méthode*, Flammarion, 1908.
—, *La Valeur de la science*, Flammarion, 1990.
POPPER Karl, *L'Univers irrésolu*, Hermann, 1984.
Quand l'esprit dialogue avec le corps. Entretiens avec le dalaï-lama, Daniel Goleman (dir.), Trédaniel, 1997.
REVEL Jean-François et RICARD Matthieu, *Le Moine et le Philosophe*, NiL, 1997.
RICARD Matthieu, *L'Esprit du Tibet*, Le Seuil, 1997.
SCHRÖDINGER Erwin, *L'Esprit et la Matière*, Le Seuil, 1980.
—, *La Nature et les Grecs*, précédé de Michel Bitbol, *La Clôture de la représentation*, Le Seuil, 1992.
— et BITBOL Michel (éd.), *Physique quantique et représentation du monde*, Le Seuil, 1992.
SHANTIDEVA, *La Marche vers l'Éveil* (*Bodhicharyavatara*), Padmakara, 1991.
SOGYAL RINPOCHÉ, *Le Livre tibétain de la vie et de la mort*, La Table ronde, 1993.
TRINH XUAN THUAN, *Un astrophysicien*, Flammarion, coll. « Champs », 1995
—, *Le Destin de l'univers*, Gallimard, coll. « Découverte », 1992.
VARELA Francisco J., (dir.), *Annals of the New York Academy of Sciences*, vol. 879, 1999.
—, THOMPSON Evan et ROSCH Eleanor, *L'Inscription corporelle de l'esprit*, Le Seuil, 1993.

WALLACE B. Alan, *Science et bouddhisme*, Calmann-Lévy, 1998.
WEINBERG Steven, *Le Rêve d'une théorie ultime*, Odile Jacob, 1997.
WIENER Norbert, *The Human Use of Human Beings, Cybernetics and Society*, New York, Avon Books, 1967
WILSON Edward O., *The Diversity of Life*, Cambridge, Harvard University Press, 1992.
ZUREK Wojciech H., « Decoherence and the Transition from Quantum to Classical », *Physics Today*, 1991, vol. 44, p. 36-44.

INDEX DES NOMS DE PERSONNES ET DES TERMES SCIENTIFIQUES

TABLE DES MATIÈRES

LE CHAOS ET L'HARMONIE
LA FABRICATION DU RÉEL

DÉSIR D'INFINI
DES CHIFFRES, DES UNIVERS ET DES HOMMES

L'INFINI DANS LA PAUME DE LA MAIN
LE MOINE ET L'ASTROPHYSICIEN
AVEC MATTHIEU RICARD

Composition et mise en pages
Nord Compo à Villeneuve-d'Ascq

MIXTE
Papier issu de
sources responsables
FSC® C003309

L'éditeur de cet ouvrage s'engage dans une démarche
de certification FSC® qui contribue à la préservation
des forêts pour les générations futures.

Pour en savoir plus :
www.editis.com/engagement-rse/

Achevé d'imprimer en janvier 2022
par Normandie Roto Impression s.a.s.
61250 Lonrai (Orne)
N° d'impression : 2106817

Imprimé en France